Bodenkunde.

Von

Dr. E. Ramann,
Professor an der Universität München.

Dritte, umgearbeitete und verbesserte Auflage.

Mit 63 Textabbildungen und 2 Tafeln.

Berlin.
Verlag von Julius Springer.
1911.

ISBN-13:978-3-642-90285-7 e-ISBN-13:978-3-642-92142-1
DOI: 10.1007/978-3-642-92142-1

Softcover reprint of the hardcover 3rd edition 1911

Vorwort zur zweiten Auflage.

Die „Bodenkunde“ ist aus der 1895 erschienenen „Forstlichen Bodenkunde und Standortslehre“ hervorgegangen. Die fortschreitende Entwicklung der Wissenschaft machte es erwünscht, die Lehre von der Entstehung, den Eigenschaften und den Umbildungen des Bodens selbständig zu behandeln und hierdurch einem größeren Kreise zugänglich zu machen.

Das Buch wendet sich nicht nur an Land- und Forstwirte und Agrikulturchemiker, sondern auch an alle, die mit dem Boden zu tun haben, zumal an Geologen, Geographen, Botaniker. Die Vorgänge der Verwitterung werden erst voll verständlich, wenn man die Umsetzungen in der obersten Erdschicht, dem Boden, verfolgt; die Verteilung der Pflanzenwelt erst, wenn man ihre Einwirkung auf den Boden berücksichtigt.

Der Gedanke, der dem Verfasser bei Behandlung des Gegenstandes vorschwebte, war, das bisher bekannte Wissen vom Boden unter leitenden Gesichtspunkten zu sammeln. Noch wichtiger erschien es, zu zeigen, daß man die Erde als einen großen Organismus betrachten kann; die Umbildungen ihrer obersten anorganischen Schichten sind eben so durch das herrschende Klima bedingt, wie das organische Leben. Einer einheitlichen Auffassung kommt man aber erst näher, wenn man beide zueinander in Beziehung bringt. Stehen wir auch erst ganz im Anfange der Erkenntnis, so treten doch schon große Züge hervor und lassen ahnen, welchen Charakter dereinst die „Biologie der Erdoberfläche“ tragen wird.

Bodenkunde ist bisher fast stets als ein Teil der Agrikulturchemie behandelt worden, obgleich zwischen der Ernährungslehre der Nutzpflanzen und der Geologie der obersten Erdschicht doch nur ein loser Zusammenhang besteht. Diese Verhältnisse brachten es mit sich, daß die Bodenkunde zumeist nur zur Lösung bestimmter Fragen herangezogen wurde und als selbständige Wissenschaft kaum

Beachtung fand. Nur hieraus ist es zu erklären, daß seit Fallou, dem eigentlichen Begründer der Wissenschaft des Bodens, bis zu den letzten Jahren überhaupt keine selbständige wissenschaftliche Bodenkunde erschienen ist.

Große Schwierigkeiten bot die Sichtung der Literatur. Das meiste Material ist Arbeiten anderer Disziplinen zu entnehmen; oft findet es sich nebenher bei Untersuchungen ganz abweichender Fragen. Innerhalb des gegebenen Raumes war die Zusammenstellung der gesamten Literatur ausgeschlossen; nur für wichtige oder wenig bekannte Tatsachen sind ausführliche Zitate gegeben.

Von den einzelnen Abschnitten sind die Verwitterungslehre sowie Bildung und Eigenschaften der humosen Ablagerungen am eingehendsten behandelt.

Wie bereits in der „Forstlichen Bodenkunde", wurden den Betrachtungen der Verwitterung die Lehren der physikalischen Chemie zugrunde gelegt; sie haben entsprechend den Fortschritten der Wissenschaft erweiterte Anwendung gefunden. Nur durch diese Grundlage wird die Bedeutung des Klimas und die beherrschende Wirkung des Wassers verständlich. Die Verbreitung klimatischer Bodenzonen erscheint nicht mehr als etwas Fremdartiges, sondern als naturgemäße Folge der wirkenden Ursachen.

Tunlichst kurz sind die Bodenarten behandelt, die aus der Verwitterung anstehender Gesteine gebildet werden; ihr Verhalten läßt sich unschwer aus Zusammensetzung, Struktur und Lagerung der Gesteine ableiten und hat zumeist nur für kleinere Gebiete Bedeutung.

Erhebliche Schwierigkeiten bot die Nomenklatur. Es ist wohl unzweifelhaft, daß man aus dem Stande der Nomenklatur einen Rückschluß auf den Stand einer Wissenschaft machen kann; aber ebenso unzweifelhaft scheint es zu sein, daß eine stark ausgeprägte Nomenklatur, so sehr sie dem Fachmann die Behandlung eines Gegenstandes erleichtert, dem Nichtspezialisten das Eindringen erschwert. Für Wissenschaften, die sich an weitere Kreise wenden, scheint es mir deshalb richtiger, lieber ein paar Worte mehr zu gebrauchen, als zahlreiche Fachausdrücke neu zu schaffen. Ich habe mich daher tunlichst beschränkt und nur schärfer getrennt, was mir unbedingt notwendig zu sein schien.

München, im Januar 1905.

E. Ramann.

Vorwort zur dritten Auflage.

Nach Erscheinen der zweiten Auflage der „Bodenkunde“ hat Verfasser fast sofort mit der erneuten Durcharbeitung des umfangreichen Stoffgebietes begonnen und seine Zeit überwiegend dieser Aufgabe gewidmet. Als Ertrag fünfjähriger Arbeit unterbreite ich heute die dritte Auflage des Werkes dem Urteil der Fachgenossen.

Bereits ein flüchtiger Hinblick zeigt, daß aus der zweiten Auflage nur wenige Seiten unverändert übernommen sind. Die Umarbeitung war notwendig, um die Fortschritte der physikalischen Chemie, besonders der Kolloidchemie für die Bodenkunde nutzbar zu machen und sie mit den neuen Errungenschaften der Wissenschaft in Einklang zu bringen.

Kaum weniger eingreifend gestaltete sich der Einfluß der Biologie und Bakteriologie, so daß die Schwierigkeit bestand, nicht nur ein, sondern mehrere voneinander unabhängige Gebiete des Wissens zu berücksichtigen und zu verwerten.

Die wichtigsten Änderungen gegenüber der zweiten Auflage sind:

1. Die Lehre von der chemischen Verwitterung der Silikate ist auf hydrolytische Spaltung zurückgeführt; den Säuren, besonders der Kohlensäure sind nur sekundäre Wirkungen beizumessen.

2. Die bessere Kenntnis der Kolloide führte zur Umgestaltung der Lehre vieler Verwitterungsvorgänge, zahlreicher Umsetzungen im Boden und der Bodenabsorption.

Um diese schwierigen und meist neuen Auffassungen leichter zugänglich zu machen, war es notwendig, die grundlegenden Gesichtspunkte kurz zu besprechen.

Der Ausarbeitung dieser beiden Gruppen ist besondere Sorgfalt gewidmet worden.

3. Die Zersetzung der abgestorbenen organischen Reste ist auf biologische Grundlagen zurückgeführt worden. Die Erkenntnis, daß es „Humussäuren“ nicht gibt, führte zu einer vereinfachten Einteilung der Humusformen.

4. Die Bodenphysik, besonders das Verhalten des Bodens zum Wasser, bedarf erneuter Durchforschung, die aber nur das Resultat jahrelanger Arbeit sein kann.

5. Die „Biologie des Bodens" ist hier zum ersten Male selbständig bearbeitet. Es ist ein neuer Zweig der Bodenkunde, der reiche Früchte verspricht.

6. Der Einteilung der Böden liegt, wie in der letzten Auflage, die Gliederung in klimatische Provinzen zugrunde; jedoch hat sich Verfasser bemüht, auch den bisherigen Systemen gerecht zu werden.

Das vorliegende Buch behandelt die Bodenkunde als Wissenschaft.

Seit mehr als zwei Jahrzehnten bin ich mit Vorarbeiten für die als zweiten Teil des Werkes gedachte „angewandte Bodenkunde" beschäftigt, welche die Einwirkungen des Bodens auf die Pflanzenwelt und hieran anschließend die Kulturmethoden zu behandeln hat. Dieser Teil würde auch dem ursprünglich forstlichen Charakter des Buches wieder Rechnung tragen. Die außergewöhnliche Sprödigkeit des Stoffes und angespannte Lehrtätigkeit haben die Vollendung der wiederholt begonnenen Bearbeitung immer wieder verhindert.

Bei der Ausarbeitung stellte sich bald heraus, daß im Rahmen des Buches eine einigermaßen vollständige Aufzählung der Literatur undurchführbar war. Um diesen Mangel nach Kräften auszugleichen, erklärt sich Verfasser bereit, Interessenten die wichtigste Literatur anzugeben.

Formeln, sowohl mathematische wie chemische, sind nur benutzt, wenn sich ihre Anwendung nicht umgehen ließ. Ist jemand geübt, in Formeln zu denken, so kann er die fehlenden meist leicht ersetzen; fehlt diese Übung, so wird das Studium durch Formeln eher erschwert als erleichtert.

Die Anordnung des Buches machte es notwendig, einzelne Gegenstände unter verschiedenen Gesichtspunkten zu behandeln (z. B. Pflanzen als Torfbildner und in der Biologie des Bodens); hierbei ließen sich Wiederholungen nicht vermeiden. Um im Text nicht allzu zahlreiche Verweise auf andere Stellen des Buches geben zu müssen, wurden die bezüglichen Tatsachen vielfach kurz zusammengefaßt.

Bei der Ausarbeitung ist mir vielfach Unterstützung durch Rat und Tat zuteil geworden. Ich danke zunächst meinen Mitarbeitern, den Herren Assistenten Forstamtsassessor Dr. H. Bauer und Dipl.-Ingenieur H. Niklas, besonders auch Herrn Dr. G. Birstein, dessen Hilfe mir die Ausgestaltung der chemisch-physikalischen Teile des Buches nach dem jetzigen Stande der Wissenschaft erleichterte, und dessen Rat ich wiederholt z. B. bei der Besprechung der Sedimentation gefolgt bin; Herrn Privatdozent Dr. Schmauss, der die elektrischen Vorgänge im Boden bearbeitete, ferner Professor A. Baumann, der mir bereits vor der Veröffentlichung Einsicht in seine grundlegenden Arbeiten über Humusstoffe gestattete. Forstadjunkt Stiny und Prof. Schreiber in Staab (Böhmen) stellten Abbildungen zur Verfügung; Oberforstmeister Dr. A. Möller, Geh. Reg.-Rat Remelé, Prof. Albert halfen mir durch zum Teil schwierig herzustellende Präparate und Photographien. Ihnen allen herzlichen Dank!

München, im November 1910.

E. Ramann.

Inhaltsverzeichnis.

Zweiter Abschnitt.

Dritter Abschnitt.

Fünfter Abschnitt.

Sechster Abschnitt.

Einleitung.

1. Geschichtliches über die Bodenkunde.

Die Geschichte der Bodenkunde ist noch nicht geschrieben worden; die besten Vorarbeiten verdankt man Jarilow.

Es ist nicht ohne Interesse, daß bereits im Altertum sowie bei den Arabern brauchbare wissenschaftliche Angaben über die Bodenarten vorhanden sind. Zwischen dem Niedergang der arabischen Kultur und der Neuzeit bleibt dann eine weite Lücke bis zum Beginn der Fortschritte in wissenschaftlicher Chemie und Bodenkunde im 18. Jahrhundert. Man rechnete zunächst die Böden als „Erden" zu den Mineralien und behandelte sie als Teile der Mineralogie.

Die erste selbständige Bearbeitung bodenkundlicher Fragen findet sich bei Wallerius, der als Professor in Upsala lebte, Chemie, Medizin und Mineralogie lehrte und mit seinen Agriculturae chemica fundamenta am Anfang der wissenschaftlichen Behandlung der Bodenkunde steht. Noch lange bearbeiteten Mineralogen die Böden (so Hume, Davy, von dem die Bezeichnung „Agrikulturchemie" stammt). Es mag auch darauf hingewiesen werden, daß sich Beziehungen erkennen lassen, die von den älteren Mineralogen über Breithaupt, Naumann zu Fallou führen.

Mit Beginn des 19. Jahrhunderts spalten sich die Methoden, nach denen bodenkundliche Fragen bearbeitet werden, in verschiedene Richtungen, die noch heute, oft auffallend unvermittelt, nebeneinander vorhanden sind. In den meisten Fällen wird die Bodenkunde als Hilfswissenschaft für andere Zwecke, für Landwirtschaft, Forstwirtschaft, hygienische und bautechnische Fragen usw. betrachtet.

Die Fortschritte der Bodenkunde lassen sich daher zurzeit nur nach verschiedenen Richtungen verfolgen, in denen die einzelnen Arbeitenden tätig waren. Es ist verständlich, wenn in der folgenden Übersicht nur jene Forscher aufgeführt werden, die bereits der Ge schichte angehören, und Lebende nur genannt werden, wenn sie eine neue Richtung begonnen oder stark beeinflußt haben.

1. Agrikulturchemische Richtung.

Die Auffassung vom Boden als Nährboden der Pflanze, besonders der landwirtschaftlichen Nutzpflanzen setzt ein mit Einhof, der in Möglin neben Thaer als Lehrer wirkte; er faßte das vorhandene Wissen zusammen und verarbeitete es einheitlich. Einhof ist wohl in erster Reihe die wertvolle Einteilung der Böden nach Korngröße und Humusgehalt zu verdanken, die als „Thaers Klassifikation der Böden“ bezeichnet wird. Noch heute dient sie zumeist zur Charakterisierung der Böden klimatisch gemäßigter Zonen.

Nach Thaer und Einhof beginnt die eingehendere physikalische und chemische (speziell agrikulturchemische) Erforschung der Böden.

Die physikalische Richtung fand zunächst in Schübler einen hervorragenden Vertreter, der in umfassenden Untersuchungen die wichtigsten physikalischen Eigenschaften der Böden in den Bereich seiner Forschungen zog; ihm folgten später Mulder, von Liebenberg u. a., bis E. Wollny fast alle das Gebiet der Bodenphysik berührenden Fragen bearbeitete; seine Schüler sind noch jetzt an zahlreichen Hochschulen tätig. In neuerer Zeit hat Alfr. Mitscherlich mathematische Methoden für bodenkundliche Fragen fruchtbringend verwertet.

Von Bodenphysikern sind noch zu nennen unter den Amerikanern F. H. King, unter den Russen Williams, unter den Schweden Atterberg. Ferner die Hygieniker Pettenkofer, Soyka, von Fodor, die den Boden vom Standpunkt der Gesundheitslehre untersuchten.

Die speziell agrikulturchemische Richtung hat unter den älteren Bodenkundlern in Rückert und Sprengel hervorragende Vertreter, ihren Einfluß erhielt sie jedoch erst durch den gewaltigen Umschwung der Anschauungen, der sich an den Namen Justus von Liebigs knüpft. Alle gleichzeitigen oder späteren Agrikulturchemiker stehen, bewußt oder unbewußt, als Anhänger oder Gegner unter dem Banne seiner Persönlichkeit.

Unter den gleichzeitig und zumeist unabhängig von Liebig Arbeitenden sind namentlich die Engländer Way, Lawes, Gilbert hervorzuheben, die später in Hall einen ebenbürtigen Nachfolger erhielten.

In Deutschland fand sich eine große Anzahl ausgezeichneter Agrikulturchemiker: Wolff, Knop, Sachße, Jul. Kühn, A. Mayer, Detmer, Thiel, R. Heinrich usw.

Von Franzosen sind zu nennen: Schlösing, Vater und Sohn, Müntz, Dehérain, Berthellot, Grandeau.

Es ist ausgeschlossen, die lange Reihe ausgezeichneter Forscher aller Länder aufzuzählen, die zur Entwicklung der Bodenproduktion beigetragen haben und sich mehr oder weniger auch mit bodenkundlichen Forschungen beschäftigten.

Eine spezielle Richtung vertreten dabei die Schöpfer und Förderer der modernen Moorkultur: Fleischer, von Feilitzen, A. Baumann.

2. Die Vertreter der geologischen Richtung

der Bodenkunde, die zumeist die Festlegung der Bodeneigenschaften in Bodenkarten verfolgt, spalten sich in zwei Untergruppen. Die eine, die speziell geologische Richtung, behandelt die Böden als Teile der geologischen Aufnahmen und ordnet sie zunächst nach geologischen Gesichtspunkten ein. Es sind namentlich Preußen, Sachsen, sodann Ungarn, die diese agro-geologischen Spezialaufnahmen in großartigem Maßstabe gefördert haben; erst in neuerer Zeit haben sich die süddeutschen Staaten angeschlossen, zum Teil in selbständiger Weiterentwicklung der bisherigen Methoden. Überwiegend sind es die Flachländer und die jüngeren Formationen (Alluvium, Diluvium, zum Teil Tertiär), die bisher in den Bereich dieser Forschungen gezogen wurden. Weitaus die Mehrzahl der hierher gehörenden Forscher ist noch in Tätigkeit, als Vertreter dieser „agro-geologischen" Richtung seien hier nur Behrend und Wahnschaffe genannt.

Die zweite der Gruppen verlangt eine Form der Kartierung, die man als bodenkundliche „Gesteinskarten" bezeichnen kann; von ihren Vertretern sind v. Benningsen-Förder, Orth, Fesca, Hasard anzuführen.

Die Bodenkunde als selbständige Wissenschaft behandelt wohl zuerst Fallou, dessen Einfluß auf die Vertreter der agrikulturchemischen Richtung merkwürdig gering gewesen ist, wohl aber unter den „forstlichen" Bodenkundlern (von Cotta, Grebe, W. Schütze, Hundeshagen, Ebermayer, Kostytschew) vielfach befruchtend gewirkt hat.

Fallou teilte die Böden zumeist nach den Gesteinen ein, aus deren Verwitterung sie hervorgehen und erhielt hierdurch eine breite Grundlage für seine Forschungen. Wenn man auch heute weiß, daß es sich bei seinen Untersuchungen und Einteilungen überwiegend nur um eine Bodenprovinz handelt, so hebt ihn doch die Art der Behandlung, die Erkenntnis, daß die Böden erst dann in ihrer Bedeutung gewürdigt werden können, wenn sie selbständige Objekte des Studiums sind, weit empor und macht ihn zum eigentlichen Begründer der wissenschaftlichen Bodenkunde.

Einen großen Fortschritt erfuhr die Bodenkunde durch die Erkenntnis der Abhängigkeit der Bodenbildung von klimatischen Einflüssen, die von Hilgard in Nordamerika, von Dokutschajew, Borisjak in Rußland erkannt, von Sibirzew in ein System gebracht wurden. Erst hierdurch verliert die Bodenkunde ihren örtlichen und damit kleinlichen Charakter und weitet sich zu einer die Erde umspannenden Wissenschaft. Namentlich in Rußland hat diese Richtung mächtig fördernd gewirkt und der Bodenkunde eine selbständige Entwicklung gegeben, der die übrigen Länder keine gleichwertigen Leistungen entgegensetzen können.

Erst den letzten Jahrzehnten gehören zwei Richtungen bodenkundlicher Forschung an, die man als chemische und biologische bezeichnen kann.

Die chemische Richtung schien nach dem ersten schweren Rückschlag, der den übertriebenen Hoffnungen folgte, die sich an Liebigs Auftreten knüpften, fast ganz verlassen zu sein. Mit wenigen Ausnahmen behielt nur bei den im Interesse der Forstwirtschaft arbeitenden Bodenkundlern die chemische Bodenanalyse ihr berechtigtes Ansehen. Erst die vorzüglichen Resultate, die die Untersuchungen der Moorböden zeitigten, wandten das Interesse wieder dieser Forschungsmethode zu.

Den letzten Jahrzehnten gehören die Fortschritte der Kolloidchemie an, einer der vornehmsten Forscher auf diesem Gebiet, van Bemmelen, ist zugleich auch ausgezeichneter Bodenkundler und sein Name wird mit der beginnenden Umgestaltung der Bodenchemie dauernd verknüpft bleiben. Als ein eifriger, früh verewigter Vertreter dieser Richtung sei auch Cornu genannt.

Die biologische Richtung in der Bodenkunde wird eingeleitet durch Erasmus Darwin und seinen großen Enkel Charles Darwin, die die Bedeutung der Regenwürmer für den Boden nachwiesen. Neben und unabhängig von Darwin zeigte P. E. Müller in Kopenhagen den Einfluß der Bodenfauna auf die Waldböden. Arbeiten anderer Forscher schließen sich hier an.

Der Einfluß der Pflanzen auf den Boden wurde zuerst an ihren niedersten Formen, den Bakterien, untersucht; die letzten Jahrzehnte haben zahlreiche Arbeiten darüber gebracht; trotzdem steht man erst am Beginn der Forschung.

Ganz neue Aufschlüsse sind von der besseren Durchforschung der Einflüsse zu erwarten, die die höheren phanerogamen Pflanzen auf den Boden ausüben. Hierher gehörende Untersuchungen finden sich bei

Wollny, Ebermayer u. a. Als extremer Anhänger dieser Richtung ist Whitney zu nennen.

Es kann hier nur hingewiesen werden auf den großen Gewinn, den die Bodenkunde aus den Fortschritten anderer Disziplinen gezogen hat. Die Geschichte der Entwicklung einer Wissenschaft läßt sich ja eigentlich nur verfolgen im Spiegel aller Fortschritte der Zeit. Soweit zu übersehen, werden die nächsten Jahrzehnte der Bodenkunde überwiegend beherrscht werden durch die rasch emporblühende physikalische Chemie, einschließlich der Kolloidchemie und durch bodenbiologische Forschungen.

Die kurze Darstellung zeigt das bunte, aber charakteristische Bild der Entwicklung einer Wissenschaft, die schwer darunter leidet, daß sie nicht als Selbstzweck, sondern überwiegend im Dienste der Praxis oder anderer Wissenschaften getrieben wird; der Fortschritt der Bodenkunde hat hierunter schwer gelitten und leidet leider auch heute noch fast unverändert unter diesen Verhältnissen. Die einzelnen Richtungen bestehen noch vielfach nebeneinander, sie haben es noch nicht gelernt, sich als Teile eines Ganzen zu fühlen.

2. Boden; Bodenkunde.

Boden. Der Boden (Erdboden) ist die obere Verwitterungsschicht der festen Erdrinde.

Zur festen „Erdrinde" gehören auch frei hervortretende Felsen, ferner die Ablagerungen abgestorbener Pflanzen und Tierreste. Bewegte Böden, wie Flugsand, Löß usw. unterliegen denselben Gesetzen der Verwitterung wie anstehende Gesteine. Die gegebene Definition faßt hiernach alle Teile der festen Erdrinde in sich.

Die Definitionen für Boden weichen sehr weit voneinander ab. Man kann die bisher aufgestellten in zwei Gruppen bringen, je nachdem sie den Boden als Wohnstätte der Pflanzen auffassen oder ihn nach seiner Bildung als oberste Erdschicht betrachten.

Von den zahlreichen gegebenen Definitionen mögen folgende mitgeteilt werden:

Fallou[1]): „Böden sind die losen Massen mineralischer und organischer Bestandteile, die durch Verwitterung und Umbildung an der Erdoberfläche entstehen."

Behrendt[2]): „Die Bodenkunde ist nichts anderes als die Lehre von dem Entstehen, dem gesamten Bestande und der Fortbildung

---

1) Bodenkunde.
2) Umgegend von Berlin. Abh. preuß. geol. Landanst. Nr. 3.

einer Verwitterungsrinde an der mit der Luft in Berührung stehenden gegenwärtigen Erdoberfläche."

Kraut[1]), Wahnschaffe[2]) definieren den Boden als „die oberste zum Pflanzentragen geeignete Erdschicht".

Vielfach wird die Definition für „Boden" umgangen und eine solche für „Bodenkunde" gegeben, z. B.:

Björlykke: „Bodenkunde ist die Lehre vom Boden als Wohnstätte der Pflanzen. Es ist ein Gebiet des Wissens, das nach der einen Seite an die Geologie, nach der anderen an die Botanik angrenzt."

Sehr hübsch ist die Angabe von Jarilow[3]). Geologie umfasse den toten Teil der Erde, Bodenkunde die ewig bewegliche lebende Erdhülle, die durch Sonnenenergie, atmosphärische Wässer und Organismen verändert wird.

Im gewöhnlichen Sprachgebrauch bezeichnet man mit „Boden" bzw. Erdboden die lockere, obere Erdschicht; da diese Schicht zumeist mit Pflanzen bestanden ist, ergibt sich leicht die Vorstellung, als sei der Pflanzenwuchs ein wesentliches Attribut des Bodens. Unter dieser Voraussetzung ergeben sich Verlegenheiten, wenn man extreme Fälle unterstellt. Ein „Salzboden", der infolge seines Salzgehaltes keine Pflanzen tragen kann, verliert dadurch doch sicher nicht seine Eigenschaft als „Boden", und andererseits müßten folgerichtig die durch Algen rot gefärbten Schneefelder des Nordens oder der Hochgebirge, der „obersten, zum Pflanzentragen geeigneten Erdschicht" zugerechnet werden.

Es ist festzuhalten, daß die Würdigung des Einflusses des Bodens auf die Pflanze in das Gebiet der Pflanzenphysiologie gehört, die der Einwirkung von Pflanzen auf den Boden aber, worunter die Änderungen, die ein Boden als Pflanzenstandort erleidet, verstanden werden sollen, der Bodenkunde angehört.

Bodenkunde. (Pedologie) ist die Lehre von der Entstehung, den Eigenschaften und den Umbildungen des Bodens.

Im theoretischen Sinne ist als Boden jene Erdschicht anzusehen, die Vorgängen der Oberflächenverwitterung unterliegt. Die Tiefe, bis zu der eine solche statt hat, schwankt in weiten Grenzen, sie wird nur sehr gering sein auf Felsgestein oder über Eisboden und wird unter dem Einflusse hoher Niederschläge im tropischen Klima ihr Maximum erreichen.

Die Praxis berücksichtigt in der Regel nur eine Erdschicht bis zu zwei Meter Mächtigkeit, und das ist berechtigt, da die Einwirkungen, die von der Oberfläche eines Bodens ausgehen, etwa bis zur

---

[1]) Handwörterbuch der Chemie, Bd. 2 (1853).
[2]) Anl. z. wissensch. Bodenuntersuchungen, Berlin. S. 3.
[3]) Bodenkunde (russisch) 1901, S. 243—245.

genannten Tiefe reichen, auch die biologischen Faktoren pflegen in beträchtlicheren Tiefen fast bedeutungslos zu werden.

Die Bodenkunde ist demnach ein Zweig der Geologie und kann mit vollem Recht auch als „Geologie der obersten Erdschicht“ definiert werden, wie dies bereits Dafert[1]) aussprach, „sie endet ihre Entwicklung als ein besonderer Zweig der völlig ausgebildeten chemisch-physikalischen Geologie der Zukunft“.

Als selbständiger Zweig der Geologie ist die Bodenkunde eine Wissenschaft; die Anwendung ihrer Lehren auf technische Zwecke, in erster Reihe auf Ackerbau und Waldbau ist als angewandte Bodenkunde abzutrennen.

Der Boden setzt sich zusammen aus verwitternden Gesteinen, den anorganischen Bestandteilen des Bodens, sowie aus den Resten abgestorbener Lebewesen, den organischen Bestandteilen des Bodens.

Die anorganischen Bestandteile unterscheidet man nach den Mineralien, die sie zusammensetzen und ihren Verwitterungsprodukten, sowie nach der Korngröße der einzelnen Bodenteile.

Nach der Korngröße unterscheidet man große Bestandteile (über 4 mm Durchmesser): Steine, Grand; mit unbewaffnetem Auge erkennbare Teile, die in Wasser verteilt, rasch zu Boden fallen: Sand und endlich sehr feinkörnige Teile, die in Wasser verteilt, sich längere Zeit schwebend erhalten: abschlämmbare Teile, Rohton.

Diese Bezeichnungen beziehen sich nur auf die Korngröße, ohne zunächst etwas über die chemische Zusammensetzung zu besagen, die erst in zweiter Linie kommt, z. B. Kalksand, Feldspatsand, Granatsand usw. Die abschlämmbaren Teile können aus sehr verschiedenen Bestandteilen bestehen, z. B. Kaolinit, Gesteinsmehl, kolloidem Ton usw.

Die organischen Reste bezeichnet man als „humose Stoffe“ oder als „Humus“. Es sind chemisch sehr mannigfaltig zusammengesetzte Körper, die sich durch ihre braune bis schwarze Farbe kenntlich machen und beim Glühen des Bodens verbrennen.

Sand, abschlämmbare Teile, Humus sind daher sehr verschieden zusammengesetzte Stoffe, die sich aber in wechselnden Mengen in fast allen Böden finden und für die man deshalb Sammelnamen eingeführt hat.

---

[1]) Landw. Jahrbücher 15, S. 257 (1886).

Erster Abschnitt.

Bodenbildung.

I. Verwitterung.

Die Gesteine der Erdoberfläche verwittern, d. h. sie werden durch physikalische und chemische Einwirkungen sowie durch die Tätigkeit von Organismen, zumal der Pflanzen, in ihrem Zusammenhange gelockert, in ihrer Zusammensetzung verändert und endlich in feinkörnige Aggregate umgewandelt.

In jedem einzelnen Falle wirken mehrere Ursachen der Verwitterung gleichzeitig neben einander; fast stets herrscht jedoch ein Vorgang vor; hierdurch wird es möglich, bestimmte Formen der Verwitterung zu unterscheiden, die zumeist vom Klima abhängig sind. Man kann die Oberfläche der Erde in Gebiete einteilen, die durch die Art der vorherrschenden Verwitterung ihren Charakter erhalten.

Die physikalischen Einwirkungen führen zum Zerfall der Gesteine in Bruchstücke aller Größen, ohne daß die chemische Zusammensetzung der Massen verändert wird.

Die chemischen Einwirkungen zersetzen die Mineralien, ändern dabei deren chemische Zusammensetzung und führen zur Bildung neuer Verbindungen mit abweichenden Eigenschaften. Stets ist dieser Vorgang mit Änderungen des ursprünglichen Volumens verbunden, die den Zusammenhang der Massen lockern (Auflockerung) und sie früher oder später in ein Haufwerk kleinerer Partikel überführen.

Die Verwitterung schreitet von außen nach dem Innern der Gesteine vor und wird durch alle Verhältnisse gesteigert, die geeignet sind, die Angriffsfläche zu vergrößern, wie Unebenheiten der Oberfläche, Spalten im Gestein; im gleichen Sinne wirken Richtungen geringerer Kohäsion in den festen Massen (Schieferung, Absonderungsflächen) und bei gemischtern Gesteinen ungleiche Ausdehnung der Bestandteile durch Temperaturänderungen.

Für die Verwitterung gelten folgende Regeln:

Einfache Gesteine verwittern meist schwieriger als gemengte. Dies Verhalten beruht darauf, daß die Adhäsion verschieden zusammengesetzter Körper meist geringer ist als homogener, sowie auf der verschiedenen Zersetzbarkeit der einzelnen Mineralien. Einer der Gesteinsbestandteile muß immer am leichtesten angreifbar sein und beeinflußt dann die Verwitterbarkeit des ganzen Gesteines.

Bei gleicher Mineral-Zusammensetzung verwittern grobkörnige Gesteine leichter als feinkörnige, feinkörnige leichter als porphyrische oder dichte.

Spaltbare Mineralien unterliegen der Verwitterung am leichtesten in der Richtung der Spaltflächen als Richtungen geringster Kohäsion. Ähnlich verhalten sich Gesteine, in denen Bestandteile nach bestimmten Richtungen gelagert (Schiefer) oder die von Absonderungsflächen, Klüften u. dgl. durchzogen sind. Sehr gesteigert wird die Angreifbarkeit, wenn die Gesteine starken Pressungen (Gebirgsdruck) ausgesetzt waren. Klüfte und Verwerfungen sind daher meist Richtungen rasch fortschreitender Verwitterung.

Starken Einfluß übt die Beschaffenheit der Gesteinsoberfläche. Je rauher ein Gestein ist, um so größer die Zahl der Angriffspunkte, um so leichter vermag Wasser in die kleinen Spalten und Unebenheiten einzudringen. Glatte, zumal polierte Oberflächen werden nur langsam angegriffen; so zeigen die Rundhöcker diluvialer Entstehung vielfach noch glatte Schliffflächen oder kaum rauh gewordene Oberflächen.

Experimentell wurde dies Verhalten wiederholt geprüft. Ein gutes Beispiel wurde von Pfaff[1]) mitgeteilt, der mit Platten von fein geschliffenem Jurakalk experimentierte. Bei 2500 qmm Oberlfäche ergab sich nach zwei Jahren ein Gewichtsverlust von 0,18 g, nach drei Jahren 0,55 g. Die polierte Fläche war rauh geworden und gestattete nun viel raschere Einwirkung als vorher.

1. Der Zerfall der Gesteine.

(Physikalische Verwitterung.)

Die wirkenden Kräfte der physikalischen Verwitterung sind: Volumänderungen infolge wechselnder Temperatur; Sprengwirkungen des gefrierenden Wassers (Spaltenfrost); mahlende und schleifende Wirkungen infolge mechanischen Druckes.

[1]) Zentralbl. f. Agrik.-Chem. 2, S. 325.

A. Einwirkung der Temperatur.

Alle Körper erleiden bei Temperaturwechsel Volumänderungen, deren Betrag bei verschiedenen Körpern verschieden ist, für denselben Körper aber annähernd der Temperatur parallel geht.

Die Volumänderung der Gesteine bei wechselnder Temperatur ist nicht erheblich; nach Messungen beträgt sie bei Granit, Marmor, Sandstein für 1 m und 1° C etwa 0,05—0,12 mm lin., bei Schwankungen der Temperatur von 50° also etwa 0,25—0,60 mm. Penck[1]) berechnet bei einer Amplitude von 70° die Volumänderung eines Kubikmeters Granit zu etwa 1400 cmm.

Bei der Verwitterung wirkt daher weniger die absolute Größe der Volumänderung, als deren häufige Wiederkehr infolge der täglichen Temperaturschwankungen. Da die höchsten und niedersten Temperaturen an der Oberfläche erreicht werden und nach der Tiefe rasche Abnahme der Amplitude der Temperatur eintritt, so ergeben sich hieraus Spannungen im Innern der Gesteine, die zur Bildung zahlreicher Sprünge führen können. Auch die verschiedene Erwärmbarkeit infolge der Färbung der Mineralien macht sich geltend, so werden in den Wüsten einfarbige Gesteine weniger angegriffen als mehrfarbige[2]).

Starken Einfluß können Schwankungen der Temperatur dort ausüben, wo nackte Gesteine und Felsen der Bestrahlung der Sonne ausgesetzt sind; am reinsten treten diese Wirkungen in den Wüsten hervor. Die Temperaturschwankungen erreichen hier täglich 60° und mehr und die an der Oberfläche liegenden Gesteine erreichen infolge der starken Bestrahlung am Tage hohe Temperaturen und kühlen sich in der Nacht infolge starker Ausstrahlung stark ab. Hierdurch wird in den Wüsten der Wechsel der Temperatur ein wirksames Mittel des Gesteinszerfalles.

Im Hochgebirge und in hohen Breiten vereinigt sich mit dem Wechsel der Temperatur die Sprengwirkung des gefrierenden Wassers. Vom Hochgebirge gibt Heim[3]) an, daß die tägliche Amplitude nicht selten 40—60° beträgt.

Geringer ist die Wirkung absolut niederer Temperaturen, jedoch findet man in borealem Gebiet große Felsplatten, die nur durch Frostwirkung zersprungen sein können. (Abb. 1.) Blümcke und Finsterwalder wiesen durch Versuche nach, daß beim Gefrieren und Auftauen Oberflächenteile der Gesteine als feiner Staub abgesprengt werden[4]).

---

[1]) Morph. der Erdoberfläche, 1. Bd., S. 203.
[2]) J. Walther, Denudation in der Wüste. Leipzig 1890, S. 21 u. 147.
[3]) Verwitterung im Gebirge. Basel 1879.
[4]) Ber. Münch. Akad. 1890, S. 435.

Im engen Zusammenhange mit Temperaturwirkungen steht wohl auch die oberflächliche Absonderung der Gesteine. Folgen die Sprünge auch zumeist Richtungen, die auf Eigentümlichkeiten der Struktur und auf tektonische Ursachen zurückzuführen sind, so bleibt noch genug übrig, was auf Oberflächenwirkung hinweist. Die Richtung der Absonderung ist zumeist abhängig von der gegenwärtigen Gestalt der Felsen, sie ist auf der Höhe horizontal, an den Hängen geneigt, so daß eine Bergkuppe wie von einem Mantel dicker Schalen umgeben ist[1]).

Abb. 1. Durch Frost zersprengte Felsplatte.
Nördlich Enare, Finnland. Orig.-Phot. Ramann.

Nicht unerheblich scheint endlich die verschiedenartige Ausdehnung der Kristalle zu wirken, die um so wirksamer wird, als die Volumänderungen von der Kristallstruktur bedingt werden und nach verschiedenen Richtungen wechseln.

Richtungen gleicher Ausdehnung sind die Hauptsymmetrieebenen. Während in regulär kristallisierenden Körpern die Volumänderungen durch Temperaturwechsel gleichmäßig erfolgen, sind sie im quadratischen und hexagonalen System nach zwei, in allen anderen Systemen nach drei Richtungen verschieden.[2])

---

[1]) Herrmann, Steinbruchindustrie u. Geologie, S. 109, Berlin 1895.

[2]) Quarz (Dammer, anorg. Chem. II. 1. Abt., S. 470) hat für 100° Temperaturerhöhung eine Ausdehnung in der Richtung der Hauptachse von 0,0008; in den Nebenachsen von 0,0015 der Länge.

Sind die Unterschiede bei gewöhnlichen Temperaturen auch nur gering, so lockern sie doch den Zusammenhang und öffnen dem Wasser Spalten, in denen es eindringen kann. Jeder Kristall verhält sich als einheitlicher Körper, je größer die Individuen, um so erheblicher auch Ausdehnung und Zusammenziehung. Hierauf ist es wohl mit zurückzuführen, daß die Verwitterung in grobkristallinischen Gesteinen viel rascher fortschreitet als bei feinkristallinischen.

In körnigen Gesteinen, wie im Granit, sind die einzelnen Kristalle meist ungleichmäßig ausgebildet und greifen vielfach mit Ecken und Zacken ineinander ein. Hierdurch entstehen bei Volumänderungen Spannungen, die zum Zerspringen der Gesteine führen. Hierauf beruht es wohl, daß in Wüsten auffällige Unterschiede im Gesteins-

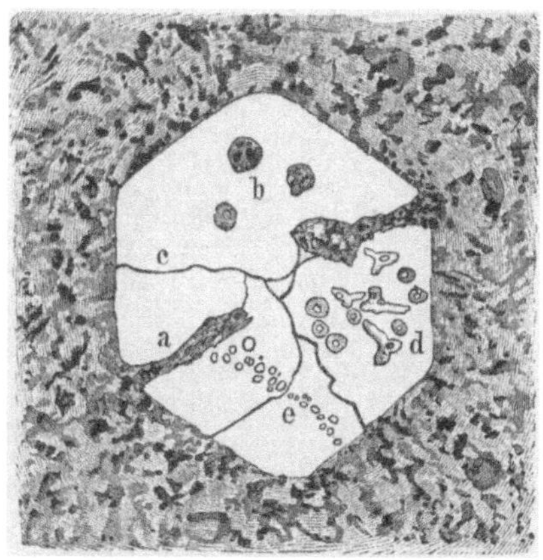

Abb. 2. Quarzkristall im Felsitporphyr.
a) Einstülpungen der Grundmasse; b) Einschlüsse von Grundmasse; c) Sprünge im Quarz; d) Flüssigkeitseinschlüsse; e) Gasporen.

zerfall auftreten, Granite in groben Sand zerfallen, während bei einheitlich zusammengesetzten oder feinkörnigen Gesteinen schalenförmiges Abblättern eintritt. (Walther a. a. O.)

Einfluß bei der Verwitterung gewinnen noch die zahlreichen Einschlüsse der Mineralien (Abb. 2), an denen namentlich der Quarz reich ist. Gasporen und Flüssigkeitseinschlüsse sind verbreitet; in Porphyrgesteinen sind Einstülpungen der Grundmasse in die ausgeschiedenen Kristalle häufig. Infolge des erheblichen Ausdehnungskoeffizienten der Gase ($^1/_{273}$) und der Volumveränderungen, die die eingeschlossenen Flüssigkeiten (meistens Wasser, seltner kohlensäurehaltiges Wasser und Kohlensäure) beim Gefrieren erleiden, muß der Druck, den sie auf das umgebende Gestein ausüben, beträchtlich sein. Zersprungene Kristalle, zumal des Quarzes, sind daher in den Gesteinen häufig.

B. Spaltenfrost.

(Wirkung des gefrierenden Wassers.)

Beim Übergang vom Wasser in Eis erfolgt eine Vermehrung des Volumens um rund ein Elftel. Ist Wasser in engen Räumen, zumal Spalten, vorhanden, so werden beim Gefrieren Druckwirkungen auftreten. Alle, auch die festesten Gesteine, sind von einem Netz feinster Spalten und Risse durchzogen, die Wasser den Eintritt gestatten[1]). Für kristallinische Gesteine fand man Wasseraufnahmen von 0,01—1,0%; im Mittel etwa 0,5%[2]). M. Gary faßt seine Erfahrungen in dem Satze zusammen, daß auch sehr feste Gesteine „durch Wasseraufnahme eine Einbuße an ihrer Festigkeit erleiden und daß schon einmaliger Frost imstande ist, die Festigkeit noch weiter herabzudrücken".

Besonders auffällig wird die sprengende Wirkung, wenn sich in breiten Gesteinsspalten flüssiges Wasser ansammelt oder sich abgestorbene Wurzeln voll Wasser saugen. Das gefrierende Wasser wirkt nach Art eines Keiles und kann mächtige Felsblöcke absprengen.[3])

Gesteine, bei denen die Zerklüftung schon weiter vorgeschritten ist, sind von Wasseradern durchzogen, beim Gefrieren treibt das Eis die einzelnen Stücke auseinander und nach dem Auftauen kann das ganze, vorher scheinbar feste Gesteinsstück in Grus zerfallen. Im Gebirge ist dies oft zu beobachten, aber auch im nordischen Flachlande sind Geschiebe von Granit oder Gneis oft ganz zerrissen. Gesteine, die durch ihre Struktur das Eindringen von Wasser begünstigen, z. B. Schiefergesteine, zumal Glimmerschiefer, werden oft in einem Winter völlig in Gesteinsgrus umgewandelt.

Die Sprengwirkungen des gefrierenden Wassers, die man unter der Bezeichnung „Spaltenfrost" zusammenfaßt, sind natürlich auf Gebiete beschränkt, die Temperaturen unter null Grad haben; sie treten am stärksten in Wirkung, wenn die Temperatur in der Nähe des Nullpunktes schwankt, Auftauen und Gefrieren häufig wechselt; es findet dies in den Polargebieten und ganz besonders im Hochgebirge statt. Hier wiederholt sich während der wärmeren Jahreszeit oft täglich dieser Vorgang; gewaltige Massen von Gesteinstrümmern werden dadurch von den Gipfeln der Hochgebirge abgesprengt und nicht selten besteht deren Spitze aus einem Haufwerk von Blöcken[4]).

Im Polargebiet findet man ganze Felsen durch Frostwirkung zerrissen. In diesen Gegenden wird der Spaltenfrost zum wichtigsten

---

[1]) Bischof, Chem. Geologie; M. Gary, Mitt. techn. Versuchsanstalt Charlottenburg 1897, Heft 1 u. 2.

[2]) A. Hanisch, Baumaterialienkunde, Bd. 2, S. 241.

[3]) Senft, Forstl. Bodenkunde, S. 143.

[4]) Heim, Verwitterung im Gebirge. Basel 1879.

Werkzeuge der Verwitterung, der Boden setzt sich zumeist aus mechanisch zerkleinertem Material zusammen.

C. Zertrümmerung durch mechanischen Druck.

Durch die bewegenden Kräfte des fließenden Wassers und des Gletschereises werden Gesteinsbruchstücke gegen einander bewegt und zerreiben sich dabei gegenseitig; zugleich werden Ufer wie Sohle des Flusses oder Gletschers angegriffen und erleiden starke Abschleifungen. In wasserreichen Gebieten ist die Zerkleinerung der größeren Bruchstücke der Gesteine durch diese Ursachen einer der wichtigsten und am meisten wirksamen Vorgänge der Verwitterung.

Im Oberlauf der Flüsse findet sich im Gebirge ein Gemisch von Gesteinsbruchstücken sehr verschiedener Größe, von Steinblöcken bis zum feinen Schlamm. Die großen Bruchstücke sind an den hervorspringenden Ecken und Kanten abgerundet, lassen aber noch vielfach ihre ursprüngliche Gestalt erkennen. Die mittelgroßen Gesteinsstücke sind meist stark abgeschliffen und nähern sich in ihren Formen den charakteristischen ovalen bis kreisrunden flachen Flußgeschieben, in die sie endlich übergehen. Die Mischung von hydraulisch sehr ungleichartigen Größen wird dadurch möglich, daß die Geschiebe in der Tiefe unter der oberen Flußsohle langsam fortbewegt werden (vgl. S. 107, Massentransport) und zunächst keine Gelegenheit gegeben ist, die feinkörnigen Bestandteile wegzuführen.

Im Mittellauf der Flüsse werden hauptsächlich gerundete Geschiebe, sowie von feinkörnigem Materiale freie Grande und Sande, im Unterlaufe zumeist nur Sande und Gesteinsschlamm gefunden.

Weiche und angreifbare Gesteine werden bei ihrem Transporte rasch zerstört, während die harten und widerstandsfähigen erhalten bleiben, so daß eine „Gesteinsauslese" eintritt.[1])

Um den Vorgang des Zermahlens der Gesteine zu verfolgen, hat man Gesteinsstücke in Trommeln eingeschlossen, an Schwungrädern von Dampfmaschinen[2]) angebunden und sie mit ihnen rotieren lassen. Die Versuche ergaben übereinstimmend, daß die Gesteinsstücke vielfach zerbrachen und hauptsächlich in feinen Schlamm zerrieben wurden; Sand dagegen wurde nicht oder nur in kleinen Mengen gebildet. Kleine Bruchstücke verloren hierbei für 1 km Weglänge $^1/_{1000}$—$^4/_{1000}$ an Gewicht. Erdmann fand nach einer Bewegung von 23 km Weg alle Gesteine gerundet; feinkörniger Stockholmgranit hatte 6% seines Gewichtes, roter Kalk 29,6%, Dachschiefer 36,6% Schlamm ergeben; feinkörniger Sandstein von Helsingborg war völlig zerrieben worden.

---

[1]) Walther, Einleitung in die Geologie.

[2]) Daubrée, Exper. Geologie, S. 122. — Ed. Erdmann, Geol. För. Stockholm. Förh. 4, S. 407.

Sandkörner entstehen meist schon beim Zerfall der Gesteine außerhalb des Wassers und bei der geringen Größe ist die Abschleifung durch den Transport gering. So benötigt nach Phillips[1]) ein Quarzkorn, das gerundet werden soll, einen Transport von 5000 km. Dadurch erklärt sich die Scharfkantigkeit der Sandkörner, und nur dort, wo bedeutende mechanische Kräfte wirken, sehen wir an Sandkörnern Kanten und Ecken gerundet; dies ist beispielsweise der Fall unter dem Einflusse brandender Meereswellen am Strande und bei langem Transporte unter Eis. Im nordischen Diluvialsande finden sich zahlreich völlig gerundete oder doch an Kanten und Ecken abgeschliffene Körner.

Durch die reibende Wirkung der Geschiebe werden die Flußbette und Ufer abgeschliffen und bis zu einem Normalprofil vertieft. Erfahrungsgemäß bildet sich ein solches früher oder später in jedem Gesteine aus[2]); die Steilheit der Böschung ist natürlich bedingt durch Gestein und die wirkenden Faktoren der Verwitterung. In widerstandsfähigem Gesteine können daher schmale und tiefe Rinnen entstehen, die wohl ausnahmslos ursprünglichen Spalten des Gebirges folgen, ihren Charakter indes der Tätigkeit wasserbewegter Geschiebe verdanken. Man bezeichnet sie in den Alpen als Klamm, in Nordamerika, wo sie die großartigste Ausbildung erfahren, als Cañon.

In festen Gesteinen werden durch die abschleifende Wirkung des vom Wasser mitgeführten Sandes und Grandes gerundete, an den Wänden geglättete Löcher, die Gletschertöpfe oder Riesentöpfe gebildet.[3])

Die Gletscher pressen während ihrer gleitenden Bewegung das Material ihrer Grundmoränen, verschieben dasselbe zugleich gegen einander und zerreiben es. Diese Wirkungen sind sehr stark und führen zu jenen charakteristischen Ablagerungen, in deren Hauptbestandteil, dem fein zerriebenen Gesteinsmehl, Stücke aller Dimensionen unsortiert eingebettet sind.

Die von Eis eingeschlossenen Bruchstücke wirken schleifend und ritzend auf die unterlagernden festen Gesteinsmassen ein. Man hat ihre Wirkung nicht ohne Berechtigung mit der eines Hobels verglichen. Alle hervorstehenden Ecken und Kanten werden hierdurch abgeschliffen, während die Oberfläche vielfach glatt poliert ist. Härtere eingeschlossene Steinstücke haben dann vielfach Risse und Streifen in diese polierte Fläche eingeschnitten, die oft ausgezeichnet parallel, die Richtung des sich bewegenden Eises erkennen lassen. Die „Gletscherschliffe" der Diluvialzeit sind vielfach noch gut er-

---

[1]) Quart. Journ. geol. Soc. 37 (1881).
[2]) Heim, Mechanismus der Gebirgsbildung, I, S. 293.
[3]) G. Cosigus, Bull. Soc. Belg. de Géol. 21, S. 325 (1908).

halten und die gerundeten Formen der Berge und Felsvorsprünge (Rundhöcker) geben dem Norden Europas sein Gepräge.

Durch Wind bewegter Sand schleift anstehendes Gestein ab und rundet vorspringende Kanten. In gemäßigten humiden Gegenden tritt diese Wirkung nur unbedeutend auf, so bietet das Elbsandsteingebirge hierfür Beispiele. In ariden Gebieten erhalten durch diesen Vorgang die Berge und zumal einzelstehende Felsen vielfach ihre bezeichnenden Gestalten. Der Angriff des treibenden Sandes trifft ganz

Abb. 3. Durch Eis geglättete Felsen (Rundhöcker) am Nejdenfjord (Varanger) Orig.-Phot. Ramann.

überwiegend den Fuß des Gesteines, der abgeschliffen wird und hierdurch dem Felsen eine pilzförmige Gestalt verleiht (Pilzfelsen).

An der Oberfläche des Bodens liegende Gesteine werden vom treibenden Sande abgeschliffen und deren Oberfläche geglättet. Hierdurch entstehen auffällige Gesteinsformen, die vielfach beschrieben worden sind und als Fazettengeschiebe oder nach ihrer häufigsten Ausbildung Dreikanter genannt werden.

2. Verwitterung durch Organismen.

Bei der Verwitterung sind pflanzliche Organismen stark beteiligt. Kaum bekannt, wahrscheinlich aber von hohem Einfluß ist die Tätigkeit der Bakterien, die vermöge ihrer geringen Größe in die feinsten Gesteins- und Erdspalten einzudringen vermögen. Müntz[1]) schreibt die chemische Verwitterung hochalpiner Gipfel (Faulhorn) der Einwirkung von Nitrobakterien zu.

Besser beobachtet und untersucht ist der Einfluß der Flechten. Jedem Beobachter wird das Auftreten der Flechten als erste pflanzliche Bewohner an Felsen auffallen. Löst man die Pflanzenschicht ab, so ist das unterliegende Gestein wie angefressen und vielfach im Zusammenhange gestört. Aber auch tiefer in das Gestein vermögen die Hyphen der Flechten einzudringen, wie Winter[2]) für Sarcogyne privigna (Ach.) auf Granit und Bachmann[3]) für Kalkflechten nachwiesen.

Algen sind am Meeresstrande und unter Süßwasser wirksam. Moose setzen die Tätigkeit der Flechten auf Felsen fort und höhere Pflanzen vermögen ihre Wurzeln tief in Felsspalten zu treiben sowie Gesteine zu durchbohren[4]), zumal gilt dies für Kalk- und Sandsteine.

Anätzen von Marmor, Phosphorit durch Pflanzenwurzeln ist von Sachs[5]) experimentell festgestellt worden.

Namentlich Kalkgesteine werden von den Wurzeln stark angegriffen, es ist dies in Kalkgebieten überall zu beobachten; Mangroven fressen in den Tropen Einschnitte in den Korallenfels[6]) und die Karren der Hochgebirge verdanken wohl überwiegend ihre Bildung wenigstens dem mittelbaren Einfluß der Pflanzen.

Die Pflanzenwurzeln enthalten Säfte, deren Einwirkung im Durchschnitt nach B. Deyer[7]) etwa der einer einprozentigen Zitronensäurelösung (0,013 Wasserstoff) entspricht, jedoch bei einzelnen Arten stark schwankt. Nach Czapek[8]) scheiden die Wurzeln wesentlich Kohlensäure aus; zum gleichen Schluß kommt Kassowitsch[9]). Auch die mechanischen Wirkungen der wachsenden Pflanzenwurzeln, die erhebliche Druck- und Sprengwirkungen üben können (Pfeffer, Abh. math. phys. Kl. d. Sächs. Akad. 20, 1893) unterstützen die Verwitterung und den Gesteinszerfall nicht unerheblich.

Einen sehr wichtigen Einfluß übt endlich die Pflanzenwelt durch den Schutz, den sie den Verwitterungsprodukten vor Abschlämmung gewährt. Die unzersetzten Gesteine werden unter der Bodendecke

---

[1]) Compt. rend. Par. Acad. 110, S. 1370 (1890).
[2]) Flora, 1875, S. 132.
[3]) Progr. Realsch. Plauen i. V. 1892.
[4]) Walther, Einl. in die Geol., S. 568.
[5]) Handb. d. exp. Pflanzenphysiologie, S. 188.
[6]) Wharton, Nature, 1884, S. 76.
[7]) Zentralbl. Agrikult.-Chem. 1894, S. 800.
[8]) Landw. Vers.-Stat. 52, S. 473 (1899).
[9]) Journ. exper. Landw. (russ.) 1902, S. 165.

dauernd feucht erhalten, das Wasser fließt nicht oberflächlich ab, sondern dringt allmählich in die Gesteinsspalten und öffnet der Verwitterung neue Wege.

3. Die lösende Wirkung des Wassers.

Wasser ist ein ausgezeichnetes Lösungsmittel für viele Stoffe, und man hat Ursache anzunehmen, daß es kein völlig unlösliches Mineral gibt. Viele Verbindungen gelten als „unlöslich", mit mehr Recht würde man sie als so „schwer löslich" bezeichnen, daß der im Wasser gelöst bleibende Teil unter gewöhnlichen Verhältnissen vernachlässigt werden kann; das gilt aber nicht für das große Laboratorium der Natur, wo durch Jahrtausende immer neu zugeführtes Wasser einwirkt.

Allerdings wirkt in der Natur nie reines Wasser, immer sind wechselnde Mengen von Salzen, Kohlensäure, Humusstoffen darin gelöst und werden chemische Umsetzungen nicht ausbleiben; trotzdem ist es berechtigt, die Einwirkung des Wassers auf solche Körper, die gelöst und unverändert wieder abgeschieden werden können, von der stets mit Stoffumwandlungen verbundenen, chemischen Verwitterung zu trennen.

Zu den leicht löslichen Körpern gehören schwefelsaure Magnesia und die Salze und Doppelsalze der Alkalien (Kochsalz, Carnallit, Kainit, Sylvin usw.) mit Ausschluß bestimmter Silikate.

Verhältnismäßig schwer löslich ist der wasserhaltige schwefelsaure Kalk (Gips), der in etwa 400 Teilen Wasser gelöst wird. Kommt Gips in mächtigeren Schichten vor, so wird er stets von ausgelaugten Hohlräumen und Spalten (Gipsschlotten) durchsetzt. Kohlensaurer Kalk ist in reinem Wasser sehr schwer löslich (1: 10800); die Lösung hat schwach alkalische Reaktion.

Kohlensäurehaltiges Wasser wirkt stärker lösend auf die meisten Mineralien als reines Wasser. Es vermag die Karbonate des Kalkes, der Magnesia, des Eisens und Mangans aufzunehmen. Obgleich hierbei stets eine chemische Einwirkung stattfindet (Bildung von sauren Salzen), rechnet man den Vorgang gebräuchlicherweise zur „Lösung".

Kalk und Dolomitgesteine sind daher fast stets von Spalten durchzogen, oft enthalten sie Höhlen, die sich nicht selten weithin erstrecken und in sehr vielen Fällen ihre Bildung der Lösung und Wegfuhr des Kalkgesteines durch Kohlensäure enthaltendes Wasser verdanken. Es mag jedoch darauf hingewiesen werden, daß es für manche Höhlen im Kalkgebirge wahrscheinlich ist, daß sich schon bei der Ablagerung Lücken bildeten. Die Höhlen finden sich gern in Kalken, die von Korallen gebildet sind; bei heutigen Korallenriffen kommen ähnliche Hohlräume vor.

Wasser wirkt auf Stücke kristallinischer Stoffe nicht gleichmäßig auflösend ein; einzelne Teile sind leichter angreifbar (jedes in Wasser gelegte Stück Zucker zeigt dies); als Ursache dieses Verhaltens sind Kristallwirkungen oder zufällige Eigentümlichkeiten anzunehmen; in der Natur wird außerdem noch die lösende Flüssigkeit in ungleicher Menge zugeführt. Hierdurch entstehen Vertiefungen, vorspringende Ecken und Kanten. Versteinerungen ragen oft frei aus halbgelösten Kalksteinen hervor. Alle der Verwitterung ausgesetzten Kalksteine zeigen Unebenheiten, auch bei scheinbar ganz einheitlichem Gefüge.

Abb. 4. Schratten oder Karren im Dachsteinkalk Reiteralp (Oberbayern). Orig.-Phot. Dr. H. Bauer (1909).

Die Vorgänge bei der Lösung fester Bestandteile, die im Boden fast allein in Frage kommen, sind ziemlich verwickelt und sind von der Konzentration der Lösung, Temperatur und Anwesenheit anderer löslicher Bestandteile abhängig.

In allen humiden Böden sind die leicht löslichen Bestandteile durch Auswaschung entfernt, es sind nur schwer lösliche oder durch Wasser unangreifbare Bodenkörper zurückgeblieben, so daß sie sich im starken Überschuß befinden, Zusammensetzung wie Konzentration der Bodenlösungen schwankt daher nur wenig Es bedarf sehr großer, immer erneuter Wassermengen, um eine merkbare Änderung des Gehaltes an löslichen Stoffen herbeizuführen. Hierbei sind die

Gleichgewichte zwischen Flüssigkeit und vom Boden absorbierten Körpern von hervorragendem Einfluß. Diese Vorgänge werden später behandelt. Es bedarf aber einer kurzen Darstellung der Verhältnisse zwischen schwer löslichen Stoffen und den Lösungen des Bodens, die als gesättigte Lösungen betrachtet werden können.

Im gesättigten Zustande enthält eine wässerige Lösung bei einer gegebenen Temperatur nur eine bestimmte Menge des löslichen

Abb. 5. Verschiedene Angreifbarkeit eines Gesteines. Dachsteinkalk im Hochgebirge. Reiteralp. Orig.-Phot. Dr. H. Bauer (1909).

Stoffes; es ist dies die Konzentration, die dem sogenannten Lösungsdrucke des festen Stoffes das Gleichgewicht hält.

Diese Konzentration ist nicht nur von den chemischen Eigenschaften der Körper abhängig, sondern auch von seinem physikalischen Zustande und wird namentlich durch das Verhältnis zwischen Oberfläche und Gewicht der einzelnen Teile (ihrer „spezifischen Oberfläche") beeinflußt. Je größer die spezifische Oberfläche ist, um so mehr vermag die Flüssigkeit von ihm zu lösen. Die Ursache dieser Erscheinung beruht auf dem Einfluß der Oberflächenkräfte und läßt sich auf ganz ähnliche Wirkungen zurückführen, die veranlassen, daß kleinere Flüssigkeitströpfchen rascher verdunsten als größere. Es sind an den Grenzflächen fester Körper dieselben Kräfte wirksam, die die Oberflächenspannung der Flüssigkeiten veranlassen, wenn auch ihre Wirkungen in entsprechend veränderter Weise hervortreten.

Hierauf beruht es, daß Stoffe im amorphen Zustande sich in der Regel nicht nur rascher auflösen, sondern auch größere Löslichkeit zeigen als im kristallisierten Zustande.

Bei löslichen Stoffen wirkt weitgehende Zerkleinerung ähnlich und ist zumal bei schwer löslichen Körpern direkt beobachtbar. Es war z. B. möglich, die Löslichkeit von Gips durch weitgehende Zerkleinerung um zwanzig Prozent zu steigern.

Im Boden hat dies Verhalten für Düngstoffe praktische Wichtigkeit; wird Phosphorsäure dem Boden als „Präzipitat“ oder als Superphosphat zugeführt, so befindet sich die Verbindung bereits in mehr oder weniger kolloidem Zustande oder wird im Boden in feinster Verteilung ausgefüllt und hierdurch die Löslichkeit erhöht.

Derartige Lösungen sind nicht stabil, sie tragen vielmehr den Charakter „übersättigter“ Lösungen und gehen mit der Zeit in die normale Form der Lösung über d. h. es wird so lange Salz ausgeschieden, bis die normale Konzentration erreicht ist. Es ist dies ein Vorgang, durch den auch schwer lösliche Körper im Boden und Gestein umgelagert und in größeren Kristallen ausgeschieden werden. Der „Rückgang“, d. h. Unlöslichwerden der löslichen Phosphate, der auch im Boden eintritt, beruht wahrscheinlich zum Teil auf derartigen Vorgängen.

Der Einfluß, den gelöste andere Stoffe auf die Löslichkeit eines Salzes ausüben, ist bisher wenig untersucht worden, namentlich gilt dies für die im Boden vorkommenden Verbindungen.

Es ist daher z. Z. nur möglich, die Grundsätze des Gesetzes der chemischen Massenwirkung auf im Wasser gelöste Salze anzuwenden.

Nach diesem Gesetze muß das Produkt der Konzentration der Ionen zur Konzentration der undissoziierten Moleküle in einem bestimmten Verhältnis stehen. Jede Abnahme oder Zunahme der Konzentration eines Iones führt daher zum Verschwinden oder Bildung undissoziierter Moleküle; ist die Lösung gesättigt und der lösliche Körper im Überschuß, d. h. ungelöst vorhanden, so wird zur Herstellung des Gleichgewichtes entweder Stoff gelöst oder ausgeschieden werden.

Aus diesen Beziehungen leitet sich die Regel ab, daß sich die Löslichkeit eines Salzes vermindert, wenn noch ein Salz hinzugefügt wird, das mit dem ersten Salz ein Ion gemeinsam hat, daß sich die Löslichkeit vermehrt, wenn beiden Salzen kein Ion gemeinsam ist. In diesem Falle findet eine Abnahme der Ionenkonzentration dadurch statt, daß jedes Anion beider Salze mit den Kationen der anderen Salze undissoziierte Moleküle eines neuen Salzes bildet. Wie stark sich dieser Einfluß äußert, ist im gegebenen Falle von der Menge der neugebildeten Moleküle und von dem Dissoziationsgrad der Salze abhängig.

Nach diesen Regeln, die übrigens durch weitere Änderungen der Zusammensetzung, z. B. Bildung komplexer Moleküle stark beeinflußt werden können, werden Salze gleicher Säuren oder gleicher Basen die Löslichkeit vermindern, ungleicher Säuren und ungleicher Basen sie vermehren.

4. Die Zersetzung der Gesteine.

(Chemische Verwitterung.)

A. Einfluß der Temperatur.

Wie alle chemischen Umsetzungen wird auch die Zersetzung der Gesteine durch die herrschende Temperatur beeinflußt. Experimentelle Untersuchungen fehlen noch.

Solange man in der Zersetzung der Gesteine hauptsächlich eine Wirkung der Säuren sah, konnte die Theorie nur einen geringen Einfluß der Temperatur auf die Geschwindigkeit der chemischen Verwitterung voraussetzen. Hierdurch kam sie in einen gewissen Gegensatz zur Erfahrung, die darauf hinwies, daß in den wärmeren Klimaten und niederschlagreichen Gebieten die Verwitterung wesentlich schneller fortschreitet als in gemäßigten oder kalten Gegenden.

Diese ablehnende Haltung beruhte auf den Vorstellungen, daß die Ionen der Säuren und Salze im wesentlichen die Träger der verwitternden Vorgänge seien und da es sich um die Wirkungen stark verdünnter Lösungen handelte, sowohl Dissoziation wie Beweglichkeit der Moleküle nur wenig mit steigender Temperatur zunehmen könne. Legt man der Rechnung die Diffusionsgeschwindigkeit zu grunde, so ergibt sich bei der Einwirkung einer Lösung auf einen festen Körper eine Steigerung der Einwirkungsgeschwindigkeit um etwa $^1/_6\%$ bei einer Erhöhung der Temperatur um 1^0 C.

Die Erkenntnis, daß der wichtigste Vorgang der Verwitterung, die Zersetzung der Silikate in erster Linie eine hydrolytische Spaltung durch Wasser ist und wie alle diese Prozesse zunächst auf den Grad der Dissoziation des Wassers zurückzuführen ist, stellt den Einklang zwischen Theorie und Erfahrung wieder her. Ist auch das Wasser an sich nur spurenweise dissoziiert, so steigert sich doch die Dissoziation mit steigender Temperatur stark und erreicht bei 30^0 etwa das dreifache bei 10^0.

Die chemische Verwitterung ist beim Gefrierpunkte infolge des Überganges des Wassers in den festen Zustand so gut wie aufgehoben. Steigt die Einwirkung mit dem Dissoziationsgrade des Wassers, so würde sie etwa in folgendem Verhältnis mit der Temperatur zunehmen:

0^0	10^0	18^0	34^0	50^0
1 :	1,7 :	2,4 :	4,5 :	8,0

Die Tatsache, daß Frostwirkungen zwar den Zerfall von Gesteinen steigern, aber ohne merkbaren chemischen Einfluß sind, läßt sich auch indirekt aus Kulturversuchen von Haselhoff[1]) ableiten, der Pflanzen in undurchfrorenen und wiederholt durchfrorenen zerkleinerten Gesteinen erzog, aber keinerlei Unterschied in der Produktion an organischer Substanz erzielte.

Hiermit steht im Einklange, daß Spaltenfrostböden, auch wenn sie reich an sehr stark zerkleinertem Material sind, chemisch sehr wenig zersetzt sind.

Von Einfluß auf die Zersetzung der Gesteine ist hiernach nicht nur die absolute Höhe der Temperatur, sondern auch die Dauer der Zeit, in der die Temperatur über null Grad liegt. In arktischen Gebieten findet dies nur etwa drei Monate im Jahre statt. Unter Gletschern erhebt sich die Temperatur kaum über null Grad; es kann daher nicht auffallen, daß die Ablagerungen der Glazialzeit, soweit sie nicht später der chemischen Verwitterung unterlagen, chemisch sehr schwach angegriffen sind und fast nur aus mechanisch zerkleinertem Material bestehen.

In gemäßigten Zonen steigert sich der Grad der chemischen Zersetzung der Verwitterungsprodukte und erreicht unter tropischem Klima große Werte. Die Menge, welche zur Verwitterung gelangt, würde sich, so weit sie von der Temperatur abhängig ist, hiernach in Gebieten verhalten, deren Bodentemperatur beträgt

100 Tage	gegen	10^0 =	170
200 ,,	,,	18^0 =	500
360 ,,	,,	34^0 =	1600.

Die Zahlen entsprechen etwa Verhältnissen, wie sie für das arktische Gebiet, Mitteleuropa und die Tropen gelten.

Es mag zugleich darauf hingewiesen werden, daß auch alle anderen wichtigen Vorgänge der Verwitterung, namentlich auch die Wirkung der Auswaschung, in warmen Gebieten stark zunehmen und dadurch den Charakter der Verwitterungsprodukte verändern.

B. Einfluß des Luftsauerstoffes.

Der Sauerstoff der Luft ist bei der Gesteinsverwitterung nur wenig tätig; weitaus die meisten Mineralien sind völlig oxydiert und

[1]) Landw. Vers.-Stat. 70, S. 140 (1909).

nehmen unter den herrschenden Verhältnissen Sauerstoff nicht auf. Ausnahmen bilden die Oxydulverbindungen des Eisens und Mangans sowie das Schwefeleisen. Bei der Leichtigkeit, mit der die Eisenverbindungen oxydiert werden, ist die Überführung der Oxydulsalze in die des Oxyds oder Abscheidung als Eisenoxyd einer der ersten Vorgänge der Verwitterung an der Erdoberfläche. Farblose oder grünlich bis grün gefärbte Gesteine nehmen rote oder braune (Eisenoxydsalze oder Oxydhydrat) Farben an.

Große Bedeutung gewinnt der Sauerstoff für die Verwesung, also die Oxydation der organischen Körper.

C. Verwitterung der Silikate.

Die Anschauungen über die chemische Verwitterung der Silikate haben in der letzten Zeit tiefgehende Veränderungen erfahren. Während bisher als feststehend galt, daß bei der für die Bodenkunde fast allein wichtigen Verwitterung der Silikate die wirksamen Bestandteile Säuren, namentlich Kohlensäure sei, hat sich jetzt unzweifelhaft herausgestellt, daß der erste Angriff durch die hydrolysierende Wirkung des Wassers erfolgt. Den Säuren sind nur sekundäre Wirkungen zuzuschreiben. (vgl. S. 37.)

Als Typus der Silikatverwitterung hat immer die Zersetzung des Kali-Tonerdesilikates, des Orthoklas gedient. Bereits Forchhammer[1]) kam der Wahrheit nahe, indem er annahm, daß Orthoklas in kieselsaure Tonerde und lösliches kieselsaures Kalium zerfalle. Er stellte die Gleichung auf, daß je drei Moleküle Feldspat (nach dualistischen Formeln gedacht) = 3 Al_2O_3, 12 SiO_2, 3 K_2O zerfalle in 3 Al_2O_3, 4 SiO_2 (Kaolin) und 3 K_2O, 8 SiO_2 (kieselsaures Alkali). Die gewaltige Autorität Bischoffs machte jedoch die Ansicht, daß eine Zersetzung durch Kohlensäure vorliege, allgemein herrschend.

Die ersten Untersuchungen, welche die Hydrolyse der Silikate behandelten, bezogen sich auf das Verhalten der verschiedenen Glasarten. Warburg[2]) und Ihmori sprachen zuerst in bestimmter Weise aus, daß Wasser eine hydrolytische Zersetzung des Glases in freies Alkali, das in Lösung geht und in Kieselsäure, die mit den übrigen Glasbestandteilen zurückbleibt, herbeiführt.

Studien von F. Mylius[3]) verfolgen diese Vorgänge weiter und zeigen, daß dabei die zersetzte Glasoberfläche ihren glasartigen Cha-

---

[1]) Nach Bischof, Phys. u. Chem. Geologie I, S. 818 (1847).
[2]) Ann. Physik 27, S. 481 (1885).
[3]) Verwitterung des Glases. Deutsche Mechaniker-Ztg. 1908, S. 1.

rakter bewahrt und deshalb der unmittelbaren Beobachtung entzogen ist.

Eingehende Untersuchungen veröffentlichte Cushman[4]); hiernach ergibt sich folgendes:

Läßt man Wasser auf Feldspatpulver einwirken, so tritt sofort eine Zersetzung ein. Alkalien (Kali bei Orthoklas) werden gelöst und Kieselsäure, bzw. ein wasserhaltiges Tonerdesilikat scheidet sich kolloid als dünne zusammenhängende Schicht ab, die das Mineral vor weiteren Angriffen des Wassers schützt. Der abgeschiedene kolloide Körper (vielleicht eine komplexe Aluminium-Kieselsäure) wirkt stark absorbierend auf Basen und der größte Teil des frei gewordenen Alkalis wird absorptiv gebunden.

100 g Feldspat mit 1 Liter Wasser behandelt, brachte 0,0811 g in Lösung; neun folgende Auszüge zusammen nur noch 0,0686 g = 0,024% des im Gestein enthaltenen Kaliums.

Das absorbierte Kali ist in Säuren nur schwierig löslich, wird aber löslich durch Einwirkung von anderen Basen und Salzen, die an Stelle des Kaliums absorbiert werden, sowie unter der Einwirkung des elektrischen Stromes.

Der Angriff des Wassers auf Feldspat kann durch Mittel, die das gebildete Kolloid mechanisch zerstören und hierdurch immer wieder Oberflächenteile des Minerals der Einwirkung des Wassers aussetzen, wesentlich gesteigert werden. So lösten sich aus 25 g Feldspat, der trocken gemahlen war, in 100 ccm Wasser 0,025% des vorhandenen Kaliums, dagegen naß mit der gleichen Wassermenge gemahlen 0,320%.

Um nachzuweisen, daß zur Erklärung der Vorgänge der Verwitterung eine Einwirkung von Säuren nicht notwendig ist, so daß Silikate, wie z. B. Orthoklas, überhaupt von Säuren nur sehr wenig angreifbar sind, gibt Cushman folgende Zahlen. Bei Einwirkung auf Orthoklas löste Wasser 0,320%; Lösung von Chlorammon 0,57%; konzentrierte Salzsäure 0,67 % des Kaliums.

Behandelt man, bei Anwendung gleicher Mengen, Feldspat mit kaltem Wasser, so gingen nur 0,03% in Lösung, bei Anwendung von $^1/_{10}$ n-Salzsäure dagegen 0,29%, beim Kochen sogar 0,48%. Behandelte man dann diese Gesteinspulver mit Chlorammonlösung, so löste sich noch Kalium; dessen Gesamtmenge betrug bei Behandlung mit Wasser 0,57%; mit kalter Salzsäure 0,56%, mit kochender Salzsäure 0,82%. Hieraus ergibt sich, daß selbst heiße verdünnte Salzsäure nicht wesentlich mehr Feldspat zersetzt als Wasser. Die Gesamtmenge des lös-

---

[4]) U. St. Dep. of Agr. Bur. of Chemistry. Bull. 92 (1905). Cushman und Hubbard, Dep. of Agr. Off. of. public Roads. Bull. 28 (1908).

lichen und des absorbierten, durch Ammon ersetzbaren Kaliums ist in den beiden ersten Fällen gleich, im dritten nur unwesentlich gesteigert. In der Natur sind Säuren von der Wirksamkeit einer $^1/_{10}$ n-Salzsäure (0,365% HCl) unter normalen Verhältnissen der Verwitterung nicht vorhanden. Es ist daher die Verwitterung der Silikate wesentlich eine Folge der hydrolysierenden Wirkung des Wassers.

Es ist auch nicht wahrscheinlich, daß Silikate, die durch Mineralsäuren zersetzt werden, wie z. B. Olivin, sich gegen Kohlensäure wesentlich anders verhalten als Feldspat. Unsere Versuche bei Gemischen von Olivin und Torf zeigen zwar etwas gesteigerte Angreifbarkeit des Olivins, aber doch nicht genügend, um grundsätzlich anderes Verhalten anzunehmen.

Die Angreifbarkeit der Silikate durch Wasser war bereits lange bekannt; alkalische Reaktion der meisten Silikate wies bereits Kenngott nach; J. R. Müller[1]) untersuchte die Einwirkung des Wassers auf Orthoklas quantitativ; zahlreiche andere Untersuchungen liegen vor. Da jedoch kohlensäurehaltiges Wasser mehr Stoffe in Lösung brachte und in der Natur stets kohlensäurehaltiges Wasser vorhanden ist, endlich die spaltende Wirkung des Wassers noch wenig berücksichtigt wurde, hielt man an der Meinung fest, daß die Silikatverwitterung im wesentlichen auf Zersetzung durch Säuren beruhe.

Als Schema der Verwitterung kann man die Umwandlung von Kalifeldspat in Kaolin benutzen. Die Formeln geben wenigstens Einblick in einen Endzustand der Zersetzung und zeigen, in welch erheblicher Weise Stoffe hierbei aufgenommen werden, während andere durch Auswaschung verloren gehen.

Die Gleichung geht von der Voraussetzung aus, daß ein chemisch reiner Kalifeldspat in Kaolin unter Verbleib der ganzen vorhandenen Tonerde umgewandelt werde.

100 Teile reiner Kalifeldspat enthalten:

16,88% K_2O, 18,49% Al_2O_3, 69,63% SiO_2;

es können sich hieraus bilden 46,49% Kaolin, enthaltend:

18,49 Teile Al_2O_3, 21,58 Teile SiO_2, 6,47 Teile Wasser.

Bei der Verwitterung sind aufgenommen oder weggeführt worden

— 16,88 Teile K_2O, — 48,05 Teile SiO_2 + 6,47 Teile H_2O.

Über die bei der Verwitterung der Silikate entstehenden Produkte sind wir nur wenig unterrichtet, da die wichtigsten, die wasserhaltigen

[1]) Tschermak, Mineral. Mitt. 1877, S. 25.

Tonerde- und Eisenoxydsilikate ein untrennbares Gemisch bilden und durch Absorption noch zahlreiche andere Bestandteile binden.

Folgende Regel kann man aufstellen; es bilden sich:

Unlösliche Produkte.

1. Aus Tonerde enthaltenden Silikaten entstehen kolloide, wasserhaltige Tonerdesilikate und Aluminiumkieselsäuren, wahrscheinlich zum Teil von der Zusammensetzung des Kaolinits.
2. Aus eisenhaltigen Mineralien bilden sich kolloide, wasserhaltige Eisenoxydsilikate, Eisenoxydhydrate und vielleicht Eisenoxyd.
3. Aus Magnesium enthaltenden Silikaten bilden sich wasserhaltige Magnesiumsilikate.
4. Quarz bleibt kaum angegriffen zurück.

Lösliche Produkte.

1. Freie Alkalien (Kali und Natron).
2. Wasserhaltige Kalium- und Natriumsilikate.
3. Kieselsäurehydrat.

D. Die Einwirkung der Säuren bei der Verwitterung.

In der Natur ist bei der Verwitterung stets kohlensäurehaltiges Wasser wirksam. Durch die Gegenwart der Kohlensäure, die natürlich selbständig wirksam ist, treten Umsetzungen ein und Karbonate werden in wechselnder Menge gebildet. Die Karbonate wirken auch selbständig auf die für sie angreifbaren Bestandteile; es entstehen hierdurch Verbindungen, die wiederum zu anderen Umsetzungen Veranlassung geben usw. Bei jeder Verwitterung verlaufen daher zahlreiche chemische Vorgänge neben einander, die zum Teil von äußeren Bedingungen, zumal der Temperatur beeinflußt werden und ferner von den chemischen Eigenschaften der einzelnen Stoffe und in ganz hervorragender Weise von der Konzentration, in der die verschiedenen Verbindungen vorhanden sind, sich abhängig zeigen. Es kann daher nicht auffallen, daß Kohlensäure die Menge der löslichen Bestandteile in der Verwitterungslösung steigert.

Die Massenwirkung der Kohlensäure ist nur dann erheblich, wenn in Wasser unlösliche Stoffe, namentlich Kalkkarbonat in größerer Menge in saure Salze übergeführt werden. Die Einwirkung auf absorbierte Stoffe in den kolloiden Verwitterungsprodukten wird dagegen durch viel Kohlensäure nicht wesentlich gesteigert. Sicha[1]) arbeitete mit Kohlensäure unter hohem Druck (bis 50 Atmosphären) und erhielt aus je 15 g Kalifeldspat in 200 ccm Wasser folgende Mengen löslicher Stoffe (in Gramm):

[1]) Diss., Leipzig 1891.

Druck der CO_2 in Atmosphären	50	30	10	30	10
Dauer der Einwirkung in Tagen	28	10	10	1	1
SiO_2	0,0205	0,0079	0,0097	0,0093	0,0087
CaO	0,0154	0,0124	0,0155	0,0105	0,0093
K_2O	0,0147	0,0139	0,0115	0,0101	0,0092
Na_2O	0,0062	0,0042	0,0037	0,0023	0,0015

Hieraus ergibt sich, daß bereits eine kleine Menge Kohlensäure hinreicht, um aufzulösen, was überhaupt von dieser schwachen Säure gelöst werden kann. Die allgemeine Verbreitung der Kohlensäure und ihre stark lösende Einwirkung auf Kalk und Magnesiumkarbonat sichern ihr jedoch einen wichtigen Platz in der Verwitterungslehre, namentlich in bezug auf die Auswaschung löslicher Stoffe.

Zum Vergleiche mit dem Verhalten der alkalireichen Feldspate mögen hier die Versuche von Sestini[1]) Platz finden, der je 280 g Augit von 1—2 mm Korngröße in einer Literflasche fünfzig Stunden lang a) mit Wasser, b) mit Kohlensäure gesättigtem Wasser schüttelte und folgende Stoffe gelöst fand (Eisen wurde als Oxyd berechnet.)

Die Lösung enthielt:

	SiO_2	Fe_2O_3	CaO	MgO
a)	0,0243 g	0,0043 g	0,0271 g	0,0140 g
b)	0,0033 „	0,0195 „	0,0246 „	0,0360 „

Die Einwirkung des Wassers brachte demnach ein (Ortho-) Silikat von Kalzium, Magnesium und Eisenoxydul in Lösung, das durch die Kohlensäure zersetzt wurde, wobei sich Kieselsäure flockig abschied.

Unter dem Einfluß der Kohlensäure lösen sich alle Karbonate (namentlich $CaCO_3$; $MgCO_3$; $FeCO_3$), in Lösung befindliche Silikate der Alkalien und alkalischen Erden werden zersetzt, dagegen wird Tonerde nur schwach, Eisenoxyd und seine Verbindungen werden nicht angegriffen. Unter dem Einfluß Kohlensäure enthaltenden Wassers findet daher keine Enteisenung der Verwitterungsmassen bei Luftzutritt statt. Unter den Mineralien enthalten alle wichtigeren Silikate wechselnde Mengen von Eisen, das bei Zutritt von atmosphärischem Sauerstoff in Ferribindung zur Abscheidung kommt. Die gelben bis braunen bis roten Färbungen, die auf einem sehr großen Teil der Erdoberfläche vorherrschen, sind eine Folge dieser wechselnden Gehalte an Eisenoxydverbindungen.

Verwitterung unter der Mitwirkung starker Säuren, namentlich Schwefelsäure und Chlorwasserstoff, sind bei tätigen Vulkanen

[1]) Chem. Zentralbl. I, 439 (1902).

oft beobachtet und beeinflussen gelegentlich selbst größere Bezirke (Maxwell). Freie Schwefelsäure bildet sich ferner überall, wenn Eisensulfide an der Luft verwittern. In kleinen Mengen finden sich diese Verbindungen in vielen Mooren, namentlich Hochmooren, treten aber unter Umständen auch reichlich auf. Auch in manchen Gesteinen, ferner in Wässern, die aus Erz- und Kohlengruben ausfließen, ist ein Gehalt an freier Schwefelsäure häufig. Die Verwitterung kennzeichnet sich dann meist durch Bildung von basischen Eisenoxyden, von Alaun und Gips.

Die kolloiden, bei der Verwitterung gebildeten Silikate absorbieren ähnlich wie die humosen Stoffe hauptsächlich Basen und führen hierdurch zur Abscheidung freier Säuren, die sich mit vorhandenen leicht zersetzbaren Stoffen, in der Regel mit kohlensaurem Kalk verbinden. Fehlt es an solchen Körpern, so reagieren die Verwitterungsprodukte sauer auf Pflanzenfarbstoffe; diese Reaktion beruht darauf, daß die angewandten Indikatoren zersetzt und deren Basis absorbiert wird; hierdurch tritt die Farbe der freien Säure hervor. So wird blaues Lackmuspapier gerötet, nicht, weil der Boden Säuren enthält, sondern weil die färbende Verbindung des Lackmus zersetzt und das Alkali absorbiert wird und nun die Eigenfarbe der Lackmussäure hervortritt.

Hierdurch üben lösliche Mineralsalze eine sekundäre Wirkung auf die Vorgänge der Zersetzung im Boden aus.

Diese Einwirkung, die kalkarme Verwitterungsprodukte, namentlich Tonböden mit den Humusstoffen teilen, ist mehrfach beobachtet worden.[1]) Läßt man neutrale Salzlösungen durch Kaolin, Kieselsäure usw. filtrieren, so zeigt die durchgegangene Flüssigkeit je nach dem angewandten Salze schwächer oder stärker saure Reaktion.[2]) Diese Vorgänge beruhen auf Hydrolyse und auswählender Absorption; je nachdem Säure oder Base aufgenommen wird, zeigt das Filtrat alkalische oder saure Reaktion; ferner auf Bildung von basischen Salzen unter Abscheidung freier Säure (z. B. Salze der Schwermetalle, Eisen, auch Magnesia), außerdem kommt die Wirkung der Bestandteile des Filters in betracht.

Das Vorkommen solcher Umsetzungen kann man leicht dadurch beweisen, daß man Salze, die vom Filtrationsmittel nicht oder nur in sehr geringer Menge absorbiert werden, durch eine Schicht desselben gehen läßt. Das Filtrat ist dann stark sauer. Als Beispiel kann Kupfersulfat und Kaolin dienen. Kaolin absorbiert kaum etwas von diesem

---

[1]) Kohler, Zeitschr. prakt. Geol. 11, S. 49 (1904). Spring, Bull. Ac. roy. Belg. 70, S. 426 (1900). E. C. Sullivan, U. St. Geol. Surv. Bull. 312, S. 8 (1907).

[2]) Man vergl. „Bewegung der Salze im Boden", S. 78.

Salze; nach Kohler läßt jedoch eine 15 cm hohe Schicht Kaolin nur sehr wenig Kupfer hindurch; das Filtrat reagiert sauer, auch Filtrate von Kochsalz und Chlormagnesium durch Kaolin zeigen leichte, aber deutlich saure Reaktion. Rohland[1]) fand, daß ein untersuchter Ton durchlässig für Kristalloide (Chlornatrium, Chlorbarium usw.) war, dagegen Kolloide festhielt. Man kann daher in tieferen Schichten mineralstoffarmer Böden das Vorkommen saurer Bodenflüssigkeit erwarten. Besonders machen sich diese Prozesse in stark salzhaltigen Böden geltend.

E. Einwirkung der Humusstoffe auf die Verwitterung.

Die Verwitterung unter dem Einfluß der humosen Stoffe kennzeichnet sich in der Natur durch Löslichwerden, und da stets feuchte Gebiete und Ortslagen in Frage kommen, durch Wegfuhr von Eisen und Tonerde. Die Verwitterungsprodukte verlieren ihre durch Eisenverbindungen veranlaßte Färbung und sind farblos, in dickeren Schichten weiß; oder, da stets wechselnde Mengen humoser Stoffe vorhanden sind, grau bis schwärzlich gefärbt. Beim Glühen tritt nach dem Verbrennen der organischen Substanz die weiße Färbung hervor.

Soweit bisher zu ersehen, ist das Auftreten dieser ausgebleichten Böden überall an die Mitwirkung humoser Stoffe gebunden. Große Länderflächen sind von solchen Ablagerungen bedeckt, so daß die Humusverbindungen zu den verbreitetsten und wirksamsten Hilfsmitteln der Verwitterung gehören. Experimentelle Untersuchungen liegen bisher wenig vor, für die Kenntnis dieser Einwirkungen ist man in der Hauptsache auf Beobachtungen im Felde angewiesen.

Zuerst wurde der Einfluß der humosen Stoffe wohl von Senft[2]) richtig beurteilt, umfangreiche Arbeiten lieferten später Julien[3]) und P. E. Müller[4]). Am charakteristischsten ist die Einwirkung der humosen Stoffe auf die Eisenverbindungen. Die Zersetzung verläuft verschieden bei Gegenwart oder Abwesenheit von Luftsauerstoff. Fehlt Sauerstoff, so reduzieren die Humuskörper das Eisenoxyd zu Oxydul, das dann von Kohlensäure angegriffen und löslich gemacht wird. Versetzt man Torf mit verdünnter Lösung von Eisenchlorid, so läßt sich schon nach kurzer Zeit die Bildung von Oxydulsalzen nachweisen. In Wässern, die aus tieferen Erdschichten hervortreten oder durch humusreiche Bodenschichten fließen, finden sich daher häufig Ferroverbindungen in wechselnden, oft großen Mengen gelöst.

---

1) Zeitschr. Elektrochem. 11, S. 455 (1905).
2) Forstl. Gesteins- u. Bodenkunde, 1. Aufl., S. 331.
3) Proc. of the amer. Ass. of the Adv. of Sc. 1879, S. 311.
4) Natürliche Humusformen. Berlin.

Ausbleichung, d. h. Wegfuhr des Eisens, erleiden jedoch auch vielfach gut durchlüftete humusreiche Böden; hier deutet alles darauf hin, daß das Eisen als Oxyd wandert. Es ist eine große Anzahl leicht löslicher Doppelsalze des Eisenoxyds mit Alkalien oder Ammoniak bekannt, namentlich die mehrbasischen Pflanzensäuren, wie Oxalsäure, Weinsäure, Apfelsäure, Zitronensäure bilden lösliche Doppelsalze. Das Eisen hat ferner die Eigenschaft, verhältnismäßig leicht hoch zusammengesetzte organische Körper zu bilden, von denen die Blutlaugensalze am bekanntesten sind. Es ist daher anzunehmen, daß bei Luftzutritt eisenoxydhaltige Stoffe entstehen, die mehr oder weniger löslich sind. Hierfür spricht auch, daß aus Torf usw. unter Einfluß des elektrischen Stromes Eisenverbindungen dialysieren, die erst nach dem Ausglühen des Abdampfrückstandes die Reaktionen der Ferri-Ionen zeigen. Der Transport des Eisenoxydhydrates als Kolloid wird später besprochen werden.

Eingehende Untersuchungen über die Verwitterung von Silikaten unter Mitwirkung von Humusstoffen, die im bodenkundlichen Laboratorium ausgeführt wurden (Assistent Niklas) zeigen, daß auch in diesem Falle die zersetzende Wirkung hauptsächlich dem Einfluß des Wassers zuzuschreiben ist und weitergehende Einwirkungen erst in langen Zeiträumen zu erwarten sind.

Gepulverte Silikate (Orthoklas, Labradorit, Hornblende, Augit, Olivin usw.) wurden, mehrere Jahre mit Torf gemischt, aufbewahrt. Die Menge der in Wasser, wie in verdünnten Säuren löslichen Bestandteile war gegenüber der Einwirkung durch Wasser nicht wesentlich gesteigert; wohl aber trat eine merkbare Erhöhung der löslichen Stoffe bei der elektrischen Dialyse hervor. Von der angewendeten Substanz (je 15 g Orthoklas oder Augit und 300 g Torf) waren löslich:

	Orthoklas		Torf		7 Jahre gemischt. Torf + Orthoklas		Es dialysierten		Gemischt.
	in Wasser g	in 2% Salzsäure g	in Wasser g	in 2% Salzsäure g	in Wasser g	in 2% Salzsäure g	Orthoklas g	Torf g	Torf + Orthoklas g
Fe_2O_3	0,0020	0,0250	—	0,0270	0,0055	0,0420	0,0091	0,0110	0,0245
Al_2O_3		0,0676	—	0,0410		0,0770	0,0200		0,0230
CaO	Spur	0,1252	0,0202	0,0520	0,0300	0,1507	0,0249	0,0255	0,1545
MgO	0,0055	?	0,0055	0,0117	0,0150	0,0208	0,0003	0,0095	0,0340
K_2O	0,0104	0,0285	0,0100	0,0115	0,0140	0,0310	0,0177	0,0231	0,0542
Na_2O	0,0036	0,0110	0,0133	0,0138	0,0055	0,0158	0,0085	0,0119	0,0339
SiO_2	—	—	0,0072	0,0173	0,0150	0,1330	—	—	—
	Augit				Augit				Augit
Fe_2O_3	—	0,2770			—	0,3865			0,0115
Al_2O_3		0,2390			—	0,1680			0,0380
CaO	0,0260	0,0900			0,0290	0,1100			0,0790
MgO	0,0013	0,0146			0,0076	0,0406			0,0620
K_2O	0,0061	0,0050			0,0080	0,0090			0,0322
Na_2O	0,0033	0,0079			0,0070	0,0075			0,0557
SiO_2	—	0,1906			0,0204	0,1730			—

Ganz ähnlich gestaltet sich der Vorgang der Verwitterung bei anderen Silikaten.

Einen Einblick in die weiter fortgeschrittene Zersetzung von Silikaten unter dauerndem Einfluß organischer Stoffe zeigen jene Gesteine, die lange Zeit in Torf eingeschlossen lagern oder das Liegende von Mooren bilden. Die Gesteine sind dann mit einer weißen Verwitterungsrinde umgeben oder völlig zersetzt, leicht zerdrückbar und oft in eine weiche schneidbare Masse umgewandelt.

Analysen eines den Gneisen zuzurechnenden Gesteines führte Nikiforow im Bodenkundlichen Labaratorium in München aus. Die Analysen des Gesamtgesteines geben wenig Einblick, behandelt man jedoch das Gestein mit Säuren, so treten die Unterschiede hervor. Analysiert wurde der unveränderte Kern des Gesteines und die äußere weiße Verwitterungsrinde, die zuerst mit 1 % Salzsäure und nach dem Abfiltrieren der Rückstand mit 10 % Salzsäure je zwei Stunden auf dem Wasserbade behandelt wurden.

	Bauschanalysen		in 1% Salzsäure löslich		in 10% Salzsäure löslich	
	Kern des Gesteins	Verwitterungsrinde	Kern	Rinde	Kern	Rinde
Al_2O_3	16,03	14,26	0,336	0,138	0,362	0,188
Fe_2O_3	1,42	0,41	0,357	0,043	0,142	0,025
Mn_3O_4	0,44	0,15	0,004	—	0,001	—
CaO	1,18	0,43	0,080	0,013	0,012	0,008
MgO	0,23	0,03	0,018	—	0,032	0,003
K_2O	4,28	4,84	0,063	0,035	0,051	0,019
Na_2O	4,41	3,02	0,055	0,026	0,071	0,019
SiO_2	71,12	75,80	—	—	—	—
SiO_2 (lösl.)	—	—	0,186	0,092	1,140	0,477

Leider waren wir damals noch nicht auf die Wirkung des elektrischen Stromes aufmerksam geworden, aber auch so zeigt sich die Verarmung der verwitterten Rinde an löslichen Bestandteilen, im gegebenen Falle, namentlich an Eisen, Magnesium und Alkalien.

Auffällig ist das Verhalten der Kieselsäure bei Gegenwart humoser Stoffe. In Gewässern, die aus Torfmooren hervortreten, ist viel Kieselsäure in Lösung[1]), auch unsere Versuche lehrten die verhältnismäßig starke Löslichkeit der Kieselsäure kennen. In Gewässern aus kieselsäurereichen Gesteinen in Gebieten der Kaolinverwitterung fand sich bis 40% SiO_2 im Abdampfrückstand. (Headden; vgl. Chem. Zentralbl. 1903, II, S. 1370, S. 1890). Bereits Julien (a. a. O.) weist eindringlich auf diese Verhältnisse hin und hebt hervor, daß auch unter anderen Verhältnissen organische Körper häufig Ansatzstellen zur Ausscheidung von amorpher Kieselsäure werden, z. B. Feuersteine in der Kreide.

---

[1]) Ramann, N. Jahrb. Geolog. usw., Beilageband 10, S. 119.

Zahlreiche Bodenanalysen zeigen ähnliche Verhältnisse und beweisen namentlich die Verarmung an löslichen Bestandteilen. Die Verwitterung unter dem Einfluß der Humusstoffe führt zuletzt zur Abscheidung eines wasserhaltigen Tonerdesilikates, oder wahrscheinlicher zur Abscheidung von Aluminium-Kieselsäure im amorphen Zustande, als deren kristallisierte Form der Kaolinit anzusehen ist. Solange wir für dieses amorphe Mineral noch keinen eigenen Namen haben, kann man den Vorgang als Kaolinverwitterung bezeichnen.

Auf Phosphate wirken absorbierende humose Stoffe stark zersetzend ein. Phosphorite, Thomasschlacke werden zerlegt und die Phosphorsäure mehr oder weniger löslich gemacht.[1])

Karbonate werden unter Einfluß absorptionsfähiger humoser Körper stark zersetzt; die im Humus der Kalkalpen verbreiteten, in ihrer Form oft an Knochen erinnernden Reste größerer Kalksteine zeigen dies Verhalten ganz auffallend.

F. Verwitterung durch Salzlösungen und Bodenabsorption.

In der Geologie bezeichnet man die Verwitterung unter Einfluß von Salzlösungen als komplizierte Verwitterung.

In der Bodenkunde bezeichnet man als Bodenabsorption eine Mehrheit verschiedener Wirkungen, unter denen Stoffe gebunden und löslich werden, Umsetzungen der verschiedensten Art eintreten und denen gemeinsam ist, daß in Wasser gelöste Stoffe auf die festen Bodenbestandteile einwirken. Sowohl praktisch wie theoretisch sind diese Vorgänge von größter Wichtigkeit und es hat daher Vorzüge, die Bezeichnung Absorption, die von der Physik auf die Löslichkeit der Gase in Flüssigkeiten beschränkt ist, für den Boden auch noch jetzt festzuhalten.

Es liegen bereits frühzeitige Beobachtungen vor, die sich auf Absorptionswirkungen des Bodens beziehen. Die ersten Untersuchungen, die den Verlauf der Prozesse verfolgten, sind von Thomson und Way gemacht worden. Liebig blieb es vorbehalten, die ganze Bedeutung der Bodenabsorption aufzuklären und sie weiteren Kreisen zugänglich zu machen. Hieran schließt sich eine sehr große Reihe vortrefflicher Untersuchungen hervorragender Agrikulturchemiker, von denen hier Knop, Petersen, Lemberg und namentlich van Bemmelen (der bahnbrechende Erforscher der Kolloide und ihrer Adsorption), genannt werden sollen.

---

[1]) Eichhorn, Landw. Jahrb. 4, S. 21. — W. Hoffmeister, Landw. Vers.-St. 50, S. 363 (1898).

Zum Verständnis der Bodenabsorption ist es notwendig, eine Übersicht zu geben über die Grundlagen der Gesetze der chemischen Massenwirkung, ferner über die Eigenschaften des kolloiden Zustandes der Körper und der Wirkung der Oberflächenspannung. Es sind dies Teile der Chemie und Physik, die für die Bodenkunde von grundlegender Wichtigkeit sind.

Die Vorgänge der Bodenabsorption spielen sich in einem Gemisch von festem Boden und wässeriger Lösung ab; ein solches Gemisch bezeichnet man in der physikalischen Chemie als inhomogenes System und unterscheidet es von den homogenen Systemen, die einer Lösung entsprechen. Jeder Stoff, dessen Teile mit ihren Oberflächen an andere Stoffe grenzen, gibt Veranlassung zur Bildung von Grenzschichten, deren Verhalten von den Eigenschaften beider Körper abhängig ist, sie bilden je eine Phase (z. B. fester Körper gegen Flüssigkeit, zwei nicht mischbare Flüssigkeiten gegen einander; Flüssigkeit gegen eingeschlossene Gasblasen usw.). Durch die Zahl der vorhandenen Phasen wird der Grad der Inhomogenität eines Systems bedingt. Unter Phasen werden hiernach verstanden die verschieden abgegrenzten Bestandteile, die in einem System auftreten.

Für den Boden hat man in der Regel eine flüssige Phase — die wässerige Lösung —, dagegen so viele feste Phasen als verschiedene Verbindungen vorhanden sind. So hat z. B. das System wässerige Lösung und Quarzsand nur zwei Phasen, eine flüssige und eine feste; dagegen wässerige Lösung und Quarzsand und Kaolinit drei Phasen, eine wässerige und zwei feste. Da im Boden mannigfaltige Verbindungen vorkommen, so hat man ein System, das sehr viele feste Phasen enthält.

Jede Phase, also auch jede Grenzfläche eines festen Körpers gegen eine Flüssigkeit ist der Sitz einer besonderen Energieform, die man als Oberflächenenergie bezeichnet und die unter Umständen auch den Verlauf chemischer Vorgänge beeinflussen kann. Die Stärke der Wirkung ist von der Ausdehnung der vorhandenen Grenzflächen, also von der Oberfläche abhängig und ihr direkt proportional. Die Oberflächenenergie wirkt im Boden stark, da in ihm für die Gewichtseinheit die Oberfläche sehr groß ist und zumal bei quellungsfähigen Körpern ganz außerordentliche Ausdehnung erreicht.

Die physikalische Chemie hat nun eine Anzahl Regeln und Gesetze kennen gelehrt, nach denen die sich abspielenden Reaktionen in heterogenen Systemen verlaufen und die natürlich auch für den Boden Giltigkeit haben. So treten im Boden sowohl „heterogen chemische“ neben „kapillar chemischen“ Reaktionen gleichzeitig auf; es ist aber zweckmäßiger, sie getrennt zu behandeln.

1. Heterogene Reaktionen. Chemische Massenwirkung.[1])

Die chemischen Reaktionen werden in ihrem zeitlichen Verlaufe, d. h. in der Geschwindigkeit der Vorgänge, sowie in dem Endzustand, den sie erreichen, durch das Gesetz der chemischen Massenwirkung beherrscht. Nach diesem Gesetz ist die Geschwindigkeit, mit der sich ein Stoff chemisch umsetzt, direkt seiner Konzentration proportional; beteiligen sich zwei oder mehrere Stoffe an der in gleicher Richtung verlaufenden Reaktion, so ist die Geschwindigkeit dem Produkte der Konzentrationen proportional. Dieselbe Gesetzmäßigkeit gilt, wenn die neu entstandenen Stoffe in entgegengesetztem Sinne reagieren können, d. h. wenn die Reaktion umkehrbar ist.

Man nehme an, aus a und b könnten c und d gebildet werden und aus c und d könnten a und b gebildet werden. Läßt man nun a auf b einwirken, so ist im Anfange die Bildungsgeschwindigkeit von c und d sehr groß; je mehr im Verlaufe der Reaktion aber von c und d gebildet werden, um so mehr nimmt die Konzentration von a b ab, von c d zu, und damit die Einwirkungsgeschwindigkeit von c auf d, während die von a auf b abnimmt. Es muß daher ein Zeitpunkt eintreten, von dem an beide Geschwindigkeiten gleich werden und bleiben und die relative Menge der einzelnen Stoffe sich nicht mehr ändern kann; in jedem Augenblicke wird sich von jedem einzelnen der wirkenden Stoffe gleichviel bilden wie zersetzen, das System befindet sich dann im Gleichgewichtszustande. Die Geschwindigkeit der Umsetzung ist von der Konzentration abhängig; Gleichgewicht tritt ein bei entgegengesetzten Reaktionen, wenn beide gleich schnell verlaufen (die Gesamtgeschwindigkeit ist dann Null). Der Zustand des Gleichgewichtes tritt hiernach nur bei einem ganz bestimmten Verhältnis der Konzentrationen ein. Dieses charakteristische Konzentrationsverhältnis des Gleichgewichtszustandes wechselt mit der Temperatur, so daß Erwärmung oder Abkühlung auch zu anderen Gleichgewichtslagen führen können.

Diese allgemeinen Beziehungen vereinfachen sich, wenn in einem heterogenen System überschüssige feste Stoffe mit Flüssigkeiten in Reaktion treten. Der feste Körper wird nicht selbst unmittelbar wirken, sondern nur entsprechend seiner Löslichkeit in der Flüssigkeit und seine absolute Menge wird daher im allgemeinen keinen Einfluß ausüben. Da der feste Körper im Überschuß vorhanden ist und sich von ihm immer wieder eine gesättigte Lösung bilden kann, so wird seine Konzentration im Verlaufe der ganzen Reaktion konstant bleiben und das Gleichgewicht von der Konzentration der anderen wirkenden Stoffe bedingt werden.

---

[1]) Vgl. Nernst, Chemie.

Für diese Vorgänge kann man das klassische, bereits von Guldberg und Waage untersuchte Beispiel der Gleichgewichtszustände zwischen dem schwer löslichen Sulfat und Karbonat des Bariums und in Lösung befindlichen Sulfat und Karbonat des Kaliums (zur Einfachheit ohne Berücksichtigung der Ionenbildung) heranziehen. Nach der Gleichung soll sich umsetzen:

$$\underset{\text{fest}}{BaSO_4} + \underset{\text{gelöst}}{K_2CO_3} = \underset{\text{fest}}{BaCO_3} + \underset{\text{gelöst}}{K_2SO_4}$$

Die in Betracht kommenden Konzentrationsprodukte sind:

$$c_{BaSO_4} \times c_{K_2CO_3} \text{ einerseits und } c_{BaCO_3} \times c_{K_2SO_4}$$

anderseits. Im Gleichgewichtszustande müssen sie in einem konstanten Verhältnis $= k$ stehen, also

$$\frac{c_{BaSO_4} \times c_{K_2CO_3}}{c_{BaCO_3} \times c_{K_2SO_4}} = k.$$

Da aber Bariumsulfat und Bariumkarbonat sehr schwer lösliche Salze sind, so bleibt ihre Konzentration und damit auch deren Verhältnis

$$\frac{c_{BaSO_4}}{c_{BaCO_3}} = \text{konstant};$$

verbindet man diese Konstante mit der früheren Konstante k zu einer gemeinsamen Konstante k_1, so kann man den Gleichgewichtszustand durch die einfache Formel $\frac{c_{K_2CO_3}}{c_{K_2SO_4}} = k_1$ ausdrücken.

Man hat die Größe experimentell festgestellt und $k_1 = 4$ gefunden, d. h. behandelt man überschüssiges festes Bariumsulfat mit Lösung von Kaliumkarbonat, so wird die Umsetzung und Bildung von Bariumkarbonat und Kaliumsulfat so lange fortschreiten, bis in der Lösung das Verhältnis 1 Teil Kaliumsulfat auf 4 Teile Kaliumkarbonat erreicht ist. Bringt man daher äquivalente Mengen der beiden zuerst angewendeten Salze in Lösung, so ist auch nach noch so langer Zeit immer nur ein Teil, etwa $^1/_5$ des vorhandenen Bariums in Karbonat überführbar. Anders gestalten sich aber die Verhältnisse, wenn man das Kaliumkarbonat im Überschuß verwendet, es also in großer Konzentration einwirkt; dann wird die Menge des entstehenden Bariumkarbonates entsprechend zunehmen, bis endlich fast alles Sulfat umgewandelt ist. Vollständig kann dies aber nicht stattfinden, da die entgegengesetzte Reaktion immer einen meßbaren Wert behält. Auch auf anderem Wege kann man das gleiche Ziel erreichen, nämlich wenn man immer neue Kaliumkarbonatlösung anwendet und hierdurch die Konzentration des K_2SO_4 dauernd sehr niedrig hält.

Derartige Reaktionen kommen im Boden sehr häufig vor und gleichfalls, daß namentlich durch Auswaschung die Konzentration eines

Stoffes fortgesetzt erniedrigt wird; auf diesem Wege können im Grunde umkehrbare Reaktionen einen einseitigen Verlauf nehmen. (Vgl. auch S. 54, die Versuche von *Lemberg*.)

2. Hydrolyse.

Ein Umstand, der die chemischen Vorgänge sehr stark komplizieren kann und namentlich bei der Verwitterung hervortritt, ist, daß Wasser sich nicht nur als indifferentes Lösungsmittel verhält, sondern auch Anteil an den Reaktionen nimmt und als aktiver Bestandteil an den Umsetzungen teilnimmt.

Man kann annehmen, daß im allgemeinen die Reaktionsfähigkeit eines Stoffes von seiner Fähigkeit abhängig ist, Ionen zu bilden. Das Wasser ist zwar nur sehr schwach, aber doch merklich in Ionen gespalten:

$$H_2O \rightleftarrows H + OH'.$$

Es enthält Wasserstoff- und Hydroxylionen, ist also *elektrisch dissoziiert*.

Man kann die Spaltung eines Elektrolyten in Ionen als chemische Reaktion auffassen; als solche muß sie dem Gesetze der Massenwirkung unterliegen, man braucht hiernach für die Umsetzungen nur die Ionenkonzentration einzusetzen, um analoge Verhältnisse zu erhalten. Es muß demnach für jeden elektrolytisch dissoziierten Stoff das Produkt Ionenkonzentrationen in einem bestimmten Verhältnis zur Konzentration des nicht dissoziierten Anteils des Stoffes stehen. Für schwache Säuren oder schwache Basen ist dies Verhältnis sehr klein; so z. B. auch für Wasser. In 10 000 000 Liter Wasser sind etwa 17 g OH und 1 g H im dissoziierten Zustand enthalten. Praktisch kann man daher, da die Konzentration des nicht dissoziierten Wassers sehr groß ist, seine Konzentration als konstant annehmen und das Produkt Wasserstoff-Ionenkonzentration mal Hydroxyl-Ionenkonzentration ebenfalls als konstant betrachten.

Wird nun das Salz einer schwachen Säure in Wasser gelöst, so bilden die positiv geladenen Wasserstoffionen des Wassers mit den negativ geladenen Ionen des Salzes die Dissoziationsprodukte der freien Säure. Trotzdem die Konzentration der Wasserstoffionen des Wassers sehr klein ist, so wird doch, da die Konzentration der im Salze vorhandenen Anionen groß ist, das Produkt beider bald einen beträchtlichen Wert erreichen und zur Bildung von undissoziierten Säuremolekülen führen. Ist die Säure sehr schwach, so daß der Grad ihrer Dissoziation mit der des Wassers vergleichbar ist, so wird deren Menge in der Lösung zunehmen, so daß der Sättigungsgrad überschritten werden kann und die Säure sich fest ausscheidet. Tritt dies ein, so verschwindet damit ein

Teil der Wasserstoffionen aus der Lösung; da aber das Produkt von H-Ionen mal OH-Ionen konstant bleiben muß, so werden die letzteren im Überschuß vorhanden sein und die Lösung wird alkalisch reagieren.

Analoge Vorgänge werden bei Lösung eines Salzes einer schwachen Base eintreten, die positiven Metallionen werden mit den Hydroxylionen des Wassers reagieren, es kann zur Ausscheidung der freien Base kommen und die Lösung wird sauer reagieren.

Der Grad der Dissoziation des Wassers ist von der Temperatur abhängig und nimmt mit steigender Temperatur zu; bei höheren Temperaturen wird daher die hydrolytische Spaltung viel höher sein; anderseits kann bei niederen Temperaturen sich eine Grenze ergeben, unter der sie überhaupt nicht mehr in die Erscheinung tretende Wirkungen ausüben wird.

Geht man von diesen Vorstellungen aus, so wird z. B. die Verwitterung der Silikate dem Verständnis näher gebracht.

Betrachtet man die Feldspate als Salze einer sehr schwachen Säure, der Aluminiumkieselsäure, so sind sie in wässriger Lösung nicht existenzfähig, sie werden hydrolytisch gespalten und zerfallen in freies Alkali und Aluminiumkieselsäure, die sich amorph ausscheidet. Zum Teil kann die Spaltung weiter gehen und Kieselsäure und Aluminiumhydroxyd gebildet werden; zumal bei höherer Temperatur wird diese Reaktion vorherrschen. Durch diesen Umstand wird verständlich, daß Aluminium als Salzbestandteil, d. h. als Ion in unseren Wässern fehlt, dagegen kleine Mengen Kieselsäure stets vorhanden sind, die heißen Quellwasser davon sogar viel (bis zu 0,5 g im Liter) enthalten. Auch die Abscheidung von Tonerdehydrat bei der Lateritverwitterung in den Tropen rückt dem Verständnisse näher. Bei der Verwitterung tritt als weiterer Komponent noch die Kohlensäure hinzu. Das System Silikat, Wasser, Kohlensäure ist nicht beständig, es werden daher, abgesehen von sekundären Reaktionen, fortgesetzt chemische Umsetzungen vor sich gehen, bis ein Gleichgewichtszustand herbeigeführt ist, dem bei den Temperaturen der Erdoberfläche Karbonate einerseits, Aluminiumkieselsäure, bzw. Aluminiumhydrat und Kieselsäure anderseits entsprechen.

Es mag hier darauf hingewiesen sein, daß diese Betrachtungen auf nahe Verwandtschaft der Verwitterung und der Umsetzungen in tieferen Erdschichten, die Kohlensäure und Wasser bilden, hindeuten.

Die Kohlensäure kann infolge ihrer Flüchtigkeit einen bestimmten Grad der Konzentration (abhängig vom Partialdruck) nicht überschreiten, zudem nimmt ihre Verwandtschalt zu Alkalien mit steigender Temperatur ab. Die Kieselsäure ist fast nichtflüchtig, ihre Affinität zu den Alkalien steigt mit der Temperatur, hierdurch wird das System Silikat, Kohlensäure, Wasser, das an der Erdoberfläche unbeständig ist, bei hoher Temperatur und steigendem Druck stabil, so daß neben Silikaten noch Kohlensäure und Wasser gebildet werden; beide sind wichtige Produkte des Vulkanismus. Man darf sie als Produkte derselben umkehrbaren Reaktion ansprechen, die an der Erdoberfläche zur Verwitterung führt; die wirkenden Bestandteile sind in beiden Fällen die gleichen, aber die Richtung der Reaktion ist durch Temperatur und Druck verschoben, der Gleichgewichtszustand ein anderer geworden. Der natürliche Prozeß des Vulkanismus kann der Verwitterung als umkehrbare Reaktion an die Seite gestellt werden.

3. Die Kolloide.

Die ersten eingehenden Untersuchungen der Körper, die man als Kolloide bezeichnet, stammen von Graham. Er trennte die festen Körper in zwei große Gruppen, die er als Kristalloide und Kolloide bezeichnete.

Die Kristalloide umfaßten alle Stoffe, die kristallisiert erhalten werden konnten und die Eigenschaft zeigten, aus Lösungen durch dünne Häute (tierische Blase, Pergamentpapier usw.) in umgebende Flüssigkeiten (Wasser) überzutreten, zu dialysieren.

Dagegen kristallisierten und dialysierten die Kolloide nicht; sie kennzeichneten sich nicht nur durch ihre amorphe, sondern auch noch durch ihre meist schleimige Beschaffenheit (colla Leim). Später fand man, daß bei bestimmten Kolloiden schwache Osmose statt hat, sowie daß sie sich von den Kristalloiden noch dadurch unterscheiden, daß sie in Lösung den Siedepunkt nicht erhöhen und den Gefrierpunkt nicht erniedrigen.

Lange Zeit blieb das Studium der Kolloide vernachlässigt, bis ihre Kenntnis in den letzten Jahrzehnten mächtig gefördert wurde und sie jetzt mit im Vordergrunde der chemisch-physikalischen Arbeit stehen. Es ist noch nicht möglich geworden, zu allseitig übereinstimmenden Auffassungen zu gelangen. Von gesicherten Tatsachen sind für die Bodenkunde folgende wichtig:

Im festen Zustande sind viele Kolloide amorph und zeigen entweder geringe Kohäsion, so daß sie lockere Pulver bilden (Eisenoxydhydrat, Kieselsäure, amorphe Kohle usw.), oder sie trocknen aus ihren Lösungen zu festen Stücken ein, die meist leicht zerbrechen und glänzende Bruchflächen mit Glasglanz oder Fettglanz zeigen (Glas, Gummi usw.). Viele der besten Klebstoffe, wie tierischer Leim, Gummi, Dextrin sind Kolloide. Die Hauptmenge der Pflanzen und Tierkörper besteht aus Kolloiden, die bei ihrer chemischen Reindarstellung vielfach ihre organisierte Struktur (Zellulose, Chitin, tierische Haut) behalten.

Aus dieser Zusammensetzung ergibt sich, daß die physikalischen Eigenschaften dieser Gruppe der Kolloide im festen Zustande innerhalb der weitesten Grenzen schwanken und eigentlich nur negativ, durch Abwesenheit des kristallinischen Zustandes charakterisiert sind. Berücksichtigt man, daß diese Körper den verschiedensten chemischen Körperklassen angehören können, so ergibt sich schon hieraus, daß in den Kolloiden nicht eine chemisch definierte Stoffgruppe vorliegt, sondern daß die kolloiden Eigenschaften der Ausdruck eines physikalischen Zustandes sind.

Noch schärfer tritt dies hervor, wenn man feststellen kann, daß auch kristallisierte Körper in den kolloiden Zustand überführbar sind.

Hierzu bedarf es einiger Beispiele:

1. Beutelt man Bergkristall sehr fein, so läßt sich aus dem Mineralmehl durch Abschlämmen mit Wasser eine Flüssigkeit gewinnen, die unverändert durch gewöhnliches Filtrierpapier geht; schwache Trübung zeigt, das Licht zerstreut (das Tyndall-Phänomen), durch Zugabe von Elektrolyten tritt Ausfällung ein, kurzum die Flüssigkeit hat die wesentlichen Eigenschaften einer „kolloiden Lösung".

2. Ein anderes Beispiel bieten Metalle, z. B. Gold. Fällt man aus einer Goldchloridlösung unter geeigneten Verhältnissen das Metall aus, so scheidet es sich „kolloid" ab. Noch leichter ist die Überführung des Goldes in den kolloiden Zustand möglich durch Zerstäuben unter Flüssigkeit durch den elektrischen Strom. Hier werden „kolloide" Lösungen verschiedener Färbungen von rosa über rot, violett bis blau gewonnen, die sich durch die Größe der einzelnen Goldteilchen unterscheiden, in denen man aber das Metall im Ultramikroskop noch unmittelbar sichtbar machen kann (Zsigmondy).

Die Beispiele 1 und 2 betreffen fein verteilte feste Stoffe in Flüssigkeiten; man bezeichnet sie als Suspensoide.

3. Schüttelt man ein dickflüssiges Öl stark mit Wasser, so bildet sich eine milchige Flüssigkeit, die aus kleinen Öltröpfchen, die im Wasser fein verteilt sind, besteht. Nach kurzer Zeit entmischen sich beide Flüssigkeiten und bilden wieder getrennte Schichten. Gibt man jedoch Gummi, Eigelb oder dgl. zu, so bleibt die Flüssigkeit längere Zeit hindurch unverändert. Derartige Gemische zeigen, sofern sie fein genug verteilt sind, ebenfalls die Eigenschaften kolloider Lösungen; man bezeichnet sie als Emulsoide.

Bereits mäßige Mengen von arabischem Gummi, ein Stoff, der selbst ein Kolloid ist, genügen, die Öltropfen in der Flüssigkeit verteilt zu erhalten, es wirkt als Schutzkolloid.

4. Rührt man Eiweiß längere Zeit an der Luft, so wird es zu „Schnee" geschlagen; es bildet eine lockere, poröse Masse, im Ansehen

ganz ähnlich dem Seifenschaum. Eiweiß ist ein Kolloid, das schäumt, d. h. Luft in gleichmäßiger Mischung in sich einschließt. Betrachtet man Seifenschaum, Eiweißschnee u. dgl. genauer, so erkennt man, daß sie eine bestimmte poröse Struktur besitzen.

Eine wabenartige oder „Schwammstruktur“ findet man sehr weit verbreitet bei kolloiden Lösungen, zumal der Emulsoide, aber auch Suspensoide nehmen, hier zumeist infolge von Kapillarwirkungen beim Verdunsten der Flüssigkeit eine mehr oder weniger bestimmte räumliche Verteilung an. Es tritt dies z. B. kenntlich hervor, wenn man ein Suspensoid zwischen zwei Glasplatten (Objektträger und Deckglas) verdunsten läßt. Es ist dies ein Vorgang, der bei der Krümelung der Böden mitwirkt.

Berücksichtigt man endlich, daß Stoffe der verschiedensten chemischen Eigenschaften zu den Kolloiden gehören, ferner daß es in neuester Zeit möglich geworden ist, zahlreiche früher nur als Kristalloide bekannte Stoffe in kolloide Form überzuführen und anderseits echte Kolloide (Eiweißstoffe) kristallisiert zu erhalten, so kann es keinem Zweifel unterliegen, daß die Kolloide nur einen bestimmten Zustand der Materie darstellen.

Alle kolloiden Lösungen sind disperse Systeme, also sehr fein verteilte Stoffe in einem Suspensionsmittel. Nun ist nicht zu verkennen, daß dies überhaupt alle Lösungen sind. Seien Ionen oder Moleküle eines Stoffes in einer Lösung vorhanden, immer müssen sie in ihren Eigenschaften von den Molekülen des Lösungsmittels abweichen, d. h. jede Lösung muß ein disperses System sein. Man neigt daher gegenwärtig dazu, die Unterschiede im Verhalten der verschiedenen Lösungen in den Größenverhältnissen der einzelnen Komponenten zu suchen.

a) Eigenschaften der kolloiden Lösungen.

Die Eigenschaften der Kolloidlösungen werden gegenüber anderen Lösungen gekennzeichnet durch relative Größe der im Lösungsmittel verteilten Fremdkörper und durch die Wirkungen der großen Oberflächen der verteilten Stoffe.

Diese Größen sind nun nicht etwas Feststehendes, sondern sind abhängig von den äußeren Bedingungen, die bei der Bildung herrschten. Ganz geringfügige Abweichungen machen sich geltend. Herrschende Temperatur, Konzentration der Lösungen, Luftdruck sind hierbei zu berücksichtigen. Die Änderung der Konzentration kann sich geltend machen, je nachdem zwei reagierende Flüssigkeiten langsam oder schnell gemischt wurden usw.

Für einzelne Fälle, z. B. bei einer Gold in kolloider Verteilung enthaltenden Lösung, hat man die Größe der einzelnen Goldteilchen durch das Ultramikroskop gemessen und Größen von weniger als 0,60 $\mu\mu$ bis zu 180 $\mu\mu$ gefunden. Da sich vielfach noch Mischungen von Teilchen sehr verschiedener Größe finden, so gibt es nicht eine kolloide Goldlösung, sondern sehr viele; jedoch verschieden in der Größe ihrer Oberflächen und der Stärke ihrer Wirkungen.

Es geht hieraus ohne weiteres hervor, daß Kolloide gleicher chemischer Zusammensetzung recht verschiedene Eigenschaften haben können.

Am wichtigsten für den Boden ist das Verhalten der vorkommenden Kolloide gegen Wasser. Je feinkörniger die Kolloide sind, um so mehr Wasser werden sie zwischen sich einlagern können, verdünnt man die Lösung, so wird der Abstand der einzelnen dispersen Teile größer, entzieht man der Lösung Wasser, so werden sie sich einander nähern. Setzt man z. B. eine Lösung von kolloidem Eisenhydroxyd der Verdunstung aus, so dunstet Wasser fortgesetzt ab, bis endlich nur noch hygroskopisches Wasser zurückbleibt; ähnlich verhalten sich Kieselsäure und viele andere Stoffe.

Nimmt das Volumen der Flüssigkeit ab, so nähern sich die Teile der Kolloide einander und je konzentrierter die Lösung wird, um so mehr wird die Zahl der Berührungen der Partikel zunehmen; hierdurch treten Anziehungskräfte in Tätigkeit, die zur Vereinigung und Zusammenlagerung einzelner Teilchen führen, die dann ebenso „Flocken" bilden müssen, wie Ton beim Zusatz von Elektrolyten. Aber nicht nur Verdunstung, sondern auch die mannigfaltigsten anderen Einwirkungen führen auch ohne Änderung der chemischen Zusammensetzung dazu, die Korngrößen der Kolloide zu vergrößern oder zu verkleinern. Die Kolloide sind daher labile Gebilde, sie gehen mehr oder weniger leicht in einen anderen Zustand über, der unter den gegebenen Verhältnissen stabiler sein muß, als der bisherige. Diese Zustandsänderungen werden sich so lange fortsetzen, bis ein stabiles Gleichgewicht erlangt ist und ebenso lange werden die Eigenschaften der Kolloide sich ändern; diese Änderung wird fast stets nach Richtung einer Vergrößerung der einzelnen Partikel verlaufen, wodurch die kolloiden Eigenschaften vermindert werden. Die Kolloide „altern". Das „Altern" der Kolloide wird erst dann aufhören, wenn ein Endzustand erreicht ist und die Anordnung der einzelnen Teile die höchste zugängliche Regelmäßigkeit, die Kristallform, angenommen hat und die Kristalle eine bestimmte Größe erreicht haben. Hierzu bedarf es oft sehr langer Zeit, oft geologischer Zeiträume (z. B. Kaolingel in Kaolinit), oder die stabile Form ist voll ausgebildet überhaupt nicht bekannt, z. B. Brauneisen.

Ist die Vergrößerung der Partikel einer kolloiden Lösung nur eine

Folge geringeren Wassergehaltes oder schwach anziehender Kräfte, so bedarf es nur der Zugabe von mehr Wasser oder geringer äußerer Einwirkungen, um das Kolloid wieder in den früheren Zustand zurückzuversetzen, es ist rückwandelbar oder reversibel. Sind die Anziehungskräfte, die die einzelnen Partikel vereinigen, größer oder sind chemische Umsetzungen eingetreten, die die Zusammensetzung des Kolloids verändert haben, so kann der frühere Zustand durch schwache Einwirkungen nicht wieder erlangt werden, das Kolloid ist nicht rückwandelbar oder irreversibel. Eisenoxydhydrat, Tonerdehydrat, wasserhaltige Kieselsäure, manche Humusstoffe sind nach dem Trocknen dauernd verändert, es sind irreversible Kolloide; dagegen scheinen viele wasserhaltige Silikate, manche Humusstoffe reversibel zu sein.

Die Zustandsänderungen, denen kolloide Lösungen oder „Sole“ früher oder später unterliegen, treten augenfällig in Erscheinung durch ein dichteres Zusammenlagern der Kolloidkörper die aus einer beweglichen Lösung in eine Gallertmasse (ein „Gel“) umgewandelt werden.

Kolloide, die aus chemisch reinen Stoffen bestehen, erleiden diese Umwandlungen erfahrungsmäßig leicht, Fremdstoffe steigern oder vermindern die Haltbarkeit der Sole. Besondere Wichtigkeit haben jene Verbindungen erhalten, die den kolloiden Lösungen längere Dauer verleihen und es vielfach überhaupt erst möglich gemacht haben, Stoffe in kolloidem Zustande zu erhalten.

Es sind ausschließlich Kolloidkörper der Klasse der Emulsoide, von denen bis jetzt eine derartige Schutzwirkung bekannt wurde und man gab ihnen deshalb den Namen „Schutzkolloide“. Es ist wahrscheinlich, daß diese Stoffe, von denen in der chemischen Technik namentlich Eiweißverbindungen benutzt werden, die geschützten Teilchen mit einer dünnen Adsorptionsschicht umgeben; so erklärte sich die starke Wirkung, die bereits sehr geringe Mengen der Schutzkolloide auszuüben vermögen.

Für den Boden kommen einzelne, noch nicht näher bekannte organische Stoffe als derartige Schutzkolloide in Frage und gewinnen überall, wo absorptiv ungesättigte, sogenannte saure Humusstoffe vorkommen, sehr große Bedeutung. Unter ihrem Einfluß bleiben Eisenhydroxyde und wasserhaltigen Silikate in kolloidem Zustande, sie werden dadurch beweglich und für die Bodenwässer fortführbar. In den kalten Gegenden, z. B. Mittel- und Nordschweden, steht die Bodenbildung ganz unter diesen Einflüssen.

Die chemische Natur der humosen Schutzkolloide ist noch nicht bekannt. Es ist anzunehmen, daß es verschiedene Verbindungen sind, die vorkommen. In manchen Fällen wird auch die ausfällende Wirkung der Elektrolyte, selbst von Kalzium- oder Magnesiumsalzen überwunden. In vielen Hochmoor-, seltner in Flachmoorgewässern sind organische Kolloide gelöst, die durch Kalziumsalze nicht ausgefällt werden. Ein extremer Fall der Schutzwirkung liegt in einem bis 70% kohlensauren Kalk enthaltenden Mergel vor, der in Münchener Ateliers vielfach als „Modellierton“ benutzt wird und wegen seiner Bildsamkeit sehr beliebt ist.

Die Zustandsänderungen der Kolloide bewegen sich überwiegend nach Richtung der Minderung der Oberflächengröße und damit der Kolloidwirkungen. In diesem Sinne verlaufen alle Einwirkungen, die Wasser entziehen, darunter auch der Frost, der gelöste Kolloide zur Abscheidung bringt.

Elektrische Ladung der Kolloide vgl. Seite 47.

b) Kolloidkomplexe und Adsorptionsverbindungen.

Die starken Adsorptionswirkungen der Kolloide bleiben natürlich nicht ohne Einfluß auf die Eigenschaften der wirkenden Stoffe. Die engen Beziehungen zwischen elektrischer Ladung und den Eigenschaften der Kolloide, sowie zwischen den zur Anlagerung kommenden Stoffen führen dazu, daß adsorptiv gesättigte Kolloide wesentlich andere Eigenschaften annehmen als adsorptiv ungesättigte. Mit der Sättigung nehmen in der Regel die kolloiden Eigenschaften ab, so können Sole in Gele übergehen. Überhaupt machen sich die Eigenschaften der adsorbierten Stoffe mehr oder weniger geltend. Ein adsorptiv gesättigter Humus ist z. B. ein amorpher, aber wenig kolloider Körper, der, zumal wenn die Absättigung durch Kalk erfolgte, zur Bildung kolloider Lösungen nicht mehr befähigt ist; ein mit Kalk abgesättigter kolloider Ton verliert zum großen Teil seine Bindigkeit. Ungesättigte Humusstoffe des Bodens geben mit verdünnter Ammoniaklösung dunkel gefärbte kolloide Lösungen. Gesättigte Humusstoffe lassen die Flüssigkeit ungefärbt (Schützesche Probe). Um die gesättigte Humusform in die ungesättigte überzuführen, bedarf es nur der Behandlung mit Säuren. Setzt man der Aufschlämmung eines humushaltigen Bodens tropfenweise Salzsäure zu bis zur schwach sauren Reaktion der Flüssigkeit, so löst sich nach dem Auswaschen der Humus im verdünnten Ammoniak kolloid (matière noir nach Grandeau).

Die Kristalloide, die zur Adsorption kommen, sind nach dieser Auffassung das Widerspiel der Schutzkolloide.

Stoffe, die keine oder geringe kolloide Eigenschaften haben, erhalten durch Schutzkolloide den Charakter der Kolloide. Kolloide Stoffe verlieren durch adsorptiv aufgenommene Kristalloide mehr oder weniger ihren kolloiden Zustand. Man kann die stark wirkenden Kristalloide als Schutzkristalloide oder besser als „Antikolloide“ bezeichnen.

Beide Gruppen erlangen ihre Wirkung, indem sie die Oberflächen der Fremdkörper in dünner Schicht überziehen und dadurch die Grenzschicht gegen die Flüssigkeit bilden. Es kann nicht auffallen, daß durchschnittlich die Wirkung der Schutzkolloide stärker ist als die der Schutzkristalloide; die erstere haben selbständig große Oberflächen, während die der letzten von der Oberfläche der eingehüllten Kolloide abhängig sind.

Sowohl durch gegenseitige Ausfällung wie durch Adsorption können die verschiedensten Stoffe zu Mischungen vereinigt werden, in denen die einzelnen Komponenten starke Anziehungskräfte aufeinander ausüben, so daß sie durch Lösungsmittel nur teilweise getrennt werden können. Man bezeichnet solche Gemische als Kolloidkomplexe. So enthalten humose Stoffe verschiedene Basen, Phosphorsäure, Kieselsäure usw. Es sind echte Kolloidkomplexe, sie sind aber doch nur als innige Mischungen chemisch differenter Stoffe zu betrachten. Man hat den Begriff der Adsorptionsverbindungen eingeführt und darunter Stoffe verstanden, in denen sich die Komponenten nicht in stöchiometrischen Verhältnissen vereinigen, so daß jene Körper, auf die man bisher den Begriff der chemischen Verbindung beschränkte, eigentlich nur noch als Grenzfälle einer Reihe erscheinen würden. Notwendig ist diese Auffassung nicht; zum Verständnis der Eigenschaften der Kolloidkomplexe genügt die Annahme eines durch starke Anziehungskräfte vereinigten innigen Gemisches chemisch definierter Körper. Das Vorkommen von Schutzkolloiden und Schutzkristalloiden ist ein schwerwiegendes Argument gegen die Existenz von Adsorptionsverbindungen.

4. Der Absatz fester Teile in Wasser.
(Sedimentation.)

Der Absatz fester Teile in Wasser, der für die Bodenbildung von hervorragendem Interesse ist und auf dem die mechanische Bodenanalyse beruht, wird beeinflußt von Schwerkraft, Oberflächenspannung, Reibung und elektrischer Ladung der festen Teile.

Fördernd auf den Absatz wirken Schwerkraft und Oberflächenspannung; hemmend wirken Reibung und elektrische Ladung.

Die Wirkung der Schwerkraft ist die Veranlassung zur Sedimentation.

Die einzelnen Körper werden bei gleichem Volumen vom spezifischen Gewicht beeinflußt, als Maß dieser Wirkung dient das spezifische Gewicht des Stoffes, vermindert um das spezifische Gewicht der Flüssigkeit, also im Wasser gegenüber Luft um 1.

a) Die Oberflächenspannung.

Die Oberflächenspannung bewirkt, daß die Flüssigkeit bestrebt ist, an den Grenzflächen die Oberfläche zu verkleinern und dadurch die Oberflächenenergie zu vermindern. Oberflächenenergie ist das Produkt aus Oberflächenspannung und der Oberfläche. Die Verkleinerung der Oberfläche tritt ein durch Zusammenlagerung kleinerer Teile zu größeren, in diesem Falle wird ein Faktor der Oberflächenenergie verkleinert und damit natürlich auch das Produkt selbst. Den Vorgang der Zusammenlagerung bezeichnet man als Flockung oder Agglutination.

b) Reibung.

Die Reibung der festen Teile am Wasser wird zunächst durch die Temperatur beeinflußt, so daß die Reibung infolge verminderter Zähigkeit des Wassers bei steigender Temperatur abnimmt. Höhere Temperaturen sind daher für Sedimentation günstiger als niedere. (Bei Flüssigkeiten, die erwärmt werden, tritt jedoch noch die Wirkung von Strömungen hinzu, die dem Fall der Körper entgegenwirken. Abgeschlämmte Bodenteile setzen sich daher bei langsamer Erwärmung zunächst ab etwa bis 60°; steigt die Temperatur weiter, so werden infolge von Strömungen des Wassers die abgesetzten Teile wieder in der Flüssigkeit verteilt; beim Siedepunkte wirken die sich bildenden Gasblasen mechanisch zerteilend; daher kocht man die Böden längere Zeit zur Vorbereitung für die mechanische Bodenanalyse. Die Zähigkeit des Wassers fällt übrigens langsamer als die Temperatur steigt, die Schnelligkeit der Sedimentation ist daher der Temperatur nicht ganz proportional.)

Die Wirkung der Reibung steigt mit der spezifischen Oberfläche (spezifische Oberfläche gleich Oberfläche dividiert durch Gewicht). Der Fall verlangsamt sich daher mit abnehmender Korngröße.

Bei der Reibung macht sich noch der sogenannte Projektionswiderstand geltend; es ist dies ein Faktor, der von der Form abhängig und der Fläche direkt proportional ist, die senkrecht zur Bewegungsrichtung vorhanden ist. (Aufgespannter und zugeklappter Regenschirm; Fall eines Glimmerblättchens in Wasser in senkrechter oder wagrechter Lage usw.)

Als Regel kann man festhalten, daß bei den Bodenkörnern jede Abweichung von der Kugelgestalt den Projektionswiderstand steigert und damit den Fall verlangsamt.

c) Elektrische Ladung.

Endosmose und Kataphorese.

Es ist experimentell festgestellt, daß an der Berührungsfläche zweier Stoffe elektrische Ladungen entstehen. Wird ein unlöslicher Stoff in Wasser eingetragen, so werden beide entgegengesetzt elektrisch geladen. Führt man von außen elektrische Potentiale zu, so wird Anziehung oder Abstoßung je nach der Ladung der Elektroden eintreten, hierdurch kann Arbeit geleistet werden.

In dieser Weise kann Wasser von einer Stelle auf eine andere Stelle mechanisch übertragen werden. Diesen Vorgang bezeichnet man als Endosmose.

Gelangt nicht das Wasser, sondern der darin aufgeschlämmte Stoff zur Wanderung, so bezeichnet man dies als Kataphorese.

Die Art der Ladung, die zwei Stoffe annehmen, ist von ihren Dielektrizitätskonstanten abhängig und zwar laden sich die Stoffe mit hoher Dielektrizitätskonstante positiv, mit niederer negativ elektrisch.[1])

Alle Teilchen eines aufgeschlämmten Stoffes bewegen sich unter dem Einfluß elektrischer Potentialkräfte in einer Richtung (wandern zu einer Elektrode), sie sind also alle einnamig geladen. Gleich geladene Teilchen stoßen sich aber ab, diese Wirkung wird nicht nur der Vereinigung zu größeren Flocken (Verkleinerung der Oberfläche) entgegenwirken, sondern bestrebt sein, die Oberfläche zu vergrößern, die Teilchen von einander fern zu halten. Hierdurch wird die Sedimentation verlangsamt. Jeder äußere Einfluß, der die gleichnamige Ladung der einzelnen Teilchen aufhebt, wird deshalb die Sedimentation beschleunigen.

In den Elektrolyten sind polar geladene Teilchen vorhanden; ihre ausflockende Wirkung auf aufgeschlämmte Körper ist daher mit großer Wahrscheinlichkeit auf Beseitigung der elektrischen Ladungen der einnamig geladenen Partikel zurückzuführen. Hierfür spricht namentlich, daß der Zusatz von Nichtelektrolyten zu dispersen Systemen die Geschwindigkeit des Absatzes nicht beeinflußt, also wirkungslos ist.

In bezug auf die Ladung, die Kolloide und Aufschlämungen annehmen, kann man sie in anodische (die zur Anode wandern, also negative Ladung haben) und kathodische (die zur Kathode wandern, also positiv geladen sind) einteilen.

Zu den anodischen gehören die meisten Suspensionen und damit die große Zahl der im Boden vorkommenden Bestandteile, so Kieselsäure, Ton, Kaolin, Humus.

---

[1]) In der Dielektrizitäts-Konstante kommt der Widerstand eines Stoffes gegen Entladung der ruhenden oder statischen Elektrizität zum Ausdruck.

Zu den kathodischen gehören viele Emulsoide, Eisenoxydhydrat, Tonerdehydrat.

Bei der ausflockenden Wirkung der Elektrolyte kann daher nur je ein Ion wirksam sein, und zwar muß bei den anodischen Körpern das positiv geladene Kation, bei den kathodischen Körpern das negativ geladene Anion maßgebend sein.

Diese Vorgänge sind noch wenig aufgeklärt. Es ist noch ganz dunkel, welche Rolle das den Körpern gleich geladene Ion der Elektrolyte spielt. Außerdem sind noch Vorgänge bekannt, für die bisher die Erklärung fehlt.

Hierzu gehört es, daß die Wirkung von zwei Elektrolyten nicht immer additiv, sondern manchmal direkt antagonistisch ist. Ferner das sogenannte Danysz-Phänomen, das darin besteht, daß eine fraktionierte Ausfällung durch Elektrolyte größere Mengen erfordert als bei einmaligem Zusatz notwendig sind.

Für die Wirksamkeit eines Ions ist außer seiner Wanderungsgeschwindigkeit noch seine Wertigkeit von Bedeutung. Mit steigender Wertigkeit nimmt die ausflockende Wirkung zu, so daß sie bei den Ionen zwei- und dreiwertiger Elemente auch den zwei- und dreifachen Wert eines einwertigen Iones erhält. So flocken z. B. Kalzium-, Magnesium- und Aluminium- usw. Salze viel stärker aus als Kalium- oder Natriumsalze.

Bei der Ausflockung handelt es sich vielfach um sehr komplizierte Vorgänge; so treten z. B. bei in wechselnder Menge angewandten Elektrolyten sogenannte „Hemmungszonen" auf, in denen keine Ausfällung stattfindet, wohl aber bei geringeren oder höheren Konzentrationen. Meißner und Friedmann haben dafür die Bezeichnung wechselnde Reihen eingeführt.

d) Schwellenwerte.

Setzt man einem dispersen System verschiedene Mengen eines Elektrolyten zu, so treten wesentliche Unterschiede hervor in bezug auf die Geschwindigkeit, mit der sie die Ausflockung zustande bringen. Mit abnehmender Menge des Elektrolyten nimmt die Geschwindigkeit ab, so daß bei fortschreitender Verminderung des zugefügten Elektrolyten die Geschwindigkeit so klein werden kann, daß sie auch nach längerer Zeit nicht zutage tritt. Es ergibt sich auf diese Weise ein sogenannter „Schwellenwert", d. h. eine Konzentration, unter der die ausflockende Wirkung praktisch gleich Null wird. Hiermit ist nicht gesagt, daß Elektrolyte in Konzentrationen unterhalb des Schwellenwertes wirkungslos sind; es scheinen dann Einflüsse kinetischer Natur sich geltend zu machen.

Bei Zusatz größerer Mengen von Elektrolyten nimmt zunächst die Geschwindigkeit der Ausflockung rasch, dann langsamer zu, bis sie von einer bestimmten Konzentration an praktisch konstant wird.

e) Gegenseitige Ausfällung elektrisch verschieden geladener disperser Systeme.

Elektrisch gleichnamig geladene Teilchen verschiedener Zusammensetzung wirken in gleicher Richtung, sie beeinflussen sich nicht oder steigern den dispersen Zustand infolge der gegenseitigen Abstoßung. Ungleichnamig geladene Teile fällen sich gegenseitig aus indem sie ihre Elektrizitäten ausgleichen und dadurch die der Flockung entgegenstehenden Kräfte vermindern. Die Wirksamkeit der einzelnen Stoffe ist von der Stärke ihrer Ladung abhängig.

Hieraus ergibt sich ohne weiteres, daß bei Mischung verschieden geladener Teilchen nur ein Punkt vorhanden sein kann, bei dem die Ausfällung vollständig ist, der des vollen elektrischen Ausgleiches. In allen anderen Fällen muß der negativ oder positiv geladene Körper im Überschuß vorhanden sein und wird in der Regel nicht zur Ausfällung gelangen.

Elektrische Umladung. Zum Verständnis dieser Vorgänge ist es notwendig, den Sinn der Ladung der einzelnen Stoffe nochmals kurz zu berühren. Die Art der elektrischen Ladung ist nicht nur von der Natur des festen Stoffes, sondern auch von der des Verteilungsmittels abhängig. So hat die Mehrzahl der Stoffe, in Terpentinöl verteilt, die entgegengesetzte elektrische Ladung wie in Wasser. Sehr reines Eiweiß wurde durch Zusatz von Spuren Alkali negativ, durch Spuren von Säuren positiv geladen. Es steht daher der Auffassung nichts im Wege, daß großer Überschuß eines elektrisch geladenen Stoffes kleineren Mengen eines entgegengesetzt geladenen Stoffes die erste Ladung entziehen und ihm von seiner eigenen Elektrizität abgeben, ihn also umladen kann. In diesem Falle wird dann die zuerst eintretende Fällung wieder verschwinden und beide vorhandenen Stoffe werden nun elektrisch gleichsinnig geladen neben einander gelöst bleiben.

In der Regel verlaufen daher die gegenseitigen Ausfällungen zweier elektrisch verschieden geladener dispersen Phasen so, daß sehr kleine Mengen des einen Stoffes scheinbar unwirksam sind, bei einem bestimmten Gehalte das Maximum der Wirkung erreicht wird und, sobald dies überschritten ist, zunächst langsam, dann schneller die Wirkung abnimmt, bis sie bei einer gewissen Menge des zugesetzten Körpers wieder aufhört.

Ein gutes Beispiel für dieses Verhalten geben die Einwirkungen eines sehr reinen kolloiden Eisenoxydhydrates auf Moostorf, die von Baumann und Gully untersucht wurden.

100 Teile Trockensubstanz von Moostorf „adsorbierten“ (richtiger sie fällten aus) Milligramm Fe_2O_3, wenn die Stärke der in gleichbleibender Menge zugesetzten Eisenlösung betrug (die Fällungskurve ist in Abb. 6 graphisch dargestellt):

$^1/_2$	normal	0
$^1/_5$	„	0
$^1/_{10}$	„	0,291
$^1/_{20}$	„	0,335
$^1/_{50}$	„	0,465
$^1/_{100}$	„	0,713
$^1/_{250}$	„	0,850
$^1/_{500}$	„	0,295
$^1/_{1000}$	„	0

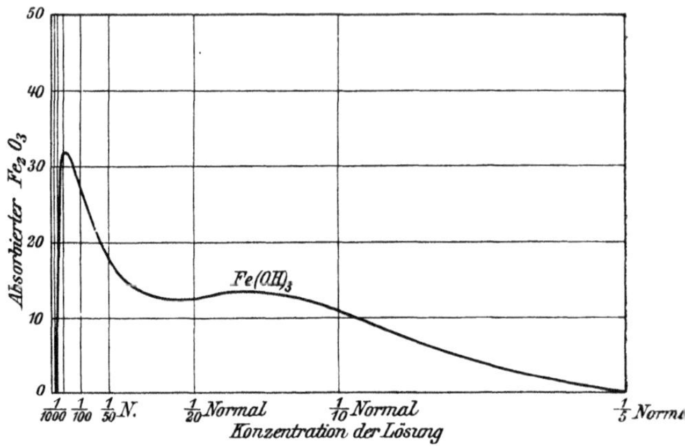

Abb. 6.

f) Brownsche Molekularbewegung.

Sehr feinkörnige in Wasser verteilte Stoffe befinden sich nicht in Ruhe, sondern zeigen eine eigentümliche unregelmäßige, von Zsigmondy als „tanzend, hüpfend, springend“ bezeichnete Bewegung. Als obere Grenze der Korngrößen, die dauernd in Bewegung bleiben, kann man Durchmesser von 0,002 mm annehmen.

Da diese Bewegung auch nach langer Zeit nicht aufhört, so kann sie nicht durch Diffusion oder eine andere Kraft, die bestrebt ist, einen Gleichgewichtszustand herbeizuführen, veranlaßt sein.

Zur Erklärung der Molekularbewegung zieht man Anschauungen über die kinetische Natur der Wärme heran und sieht in ihr die Folge von Stoßwirkungen der durch Wärmeenergie sich bewegenden Moleküle der Flüssigkeit. Gestützt wird diese Auffassung durch Arbeiten von Perrin[1]), der die Verteilung eines suspendierten Stoffes in der Flüssigkeit untersuchte. Hiernach ist die Anzahl der suspendierten Partikel in Vertikalschnitten der Flüssigkeit in Übereinstimmung mit den berechneten Werten, die sich aus der kinetischen Wärmetheorie ergeben[2]).

---

1) Zeitschr. für Elektrochemie 1908, Heft 9.

2) Die Verteilung ist also etwa in ähnlicher Weise wie die der Dichtigkeit der atmosphärischen Luft in verschiedenen Höhen zu erklären. Verfasser kann nicht umhin, auf die zahlreichen Beziehungen hinzuweisen, die zwischen der Brownschen Molekularbewegung und elektrischen Erscheinungen vorhanden sind. Hierzu rechnet er namentlich den Einfluß der Dielektrizitäts-Konstante des Suspensionsmittels, das Aufheben der Bewegung nach Zusatz von Elektrolyten usw.

Die Bedeutung der verschiedenen Faktoren, die zur Sedimentation führen, ist für den Boden außerordentlich groß. Von ihnen wird nicht nur die Lagerung der Bodenteile beeinflußt, sondern auch der Transport der feinkörnigen Bodenteile und die Bildung und Erhaltung der Krümelstruktur.

In manchen an gelösten Elektrolyten armen Wässern (Regen, Schnee-, Gletscherwasser, den Gewässern, die aus schwer angreifbaren Gesteinen hervortreten, Gewässern der kühlen und kalten Gebiete) erfolgt die Abfuhr der feinerdigen Verwitterungsprodukte viel leichter als in harten Wässern. Durchschlämmung ist eigentlich nur in Gebieten weicher Wässer möglich. Absätze aus Gletscherwässern sind dicht gelagert. Gut gedüngte (an Elektrolyten reiche) Bodenarten erreichen und erhalten eine gute Krümelstruktur viel leichter als schlecht gedüngte (elektrolytarme) Böden. Fast alle Fragen der theoretischen und praktischen Bodenkunde werden durch die Vorgänge der Sedimentation beeinflußt, vielfach sind sie von grundlegender Wichtigkeit.

G. Oberflächenspannung.

Die Grundlagen für das Verständnis der Vorgänge der Oberflächenspannung werden in der allgemeinen Physik gegeben. Der Druck, den die Innenmoleküle einer Flüssigkeit auf die Moleküle ihrer Grenzschicht ausüben, bezeichnet man als den Oberflächendruck der Flüssigkeit. Durch diesen Druck wird eine Kraft erzeugt, die man „Oberflächenspannungskraft" genannt hat; durch den Wert dieser Kraft, bezogen auf die Längeneinheit (1 cm), mißt man die Oberflächenspannung und drückt sie in Krafteinheiten (Dynen für 1 cm Länge) aus.

Die Wirkung dieser Kraft mag folgendes Beispiel anschaulich machen.

Die Oberfläche einer Flüssigkeit habe solche Ausdehnung, daß man sie als horizontal annehmen kann, so daß der Druck, der auf die Grenzmoleküle wirkt, gleich dem Normaldruck ist. Taucht man in eine solche Flüssigkeit eine von ihr benetzbare Röhre, so wird an der Grenzlinie der Berührung ein Teil dieser Kraft durch die im entgegengesetzten Sinne wirkende Adhäsion aufgehoben. Hierdurch stehen die Flüssigkeitsmoleküle, die sich auf der Berührungslinie von Glas und Flüssigkeit befinden, unter der Wirkung einer kleineren Kraft als an der freien Oberfläche der Flüssigkeit. Das hydrostatische Gleichgewicht kann wieder hergestellt werden durch Aufsteigen der Flüssigkeit in der Röhre bis zu solcher Höhe, daß die Differenz der zwei Kräfte durch den hydrostatischen Druck der Flüssigkeit kompensiert ist. Diese Erscheinung ist eine direkte Folge der Oberflächenspannungskraft und ist zugleich ein Weg zu ihrer Messung.

Im Falle das Rohr durch die Flüssigkeit unbenetzbar ist, wird an den Molekülen der Berührungslinie eine Kraft resultieren, die größer ist als die der freien Oberfläche. Es wird dann eine Resultierende in entgegengesetzter Richtung zustande kommen, die die Flüssigkeit im äußeren Gefäß so lange heben wird, bis das hydrostatische Gleichgewicht wieder hergestellt ist.

Die Oberflächenspannungskraft ist von der Größe der Oberfläche der Flüssigkeit unabhängig. Taucht man daher zwei benetzbare Röhren vom Radius r_1 und r_2 in die Flüssigkeit ein, so wird, wenn man durch α die Oberflächenspannungskraft für die Längeneinheit bezeichnet, die gesamte in beiden Fällen wirksame Kraft sein.

$$2\pi r_1 \alpha \quad \text{und} \quad 2\pi r_2 \alpha$$

sind die beiden Steighöhen $= h_1$ und h_2, so sind die entsprechenden zur Kompensation dienenden Schwerkräfte des Wassers durch folgenden Ausdruck gegeben

$$\pi (r_1)^2 d \cdot h_1 \cdot g \quad \text{und} \quad \pi (r_2)^2 d \cdot h_2 \cdot g;$$

es bezeichnet hierbei d die Dichte, g die Beschleunigung. Hieraus ergeben sich zwei Gleichungen

$$1. \qquad \pi (r_1)^2 \cdot d \cdot h_1 \cdot g = 2\pi r_1 \alpha;$$

$$2. \qquad \pi (r_2)^2 \, d \cdot h_2 \cdot g = 2\pi r_2 \alpha;$$

hiernach ist

$$\alpha = \frac{r_1 d h_1 g}{2} \quad \text{und } \alpha = \frac{r_2 \cdot d h_2 g}{2},$$

da $\alpha = \alpha$ sein muß

$$r_1 h_1 = r_2 h_2$$

oder $\frac{r_1}{r_2} = \frac{h_2}{h_1}$, d. h. die Steighöhen verhalten sich umgekehrt proportional dem Radius oder Durchmesser der Röhren.

Im Boden liegen zumeist gekrümmte Oberflächen der Flüssigkeit vor, deren Betrachtung die Einführung der Krümmungsradien verlangt.

Adsorptionsgleichgewichte. Die Oberflächenspannung eines reinen Stoffes kann durch Auflösen fremder Stoffe größer oder kleiner werden oder kann unverändert bleiben.

Die Änderung erfolgt im gleichen Sinne wie die Konzentration, ist aber dieser nicht proportional. Die Flüssigkeit ist immer bestrebt, ihre Oberflächenenergie auf den kleinsten Wert zu bringen und eine Möglichkeit hierzu ist bei Lösungen durch eine Änderung der Konzentration des gelösten Stoffes an der Oberflächenschicht gegeben. Vermindert der gelöste Stoff die Oberflächenspannung, so häuft er sich in der Grenzschicht an (positive Adsorption), vergrößert er die Oberflächenspannung, so wird die Grenzschicht ärmer an gelöstem Stoff als die gesamte Flüssigkeit sein (negative Adsorption). In beiden Fällen leistet die Oberflächenspannung eine Arbeit gegen die osmotischen Kräfte, die eine Diffusion zwischen Schichten verschiedener Konzentration hervorrufen. Diese Anschauungen, die von Gibbs, dann von Thomson herrühren und namentlich von Freundlich entwickelt wurden, bilden die Grundlagen für die Betrachtungen über Adsorptionsgleichgewichte.

Während bei chemischen Gleichgewichten die Massenwirkung eines Stoffes seiner Konzentration proportional geht, ändert sich die Oberflächenspannung eines Lösungsmittels nicht proportional der Konzentration des gelösten Stoffes, sondern in einer Potenz derselben, die kleiner als 1 ist. Es wird daher die Adsorption eines gelösten Stoffes schwächer zunehmen als seine Konzentration.[1])

Es ergeben sich daher für das Verhalten der Grenzphasen zwischen festen und flüssigen Stoffen folgende Fälle:

1. Der feste Stoff besitzt keine Oberflächenspannung gegenüber der Flüssigkeit. Dies tritt dann ein, wenn die Kohäsion der Flüssigkeit gleich ist der Adhäsion zwischen Fremdkörper und Flüssigkeit. Ein solcher Fall liegt vor zwischen Kaolin und Wasser.

2. Der gelöste Stoff ändert die Oberflächenspannung der Lösungsmittel nicht. Die Verteilung der Moleküle bleibt dann in der Grenzfläche und im Innern der Flüssigkeit gleich. Es fehlt jede Veranlassung zur Anhäufung oder Minderung des gelösten Stoffes an der Oberfläche.

3. Der gelöste Stoff erniedrigt die Oberflächenspannung des Lösungsmittels. Hierdurch ist bedingt, daß seine Konzentration an der Grenzphase größer ist als in der Lösung, d. h. ein solcher Stoff wird positiv adsorbiert.

4. Der gelöste Stoff erhöht die Oberflächenspannung des Lösungsmittels; seine Konzentration ist an der Grenzphase

---

[1]) Ist z. B. die Adsorption eines Stoffes = Kc, so wird aus einer Lösung doppelter Konzentration weniger als K 2c aufgenommen; hieraus ergibt sich die allgemeine Formel

$$x = Kc^{\frac{1}{p}}.$$

Wird diese Größe logarithmiert, so erhält man

$$\log x - \log K + \frac{1}{p} \log c.$$

Es ist dies die Gleichung einer geraden Linie; faßt man die absorbierten Mengen als Ordinaten, die Konzentrationen als Abszissen auf, so müssen die Schnittpunkte eine grade Linie ergeben, wenn Adsorption vorliegt. (Wilh. Ostwald, Lehrb. allg. Chem. 2, III, S. 232.)

geringer als in der Lösung, d. h. ein solcher Stoff wird negativ adsorbiert.

Die Oberflächenspannung tritt bei den Vorgängen der Absorption im Boden in Wirkung. Die festen Bestandteile können die gelösten Stoffe unverändert lassen, sie auf sich niederschlagen oder der Lösung die Flüssigkeit entziehen, je nach der Oberflächenspannung. Merkbaren Einfluß werden aber diese Vorgänge erst gewinnen, wenn sehr große Oberflächen vorhanden sind, dies ist der Fall, wenn das Verhältnis der Oberfläche zum Volumen des Körpers sehr groß wird, er mit anderen Worten eine sehr große spezifische Oberfläche besitzt.

Die bisher behandelten Fälle beziehen sich auf Lösungen eines einheitlichen gelösten Stoffes. Im Boden sind dagegen immer verschiedene Stoffe gelöst. Es sind dann die Änderungen zu berücksichtigen, die jeder gelöste Stoff allein hervorrufen würde. Der Stoff, der die Oberflächenspannung am stärksten erniedrigt, wird auch in größter Menge gebunden werden. Es kann daher ein schwach erniedrigender Stoff durch einen stark erniedrigenden verdrängt werden. Im allgemeinen gilt jedoch die Regel, daß sich zwei adsorbierbare Stoffe gegenseitig in ihrer Adsorbierbarkeit beschränken, da die Herabsetzung der Oberflächenspannung um so geringer wird, je kleiner sie bereits geworden ist.

H. Die Bodenabsorption.

Um die Absorptionsvorgänge im Boden verständlich zu machen, ist es nützlich, einige Beispiele beobachteter Wirkungen vorzuführen.

Die ersten grundlegenden Arbeiten über Umsetzungen von Silikaten lieferte Lemberg.[1]) Obgleich seine Untersuchungen den Verlauf chemischer Massenwirkungen nicht rein hervortreten lassen, so haben sie doch historischen Wert und sind auch geeignet, einen Einblick in häufig vorkommende Prozesse der Bodenabsorption zu gewähren.

Lemberg arbeitete mit wasserhaltigen Silikaten. Eins derselben hatte folgende Zusammensetzung:

Silikat I:	Kieselsäure	46,64%
	Tonerde	29,38%
	Kali	22,75%
	Natron	1,83%

Nachdem auf dieses Silikat drei Wochen hindurch kohlensäurehaltiges Wasser eingewirkt hatte, enthielt es

Silikat II:	Kieselsäure	54,03%
	Tonerde	39,65%
	Kali	5,34%

[1]) Zeitschr. Deutsch. Geol. Ges. 1876, S. 318.

Unter der Einwirkung des im Überschuß vorhandenen kohlensäurehaltigen Wassers war der größte Teil des Kali in Lösung gegangen.

Führte man dem Silikat II durch Behandeln mit Kalilauge wieder Kalium zu, so hatte das Silikat III folgende Zusammensetzung:

Silikat III:	Kieselsäure	46,60%
	Tonerde	35,67%
	Kali	17,73%

Das Silikat hatte also den größten Teil des Kaliums wieder aufgenommen; eine erneute Einwirkung von Wasser würde es wiederum in Lösung gebracht haben. Die Zusammensetzung der Silikate wechselt also und ist von der Masse des einwirkenden Wassers und der Masse des Kaliums abhängig.

Durch Einwirkung von Chlorammonium auf das Ausgangsmaterial (Silikat I) wurde das Kalium fast völlig verdrängt und Ammoniak aufgenommen. Es war eine Verbindung von folgender Zusammensetzung gebildet worden:

Silikat IV:	Kieselsäure	56,17%
	Tonerde	34,59%
	Kali	0,89%
	Ammoniak (NH_3)	8,37%

Da 8,37 Teile Ammoniak in der chemischen Wirkung 23,14 Teilen Kali entsprechen, hierzu noch das ebenfalls verdrängte Natron in Rechnung zu stellen ist, so ergibt sich, daß die Basen nahezu (21,26:22,75) im Äquivalentverhältnis vertreten waren.

In ähnlicher Weise, wie hier das Ammon, würde man das Kali durch Natron- oder Kalksalze ersetzen können. Das Beispiel soll nur lehren, in welchem Sinne die Umsetzungen verlaufen und eine Andeutung von den immer wechselnden zahllosen Prozessen im Boden gewähren. Alle lassen sich darauf zurückführen, daß sich ein Zustand des chemischen Gleichgewichts zwischen den Wirkungen des Wassers, der Bestandteile des Bodens und der verschiedenen gelösten Salze herstellt. Natürlich wird dies stark von der Wirkungsweise der einzelnen Elemente und Verbindungen, sowie von der Löslichkeit der entstehenden Verbindungen beeinflußt. Um bei dem oben gewählten Beispiele zu bleiben, würde ein sehr großer Überschuß von Kalk- oder Natronsalzen notwendig sein, alles Kali aus dem Silikate zu verdrängen. Daß dies möglich ist, zeigen die Versuche von Rümpler[1]), der durch Behandlung mit Kalkwasser einen Boden völlig an löslichem Kali erschöpfte.

---

[1]) Deutsche Zuckerindustrie 1901, S. 585. (Eine der besten Arbeiten über Absorption durch Austausch!)

Ein anderes Beispiel ist die Adsorption von Gasen an der Oberfläche fester Körper. Die Tatsache, daß sich Gase auf festen Körpern verdichten, sie als geschlossene Hülle umgeben, läßt sich leicht nachweisen. Je nach Art des Gases und den Eigenschaften der festen Substanz ist die Menge des verdichteten Gases verschieden; sie ist ferner abhängig von Temperatur und Druck. Die Adsorption der Gase, wie man diesen Vorgang nennt, kann von chemischer Bindung begleitet sein, aber sie erfolgt auch zwischen Körpern, zwischen denen, wie z. B. Eisenoxyd und Kohlensäure, keine Verbindungen bekannt sind. Aus Gemischen verschiedener Gase nehmen die festen Körper je nach dem Grade der Mischung von jedem Gas wechselnde Mengen auf; leitet man über einen mit einem Gase gesättigten Körper ein anderes, so wird das zuerst aufgenommene Gas schrittweise verdrängt. Es bildet sich also auch hier ein Gleichgewichtszustand heraus, abhängig von den chemischen Eigenschaften des Gases und der festem Körper, beeinflußt von Temperatur und Druck (der Masse der wirkenden Stoffe).

Die Beispiele geben ein genügendes Bild der sich abspielenden chemischen und physikalischen Vorgänge, die sowohl auf chemischen Massenwirkungen wie auf den Einwirkungen großer Oberflächen beruhen.

Nun ist nicht zu verkennen, daß bei Stoffen mit sehr großer Oberfläche die Grenze zwischen chemischen Verbindungen und adsorptiver Bindung vielfach recht schwer zu ziehen ist. So scharf der Unterschied in den extremen Fällen hervortritt, so schwierig ist es vielfach, die Entscheidung zu treffen, zumal wenn es sich um Kolloide handelt.

Es gibt jedoch bestimmte Kennzeichen, wodurch sich beide Gruppen von Vorgängen unterscheiden; eines der auch für die Bodenkunde wichtigsten ist, daß die Herstellung eines heterogenen chemischen Gleichgewichtes in der Regel langsam läuft, also eine meßbare Zeit zu seinem Eintritt braucht, während die Oberflächenwirkungen in ganz kurzer Zeit stattfinden und sich dann nur noch sehr wenig ändern.

Theoretisch läßt sich dieses Verhalten in folgender Weise erklären:

Verbindet sich ein gelöster Stoff mit einem Bestandteil des Bodens zu einem schwer löslichen Produkte, so verschwindet der Stoff aus der Lösung in der Nähe der absorbierenden Oberfläche, neue Mengen können nur durch Diffusion zugeführt werden. Die Absorption wird dann zumeist von der Geschwindigkeit der Diffusion abhängen und nur langsam verlaufen. Ein solcher Fall liegt für den Boden bei der Aufnahme von Phosphorsäure vor.

Bei diesen Vorgängen handelt es sich zumeist um chemische Reaktionen, die auch ohne Adsorptionswirkungen statt haben, die hier nur geringen Einfluß durch Änderung der Konzentration der Lösung ausüben.

Nach diesen Ausführungen wird es verständlich, daß an weitaus den meisten Vorgängen der Bodenabsorption ebensowohl chemische Umsetzungen wie auch Oberflächenwirkungen beteiligt sind. Es kann keinem Zweifel unterliegen, daß beide für die Bodenabsorption Bedeutung haben. Wenn man früher das Hauptgewicht auf die chemisch definierten Prozesse legte, so entsprach dies dem Stande der Kenntnisse; wenn man gegenwärtig die Wirkungen der Adsorption hervorhebt, so beruht es auf dem besseren Studium der Kolloide, sowie dem jetzt geführten Nachweis, daß die Verwitterungsprodukte der Silikate überwiegend kolloide Beschaffenheit haben.

Für das Auftreten von Adsorptionsvorgängen spricht auch, daß der Gleichgewichtszustand meist in sehr kurzer Zeit erreicht wird. So absorbierten je 10 g eines von Cushman untersuchten weißen Pfeifentones aus 500 ccm $^{1}/_{10}$n-Lösungen in Prozenten der vorhandenen Basen.[1])

	in 5 Minuten	15 Minuten	nach 3 Tagen
Chlorammon	0,084%	0,084%	0,077%
Chlorbarium	0,315%	0,340%	0,373%
Thonerdesulfat	0,095%	0,072%	0,075%

Anderseits fehlt es nicht an Beobachtungen, die zeigen, daß der Zustand des Gleichgewichtes erst nach längerer Zeit erreicht wird. So teilt Peters ein Beispiel mit, bei dem von einer Erde $^{2}/_{3}$ des gesamten absorbierbaren Kaliums sofort aufgenommen wurde, aber erst nach zwei Tagen das Gleichgewicht zwischen Boden und Lösung hergestellt war. Es ist in solchen Fällen sowohl Adsorption als auch chemische Bindung anzunehmen.

Aus dem Wesen der die Absorption beherrschenden Gesetzmäßigkeit ergibt sich, daß immer ein Gleichgewichtszustand eintreten wird, abhängig von der Menge der Stoffe im Bodenkörper, der Flüssigkeit und der Konzentration der gelösten absorbierbaren Stoffe. Je konzentrierter die Lösung wird, um so langsamer wird die Aufnahmefähigkeit des Bodenkörpers steigen, da das Verhältnis zwischen den drei Faktoren sich von einer bestimmten Konzentration der Lösung an nur noch wenig verschiebt.

Für das Verhalten der Böden ergibt sich hieraus, daß sich ziemlich bald ein Zustand herausbilden wird, in dem erhöhte Zufuhr von Salz ohne merkbaren Einfluß bleibt. Man kann den Boden als absorptiv gesättigt bezeichnen. Es kann dann nur noch Absorption durch Austausch stattfinden. Man hat das experimentell verfolgt.

---

[1]) U. S. Dep. of Agric. Bur. of Chemistry Bull. 92.

In der Natur finden sich absorptiv gesättigte Böden in ariden Gebieten, in den humiden sind dagegen die Böden meist in mehr oder weniger ungesättigtem Zustande. Für die Ernährung der Pflanzen sind die Verhältnisse um so günstiger, je mehr der Boden der absorptiven Sättigung sich nähert, um so ungünstiger, je mehr er sich davon entfernt. Ausgesprochen ungesättigte Böden (z. B. Hochmoore) verlangen deshalb enorme Düngermengen, um angemessene Erträge zu bringen.

Die Temperatur übt auf die Vorgänge der Absorption keinen erheblichen Einfluß aus. Es ist bekannt, daß sich die chemischen Umsetzungen mit steigender Temperatur beschleunigen oder unter Umständen verschieben. Die physikalische Adsorption nimmt mit steigender Temperatur ab; sie wird bei der kritischen Temperatur, wo der Unterschied zwischen flüssigem und gasförmigem Zustand aufgehoben ist, aufhören. Die bisherigen Versuche zeigen jedoch innerhalb der im Boden vorkommenden Temperaturen keinen Unterschied.

Der Absorption unterliegen fast alle Metallsalze und zumal Schwermetalle werden stark und oft in großer Menge gebunden. Hierauf beruht die entgiftende Wirkung der Böden für Metallösungen. Metalle, deren lösliche Verbindungen (Zink, Kupfer, Quecksilber) zu den stärksten Pflanzengiften gehören, können im Boden oft in vielen Prozenten vorhanden sein, ohne schädliche Einflüsse auf die Vegetation zu üben.[1])

Namentlich in neuerer Zeit hat man über die Absorption von Schwermetallen zahlreiche Untersuchungen ausgeführt.

Die absorbierten Metalle haben verschiedene Widerstandsfähigkeit gegen chemische Angriffe und Lösungsmittel. Es hängt dies mit der Art der Bindung zusammen und deutet vielfach auf festere (chemische) Bindung. So ist Kalium in dem kolloiden Silikat, das sich bei der Verwitterung von Orthoklas bildet, durch Salzsäure kaum angreifbar (vgl. Seite 25); aber auch in kolloiden, organischen Stoffen wies Berthellot[2]) das Vorkommen für Salzsäure widerstandsfähiger Kaliumverbindungen nach.

Am leichtesten setzen sich die Basen gegen andere im Überschuß einwirkende Metallsalze um. Der Ersatz erfolgt dann Molekül für Molekül, so daß die Vertretung in äquivalenter Menge stattfindet. Namentlich gilt diese Beziehung zwischen Kalium und Ammon, während bei anderen Körpern oft abweichende Reaktionen auftreten.

Die Menge des absorbierten Körpers bestimmt hierbei zugleich die Aufnehmbarkeit der anderen Stoffe, so daß unter Umständen von

[1]) Baumann, Landw. Vers.-Stat.
[2]) Compt. rend. Paris. Akad. 1905, 141, S. 433, 798, 1182.

einem Metall durch Austausch größere Mengen gebunden werden, als durch unmittelbare Einwirkung auf den ursprünglich vorhandenen Stoff.

Wie Cushman (a. a. O.) gefunden hat, bringt auch der elektrische Strom die absorbierten Bestandteile in Lösung und gibt so ein gutes Mittel, durch Elektrolyse deren Menge zu bestimmen. Bei den Versuchen von Cushman wurde aus Feldspat ebensoviel Kalium durch einen Strom von 100 Volt Spannung freigemacht, als durch Einwirkung einer Lösung von Ammonchlorid. Bei den Untersuchungen über die Einwirkung von humosen Stoffen auf Mineralien im Münchener bodenkundlichen Laboratorium bestätigte sich dies und es ging nicht nur Kalium und Natrium über, sondern auch Kalzium, Magnesium, Eisen und Tonerde fanden sich in meßbaren Mengen in der durch eine Tonzelle elektrolysierten Flüssigkeit.

1. Die Absorption der Säuren.

Absorption der freien Säuren findet in ähnlicher Weise, aber im allgemeinen schwächer statt als die der Basen. Kieselsäure nimmt nicht unerhebliche Mengen von Salzsäure, Schwefelsäure, Salpetersäure auf, gibt sie aber leicht wieder an überschüssiges Wasser ab.[1])

Die freien Säuren sind jedoch starke, chemisch reaktive Körper und verbinden sich daher leicht und schnell mit den Basen des Bodens, so daß von einer Absorption von Säuren nur dann gesprochen werden kann, wenn die basischen Bestandteile nicht im Überschuß vorhanden sind. Dies ist der Fall in vielen Humusböden, die z. B. aus Chloriden Salzsäure abspalten und in basenarmen Tonböden.

Bei Absorption durch Austausch ist die Absorption der Säureionen fast völlig von der Löslichkeit der entstehenden Salze abhängig, so daß sich Salpetersäure und Chlor verhalten, als ob sie gar keine Absorption im Boden erleiden, so daß man für praktische Zwecke die Regel aufstellen kann, daß sich die Absorption der Säuren im Boden so verhalte, wie ihre Fähigkeit, unlösliche Salze zu bilden.

Von den im Boden enthaltenen Säuren können von den Salzen der Phosphorsäure nur die der Alkalien und des Ammons, sowie das zweifach saure Kalksalz als löslich in Betracht kommen. Im Boden stehen immer Verbindungen der Tonerde, Eisenoxyd, Magnesia, des Kalkes zur Verfügung, mit denen die zumeist nur in kleinen Mengen vorhandene Phosphorsäure sich unlöslich abscheidet.

Für die überwiegend chemische Bindung der Phosphorsäure bei der Absorption der Phosphorsäure spricht der langsame Verlauf des

[1]) van Bemmelen, Landw. Vers.-Stat. 35, S. 69 (1888).

Vorganges; so fand Peters (a. a. O.), daß 100 g Erde aus einer Lösung, die 0,892 g P_2O_5 als zweifach saures Kalium enthielt, nach 24 Stunden 0,3285 g P_2O_5 aufgenommen hatte, nach drei Wochen jedoch 0,5141 g P_2O_5. In der Natur stehen derartige Mengen von Phosphorsäure dem Boden nicht zur Verfügung. Das Beispiel macht es aber verständlich, daß in basenarmen Sandböden die Bindung als Dünger gegebener Phosphate erst allmählich erfolgt.

Salpetersäure bildet fast nur lösliche Salze und wird deshalb nicht absorbiert[1]), dasselbe gilt für die Salzsäure.

Schwefelsäure wird nur schwach absorbiert. Es können im Boden basische Salze des Eisenoxyds und der Tonerde entstehen, auf deren Bildung wohl die gefundenen geringen Absorptionen zurückzuführen sind.

2. Die Absorption der Salze.

Die Absorption der Salze erfolgt wie die ihrer Ionen. Säuren, die unlösliche Salze bilden, werden absorbiert, Säuren, die lösliche Salze bilden, werden nicht absorbiert und verbinden sich in der Regel mit den bei Absorption durch Austausch frei werdenden Basen oder sättigen sich mit im Boden vorhandenen, leicht angreifbaren Stoffen, namentlich unter Austreiben von Kohlensäure mit Kalziumkarbonat.

Die Annahme einer spezifischen Absorption der Ionen ist deshalb wahrscheinlich, weil die Änderungen der Oberflächenspannung der Salzlösungen sich additiv zusammensetzen, wobei jedes Ion mit einem charakteristischen Werte teilnimmt. Die großen Elektrizitätsmengen der Ionen werden aber bereits bei geringem Überschuß von Ionen verschiedener Ladung zu so großen Potentialdifferenzen führen, daß eine direkte Spaltung eines Salzes nicht oder nur unter Eintritt sekundärer Reaktionen stattfinden wird.

Aus dem Satze, daß die Ionen der Salze sich als selbständige Körper verhalten, ergibt sich, daß Salze, deren Säuren und Basen absorbierbar sind, nicht als ganze aufgenommen werden, sondern, daß die Absorption beider von einander unabhängig erfolgt. Experimentell ist dies bereits lange bekannt. A. Beyer[2]) gibt für die Absorption verschiedener Erden für je 100 g Boden und einer Lösung von saurem phosphorsaurem Natrium, die 1,58 g Na_2O und 3,76 g P_2O_5 in 500 ccm enthielt, folgende Zahlen.

Na_2O absorbiert g:	0,143	0,084	0,233	0,233	0,145	0,355	0,286
P_2O_5 „ „:	0,070	0,050	0,177	0,229	0,080	0,289	0,514

[1]) Knop, Landw. Vers.-Stat. 5, S. 137.
[2]) Ann. d. Landwirtsch. 52, S. 104.

Sachße[1]) machte darauf aufmerksam, daß indirekte Beziehungen bestehen, indem z. B. durch die Absorption des Natriums frei gemachtes Kalzium oder Magnesium ausfällend auf die vorhandene Phosphorsäure wirke.

3. Wirkung des Wassers bei der Absorption.

Neben der Wirkung der einzelnen Stoffe, die bei der Absorption im Boden zu einem Zustand des Gleichgewichtes zu gelangen suchen, tritt auch noch eine selbständige Wirkung des Wassers, die bisher meist vernachlässigt worden ist und deren Ursache und Größenwirkung bisher noch nicht festgestellt werden konnte. Hierauf beruht es, daß dies Verhältnis zwischen Lösung und Bodenkörper sich mit der Menge der einwirkenden Flüssigkeit (Salzlösung) ändert.

Mit wachsender Flüssigkeit nimmt die Stärke der Absorption merkbar ab. Bei der Auswaschung der Böden muß diese Massenwirkung des Wassers erheblichen Einfluß haben. Eine Erklärung für dies Verhalten ist darin zu suchen, daß die Bodenabsorption meist unter Austausch vor sich geht. Die Konzentration der hierbei gebildeten Stoffe ist abhängig vom angewendeten Flüssigkeitsvolumen; hierdurch sind Verschiebungen des Gleichgewichtes möglich. Mit wachsender Menge der Flüssigkeit sinkt die Konzentration der Lösung dieser Stoffe und damit auch die absorbierten Mengen.

4. Im Boden vorkommende absorbierend wirkende Stoffe.

Die Produkte der Verwitterung sind nicht unveränderlich. Es ist anzunehmen, daß mannigfaltige Umsetzungen stattfinden und sich je nach den gegebenen Bedingungen bestimmte chemische Verbindungen bilden, die im Boden gemischt vorkommen, deren Trennung jedoch noch nicht möglich ist. Der Ausdruck „Kolloid" schließt durchaus nicht aus, daß diese Massen aus chemisch-definierten Körpern bestehen. Infolge der kolloiden Beschaffenheit sind sie jedoch mit den heutigen Hilfsmitteln der Chemie meist nicht trennbar und da sie sich in einem ähnlichen physikalischen Zustand befinden, so können alle bestimmte physikalische Wirkungen, wie z. B. Adsorption, ausüben.

Es mag hier darauf hingewiesen werden, daß sich Umbildungen und Kristallisation ursprünglicher Kolloide verfolgen lassen; so enthält z. B. der Laterit wechselnde Mengen von Hydrargillit, also kristallisiertes Tonerdehydrat, das nur aus amorpher Tonerde gebildet sein kann. Die großen europäischen Kaolinlager sind aus tertiären

[1]) Agrikulturchemie (1888) S. 160.

Bleicherden hervorgegangen, deren ähnlich zusammengesetzte Kolloide kristallisierten.

Nachdem der Vorgang der Absorption im Erdboden festgestellt war, suchte man die Stoffe kennen zu lernen, von denen die Wirkung ausging. Es konnte bald keinem Zweifel unterliegen, daß es, soweit Mineralböden in Frage kommen, zumeist wasserhaltige Silikate sind, die absorbieren.

Man suchte deshalb unter den Mineralien nach Arten, die eine ähnliche Reaktionsfähigkeit zeigen wie der Boden und fand sie in den *Zeolithen*, einer Gruppe wasserhaltiger Tonerde und Alkalien oder alkalische Erden enthaltenden Silikaten. Seit dieser Zeit spricht man von den *zeolithischen Bestandteilen des Bodens*. Obgleich niemand diese Körper zu sehen bekam und die mikroskopische Untersuchung der Böden keine Bestandteile nachwies, die man mit den natürlich vorkommenden Zeolithen in Vergleich bringen konnte, nahm man deren Vorkommen als erwiesen an. Erst der neuesten Zeit gehört die Erkenntnis an, daß die Zeolithe des Mineralreichs zum Teil anderer Entstehung, zum Teil Produkte der Tiefenverwitterung sind. Es ist aber anzunehmen, daß im Boden *amorphe* Silikate auftreten, die Zeolithen ähnlich zusammengesetzt sind und die die wichtigsten Absorptionen des Bodens vermitteln.

Am eingehendsten sind diese Körper wohl durch *Gans* untersucht worden[1]), der, soweit dies mit den gegenwärtigen Hilfsmitteln der Chemie möglich ist, die Konstitution jener Silikate aufzuklären suchte. *Gans* teilt die Verbindungen ein in

1. *Aluminatsilikate* (wohl besser *Silikataluminate*); sie enthalten die Alkalien und Erden an Tonerde gebunden und haben leichten und vollkommenen Basenaustausch. (Die Verbindungen entsprechen also in ihrem Aufbau den *Aluminaten* z. B. Natriumaluminat $Al\begin{array}{l}\diagup ONa\\ -ONa,\\ \diagdown ONa\end{array}$ haben jedoch wesentlich komplizierteren Bau des Moleküls.) In der Regel ist 1 Molekül Al_2O_3 mit 1 Molekül Base verbunden. Künstlich lassen sich diese Verbindungen durch Einwirkung von Kalialuminaten auf wasserhaltige Kieselsäure, ferner durch Schmelzen von Tonerdesilikaten mit Alkalien oder deren Karbonaten gewinnen; (künstlich durch Einwirkung von Alkalien und Alkalisilikaten auf Kaolin hergestellt, haben diese Verbindungen lockere pulverige Beschaffenheit.)

2. *Tonerde-Doppelsilikate*; sie enthalten die Basen an Kieselsäure gebunden (die Salze leiten sich also von der Kieselsäure ab), enthalten wechselnden Gehalt an Kieselsäure, jedoch stets 1 Molekül

[1]) Jahrb. preuß. geol. Landesanstalt, 1902, S. 32; 1906, S. 63.

Base auf 1 Molekül Tonerde. Die gebundenen Metalle sind austauschbar; der Austausch erfolgt aber wesentlich schwieriger als bei den Aluminatsilikaten. Durch Behandeln mit Alkali gehen diese Körper in Silikataluminate über. Künstlich lassen sich diese Verbindungen durch Einwirkung von Alkalisilikaten auf Tonerdehydrat herstellen; sie bilden feste zähe Massen.

3. Zeolithische Mineralien ohne Absorptionswirkung; hierher gehören wahrscheinlich komplexe Verbindungen noch unbekannter Konstitution.

Im Boden finden sich Gemische dieser Silikate oder es treten auch komplizierter zusammengesetzte Verbindungen auf.

Die Untersuchungen von Gans geben zuerst einen Einblick in den Aufbau dieser Silikate. Nach Meinung des Verfassers kommt im Boden häufig Kaolingel, d. h. ein Mineral vor, das kristallisiert als Kaolinit bezeichnet wird.

Kaolin ist wahrscheinlich eine komplex zusammengesetzte Aluminium-Kieselsäure, die ähnlich der Kieselsäure nur sehr schwache chemische Wirkungen ausübt. Wie die Kieselsäure in der Natur verbreitet amorph und kolloid als Opal, kristallisiert als Quarz vorkommt, so ist für die Aluminium-Kieselsäure das Auftreten in der amorphen Form im Boden, der kristallisierten als Kaolinit anzunehmen. Gans stellte eine kolloide Verbindung her, die Tonerde und Kieselsäure im Verhältnis des Kaolins enthielt, aber durch Säuren mehr oder weniger zersetzbar war. Kaolin ist durch starke Schwefelsäure ebenfalls zersetzbar und wird am leichtesten durch Alkalien angegriffen. Vergleicht man hierzu das Verhalten der Kieselsäure, so ist die kolloide Form löslich in Karbonaten der Alkalien und freien Alkalien; Quarz wird kaum oder nur in sehr feiner Verteilung und nach längerer Zeit bei gewöhnlicher Temperatur angegriffen.

Diese Auffassung macht es auch verständlich, daß Kaolinit keine oder nur sehr schwache Absorption zeigt.[1]) Er ist ein chemisch wenig reaktiver Körper und infolge der kristallinischen Beschaffenheit fehlt die große Oberfläche der Kolloide.

4. Felsbildende Minerale (Feldspate, Hornblende usw.) zeigen sämtlich schwache Absorptionswirkungen und zwar um so mehr, je feiner gepulvert sie zur Verwendung kommen. Es kann das nicht auffallen, da sie in wässeriger Lösung alle durch Hydrolyse angegriffen werden und sich dabei kleine Mengen kolloider Silikate bilden. Sind die Minerale bereits durch Verwitterung zersetzt, so steigert sich die Absorption. Quarz besitzt keine Absorptionswirkung.

---

[1]) Rautenberg, Journ. f. Landwirtsch. 7, S. 421 (1862). — Van Bemmelen, Landw. Vers.-Stat. 23, S. 276 (1878). — Dietrich, Mitt. bad. geol. Landesanst. IV, Heft 3 (1901).

Faßt man das gesamte Verhalten der wasserhaltigen Silikate des Bodens und ihre Absorptionswirkungen zusammen, so kann man sich darüber folgende Vorstellungen machen.

Im Boden kommen überwiegend in amorpher Form wasserhaltige Silikate, Doppelsilikate und Tonerde-Kieselsäure-Verbindungen komplexer Natur vor, die sowohl chemische Umsetzungen wie physikalische Anlagerung unter dem Einfluß löslicher Salze erleiden. Zwischen den löslichen Salzen, der Menge des vorhandenen Wassers und den Bodenkörpern stellt sich ein Gleichgewichtszuständ her, von dem die Menge der gelösten und der absorbierenden Stoffe abhängig ist.

Jede Zufuhr von Wasser wird das Gleichgewicht zu Ungunsten der Bodenkörper, jede Minderung des Wassers zu ihren Gunsten verschieben, d. h. bei viel Wasser wird die Gesamtmenge der gelösten Bestandteile (nicht aber die Konzentration der Bodenlösung, die sich vermindert) zunehmen, bei jeder Verdunstung von Wasser wird der Boden vorher gelöste Stoffe wieder absorbieren. Hierdurch tritt eine günstige Beeinflussung der Bodenflüssigkeit für die Pflanzennährung ein; ist viel Wasser vorhanden, so verhindert die Abnahme der Absorptionswirkungen eine zu starke Verdünnung, ist wenig Wasser vorhanden, eine zu starke Konzentration der Bodenlösung. Auf diese Wirkung der Absorption hat zuerst A. Mayer[1]) hingewiesen. Die Absorption des Bodens kann nicht verhindern, daß beim Absickern von Lösungen (Bodenwasser) eine Wegfuhr von löslichen Bestandteilen eintritt, sie vermag diese Verluste nur zu vermindern. Je reicher ein Boden an löslichen Stoffen ist, um so größer wird der Verlust durch Auswaschung sein; je ärmer der Boden, um so zäher wird er die sparsam vorhandenen absorbierten Stoffe festhalten.

Die unmittelbaren Wirkungen der Silikate auf die Absorption im Boden treten ganz überwiegend als Austausch der Basen auf. Namentlich bei Zufuhr von Dungstoffen erreichen diese Umsetzungen oft bedeutende Werte. In der Regel wird Kalzium löslich, während Kalium, Natrium, Ammon gebunden werden. In gewachsenen Böden scheint unter dem Einfluß der Salze der abgestorbenen Pflanzenteile, die zum großen Teil rasch löslich werden, der Verlauf ähnlich zu sein.

Vermindert wird die Absorption durch alle Einflüsse, die die kolloide Beschaffenheit der Bodenteile herabsetzen. Es tritt dies namentlich ein, wenn der Wassergehalt der entsprechenden Verbindungen unter eine gewisse Größe vermindert wird. Es kommt dann vielfach zur Bildung nicht zurückbildbarer (irreversibler) Gele, oder die chemische Zusammensetzung der Bodenkörper wird überhaupt verändert; so hebt Glühen des Bodens die Absorptionswirkung

---

[1]) Agrikulturchemie.

fast völlig auf. Aber auch Trocknen, zumal bei höherer Temperatur, sowie Einwirkung Wasser entziehender Mittel vermindert die Absorption erheblich. Z. B. fand F. H. Cambell[1]), daß sich bei seinen Untersuchungen durch Trocknen eines Bodens bei 100° die Absorption um fast ein Drittel (wie 29,6: 20,9) verminderte.

Auffällig tritt dies Verhalten bei den humosen Stoffen hervor. Tacke[2]) fand, daß von der Phosphorsäure der untersuchten Torfe durch Trocknen etwa ein Drittel löslich wurde, daß man aber auch durch Einwirkung von Alkohol, Glyzerin (also Wasser entziehende oder an die Stelle des Wassers tretende Stoffe) und nachheriges Behandeln mit Wasser erhebliche Mengen Phosphorsäure in Lösung bringen konnte.

Die Temperaturen, die die Oberfläche nackter Böden erreichen, können daher die Absorptionsvorgänge wesentlich beeinflussen, in gleicher Weise kann starkes Austrocknen zumal in schweren Böden wirksam werden.

Vorkommen von aufquellbaren Silikaten im Boden ist durch neuere Untersuchungen wahrscheinlich geworden. In allen nährstoffreichen und namentlich kalkhaltenden Ablagerungen wird die Quellung durch die (flockende) Wirkung der löslichen Elektrolyte verhindert, nicht aber in sehr feinkörnigen Bodenarten mit geringem löslichen Salzgehalte. Bisher ist die Frage in gewachsenem Boden noch nicht experimental geprüft worden, es ist aber nicht ausgeschlossen, daß bei schweren, dicht gelagerten Böden die Vorgänge der Quellung unmittelbare Bedeutung haben. Auch das Zusammensinken („Sacken") der Torfböden nach Entwässerung und Melioration ist wohl überwiegend auf die durch Düngung und Austrocknung verminderte Quellbarkeit der Humussubstanzen zurückzuführen. (Vgl. Volumänderungen der Böden.)

Austrocknen bis zur Lufttrocknis steigert die Menge der wasserlöslichen Salze in jedem Boden, wenn auch meist nicht bedeutend. In amerikanischen Arbeiten wird häufig darauf verwiesen,[3]) daß die ersten Aufgüsse der Böden, die natürlich lufttrocken zur Verwendung kamen, mehr Stoffe gelöst enthalten als die späteren.

Schreiner und Failyer geben folgende Zahlen. Die Lösungen enthalten in 1 Million Wasser Teile Phosphorsäure:

	erste Aufgüsse	spätere
Tonboden:	26	6— 8
tonreicher Lehm:	10—19	6— 7
sandiger Lehm:	22—34	18—21
feinkörniger Sandboden:	12—16	5— 7

[1]) Landw. Vers.-Stat. 65, S. 247 (1906).
[2]) Landw. Jahrb. Erg.-Bd. 4, S. 303 (1898).
[3]) U. S. Dep. of Agric. Bur. of Soils. Bull. 22, S. 42 (1903); Bull. 26, S. 55 (1905); Bull. 32, S. 15 (1906).

Es ist anzunehmen, daß diese Vorgänge auch Einfluß auf den praktischen Betrieb gewinnen. Oberflächliche Behackung führt zum Austrocknen der obersten gelockerten Bodenschicht und macht hierdurch Nährstoffe frei, die beim nächsten Regen den Pflanzen zugeführt werden.

5. Amorphe Kieselsäure ist ein verbreitet vorkommender Bestandteil der Böden und wird bei mikroskopischer Untersuchung häufig beobachtet, wenigstens sind die amorphen, weißen, durch Fuchsin leicht färbbaren Bestandteile des Bodens wohl überwiegend Kieselsäuregel.

Die Kieselsäure absorbiert Salze und Säuren als Ganzes, wenigstens liegen bisher keine Beobachtungen getrennter Aufnahme von Ionen vor. Da zumeist chemische Umsetzungen ausgeschlossen sind, so liegen echte Vorgänge der Oberflächenanziehung, der Adsorption vor. Van Bemmelen[1]) zeigte die Aufnahme von Salzsäure, Salpetersäure, Schwefelsäure und deren Kaliumsalze.

Die chemische Energie der amorphen Kieselsäure ist gering; Alkalien und ihre Karbonate werden aufgenommen, die kohlensauren Salze auch unter Austreiben von Kohlendioxyd, bzw. unter Bildung von Bikarbonaten. In solchen Fällen wird sowohl ein Teil der Base unter Zersetzung des zugefügten Salzes, als ein Teil des Salzes als Ganzes absorbiert.[2]) So wurden von 20 gr Kieselsäuregel (SiO_2, 4,2 H_2O) aus 200 ccm Lösung von phosphorsaurem Natrium (1 Mol. Na_2HPO_4) nicht nur 0,8 Na_2O, sondern auch 0,4 Mol. Na_2HPO_4 gebunden. Die Grenzen zwischen chemischer Bindung und Absorption sind hier sehr schwer zu ziehen; unter geeigneten Umständen können charakteristische chemische Verbindungen entstehen; anderseits werden durch kolloide Stoffe, bei denen es schwer ist, die Entstehung chemischer Verbindungen anzunehmen (Filterpapier, Humusstoffe, kolloides Manganperoxyd), ganz ähnliche Umsetzungen ausgelöst.

6. Kolloide Tonerde und Eisenoxyde. Sowohl wasserhaltige Tonerde wie Eisenoxydhydrat sind kolloide Komplexe mit wechselndem Wassergehalt. Die Absorptionswirkungen dieser Körper sind namentlich für Eisenoxyd studiert und zeigen, daß die Adsorption von Gasen sehr groß ist. Die Absorption gegen neutrale Salze ist gering, auch die an diesen Körpern reichen Lateritböden zeigen schwache Wirkung,[3]) enthalten jedoch zumeist viel kristallisiertes Tonerdehydrat (Hydrargillit).

Die Wirkungen dieser Hydroxyde wird sehr stark von ihrem Zu-

---

[1]) Journ. prakt. Chem. 23, S. 324 (1881). — G. C. Schmidt, Zeitschr. phys. Chemie 15, S. 62 (1894).

[2]) Van Bemmelen, Landw. Vers.-Stat. 23, S. 279; 35, S. 76.

[3]) Dittrich, Mitt. bad. geol. Landanst. IV (1906).

stande beeinflußt. Aus Lösungen frisch gefällt, nehmen sie namentlich Basen (Kali, Kalk) auf; „gealtert", d. h. in ihrer Struktur verändert, geht die absorbierende Wirkung stark zurück.

7. Die Absorption der Humusstoffe. In der landwirtschaftlichen und forstlichen Praxis hat man jederzeit den humosen Stoffen große Absorption zugeschrieben; durch die lange Zeit herrschende Annahme, daß bestimmte „Humussäuren" vorlägen, ist diese Auffassung zurückgedrängt worden. Erst die Erkenntnis, daß die „Humusstoffe" Kolloidkomplexe sind, hat eine richtigere Auffassung ermöglicht. A. König[1]) und van Bemmelen[2]) haben dieser Auffassung wohl zuerst bewußt Ausdruck gegeben.

Als Kolloidkomplexe haben die Humusstoffe die Fähigkeit, Salze zu absorbieren. Soweit aus den Untersuchungen von König hervorgeht, werden Neutralsalze starker Basen und Säuren nur schwach aufgenommen. Es tritt jedoch selbst bei Chlorkalium eine geringe auswählende Absorption von Alkali ein, so daß die zum Versuch benützte Flüssigkeit eine schwach saure Reaktion annimmt. Starke Absorption erleiden Salze mit schwachen Säuren, zumal mit Pflanzensäuren; hierbei werden die basischen[3]) Bestandteile viel stärker gebunden als die sauren, obgleich z. B. auch Phosphorsäure in erheblicher Menge aufgenommen wird. Stark gebunden werden alle Basen: Kali, Natron, Kalk und sehr stark Ammon; die nach ihrer Bindung Absorption durch Austausch bewirken können.

Kohlensaure Salze, sowie auch Phosphate werden unter Bildung von sauren Salzen bzw. freien Säuren zersetzt und die Basen absorbiert. Auf diese Absorptionswirkungen ist die frühere Annahme zurückzuführen, daß im Boden freie Humussäuren vorhanden sein, zumal auch der Farbstoff des gebläuten Lackmuspapiers gerötet, d. h. zersetzt, seine Basis absorbiert und dadurch die darin enthaltene Säure frei gemacht wird.

Wie bei allen Vorgängen der Absorption bildet sich ein Gleichgewichtszustand zwischen den jeweils wirkenden Körpern. Unter dem Einfluß von Salzen mit schwachen Säuren, zumal Kalkkarbonat, entsteht ein neutraler, d. h. ein gesättigter, nur der Absorption durch Austausch fähiger Humus.

Der Humus ist neben den wasserhaltigen Silikatverbindungen der wichtigste Träger der Absorption im Boden.

---

[2]) Landw. Jahrb. 11, S. 1.
[3]) Landw. Vers.-Stat. 35, S. 127.
[4]) Berthelot, Compt. rend. Par. Akad. 141, S. 433 (1905).

5. Bestimmung der Absorption des Bodens.

Man hat Methoden ausgearbeitet, um die Absorption des Bodens zu bestimmen. Es ist nicht wahrscheinlich, daß diese Bestimmungen großen Wert haben. Ein an Ton reicher Boden wird in der Regel größere Absorption aufzuweisen haben als ein an Ton ärmerer. Ein gut gedüngter Boden kann aber, gerade infolge seines Nährstoffreichtums, weniger absorbieren als ein ärmerer; immerhin kann es für wissenschaftliche und für praktische Fragen nützlich sein, die Absorptionswirkung des Bodens festzustellen.

Als Absorptionskoeffizient eines Bodens bezeichnet man die in Milligrammen ausgedrückte, von 100 g Boden aufgenommene Menge der Stoffe.

Zu den Versuchen benutzt man $^1/_{10}$ oder $^1/_{100}$ Normallösungen (in einem Liter $^1/_{10}$ oder $^1/_{100}$ des Äquivalentgewichtes in Gramm gelöst) und verwendet in der Regel Chlorammon, Kaliumnitrat, Kalziumnitrat, Magnesiumsulfat und zweifachsaures Kalziumphosphat zur Bestimmung.[1]) Für Ammoniak wählte Knop als Einheit die Menge elementaren Stickstoffs, ausgedrückt in Kubikzentimetern, die von 100 g Boden gebunden werden.

Bei der Ausführung werden 50 g Feinerde mit 200 ccm der zu prüfenden Flüssigkeit übergossen und unter öfterem Umschütteln 48 Stunden stehen gelassen. In einer gemessenen abfiltrierten Flüssigkeitsmenge erfolgt die Bestimmung.

Für die einzelnen Stoffe gelten folgende Sätze:

Basen. Von metallischen Elementen werden alle Schwermetalle stark gebunden.

Kalium und Ammon vertreten sich in äquivalenter Menge (etwa 3 Teile K_2O auf 1 Teil NH_4) und werden stark gebunden. In der Regel erfolgt die Absorption unter Austausch, wobei Kalzium, Natrium, Magnesium in Lösung gehen. Kohlensaures Kali kann jedoch von hydratischer Kieselsäure, kieselsaures Kali von Kalkkarbonat direkt gebunden werden.

Natrium, das meist lösliche Salze bildet, wird erheblich schwächer absorbiert als die beiden erstgenannten Körper.

Kalzium ist noch weniger absorbierbar als Natrium, es wird als Karbonat oder Phosphat gebunden und kann in den Silikaten sehr leicht durch andere Basen ersetzt werden, von humosen Stoffen wird Kalzium stark absorbiert (sog. „Humat").

Magnesium verhält sich dem Kalzium ähnlich, scheint aber etwas fester gebunden zu werden als dieses.

---

1) Näheres in König, Unters. landw. u. gew. Stoffe, S. 48.

Säuren. Die Absorption der Säuren ist im Boden von der Löslichkeit der Salze abhängig. Gebunden werden Säuren nur, wenn sie unlösliche Salze bilden können; es ist dies namentlich bei der

Phosphorsäure der Fall, die mit Kalzium, Magnesium, Eisen und Tonerde unlösliche Verbindungen bildet.

Schwefelsäure wird sehr schwach, Chlor- und Salpetersäure werden nicht absorbiert.

6. Der Verlauf der Absorption in neutralen Böden

gestaltet sich demnach in den meisten Fällen für die wichtigsten Nährstoffe nach folgenden Regeln:

1. Phosphorsäure, Kali, Ammon werden stark, Kalk und Magnesia, Schwefelsäure werden schwach, Chlor und Salpetersäure werden nicht gebunden.
2. Das zugeführte Salz wird ganz aufgenommen (z. B. Kaliumsilikat) wenn ein Teil gebunden, der andere unlöslich abgeschieden wird (zweifachphosphorsaures Kalzium und Eisenoxyd bilden phosphorsaures Eisenoxyd und phosphorsauren Kalk) oder wenn Säure und Metall unlösliche Verbindungen bilden (phosphorsaures Kalium und Eisenoxyd und Tonerdesilikat = Phosphorsaures Eisenoxyd und Doppelsilikat von Kalium-Tonerde).
3. Ein Teil des Salzes wird aufgenommen, während äquivalente Mengen vorher gebundener Stoffe in Lösung gehen. (Z. B. aus Chlorkalium wird Kalium gebunden und Natrium, Kalzium, Magnesium gehen in Lösung.)

Da hierbei chemische Massenwirkungen eine Hauptrolle spielen, so ist für den tatsächlichen Verlauf entscheidend, welcher Stoff in relativ (im Verhältnis zu seinem Wirkungswert) größter Menge vorhanden ist. Auf diesem Vorgange beruht die Erschöpfung der Böden an Kalk und Magnesia nach starker Düngung mit Kalisalzen und mit Chilisalpeter; sowie die „aufschließende“ Wirkung vieler Dünger, auch jener, die wie Kochsalz keine unmittelbaren Pflanzennährstoffe enthalten („indirekte Dünger“), wohl aber im Boden gebundene löslich oder leichter zugänglich machen.

Gips, Mergel, Chilisalpeter enthalten wichtige Düngerstoffe, erschöpfen aber zugleich das Bodenkapital.[1])

In sauer reagierenden Böden ist die Absorption durch Austausch stark geschwächt.

---

[1]) Die Bezeichnung „ausgemergelt“, die Bemerkungen, daß Mergelung „auf reichen Böden am günstigsten wirke“ oder „reiche Besitzer und arme Erben mache“, zeigen die Erkenntnis der aufschließenden, sowie anderseits der erschöpfenden Wirkung einseitiger Mineraldüngung.

Die Bedeutung der Bodenabsorption für die Pflanzenernährung beruht darauf, daß wichtige und meist sparsam vorhandene Nährstoffe, wie Kalium, Ammon, Phosphorsäure, in den oberen Bodenschichten festgehalten werden. Fast noch wichtiger ist die Beeinflussung der Konzentration der Bodenflüssigkeit.[1]) Indem das Wasser selbst Massenwirkungen ausübt, wird der Salzgehalt des Bodenwassers günstig gestaltet. Bei viel Wasser gehen mehr Salze in Lösung, hierdurch wird der Unterschied im osmotischen Druck zwischen Wurzel und Bodenlösung vermindert und die Pflanze kann ihren Bedarf leichter decken; beim Austrocknen des Bodens werden die Salze gebunden und dadurch einer schädigenden Wirkung zu starker Lösungen vorgebeugt.

I. Einfluß von Salzen auf die Verwitterung.

Vergleichende Untersuchungen über den Einfluß der Salze auf die Verwitterung zeigen, daß absorbierte Stoffe löslich werden, während es zweifelhaft bleibt, ob die absolute Größe der Verwitterung gesteigert wird. Unterschiede zwischen den einzelnen Salzen treten zwar hervor, sind aber nicht so erheblich, als daß ihre Wirkung nicht durch Beeinflussung der Absorption erklärt werden könnte.

Die Einwirkung von Meerwasser wurde von J. Thoulet untersucht, ohne daß sich eine außergewöhnliche Steigerung der löslichen Salze gegenüber Wasser ergab.

Starke Wirkungen übt das in ariden Gebieten oft in reicher Menge vorkommende Natriumkarbonat aus. Es löst Kieselsäure, Tonerde und reichlich humose Stoffe, die imstande sind, Eisenverbindungen anzugreifen und ein ähnliches Ausbleichen der Böden herbeiführen, wie sie unter Einfluß der humosen Stoffe auch in den Gegenden mit Podsolböden auftritt.

Großen Einfluß gewinnen die löslichen Salze des Bodens, wenn sie in größerer Menge vorhanden sind, beim Verdunsten des Wassers konzentrierte Lösungen bilden und endlich auskristallisieren. Hierdurch wird der Zusammenhang der Gesteine, zumal Kalk oder Sandsteine gelockert. Die Salze scheiden sich besonders in den Spalten des Gesteins ab, da hier noch Feuchtigkeit vorhanden ist, wenn die Oberfläche bereits abtrocknet. Die Folgen sind chemisch geringe Veränderung der Oberfläche, starke Zerstörung der inneren Teile der Gesteine. Zerbricht endlich die schwache Oberflächenschicht, so sind die inneren Teile des Gesteines dem Angriff der Atmosphärilien, Wasser und Wind ausgesetzt und die Zerstörung dringt in das Innere der Gesteine vor und bildet Löcher und Höhlungen. Es sind dies die be-

[1]) A. Mayer, Agrikulturchemie.

zeichnenden Formen der Verwitterung im Wüstengebiet, wo die Voraussetzungen für diese Form der Verwitterung vielfach gegeben sind. In humiden Gegenden stehen frei hervorragende Felsmassen unter ähnlichen Einflüssen, und es ist anzunehmen, daß viele Sandstein- (Quader-Sandstein) und Kalkfelsen zum Teil dadurch ihre eigenartigen Formen erlangen[1]).

Während der unmittelbare Einfluß der Salze auf die Verwitterung in humiden und gemäßigten Gegenden gering ist oder nur örtlich Bedeutung gewinnt, ist die Wirkung der Salze auf die Bodenstruktur von weitreichender Wirkung auf die Auswaschung der Böden und auf das Pflanzenleben. Salzreiche Böden sind mit Ausnahme der Sodaböden gekrümelt und die Erfahrung lehrt, daß die Böden arider Gebiete weniger bindig sind und mehr den Charakter feinster Sandböden tragen als die Böden in humiden Ländern.

K. Die Lateritverwitterung.

Im Gebiete der Tropen finden sich, namentlich in regenreichen Gegenden und in ganz außerordentlich großer räumlicher Verbreitung Böden, die man Laterite nennt. Im subtropischen Gebiete werden sie durch die Roterden ersetzt.

Laterit kann aus sehr verschiedenen Gesteinen entstehen. Der Vorgang der Verwitterung kennzeichnet sich durch starke Wegfuhr von Kieselsäure und Anhäufung von Tonerdehydrat und Eisenoxydhydraten in den Böden.

Die Bedingungen, unter denen diese Böden entstehen, sind noch wenig bekannt, die chemischen Umsetzungen, die sich abspielen, noch so gut wie unbekannt. Am meisten Wahrscheinlichkeit hat die Auffassung von Bauer für sich, der annimmt, daß in den Hydraten der Tonerde und des Eisenoxyds Endprodukte der Wasserwirkung auf Silikate vorliegen, d. h. die Zersetzung nicht wie in den kühlen Klimaten bei Bildung von wasserhaltigen Silikaten stehen bleibt, sondern auch diese in freie Kieselsäure, die ausgewaschen wird, und die Metalloxyde, die zurückbleiben, gespalten werden. Es spricht hierfür auch, daß man in neuerer Zeit in Lateritböden wechselnde Mengen von „Ton“, also Gele wasserhaltiger Silikate gefunden hat.

---

[1]) Diese Vorgänge erhalten praktische Wichtigkeit bei der Verwitterung der Gebäude. E. Kaiser (N. Jahrb. Min. 1907, II, S. 42) zeigte, daß der Zerfall des Stubensandsteins des Kölner Doms auf diese Weise vor sich geht. Im letzten Jahrhundert ist diese Form der Verwitterung in unseren Städten durch große Mengen saurer Rauchgase, eine Folge der Feuerung mit Mineralkohlen, sehr gesteigert worden, so daß eine rasch fortschreitende Zerstörung von Bauwerken mit Steinfassade, von Kirchtürmen, zu erwarten ist.

L. Oberflächen und Tiefenverwitterung.

Die Vorgänge der Verwitterung sind in den verschiedenen Erdtiefen zwar ähnlich, aber führen vielfach nicht zur Bildung gleicher Endprodukte.

Der Zerfall der Gesteine schreitet an der Erdoberfläche verhältnismäßig rasch fort, vermindert sich bereits in mäßiger Tiefe und hört im Abstande von einigen Metern unter Tage so gut wie völlig auf. Die physikalische Verwitterung ist daher ausgesprochen auf die obersten Erdschichten beschränkt.

Die Grenze, bis zu der die Oberflächenverwitterung reicht und die Tiefenverwitterung beginnt, ist vom Gestein sowie von äußeren Bedingungen abhängig. Sie ist dort zu suchen, wo die regelmäßig wiederkehrenden Einwirkungen, etwa im Laufe eines Tages, Jahres, des Eindringens der atmosphärischen Niederschläge und damit fortschreitender Auswaschung aufhören und Verhältnisse herrschen, die nur in langen (geologischen) Zeiträumen sich verändern. Die Oberflächenverwitterung erfolgt bei wechselnden, oft niederen Temperaturen, die Tiefenverwitterung bei gleichbleibenden, in größerer Erdtiefe bei hohen Temperaturen.

Ein Kalkgebirge, das von Klüften durchsetzt ist, wird viel tiefer von den Einwirkungen der Niederschläge usw. betroffen werden als ein mehr einheitlich und massig lagerndes Silikatgestein.

Besonderen Einfluß hat das Klima. Während in einem Gebiete mit ständig gefrorenem Boden die Verwitterung so gut wie aufgehoben ist, kann die Einwirkung in tropischen Ländern außerordentlich tief gehen. Es sind Lateritschichten in einer Mächtigkeit von 100 Metern und mehr beobachtet worden, die einheitlichen Charakter tragen und echte Produkte der Oberflächenverwitterung sind.

Im allgemeinen gelten folgende Regeln:

Die Zersetzung der Gesteine ist an der Oberfläche nicht nur am stärksten wirksam, sondern unterliegt hier auch dem größten Wechsel der einwirkenden Stoffe. Je tiefer man aber in die Erde hinabsteigt, um so einheitlicher gestalten sich die Verhältnisse, wenigstens soweit es sich nicht um örtliche Einflüsse wie Klüfte, Wasseradern, Quellen handelt. Temperatur, Wassergehalt, lösliche Salze verändern sich kaum, dagegen nimmt die Menge des zugänglichen Sauerstoffes ab und damit die rasche Oxydation der Eisenoxydulverbindungen; ferner ist die Wegfuhr der entstehenden löslichen Stoffe durch Wasser sehr gering, die Zahl der möglichen chemischen Umsetzungen zwar groß, beschränkt sich aber doch auf die bereits im Gestein vorhandenen Stoffe und dadurch wird die Zahl der tatsächlich auftretenden Verbindungen stark vermindert.

Für die Tiefenverwitterung stehen endlich unbegrenzte Zeiträume zur Verfügung, es sind „geologische“ Vorgänge, bei denen die Langsamkeit ihres Verlaufes durch lange Dauer ausgeglichen ist.

Es kann daher nicht auffallen, wenn die Produkte dieser Prozesse sowohl an Form wie an Zusammensetzung wesentlich von den bisher besprochenen Bildungen der oberflächlich verlaufenden Verwitterung abweichen.

Bei der Tiefenverwitterung sind die Neubildungen überwiegend kristallisiert, bei der Oberflächenverwitterung überwiegend amorph. Man hat in diesem Verhalten zunächst eine Folge der verschiedenen Schnelligkeit der Umsetzungen zu sehen. In der Tiefe verlaufen die Vorgänge der Verwitterung sehr langsam und ermöglichen es den Stoffen, die kristallisierte Form anzunehmen, die der regelmäßigsten Anordnung ihrer Moleküle entspricht.

Vielfach scheinen auch ursprünglich amorph abgeschiedene Körper in geologischen Zeiträumen zu kristallisieren, dies gilt z. B. für Kaolinit, der ebensowohl in Abscheidungen der echten Tiefenverwitterung wie in sehr alten Ablagerungen der Oberflächenverwitterung auftritt. Die verhältnismäßige Leichtigkeit, mit der Tonerdehydrat kristallisiert, führt dagegen dazu, daß die Lateritböden reichlich kristallisierten Hydrargillit enthalten.

Ein Vorgang, der allen Verwitterungsprozessen gemeinsam ist, aber in der Tiefe eine eigenartige Ausbildung erfährt, ist die Aufnahme von Wasser, die Hydratisierung. Als Typus kann die Überführung des wasserfreien Kalziumsulfates (Anhydrit) in wasserhaltiges (Gips) gelten.

$$CaSO_4 + 2\,H_2O = CaSO_4,\ 2\,H_2O.$$

Wie weit eine reine Wasserbindung, also H_2O-Aufnahme ohne Hydrolyse, bei Silikaten stattfinden kann, ist wohl noch nicht experimentell festgestellt, Bischof[1]) wies zuerst auf diesen Vorgang hin und schrieb ihm die erste und bedeutendste Wirkung bei der mit der Verwitterung Hand in Hand gehenden Auflockerung der Gesteine zu. Jedenfalls treten auch in den Schichten der Oberfläche Vorgänge auf, bei denen Wasser chemisch gebunden oder abgespalten werden kann.

Die großen Unterschiede, die in den Ausscheidungen bei den verschiedenen Arten der Verwitterung hervortreten, hat man früher nicht genügend unterschieden. Weinschenk[2]) und Cornu wiesen darauf hin; Cornu unterschied wohl zuerst Oberflächen- und Tiefenverwitterung.

---

1) Chemische Geologie 1847, S. 831.

2) Grundzüge d. Gesteinskunde I, S. 117 (1902).

Auf die Vorgänge der Tiefenverwitterung kann hier nur hingewiesen werden. An die Oberfläche gebracht, unterliegen ihre Produkte ebenso der herrschenden Verwitterung wie alle anderen Mineralien.

Einzelne Beispiele der Tiefenverwitterung sind:

Aus Feldspaten geht Epidot, Kaliglimmer, Kaolinit hervor. Häufig ist die Umbildung in feinschuppigen, lichten Serizit. Aus basischeren Gesteinen entsteht Chlorit, Saussurit. Besonders charakteristisch ist die Entstehung von kristallinischen wasserhaltigen Magnesiasilikaten, die durch Wasser und Kohlensäure nur sehr schwierig angegriffen werden. Es sind dies Serpentin, der zunächst aus Olivin gebildet wird und Talk, der aus der Zersetzung der verschiedensten magnesiumhaltigen Mineralien hervorgehen kann.

Zu den Bildungen der Tiefenverwitterung rechnet man in neuester Zeit auch die Zeolithe. Cornu macht darauf aufmerksam, daß Zeolithe leichter der Oberflächenverwitterung unterliegen als Feldspate, daher an der Erdoberfläche nicht aus ihnen hervorgegangen sein können.

Den Gegensatz zwischen Tiefen- und Oberflächenverwitterung kennzeichnen auch eine Anzahl gut kristallisierender Mineralien. Man vergleiche nur die Beschaffenheit der Kalktuffe und erdigen Kalke der Oberfläche mit den Kristallen des Kalkspates. Auch Quarz scheint, soweit er nicht ein ursprünglicher Bestandteil der Silikatgesteine ist, nur in der Tiefe zur Ausscheidung zu kommen oder doch nur dort größere Kristalle zu bilden. In den Schichten der Oberflächenverwitterung ist wenigstens bisher noch kein kristallisierter Quarz nachgewiesen worden.

M. Einfluß des Klimas auf die Verwitterung.

(vergleiche Bodenzonen).

N. Die Zeitdauer der Verwitterungsvorgänge.

Die Zeit, die zur Verwitterung von Gesteinen notwendig ist, war wiederholt Gegenstand der Untersuchung. Man muß sich jedoch vergegenwärtigen, daß physikalischer Zerfall wie chemische Zersetzung von zahlreichen, namentlich auch klimatischen Ursachen abhängig sind, so daß auch der sorgsamste Versuch immer nur ein Bild der örtlichen Verhältnisse widerspiegelt.

Im allgemeinen ist die Verwitterung als ein langsam fortschreitender Prozeß zu betrachten, der oft in Jahrhunderten, oft erst in viel längeren Zeiträumen bemerkbare Größe erreicht; nur örtlich kann der Gesteinszerfall in kürzerer Frist starke Veränderungen herbeiführen. Die vom Diluvialeis geglätteten Felsen Nordeuropas zeigen fast unveränderte Oberfläche; in den Alpen beginnen einzelne durch Eis transportierte Blöcke oft erst in Umrissen die Formen anzunehmen, die der normale Verlauf der Verwitterung unter den herrschenden klimatischen Verhältnissen ihnen gegeben haben würde.

Unter diluvialer Decke haben sich auch in Norddeutschland polierte Felsen, selbst von Kalkgesteinen (Rüdersdorf b. Berlin) nur wenig verändert erhalten. Deckt man den Verwitterungsschutt eines Gesteines ab, so erkennt man, daß es die bevorzugten Richtungen der Wasserbewegung sind, die stärkere Zersetzungen zeigen und anderseits wieder, daß mit Humusstoffen beladene Wässer außerordentlich starke Einwirkungen üben können (die interglazialen Schichten in den Alpen und Karpathen; Karrenbildung; die Oberfläche der anstehenden Gesteine in Schwarzerdegebieten).

In kalten und gemäßigten Gebieten ist es namentlich der Spaltenfrost, der den Gesteinszerfall fördert, seine Wirkung führt aber mehr zur Bildung grober Bruchstücke als zur Feinerde.

Versuche von Hilger[1]), Dietrich, Haselhoff[2]) ergeben die Bildung merkbarer Mengen von Feinerde, nachdem Gesteine mehrere Jahre den Atmosphärilien ausgesetzt waren. Anbau von Pflanzen förderte den Zerfall, jedoch nicht erheblich; ein Unterschied zwischen verschiedenen Pflanzen (Leguminosen, Getreide, Bäumen) trat nicht hervor. Der Zerfall schritt um so schneller vor, je mehr das Gestein bereits verändert war.

Absolute Zeitmaße lassen sich aus diesen Versuchen nicht ableiten. Eher ist dies möglich aus dem Vergleich der Verwitterung genau datierter Grabsteine, die Geikie[3]) untersuchte, obgleich hier zumeist die lösende Wirkung des kohlensäurehaltenden Wassers auf Kalk in Frage kommt.

Um wenigstens eine ungefähre Vorstellung von der Zeitdauer bodenbildender Prozesse zu geben, mögen hier Angaben von Semiatschenski[4]) folgen. Auf Ruinen aus Kalksteinen in Österreich hatte sich in 500—600 Jahren eine Bodenschicht von 10 cm, auf einer Festungsmauer der Krim die gleiche Schicht in 600 Jahren gebildet. Der benachbarte Boden hatte im ersten Fall 38—40 cm, im zweiten 65 cm Mächtigkeit. Es würden hiernach 2400 und 3600 Jahre zur Bildung des Bodens notwendig gewesen sein. So wenig auf derartige Zahlen Gewicht zu legen ist, so zeigen sie doch, mit welchen langen Zeiträumen bei der Bodenbildung zu rechnen ist.

---

[1]) Jahresber. Agr.-Chemie 1870/71, S. 4.

[2]) Landw. Vers.-Stat. 70, S. 54 (1909). — Dietrich, Zentralbl. Agr.-Chem. 1875, S. 4.

[3]) Proc. Roy. Soc. Edinbg. 10, S. 518 (1880).

[4]) Journ. Russ. exper. Landw. 8, S. 707 (1907).

Die Verwitterung ist von den klimatischen Verhältnissen stark abhängig; im gemäßigten Klima ist der Fortschritt der chemischen Zersetzung sehr gering. Hierüber belehrt am besten das Verhalten von Sandböden, in denen oft erst nach Jahren so viel Nährstoffe frei werden, um eine Ernte zu tragen. Bei Versuchen von v. Feilitzen[1]) steigerte sich die Grasernte in stark kalibedürftigem Moorboden nicht, wenn Feldspatmehl mit einem Gehalt von 165 kg Kali (K_2O) für das Hektar gegeben wurde. Diese Versuche lehren, wie gering die Menge der durch Verwitterung frei werdenden Mineralstoffe sind, wenn auch mit anderen Gesteinen etwas günstigere Erfolge erzielt wurden.

Ein Gegenstand, der eingehende Berücksichtigung verdient, ohne sie bisher gefunden zu haben, ist das geologische Alter der Böden. Die Bodendecken Europas, wenigstens Mittel- und Nordeuropas, sind, geologisch betrachtet, junge Böden. Die diluvialen Eismassen fegten alles hinweg, was an Verwitterungsprodukten vorhanden war und vermischten es mit einer ungeheuren Masse von Gesteinsmehl und Gesteinsschutt. Selbst die diluvialen Sandböden sind noch relativ wenig angegriffen und wenn die Beobachtung auch lehrt, daß die Bodenverhältnisse weiter Gebiete einem Endzustand zustreben, so ist dieser doch nur unter extremen Bedingungen annähernd erreicht. Dem einzelnen Menschen erscheinen diese Verhältnisse als feststehend, da sie sich im Verlaufe eines Jahrhunderts in der Regel wenig ändern, und einmal ausgebildete typische Böden Umbildungen oft lange Widerstand leisten.

Viel charakteristischer sind die Eigenschaften der geologisch alten Böden, wie sie uns in vielen Tropengebieten entgegentreten. Welche Unterschiede hierbei vorkommen, zeigen die stark ausgewaschenen, an Nährstoffen erschöpften Lateriterden, z. B. Indiens, und die außerordentlich reichen jungvulkanischen Böden (Java, Sumatra, Kamerun), die ganz ähnlich zusammengesetzten Gesteinen entstammen können.

Böden, deren Alter genau feststellbar ist, sind Marschböden, von denen die Zeit der Eindeichung bekannt ist. Maercker[2]) gibt folgende Zahlen für die Oberkrume Oldenburger Marschen:

Jahr der Bedeichung	P_2O_5 %	K_2O %	CaO %	$CaCO_3$ %	N %
1659	0,151	0,59	2,27	4,06	0,25
1732	0,152	0,66	3,87	6,72	0,66
1780	0,193	0,68	4,88	8,71	0,68
1822	0,235	0,62	5,16	9,21	0,62
1852	0,250	0,56	5,28	9,42	0,56

[1]) Mitt. Moorkultur-Verein 1893, S. 334.

[2]) Zusammensetz. Oldenb. Marscherden. Berlin 1869. Vgl. auch Schucht, Zeitschr. f. Naturwissensch. 76 (1903), van Bemmelen u. and.

Die Auswaschung an Kalk und Verarmung an Phosphorsäure tritt gut hervor und zeigt die hauptsächliche Richtung, nach der die Veränderung der Böden verläuft.

Fossile Böden. Die Untersuchung der Gesteine läßt darauf schließen, daß die Verwitterung der Erdoberfläche unter ähnlichen Verhältnissen, wie sie heute herrschen, erfolgt ist. Zwischen den geologisch ältesten Ablagerungen von verwittertem Gesteinsmaterial und den in der Gegenwart gebildeten treten grundsätzliche Unterschiede nicht hervor. Es müssen daher auch in früheren Perioden Böden vorhanden gewesen sein, die denen der Jetztzeit verwandt waren. Es ist aber verständlich, daß fossile Böden in der Regel durch fortschreitenden Abtrag zerstört worden sind und nur unter besonders günstigen Bedingungen erhalten bleiben konnten. Hierzu kommt, daß diese Böden, in andere Gesteinsschichten eingeschlossen, der Tiefenverwitterung unterliegen und mannigfaltige Umbildungen erlitten haben. Die Aufmerksamkeit ist erst in jüngerer Zeit auf solche Vorkommen gelenkt worden.

So wies Wüst[1]) das Auftreten von Bleicherden im Tertiär der Umgegend von Halle a. S. nach, die in Beziehung zu den Braunkohlenablagerungen stehen.

Außer Porphyren nahmen noch zahlreiche andere Gesteine an der Bildung der tertiären Böden teil. Die Porphyre, Arkosen und Porphyrkonglomerate sind kaolinisiert; die Sandsteine des Rot-

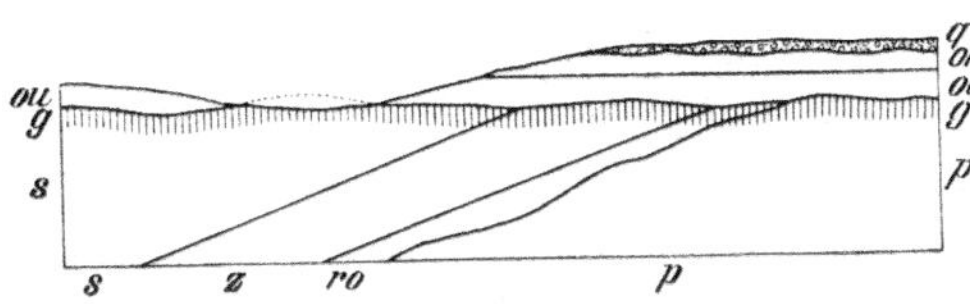

Abb. 7. Ideales Profil der Lagerung der Grauerdenrinde der tertiären Landoberfläche in der Gegend von Halle a. S. nach Wüst.
g tertiäre Grauerdenschicht.

liegenden und des bunten Sandsteines sind ausgebleicht; die Schiefertone sind gebleicht und mehr oder weniger in plastischen Ton umgewandelt. Das Profil Abb. 7 gibt ein schematisches Bild der Lagerungsweise dieser fossilen Böden unter diluvialen Schichten.

Eisenreiche, oft tiefrot gefärbte Schichten in älteren Formationen bringt man vielfach in Beziehung zur Lateritbildung der Jetztzeit. Diese Studien sind jedoch noch kaum begonnen und bedürfen noch eingehender Bearbeitung. Hier kann auf diese Vorkommen nur hingewiesen werden.

---

[1]) Zeitschr. prakt. Geol. 15, S. 3 (1907).

O. Wanderung der löslichen Salze im Boden.

Bisher ist die Wanderung der Salze im Boden, d. h. ihre Verteilung unter dem Einfluß der Wasserbewegung sowohl beim Einsickern bei Wasserüberschuß, wie Aufsteigen bei Oberflächenverdunstung und ferner unter Einfluß der Wurzeln der Pflanzen nur wenig untersucht worden. Am eingehendsten hat man sich noch mit den Prozessen der Auswaschung beschäftigt, deren Wirkungen für die Böden von grundlegender Bedeutung sind. Ein wichtiger Unterschied bei den Bewegungen des Wassers ergibt sich daraus, daß Absickern im Boden verhältnismäßig schnell, Aufsteigen langsam erfolgt. Die Struktur des Bodens übt starken Einfluß. Dicht gelagerte Böden begünstigen die Bewegung der Salze, die beim Eindringen des Wassers zwar leichter in die Tiefe gewaschen, aber infolge stärkerer Verdunstung auch reichlicher an die Oberfläche geführt werden als in gekrümelten Böden. Beim Absickern macht sich die Oberflächenspannung der Salzlösungen kaum bemerkbar, sie tritt aber hervor und wird durch Zunahme der Konzentration stark wirksam beim Aufsteigen des Bodenwassers.

Die Wanderung der Salze verläuft je nach der höheren oder niederen Absorptionswirkung des Bodens verschieden. In absorptiv gesättigten Böden kann zwar starker Basenaustausch stattfinden, dagegen werden nur mäßige Mengen der in Lösung befindlichen Salze gebunden. Ungesättigte Böden können dagegen stark absorbieren und dadurch der Bodenlösung Salze entziehen.

In humiden Gebieten herrscht der zweite Fall vor. Hier ist noch aufnahmefähiger Boden reichlich vorhanden; die Bodenflüssigkeit ist daher eine stark verdünnte Lösung. In ariden Gebieten sind die Böden meist absorptiv gesättigt, die Salze im Überschuß vorhanden, die Bodenlösungen können reichlich Salze führen. Hieraus ergeben sich für die Bewegung der Salze in den Böden arider Gebiete viel günstigere Bedingungen. Stets wird sich ein Gleichgewicht zwischen Boden, Wasser und Salzgehalt herausstellen, aber es wird in humiden und ariden Gebieten einen verschiedenen Charakter tragen.

Die Bodenlösungen sind Gemische sehr verschiedener und wenigstens zum Teil auch kolloid gelöster Stoffe. Ferner finden sich im Boden Harze, Fette und andere organische Stoffe, die die Oberflächenspannung des Wassers sehr stark beeinflussen, es ist demnach ungemein schwer, das Verhalten der Bodenlösungen aus den Eigenschaften ihrer Bestandteile abzuleiten; jedoch ist es möglich, folgende Grundzüge festzuhalten:

In nackten Böden verdunsten ausschließlich die Oberflächenschichten, sie sind für die Salzbewegung im Boden maßgebend.

In bestandenen Böden sind zwei getrennte Gebiete der Verdunstung vorhanden, die Oberfläche und die von Wurzeln durchzogenen Teile des Bodens, namentlich die Zone der Hauptwurzelverbreitung. Nach Richtung des Ortes der Verdunstung hat ein dauernder Zufluß von Wasser statt, der um so mehr gesteigert wird, je größer die Unterschiede in der Konzentration der Bodenlösung werden.

Ausscheidung von nicht zersetzbaren Salzen findet statt, wenn die Lösung die Kristallisations-Konzentration erreicht. Ausscheidung aus zersetzbaren Salzen findet bei Bildung eines schwer löslichen oder unlöslichen Produktes dort statt, wo der Gleichgewichtszustand gestört wird, der Zerfall des Salzes eintritt.

Unverändert aus der Lösung kristallisieren: Chlornatrium, Natriumsulfat, Magnesiumsulfat, Gips.

Zersetzt werden namentlich Karbonate: Kalkkarbonat, Ferrokarbonat (Magnesiumkarbonat, Mangankarbonat), die als saure Salze in Lösung sind und unter Abgabe von Kohlensäure als neutrale Salze ausfallen. Die Zersetzung dieser Salze wird dort stattfinden, wo der Teildruck der Kohlensäure in der umgebenden Luft abnimmt, also an der Grenze der regelmäßigen Durchlüftung des Bodens. Hierzu gesellt sich für Eisenoxydulsalze noch die Oxydation durch Luftsauerstoff und wohl für alle zersetzbaren Salze mehr oder weniger die Mitwirkung von Bakterien im Boden.

Im Boden selbst wirkende Einflüsse der Absorption, Ausscheidung von Kolloiden, sowie rein chemische Ausfällungen sind theoretisch von diesen Einwirkungen äußerer, physikalischer Bedingungen zu trennen. In der Natur treten oft verschiedene Prozesse nebeneinander auf, sie sind aber in ihren Hauptprodukten voneinander unterscheidbar.

Der einfachste Fall möge zuerst behandelt werden.

Es finde sich in einem absorptiv gesättigten nackten Boden ein leicht lösliches, stabiles Salz, z. B. Chlornatrium.

Die Verdunstung erfolgt an der Oberfläche, hierdurch erhöht sich die Konzentration der Lösung infolge der nachströmenden salzhaltigen Bodenflüssigkeit immer mehr, bis die Kristallisations-Konzentration erreicht ist und Kristallisation erfolgt; „das Salz blüht auf dem Boden aus“. Analog, aber in seiner Erscheinung abweichend gestaltet sich der Vorgang, wenn ein schwer lösliches Salz in der Bodenflüssigkeit gelöst ist. Hier wird die Kristallisations-Konzentration für die nachströmende Flüssigkeit der tieferen Schichten, nicht erst an der Oberfläche, sondern bereits in einer tieferen Bodenschicht erreicht werden und Ausscheidung erfolgen. Es bilden sich z. B. gipshaltige Bodenschichten in bestimmter Tiefe, wie sie in Steppenböden verbreitet vorkommen.

Verwickelter gestalten sich die Vorgänge in einem mit Pflanzen bestandenen Boden. Hier sind mehrere stark verdunstende Schichten im Boden vorhanden: die Oberfläche des Bodens und infolge ihrer fortgesetzten Wasseraufnahme die Oberfläche der Wurzeln. Die Wirkung der Wurzeln kann man auf die Schicht ihrer Hauptverbreitung beschränkt annehmen. Die Pflanzen ertragen nur eine bestimmte nach der Art sehr verschiedene Konzentration der Salzlösungen, sie sind daher auch nur imstande, dort normal zu funktionieren, wo diese Konzentration nicht überschritten ist; die Wasseraufnahme wird aufhören, bzw. die Pflanzen werden absterben, wenn diese Konzentration erreicht oder überschritten ist. Man kann daher annehmen, daß die Pflanzendecke die Salzkonzentration im Boden nur bis zu einem bestimmten Gehalte zu steigern vermag. Oberhalb der Wurzelverbreitung tritt dann wieder die Wirkung der Verdunstung an der Oberfläche des Bodens ein. Man hat z. B. in Nordamerika vielfach über das Ausblühen von Salzen auf bestandenen Getreidefeldern Klage geführt.

Die Pflanzendecke führt durch ihren sehr großen Wasserverbrauch daher zur erheblichen Anreicherung an Salzen in den Schichten ihrer hauptsächlichen Wurzelverbreitung und ist dadurch eine Hauptursache des Auftretens von Salzausblühungen in bewässerten, ariden Böden. Diese Wirkung wird sich um so mehr steigern, je höher der Stand der (salzhaltigen) Grundwässer ist.[1])

[1]) Am leichtesten wird die Beeinflussung der Salzkonzentration im Boden verständlich, wenn man sie graphisch darstellt. Es sei die Oberfläche einer Bodenschicht AB. Die nach der Oberfläche steigende Konzentration soll der von den Linien AB, AC und CD eingeschlossenen Fläche entsprechen.

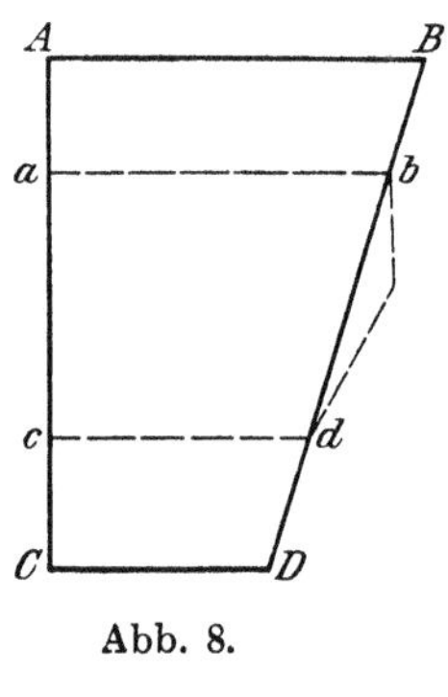

Abb. 8.

Wird die Kristallisations-Konzentration erst in AB erreicht, so blüht das Salz aus; wird sie bereits bei geringerer Konzentration erreicht, z. B. am Punkte d, so erfolgt die Hauptausscheidung in dieser Höhe; da alles von unten zuströmende Salz hier abgelagert wird.

Auf bewachsenem Boden sei die Hauptverbreitung der Wurzeln in der Schicht a b c d. Die Pflanzenwurzeln nehmen nur Wasser auf, bis eine konstante Konzentration erreicht ist, die dann erst oberhalb der Wurzeln nach Richtung der Oberfläche steigen und zum Ausblühen der Salze an der Oberfläche führen kann. Die Konzentration ändert sich hier also sprungweise.

Abweichend gestalten sich die Verhältnisse bei der Zufuhr von zersetzbaren Salzen.

Führen die tieferen Bodenschichten Kalkkarbonat, so wird das Wasser je nach dem Gehalt an Kohlensäure sich mit dem sauren Salz sättigen. Kommt diese Lösung in Bodenschichten mit geringerem Gehalt an Kohlensäure, so zersetzt sich das Salz und Kalkkarbonat scheidet sich aus. Im Boden wird dies zumeist dort erfolgen, wo stärkere Durchlüftung stattfindet. Man kann daher kalkreiche Horizonte in höheren oder tieferen Lagen des Bodens finden. In der Regel werden sie so gedeutet, daß

Ein hübsches Beispiel für die Wanderung des Kalkes gibt v. Linstow[1]), der Lößablagerungen bei Köthen (Anhalt) beschreibt, die in der Tiefe und im Oberboden Kalk führen, während die Zwischenlage davon frei ist. Es ist anzunehmen, daß die unteren Schichten noch wenig verwittert sind, während aus den Mittelschichten, soweit die regelmäßige Wasserbewegung gereicht hat, der Kalk nach oben geführt und dort abgelagert wurde.

Abscheidungen von Eisenoxydhydraten im Boden werden auch durch biologische Vorgänge, dem Vorkommen von Eisenbakterien beeinflußt. Man ist zurzeit sehr geneigt, hierüber die rein chemischen und physikalischen Wirkungen zu unterschätzen. Die große Zahl der eisenhaltigen Grundwasser enthält organische Stoffe, die als Schutzkolloide für das Eisen wirken; anderseits finden sich auch Wässer, die man im wesentlichen als Lösungen von saurem Ferrokarbonat ansehen muß, das gleicherweise wie das entsprechende Kalksalz zur Abscheidung von Ferrokarbonat führt, einem Salze, das an der Luft rasch zerfällt und in Eisenoxydhydrat umgewandelt wird.

Das weitverbreitete Vorkommen von eisenreichen Streifen und Schichten im Boden ist noch nicht genügend erforscht; es ist wahrscheinlich, daß sehr verschiedene Vorgänge bei ihrer Bildung wirksam sind.

Einfluß auf die Verteilung der Salze im Boden üben die Wurzeln der Pflanzen, indem sie Wasser aufnehmen; hierdurch wird während der Vegetationszeit dauernd ein Strömen des Bodenwassers nach der Richtung der Wurzeln hervorgerufen. Man hat die Wirkung der Pflanzen, insbesondere die der Bäume als „Auspumpen" des Bodenwassers bezeichnet. Zahlreiche Untersuchungen lassen keinen Zweifel, daß die überwiegende Menge des Bodenwassers von den Wurzeln aufgenommen und von den Pflanzen verdunstet wird. Die stärkste Bewegung der Bodensalze muß daher nach der Richtung der Bodenschicht statthaben, in der die Verbreitung der Wurzeln hauptsächlich erfolgt.

Auffallenderweise hat man diesen Vorgang bisher kaum beachtet, experimentelle Untersuchungen liegen noch nicht vor. Hierzu kommt noch die spaltende Wirkung der Pflanzenwurzeln auf viele Salze. Im

---

bis dahin die Auswaschung des Bodens vorgedrungen sei oder die in den oberen Schichten gelösten Salze wieder zur Abscheidung gelangt seien. In den meisten Fällen sind kalkreiche Lagen nicht ursprünglich im Boden vorhanden gewesen, sondern aus der zuströmenden Bodenlösung gebildet. Ihre Herkunft muß in jedem Falle durch besondere Untersuchung festgestellt werden. Spalten im Gestein und andere örtliche Einflüsse machen sich geltend und können zu mannigfaltig ausgebildeten Abscheidungen von Kalkkarbonat führen.

[1]) Jahrb. preuß. geol. Landesanst. 1908, S. 122.

allgemeinen nehmen die Pflanzen mehr basische als saure Bestandteile auf; in der Regel werden hierbei Kohlensäure und Kieselsäure frei gemacht werden, aber in manchen Fällen können auch stärkere Säuren und Basen zurückbleiben. Man unterscheidet physiologisch saure und physiologisch basische Salze, je nachdem die Pflanzen überwiegend die basischen oder sauren Ionen der Salze aufnehmen. Typisch hierfür ist das Verhalten der Ammonsalze und der Nitrate. Von Ammonsulfat nimmt die Pflanze die Ammonionen auf und läßt die Schwefelsäureionen zurück, es ist ein physiologisch saures Salz; von Natriumnitrat nimmt die Pflanze die Salpetersäureionen auf und läßt die Natriumionen zurück, es ist ein physiologisch basisches Salz.

Endlich ist auch die unmittelbare Aufnahme der Pflanzen an Mineralstoffen aus dem Boden zu berücksichtigen, die ohne Eingriff des Menschen beim Verwesen der abgestorbenen Teile dem Boden zurückgegeben werden.

Abgestorbene Wurzeln, zumal Baumwurzeln bilden nach ihrer Verwesung für das Bodenwasser bequeme Abflußrichtungen nach der Tiefe. Im erweichten halbzersetzten Zustande bilden sie bevorzugte Richtungen kapillarer Leitung des Wassers aus tieferen Bodenschichten. Hierdurch und durch die Absorptionswirkung der Pflanzenstoffe sind die abgestorbenen Wurzeln häufig Ansatzstellen für Konkretionen, zumal für Kalkkarbonat und für Eisenoxydhydrat.

Alle diese Einwirkungen führen dazu, daß die Pflanzenwelt mächtigen, oft entscheidenden Einfluß auf die Verteilung und Abscheidung von Bodensalzen und auf die Eigenschaften der Böden überhaupt ausübt. Zumal in ariden Gegenden tritt dies hervor; die Steppenböden z. B. erhalten ihre bezeichnendsten Eigenschaften durch ihre Pflanzendecke.

5. Auswaschung des Bodens.

Unter den großen Vorgängen, die die Erdoberfläche beeinflussen und weiten Gebieten ihren Charakter aufprägen, ist wohl die Wirkung der Auswaschung des Bodens am spätesten erkannt worden. Solange Geologie getrieben wurde, ist auch die Abfuhr gelöster Stoffe durch die Flußwässer beobachtet; wenn man trotzdem diesem Vorgang für die Bodenbildung wenig Bedeutung beilegte, so geschah es wohl, weil man die Wirkung der Absorption überschätzte und anderseits nicht gewohnt war, den Boden von größeren, weitere Gebiete umfassenden Gesichtspunkten aus zu betrachten. Hierzu kam noch, daß die Untersuchungen sich fast nur auf die schwereren, dem Ackerbau dienenden Böden beschränkten. Die ersten eingehenden Beobachtungen hat die forstliche Bodenkunde und das Studium der Sandböden geliefert.[1]) Die allgemeine Bedeutung des Vorganges ist von Hilgard gewürdigt[2]) und in neuerer Zeit auch von russischen Forschern (Tanfiljew, Wysotzki u. a.) in den Vordergrund der Betrachtung gestellt worden.

Von allen im Boden einwirkenden Stoffen ist das Wasser der einzige, der bei den Niederschlägen in immer neuer Menge zugeführt und hierdurch fortgesetzt wirksam wird. Je nach dem Verhältnis, in dem Verdunstung und Niederschläge stehen und der Menge der Sickerwässer werden sich die Vorgänge im Boden verschieden gestalten und maßgebend für dessen Eigenschaften werden. Sind Niederschlag und Verdunstung etwa im Gleichgewicht, oder überwiegt die Verdunstung, so sammeln sich die Verwitterungsprodukte im Boden an; überwiegen die Niederschläge, so werden die Böden ausgewaschen und die löslichen Stoffe mit den Sickerwässern weggeführt. Im ersten Falle schreitet die Zersetzung der Gesteine langsam fort und herrschen im Boden die mannigfaltigen Verbindungen der komplizierten Verwitterung vor und die Böden tragen feinsandigen Charakter; im zweiten Falle überwiegen die Faktoren der einfachen Verwitterung, die zur Entstehung tonreicher oder lateritischer Böden führen.

In klimatisch extremen Gebieten kann daher aus der Verwitterung der verschiedenartigsten Gesteine ein einheitlicher Boden hervorgehen, der seinen Charakter aus der Summe der meteorologischen Faktoren erhält. Im gemäßigten Klima oder in den Grenzbezirken einzelner Gebiete gewinnt jedoch die Zusammensetzung der vorkommenden Gesteine größeren Einfluß. Die Bodenarten tragen ähnlichen Charakter, weichen aber nach der Gesteinsart erheblich voneinander ab und die Veränderungen, die die Böden erleiden, werden stark durch ihre Struktur beziehentlich von ihrem Verhalten zum Wasser bedingt. Ein Sandboden kann unter diesen Umständen bereits alle Eigentümlichkeiten stark ausgewaschener Böden aufweisen, während ein benachbarter Lehmboden noch kaum beeinflußt zu sein braucht.

Die Menge des wirkenden Wassers ist für klimatisch einheitliche Gebiete wohl ziemlich gleich groß. Unebenheiten des Bodens können örtlich Unterschiede hervorrufen, im großen Durchschnitt kann man aber gleiche Zufuhr annehmen. Ist die Wirkung trotzdem verschieden, so muß die Ursache im Boden liegen und die Vorgänge werden zumal von der Tiefe des Eindringens des Wassers und durch die Wasserbewegung im Boden beeinflußt.

Leider liegen hierüber bisher wenig Beobachtungen vor.

---

[1]) Emeis, Waldbauliche Forschungen. Berlin 1875. — P. E. Müller, Natürliche Humusformen. Berlin 1883. — Ramann, Unters. üb. Streuböden. Zeitschr. f. Forst- u. Jagdw. 1883.

[2]) Einfluß des Klimas auf Bodenbildung. Heidelberg 1893.

A. Der Verlauf der Auswaschung in humiden Gebieten.

Der Vorgang der Auswaschung läßt sich am besten an dem Beispiel der Hauptbodenarten der gemäßigten Zonen vorführen.

Für Sandböden haben die Untersuchungen des Verfassers gezeigt,[1]) daß die ganze Bodenschicht ziemlich gleichmäßig vom Wasser durchsunken wird. Wasserbestimmungen nach stärkeren Regen lassen dies deutlich erkennen. Zunächst ist die oberste Bodenschicht am feuchtesten, in den nächsten Tagen eine tiefer gelegene und so fort, bis endlich eine undurchlässige Schicht erreicht wird, auf der das Wasser sich anstaut. Es ist dies die regelmäßige und in den oberen Lagen stets eintretende Wasserbewegung in Sandböden; nur gelegentlich verursachen einzelne Schichten abweichender Korngröße Änderungen.

Anders verhält sich das Wasser gegenüber Lehmböden. Zunächst tritt der große Unterschied in der Wasserkapazität in Wirkung. Während Sandböden während der Vegetationszeit nach ausgiebigen Niederschlägen Sickerwasser abfließen lassen, geschieht dies unter mittleren klimatischen Verhältnissen nicht bei Lehmböden. Die oberste gekrümelte Schicht ist in der Regel bei Waldböden wenig mächtig, sie wird vom Wasser gleichmäßig durchfeuchtet. Die tieferen Bodenlagen sind zumeist von feinen Poren durchzogen; in diesen Hohlräumen und mit Vorliebe in den Gängen verrotteter Wurzeln und in den Röhren der Regenwürmer bewegt sich das Wasser und von ihnen aus sättigt sich die Hauptmasse der Erde durch kapillare Aufnahme.

Es bestehen daher zwischen unseren beiden Hauptbodenarten in ihrem Verhalten zur Auswaschung tiefgehende Unterschiede. Die einfachsten und am leichtesten erkennbaren Verhältnisse findet man in den Sandböden.

Regen und Schneewässer treffen die Bodenoberfläche als nahezu reines, nur schwach kohlensäurehaltiges Wasser. In Berührung mit dem Boden wird es rasch Salze aufnehmen und den Sättigungsgrad erreichen, der dem Lösungsgleichgewicht zwischen löslichen Bestandteilen des Bodens und der Wassermenge entspricht. Die nächsttiefere Bodenschicht kommt bereits mit einer mehr oder weniger gesättigten Salzlösung in Berührung, die Fähigkeit, noch Stoffe aufzunehmen, ist daher geschwächt und wird immer mehr abnehmen, in je größere Tiefen das Wasser eindringt.

In der Abb. 9 sind diese Verhältnisse schematisch dargestellt. Zugeführtes Wasser wird sich in der Schicht a annähernd sättigen, in b nur noch wenig, in c fast nichts mehr aufnehmen können.

Die Auswaschung trifft also nicht alle Bodenschichten gleichmäßig, sondern schreitet allmählich von der Oberfläche nach der Tiefe

---

[1]) Forsch. d. Agrik.-Phys. 11, S. 327.

fort. Auf diese Vorgänge ist die bodenkundlich bedeutsame Tatsache zurückzuführen, daß völlig verwitterte und an löslichen Salzen durch Auswaschung erschöpfte Schichten auf noch reichem Boden auflagern, ja sich davon oft in scharfer Linie absetzen. Zugleich werden in den salzarmen Schichten die Krümel zerstört und die Tonteile leichter beweglich, die Humusstoffe quellen auf; es sind dies Wirkungen, die zu einer immer weiter fortschreitenden ungünstigen Änderung des Bodenzustandes führen.

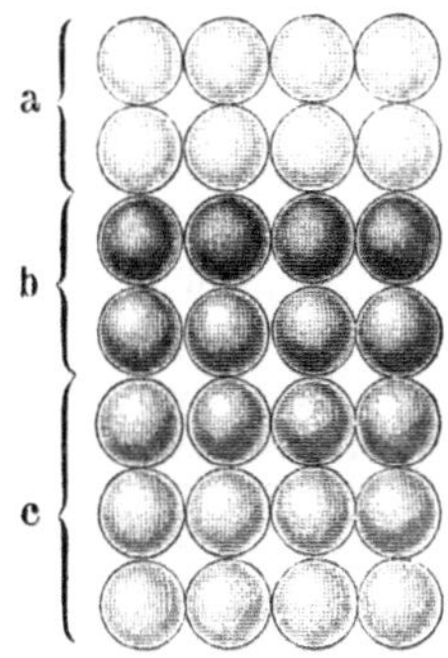

Abb. 9.

Die einzelnen Salze verhalten sich gegenüber der Auswaschung entsprechend ihrer Löslichkeit. In absteigender Reihe folgen sich etwa Chloride und Nitrate, Sulfate, Karbonate des Ca und Mg, Phosphate.

Chloride finden sich in kleinerer Menge in allen Böden, sie entstammen zum größten Teil den atmosphärischen Niederschlägen und haben ihren Ausgangspunkt im Meere. Ansammlung von Chloriden finden sich nur am Meeresstrande und in der Nähe der Salzquellen.

Nitrate gehören zu den leicht löslichen Bodenbestandteilen. Bei der großen Bedeutung und der Kostspieligkeit der Stickstoffverbindungen als Düngerstoffe hat man der Auswaschung der Nitrate viel Aufmerksamkeit geschenkt und umfassende Untersuchungen angestellt.

In unseren Gebieten ist der Gehalt der Böden an Nitraten unter ursprünglichen Pflanzenformationen (Wald, Wiesen, alle sauer reagierende Böden) verschwindend klein; in Gebieten höherer Temperatur scheinen jedoch andere Verhältnisse zu herrschen. Für Ackerböden sind namentlich von Dehérain zahlreiche Versuche angestellt worden, seine Zahlen sind jedoch infolge der Methode (Topfversuche) viel zu hoch. Schlösing[1]) berechnet den Stickstoffverlust durch Auswaschen nach dem Gehalt der Flußwässer im Flußgebiet der Seine zu 4,2—8,5 kg für das Hektar. Es kann keinem Zweifel unterliegen, daß unsere Landwirtschaft zumal bei schlechter Düngerbehandlung durch Auswaschung der Nitrate alljährlich große Verluste erleidet.

Von Sulfaten kommt im Boden der Gips in Frage. Gips ist hauptsächlich der Träger der Schwefelsäure im Boden und hat wohl denselben Ursprung wie die Chloride; er entstammt zum Teil den verwitternden Mineralien, zum Teil dem Meerwasser, vielleicht auch dem Gehalt der Atmosphäre an Schwefel- bzw. schwefliger Säure (Ver-

---

[1]) Compt. rend. Par. Akad. 120, S. 256 (1895).

brennung von Kohlen; Aushauchungen der Vulkane). Von den Pflanzen aufgenommen, wird Schwefelsäure in organische Verbindungen übergeführt und erst bei der Verwesung wieder zurückgebildet. Hierdurch wird der Auswaschung entgegengewirkt.

Abscheidungen von Gips sind in schwer durchlässigen Schichten (Ton) häufig; im Boden finden sie sich oft in reichlicher Menge in Steppengebieten, wo Gips in den oberen Lagen oft Konkretionen bildet. In den humiden Gegenden fehlen derartige Ausscheidungen.

Natriumkarbonat ist ein häufiger Bestandteil arider Böden und übt durch seine alkalischen Eigenschaften auch schon in kleinen Mengen starken Einfluß. Besonders wichtig ist die lösende Wirkung auf Humusstoffe, unter deren Mitwirkung auch das Eisen des Bodens in Lösung geht und Bleicherden gebildet werden.

Soda sammelt sich reichlich an der Oberfläche und in den oberen Schichten des Bodens an und unterliegt, da Sodaböden sehr dicht gelagert sind, nur schwierig der Einwaschung in die Tiefe. Dagegen kann Soda besonders durch oberflächlich ablaufende Wasser weggeführt werden.

Karbonate des Kalkes sind wichtige und verbreitete Bodenbestandteile. Soweit die Bodenarten nicht aus Kalkgesteinen hervorgegangen sind, entstammt der kohlensaure Kalk der Verwitterung der Silikate. Alle Böden arider Gebiete sind kalkreich; unter mittleren klimatischen Verhältnissen schwankt der Gehalt in weiten Grenzen; in ausgesprochen humiden wird das Kalkkarbonat ausgewaschen und können selbst Verwitterungsböden des Kalkgesteines sehr kalkarm sein; der noch vorhandene Kalk ist dann zumeist an Kieselsäure gebunden.[1])

Die Phosphate gehören zu den gegen Auswaschung am widerstandsfähigsten Bestandteilen des Bodens. Phosphate werden vom Wasser nur in geringer Menge aufgenommen und bilden mit allen vorkommenden Metallen mit Ausnahme der Alkalien unlösliche (Eisen, Aluminium, Magnesium) oder sehr schwer lösliche (Kalzium) Verbindungen.

Die Silikate unterliegen der Auswaschung im beschränkten Umfange. Es können hydratische Kieselsäure und Silikate der Alkalien weggeführt werden. Die häufigen Ausscheidungen zeigen, daß Kieselsäure ein beweglicher Bodenbestandteil ist.

In Böden mit reichlichem Gehalt an ungesättigten Humusstoffen erhalten die Vorgänge der Auswaschung einen anderen Charakter. Zumal Eisenverbindungen, Phosphate werden löslich; die widerstandsfähigen Silikate werden zersetzt und in lösliche Verbindungen über-

---

[1]) D. Meyer, Landw. Jahrb. 29, S. 913 (1900).

geführt. Alle Gebiete mit sauer reagierenden Böden sind daher stark ausgewaschen.

Guten Einblick in die Verhältnisse der sauren Humusböden geben die Analysen der Moorböden und Moorwässer, sowie der Heideböden. Die Moore sind immer arm an Kali, das wenigstens bei den Flachmooren nur durch Auslaugung entfernt sein kann. Aus Sphagnumtorf kann man fast die ganze Menge des vorhandenen Kalis durch Wasser ausziehen und in Lösung bringen. Die zersetzende Wirkung der Moorböden auf Phosphate ist bekannt; die Abwässer sind reich an Kieselsäure; bei Zusatz von Kalkkarbonat gehen große Mengen Kalk in Lösung.

Die Heideböden zeigen starke Auswaschung und Verarmung an allen Mineralstoffen mit Ausnahme der unlöslichen Form der Kieselsäure (Quarz). Alles dies zeigt, in welch außerordentlichem Grade die Auswaschung durch Auftreten der Humussäuren gesteigert wird.

Die Vorgänge in den Böden der tropischen Gebiete sind noch wenig bekannt, die vorliegenden Analysen der typischen Böden, der Laterite, zeigen, daß die Auswaschung sehr stark einwirkt, jedoch Eisenoxyde nicht weggeführt werden, so daß dort ein überwiegend aus Eisenoxydhydrat, Tonerdehydrat und Quarz bestehender Boden zurückbleibt.

Die Auswaschung ist von der Menge der angreifbaren Salze und der Menge des Wassers abhängig. Zwischen beiden Faktoren besteht Gleichgewicht. In humiden Gegenden ist infolge jahrhundertelanger Einwirkung die Hauptmenge der löslichen Salze bereits weggeführt und die lösende Wirkung, entsprechend den Verhältnissen des chemischen Gleichgewichts, mit Abnahme der angreifbaren Stoffe geringer geworden.

Dem Verlust an löslichen Stoffen steht der Gewinn durch fortschreitende Verwitterung gegenüber. Dieser Faktor ist außer von klimatischen Verhältnissen von der Zusammensetzung der Gesteine abhängig und kann je nach den Verhältnissen auch in humiden Gebieten überwiegen oder hinter der Auswaschung zurückbleiben. Im allgemeinen darf man annehmen, daß die chemische Zersetzung durch Wegfuhr der Verwitterungsprodukte gesteigert wird (das statische Gleichgewicht wird zugunsten der Verwitterung verschoben); es steht daher im vollen Einklange mit der Theorie, wenn z. B. im Walde streuberechte, durch Auswaschung erschöpfte Sandböden stärker verwittern als geschonte.

Der Auswaschung steht ferner, soweit man von absichtlicher (Düngung) oder unabsichtlicher (Schlickablagerung der Flüsse, Aufwehen von Bodenteilen) Zufuhr absieht, die Tätigkeit der Pflanzenwelt entgegen. Die Pflanzen, zumal die Bäume, nehmen Nährstoffe aus verschiedenen, oft tiefen Bodenschichten auf und führen sie der Oberfläche nach dem Absterben der Pflanze oder einzelner Teile derselben (Streuabfall) zu. Auf diesem Wege wird der Auswaschung kräftig entgegengewirkt. Wenn sie auch im Laufe langer Zeiträume in allen humiden Gebieten das Übergewicht erlangt, so ist doch unter mittleren Verhältnissen die Einwirkung vermindert und kann in gar nicht seltenen Fällen sich so gestalten, daß eine Anreicherung der oberen Bodenschichten an löslichen Salzen erfolgt, trotzdem der Gesamtgehalt des Bodens vermindert wird.

B. Die Auswaschung der Böden in ariden Gebieten.

Aride Gebiete kennzeichnen sich durch übermächtige Verdunstung gegenüber den Niederschlägen. Es ist ohne weiteres klar, daß dieser Gegensatz nur richtig ist, wenn man den Jahresdurchschnitt berücksichtigt, sowie daß alle Übergänge zwischen humiden und ariden Klimaten bestehen müssen. In vielen Fällen kann während eines Teiles des Jahres die Verdunstung vorherrschen (in gemäßigten Klimaten meist der Sommer), während in der andern Zeit die Niederschläge überwiegen und zur Ansammlung von Wasser im Boden führen. Noch mannigfaltiger gestalten sich die Verhältnisse, wenn während der Winterszeit Temperaturen unter Null Grad vorherrschen, der Boden gefriert und eine mehr oder weniger mächtige Schneeschicht abgelagert wird. Bei Eintritt der Schneeschmelze, zumal auf gefrorenem Boden, kann dann ein sehr großer Teil des Schmelzwassers oberflächlich abfließen und hierdurch Auswaschung der obersten Bodenschichten herbeiführen. Vielfach sind auch Ortslagen von Einfluß; in Vertiefungen können sich auch Schmelzwässer oder der von der Oberfläche abfließende Teil der Niederschläge ansammeln; in Tälern und Wasserrissen kann die Abschmelzung langsamer erfolgen und mehr Wasser eindringen. Die Wirkung der Auswaschung im Boden ist daher sehr stark durch die Ortslage beeinflußt und dies tritt um so schärfer hervor, je unebener das Gelände und um so extremer das Klima ist. Dagegen wird die große Masse der Bodenschichten jährlich nur bis zu einer gewissen Tiefe, bis zu der die Niederschläge eindringen, durchfeuchtet. In der verdunstungsreichen Zeit steigt dann die Feuchtigkeit wieder aufwärts, so weit sie nicht von Pflanzenwurzeln unmittelbar aufgenommen wird.

In ausgesprochen aridem Gebiete findet daher Auswaschung und Wegfuhr von Salzen an der Oberfläche des Bodens sowie unter besonderen örtlichen Verhältnissen statt.

In den übrigen Böden werden die Salze nur in tiefere Schichten gewaschen und unterliegen in bezug auf ihre Verteilung in der Zeit vorherrschender Verdunstung denselben Regeln wie die Salzlösungen. Da die Böden reich an löslichen Stoffen sind, ferner einmal auskristallisierte, schwerer lösliche Stoffe, wie Gips, Kalkkarbonat beim Eindringen von Wasser nur teilweise wieder gelöst werden, dagegen die Prozesse, die zu ihrer Ausscheidung führen, sich alljährlich an gleicher Stelle wiederholen, so finden sich in den ariden Böden meist scharf ausgeprägte Bodenhorizonte.

Die Auslaugung an der Oberfläche betrifft wesentlich nur leicht lösliche Salze, kann aber bei jährlicher Wiederkehr zuletzt zu einer völligen Verarmung der Böden an bestimmten Salzen führen. Es sind z. B. die Böden östlich der Teiß in Ungarn vielfach sehr stark ausgelaugt und Glinka beschreibt Sodaböden des östlichen Rußlands, die in ihren Oberschichten mit Podsolböden Ähnlichkeit zeigen.

Die ausgewaschenen Salze werden zum Teil von den Flüssen weggeführt, zum Teil sammeln sie sich aber in allen Vertiefungen der Bodenoberfläche an. Selbst ganz geringe Unterschiede in der Höhenlage, Differenzen von wenigen Dezimetern, können hierdurch in Steppen große Verschiedenheiten des Bodens hervorrufen, größere zur Bildung von Salzseen Veranlassung geben.

In Übergangsgebieten zwischen ariden und humiden Klimaten sind dann in unebenen Gegenden oft die Böden der Höhen andere als die der Täler (Ungarn, Bessarabien), auch wenn die Unterschiede in der Höhenlage nicht beträchtlich sind.

C. Sickerwässer der Böden.

Eine Vorstellung bezüglich der im Boden vorhandenen Lösungen vermitteln die aus ihm fließenden Sickerwässer. Viele Analysen liegen hierüber vor und ihnen reihen sich Untersuchungen über die Zusammensetzung von Lösungen an, wie sie aus dem Boden durch Behandeln mit Wasser gewonnen werden.

Ziemlich konstante Zusammensetzung erhält man, wenn ein Boden wiederholt mit Wasser ausgezogen wird. Alle vom Boden absorbierten Stoffe sowie schwer lösliche Bestandteile, wie Phosphate, werden nur in Spuren aufgenommen (Kali etwa zu 5—6, Phosphorsäure zu 3—4 Teilen in 1000000 Wasser).

Alf. Mitscherlich suchte das Gesetz zu finden, nach dem diese Lösung statt hat und kommt zu dem Schluß, daß die Lösung, die durch Behandeln des Bodens mit Wasser bzw. kohlensäurehaltigem Wasser erhalten wird, sich auf lösliche und zersetzbare Bestandteile zurück führen läßt. Wahrscheinlich ist der Boden lufttrocken verwende worden, so daß die ersten Lösungen zu hoch ausgefallen sind (Seite 65);

aber auch bei Anwendung von nicht getrocknetem Boden wird der Verlauf ähnlich sein, da die absorbierten Stoffe mit dem angewendeten Wasser bald einen Gleichgewichtszustand erreichen, der sich bei neuer Zugabe von Wasser nur sehr langsam verändert.

Die Sickerwässer der Erdböden sind in ihrer Zusammensetzung zunächst von der Zusammensetzung des Bodens abhängig, wechseln jedoch in den Kulturböden nach Düngung, Pflanzendecke usw. erheblich. Wie stark dieser Einfluß werden kann, zeigt eine Untersuchung von Hanamann[1]), der unter gleichem Boden in Kastenversuchen folgende Mengen gelöster Stoffe fand (auf je 50 kg Boden).

	brach	Klee	Raps	Bohnen	Sommer-weizen
Menge der Sickerwässer .	7080 g	2650 g	4250 g	2040 g	2041 g
K_2O	0,167 ,,	0,051 ,,	0,060 ,,	0,032 ,,	0,036 ,,
Na_2O	0,195 ,,	0,054 ,,	0,090 ,,	0,030 ,,	0,039 ,,
CaO	0,568 ,,	0,376 ,,	0,434 ,,	0,286 ,,	0,285 ,,
MgO	0,111 ,,	0,051 ,,	0,078 ,,	0,037 ,,	0,048 ,,
Cl	0,088 ,,	0,050 ,,	0,015 ,,	0,035 ,,	0,015 ,,
SO_3	0,393 ,,	0,195 ,,	0,269 ,,	0,127 ,,	0,167 ,,

Berechnet man die prozentische Zusammensetzung der ablaufenden Wässer, so nähern sich die Werte in bezug auf die pflanzenbedeckten Böden. Der Unterschied bleibt aber doch noch so groß, daß von einer einheitlichen Zusammensetzung der Sickerwässer auch für denselben Boden nicht gesprochen werden kann. Creydt, v. Seelhorst und Wilms[2]) untersuchten die Zusammensetzung der Sickerwässer eines schweren Lehmbodens während eines Jahres und fanden nicht unerhebliche Abweichungen. Am konzentriertesten waren die Lösungen während des Sommers und bei geringen Abflußmengen; am verdünntesten im Winter und bei starkem Abfluß.

Im Liter fand sich:

	CaO	MgO	SOz	K_2O	Na_2O
Höchstgehalt . . .	0,1840 g	0,0464 g	0,0592 g	0,00369 g	0,082 g
Mindestgehalt . .	0,1570 ,,	0,0313 ,,	0,0435 ,,	0,00175 ,,	0,010 ,,

Um ein Bild von der Zusammensetzung verschiedener Sickerwässer zu geben, mögen folgende Zahlen mitgeteilt werden[3]):

I. Strenger Lehmboden von Schlau in Böhmen.

II. Derselbe Boden gedüngt.

---

[1]) Jahrb. d. Agrik.-Chemie, 1900, S. 31.

[2]) Journ. f. Landw. 49, S. 251 (1901).

[3]) I u. II nach Zöllner, III. nach Kroker, IV—VI nach Audoynoud und Chaugit. Fernere Analysen von Bräunlen, Landw. Vers.-Stat. 1, S. 157; Lawes, Gilbert und Warington, Zentralbl. Agrik.-Chem. 1882 usw.

III. Toniger Boden mit Kalkuntergrund. Proskau.
IV. Lehmige Weinbergserden 27. Februar.
V. Derselbe Boden, am 6. März.
VI. Derselbe Boden, am 12. März.

1 Liter abfließendes Wasser enthält mg:

	I.	II.	III.	IV.	V.	VI.
Kali	3	6	2	109	122	114
Natron	6	23	14	243	250	219
Kalkerde	53	68	134	61	64	86
Magnesia	9	3	32	8	?	8
Eisenoxydul	6	6	2	?	?	?
Phosphorsäure	Spur	Spur				
Schwefelsäure	9	29	122	138	121	150
Chlor	27	39	5	231	236	208
Kieselsäure	11	9	7	32	48	46
Gesamtmenge	124	183	318	822	841	831

D. Quellwässer und Grundwässer. Flußwässer.

Die Quellen sind meist zutage tretendes Grundwasser. Die Zusammensetzung wird je nach der Tiefe, aus denen die Quellen entspringen, wechseln, sie zeigt sich in humiden Gebieten jedoch überwiegend abhängig von der Gesteinsart, die durchflossen wird. Anders gestalten sich die Verhältnisse für Quellen, die aus großer Erdtiefe kommen und von denen man annimmt, daß ihr Wasser ein Produkt der chemischen Vorgänge im Erdinnern ist. Man bezeichnet die Wässer, die von der Oberfläche aus eingesickert sind, als vadose Wässer; die den Reaktionen des Innern entstammen als juvenile Wässer.

Für die Bodenkunde haben nur die vadosen Quellen unmittelbare Bedeutung. Für sie gelten folgende Regeln:

1. Quellwässer sind zumeist reicher an löslichen Salzen und, namentlich infolge höheren Gehaltes der Bodenluft an Kohlensäure, reicher an Kalk und Magnesiasalzen (es sind harte Wässer) als die Oberflächenwässer.
2. Die Zusammensetzung der Quellwässer ist von der Beschaffenheit der durchflossenen Gesteine abhängig. Zum Teil findet einfache Auslaugung der Gesteine statt (Sandsteine, Löß), teils ist der Salzgehalt eine Folge chemischer Zersetzungen (Granit, Gneis, Schiefer).
3. Im allgemeinen sind die Quellwässer der kristallinischen Gesteine (zumal Granit, Gneis, Felsitporphyr) und der Schiefer arm

an löslichen Stoffen; sie führen reichlich Kali aber wenig Kalk. In vielen Fällen vermögen diese Wässer organische Stoffe aufzulösen und erhalten dann in dichten Schichten eine dunkle Färbung (daher viele Namen wie Schwarzach, Schwarza, Schwärze usw.; auch im nordischen Diluvium verbreitete Art der Gewässer).

Die Gewässer der Kalkgesteine, Sandsteine, Löß, ferner der basischen kristallinischen Gesteine usw. sind in der Regel (Ausnahme z. B. viele Gewässer der Buntsandsteine) reich an löslichen Stoffen, besonders an Kalksalzen; sie lösen keine Humusstoffe und zeichnen sich durch klares, durchsichtiges Wasser aus.

4. Die Quellwässer der Gebiete vorherrschender physikalischer Verwitterung (Hochgebirge, arktische Gegenden) sind arm an löslichen Stoffen; die der Gebiete der vorherrschenden Kaolinverwitterung sind arm an Salzen aber relativ reich an Eisen; die der vorherrschenden Tonverwitterung haben mittleren, von der Gesteinsbeschaffenheit abhängigen Gehalt; die der ariden Gebiete sind reich an gelösten Stoffen.

Aus Mooren entspringende Gewässer[1]) verdienen besondere Betrachtung. Die der Hochmoore sind sehr arm an festen Stoffen (1—3 Teile auf 100000), enthalten dabei relativ viel Kali, Kieselsäure, Phosphorsäure neben großen Mengen organischer Substanzen gelöst. Die Wässer der Flachmoore sind reicher an löslichen Stoffen (etwa die zehnfache Menge der Hochmoorwässer), enthalten geringere Mengen organischer Bestandteile, häufig relativ reichlich Kali, Eisen in Lösung.

I. Kleines Hochmoor in Chorin (Mooskuten) Hochmoor.
II. Kleines Hochmoor in Chorin, Grenze des Hochmoors. Graben mit Flachmoorpflanzen.
III. Plager Fenn. Chorin. Hochmoor.
IV. Hochmore von Augstumal.
V. „ „ „

100000 Teile Wasser enthalten:

	I.	II.	III.	IV.	V.
K_2O	0,244	2,285	0,220	0,595	0,264
Na_2O	0,198	0,739	0,414	0,473	0,181
CaO	1,170	6,261	0,134	0,072	0,192
MgO	0,208	0,651	0,152	0,029	0,111
Fc_2O_3	0,903	4,008	0,126	0,016	0,114

[1]) Ramann, N. Jahrb. Mineral., Beilagebd. X. — C. Weber, Hochmoor von Augstumal.

	I.	II.	III.	IV.	V.
P_2O_5	0,095	0,645	0,064	0,033	0,110
SiO_2	0,362	1,087	0,333	1,080	0,296
Mineralstoffe	3,278	16,45	1,979	2,704	1,310
Organische Substanz	12,741	27,83	0,55	20,86	12,30

Um ein Bild der Zusammensetzung einzelner Gewässer zu geben, folgen einige Beispiele aus klimatisch mittleren Gebieten:

I. Quellwasser von Liebwerd bei Teschen (Basalt).
II. Desgl. von Gomplitz bei Teschen (Löß).
III. „ „ Schützenhaus bei Teschen (Quadersandstein).
IV. „ „ der Marne bei Renne (Kalk).
V. „ von La Boisardier (Granit).
VI. „ bei Iserlohn (Schiefer).

In 1 Liter Wasser sind enthalten mg:

	I.	II.	III.	IV.	V.	VI.
Kali	3,7	2,8	2,9	5,2	4,8	?
Natron	10,3	7,3	7,6	30,1	15,0	2,2
Kalk	50,5	146,7	40,6	163,7	6,4	24,8
Magnesia	12,8	23,3	13,9	18,7	6,3	6,1
Eisen	1,8	2,6	1,7	0,7	2,3	Spur
Chlor	6,4	7,1	18,0	26,5	13,5	?
Schwefelsäure	8,2	2,1	37,3	4,9	5,0	6,8
Kieselsäure	45,0	16,5	20,1	15,7	18,0	6,0
Gesamtgehalt	148,7	211,4	142,1	415,0	84,4	69,9

In ariden Gebieten sind die Grundwässer mehr oder weniger salzhaltig, oft brakisch. Die Zusammensetzung wechselt in weiten Grenzen.

Die Zusammensetzung der Flußwässer wird durch den Gehalt der Zuflüsse beeinflußt. Da jedoch immer ein größerer oder geringerer Teil des Wassers eines Flusses oberflächlichen Zuflüssen seinen Ursprung verdankt und anderseits ein Teil des gelösten Kalkes durch Entweichen der Kohlensäure und Tätigkeit von Organismen abgeschieden wird, sind die Flußwässer salzarme, weiche Wässer.

Von den deutschen Flüssen enthielten in 100000 Teilen (g):

I. Weser (Unterlauf).
II. Elbe bei Hamburg.
III. Spree bei Berlin.
IV. Moldau bei Prag.
V. Donau bei Wien.
VI. Rhein bei Straßburg.
VII. Weichsel bei Kulm.
VIII. Isar bei München.

	I.	II.	III.	IV.	V.	VI.	VII.	VIII.
Kali	0,549	?	?	0,802	?	?	?	?
Natron	?	3,29	?	0,279	0,1	0,7	?	?
Kalk	5,720	4,54	5,20	1,134	4,8	8,2	7,7	8,09–6,96
Magnesia . . .	1,303	Spur	0,60	0,490	1,2	0,24	1,3	?
Schwefelsäure .	3,180	3,50	0,86	0,552	1,0	0,7	1,0	?
Chlor	1,754	2,03	2,12	0,347	?	1,2	?	0,11–0,14
Kieselsäure . . .	?	0,97	0,26	0,940	0,5	4,9	0,8	?
Org. Stoffe . .	?	13,60	?	0,9367	?	?	2,2	1,94–2,65
Geb. Kohlensäure	?	3,16	4,34	1,115	4,5	6,2	6,3	5,90–8,20
Salpetersäure . .	0,741	0,05	?	0,054	?	?	?	0,01–0,05
Gesamtrückstand	?	27,50	16,89	6,560	12,5	23,2	19,9	21,05-21,95

Zu bemerken ist noch, daß im Hochwasser der Gehalt der Flüsse an gelösten Stoffen (nicht an Sinkstoffen) niedriger ist als bei Niedrigwasser. Ein Beispiel geben Analysen des Flußwassers der Ill und Ach, die in 10000 Teilen enthielten:

	Ill		Ach			
	Sommer Juli	Winter Dezember	Sommer		Winter	
Eisenoxyd	4,25	1,41	8,43		2,66	
Gips	10,37	3,84	13,75		8,47	
Kohlens. Kalk . .	43,68	38,71	36,24		57,01	
Kohlens. Magnesia .	34,93	26,08	25,06		6,62	
Alkalien	3,88	4,27	?		?	
			März	Juni	Oktbr.	Dezbr.
Gesamtrückstand .	0,174%	0,155%	0,159%	0,228%	0,196%	0,177%

Flüsse, die in Gebieten ihren Ursprung haben, die reich an Humusablagerungen sind, enthalten wechselnde Mengen organischer Stoffe gelöst. Das Wasser bekommt dadurch eine schwache, meist gelbliche bis bräunliche Färbung, in dickeren Schichten erscheint es dunkel, schwärzlich. Man hat hiernach die durch humose Stoffe gefärbten Wässer als Schwarzwässer bezeichnet. Ihre Verbreitung ist sehr groß und steht zumeist in Beziehung zum Vorkommen großer Waldgebiete. In den kalten und kühlen gemäßigten Zonen führen die meisten Flüsse Schwarzwasser. In tropischen Zonen gilt das gleiche für die Flüsse, die aus den großen Waldgebieten (Innerafrika, Südamerika) die Hauptmenge ihrer Zuflüsse beziehen. In Mitteleuropa sind die aus Urgebirgen, Schiefern stammenden Wässer meist Schwarzwässer.[1])

---

[1]) Reindl, Die schwarzen Flüsse Südamerikas. Münchn. geograph. Stud. 1903, S. 112.

Im Gegensatz zu den Schwarzwässern ist das Wasser der aus Kalkgebirgen hervortretenden Flüsse meist ausgezeichnet klar und farblos. Der Gehalt der Schwarzwässer an organischer Substanz ist oft ziemlich beträchtlich; so führt der obere Orinoko im Liter 0,028 organische Substanz, der Kalkgehalt ist unter 0,001 g; der Rio negro bei Manaas in 100000 Teilen 28,90 organische Substanz und 0,06 Teile Kalk; der Amazonenstrom dagegen 0,71 organische Stoffe und 2.75 Teile Kalk.

Nach Ossian Aschan[1]) führen die finnischen Flüsse jährlich 1,4 Milliarden kg gelöste organische Stoffe (Hydrosole) in die Ostsee. Die Flußwässer sind lichtgelb bis kaffeebraun gefärbt.

Meerwasser. Die abfließenden Gewässer sammeln sich in den Ozeanen an, der Gehalt an gelösten Stoffen reichert allmählich das Meerwasser an Salzen an, soweit sie nicht, wie der kohlensaure Kalk, durch die Organismen abgeschieden werden. Die Menge der alljährlich zugeführten Stoffe ist beträchtlich, aber verschwindend gegen den gewaltigen Salzgehalt der Meere. Mellard Reade berechnet z. B. die aus England und Wales dem Meere zuströmenden gelösten Stoffe zu 8½ Millionen Tonnen.[2]) Trotzdem ist man nicht berechtigt, die im Meere enthaltenen Salze als Ausdruck der allmählichen Auslaugung des Landes anzusprechen, wie dies in der Regel geschieht. Viel eher ist es wahrscheinlich, daß die Hauptmenge des im Boden vorhandenen Chlors sowie die Salze der Wüsten- und Steppengebiete dem Meere entstammen und durch Windbewegung fortgeführt worden sind.

Im Durchschnitt der uns bekannten Gesteine überwiegt die Menge des Kaliums das Natrium beträchtlich; der Chlorgehalt ist dagegen verschwindend gering. Im Meerwasser haben wir hauptsächlich eine Chlornatriumlösung. Kali bindende Prozesse fehlen außer im Erdboden fast völlig. Mit der größeren Genauigkeit der Wasseranalysen lernen wir, daß die Menge des ausgelaugten Kalis durchaus nicht gering ist. Auch ohne Rücksichtnahme auf die ungeheuren Massen der Steinsalzlager müssen die angeführten Gründe zur Überzeugung führen, daß ein von der Zufuhr durch Verwitterung unabhängiger Gehalt an Chlornatrium bereits bei Bildung der Weltmeere vorhanden war.

Der Salzgehalt des Meerwassers wechselt nach dem Zufluß des Süßwassers aus Strömen, die in das Meer einmünden.

Der durchschnittliche Gehalt des Meerwassers an Salzen beträgt 3% (mit etwa 80% Chlornatrium). Die Zusammensetzung der Salze des Meerwassers und der Gehalt eines Kubikmeters an Salzen beträgt:

---

1) Chem. Zentralbl. I, S. 1146 (1907).

2) Chem. Denudation in relat. to Geol. Time. London 1879.

	Meerwasser	In 1 cbm Meerwasser
Natrium	30,6%	10,996 kg
Kalium	1,1 „	0,397 „
Kalzium	1,2 „	0,429 „
Magnesium	3,8 „	1,353 „
Chlor	55,2 „	19,817 „
Schwefelsäure (SO_4) .	7,7 „	2,756 „
Kohlensäure	0,2 „	0,074 „

hierzu noch kleine Mengen Kieselsäure, Eisen, Brom, Jod usw.

6. Absätze aus verwitternden Gesteinen.

Durch Verwitterung gebildete Verbindungen scheiden sich bei zur Lösung unzureichender Wassermenge örtlich ab oder sie werden bei Verdunstung und bei Änderungen in der Zusammensetzung des Lösungswassers (Verlust von Kohlensäure usw.) ausgeschieden. Wichtige, oft entscheidende Wirkungen üben dabei vielfach lebende Organismen aus.

Bei der Abscheidung fast aller vorkommenden Stoffe machen sich Anziehungskräfte geltend, die bewirken, daß sich gleiches zu gleichem lagert und einheitlich zusammengesetzte Absätze entstehen. Der einfachste hierher gehörige Vorgang ist das fast reine Auskristallisieren verschiedener Salze aus gemischten Lösungen. Verwandte Vorgänge lassen sich überall in der Natur verfolgen und finden im Boden ebensowohl statt wie in Gesteinsspalten, wo sie die häufigste Ursache der Bildung von Gangmineralien sind. Auf die Wichtigkeit dieser Vorgänge im Boden hat zuerst Emeis[1]) hingewiesen.

Beispiele bieten fast alle Ganggesteine; für den Boden ist wohl eins der übersichtlichsten die Abscheidung von Mangansuperoxyd, Eisenoxydhydrat und Kalkkarbonat aus einer Quelle in der Nähe von Eberswalde, die im bunten Weschel den Diluvialsand zu festem Gestein verkitteten. Der Mangansandstein enthielt 4,4% Manganoxyduloxyd und nur 0,13% Eisenoxyd; während der unmittelbar benachbarte, in scharfer Linie sich absetzende, eisenschüssige Sand 2,6% Eisenoxyd und nur unwägbare Spuren von Mangan enthielt.[2])

Man kann die Ausscheidungen einteilen in: Kristalle, Konkretionen (meist gerundet, die innersten Teile zuerst gebildet, z. B. die Körner der Rogensteine), Sekretionen (Außenschicht zuerst gebildet, z. B. Achatmandeln) und Ausfällungen (Ausscheidung in

[1]) Waldbauliche Forschungen, Berlin 1875, und viele Artikel in der Allgem. Forst- u. Jagdztg.

[2]) Ramann, Jahrb. preuß. geol. Landesanst. 1885.

feinpulverigem Zustande, z. B. Eisenocker oder strukturlose Ausscheidungen meist amorpher Körper, z. B. Ortstein).

Die für die Bodenbildung wichtigsten Absätze sind: Karbonate, Silikate, Sulfate, Phosphate, Humate, Oxyde und Oxydhydrate.

A. Karbonate.

Kohlensaurer Kalk scheidet sich meist als Kalkspat, sparsamer als Aragonit ab. Kristalle beider Mineralien sind in Gängen und Hohlräumen von Gesteinen verbreitet; Tropfsteine finden sich in Höhlen der Kalkgebirge.

Die Gewässer enthalten den Kalk als saures kohlensaures Salz oder an organische Säuren gebunden in Lösung. Die Abscheidung kann rein chemisch erfolgen, indem Kohlensäure entweicht und im reinen Wasser unlösliches Kalkkarbonat ausfällt.

$$CaH_2C_2O_6 = CaCO_3 + CO_2 + H_2O$$

In sehr vielen Fällen tritt diese Zersetzung unter Mitwirkung von Pflanzen ein, welche die Kohlensäure zur Assimilation verbrauchen und hierdurch den Vorgang beschleunigen.

Untersuchungen über die Bedeutung der Kalksalze organischer Stoffe liegen noch nicht vor. Was darüber bekannt ist, läßt sich dahin zusammenfassen, daß lösliche, leicht zu kohlensaurem Kalk oxydierbare Verbindungen in sauer reagierenden Böden vorhanden sind und an geeigneten Orten zur Abscheidung kommen.

Man unterscheidet:

Kalksinter, Absätze heißer Quellen, bei denen chemische Abscheidungen infolge raschen Entweichens der gelösten Kohlensäure und Tätigkeit der Organismen, namentlich niederer Algen, gemeinsam zur Bildung dichter, fester Kalksteine führen (z. B. Karlsbader Sprudelstein).

Kalktuffe, poröse Kalksteine, vielfach Inkrustate von Stengeln und Blättern höherer Pflanzen, zumal Gräser, Moose und Algen, sowie poröse Kalkgesteine, die chemischen Ausscheidungen von Kalkkarbonat ihre Entstehung verdanken und zum Teil wohl auch sekundär verändert sind.

Außer Algenarten sind namentlich Moose „Kalksammler“. Man muß dabei annehmen, daß einzelne Arten besonders befähigt sind, Kalk abzuscheiden. Nach Überschwemmungen findet man auf Wiesen oft einzelne Arten (z. B. Cinclidium dendroides) mit weißem Kalkstaub bedeckt, während andere Arten frei davon sind, ohne daß in der Beschaffenheit der Blattoberfläche die Ursache des Verhaltens gesucht werden könnte; ähnliche Beobachtungen kann man an Pflanzen, welche auf Mauern und Felsen der Kalkgebiete wachsen machen. In kalkhaltigen Quellwässern findet man Moose, die bei ihrem starken Spitzenwachstum oben noch freudig grünen, während der untere Teil des Stengels tief im Kalktuff steht. (Häufig vorkommende Moosarten sind: Hypnum tamariscinum [sehr häufig], Gymnostomum curvirostre, Trichostomum turphaceum, Hypnum falcatum.)

Kalktuffe finden sich oft in großer Mächtigkeit und weiter Verbreitung. Die Kalkgebiete Mitteldeutschlands sind reich daran, bekannt sind auch die Kalktuffe Italiens, dort Travertin genannt.

Wasser mit relativ geringem Kalkgehalt kann zu Tuffbildungen führen; sie entstehen gern an Stellen starker Wasserbewegung, namentlich kleinen Wasserfällen. Es ist aber wohl mehr reicheres Pflanzenleben, das hier zur Tuffbildung führt, als die chemische Abscheidung infolge Kohlensäureverlustes.[1])

Seekreide sind Abscheidungen feinkörnigen, kreideähnlichen Kalkkarbonats am Grunde von Seen; ähnlicher Bildung ist der Alm der Flachmoore, der sich am Grunde der Moore vorfindet. Als Wiesenkalk bezeichnet man nesterweise oder in geschlossenen Schichten vorkommende Kalkbildungen in Flachmooren. Es sind weiche, feucht breiige, trocken fein- bis grobkörnige Massen, seltener bilden sie auch im trocknen Zustande lockere, wie verfilzt erscheinende leichte Stücke.

Die Bildung der Seekreide steht in enger Beziehung zur Abscheidung von Kalkkarbonat durch Wasserpflanzen, die oft große Mengen davon aufnehmen oder auf ihrer Oberfläche niederschlagen. Bei den Characeen besteht oft die Hälfte ihrer Trockensubstanz aus kohlensaurem Kalk; auf den Blättern der Wasserpflanzen scheidet sich Kalk häufig in dünnen Schichten ab.[2])

Sehr schön zeigte Passarge[3]) die Beziehungen zwischen Pflanzendecke der Seen und dem Kalkgehalt des Schlammes. (Unter Characeenrasen 70 und mehr Prozent $CaCO_3$; gemischte Wasserpflanzen bis 60%; unter Vaucheria wenig Kalk.) Eingehende Untersuchungen gibt auch Wesenberg-Lund.[4])

Die Seekreide ist als eine Facies der Schlammablagerungen stehender Gewässer zu betrachten. Der Alm scheint teils Seekreide zu sein, teils sekundären Vorgängen seine Abscheidung zu verdanken.

Die Wiesenkalke sind zumeist anderen Ursprungs, wie aus der Art ihres Auftretens, oft inmitten von Torfschichten und aus der

---

[1]) Magnon fand in einer Quelle mit 0,0166% $CaCO_3$ reichliche Tuffbildung. — Roth, Chem. Geologie I, S. 535.

[2]) Kerner von Marilaun beobachtete, daß ein 0,492 g schweres Blatt von Potamogeton lucens 1,04 g $CaCO_3$ abgeschieden hatte (Pflanzenleben).

[3]) Kalkschlammabl. in den Seen von Lychen. Jahrb. preuß. geol. Landesanstalt 1901, S. 79.

[4]) Meddel. fra Dansk. geol. Fören. 1901, Nr. 7.

feinfaserigen Beschaffenheit vieler Vorkommen hervorgeht. Verbreitet finden sich in unseren Gebieten diese Ablagerungen nur in Mooren mit absorptiv ungesättigtem (sauren) Torf.

Als Moormergel bezeichnet man Moderböden mit gleichmäßig verteiltem kohlensauren Kalk.

Lößpuppen, Lößkindchen sind Kalkkonkretionen, die im Löß weitverbreitet sind und sich in ähnlicher Weise, auch in vielen nordischen Diluvialmergeln und Tonen (Mergelknauern) finden und in der Regel 60—80% kohlensauren Kalk enthalten. Es sind meist rundliche oder scheibenförmige Gebilde, von denen oft mehrere zusammenhängen und dadurch entfernt an menschliche Gestalten erinnern.

Die feinporöse Struktur des Löß wird dadurch hervorgerufen, daß Kalk die Wurzeln und Wurzelgänge der Pflanzen, besonders der Grasarten, inkrustiert. Kohlensaurer Kalk folgt überhaupt in auffälliger Weise den Gängen verrottender Wurzeln und liefert von ihnen oft völlige Abdrücke, die nach Verwesen der organischen Substanz Tierknochen nicht unähnlich sehen (Osteokolla) und die Aufmerksamkeit erregen, da sie in trockenen, flüchtigen Sanden auftreten.

Auf die Abscheidung von Kalkkarbonat durch die Kalkalgen (Lithotamnien) des Salzwassers kann, wie auch auf die Korallen- und Muschelbänke, hier nur hingewiesen werden; etwas größeres Interesse für die Bodenkunde bieten die Reste der Zweischaler und Schnecken in unseren Mooren, die oft in nicht unerheblicher Menge vorkommen.

Kohlensaures Eisenoxydul findet sich, meist amorph, als weiße, an der Luft sich bräunende Masse gelegentlich in Mooren.

B. Kieselsäure und Silikate.

Auf Gängen und in Gesteinen gehören Abscheidungen von Quarz und Chalzedon zu den häufigsten Vorkommen. Im Boden ist die Bildung kristallisierter Kieselsäure noch nicht nachgewiesen worden, obgleich sie theoretisch als möglich angenommen werden muß.

Kieselsinter scheidet sich aus kieselsäurehaltigen, meist heißen Quellen durch Verdampfen des Wassers und unter Mitwirkung von Organismen, namentlich Algen, aus.

Tripel, Polierschiefer sind Ablagerungen kieselschaliger Algen, der Diatomeen.

Wasserhaltige Silikate gehören zu den wichtigsten Bestandteilen des Bodens.

C. Phosphate.

Auf Gängen und Klüften sind Ausscheidungen von Phosphaten nicht selten. Kalkphosphat als Phosphorit ist wohl zumeist eine

Konkretionsbildung, scheint jedoch überwiegend im Meere abgelagert zu werden, findet sich aber auch auf guanobedeckten Koralleninseln und ist hier eine Folge der Einwirkung von phosphorsäurehaltigen Sickerwässern auf Kalkkarbonat.

Vivianit. Blaueisenerde findet sich häufig in Mooren, nicht selten in Verbindung mit Raseneisenstein. Vivianit ist phosphorsaures Eisenoxydul; frisch von weißer Farbe färbt er sich an der Luft unter Aufnahme von Sauerstoff blau.

Ausscheidungen kolloider Ferriphosphate sind ebenfalls in Mooren häufig. Sie kennzeichnen sich dadurch, daß sie an der Luft ihre braune Färbung nicht verändern. Konkretionen, die Gemische von Eisen- und Kalkkarbonat, Eisenphosphat enthalten, kommen in allen Verhältnissen vor.[1])

D. Sulfate und Sulfide.

Wasserhaltiger schwefelsaurer Kalk, Gips, gehört zu den häufigsten Ausscheidungen in Tonen, auf Gängen usw. In den Steppenböden bilden seine Konkretionen einen wohl ausgebildeten Horizont. Feinkristallinische Krusten, die an den Rändern von Moorgräben nicht selten vorkommen, bestehen zumeist aus Gips.

Eisenkies als Schwefelkies ist eine der verbreitetsten Ausscheidungen in Gesteinen. In Tonen (zumal tertiären Alters) finden sich vielfach Konkretionen von Markasit in traubigen oder kugeligen Formen. In Mooren kommen Eisenkiese, namentlich im unterlagernden Sande, sowie an der Grenze von Untergrund und organischer Ablagerung vor, selten in der Substanz des Moores selbst. Zumeist finden sich nesterweise verteilte kleinkörnige Konkretionen. Die Eisenkiese sind wahrscheinlich durch Einwirkung von Schwefelverbindungen (aus dem Eiweiß der Pflanzen stammend) auf Eisensalze unter Abschluß des Luftsauerstoffes entstanden. Für die Moorkulturen hat dies Vorkommen große Bedeutung, da bei Verwitterung des Eisenkieses freie Schwefelsäure und Eisenvitriol entstehen, die als Pflanzengifte wirken.

E. Oxyde und Oxydhydrate.

Es sind namentlich die Oxyde des Eisens, die verbreitet vorkomkommen. Sie veranlassen neben Eisensilikaten die braunen und roten Färbungen der Böden.

Eisenocker, Ocker sind pulverförmige Abscheidungen von Eisenoxydhydraten von gelber bis brauner Färbung. Vielfach scheinen

[1]) Van Bemmelen, Zeitschr. anorg. Chem. 22, S. 330 (1899). — Gaertner, Diss., Rostock 1897.

auch wasserhaltige Silikate des Eisens vorhanden zu sein; ferner sind oft kohlensaurer Kalk, Ton usw. beigemischt.

Raseneisenstein, Sumpferz, Wiesenerz, Limonit besteht aus Eisenoxydhydraten mit wechselnden Mengen von kieselsauren und phosphorsauren Eisenoxyden, Sand, Ton, organischen Stoffen. Die Zusammensetzung schwankt daher in weiten Grenzen.[1])

Der Raseneisenstein ist braun bis dunkelbraun, oft mit pechartig glänzenden, dunklen Flecken und Adern (bestehend aus einem Eisenoxydsilikat) durchsetzt. Er findet sich vielfach in kleinen, gerundeten Konkretionen, die meist wenig Zusammenhang zeigen und lose im Boden liegen (wenig schädliche Form) oder in geschlossenen Bänken von oft bedeutender Ausdehnung und Mächtigkeit (für die Kultur ungünstige Form). Im Laterit der Tropen finden sich weit verbreitet im Boden Eisenkonkretionen, die man meist dem Raseneisenstein zurechnet. Über ihre Bildung ist noch nichts bekannt.

In den gemäßigten und kalten Gebieten, in denen der typische Raseneisenstein entsteht, ist sein Vorkommen auf Gebiete mit humussauren Böden beschränkt. Die Ausscheidung erfolgt in Mooren und stehenden Gewässern, am Austritt von Quellen, kurzum wo eisenhaltige Wässer mit der atmosphärischen Luft in Berührung kommen. Ist kohlensaures Eisenoxydul (als saures Salz) in Lösung, so kann unter Verlust von Kohlensäure Abscheidung des einfachen Salzes erfolgen, das sofort weiter oxydiert und unter Verlust der Kohlensäure in Eisenoxydhydrat übergeführt wird. Man kann hierfür folgende Formel aufstellen:

$$H_2FeC_2O_6 = FeCO_3 + CO_2 + H_2O$$
$$2\,FeCO_3 + O + 3\,H_2O = Fe_2(OH)_6 + 2\,CO_2$$

Dieser rein chemische Vorgang scheint jedoch überwiegend zur Bildung feinpulveriger Niederschläge, von Ocker, zu führen.

Die Bildung der Raseneisensteine erfolgt vorwiegend unter Mitwirkung von Bakterien, der sogenannten Eisenbakterien, die bei ihrem Lebensprozeß Eisensalze zersetzen und Eisenoxydhydrat in schleimigen, gelbbraunen Massen abscheiden.[2]) Nach dem Vorgange von Winogradski nimmt man in der Regel an, daß die Bakterien Eisenverbindungen für ihren Lebensprozeß verbrauchen. Bedenkt man, daß diese Form der Raseneisensteinbildung nur in humiden Gebieten auftritt, ferner, daß lösliche organische Eisenverbindungen unter dem Einfluß der Humusstoffe auftreten, so scheint es wahrscheinlicher, daß die Bakterien (namentlich Crenotrixarten) die

---

[1]) Senft, Humus, Marsch- u. Limonitbildungen. Leipzig 1862. — Stapf, Zeitschr. Geol. Ges. 18, S. 110 u. 167 (1866).

[2]) Winogradski, Über Eisenbakterien. Bot. Zeitg. 1888, S. 260.

organischen Stoffe zersetzen und hierdurch Eisenoxydhydrat abscheiden, das sich mit der in derartigen Gewässern stets vorhandenen Phosphorsäure und Kieselsäure verbindet. Hierdurch werden Abscheidungen hervorgebracht, die zur Bildung des Raseneisens das notwendige Material liefern. Auch der irisierende Überzug stehender eisenhaltiger Gewässer wird überwiegend durch niedere Organismen gebildet.

Ausscheidung von Eisenoxydhydrat und Eisensilikaten führen im Boden zur Bildung eisenschüssiger Sande.

Über die Bedingungen der Eisenabscheidung in den Roterden ist noch wenig bekannt.

Die Abscheidung des Eisens aus Gewässern hat infolge ihrer Wichtigkeit für die Wasserversorgung mehrfach Bearbeitungen erfahren. Van Bemmelen[1]) zeigte, daß die Bildung einer Bank von Raseneisenstein ganz nach den Regeln der Ausscheidung gelöster zersetzbarer Stoffe in mäßigem Abstand von der Bodenoberfläche erfolgt. Die Bildung aus Karbonat ergab sich dadurch, daß in den tieferen Lagen des Erzes kristallisiertes Eisenkarbonat vorkam.

Anderseits ist die Ausscheidung von Eisen auf das Vorkommen von kolloidem Oxyd zurückzuführen, das unter dem Schutz organischer Kolloidkörper in Lösung geht. Es wird angegeben, daß bei der Enteisenung der Trinkwässer vielfach nur die Porengröße der Filter ausschlaggebend sei, in solchen Fällen würde es sich nur um Abscheidung kolloiden Eisenoxydes handeln.[2]) Darapsky gibt an, daß die Gegenwart von Luft die Vorbedingung, dagegen der „Anprall" der Moleküle an die Filterwand die Ursache der Abscheidung des Eisens sei.

Die Bedingungen, unter denen sich die Eisenoxyde der „eisenschüssigen Sande", die häufig vorkommen, abscheiden, scheint noch nicht genügend festgestellt. Gelegentlich findet man ganze Schichten, oder flache, mehr oder weniger gerundete Konkretionen, die zur Bezeichnung Eisenortstein geführt haben. Nach dem Vorkommen müssen sie ähnlicher Bildungsweise sein wie das Raseneisen und den aufsteigenden Bodenwässern ihren Ursprung verdanken.

Im Boden, wenigstens einem an organischen Stoffen reichen Boden, gehört das Eisen zu den leicht beweglichen und zur Bildung von Konkretionen geneigten Bestandteilen.

Manganoxyde sind in Gesteinen ziemlich häufig als Abscheidungen, wenn sie auch nur selten, entsprechend dem sparsamen Vorkommen dieses Elementes, in größeren Mengen abgelagert werden.

---

[1]) Zeitschr. anorg. Chem. 22, S. 313.

[2]) Schlegel u. Merkel, Chem. Zentralbl. I, S. 1709 (1907). — Darapsky, Enteisenung von Grundwasser. Leipzig 1905.

In den oberen Bodenschichten sind bisher Mangankonkretionen nur in diluvialen Sanden beobachtet worden. Nach Weibull[1]) ist bei der Manganabscheidung eine Crenotrixart, die er als Cr. manganifera bezeichnet, tätig.

7. Der Transport der Verwitterungsprodukte.

Abtrag (Denudation). Die Gesamtwirkung aller Kräfte, die zur Umlagerung der Verwitterungsprodukte führen, nennt man in der Geologie Denudation (Entblößung), obgleich der deutsche Ausdruck Abtrag unvergleichlich treffender ist.

Überall in der Natur tritt uns das Bestreben entgegen, zu einem dauernden Zustande des Gleichgewichts der Kräfte zu gelangen. Zwei Körper verschiedener Temperatur z. B. beeinflussen einander bis Gleichgewicht der Temperatur hergestellt ist. An der Erdoberfläche wirken die mechanischen Kräfte in ganz ähnlicher Weise auf Erzielung eines Zustandes des Gleichgewichts hin, der erst erreicht sein würde, wenn alle Unterschiede der Höhe ausgeglichen sein würden. Die Bedeckung von $^5/_8$ der Oberfläche der Erde mit Wasser führt dazu, daß zunächst der Meeresspiegel, oder wenn man die Tätigkeit der Meereswellen berücksichtigt, eine nur wenig tiefere Schicht als Gleichgewichtslage erscheint. Alles, was darüber hinausragt, unterliegt dem Abtrag, und um so stärker, je größer die Unterschiede der Höhe sind. Wir sehen daher die Vorgänge des Abtrags im Hochgebirge in stärkster Wirksamkeit, im Mittelgebirge mäßig, im Tieflande nur noch schwach tätig. Geologisch junge Gebirge zeigen scharf ausgeprägte Bergformen, steil emporragende Gipfel (Alpen, Karpathen), die geologisch alten Gebirge Einebnung oder niedere Höhen mit scharf eingeschnittenen Tälern (Rheinisches Schiefergebirge, Böhmisches Mittelgebirge).

Bei der Verwitterung entstehende Massen verbleiben in ebenen oder schwach geneigten Lagen am Orte ihrer Entstehung. Für diese Bildungen hat man den Ausdruck Eluvium eingeführt. Gebräuchlicher ist die Bezeichnung als Verwitterungsböden, denen man die durch Wasser oder Eis umgelagerten Schwemmlandsböden gegenüberstellt. Bei den ersteren trifft man in größerer oder geringerer Tiefe das Urgestein des Bodens an, bei den zweiten kann es oft weit entfernt vom Ablagerungsorte des Bodens anstehen.

Umlagerung der Verwitterungsprodukte kann durch die Wirkung der Schwere, indem die ihres Zusammenhangs beraubte Masse an Hängen hinabgleitet (trockner Abtrag), oder durch die Kraft des fließenden Wassers oder des Eises, endlich durch Windwirkung erfolgen.

[1]) Zeitschr. Unt. Nahrungs- u. Genußmittel, 14, S. 404 (1907).

Als Regel hat man bei diesen Vorgängen festzuhalten, daß vielleicht mit Ausnahme mancher Windwirkungen die Wegfuhr von den tiefsten Stellen des Geländes beginnt. Im Tale, nicht in der Höhe, setzt zunächst Abbruch und Abfuhr ein und schreiten, indem sie die höheren Schichten ihrer Stützpunkte berauben, von unten nach oben fort.

A. Der trockene Abtrag.[1])

Die zutage tretenden Schichten eines Gesteins zeigen Neigungswinkel ihrer Gehänge, die von dem Gefüge und der Festigkeit des Gesteins abhängig sind. Wird der normale Neigungswinkel überschritten, so erfolgt früher oder später Abbruch. Im Gebirge ist häufig zu beobachten, daß bei Bergen von der Sohle bis zum Gipfel der Neigungswinkel des Hanges gleich ist.

Der Grad der Steilheit ist für die Pflanzenkultur von Wichtigkeit, über eine gewisse Neigung hinaus kann Ackerbau nicht mehr getrieben werden, wird dem Waldbau Schwierigkeiten bereitet und hört endlich auf Abstürzen jede Nutzung auf.

Unterschiede im Neigungswinkel der Berge verraten oft weithin die Gesteinsart. In den Vorbergen der Alpen sind die sanft gerundeten Formen des Flysches und die steilen Abfälle der Kalkberge leicht kenntlich. Nicht selten lassen sich an Bergen die einzelnen Schichten durch den steileren oder flacheren Abfall und die damit in Beziehung stehende Vegetation unterscheiden.

An steilen Hängen, im Hochgebirge auch in weniger geneigten Lagen, stürzen Gesteinsbruchstücke, der Schwere folgend, ab und sammeln sich am Fuße der Berge, untermischt mit weiteren Verwitterungsprodukten, an. Der Winkel, unter dem sich diese losen Massen anhäufen, ist verschieden, meist ziemlich steil und beträgt in der Regel 20—30 Grad. Am Fuße des Schuttkegels ist die Neigung geringer und nimmt nach oben zu. (Am Fuße 5—26°, im Mittel 15°, in der Höhe 25—35°, im Mittel 32°. Die steilste gemessene Böschung betrug 46°).[2])

Diese Ablagerungen bezeichnet man als

Schuttkegel, wenn die Bruchstücke einem schmalen Bergeinschnitt oder einer Schlucht (Riese) folgend in das Tal gelangen und sich in unten verbreiterten kegelförmigen Massen an den Berg lehnen.

Schutthalden, wenn der Abtrag gleichmäßig oder doch ohne scharf hervortretende Schuttkegel an einem Gehänge stattfindet.

---

[1]) Heim, Verwitterung im Gebirge. Basel 1879.

[2]) Bargmann in Ratzel, Beiträge, 3, S. 15. — Piwowar, Vierteljahrschr. Züricher nat. Ges. 48, S. 335 (1903).

Gehängeschutt sind Anhäufungen, die nicht bis ins Tal hinab geführt werden, sondern infolge geringerer Neigung oder durch vorspringende Felsmassen und Querriegel der Felwand festgehalten werden.

Abb 10. Schutthalden im Gebirge.

Beim trocknen Abtrag wirkt natürlich auch abfließendes Regenwasser mit und befördert die Abfuhr der Bruchstücke, aber doch nicht in so hohem Grade, daß dadurch der Charakter der Ablagerung verloren geht.

Die Schuttablagerungen vergrößern sich durch Zufuhr neuer Bruchstücke fortwährend und sind vielfach ohne Vegetationsdecke; allmählich siedeln sich, von unten nach oben fortschreitend, Pflanzen an und Gräser oder Wald ergreifen von der Fläche Besitz. Derartige Schuttlager erfordern bei der Behandlung große Vorsicht, da sie, einmal der schützenden Decke beraubt, oft erst nach Jahren so weit beruhigt sind, um eine neue Vegetation tragen zu können. Fast noch gefährlicher ist es, Schuttlager bei Wegebauten anzuschneiden; die fortgesetzt nachstürzenden Massen verlangen oft umfangreiche und kostspielige Bauten.

Zu den Erscheinungen des trockenen Abtrags gehören die Bergstürze, Abrutschungen größerer Gesteinsmassen und Bergschlipfe. Von Felswänden können größere Massen, die im Gefüge gelockert sind, niederbrechen; bei geneigter Lage der Schichten, zumal wenn Tonlager sich zwischen ihnen finden, die vom Regen durchweicht werden, können ganze Bergmassen den Halt verlieren und in die Tiefe gleiten.

Weit verbreitet in allen Gebirgsgegenden sind die Bergschlipfe, die oft auf ganzen Hängen, zumal wenn sie Weideland sind, eine unebene Oberfläche verursachen. Einzelne Teile des Bodens werden durchweicht, gleiten abwärts und bilden einen Wall oder eine bogenförmige Erhöhung, hinter dem eine Vertiefung die Stelle anzeigt, von der der Boden abgerutscht ist.

Bergstürze und Abrutsche großer Felsmassen sind am häufigsten im Hochgebirge; so sind Bergstürze z. B. in den Alpen (trockne

Abb. 11. Erdschlipfe. Zwischen Partenkirchen und Mittenwald. Orig.-Phot.

Stein oder Erdmuren) gefürchtet, fehlen aber auch in den Mittelgebirgen nicht und kommen vereinzelt auch im Flachlande vor.

Gekriech. Eine eigentümliche Erdbewegung, die an jedem Hange, wenn auch in sehr wechselnder Stärke, auftritt, wird durch langsames Gleiten der ganzen verwitterten Schicht verursacht, die, der Einwirkung der Schwere folgend, allmählich sich talabwärts fortschiebt. Verstärkt wird dieser Vorgang durch Frostwirkung. Volumvermehrung durch Gefrieren des Wassers und Lockerung des Zusammenhangs beim Auftauen verursachen fortgesetzt Verschiebungen, die auf unterliegende, wenig widerstandsfähige Schichten so stark einwirken können, daß die Schichtenköpfe nach unten gebogen werden (Hackenwerfen der Schichten). Kerr schreibt der Frostwirkung großen Einfluß zu, bezeichnet diese abwärts gleitenden Bodenmassen als Erdgletscher.[1]) In letzter Zeit hat man die Bezeichnung „Gekriech" eingeführt und die allgemeine Bedeutung des Vorganges eingehend nachgewiesen.

Auch einzelne Blöcke können durch Wirkung des Frostes und der ausspülenden Tätigkeit des Wassers, die die tieferen Lagen stärker trifft, allmählich bergabwärts wandern.[2])

In Kalkgebirgen gewinnen die Einstürze von Höhlen oft Bedeutung; die hierdurch entstehenden trichterförmigen Einsenkungen bilden einen Teil der in Karstgebieten vorkommenden Dollinen.

Auch die im nordischen Diluvium in sehr großer Zahl vorkommenden mehr oder weniger gerundeten, tiefen Wasserlöcher, die Sölle (Einzahl Sol) Norddeutschlands führt man jetzt überwiegend auf in den Ablagerungen zurückgebliebene Eismassen zurück, die später nach Abschmelzen des Eises zu trichterförmigen Bodensenkungen führten. Früher deutete man die Sölle als Strudellöcher der Gletscherwässer.

B. Abtrag durch Wasser.

Unter Einwirkung des Wassers werden Gesteinsbruchstücke bewegt. Wirksam ist dabei: Minderung der Reibung zwischen den festen Teilen; Herabsetzen des spezifischen Gewichts der im Wasser befindlichen festen Massen (spezifisches Gewicht wird gegen Luft um das spezifische Gewicht des Wassers = 1 vermindert) und die lebendige Kraft des fließenden Wassers.

Ist relativ wenig Wasser gegenüber viel Geschieben vorhanden, so spricht man von Massentransport; wirkt viel Wasser auf verhältnismäßig wenig Geschiebe, so spricht man von Einzeltransport. Natürlich sind alle möglichen Übergänge zwischen beiden vorhanden.[3])

Die bewegten Massen kommen früher oder später zum Absatz, ihre Verfrachtung ist von der Neigung der Unterlage und der Masse des wirkenden Wassers abhängig; es ist daher verständlich, daß Erosion, Geschiebeabfuhr und Geschiebeablagerung in naher Beziehung stehen.

1. Massentransport.

Massentransport von Geschieben kann nur bei starker Neigung der Abflußbahn auftreten. In der reinsten Form des Massentransports wirkt das Wasser durch Minderung der Reibung als Schmiermittel

[1]) Amm. Journ. of Sc. [3] 21, S. 345 (1881).

[2]) v. Salisch, Forstästhetik. Berlin 1902. 2. Aufl., S. 64.

[3]) Lit. in Wang, Gesetze der Bewegung des Wassers. Wien 1899. — Penck, Morphologie der Erdoberfläche I., S. 231—284 (Geschiebeführung).

zwischen den Gesteinsbruchstücken, die wesentlich durch ihre eigene Kraft auf der schiefen Ebene der Abflußsohle hinabgleiten. Diese Vorgänge sind namentlich bei den Wildbächen studiert worden.

Die ganze in Bewegung befindliche Masse bildet in extremen Fällen einen dicken Brei von Wasser und Geschieben, der oft unter starkem Geräusch, die Wirkung der sich stoßenden Bruchstücke, talabwärts gewälzt wird, bis Minderung des Gefälles die Schlammflut zum Absetzen bringt. Derartige Abflüsse bezeichnet man als Muren oder Murgänge; sie brechen meist aus Schluchten oder Seitentälern

Abb. 12. Aufräumen der Ablagerungen einer Mure nach Stiny.

hervor und lagern ihre Geschiebe gewöhnlich in einem Haupttale ab, in dem sich die Massen in Form eines flachen Schuttkegels, mit selten über 10^0 Neigung ausbreiten.[1])

Große Gesteinsstücke werden mitgerissen und eilen infolge der bedeutenden lebendigen Kraft, die ihnen innewohnt, den feineren Gemengteilen voraus und lagern sich, wie überhaupt die gröberen Teile des Murganges überwiegend in den tieferen, die feinerdigen Teile in den oberen Teilen des Schuttkegels ab.

Die Bildung von Muren wird durch wasserdurchzogene, versumpfte Hänge besonders begünstigt. Erfahrungsgemäß steigert sich diese Durchtränkung kurz vor Abgang einer Mure so sehr, daß die Wassermenge der Bäche plötzlich stark vermindert wird.

[1]) Stiny, Die Muren. Innsbruck. 1910.

Nach Stiny ist dies das einzige, aber sichere Zeichen eines zu erwartenden Murganges.

Der ganze Vorgang wird am leichtesten verständlich, wenn man festhält, daß es sich dabei wesentlich um ein Abgleiten fester Massen auf einer schiefen Ebene handelt, wobei das Wasser nur die Rolle des Schmiermittels spielt. Man kann auch die Mure als einen einheitlichen Brei von Wasser und Gesteinen mit entsprechend hohem Eigengewicht betrachten und daraus die große Beweglichkeit der Geschiebe erklären, obgleich die erste Auffassung einfacher ist und sich an Verhältnisse anschließt, die bei Abfuhr von Erdmassen stattfinden und bei jeder Verladung von Kies und Geröll auf schiefer Ebene beobachtet werden können. Die Wildbäche entnehmen ihre Geschiebe in der Regel den Verwitterungsprodukten ihres Sammelgebietes, können aber auch anstehende lockere Gesteinsmassen angreifen und in Bewegung setzen. Im Hochgebirge liefern alte Moränen nicht selten einen Hauptteil der Geschiebe.

Auftreten der Wildbäche ist vom Gestein, der Vegetationsbedeckung und der Verteilung der Niederschläge abhängig.

Stark gefährdet sind z. B. die Kalkböden. Bereits die Muschelkalkgebiete Mitteldeutschlands sind nicht frei von Wildbächen; am verheerendsten treten sie jedoch in den Kalkgebirgen der Alpen, namentlich der Südalpen auf. Im allgemeinen nehmen die schädlichen Wirkungen des fließenden Wassers nach Süden und Südosten in Europa zu. In den nördlicheren und westlicheren Gegenden sind die Niederschläge gleichmäßiger über das ganze Jahr verteilt, sie treten auch seltener als starke Platzregen auf. Es ist festzuhalten, daß nicht die Summe der Niederschläge, sondern ihre Verteilung den Geschiebetransport wesentlich beeinflußt. Man findet daher mächtige Erosionswirkungen, tief eingeschnittene Schluchten, Wasserverheerungen aller Art in den Gebieten seltener, aber heftiger Niederschläge. Am typischsten sind die Ablagerungen der Wildbäche wohl in den Wüsten und Halbwüsten entwickelt und nehmen ab, je mehr die Länder mit Vegetation bedeckt sind. Reichlicher Pflanzenwuchs ist die Folge gleichmäßiger Niederschläge während der Vegetationszeit; die Pflanzendecke schützt aber wiederum den Boden gegen Abschwemmung auch dann, wenn starke Platzregen niedergehen.

Erhaltung einer geschlossenen Pflanzendecke ist daher das wichtigste Hilfsmittel gegen die Gefahren der Wildbäche. Niedere Pflanzen, namentlich Gräser, geben schon guten Schutz, am vorteilhaftesten wirkt der Wald. Die tiefgehenden Wurzeln der Bäume geben den lockeren Gesteinsbruchstücken Halt; die Nadeln, Blätter und Äste schwächen die Kraft der fallenden Tropfen und die Bodendecke verlangsamt den Abfluß. Die Erfahrung lehrt, daß selbst kleine örtliche

Entblößungen des Bodens, wie Steige des Weideviehs, Riesen zur Holzbringung u. dgl. den Anfang schwerer Schäden bilden können, die später oft nur durch kostspielige Verbauungen aufzuhalten sind. Die Menge des Wassers, die vom Walde festgehalten wird, ist von viel geringerer Bedeutung als meist angenommen wird. Bei langdauernden oder starken Niederschlägen wird nur ein kleiner Prozentsatz des Wassers von den Ästen und Blattorganen festgehalten; die Wasserkapazität einer normalen Bodendecke ist ebenfalls nicht allzu bedeutend, wohl aber wirkt jeder Moosstengel und jedes Laubblatt der Streudecke als mechanisches Hindernis für die Bewegung des Wassers, und jede Wurzel hält Bodenteile fest und schützt sie gegen Abschwemmung. In der Verlangsamung des Wasserabflusses und der Bindung der Bodenteile ist die hauptsächliche Wirkung des Waldes gegen Wasserschäden zu suchen.

Die schweren Schäden, die im Gebirge unvorsichtige Abholzungen herbeigeführt haben, führten zu ausgedehnten Neuanpflanzungen. Unzweifelhaft ist dies der einzige Weg, um gegen die Vermurung vorzugehen. Man ist aber leicht geneigt, die Wirkung des Waldes gegen Naturgewalten zu überschätzen. Der Wald hilft für normale Verhältnisse, er versagt bei außergewöhnlichen Niederschlägen.

Man muß sich immer vergegenwärtigen, daß der Abtrag der Verwitterungsprodukte ein normaler Vorgang ist; früher oder später müssen die Bruchstücke der Gesteine, der Schwere folgend, in die Tieflagen geführt werden; Bewaldung und Verbauungen können nur dafür sorgen, daß der Vorgang langsamer verläuft und nicht bereits bei Niederschlägen eintritt, die ein geschonter Boden langsam zum Ablauf bringt. Diese Wirkung genügt, um die Anlage von Schutzwaldungen und Verbauungen zu rechtfertigen; sie genügt nicht, um großen Elementar-Ereignissen ihren verheerenden Charakter zu nehmen.

Stiny[1]) versucht die Einwirkung der verschiedenen Faktoren bei den großen Verheerungen im Zillertal zahlenmäßig zu erfassen und kommt zu dem Schlusse, daß die Muren „geologische Erscheinungen" sind, die durch meteorologische Prozesse ausgelöst werden. Die Mißhandlung der Bodendecke trete dagegen in ihrem Einfluß zurück. Stiny kommt zu demselben Schluß, der auch von Bühler u. a. gezogen war, daß gegenüber außergewöhnlichen Vorgängen der Schutz der Pflanzendecke versagt, aber wohl geeignet ist, bei Mittelwässern und durchschnittlichen Hochwässern ihren segensreichen Einfluß zu entfalten.

---

[1]) Mitt. geol. Ges. Wien, 2, S. 213 (1909).

Die Schäden, die die Wildbäche verursachen, bestehen in der Wegfuhr der Verwitterungsprodukte und Bodendecke ihres Sammelgebiets, in der Überdeckung fruchtbarer Flächen mit Steinen und Geröll und in der plötzlichen Zufuhr großer Geschiebemassen in die Flüsse und Bäche, die häufig aufgestaut werden und stromaufwärts Versumpfungen veranlassen.

Die Schäden, die hierdurch hervorgerufen werden, machen sich verschieden schwer geltend, je nach der Beschaffenheit des abgelagerten Materials. Man kann unterscheiden:[1])

1) Ablagerungen in Platten (schiefrig) brechender Gesteine lassen Wasser leicht hindurchgehen und verhindern dadurch Anstauung. Stärkere Fluten führen die Bruchstücke wieder weg.
2) Unregelmäßig brechende und kugelige Bruchstücke. Die Massen widerstehen dem Andrang des Wassers leichter und sind schwerer durchlässig.
3) Grus und Sandmassen sind leicht beweglich.
4) Lehm (Letten) und alle feinkörnigen Massen werden leicht vom Wasser getragen, bilden aber abgelagert ein schwer bewegliches zähes Hindernis für Wasser. Sind etwa 30% feinerdiges Material den Gesteinen beigemischt, so ist das Ganze eine sehr widerstandsfähige Masse, die bei endlichem Durchbruch aufgestauter Gewässer wieder beweglich wird und schwere Schlammfluten veranlaßt. Diese gemischten Ablagerungen sind die gefährlichsten Formen der Murgänge.

2. Abspülung.

Zwischen Massentransport und Einzeltransport durch Wasser steht ein Vorgang, der beiden angehört und den man als Abspülung bezeichnen kann. An allen Hängen setzen abfließender Regen oder die Schmelzwässer des Schnees durch ihre lebendige Kraft kleine Bodenteile in Bewegung und unterspülen größere, die zugleich durch Minderung der Reibung beweglich werden. Es werden hierdurch fortgesetzt Bodenteile, zumal die feinerdigen, von den höheren Lagen in die tieferen hinabgespült. Bei nackten und landwirtschaftlich genützten Hängen tritt der Vorgang viel stärker auf als bei bewaldeten, fehlt aber auch hier nicht.

Hazard[2]) zeigte an einzelnen Beispielen, welche große Bedeutung dieser langsam fortschreitende, aber immer wiederkehrende Vorgang für die Ackerböden, deren höhere Lagen oft an feinerdigen Teilen verarmt sind, hat. Auch im Walde kann man sich von seiner Wirkung

[1]) Lorenz, Sitzber. k. k. Akad. (mat.-nat. Kl.) 26, S. 91 (1857).
[2]) Mitt. Landw. Vers.-Stat. Möckern, S. 834 (Sep.-Abdr.).

überzeugen; wenn die tieferen Lagen bessere Bestände tragen, so ist dies nicht am wenigsten durch Zufuhr von feinerdigen Teilen zu erklären. Im nordischen Diluvium werden die höchsten Lagen oft von oberem Diluvialmergel gebildet, die auf Diluvialsanden auflagern. Der Baumwuchs ist dann meist am Hange besonders begünstigt, auch hier eine Folge der Abspülung von nährstoffreichem Boden aus den oberen Schichten.

Die Abspülung ist ein langsam verlaufender Vorgang, der, ähnlich der Auswaschung, zur Verarmung des Bodens führt, während die größeren Bestandteile, namentlich Quarzsand, zurückbleiben. Es ist denkbar, daß in sehr langen Zeitsäumen auf diesem Wege z. B. ein Verwitterungsboden von Granit in einen reinen Sandboden übergeführt werden kann.[1])

Man kann die Decksande sowie die aus oberem Mergel hervorgegangenen sandigen Lehme und lehmigen Sande des nordischen Diluviums als Produkt der langsam wirkenden Abspülung betrachten. Die Ausformung des Geländes, sowie die Höhenlage sind zumeist der Abspülung günstig, machen dagegen Ausstrudelungen und Aufwühlen des Bodens durch Gewässer wenig wahrscheinlich. Die Verarmung an Ton in den oberen Schichten und bis in erhebliche Tiefen und nicht am wenigsten die häufige Abscheidung toniger Lagen in Sanden unter der ursprünglichen Grundmoräne deuten auf langsam verlaufende Prozesse, auf säkulare Abspülung und Durchschlämmung des Tones. Auch die klimatischen Verhältnisse der endenden Diliuvalzeit müssen diesen Vorgängen günstig gewesen sein.

Es ist Hazards Verdienst, zuerst eindringlich auf die Wichtigkeit der Abspülung für die Ackerböden hingewiesen zu haben. Die intensive Kultur der Neuzeit, die Beseitigung der Zäune, Gebüschstreifen, Gräben an Hängen, die starke Bearbeitung der Böden haben unzweifelhaft auf allen unebenen Geländen die Abspülung ganz außerordentlich gesteigert, so daß dadurch erhebliche Schädigung der Hochlagen herbeigeführt werden, die durch den Gewinn der tieferen Lagen keinen Ausgleich erfahren.

Wollny[2]) verfolgte die Frage experimentell und gibt für einen Quadratmeter Fläche die Abspülung für nackten und grasbedeckten Boden (humosen Kalksand) vom April bis Oktober an:

---

[1]) Hazard, Landw. Vers.-Stat., 24, S. 248 (1880), sagt: „daß der Regen allein eine relative Zunahme des Quarzes in der Oberfläche der Ackerfelder veranlaßt". „So kommen wir zu der Anschauung, daß alle fünf Gruppen der Ackererde (Glühverlust, Chloride, Sulfate, Karbonate, Silikate) in einem fort Veränderungen solcher Natur erleiden, daß der Rest in unabsehbaren Zeiten als ein Quarzsandboden sich herausstellen müßte." Hazard beanspruchte auf Grund dieser Angaben zu den Begründern der Lehre von den klimatischen Bodenzonen gezählt zu werden.

[2]) Forsch. d. Agr.-Physik, 18, S. 196.

Boden	grasbedeckt			nackt		
Neigung	10°	20°	30°	10°	20°	30°
Abgespült Gramm Boden .	14	42	51	834	1368	3104

Die Abspülung wird in ihrer Wirkung von der herrschenden Windrichtung bzw. von der Kraft abhängen, mit der der Regen die Bodenoberfläche trifft, es ist daher auch die Exposition des Geländes von Bedeutung. So werden die Ostseiten am ausgiebigsten abgespült, ihnen folgen in abnehmendem Sinne die Süd-, Nord- und Westseiten.

Der Einfluß des Windes auf die Abspülung an Talgehängen ist wiederholt beschrieben worden.[1]) Die dem herrschenden Winde gegenüberliegende „Regenseite“ des Tales wird viel stärker vom fallenden Regen getroffen und erhält auch absolut mehr Niederschläge; hierdurch wird die Abschwemmung größer und im Laufe langer Zeiträume wird die Ostseite der Täler stärker angegriffen als die Westseite. Auch die im Osten Europas stark ausgeprägten verschiedenen Uferformen der in der Nord-Süd-Richtung fließenden Ströme (Bergufer und Talufer), die v. Baer als eine Wirkung der Drehung der Erde auffaßte, führt man jetzt auf die erodierende Wirkung der Hochwässer unter dem Einfluß des herrschenden Windes zurück (Köppen).

Am intensivsten treten die Wirkungen der Abspülung in ariden Gebieten auf, da in diesen der wenig bindige Boden leicht weggeführt wird. Entwaldung und Ackerbau haben dort zu außerordentlichen Schädigungen geführt, die noch immer neue Gebiete bedrohen. Hilgard[2]) und H. Mayr[3]) schildern die Verwüstungen, die die Süd- und Weststaaten der Union im weiten Umfange erlitten haben.

In Rußland ist das ursprünglich ebene oder flachwellige Steppenland überall von stetig fortschreitenden Wasserrissen (balky) durchzogen, die nur zur Zeit der Schneeschmelze Wasser führen und den Charakter kleiner Flußsysteme annehmen. Diese Wasserrisse vermindern nicht nur durch schnelle Abfuhr das Eindringen des Wassers in den Boden, sondern in ihnen häuft sich auch der Schnee in großen Mengen auf und wird dadurch den Feldern entzogen.

Auch Südeuropa hat unter den Einwirkungen der Abspülung schwer zu leiden. Die Flüsse Spaniens führen fast alle so viel Sinkstoffe, daß sie stark getrübt und rot bis braun gefärbt sind.

In Lößgebieten, deren Boden sehr feinkörnig, aber wenig bindig ist, führt die Abspülung zur Bildung tief eingeschnittener Schluchten und Hohlwege und die Abfuhr an abgespültem Erdreich ist sehr

[1]) Rucktaeschel, Petermanns geogr. Mitt. 1889, S. 224. — Hiller, Mitt. d. nat. Ver. Steiermark 1889, S. 84. — Köppen, Meteorol. Zeitschr. 1890, S. 34.

[2]) Soils, S. 270.

[3]) Fremdl. Wald- u. Parkbäume, S. 4 ff.

groß. (Das Wasser des Hiang-ho ist von Lößteilen trübe und voll von Sinkstoffen, die den durchflossenen Lößgegenden entstammen.)

Die Abspülung steigert sich, wenn die abfließenden Wässer sehr salzarm sind und daher die abgespülten Teile nicht oder nur wenig Flocken bilden. Es sind dies die Verhältnisse der Gletscherwässer und ihrem Einfluß ist wohl die weitgehende Auswaschung der feinerdigen Teile vieler diluvialer Sandablagerungen mit zuzuschreiben. Die skandinavischen Geologen machen häufig darauf aufmerksam, daß in Skandinavien der größte Teil des bei der Verwitterung gebildeten Tones von den Wässern weggeführt wird. Es ist dies eine Folge der Mineralstoffarmut der Gewässer, die wahrscheinlich noch durch kolloide Humusstoffe, die als Schutzkolloide für den suspendierten Ton wirken, gesteigert wird.

3. Durchschlämmen

von Ton und vielleicht auch von Humusstoffen kann man einen Vorgang nennen, durch den die kolloiden oder sehr feinkörnigen Stoffe in tiefere Bodenschichten gespült werden, wo sie sich entweder ablagern oder mit Quellwässern weiter verfrachtet werden. Namentlich kälteren humiden Gebieten und diluvialen Gletscherböden ist dieser Vorgang eigen.

Voraussetzung für das Durchschlämmen sind natürlich durchlässige Böden, also namentlich Sandböden und salzarmes Wasser, das nicht oder wenig flockend auf Tonteile einwirkt. Die häufig vorkommenden tonhaltigen Streifen und Einlagerungen in nordischen Diluvialböden dürften in solchen Verhältnissen die Ursache ihrer Entstehung haben; auch die Anreicherung von Ortsteinschichten mit abschlämmbaren Teilen läßt sich als Folge der Durchschlämmung deuten und P. E. Müller[1]) erklärt damit auch die Herkunft der lockeren humosen Massen, die uns vielfach als die oberste Schicht des Ortsteins entgegentreten.

Vielleicht sind auch die im Norden häufig, in Norddeutschland sparsam vorkommenden Tonortsteine Müllers auf gleichem Wege entstanden. Es sind dicht gelagerte, meist hell gefärbte tonige bis sehr feinsandige Einlagerungen in Tiefen bis zu 1 oder $1\frac{1}{2}$ Meter.

Mohr nimmt an, daß auch in den an löslichen Salzen meist sehr armen Lateritböden Durchschlämmen von Tonteilen erfolgt.

Die Durchschlämmung kann nur langsam erfolgen. Sie wird gefördert durch alle Vorgänge, die die Lagerung der oberen Schichten verändern; zumal durch die Tätigkeit der Tiere und die Bodenbearbeitung durch Menschen.

---

[1]) Natürliche Humusformen.

Die Gänge der Regenwürmer bieten der Abschlemmung feinkörniger Teile einen Weg in das Innere des Bodens und Müller bezeichnet es als wahrscheinlich, daß sie in Beziehung stehen zur Ablagerung des Tonortsteins.

Hesselman[1]) gibt Analysen schwedischer Podsolböden, die für eine Anreicherung der tieferen Schichten an feinerdigen Teilen sprechen.

Er fand in einem durch Verwitterung von Diluvialmergel gebildeten Boden in Prozenten:

	Skelett < 2 mm	Feinerde > 2 mm	in der Feinerde (mm) 0,5—2	0,2—0,5	0,02—0,2	$> 0{,}02$
Bleicherde	26,70	73,30	20,27	20,60	47,47	11,65
Ortstein	31,50	68,50	34,33	17,54	27,99	20,14
Verwitterungsschicht	17,30	82,70	15,99	12,93	44,56	26,52
Graublaue Moräne .	29,70	70,30	18,18	13,13	45,45	23,24

Das Beispiel ist geeignet, ein Bild von diesen noch wenig untersuchten Vorgängen zu geben.

Die Ausflockung verhindert ferner ein Gehalt an Natriumkarbonat im Boden. Das Verhalten der Sodaböden deutet wenigstens zum Teil auf starke Durchschlämmung. Es finden sich unter feinsandigen Schichten der Oberfläche vielfach dicht gelagerte Tone, die ihren Gehalt an sehr feinkörnigen Teilen wohl mehr oder weniger der Durchschlämmung verdanken.

Endlich sei hier noch auf das Verhalten von langsam fließenden Flüssen, Kanälen und Teichen hingewiesen, deren Sohle erfahrungsmäßig bald für Wasser schwer durchlässig wird, da sich feinkörniges Material einlagert.

Praktisches Interesse bietet die Abscheidung einer „Pflugsohle“ unter der regelmäßig bearbeiteten Ackerschicht. Chemische Ausscheidungen und mechanisches Durchschlämmen treten wohl nebeneinander auf. Experimentelle Untersuchungen sind hierüber nicht bekannt geworden, so daß diese doch auffällige Erscheinung nicht genügend gedeutet werden kann. Bodenart und Düngungszustand entscheiden vermutlich, ob sich eine „Pflugsohle“ bildet oder nicht.

Experimentelle Untersuchungen über Durchschlämmen stellte Wollny[2]) an, die aber nur ergaben, daß tonige und feinsandige Teile aus der unteren Schicht der benützten Bodensäule ausgespült wurden. Es sind dies Bedingungen, die in der Natur nicht oder nur selten gegeben sind, zumeist noch in der Nähe des Austritts von Quellen, die ja auch nach starken Regen nicht selten durch Sinkstoffe getrübt

[1]) Medd. från Statens Skogsförsögsanstalt, 6, S. 35 (1909).
[2]) Forsch. Agr.-Physik, 18, S. 201.

werden. Das Durchschlämmen wird gefördert durch Stoffe, die die Ausflockung hindern; namentlich gilt dies für die kolloid aufgequollenen, schleimigen humosen Stoffe, die in absorptiv ungesättigten Böden auftreten.

Atterberg[1]) gibt wiederholt an, daß in den Böden Mittelschwedens abschlämmbare Teile (Kaolin) nur eine geringe Rolle spielten, da ihre Hauptmenge ausgeschlämmt werde und später in Seen zur Ablagerung komme, während im Boden fast nur Sand und Humus zurückbleibe.

Es ist anzunehmen, daß zur Tertiärzeit vielfach ähnliche Wirkungen hervorgetreten sind; hierauf deuten die ausgedehnten Ablagerungen von Kaolintonen, die in den Braunkohlen führenden Formationen zur Ablagerung kamen.

4. Einzeltransport.

Das Fließen des Wassers in den Bächen und Strömen ist sehr eingehend untersucht worden, ohne daß bisher alle Probleme ihre Lösung gefunden haben. Der größte Teil der lebendigen Kraft, die dem Wasser, entsprechend der Fallhöhe im Fluß innewohnen müßte, wird durch Reibung und zum Transport der Geschiebe verbraucht. Geschiebe sind immer schwerer als Wasser, bewegen sich daher langsamer und verlangsamen, in großer Menge vorhanden, auch den Lauf des Wassers.

Der Stoß des bewegten Wassers auf Geschiebe führt zur Zusammenpressung des Wassers an der Stoßseite; die Wirkung ist für verschiedene Körper gleicher Form gleich, wird aber durch die verschiedenen Formen stark beeinflußt. Sie ist z. B. für Körper mit ebenen Flächen groß, für sphärische Körper stark vermindert (z. B. für Drehungsellipsoid gegen Würfel = $\frac{1}{2}$). Der Widerstand, den die Geschiebe der Fortbewegung entgegenstellen, ist nach Form und Größe sehr wechselnd, flache Steine werden schwierig, sphärische am leichtesten bewegt. Hierauf beruht es, daß die flach-ovalen Steine im Flußbett in gesetzmäßiger Weise zur Ablagerung kommen, sie stellen sich so, daß die Längsachse horizontal und quer über das Flußbett, die kleinste Achse fast vertikal (etwas geneigt), die mittlere Achse talwärts geneigt zu liegen kommt.

Je nach Geschwindigkeit und Menge vermag bewegtes Wasser verschieden große Geschiebe fortzuführen; in den meisten Fällen sind im Oberlauf grobe, im Unterlauf Geschiebe allmählich abnehmender Größe vorhanden.

Die Geschwindigkeit des Wassers, die Geschiebe gleichen hydraulichen Wertes bewegen kann, bezeichnet man als seine Grenzge-

[1]) Zentralbl. Agr.-Chem. 1908, S. 579.

schwindigkeit; es ist natürlich eine Größe, die in einzelnen Teilen des Flusses und zu verschiedenen Zeiten wechselnden Wert haben kann. Je nach dem Gefälle wird eine Grenze vorhanden sein, bis zu der Geschiebe vom Wasser aufgenommen werden können; ist diese Grenze erreicht, so ist das Wasser mit Geschieben gesättigt. Es erfolgt dann weder Ablagerung noch Wegfuhr, wohl aber kann Materialaustausch dadurch stattfinden, daß gröbere Stücke abgelagert und dafür eine entsprechende Menge kleiner aufgenommen werden. Dieser Vorgang setzt sich so lange fort, bis ein unter den gegebenen Verhältnissen haltbares Profil des Flusses (Gleichgewichtsprofil) erreicht ist und der Wasserlauf sein natürliches Gefälle hat.

Sind Ufer verschieden angreifbar, so findet sich an dem weniger widerstandsfähigen größere Wassertiefe und infolge verminderter Reibung höhere Geschwindigkeit; hierdurch wird der Angriff gesteigert und werden Serpentinen des Flusses gebildet.

Größere Steine können im Flusse wälzend fortbewegt werden; kleinere werden am Boden drehend fortgeschoben und nehmen dadurch die für Flußgeschiebe charakteristische flache und an den schmalen Seiten infolge Abreibung gerundete Form an.

Vermindert sich die Geschwindigkeit des Wassers, so erfolgt Ablagerung von Geschieben. Die verschiedensten Ursachen können einwirken, z. B. bei einseitiger Ausbreitung der Flüsse an der konvexen Seite, bei Flußkrümmungen, Auftritt mehrerer Stromrichtungen (Scharung). Die häufigste Ursache ist rasche Änderung des Gefälles, wie sie in der Regel bei Einmündung der Nebenflüsse in einen Hauptfluß, bei Eintritt der Gebirgsflüsse in die Ebene und bei Mündung in ein stehendes Gewässer (See oder Meer) erfolgt. Die Ablagerungen bilden dann meist sanft geneigte und oft fächerartig ausgebreitete Schuttkegel oder Barren vor ihrer Mündung. In Meeren mit geringer Bewegung lagern sich die Sinkstoffe infolge der flockenden Wirkung des Salzwassers rasch ab, es entstehen Deltabildungen; ist Ebbe und Flut (die Tiden oder Gezeiten) stark, so wird der feine Flußschlick weiter hinausgeführt und lagert sich, untermischt mit den Resten von Meeresorganismen, an ruhigeren Stellen ab.

Kiesbänke. Die Geschiebe eines Flusses sammeln sich an einzelnen Stellen in Bänken an, die entweder am Ufer sich anlagern (Uferbänke) oder mehr oder weniger im Flußlauf lagern (Mittelfelder). Sind die Ufer nicht angreifbar, so wandern die Kiesbänke als Ganzes, etwa wie eine Düne vor dem Winde. Die Gestalt ist meist mehr oder minder dreieckig, stromauf abgeflacht, stromab rasch abfallend. Sind die Ufer angreifbar, so wird das der Kiesbank gegenüber liegende Ufer ausgebuchtet und durch die Änderung der Stromrichtung stärker angegriffen, es bilden sich Serpentinen.

In sehr vielen Flüssen, namentlich im Oberlauf, findet oberhalb der Sohle Einzeltransport, unterhalb Massentransport statt. Beobachtungen zeigten, daß nicht selten die ganze Geschiebemasse in der Tiefe des Flusses in langsam gleitender Bewegung ist. Hierbei findet fortgesetzt Reibung und Zertrümmerung der Bruchstücke statt; hört die Bewegung aus irgend einem Grunde auf, z. B. durch Verlegung des Flußbettes, so verbleiben Ablagerungen, bei denen die groben Teile zwar vorwiegen, die aber aus einem Gemisch von Bruchstücken aller Größen mit wechselnden Mengen fein zerriebener Gesteinsteile bestehen. Bei flüchtiger Betrachtung gleichen solche Vorkommen steinreichen Moränen.

Die Ablagerungen des Einzeltransportes sind zumeist frei von feinerdigen Bestandteilen und weichen in ihren hydraulischen Werten nicht allzu weit voneinander ab. Im Oberlauf führen die Flüsse, zumal die im Gebirge entspringenden, groben Geschiebe, im Mittellauf kleinere Geschiebe, im Unterlauf nur noch Sand und Ton, sowie die feinen Sinkstoffe, die man als „Flußtrübe" bezeichnet.

5. Triebsand.

Eine Massenbewegung, die sich mehr dem Massen- als dem Einzeltransport anschließt, bildet den zumal im Unterlauf der Flüsse vorkommenden Triebsand. Die Sandkörner sind gegeneinander verschiebbar, von starken Wasserhüllen umgeben und locker genug gelagert, um schwere Körper allmählich einsinken zu lassen.

Eine charakteristische Form des Triebsandes findet sich in feinkörnigen Sandablagerungen, zumal in den Dünentälern. Die ganze Masse läßt sich am besten mit einem dicken Sandbrei vergleichen, in dem die einzelnen Körner durch den Auftrieb des Wassers schwebend erhalten werden. Jedes Korn befindet sich im labilen Gleichgewicht, und es bedarf nur eines geringen Anstoßes, um es zum Absetzen zu bringen; tritt dies ein, so lagern sich die Körner dicht zusammen und hüllen fremde Körper in eine dichte Sandschicht. Kommen Menschen und Tiere in Triebsand, so werden sie durch den Sand festgehalten und können sich nur schwierig durch eigene Kraft befreien. Am gefährlichsten wird der Triebsand, wenn die oberste Sandschicht abtrocknet und eine feste Schicht bildet, die leicht durchtreten wird. In Dünengebieten, z. B. der Frischen Nehrung, werden solche Stellen gefürchtet.

Man führt die Bildung des Triebsandes auf die Oberflächenspannung der Wasserhüllen der Bodenkörner zurück. Es scheint jedoch noch eines, wenn auch geringen Auftriebes durch fließendes Wasser zu bedürfen, um die eigenartige Verteilung der Sandkörner herbeizuführen. Berendt[1]) nahm dies bereits an; man kann in einem mit Sand gefüllten Trichter, in dem man von unten Wasser im langsamen Strahle zufließen läßt, die Erscheinungen des Triebsandes als Vorlesungsexperiment vorführen.

Im nordischen Diluvialgebiete finden sich Sandablagerungen, die angebohrt oder angeschnitten, treibend werden und sich als dicker, beweglicher Brei von Sand mit wenig Wasser verhalten oder, wenn sie unter stärkerem Druck stehen, große Sandmengen mit dem Wasser abfließen lassen. Derartige treibende Sande sind bei Anlage von Gräben, Kanälen, sowie von gebohrten Brunnen zu fürchten, da sie sich, einmal angeschnitten, meist nur durch Kunstbauten wieder beruhigen lassen.

Es ist jedoch darauf hinzuweisen, daß auch andere Bodenarten als Feinsande „treibend" werden können, so Löß, geschichtete Sande, Verwitterungsböden, auch Moderböden, zumal Torferden. Tonreiche Schichten sind im allgemeinen zu undurchlässig für Wasser, um beweglichen Boden zu bilden, wohl aber bei der Einwirkung fließender Wasser oder des Frostes. Es sind demnach Bodenbewegungen, die sich dem Massentransport durch Wasser anschließen.

Die Verbreitung der treibenden Böden scheint nach Norden zuzunehmen,[2]) sie sind in Skandinavien häufig, finden sich aber auch oft im norddeutschen Diluvialgebiet.

6. Wasserabfuhr und Hochwasser.

Die Wasserabfuhr aus einem Gebiete wird durch das Verhältnis zwischen Niederschlag und Verdunstung beherrscht, gleichzeitig aber durch den Zustand der Bodendecke beeinflußt. Die neueren Untersuchungen über die deutschen Ströme liefern viel Material zur Beurteilung. Hier mögen die wichtigsten Zahlen nach Wang folgen.

Von den Niederschlägen kommen etwa zum Abfluß:

in gut kultivierten Ländern 30—33%,
in bergigen bewaldeten Gebieten 35—45%,
in bergigem Gelände mit schlechter Bewaldung 45—55%,
auf kahlem Gebirge 50—60%.

Noch ungünstigere Zahlen für waldlose Gebiete gibt Tunmey[3]) für kalifornische Verhältnisse. Der erste Regenfall wurde im bewaldeten Gebiet zu 95%; im entwaldeten zu 60% vom Boden aufgenommen. Nachdem der Boden teilweise gesättigt war, hielt der bewaldete Boden 60%, der unbewaldete nur 5% der Niederschläge zurück.

---

[1]) Geologie des Kurischen Haffes, 1869.
[2]) Högbom, Geol. För. Förhandl. Stockholm, 27, S. 19 (1905).
[3]) Yearbook Depart. Agr. 1903.

Die fließenden Gewässer sind die von der Natur geschaffene Entwässerung des Landes, sie führen den Überschuß der Niederschläge über die Verdunstung den Meeren zu.

Die Flüsse erhalten ihre hauptsächliche Wassermenge entweder

1. aus entfernt liegenden niederschlagreichen Gebieten. In der Regel sind es Flüsse, die aus einem Gebirge in die Ebene fließen. Ein Beispiel ist der Nil, der in seinem Wasserstande von den Niederschlägen in Abessinien und Zentralafrika abhängig ist. Die wichtigsten deutschen Flüsse (Rhein, Oder) gehören vorwiegend diesem Typus an. Verdanken die Flüsse ihr Wasser zum reichlichen Anteil Gletschern der Hochgebirge, so haben sie den höchsten Wasserstand zur Zeit des Hochsommers. Bezeichnend für diese Flüsse, die oft tief eingeschnittene Rinnsale haben, ist ihre Unabhängigkeit vom örtlichen Grundwasserstande (z. B. Isar bei München).

2. Flüsse, die wesentlich als Ableitungen des Grundwassers angesehen werden können und mit dem Grundwasser, wenn auch etwas verschieden in der Zeit, steigen und fallen. Es sind namentlich Flüsse der Ebene (Spree, Havel, nordrussische Ströme).

Die Flüsse dieser Gruppe fließen fast sämtlich in durchlässigem Gelände und geben an das benachbarte Gebiet Wasser ab oder nehmen es von ihm auf. Namentlich die Beobachtungen der Brunnen haben gelehrt, daß ein Austausch des Wassers vorkommt und ebensowohl härteres Grundwasser in den Fluß abfließt, wie anderseits bei höherem Wasserstande weicheres Flußwasser in den Boden eindringt.

Bei Hochwasser können dann eigenartige Verhältnisse eintreten. Der Boden füllt sich vom Fluß aus mit Wasser, das an dem zufließenden Grundwasser Widerstand findet; dem beiderseitigen Gefälle entsprechend kann das Wasser erheblich emporsteigen und namentlich aus Brunnen mit großer Kraft hervordringen. Derartiges Wasser, wie auch bei Wasserbauten aus tieferen Schichten empordringendes Wasser, bezeichnet man als Seihwasser (Qualm-, Klüver-, Dräng-, Truhwasser).

Das Seihwasser wird übereinstimmend als schädlich für die Vegetation angegeben und zur befruchtenden Einwirkung der Überflutungswässer in Gegensatz gestellt.[1]) Analysen sind nicht veröffentlicht worden. Die Ursache der ungünstigen Wirkung ist wohl im längeren Stagnieren, vielleicht auch, da es sich meist um humusreiche Böden handelt, im Mangel an Sauerstoff zu suchen.

Im Geröllboden der Täler, sowie in stark zerklüfteten und mit Höhlen durchzogenem Kalkgebiet versickert vielfach das Wasser und

[1]) Arch. deutsch. Landwirtsch.-Rates VI, S. 369 ff. (1882).

fließt unterirdisch ab, in extremen Fällen (Karstgebieten) bildet sich ein vollständiges unterirdisches Stromgebiet aus.

Im Gegensatz zu diesen Verhältnissen können sich aus langsam fließenden Gewässern Schlickteile absetzen, die den Boden undurchlässig machen und die Flußsohle allmählich über den Boden erhöhen, so daß der Abfluß dann oberhalb der durchschnittlichen Höhenlage des Bodens erfolgt (Rhein, Po).

Die Hochwässer sind infolge ihrer großen wirtschaftlichen Schäden vielfach nach den Bedingungen ihrer Entstehung und nach ihrem Verlaufe untersucht worden.

Aus den bisherigen Feststellungen läßt sich nicht nachweisen, daß die europäischen Flüsse im Laufe der Beobachtungszeit Abnahme der Wasserführung zeigen; dagegen neigen viele der Ansicht zu, daß die Hochwässer an Zahl wie Heftigkeit gestiegen, die Zeiten der Niedrigwässer verlängert sind.[1])

Ein Urteil über diese Fragen zu gewinnen ist äußerst schwierig. Die Wasserstandsbeobachtungen bringen nur die Pegelhöhe, nicht die Abflußmenge zum Ausdruck.

Tatsächlich liegen Gründe vor, die eine Steigerung der Hochwasserstände wahrscheinlich machen; dahin gehören:

1. Erhöhung der Flußbette durch Sinkstoffe.
2. Entwaldungen und Verminderung der Pflanzendecke im Ursprungsgebiet der Flüsse.
3. Meliorationen, die rascheren Abfluß des Wassers herbeiführen.

Dahin gehören:

a) Flußkorrektionen. Die Gradlegung der Bette beschleunigt den Abfluß und erhöht dadurch die Gefahr der Überschwemmung im Unterlaufe.

b) Trockenlegung von Sümpfen, Seen u. dgl., die früher mehr oder weniger als Sammelbecken für die abfließenden Wässer dienten. Welchen Einfluß größere Seen ausüben, zeigt sich z. B. beim Rhein (Verhältnis der Wassermenge von Nieder- und Hochwasser beim Einfluß in den Bodensee wie 1: 10,9; beim Ausfluß wie 1: 4,9), Rhone (oberhalb des Genfer Sees 1: 12,7, unterhalb wie 1: 5). Der Abfluß der großen nordamerikanischen Seen, der St. Lorenzstrom, ändert in seinem Unterlaufe den Wasserstand nur um etwa 50 cm.

c) Landwirtschaftliche Meliorationen, namentlich Drainagen, führen das Wasser rascher ab; die Frühjahrsbestellung kann auf drainierten Grundstücken 8—14 Tage früher erfolgen als vor dem

---

[1]) Wex, Wasserabnahme in Quellen, Flüssen u. Strömen. Wien 1873/79. — Sasse, Wasserabnahme in Bächen u. Strömen Deutschlands. Halle 1880. — Hagen, Veränd. d. Wasserstände in den preuß. Strömen. Berl. 1880. (Abh. d. Akd. d. Wiss.)

Trockenlegen. In ähnlicher Weise müssen ausgedehnte Moorkulturen wirken.

Alle diese Verhältnisse vermitteln rascheren Abfluß der Gewässer und steigern dadurch die Gefahren der Hochwässer. Die neueren Maßnahmen der Wasserpflege richten sich daher berechtigterweise darauf, den Abfluß zu verlangsamen; dahin gehören Anlage von Horizontalgräben im Gebirge, Bau von Stauteichen, Sammelbecken usw. So notwendig diese Arbeiten auch sind, so darf man sich doch darüber keiner Täuschung hingeben, daß sie nur helfen, die durchschnittlichen Verhältnisse zu bessern; großen elementaren Ereignissen gegenüber versagen sie ihre Wirkung.

Die Menge der Geschiebe wächst bei Hochwässern außerordentlich. Namentlich Gebirgsflüsse enthalten oft sehr große Mengen. Ein Bild des Verlaufes eines verderbenbringenden Hochwassers gibt Breitenlohner.[1])

Das Wasser der Rienz enthielt im Kubikmeter Kilogramm feste Massen:

16., 17., 18., 19. Sept.	je	43,9; 59,7; 47,8; 40,2 kg,
20.—22. Sept.		10,2—12,4 kg,
23.—29. Sept.		7,9—2,8 kg,

vom 16.—19. Sept. durchflossen die Rienzbrücke 102363000 cbm Wasser mit 1962000 cbm Geschiebe;
vom 23.—26. Sept. 44219000 cbm Wasser mit 273000 cbm Geschiebe.

Auch die Nebenflüsse waren voll von Geschieben. So führte der Reisachbach bei Bruneck am 17. Sept. in 1 cbm = 105 kg; der Mühlgraben unterhalb Lorenzen 145 kg; am 23. Sept. aber nur noch 8 kg. Es mag hier darauf hingewiesen werden, daß die Schadenwirkungen der Hochwässer zumeist erst beim Fallen des Wassers eintreten. Die geringere Wassermenge kann die Masse der sich langsamer bewegenden Geschiebe nicht mehr fortführen; sie setzen sich ab, erhöhen die Flußsohle und führen vielfach zu Stauungen. Große Mengen Geschiebe werden auf überschwemmtem Gelände abgelagert; Stauungen führen zur Verlegung des Flußlaufes oder Abbruch des Ufers.

Der Geschiebetransport der Flüsse[2]) zum Meere und der Abtrag der Erdoberfläche ist vielfach untersucht worden. Im allgemeinen nimmt die Menge der Sinkstoffe mit der Größe des Flußlaufes ab; bei gleicher Wassermenge bei starkem Gefälle und von den Polen zum Äquator erheblich zu.

Für die mitteleuropäischen Flüsse rechnet man, daß der Abtrag eines Meters der Land-Oberfläche 33000 Jahre dauern würde; für

---

[1]) Hochwasserkatastrophe zu Bruneck in Tirol Sept. 1882. Forsch. d. Agrik.-Phys. 9, Heft 4.

[2]) Literatur in Penck, Morphol. d. Erdoberfl., I.

Südeuropa etwa 15000 Jahre; für südasiatische Flüsse etwa 5000 Jahre.

Der Unterschied zwischen den süd- und nordeuropäischen Flüssen ist ein gutes Beispiel dafür, daß nicht die Regenhöhe für die Erosion maßgebend ist.

Die Tätigkeit des Meeres ist überwiegend zerstörend. Unter den immer wiederholten Angriffen der Wellen werden alle beweglichen Teile fortgerissen, die widerstandsfähigen bleiben als Klippen usw. zurück. Anstehende Gesteine werden in den tieferen Schichten, die dem Anprall der Wogen am stärksten ausgesetzt sind, angegriffen und brechen dann nach. Das Ufer hat einen Steilrand, Steilufer; grobe Bruchstücke der Felsmassen sammeln sich entlang des Strandes an (Strandwall). In geologischen Zeiträumen können durch den Abbruch des Meeres (Abrasion) ganze Landstriche abgetragen werden (z. B. Zerstörung der friesischen Inseln in historischer Zeit, Bildung des Dollart, des Jadebusens). Abbruchküsten haben meist gute Häfen und unregelmäßig geformte, eingeschnittene Ufer (Rügen, Westküste von Großbritannien).

An ruhigen, von der herrschenden Strömung geschützten Stellen lagert sich am Meeresufer Sand ab, der zur Verlandung Anlaß geben kann. Anschüttungsküsten haben Ufer (Halbinsel Darß, Pommern, Kurland) mit gerundeten Linien, ohne Einschnitte und mit wenig Häfen.

C. Abtrag durch Eis.

Der Transport von Verwitterungsschutt durch schwimmendes Eis ist unerheblich; um so bedeutender ist die Wirkung des langsam fließenden Eises, der Gletscher oder Ferner.

In der Diluvialzeit war fast ganz Nordeuropa und ein großer Teil Mitteleuropas eisbedeckt; Ablagerungen des Eises bilden daher nach Ausdehnung, wie wirtschaftlicher Wichtigkeit, einen großen Teil der europäischen Böden.

In den kalten Gebieten (Hochgebirge, arktische Gebiete) findet ein großer Teil der atmosphärischen Niederschläge in der Form von Schnee statt, der von den Hochlagen als Lawinen abgleitet und die Schneemassen zur Gletscherbildung in tieferen Lagen vermehrt; aber auch fallender Regen gefriert und vermehrt die Höhe der Eisschicht.

Der ursprünglich meist feinstaubige Schnee (Hochschnee der Alpen) bildet sich durch Anschmelzen und Wiedergefrieren körnig um (Firnschnee). Die einzelnen Körner sind von ziemlich gleicher Größe, lagern sich dicht zusammen und sind nicht mehr der Verwehung ausgesetzt. Einsickerndes und wieder gefrierendes Wasser veranlaßt die Umwandlung des Firns in poröses, körniges Eis (Firneis).

Aus dem Firneis geht das Gletschereis hervor, es besteht aus durchsichtigen Stücken (Gletscherkörnern) wechselnder (bis 10 und 15 cm) Größe, von denen jedes einen einheitlichen Kristall bildet. Gletschereis ist demnach ein körniges Gestein aus Eiskristallen.

Bewegung der Gletscher. Eis verhält sich wie eine dickflüssige, aber nicht zähe Masse; es fließt unter dem Einfluß von Druck, auch der eigenen Schwere, zerreißt aber auf Zug, so daß sich im fließenden Gletscher Spalten (Gletscherspalten) bilden.

Die höher gelegenen Teile des Gletschers drücken auf die tiefer liegenden und so bewegt sich die ganze Masse nicht unähnlich einem sehr langsam fließenden Gewässer talabwärts. Die Geschwindigkeit der Bewegung ist von der Mächtigkeit des Gletschers und von der Neigung der Unterlage abhängig; hierbei kommt in der Hauptsache nur das Verhältnis des obersten zum untersten Querprofil in Frage, so daß ein Gletscher stellenweise auf ebener Grundlage und selbst bergaufwärts fließen kann.

Die Geschwindigkeit der Bewegung ist sehr verschieden und zumeist von der Mächtigkeit des Gletschers abhängig (alpine Gletscher jährlich 50 bis (Mer de Glace) 250 m; Ausläufer des Grönländischen Inlandeises bis 22 m täglich).

Das Eis schreitet so weit fort, bis Zufuhr und Abschmelzung im Gleichgewicht befindlich sind, in kühleren Zeiträumen rückt daher der Gletscher vor, in wärmeren zieht er sich zurück; auch örtliche Einwirkungen können bei kleinen Gletschern Einfluß gewinnen.

Die Schmelzwässer fließen entweder am unteren Ende des Gletschers ab oder können auch auf dem Gletscher Bäche bilden; treffen sie eine Spalte des Gletschers, so stürzen sie in die Tiefe und, da das fließende Wasser oft lange Zeit einen Spalt offen zu halten vermag, treffen sie den Boden dabei mit starkem Gefälle und erzeugen mit Hilfe des mitgeführten Sandes oft tiefe Strudellöcher (Gletschermühlen).

Man unterscheidet Hängegletscher (Gletscher II. Ordnung, Hochgletscher), Ansammlungen von Eis geringer Mächtigkeit, die nicht in die Täler hinabsteigen. Talgletscher (Gletscher I. Ordnung), von großer Mächtigkeit und längerer Erstreckung, reichen in die Täler hinab. Auf Plateaugebirgen sammelt sich Gletschereis in breiter Fläche an; am Rande fließen nach verschiedenen Seiten kleine Gletscher ab (norwegischer Typ.).

Die vollendetste Ausbildung finden die Eisablagerungen als Inlandeis in den Polargebieten; hier bedecken sie die Landoberfläche vollständig, hüllen alle Unebenheiten ein und nur selten ragen Bergspitzen (Nunatakker) über die Eismasse empor.

Die Gletscher wirken ähnlich dem Spaltenfrost zerstörend auf ihre Unterlage ein. Die Temperatur der tieferen Schichten der Gletscher entspricht der des schmelzenden Eises unter dem Druck der Eismassen. Jeder Wechsel im Druck veranlaßt Auftauen und wieder Gefrieren. Hierdurch wirkt der Gletscher zerstörend auf Unterlage und angrenzende Gesteine.[1])

Die im Eis eingeschlossenen Gesteinsstücke glätten Felsen und ritzen sie durch mitgeführte Gesteinsstücke (Gletscher-Schliffe

Abb. 13. Geschiebewall (Endmoräne) Steinberg b. Liepe (Mark) nach A. Remelé. Orig.-Phot. von Ph. Remelé 1886.

und -Schrammen) oder schürfen den Untergrund aus, alle beweglichen Teile führen sie mit sich fort.

Auf die Gletscher fällt vielfach Verwitterungsschutt der benachbarten Hänge, der vom Eis mit weggeführt wird und auf den Gletschern der Gebirge lange Züge von Gesteinstücken, Moränen bildet. (Moräne jede durch Ferner bewirkte Ablagerung von Gesteinschutt.) Da die Zufuhr namentlich an den Rändern erfolgt, so bezeichnet man die beiden seitlichen Schuttstreifen als Seitenmoränen. Am Ende des

[1]) Finsterwalder, Zeitschr. d. D.-Österr. Alpenv. 1891.

Gletschers, wo die stärkste Abschmelzung eintritt, häufen sich die mitgeführten Massen in halbkreisförmigen Ablagerungen an, die Endmoräne.

Reichlich gelangt auch Gesteinsschutt durch die Spalten in die Tiefe der Gletscher und mischt sich dort mit den Teilen, die am Grunde abgelöst und zerrieben werden; die im Eis eingeschlossenen Gesteine wirken dabei nach Art eines Hobels; es bildet sich dadurch unterhalb des Gletschers ein durch den gewaltigen Druck der Masse oft sehr stark gepreßtes Gemisch von Gesteinsbruchstücken aller Größen. Die Hauptmasse besteht aus Gesteinsmehl, zwischen dem sich, regellos verteilt, Bruchstücke aller Größen und aller vom Eis durchwanderten anstehenden Gesteinsarten finden: die Grundmoräne.

Inlandeis führt keine Oberflächenmoränen, aber eine ausgeprägte Grundmoräne. Im Innern des bewegten Eises, namentlich im Inlandeis, finden sich noch Geschiebemassen, die man als Innenmoräne bezeichnet.

Die Struktur der Grundmoränen ist ungemein charakteristisch und, da kein anderer Weg als unter Eisbedeckung bekannt ist, auf dem sie entstehen kann, gelten entsprechende Ablagerungen als Beweis früherer Eisbedeckung; so tragen die Diluvialmergel alle Eigenschaften einer Grundmoräne.

Beim Abschmelzen der Eismassen werden große Mengen von Wasser tätig, sie bewirken Verteilung des Moränenmaterials nach der Korngröße und führen zur Bildung von geschichteten Granden, Sanden, Ton u. dgl. Die Schmelzwässer wirken auch auf die Massen der Grundmoränen ein, führen die leichter beweglichen Teile weg und geben Veranlassung, daß häufig ein aus Steinen, Grand und Sand mit wenig feinkörnigen Bestandteilen gemischtes Material zurückbleibt, während sich der Sand vor der Moräne ablagert und oft größere Sandfelder (Sander) bildet.

Bezeichnend für die Tätigkeit der Gletscher sind außer den Moränen die geglätteten Felsoberflächen, die bei Unebenheiten gerundete Formen (Rundhöcker) (Abb. 3) zeigen. Es ist hierdurch möglich, schon an den Bergformen Gebiete früherer Eisbedeckungen zu erkennen. Die Gebirge von Skandinavien sind durch gerundete Bergformen gekennzeichnet, die im wesentlichen Veranlassung sind, jenen Gebieten, trotz hoher landschaftlicher Schönheit, doch im ganzen eintönigen Charakter zu geben.

D. Abtrag durch Luftbewegung (Wind).

Die Umlagerung von Gesteinsmaterial durch Wind beschränkt sich naturgemäß auf Bestandteile geringer Korngrößen.

Lange Zeit hat man der abtragenden Tätigkeit des Windes (Deflation) nur geringe Bedeutung beigemessen, erst der neueren Zeit gehört die Erkenntnis an, daß auf großen Teilen der Erdoberfläche der Umlagerung von Gesteinsteilen durch Luftbewegung der Hauptanteil bei der Bildung der obersten Schichten zufällt. Es sind dies die wasserarmen Gebiete, besonders die Wüsten und Steppen.

Große Bedeutung haben die Staubstürme (Buran im Russischen) in den Steppen; ihre vollste Wirkung erreichen sie in den Wüstengebieten. Häufig ist in Zentralasien die Luft tagelang undurchsichtig infolge des Staubgehaltes.

Der feine Gesteinsstaub setzt sich auf bewachsenem Boden gleichmäßig ab und kommt in der Nähe von Flußläufen, auf feuchten Bodenschichten besonders zur Ablagerung. Es bilden sich im Laufe langer Zeiträume ungeschichtete, von Wurzeln durchzogene, poröse Ablagerungen von Staubsand, der typische Löß.

In den humiden Gebieten sind es Flugsandgebiete und die Dünen, die durch Wind umlagert werden; nur sparsam macht sich im Gebirge Abfuhr von Staub geltend. Es gilt dies z. B. für die Gipfel der vulkanischen Gebiete Frankreichs; man nimmt an, daß der sehr fruchtbaren Limagne jährlich für das Hektar 1000 kg Staub von den benachbarten Bergen der Auvergne zugeführt werden.

Immerhin ist man in neuerer Zeit darauf aufmerksam geworden, daß der Staubtransport auch in Mitteleuropa wenigstens örtlich eine gewisse Bedeutung hat. Die Hochmoore beziehen die Mineralstoffe für die Ernährung ihrer Pflanzen fast ausschließlich aus den äolisch zugeführten Staubteilen.

Bereits Lesquereux war dies bekannt und die neueren Untersuchungen haben es bestätigt. So fand Vageler[1]) den Torfboden von Karolinenfeld ganz von Glimmerblättchen durchsetzt. Paul berechnet den Bedarf von 1 qm Hochmoorfläche auf 13 g Mineralstoffe; die Zufuhr muß etwa diese Menge liefern.[2]) Im Alpenhumus fand Graf Leiningen[3]) reichlich durch Wind zugeführtes Gesteinsmaterial.

In ariden Gegenden ist der Staubtransport bedeutend. In Ungarn erreicht er in der Plattensee-Gegend bereits beträchtliche Werte.

1. Flugsand,

d. h. lockerer, durch Wind beweglicher Sand findet sich in humiden Gebieten in größerer Ausdehnung nur dort, wo durch die Schuld des Menschen die Vegetationsdecke zerstört ist; in ariden Gebieten sind Flugsande weit verbreitet.

[1]) Unters. d. Kaligehaltes des Moorbodens. 1904.
[2]) Mitt. bayr. Moorkulturanst. 2, S. 106 (1908).
[3]) Zeitschr. f. Land- u. Forstwirtsch. 6, S. 425 (1907).

Umlagerungen von Sand treten häufiger auf, als vielfach angenommen wird. In den Heidegebieten und auch sonst häufig im Flachlande wird Sand in Wegeeinschnitten usw. beweglich und auf benachbarten mit Pflanzen bestandenen Flächen ziemlich gleichmäßig abgelagert. Ein großer Teil der Heidesande ist auf diesem Wege entstanden.

Im nordischen Flachlande war nach der Diluvialzeit die Umlagerung durch Wind sehr bedeutend. Vielfach finden sich Flugsandflächen und entlang den einstigen diluvialen Wasserläufen Flußdünen, wie sie noch heute in ähnlicher Weise an den südrussischen Flüssen gebilde werden.

Flugsand bildet in unseren Gebieten keine ausgeprägten Formen. Häufigkeit der Niederschläge, wechselnde Windrichtungen und die nie ganz mangelnde Pflanzendecke veranlassen, daß unregelmäßige Gestalten, Anhäufungen an einzelnen Stellen, Ausblasen an anderen die Flugsandflächen charakterisieren.

In pflanzenarmen Steppengebieten nehmen dagegen die Flugsande die Form der Bogendünen (Kurgane) an. Meist sind es Sträucher (oft Tamarisken) und andere Hindernisse, die zur Ablagerung des bewegten Sandes Veranlassung geben; es bilden sich kleine Dünen von halbkreisförmiger hufeisenförmiger Gestalt.

Die Bogendüne ist die typische Gestalt der Düne, ähnlich wie der Schuttkegel die typische Gestalt des trocknen Abtrages ist. Wie durch zahlreiche nebeneinander auftretende Schuttkegel sich die Schutthalde herausbildet, so entstehen durch nebeneinander sich auftürmende Bogendünen lange, gestreckte Sandwälle, d. h. Dünen.[1])

2. Meeresdünen.[2])

Die Westküste Europas ist von einem, wenn auch oft unterbrochenen Kranze von Dünen umgeben, der sich von Portugal bis zur Halbinsel Kola erstreckt.

Am Meeresstrande wird von den Wellen fortgesetzt Sand ausgeworfen, der vom herrschenden Winde landeinwärts getrieben und an Stellen, die der Fortbewegung Hindernisse bereiten, abgelagert wird. Die fast ständig landeinwärts wehenden Winde geben Veranlassung, daß die Ablagerung parallel den Küsten erfolgt. Die Ablagerung findet in der Regel dort statt, wo Vegetation vorhanden ist. Dem

[1]) J. Walther, Gesetz der Wüstenbildung, S. 125.

[2]) Die Literatur über Dünen ist in dem letzten Jahrzehnt sehr reichhaltig geworden, zumal man den Bildungen der Wüsten größere Beachtung geschenkt hat. Hier seien angeführt: Wessely, Flugsand und seine Kultur. Wien 1873. — Sokolow, Dünen. Berlin 1894. — Lehnpfuhl, Mündener Forstl. Heft 1, S. 53.

Wachstum im bewegten Sande sind einige Gräser angepaßt, die Rhizome besitzen und ihren nächstjährigen Vegetationspunkt an der derzeitigen Oberfläche der Sandschicht anlegen. Es sind namentlich Ammophila arenaria, Elymus arenarius, einige Carex und Triticumarten, in Schleswig namentlich Tr. junceum, die den Sand binden. Es ist nicht selten, daß sich Reste jener Pflanzen bis in tiefe Schichten der Dünen verfolgen lassen.[1])

Die Korngröße des Dünensandes schwankt nach der Stärke der herrschenden Winde. In der Nähe des Seeufers finden sich vielfach gröbere Sandkörner, die übrigens auch in den diluvialen Flußdünen durchaus nicht fehlen. Der Dünensand kann daher in ziemlich weiten Korngrößen schwanken und ein sehr feinkörniger bis grobkörniger Sand sein. Die Untersuchungen von W. Schütze (Sylter Dünensand) geben davon ein gutes Bild.[2])

	>2 mm	1—2 mm	0,5—1 mm	0,25—0,5 mm	<0,25 mm
Westseite der Seedünen	10,7%	60,9%	19,4%	8,8%	0,6%
Ostseite der Seedünen	—	1,2%	8,4%	86,4%	3,6%
Dünen d. Ostseite d. Insel	—	0,2%	5,4%	82,4%	12,1%

Die Dünen der Ostseeküsten sind im ganzen feinkörniger. Nach v. Raumer[3]) entsprechen die von Reval einem grobkörnigen, die von Windau und Kronstadt einem mittelkörnigen, die von Libau, Narva und Dünamünde einem feinkörnigen Sande.

Die Höhe, zu der sich der Sand in den Dünen auftürmt, schwankt sehr, an den europäischen Küsten sind 60—70 m Höhe beobachtet worden.

Wanderdünen. Nicht gebundene, d. h. nicht mit einer Pflanzendecke bestandene Dünen erleiden fortdauernd Umlagerungen. Die Oberfläche trocknet leicht ab, die locker gelagerten Sandkörner werden vom anprallenden Winde emporgehoben, über den Rand der Düne hinweggeführt und fallen auf der Rückseite, im Windschatten, zu Boden. Der Vorgang wiederholt sich fortgesetzt und die ganze Masse der Düne rückt in der Richtung des herrschenden Windes vorwärts, sie wandert. Die Geschwindigkeit der Bewegung wechselt sehr und ist nicht nur von der Stärke und Dauer der herrschenden Winde, sondern auch von der Masse der Düne abhängig. An der Ostseeküste beobachtete man 1—8 m, im Mittel 6 m im Jahre. Die Mitte des Dünenzuges bewegt sich rascher als die Flügel (von Raumer beobachtete) z. B. in der Mitte 0,66—0,82 m; an den Seiten 0,16—0,34m). Die Düne würde sich, wenn dieses Verhältnis dauernd bestehen bliebe,

[1]) Borggreve, Verh. nat. Ver. f. Rheinland u. Westf., 1875, Corresp. 69. — J. Reinke, Sitzungsber. preuß. Akad. 1903, S. 281.

[2]) Zeitschr. f. Forst- und Jagdwesen 5, S. 183.

[3]) Forsch. Agrik.-Phys. 9, S. 204.

in ihrer Gestalt den Bogendünen nähern, die Walther als Normalform der Dünen betrachtet.

Der Winkel, den die Dünen bilden, beträgt nach der Meeresseite (Angriffseite des Windes, Luvseite) an der Frischen Nehrung 5,5°; in anderen Gebieten in der Regel 8—10°; an der Leeseite (abwärts des Windes) 32—40°. Tritt die Düne in einen Wald ein, so kann der Winkel der Leeseite sehr steil werden.

Der Nährstoffgehalt des Dünensandes ist gering; Schütze fand z. B. für die Sylter Dünen an löslichen Stoffen 0,002—0,003% Phosphorsäure; 0,0025—0,006% Kali und 0,02—0,05% Kalk; andere

Abb. 14. Wanderdüne. Kamm des Predin-Berges (frische Nehrung). Die sanfte Abdachung luvwärts und der steile Abfall leewärts treten gut hervor. Am Hange Windfurchen.

Forscher für verschiedene Vorkommen geben erheblich höhere Zahlen. Durch beigemischte Muschelschalen ist oft ziemlich viel kohlensaurer Kalk vorhanden; in französischen Dünen wurden 2—6%, bei Narva 0,8, bei Windau 6% gefunden; auch die Dünen des Darß sind reich an Kalk; seinem Vorkommen verdanken wohl die dortigen Buchen die Möglichkeit des Gedeihens. Schon an der niederen Flora macht sich der höhere oder geringere Nährstoffgehalt bemerkbar. (Vgl. v. Raumer).

Der Dünensand ist unmittelbar nach der Ablagerung sehr locker, nimmt aber unter Einfluß der fallenden Regen bald dichte Lagerung an. Der Wassergehalt in den Dünen ist an unseren Küsten nicht unerheblich.

Bindung und Aufforstung der Dünen. Die Dünen dienen in vielen Fällen (Holland, Sylt usw.) dem Hinterland zum Schutze gegen die Angriffe des Meeres. Ihre Erhaltung ist schon aus diesem Grunde geboten. Wanderdünen übersanden fruchtbares Land und rücken oft weit in das Land vor. Die Bindung der Dünen ist daher von großer wirtschaftlicher Bedeutung. Als erste Anpflanzung dienen die Dünengräser, dauernden Schutz kann nur die Bewaldung bieten.

Die größten Schwierigkeiten bereitet der starke Wind, der den Boden flüchtig erhält und durch bewegte Sandkörner die Rinde der Bäume beschädigt; junge Pflanzen erliegen oft der Wirkung der anprallenden Körner. Zur Anpflanzung haben sich bewährt in den südlichen Gebieten die Meerstrandkiefer (P. maritima), in nördlichen die durch buschigen Wuchs ausgezeichnete Bergkiefer. In den Dünentälern, die zumeist reichlich Feuchtigkeit haben, gedeihen am besten Rot- und Weißerle und Aspe.

Zur Ausführung der Kultur deckt man küstenfernere oder weniger exponierte Örtlichkeiten mit Reisig, dem die stärkeren Äste belassen werden, oder mit Heide und pflanzt unmittelbar unter der Decke. Küstennahe Dünen werden durch Anpflanzen von Strandgräsern zuerst befestigt. Es ist dies vor der Anschonung unbedingt notwendig, denn auf frisch bewegtem, lockeren Dünensande läßt sich keine Baumpflanzung halten, selbst die Bergkiefer versagt. Bei der Ausführung bepflanzt man zunächst die Kessel und offenen Windrisse; die nackten Seiten bleiben frei, damit der Wind die Höhen abtragen und die Anpflanzungen überwehen kann. Man setzt dann die Anpflanzung schrittweise fort, bis die Neigung der Hänge vermindert und der Boden dichter gelagert ist. Vielfach verwendet man bei der Baumpflanzung Füllerde (Moorerde, Lehm u. dgl.), die den Sand bindet, Nährstoffe liefert und die Wasserkapazität erhöht.

Nahe der Küste ist die Anlage einer Vordüne wichtig. Das Meer wirft fortgesetzt Sand aus, der vom Winde bewegt und auf der mit Sandgräsern besetzten Vordüne festgehalten wird. Der Erfolg einer Dünenanpflanzung ist immer von vielen Bedingungen abhängig, zunächst von der Windstärke, dann vom Nährstoffgehalt des Bodens.

Befestigte Dünen können wieder flüchtig werden, wenn die Bodendecke zerstört wird. Die Dünen der Provinz Preußen waren früher bewaldet; in Kurland sind noch alte Waldbestände auf Dünensand vorhanden; die Flußdünen des Binnenlandes tragen fast stets Wald. Der Windangriff auf eine Düne geht meist von einzelnen Stellen aus, die durch den Wind ausgeweht (ausgekehlt) werden. Wege, die über die Düne führen, die Tritte von weidenden Tieren, sind oft die Ursache, daß der Sand flüchtig wird.

Waldbestand ist der sicherste Schutz für eine Düne. Wie Lehnpfuhl[1]) nachwies, wirkt dagegen hinter der Düne liegender Wald,

[1]) Münden. Forstl. Hefte. — C. Collier, Geol. Zentralbl. 1905, S. 215.

indem er Winde aus anderen als den herrschenden Richtungen abschwächt, nicht verlangsamend, sondern erhöhend auf die Schnelligkeit der Bewegung der Düne. Die Waldbäume werden vom Sand der vorrückenden Düne überweht, schwächere vom fallenden Sande umgebrochen, stärkere oft bis zum Wipfel, der noch einige Jahre grün bleibt, übersandet (Baumfriedhöfe). Schreitet die Düne allmählich fort, so treten die Reste des überwehten Waldes hervor. Die in einem Wald fortschreitende Düne nimmt an Masse ab, der Sand der langsamer beweglichen Flanken wird im Schutz der benachbarten Bäume abgelagert; es werden Dünenrücken gebildet, die fast normal zur herrschenden Windrichtung stehen.

3. Löß.

Zu den äolischen Bildungen gehört der Löß, eine Bodenart von außerordentlicher Verbreitung. Die bezeichnendste Ausbildung findet der Löß in den die Wüsten umgebenden Gebieten. In China bildet sich noch jetzt Löß, während z. B. in Ungarn die vom Winde abgelagerten Stauberden nicht mehr Lößcharakter zeigen.

Grobkörniger Flugsand wird zumeist nur in geringer Höhe über dem Boden fortbewegt, während die sehr feinkörnigen Staubteile in große Höhen gehoben und weithin verfrachtet werden können. Die Staubmassen werden nur dort gegen erneutes Verwehen geschützt, wo eine Vegetationsdecke ihnen Halt gewährt. Dies geschieht am vollständigsten unter und zwischen einer Rasendecke. Hier kann die Ablagerung in gleichmäßiger Mächtigkeit erfolgen und sich weit erstrecken. Es ist daher charakteristisch für den Löß, daß er als Decke dem unterliegenden Gestein auflagert und in seiner Verbreitung von der Ortslage nur dort abhängig ist, wo mit Änderung der Höhenlage auch Änderungen der Verwitterungsbedingungen gegeben sind.

Alle typischen Löße scheinen auf Böden abgelagert zu sein, die von niederen Pflanzen, zumeist Gräsern mit zahlreichen feinfaserigen Wurzeln bestanden waren. Die Wurzeln durchziehen den Boden nach allen Richtungen, bilden feine Röhren im Boden, deren Ränder zumeist mit dünnen Schichten von Kalkkarbonat überzogen sind, hierdurch haltbar werden und dem Gestein eine poröse Struktur geben, an der auch noch das kleinste Bruchstück Löß erkannt werden kann. In Spalten und im Innern des Löß bilden sich vielfach gerundete, oft untereinander verwachsene Kalk-Konkretionen, die Lößkindel, Lößmännchen. Die Bildung des Löß setzt hiernach größere vegetationsarme Gebiete voraus, in denen der Abtrag statthat, und von anderen Pflanzen bedeckte Gegenden, in denen die Ablagerung vor sich geht.

Fehlen diese Voraussetzungen, so kommt der Feinstaub der Luft natürlich auch zur Ablagerung, die Produkte unterscheiden sich jedoch dann nicht unerheblich von dem echten Löß. Es ist daher nicht auffällig, daß der äolische Feinstaub verschiedene Fazies bildet, die namentlich in den Grenzgebieten der Lößbildung häufig auftreten.

Folgende Fazies kann man unterscheiden:

1. Löß. Der typische Löß ist ein steinfreier, zwischen den Fingern zerreiblicher kalkhaltiger, tonarmer Staubsand von fein poröser oder besser feinröhriger (kapillarer) Struktur. Der Zusammenhalt der Körner ist genügend, um steile Böschungen zu bilden; die Körnchen sind aber vom Wasser leicht abschlämmbar, so daß steile Wände, tief eingeschnittene Hohlwege für Lößlandschaften bezeichnend sind. Die Färbung ist gelblich oder bräunlich. In typischer Ausbildung findet er sich in Gebieten arider Verwitterung. Der Löß ist Staubsand, der auf einer Decke von niederen Pflanzen gleichmäßig sich ablagerte und durch die Wurzeln der Pflanzen, besonders der Gräser, seine Struktur erhielt. Er bedeckt namentlich Niederungen und Ebenen oft in außerordentlich großer Ausdehnung. In Mitteleuropa findet er sich sowohl an Gehängen wie in tieferen Lagen und vielfach in Flußtälern (Rhein, Main, Neckar usw.). Die Ablagerung in Flußtälern kann zum Teil damit erklärt werden, daß die zur Zeit der Bildung hier herrschende Vegetation günstig war; zum Teil ist auch anzunehmen, daß in den Tälern höherer Wassergehalt in Luft und Boden den Absatz der schwebenden Staubteile begünstigte. Der Löß führt Landschnecken und Säugetierreste.

2. Sumpflöß.[1]) Absatz in Tieflagen, die Wasser führten oder zeitweise unter Wasser standen. Diese Lößform ist vielfach geschichtet und führt ein Gemisch von Land- und Sumpfkonchylien. Die Porösität ist meist gering.

3. Gehängelöß. Man versteht hierunter einen Löß, der sich an Hängen absetzte und durch Abspülung umgelagert und mehr oder weniger mit anderen Bodenarten gemengt wurde.

4. Lehme, die aus Flugstaub hervorgegangen und wahrscheinlich unter Wald zur Ablagerung gekommen sind. Hier waren die Bedingungen der Verwitterung humid und der fallende Staub ging in einen lößähnlichen oder ihm doch verwandten Lehmboden über.

In Ungarn haben alle Gebirge, die die Lößebenen umgeben, Lehmböden. Am Rhein schiebt sich zwischen dem Löß des Tales und dem Gebirge eine Zone mit Lehmablagerungen ein; in Lothringen fehlt Löß, als entsprechende Bildung tritt Lehm auf.[2])

---

1) Horusitzky, Fölt. Közlöny 33, S. 267 (1903).
2) van Werveke, Mitt. Els.-Loth. geol. Landesanst. 5, S. 311 (1903).

Der Löß ist vielfach sehr humusarm, wird aber unter geeigneten klimatischen Verhältnissen zur humusreichen Schwarzerde.

In humidem Gebiet geht aus der Verwitterung des Löß ein Lehmboden hervor, der Lößlehm.

Löß ist sehr feinkörnig, aber dort frei von Ton, wo er typisch vorkommt, nämlich in ariden Gebieten; unter humiden Verhältnissen bildet sich auch im Löß durch Verwitterung Ton. Die Korngröße des Löß ist sehr einheitlich; Partikel von über 0,05 mm Durchmesser sind in nur wenigen (2—4) Prozenten vorhanden, den Hauptbestandteil, über 90%, machen Körner aus, die einen Durchmesser von weniger als 0,05 mm und mehr als 0,01 mm besitzen. Gröberer und feinerer Staubsand hat an der Zusammensetzung des Bodens etwa zu gleichen Mengen Anteil; es ist aber nicht ausgeschlossen, daß gelegentlich auch größere Gemengteile beigemischt sind und örtliche Verhältnisse führen sogar zur Zwischenlagerung von sandigen Streifen.

Die Feinheit des Gesteinsstaubes und die trockene Luft der Wüsten machen weite Verfrachtung möglich; so entstammt der Löß Chinas den mittelasiatischen Wüsten; ferner ist es wahrscheinlich, daß die Lößablagerungen Syriens und Kleinasiens ihren Ursprung in der Sahara haben.

Die klimatischen Verhältnisse Europas zur Zeit der diluvialen Abschmelzperiode erörterte Tutkowski[1]). Unter dem Einfluß der ausgedehnten Eismassen entstanden antizyklonische Winde, die am Eisrande infolge starken Falles Föhncharakter hatten. Die von Eis frei werdenden Gebietsteile waren pflanzenleer und hierdurch der Abwehung ausgesetzt. Hierbei konnte Löß abgelagert werden.

Die Gesamtausdehnung der Lößgebiete ist außordentlich groß und beträgt mehr als 4% der ganzen Erdoberfläche.

4. Vulkanische Aschen.

Bei Vulkanausbrüchen werden oft sehr große Mengen zu Sand oder Asche zerstäubter Gesteine ausgeworfen und je nach Korngröße näher oder ferner vom Ursprungsort abgelagert. Herrscht starker Wind, so kann Vulkanasche weithin verfrachtet und über große Länderstrecken verteilt werden.

In vulkanreichen Gebieten, z. B. der Ostindischen Inseln, Mittelamerikas usw. beeinflussen Vulkanaschen die Bodenbildung und die Bodeneigenschaften stark.

Mohr[2]) bezeichnet solche Böden als Efflataböden, rechnet jedoch auch die aus Vulkanstaub gebildeten Muren hinzu.

---

[1]) Geolog. Zentralbl. 1901, S. 405. — A. Sauer, Jahrheft d. vaterl. Nat. Württemberg 57, S. 104 (1901).

[2]) Bull. du départem. de l'agriculture des Indes néerland. 17 (1908).

Die vulkanischen Aschen lagern sich auf pflanzenbestandenen Böden oft in gleichmäßig dicken Schichten ab und führen in tropischen, regenreichen Gegenden häufig den an löslichen Stoffen sehr armen Lateritböden reichlich verwitterbare Stoffe zu. Nach Mohr wird dadurch die Vegetation der Ostindischen Inseln stark beeinflußt; ähnliche Erfahrungen teilt Sapper[1]) aus Mittelamerika mit.

II. Humus und Humusbildung.

Die Organismen oder abgestorbene Teile der Organismen unterliegen nach dem Tode Zersetzungen, deren Verlauf von den äußeren Verhältnissen abhängig ist.

Liebig, der zuerst allgemeine Gesichtspunkte entwickelte, betrachtete diese Vorgänge als rein chemische Prozesse: Der Sauerstoff der Luft verbindet sich mit den organischen Körpern und führt sie in die einfachsten möglichen Verbindungen über, sie erleiden eine Oxydation, diesen Vorgang nannte Liebig: Verwesung. Fehlt Sauerstoff, so wirken die Gemische organischer Stoffe aufeinander ein, führen zum Zerfall und zur inneren Reduktion, d. h. Anreicherung an Kohlenstoff; sie unterliegen einem Reduktionsprozeß: der Fäulnis.[2])

Liebig kannte noch nicht den Einfluß der Lebewesen auf die Zersetzung der organischen Stoffe und wenn seine Einteilung auch noch heute zweckmäßig ist, so beruht dies darauf, daß er zwei große Gruppen von Vorgängen, die biologisch verursacht sind, weitsichtig voneinander zu unterscheiden verstand. Man ist berechtigt, die alte Nomenklatur beizubehalten, wenn auch damit eine wesentlich andere Vorstellung zu verbinden ist. Für Liebig waren Fäulnis und Verwesung Gegensätze, die einander ausschlossen, während es

---

[1]) Mitt. geogr. Ges. Hamburg 17, S. 146 (1901).

[2]) Die heutige Bakteriologie bezeichnet in der Regel mit:

1. Verwesung: Oxydation der Kohlenhydrate durch Bakterien, bei der keine übel riechenden Gase auftreten.
2. Gärung: die Abspaltung von organischen Verbindungen zumeist durch Enzymwirkung (z. B. Alkohol aus Zucker, Methan aus Zellulose usw.).

   Zwischen Verwesung und Gärung besteht kein grundsätzlicher Unterschied.
3. Fäulnis: die Zersetzung der Eiweißstoffe durch Bakterien (zumeist unter Auftreten übel riechender Gase oder sonstiger Riechstoffe).

   Die alte Gliederung dieser Vorgänge in die zwei großen Gruppen der Verwesung und Fäulnis faßt die Vorgänge unzweifelhaft tiefer auf und ist deshalb auch hier festgehalten worden.

Prozesse sind, die bei den Lebensvorgängen eines jeden Organismus nebeneinander verlaufen.

Der tatsächliche Verlauf von „Fäulnis“ und „Verwesung“ läßt sich etwa wie folgt schildern:

Die Überführung der organischen Stoffe in einfache Verbindungen, und zwar des Kohlenstoffs in Kohlensäure, des Wasserstoffs in Wasser, des Stickstoffs in Ammoniak und Salpetersäure erfolgt bei Zutritt von Sauerstoff der Luft durch die Lebenstätigkeit von Organismen. Rein chemische Prozesse treten zurück. Die Gesamtheit dieser Vorgänge bezeichnet man als Verwesung.

Die Zersetzung der organischen Stoffe bei Abwesenheit von Sauerstoff wird durch Organismen **oder** durch chemische Prozesse bewirkt; der Vorgang kennzeichnet sich dadurch, daß ein Zerfall in einfacher zusammengesetzte Körper eintritt, von denen ein größerer oder geringerer Teil sich noch mit Sauerstoff verbinden kann (oxydierbar ist).

Ein Beispiel mag die Möglichkeit des gleichzeitigen Verlaufes solch gegensätzlicher Vorgänge erläutern:

Der Mensch bedarf für seinen Lebensprozeß, abgesehen von Wasser und Mineralsalzen, stickstofffreier und stickstoffhaltiger Nahrung.

Von den aufgenommenen Speisen wird ein Teil unverändert oder wenig verändert mit dem Kot abgeschieden; von den aufgenommenen Nährstoffen kommt ein Teil im Harne, ein anderer bei der Atmung zur Ausscheidung.

Bei der Atmung werden Kohlenstoffverbindungen oxydiert; der Kohlenstoff wird in Kohlendioxyd, der Wasserstoff in Wasser übergeführt und beide werden beim Atmen ausgehaucht.

Dieser Vorgang entspricht genau der Verwesung; es erfolgt vollständige Zerstörung der organischen Körper unter Oxydation durch den Luftsauerstoff und ihre Überführung in möglichst stabile Verbindungen, in Kohlensäure und Wasser.

Im Harn kommt beim Menschen hauptsächlich Harnstoff zur Ausscheidung; er ist das Zersetzungsprodukt der Eiweißstoffe, die durch den Lebensprozeß einen Zerfall in einfacher zusammengesetzte organische Verbindungen erleiden. Der Harnstoff CH_4N_2O ist noch oxydierbar, bei seiner Verbrennung bildet sich Kohlensäure und Wasser unter Wärmeaustritt. Der Verlauf der Harnstoffbildung erfüllt genau alle Forderungen, die die Fäulnis bedingen.

Verwesung und Fäulnis sind Vorgänge, die in jedem lebenden Organismus nebeneinander verlaufen; beide zusammen entsprechen dem Stoffwechsel und sind die Quelle der Betriebsenergie im Körper.

Von allen Organismen scheinen die chlorophyllführenden Pflanzen am meisten befähigt zu sein, die Zersetzungsprodukte ihres Lebensprozesses wieder in den Kreislauf des Stoffwechsels zu reißen, ihre Fähigkeit, die Energie des Sonnenlichtes auszunutzen, gibt ihnen eine bevorzugte Stellung, aber doch nur bis zu einem gewissen Grade. Abbauprodukte, deren Bildung den Vorgängen der Fäulnis entsprechen, finden sich stets, z. B. Amide; die Tatsache, daß sie von demselben Organismus wiederholt zum Aufbau hoch zusammengesetzter Verbindungen benutzt werden können, ändert an der prinzipiellen Auffassung des Verlaufes nichts. Auch bei der Atmung sind die Pflanzen bevorzugt, da sie die ausgeschiedene Kohlensäure unter Einfluß des Lichtes wieder assimilieren können, und doch wird niemand behaupten, daß zwischen der Atmung der chlorophyllosen und chlorophyllhaltigen Organismen ein grundlegender Unterschied bestehe.

Sieht man von einigen Bakterien ab (Salpetersäurebildner), deren Betriebsstoffwechsel noch nicht klar ist, so kann man annehmen, daß beim Lebensprozeß aller aeroben Organismen Vorgänge der Oxydation, die zur Bildung von Kohlensäure und Wasser führen (Verwesung) und Vorgänge des Zerfalles hoch zusammengesetzter Kohlenstoffverbindungen in einfachere (Fäulnis) nebeneinander verlaufen. Mit anderen Worten kann man dies in folgender Weise ausdrücken: Prozesse der Verwesung werden stets von Prozessen der Fäulnis begleitet.

Einfacher für das Verständnis, aber unendlich mannigfaltig in ihrer Erscheinung sind die Grundlagen für die Lebensprozesse der anaeroben Organismen. Es sind dies Lebewesen, die befähigt sind, für den Betrieb ihres Lebensprozesses die Energie ausschließlich aus der Zersetzung komplexer Stoffe ohne Mitwirkung des Luftsauerstoffes zu decken. Die luftbedürftigen Organismen vermögen unter Mitwirkung von Sauerstoff die verfügbare Energie der Nahrung voll zu verwerten. Dies ist den anaeroben Lebewesen versagt, da die Menge des in organischen Körpern gebundenen Sauerstoffes niemals ausreicht, den zugleich vorhandenen Kohlenstoff und Wasserstoff völlig zu oxydieren. So bleibt also immer ein Teil der chemisch gebundenen Energie für die Anaeroben unzugänglich, d. h. es bleiben oxydierbare Körper übrig.

Faßt man das Resultat dieser Betrachtungen zusammen, so kommt man zu dem Schlusse:

Vorgänge der Verwesung und Fäulnis verlaufen bei dem Lebensprozeß aller luftbedürftigen Lebewesen nebeneinander; bei nicht luftbedürftigen findet nur Fäulnis statt.

Es ist nun noch der Nachweis zu führen, daß die Zersetzung der Organismenreste tatsächlich so überwiegend ein biologischer Vorgang ist, daß darüber die rein chemischen Prozesse vernachlässigt werden dürfen.

Es ist zwar unbestreitbar, daß ebensowohl rein chemisch verlaufende Oxydationen wie auch spontaner Zerfall organischer Körper vorkommen können und tatsächlich vorkommen. Für die ersten braucht man nur an die Verfärbung vieler ausgepreßter Pflanzensäfte, an die Aufnahme von Sauerstoff durch Körper wie Gallussäure usw. in alkalischer Lösung zu erinnern.

Wie sehr aber diese Prozesse bei gewöhnlicher Temperatur in der Natur zurücktreten gegen die Tätigkeit der Lebewesen, ergibt sich daraus, daß man hoch zusammengesetzte Stoffe, wie Fleisch, Konserven, monatelang unverändert erhalten kann und zwar mit und ohne Zutritt von Sauerstoff, wenn man die Entwicklung von Organismen verhindert. Für den langsamen Verlauf dieser rein chemischen Prozesse spricht auch die Anhäufung von Mineralkohlen und deren Erhaltung seit alten geologischen Zeiten. Es handelt sich dabei offenbar um säkulare Vorgänge, die erst nach sehr langen (geologischen) Zeiträumen eine merkbare Beeinflussung erkennen lassen, wie die Anreicherung von Mineralkohlen an Kohlenstoff.

1. Verwesung.

Die Verwesung der organischen Reste des Bodens ist auf die Lebenstätigkeit von niederen Organismen, namentlich auf Bakterien, zurückzuführen; für den Verlauf der Verwesung müssen daher auch alle Regeln gelten, die für die Entwicklung der Bakterien überhaupt aufgestellt werden können. Wollny, dessen Arbeiten überwiegend den wichtigsten Vorgang, die Verwesung durch Bakterien, betreffen, zeigte, daß die Schnelligkeit der Zersetzung dem „Gesetz des Minimums" folgt, also wie jede andere Pflanzenentwicklung von der im Minimum vorhandenen Lebensbedingung abhängig ist.[1])

Die Energie, die die Organismen für ihre Lebensvorgänge brauchen, entstammt dem Körper der Chlorophyllpflanzen. Als Regel gilt, daß jede hierbei entstehende Verbindung, die noch Energie abgeben kann, auch als Nährstoff für die eine oder andere Gruppe von Organismen zu dienen vermag und die Produkte der Lebenstätigkeit immer wieder zur Verwertung gelangen, bis endlich die ganze Masse in stabile chemische Verbindungen, wie Kohlensäure und Wasser, übergeführt ist. Alle chlorophyllfreien Organismen, vom Bakterium bis zum Menschen leben durch Zerstörung organischer Stoffe; hierbei fällt die Überführung einfach zusammengesetzter Zwischenprodukte in CO_2 und H_2O zumeist den Spaltpilzen zu.

---

[1]) Wollny, Journ. f. Landw. 34, S. 213 (1886).

Unter sonst gleichen Verhältnissen ist die Verwesung abhängig: von der Temperatur, Anwesenheit von genügendem Wasser und Nährsalzen, Zutritt von Sauerstoff und Abwesenheit pflanzenschädlicher Stoffe.

Ein Hauptprodukt der Verwesung ist Kohlensäure; die gebildete Menge Kohlensäure kann als Maßstab für die Schnelligkeit der Verwesung dienen.

A. Einfluß der Temperatur.

Die Verwesung ist an ein bestimmtes (für die wirkenden Pflanzenarten verschiedenes) Maß von Wärme gebunden, beginnt oberhalb des Gefrierpunktes, steigt zunächst langsam, dann schneller mit zunehmender Temperatur bis zur höchsten Höhe (Optimum). Bei höheren Wärmegraden erlischt das Leben, und an Stelle des Lebensprozesses treten rein chemische Reaktionen.

Erfahrungsmäßig ertragen Spaltpilze meist hohe Temperaturen; bei den im Boden vorkommenden Arten scheint etwa bei 60° die obere Grenze der Lebenstätigkeit zu liegen. In gefrorenen Böden ist die Verwesung so gut wie aufgehoben. Man darf daher annehmen, daß die Verwesung der herrschenden Temperatur annähernd parallel geht.

Nach Wollny[1]) entwickelte eine Komposterde (mit 44% Wassergehalt), wenn man die bei 10° gebildete Kohlensäure = 1 setzt, bei

10°	20°	30°	40°	50°	
1	5,5	13	15,2	27,3	Teile CO_2

Auf der niederen Temperatur und der langen Frostdauer beruht es hauptsächlich, daß in kühleren Gebieten (Norden Europas und Höhenlagen) auch bei geringer Produktion an organischer Substanz reichliche Humusansammlungen vorkommen, während in den wärmeren Gegenden rasche Zersetzung der Abfallstoffe eintritt. In den Wäldern der ungarischen Ebene findet man z. B. im Juli und August nur schwache Reste der vorjährigen Streudecke; in tropischen Urwäldern fehlt jede Streudecke.

Auch bei der „Aushagerung" der Waldböden ist die höhere Temperatur eine Hauptursache der rasch fortschreitenden Humuszerstörung.

B. Einfluß der Feuchtigkeit.

Zur Entwicklung der Pflanzenwelt bedarf es einer hinreichenden Menge Wasser. Fehlt es an Wasser, so wird die Entwicklung der Pflanzen gehemmt, bei Übermaß an Wasser leiden die Pflanzen unter

[1]) A. a. O.

mangelndem Luftzutritt. Zugleich macht sich die langsame Erwärmbarkeit der nassen Böden geltend.

Wollny (a. a. O.) zeigte durch Experimente die Bedeutung des Wassers für die Verwesung. Setzt man die Kohlensäurebildung in einer Komposterde bei dem niedersten verwendeten Wassergehalt gleich 1, so wurden CO_2 entwickelt bei Prozent Wasser

	6,8%	26,8%	46,8%
bei 10°	1 Vol. CO_2	9,1 Vol. CO_2	17,2 Vol. CO_2
bei 20°	1,6 „ „	26,7 „ „	30,6 „ „
bei 30°	3,4 „ „	31,0 „ „	40,5 „ „

In der Natur kommt es nun gar nicht selten vor, daß Böden und noch viel häufiger aufliegende Humusschichten so weit austrocknen, daß die Verwesung auf ein Minimum herabsinkt. Es ist dies von Möller experimentell erwiesen.[1]) Er untersuchte Nadeln von Schwarzkiefer, mit Sand gemischtes Weißbuchenlaub, Komposterde, alle im lufttrocknen Zustande; alle diese Substanzen gaben innerhalb sechs Tagen keine Kohlensäureentwicklung, wohl aber sehr rasch nach Wasserzusatz.

Die zahlreichen Versuche von Bellen, die Kostytschew mitteilt, führen zu dem Schlusse, daß die Verwesung im lufttrocknen Zustande zwar nicht aufhört, aber doch sehr schwach ist.[2]) Für die Verhältnisse des Waldes ist die Verwesung lufttrockner Streu nicht in Rechnung zu ziehen, wenigstens nicht bei geringem Feuchtigkeitsgehalt der Luft.

Wie es scheint, ist starker Weschel an Wasser für die Bakterienentwicklung besonders ungünstig und wirkt Trocknis stärker schädigend auf die Bakterien als auf die Fadenpilze ein.[3])

Im Walde macht sich dieser Einfluß besonders stark geltend und führt zur Ablagerung wenig zersetzter faseriger Rohhumusmassen. Lichtgestellte Wälder, Waldränder, vorspringende Kuppen und die der Austrocknung am meisten ausgesetzten Südwestseiten der Hänge leiden am leichtesten unter Bildung von Rohhumus, dessen Schichten in der kühlen Jahreszeit und nach Regen oft naß, im Sommer oft stark ausgetrocknet sind.

Von großem Einfluß ist ferner die schwere Erwärmbarkeit nasser Böden, in deren Folge vielfach Humusansammlungen auftreten. Die Bildung der Flachmoore ist in sehr vielen Fällen wohl überwiegend auf die im Durchschnitt niedere Temperatur der Wässer zurückzuführen.

---

[1]) Mitteilungen aus dem forstlichen Versuchswesen Österreichs 1878, I Heft 2.

[2]) Kostytschew, Potschwy Tschernosomnoi oblasti Russii, S. 34 ff.

[3]) Remy, Zentralbl. Bakt. VIII, S. 763 (1902).

C. Einfluß der Nährsalze.

Die niederen Organismen des Bodens bedürfen wie jede andere Pflanze der Nährsalze; es ist daher nicht auffällig, daß sich das Vorkommen der Bakterien in nährstoffreichen Böden günstiger gestaltet als in armen Böden.

Wollny (a. a. O.) zeigte, daß die Kohlensäureentwicklung in Böden, nach Ausziehen mit Salzsäure, auf $^1/_5$ bis $^1/_4$ zurückging.

Zusatz von Düngesalzen (Chilisalpeter u. a.) steigerte die Bildung von Kohlensäure bei Zersetzung aschenarmer, organischer Reste (Holz u. dgl.) zunächst nur wenig, machte sie aber dauernder und erhielt sie auf gleichmäßiger Höhe, so daß sie im Verlaufe eines Vierteljahres etwa verdoppelt wurde.[1]

Ein mäßiger Gehalt an Alkalien und deren Karbonaten begünstigt im ganzen die Verwesung. Wollny wies dies für Kali nach (a. a. O.). Hohe Gehalte schädigen jedoch die Entwicklung der niedern Organismen und führen zur Bildung humoser Stoffe, wie dies die alkalischen, an Natriumkarbonat reichen Böden zeigen. Zusatz von Ätzkalk verzögerte (Wollny a. a. O.) die Verwesung frischer Pflanzenreste, steigerte jedoch die Kohlensäureentwicklung bei Torf. Absorptiv nicht gesättigte Humusstoffe treiben aus kohlensaurem Kalk die Kohlensäure aus; die Ausfällungen von Humusstoffen mit Kalk werden nach Wollny doppelt so rasch zersetzt als der kalkfreie Humus. Hieraus würde es sich erklären, daß in den wärmeren gemäßigten Klimaten die kalkreichen Böden zu den „tätigen" Böden gehören, auf denen die organischen Stoffe rasch zersetzt werden und sich nur wenig Humus ansammelt.

Im Gegensatz zu diesen Tatsachen steht die Erfahrung, daß unter abweichenden klimatischen Verhältnissen kalkreiche Böden reich an Humusstoffen sind, so die Schwarzerden, der Regur Indiens, der „Alpenhumus" der Kalkalpen, Kalkböden in Estland usw.

In den Versuchen, die Kostytschew mitteilt,[2]) zeigte Kalkkarbonat als Zusatz zu verwesenden Stoffen keine Wirkung oder verminderte die Bildung von Kohlensäure. Zu denselben Schlüssen führen die Untersuchungen von Kassowitsch und Fretjakow[3]) und von O. Reitmair[4]).

D. Einfluß des Sauerstoffs.

Die Schnelligkeit der Verwesung steigt bei reichlichem Zutritt von Sauerstoff, es genügt indes schon ein mäßiger Gehalt

---

1) Ramann, Landw. Jahrb. 1889, S. 910.
2) A. a. O., S. 40 u. 41.
3) Jahresb. Agrik.-Chem. 1903, S. 32.
4) Zeitschr. f. landw. V.-Wesen in Österr., 5, S. 1107 (1902).

der Luft, etwa 6—8%, um eine energische Zersetzung zu ermöglichen.

Wollny arbeitete mit Gemischen von Sauerstoff und Stickstoff und ermittelte durch mannigfach abgeänderte Versuche, daß die Zersetzung organischer Stoffe bei wachsendem Sauerstoffzutritt zuerst eine rasche, dann langsamer fortschreitende Steigerung erfährt.

Ein Gemisch aus Torf und Sand gab folgende Kohlensäuremengen bei verschiedenem Sauerstoffgehalt der Luft (die bei 2% Sauerstoff gebildete Kohlensäure = 1):

Die Luft enthielt	2%	8%	15%	21%	Sauerstoff,
Kohlensäure-Entwicklung	1	2,9	3	3,5.	

Es ist wahrscheinlich, daß Mangel an Sauerstoff großen Einfluß auf die Torfbildung unter Wasser hat. Bereits in geringen Tiefen unter der Oberfläche des Flachmoortorfes findet man Humusstoffe, die sich, an die Luft gebracht, rasch verfärben und die auf Ferrisalze stark reduzierend einwirken. Beide Erscheinungen zeigen, daß Sauerstoff mangelt. Hierzu kommt, daß anaerobe Bakterien, soweit bekannt, geringere Lebensenergie entfalten als luftbedürftige. In mäßiger Tiefe ist die Zahl der Bakterien in Torfboden gering; aus größerer Tiefe entnommen ist Torf steril, wenn ihn nicht gerade Wasseradern durchsetzen.

Ozonhaltige Luft setzte die Verwesung etwas herab und steigerte sie nur bei Torf und ähnlichen schon teilweise zersetzten organischen Resten.

E. Einfluß schädlicher Stoffe.

Alle antiseptisch wirkenden Stoffe, sowie hohe Temperaturen setzen die Verwesung auf ein geringes Maß herab; nach Wollny betrug die Kohlensäure-Entwicklung einer humosen Erde bei Zusatz von (humose Erde = 100):

5% Thymol	= 7,8
1% Quecksilberchlorid .	= 6,8
5% Karbolsäure	= 5,7%
Erhitzen auf 115° . . .	= 2,3%.

Säuren.

Zusatz von 0,1% starker Mineralsäuren hemmt die Verwesung erheblich (Wollny). In Waldungen, die der Einwirkung von Hüttenrauch ausgesetzt sind, lagern sich vielfach große Mengen wenig zersetzter Streu ab. (Schröder und Reuß, Veget.-Beschäd. d. saure Gase. Berlin 1883.)

Erheblichen Einfluß muß man den kolloid nicht gesättigten Humusstoffen, den bisherigen Humussäuren, auf Vorkommen und

Zahl der Bakterien zuschreiben. In allen Fällen findet man in Wald-, Heide- und Moorböden rasche Abnahme der Bakterienzahl bei hohem Gehalt an stark absorbierenden Humusstoffen. Allerdings gehen mit deren Bildung auch andere für das niedere Pflanzenleben unvorteilhafte Wirkungen Hand in Hand. Es ist aber der Absorptionswirkung wohl eine selbständige Bedeutung zuzuschreiben.

Zu den schädlichen Stoffen im Boden muß man auch die Kohlensäure rechnen, wenn sie in größerer Menge in der Bodenluft vorhanden ist. Kolbe zeigte, daß freie Kohlensäure antiseptische Eigenschaften hat.[1])

Wollny (a. a. O. S. 100) untersuchte den Einfluß verschiedener Mengen leicht zersetzbarer organischer Körper auf die Verwesung und fand, daß sie oberhalb einer bestimmten Menge organischer Substanz nicht mehr gesteigert wurde. Ein Verhalten, das auf die Menge der gebildeten Kohlensäure zurückzuführen ist.

Es ist wahrscheinlich, daß zahlreiche Einwirkungen auf Pflanzen, die man bisher dem Sauerstoffmangel zuschrieb, auf den schädigenden Einfluß größerer Mengen von Kohlensäure in der Bodenluft zurückzuführen sind.

Chloride, von denen nur Chlornatrium in der Natur Bedeutung hat, werden in kleinen Mengen (etwa 0,1% Lösung) ertragen, in größeren hemmen sie die Verwesung um so mehr, je konzentrierter die Lösung ist.

Für die Entwicklung vieler niederer Organismen sind deren eigene Ausscheidungen schädlich. Typische Beispiele hierfür sind das Absterben der Hefen in zuckerhaltigen Flüssigkeiten, wenn der Gehalt an Alkohol einen bestimmten Prozentsatz erreicht hat, ferner die Notwendigkeit, Kalkkarbonat zuzusetzen zur Abstumpfung der gebildeten Säure bei der Buttersäuregärung aus Zucker u. a. mehr.

Es mag jedoch darauf hingewiesen werden, daß dies nicht für alle Organismen gilt, so kann z. B. das Essigsäurebakterium starke Säuregehalte ertragen und zersetzt das Produkt seines Lebensprozesses sogar wieder, wenn andere Nahrung fehlt.

F. Oxydation durch chemische Vorgänge.

Es mag noch darauf aufmerksam gemacht werden, daß auch Beobachtungen vorliegen, die auf direkte Oxydation der Humusstoffe durch Luftsauerstoff deuten. Allerdings handelt es sich dabei zumeist um mit Chemikalien behandelte und dadurch veränderte Stoffe. So beobachtete Nikitinsky[2]) nicht unbedeutende

[1]) Journ. f. prakt. Chem. 26, S. 149 (1882).
[2]) Jahrb. wiss. Botanik 37, S. 374 (1902).

Oxydation von in Alkalien gelösten und durch Säuren gefällten Humusstoffen.

Künstliche „Humussäuren" aus Zucker durch Einwirkung von Säuren gewonnen, gingen, dem Sonnenlichte ausgesetzt, in einen gelben, wachsähnlichen Körper mit geringerem Gehalte an Kohlenstoff (61,5% gegen 63,9%) über.[1]) Alte Präparate solcher Stoffe sind oft an der dem Licht ausgesetzten Seite stark entfärbt. Diese Beobachtungen beziehen sich auf Körper, die mit den im Boden vorkommenden Humusstoffen nur äußerliche Ähnlichkeit haben; aber es ist nicht ausgeschlossen, daß Belichtung auch Einfluß übt auf die natürlich vorkommenden Humusstoffe. Untersuchungen von Dehérain und Demoussy[2]) ergaben für bei 120° sterilisierte Erde nur Spuren von Kohlensäure-Entwicklung.

2. Fäulnis.

Die Untersuchungen über die Vorgänge der Fäulnis suchten zunächst die Frage vom chemischen Standpunkt aus zu beantworten. Man lernte bereits zahlreiche auftretende Produkte, zumal die der stickstoffhaltigen Verbindungen unterscheiden, ehe erkannt war, daß es sich in der Hauptsache um Produkte des Lebensprozesses von Organismen, ganz besonders von Bakterien handelte. Die neuere Forschung beschäftigt sich dagegen vorzugsweise damit, die Lebensbedingungen der Bakterien in Reinkulturen und ihre Wirkung auf bestimmte chemische Verbindungen oder Stoffgruppen festzustellen. Hier ist ein mühsamer Weg eingeschlagen, der nur langsam zu Erfolgen führen kann, aber auch Einblick in diese verwickelten Vorgänge ermöglicht. Das Studium der Prozesse der Fäulnis fällt heute mit dem Studium der Biologie der anaeroben Bakterien zusammen. Man darf aber nicht übersehen, daß es sich in der Natur um die Tätigkeit vieler Arten von Lebewesen nebeneinander handelt, die in ihrer Entwicklung und wahrscheinlich auch in ihren Wirkungen von äußeren Verhältnissen beeinflußt werden. Bereits liegen eine Anzahl Beobachtungen vor, die lehren, daß die Erfahrungen des Laboratoriums nur bedingt auf die Vorgänge im Boden übertragen werden dürfen.

Eine Anzahl von anaeroben Bakterien können auch bei Luftzutritt gedeihen, wenn andere stark Sauerstoff bedürfende Arten mit ihnen zusammen auftreten und sie vor dem unmittelbaren Einfluß der Luft schützen. Es können hierdurch Produkte der Fäulnis auch in durchlüfteten Böden gebildet werden.

---

[1]) Berthelot und André, C. r. acad. franç. 114, S. 41 (1892).

[2]) Ann. agronom. 12, S. 305 (1896).

Das größte Interesse für die Bodenkunde haben die Vorgänge, die zum Zerfall der Pflanzensubstanz führen. Hiervon sind namentlich die Methan-, Wasserstoff- und Pektingärung untersucht.

Während ältere Forscher in der Zellulosegärung den Zerfall von Zellulose unter Wasseraufnahme in Methan und Kohlensäure annahmen, haben die umfassenden Untersuchungen von Omelianski[1]) dargetan, daß der Verlauf der Zersetzung viel verwickelter ist.

Methangärung.

Aus 2,0065 g Zellulose wurden gebildet:

Fettsäuren	=	1,0223 g
Kohlensäure	=	0,8678 „
Methan	=	0,1372 „

Wasserstoffgärung.

Aus 3,3471 g Zellulose wurden gebildet:

Fettsäuren	=	2,2402 g
Kohlensäure	=	0,9722 „
Wasserstoff	=	0,0138 „

Bei den Versuchen erwies sich Zugabe von Nährsalzen und von kohlensaurem Kalk für die Entwicklung der Bakterien notwendig, offenbar zur Neutralisation der reichlich auftretenden Säuren; in der Natur werden diese Säuren wahrscheinlich rasch von andern Pilzformen zersetzt.

Das Bakterium der Wasserstoffgärung ist dem der Methangärung ähnlich, greift aber Zellulose langsam an.

Methan- wie Wasserstoffgärung sind in der Natur weit verbreitet und treten überall auf, wo Pflanzenstoffe unter Wasser faulen. Namentlich in Mooren und im Schlamm haben diese Zersetzungen statt.

Die Bildung von Sumpfgas in Mooren und Böden ist oft sehr stark. Die Gasblasen, die aus dem Moore aufsteigen, sind brennbar. Bunsen[2]), Hoppe-Seyler[3]), Lorié[4]) fanden hohe Gehalte an Methan (Bunsen in Gießen (Winter) $CH_4 = 76,61$, $CO_2 = 5,56$, $N = 18,03$; (Sommer) $CH_4 = 47,37$, $CO_2 = 3,10$, $N = 49,39$, $O = 0,14$. Lorié gibt an: Methan = 57—91,8%; Stickstoff = 4—36%; Kohlensäure = 3—20%; Sauerstoff unter 1%; Wasserstoff = 0,2—6,4%.

Das in Sümpfen vorkommende Gas besteht demnach überwiegend aus Methan und Stickstoff mit wechselnden Mengen Kohlensäure und Wasserstoff und enthält kaum oder nur Spuren von Sauerstoff.

---

[1]) Zentralbl. f. Bakter. 8, II, S. 193 (1902); 11, S. 369 (1904); 12, S. 33 (1904).

[2]) Poggendorff Ann. 1856.

[3]) Zeitschr. f. phys. Chem. 19, S. 209 (1886).

[4]) Analysen in Söhngen, Diss., Delft 1906, S. 14.

Es mag hier noch darauf hingewiesen werden, daß Methan auch ein Produkt des allmählichen Zerfalles der Kohlengesteine und daher der Hauptbestandteil der schlagenden Wetter der Kohlengruben ist.

Reichlich findet sich Methan ferner in tieferen Erdschichten, in denen es sich den Kohlenwasserstoffen der Steinöle in seinem Vorkommen anschließt. In Ländern, die aus angeschwemmtem Material bis in erhebliche Tiefen bestehen, sind oft reichlich Methan und andere Kohlenwasserstoffe vorhanden, so daß sie für Heizung und Beleuchtung ausgenutzt werden können (z. B. in Ungarn).

Die Pektingärung ist zunächst in bezug auf ihre Bedeutung für die Gewinnung von Gespinststoffen (Flachs, Hanf usw.) untersucht worden, ist aber ein Vorgang, der bei der Zersetzung pflanzlicher Reste aller Art Bedeutung hat. Zerstört werden die Pflanzenschleime, die in jeder Pflanze vorkommen.

Nach der Regel, daß die Entwicklung der Pflanzen durch günstige Ernährung gesteigert wird, fördert reichlicher Gehalt an Nährstoffen und namentlich an Eiweiß die Fäulnis. Je weiter die Zersetzung fortschreitet und je mehr die leicht angreifbaren Stoffe bereits zersetzt sind, um so langsamer wird ihr Verlauf.

Über das Eindringen der Fäulnisbakterien im Boden und besonders in Mooren liegen einige Beobachtungen vor, die erhebliche Tiefen ergeben, wenn auch die reichste Entwicklung in den oberen Schichten statthat. Untersuchungen des Verfassers[1]) zeigten den ausgeworfenen lockeren Torf eines Waldmoores aus 1—2 m Tiefe steril.

Fäulnis ohne Mitwirkung von Organismen.

Die abgestorbenen Organismen sind Gemische zahlreicher organischer Verbindungen; sie werden, vom Luftsauerstoff abgeschlossen, früher oder später Vorgängen des chemischen Zerfalles unterliegen. Die Langsamkeit solcher Prozesse zeigt das Verhalten der Konserven bei längerer Aufbewahrung.

In der Natur finden sich in den Mineralkohlen ausgedehnte Ablagerungen, die Einblick in die Änderungen der Pflanzenreste gewähren. Unverkennbar zeigt sich mit höherem geologischen Alter durchschnittlich Zunahme an Kohlenstoff, Abnahme an Sauerstoff und Wasserstoff; zugleich aber läßt sich erkennen, daß es sich um säkular verlaufende Vorgänge handelt.

Man darf annehmen, daß der wichtigste Vorgang in Wasserabspaltung besteht, während Bildung von Kohlensäure und Grubengas der Menge nach sehr zurücktreten. Baeyer[2]) zeigte, daß die Abspaltung

---

[1]) Zeitschr. f. Forst- u. Jagdwesen, 31, S. 575 (1891).

[2]) A. Baeyer, Ber. d. chem. Ges. 3, S. 63 (1870).

von Wasser bei chemischen Umsetzungen hohe Bedeutung hat und Märcker brachte den Vorgang, indem er von der Zellulose ausging, in folgende Formeln:[1])

$$\begin{array}{l} C_6H_{10}O_5 \;-\; H_2O \\ C_6H_8O_4; \;-\; H_2O \\ C_6H_6O_3; \;-\; H_2O \\ C_6H_4O_2; \;-\; H_2O \\ \underline{C_6H_2O; \;-\; H_2O} \\ \quad nC \end{array}$$

Bezeichnend für alle Vorgänge der Fäulnis ist die Bildung noch oxydierbarer Stoffe; es ist daher nicht auffällig, daß die Produkte der Fäulnis in vielen Fällen ausgesprochen reduzierend wirken. So führt Torf Lösungen von Eisenoxydsalzen in wenigen Stunden in Oxydulverbindungen über. Fast noch rascher ist die Wirkung abgestorbener faulender Pflanzenteile. Reichardt[2]) zeigte, daß im Regenwasser bei Zusatz von Torf der Gehalt an Sauerstoff innerhalb 15—20 Minuten auf ein Viertel zurückging und nach 2 Tagen überhaupt kein freier Sauerstoff vorhanden war. Die Wirkung der Reduktion macht sich in der Natur zumal auf die Pflanzenwurzeln geltend, denen der zum Atmen notwendige Sauerstoff entzogen wird.

Die starke Anreicherung an Kohlenstoff geht aus dem durchschnittlichen Gehalte in den verschiedenen Kohlegesteinen hervor. Im Durchschnitt enthalten:

	C	H	O	N
Torf	53—58%	5—6%	28—35%	2%
Braunkohle .	55—75 „	3—6 „	19—26 „	0,8 „
Steinkohle . .	74—93 „	0,5—5 „	3—30 „	0,8 „
Anthrazit . .	üb. 90 „	0,5—3 „	0— 3 „	Spur.

Abweichend scheint die Zersetzung von fett-, wachs- oder harzhaltigen Überresten zu verlaufen, in denen man wohl das Ursprungsgestein der natürlich vorkommenden Kohlenwasserstoffe und des Petroleums zu sehen hat.[3])

Bei dem Zerfall dieser Stoffe scheint das Verhältnis zwischen Kohlenstoff und Wasserstoff sich nicht wesentlich zu ändern, während die anderen Bestandteile abnehmen. Späte gibt an, daß auf 100 Teile Kohlenstoff die rezenten Schlamme 12—16% Wasserstoff enthalten, die fossilen im Mittel 11,71%.

Potonié bezeichnet diese Form der Zersetzung als Bituminierung.

---

[1]) Nach Benni, Hall. Zeitschr. f. Naturwiss. 69, S. 156 (1896).

[2]) Landw. Zentralbl. 1875, S. 167.

[3]) Rakusin, Chem. Zeitg., 28, S. 505 u. 574; 30, S. 1041. Potonié. — F. Späte, Diss., Berlin 1907.

3. Verlauf der Zersetzung organischer Stoffe in der Natur. Humusbildung.

Die chlorophyllführenden Pflanzen speichern durch die Assimilation Sonnenenergie auf; die chlorophyllosen Lebewesen hingegen verwenden diese Energie für ihre eigenen Lebensprozesse (Abbau) und führen dabei die organischen Stoffe wieder in ihre anorganischen Komponenten (CO_2, H_2O usw.) zurück. Da die Zerstörung jedoch niemals vollständig wird, sondern mindestens die Leiber der zuletzt tätigen Organismen übrig bleiben müssen, verläuft der Vorgang asymptotisch, er nähert sich dem Nullpunkt, ohne ihn doch jemals zu erreichen.

Je reicher die organischen Stoffe an Energie sind und einer je größeren Zahl von Organismen sie als Nahrung dienen können, um so rascher werden sie verbraucht und zersetzt werden; je widerstandsfähiger und daher um so weniger zur Nahrung geeigneter sie sind, um so besser werden sie sich erhalten können. Zugleich machen sich die äußeren Verhältnisse geltend; je günstiger diese der Entfaltung eines reichen organischen Lebens sind, um so größer wird Zahl und Art der verzehrenden Organismen werden, um so rascher wird auch der Verbrauch der Pflanzenstoffe fortschreiten. Je ungünstiger die äußeren Verhältnisse sind, um so mehr organische Reste werden der Zerstörung entgehen.

Hieraus ergibt sich ohne weiteres, daß anaerobe Verhältnisse, die nur die Entwicklung von Bakterien zulassen und auch die vorkommenden Tiere auf eine kleine Zahl von Arten beschränken, der Erhaltung der Organismenreste besonders günstig sein werden.

Unter aeroben Verhältnissen sind es namentlich niedere Temperatur, Mangel an Wasser und an mineralischen Nährstoffen, die der Entfaltung der chlorophyllosen Lebewesen ungünstig und damit der Erhaltung der abgestorbenen Reste vorteilhaft sind.

Nachdem der angenommene Gegensatz zwischen Verwesung und Fäulnis nicht besteht, sie als Prozesse erkannt sind, die nebeneinander verlaufen, kann es auch nicht mehr befremden, daß ähnliche Produkte sowohl unter Wasser als auf dem Trocknen zurückbleiben, wenn der Verbrauch durch Organismen verhindert oder verlangsamt ist. Tierische Reste können nur örtlich Bedeutung gewinnen; schon die Tatsache, daß die Tiere zur Erhaltung ihres Lebens auf vorgebildete organische Stoffe angewiesen sind, läßt sie an Menge weit hinter der Pflanzenwelt zurückbleiben; der hohe Gehalt an Eiweiß in tierischen Geweben führt zur raschen Verwendung als Nährstoffe. Es sind daher überwiegend pflanzliche Reste, die längere oder kürzere Zeit der Zerstörung entgehen.

Untersucht man die organischen Reste des Bodens oder des Torfes auf ihre Bestandteile, so lassen sich Körper nachweisen oder abscheiden, die auch in der ursprünglichen Pflanzensubstanz vorhanden waren; Zellulose, Pentosen usw.; zugleich aber finden sich dunkel gefärbte Stoffe, die man als „Humusstoffe" bezeichnet und deren Entstehung noch ganz ungenügend bekannt ist (vgl. Chemie der Humusstoffe).

Es liegt nahe, in den Humusstoffen Produkte der Lebenstätigkeit der niederen Pflanzenwelt des Bodens zu sehen; am häufigsten trifft man Bildung von dunkel, selbst schwarz gefärbten Körpern in Kulturen von Fadenpilzen. Von Bakterien erhielt bisher wohl nur Bejerinck[1]) bei der Zucht von Streptothrix chromogena dunkel gefärbte, humusähnliche Stoffe; dagegen ist sehr häufig darauf hingewiesen worden, daß mit dem Auftreten von Fadenpilzen vielfach dunkle Färbungen des Nährbodens verbunden seien, Nägeli, Hoppe-Seyler, Kostytschew sind von früheren Beobachtern zu nennen. J. C. Köning[2]) nimmt nach seinen Untersuchungen an, daß namentlich einige bestimmte Arten von Fadenpilzen tätig sind; er führt Tichoderma Köningi Oud. und Cephalosporium Köningi Oud. an, die Bildung dunkel gefärbter Humusstoffe veranlassen. Abschließende Untersuchungen über diese wichtige Frage sind sehr erwünscht. Will man nicht auf rein chemische Wirkungen zurückgreifen, so ist zurzeit nur die Einwirkung der Fadenpilze bekannt, der man die Bildung der dunkel gefärbten humosen Stoffe zuschreiben kann.

Abgestorbene Pflanzenreste unterliegen starker Auswaschung. Schon mäßige Mengen von Wasser bringen beinahe sofort einen erheblichen Teil der Mineralstoffe in Lösung. So ist die Tatsache bekannt, daß das Heu von Futterpflanzen durch Regen rasch große Nährstoffverluste erleidet. Im Interesse des Waldbaus ausgeführte Untersuchungen über die Zersetzung der Waldstreu gestatten einen Einblick in die in der Natur gegebene Verhältnisse. Läßt man auf frisch gefallene Blätter, wie man sie nach Frostnächten im Herbste erhalten kann, Wasser einwirken, so findet man einen großen Teil der im Laub vorhandenen Nährstoffe im Lösungswasser; aus Buchenlaub wurden in 24 Stunden 49,5% des vorhandenen Kalis, nach weiteren 2 Tagen noch 22,1% gelöst, der Gesamtverlust betrug also 71,6%. Gleichzeitig gehen Teile aller anderen Mineralstoffe, darunter Phosphorsäure in reichlicher Menge, in Lösung. Zur Prüfung dieser Vorgänge wurden Eichenblattstreu und Fichtennadeln der Einwirkung der Atmosphärilien ausgesetzt; die folgende Tabelle gibt den ursprünglichen Gehalt in 1000 Teilen Trockensubstanz und die Menge

[1]) Zentralbl. f. Bakter., 6, II, S. 2 (1900).
[2]) Arch. néerland. sc. ex. et nat. 1902 [2], 9, S. 34.

der Mineralstoffe an, die sich in dem ablaufenden Regenwasser gelöst fand.[1])

	Eichenlaubstreu		Fichtennadelstreu	
	Ursprüngl. Gehalt in 1000 Teilen	in Lösung im Verlaufe eines Jahres g	Ursprüngl. Gehalt in 1000 Teilen	in Lösung im Verlaufe von 6 Monaten g
Kali	4,87	2,05	1,73	0,825
Kalk	23,03	0,44	13,74	0,465
Magnesia	5,44	0,35	0,71	0,175
Phosphorsäure. .	21,89	0,63	2,03	0,067
Kieselsäure . . .	15,07	0,17	25,73	0,215
Reinasche . . .	75,01	3,92	47,65	

Durch den Laubfall werden den Böden große Mengen löslicher Mineralstoffe zugeführt. In Folge des absolut höheren Mineralstoffgehaltes ihrer Blätter ist dieser Vorgang bei Laubhölzern ausgiebiger als bei Nadelhölzern.

In Gebieten mit periodischem Laubfall konzentriert sich diese Einwirkung auf einen oder einige Monate.

Im gemäßigten Gebiet ist daher der Herbst eine Zeit, in der dem Boden große Mengen von leicht verwertbaren organischen Nährstoffen und reichlich Mineralsalze zugeführt werden. Es entfaltet sich, zumal der Boden noch relativ hohe Temperatur hat, eine üppige Entwicklung von chlorophyllosen Lebewesen, die in kurzer Zeit einen erheblichen Teil der zugeführten organischen Körper zerstören und vielfach nur noch schwer angreifbare Körper zurücklassen. Namentlich die Fadenpilze entwickeln sich zur Herbstzeit in großer Menge und beeinflussen die Zersetzungsvorgänge stark. Auch Regenwürmer und andere Tiere sind bis zum Eintritt dauernden Frostes tätig.

Verfolgt man diese Vorgänge, so lassen sie sich zurückführen auf Auslaugung durch Wasser und zerstörende Tätigkeit niederer Organismen. Durch Auslaugung wird nur ein mäßiger Teil der organischen Substanz löslich; es sind wohl vielfach Salze organischer Säuren, die leicht angreifbare und aufnehmbare Nährstoffe für Fadenpilze und Bakterien sind. Der Pflanzenabfall wird in seiner Zusammensetzung wesentlich verändert; er bildet trocken leicht zerreibliche, mürbe Reste mit zumeist noch deutlich kenntlicher Pflanzenstruktur. Häufig sind die festeren Teile besser erhalten oder die Nerven der Blätter bleiben allein zurück: die Blätter sind „skelettiert“. Es ist dies meist

[1]) Ramann, Zeitschr. f. Forst- u. Jagdw. 1888, S. 1. — v. Schröder Forstchem. Untersuch. Dresden 1878.

eine Wirkung kleiner Tiere, die das Parenchym aufzehren. In bezug auf chemische Zusammensetzung sind diese pflanzlichen Überbleibsel, auf Trockensubstanz bezogen, reicher an den schwer angreifbaren Mineralstoffen (Kalk, Kieselsäure); sie sind aber auch reicher an Stickstoff als die ursprüngliche Blattsubstanz.[1])

Man muß annehmen, daß die Mehrzahl der stickstoffhaltigen Verbindungen der Blätter gute Nährstoffe sind; findet also trotzdem eine Anreicherung an Stickstoff statt, so müssen dafür Ursachen bestehen; solche können sein:

1. Die Zersetzung der stickstoffreien kann die der stickstoffhaltigen und schwerer angreifbaren Blatteile überholt haben;

2. widerstandsfähige Stickstoffverbindungen können gebildet worden sein; das gilt namentlich vom Chitin der Fadenpilze;

3. es kann Ammoniak absorbiert oder atmosphärischer Stickstoff gebunden worden sein.

Bisher liegen noch keine Untersuchungen vor, wie weit diese drei Möglichkeiten in der Natur realisiert werden; wahrscheinlich treten alle nebeneinander in Wirksamkeit. Die Arbeiten von Henry zeigen, daß in vielen Fällen nicht nur ein relativer, sondern auch ein absoluter Gewinn an Stickstoff eintritt.

Die beschriebene Veränderung der Abfallstoffe kann als erste Stufe der Humusbildung betrachtet werden. Mit fortschreitender Zerstörung wird die Masse stark vermindert, der Zusammenhang der Teile geringer; aber es sind noch immer erkennbare Pflanzenteile, die vorhanden sind und die unter Umständen z. B. im Torf sehr lange Dauer haben können.

Setzt dagegen das Tierleben und speziell die Tätigkeit etwas größerer Tiere, wie der Wurmbevölkerung des Bodens, der Ameisen, der Colembolen ein, die zum Teil verrottende organische Körper als Nahrung brauchen oder beim Durchwühlen des Bodens die mürben Bruchstücke der organischen Reste zerbrechen und mit dem Mineralboden mischen, so wird die Humusstruktur wesentlich geändert.

Humose Teile und Mineralboden bilden ein mechanisches Gemenge, in dem entweder unmittelbar oder bei Anwendung hinreichender Vergrößerung die einzelnen Teile erkennbar sind. Namentlich humose Sandböden sind häufig derartige Mischungen von humifizierten zerkleinerten Pflanzenstoffen und Mineralsand

Soweit die bisherigen Untersuchungen reichen, ist der Tierwelt der Hauptanteil bei der Zerkleinerung der organischen Reste zuzusprechen. Dieser Einfluß steigert sich noch,

---

[1]) Ebermayer, Lehre der Waldstreu. Berlin 1876.

wenn Tiere, wie die Regenwürmer, große Mengen von Erde verschlingen und sie in ihren Fäkalien wieder abscheiden. Da hierbei offenbar auch chemische Einwirkungen stattfinden, entsteht ein ganz gleichmäßiges, oft in seinen einzelnen Teilen nicht mehr oder nur sehr schwierig unterscheidbares Produkt. Bei tonreichen Böden tritt auch noch die Einwirkung der kolloiden Humusbestandteile und der kolloiden Tonteile aufeinander hinzu, die sich zusammenlagern und durch mechanische Mittel nicht mehr getrennt werden können. Die Zerkleinerung durch die Tierwelt kann man als zweites Stadium der Humusbildung betrachten.

Die Bestandteile der Humuskörper sind kolloid; sie zeigen natürlich auch die Eigenschaften dieser Körper, können andere Stoffe auf ihrer Oberfläche adsorbieren, vielleicht auch chemische Vereinigungen eingehen. Mit salzarmem Wasser quellen die Humusstoffe auf, durch salzreiche werden sie ausgefällt, ebenso durch Trocknis oder Frost. Der Verbrauch der leichter angreifbaren Stoffe als Nährstoffe der Bodenorganismen und die mechanischen und chemischen Einwirkungen führen zur fortschreitenden Zerstörung der organisierten Struktur der ursprünglichen Pflanzenteile und es bleiben nur noch Gemische organischer kolloider Körper zurück, die sich mit Tonteilen eng zusammenlagern oder je nach den gegebenen Verhältnissen in kolloide Lösung gehen oder wieder ausgefällt werden können. Das Endprodukt sind von Resten mit organisierter Zellstruktur freie, unter dem Mikroskop auch bei starken Vergrößerungen homogen erscheinende Gemenge, als deren humusreiche typische Vertreter die „Schwarzerden" gelten können. Diese homogenen Gemische sind aber auch jedem humosen Lehm- oder Tonboden eigentümlich. In Sandböden tritt die Ausfällung mehr örtlich auf und kann unter Umständen die einzelnen Körner lackähnlich überziehen und zur Bildung von Ortstein führen.

Drei allgemein unterscheidbare Etappen führen demnach zur Humusbildung:

1. Stärkere oder schwächere Zersetzung der abgestorbenen organischen Reste durch chlorophyllfreie Organismen aller Art, unter Erhaltung der organisierten Zellstruktur und mehr oder weniger der ursprünglichen Form.

2. Zerkleinerung der Massen durch Tiere und Mischung mit den Mineralteilen des Bodens.

3. Zerstörung der organisierten Zellstruktur, Verbrauch der leichter angreifbaren Bestandteile der Abfallreste und Hervortreten der ausgesprochen kolloiden Eigenschaften der noch erhaltenen organischen Verbindungen.

Nicht immer sind diese drei Bildungsstadien voneinander scharf getrennt; Pflanzenteile, die großen Tieren als Nahrung dienen, können sofort stark zerkleinert und zum Teil chemisch verändert auf den Boden gelangen; Regenwürmer verzehren reichlich abgefallene Blätter; aber in vielen Fällen kann man die unmittelbare Umbildung der Pflanzenreste in strukturlosen Humus verfolgen. In durchlüfteten und von Organismen bewohnten Böden unterliegen die Humusstoffe fortschreitender Zersetzung und werden endlich übergeführt in die einfachsten Verbindungen: Wasser, Kohlensäure, Ammoniak bzw. Salpetersäure.

Die Zeitdauer für die Zerstörung der Pflanzen- und Tierreste schwankt in weiten Grenzen und ist die Resultante aus klimaörtlichen Verhältnissen und der Biologie des Standortes. Bedeutsam kann auch die Konsistenz der Pflanzenstoffe selbst werden. Beispiele hierfür bieten die fast humusfreien Böden der feuchtwarmen Tropenwälder im Gegensatze zu den oft mächtigen reinen Humusanhäufungen in Gebirgen und sonstigen kühlen Gebieten.

Zur Kennzeichnung der Vorgänge im gemäßigten Klima kann man die Erfahrungen der forstlichen Versuchsflächen über den Einfluß der Streuentnahme im Walde heranziehen, die in großer Zahl ausgeführt, ergeben haben, daß im Durchschnitt in 2—3 Jahren der Streuabfall unserer Waldungen verwest.[1])

Einzelversuche vom Verfasser[2]) und ferner von Kostytschew[3]) geben Einblick in die Zersetzungsgeschwindigkeit zusammengehäufter Massen auf kleiner Fläche (im Regenmesser) und ohne nennenswerte Beteiligung des Tierlebens.

500 g Eichenblätter wurden in einem Regenmesser der Einwirkung der Atmosphärilien ausgesetzt. Einwirkung der Tierwelt war fast völlig ausgeschlossen; das durch die Anordnung des Versuchs bedingte häufige Austrocknen war der Tätigkeit der Bakterien sicher nicht günstig, trotzdem wog die Substanz der Eichenblätter nach acht Monaten nur noch 225 g, nach weiterer Jahresfrist 135 g. Die Pflanzensubstanz hatte also im ersten Jahre einen Verlust von 55%, im zweiten von 18% erlitten. (Im Ablaufwasser fanden sich nur 12—15 g gelöster organischer Substanz.) Ähnliche Verhältnisse ergaben die Versuche Kostytschews, der Gras sowie Birkenblätter auf ihre Zersetzbarkeit untersuchte.

Von 200 g trockner Substanz blieben übrig:

	Gras	zersetzt	Birkenblätter	zersetzt
nach 6 Monaten	119,3 g	40,3%	124,7 g	37,6%
„ 12 „	70,8 „	24,2 „	75,5 „	24,6 „
„ 18 „	43,0 „	13,9 „	47,6 „	13,9 „

[1]) Danckelmann, Zeitschr. f. Forst- u. Jagdw. 1887, S. 577.
[2]) Zeitschr. f. Forst- u. Jagdwesen 1888, S. 7.
[3]) Ref. in Forsch. Agrik.-Phys. 12, S. 78.

In beiden Fällen zeigt sich deutlich der Weg der Verwesung organischer Stoffe. Ein Teil wird rasch zersetzt, ein anderer bleibt zurück und verfällt allmählich der fortschreitenden Umwandlung. Der absolut raschere Zerfall nach längerer Einwirkung (etwa 50—60% der vorhandenen organischen Substanz) erklärt sich aus den Verhältnissen, unter denen die Versuche ausgeführt werden mußten.

Die Zersetzung der abgestorbenen Reste der Organismen wird von wechselnden äußeren Bedingungen beeinflußt und damit zugleich auch die absolute Menge der Humusstoffe in den Böden und ihre Ansammlung in Form mächtigerer Ablagerungen.

Ansammlung wird nur dort auftreten können, wo die Bildung von organischen Stoffen deren Zerstörung überholt. In je höherem Grade dies der Fall ist, um so stärker werden die Humusstoffe an Masse zunehmen; weichen beide Größen nur wenig voneinander ab, so wird sich scheinbar ein Zustand des Gleichgewichtes ergeben, der auch vielfach angenommen worden ist.

Dokutschajew[1]) zog seine „Isohumosen" um Böden mit gleichem Humusgehalt im Gebiete der russischen Schwarzerden; Kostytschew bekämpfte diese Auffassung, indem er nachwies, daß der Humusgehalt örtlich zu stark wechsle, um zu einer derartigen Einteilung zu berechtigen. Kostytschew vertrat die Anschauung, daß der Humusgehalt in einem Boden so lange zunehme, bis ein Gleichgewicht zwischen Erzeugung von organischen Stoffen und ihrer Zersetzung hergestellt sei, ohne aber zu erklären, warum die Bedingungen, die doch die Ansammlung von Humus veranlaßt haben mußten, auf einmal aufhören sollten, wirksam zu sein, wenn dieser Gehalt eine bestimmte Höhe erreicht hat.

Alle Beobachtungen zeigen, daß die Menge des im Boden vorhandenen Humus von klimatischen und örtlichen Einflüssen (Bodenart, Feuchtigkeit, Temperatur usw.), sowie von der Menge der erzeugten organischen Substanz abhängig ist und verhältnismäßig raschen Veränderungen unterliegt, wenn die örtlichen Verhältnisse sich ändern. Hierher ist auch die Bodenbearbeitung zu rechnen, gleichgültig ob sie durch Menschenhand oder durch natürliche Faktoren bewirkt wird; immer schafft sie andere Bedingungen der Zersetzung.

In vielen Fällen ist trotz reichlicher Düngerzufuhr das bearbeitete Ackerland ärmer an Humus als mit ausdauernden Pflanzen bestandener Boden (Wiese, Wald). Zahlreiche Arbeiten von Dehérain, Lawes und Gilbert, Wollny usw. liegen hierüber vor (Literatur in Wollny, a. a. O. S. 188), die übereinstimmend die Minderung des Humusgehaltes in Ackerböden zeigen; selbst bei den an organischen Stoffen

[1]) Der europäische Tschernosem (russ.).

reichen Prärieböden hat man nach 10—15 Jahren Ackerbau Rückgang an humosen Stoffen bis zur Hälfte der ursprünglichen Menge festgestellt.

Auch für die Ablagerung humoser Massen unter Wasser und die Bildung der Hochmoore gelten diese Regeln. Früh[1]) hat hierauf wohl zuerst ausdrücklich hingewiesen und C. Weber[2]) tut dies bezüglich der Abhängigkeit der Hochmoore von klimatischen Einflüssen.

4. Chemie der Humusstoffe.

Die chemische Erkenntnis der Humusstoffe begegnete von jeher großen Schwierigkeiten und so wird es wohl noch recht lange Zeit bleiben. Doch haben die Fortschritte der Kolloid-Chemie durch van Bemmelen neue Gesichtspunkte eröffnet und die Arbeiten von A. Baumann gestalten nicht nur die bisherigen Anschauungen um, sondern zeigen auch Wege, die zu einer Einteilung der chemischen Verbindungen der Humuskörper führen können.

Man hat bisher die Lösung der Frage unrichtig angefaßt und mit ungeeigneten Mitteln versucht. Über die Tatsache, daß in den Humusstoffen eine ganze Reihe verschiedener chemischer Verbindungen vorliegt, konnte man nicht im Zweifel sein, es war schon ein Fortschritt, daß man sie in Gruppen zusammenfaßte; aber zumeist schwebte der Gedanke vor, daß einige wenige bestimmte Verbindungen, „Humate" und „Humussäuren" vorhanden seien, die die Hauptmasse der Humusstoffe bilden.

Zahlreiche und oft mit großem Aufwand an Fleiß und chemischem Können durchgeführte Arbeiten sind dem Studium der Humuskörper gewidmet worden, ohne daß ihr Erfolg auch nur einigermaßen im Verhältnis zu den aufgewendeten Mitteln gestanden hätte. Die folgenden Ausführungen geben eine kurze Übersicht der historischen Entwicklung des Wissens von den Humusstoffen.[3])

Die ersten umfassenden Untersuchungen über Humusstoffe führte Sprengel (1826) aus. Er ging von der Auffassung aus, daß sich bei der Zersetzung der Pflanzenreste „Humussäuren" bilden, die bei reichlicher Anwesenheit von Basen neutral reagierenden „milden" Humus bilden, dagegen in basenarmem Boden, so namentlich im Torf als „freie Humussäuren" vorhanden sind.

Die Methode, die Sprengel zur Darstellung der „Humussäuren" anwandte, ist auch später in gleicher oder wenig veränderter Form

---

[1]) Früh und Schroeter, Moore der Schweiz, S. 178.

[2]) Hochmoor von Augstumal.

[3]) Vgl. A. Baumann und Baumann und Gully in den Mitt. d. bayr. Moorkulturanstalt, Heft 3 u. 4 (1909 u. 1910).

benutzt worden. Die humusreiche Rohsubstanz wurde mit wenig Salzsäure zur Lösung der vorhandenen Basen behandelt, nach dem Auswaschen mit Ammoniakflüssigkeit versetzt und die Lösung mit Salzsäure gefällt. Die ausgefällte Substanz wurde in Soda gelöst und mit Salzsäure ausgefällt.

Sprengel beobachtete bereits viele der wichtigsten Eigenschaften der Humusstoffe. Später (1839) bearbeitete Berzelius diese Fragen und zeigte das Vorkommen von Humusstoffen, die hell gefärbt und viel löslicher sind als die dunklen organischen Bestandteile der meisten Böden und die unter den Namen Quellsäure (Krensäure) und Quellsatzsäure (Apokrensäure) beschrieben wurden. Malaguti zeigte, daß Kohlehydrate (Zucker) beim Kochen mit verdünnten Mineralsäuren humusähnliche Körper bilden, die später von Sestini als „Sacculmus" bezeichnet wurden. Mulder (1840) trennte die braunen Humusstoffe als Ulmin und Ulminsäure, von den schwarz gefärbten, die Berzelius als Humin und Huminsäure bezeichnet hatte.

Von späteren Forschern sind namentlich zu nennen: Detmer, der die chemischen Eigenschaften der Humusstoffe untersuchte, Conrad und Gutzeit, die sich mit eingehenden Studien der aus Zucker hergestellten dunklen Humuskörper befaßten.

Hermann, der zuerst dem Stickstoffgehalt der Humusstoffe seine Aufmerksamkeit zuwandte und das Vorkommen von stickstofffreien und von Verbindungen mit sehr verschiedenem Stickstoffgehalt nachwies.

Eggerts zeigte, daß alle auch noch so sorgfältig gereinigten Humusstoffe einen wechselnden Gehalt an anorganischen Stoffen (Kieselsäure, Eisenoxyd und Tonerde, Schwefel, Phosphorsäure usw.) enthalten.

Eichhorn beobachtete zuerst, daß Kalziumtriphosphat durch die sauer reagierenden Humusstoffe zersetzt und Phosphorsäure in Lösung gebracht wird. Dieser praktisch wichtige Vorgang wurde später von M. Fleischer eingehend untersucht, der zugleich auch den Einfluß anorganischer löslicher Salze genau verfolgte.

Hoppe-Seyler zeigte die Wichtigkeit des Lignin für die Humusbildung und wies die Anwesenheit von Holzgummi (Xylan) in vielen Humusvorkommen nach.

Van Bemmelen betrachtete zuerst die Humusstoffe als Kolloidkomplexe und legte so den Grund für die fortschreitende Erkenntnis dieser Körper.

Für die Kolloidnatur der Humusstoffe führt A. Baumann folgende überzeugende Gründe an:

1. Quellung. Bringt man verschiedene Mengen Moostorf mit der gleichen Menge Wasser zusammen, so ist die Wasseraufnahme relativ stärker bei geringen Mengen Torf.

v. Feilitzen gibt folgende Zahlen. Die Torfmenge stand im Verhältnis wie

1 : 10 : 30 : 60 : 100

die aufgenommenen Wassermengen verhielten sich für je 100 Teile Torf wie

979: 928: 828: 744: 675

Baumann zeigte, daß diese Beziehungen, die natürlich bei verschiedenen Torfen nicht gleich sind, durch die Höhe der Torfschicht nicht beeinflußt werden, also auch nicht die Folge eines mechanisch wirkenden Druckes der auflagernden Schichten sein können. Der Vorgang entspricht dagegen dem Verhalten der Kolloide, die in ihrer Quellung durch die Menge des vorhandenen Wassers beeinflußt werden. Besonders bezeichnend ist auch, daß geringe Mengen von Alkalien die aufgenommene Wassermenge sehr erhöhen (z. B. bei Sphagnen, bei Zusatz von ganz wenig Ammoniak um 40%), also ein Vorgang, der bei allen elektrisch negativ geladenen Kolloiden auftritt.

2. Alle chemischen Wirkungen und Umsetzungen der Humusstoffe zeigen sich in sehr hohem Grade abhängig von der Konzentration der Lösungen; dies entspricht den Vorgängen der Adsorption, läßt sich dagegen schwerlich auf chemische Massenwirkung zurückführen.

3. Die Umsetzungen folgen nicht stöchiometrischen Gesetzen, sondern den Gesetzen der Oberflächenwirkungen, so daß die Beziehungen zwischen adsorbierendem Stoff und Lösung sich in für die Adsorption charakteristischen Kurven darstellen lassen.

4. Die Humusstoffe fällen elektrisch entgegengesetzt geladene Sole, wie Eisenhydroxyd (Seite 50) in ganz charakteristischer Weise aus. Ein Verhalten, das von zahlreichen Kolloiden bekannt ist, bei chemischen Bindungen dagegen nicht auftritt.

Baumann macht, indem er Sphagnumpflanzen und Moostorf vergleicht, es wahrscheinlich, daß die „humosen" Stoffe bereits in den lebenden Pflanzen vorgebildet und in ihnen enthalten sind. Nach Lage der Sache kann es sich hierbei so lange nicht um einen bindenden Beweis handeln, bis die wirkenden Kolloidstoffe abgeschieden werden können; die chemischen Ähnlichkeiten im Verhalten zwischen Pflanzen und dem aus ihnen gebildeten Torfe sind aber so groß, daß kaum noch ein Zweifel über die Gleichartigkeit der vorhandenen Stoffe bleibt.

Auf Trockensubstanz berechnet spalteten Sphagnen und Moostorf dieselbe Menge Säurewasserstoff ab (0,0943 und 0,1093 auf 100 Teile Trockensubstanz).

Ließ man Salzlösungen einwirken, so zeigte sich fast gleiches Verhalten zwischen Pflanzen und Torf. Es absorbierten auf 100 Teile Trockensubstanz (Milligramm) aus:

	Sphagnum	Moostorf
5% NaCl-Lösung	13,04	12,50
5% Na_2S_4 „	22,07	21,77
10% $CaCl_2$ „	15,37	15,07
10% $(NH_4)_2SO_4$-Lösung . .	26,87	27,40

Aus Lösungen von essigsaurem Kalk nehmen je 100 Teile Trockensubstanz auf in Milligramm:

	Sphagnum	Moostorf
0,25% Lösung . .	70,0	72,17
1,00% „ . .	85,7	87,6
5,25% „ . .	89,5	99,0
10% „ . .	96,3	102,0

Getrocknete Torfmoose und Moostorf verhielten sich also nahezu gleich. Berücksichtigt man die langsam verlaufenden Veränderungen, die Moostorf erleidet, so wird dies Verhalten verständlich; stärker zersetzte Moostorfe zeigen höhere Absorptionswirkungen, so daß man zu dem Schlusse geführt wird, daß die stark absorbierenden Kolloide der Sphagnen Stoffe sind, die nur langsam Veränderungen erleiden und im Moostorf erhalten sind.

Die dunkle Färbung der Humusstoffe wird sich voraussichtlich als Folge der Ausscheidung von amorphem Kohlenstoff oder kohlenstoffreichen Körpern und Mischung mit den übrigen Humuskolloiden herausstellen. Ähnliche Stoffe bilden sich überall, wenn auf Kohlhydrate Wasser abspaltende Körper einwirken. In gleicher Weise macht sich auch der Einfluß höherer Temperatur geltend.

Bisher hat man vorwiegend sogenannte „künstliche Humusstoffe“ untersucht, die aus Zucker und anderen Kohlehydraten durch Kochen mit verdünnten Mineralsäuren gewonnen wurden, in ähnlicher Weise aber auch aus Eiweißverbindungen und aromatischen Körpern hergestellt werden können.

Ursprünglich glaubte man, mit den natürlichen Humusstoffen übereinstimmende Körper gewonnen zu haben, während man es wahrscheinlich nur mit Kolloiden ähnlicher Beschaffenheit zu tun hat. Diese künstlich hergestellten dunkel gefärbten Körper haben in der Chemie der Humusstoffe eine große Rolle gespielt, da man, von chemisch gut bekannten Körpern ausgehend, auch Einblicke in den Aufbau der Zersetzungsprodukte zu gewinnen hoffte. Es ist immerhin möglich, daß der Fortschritt der Chemie später einmal Beziehungen aufdeckt, zurzeit kann man nur darauf verweisen, daß Wasser abspaltende Einwirkungen zur Abscheidung von Stoffen führten, die Kolloide ähnlicher Beschaffenheit sind wie die Humusstoffe des Bodens.

Ein zweiter Weg, zu dunkel gefärbten kohlenstoffreichen Kolloiden zu gelangen und der zugleich zur Entstehung von amorphem Kohlenstoff führt, ist die trockne Destillation von Pflanzenstoffen. Die Köhlerei und trockne Destillation des Holzes ist ein uraltes menschliches Gewerbe; über die Chemie der Rückstände, die wohl sämtlich amorph und vielfach unmittelbar kolloid löslich sind, ist man bisher sehr wenig unterrichtet. Man muß sich mit dem Hinweis auf die Ähnlichkeit mancher vorkommenden Stoffe mit den Humusverbindungen des Bodens begnügen.

Es liegt nahe, zwischen den rasch verlaufenden chemischen und physikalischen Vorgängen und den langsam fortschreitenden Veränderungen der Pflanzenreste im Boden ähnliche Beziehungen zu sehen, ohne daraus deren Gleichheit abzuleiten. So ist auch der eigenartige Einfluß der Fadenpilze auf Bildung dunkel gefärbter organischer Stoffe im Boden zunächst als Tatsache hinzunehmen, ohne daß über den Weg der Umsetzung etwas bekannt ist.

Faßt man das uns zurzeit zugängliche Wissen über die Humusstoffe zusammen, so läßt es sich etwa in folgender Weise aussprechen: Die Humusstoffe sind Kolloidkomplexe wahrscheinlich sehr verschiedener Zusammensetzung, die aus unveränderten Kolloiden der ursprünglichen Pflanzensubstanz gemischt mit kohlenstoffreichen Zersetzungsprodukten bestehen.

Mit dieser Auffassung werden der Chemie der Humusstoffe neue Wege gewiesen. Solange man an die Existenz von „Humussäuren“ oder einer bestimmten „Huminsäure“ glaubte, erschienen die Humusstoffe des Bodens als in der Hauptsache chemisch gleichartige Stoffe; jetzt wird es notwendig sein, den „Humus“ der verschiedenen Pflanzenarten als wesentlich verschieden zu betrachten; die Zusammensetzung der Pflanzen zu untersuchen und davon ausgehend die Veränderungen zu verfolgen, denen ihre Bestandteile im Boden unterliegen.

Unverkennbar liegt hierin eine Rückkehr zu den Auffassungen, wie sie bereits früher viele Praktiker, zumal unter den Forstleuten vertreten haben, die den „Humus“ verschiedener Pflanzenarten nach seiner Einwirkung auf die Vegetation unterschieden.

A. Absorptiv gesättigte und ungesättigte Humuskörper.

Die Humusstoffe verhalten sich als charakteristische Kolloide und enthalten daher größere oder geringere Mengen absorptiv gebundener Bestandteile. Zugleich finden sich aber auch unter den Humuskörpern komplex zusammengesetzte Verbindungen, z. B. Eiweißstoffe, die Schwefel- oder Phosphorsäure in chemischer Bindung enthalten; endlich ist auch nicht ausgeschlossen, daß organische Stoffe vorkommen, die befähigt sind, sich mit Metallen oder anderen anorganischen Körpern zu vereinigen.

Um ein Bild von dem Gehalte der Humusstoffe an anorganischen Beimischungen zu geben, mögen hier Angaben von Harry Snyder[1]) folgen, der den Humus in Alkalien löste und mit Salzsäure ausfällte. Die Hälfte der Asche bestand aus Kieselsäure, 12—20% aus Phosphorsäure und 7,5—12% aus Kali. Der Aschengehalt betrug selten weniger als 7%.

Der Gegensatz im Verhalten zwischen absorptiv gesättigten und absorptiv ungesättigten Humusstoffen ist beträchtlich, die ersten umfassen den „milden, neutralen", die letzteren den „sauren" Humus.

Der gesättigte Humus des Bodens ist in seinen typischen Formen ein neutral reagierender, wenig veränderlicher Körper, der selbst von verdünnter Ammoniaklösung nicht oder nur in Spuren aufgenommen wird. Wasser wird in großen Mengen aufgenommen, ohne kolloide Lösungen oder gallertartige Sole zu bilden.

Entsprechend dem Gehalte an absorbierten Stoffen ist die Umsetzung mit anderen Salzen stark, da Absorption durch Austausch erfolgt. Bei der Verwesung sind diese Humusstoffe fortlaufend eine Quelle aufnehmbaren Stickstoffes und der Mineralstoffe für die Ernährung der Pflanzen.

Absorptiv ungesättigter Humus bildet mit Wasser „kolloide" Massen, Gele und schwache Lösungen, die dem Wasser eine dunkle Färbung (Schwarzwässer) verleihen. Fast nur in diesen Humusformen scheinen Schutzkolloide vorzukommen, die Eisenhydroxyde und Tonteile umhüllen und beweglich machen. Die Erfahrung, daß diese Form des Eisens kolloid gelöst ist, hat schon Sprengel gemacht, der bereits darauf hinwies, daß die gewöhnlichen (Ionen-) Reaktionen des Eisens ausbleiben.

Die Gesamtmenge von Humussolen, die in Gebieten mit vorherrschend ungesättigten Humusstoffen löslich wird, ist groß. Ossian Aschan[2]) berechnet die durch die finnischen Flüsse dem Meere zugeführte Quantität auf jährlich 1,4 Milliarden Kilogramm.

Die Zersetzung der ungesättigten Humusstoffe verläuft langsam, auch gegen stark oxydierende Stoffe zeigen sie starke Widerstandsfähigkeit. Nach Aschan brauchte es 5—8 Tage, ehe bei Zimmer-

---

1) Min. Univ. Exp. St. Bull., 53 (1897).
2) Chem. Zentralbl. I, S. 1146 (1907).

temperatur diese organischen Stoffe durch Kaliumpermanganat in schwefelsaurer Lösung zerstört wurden.

König[1]) behandelte humushaltige Erde mit konzentrierter Lösung von Wasserstoffsuperoxyd, es oxydierten sich 50—70% des Humus, während der Rest nicht verändert wurde.

Alle Erfahrungen zeigen, daß bei langsamem Verlauf der Verwesung schwer angreifbare Stoffe zurückbleiben, die oft sehr an Kohlenstoff angereichert sind. Vielfach finden sich in Sandböden, unter Heide, oder Flechten Humusformen, die man früher als „kohligen Humus" bezeichnete und dessen schwere Zersetzbarkeit hervorgehoben wird.

Hiermit steht es in Beziehung, daß für viele Kulturzwecke das Alter des Humus Wichtigkeit hat. Es gilt dies namentlich für Hochmoostorf, dessen jüngste lockeren Formen am leichtesten in Torferde übergeführt werden können, während die dichtgelagerten alten Moostorfe viel größeren Widerstand leisten. Allerdings beruht dies zum großen Teil auf dem physikalischen Zustande; aber es ist wohl anzunehmen, daß auch die chemische Zusammensetzung dabei eine Rolle spielt.

B. Einzelne Bestandteile der Humuskörper.

In den Humusstoffen hat man, wie dies auch nicht anders zu erwarten ist, zahlreiche in Pflanzen vorkommende Körper gefunden. Außer Zellulose sind noch die Pentosane öfter untersucht und in allen Humusformen in wechselnder Menge gefunden worden.

Reinitzer[2]) zeigte, daß jeder Humus Stoffe enthält, die auf alkalische Kupferlösung reduzierend wirken; man kann daher das Vorkommen organischer Körper mit Aldehydsauerstoff annehmen.

In manchen humosen Stoffen ist der Gehalt an Harzen, Wachs und zum Teil wohl auch Fett erheblich. Diese Bestandteile beeinflussen durch starkes Herabsetzen der Oberflächenspannung des Wassers die Wasserführung des Bodens. Ausgetrocknet nehmen diese Humusböden Wasser nur sehr langsam auf, so fand C. Grebe[3]) nach eintägigem Gewitterregen nur 1,3% Wasser in einer Stauberde.

1. Stauberden nennt Grebe Sandböden, die meist nur mäßige Humusmengen, aber relativ sehr viel harzige Bestandteile enthalten, bis zu 24% der vorhandenen organischen Stoffe.

Mit Alkohol ausgezogen bleibt nach dessen Verdunsten eine klebrige, zwischen den Fingern fadenziehende Masse von grüner bis brauner Färbung.

---

[1]) König und Mitarb., Landw. Vers.-Stat., 69, S. 22 (1908).
[2]) Bot. Zeitg. 1900, S. 71.
[3]) Zeitschr. f. Forst- u. Jagdwesen 1887, S. 157.

Alle Heideböden, viele trockne Sandböden enthalten wechselnde Mengen dieser Bestandteile. Auch im Torf finden sie sich in wechselnder Menge vor. Fritz Frank[1]) führt aus 9 Torfproben verschiedener Herkunft Gehalte von 1,3—8,1% an, im Mittel etwa 5% eines bei 78° schmelzenden dunkelbraunen bis schwarzen „Wachses", das sich destillieren ließ und dann blendend weiß wurde. Es scheinen hier Stoffe vorzukommen, die zu den Paraffinen gehören. In einem Teichschlamm fand Verfasser bis zu 20% der Trockensubstanz in Alkohol lösliche, dagegen im Äther unlösliche, harzige Substanz.

2. Organische Verbindungen des Bodens dialysieren durch tierische Blase oder Pergamentpapier. Am eingehendsten ist dies Verhalten wohl von Dumont[2]) untersucht worden, der ziemlich ausgiebige Diffusion aus einer mit wenig Kaliumkarbonat versetzten Humuserde fand. An die Tatsache, daß dialysierbare organische Substanzen im Boden vorkommen, knüpfen sich zahlreiche Betrachtungen, in welchem Umfange Pflanzen bereits fertig gebildete organische Substanz aufnehmen können. Für Pilze sowie für Saprophyten ist dies unzweifelhaft der Fall; der Vorgang ist aber wohl zumeist an die Wirkungen von Enzymen gebunden.

3. Phosphorsäuregehalt des Humus. Der Gehalt an Phosphorsäure des Humus ist in der Regel gering. Die meisten vorliegenden Zahlen beziehen sich auf humushaltige Böden, so daß eine Trennung der im Humus und im Mineralboden vorhandenen Phosphorsäure nicht ausführbar ist.

Absorptiv ungesättigter (saurer) Humus bringt die Phosphorsäure der Kalziumphosphate zur Lösung, so daß sie der Auswaschung zugänglich wird. Die oft beobachtbare günstige Wirkung mancher Rohphosphate als Dünger auf Moorboden beruht hierauf. Die Tatsache der Auswaschung der Phosphorsäure lehrt jede Analyse eines Ortsteinbodens. Zugleich ist die Absorption der Phosphate durch kolloide Humusstoffe wahrscheinlich nicht hoch.

Fraps[3]) untersuchte in Ammoniak gelöste und durch Salzsäure ausgefällte Humuskolloide. Er fand zwischen dem ursprünglichen Kolloid und dem mit Kaliumphosphat behandelten keinen Unterschied im Gehalte an Phosphorsäure. Die Erfahrung lehrt, daß die Absorption von Säuren durch die Kolloide des Bodens überhaupt gering ist und die Phosphorsäure wird darin kaum eine Ausnahme machen. Anderseits lehrt die Erfahrung, daß Torf nach dem Austrocknen an der Luft, noch mehr bei 100° einen erheblichen Teil seiner

---

[1]) Mitt. Moor-Kulturverein 1902, S. 228.
[2]) Compt. rend. Paris. Akad. 124, S. 1051 (1897).
[3]) Amm. Chemic. Journ., 39, S. 584 (1908).

Phosphorsäure an Wasser abgibt,[1]) ein Vorgang, der wahrscheinlich mit Umwandlung irreversibler Kolloide in Beziehung steht. Es bedarf daher zur Klärung dieser Fragen noch fortgesetzter Untersuchungen.

Ein Teil der Phosphorsäure der Humusstoffe befindet sich in organischer Bindung, wahrscheinlich als Nuclein. Die Widerstandsfähigkeit der Nucleine, ihre Unlöslichkeit in Säuren, Löslichkeit in Alkalien findet sich bei den Humusstoffen wieder. Ferner spricht für das Vorkommen von Nucleinen, daß es möglich ist, durch Erhitzen mit Wasserdampf fast die ganze Menge der Phosphorsäure im Torf löslich zu machen.[2]) Die Untersuchungen von Fleischer und Tacke zeigen überhaupt die starken Veränderungen, die die Phosphorsäure des Torfes durch Austrocknen erleidet.

4. Stickstoffgehalt des Humus. Zu den für die Pflanzenernährung wichtigen Fragen gehört das Verhalten der Stickstoffverbindungen des Humus.

Der prozentische Gehalt der Humusverbindungen an Stickstoff schwankt in sehr weiten Grenzen.

Snyder[3]) setzte verschiedene Stoffe mit Sand gemengt ein Jahr lang den natürlichen Bedingungen der Verwesung aus, behandelte die gebildeten Humusstoffe mit wenig Salzsäure, löste in Natriumkarbonat und fällte mit Salzsäure. Er teilte die Humusstoffe nach dem Stickstoffgehalt in folgende Gruppen:

Stickstoffrei .	Humus der Kohlehydrate.
1—2% N . . .	Humus aus Holz.
2—4% N . . .	Humus aus Getreidestroh.
4—8% N . . .	Humus aus tierischem Dünger.
mehr als 8% N .	Humus aus Eiweiß und Fleisch.

Der Stickstoffgehalt des Humus humider Gebiete ist im allgemeinen geringer als der arider Gebiete. Hilgard[4]), der sich viel mit diesen Fragen beschäftigte, gibt für die ariden Gebiete Kaliforniens Gehalte von 9—22% Stickstoff im Humus, so daß vielfach der prozentische N-Gehalt der Eiweißkörper übertroffen wird. Mittelzahlen nach Hilgard sind:

	Humusgehalt der Böden %	N-Gehalt des Humus %	N im Boden %
Aride Höhenböden	0,91	15,23	0,135
Schwach bewässerte aride Böden	1,06	8,38	0,99
Humide Böden arider Gegenden.	2,45	5,29	0,135

[1]) Fleischer und Mitarb., Landw. Jahrb. 20, S. 7 (1891). — Tacke, Mitt. Ver. Moorkult., 12, S. 357 (1894).

[2]) Schmoeger, Ber. d. chem. Ges. 1893, S. 386.

[3]) Minnesota Agr. St. Bull., 53, S. 12.

[4]) Soils, S. 136.

In humiden Gebieten kann man den mittleren N-Gehalt der Humusstoffe je nach den Verhältnissen auf 2—5% annehmen. Als Regel gilt hierbei, daß der Gehalt an N um so höher ist, je gleichmäßiger die Zersetzung verläuft; um so geringer, je langsamer sie fortschreitet.

Über die Stickstoffverbindungen der Humuskörper liegen eine Anzahl von Untersuchungen vor, die sich noch vielfach widersprechen und nur wenig Einblick gestatten. Manches deutet darauf hin, daß Verbindungsformen vorliegen, die man den Eiweißkörpern (Nucleinen), Chitin usw. zurechnen muß. Die gefundenen Amidosäuren und Säureamide entstehen wahrscheinlich erst durch die Einwirkung der zur Verwendung gekommenen Chemikalien.[1])

Eigenartig ist das Verhalten der Humusstoffe gegen Ammoniak, das stark absorbiert wird, ohne beim Behandeln mit Magnesia oder Ätzkalk wieder voll zurückgewonnen zu werden. Der Humus des Bodens enthält nur sehr wenig Ammon; mit Kalkmilch destilliert geben Torfe nur $^1/_{50}$ ihres N-Gehaltes als Ammon ab; mit kochender Kalilauge $^1/_{20}$ des Stickstoffes.

Der Stickstoffgehalt des Humus hat große praktische Bedeutung, da im Boden der Stickstoff nur in organischer Form lange Zeit festgelegt werden kann. Die Zersetzung der organischen Stoffe durch Verwesung ist eine zwar langsam fließende, aber dauernde Quelle für die Ernährung der Pflanzen mit Stickstoff.

Im allgemeinen sind die kolloiden, absorptiv ungesättigten Humusstoffe wenig veränderliche Körper. Die Versuche von Reinitzer[2]) und von Nikitinski[3]) ergeben übereinstimmend, daß von Pentosen befreiter Humus weder für Bakterien noch für Fadenpilze unmittelbar als Nährstoff dienen konnte. Dagegen konnte Penicillium seinen Stickstoffbedarf aus Humus decken.

5. Verhalten gegen die Pflanzenwelt. Die Erfahrung lehrt, daß die Böden mit „saurem" Humus der Pflanzenwelt im allgemeinen weniger günstige Bedingungen der Ernährung bieten, als Böden mit „neutralem", absorptiv gesättigten Humus. Die Aufnahme der Mineralstoffe einschließlich des Stickstoffes ist offenbar erschwert.

Wahrscheinlich wird sich herausstellen, daß es sich bei der Ernährung der Pflanzen um die Wettbewerbe verschiedener Kolloide, die

---

[1]) Dojarenko, Landw. Vers.-Stat. 56, S. 311 (1902). — Udransky, Zeitschr. f. physiol. Chem. 12, S. 42. — Suzuki, Agrik. Zentralbl. 1908, S. 347.

[2]) Bot. Zeitg. 58, S. 58 (1900).

[3]) Jahrb. wiss. Botan. 37, S. 369 (1902).

der Pflanzenwurzeln und des Bodens handelt. Im kolloid ungesättigten Boden wird nicht nur die geringere Menge der vorhandenen Nährstoffe ins Gewicht fallen, sondern auch ihre stärkere Bindung durch den Boden.

Durch diese Annahme werden manche Erfahrungen der Praxis in bezug auf Düngerwirkungen erklärbar. Die Menge eines Nährstoffes im Boden muß so weit gesteigert sein, daß ein gewisses Maß absorptiver Sättigung erreicht ist, ehe der Stoff für die Pflanzenwurzel zugänglich wird. Auch die enormen Düngermengen, die die Hochmoorböden beanspruchen, um normalen Ertrag zu geben, finden dadurch ihre Deutung.

Die Pflanzenwelt der absorptiv ungesättigten Böden, besonders der humusreichen Böden muß mit stark absorbierenden Wurzelkolloiden ausgerüstet sein, es wird verständlich, daß diese Arten auf reichen Böden an Überernährung leiden. Auch die Erscheinung, daß einzelne nährstoffscheue Pflanzen, wie Sphagneen, Heide, Kiefer ebensowohl auf armem Sande und auf Hochmoor wie auf zähem Ton vorkommen, entspricht dieser Anschauung.

In manchen Fällen fehlt es den Pflanzen namentlich an aufnehmbarem Stickstoff. Die Untersuchungen von P. E. Müller über den Wuchs der Fichte auf Heideböden[1]) führen diesen Forscher zu dem Schluß, daß den höheren Pflanzen aufnehmbarer Stickstoff mangele und daß dieses Verhalten „eine der wichtigsten Eigentümlichkeiten des typischen Heidebodens" sowie „als pflanzengeographischer Faktor von wesentlicher Bedeutung ist".

Dieses Verhalten schließt natürlich nicht aus, daß humose Böden bei reichlicher Düngung auch anspruchsvollen Pflanzen ausreichende Ernährung gewähren.

Die „sauren" Böden bezeichnete Schimper[2]) als „physiologisch trocken", d. h. als Böden mit erschwerter Wasseraufnahme für die Pflanzenwelt. Die vorliegenden Untersuchungen sind noch nicht einwandfrei; bei mäßigem Wassergehalt ist es wahrscheinlich, daß reichlich im Boden vorhandene Kolloide die Wasseraufnahme der Vegetation hemmen.

C. Chemische Bestimmung der Humusstoffe.

Die Methoden der Bestimmung der Humusstoffe des Bodens erstrecken sich auf den Gesamtgehalt an organischen Stoffen und auf die Bestimmung der stark kolloiden Teile des Humus.

---

1) Forstl. Forsögsvaesen i Danmark, III, S. 214 (1910).
2) Pflanzengeographie.

Liegen im „Humus" des Bodens Gemische zahlreicher organischer Verbindungen sehr verschiedener Zusammensetzung vor, so kann auch von einer guten Methode ihrer Bestimmung nicht die Rede sein. Man wird sich begnügen müssen, einzelne in ihrem Verhalten ähnliche Stoffgruppen zusammenzufassen.

1. Die Gesamtmenge der organischen Substanz kann in Sandböden und Torfböden mit genügender Genauigkeit durch den Glühverlust ermittelt werden. Böden ohne merkbaren Gehalt an Kalkkarbonat und nach Schlösing abschlämmbaren Ton geben zuverlässige Bestimmungen; dies hört natürlich auf bei Böden, die beim Glühen Wasser oder Kohlensäure abspalten. Hier bedarf es der Verbrennungsanalyse und der Wägung der gebildeten Kohlensäure. Zur Zersetzung des vorhandenen Kalkkarbonates, das Kohlensäure abgeben würde, behandelt man den Boden vor der Verbrennung mit Phosphorsäure.[1])

Vielfach im Gebrauch aber in ihren Resultaten oft unsicher ist auch die Oxydation der organischen Stoffe mit saurem chromsauren Kalium und Schwefelsäure.

Zur Berechnung nimmt man an, daß die organische Substanz des Bodens einen Kohlenstoffgehalt von 58% hat und multipliziert die Menge der gefundenen Kohlensäure mit 0,471 und bezeichnet das Produkt als organische Substanz oder Humus.

Die Menge der kolloidlöslichen Humusstoffe eines Bodens bestimmt man nach der Methode von Grandeau[2]). Das Ziel Grandeaus war, einen Weg zu finden, die für die Pflanzen unmittelbar aufnehmbaren Nährstoffe festzustellen. Hierzu sollte ihm die „Matière noir", die Menge der nach Einwirkung verdünnter Säuren in Ammoniak löslichen organischen Stoffe dienen. Wurde auch dieses Ziel nicht erreicht, so bedienen sich doch viele Forscher (z. B. Hilgard) dieser Methode, um den „Humus" eines Bodens festzustellen. Die Angaben vieler Analysen beziehen sich auf diese Größe. Zur Ausführung bringt man eine kleine Menge (5—15 g) Boden fein verteilt mit wenig Wasser in ein Becherglas und setzt tropfenweise so viel Salzsäure zu, bis die Flüssigkeit schwach sauer ist, wäscht aus und behandelt den Rückstand mit verdünnter Ammoniaklösung. Die abfiltrierte Flüssigkeit wird eingedampft, der Rückstand bei 100^0 getrocknet, gewogen und nach dem Verglühen der organischen Substanz die rückbleibende Asche in Abzug gebracht.

Die gefundene Menge entspricht den im Boden vorhandenen organischen, leicht kolloid-löslichen Stoffen. Allerdings werden auch

---

[1]) König, Untersuchg. landw. u. gewerbl. Stoffe, 1906, S. 13.
[2]) Agrikultur-chem. Analysen.

bekannte Pflanzenstoffe (Pflanzenschleim, Holzgummi) auf diesem Wege mit gewonnen; da es sich aber überhaupt um gemischte Substanzen handelt, so hat dieser Fehler nicht allzuviel zu bedeuten.

2. Die Bestimmung der absorptiv ungesättigten Humusstoffe, sogenannter Humussäuren.

Für praktische Zwecke hat die Kenntnis der in einem Boden, speziell in Torfböden vorhandenen ungesättigten Humuskolloide Interesse. Auch zur Lösung mancher wissenschaftlichen Fragen bedarf man ihrer Bestimmung. Solange man noch an die Existenz von Humussäuren glaubte, bezeichnete man die Feststellung als Bestimmung der freien Humussäuren und maß ihren Wirkungswert an der Menge der aus geeigneten Karbonaten ausgetriebenen Kohlensäure.[1])

Tacke behandelte die Humusböden mit frisch gefälltem Kalkkarbonat unter fortgesetztem Durchleiten eines Wasserstoffstromes. Die Anwendung des Kalkkarbonates hat den Vorteil, daß die Konzentration seiner Lösung gering ist und da das Salz im Überschuß vorhanden, dauernd konstant bleibt; hierdurch werden bei Anwendung gleicher Mengen vom Humusstoffe gleichbleibende Zahlen gewonnen. Zugleich aber verdeckten diese Vorzüge der Methode ihre Mängel, nämlich die Abhängigkeit des abgespaltenen Kohlendioxydes von der angewandten Humusmenge.

Benutzt man statt Kalkkarbonat ein geeignetes lösliches Salz, z. B. saures Kaliumkarbonat, so tritt die Beziehung zwischen Dissoziation und Konzentration der Lösung und Humusmenge usw. hervor.

Als brauchbare Methode nicht nur für Humusböden, sondern für alle Bodenarten zur Bestimmung der absorptiv ungesättigten Bodenkolloide wird sich voraussichtlich die Acetatmethode herausstellen,[2]) die auch bei der Ausführung praktische Vorteile hat. Diese Methode beruht auf der sehr geringen Dissoziation der Essigsäure. Benützt man Natriumazetat, so verhält sich die Lösung gegenüber dem Boden wie eine außerordentlich stark verdünnte Lösung von Natriumhydroxyd. Die abgespaltene Essigsäure kann dann durch Titration bestimmt werden; ihre Menge oder besser die des Säurewasserstoffes dient dann als Maß der ungesättigten Kolloide.

Zur raschen Orientierung über das Vorkommen absorptiv gesättigter Humusstoffe kann man sich der Probe von W. Schütze bedienen.[3]) Mit verdünnter Ammoniaklösung (etwa 2%) geschüttelt, geben absorptiv gesättigte Böden eine farblose oder schwach gelblich gefärbte Lösung; ungesättigte eine dunkle, braune bis schwarze Lösung.

---

1) Tacke, Chem. Zeitg. 21, S. 174 (1897).
2) Baumann, Mitt. bayr. Moorkultur-Anstalt. Heft 3, 4.
3) Zeitschr. f. Forst- u. Jagdwesen. 1873.

Es muß aber darauf hingewiesen werden, daß manche Humusstoffe bereits in geringer Menge (etwa 1%) bereits tief dunkle Lösungen liefern.

5. Bedeutung der Humusstoffe für die Böden.

Rücksichtlich der Bewertung der Humusstoffe für die Böden sind die Mischungen des Humus mit Mineralteilen von den selbständig in bedeutenderen Ablagerungen vorkommenden Humusböden zu unterscheiden.

In Mischung mit Mineralboden beeinflussen die humosen Stoffe die physikalischen Eigenschaften beträchtlich.

In grobkörnigen (Sand-) Böden wird die Wasserkapazität erhöht, sowohl durch die stark wasserhaltenden Eigenschaften der Humusstoffe als auch durch Ausfüllung der größeren zwischen den einzelnen Körnern vorhandenen Räume. Hand in Hand mit dieser Wirkung geht die Verlangsamung der Bewegung des eindringenden Wassers und hierdurch Minderung der Menge der Sickerwasser und der Auswaschung.

Vielfach findet sich in Sandböden Humus mit noch erhaltener Pflanzenstruktur, aber zerfasert und zerteilt durch Tiere, zumal kleine Würmer und Colembolen. In die Fasern des Humus lagern sich Sandkörner ein und geben hierdurch sowie durch Vorkommen aufquellbarer Stoffe selbst lockeren Sanden größere Bindigkeit; hierauf ist die häufig gehörte Behauptung, „Humus mache Sandböden bindiger", zurückzuführen.

Die Humusstoffe dienen wohl auch den in Sandböden oft sehr lebhaft wuchernden Fadenpilzen als Nahrungsquelle, die ihrerseits die Sandkörner untereinander verspinnen und wahrscheinlich die wichtigsten Ursachen der oft ungemein lockeren Lagerung und der Krümelung der Sandböden sind. In schwereren Bodenarten wird die Humusbeimengung besonders durch ihren Einfluß auf die Kohäsion bedeutsam. Humus und Tonteile fällen sich gegenseitig aus, bilden physikalisch einheitliche Komplexe, die erfahrungsmäßig leicht Krümelstruktur annehmen.

Die Kohäsion der Gemische humoser mit tonigen Teilen ist gegenüber den gleichen tonigen Teilen erheblich vermindert. Es kann dies auf bessere Krümelung zurückgeführt werden, beruht aber offenbar auch auf geringerer Anziehung zwischen den ungleichartigen Stoffen. Puchner[1]) zeigte dies experimentell und kam zu dem Schlusse, daß die Bindigkeit eines Tonbodens mit steigendem Gehalt an Humus ab-

[1]) Forsch. Agrik.-Phys. 12, S. 195 (1889).

nehme; zugleich nimmt damit der Widerstand gegen eindringende Werkzeuge ab. Der Boden wird leichter bearbeitbar.[1])

Mit der besseren Krümelung hängt es zusammen, daß Wasser in Gemische von Ton und Humus leichter eindringt, hierdurch die Sickerwässer zunehmen, die Verdunstung aber vermindert wird.[2])

In chemischer Beziehung ist Humus durch seine Zersetzung eine langsam aber stetig wirkende Quelle löslich werdender Mineralstoffe; namentlich auch für Stickstoffverbindungen. Die bei der Verwesung sich bildende Kohlensäure wirkt lösend auf die Karbonate der Böden und führt dadurch zu mannigfachen Umsetzungen im Boden.

Es ist daher verständlich, daß den Humusstoffen des Bodens für die Pflanzenentwicklung hoher Wert beigelegt wurde, die in der Humushypothese Thaers, der im Humus die Grundlage der Ernährung der Pflanzen sah, bereits frühzeitig ihren klassischen Ausdruck gefunden hat.

Die Bedeutung der Humusstoffe des Bodens ist für verschiedene Klimate und Bodenarten nicht die gleiche. In ariden Gebieten trägt man Bedenken, wenig zersetzte Pflanzenteile dem Ackerboden beizumischen.[3]) In Südosteuropa verbrennt man meist das Getreidestroh.

Im allgemeinen kann man annehmen, daß die Wichtigkeit der Humusstoffe von den ariden Gebieten nach den humiden und von warmen nach den kalten für die Pflanzenentwicklung zunimmt. In den Ländern mit kalten und kühleren gemäßigten Klimaten ist der Humus häufig der einzige Träger der Pflanzennährstoffe; gleiche Bedeutung gewinnt er aber auch schon in den armen Sandböden Mitteleuropas.

Über die Verhältnisse Deutschlands geben die Waldböden, die noch am meisten dem Einfluß des Menschen entzogen sind, gute Vergleiche.

Die Ansammlung von Humus im Boden ist von der Verwesung abhängig, die in gut geschlossenen Beständen und gekrümelten, nährstoffreichen Böden am raschesten fortschreitet, es ist dies die Ursache, daß die besten Waldböden der Gebiete mit gemischten Laubhölzern arm an humosen Stoffen sind. In Buchenwäldern vollkommenster Entwicklung findet man den Streuabfall des letzten Jahres als lose Laubdecke auf einem humusarmen Mineralboden. Auf solchen Beobachtungen beruht z. B. auch die Angabe Grebes, daß

---

[1]) Schachbasian, Forsch. Agrik.-Phys. 13, S. 193 (1890).
[2]) Wollny, Forsch. Agrik.-Phys. 18. S. 27 (1895).
[3]) Hilgard, Forsch. Agrik.-Phys. 16, S. 000.

„die Güte des vorhandenen Humus meist im umgekehrten Verhältnis zu dessen Menge steht“.[1])

Auch für Kiefernböden sind diese Beziehungen in zahllosen Fällen nachweisbar. W. Schütze fand z. B. bei seinen Arbeiten über die diluvialen Sandböden in

Böden der	I.	Ertragsklasse	= 0,892%	Humus,
„	II.	„	= 0,555%	„
„	II/III.	„	= 1,401%	„
„	III.	„	= 1,825%	„
„	IV.	„	= 1,524%	„
„	V.	„	= 1,429%	„

Selbst unter Fichten, die mit ihrem flachstreichenden Wurzelsystem oberflächlichen Humusschichten wie kaum eine andere Holzart angepaßt sind, kann man häufig ähnliche Beobachtungen machen. Im allgemeinen ist daher hoher Humusgehalt für Waldböden noch kein Zeichen besonderer Bodengüte, er wird es jedoch, wenn der Humus gleichmäßig mit dem Mineralboden gemischt ist; man kann dann als Regel annehmen, daß unter gleichen Verhältnissen der humusreichere Boden auch der ertragsreichere ist. Im Gegensatz hierzu steht das Vorkommen dichter, dem Mineralboden in geschlossener Decke auflagernder Humusschichten, die immer als ein Zeichen des Bodenrückganges aufzufassen sind.

Nach der Menge der humosen Stoffe unterscheidet man einen Boden als schwach, mäßig, stark humos und humusreich. Will man genauere Grenzen einführen, so würde es notwendig sein, sie für Sandböden und Lehmböden, oder überhaupt schwerere Böden getrennt aufzustellen. Ein Gehalt von 10% Humus gibt z. B. dem Sandboden schon überwiegend den Charakter eines Humusbodens, während ein Lehmboden nur als humushaltig erscheint. Die folgende Zusammenstellung versucht Knops Einteilung (nur für schwere Böden benutzbar) mit den auf Sandböden gewonnenen Erfahrungen in Vergleich zu stellen:

	Schwere Böden	Sandböden
Humusarm	bis 2%	bis 1%
Humushaltig . . .	2— 5%	1—2%
Humus	5—10%	2—4%
Humusreich . . .	10—15%	4—8%
Humusüberreich . .	über 15%	über 8%

[1]) Bodenkunde, 3. Aufl., S. 176. Die Ausführungen Grebes über Humus sind sehr beachtenswert.

Um ein zutreffendes Urteil über die Bedeutung der Humusbeimischung für den Ertragswert der Böden zu gewinnen, muß man humushaltige und humusarme Erden gleicher Art vergleichen und die Verbreitung der humosen Stoffe in den verschiedenen Klimaten berücksichtigen.

Die vorteilhaften physikalischen Eigenschaften humushaltiger Böden, ihre Lockerheit, Krümelung und zumal die Beeinflussung des Wassergehaltes treten für jeden Unbefangenen hervor. Mit vollem Recht legt man daher einem angemessenen Humusgehalt im Boden den höchsten Wert bei und bevorzugt im forstlichen Betriebe alle Maßregeln, die der Humusbildung günstig sind.

Lagern auf dem Mineralboden Humusschichten, so ist ihr Verhalten gegen die Vegetation und auch ihr Einfluß auf die unterlagernden Mineralböden in erster Linie von den physikalischen Eigenschaften des Humus abhängig und erst in zweiter von der größeren oder geringeren absorptiven Sättigung.

Geschlossene, dicht zusammengelagerte, schneidbare Humusschichten auf dem Mineralboden, die schwach absorptiv gesättigt sind (blaues Lakmuspapier stark röten, bisher als humussauer bezeichnet), sind überwiegend von ungünstigem Einflusse auf die Kulturfähigkeit des Bodens.

6. Humusformen.

Die Art und Weise, in der die humosen Stoffe abgelagert sind, wird durch die bei der Bildung herrschenden Umstände wesentlich beeinflußt. Es finden sich alle Übergänge von nahezu humusfreien Mineralböden bis zu fast reinen Humusböden, von chemisch ausgefälltem, von organischer Struktur freien Humus bis zu Ablagerungen, in denen noch die Pflanzenarten bestimmt werden können, aus deren Resten sie hervorgegangen sind; von Ablagerungen, die fast ausschließlich aus Tierkot (koprogene Bildungen) bestehen, bis zu solchen, in denen die Anteilnahme der Tiere unbedeutend ist.

Man kann folgende Haupt- und Untergruppen der humusführenden Böden und Humusablagerungen unterscheiden:

A. Torf.

Als Torf werden bodenbildende Zusammenlagerungen von mehr oder weniger humifizierten Pflanzenresten mit erhaltener Pflanzenstruktur bezeichnet. Bezeichnend für Torf ist der Gehalt an makroskopisch erkennbaren Pflanzenteilen, die oft die ganze Masse fast ausschließlich zusammensetzen.

Je nach den Pflanzen, aus deren Resten der Torf gebildet wurde, unterscheidet man die Torfarten z. B. Moostorf (den Torf der Sphagneen); Birkentorf; Schilftorf usw.

B. Moder.

Als Moder kann man alle zerkleinerten und zerteilten organischen Reste mit organisierter Struktur bezeichnen, deren Pflanzenstruktur makroskopisch nicht oder nur undeutlich erkennbar ist, aber unter dem Mikroskop hervortritt.

Der Moder ist hiernach zerkleinerte, zerteilte und zerfaserte humifizierte Pflanzensubstanz. Die Zerteilung kann durch verschiedene Einflüsse erfolgen, die im wesentlichen mechanischer Natur sind. Die Hauptarbeit wird durch die wühlende und grabende Arbeit der Tiere geleistet, wenigstens gilt dies für die meisten moderhaltigen Mineralböden. Ferner wird Moder vielfach durch Pflanzenwurzeln gebildet, die die groben Abfallreste durchwachsen und zum Zerfall bringen; dies ist z. B. bei den Torfzerstörern in hervorragender Weise der Fall, kann aber auch von jeder Pflanze mehr oder weniger verursacht werden. Zu den Moderbildnern sind auch viele Fadenpilze des Bodens zu zählen. Auch rein mechanische Wirkungen, wie Spaltenbildung im Boden durch Volumänderungen, ferner Frostwirkungen helfen mit bei der Moderbildung.

Böden, die mehr oder weniger reichlich mechanisch zerkleinerte humifizierte Pflanzenreste führen, bezeichnet man als moderhaltige Böden; herrscht der Moder als Bestandteil vor, so spricht man von Moderböden.

Zu den moderhaltigen Böden gehören viele Sandböden, deren humose Stoffe überwiegend den Charakter des Moders tragen; als typisches Beispiel kann man die Flußsande der geologischen Aufnahmen heranziehen.

Moderböden sind z. B. die Moorerden der preußischen geologischen Aufnahmen; ferner die durch Kultur der Moore gebildeten lockeren Torferden, endlich viele locker gelagerten Humusböden der Wälder, z. B. Alpenhumus.

Von den unter Wasser gebildeten Ablagerungen gehören zum Moder die durch Wellenschlag zertrümmerten und in der Tiefe der Seen abgelagerten Torfbestandteile.

C. Mull.

Als Mull bezeichnet man den Kot der erdlebenden niederen Tierwelt,[1]) er ist eine echte koprogene Bildung. Die organischen Reste passieren den Tierkörper, sie verlassen ihn zum Teil

[1]) Die Bezeichnung „Mull“ ist von P. E. Müller eingeführt; ich glaube in seinem Sinne zu handeln, wenn ich den Ausdruck „Mull“ ausschließlich auf Tierkot beziehe.

wenig verändert mit noch erhaltener Pflanzenstruktur, zumeist aber auch chemisch verändert und in nicht mehr unterscheidbare Stoffe verwandelt. Mull ist daher eine gemischte Bildung und steht zwischen den in 2 und 4 unterschiedenen Humusformen.

Je nach der Tierart, der der Mull entstammt, unterscheidet man Unterabteilungen des Mull; so z. B. Regenwurmmull, er ist ein Gemisch von stark zerkleinerten und chemisch veränderten Pflanzenstoffen mit viel Mineralteilen.

Insektenmull besteht fast ausschließlich aus mehr oder weniger verdauten Pflanzenteilen.

Der Tierkot zerfällt unter dem Einfluß des Regens bald und bildet dann feinkörnige Gemische, die einen wichtigen Bestandteil der Böden ausmachen. Man kann derartige Böden als mullhaltig bezeichnen. (Der Ausdruck „Mullboden" wird dagegen für eine Strukturform des Bodens, = gelockerten, gekrümelten Boden im Gegensatz zu dicht gelagertem Boden in Einzelkornstruktur, für Waldböden gebraucht.)

Von den unter Wasser gebildeten humosen Ablagerungen sind die Schlammablagerungen, besonders die typische Form des Teichschlammes (Gyttje, Faulschlamm) Mullbildungen.

D. Durch chemische Ausfällung ausgeschiedene humose Stoffe.

Eine deutsche Bezeichnung für diese wichtige Humusform besitzen wir noch nicht.

Charakteristisch für diese Bildungen ist das gänzliche Fehlen von organisierter Struktur.

Die Abscheidungen treten in zweierlei Weise auf, entweder mischen sie sich ununterscheidbar mit dem Mineralboden oder sie überziehen lackartig die Mineralteile, besonders vorhandene Sandkörner. Die erste Form der Abscheidung findet sich ausgezeichnet ausgeprägt in den Schwarzerden, sowie in allen gut gedüngten und bearbeiteten Ackerböden. Es sind chemisch ausgefällte absorptiv gesättigte Humusstoffe, die sie bilden.

Die zweite Form der Abscheidung findet sich typisch im Ortstein, ist aber auch in vielen Sandböden vorhanden. Es sind absorptiv ungesättigte Humusstoffe, die sie bilden.

Zur Unterscheidung beider Formen kann man sich der Probe nach W. Schütze, Behandeln mit verdünnter Ammonlösung, bedienen. Die absorptiv gesättigten Humuskörper lassen die Flüssigkeit ungefärbt, die absorptiv ungesättigten geben eine braune bis schwarze Lösung.

In salzarmen Tonböden mit viel kolloidem Ton, sodann in vielen Torfböden, Sanden usw., die dauernd feucht sind, deren Humusstoffe daher nicht durch Austrocknen in irreversible Gele umgewandelt werden, kommt noch eine dritte, bisher wenig beachtete Humusform vor, die in kolloid aufgequollenem Zustande vorhanden ist. Es sind Körper, die durch Kalk nicht ausgefällt werden, sondern selbst mit feinkörnigem Kalkkarbonat formbare Massen bilden. Bisher liegen über diese Stoffe Untersuchungen nicht vor.

Besondere Berücksichtigung verdient noch die Humusform der alkalisch reagierenden sodahaltigen Böden, die ausgesprochen kolloid und wasserlöslich ist. Bisher fehlen aber noch Untersuchungen, um sie schärfer abzugrenzen.

Von den unter Wasser gebildeten Humusablagerungen trägt die Mudde alle Eigenschaften chemischer Ausfällung; sie entsteht zumeist durch Übergang von Humussolen in Humusgele.

Die in der Natur vorkommenden Humusablagerungen sind fast immer gemischte Bildungen; so z. B. zwischen Mull- und Modererden. Alle Torfe der Flachmoore enthalten Tierkot, zerkleinerte Pflanzenteile und chemische Ausscheidungen nebeneinander. Es kann dies nicht auffallen, wenn man berücksichtigt, daß es sich im wesentlichen um dieselben Stoffe in verschiedener Form handelt. Bisher war es nicht gebräuchlich, Zwischenformen zu unterscheiden; es sind jedoch Bezeichnungen wie „mullhaltiger Moder" und „moderhaltiger Mull"; „moderhaltiger Torf" usw. nicht nur zulässig, sondern werden auch bei der Bodenbeschreibung gute Dienste leisten.

In den meisten Fällen sind die Humusablagerungen nicht in allen ihren Schichten gleichmäßig ausgebildet. Die oberen Lagen des Flachmoortorfes sind überall in Moder umgewandelt, wo Gräser und ähnlich wirkende Pflanzen vorkommen; in den geol. Flachlandskarten ist „Moorerde auf Torf" ein häufig vorkommendes Bodenprofil. In Trockentorf setzt sich die oberste Schicht zumeist aus wenig zersetzten Baumabfällen zusammen, die tieferen sind mehr oder weniger fein zerteilt, oft auch chemisch verändert.[1])

---

[1]) Die Untersuchung und Einteilung der Humusformen ist durch v. Post, P. E. Müller, Gunnar Andersson, J. Früh, C. Weber, Potonié, Wesenberg-Lund und viele andere Forscher gefördert worden. Zumal in forstlichen Kreisen machte sich das Bedürfnis einer schärferen Gliederung und einheitlichen Nomenklatur der Humusformen für die Bodenbeschreibung geltend; dies führte zum Zusammentritt einer „Humus-Kommission". Die Besprechungen klärten vielfach die Ansichten, führten aber nicht zu einer für Geologie und Bodenkunde, sowie für Forst- und Landwirtschaft brauchbaren Einteilung. In der Zukunft werden auch mehr als bisher die Pflanzenarten, aus denen der Humus gebildet wurde, zu berücksichtigen sein.

Verfasser glaubt, daß die hier gegebene Trennung der Hauptformen der humosen Stoffe dem gewünschten Ziele näher führt. Um die Übersicht zu erleichtern wird die zugrunde gelegte Einteilung kurz wiederholt:

E. Übersicht der Humusvorkommen.

Die folgende Übersicht gibt einen Überblick der vergleichbaren Bildungen auf trocknem Boden und unter Wasser; die Schlammablagerungen unter Wasser sind viel mannigfaltiger entwickelt als der Mull des trocknen Bodens; es entspricht dies dem reichen Tierleben der Gewässer, dagegen fehlen jener Reihe typische, dem Moder entsprechende Bildungen; eine Folge der geringeren Entwicklung des Pflanzenlebens.

Zur Zeit lassen sich nur die besser untersuchten Ablagerungen der gemäßigten Zonen zusammenstellen.

Auf dem Trockenen.

1. Mull und Mullablagerungen. Tierkot und seine Zerfallprodukte.

Unter Wasser.

1. Schlamm und Schlickbildungen. Überwiegend Ablagerungen des Plankton, Tierkot, Reste mikroskopischer Pflanzen und Tiere, eingeschlämmte Teile, Abscheidungen der Pflanzen.

a) Unter Süßwasser:

Schlamm (Gytje, Sapropel).

1. Teichschlamm (grau- bis braunschwarz, trocken harte, schneidbare Stücke), Tierkot und tierische Reste, von Tieren durcharbeitete Schichten.

2. Seekreide (Wiesenkalk, Alm), vorherrschend durch Pflanzen abgeschiedenes Kalkkarbonat.

3. Diatomeenschlamm. Anhäufung von Diatomeenschalen.

4. Flußschlamm. Vorwiegend eingeschlämmte Mineralteile. Algen, Krustazeen.

5. Leberschlamm (Lebertorf). Bestandteile wie 1., dazu Algen mit Schleimhüllen.

---

1. Torf, makroskopisch erkennbare, humifizierte Pflanzenreste.
2. Moder, mechanisch zerkleinerte Pflanzenreste mit mikroskopisch erkennbarer organisierter Struktur.
3. Mull = Tierkot und seine Zerfallprodukte.
4. — chemisch ausgefällte Humusstoffe,
   a) in absorptiv gesättigtem Zustande.
   b) in absorptiv ungesättigtem Zustande.

b) Unter Salzwasser: Schlick.

1. Die verschiedenen Ablagerungen der Tiefsee (von geringem bodenkundlichen Interesse).

2. Wattenschlick. Krustazeen, Schnecken und ihre Ausscheidungen im Gebiet der Ebbe und Flut.

3. Mangroveschlick.

4. Schlick von Salzseen, die im Sommer durch Verdunstung sehr konzentrierte Lauge führen.

5. Ablagerungen im brakischen Wasser.

II. Moder, zerkleinerte, humifizierte Pflanzenstoffe.

1. Mit viel Mineralteilen gemischt = moderhaltige Böden; eine sehr verbreitete Form ist: Flußsand; ferner die „anmoorigen Sande“ der Forstleute.

2. Modererden (Moorerden), durch Pflanzenwurzeln und Tiere zerkleinerte Pflanzenreste herrschen vor.

3. Modermergel (Moormergel) mit reichlichem Gehalt an Kalkkarbonat, sonst wie a).

4. Alpenhumus (Modererden der Kalkalpen).

5. Humusreiche Kalkböden: die Rendzina- und Borowinaböden Rußlands; Humus der Kalkböden Estlands usw.

II. Echte Parallel-Bildungen fehlen; am häufigsten sind durch Wellenschlag in Seen zerkleinerte und umgelagerte Torfsubstanzen.

III. Torf (Trockentorf). Torfablagerungen verschiedener Pflanzen der Wälder und Waldgebiete, sowie der kühlen und kalten Zonen

III. Torf. Die Torfablagerungen der Verlandungsbestände:

1. Arundinetum: Schilftorf.

und Regionen, je nach Pflanzenart verschieden; häufige Formen sind: Buchentorf, Fichtentorf, Birkentorf, Erlentorf, Heidelbeer-, Preißelbeer-, Heidetorf. Zu unterscheiden sind:

1. Rohhumus; die faserigen, lockeren Ablagerungen.

2. Trockentorf; die festen schneidbaren Ablagerungen von meist größerer Mächtigkeit.

2. Zyperazetum: Seggentorf. Radizellentorf usw.

3. Hypnetum: Braunmoostorf (wahrscheinlich gehören auch Wollgrastorf und Scheuchzeriatorf hierher).

IV. Hochmoortorf; Torfbildungen den Boden vernässender Pflanzen von hoher Wasserkapazität, je nach den torfbildenden Pflanzen:

1. Weißmoostorf (Sphagnumtorf).
2. Torfe der Oberflächenschicht trockner Hochmoore (Reste von Sphagnum und anderen Laubmoosen, Heide, Flechten, Bäumen usw.): Bunkerde; Torf der Zwischenschicht großer Hochmoore.
3. Dicranumtorf, vorherrschend in arktischen Gebieten.
4. Wollgrastorf.
5. Scheuchzeriatorf.
6. Scirpustorf.

Die Torfe 4—6 sind wahrscheinlich den Torfablagerungen der Verlandungsbestände zuzuzählen und dem Hypnetum gleichzustellen.

V. Chemisch ausgefällte humose Stoffe.

(auf dem Trockenen)

Amorphe Humusstoffe.

1. Komplexe von absorptiv gesättigten humosen Stoffen in gleichmäßiger Mischung mit den Mineralstoffen = Humus der Schwarzerden, des Regur, der meisten Ackerböden im Braunerdegebiet.

2. Absorptiv ungesättigte humose Stoffe; meist örtlich im Boden verteilt in Streifen und Lagen. Humus des Ortsteins; in nährstoffarmen Böden usw.

1) Seeschlick.

2) Pulvererde; enthält einfach Schwefeleisen (FeS).

(unter Wasser)

Mudde. Strukturlose organische Massen in verlandenden Seen, oft den Flachmoortorfen, zumal des Arundinetums in wechselnder Menge beigemischt.

7. Unter Wasser gebildete humose Ablagerungen.[1])

Humose Ablagerungen unter Wasser bilden sich, wo Gelegenheit gegeben ist, die abgestorbenen und humifizierten Pflanzen und Tierreste abzulagern. Es sind vorwiegend ruhende oder wenig bewegte Wässer, die diese Bedingungen erfüllen.

Man unterscheidet:

Moore. Wasserreiche Gebiete mit Humusboden und einer Vegetation, der hochwüchsige Bäume fehlen oder nur vereinzelt vorhanden sind.

Die Moore zerfallen in Verlandungsmoore oder Flachmoore (Wiesenmoore, Grünlandsmoore,) die aus der Verlandung (Erblinden) von Wasserflächen hervorgehen und ebene Oberfläche besitzen und in Hochmoore (Moosmoore), die sich sowohl auf Mineralboden wie auf Humusboden entwickeln.

Brücher (Bruch). Wasserreiche Gebiete mit Wald auf Humusboden.

Auf geologischen Karten werden die Humusböden der Moore und Brücher in der Regel nur eingetragen, wenn die Mächtigkeit der Humusschichten 20 cm übersteigt.

Auen sind zur Zeit der Hochwässer der Flüsse überschwemmte Niederungen.

Die unter Wasser gebildeten Ablagerungen organischer und durch die Lebenstätigkeit der Organismen beeinflußter Stoffe des Süßwassers und Brackwassers lassen sich in zwei große Gruppen vereinigen; in Schlamm und in Torfbildungen. Als dritte Gruppe und wesentlich auf Salzwasser beschränkt, hier aber nicht zu behandeln, würden die Anhäufungen der Muscheln, Korallen usw. anzusehen sein, während die rezenten Schichten der Tiefsee sich ohne Zwang den Schlammarten zuordnen lassen.

Die Schlammbildungen bestehen aus sehr feinkörnigen Gemischen organischer und anorganischer Bestandteile, von denen die

---

[1]) Die Literatur über den Gegenstand ist außerordentlich umfangreich. Von Arbeiten, die allgemeine Gesichtspunkte behandeln, seien hervorgehoben:

Sendtner, Veget. Bayerns. München 1847.
Lorenz, Moore von Salzburg. Flora 1858.
J. J. Früh, Torf u. Dopplerit. Zürich 1883.
v. Post, Landw. Jahrb. 1888, S. 405 (übers. aus d. Schwedischen).
Ramann, Organogene Bildungen der Jetztzeit. Neues Jahrbuch. Min. Blgbd. X.
Weber, Hochmoor von Augstumal. Berlin 1902.
Gunnar Andersson, Bull. de la Comm. géol. de Finlande 1898, No. 8.
J. Früh u. C. Schröter, Moore der Schweiz 1904.
Potonié. Jahrb. preuß. geol. Landes-Anst. 1903. Entstehung der Steinkohle 1910.

anorganischen Stoffe (tonige, selten sandige) von außen zugeführt oder chemisch abgeschieden, die organischen Stoffe, welche chemische Ausfällungen oder Reste mikroskopischer Organismen (Diatomeen, Polytalamien, Algen, Krustazeen usw.), Tierkot und sehr weitgehend zersetzte Reste höherer Pflanzen sind.

Die Torfbildungen umfassen die humifizierten Reste höherer Pflanzen mit noch erhaltener Pflanzenstruktur.

Es ist leicht verständlich, daß den Schlammbildungen auch gelegentlich Reste höherer Pflanzen oder größerer Tiere eingelagert sein können, sowie daß fast alle Torfablagerungen dem Schlamm zuzurechnende Bestandteile enthalten; je nach dem Vorherrschen der einen oder andern Gruppe sind die einzelnen Vorkommen einzuordnen, in weitaus den meisten Fällen ist die Zugehörigkeit leicht festzustellen.

Charakteristisch ist, daß Schlammbildungen Produkte chemischer Ausfällungen und mikroskopischer Organismen, die Torfbildungen Produkte der Phanerogamen, Moose und Gefäßkryptogamen sind. Es sind in erster Linie die Mengen der abgestorbenen Reste und die Lebensbedingungen, die den zerstörenden Organismen geboten sind, die über den Charakter der Bildungen entscheiden.

Die geringe Produktion der schwimmenden Wasserpflanzen an organischen Stoffen ermöglicht es der Tierwelt, sie zu zerstören; die reiche Entwicklung der Bakterien und der Tierwelt in den Röhrichten ist noch imstande, die Hauptmenge der abgestorbenen Pflanzen zu zerstören, sie versagt aber gegenüber der hohen Produktion der im geschlossenen Bestande wachsenden Cyperaceen, und noch mehr unter den ungünstigen Lebensbedingungen, die die Hochmoore bieten. Sehr bezeichnend ist, worauf Früh besonders hinweist, daß die Hauptmasse der Flachmoortorfe aus Wurzelresten gebildet wird, also jenen Teilen der Pflanze, die dem Angriff der zerstörenden Organismen mehr entzogen sind.

Der Charakter der herrschenden Vegetation der Gewässer wird außer durch klimatische Bedingungen, überwiegend durch den Gehalt an anorganischen Pflanzennährstoffen, weniger durch Anwesenheit oder Fehlen gelöster organischer (humoser) Bestandteile bedingt.

Fließendes Wasser wirkt, da fortwährender Wechsel des die Pflanzenwurzel umspülenden Wassers und hierdurch bessere Ernährung stattfindet, wie Erhöhung, stagnierendes Wasser infolge ungünstiger Ernährung der Pflanzen, wie Minderung des Nährstoffgehaltes.

Hochmoorpflanzen treten in Gebieten geringer chemischer Verwitterung (im Norden und im Hochgebirge), in vielen Seen und Wasseransammlungen herrschend auf; in den Gegenden stärkerer chemischen Verwitterung finden sie sich fast nur auf vorgebildeten humosen Ablagerungen.

Früh und Schröter unterscheiden:

I. Sedimentationsbestände.

1. Die Tiefenregion (unterhalb 13—30 m) enthält farblose Schizophyceen (zumal Beggiatoaarten) und Bacillariaceen.

2. Die Schwebeflora (Phytoplankton) besteht aus Bakterien, Schizophyceen, Blaualgen), Bacillariaceen, Chlorophyceen (Grünalgen), von denen namentlich Arten mit Gallerthüllen sich in den Schlammbildungen finden.

3. Hydrochariten (schwimmende größere Wasserpflanzen): Fadenbildende Algen, Laubmoose, schwimmende Phanerogamen.

II. Verlandungsbestände.

a. Ganz untergetaucht oder mit Schwimmblättern versehen: Algen sehr verschiedener Typen, die fest haften und flutende oder dichtrasige Schichten bilden. Limnaeenvereine: Algen. Characeen, Laubmoose (meist Hypneen). Potamogetonarten und ihre Begleiter: Callitriche, Hippuris u. and. Das Nupharetum, Seerosen, Trapa.

b. Bestände der Sumpfpflanzen: Rohrsümpfe, Scirpus lacustris, Phragmites, mit ihren zahlreichen Begleitern. Das Magno-Caricetum, gesellig wachsende Cyperaceen meist Carexarten.

Nach der früher gegebenen Einteilung bilden die Sedimentationsbestände und die unter a) aufgeführten Verlandungsbestände Schlammablagerungen; die unter b) dagegen Torf.

Man vergleiche auch Brand, Vegetationsverhältnisse des Würmsees. Bot. Zentralbl. 1896.

A. Wachstumsverhältnisse der Wasserpflanzen.

Als Regel für die Verteilung der Vegetation in den Seen Nordeuropas kann folgendes gelten:[1])

In tiefen Regionen lagern sich Bestandteile, die durch Wind und Gewässer zugeführt werden (Pollen, Mineralteile), untermischt mit den Resten der schwimmenden Flora und Fauna, des Plankton, ab. Der Schlamm ist sehr locker gelagert (Tiefenschlamm). In größeren Tiefen (etwa 40 m und mehr) treten Reduktionsprozesse auf und beim

[1]) Jentzsch, Zeitschr. d. Geol. Ges. 1902, 54, S. 144.

Zerfall der Eiweißstoffe kann Schwefelwasserstoff bzw. Schwefeleisen gebildet werden, Vorgänge, an denen sich auch die Schwefelbakterien (Beggiatoaarten) stark beteiligen.

In mäßiger Tiefe (bis 10 m Tiefe) finden sich geschlossene Ansiedelungen von Algen (Vaucheria u. a.), denen in geringerer Tiefe Rasen von flutenden oder schwimmenden Pflanzen folgen (Elodea, Ceratophyllen, Potamogeton u. a.); hieran schließen sich die Pflanzen der Seerosen-Genossenschaft (Nupharetum), deren Blätter

Abb. 15. Verlandender See. Forchensee b. Bernau in Oberbayern. Nach einem Gemälde von Forstamtsassessor Eppner.

mit frei der Luft ausgesetzter Oberseite auf der Oberfläche des Wassers schwimmen, im flachen Wasser und bis zur Tiefe von 2—3 m finden sich Horste von Phragmites, Scirpus lacustris usw., Arten, die unter Wasser wurzeln, deren Vegetationsorgane aber frei in die Luft emporragen. Diese Arten wachsen gesellig, aber nicht geschlossen, zwischen ihren Stengeln findet sich reichlich freies Wasser. Die Horste dieser Pflanzen-Genossenschaft (Arundinetum oder Phragmitetum nach dem Linnéschen Namen des Schilfes Arnudo Phragmites) bieten der Tierwelt sichere Zufluchtsorte und haben, zumal auch die Temperatur des meist seichten und wenig bewegten Wassers hoch ist, reich entwickeltes Tierleben. Am Rande der Seen findet sich in flachem Wasser ein geschlossener Bestand von Carexarten, die zwischen ihrem dichten Bestande den Tieren nur geringen Raum gewähren.

Eine Abart der Cyperaceenvegetation wird durch den bültigen Wuchs von Carex stricta hervorgerufen. Jede Pflanze erscheint in Form einer kurzen Säule (einzelne bis meterhoch), deren unterer Teil von Wurzeln und abgestorbenen Blättern gebildet wird, während die Pflanze an der Spitze weiter grünt. Zwischen den einzelnen Säulen findet sich meist Wasser. Diese Moore hat Kerner, Pflanzenleben der Donauländer, S. 62 nach einem ungarischen Worte (zsombék = Bülte, Haufen) Zsombékmoore genannt, man kann sie als Bültmoore bezeichnen.

Die hochwüchsigen Seggenbestände (Magno-Caricetum) werden nach dem Lande meist von niedrig wüchsigen Cyperazeen (Parvo-Caricetum) abgelöst. Es sind geschlossen wachsende Arten von Carex, Juncus, Rhynchospora, Eriophorum alpinum usw.

Mit dem Parvo-Caricetum ist in der Regel die Entwicklung der Vegetationsreihen abgeschlossen, deren Wurzeln unter Wasser (semiaquatisch) wachsen. Auf den trockneren Stellen können sich Bäume entwickeln, die schließlich herrschend werden und einen Bruch oder Wald bilden.

Die Menge der organischen Substanz, die im Plankton und von den schwimmenden Pflanzen gebildet wird, ist gering, hingegen ist sie in den Schilfhorsten erheblich und am größten bei den Groß-Seggen. Die Zerstörung der Pflanzenreste durch Tiere schreitet im Arundinetum am raschesten voran, sie ist im Magno-Caricetum erheblich geringer. Es kann daher nicht auffallen, daß die Mächtigkeit der humosen Ablagerungen in einem verwachsenden See in der Regel nach Richtung des Ufers steigt.

Die Wurzelstöcke des Schilfes sind meist dicht verflochten und verwachsen, so daß sie eine feste Schicht bilden, die nicht nur imstande ist, sich über tieferes Wasser vorzuschieben (Schwingrasen), sondern auch fähig ist, stärkere Torfschichten zu tragen. Es kann hierdurch zur Oberflächen-Verlandung eines früheren Wasserbeckens kommen, während in der Tiefe noch Wasser vorhanden ist. Man nennt diese unter mäßigem Druck der auflagernden Bodenschicht stehenden Wasser „Wasserkissen“.

Bei Anlage von Dämmen, Wegebauten usw. ist es häufig vorgekommen, daß der Druck der aufgeschütteten Erdmassen die schwimmende Decke durchbrochen hat und Dämme in die Tiefe versanken.

Als „schwimmende Moore“ bezeichnet man Moore, die starkem Wechsel im Grundwasser ausgesetzt sind und deren im Sommer wasserarme Schichten bei steigendem Grundwasser emporgehoben werden.

Man kennt solche schwimmende Moore im Gebiet des Unterlaufs der Elbe und in größerer Verbreitung in Finnland.

Der bisher beschriebene Verlauf der Verlandung von Wasserflächen erleidet nicht selten beträchtliche Abweichungen.

Pflanzenarten, die sonst nur wenig verbreitet sind, treten in einzelnen Gebieten torfbildend auf, so z. B. Schönus nigricans in Südbayern; häufiger bewirkt Wechsel in der Ernährung der Pflanzen einen andern Verlauf der Verlandung.

Die torfbildenden Pflanzen der Schilfgenossenschaften, der Großseggen, zum Teil der Kleinseggen verlangen zur Bildung der erheblichen Menge ihrer organischen Substanz auch angemessene Ernährung mit Mineralstoffen. Es sind Bestände, die zur normalen Entwicklung ein verhältnismäßig nährstoffreiches Wasser beanspruchen. In Gegenden mit geringer chemischer Verwitterung der Gesteine, dann mit niederer Temperatur sind die Lebensverhältnisse ungünstig und wird häufig eine Vegetation herrschend, die geringere Ansprüche macht, als die bisher behandelte.

Namentlich im Norden sind daher Moorbildungen weit verbreitet, deren Torf einer Vegetation von Arten mit geringen Anforderungen an Nährstoffe entspricht. Es sind namentlich Moose, meist Hypneen, die hier vorkommen, ihnen schließen sich Arten von Carex und Eriophorum an, auch Scirpus caespitosus und bestimmte Sphagneen kommen vor.

Häufig tritt auch noch ein anderer Verlauf der Verlandung auf, der ebenfalls zum Vorherrschen einer anspruchslosen Vegetation führt und in Seen der Schweiz, Süddeutschlands und Österreichs häufig ist, aber auch in Norddeutschland nicht fehlt. Die zuerst auftretenden Pflanzen dieser Seen sind die früher beschriebenen Verlandungsbestände; haben diese sich ausgebreitet und hindert die Lage oder ein umgebender Wald oder Baumbestand stärkere Windwirkung und dadurch Bewegung der Oberfläche des Wassers, so bildet das nährstoffarme Regen- oder Schneewasser eine Schicht auf dem Wasser des Sees. Bereits sehr kleine Unterschiede im spezifischen Gewichte genügen, wie die Erfahrungen im Dünen- und Ufergebiet des Meeres lehren, um starke Schichten von spezifisch leichterem Wasser über sich geschichtet zu erhalten. So findet man den Gehalt an gelösten Salzen oft im kurzen Abstande im Wasser desselben Sees, je nach der Wasserbewegung, und je nach den Pflanzenbeständen erheblich verschieden.

Analysen der Wässer des Plager Sees in Chorin (Brandenburg) zeigen dies Verhalten. Es enthielten 100000 Teile Wasser eines schmalen verlandenden Uferstreifens:

---

[1]) Ramann, N. Jahrb. Mineral.-Beil.-Bd. 10.

	Zyperacetum	Sphagnetum	Sphagnetum Grenze	Eriophoretum	Arundinetum
Kali	0,217	0,220	0,292	0,254	0,446
Natron	0,736	0,414	0,553	1,234	1,557
Kalk	2,667	0,134	0,785	1,928	3,081
Magnesia	0,353	0,152	0,429	0,407	0,612
Manganoxydul . .	0,010	Spur	0,101	0,098	0,083
Eisen (FeO) . . .	1,355	0,126	0,606	0,261	0,207
Schwefelsäure . . .	0,916	0,536	0,463	0,585	0,979
Phosphorsäure . .	0,011	0,064	0,168	0,164	0,029
Chlor	n. best.	n. best.	0,171	0,094	0,045
Kieselsäure	0,809	0,333	1,447	1,224	0,693
Summa:	7,074	1,979	5,015	6,249	7,732
Organ. gelöst. Stoffe	0,95	0,55	1,60	1,20	0,76

Im Zyperacetum war das Wasser einem Einschlag in der Nähe des Ufers entnommen; das Sphagnetum bestand überwiegend aus Sphagnum recurvum; die Grenze des Sphagnetums wurde zumeist von Sphagnum teres Augst. (im dortigen Gebiet meist das erste Sphagnum auf Flachmoor); mehr zum Eriophoretum fanden sich Hpynum cuspidatum L, Aulacomnium palustre.

Diese engen Beziehungen zwischen der Zusammensetzung des Wassers und der Pflanzenformation lassen verstehen, daß die Vegetation zum großen Teil von der Ernährung der Pflanzen abhängt.

Ähnliche Bedingungen wird jeder See bieten, der nicht reichlich Zu- und Abfluß hat oder dessen Wässer nicht durch Wellenbewegung fortdauernd gemischt werden. Es siedeln sich dann anspruchslose Pflanzenarten an, zumal Hypneen und salzertragende Sphagneen bilden den Hauptbestand, dem sich noch Pflanzen beimischen, die sonst zumeist auf Hochmoor vorkommen.

In Seen wird die Verlandung von der Wirkung der Winde beeinflußt. Das bewegte Wasser der Leeseite beschädigt die Vegetation und geringer Wellenschlag genügt, um Torfablagerungen anzugreifen, die feinerdigeren Teile auszuspülen und sie an ruhigen Stellen oder in der Tiefe des Sees abzulagern. In der Regel entspricht daher die Verlandungsseite der Seen der herrschenden Windrichtung; Schutz durch Berge, Wälder führen jedoch nicht selten abweichende Verhältnisse herbei. Hat die Verlandung bereits größere Teile des Sees ergriffen, so nimmt der Einfluß des Windes immer mehr ab, läßt sich aber zumeist noch an der Lage des übrig gebliebenen Wasserspiegels erkennen.[1])

[1]) J. Klinge, Engl. bot. Jahrb., 9, S. 267 (1890).

Das Hypnetum schließt die Reihe der in Nord- und Mitteleuropa vorkommenden Bestände, die zur Verlandung von Wasserflächen führen.

B. Waldmoore.

Als besondere Form der Verlandungsmoore sind die kleinen und kleinsten Moore zu bezeichnen, die allseitig von Wald umgeben, einen großen Teil der Pflanzenreste, aus denen ihre Ablagerungen hervorgehen, von den in der Nähe wachsenden Waldbäumen empfangen. Große Mengen Laub fallen unmittelbar in diese Moore oder werden vom Winde zugeführt. Baumstämme und Äste stürzen nach ihrem Absterben in die Vertiefungen und können dort unter Umständen in beträchtlicher Menge angehäuft werden. Es gilt dies namentlich von Seen, die von steilen Bergen umgeben sind (z. B. Königsee in Oberbayern).

Diese Moore wurden bereits von Dau, Forchhammer, Steenstrup unterschieden und als Waldmoore bezeichnet; sie sind im nordischen Diluvialgebiet sehr häufig. Später hat man ihnen wenig Beachtung gewidmet.

Der Torf der Waldmoore läßt vielfach Reste von Baumblättern, namentlich Buche erkennen, die sich den Überbleibseln der Wasserpflanzen beimischen. Häufig ist die Zerstörung der Abfallreste durch Tiere stark fortgeschritten, so daß Moder entstanden ist, der oft beträchtliche Mächtigkeit erreicht.

In den Waldmooren wird der Torf zum Teil aus Pflanzenresten gebildet, die nicht an Ort und Stelle wuchsen, an dem sie sich finden; man bezeichnet derartige Ablagerungen als allochthon und stellt sie den am Ort gebildeten autochthonen Ablagerungen gegenüber.

In neuerer Zeit hat Potonié wiederholt auf die Bildung von Schwemmtorf hingewiesen, der entstehen kann, wenn Pflanzenreste vom Wasser fortgeführt und an ruhigen Stellen abgelagert werden. Die Pflanzenteile sind meist zerbrochen, die Äste und Stämme entrindet, man bezeichnet derartige zusammengeschwemmte Pflanzenteile als „Hecksel“. Am häufigsten treten am Seeufer Hecksel von Schilf auf, dessen Stengel zerdrückt, zerbrochen und oft in lockeren Haufen abgelagert sind. Eine nennenswerte Bedeutung für die Torfbildung ist diesen Ablagerungen nicht beizumessen, da sie bald weiter zersetzt oder von den Wellen weggeführt werden.

C. Quellmoore.

Treten Quellen in ebener oder schwach geneigter Lage zutage, so können sie die Veranlassung zur Bildung von „Quellmooren“ geben. Es sind kreisrunde bis ovale Kuppen und Hügel, die ihre ebene Umgebung um $1\frac{1}{2}$—2 m selten bis 3 m überragen und von mäßigem Durchmesser (10—100 m) sind. Der Kern besteht zumeist aus einem Gemisch von Kalktuff und kalkreichem Humus, daneben torfartigen Teilen. Die Pflanzen sind zumeist hochwüchsige Seggen und bültenbildende Gräser.

D. Hangmoore (Gehängemoore).[1]

Moorbildungen treten nicht selten auf an Berghängen oder überhaupt in geneigten Lagen infolge Austritt von Quellen oder von dem am Berghang ablaufenden Wasser. In allen Gebirgen finden sich derartige Moore, zumal im europäischen Norden sind sie im Bereiche des Küstenklimas häufig. Meist sind es Moore von geringer, oft sehr geringer Ausdehnung, seltner bedecken sie große Flächen.

Die Hangmoore sind in ihrer Vegetation sehr verschieden; oft sind die wichtigsten Moorbildner Moose, dann Zyperazeen und Feuchtigkeit liebende Gräser. Bedeckt das Hangmoor größere Flächen, so wird es doch noch immer stärker oder schwächer von einem fließenden Wasser durchrieselt, das im allgemeinen den Pflanzen günstigere Lebensbedingungen schafft. Die Hauptmasse solcher Moore ist von Zyperazeen, sehr oft von Bäumen (Weiden, Erlen) bestanden, zumal am Rande, an dem das abfließende Wasser austritt. Vielfach finden sich Moose, auch Sphagneen. Auf dem Hangmoor können auch Hochmoorpflanzen sich ansiedeln und ihm mehr oder weniger den Charakter des Hochmoors verleihen, so besonders dann, wenn das zufließende Wasser Regenwasser ist.

8. Formationen zeitweise überschwemmter Flächen.

Ablagerungen, die ihr Entstehen regelmäßigen Überflutungen verdanken, was gegeben ist, wenn ein Gebiet im Turnus unter Wasser steht und abtrocknet, nehmen einen besonderen Charakter an.

Die Dauer der nassen und trocknen Zeit und die Häufigkeit der Wiederkehr des Wechsels zwischen Naß und Trocken schwankt in weiten Grenzen. An Küsten der Meere mit Gezeiten wiederholt sich die Überflutung des Strandes täglich zweimal in strenger Regelmäßigkeit. In Gebieten, die dem Hochwasser der Flüsse ausgesetzt sind (Inundationsgebiete) erfolgt die Überflutung einmal oder mehrere Male jährlich. In Senken, in denen Grundwasser zutage tritt, ist der Frühling die wasserreiche Zeit; in Senken, in denen sich oberflächlich zu-

---

[1]) Hess von Wichdorff u. P. Ronge, Jahrb. preuß. geol. Landesanst., 27, S. 95 (1906).
Keilhack, Jahrb. preuß. geol. Landesanst. 1886, S. 146.
Storp, Mitt. Ver. f. Moorkultur 1898, S. 17.

fließendes Wasser ansammelt, ist der Wechsel von den Niederschlägen abhängig.

Es ist verständlich, daß die Ablagerungen der zeitweise überfluteten Gebiete sehr verschieden sind und zumal davon abhängen, ob die vorhandenen Organismen diesen Lebensbedingungen genügend angepaßt sind. An Ebbe und Flut sind die bezüglichen Tiere und Pflanzen in vollendetster Weise angepaßt. Humose Ablagerungen sind die Böden der Marschen und der Mangrove-Brücher.

In den Überschwemmungsgebieten der Flüsse, den Auen ist die Ablagerung Flußschlamm, der stark durch eine beim Steigen des Wassers rasch einsetzende Algenvegetation und die ständige Tierwelt dieser Gebiete, besonders Regenwürmer in seinen Eigenschaften beeinflußt wird. Hierzu kommen noch die Ablagerungen der herrschenden Vegetation, besonders des Auwaldes. Ganz ähnlich verhalten sich die Ablagerungen der Flächen mit zeitweise überflutendem Grundwasser.

1. Brücher.

Die Vegetation der Brücher wird durch das Auftreten von Holzgewächsen charakterisiert. Sollen die Holzgewächse dauernd wachsen können, so müssen sie bis zu einem gewissen Grade dem Leben im Wasser angepaßt sein. Erfahrungsmäßig vermögen fast alle unsere Holzarten zeitweise Überflutungen mehr oder weniger gut zu ertragen; im nassen Boden oder längere Zeit unter Wasser dauern aber nur Erle und Weide aus. Birke, Fichte, Kiefer und die anderen Arten, die sich im brüchigen Gelände vorfinden, verlangen wohl alle soviel trocknen Boden, daß ein Teil ihrer Wurzeln nicht oder nur zeitweise der Einwirkung der atmosphärischen Luft entzogen ist. Die Lebensbedingungen unserer Waldbäume in nassen Lagen sind noch auffällig wenig untersucht worden. Von nicht europäischen Bäumen sind echte Bruchbewohner die Sumpfzypresse (Taxodium distichum) und die Mangrovaceen.

Die Brücher haben in der Regel reiches Tierleben und gemischte Vegetation. Die Pflanzenreste werden daher stark zerkleinert und in Moder übergeführt. Erkennbare Pflanzenteile sind zumeist Wurzeln, Rinden und Holzteile der Baumvegetation. Bisher sind die Humusböden der Brücher wenig untersucht. Unter Erlen finden sich oft humose Ablagerungen von beträchtlicher Mächtigkeit. Noch wenig ist von den Weidenbrüchern bekannt, die im Norden und Nordosten von Europa, Sibirien in beträchtlicher Ausdehnung vorkommen.

Die Brücher sind Gebiete mit dauernd nassem Boden. Die Erlen bilden vielfach mächtige Stöcke und selbst kleine Inseln, zwischen denen sich dauernd Wasser findet. Die Brücher sind durch alle Übergänge verbunden, sowohl mit den Auen, als auch mit Böden mit zeitweise zutage tretendem Grundwasser. Es sind dies zumeist Senken, die im Frühjahr mit Wasser überstaut werden. Die Vegetation ist ungemein mannigfaltig; vielfach finden sich Seggen und hochwüchsige Gräser; das Tierleben ist reich entwickelt, die organischen Reste werden stark zersetzt, der Humus ist Moder, zumeist stark mit Mineralteilen gemischt. Im Gebiete der Diluvialböden, zumal des nordischen Diluviums, sind humose Böden dieser Entstehung weit verbreitet, wenn auch jetzt zumeist durch den Eingriff der Menschen in Wiesen und Kulturböden umgewandelt.

2. Mangrove-Brücher.

Zu den tropischen Mooren sind die Mangrovesümpfe zu rechnen, die den Gezeiten der Meere mehr oder weniger ausgesetzt, viele tropische Küsten und Flußmündungen umgeben.

Echter Torf scheint in den Mangroven nicht zur Ablagerung gebracht zu werden, sondern hauptsächlich ein Gemisch von Pflanzenresten mit Sinkstoffen der Flüsse und der Meere. Man kann in den Verlandungen der Mangrovendickichte wohl eine tropische Form der Schlickablagerung sehen und sie mit unseren Marschen vergleichen. Jul. Mohr[1]) gibt für die indischen Inseln folgende Beschreibung tropischer Moorböden. Die dortigen Flüsse führen große Massen von Sinkstoffen, die zur Erhöhung der Flußsohle führen. Bei Hochwasser werden die Uferdämme durchbrochen und der Fluß verteilt sich zunächst in zahlreiche Seitenarme. Es bilden sich hier drei Zonen heraus. 1. eine wasserreiche Waldzone, in der die Sinkstoffe niedergeschlagen werden. 2. eine Zone mit klarem, durch Humusstoffe dunkel gefärbten Wasser, in der echte Moore vorkommen. 3. die Mangrovewälder.

Die organischen Stoffe dieser Ablagerungen sind stark zersetzt und Pflanzenstruktur selten erhalten; dagegen sind die Pflanzen und Ablagerungen auffallend reich an Harzen, die sich dunkler färben, ohne zu vermodern.

Kommen derartige Böden über den Wasserspiegel, meist durch tieferes Einschneiden des Flusses, so bilden sich tiefgründige Humusböden von ausgezeichneten physikalischen Eigenschaften.

Mohr gibt an, daß während der Umbildung von Moor zu Modererde der Boden geradezu giftig sei. Unmittelbar nach dem Trockenlegen könne man ihn bebauen, dann trage der Boden nur Sauergräser und erst nach etwa 10 Jahren könne man den Versuch zur Kultur machen.

---

[1]) Bull. du Dep. de l'Agricult. Ind. Neerland. 1908, No. 17.

3. Auen.

Die Böden, die von den Hochwässern der Flüsse regelmäßig überschwemmt werden, erhalten reiche Zufuhr aus den Sinkstoffen der Flüsse. Es lagern sich zumeist an Mineralstoffen reiche Schichten ab, deren Zusammensetzung überwiegend abhängig ist von den Gebirgsarten, aus denen die Flüsse hervortreten. Es ist vielfach wenig verwitterter, aber fein zerriebener Gesteinsschlamm, der zugeführt wird.

Während der Zeit der Überstauung der Ufer entwickelt sich nicht nur reichliches Plankton, sondern auch auf dem Boden und den Pflanzen erscheinen zahlreiche Algen. Durch diese Mischung von Mineralteilen mit organischen Resten und eine meist reich entwickelte Bodenfauna erhält der Aueboden seine günstige physikalische Beschaffenheit.

Wie sehr die Aueböden von den Gesteinen abhängig sind, zeigt z. B. die Isar, die fast nur feinen Kalksand führt, im Gegensatz zu den Silikaten der Aueböden der Saale, Elbe, des Rheins.

Mannigfaltig sind die Veränderungen auf Böden, die zeitweise überschwemmt werden oder die im Frühling wasserreich sind, später aber austrocknen. Fast stets entwickelt sich eine üppige Vegetation von Algen, die oft die Böden dicht überzieht. Undurchlässige humose Sande, sodann Böden mit Trockentorf bieten gute Beispiele. So findet sich auf einem großen Teil der nordwestdeutschen Heiden im Frühjahre eine dichte Decke von Fadenalgen, die sich in großen Stücken abreißen läßt. Es sind dies Böden, deren oberste Schicht vom dichten Filz der Heidewurzeln durchwachsen ist und dadurch für Wasser schwer durchlässig wird.

Nach dem Abtrocknen des Wassers sterben die Algen ab und bilden, nachdem das Chorophyll ausgebleicht ist, weiße bis grünlichgraue papierähnliche Fetzen, die schon frühzeitig die Aufmerksamkeit auf sich zogen und die man als Wiesenpapier bezeichnet hat.[1])

4. Die Marschen der Seeküsten.

Von den humosen Ablagerungen, die unter dem Einfluß der Gezeiten des Meeres vor sich gehen, sind in neuerer Zeit die Böden der Nordseemarschen eingehend untersucht worden. Es hat sich herausgestellt, daß die humosen Bestandteile, die den Marsch-Schlick der Nordsee bilden, ihre bezeichnenden Eigenschaften überwiegend der Einwirkung des Tierlebens verdanken.[2])

Der Marsch-Schlick entspricht in seiner Zusammensetzung am meisten dem Teichschlamm, Wesenberg bezeichnet ihn als „marine

---

1) Die von Ehrenberg gebrauchte Bezeichnung Meteorpapier ist besser nicht mehr anzuwenden.

2) Wesenberg-Lund, Prometheus, 16, S. 577 (1905).

Strandgytje". Er besteht zum größten Teil aus nicht mehr erkennbaren organischen Resten, aus Algen, Diatomeen, Krebsschalen, Kot von Schnecken und mineralischen tonigen Teilen und ist wohl ein Gemisch, das dem Plankton des Meeres und der einmündenden Flüsse, deren Flußtrübe, sowie von den Wellen in Bewegung gesetzten Organismenresten des Meeres entstammt.

In den Watten besteht die dem Meer angrenzende Schicht zumeist aus Sand, in den sich der Sandwurm (Arenicola marina L) in

Abb. 16. Blick auf die Watten zur Ebbezeit b. Nordby, b. Esbjerg (Jütland) nach Wesenberg-Lund. (Die hellen Stellen sind Wasser, die dunklen hauptsächlich Seegras.)

u-förmigen Röhren eingräbt, große Mengen von Sand mit seiner Nahrung verschlingt und sie in seinem Kot wieder ausscheidet. Unter dem Einfluß der Wellen wird der Kot zerkleinert und alle feinen organischen Teile werden dem Ufer zugetrieben. Hier sammelt ein kleiner, etwa 2 cm langer Krebs, Corophium grossipes L. (Schlickkrebs) die zufließenden organischen Reste, bringt sie in seine Höhlungen und durchfrißt sie. Auf diesem Wege werden die organischen Stoffe zusammengeballt und festgehalten.

Auf den Schlick-Watten, die von keinem Sandgürtel gegen das Meer abgegrenzt werden, sind es namentlich Pflanzen, die den organischen Detritus festhalten, sowie reichlich vorkommende Schnecken, deren schleimige Absonderungen viel zur Verfestigung des Schlickes beitragen.

Überall, wo der Schlickkrebs reichlich vorkommt, ist der Boden sehr weich, von rotbrauner Farbe. Da die Tätigkeit der Tiere auf die Sommermonate beschränkt ist, so sammelt sich auch nur in dieser Zeit Schlick an (Schlick-Monate der Marschbewohner). Man rechnet[1]), daß in 50 Jahren im Durchschnitt etwa 15 cm Schlick abgelagert werden, nach Begrünung des Bodens kann aber eine gleiche Schicht oft schon in 6—8 Jahren festgehalten werden.

Um dem Meere neue Flächen abzugewinnen, legt man Zäune u. dgl. an, wodurch die Geschwindigkeit des abfließenden Wassers gemäßigt und der Schlick festgehalten werden soll. Hat sich die Ablagerung soweit erhöht, daß sie die durchschnittliche Fluthöhe überragt, so siedelt sich Queller (Salicornia herbacea L.) an, dem bald Andel (Poa maritima), Salsola Kali L. und andere Salzpflanzen, endlich Gräser folgen.

5. Der Schlamm der Salzseen.

Die Salzseen arider Gebiete, so z. B. Südrußlands erhalten in der kalten Jahreszeit reichlich Wasser zugeführt. Im Frühling entwickelt sich ein reiches Tier- und Pflanzenleben, das beim Verdunsten des Seewassers im Sommer in der starken Salzlauge, es kommt oft zum Auskristallisieren von Salz, wieder erlischt. Es lagert sich ein sehr weicher, voluminöser, feinkörniger Schlamm von schwarzer Farbe ab.

9. Torfzerstörer. Wald auf Humusboden.

Ähnlich wie die Hungergräser der Waldungen den Trockentorf durchwachsen und zerstören, finden sich vielfach auf dem Torfe der Verlandungsbestände Gräser ein, die in ähnlicher Weise wirksam sind, aber deren Tätigkeit bei der meist erheblichen Mächtigkeit der Torfschichten wohl ausreichen, sie zu zerkleinern, aber nicht sie zum Verschwinden zu bringen. Es sind namentlich der Benthalm (Pfeifengras), Molinia coerulea, ferner Aira flexuosa, Calamagrostis epigeos; das Borstengras (Nardus stricta L.) und vielleicht ist noch die Sumpfbinse (Scirpus caespitosus L.), obgleich unter anderen Verhältnissen ein echter Torfbildner, in gleicher Weise tätig. Es sind dies Bewohner der ärmeren, ungünstigeren Torfablagerungen.

Die Wirkung dieser Gräser, die zumeist zahlreiche Faserwurzeln besitzen, besteht in der Zerstörung der geschlossenen Torfmassen und

---

[1]) Forchhammer, N. Jahrb. Mineral. 1841, S. 29.

ihrer Überführung in Modererden. Oft reicht diese Änderung bis in erhebliche Tiefe der Torfschicht und tritt zumal dort hervor, wo wechselnde Höhe der Grundwässer den Boden von unten durchfeuchtet und ihm Nährstoffe zuführt. Daher sind in Tälern und an Flußufern die humosen Ablagerungen vielfach als Modererden (Moorerden) ausgebildet. Wirksame Helfer bei der Umbildung sind Tiere, zumal Regenwürmer und ihr Verfolger, der Maulwurf.

Von den Gräsern übt vielfach der Benthalm die kräftigste Wirkung; das Molinietum ist der Wirkung des Wassers entwachsen;[1]) es kennzeichnet sich dadurch als nicht mehr zu den Verlandungsbeständen gehörig. Die zahlreichen Wurzeln führen zur Zerkleinerung des Torfes, hierdurch wird er stark durchlüftet und namentlich auch der Auswaschung und Auslaugung durch die einsickernden atmosphärischen Niederschläge ausgesetzt.[2]) Hierdurch verarmt der Torf an Nährstoffen, zumal an Kali; die nährstoffscheuen Torfmoosarten finden sich ein und die zur Bildung eines Hochmoores führenden Pflanzen werden herrschend.

Alle Gräser, auch das Molinietum scheinen sich nur unter dem Einfluß der Menschen als selbständige herrschende Formation erhalten zu können. In der Natur folgt der Verlandung die Herrschaft der Bäume, es entwickeln sich Bruchwaldungen und Waldungen des trocknen Bodens. Der Wald folgt der Verlandung.

Gewöhnlich bilden Birke und Erle den ersten Bestand, dem sich Sträucher, wie Faulbaum (Rhamnus frangula) und Weiden beimischen, ihnen folgen Kiefer, Fichte, die einstämmig wachsenden Formen der Bergkiefer (Spirke).

Die Bäume bilden hier durch die abgestorbenen Reste Torf, wie dies ja auch sonst in Waldungen (Trockentorf) der Fall ist und oft sind es ganz ansehnliche Schichten, die zur Ablagerung gelangen. Die Auslaugung derselben und die örtlichen klimatischen Einflüsse schaffen Bedingungen, die zunächst den „Wald-Sphagneen" günstig sind; diese werden herrschend und leiten die Entstehung eines Hochmoores ein (vgl. dieses S. 209).

10. Humusformen des trocknen Bodens.[3]) Trockentorf.

Untersucht man die in der Natur vorkommenden Böden, so findet man, daß die Einlagerung humoser Stoffe bis in sehr verschiedene Tiefen reicht. Am geeignetsten zur Untersuchung sind die durch

---

[1]) Strebler, Landw. Jahrb. d. Schweiz 1897, S. 13.
H. Paul, Österr. Moorzeitschr. 1907, Heft 3.

[2]) Vageler, Mitt. bayr. Moorkulturanstalt, 1, S. 42.

[3]) P. E. Müller, Die natürlichen Humusformen. Berlin 1887.

Menschenhand wenig oder nicht berührten Waldböden. Hier sind namentlich zwei Formen vertreten:

1. Die Streuschicht ist meist wenig mächtig und besteht aus nicht verbundenen, locker nebeneinander liegenden Waldabfällen, die entweder unmittelbar den Mineralboden überlagern oder unter denen sich eine mehr oder weniger mächtige humose Schicht von lockerer, gekrümelter Beschaffenheit findet. Gräbt man in den Boden ein, so schneidet der Oberboden nicht scharf von dem tieferen ab, sondern beide gehen scheinbar allmählich ineinander über.

2. Unter einer oft mächtigen Streuschicht, deren einzelne Bestandteile untereinänder verflochten sind, findet sich eine feste, faserige oder dicht gelagerte humose Schicht. Der Oberboden ist in scharfer Linie von dem tieferen geschieden, so daß der Unterschied zwischen beiden sofort hervortritt.

Natürlich finden sich zwischen den beiden Formen mannigfaltige Übergänge. Für die erste Ausbildung bietet jeder im guten Zustande befindliche Wald Beispiele, die zweite beobachtet man am reinsten in armen, namentlich Ortstein führenden Sandböden.

Auf Heiden und frei liegenden Böden (Sandböden) tritt in niederschlagsreichen Gegenden häufig die Entwicklung einer Algenvegetation auf, die die Oberfläche verkrustet und für Wasser schwer durchlässig macht. Die Algendecke entwickelt sich unter Umständen so mächtig, daß sie in zusammenhängenden Stücken abgerissen werden kann (v. Schermbeek). Auch auf dem Trockentorf der Wälder finden sich vielfach Algen und Flechten als erste Vegetation nach der Freistellung (Graebner, Die norddeutsche Heide).

a) Die erste Form ist die der guten, und um den Ausdruck zu brauchen, gesunden Waldböden. Die oberste Bodenschicht enthält deutlich erkennbare, humose Beimischungen, aber auch in den nächst tieferen Lagen fehlen die organischen Stoffe nicht völlig, sind aber auf besserem Boden nur in geringer Menge vorhanden. Sie lassen keine organisierte Struktur mehr erkennen, sondern sind den Bodenteilen so innig beigemengt, daß nach der ganzen Erscheinung nur an eine chemische Ausfällung gedacht werden kann. Man verdankt Müller eine einfache Erklärung dieser Erscheinung. Die obersten Schichten sind meist arm an löslichen Mineralstoffen, hier können Humussäuren gebildet und vom Wasser gelöst werden. In Berührung mit den benachbarten Bodenteilchen, die reicher an Salzen sind, werden die Humussäuren wieder ausgefällt.

b) Die zweite Form der Humusablagerungen entsteht bei ungünstigen Bedingungen der Verwesung.

Dieselben können verursacht sein:

1. auf sehr armen Böden durch Mangel an Nährstoffen;

2. durch Abschluß der Luft (überwiegend bei längerer Wasserbedeckung);
3. durch Übermaß an Wasser, zumeist verbunden mit niederer Temperatur. Dies findet statt in Gegenden mit hohen Niederschlägen und hoher Luftfeuchtigkeit (Seeküsten, Hochgebirge);
4. durch niedere Temperatur (in den nordischen Ländern, Gebirgen);
5. durch Mangel an Wasser (Trockenheit, zumal während der wärmeren Jahreszeit). Hervorragende Kuppen, Hänge, die von Süd- und Ostwinden ausgetrocknet werden, licht gestellte Bestände, zumal Buchenforsten zeigen häufig diese Erscheinung.

Demnach können alle Bedingungen, die der Verwesung ungünstig sind, die Ablagerung humoser Reste in wenig zersetztem Zustande mit auf dem Boden dicht auflagernder Schicht veranlassen; welche Bedingung gerade am gegebenen Orte die wirkende gewesen ist, das zu entscheiden bedarf es eines mit den Verhältnissen vertrauten Urteils. Allen diesen Ablagerungen gemeinsam ist die faserige, wenig erdartige Struktur der Humusschicht.

Die verschiedenartigsten Pflanzenreste können das Material für diese Bildungen liefern, zeigen aber bemerkenswerte Unterschiede in der Leichtigkeit und Schnelligkeit, mit denen die Ablagerung voranschreitet.

Vielleicht hat die Fadenpilzflora der Streudecken auf dieses Verhalten Einfluß. de Konig[1]) fand auf Eichenstreu 41 Arten, auf Buche 27 Arten, auf Kiefernadeln nur 12 Arten Fadenpilze.

Für die Baumarten ergibt sich etwa folgende Reihe als Trockentorfbildner:

Buche, Fichte, Eiche, Kiefer;

Erdmann (Heideaufforstung 1904, S. 70) gibt die Reihenfolge: Weymouthskiefer, Buche, Fichte, Tanne, Eiche, Kiefer, Birke. Die letzten drei seien unschädliche „Humuszehrer", während die ersten drei ausgesprochene „Humusbildner" sind und die Tanne etwa in der Mitte steht. Nur unter sehr ungünstigen Verhältnissen liefere sie Rohhumus, im ganzen schließe sie sich mehr den unschädlichen Baumarten an.

In bezug auf die Bodenpflanzen ist etwa folgende Reihe aufzustellen:

Heide (Calluna vulgaris), Preißelbeere (Vacc. vitis idaea), Heidelbeere (Vacc. myrtill.), Farnkraut (Pteris aquilina und Aspidiumarten), Moos, besonders die dichte Polster bildenden Arten.

---

[1]) Arch. néerland. II, 9, S. 49.

Alle solchen Ablagerungen werden unter dem Namen „Trockentorf" zusammengefaßt; früher bezeichnete man sie als „Rohhumus". Es sind nach Entstehung und Eigenschaften sehr ähnliche Bildungen.

Der Rohhumus besteht meist aus zwei Schichten; die obere ist echter Torf, die Pflanzenabfälle sind in ihrer Struktur mehr oder weniger erhalten und bilden eine mäßig dichte, versponnene und verwebte Masse; die tiefere Schicht enthält sparsamer erkennbare Pflanzenteile; die humose Substanz ist faserig, meist dunkel gefärbt, von Wurzeln dicht durchzogen und trägt den Charakter einer dicht gelagerten Modererde. In manchen Fällen, zumal unter Astmoosen ist die obere Lage wenig entwickelt. In anderen erreichen die Ablagerungen erhebliche Mächtigkeit; die Beschaffenheit wird dann völlig torfartig. Es sind namentlich kühle und feuchte Gebiete, in denen derartige Bildungen nicht selten sind; sie können unter verschiedenen Beständen (Buche, Fichte, Kiefer) auftreten und entsprechen in ihrer Ausbildung vollständig der Waldmoorschicht, die sich unter vielen Hochmooren findet.

Die Versammlung der Vertreter forstlicher Versuchsanstalten in Stuttgart 1907 hat sich für Annahme des Ausdruckes Trockentorf ausgesprochen, zumal wiederholt von forstlicher Seite die Bezeichnung „Rohhumus" beanstandet war.

Inzwischen sind mir doch Bedenken gekommen, ob „Trockentorf" als Gesamtbezeichnung dieser Humusablagerungen, die sehr oft ganz oder doch in den unteren Schichten als Moder ausgebildet sind, sich festhalten läßt.

Man würde allen Schwierigkeiten entgehen, wenn man an „Rohhumus" als Gesamtbezeichnung festhalten würde und darunter mit Fricke[1]) bezeichnen würde, alle in Zersetzung begriffenen organischen Stoffe, die fast unvermengt mit Erde auf dem Mineralboden liegen und noch die Struktur der organischen Gebilde erkennen lassen, aus der dieser Humus hervorgegangen ist.

Trockentorf würde dann festzuhalten sein als Bezeichnung für echte Torfe auf dem Trocknen, während für die zerkleinerten Teile Moder gebraucht werden könnte. Man könnte bei der Beschreibung z. B. sagen: „Buchen-Rohhumus" aus dichtem Trockentorf, darunter 3 cm dichter Moder." „Rohhumus des Kieferwaldes, 10 cm lockerer Trockentorf, darunter 10 cm Moder," oder „Rohhumus als dichte feinfaserige Moderschicht 2—3 cm usw.". Diese Form der Darstellung würde für die Praxis Vorzüge haben und viel leichter zur Verständigung führen, als es bei der jetzigen möglich ist.

---

[1]) Ber. Hauptvers. d. Deutsch. Forstvereins Darmstadt 1905.

Vorhandener Trockentorf läßt sich zumeist schon an dem Zustande der Streudecke erkennen. Auf allen guten Waldböden ist diese dünn und immer locker gelagert. Die einzelnen Bestandteile, Blattreste u. dgl. liegen lose nebeneinander. Überall, wo dagegen die Bildung von Rohhumus beginnt, ist die Streudecke mehr oder weniger dicht zusammengelagert; zumal in Buchenwäldern kann man sie oft in großen zusammenhängenden Schichten abziehen.

Nicht selten läßt sich nachweisen, daß die Entstehung des Trockentorfes mit forstlichen Kulturmaßregeln in Verbindung steht. Oft bildet die Grenze einer Abteilung auch die Grenze zwischen gesunden Humusbildungen und denen des Trockentorfes.[1])

Auch an einzelnen Stellen eines sonst davon freien Bestandes tritt häufig Bildung von Trockentorf durch lokale Bedingungen auf; ungünstige Jahre und Lichtstellung können sie sehr steigern. An solchen Orten erfolgt mit Vorliebe die erste Ansiedelung der Heide- und Beerkräuter, die durch ihr dichtes Wurzelgeflecht und eigene Abfälle die Rohhumusbildung stark fördern.

Der Trockentorf der Baumarten ist verschieden in Lagerung, Aussehen und Verhalten.

Der Trockentorf der Buche ist dunkelbraun gefärbt und bildet in feuchten, kühlen Lagen, zumal im Seeklima, starke Schichten, die in den oberen Lagen echter Torf, in den unteren mehr dicht gelagerter, durch Buchenwurzeln zusammengehaltener Moder sind. In den obersten Schichten sind Blattreste reichlich erkennbar, die in den tieferen in braune bis rotbraune, körnige und faserige Massen zersetzt sind, während Fruchtkapseln und Äste meist noch unterschieden werden können. Der Buchenrohhumus ist von Buchenwurzeln durchzogen, die einen wesentlichen Bestandteil der Schicht ausmachen und zur dichten Lagerung der Massen beitragen.

Aus den Abfällen der Eiche bildet sich nur selten Trockentorf von brauner Farbe und lockerer Struktur.

Leicht und reichlich, oft schon im früheren Bestandsalter, bildet die Fichte Trockentorf. Die Reste der Nadeln und Zapfenschuppen sind fast stets erkennbar erhalten. Die ganze Masse ist trocken meist wenig fest, bröckelig, widersteht aber der fortschreitenden Zersetzung sehr, so daß im Walde der Trockentorf der Fichte zu den Ablagerungen mit ungünstigem Verhalten gezählt wird. Die Farbe des Fichten-Trockentorfes ist verschieden, von gelbbraun bis dunkel schwarzbraun; jedoch herrschen die dunklen Färbungen vor.

Rohhumus der Tanne ist, sofern überhaupt vorhanden, gewöhnlich nur als schwache Schicht ausgebildet, von lockerer Struktur und leichter Zersetzbarkeit.

---

[1]) Vgl. hierüber namentlich Müller, Die natürlichen Humusformen.

Rohhumus der Kiefer wird sehr stark durch die Bodenvegetation beeinflußt und ist je nach den herrschenden Arten ganz verschieden. Kiefer im geschlossenen, den Boden deckenden Jungbestand bildet wohl überhaupt keinen Rohhumus oder höchstens leicht zersetzbare faserige Ablagerungen von geringer Mächtigkeit. Im höheren Bestandsalter stellen sich die Kiefern licht und ermöglichen das Auftreten einer Bodenvegetation. Je nach deren Zusammensetzung sind die Ablagerungen, die sich bilden, verschieden. So finden sich z. B. im Küstengebiet der Ostsee oft starke (30—40 cm) Lagen von Trockentorf, die aus den Abfällen der Kiefer, Astmoosen, Adlerfarn gebildet sind und locker gelagerte Massen bilden, die in den oberen Schichten als faseriger Trockentorf und in den tieferen Schichten als faseriger Moder ausgebildet sind. Der Rohhumus der Kiefer entspricht in seinem Verhalten überwiegend dem Rohhumus der herrschenden Bodenvegetation; die Strobe (Pinus Strobus) scheint trotz ihres sehr starken Nadelabfalles nur örtlich Trockentorf zu bilden; wenigstens liegen Beschreibungen darüber noch nicht vor. —

Die Latschen bilden sowohl im Hochgebirge als auch bei ihrem Vorkommen auf Hochmoor reichlich Trockentorf, der sich oft in beträchtlichen Schichten anhäuft.

Die Hülse (Stechpalme, Ilex aquifolia) bildet reichlichen, stark faserigen Rohhumus.

Es mag hier bemerkt werden, daß auf dem Boden unter Wacholder niemals Ablagerungen von Rohhumus zu finden sind, selbst nicht im arktischen Gebiet und bei reichlichster Ansammlung von abgefallenen Nadeln.

Von der Bodenvegetation sind als Bildner von Trockentorf zu nennen:

Heide (Calluna vulgaris und Erica tetralix L.). Der Rohhumus der Heide ist meist dunkel, fast schwarz gefärbt und meist von faseriger Struktur. Feucht erscheint er beinahe homogen, speckig und bildet nach dem Trocknen feste Stücke. Die ganze Masse der Humusschicht ist von feinen Wurzeln der Heide nicht selten so dicht durchzogen, daß in ausgetrockneten Stücken die Struktur fast filzig wird. Der Rohhumus der Heide gilt als eine der für die Kultur ungünstigsten Humusformen.

Beerkräuter. Der Rohhumus der Heidelbeere (Vaccinium Myrtillus) verhält sich ähnlich dem der Buche, ist aber lockerer gelagert als die ungünstigsten Formen des Buchentorfes. Zwischen Mineralboden und Trockentorf verbreiten sich unter Heidelbeeren in engem Geflechte die Kriechtriebe dieser Pflanze und verhindern hierdurch starke Verfestigung und Dichtlagerung der Humusteile. Der Rohhumus der Heidelbeere ist meist tiefbraun, faserig und verhältnismäßig locker gelagert. Die Preißelbeere (Vaccinium Vitis Idaea) bildet viel kompakter gelagerten, häufig stark verfilzten Rohhumus; die Färbung ist meist hell, grau, gelblich bis braun, seltener dunkel. Der Trockentorf der Preißelbeere gilt als eine schwer veränderliche, ungünstige Humusform.

Unter Bärentraube (Arctostaphylos uva ursi L.) habe ich bisher keine Ablagerung kennen gelernt; wohl aber unter Krähenbeere (Empetrum nigrum), die namentlich im Norden Europas zu den wichtigen Torfbildnern zu zählen ist.

Im Hochgebirge sind starke Bildner von Trockentorf die Alpenrosen (namentlich Rhododendron ferrugineum, weniger R. hirsutum), die einen schwarzen faserigen Rohhumus ablagern. Azalea procumbens bildet in Hochlagen oft faserigen, meist hellfarbigen, braunen Trockentorf, dessen Schichten bis 40 cm mächtig werden.

Carex firma und C. curvula liefern ebenfalls viel Trockentorf in Hochlagen.

In vielen Fällen bilden sich die vertorfenden Schichten aus Abfällen verschiedener Pflanzenarten. Es entstehen dann gemischte Ablagerungen, die sich in ihren Eigenschaften gegenseitig beeinflussen, in der Regel aber weniger dicht gelagert und leichter zersetzbar sind als die nur aus einer Pflanzenart gebildeten. Für die forstliche Praxis ist dieses Verhalten von grundlegender Bedeutung und veranlaßt, daß die Vorgänge der Humusbildung in gemischten Waldungen viel günstiger verlaufen als unter reinen Beständen.

Die Bildung von Trockentorf ist in erster Reihe vom herrschenden Klima abhängig. In Gegenden mit kurzem Sommer ist die Bildung von Trockentorf weit verbreitet und er geht auch aus Abfällen von Pflanzenarten hervor, deren Reste unter günstigeren, wärmeren Verhältnissen bald zersetzt werden. In gemäßigteren Klimaten sind es namentlich die unter dem Einfluß des Meeresklima stehenden Küstengebiete, in denen rasch und reichlich Trockentorf gebildet wird. Unter Buche findet sich z. B. in den Waldungen Mitteldeutschlands kaum Rohhumus, wenigstens nicht bei pfleglicher Behandlung der Bestände, während z. B. in Holland und in Hannover im Buchenwalde oft mehrere Dezimeter starker charakteristischer Trockentorf gebildet wird. Bei Haarlem lernte Verfasser einen Buchenbestand im Alter von 70 Jahren kennen, dessen Boden nachweislich bei Anlage des aus Pflanzung hervorgegangenen Waldes in ganzer Fläche 70 cm tief rigolt war. Den Boden bedeckte eine gleichmäßige, geschlossene Lage Buchentorf von 10—15 cm Mächtigkeit. Der Torf mußte also im Verlauf der letzten 70 Jahre gebildet worden sein.

11. Veränderung der Böden unter Rohhumus.

1. Ortsteinbildung.

In neuerer Zeit sind zahlreiche Arbeiten über Ortstein und Ortsteinbildung veröffentlicht worden. Frühere Untersuchungen wurden namentlich von Emeis, P. E. Müller und E. Ramann ausgeführt.

Zum Verständnis der Änderungen, die Böden unter Rohhumusdecken erleiden und die zur Bildung von Ortstein führen, ist es notwendig, zunächst die Verhältnisse der hierbei in Frage kommenden Böden kurz zu skizzieren.

Rohhumus wie Ortstein sind Ablagerungen ausgesprochen humider Gebiete. Die Entstehung des Ortsteines läßt sich darauf zurückführen, daß kolloide Humusstoffe gelöst und in bestimmten Schichten des Bodens wieder ausgefällt werden. Es sind dies Verhältnisse, die nicht prinzipiell verschieden von anderen humiden Böden sind, bezeichnend ist nur, daß die Vorgänge nicht in der ganzen Bodenschicht gleichmäßig verteilt sind, sondern schärfer getrennt, örtlich und gesondert auftreten.

Der einfachste Fall ist Ablagerung von Trockentorf und damit die Möglichkeit der Bildung von Humussolen, die mit dem absickernden Wasser dem Boden zugeführt werden und zur Ausfällung kommen müssen, wo lösliche Salze die Sole in Gele verwandeln oder andere Gallertkörper sie ausfällen. Erfolgt dies in der Oberflächenschicht des Bodens, so werden Humuskolloide die Mineralteile verkitten und es wird unmittelbar unter dem Rohhumus eine Bodenschicht entstehen, in der die Mineralteile mit humosen Stoffen gemischt und durch sie verkittet sind.

Da aber in humiden Gebieten normalerweise die obersten Bodenlagen besonders der Sandböden bereits stark verwittert und zum Teil auch schon ausgewaschen sind, so wird unter dieser Voraussetzung die Ausfällung der Humuskolloide jeweils in jenen tiefer gelegenen Schichten des Bodens eintreten, die wir als Verwitterungszone bezeichnen.

Als Beispiel möge die Zusammensetzung eines normalen diluvialen Sandbodens der Oberförsterei Eberswalde herangezogen werden.

Die Schichtung dieser Sande ist ganz charakteristisch. Die Sande der obersten Bodenschicht sind stark verwittert, mehr oder weniger mit Humus gemischt, reich an löslichen, arm an noch verwitterbaren Bestandteilen; die zweite Schicht des Bodens ist gelb bis braun gefärbt, der Gehalt an löslichen Bestandteilen ist zumeist der höchste des Bodens, an noch verwitterbaren Bestandteilen ist eine mittlere Menge vorhanden; diese zweite Schicht ist die Verwitterungszone des Bodens; der Teil, in dem die chemischen Umsetzungen am kräftigsten erfolgen. Die dritte Schicht stellt den eigentlichen Rohboden dar, der noch wenig von den Prozessen der Verwitterung berührt, am reichsten an unveränderten Bestandteilen ist.

Folgende Analysen geben die Zusammensetzung:[1])

Das Bodenprofil zeigte bis zu einer Tiefe von 2 m:

I. 16 cm schwach humosen Sand;
II. 30 „ bräunlichgelben nach unten heller gefärbter Sand;
III. weißen Sand.

Die chemische Zusammensetzung der verschiedenen Schichten war folgende:

		Löslich in Salzsäure $^0/_0$ des Bodens	Unlöslicher Rückstand des Salzsäureauszugs	Gesamtgehalt des Bodens
I.	Kali	0,020	0,96	0,98
	Kalk	0,019	0,36	0,38
	Magnesia	0,025	0,06	0,08
	Eisenoxyd	0,197	0,69	0,89
	Tonerde	0,174	2,84	3,01
	Phosphorsäure	0,040	0,05	0,09
II.	Kali	0,035	1,19	1,23
	Kalk	0,041	0,43	0,47
	Magnesia	0,052	0,07	0,12
	Eisenoxyd	0,215	0,76	0,98
	Tonerde	0,272	2,40	2,67
	Phosphorsäure	0,068	0,04	0,11
III.	Kali	0,048	1,04	1,09
	Kalk	0,041	0,32	0,36
	Magnesia	0,055	0,06	0,12
	Eisenoxyd	0,241	0,68	0,92
	Tonerde	0,132	2,48	2,61
	Phosphorsäure	0,030	0,07	0,10

In einem solchen Boden macht schon der relativ hohe Gehalt an löslichen Stoffen in allen Schichten das Auftreten kolloid gelöster humoser Körper unwahrscheinlich; bilden sich wirklich Humussole, so werden sie an jeder Stelle auch wieder in Gele übergeführt werden können.

Anders, wenn die oberste Bodenschicht durch Auswaschung verarmt, dann können bereits Humussole in merkbarer Menge entstehen

[1]) Ramann, Die Verwitterung diluvialer Sande. Jahrb. d. preuß. geol. Landesanst. 1884.

und sie werden teils in der ersten, teils in der zweiten Bodenschicht der Verwitterungszone, abgeschieden werden. Nicht selten findet man in dieser Schicht kleine Mengen ausgefällter Humusstoffe; die Färbung dieser Schicht gestattet keinen sicheren Schluß, denn neben den Humusstoffen kann auch Eisenoxyd dieselbe bedingen.

Mit fortschreitender Auswaschung verarmt die oberste Schicht allmählich ganz an löslichen Stoffen. Gefördert wird die Auswaschung durch dichtere Lagerung des Bodens und unter der Mitwirkung von kolloiden Humusstoffen, die auch Eisen und Tonerde löslich machen und zur Tiefe führen.

Lagert dem Boden Rohhumus auf, dann bilden sich auch Humussole, die die Auswaschung beschleunigen und in verhältnismäßig kurzer Zeit die obersten Bodenschichten an löslichen Stoffen erschöpfen; es entsteht ein ausgebleichter, grauer, schwach humoser Sand, der „Bleichsand“.[1])

Die Bildung von Bleicherden durch Auswaschung im humiden Gebiet (ohne Mitwirkung von Natriumkarbonat, das in den Steppen die Wegfuhr des Eisens vermittelt) beschränkt sich nicht auf Sande, sondern trifft auch Lehm- und Tonböden. So beschreibt z. B. O. Grupe[2]) eine echte tonreiche Bleicherde, den „Molkenboden“ des Söllings. Ramm[3]) weist auf die „Missenbildungen“, dicht gelagerte, für Wasser undurchlässige Tonböden der mittleren Buntsandsteinformation in Württemberg hin.

Schon die angeführten Vulgärnamen, die sich noch vermehren lassen, zeigen, wie stark und auffällig die Veränderungen des Bodens unter Rohhumusdecken sind.

Während in einem von Tieren durcharbeiteten Boden die Grenzen der einzelnen Schichten wenig scharf sind und wenigstens erst genauere Beobachtung sie erkennen läßt, ist die Abgrenzung in den tierarmen Böden (unter Rohhumus fehlen die Regenwürmer, wenigstens die großen, tief in die Erde gehenden Arten) meist ganz scharf. Ist nun die Auswaschung bis zu einem gewissen Grade eingetreten, so hört auch die Einwirkung der Bodensalze auf die löslichen Humusstoffe auf, sie bleiben in Lösung und können in tiefere Bodenschichten gelangen. Sobald sie jedoch in Berührung mit löslichen Salzen kommen, werden sie zur Ausfällung gebracht und überziehen zunächst die einzelnen Bodenkörner mit einer dünnen Schicht strukturloser organischer

---

[1]) Früher mit dem durch die bleigraue Färbung veranlaßten Namen „Bleisand“ bezeichnet; auch gelegentlich „Grausand“ genannt.

[2]) Zeitschr. f. Forst- u. Jagdw. 1909, S. 9.

[3]) Vers. d. Württemb. Forstvereins 1908.

Stoffe. Naturgemäß wird diese Ausfällung am stärksten in der „Verwitterungszone“ des Bodens vor sich gehen. Werden immer mehr gelöste organische Stoffe zugeführt, so können die ausgeschiedenen Mengen so bedeutende werden, daß sie die einzelnen Bodenteile verkitten und eine feste Schicht unterhalb des Bleichsandes, den Ortstein, bilden.

Zu diesen Elektrolytwirkungen treten noch gegenseitige Ausfällungen von Kolloiden. Die Anreicherung des Eisenoxydes und der Tonerde, die zwar nicht alle, aber die meisten Ortstein-Analysen zeigen, lassen sich hierdurch am besten verständlich machen. Unter dem Einfluß der Schutzkolloide der ausgelaugten Schichten werden Eisenoxyd und Ton kolloid löslich; sie müssen hierbei elektrisch geladen werden. Diese Lösungen kommen in Berührung mit Bodenschichten, die größere Mengen elektropositiv geladenen Eisenoxydhydrates enthalten, dessen Elektrizitätsmenge überwiegt und nun sowohl die humosen Stoffe wie die mitgeführten anderen Kolloide zur Ausfällung bringt.

Diese Auffassung einer gleichzeitigen Elektrolyt- und Kolloidwirkung wird gestützt durch die Erfahrung, die man an neu angelegten Gräben, die Ortsteinböden durchschneiden, machen kann, in denen sich an organischen Stoffen reiche Gele nicht selten abscheiden.

Man kann in Sandböden aller Art diese Vorgänge häufig in allen Übergängen verfolgen. Der Entstehungsvorgang verläuft in drei Abschnitten:

1. Auswaschung der obersten Bodenschicht;
2. erste Abscheidung humoser Stoffe auf der Verwitterungszone des Bodens. Die einzelnen Körner sind noch voneinander getrennt, aber mit dünnen Schichten organischer Stoffe überzogen;
3. Verkittung der Bodenschicht zu festen Ortsteinlagen.

Die chemische Veränderung des Bodens läßt sich schrittweise verfolgen. Ein besonders gutes Beispiel hierfür geben Untersuchungen des Verfassers von Diluvialsanden.[1])

[1]) Waldstreu usw., S. 48. Berlin 1890.
Die Analysen beziehen sich auf diluviale Sande, deren ungemein gleichartige Zusammensetzung die Ausführung solcher Untersuchungen ermöglicht. Die völlige Gleichheit des Bodens in tieferen Schichten ist überdies noch später durch besondere Analysen nachgewiesen (Forstliche Blätter 1890, S. 141). Für jeden, der mit den Verhältnissen diluvialer Sandböden vertraut ist, kann es keinem Zweifel unterliegen, daß die beobachteten Veränderungen sekundär sind und nach Lage der Sache nur durch die Rohhumusauflagerungen herbeigeführt sein können.

Die Bodenarten enthielten an in Salzsäure löslichen Stoffen:

	Gesunder Waldboden (Mullboden)	Boden mit 2 cm Rohhumus bedeckt	Boden mit 7 cm Rohhumus bedeckt
Kali	0,0107	0,0107	0,0092
Kalk	0,0875	0,0508	0,0360
Magnesia	0,0440	0,0333	0,0130
Eisenoxyd	0,4875	0,4287	0,3375
Tonerde	0,5625	0,4287	0,3487
Phosphorsäure	0,0489	0,0320	0,0296
Gesamtgehalt an lösl. Stoffen	1,2974	1,0163	0,7959
Porenvolumen des Bodens	55,4	53,1	46,2

Noch viel schärfer ausgeprägt treten ähnliche Verhältnisse bei Ortsteinböden hervor. Unter den zahlreichen untereinander völlig übereinstimmenden Untersuchungen möge hier eine Analysenreihe des Verfassers als Beispiel dienen:

Ortsteinboden der Oberförsterei Hohenbrück (Pommern).

1. Bleichsand, 15—20 cm mit 1,05% organischen Stoffen;
2. Ortstein, 5—8 cm mit 7,28% organischen Stoffen;
3. Gelbbrauner unter dem Ortstein liegender Sand.

		Löslich in Salzsäure % des Bodens	Der in Salzsäure unlösliche Rückstand %	Berechnete Zusammensetzung des Bodens %
Bleichsand	Kali	0,0076	0,618	0,626
	Kalk	0,0110	0,060	0,071
	Magnesia	0,0026	0,020	0,023
	Eisenoxyd	0,0964	0,450	0,546
	Tonerde	0,0268	1,650	1,677
	Phosphorsäure	0,0059	0,043	0,049
	Gesamtmenge	0,1646	2,068	2,233
Ortstein	Kali	0,0178	0,754	0,772
	Kalk	0,0194	0,170	0,189
	Magnesia	0,0137	0,028	0,042
	Eisenoxyd	0,1936	0,690	0,784
	Tonerde	1,5256	2,320	3,845
	Phosphorsäure	0,2966	0,042	0,338
	Gesamtmenge	2,0744	4,411	6,482

		Löslich in Salzsäure % des Bodens	Der in Salzsäure unlösliche Rückstand %	Berechnete Zusammensetzung des Bodens %
Gelbbrauner Sand	Kali	0,0085	1,103	1,111
	Kalk	0,0254	0,225	0,250
	Magnesia	0,0401	0,064	0,104
	Eisenoxyd	0,3448	0,760	1,105
	Tonerde	0,4000	3,210	3,610
	Phosphorsäure . . .	0,0281	0,043	0,071
	Gesamtmenge . . .	0,895	5,938	6,833

2. Ortstein.

Ur, Ahl, Orterde, Branderde, Fuchserde, Fuchsdiele, Kraulis (Ostpreußen), Knick (Westfriesland).

Der Ortstein ist ein durch humose Stoffe verkitteter Sandstein, also ein Humussandstein, von hellbrauner bis schwarzbrauner Farbe. Je nach der Bodenart und Mächtigkeit ist derselbe zerreiblich, wenig fest bis steinhart. Er findet sich in der Regel an den Hängen selbst schwacher Bodenerhebungen besonders stark ausgebildet; die Gipfel, beziehentlich Höhen sind meist, nicht immer, frei von Ortstein; in den Tieflagen, zumal in der Nähe des Grundwassers, ist er meist weicher, zerreiblicher.

Die Mächtigkeit des Ortsteins und die Tiefe, in der er sich findet, sind äußerst wechselnd.

An die Luft gebracht zerfällt der Ortstein zunächst zu einem braunen, durch Verwitterung der organischen Bestandteile allmählich heller werdenden Sand. Durchfrieren des Ortsteins beschleunigt diesen Vorgang ungemein. Als Regel kann gelten, daß der Zerfall um so rascher eintritt, je höher der Gehalt an organischen Stoffen ist. Braun gefärbte (humusreiche) Ortsteine sind meist in Jahresfrist, hell gefärbte (humusarme) oft erst in 2—4 Jahren zerstört.

Durchbrechungen des Ortsteins geben zunächst Gelegenheit zum rascheren Abfluß des Wassers, hierdurch wird starke Auswaschung des Bodens und Bildung von Bleichsand bewirkt, der von neuen Ortsteinablagerungen umkleidet wird, die oft metertief in den Boden hinabreichen. Fehlen solche Abzugskanäle für das Wasser, so durchsickert dieses an einzelnen Stellen den Ortstein reichlicher als an anderen und bildet tiefe Ausstülpungen von Ortstein. Beide Formen bezeichnet man als Töpfe, sie bieten der Kultur von Ortsteinböden oft große Schwierigkeiten.

Obgleich einheitlicher Entstehung, kann man für die Zwecke der Bodenkultur doch drei verschiedene Formen des Ortsteins unterscheiden; da diese Ausbildungsweisen darstellen, die der Bearbeitung sehr verschiedene Schwierigkeiten entgegenstellen.

1. Orterde (Branderde), weich, zerreiblich, sehr reich an organischen Stoffen; zumeist wenig tief gelagert. Es ist dies die Form reicherer, noch wenig ungünstig veränderter Böden.

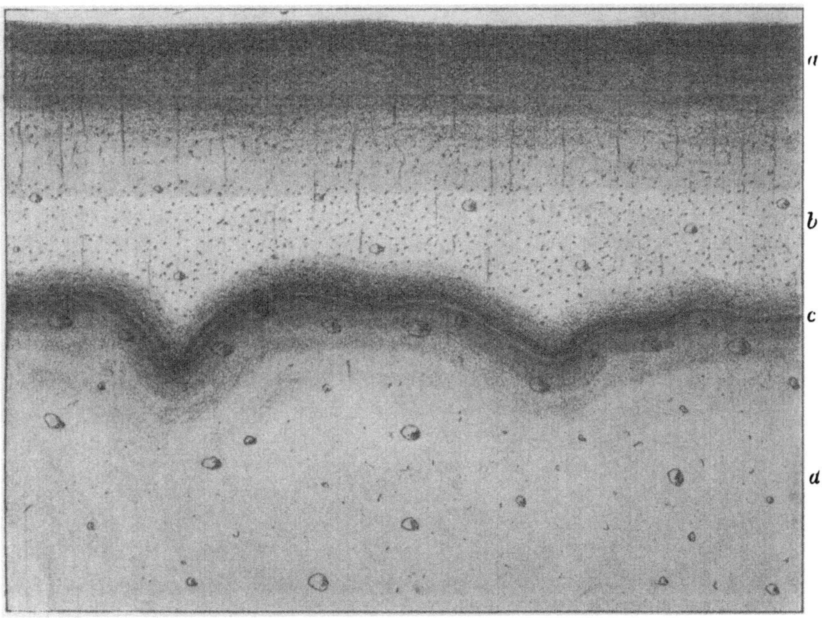

Abb. 17. Normales Profil eines Ortsteinbodens (nach Emeis).
a humoser Sand, *b* Bleichsand, *c* Ortstein, *d* Untergrund.

2. Ortstein, feste, steinartig harte Massen, die in mäßiger Dicke auf noch zerreiblichen oder losen Bodenschichten auflagern. Der Gehalt an organischen Stoffen ist ein mittlerer, die Farbe braun bis schwarz. Diese Form ist in der Lüneburger Heide und überhaupt in Norddeutschland am verbreitetsten.

3. Hellbraun bis braun gefärbter Ortstein, sehr fest und zähe, von geringem Gehalte an organischen Stoffen. Diese Form des Ortsteins, die der Bodenbearbeitung die größte Schwierigkeit entgegensetzt, findet sich überwiegend in Schleswig-Holstein und Dänemark, seltener in Norddeutschland. Der Ortstein ist bei dieser Ausbildung meist von großer Mächtigkeit und wird oft

von einer weniger festen Schicht dunkler gefärbten Ortsteins überlagert.[1])

Das Vorkommen des Ortsteins ist viel verbreiteter als man früher angenommen hat. Einmal auf diese Bildung aufmerksam gemacht, hat man sie nicht nur im ganzen Norden Europas gefunden, sondern auch auf den deutschen Mittelgebirgen und im Hochgebirge.

Die Ortsteinbildung tritt auf reinen Sandböden am leichtesten und verbreitetsten auf, ist jedoch nicht auf sie beschränkt. Auf Gesteinsgrus nicht selten, finden sich analoge Bildungen auch auf lehmigen

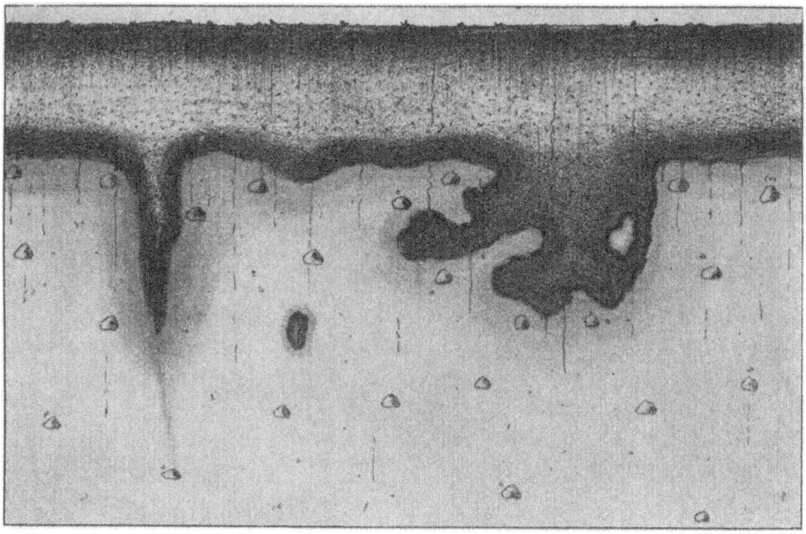

Abb. 18. Ortstein mit „Topfbildungen" (nach Emeis).

Böden, wenn auch die Ausbildung dann in der Regel weniger typisch ist und meist weiche, erdige Formen des Ortsteins (Branderde) vorkommen.[2])

---

[1]) Emeis wie Müller, die wesentlich die Verhältnisse der cimbrischen Halbinsel berücksichtigen, erklären übereinstimmend, daß der Ortstein, wo er voll ausgebildet ist, immer in der letzteren Form vorkomme. Für jene Gebiete ist dies richtig, glücklicherweise aber nicht für weitaus die meisten Ortsteinböden der südlicheren Gebiete.

Oberhalb des Ortsteines findet sich nicht selten eine lockere, humusreiche Lage. Müller führt die Bildung auf herabgeschlämmte Humuspartikel zurück. Wo ich Gelegenheit hatte, diese Bildung kennen zu lernen, scheint sie mir vielmehr auf abgestorbene Heidewurzeln, die oft den Ortstein in dichtem Geflecht überziehen, zurückzuführen sein.

[2]) Verf. fand z. B. Ortsteinbildungen in reichlicher Verbreitung im Gotthardgebiete, z. B. entlang der Furkastraße.

Man nahm früher vielfach an, daß der Ortstein infolge Entwaldung unter Heide entstände, trotzdem schon sehr frühzeitig Nachrichten über Ortstein in Wäldern vorkommen (Eilenriede bei Hannover, Rostocker Stadtwald). Tatsächlich ist Ortstein auf alten Waldböden weit verbreitet; so beziehen sich z. B. die mitgeteilten Analysen auf Ortstein aus altem Waldboden der preuß. Oberförsterei Hohenbrück in Pommern.

3. Physikalische Änderungen des Bodens bei Rohhumusbedeckung

treten mit den chemischen Wirkungen gleichzeitig ein. Durch Wegführung der löslichen Salze wird eine der wichtigsten Bedingungen der Krümelbildung beseitigt; die Krümel selbst werden zerstört und die Bodenkörner dicht zusammengelagert. Bei vergleichenden Untersuchungen ergibt sich immer eine Verringerung des Porenvolumens, also der von Luft erfüllten Räume des Bodens. Alle Heideböden zeigen fast das Minimum der Durchlüftung. Nicht selten ist die oberste Mineralbodenschicht so dicht gelagert, daß sie sich, auch wenn sie aus Sand besteht, in Stücken herausbrechen läßt.

Eine ferner ungünstige Wirkung liegt in der Vernichtung oder doch in der sehr bedeutenden Verminderung des Tierlebens. Die Regenwürmer verschwinden bei Rohhumusbedeckung sehr rasch. Die saure Reaktion der Böden bewirkt Zurücktreten der Bakterien und damit Abnahme der Verwesung. Aus allen diesen Gründen ist es verständlich, daß die einmal begonnene Bildung von Rohhumus rasch fortschreitet, da eine wesentliche Ursache der Zerstörung der Abfallreste vermindert ist.

Während Beimischung von gesundem Humus und Bedeckung mit einer locker gelagerten Streudecke für den Waldboden von hervorragender Bedeutung ist, sind Rohhumusschichten für Boden wie Bestand in ihren Wirkungen überwiegend ungünstig. Sammelt sich Rohhumus zu mächtigeren Schichten an, so wird er zu einem Gliede der Bodenformation und bildet einen ausgesprochenen Humusboden, der in vielen Fällen zum Ausgangspunkt eines Hochmoores werden kann. Die Hochmoore der Gebirge sind fast ausschließlich, die der Ebene vielfach auf diesem Wege entstanden.

4. Zerstörer des Rohhumuses.

Die Bildung von Rohhumus erfolgt überwiegend im Walde, niedere Temperaturen oder Mangel an Feuchtigkeit sind die häufigsten Ursachen seiner Ablagerung. Wird der Wald allmählich gelichtet, so steigt die Bodentemperatur erheblich; die niederen Organismen des

Waldes, namentlich die Bakterien erhalten günstige Lebensbedingungen und die auf dem Boden lagernden humosen Stoffe erfahren langsam fortschreitende Zersetzung. Mäßig dicke Lagen von Rohhumus, selbst dünne Schichten von Trockentorf können auf diese Weise zerstört werden. Zumal in Gebieten, in denen niedere Temperatur die wichtigste Ursache der langsamen Zersetzung der organischen Stoffe ist, werden unter Umständen noch ziemlich starke Lagen von Rohhumus umgebildet, z. B. werden in den Fichtenwaldungen der Umgebung von Passau 5—7 cm mächtige Rohhumusschichten bei entsprechender Lichtung der Bestände innerhalb einiger Jahre so gründlich zersetzt, daß sich sogar die Fichte natürlich verjüngt.

Im Urwalde beherrschen zwar ähnliche Ursachen das Entstehen und Vergehen von Humusanhäufungen, aber so günstig wie der meist gleichaltrige, lange Zeit dicht geschlossene Kulturwald ist der alle Altersklassen umfassende Urwald (Plänterwald) der Ansammlung von Rohhumus nicht.

Unter stark durchbrochenen Beständen sowie unter Lichtholzarten, namentlich der Föhre erscheinen Grasarten, die zu den wirksamsten Zerstörern von Rohhumus gehören. Die zahlreichen feinen Faserwurzeln dieser Grasarten bringen sogar die Humusmassen der Trockentorfe zum Zerfall, indem sie dieselben durchwachsen.

Das wichtigste dieser Gräser ist die Drahtschmiele Aira (Deschampsia) flexuosa, die oft in dichtem Bestande die gelichteten Waldböden überzieht und da sie zeitweise Trocknis ertragen kann, auch auf trocknem Sandboden noch widerstandsfähig ist. Unter dem Einfluß dieses Grases wird Trockentorf zersetzt und in wenigen Jahren in einen feinkörnigen, dunkelfarbigen Moder umgewandelt.

Neben Aira flexuosa sind von Gräsern, die Rohhumus zerstören, noch zu nennen: Benthalm, Molinia coerulea, auf gleichmäßig feuchten Böden; Sieglingia decumbens, auf mäßig feuchtem bis feuchten Boden. Auf den trocknen Böden vertreten Aira caryophyllacea und Aira praecox die Drahtschmiele im östlichen Mitteleuropa. Festuca ovina, Agrostis vulgaris und Ag. canina sind mehr Bewohner des humushaltigen Sandes als Zerstörer von Rohhumus; das gleiche gilt von Calamagrostis epigeios.

Sind die Schichten des Rohhumus zu mächtig, die Lebensbedingungen sehr ungünstig oder beeinflussen weidende Tiere die Vegetation, so tritt auf Trockentorf (aber auch auf reinem Mineralboden) die Heide herrschend auf, verfilzt durch ihre sehr feinfaserigen Wurzeln die obere Schicht des Bodens und bildet aus ihren Abfällen selbst Trockentorf.

5. Versumpfende Wälder.

Unter den verschiedenen Ursachen, die in Wäldern zur Versumpfung führen können, ist die Ausbreitung der sogenannten Torfmoose (Sphagneen), die wichtigste; hierauf beruht es, daß die Versumpfung von Waldungen um so häufiger auftritt und um so größere Flächen einnimmt, je günstiger die äußeren Verhältnisse dem Wachstum der Sphagneen sind.

Solche Verhältnisse sind gegeben in kühlen Klimaten bei geringer Verdunstung, so im Norden Europas, in den unter der Einwirkung des Seeklimas stehenden Küstenstreifen, auf den Hochlagen der Mittel- und innerhalb der Waldgrenze auch der Hochgebirge.

Begünstigend wirken ferner örtliche Einflüsse, z. B. nährstoffarme Böden und namentlich Ablagerung von Rohhumus und Trockentorf, die für das Wachstum der Sphagneen ein besonders geeignetes Substrat sind. Im allgemeinen treten die Torfmoose auf Mineralböden selten oder doch sparsam auf, wenn es geschieht, so handelt es sich um schwere, dicht gelagerte undurchlässige Tonböden und um arme, namentlich humose Sandböden. Die bevorzugten Standorte der Torfmoose sind vorgebildete Schichten von Rohhumus. Je mehr die Humusablagerungen den Charakter des Trockentorfes annehmen, um so geschlossener und undurchlässiger werden sie für Luft und Wasser und da der Gehalt an Mineralstoffen meist gering, die Wasserkapazität hoch ist, so ist Trockentorf der Ansiedlung von Sphagneen besonders ausgesetzt.

Zunächst finden sich die gegen lösliche Salze wenig empfindlichen Waldsphagneen ein, von denen Sph. acutifolium in den deutschen Waldungen die verbreitetste Art ist; ihm schließt sich Sph. Girginsohnii an, während Sph. cymbifolium bereits feuchte Stellen unter Erle und Birke bevorzugt und Sph. recurvum nur nasse Orte bewohnt. Haben sich erst Polster der Waldsphagneen verbreitet, so können auch die gegen Nährstoffe empfindlicheren Arten und Torfmoose des Hochmoores Fuß fassen, und das Ende der Entwicklung ist ein Hochmoor.

Die engen Beziehungen der Versumpfung zum Trockentorf beweist deutlich die Tatsache, daß dieser Vorgang gern zuerst auf Hochlagen, dem bevorzugten Entstehungsorte ungünstiger Humusablagerungen auftritt. Ist die Hochmoorbildung bereits stärker entwickelt, so sind die Tieflagen dem raschen Wachstum der Torfmoose am günstigsten und von ihnen geht dann hauptsächlich die weitere Ausbreitung des Hochmoores aus. Bisher sind experimentelle Untersuchungen über die Versumpfung in Wäldern nicht veröffentlicht worden.

Die Sphagneen bilden eine eigenartige Pflanzengruppe, die ihren geringen Bedarf an mineralischen Nährstoffen aus äolisch zugeführtem

Staube decken können und deshalb überall zu wachsen vermögen, wenn sie schädigende Einflüsse nicht hindern und die klimatischen Bedingungen ihnen zusagen.

Ist erst einmal eine Sphagnumdecke vorhanden, so wirken nicht allein die Moose wasserspeichernd, sondern es wird auch der Wassergehalt des Liegenden erhöht.

Die Wasserverteilung im Boden versumpfender Wälder und unter Hochmooren weist darauf hin, daß sich Wasser unter Torfmoosen anstaut. Man kann sich dieses Verhalten durch die Annahme erklären, daß die tieferen Schichten des Sphagnetums für Luft und Wasser schwer durchlässig sind und dadurch nicht nur das Absickern des Wassers hindern, sondern zugleich als Verschluß für die kapillaren Röhren des Bodens wirken und nun der Luftdruck hinreicht, das Abfließen des Wassers nach der Tiefe zu verhindern.

In Mitteleuropa hat die Kultur mit sumpfigen und versumpfenden Waldflächen vielfach aufgeräumt; in den ausgedehnten menschenarmen Forsten des Nordens und Nordostens finden sie sich noch häufig.

Die forstliche Versuchsanstalt Schwedens berichtet beispielsweise über eine solche Versuchsfläche.[1])

Der Boden ist Moränenboden; die Verbreitung der versumpfenden Stellen ist unabhängig von der absoluten Höhenlage. Die Wasserverteilung steht in enger Beziehung zur Pflanzendecke. In einem bereits ausgebildeten Moore stand das Wasser unter schwachem Drucke; es erreicht die Oberfläche auf den versumpfenden Flächen und markiert die Grenzen der Versumpfung scharf durch rasches Sinken des Wasserspiegels bereits im geringen Abstande von der Sphagnumvegetation.

Durch das Abfließen der Niederschlagswässer aus den gesättigten Sumpfgebieten in Richtung des noch trockenen Waldgeländes wird der Grundwasserspiegel nicht allein am Rande der Sümpfe, sondern überhaupt erhöht.

Als typische Pflanzen der versumpfenden Wälder Schwedens nennt Hesselman: Sphagnum Girginsohnii, Russowii und acutifolium, daneben Polytrichum commune. Diese Arten breiten sich auf Kosten von Astmoosen (Hyloconiumarten) aus.[2])

Es kann nicht überraschen, daß an den durch Sphagneen vernäßten Örtlichkeiten auch andere wasserliebende Pflanzen sich ansiedeln, zumal, wenn es solchen gelingt, mit den Wurzeln den mineralischen Boden zu erreichen.

---

1) Hesselman, Medd. fran statens Skogsförsögsanstalt, 6, S. 2 (1909).

2) Tidsskr. för Skogshushallning, 10, S. 20 (1898).

Für die bezeichneten schwedischen Verhältnisse werden genannt: Carex globularis, Equisetum silvaticum, Eriophorum vaginatum, ferner Rubus chamaemorus, Myrtillus nigra und uliginosa, Ledum palustre.

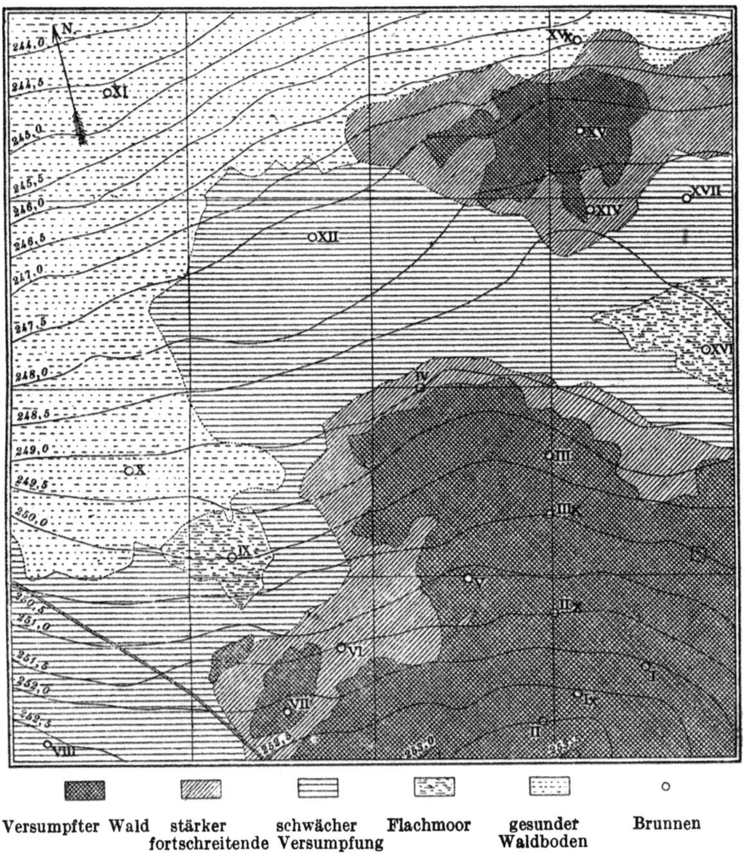

Abb. 19.
Karte eines versumpfenden Waldes nach Hesselman.

Da Sphagnum Girginsohnii sich ziemlich vollkommen zersetzt, ist das Ablagerungsprodukt ein „Waldtorf mit Sumpfpflanzen," dessen Bestandteile eine Mischung von Baumresten mit Sumpfgewächsen und Moosen sind. Die sich bildende Torfschicht erreicht unter Umständen eine bedeutende Mächtigkeit.

Ein ganz ähnlicher Vorgang, der zur Umwandlung von Wald in Hochmoor führt, spielt sich auch in den Wäldern ab, die auf Flachmooren den Verlandungsbeständen folgen. Es sind Birke, Erle und

Nadelhölzer, die zuerst erscheinen. Auf dem Torfboden finden die Abfallreste des Baumwuchses wenig günstige Bedingungen der Zersetzung, so daß sich in relativ kurzer Zeit nicht unerhebliche Schichten von Waldresten ansammeln können. Diese Ablagerungen sind eine Parallelbildung zu dem Trockentorf der Waldungen auf Mineralboden; sie werden ebenfalls gern von Waldsphagneen überzogen, denen bald die Arten des Hochmoores folgen.

Abb. 20. Versumpfender Wald (Finnland). Nach Dr. Schreiber.

Die Tatsache, daß Wälder versumpfen und schließlich durch Hochmoore abgelöst werden, ist frühzeitig beobachtet worden. Die Ursache der Umbildung suchte man jedoch vielfach in anderen Vorgängen als in der Ablagerung von Trockentorf und Überwuchern durch Sphagneen. Die fortschreitende Erforschung des Aufbaues der Moore hat aber erkennen lassen, daß ausgedehnte Hochmoore der Küstengebiete, sowie die meisten Moore der Hochlagen in Mittelgebirgen (Brocken, Erzgebirge, Bayrischer Wald, Schwarzwald usw.) durch Versumpfung ursprünglich vorhandener Wälder gebildet worden sind.

12. Hochmoor (Moosmoor).

Die Hochmoore kennzeichnen sich durch Auftreten einer Pflanzengemeinschaft, die fast nur aus Arten arktischer Herkunft besteht und in bezug auf Arten überall auffällig gleichmäßig zusammengesetzt ist.

Den Grundbestand bilden die Torfmoose, so daß Früh nicht mit Unrecht die Hochmoore als „grandiose Sphagnumrasen" bezeichnet hat. Von anderen Pflanzen können nur solche Arten gedeihen, die sich den eigenartigen Verhältnissen des Standortes anzupassen vermögen; es sind dies Nässe, Armut an Nährstoffen, Frostgefahr und regelmäßige Erhöhung der Bodenoberfläche durch den Zuwachs der Vegetation. Im Hochmoor findet man daher fast ausschließlich mehrjährige Arten, die ihre Vegetationsknospen entsprechend dem bedrängenden Wuchse der Torfmoose höher anzulegen vermögen. Bäume werden von den Sphagneen erstickt, so daß das lebende Hochmoor im ganzen baumfrei ist.

1. Torfbildende Pflanzen des Hochmoors.

Torfbildende Pflanzen des Hochmoores sind: Die Sphagneen; das scheidige Wollgras (Eriophorum vaginatum); Scheuchzeria palustris und die Sumpfbinse (Scirpus caespitosus). Als verbreitete und für Hochmoore bezeichnende Arten sind außerdem zu nennen Andromeda polifolia, Vaccinium oxycoccus, Droseraarten, im Norden Rubus Chamaemorus, im Westen Myrica gale und mit mehr östlicher Verbreitung Ledum palustre.

Die Sphagneen neigen zu ausgesprochen bültigem Wuchs, so daß nach der Schneeschmelze die Hochmoore Seen gleichen, aus denen die Moosbülten wie Inseln hervorragen. C. Weber[1]) sagt vom Hochmoor von Augstumal in Ostpreußen, daß die Oberfläche erscheine „wie ein wildbewegter See, dessen Wellen plötzlich erstarrt sind". Er weist darauf hin, daß zwei Formen von Sphagnumbülten vorkommen. Die Ursachen der Ausbildungsform sind sehr verschieden.

Die auf jedem Hochmoor verbreitete Form der Bülten ist die Folge günstigeren Wachstums der Sphagneen unter dem Schutz von Heide oder anderen höherwachsenden Pflanzen. Vielleicht dienen diese Arten den weichen Stengeln der Sphagneen als Stützen und die meist höhere Temperatur der Bülten im Vergleich zu den tieferen Stellen des Mooses steigert das Wachstum der Torfmoose. Diese Bülten bestehen aus sehr lockerem Moosrasen, zwischen denen sich die Schutzpflanzen oder doch deren Reste erkennen lassen.

---

1) Hochmoor von Augstumal, S. 22 u. 29.

Die zweite Form der Moorbülten kennzeichnet sich durch langsamen und gedrängten Wuchs der Torfmoose, die eine dichte, selbst schneidbare Masse bilden, die nur mit einiger Kraft zu zerreißen ist. Man hat diese Wuchsform häufig als Krüppelform bezeichnet. Tatsächlich hat man darin eine Anpassung an zeitweise Trocknis zu sehen. Sehr zahlreiche Pflanzenarten zeigen diese Form des Trockenschutzes, darunter auch viele Moose. Der dichte Wuchs ermöglicht die Aufnahme sehr großer Wassermengen und macht so die ganze Bülte zu einem Wasserspeicher für Zeiten der Trocknis. Unter kaltem ungünstigen Klima (Tundren) mag auch wohl die bessere Erwärmung der Bülten diese Wuchsform begünstigen.

Neben den Torfmoosen kommen örtlich nicht selten einzelne der torfbildenden Pflanzen zur Herrschaft, so daß sie Teile des Hochmoores überwiegend bedecken. Meist sind Unterschiede in der Wasserführung die zunächst erkennbare Veranlassung. Großen Einfluß scheint die Schneedecke zu haben.[1]) Dauernde Schneedecken begünstigen die Moose, mangelnde Schneedecke bringt Wollgras und Scirpus zur Herrschaft; nach Aanestad sind die Sphagneen gegen Sonnenbestrahlung im Winter (es tritt „isbrand“ auf) empfindlich. Der Abtrieb eines Waldes, der gegen Wind und Sonne Schutz gewährte, kann z. B. die Torfmoose zurückdrängen, dagegen die anderen Pflanzen des Hochmoores begünstigen.

Einzelne Arten, die auf Hochmoor vorkommen, zeigen einen Wechsel in der Häufigkeit ihres Auftretens, so findet sich Scheuchzeria in Mitteleuropa in den älteren Torflagen viel reichlicher als ihrer jetzigen Verbreitung entspricht. Immer aber sind die Hochmoore durch ihre Pflanzenarten charakterisiert und kaum weniger dadurch, daß sie die atmosphärischen Niederschläge aufspeichern und durch Höhenwuchs ihre Torfschichten über das Niveau des benachbarten Bodens erheben.

2. Höhenwuchs der Moore.

Die Sphagneen schaffen sich durch ihren bültigen Wuchs, durch Aufspeicherung von Wasser und nicht am wenigsten durch ihre Torfablagerungen günstige Lebensbedingungen. In der Regel umschließt die Mitte der Hochmoore auch die älteste und mächtigste Torfschicht und so wölbt sich das Hochmoor vom Rande zur Mitte schwach empor. Man hat diese Ausformung „uhrglasförmig“ genannt.

Der jährliche Zuwachs der Hochmoore ist gering. Der Durchschnittliche Höhenwuchs der Sphagneen beträgt 0,3—2,5 cm. Bei

---

[1]) Aanestad, Skogsgraensens Synkning. Tidssk. for Skogbrug (Norw.) 1905 S. 77.

der Umbildung in Torf wird diese geringe Menge noch stark verdichtet, so daß man die Zunahme der Torfschicht jährlich kaum höher als zu 1—2 mm annehmen darf.

In früherer Zeit glaubte man die Neubildung von Torf hoch annehmen zu können; hat man doch für Torfstiche einen jährlichen Umtrieb, nicht unähnlich dem eines Waldes vorgeschlagen. Dieser Irrtum wurde möglich, da in Torfstichen unter dem Druck der benachbarten Massen Torf von unten und seitlich eingepreßt wird, den man dann als neu gebildet ansah. Tatsächlich ist der Neutorf verwachsender Torfstiche sehr locker, faserig und nur von geringem Gebrauchswert.

Die Mächtigkeit der Hochmoore ist von verschiedenen äußeren Bedingungen abhängig. Zunächst ist hier das Alter des Hochmoores und seine Flächengröße zu berücksichtigen.

Geologisch beurteilt sind Hochmoore Bildungen der Alluvialzeit; sie können noch heute entstehen und reichen anderseits nachweisbar um Jahrtausende zurück. Die Höhe, bis zu der sie emporwachsen, muß zunächst von der Fläche abhängig sein, die das einzelne Moor bedeckt. Im Hochmoor ist das Wasser über das umgebende Gelände emporgehoben, es wird gehalten durch die Kapillarität und die Kohäsion der organischen Teile des Moores. Es ist daher anzunehmen, daß ein bestimmtes Verhältnis zwischen Höhe und Fläche des Moores nicht überschritten werden wird. Im einzelnen sind diese Beziehungen nicht weiter verfolgt, im allgemeinen erreichen ausgedehnte Moore auch die größte absolute Mächtigkeit.

Wesentliche Bedeutung gewinnen die herrschenden klimatischen und auch örtlichen Einflüsse auf den Höhenwuchs der Moore. Die Erfahrung lehrt, daß in einzelnen Gebieten z. B. Norwegen, Schweden die Mächtigkeit der Moore oft überraschend gleichmäßig ist. In den Hügeltundren läßt sich die Ursache davon in dem Hinaufrücken der Eisschicht im Boden direkt erkennen, die zum Absterben der Moose führt.

Im allgemeinen wird man sich C. Weber anschließen können, der seine Erfahrungen in dem Satze zusammenfaßt, „nach alledem ist die Höhe, bis zu der ein Hochmoor aufwächst, nicht bloß durch die Wachstumsverhältnisse und Lebensbedürfnisse bedingt, sondern zugleich ganz allgemein eine Funktion des Klimas, dessen periodische Schwankungen außerdem modifizierend eingreifen.“

Seitliche Ausbreitung der Hochmoore. Die Hochmoore speichern große Wassermassen auf und da ihr Gefäll nach allen Richtungen meist sehr gleichmäßig ist, so fließt von ihnen Wasser ab, oder das unter dem Hochmoor angestaute Wasser führt unmittelbar zur Vernässung des benachbarten Bodens. Hierdurch wird die seitliche

Ausbreitung des Hochmoores begünstigt. Unberührte Moore sind daher stets von einem Streifen versumpfenden Bodens umgeben, der unter Umständen beträchtliche Breite erreichen kann. Man kann das Vordringen des Moores oft in allen Übergängen verfolgen. Ramann beschrieb aus Estland ein derartiges Vorkommen. Die erste Einwirkung am Waldrande (Kiefer und Fichte) zeigte sich durch starke Vernässung des Bodens, vom gesunden Walde nach Richtung des Moores zeigten die Bäume alle Übergänge bis zum völligen Absterben; dieses erfolgte, wenn eine Sphagnumschicht von etwa 30 cm Höhe den Fuß der Kiefern überwachsen hatte. Es folgten dann abgestorbene, entrindete, aber noch aufrecht stehende Leichname alter gutwüchsiger Kiefern, noch weiter zum Moore fanden sich Wurzelstöcke und die zugehörigen Stämme lagen abgebrochen im Sphagnumtorf, bis endlich der Rand des alten Hochmoores steil anstieg und auf dessen Höhe sich dann die vom Baumwuchs freie Fläche des Moosmoores ausdehnte.

Die Neigung zur seitlichen Ausbreitung kann man bei allen Hochmooren erkennen, bei denen der Mensch nicht hemmend eingreift. In großartigem Maßstabe geschieht dies an der nordischen Waldgrenze, die langsam südwärts gedrängt wird.

3. Das Verhalten der Hochmoore gegen Wasser.

Die lebende Moosschicht und der auflagernde lockere Moostorf läßt Wasser ziemlich leicht eindringen. Je älter der Torf wird und je dichter er sich lagert, um so undurchlässiger wird er für Wasser. Gleichzeitig wird das Volumen des Torfes durch Wechsel im Wassergehalt stark beeinflußt. Geringe Niederschläge lassen ein Moor zusammensinken, Steigerung der Niederschläge schwellt es an. Es kann dies in so hohem Grade stattfinden, daß die Oberflächenschicht des Moores zerreißt, Abrutschungen eintreten und die Torfmassen als dicker schwarzer Brei abfließen.[1])

Größere Mooraus brüche sind bisher nur aus Irland bekannt geworden. Es ist anzunehmen, daß ähnliche Vorgänge auch in den Mooren der Steinkohlen- und Braunkohlenzeit stattgefunden haben; wenigstens fänden damit viele Vorkommnisse dieser fossilen Kohlenablagerungen eine einfache Deutung.

Mit dem Wechsel der Niederschläge ändert sich auch die Beschaffenheit der Hochmoore. Sinkt in trocknen Jahren die Moorschicht zusammen, so wachsen die Sphagneen weniger üppig und schließen sich zu dichten Bülten zusammen. Hierdurch wird das Absickern des Wassers in tiefere Schichten vermindert, es sammelt sich mehr ober-

---

[1]) Früh, Vierteljahrsschrift d. Naturf. Ges. Zürich, 42, (1897).

flächlich an, hierdurch können sich auf ausgedehnten Mooren bevorzugte Richtungen oberflächlichen Wasserablaufes bilden, die sogenannten Rüllen (C. Weber). Unter Einfluß von Wasser und Eis können die Ränder dieser Wasserläufe angegriffen, zerstört und fortgeführt werden. Derartige Beispiele sind aus dem Norden vielfach beobachtet, in der Hügeltundra bedingen sie das charakteristische Landschaftsbild. In Skandinavien bezeichnet man den Vorgang als „regressive Moorbildung".

In Mitteleuropa merkt man von solchen Vorgängen wenig. Im günstigen Klima werden durch den lebhaften Pflanzenwuchs solche Verletzungen des Moores rasch wieder ausgeglichen; dazu kommt, daß die Moore durch die umfangreichen Kultureingriffe zumeist die Ursprünglichkeit mit ihren Begleiterscheinungen verloren haben.

Dagegen finden sich in allen größeren Mooren größere oder kleinere Wasserlöcher und Teiche (auch als Mooraugen, Meere bezeichnet), die nach Weber[1]) ähnlichen Ursprung haben. Diese Stellen sind mit durch Humusstoffe dunkel gefärbtem Wasser erfüllt und fast ohne Pflanzenwuchs.

Während trockner Perioden, in denen das Wachstum der Sphagneen zurückgeht, können sich mehr Trocknis liebende Pflanzen entwickeln. Zumeist ist es Heide, Kiefer, Birke, die anfliegen und wenn sie erst Fuß gefaßt haben, auch bei steigendem Wassergehalt am Leben bleiben, bis sie von den höher wachsenden Moosen zum Absterben gebracht werden.

Verfasser hatte Gelegenheit, den Wechsel der Flora in kleinen Hochmooren im Moränengebiet von Chorin (preuß. Forstrevier Chorin) in der Mark Brandenburg zu verfolgen. Es sind namentlich die „Mooskuten" ein kleines Moor von etwa ½ ha Größe, das von menschlichen Eingriffen unberührt im Laufe von wenigen Jahren starke Wechsel zeigte. Als ich etwa 1880 das Moor zuerst kennen lernte, war es typisches Hochmoor mit geringwüchsigen Kiefern und vereinzelt mit Haarbirke. Sphagnum zum Teil recht bültig gewachsen, Eriophorum vaginatum, Ledum, Moosbeere, Andromeda, Drosera bildeten den Pflanzenbestand. Ein flacher von Wasser erfüllter Graben umgab das ganze Moor und trennte es von dem benachbarten Buchenwalde. Vor längerer Zeit muß der Versuch gemacht worden sein, das Moor zu entwässern. Der Ablauf war längst verfallen und lag höher als der Wasserspiegel in der Umrandung des Moores.

Je nach der Jahreswitterung wechselte die Vegetation langsam, aber zumeist mehrere Jahre nach einer Richtung. In trockner Zeit sterben die Sphagneen zum großen Teil ab und nur am Fuße der Bäu-

---

[1]) Moor von Augstumal, S. 69.

me und Unebenheiten des Bodens bleiben sie erhalten. Das Wollgras nimmt an Ausdehnung beträchtlich zu und neue Pflanzenarten finden sich ein. In der Mitte der neunziger Jahre war das Aussehen des Moores so stark verändert, daß man es kaum mehr als Hochmoor ansprechen konnte. Einige nasse Jahre genügen, es wieder in den alten Zustand zurückzubilden.

Auf ausgedehnten Hochmooren macht sich der Einfluß trockner und feuchter Zeiträume nur langsam geltend. In den Mooren sind gewaltige Wassermassen angesammelt, die abfließen oder verdunsten müssen, wenn die Höhe des Geländes sich ändern soll. Auch das verminderte oder gesteigerte Wachstum der Pflanzen macht sich erst langsam bemerkbar.

Weber[1]) vergleicht das Verhalten der Moore mit stehenden Gewässern, Gletschern und deren Zunahme und Abnahme und bringt es in Beziehung zu den Klimaschwankungen nach Brückner. —

Die Flora der Hochmoore ist dürftigen Lebensverhältnissen angepaßt und ihr Anspruch wie Bedarf an Mineralstoffen ist gering. Die Sphagneen gehören mit zu den aschenärmsten Pflanzen, die bekannt sind. Die größere Anzahl der Arten des Hochmoores und Flachmoores sind mineralstoffscheu, d. h. sie gedeihen überhaupt nicht bei reicher Zufuhr von Salzen oder zeigen die charakteristischen Erscheinungen der Überernährung.[2])

Dieses Verhalten zeigt auffällig die Wirkung einer Mineralstoffdüngung auf einer vermoosten sauren Wiese. Gibt man hier Kalisalze (Kainit) und Thomasmehl, so sterben nicht nur die Moose ab, sondern auch die herrschenden Cyperazeen werden so sehr geschädigt, daß ihre Produktion von Trockensubstanz stark zurückgeht. Bei Versuchen des Verfassers auf einem mit Sphagnum acutifolium dicht bedeckten Waldhange führte Kali- und Phosphorsäuredüngung zum dauernden Absterben der Moose. Überstreuen mit Pulver von Ätzkalk brachte die Torfmoose ebenfalls zum Absterben, tötete jedoch nicht alle Knospen so daß bereits nach zwei bis drei Jahren Sphagnum wieder reichlich vorhanden war.

Bisher nahm man an, daß der Gehalt an kohlensaurem Kalk im Boden und Wasser die Torfflora an der Entwicklung hindere. Die Versuche von Paul lehren, daß eine Anzahl von Sphagneen gegen Kalk empfindlich ist und abstirbt, wenn die Reaktion des Wassers alkalisch ist, während andere Arten widerstandsfähiger sind.

Zumal den Einfluß des Bodens hat man früher überschätzt. Gully[3]) gibt an, daß die meisten Hochmoorpflanzen noch auf einem

---

1) A. a. O., S. 140.
2) Sorauer, Pflanzenkrankheiten, Bd. 1.
3) Mitt. bayr. Moorkulturanst., 3, S. 27 (1909).

Boden wachsen können der 3% Stickstoff und 1,2% Kalkerde enthält, „nur typische Hochmoorsphagneen kommen hier nicht vor“. Immerhin sind dies Ausnahmen, in der Regel fehlen Sphagnen auf solchen Standorten. Die Tatsache, daß unter bestimmten Umständen Pflanzen gegen reichliche Mengen von Nährstoffen widerstandsfähig sind, spricht nicht dagegen, daß sie unter normalen Verhältnissen auf nährstoffreichen Standorten fehlen. Sowohl die schädlichen Folgen der Überernährung wie die Konkurrenz anspruchsvollerer und schnellwüchsiger Arten halten sie fern.

Es steht daher mit diesen Feststellungen in keinem Widerspruch, daß uns überall in der Natur die Tatsache entgegentritt, daß die herrschende Moorflora am stärksten durch den Mineralstoffgehalt des Untergrundes und des Wassers beeinflußt wird. Die Flora der Hochmoore ist eine Flora der nährstoffarmen, namentlich kalkarmen Gewässer; die Flachmoorflora die Flora der nährstoffreichen Gewässer.

In etwa gleichem Sinne wie der absolute Gehalt an Mineralstoffen wirken Bedingungen, die die Ernährung der Pflanzen erleichtern oder erschweren. Die Regel, daß fließendes Wasser wie eine Erhöhung, stehendes Wasser wie eine Minderung des Nährstoffgehaltes wirkt, findet hierdurch ihre Erklärung. Aus diesem Verhalten läßt sich das Vorkommen anspruchsvollerer Pflanzen in den Rüllen der Hochmoore verstehen. Namentlich an den Steilrändern großer Hochmoore, die dauernd von absickerndem Wasser durchrieselt werden, findet sich eine Flora, die neben jüngeren wüchsigen Baumpflanzen zahlreiche sonst auf Hochmooren fehlende Arten beherbergt.

Die Hochmoore sind Produkte einer Pflanzenformation, die sich von allen anderen Genossenschaften durch die Unabhängigkeit ihrer Vegetation unterscheidet. Es ist die Schlußformation kühler, feuchter Klimate. Die Unabhängigkeit von dem Mineralboden sowie von fließenden oder stehenden Gewässern gibt den Hochmooren eine selbständige Stellung und berechtigt, sie grundsätzlich von den übrigen Moorbildungen abzutrennen.

Man hat bisher die Verlandungsbestände der nährstoffarmen Gewässer und ihre anspruchslose Flora als Übergänge zwischen Flachmooren und Hochmooren betrachtet und als Übergangsmoore, Mischmoore, Zwischenmoore bezeichnet. Es wird nicht möglich sein, diese Trennung aufrecht zu erhalten; sondern zu gliedern:

1. Verlandungsmoore mit ihren Unterabteilungen nach den herrschenden Pflanzen: Arundinetum, Magnocaricetum, Parvocaricetum, Hypnetum.

2. Die humosen Ablagerungen auf trocknem Boden (Trockentorf, Waldbestände auf Moorboden).

3. Hochmoore.

Das Kriterium für eine beginnende Hochmoorbildung wird dann als gegeben anzusehen sein, wenn auf Mineralboden, auf Trockentorf oder auf Verlandungsmooren Hochmoorpflanzen auftreten und geschlossene, den früheren Wasserspiegel überragende Torfablagerungen bilden.

13. Geographische Verbreitung der Moore.

Die geographische Verbreitung der Hochmoore ist in zwei große Abteilungen zu trennen. Unter klimatischen Verhältnissen, wie sie der Norden, die kühlen Küstengebiete und die Hochlagen der Gebirge bilden, kann die Hochmoorbildung auf jedem Boden auftreten; es sind die Gebiete der regionalen Hochmoorbildung. In wärmeren und trockneren Gegenden sind es ausschließlich Verlandungsmoore, auf denen sich Hochmoore entwickeln können; es sind die Gebiete örtlicher Hochmoorbildungen.

Die Hochmoore Mitteleuropas sind fast alle in ihrem gegenwärtigen Stande durch menschliche Einwirkungen beeinflußt und haben überwiegend den Charakter in ihrer Entwicklung gestörter, mehr oder weniger abgetrockneter Moore. Es ist dies die Veranlassung, daß viele Moorforscher annehmen, Europa habe zurzeit eine langdauernde Trockenperiode durchzumachen. Wie weit dies zutrifft, können erst zukünftige Erkenntnisse entscheiden. Im Nordosten Europas, z. B. schon in den baltischen Provinzen Rußlands kann man Hochmoore in allen Stadien der Entwicklung finden und große Moore sowohl mit üppigem Sphagnumwuchse, mit einer Schicht trockneren Heidetorfes bedeckt oder mit Wald bestanden sehen, ohne daß ein nennenswerter Unterschied im Klima oder örtlicher Einwirkungen kenntlich wäre, die dieses ungleiche Verhalten erklärten. Verfasser hat immer den Eindruck gewonnen, daß solche Unterschiede zumeist dem Entwicklungsstande der Moore selbst angehören. In den Tundren z. B. läßt sich die Ursache eines ähnlichen Rückganges der Moorentwicklung unmittelbar erkennen. Auf weite Strecken ist das Gelände von Torfhügeln bedeckt, die aus Sphagnumtorf gebildet sind. An der Oberfläche der Hügel liegt zumeist der Torf nackt und unbewachsen zutage, an den Hängen findet man nordische Reiser (Betula nana, Empetrum u. a.) im kräftigen Wuchse, in den Rüllen gedeiht Sphagnum Sternbergii und Wollgras.

Erblickt man derartige Hügel, so vermutet man, äußere Einflüsse hätten das Wachstum der Sphagneen gestört. In den Grenzgebieten läßt sich jedoch die Entstehung der Torfhügel genau verfolgen. Mit dem Wachstum der Moose und entsprechendem Ansteigen der Hügel steigt die Höhe des Eisbodens, hierdurch wird die Wasserversorgung der Sphagneen erschwert, Flechten, zumal Lecanora tartarea überwuchern die Moose und bringen sie zum Absterben. Die hohe Wasserkapazität des Moostorfes und die sehr geringe der Flechtendecke lockert den Zusammenhang beim Gefrieren, der Wind führt die abgesprengten Stücke der Flechtendecke weg und das Ende ist, daß der Torf der Hügel nackt zutage liegt.

Diese Erfahrungen zwingen zur Vorsicht bei der Deutung des zeitigen Zustandes der mitteleuropäischen Moore. Die Annahme einer Klimaänderung, für die andere Beweise nicht vorliegen, scheint nur zulässig, wenn eine andere genügende Erklärung fehlen würde, die sich aber aus der Wasserversorgung der Torfmoose leicht ergibt. Die Erfahrungen bei Moorkulturen haben gelehrt, daß die kapillare Wasserhebung des porösen Moostorfes nicht erheblich ist und in Trockenzeiten Pflanzen auf Moorböden bereits Mangel an Feuchtigkeit leiden, wenn der Wasserstand auch nur auf 50—80 cm gesunken ist. Im wachsenden Hochmoore müssen sich die gleichen Erscheinungen geltend machen, wenn die Schicht des gebildeten Moostorfes eine gewisse Höhe erreicht. In Trockenzeiten werden dann die lebenden Sphagneen nicht mehr genügend mit Wasser versorgt, gehen in ihrer Entwicklung zurück und treten ihre Eigenschaft an Pflanzen ab, die größeren Wechsel im Wassergehalte ertragen können.

Wird im Laufe längerer Zeiträume der Moostorf stärker zersetzt und in Humusboden übergeführt, wie dies bei dem „älteren Moostorf“ der Fall ist, so ändert sich hierdurch die Wasserführung ganz erheblich. Der Ablauf des Wassers wird vermindert und hierdurch muß der durchschnittliche Grundwasserstand erhöht werden. Es sind dies Bedingungen, die für die Sphagneen günstig, für die anderen Pflanzen ungünstig sind. Es kann daher aufs neue eine kräftige Vegetation der Torfmoose beginnen und neue Torfschichten können abgelagert werden. Je kleiner die Fläche eines Hochmoores, um so früher, je ausgedehnter, um so später wird der Wechsel der Vegetation einsetzen. Nach dieser Annahme würden nicht nur die Schichtenfolgen der mitteleuropäischen Hochmoore sondern auch das Vorkommen von Baumresten in bestimmten Schichten vieler Moore ihre Erklärung finden.

Hiermit würde auch die Trennung der Hochmoore in Küstenklima- und Landklima-Hochmoore nach Potonié verständlich, die doch beide ähnlichen Bau aufzuweisen haben. Die Moore der niederschlagsreichen, verdunstungsarmen Küstengebiete werden viel länger eine Sphagnumvegetation erhalten können als tiefer im Lande befindliche. Sehr hübsch und im vollen Einklange mit der gegebenen

Erklärung ist die Beobachtung Potoniés aus Canada, daß die dortigen Moore bis 75 cm Tiefe austrocknen und nur die lebenden Torfmoose höheren Wassergehalt aufweisen.

14. Geschichte der Moore.

Die Untersuchungen über die Schichtenfolge der Moore sind in neuerer Zeit in größerem Umfange durchgeführt worden. Die Literatur darüber ist umfangreich, aber sehr zerstreut. Die ersten Arbeiten gingen von Skandinavien aus und auch noch jetzt findet die Paläontologie der Moore dort die weitgehendste Förderung.

Eine Vorstellung von den klimatischen Verhältnissen und der Florenverbreitung vermittelt folgendes:

1. Steppenperiode: Abschmelzperiode des diluvialen Inlandeises; Trockenzeit; Steppen reichen bis Westeuropa.

2. Yoldia oder Dryaszeit: Gleichzeitig mit 1 oder anschließend war das Eismeer über Finland mit der Ostsee verbunden. Meeresfauna arktisch (Yoldia arctica); Festland mit Tundrenflora: polare Weiden, Zwergbirke, Empetrum, Dryas octopetala L.

3. Ancyluszeit: Ostsee bildet ein Binnenmeer; Süßwassermollusken (Ancylus lacustris). — Aspe und Birke, Föhre.

4. Litorinazeit: Ancylussee und Nordsee verbinden sich. — Litorina litorea, Rissoa u. a. Eiche.

5. Myazeit und Übergang zu den heutigen Verhältnissen. Mya arenaria in der Ostsee. Buche, zuletzt Fichte; Erle.

Der Jetztzeit ging eine etwas wärmere Periode voraus, in der die Verbreitung der Eiche, Hasel usw. weiter nach Norden reichte.

Sernander,[1]) der ein Anhänger der von Blytt aufgestellten Meinung wiederholter Klimaänderungen in Europa ist, gibt die auf nächster Seite stehende Übersicht der Zuteilung der Torfablagerungen zu den geologischen Zeitabschnitten und zieht hierzu namentlich die in den skandinavischen Mooren vorkommenden Lager von Waldresten zur Erklärung von wärmeren, trockneren und kühleren, feuchteren Perioden heran.

Schätzungen über die absolute Zeit, die seit dem Ende des Diluviums vergangen ist, schwanken zwischen 7000 und 50 000 Jahren. Manche Gründe sprechen eher für die niederen als die hohen Zahlen. Die Flora der als interglazial betrachteten Schichten, die dann jedenfalls ein hohes Alter haben würden, stimmt mit der heutigen Pflanzenwelt überein. Die wichtigen Arten z. B. die Bäume, sind daher als alte Arten zu betrachten.

---

[1]) Geol. För. Förh. Stockholm 1906, S. 472.

Klimaänderungen und Moorbildungen in Nord-Europa
(nach Sernander).

Norddeutsche Hochmoore nach C. Weber	Schwedische Moore nach Blytt und Sernander.		Haupttypen der Moore in Schottland nach Lewis.			
			Schottland	Schottland über der Waldgrenze	Schottland unter der Waldgrenze	Einteilung der Schottischen Ablagerungen
Jüngerer Sphagnumtorf	Limnäa-Zeit	subatlantische Ablagerungen				jetzige Moore
Grenztorf-Stillstand der Moorbildung	Litorinazeit	Subboreale Waldlager	Heide	Zwei Kiefern u. Birkenlagen zwischen einem Sphagneenlager	Kiefern-Waldtorf	upper forestian
Alterer Sphagnumtorf, Moos u. Seggentorf		atlantische Ablagerungen				upper Peat-bog Second arctic bed Lower Peat-bog
Waldtorf Lebertorf Dryastorf	Ancyluszeit	Boreale Waldschicht	Birke mit Hasel		Birke mit Hasel	Lower forestian Trost arctic Bed

Sicher feststellbare Anhaltspunkte geben die Moorbrücken, die sich in unseren Mooren finden und die zum größten Teil unzweifelhaft von den Römern zur Zeit ihres Einfalles in Deutschland angelegt worden sind. Diese Brücken liegen alle unmittelbar unter, im oder auf dem „Grenztorf“ Webers, so daß demnach für die jüngeren Sphagnumtorfe unserer Moore ein Alter von 1800—2000 Jahren angenommen werden kann; d. h. während dieser Zeit sind jene Schichten gebildet worden.

Nun ist zur Jetztzeit die Mehrzahl unserer Hochmoore, namentlich die weit ausgedehnten Moore in einem Zustande des Rückganges und geminderten Zuwachses. Fast überall zeigt die Pflanzendecke der Moore Vorherrschen von Heide, neben Sphagneen noch reichlich Polytrichum und selbst Cladonien; in Süddeutschland verbreitetes Auftreten der Latsche, Kiefer und Birke. In den norddeutschen Mooren besteht die unter den zurzeit herrschenden Verhältnissen gebildete oberste Bodenschicht aus festem, stark zersetzten Torfe, der wesent-

Abb. 21.

Profil des Leopoldskroner Moores b. Salzburg nach Schreiber.

a) Recenter Reisertorf,
b) jüngerer Moostorf,
c) jüngerer Waldtorf,
d) älterer Moostorf,
e) älterer Waldtorf (Birke),
f) Flachmoortorf (zumeist Phragmites).

lich von dem tiefer liegenden lockeren und faserigen Moostorf in seiner Struktur abweicht. Dagegen stimmt diese Ablagerung überein mit dem „Grenztorf" Webers; eine tiefer liegende Schicht, die den höher liegenden lockeren Moostorf von dem stärker zersetzten „älteren Moostorf" trennt. Der Schluß liegt nahe, daß beide unter gleichartigen Verhältnissen gebildet wurden und daß demnach etwa zu Beginn unserer Zeitrechnung die Moore in ungefähr dem gleichen Zustande waren und zwischen diesen Zeitabschnitten ein üppiges Wachstum der Moore stattgefunden hat.

Bau der Hochmoore.

Die mittel- und nordeuropäischen Moore gliedern sich nach ihrem Bau in zwei Gruppen, je nachdem die Hochmoorbildung ihren Ausgang von einem versumpfenden Walde nahm oder auf Verlandungsflächen auftrat.

Hochmoore auf versumpften Waldungen setzen die Bildung von starken Schichten von Rohhumus oder Trockentorf voraus. Derartige Ablagerungen bilden sich aber auch jetzt nur unter bestimmten klimatischen Bedingungen. Sind diese gegeben, so kann Hochmoor auf jedem Boden entstehen; es sind die Gegenden regionaler Hochmoorbildung.

Die Grenzen ihrer Verbreitung sind ziemlich scharf, sie umfassen den europäischen Norden und das Küstengebiet, das unter dem Einfluß des Seeklimas steht, etwa von der Mündung des Ärmelkanals an nördlich und östlich. Die Niederlande, Nordwestdeutschland sind reich an Mooren auf altem Waldboden, an der Ostsee ist es nur ein schmaler Streifen, in dem sie in Deutschland vorkommen, nehmen aber dann nach dem Osten zu und sind in Skandinavien, Finland und Nordrußland reichlich vorhanden.

Sehr verbreitet sind die Hochmoore auf früherem Waldboden in den Hochlagen der Mittelgebirge, gehen aber ebenso wie die Sphagneen nur vereinzelt über die Baumgrenze in den europäischen Hochgebirgen hinaus.

Auf Flachmoorboden tritt die Hochmoorbildung leicht ein und findet sich verbreitet in Gebieten, in denen sie auf Mineralboden fehlt. In Rußland geht sie bis ins Steppengebiet südlich; so finden sich bei Kiew und Moskau noch kleine Hochmoore. In Norddeutschland sind Hochmoore und Flachmoore häufig. In Süddeutschland scheint die Grenze des Vorkommens der Hochmoore ziemlich scharf zu sein. Profile für typische Moorbildungen Norddeutschlands gibt Weber.

Vielfach findet man am Rande sich ausbreitender Hochmoore dieselbe Vegetation, die die Torfschichten im Innern des Moores in gleicher Höhenlage bilden. Gute Beispiele hierfür teilt C. Weber[1]) aus dem Hochmoor von Augstumal mit, das von einem Kranz Scheuchzeria, Wollgras, Sphagnum umgeben ist, sowie Borgmann[2]) aus holländischen Mooren. Dies Verhalten kann nicht auffallen, da es sich um Ablagerungen der Jetztzeit handelt. Oft ist es möglich, aus den Pflanzenbeständen am Moorrande einen Schluß über die wahrscheinlich in den Mooren sich fortsetzenden Schichten abzuleiten; so sind z. B. viele kleine, auf Flachmoor entwickelte Hochmoore von einem Streifen mit Sumpfgewächsen umgeben. Festzuhalten ist jedoch, daß es sich nur um eine Regel handelt und jedes Moor in seiner Schichtenfolge selbständige Ausbildung zeigt, die von der Entwicklung abhängig ist, die die Vegetation des Moores genommen hat.

Man teilt die Moore nach der herrschenden Pflanzenformation ein, den Torf eines Moores nach den Pflanzen, aus denen er gebildet wurde und spricht dann z. B. von Hochmoor auf Flachmoor; von Schilftorf auf Teichschlamm usw.

Bei allen Abweichungen im Schichtenbau des einzelnen Moores sind doch für einheitliche klimatische Gebiete gemeinsame Züge unverkennbar, die aus den sich häufig wiederholenden Bedingungen der Entstehung der Moore hervorgehen.

Derartige Typen sind z. B. für die nordwestdeutschen Hochmoore der Aufbau aus zwei durch eine abweichende Schicht getrennten Sphagnumtorfen. In den Schweizer Vorkommen und überhaupt am nördlichen Alpenrande ist der Kern der Moore sehr häufig eine Schicht von Scheuchzeriatorf.

Die Verlandungsmoore haben häufig einen „schalenförmigen“ Bau, der daraus hervorgeht, daß die Bestände der Pflanzen vielfach vom Rand zur Mitte des Moores wechseln. Es ist häufig, daß sich am Rande Ablagerungen des Parvocaricetums finden, dann die des Magnocaricetums, Phragmitetums folgen und die Mitte von einem Hypnetum oder Scheuchzerietum eingenommen wird.

Außerhalb der kalten und gemäßigten Zone nimmt die Verbreitung der Moore rasch ab. Es sind namentlich Schilf- und Grassümpfe, die unter Wasser humusreiche Böden ablagern, aber nur selten Torf bilden. Hierher gehören z. B. in Italien die Gebiete um Venedig, die Pontinischen Sümpfe, in Spanien die Sümpfe des Quadalquivir unterhalb Sevilla.

Aus den Tropen sind erst in den letzten Jahren Moorbildungen bekannt geworden, so aus holländisch Indien, aus Ostafrika. Die

---

[1]) A. a. O., S. 217.
[2]) Hoogvenen van Nederland. Diss. Groningen.

Bedingungen der Entstehung und Aufbau dieser Moore sind noch wenig untersucht.[1])

Die Beschreibung eines großen Moores in Sumatra (80 000 ha) gibt Koordens.[2]) Die Hauptmenge der Vegetation bilden Holzgewächse, die als Hochwald und Unterholz auftreten. Die Bäume gehören sehr verschiedenen Familien und Gattungen an und führen reichlich Pneumatophoren, Stelzwurzeln und Luftwurzeln. Der Torf enthält über 93% organische Substanz und entspricht in seinen Eigenschaften etwa den Flachmoortorfen.

15. Physiographie organogener Ablagerungen.

A. Schlammablagerungen.

Je nach dem Vorherrschen der einzelnen Bestandteile lassen sich diese unterscheiden in:

Teichschlamm. Dieser enthält wechselnde Mengen von Fetten bzw. Wachsstoffe, die wahrscheinlich den Algen (Diatomazeen) entstammen.[3])

Der Teichschlamm enthält wie alle Formen der Schlammbildung wechselnde Mengen von eingeschwemmten oder eingewehten Bestandteilen; Ton, Sand, zerkleinerte Torfteilchen, Pollenkörner.

Letztere können so reichlich abgelagert werden, daß sie der Hauptbestandteil einzelner Schichten werden. Man hat diesen Pollenschlamm als Fimmenit bezeichnet. Es sind zerreibliche, feinerdige Ablagerungen, die getrocknet mit heller Flamme brennen. Auch zwischen Torf finden sich derartige Ablagerungen von Pollen. Soweit bisher die Untersuchung reicht, bestand der Fimmenit aus Pollen von Erlen.

Leberschlamm (Lebertorf) ist an Algen, zumal einzelligen Algen mit Schleimhüllen reich, durch eingeschlämmte zerkleinerte Torf- und Muddeteile erhält er eine dunkle Färbung. Die bodenfeuchte Substanz erinnert im Aussehen an tierische Leber, daher der Name.

Diatomeenschlamm (Diatomeenerde) ist Schlamm, der überwiegend aus den Kieselpanzern von Diatomazeen besteht. Es sind meist einige wenige Arten, deren Massenvegetation zur Ablagerung beträchtlicher Schichten führen kann. Diese Lager sind meist erdartig zerreiblich, im frischen Zustande gelblich bis grau und dunkelgrau gefärbt.

---

[1]) Potonié, Naturwiss. Wochenschrift 1907, 6, S. 657.
Frobenius, Zeitschr. Ges. f. Erdkunde, Berlin 1906, S. 429.

[2]) H. Potonié, Jahrb. preuß. geol. Landesanst., 30, S. 389 (1909).

[3]) Nach Potonié.

Vielfach ist das Chlorophyll der einzelligen Algen in den Schlammablagerungen kaum verändert erhalten. Die frische Beschaffenheit hat früher zur Annahme geführt, daß diese scheinbar unveränderten Algen im Schlamm leben und ihn fortgesetzt weiter ablagerten.

Im Norden (Norwegen, Finnland) sind in den Mooren Schichten von Diatomeenschlamm häufig, fehlen aber auch in anderen Gebieten nicht. Kieselgur, Tripel sind fossiler Diatomeenschlamm.

Seekreide,[1]) u.[2]) Wiesenkalk, Alm sind Bezeichnungen für an kohlensaurem Kalk reiche Schlammablagerungen. Sie bestehen überwiegend aus feinkörnigem kristallinischen kohlensauren Kalk, untermischt mit Tier- und Pflanzenresten. Nach Zersetzung der organischen Beimischungen bleibt fast reiner kohlensaurer Kalk zurück. Die Seekreide wird durch Ausfällung von Kalkkarbonat durch schwimmende Pflanzen gebildet. Die Zusammensetzung wechselt nach den Pflanzenarten. Passarge fand im Schlamm unter Characeen 70—74%, unter Elodea 53%, unter Vaucheriarasen 10% kohlensauren Kalk.

Die Pflanzen verbrauchen die Säure, an die der gelöste Kalk des Wassers gebunden ist, zur Assimilation; kohlensaurer Kalk wird abgeschieden. Nach J. König[3]) können die flutenden Arten ihren Bedarf an Stickstoff aus organischer Quelle decken, ebenso den Kohlenstoff aus Lösungen, die frei von Kohlensäure sind. Bei Kulturen entwickeln sich diese Arten günstiger in Wasser, das organische Stoffe gelöst enthält und scheinen einer halb saprophytischen Lebensweise angepaßt zu sein. Genügt auch die Annahme, daß diese Pflanzen ihren Bedarf an Kohlensäure dem doppeltkohlensauren Kalk des Wassers entnehmen und einfaches Karbonat abscheiden, zur Erklärung, so weisen die mitgeteilten Beobachtungen doch auf die große Bedeutung hin, die organische Stoffe bei dem Vorgange haben.

B. Humose Niederschläge.

Mudde, Dy. In dunkel gefärbten Gewässern findet man die Blätter und Stiele der Pflanzen, zumal reichlich im Gebiete der Schilf- und Rohrhorste, mit feinen braunen strukturlosen Fasern behängt. Unter dem Mikroskope läßt sich erkennen, daß sie aus demselben Materiale bestehen, das die feinfaserigen Teile der humosen Ablagerungen bildet und zumeist den Charakter chemischer Ausfällungen trägt.

Nach v. Post[4]) ist die dunkle Färbung der Gewässer vorwiegend eine Folge der Auslaugung von auf dem Festlande gebildeten löslichen

---

[1]) Passarge, Jahrb. preuß. geol. Landesanst. 1901, S. 79.
[2]) Wesenberg-Lund, Medd. dansk. geologisk. Fören. 1901, Nr. 79.
[3]) Zeitschr. f. Unters. d. Nahrungs- u. Genußmittel 1900, 3, S. 377.
[4]) Bull. geol. Inst. Upsala 1893, 1, S. 284.

Humusstoffen, wenn auch die organischen Ablagerungen der Wasserbecken reichlichen Anteil daran haben mögen. Die gelösten humosen Teile werden überwiegend durch Einwirkung der Wasserpflanzen ausgefällt; die reichlichste Ausscheidung erfolgt daher in der Nähe der Ufer.[1]) Es mag bei diesen Ausfällungen dahingestellt bleiben, ob man in ihnen Produkte der Oxydation gelöster Humusstoffe, vermittelt durch Sauerstoffausscheidung der Pflanzen, sehen will, oder was Verfasser als wahrscheinlicher erscheint, als nicht verbrauchte Teile der zur Ernährung der Wasserpflanzen dienenden organischen Stoffe. In diesem Falle würde eine vollständige Parallele mit den Kalkausscheidungen bestehen.

Ablagerungen dieser Humusform sind in Seen weit verbreitet; sie überlagern vielfach Teichschlamm und bilden oft mächtige, sehr weiche, in der Tiefe meist hellbraun gefärbte Massen, die an der Luft rasch dunkler werden und unter starker Volumverminderung zu festen schwarzen Stücken eintrocknen. Den Torfbildungen sind derartige Ausfällungen in wechselnder Menge beigemischt und scheinen in den „Waldmooren", den Ausfüllungen kleiner, zumeist von Laubwald umgebener ehemaliger Seen, sehr reichlich vertreten zu sein.

C. Modererden.

Die Modererden sind humose Böden, die aus fein zerteilten Pflanzenresten bestehen und deren organisierte Struktur makroskopisch nicht mehr erkennbar ist. Sie haben lockere Beschaffenheit, sind meist gekrümelt und bilden die obersten Schichten der Böden.

Die Modererden entstehen auf verschiedenem Wege, je nach den Einwirkungen, die zur Zerkleinerung der organischen Pflanzenstoffe geführt haben. Zu nennen sind Bearbeitung der Böden durch Tiere und durch Einwirkung der Pflanzenwurzeln; es schließen sich hier die Torfböden an, die durch Kultur in Modererden übergeführt worden sind (Torferde). Es bedarf wohl keines Hinweises, daß vom geologischen Standpunkt die Einwirkungen der Menschen genau in gleicher Weise zu betrachten sind, wie jedes andere Agens, das Änderungen der Erdoberfläche herbeiführt. Vielfach wirken die beiden ersten oder alle drei gleichzeitig ein, so daß eine Trennung nach der Entstehung nicht durchführbar ist.

Modererden finden sich vielfach als die oberste Schicht in Wiesen auf umgewandelten Flachmoortorfen; sie bilden ferner die

---

[1]) Der von C. Weber vorgeschlagene Ausdruck „Mudde" wird hier ausschließlich auf die chemisch ausgefällten organischen Stoffe beschränkt. Andersson bezeichnet die Ablagerungen, für die der schwedische Ausdruck „Dy" durch v. Post eingeführt ist, als Humusbildungen, entstanden „durch chemische Ausfällung organischer Verbindungen".

häufigste Form der Humusböden in zeitweise überschwemmten Lagen und in Flußgebieten oder auf Mineralböden mit flach anstehendem, fließenden Grundwasser. Auch unter Wald auf Humusboden, sowie in Erlenbrüchen sind die Ablagerungen vielfach in Moder umgewandelt.

Eine besondere Form der Modererden geht aus der Kultur der Hochmoore hervor, deren obere Schicht unter dem Einfluß der Bearbeitung, Düngung und des Pflanzenlebens innerhalb weniger Jahre in Moder umgewandelt wird. Man kann diese Form als Torferde bezeichnen.

Modermergel[1]) nennt man die reichlich Kalkkarbonat in gleichmäßiger, feiner Verteilung enthaltenden Modererden; sie kommen z. B. im nordischen Flachlande häufig vor und schließen sich in ihrer Entstehung den übrigen Modererden an. Der Kalk entstammt wohl häufig zerkleinerten Konchylienschalen; er trägt aber auch nicht selten den Charakter chemischer Ausscheidungen, die dann aus dem Kalkgehalt des aufsteigenden Wasserstromes durch Fällung entstanden sind.

Auf kalkreichen Böden finden sich humose Ablagerungen erfahrungsmäßig meist in Form von gekrümelten Modererden. Hierzu gehören die Kalk-Humusböden in Estland und die russischen Rendzinaböden. Eine wohl charakterisierte Form der Modererden ist der

Alpenhumus.

Ebermayer,[2]) der diese Bodenart zuerst beschrieb, kennzeichnete ihn in folgender Weise: „Es ist eine dunkelschwarze, lockere, fast pulverförmige Erde, die nur aus verwesten Pflanzenresten besteht und weder Exkremente von Regenwürmern noch Chitinteile und Insektenexkremente enthält. Regenwürmer kommen nur ganz vereinzelt vor. Dieser Humus ist frei von allen fremden mineralischen Beimengungen und hinterläßt beim Glühen nur so viel Asche, als den humusbildenden Materialien (Moos, Nadeln, Holz usw.) entspricht. Bisweilen bildet er meterdicke Schichten, auf welchen schöne Fichtenbestände oder Mischungen von Fichten, Buchen und Tannen stehen, die ihre Nahrung einzig und allein aus diesem Material beziehen. Im Untergrunde finden sich Bruchstücke von Kalk oder Dolomit. Am meisten Ähnlichkeit hat diese Humusart mit zerfallener schwarzer Moorerde, ist aber weit reicher an Kali und Phosphorsäure als diese."

In jüngster Zeit sind diese Ablagerungen von Graf Leiningen[3])

---

[1]) Modererde wird in den Karten der geologischen Landesanstalten als Moorerde und Modermergel als Moormergel bezeichnet und kartiert.

[2]) Forsch. d. Agrik.-Phys., 10, S. 385.

[3]) Naturwiss. Zeitschr. f. Forst- u. Landwirtsch. 1908 u. 1909.

wieder untersucht worden. Er faßt den Ausdruck Alpenhumus im weiteren Sinne und bezeichnet damit überhaupt die Humusbildungen der Alpen unter Ausschluß der Moore.

Das Vorherrschen der Moderform beim Alpenhumus auf Kalk wird hervorgehoben, jedoch sind die tieferen Lagen mächtiger Schichten von Alpenhumus auch faserig oder torfartig ausgebildet. Die Tierwelt ist von geringem Einfluß. Der Alpenhumus reagiert sauer, oft sogar stark sauer.

In Hochlagen und an Stellen, die der Abschwemmung günstig sind, werden häufig Humusteile zusammengeschwemmt, die feinpulverig und mehr oder weniger reich an Mineralteilen sind.

Nach den Erfahrungen des Verfassers unterscheidet sich der „Alpenhumus" von anderen Moderformen überwiegend durch die Mächtigkeit der lockeren, gekrümelten Schichten, die nur selten in der Tiefe dichter zusammengelagert sind und torfartigen Charakter annehmen. Ähnliche Ausbildung der humosen Teile kenne ich aus Estland auf Kalk. Es ist daher anzunehmen, daß die Anwesenheit ausreichender Mengen von absorbierbaren, basischen Bestandteilen das Auftreten kolloider Humusformen herabsetzt. Unterliegt Alpenhumus stark der Auswaschung, wie dies an Stellen leicht eintritt, denen Wasser aus der Umgebung zufließt, so finden sich unter Alpenhumus auch ausgebleichte Tonschichten, die die Einwirkung kolloider, ungesättigter Humusstoffe kenntlich machen.

D. Torf.

Über den Vorgang der Torfbildung liegen mehrere Untersuchungen vor. Andersson deutet seine Beobachtungen dahin, daß im Torf die Zellulose fast stets zerstört wird, vielleicht durch Gärung und daß man annehmen muß, die Hauptmasse des Torfes bilde sich aus Ligninsubstanzen. Am widerstandsfähigsten sind Korkschichten. Von Interesse ist, daß bei Untersuchung der erkennbaren Pflanzenreste der schwedischen Moore nur 15% der schwedischen Pflanzenarten gefunden wurden; es sind so gut wie ausschließlich Arten mit verholzten Zellwänden, die erhalten sind. Auf die Mitwirkung der Gerbsäuren deuten Erfahrungen, die Anreicherung an Eisen in stark gerbstoffhaltigen Pflanzenteilen nachweisen.[1]) In der Asche vertorften Kiefernholzes fand Müller[2]) 37%, im Eichenholz 66% Eisenoxyd, während die meisten anderen Salze ausgelaugt waren.

Der Torf besteht aus einem Gemisch von Pflanzenresten mit makroskopisch erkennbar erhaltener Pflanzenstruktur, aus chemisch

[1]) Thoms, Landw. V.-Stat. 1897, 49.

[2]) Landw. V.-St. 1888, 36, S. 263.

zersetzten und durch Tiere umgearbeiteten Pflanzenresten, die sich als braune zerfaserte Massen beimischen; geringen Anteil nehmen Tierkot und Tierreste (Chitin usw.). Auch durch Pilze, im Hochmoor namentlich durch Fadenpilze verändertes Material mischt sich bei. Je nach dem Anteil, den die Bestandteile an der Zusammensetzung haben, ist der Charakter des Torfs verschieden; die lockersten, leichtesten Formen bestehen überwiegend aus wenig veränderter Pflanzensubstanz (Moostorf u. a.).

Früh, dem wir eingehendere mikroskopische Studien verdanken, fand zahlreiche sehr kleine braune Körnchen, die auch in geschlossenen Zellen vorhanden sind; dies deutet darauf hin, daß chemische Umsetzungen eintreten, die allmählich eine Umbildung der vorhandenen Pflanzensubstanz herbeiführen. Es scheint, daß sehr verschiedene chemische Stoffe in ähnlicher Weise verändert werden können. Nach Früh ist Zellulose einer der wichtigsten Torfbildner und liefert homogene braune Massen, aber auch die verschiedensten anderen Pflanzenstoffe nehmen teil. Auch die Zerstörung der Pflanzenstruktur in sehr alten Torfschichten (z. B. älterer Moostorf), zeigt, daß rein chemische Vorgänge bei der Torfbildung beteiligt sind. Als Regel kann überhaupt gelten, daß die erkennbaren Pflanzenteile im Torf um so mehr abnehmen, je stärker die chemischen Veränderungen fortgeschritten sind.

Es finden sich daher in den tieferen Schichten der Moore Ablagerungen, die unzweifelhaft aus Torfschichten mit erhaltener Pflanzenstruktur hervorgegangen sind, aber nicht mehr makroskopisch erkennbare Pflanzenreste enthalten. Von den Modererden unterscheiden sie sich durch ihre Lagerung unter Torf und die gleichmäßige, nicht gekrümelte Struktur.

Gelegentlich finden sich im Torf homogene humose Massen, die in Adern auftreten oder in vertorften Baumstämmen eingelagert sind und als Dopplerit bezeichnet werden; dieser trocknet zu festen, harten, glänzenden, leicht zerspringenden, eckig brechenden Stücken ein. Chemisch schließt sich Dopplerit den Humusstoffen an.

Im allgemeinen tritt die Veränderung und teilweise Zerstörung der Pflanzensubstanz namentlich in der obersten, etwa ein Meter mächtigen Schicht ein, in größerer Tiefe unterliegt der Torf wohl nur sehr langsam fortschreitenden Umsetzungen. Manchmal gewinnt man den Eindruck, als ob unter bestimmten klimatischen Verhältnissen die Zersetzung bei einem gewissen Grade stationär würde. Es liegen wenigstens verschiedene Analysen vor, die einen solchen Schluß zulassen, die Maximalzahlen für Kohlenstoff im Torf schließen fast alle mit 58—60%.

Die folgenden Zahlen entstammen den Analysen von v. Feilitzen[1]) und Gundlach[2]) und betreffen Hochmoortorf verschiedener Zusammensetzung.

Kendelmühlfilz[2])

	C.	H.		C.		C.
1. Oberfl.	55,37	5,14	2. Oberfl.	57,32	3. Oberfl.	58,75
1 m	58,01	5,66	1 m	61,56	1 m	57,43
1,5 m	57,09	—	1,5 m	59,58	1,5 m	58,19

4. Sphagnum cuspidatum.[2])

C.	H.
49,80	6,20

5. Speckener Moor.[2])

	C.	H.
20—100 cm	51,08	6,09
100—200 cm	53,52	5,86
200—300 cm	58,66	5,76

6. Ocholter Moor.[2])

	C.	H.
20 cm	55,47	5,65
20—60 cm	55,06	5,86
60—100 cm	58,25	5,50
100—120 cm	58,23	5,40
180—200 cm	57,57	5,54

Mögen auch je nach Pflanzenart und Erhaltungszustand wesentliche Abweichungen vorkommen, so lehren jedenfalls diese Zahlen, daß die Zersetzung der organischen Reste in den obersten Schichten stattfindet und daß die organische Substanz bereits in mäßiger Tiefe stark verändert ist. Wie langsam die säkularen Änderungen verlaufen, zeigt der Erhaltungszustand der Taxodium-Hölzer vieler Braunkohlen, die noch schneidbares Holz sind und ihre Struktur unverändert erhalten haben. Es ist daher nicht zulässig, bei Berechnungen der ursprünglichen Mächtigkeit der Kohlenschichten von Zellulose oder sonstiger Pflanzensubstanz auszugehen. Viel wahrscheinlicher ist es, daß die älteren Kohlengesteine außer Verlust an flüssigem Wasser, nur geringe Volumänderungen erfahren haben.

1. Der Mineralstoffgehalt des Torfes.

Infolge der in den letzten Jahrzehnten rasch fortschreitenden Kulturen auf Moorboden hat der Gehalt der Torfarten an Mineralstoffen erheblich praktische Wichtigkeit, zugleich aber auch wissenschaftliches Interesse, da das Verhalten der torfbildenden Pflanzen eng mit ihrer Ernährung durch Mineralstoffe verbunden ist. Fleischer gab als Mittel von mehrenden tausend Analysen folgende Mittelzahlen. Es enthalten:

---

[1]) Journ. f. Landwirtsch., 40, S. 259 (1892).
[2]) Journ. f. Landwirtsch., 46, S. 9 (1898).

	Stickstoff	Kalk	Phosphorsäure	Kali	Mineralstoffe
Hochmoortorf	0,8%	0,25%	0,05%	0,03%	2%
Flachmoortorf der Niederung	2,5%	4,0%	0,25%	0,10%	10%
,, im Gebirge. .	2,0%	1,0%	0,20%	0,10%	5%

Diese Zahlen sind namentlich aus Analysen norddeutscher Torfe abgeleitet und sie geben ein Bild von der durchschnittlichen Zusammensetzung. Erst dem fortschreitenden Studium ist aber die Kenntnis zu danken, daß örtliche Verhältnisse erhebliche Schwankungen in der Zusammensetzung der Torfe hervorrufen können und es nicht richtig ist, daß ein Hochmoor immer sehr kalkarm und von niederem Stickstoffgehalt und ein Flachmoortorf immer kalk- und stickstoffreich sein muß. Namentlich die Untersuchungen der Moore der Gebirgsgebiete haben gelehrt, daß auch recht kalkarme Flachmoore und stickstoffreiche Hochmoortorfe vorkommen.

Gully[1]), der wiederholt auf diese Verhältnisse hingewiesen hat, zeigt an Beispielen, daß weder die Kenntnis der botanischen Abstammung, noch die chemische Analyse allein genügen, um einen Torf zu kennzeichnen, sondern beide berücksichtigt werden müssen.

Erhebliche Unterschiede in der Zusammensetzung des Torfes ergeben sich aus dem Grade der Auswaschung des Torfes. Die oberste Schicht der Moore, die noch losen faserigen Torf enthält, ist der Auswaschung stark ausgesetzt. Die Menge der durchschnittlich fallenden Niederschläge hat daher Einfluß auf die Mineralstoffe des Torfes. Von den Mineralbestandteilen ist namentlich das Kalium leicht löslich. Durch wiederholtes Ausziehen mit Wasser kann man fast den gesamten Gehalt an zugänglichem Kali in Lösung bringen.[2])

Wie schon erwähnt, unterscheidet man die Torfarten nach den vorherrschenden Pflanzen, aus denen sie hervorgegangen sind.

2. Torfe der Verlandungsbestände sind:

Schilftorf, hauptsächlich Rhizome und Wurzeln von Phragmites communis. Meist dunkel gefärbte, verfilzte, aus lockeren und festen Teilen gemischte ungleichmäßige Torfmassen; leicht kenntlich an den häutigen Scheiden der Rhizome. Der Schilftorf liegt meist in 0,5—2 m Tiefe des Moores. Alte Ablagerungen von Schilftorf sind oft dunkel, schwärzlich gefärbt. Junge Ablagerungen enthalten die Rhizome oft wenig verändert und von heller, gelblicher Farbe und oft von fast strohartiger Beschaffenheit. Vereinzelt kommen Reste von Phragnites in den verschiedensten Torfschichten vor, da die Pflanze

---

[1]) Ber. d. bayr. Moorkulturanst. 2.

[2]) Wicklund, Landw. Jahrb., 20, S. 959 (1891).

weite Verbreitung und eine große Anpassung an Wasser verschiedenen Salzgehaltes hat.

Ein subfossiler, fast stets Eisenkies enthaltender Torf ist der Darg Nordwestdeutschlands, der in wechselnden Tiefen des Marschbodens in zusammenhängenden Schichten vorkommt.

Seggentorf (Radizellendorf) ist vielleicht die verbreitetste Torfart der Verlandungsmoore. Es sind poröse Torfarten, die aus einem Gewirr von Wurzeln und Stengeln der hochwüchsigen Carexarten bestehen, in denen die Wurzeln jedoch vorwiegen. Wichtige Torfbildner sind: Carex stricta, ampullacea, vesicaria, unter den Seggen des Parvocaricetums sind Carex flava, glauca und Goodenoughii zu nennen.

Die Farbe der Seggentorfe ist im frischen Zustande meist braun, an der Luft dunkeln sie bald nach. Erhalten sind meist die äußeren Teile der Wurzeln und Wurzelstöcke, die inneren Teile sind zumeist in bröcklige braune Massen umgewandelt. Junger Seggentorf ist in der Regel porös. Häufig sind Beimischungen von Resten anderer Pflanzen, die zwischen den Bülten der Riedgräser vorkommen.

Der Torf der Kleinseggen unterscheidet sich nicht wesentlich von denen der hochwüchsigen Arten. So leicht es in der Regel ist, den Seggentorf an den zahlreich erhaltenen Nebenwurzeln (Radizellen) zu erkennen, so schwierig ist es, die einzelnen Carexarten, aus denen er hervorgeht, zu unterscheiden; es geschieht dies nur nach Früchten bzw. Fruchtschläuchen, die aber auch meist schlecht erhalten sind.

Equisetumtorf findet sich häufiger im Norden als in Mitteleuropa in glänzenden, schwarzen, flachstengeligen Massen. Es ist namentlich Equisetum palustre, dessen Rhizome die Hauptmenge des Torfes bilden und auch in anderen Torfschichten häufig vorkommen und durch die meist glänzend schwarzen Reste der Rindenschicht der Rhizome leicht kenntlich sind. Equisetum palustre ist eine verbreitete Pflanze vieler Moore, tritt aber auch als herrschende Formation auf.

Cladium Mariscus Torf ist in jüngeren Ablagerungen meist wenig zersetzt, von geringem Zusammenhang. Der Gehalt an Mineralstoffen ist hoch. Der Cladiumtorf ist zumeist an den reichlich vorkommenden Früchten zu erkennen.

Hypneentorf, Astmoostorf. (Braunmoostorf der Skandinavier.) Die Astmoose finden sich in allen Zuständen der Zersetzung. Nicht selten ist die Moosstruktur noch vollkommen erhalten, in fast allen Fällen sind Blätter oder Stengel erkennbar.

Schoenustorf: Torf von Schoenus ferrugineus in Süddeutschland, örtlich verbreitet.

Mergeltorf. Als Mergeltorf kartiert die preußische geologische Landesanstalt Torfe mit reichlich eingemischtem Kalkkarbonat. Es sind stets Flachmoortorfe, die zum Teil den Kalk als Konchylienschalen enthalten, zumeist aber durchsetzt der Kalk als chemische Abscheidung gleichmäßig die ganze Torfmasse oder scheidet sich in erkennbaren Konkretionen ab. Zum Mergeltorf können Torfe sehr verschiedener Abstammung gehören.

3. Trockentorfe.

Die Trockentorfbildung ist bereits Seite 171 behandelt. Häufig auf Humusboden sind noch:

Birkentorf: bildet nicht selten ganz erhebliche Schichten eines meist hell gefärbten Torfes, dessen Mutterpflanze leicht an der sehr widerstandsfähigen weißen Rinde der Birke erkennbar ist. Der Birkentorf enthält meist reichlich Holzteile, die im frischen Zustande weich und schneidbar sind und unter Druck Wasser abgeben. Die Wurzeln sind an den quer gestellten grauschwarzen großen Lentizellen kenntlich. Das Holz ist hell gefärbt, lichtbraun und unterscheidet sich dadurch vom vertorften Erlenholze. Blätter und Blütenschuppen sind meist kenntlich erhalten.

Erlentorf besteht aus Wurzeln und sonstigen Resten der Erle. Meist stark zersetzt. Holzteile schwinden stark beim Trocknen, dunkeln an der Luft stark nach. Der Torf ist meist tiefschwarz, zerbröckelt beim Trocknen. Oft reich an Schlammteilen und Resten der niederen Vegetation.

Reisertorf. Hauptsächlich im arktischen Gebiet bilden verschiedene niedere Sträucher, die man unter der Bezeichnung Reiser zusammenfassen kann, Torf. Es sind Betula nana, Empetrum nigrum, Vaccinium uliginosum, Arctostaphylos, Weiden zu nennen. Mehr südlich sind Reste von Ledum palustre, Myrica gale häufig in den Torfen zu finden.

Carex firma und C. curvula-Torf. Die im Hochgebirge vorkommenden Cyperaceen bilden zumeist stark zersetzten, dunkelfarbigen, an Mineralteilen reichen Torf, der zu oberst von lockerem faserigen, aus Blatt- und Stengelteilen der Mutterpflanze bestehenden Torf überlagert sein kann. Eine genauere Untersuchung dieser Torfarten ist bisher nicht veröffentlicht worden.

Azaleentorf. Lockerer, faseriger Torf, der in seiner ganzen, meist geringen Mächtigkeit aus Azalearesten gebildet wird. Wie die anderen Torfarten des Hochgebirges bisher noch nicht genauer beschrieben.

4. Hochmoortorfe.

Moostorf. Die große Masse des Hochmoortorfes ist aus Resten von Sphagneen gebildet. Die Vertorfung der Sumpfmoose geht im ganzen langsam vor sich und in der Regel um so langsamer, je reiner der Bestand von Sphagneen gebildet wird. In den oberen Schichten des Torfes sind die Moose oft fast unverändert erhalten und leicht erkennbar. In etwas tieferen Lagen ist der Moostorf schneidbar, hell bis dunkelbraun, sehr porös und enthält noch reichlich unzersetzte Pflanzenreste.

Der „ältere Moostorf" ist Sphagnumtorf, der im Zustande stärkerer Zersetzung dunkelbraun bis schwarz gefärbt mehr homogen erscheint, beim Trocknen stark schwindet und im trockenen Zustande keine Moosreste erkennen läßt.

„Jüngerer Moostorf" bildet die höheren Schichten der Hochmoore; „älterer Moostorf" die tiefer lagernden, beide sind in Norddeutschland durch eine Lage von stärker zersetztem Torf, den sog. „Zwischentorf" getrennt.

Wollgrastorf. Zu den augenfälligsten Bestandteilen der Hochmoore gehört der „Fasertorf" des scheidigen Wollgrases. Die Blattscheiden des Grases zerfallen in braune, grobe Fasern, die auch in Torfstücken sofort kenntlich sind. Wollgrastorf ist stets mit wechselnden Mengen anderer torfbildender Pflanzen gemischt, häuft sich aber an einzelnen Stellen des Moores stark an, so daß er dem Torf den Charakter gibt. (In Nordwestdeutschland wird der Fasertorf von den Torfstechern als „Bullenfleisch" bezeichnet.)

Scheuchzeriatorf. Der vorwiegend aus Scheuchzeria palustris gebildete Torf ist durch die Reste der Blattfasern und am meisten durch die zahlreich erhaltenen Ausläufer, die dann Röhren von gelbroter Farbe bilden und zahlreiche, engstehende Knoten haben, erkennbar. Der Torf ist feinfaserig, filzig; trocken liefert er viel Staub. Die Farbe des Torfes ist meist rötlichbraun.

Dicranumtorfe schließen sich in ihren Eigenschaften eng an die Sphagnumtorfe an; zumeist ist der Torf noch dichter, filziger und schneidbarer als der gewöhnliche Moostorf und widersteht der Zersetzung sehr lange.

Polytrichumtorf. Reste von Polytrichumarten finden sich im Moostorf, namentlich jüngerer Bildung, häufig. Es sind zumal die drahtartig dünnen Stengel dieser Moose, die in die Augen fallen. Reine Polytrichumtorfe sind selten und kennzeichnen sich durch das Vorherrschen der schwer zersetzbaren Moosstengel.

Bunkerde (Schollerde, Heidetorf) ist die oberste Schicht der nordwestdeutschen Moore, die überwiegend aus mit Heidewurzeln durchwachsenem Moostorf, aus zerbröckeltem Heidekraut, Resten von Polytrichum besteht und einen dunklen, oft bröckeligen Torf bildet. Der „Zwischentorf" Webers hat dieselbe Zusammensetzung wie die Bunkerde. Bei der Brandkultur der Hochmoore wurde diese an Mineralstoffen und Stickstoff reichere Schicht bis zum Moortorf abgebrannt, der allein nicht genug Nährstoff für den Feldbau lieferte. Die Heide, sowohl Calluna vulgaris wie Erica tetralix sind geringe Torfbildner und liefern zumeist nur erdige, dunkle Humusstoffe, die durch den Wurzelfilz dieser Pflanzen zusammengehalten werden.

Analysen der wichtigsten Torfarten.

Torfart und Torfkonstituenten	In der Trockensubstanz sind		Elementarzusammensetzung der organischen Substanz						
	organische Substanz	Asche	C	H	N	O	O=1 C : O	O=1 H : O	H=1 C : H
Schilftorf, stark zersetzt	89,54	10,46	58,11	5,12	3,43	33,34	1,74	0,15	11,35
Carextorf, unzersetzt	96,16	3,84	56,77	5,78	2,28	35,17	1,61	0,16	9,82
„ stark zersetzt	96,49	3,51	60,32	5,40	2,18	32,10	1,88	0,17	11,17
Hypnumtorf, unzersetzt	92,39	7,61	53,83	5,71	2,23	38,23	1,41	0,15	9,42
Erlenholztorf	98,40	1,60	60,62	4,88	1,39	33,11	1,83	0,15	12,42
Birkenholztorf, wenig zersetzt	97,82	2,18	60,52	5,73	1,63	32,12	1,78	0,18	10,56
„ stärker „	96,56	3,44	61,12	5,97	2,38	30,53	2,00	0,20	10,24
Scheuchzeriatorf, wenig zersetzt	96,20	3,80	56,99	6,18	2,72	34,11	1,67	0,18	9,22
Eriophorumtorf, wenig zersetzt	99,41	0,59	59,33	5,03	0,86	34,78	1,71	0,15	11,79
„ Faser	99,47	0,53	52,92	5,43	1,27	40,38	1,31	0,13	9,75
Sphagnumtorf, unzersetzt	98,07	1,93	49,55	5,22	0,90	44,33	1,12	0,12	9,49
„ wenig zersetzt	99,36	0,04	50,57	5,31	0,80	43,32	1,17	0,12	9,52
„ stark „	96,79	3,21	57,39	5,64	1,40	35,57	1,61	0,16	10,18
„ ganz „	96,08	3,92	62,26	5,13	0,91	31,70	1,96	0,16	12,13
Heidetorf aus Calluna und Erica tetralix	70,89	29,11	55,26	6,38	2,12	36,24	1,53	0,18	8,66

Zweiter Abschnitt.

Chemie der Böden.

Die Verwitterung und Bodenabsorption, die Chemie der Humusstoffe und der Moore, die Bedeutung der löslichen Salze für die Krümelung, zur Bodenphysik gehörig, werden auch in den bezüglichen Kapiteln besprochen.

I. Mikroskopische Analyse der Böden.[1]

Die Wichtigkeit der Bestimmung der mineralischen Zusammensetzung der Böden ist frühzeitig erkannt worden. Für den Boden ist es natürlich von größtem Einfluß, ob die Mineralteile überwiegend aus Quarz oder aus einem verwitterbaren Minerale bestehen. Stellt doch der von der Verwitterung noch nicht angegriffene Mineralbestand des Bodens das Kapital dar, aus dem durch Zersetzung immer wieder neue lösliche Bestandteile hervorgehen können. Die Einteilung der Böden in nachschaffende und nicht nachschaffende bringt dieses Verhalten zum Ausdruck.

Die Bestimmung der gröberen Bestandteile des Bodens hinsichtlich der Mineralien und Gesteinsarten, die sie zusammensetzen, ist verhältnismäßig leicht. Bei einiger Übung lernt auch im feinkörnigen Sandboden das Auge nicht nur den meist rötlich gefärbten Orthoklas, sondern auch die meist farblosen Plagioklase unterscheiden.

Ungleich schwieriger gestaltet sich die Untersuchung der Feinerde. Sie kann aus den verschiedensten Mineralien bestehen, ohne daß dies selbst dem bewaffneten Auge leicht kenntlich wäre. Die Erkennung von Mineralien nimmt an Schwierigkeit mit Abnahme der Korngröße zu. Wie zur chemischen bedarf es auch zur mineralogisch mikroskopischen Bodenanalyse besonderer Ausbildung und großer Übung.

---

[1] Steinriede, Anl. mineral. Bodenanalyse. Leipzig 1889.
Orth, Rüdersdorf u. Umgebung. Abh. preuß. geol. Landesanst. 1877.
Von russischen Forschern ist Williams zu nennen.

Von der Anwendung der bisher leider noch wenig geübten mikroskopischen Bodenanalyse sind in der Zukunft noch wertvolle Resultate zu erwarten.

An Methoden der Untersuchung kommen in Anwendung:

Die Trennung der Bodenteile durch Flüssigkeiten verschiedenen spezifischen Gewichtes. Durch eine Lösung von Jodquecksilber in Jodkalium ist man imstande, die Bodenteile nach ihrem Volumgewicht zu trennen. Bei Sanden und Feinsanden gelingt dies verhältnismäßig leicht, die Trennung feinerdiger Teile begegnet indes noch nicht genügend überwundenen Schwierigkeiten.

Chemische Reaktionen, zumal Behandeln mit Säuren (Salz-, Salpeter-, Kieselsäurefluß) ermöglichen es, die Zusammensetzung einzelner Körner zu bestimmen.

Weitere Anhaltspunkte liefern die Formen von auskristallisierten Salzen.

Ferner ist die Angreifbarkeit der Silikate zu beachten und die kolloide oder feinkörnige Form der abgeschiedenen Kieselsäure, Verhältnisse, die freilich durch den Konzentrationsgrad der angewandten Säure beeinflußt werden.

Beim Glühen des Bodens an der Luft verbrennen die organischen Bestandteile. Manche Mineralien ändern die Färbung und sind dann leichter kenntlich; andere zerspringen beim Glühen und lassen so ihre Spaltbarkeit hervortreten. Beim schwachen Glühen im Wasserstoffstrom scheiden die organischen Bestandteile meist Kohle ab und werden dadurch kenntlich, auch wenn ungefärbte Verbindungen vorliegen. Es ist dabei aber zu beachten, daß auch Eisenverbindungen reduziert werden.

Färbemethoden: Die erfolgreichste Aussicht besitzen wohl die Färbemethoden in Verbindung mit der Boden-Mikroskopie. Bisher beschränkte man sich noch darauf, das Bodenpulver direkt oder nach Behandeln mit Salzsäure der Einwirkung von stark adsorbierbaren Farbstoffen, wie Rubin, Fuchsin, Methylenblau u. a. auszusetzen.[1])

Kolloide Bodenteile färben sich dadurch in verschiedenem Grade; besonders kolloide Kieselsäure ist gut sichtlich zu machen. In vorhandene Spalten von Gesteinsteilen dringt der Farbstoff ein.

G. Tschermak[2]) unterscheidet mehrere Kieselsäuren nach Art und Stärke ihrer Färbbarkeit. Bisher ist hierüber noch wenig gearbeitet worden, es ist aber zu hoffen, daß die Ausbildung der Färbemethoden zur Erkennung der verschiedenen Kolloide führen wird. Die Färbemethoden werden dereinst vielleicht dieselbe Wichtigkeit für die Er-

---

[1]) Cornu, Tschermak. Min. Mitt., 26, S. 321 (1907).
[2]) Zeitschr. phys. Chem., 53, S. 349.

kennbarkeit der kolloiden Verbindungen erlangen, wie die der Lichtbrechung für die der Kristalloide.

Am leichtesten anwendbar sind die optischen Methoden der Untersuchung. Einfach brechende Minerale kommen im Boden nur selten vor (z. B. Granat); daher sind Doppelbrechung sowie Farbenspiel und Farbenwechsel im polarisierten Lichte, die Art und Stärke der Lichtbestrahlung Hilfsmittel, die über die Mineralart oft rasch Aufschluß geben. Je kleiner die Bruchstücke werden, um so mehr nähern sich viele Mineralarten in ihrem optischen Verhalten, bis bei sehr kleinem Durchmesser die Teile vielfach nur noch als schwach lichtbrechende Pünktchen wahrnehmbar sind. Die optischen Hilfsmittel versagen deshalb in der Regel dort, wo ihre Anwendung am wichtigsten für die Bodenkunde wäre.

Die Beschaffenheit der erkennbaren Silikatkörner des Bodens schwankt zwischen allen Übergängen völliger Zersetzung und ganz schwachem Angriff der Oberfläche, so daß scheinbar unveränderte Mineralkörner vorliegen. Bereits in den achtziger Jahren vorigen Jahrhunderts hat Verfasser zahlreiche diluviale Sande auf den Verwitterungsgrad der Mineralkörner untersucht. Da diese Böden der Auswaschung stark ausgesetzt waren, so treten auch Veränderungen stark hervor. In den oberen humosen Schichten der Bleichsande sind nicht nur die Feldspate usw. angegriffen und zum Teil in erdige Massen umgewandelt, sondern auch die Quarzkörner zeigen stets eine Veränderung dadurch an, daß der Kern andere Polarisationsfarben hat als die Außenschichten. Es tritt dies auch bei Körnern hervor, die ihre ursprüngliche Einheitlichkeit durch die Verteilung von Gasporen erkennen lassen. Nach Meinung des Verfassers läßt sich dies Verhalten nur durch die Einwirkung verwitternder Agentien erklären.

In größerer Tiefe der Sandschichten und zumal im Diluvialmergel finden sich zahlreiche Mineralkörner, die eine merkbare Veränderung nicht erlitten haben.

Cayeux[1]) kommt bei seinen Untersuchungen über den Zustand der Erhaltung der Mineralien der Ackererde zum gleichen Schlusse.

II. Spezielle Chemie des Bodens.

1. Reaktion der Böden.

Die landwirtschaftliche und forstliche Praxis legt mit Recht der Reaktion des Bodens große Bedeutung bei und zumal die „sauren“ Böden spielen in der Literatur eine beträchtliche Rolle. Es sind

---

1) Compt. rend. Paris. Akad., 140, S. 1270 (1905).

namentlich die Humusstoffe im Boden, die blauen Lakmus stark röten und die deshalb als „sauer" angesprochen wurden.

Erst in neuester Zeit hat man beobachtet, daß auch völlig humusfreie Mineralböden vielfach den durch Alkalien gebläuten Farbstoff des Lakmus zu röten vermögen. Es sind namentlich japanische und amerikanische Forscher (Daikuhara, J. Kozai[1]), die dies Verhalten beobachteten und zumal für Tonböden feststellten.

Erst die Fortschritte der Kolloidchemie lehren diese Vorgänge verstehen. Die kolloiden Tone absorbieren hauptsächlich die basischen Ionen und setzen dadurch die Säuren vorhandener Salze in Freiheit. Es sind demnach die gleichen Erfahrungen, wie man sie bei den Humuskolloiden gemacht hat und die zur Annahme von „Humussäuren", die als Säuren galten, führten. Die Tonböden reagieren auf Salze von Pflanzenfarben (Lakmus) nicht deshalb sauer, weil sie freie Säuren enthalten, sondern weil sie die vorhandenen Basen absorbieren und dadurch deren Säuren freimachen. Sind die Böden absorptiv gesättigt, so hört die „saure" Reaktion auf, da dann nur noch Absorption durch Austausch stattfindet.

Man hat zu unterscheiden:

1. Absorptiv ungesättigte Böden (bisher „saure" Böden). Es sind Böden humider Gebiete, reich an Humus oder kolloidem Ton, die gebläutes Lakmuspapier röten und aus den Lösungen von Neutralsalzen wechselnde Mengen von Säuren frei machen.

2. Absorptiv gesättigte Böden, deren absorbierende Fähigkeit durch Basen ausgeglichen ist. Diese Böden sind einzuteilen in a) neutral reagierende Böden, die jedoch wenig stabil sind, Überschuß an Wasser muß sie früher oder später in den absorptiv ungesättigten Zustand überführen. b) alkalische Böden. Bodenarten, die Kalkkarbonat oder Ammonkarbonat enthalten und dadurch alkalisch reagieren. Hierher gehören die meisten Böden arider Gebiete und ferner sehr viele in guter Kultur befindliche Ackerböden. In gemäßigten Zonen sind die schwach alkalisch reagierenden Bodenarten weit verbreitet, während sie in kühlen und sehr regenreichen Gebieten fast nur auf Kalkgesteinen vorkommen.

Die Pflanzenverbreitung und -Entwickelung wird durch die Art der Bodenreaktion beeinflußt. „Kalkholde" und „kalkstete" Pflanzen finden die günstigsten Wachstumsbedingungen auf Böden alkalischer Reaktion. Aber auch die niedere Bodenflora entwickelt sich je nach der Reaktion verschieden. Während die Bakterien vorzüglich alkalischen Böden eigen sind, sagen den Fadenpilzen die sauren, absorptiv ungesättigten Bodenarten zu.

---

[1]) Chem. Zeitg. 1908, Nr. 98.

2. Einzelne Bestandteile des Bodens.

A. Kieselsäure und Silikate.

Die Böden bestehen zum größten Teile aus Kieselsäure und Silikaten. Quarz ist in den meisten Böden so gut wie unangreifbar für die Agentien der Verwitterung. Auch in Böden, die Natriumkarbonat enthalten, werden wahrscheinlich Silikate leichter zersetzt werden als Quarz gelöst wird. Immerhin ist hier eine merkbare Einwirkung nicht ausgeschlossen. Von Einfluß ist bei allen schwer angreifbaren Mineralien die Korngröße; so lösten sich Quarzkörner unter 0,002 mm Durchmesser in siedender Kalilauge in zwei Stunden, staubfeines Quarzpulver erst in 32 Stunden.

Schwer zu beantworten ist die Frage, wo die bei der Verwitterung gebildeten kolloiden Kieselsäuren hinkommen. Zum Teil treten sie wieder in Reaktion mit anderen Produkten der Verwitterung, die größte Menge wird aber wohl dem Meere zugeführt und kommt dort in Form von Diatomeenschlamm zur Abscheidung. Zumal in den Gebieten der Lateritverwitterung ist die Wegfuhr von Kieselsäure sehr groß; sie ist aber auch im Gebiete der Ton- und Kaolinverwitterung beträchtlich. Es ist hierbei zu berücksichtigen, daß die Zersetzung der Gesteine im allgemeinen nur sehr langsam fortschreitet und daher der Gehalt an Kieselsäure in Quell- und Flußwasser nicht besonders hoch ist und nur dort sich steigert, wo kolloide Humusstoffe in Lösung sind.

In den Böden finden sich häufig amorphe, farblose, gallertartige Massen, die sich durch starke Färbbarkeit bei Zusatz von Fuchsin oder Rubin auszeichnen und sich hierin genau so verhalten, wie kolloide Kieselsäure, die aus durch Salzsäure zersetzten Silikaten stammt. Bereits Steinriede hat diese Kolloide als Kieselsäuregel angesprochen. Die starke Färbbarkeit unterscheidet sie mehr oder weniger von den übrigen Bestandteilen des Bodens. Auffällig ist, daß Opal, also Konkretionen von Kieselsäuregel in den Schichten der Oberflächen-Verwitterung bisher nicht beobachtet worden ist, daher die Opal-Konkretionen wohl der Tiefen-Verwitterung zugewiesen werden müssen.

Von den amorphen wasserhaltigen Doppelsilikaten des Bodens, also Verbindungen, welche neben Tonerde und Eisenoxyd noch Alkalien oder alkalische Erden enthalten, sind nach Gans die der Alkalien (Kalium, Natrium) schleimig, die des Kalziums haben dagegen feinpulverigen Charakter.

Die erste Untersuchung über die kolloiden Silikate des Bodens sind von Schlösing[1]) und unabhängig von ihm etwa gleichzeitig von Hilgard[2]) ausgeführt worden.

van Bemmelen[3]) trennt die Bestandteile der Tone in zwei Gruppen, die sich durch das verschiedene Verhältnis von Tonerde und Kieselsäure unterscheiden.

Der Boden wird hierbei mit konzentrierter Salzsäure ausgekocht und dann mit Natronlauge behandelt (3 g Boden mit 50 ccm NaOH-Lauge von 1,04 spez. Gew., fünf Minuten bei 50—60° digeriert). Diese doppelte Behandlung wird wiederholt, bis der Boden erschöpft ist. Auf den Rest läßt man konzentrierte Schwefelsäure einwirken und bestimmt die Menge der gelösten Tonerde sowie der in NaHO löslichen Kieselsäure.

Das Verhältnis der Tonerde zur Kieselsäure ergibt, daß in dem durch Salzsäure zersetzbaren Teil auf je ein Mol. Al_2O_3 wechselnde Mengen Kieselsäure (mehr als 2,9 und weniger als 6 Mol. SiO_2) kommen.

In dem durch Schwefelsäure aufgeschlossenen Rest nähert sich die Zusammensetzung mehr oder weniger einem Verhältnis von $Al_2O_3 : 2\,SiO_2$. „Dieses Silikat nenne ich kaolinartig, weil es — in seinen Eigenschaften und seiner Zusammensetzung — mit dem echten Kaolin übereinstimmt“ und im Porzellanofen nicht schmilzt.

Aus den Untersuchungen van Bemmelens ist zu schließen, daß durch konzentrierte Salzsäure Silikate sehr verschiedener Art und Zusammensetzung zerlegt werden und ein Silikat zurückbleibt, welches die Zusammensetzung und die Eigen-

---

1) Schlösing, Compt. rend. Par. Akad. (1878) S. 376, gibt für einen „kolloidalen Ton“ folgende Zusammensetzung: %

$$
\begin{aligned}
Al_2O_3 &= 32{,}32 \\
SiO_2 &= 49{,}57 \\
Fe_2O_3 &= 1{,}98 \\
MgO &= 1{,}29 \\
K_2O &= 4{,}25 \\
H_2O &= 10{,}30
\end{aligned}
$$

Hilgard gibt das Verhältnis von Kieselsäure zu Tonerde wie 46:40 an, der Rest sei Wasser und andere Bestandteile. Es ist ohne weiteres verständlich, daß gleichartige Zusammensetzung bei einem Kolloidkomplex, der durch mechanische Trennung abgeschieden wurde, nicht erwartet werden darf. Aber immerhin zeigen die kolloiden Tone der gemäßigten humiden Gegenden vielfach ähnliches Verhalten. Die Farbe ist meist durch Gehalt an Ferriverbindungen gelb bis rötlich; gelegentlich auch fast weiß. Die durch Eintrocknen oder Ausfällen mit Elektrolyten gewonnenen Massen haben etwa das Aussehen von dickem Stärkekleister und trocknen unter sehr großer Volumverminderung zu harten Krusten oder Stücken ein, die im Aussehen arabischem Gummi ähnlich sind. An der Lippe saugen sich die trockenen Stücke fest an, mit wenig Wasser quellen sie auf und bilden zähe, stark klebende Massen, mit viel Wasser bilden sie eine kolloide Lösung.

2) Soils.

3) Zeitschr. anorg. Chem. 66, S. 322 (1910).

schaften des Kaolingeles besitzt, also wohl auch mit ihm identisch ist.

B. Kaolingel.

Als wichtiges wasserhaltiges Silikat des Bodens kann man die kolloide Form eines Tonerdesilikates annehmen, welches dem Kaolinit in der Zusammensetzung entspricht. Gans hat künstlich entsprechend zusammengesetzte Kolloide erhalten. Chemisch betrachtet verhält sich das Silikat $H_2Al_2Si_2O_8 + H_2O$ als eine sehr schwache komplexe Säure, als eine Aluminiumkieselsäure. Mit der Kieselsäure teilt sie die geringe chemische Aktivität und verhält sich überhaupt dem wasserhaltigen Kieselsäuregel sehr ähnlich. Als Konkretion des Kaolingels sind wahrscheinlich einige amorphe wasserhaltige Silikate z. B. Allophan anzusehen.

Nach dieser Auffassung findet zwischen den verschiedenen aus wässeriger Lösung ausgeschiedenen Formen der Kieselsäure: Kieselsäuregel, Opal, Quarz und der Aluminiumkieselsäure: Kaolingel, Allophan, Kaolinit ein parallel gehendes Verhalten statt.

So wenig man im Boden neugebildeten Quarz oder Opal findet, so fehlt auch Kaolinit oder eine Konkretionsform des Kaolingels.

Als Kolloid absorbiert das Kaolingel infolge seiner großen Oberfläche basische Stoffe energisch.

Erst die Fortschritte der Kolloidchemie werden die Lösung dieser wichtigen Fragen bringen. Die Forschungen von Gans lehren, daß in den kolloiden Silikaten des Bodens recht verschiedene Verbindungen vorhanden sind, die bisher nicht genügend getrennt werden können und die man als Kolloidkomplexe betrachten muß.

Steinriede[1]) schlägt vor, die nicht unterscheidbaren wasserhaltigen Silikate des Bodens unter der Bezeichnung Argillite zusammenzufassen.

Von den früheren Forschern bezeichnete Knop[2]) die in Säuren und Alkalien löslichen Teile des Bodens als „aufschließbare Silikate", und die in Säuren löslichen Metalle als „aufschließbare Silikatbasen".

Es ist notwendig, diese Auffassung soweit zu modifizieren, daß sie der neueren Anschauung über Verwitterung entspricht. Gelegentlich der Besprechung der Bodenanalyse soll dies geschehen.

C. Eisenoxyd.

Eine sehr verbreitete Verbindung im Boden ist Eisenoxydhydrat. Wasserfreies Eisenoxyd scheint unter den herrschenden Druck- und

1) Mineral. Bodenanalyse. Leipzig 1889.
2) Kreislauf des Stoffes. Leipzig.

Temperaturverhältnissen im Boden auf die Dauer sich nicht erhalten zu können; früher oder später geht es in das Hydrat über.

Während das chemische Verhalten des Eisenoxydhydrates vielfach untersucht wurde, hat die Form seines Vorkommens im Boden bisher eine entscheidende Bearbeitung nicht erfahren. Van Bemmelen bestimmte die physikalischen Konstanten des Ferrihydrats und kam zu dem Schlusse, daß keine konstante Zusammensetzung vorhanden, der Wassergehalt vielmehr von Dampfdruck und Temperatur abhängig sei. Demnach ist das Ferrihydrat als ein nicht stabiles Kolloid zu betrachten.

Die Eisenverbindungen sind die wichtigsten färbenden Bestandteile der Böden. Die Erfahrung lehrt, daß die Böden großer Gebiete ähnliche Färbungen aufweisen, so die Roterden Südeuropas; die gelb gefärbten, vielleicht als selbständige Bodenbildung abzutrennenden Gelberden Südfrankreichs und des Mittelmeergebiets, die gelbbraunen bis rotbraunen Böden Mitteleuropas. Vielfach werden auch Eisenoxyd-Silikate die Ursache der Bodenfärbung sein, aber es scheint sicher, daß unter bestimmten klimatischen Bedingungen Ferrihydrate bestimmter Färbungen, vielleicht auch abweichender Zusammensetzung vorhanden sind. Eisenoxydhydrate sind kolloide Körper, die zu staubigen, nicht bindenden Pulvern zusammentrocknen. Es ist daher auffällig, daß die Bindigkeit der Böden mit höherem Gehalte an Eisenoxyd zu steigen pflegt. Kopecky[1]) gibt an, daß bei leichteren Böden und einem Gehalte von etwa 1% Eisenoxyd im Boden die Gräben zur Drainage um 1—2 Meter näher gemacht werden müssen, als im eisenfreien Boden. Es mag dies vielleicht in Beziehung zur Bedeutung des Kalkes für den Boden stehen. Die Erfahrung lehrt wenigstens, daß durchschnittlich in Böden so lange Umlagerungen von Eisen ausbleiben, als kohlensaurer Kalk vorhanden ist.

Eigenartig ist das Verhalten des Ferrihydrats gegen humose Stoffe, unter deren Einfluß es nicht nur kolloid in Lösung geht, sondern es auch vielfach nicht die Reaktionen der Ferriionen zeigt. Van Bemmelen[2]) wies auf dies Verhalten hin; die Verteilung des Eisens im Boden und seine Ablagerungen zeigen, daß diese Wirkungen beträchtliche Größe erreichen. Das Eisen ist in allen nicht absorptiv gesättigten Böden ein leicht bewegliches Element und wandert, zumal unter dem Schutze von Humuskolloiden und scheidet sich, vielfach unter dem Einflusse von Bakterien, örtlich wieder ab. Eisenabscheidungen in Form von eisenhaltigen Streifen und Punkten sind verbreitete Vorkommen, so in vielen Sandböden; in schwereren Böden

---

[1]) Bodenuntersuch. zu Drainagearbeiten. Prag 1901. S. 27.
[2]) Zeitschr. anorg. Chem., 22, S. 339 (1899).

lagert sich Eisenoxydhydrat zwischen den Spalten, welche diese Böden durchziehen, besonders unter Wiesenvegetationen ab. Die Abscheidung von Raseneisen ist bereits besprochen (Seite 101) und die charakteristischen Eisenkonkretionen vieler tropischer ausgewaschener Böden sind wohl auch auf biologische Einflüsse zurückzuführen.

Eisenoxydhydrat wirkt kräftig absorbierend auf Metalle (Kali, Kalk) und verbindet sich wohl unmittelbar mit Mineralsäuren, namentlich Phosphorsäure, mit denen es zahlreiche, vielfach basische Salze bildet.

Eisenoxydhydrat hat hohe absorbierende Eigenschaften für Gase und kondensiert namentlich Kohlensäure und elementaren Stickstoff. Es wirkt dadurch als Überträger der Kohlensäure. Kalkkarbonat mit Eisenhydroxyd gemischt und mit Wasser übergossen, bringt erhebliche Mengen von saurem Kalkkarbonat in Lösung. Über die Bedeutung des absorbierter Stickstoffes ist noch nichts bekannt, von einzelnen Seiten wird ihm Bedeutung für die Überführung von elementarem in gebundenen Stickstoff durch die Bakterien zugeschrieben.

Die analytische Trennung von Eisenoxydhydrat und Eisenoxydsilikaten bietet Schwierigkeiten und ist bisher noch nicht hinreichend möglich gewesen. Die Methode von Sachse und Becker[1]) ist noch nicht genügend für Böden auf ihre Brauchbarkeit geprüft; sie beruht auf gleichzeitiger Einwirkung von Cyankalium und Schwefelwasserstoff, wodurch das freie Hydroxyd in Lösung geht.

D. Aluminium und Tonerde.

Bisher nahm man zumeist an, daß Tonerde bzw. Tonerdehydrat ein sehr stabiler Bestandteil der Mineralien und Gesteine sei. Es ist dies auch der Fall in allen absorptiv gesättigten, nicht aber in ungesättigten, zumal humosen Böden. Hier teilt die Tonerde das Schicksal des Eisens und wird unter dem Einfluß der organischen Kolloide beweglich. In jedem Ortstein findet man Anreicherung von Tonerde, in Raseneisensteinen ist sie oft in erheblicher Menge enthalten. In alkalisch reagierenden, zumal Soda enthaltenden Böden muß für Tonerde ebenfalls eine merkbare Löslichkeit vorhanden sein.

Das Tonerdehydrat ist kolloid und hat wechselnden Wassergehalt, geht aber relativ leicht in die kristallinische Verbindung $Al_2O_3H_2O$, in Hydrargillit über.[2]) Es kann daher nicht auffallen, daß an freier Tonerde reiche Böden (die Laterite) dieses Mineral in großer Menge enthalten. In den gemäßigten und kalten Zonen fehlt

[1]) Landw. V.-Stat., 45, S. 419.

[2]) Literatur bei von Weimarn. Zeitschr. für Kolloidchemie 4, S. 36 (1909).

entweder freie Tonerde, oder ist doch nur in sehr geringen Mengen vorhanden. Zur Feststellung des Vorkommens freier Tonerde bedient man sich wechselweiser Behandlung des Bodens mit verdünnten Säuren und Alkalien und schließt aus dem Verhältnis zwischen gelöster Kieselsäure und Tonerde auf das Vorkommen oder Fehlen freier Tonerde (van Bemmelen, Schlösing Sohn). Diese Methode läßt nur eine angenäherte Bestimmung zu.

E. Mangan.

Über das Vorkommen von Mangan im Boden liegen wenige, über die Art der Verbindungen keine Untersuchungen vor. Behandelt man Boden mit heißer Salmiaklösung, so gehen oft erhebliche Mengen von Mangan in Lösung. Es ist dies ein Beweis, daß Mangan entweder absorbiert oder als Silikat, vielleicht auch als Karbonat, im Boden vorhanden ist und zwar als Manganoxydul. Wird Mangan ausgeschieden und als Konkretion abgesetzt, so findet dies stets als Mangandioxyd statt. Die Mangankonkretionen, die nicht selten beim Austritt von Quellen gebildet werden, scheinen unter der Mitwirkung von Bakterien[1]) zu entstehen. Nach Weibull[2]) bildet sich zuerst ein kolloider kalkreicher Wad oder Psilomelan, der in kristallinischen Braunstein übergeht.

F. Magnesium.

Magnesium findet sich im Boden als Karbonat, als Dolomit oder dolomitischer Kalk. Die Verbindungen mit Kieselsäure im Boden sind bisher kaum untersucht worden. Absorbiert verhält sich Magnesium dem Kalzium ähnlich, ist aber unter Umständen ziemlich fest gebunden. Magnesium kommt in den Böden meist in geringer Menge vor, wenigstens soweit es sich um leicht lösliche Verbindungen handelt. In den Salzböden arider Gebiete findet sich Magnesiumsulfat und bildet vielfach einen wesentlichen Teil der auskristallisierenden Salze.

G. Kalzium.

Kalzium findet sich in den Böden in verschiedener Bindung.

Als Kalksulfat (Gips) ist Kalzium zumeist der Träger der Schwefelsäure und kristallisiert bei einigermaßen höherem Gehalte leicht aus, so in den Böden der Steppen, vielfach auch an den Grabenrändern der in Kultur genommenen Moorböden.

Als Silikat findet sich Kalzium wohl in jedem Boden in wechselnder Menge. Vielfach ist es zurzeit nicht möglich, durch Absorp-

---

1) Landw. Jahrbücher, 29, S. 913 (1900).

2) Weibull, Zeitschr. Unt. Nahrungs- u. Genußmittel, 14, S. 404 (1907).

tion gebundenes Kalzium und als wasserhaltiges Silikat vorhandenes, zu trennen. Beide werden durch die gebräuchliche Methode der Bestimmung löslich gemacht. D. Meyer[1]) behandelt den Boden mit 10% Salmiaklösung drei Stunden auf dem Wasserbade; hierdurch werden neben Kalzium die meisten absorbierten Metalle gelöst. Meyer fand im Durchschnitt bei leichteren Böden 26%, bei schwereren 20% des löslichen Kalziums als Karbonat vorhanden. Vielfach sind, zumal humusreiche Bodenarten, frei von Kalkkarbonat. Man hat sich daran gewöhnt, den Kalk des Bodens als Karbonat anzunehmen. Es kann jedoch ein Boden mit gleicher Abgabe von Kohlensäure beim Ansäuern sehr verschiedenen Gehalt an Kalk besitzen.

Kalkkarbonat.

Die wichtigste Kalkverbindung und einer der bedeutsamsten Bestandteile der Böden überhaupt ist Kalkkarbonat. Die Leichtigkeit, mit der dieses Salz bei Absorptionswirkungen zerlegt wird, veranlaßt, daß Böden, die Kalkkarbonat enthalten, absorptiv gesättigt sind. Die Sättigung kann vollständig eintreten, da die sich abscheidende Kohlensäure als Anhydrid entweicht und keine freie Säure im Boden zurückbleibt. Von anderen Salzen verhalten sich nur lösliche Silikate dem Karbonat ähnlich, aus allen anderen Salzen wird Säure abgeschieden, die nun selbst wieder sich mit Basen zu vereinigen strebt, und wenn Karbonate vorhanden sind, diese zersetzt. Kalkkarbonat führt demnach den Boden in den absorptiv gesättigten Zustand über und erhält ihn dauernd gesättigt, wenn durch andere Prozesse, Auswaschung, Aufnahme durch Pflanzen usw. das Gleichgewicht gestört wird. Auch wenn der Fall eintritt, daß durch Wirkungen der Absorption freie Säuren abgeschieden werden, so werden sie unter Zerlegung der Karbonate sofort wieder gebunden.

Mit dieser Wirkung des Kalkkarbonats steht wohl auch der große Einfluß, den es auf die Krümelung der Böden ausübt, im Zusammenhang. Die Erfahrung lehrt, daß absorptiv gesättigte Kolloide viel leichter in den Gelzustand übergehen, als ungesättigte.

Kalkkarbonat ist in Wasser etwas unter deutlich alkalischer Reaktion löslich und fällt gelöste Eisenverbindungen aus. Solange kohlensaurer Kalk im Boden vorhanden ist, bleibt daher das Eisen unbeweglich.

Kalkkarbonat ist der beweglichste Bestandteil des Bodens. Das Salz geht bei Anwesenheit von Kohlendioxyd in das lösliche saure Salz über, welches bei geringerem Gehalt der umgebenden Luft an Kohlensäure wieder in das neutrale Salz, Wasser und Kohlendioxyd, zerfällt. Das hierbei ausgeschiedene Kalkkarbonat wirkt als Zement für die Bodenkörner.

Kolloide Humusstoffe absorbieren große Mengen von Kalk, die bei der Verwesung der organischen Teile wieder frei werden.

Aus dem Verhalten des kohlensauren Kalkes erklärt es sich, daß er sehr starke, vielleicht die stärksten Einwirkungen von allen Bestandteilen der Böden auf deren physikalische und chemische Eigenschaften ausübt, so daß manche Dünger erst dann zur vollen Wirksamkeit gelangen, wenn der Boden genügend Kalk enthält.

Der Gehalt an Kalkkarbonat in den Böden wechselt in weiten Grenzen. Im ariden Gebiet sind alle Böden kalkhaltig; mindestens gilt dies für die tieferen Bodenschichten. In humiden Gebieten ist der Kalk des Bodens vielfach und oft bis in erhebliche Tiefen ausgewaschen.

H. Kalium.

Zahlreiche bodenbildende Silikate, wie z. B. die Kalifeldspate und Glimmer, enthalten Kalium in fest gebundenem Zustande. Leicht löslich oder angreifbar ist das Kalium als wasserhaltiges Silikat oder im absorbierten Zustande. Kalium hat energisch chemische Wirksamkeit und wird von den Silikaten des Bodens stark gebunden und festgehalten. Der Gehalt an Kali in der Bodenlösung wechselt für die verschiedenen Bodenarten, bleibt aber für dieselben Böden ziemlich konstant. Im allgemeinen ist die Löslichkeit der Kaliverbindungen eines Bodens gering; so fand Schlösing in der Bodenlösung eines Hektars 1—5 kg gelöstes Kali, während die ganze Bodenschicht 3—4000 kg in Salzsäure lösliches Kali enthielt. Wenn die lösliche Menge trotzdem ausreicht, den oft ziemlich hohen Kalibedarf eines Pflanzenbestandes zu decken, so erklärt sich dies daraus, daß nach Entzug der gelösten Menge sofort absorbiertes Kalium wieder löslich wird.

In Böden, die an nicht gesättigten Humusstoffen reich sind (saure Böden), verhält sich das Kalium gegen Auswaschung wesentlich anders. Berthellot[1]) zeigte, daß nicht nur im Humus, sondern auch in Pflanzenteilen Kali so fest absorbiert ist, daß es durch starke Säuren (Salzsäure) nicht gelöst wird; andererseits binden manche Humusböden, so namentlich Hochmoortorf, das Kalium nur schwach, so daß durch wiederholtes Behandeln mit viel Wasser fast das gesamte Kali ausgewaschen wird. Die humosen Stoffe verhalten sich demnach verschieden. In sauer reagierenden Sandböden ist oft der Verlust an Kali durch Auswaschung sehr groß, bis ein fest gebun-

[1]) Compt. rend. Paris. Akad., 130, S. 422 (1900).

dener Rest schwer löslich zurückbleibt. Es ist daher nicht auffällig, daß die Wässer, welche aus humusreichen Böden (Granit, Schiefer, Sande, Mooren) abfließen, relativ viel Kali enthalten.

In humiden Gegenden ist die Gesamtmenge des Kalis häufig in den feinerdigen Teilen geringer als in den gröberen Bestandteilen des Bodens. Es entspricht dies der fortschreitenden Verwitterung und Auswaschung.

J. Dumont[1]) fand in einem kalkhaltigen tonreichen Boden von Grignon für alle Korngrößen 0,86—0,99% K_2O, dagegen in einem Granitboden von la Creuse im groben Sande 1,33%; im feinen Sande 0,58%; im Rohton 0,51% K_2O.

I. Natrium.

Das Natrium ist ein häufiger und oft in reichlicher Menge vorhandener Bestandteil der gebirgsbildenden Silikate. Im Boden ist das Natrium teils als Chlornatrium, teils als Silikat oder absorbiert vorhanden; in ariden Gegenden auch vielfach als Sulfat, Karbonat oder Chlorid. Studien über die Natronsilikate des Bodens liegen nicht vor. Die Absorptionsfähigkeit für Natronsalze ist schwächer als für Kalisalze; hiermit steht zum Teil die leichtere Auswaschbarkeit des Natrons in Beziehung.

Natriumkarbonat.

Auf die Eigenschaften der Böden hat auch ein recht geringer Gehalt an Soda großen Einfluß. Die Soda hindert, wie alle löslichen alkalisch reagierenden Körper, bereits in geringer Menge die Ausflockung der Kolloide und damit die Krümelbildung der Böden. Sodaböden sind daher dicht gelagert und brechen in groben Schollen, die nur schwierig zerfallen. Die Humusstoffe werden unter der Einwirkung der Soda kolloid löslich, und die Bodenlösung nimmt dadurch ein tief dunkles, oft tintenartiges Aussehen an. Der Oberflächen-Auswaschung sind die Sodaböden stark ausgesetzt.

Natriumkarbonat kann im Boden aus physiologisch basischen Salzen, namentlich aus Chilesalpeter, entstehen, dessen Salpetersäure von den Pflanzen aufgenommen wird, während sich die zurückbleibenden Jonen des Natriums mit Kohlensäure verbinden.

In salzreichen Böden erfolgt Bildung von Soda durch Umsetzen von saurem Kalkkarbonat mit Natriumsulfat oder Natriumchlorid[2]). Die Voraussetzung für die Sodabildung ist reichliche Anwesenheit von

[1]) Compt. rend. Paris. Akad., 138, S. 215 (1904).
[2]) Hilgard, Soils, S. 449.

Kohlendioxyd. Es ist eine umkehrbare Reaktion; deshalb wird Soda vorwiegend in tieferen Bodenschichten mit höherem Gehalt an Kohlensäure in der Bodenluft gebildet. Zugleich verlangt die geringe Löslichkeit des Kalziumhydrokarbonats die Gegenwart von genügend Wasser. In den oberen Bodenschichten mit geringem Gehalt der Bodenluft an Kohlensäure setzen sich die Kalksalze (Sulfat, Chlorid) wieder mit Soda zu unlöslichem Kalkkarbonat um.

$$Na_2SO_4 + CaH_2(CO_3)_2 \rightleftarrows 2\,NaHCO_3 + CaSO_4.$$

Die Voraussetzung für diese chemische Reaktion ist jedoch in vielen Gegenden gegeben, in denen Sodaböden fehlen. Ihre Beschränkung auf aride Gebiete legt den Gedanken nahe, daß Soda bei der Verwesung der salzreichen Steppenpflanzen gebildet werden kann. An organischen Säuren gebundenes Natrium muß nach Zersetzung der Säuren durch niedere Organismen in Karbonat übergehen. Soweit mir bekannt, ist dies noch nicht experimentell geprüft worden. Allerdings ist zugleich zu berücksichtigen, daß auf absorptiv ungesättigten Böden Soda nicht dauernd erhalten bleiben kann, sondern hier das Natrium absorbiert werden wird.

Klimatische Bedingungen hindern wenigstens die Bildung von Soda in gemäßigten Klimaten nicht, wie aus dem Verhalten der Sandkulturen bekannt ist, die häufig durch eintretende Alkalität des Bodens, d. h. Sodabildung geschädigt werden.

Zum raschen Nachweis sehr kleiner Mengen von Soda im Boden feuchtet man den Boden an, so daß beim Aufdrücken einige Tropfen der Bodenlösung abträufeln, filtriert und dampft in einem Porzellan- oder Platinschälchen ein, befeuchtet den Rückstand mit einigen Tropfen Wasser, filtriert durch ein sehr kleines Filter und prüft mit Phenolphtalein. Starke Rotfärbung zeigt die Anwesenheit von Soda.

3. Die Säuren des Bodens.

A. Phosphorsäure.

Von den Bodenbestandteilen ist das Vorkommen der Phosphorsäure am eingehendsten untersucht worden.[1]) J. Seißl zeigte, daß in humiden Gebieten die Hauptmenge der Phosphorsäure in den feinerdigen Teilen des Bodens vorhanden ist und daß sie in den Korngrößen über 1 mm Durchmesser nur in verschwindender Menge vorkommt. Die Verteilung in den Bodenschichten ist ungleichmäßig, bald enthält der Oberboden, bald der Unterboden mehr Phosphor-

[1]) Vgl. Journ. f. Landw., 40, S. 119 (1892). — Landw. Jahrb. 1886, S. 415; 1887, S. 757.

säure, in anderen Fällen bleibt der Gehalt sehr gleichmäßig.[1]) Es ist daher nicht zulässig, auf Grund der starken Absorbierbarkeit der Phosphorsäure anzunehmen, daß stets Anreicherung in den oberen Bodenschichten stattfinde. Die Phosphorsäure der oberen Schichten ist aber in den meisten Fällen leichter löslich und für Pflanzen zugänglicher als in tieferen.[2])

Über die Bindung der Phosphorsäure im Boden sind bei der großen praktischen Bedeutung der Frage für den Ackerbau zahlreiche Untersuchungen ausgeführt worden.

Die Phosphorsäure der Böden entstammt dem Apatit der Gesteine. Der Apatit ist dreibasisch phosphorsaurer Kalk (richtiger ein Doppelsalz des normalen Kalkphosphates mit wenig Chlor- oder Fluorkalzium) und ist in Wasser sehr schwach, etwa 1 : 500 000, in kohlensäurehaltendem Wasser etwas reichlicher, etwa 1 : 100 000 löslich.

Besonders eingehend ist das Verhalten der Kalkphosphate, die als Dünger verwendet werden, untersucht worden. Es sind leicht hydrolysierbare Verbindungen, die dabei in Hydrogele übergehen, wobei nach Henry Basset jun.[3]) Gemische von Di-, Tri- und Tetrakalziumphosphat und Kalziumhydroxyd entstehen.[4])

Es gilt dies auch für das Monokalziumphosphat (Superphosphat), welches bei Gegenwart von viel Wasser weitgehend gespalten und dadurch mehr oder weniger unlöslich abgeschieden wird. Die lösliche Phosphorsäure „geht zurück".

Im Boden wird die Hauptmenge der Phosphorsäure früher oder später an die Sesquioxyde, namentlich an Eisenoxyd, gebunden. Hierdurch erklärt sich die häufig beobachtete Beziehung zwischen dem Gehalte an Eisen und Phosphorsäure.[5]) Schlösing Sohn fand fast das gleiche Verhältnis zwischen Eisen und Phosphorsäure im feinen Sand und im „kolloiden Ton" derselben Böden. Gerlach untersuchte die Menge der löslichen Phosphorsäure (in 1% Citratlösung) in mit Superphosphat versetzten Böden, er fand:

	Boden I	Boden II
sofort nach Zusatz	0,0700%	0,0840%
nach 14 Tagen	0,0599%	0,0825%
„ 46 „	0,0570%	—
„ 137 „	0,0374%	0,0720%

[1]) Wohltmann, Nährstoffkapital nordwestdeutscher Böden 1901, S. 30.
[2]) Seißl, Zeitschr. d. landw. Versuchsstat. Österr., 2, S. 120 (1899). C. Schreiber, Exp. St. Rec. 18, S. 1024 (1907).
[3]) Chem. Zentralbl. 1907, I, S. 1241; 1908, II, S. 759.
[4]) Man vgl. auch: Cameron u. Seidell, Chem. Zentralbl. 1906, I, S. 528.
Cameron u. M. Bell, Chem. Zentralbl. 1906, II, S. 529.
K. Busch, Zeitschr. anorgan. Chem., 52, S. 325 (1907).
[5]) Gerlach, Landw. V.-Stat., 46, S. 218.

Die Beziehungen zwischen Phosphorsäure und Eisen bzw. Tonerde werden durch den Gehalt der Böden an kohlensaurem Kalk merkbar beeinflußt. Es handelt sich um langsam verlaufende chemische Umsetzungen, die dazu führen, daß die Phosphorsäure zunächst das leicht angreifbare Kalkkarbonat in Phosphat überführt. Diese Phosphate sind in kohlensäurehaltigem Wasser schwach löslich und hierdurch wird eine allmählich fortschreitende Abscheidung der Phosphorsäure in Form der unlöslichen Eisenoxyd- und Aluminiumsalze möglich.[1])

Hierauf beruht auch die Erfahrung, daß hoher Gehalt an in Säuren löslichen Sesquioxyden die Aufnehmbarkeit der Phosphorsäure für Pflanzen herabsetzt. Liebscher[2]) bezeichnet für die Ackerböden ein Verhältnis von 1 Phosphorsäure auf weniger als 40 Teile Eisenoxyd und Tonerde als sehr günstig; 1 : 40—60 als noch günstig; 1: 60—90 als wenig günstig; 1: mehr als 90 als ungünstig. Hoher Gehalt an Kalkkarbonat wirkt aus der gleichen Ursache unvorteilhaft auf die Aufnehmbarkeit der Phosphorsäure für die Pflanzen.

In welcher Form die Eisenoxyd- und Tonerdephosphate im Boden vorkommen, ist noch nicht untersucht. Einzelne dieser Salze sind verhältnismäßig leicht löslich; andere widerstehen den Angriffen des im Boden vorhandenen Lösungsmittels. Wahrscheinlich handelt es sich hierbei um basische Salze verschiedener Art.

Das ganze Verhalten der Phosphate des Bodens deutet darauf hin, daß die anorganischen Phosphate chemisch bestimmbare Verbindungen sind, und daß die Absorption hier in chemischer Bindung besteht. Damit ist nicht ausgeschlossen, daß auch physikalische Absorption zeitweise eintreten kann, aber in kurzer Zeit erfolgt offenbar die Überführung in chemisch definierte Körper, wenn man nicht auch die Kalziumphosphate selbst als kolloide Molekülkomplexe betrachten will.[3])

Die Löslichkeit der Phosphorsäure im Boden ist gering. Schlösing Sohn fand im Liter Wasser 0,1—0,3 mg. Der Gehalt blieb bei wiederholtem Ausziehen auffallend gleich für denselben Boden.[4]) In Oberflächenwässern findet sich etwa ein Teil Phosphorsäure auf 1 Million.[5]) Jedoch beobachtete Schlösing Sohn[6]) in feucht aufbewahrten Böden nach Jahresfrist Zunahme der löslichen Phosphorsäure; dies

---

1) Georgienis, Chem. Zeitg., 1891, S. 1626.
Gerlach; Stoklasa, Landw. V.-Stat., 46, S. 201.
2) Zentrbl. Agrchem. 25 S. 84.
3) Vgl. Gerlach, Landw. V.-Stat., 46, S. 201 (1896).
4) Ann. Sci. Agromom. 1899, I, S. 316.
5) Woodman, Journ. Amer. Chem. Soc., 2, S. 735 (1902).
6) Compt. rend. Paris. Akad., 134, S. 1383 (1902).

Verhalten weise darauf hin, daß im Boden eine Einwirkung vorhanden sei, die Phosphorsäure löslich mache.

Diese Verhältnisse gelten aber nur für absorptiv gesättigte Böden. Unter dem Einfluß kolloid gelöster Humusstoffe werden die Phosphate löslich und auswaschbar. Hiermit steht die Erfahrung im Einklang, daß die sauer reagierenden Böden meist arm an Phosphorsäure sind. Whitson und Stoddart[1]) fanden in 21 sauer reagierenden Böden im Mittel 0,033% P_2O_5; in 6 nicht sauer reagierenden 0,92%.

Die Bleicherden der humiden Gebiete sind stets stark an Phosphorsäure verarmt; der hohe Gehalt der Raseneisensteine, Moorwasser usw. an Phosphorsäure zeigt ihre Beweglichkeit in derartigen Böden.

Ganz charakteristisch ist das Verhalten der Böden, welche der Einwirkung von Moorwässern ausgesetzt sind. So fand Heinrich Müller in den Tonböden des Chiemseegaues in der Nähe der Moore 0,036—0,056% P_2O_5, in nicht ausgelangten Tonböden 0,107—0,175% P_2O_5. In einem Falle nahe dem Moore 0,045%, einige Meter davon entfernt 0,1276% P_2O_5. Ein Boden enthielt im ausgebleichten Obergrunde 0,063%; im unangegriffenen Untergrunde 0,1305% P_2O_5.[2])

Auch die Anwendbarkeit von rohen Phosphoriten als Dünger auf Hochmoortorf zeigt die leichte Angreifbarkeit und Löslichkeit der Phosphate.

Eigenartig ist die starke Löslichkeit der Phosphate in Ammoniakflüssigkeit. Nach Fraps[3]) gehen gefälltes Ferriphosphat, Vivianit, Wavellit (=basisches Tonerdephosphat) zum großen Teil in Lösung, während Apatit und Phosphorit, Triplit (=Eisen-Magnesiaphosphat) nur schwach angegriffen werden. Fraps behandelt Boden mit Ammon, fällte den schwebenden Ton mit Ammonsulfat, im Filtrat die organischen Stoffe durch schwaches Ansäuern und bestimmt die Verteilung der Phosphorsäure; $^1/_9$ blieb im Ton, $^3/_9$ fanden sich in den organischen Stoffen; $^5/_9$ blieben gelöst. Es ist schwer festzustellen, ob es sich hier um echte Kolloid-Absorption handelt; jedenfalls entstammt aber ein wesentlicher Teil der in Ammoniak löslichen Phosphorsäure den Mineralstoffen des Bodens.

In den organischen Körpern findet sich in Salzsäure unlösliche, in Ammoniak lösliche Phosphorsäure in wechselnden Mengen. Bisher hat man die Ursache dieses Verhaltens in einem Gehalt der organischen Bestandteile an Nukleinen gesucht.[4]) Es ist aber anzu-

1) Agrik.-Chem. Zentralbl. 1908, S. 217.
2) Diss. Basel 1896.
3) Amer. Chem. Journ., 39, S. 579 (1908).
Chem. Zentralbl. 1908, II, S. 92.
4) Schmöger, Landw. Jahrb., 25, (1896).
Ber. deutsch. chem. Ges. 1893, S. 386.
K. Aso, Zentralbl. d. Agrik.-Chem. 1905, S. 3.

nehmen, daß auch absorptive Bindung von Phosphorsäure statthat. Hierfür spricht der sehr wechselnde Gehalt an Phosphorsäure in dem nach Behandeln mit Salzsäure in Ammon löslichen Humusstoffen (matière noir), der zwischen 0,15 und 7,58% schwankt.[1]) Dagegen allerdings, daß Zusatz von Phosphat vor der Ausfällung, den Gehalt an Phosphorsäure in der organischen Substanz nicht steigert.

Die organisch gebundene Phosphorsäure wird erst bei der Zersetzung der Humusstoffe frei; sie ist daher ein Vorrat von Phosphorsäure, der erst allmählich aufgeschlossen und für die Pflanzenwelt zugänglich wird.

B. Chlor.

Alle unsere Böden enthalten Chlor in wechselnden Mengen; ebenso haben alle Flüsse einen geringen Gehalt an Chlor, das zumeist an Natrium gebunden als Kochsalz vorkommt.

Über den Chlorgehalt der Wässer und Böden liegen zahlreiche Untersuchungen vor. Viele wurden ausgeführt, um ein absolutes Maß für das Alter der Erde zu erhalten. Die Meere sind die Salzpfannen, in denen sich alle Abwässer des Festlandes sammeln. Wenn man die Mengen des jährlich durch die Flüsse den Meeren zugeführten Chlores und andererseits die Mengen von Chlorverbindungen der Meere kennen würde, ließe sich eine Schätzung des absoluten Alters der Erde ausführen. Auch in neuen geologischen Schriften wird dieser Standpunkt festgehalten, obgleich einwandfrei erwiesen ist, daß der Hauptteil des Chlores unserer Gewässer dem Meere entstammt und als Salzstaub den Festländern zugeführt wird. Das Brechen der Wellen und die Brandung an den Küsten sind die Quellen der Chlorverbindungen der Festländer.

Auch in den Gesteinen findet sich Chlor, das bei der Verwitterung löslich wird. Der durchschnittliche Gehalt daran ist indes so unbedeutend, daß die Regen eines Jahres auch aus 100 Quadratmeilen nur verschwindende Mengen Chlor dem Meere zuführen, wie Haushofer[2]) bereits 1868 berechnete und dabei ein Granitland unterstellte.

Der Nachweis, daß der Chlorgehalt des Bodens und der Flüsse atmosphärischen Ursprunges ist, wurde wohl zuerst in Rothamsted geführt. Die in den Niederschlägen zugeführte Menge Chlor und die in den Abwässern enthaltene, plus der von den Pflanzen aufgenommenen, sind etwa gleich groß,[3]) wenn auch die einzelnen Jahre erhebliche Unterschiede aufweisen.

In ariden Gebieten werden die zugeführten Salze nicht ausgewaschen und führen endlich zur Versalzung des Bodens. In humiden

[1]) Emmerling, Landw. V.-Stat., 52, S. 60 (1899).
[2]) Journ. f. prakt. Chem., 103, S. 121.
[3]) W. H. J. Miller, Proc. Chem. Soc. London, 18, S. 88 (1902).

Gegenden wird selbst salzreicher Boden innerhalb weniger Jahre ausgesüßt, wie die Untersuchungen eingepolderter, dem Meere abgewonnener Marschländereien, sowie von Seewasser bei Sturmfluten überfluteter Ländereien beweisen.

Der Zusammenhang zwischen Meeresnähe, Windrichtung und Salzgehalt der Niederschläge ist vielfach nachgewiesen, am übersicht-

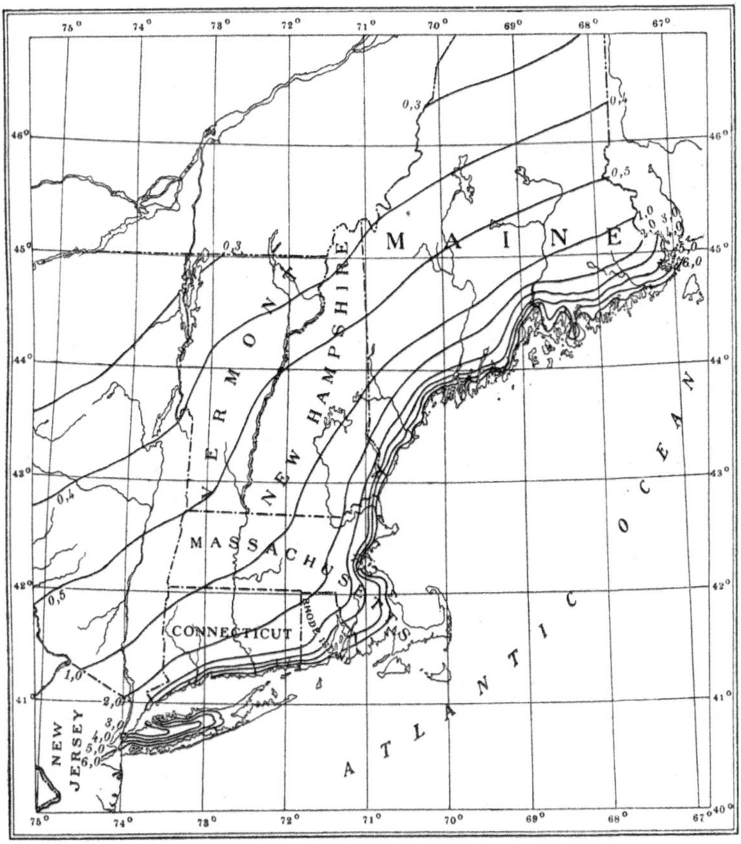

Abb. 22. Durchschnittlicher Chlorgehalt in den Wässern der atlantischen Küstenstaaten in Nordamerika.

lichsten stellt wohl die Karte der Ostküste der nördlichen Vereinigten Staaten von Kanada bis Long Island diese Verhältnisse dar.

Die Kochsalzstäubchen verbleiben überwiegend in den niederen Schichten der Atmosphäre. Müntz[1]) fand im Regen der Hochgebirge nur 0,34 mg im Liter, während gleichzeitig in der Ebene 2,5—7,6 mg vorhanden waren.

[1]) Compt. rend. Paris. Akad., 112, S. 447 (1891).

C. Schwefel.

Der Ursprung des im Boden vorhandenen Schwefels ist weniger untersucht als der des Chlors. Es ist daher noch nicht bestimmt zu sagen, woher die großen Mengen von Schwefelsäure in den Natriumsulfat- und Magnesiumsulfatböden und Seen vieler trockener Gebiete stammen.

In den Gesteinen ist der Gehalt an Schwefel meist recht gering, erreicht aber bei häufigerem Vorkommen von Eisenkies beträchtliche Höhe.

Ein Teil der Schwefelsäure der Böden hat dieselbe Herkunft wie das Chlor; er entstammt den Salzen des Meerwassers. Die Zufuhr durch Regen wechselt sehr, ist aber nach Miller ausreichend, wenigstens in England, den Schwefelsäurebedarf der Vegetation zu decken. Bisher liegen keine Beobachtungen vor, daß in humiden Gegenden mit starker Auswaschung der Böden Mangel an Schwefelsäure für die Vegetation eingetreten wäre.

Ein anderer Teil der Schwefelsäure des Bodens entstammt der schwefligen Säure der vulkanischen Aushauchungen. In den Kulturländern entweichen ferner beim Verbrennen der Mineralkohlen sehr große Mengen von schwefliger Säure in die Luft, die dem Boden als Schwefelsäure zugeführt werden.

In den Humusstoffen des Bodens ist Schwefel organisch gebunden in wechselnder Menge vorhanden. Die „Matière noir" enthält nach Emmerling[1]) 0,55—2,09% Schwefel. van Bemmelen[2]) fand in einem Ton aus Java beim Ausziehen mit schwacher Salzsäure löslich (als Schwefelsäure zu betrachten) 0,04% SO_3; beim Behandeln mit Königswasser den Gesamtschwefel, auf Schwefelsäureanhydrid berechnet, gleich 0,2% SO_3. Berthelot und André[3]) fanden in von ihnen untersuchten Böden einen Gesamtgehalt an Schwefel von 0,037 und 0,117, davon je 0,017 und 0,061 als Schwefelsäure.

Bei der Verwesung wird der Schwefel der organischen Verbindungen in Schwefelsäure übergeführt. Da Schwefelsäure infolge der leichten Löslichkeit ihrer Salze im Boden nicht nennenswert absorbiert wird, so enthalten die Humusstoffe in ihrem organisch gebundenen Schwefel einen Vorrat, der dem Boden verbleibt.

D. Stickstoff.

Bei der großen Bedeutung des im Boden vorhandenen gebundenen Stickstoffes für die Pflanzenwelt und Ackerbau liegen sehr zahlreiche Untersuchungen über den Stickstoffgehalt des Bodens vor.

---

[1]) Landw. V.-Stat., 52, S. 60 (1899).
[2]) Landw. V.-Stat., 37, S. 285 (1900).
[3]) Compt. rend. Paris. Akad., 114, S. 43 (1892).

Die Erfahrung lehrt, daß bei gleichartigen Böden der Gehalt an Stickstoff der Humusmenge parallel geht. Die Chemie der Stickstoffverbindungen des Bodens fällt daher zum großen Teil mit der Chemie der Humusstoffe zusammen.

Die Zersetzung der stickstoffhaltigen Kohlenstoffverbindungen ist fast ausschließlich die Folge biologischer Prozesse. Bakterien und Fadenpilze sind dabei tätig und führen den organischen Stickstoff in Ammon über. Bakterien sind es wieder, die Ammoniak in salpetrige (Nitroso-) und Salpetersäure (Nitrobakterien) umwandeln, deren Stickstoff durch andere Spaltplize (denitrifizierende Bakterien) wieder in elementarer Form abgeschieden werden kann.

1. Kreislauf des Stickstoffs.

Man spricht von einem Kreislauf des Stickstoffs und versteht darunter die Bindung des freien Stickstoffs der Atmosphäre durch Organismen, seine Verwertung im Aufbau organischer Stoffe, seine Überführung in Ammoniak und Stickstoffsäuren beim Zerfall und endlich seine Befreiung in elementarer Form.

Die Frage der Aufnahme und Neubildung des elementaren Stickstoffes und seiner Umsetzungen im Boden beschäftigt gegenwärtig die Agrikulturchemiker aller Länder, ohne daß es bisher zu einem abschließenden Urteil gekommen ist.

Der gegenwärtige Stand der Stickstofffrage läßt sich etwa, wie folgt, definieren:

Im Boden kommen Spaltpilze vor, die den atmosphärischen Stickstoff zu sammeln und ihn in organische Bindung überzuführen vermögen. Da diese Stickstoffbindung einen großen Aufwand an Energie verlangt, findet sie nur statt, wenn an bereits gebundenem Stickstoff Mangel herrscht. Anderseits kommen im Boden Spaltpilze vor, die imstande sind, aus Stickstoffsäuren elementaren Stickstoff auszuscheiden. Welcher Vorgang in gegebenem Falle überwiegt, hängt ab von Klima, Boden und der Pflanzenwelt.

Gleichzeitig verlaufen noch andere Prozesse unter der Mithilfe niederer Organismen; Ammoniak und Salpetersäure werden für die Lebensprozesse der niederen Organismen gebraucht und in Eiweiß und andere organische Verbindungen übergeführt, so daß zahlreiche Umsetzungen der Stickstoffverbindungen nebeneinander hergehen. (Vgl. Biologie d. Bod.)

Wiederholt wurde die Vermutung ausgesprochen, daß die Bindung von Stickstoff durch Pflanzen in Beziehung stehe mit der starken

Kondensation elementaren Stickstoffes durch einzelne Bodenbestandteile (Seite 385), besonders Eisenhydroxyd und Humus. Zurzeit ist hierüber noch nicht einmal eine Vermutung möglich und dies um so weniger, als bisher viel zu wenig Untersuchungen über die Adsorption der Luftgase durch feuchte Bodenarten vorliegen.

2. Ammon.

Ammonsalze des Bodens können absorbiert werden und unterliegen erst einer allmählich fortschreitenden Zersetzung, deren Verlauf von äußeren Verhältnissen abhängig ist. Die wenigen, bisher ausgeführten Untersuchungen geben abweichende Resultate; Withers und Fraps[1]) geben an, daß von Chabasit absorbiertes Ammon rascher zersetzt wurde als Ammonsulfat, andererseits fand Klöpfer[2]) nach kühler Witterung und verlangsamter Zersetzung erhebliche Nachwirkung von Ammoniakdüngung.

Kohlensaures Ammon ist ein Salz mit erheblicher Dissoziationsspannung bei höherer Temperatur. Der Boden kann also Stickstoffverluste durch Verflüchtigung dieses Salzes erleiden. Von einzelnen Seiten, Hals, Wagnick, namentlich von P. Wagner, ist diesem Vorgang große Bedeutung beigemessen, andere Forscher (Pfeiffer, Lemmermann, Tacke, Morgen u. a.) fanden dagegen nur geringe Verluste, auch wenn der Boden ziemlich reich an Kalkkarbonat war.

Im allgemeinen wird in kühlen Klimaten und bei stark absorbierenden Böden kaum ein merkbarer Verlust an Ammonkarbonat durch Verdunsten eintreten; anders können sich jedoch die Verhältnisse in warmem Klima und zeitweise austrocknenden Böden gestalten. Beobachtungen lehren, daß die atmosphärische Luft kleine Mengen von kohlensaurem Ammon enthält. v. Fodor (Jahrb. Ag.-Chem. 1882, S. 68) fand in Budapest im Kubikmeter Luft 0,0251 bis 0,0488 mg Ammoniak; A. Lévy (Jahrb. Ag.-Chem. 1883, S. 80) in Moutsourris 1,9—24 mg in 100 Kubikmeter Luft. Es ist anzunehmen, daß dieses Salz aus Böden durch Verdunstung in die Luft gelangt ist, und daß Absorption von Ammonkarbonat eine nicht unbeträchtliche Stickstoffquelle für sauer reagierende, absorptiv ungesättigte Böden ist.

3. Die Absorption von Ammoniak aus der Luft

ist frühzeitig eingehend untersucht und berücksichtigt worden, während dem Vorgang in neuerer Zeit geringere Aufmerksamkeit geschenkt

---

[1]) North. Carol. Agr. St. Rep. 1903, S. 57.

[2]) Fühls. landw. Ztg. 1901, S. 154. auch Pfeiffer, Mitt. landw. Inst. Breslau, III, Heft 2.

wird. Man setzte offene Gefäße mit Säuren (Schwefelsäure, Salzsäure) der Luft aus und berechnete von deren Oberfläche ausgehend, den Maximalgewinn für 1 ha Boden. Heinrich[1]) fand sehr starke Zunahme an Ammoniak, im Sommer mehr als im Winter, im Jahre fand er eine Aufnahme von 30,6 kg für 1 ha. Schlösing[2]) fand 63 kg. Jedenfalls liegt hier eine Quelle für gebundenen Stickstoff vor, welche für sauer reagierende Böden Bedeutung haben kann. Die Erfahrungen, welche der Verfasser mit Kiefernwaldböden machte, denen man in 20 Jahren durch Streuentnahme mehr Stickstoff entziehen kann, als sie ursprünglich enthielten und ohne sie zu erschöpfen, dann die großen Stickstoffgewinne, die A. Kühn bei Roggenbau auf Sandboden, endlich die Zunahme des Gehaltes an Stickstoff im Streuabfall der Laubbäume bei Luftzutritt, die Henry nachwies, die Hornberger bei Versuchen mit behindertem Luftzutritt nicht erhielt, sprechen sehr für Ammoniak-Aufnahme aus der Luft. Der hohe Gehalt des Hochmoortorfes an Stickstoff findet durch diese Auffassung seine Erklärung. Versuche, die Aufnahme von Stickstoff durch Torferde zu messen, die Verfasser an verschiedenen Orten anstellte, ergeben in allen Fällen einen nennenswerten Gewinn an Stickstoff.

Der Gehalt der Böden an Ammoniak ist im Durchschnitt recht gering. Schlösing[2]) rechnet 0,0005—0,00209% als normal, 0,0079 bis 0,01189% als ausnahmsweise reich. Ähnliche Zahlen sind auch von anderen Forschern gefunden worden.

4. Salpetrige Säure

kommt in normalen Böden kaum vor; ihr Auftreten gilt bisher als beschränkt auf Böden, in denen reichliche Mengen tierischer Reste oder doch eiweißreicher Bestandteile bei mangelndem Luftzutritt verwesen.

5. Salpetersäure

ist ein für die Pflanzenernährung wichtiger Bestandteil des Bodens, wird deshalb von Pflanzen rasch aufgenommen. Die Bildung von Salpetersäure erfolgt durch Organismen (Nitratbakterien) im Boden und ist von deren Wachstum und Entwicklung abhängig. In gemäßigten humiden Gebieten wird in gewachsenen, pflanzenbestandenen Böden fast jede Spur gebildeter Salpetersäure von den Wurzeln der herrschenden Pflanzen aufgenommen, so daß der Boden keine

1) Forsch. Agrik.-Phys., 4, S. 446 (1881).
2) Compt. rend. Paris. Akad., 102, S. 1002.

Reaktion auf Salpetersäure gibt oder diese nur in Spuren nachweisbar ist.

In saurem Waldboden fand Weis etwa 4 mg Salpetersäure auf 1 kg Boden. In gedüngten Ackerböden kann man den Gehalt als zwischen 0,0006 und 0,03% annehmen, im Mittel etwa zu 0,015%.

Die Salpetersäure unterliegt im Boden keiner meßbaren Absorption und wird daher leicht ausgewaschen und mit den Abwässern weggeführt. Böden, die regelmäßig bearbeitet werden und tierischen Dünger erhalten, verlieren wechselnde Mengen von Salpetersäure durch Auswaschung. Im Interesse der Landwirtschaft hat man diese Vorgänge messend verfolgt und namentlich Dehérain kam zu sehr großen Verlusten, die von ihm in Frankreich für Jahr und Hektar auf 40 kg Stickstoff und mehr berechnet wurden. Seine Versuche wurden in Versuchsgefäßen angestellt und hierdurch zu hohe Zahlen gefunden. Schlösing Sohn[1]) wies aus der Analyse der Flußwässer nach, daß auf Jahr und Hektar berechnet etwa der zehnte Teil (4 kg) Salpetersäure-Stickstoff dem Meere zugeführt werde.

In ariden Gebieten kann sich örtlich die Salpetersäure ansammeln und einen Teil der ausblühenden Salze ausmachen (Kehrsalpeter). Aber auch für diese Vorkommen ist die Abstammung aus stickstoffreichen tierischen Abfällen erwiesen oder wahrscheinlich.

Biologisch nicht bedingte, rein chemisch verlaufende Oxydationen von Stickstoffverbindungen zu Salpetersäure sind bisher im Boden nicht nachgewiesen worden; jedenfalls werden auf diesem Wege keine meßbaren Mengen von Nitraten gebildet.[2])

Zum Nachweis der Salpetersäure bedient man sich im wässerigen Bodenauszuge des Diphenylamins, welches bei Zugabe von Schwefelsäure tiefblaue Färbung hervorruft. (Am besten löst man eine kleine Menge Diphenylamin in konzentrierter Schwefelsäure und setzt dem Wasser einige Tropfen des Gemisches zu.)

4. Die chemische Analyse des Bodens.[3])

Nachdem Liebig die Bedeutung der Mineralstoffe für die Pflanzenernährung zur allgemeinen Anerkennung gebracht hatte, suchte man nach einem Maßstab der Fruchtbarkeit; hierfür schien es nur der chemischen Analyse der Böden zu bedürfen. Man begann in weitem Umfange Böden zu untersuchen, um nur zu bald zu dem Schlusse zu kommen, daß die Kenntnis der chemischen Zusammen-

---

[1]) Compt. rend. Paris. Akad., 120, S. 526 (1895).

[2]) J. Russell u. N. Smith, Exp. Ste. Rec. 18, S. 17 (1906).

[3]) Grandeau, Handb. d. agrik.-chem. Analysen, Berlin 1884. Wahnschaffe, Anl. z. wissenschaftl. Bodenuntersuchung. Berlin.

setzung nicht ausreiche, das gewünschte Ziel zu erreichen. Nach dieser unerfreulichen Erfahrung verfiel man in das entgegengesetzte Extrem, man sprach der chemischen Analyse allen oder fast allen Wert für die Beurteilung eines Bodens ab; Äußerungen wie „die bekannte Unzuverlässigkeit der Bodenanalyse“ usw. wurden vielfach gemacht und erst jetzt beginnt eine größere Anzahl Agrikulturchemiker der chemischen Bodenuntersuchung die gebührende Aufmerksamkeit zuzuwenden.

Im Kreise der forstlichen Chemiker stand es weniger ungünstig. Mehrere Gründe veranlaßten, daß eine so unbillige Beurteilung nicht Platz greifen konnte. Einmal stockt der Wald zum großen Teil auf ärmeren Böden, bei denen die chemische Zusammensetzung von besonderer Wichtigkeit ist, ferner handelt es sich bei den Ackerböden um den Ertrag von einem oder einigen Jahren, während der Umtrieb eines Waldbestandes ein Jahrhundert und mehr beträgt und endlich fehlte im Forste die Möglichkeit umfassender Düngerzufuhr. Alles dies veranlaßte, daß man diesen Fragen unbefangener gegenüberstand und es ist bedauerlich, daß eine so schöne Arbeit wie die von W. Schütze über die märkischen Kiefernböden[1]) auch noch heute im Kreise der Agrikulturchemiker so gut wie unbekannt geblieben ist.

Jedenfalls ist man sich allmählich der Grenzen bewußt geworden, innerhalb deren man aus der chemischen Analyse des Bodens Schlüsse ziehen darf. Als Regel muß dabei gelten, daß nur nach sorgfältiger Abwägung aller Verhältnisse Folgerungen, welche für eine Bodenart gewonnen sind, auf andere übertragen werden dürfen.

Die Erfahrungen der Kolloidchemie machen eine wesentliche Abweichung gegen die bisherige Bodenanalyse notwendig. Der Boden ist im bodenfeuchten Zustande zu verwenden. Dies gilt für den Oberboden, noch mehr aber für den Untergrund.

Es liegen bereits eine ganze Zahl von Analysen vor, die Abweichungen, namentlich bei Anwendung schwacher Lösungsmittel, in der Zusammensetzung von lufttrocknem und bodenfeuchtem Boden ergeben. Namentlich wenn es sich um Feststellung der unmittelbar aufnehmbaren Pflanzennährstoffe handelt, ist dies zu berücksichtigen.

Neben der Anwendung starker Lösungsmittel, die den Vorrat zugänglicher Stoffe erkennen lassen, wird sich voraussichtlich eine Methode der Analyse herausbilden, die bei Anwendung schwacher Lösungsmittel und bodenfeuchter Böden auch Einblick in die unmittelbar für die Pflanze aufnehmbaren Bestandteile gewährt.

---

[1]) Zeitschr. f. Forst- u. Jagdw., I, S. 560 und III, S. 367 (1876).

Eine weitere Forderung ist die Bestimmung der absorptiven Sättigung der Böden. Während die bisherigen Absorptions-Koeffizienten keinen Einblick gewähren, wird der höhere oder geringere Sättigungszustand des Bodens, den man voraussichtlich durch die Acetatmethode für jeden Boden messen kann, wertvolle Aufschlüsse geben.

Die chemische Analyse der Böden ist eine wichtige und für viele forstliche Fragen die entscheidende Untersuchungsmethode.

Die Ausführung der chemischen Analyse verlangt besondere Einrichtungen, lange Übung und großen Arbeitsaufwand; sie wird daher überwiegend in den Händen von Berufschemikern verbleiben müssen. Innerhalb der hier möglichen Grenzen können nur die grundlegenden Fragen besprochen werden.

Entnahme der Bodenproben. Die Probenahme ist verschieden auszuführen, je nachdem es sich um Kenntnis einer im Boden vorhandenen Schicht und ihre Zusammensetzung handelt, oder ob Auskunft über die vorhandenen Mineralstoffe gewonnen werden soll.

Im ersteren Falle sind möglichst reine, charakteristisch ausgebildete Proben zu nehmen. Natürlich verlangt dies Bekanntschaft mit den örtlichen Verhältnissen und dem Zweck der beabsichtigten Untersuchung.

Für Bestimmung des Nährstoffgehaltes der Böden kann man je nach Umfang der Arbeit und der Genauigkeit, die man erzielen will, verschieden verfahren. Man entnimmt entweder Durchschnittsproben des Gesamtbodens oder stellt die Zusammensetzung der einzelnen Bodenschichten fest. Wenn möglich, soll man das letztere Verfahren anwenden trotz des erheblich größeren Aufwandes an Arbeit. Natürlich müssen dann die einzelnen Schichten nach Mächtigkeit und Volumgewicht bei Berechnungen eingestellt werden.

Die Probenahme hat in der Weise zu geschehen, daß die Oberfläche von Pflanzen und zufälligen Auflagerungen gesäubert und ein genügend großer und tiefer Einschlag hergestellt wird. In der Regel reicht man mit 1 m Länge und ½ m Breite aus, muß aber in tiefgründigen Böden oft zu größeren Abmessungen greifen. Der Einschlag soll bei Verwitterungsböden tunlichst bis zum anstehenden Grundgestein, in lockeren Böden bis zum Grundwasser, wird dies nicht erreicht, bis zu 1,5 oder 2 m Tiefe gehen. Mit Hilfe eines Erdbohrers kann man dann vom Grunde des Einschlags die Beschaffenheit der tieferen Schichten noch auf 1—2 m feststellen. Mindestens eine der Seitenflächen des Einschlags wird glatt abgestochen und mit der Schneide des Spatens ein gleichmäßig dicker, senkrechter Abstich gemacht. Die Probe, die der ganzen Mächtigkeit der Schicht entspricht, wird auf einem Tuche gemischt und daraus eine Menge von etwa fünf Pfund in Gläser oder reine Säcke gefüllt, sofort dauerhaft bezeichnet und verschlossen.

In gleicher Weise verfährt man, wenn man Proben einzelner Schichten entnimmt, deren Mächtigkeit man bezeichnet.

Beigemischte Wurzelreste entfernt man. Größere Steine werden ausgelesen, ihre Menge schätzungsweise bestimmt (man überschätzt den prozentischen Anteil der Steine sehr leicht!) und die Gesteinsart bestimmt.

Mischt man gleiche Mengen der Proben mehrerer Einschläge, so bekommt man ein Material, aus dem sich die durchschnittliche Zusammensetzung des Bodens ableiten läßt. Wert hat deren Feststellung aber nur bei sehr einheitlichen Böden, z. B. tiefen Moorschichten, Sandböden u. dgl. Wechselt der Boden in seinem Bau (z. B. Lehmstreifen im Sande, lehmiger Sand mit Lehm), so sind Analysen des Durchschnittsbodens ohne Wert.

Für wissenschaftliche Zwecke ist es vorzuziehen, sich nicht mit Feststellung des Durchschnittsgehaltes zu begnügen, sondern die verschiedenen Schichten von drei einander entsprechenden Einschlägen zu untersuchen. Hierdurch wird es möglich, Abweichungen in der Zusammensetzung des Bodens kennen zu lernen, Unterschiede festzustellen und der Untersuchung eine viel größere Sicherheit zu geben, als dies aus der Analyse eines Gemisches vieler Bodenproben möglich ist.

Die Bodenanalyse für landwirtschaftliche Zwecke wurde zumeist auf die Feinerde beschränkt. Die Grenze der Korngröße ist hierbei von verschiedenen Forschern nicht einheitlich festgehalten worden; erst die Vereinbarungen der Chemiker der landwirtschaftlichen Versuchsstationen haben hierin Wandel geschaffen; die neueren Bestimmungen decken sich ziemlich mit dem, was von forstlichen Chemikern bereits früher festgehalten wurde.

Der Grund, warum nur die Feinerde zur Untersuchung benutzt wurde, liegt in der Tatsache, daß in humiden Böden die feinkörnigen Bestandteile hauptsächlich die Träger der pflanzlichen Nährstoffe sind. In den Schlämmprodukten steigt der Gehalt an den wichtigeren Bodenbestandteilen ziemlich regelmäßig mit Abnahme der Korngröße. Es lag deshalb nahe, die gröberen Gemengteile überhaupt zu vernachlässigen. Um ein Bild dieser Verhältnisse zu geben, mögen hier Analysen von Mazurenko folgen, die sich auf zwei sehr verschiedene Böden, einen Löß von Donetz und eine Bleicherde (Podsol) von Moskau beziehen.

Es enthielten Prozente (Trockensubstanz):

Löß.	CO_2	SiO_2	$Fe_2O_3 + Al_2O_3$	CaO	MgO	P_2O_5
<als 0,001 mm	10,11	38,98	24,85	14,09	5,10	0,319
0,005—0,01	5,29	62,21	17,34	7,65	2,03	0,221
0,01 —0,25	3,12	77,42	10,68	4,81	1,01	0,112
Podsol.						
<als 0,001 mm	0,03	55,66	32,19	3,44	2,31	0,265
0,005—0,01	0,00	79,12	12,29	1,23	?	?
0,01 —0,25	?	89,36	?	1,13	?	?

Abweichende Verhältnisse fand Puchner[1]), der die Verteilung der Mineralstoffe in den Teilen unter 0,01 mm Durchmesser in Braunerden untersuchte. Es zeigte sich hier, daß der Gehalt an Alkalien in den feinsten Teilen gering ist, dagegen Tonerde und Eisenoxyd (und wohl auch Phosphorsäure) zunehmen. Ein tertiärer Verwitterungslehm enthielt:

Korngröße	CaO	SiO_2	MgO	K_2O	Fe_2O_3	Al_2O
0,01 mm	Spur	87,5	0,39	4,14	2,49	1,63
0,005 ,,	,,	72,1	1,42	1,02	5,14	15,20
0,0015 ,,	0,04	63,2	1,08	0,12	8,95	20,48
<als 0,0015 ,,	Spur	51,0	0,15	0,01	12,50	27,07

Der früher oft gezogene Schluß, daß der Gehalt an Feinerde oder abschlämmbaren Teilen zugleich einen Anhalt für den Gehalt an Nährstoffen gebe, läßt sich daher nur in beschränktem Umfange aufrecht erhalten. Der Satz ist nur für Böden gleicher Entstehung und ähnlichen Verwitterungsgrades zulässig. Die feinen Bestandteile verschiedener Böden können in der Zusammensetzung stark voneinander abweichen.

Dieses Verhalten wird verständlich, wenn man bedenkt, daß in einem Steppenboden Auswaschung kaum stattfindet, in humiden Gebieten dagegen völlige Erschöpfung eintreten kann, ferner, daß die Gletscherablagerungen überwiegend aus fein zerriebenem Mineralmehl, die Verwitterungsböden aus chemisch zersetztem Gestein bestehen. Die Mannigfaltigkeit der Böden spiegelt sich in der Zusammensetzung der Feinerde wieder.

Allmählich bildete sich eine Methode der Analyse heraus, die den Boden als Ganzes, abgesehen von groben Gemengteilen, betrachtet. Nach den gegenwärtig gültigen Vereinbarungen der landwirtschaftlichen Versuchsstationen wird das gesamte Material unter 2 mm zur Untersuchung benutzt.

---

[1]) Landw. V.-Stat., 66, S. 463 (1907).

Im Boden ist nur ein Teil der vorhandenen Stoffe für die Pflanzenwurzel aufnehmbar, die größere Menge befindet sich in so fester Bindung, daß sie entweder überhaupt oder doch für absehbare Zeit unzugänglich ist. Es trat daher die Notwendigkeit hervor, den Boden in einen angreifbaren und unangreifbaren Teil zu zerlegen. Man benutzte zunächst Mineralsäuren, namentlich Salzsäure, und nahm an, daß durch Einwirkung verdünnter Säure annähernd die aufnehmbare Menge Nährstoffe, bei Anwendung konzentrierter Säure die gesamten in absehbarer Zeit zur Lösung kommenden Stoffe aufgeschlossen werden.

Zwischen der Tätigkeit der Pflanzenwurzel und der Atmosphärilien und andererseits der Mineralsäuren bestehen jedoch durchgreifende Unterschiede. Magnesiasilikate, die dem Angriff der Kohlensäure widerstehen, können durch Salzsäure zersetzt werden. Zahlreiche Versuche sind daher ausgeführt worden, um ein mit den landwirtschaftlichen Erfahrungen besser übereinstimmendes Lösungsmittel zu finden und wenigstens für die Bestimmung der zugänglichen Phosphorsäure scheint ein solches in einer verdünnten Lösung von Zitronensäure vorzuliegen. Jedoch wird es noch mannigfaltiger Untersuchungen bedürfen, ehe ein abschließendes Urteil möglich ist.

Für landwirtschaftliche Zwecke und um in der Bodenanalyse einen Ausdruck für die sofort aufnehmbaren, den Pflanzen zugänglichen Nährstoffe zu finden, hat man vielfach verdünnte organische Säuren zum Ausziehen der Böden benutzt. Den Anstoß zu eingehenderen Untersuchungen gab das Verhalten der Superphosphate, deren Phosphorsäure teilweise bei längerer Aufbewahrung ihre Wasserlöslichkeit verliert, ohne deshalb für die Pflanzen unzugänglich zu werden. Andererseits suchte man nach einem Stoff, der die gleiche Lösungsfähigkeit besitzt wie die Säfte der Pflanzenwurzel.

Dyer[1]) untersuchte eine große Anzahl von Pflanzenwurzeln und fand, daß zur Aufhebung der saueren Reaktion soviel Alkali verbraucht wird, als einer 1—2%igen Zitronensäure Lösung entspricht. Man hat daher im weiten Umfange 2% Zitronensäure als Lösungsmittel angewendet und damit auch für die Phosphorsäure Zahlen erhalten, die wenigstens für gewisse Gebiete zu deren Aufnehmbarkeit Beziehungen zeigen. Außer der Zitronensäure bediente man sich noch der Oxalsäure, Essigsäure usw., so daß eine große Anzahl von Einzelarbeiten vorliegen, ohne jedoch zu einer zuverlässigen Methode zu gelangen.

Die Kolloidchemie lehrt, warum dies nicht der Fall ist, ihre Fortschritte lassen es aber zugleich höchst wahrscheinlich erscheinen, daß in den Pflanzenwurzeln in weitaus den meisten Fällen keine

[1]) Zentralbl. f. Agrik.-Chem. 1894, S. 799.

freien organischen Säuren vorliegen, sondern, es sich um Kolloide oder Kolloidkomplexe handelt, die Basen stark absorbieren. Lehrt doch die Erfahrung, daß organische Säuren, die sich in den Wurzeln bilden, rasch gesättigt werden, wie dies z. B. mit der Oxalsäure geschieht, die als unlösliches Kalksalz abgeschieden wird. Es soll natürlich hiermit nicht das Vorkommen freier Pflanzensäuren oder saurer Salze in den Pflanzenwurzeln bestritten werden, aber alles deutet darauf hin, daß es sich bei der Nährstoffaufnahme durch die Wurzeln um ein Gleichgewicht zwischen den absorptiven Wirkungen der Kolloide des Bodens und denen der Pflanzenwurzel handelt, das nach der Pflanzenart recht verschieden stark sein kann. Wenn die Erfahrung lehrt, daß einzelne Pflanzen Phosphaten die Phosphorsäure entziehen können, die für andere Arten unzugänglich ist, so wird damit die Aussicht sehr gering, ein Lösungsmittel zu finden, das den Gehalt an unmittelbar zugänglicher Phosphorsäure zu lösen vermag.

Gegenwärtig bedient man sich in der Regel der verdünnten Salzsäure als Aufschlußmittel, erwärmt den Boden mit der Flüssigkeit zwei Stunden auf dem Wasserbade und läßt dann noch 24 Stunden einwirken.[1]) Diese Methode gibt ein gutes Urteil über die Gesamtmenge der in den Böden vorhandenen Nährstoffe, sie läßt vor allem die Notwendigkeit einer Zufuhr von Mineraldünger erkennen. Ist damit auch noch kein Urteil über die Ertragsfähigkeit der Böden mit Sicherheit erlangt, so haben die vorliegenden Untersuchungen doch erkennen lassen, daß für die große Zahl der landwirtschaftlich genützten Bodenarten erkennbare Beziehungen zwischen Nährstoffgehalt und Bodenwert bestehen. Bei den forstwirtschaftlich genützten Böden, besonders den Sandböden, sind diese Beziehungen viel enger, hier kann man in weitaus den meisten Fällen ein paralleles Verhalten zwischen Nährstoffgehalt und Ertrag feststellen. Bei Anwendung von Salzsäure ohne Erwärmen ist dies jedoch nicht der Fall; die Menge der löslichen Stoffe wird dann oft sehr gering.

Zur Ausführung wird der zu untersuchende Boden mit der doppelten Menge von Salzsäure (1,12 spez. Gew.) übergossen und im Auszug werden die chemischen Bestimmungen ausgeführt. In einem Teile des ausgewaschenen Rückstands wird die lösliche Kieselsäure durch Einwirkung von 10% heißer kohlensaurer Natronlösung bestimmt. Will man die Gesamtmenge der vorhandenen Stoffe kennen lernen, so ist entweder der Rückstand des Salzsäureauszugs oder der Gesamtboden durch Fluor aufzuschließen.

Die Bestimmung des Gehaltes an Humus kann in kalkfreien Sandböden, die keine wägbaren Mengen Ton nach Schlösing

[1]) Der Bodenauszug muß während des Erwärmens und vor dem Abfiltrieren öfters umgeschüttelt werden.

ergeben, ohne Bedenken durch Glühen und Feststellen des Glühverlustes des bei 100—110° getrockneten Bodens erfolgen. Derartige Böden enthalten chemisch gebundenes Wasser in so geringer Menge, daß der Fehler jedenfalls nicht größer wird als bei Anwendung einer anderen Methode.

Bei tonreicheren Böden muß die Bestimmung der organischen Stoffe durch Verbrennungsanalyse erfolgen. Ist kohlensaurer Kalk vorhanden, so wird die zu untersuchende Erde mit einigen Tropfen Phosphorsäure eingedampft. Zur Berechnung des Humusgehaltes nimmt man an, daß Humus im Durchschnitt 58% Kohlenstoff enthalte und schließt aus der Menge der gebildeten Kohlensäure auf den Gehalt an Humus. Zieht man den gefundenen Gehalt an Humus vom Glühverlust ab, so erhält man annähernd die Menge des chemisch gebundenen Wassers.

Auf diesem Wege gelangt man zur Kenntnis des Gesamtgehaltes an organischen Stoffen. Zur Feststellung der wirksamen Humusstoffe hat man vielfach die „matière noir" Grandeaus bestimmt: Hilgard und andere bemessen den „Humusgehalt" der Böden nur hiernach. Dieser Methode stehen nach den Fortschritten der Chemie der Humusstoffe noch größere Bedenken gegenüber als früher. Andererseits ist es unverkennbar, daß die Bestandteile der Humusstoffe, die aus wenig zersetzten Pflanzenteilen, Zellulose usw. bestehen, nicht die gleiche Bedeutung für den Boden haben als die Gele der sonstigen Humuskörper.

Es werden daher die Humuskolloide nach Grandeau (Behandeln mit sehr wenig Salzsäure und Ausziehen mit 2% Ammonlösung) bestimmt. Die wenig veränderte Pflanzensubstanz (Zellulose) bleibt ungelöst und wird durch Bestimmung des Kohlenstoffes im Rückstande festgestellt und mit dem gleichen Faktor auf Humus umgerechnet, wie der Gesamtgehalt des Bodens an Kohlenstoff. Die Reaktion des Bodens erkennt man durch Anwendung von Lackmuspapier.

Von Wichtigkeit ist, festzustellen, ob der Boden kohlensauren Kalk in bemerkbarer Menge enthält; der große Einfluß dieses Stoffes auf Boden wie Pflanzen macht wenigstens eine Schätzung erwünscht, die nach der Stärke des Aufbrausens beim Befeuchten mit verdünnter Salzsäure bewirkt werden kann. Hierbei gelten folgende Regeln:

Erfolgt:

kein Aufbrausen, so ist der Boden kalkfrei oder enthält unter 1% $CaCO_3$,

schwaches Aufbrausen etwa 1—2—3% $CaCO_3$,

deutliches, aber nicht anhaltendes Aufbrausen 3—5% $CaCO_3$,

anhaltendes Aufbrausen deutet auf reichlichen Kalkgehalt (über 5%). Erfolgt das Aufbrausen durch die ganze Masse des

Bodens, so ist der kohlensaure Kalk gleichmäßig im Boden verteilt; örtliches Aufbrausen deutet auf Vorkommen in Stückchen oder Steinen.

Bei Kulturböden ist zu berücksichtigen, daß bei früherer Kalkdüngung nicht selten Stücke von „zurückgegangenem" Kalk vorkommen, die beim Löschen von Ätzkalk nicht zerfallen sind. Solche Stücke sind leicht kenntlich.

Nach Peter Treitz sind für die Ernährung der Pflanzen nur solche Kalkteile wertvoll, welche sehr feinkörnig und den abschlämmbaren Teilen zuzurechnen sind; gröbere Bruchstücke üben wenig oder keinen Einfluß aus.

Die Bestimmung des gebundenen Stickstoffs wurde früher durch Verbrennen mit Natronkalk (Will-Varrentrapp) ausgeführt. Jetzt ist wohl ausschließlich die Methode von Kjeldahl in Benutzung, die darauf beruht, daß durch Erhitzen mit konzentrierter Schwefelsäure organische Substanzen zerstört und die Stickstoffverbindungen in Ammoniak übergeführt werden. Handelt es sich darum, den Gehalt an Ammon und Salpetersäure im Boden zu finden, so sind spezielle Methoden anzuwenden. Zum qualitativen Nachweis der Salpetersäure bedient man sich des Zusatzes von konzentrierter Schwefelsäure und Brucin (Rotfärbung) oder von Diphenylamin (Blaufärbung) zum wässerigen Bodenauszuge. Beide Reaktionen sind sehr scharf.

Die Darstellung der Analysenresultate erfolgt in der Regel durch einfaches Aufzählen der betreffenden Stoffe, die immer als Oxyde der Säureanhydride berechnet werden. Kali ist demnach K_2O, Natron Na_2O, Kalk CaO, Magnesia MgO, Tonerde Al_2O_3, Eisen wird in der Regel als Eisenoxyd Fe_2O_3, nur in besonderen Fällen, wenn als solches nachweisbar, als Eisenoxydul FeO angegeben. Phosphorsäure als P_2O_5 (nicht als H_3PO_4), Schwefelsäure als SO_3 (nicht H_2SO_4). Chlor und Stickstoff werden meist als Elemente, Ammoniak als NH_3 berechnet. Diese Weise der Darstellung entspricht nicht den herrschenden Anschauungen über die chemische Bindung der Stoffe, ist aber gebräuchlich und bietet bestimmte praktische Vorteile, zumal alle älteren und die meisten neueren Analysen in dieser Form veröffentlicht sind. Eine besondere Methode, die Analysenresultate darzustellen, ist von Knop angegeben; sie verdient durch ihre Übersichtlichkeit weitere Verbreitung als sie gefunden hat.

Er gliedert die Bestandteile des Bodens in:

1. Glühverlust . .	chemisch gebundenes Wasser Humus.
2. Sulfate	Gips.
3. Karbonate . .	kohlensaurer Kalk kohlensaure Magnesia.

4. Silikate . . . . { Quarz und Kieselsäure / Sesquioxyde (Fe_2O_3, Al_2O_3) / Monoxyde (K_2O, Na_2O, CaO, MgO) } an Kieselsäure gebunden.

5. Aufgeschlossene Silikatbasen.

Wenn notwendig, würden zwischen 3 und 4 noch Phosphate, wohl am besten als Phosphorsäure und Chloride (als Chlor) einzusetzen sein.

Als aufgeschlossene Silikatbasen werden die an Kieselsäure gebundenen (nicht humosen und nicht als Karbonat, Sulfat usw. vorhandenen) basischen Stoffe zusammengefaßt.

Die Darstellung nach Knop läßt die einzelnen Gruppen scharf hervortreten; sie ist aber im wesentlichen nur auf die Bestimmung der in Salzsäure löslichen Bestandteile zugeschnitten.

Im folgenden ist die Zusammensetzung eines Bleisandes, Diluvialsandes und eines diluvialen Lehmbodens nach den beiden Darstellungsweisen gegeben.

	Bleisand			Diluvialsand			Diluvialer Lehmboden		
	Löslich in Salzsäure %	Unlöslicher Rückstand %	Gesamtboden %	Löslich in Salzsäure %	Unlöslicher Rückstand %	Gesamtboden %	Löslich in Salzsäure %	Unlöslicher Rückstand %	Gesamtboden %
Kali	0,0040	0,195	0,200	0,0072	1,134	1,141	0,3400	0,80	1,06
Natron . . .	0,0016	0,123	0,125	0,0033	0,477	0,480	0,0318	0,38	0,37
Kalk	0,0140	0,112	0,126	0,0194	0,235	0,254	2,0250	0,93	2,86
Magnesia . .	0,0023	0,031	0,033	0,0280	0,083	0,111	0,6630	0,24	0,88
Eisenoxyd .	0,0094	0,224	0,233	0,1132	0,356	0,469	4,4000	0,89	5,20
Tonerde . .	0,0748	0,950	1,025	0,3256	2,524	2,849	2,0100	5,57	7,04
Lösliche Kieselsäure .	—	0,832	0,832	—	0,632	0,632	—	7,08	7,08
Schwefelsäure . . .	0,0008	—	0,0008	0,0085	—	0,0085	0,0121	—	0,0121
Phosphorsäure . . .	0,0107	0,024	0,035	0,0257	0,047	0,073	0,1130	0,06	0,18
Kohlensäure .	—	—	—	—	—	—	1,63	—	1,63
Chemisch geb. Wasser	—	—	0,23	—	—	1,96	—	—	4,63
Humus . . .	—	—	2,55	—	—	—	—	—	—
Gesamtmenge der löslichen Stoffe . .	0,1167	—	0,1167	0,5280	—	0,5280	9,595	—	9,595
Unlösliche Kieselsäure	—	—	95,44	—	—	92,62	—	7,08	78,69

Nach Knop würden dieselben Analysen in folgender Form zur Darstellung kommen:

			Blei-Sand	Diluvial-sand	Diluvialer Lehm-boden
1.	Wasser (chemisch gebunden)		0,23	1,96	4,63
	Humus		2,55	—	—
2.	Sulfate (Gips)		Spur	0,01	0,03
3.	Karbonate ($CaCO_3$)		—	—	3,69
	Phosphorsäure		0,045	0,073	0,18
4.	Quarz und Kieselsäure		96,27	92,62	78,69
	Sesquioxyde (Tonerde und Eisenoxyd)		1,25	3,32	12,24
	Monoxyde	CaO	0,126	0,254	0,80
		MgO	0,033	0,111	0,88
		K_2O	0,200	1,141	1,06
		Na_2O	0,125	0,480	0,37
5.	Aufgeschlossene Silikatbasen		0,1167	0,528	9,595

5. Die Bedeutung der Bodenanalyse.

Die Bodenanalyse, besonders die Aufschließung mit starken Mineralsäuren gestattet, trotz aller ihr anhaftenden methodischen Fehler, eine Vorstellung von dem früher oder später disponiblen Nährstoffkapitale. Deshalb ist die Kenntnis der chemischen Zusammensetzung eines zu bebauenden Bodens ein integrierender Bestandteil dessen, was der Wirtschafter vom Boden wissen soll.

Die Bedeutung der Bodenanalyse ist für verschiedene Bodenarten nicht gleich.

Die Untersuchung der Moorböden hat übereinstimmend ergeben, daß Fruchtbarkeit oder Unfruchtbarkeit bei sonst normalen Verhältnissen überwiegend vom Gehalt an Nährstoffen abhängig ist. Natürlich machen sich für die Moorböden auch andere Bedingungen geltend, treten aber doch fast stets hinter den Einfluß des Mineralstoffgehaltes zurück. Die Bodenanalyse feiert hier ihre hauptsächlichsten Triumphe und kann, Ausnahmefälle abgerechnet, als maßgebend für die Beurteilung der Fruchtbarkeit betrachtet werden.

Für Sandboden gilt dies in ähnlicher, wenn auch nicht so scharf ausgesprochener Weise. Für pflanzenphysiologische Versuche verdrängt die Sandkultur, d. h. Erziehung der Pflanzen in tunlichst reinem Quarzsand unter Zusatz von Nährsalzen, die Wasserkultur immer mehr. Die oft in großer Mächtigkeit und weiter Verbreitung vorhandenen Sandböden sind mit großen, von der Natur selbst geschaffenen „Sandkulturen“ vergleichbar.

W. Schütze[1]) untersuchte diluviale Sandböden und kam zum Schlusse, daß der Mineralstoffgehalt der zumeist bestimmende Faktor der Fruchtbarkeit ist.

Im folgenden sind die Resultate von Schütze zusammengestellt. Die römischen Zahlen bedeuten die Ertragsklasse für Kiefer. Die Zahlen sind Mittel aus 3—4 Einzelbestimmungen und beziehen sich auf die in Salzsäure löslichen Bestandteile, sowie auf den Gehalt an Humus und den Gesamtgehalt an Phosphorsäure.

	Löslich in kochender Salzsäure			Phosphor-säure	Humus
	Kalk	Magnesia	Kali		
Ertragsklasse	%	%	%	%	%
I	1,8876	0,0484	0,0457	0,0501	0,892
II	0,1622	0,0716	0,0632	0,0569	0,555
II./III	0,1224	0,0981	0,1235	0,0464	1,401
III	0,0963	0,0800	0,0392	0,0388	1,825
IV	0,0270	0,0505	0,0241	0,0299	1,524
V	0,0433	0,0438	0,0215	0,0236	1,429

Die Beziehungen zwischen Ertrag und Mineralstoffgehalt treten unverkennbar hervor; namentlich gilt dies für Kalk und Phosphorsäure. Verfasser kann hinzufügen, daß alle Veränderungen in den Sandböden durch Analyse verfolgt werden können und die Abhängigkeit des Ertrages vom Mineralstoffgehalt in zahlreichen anderen Fällen gleichfalls festgestellt ist. Wenn auch andere Bedingungen in Sandböden vielfach einwirken, so ist doch deren Bodenanalyse ein ausgezeichnetes Hilfsmittel, um praktische und wissenschaftliche Fragen zu verfolgen.

Erheblich ungünstiger stellen sich die Verhältnisse für die schwereren Bodenarten; aber immerhin haben zahlreiche Arbeiten den Beweis geliefert, daß die Bodenanalyse Grenzwerte feststellen kann, innerhalb deren sich Beziehungen zwischen der Fruchtbarkeit der Böden und dem Mineralstoffgehalt ergeben. Es würde auffällig sein, wenn dies nicht hervorträte; anderseits kann es aber auch nicht befremden, daß andere Faktoren, namentlich die Lagerungsweise der Böden, vielfach größeren Einfluß gewinnen als ein etwas Mehr oder Weniger an Nährstoffen.

Um ein Bild von dem Gehalt eines Volumen Bodens an säurelöslichen Bestandteilen zu geben, mögen die Zahlen von A. Baumann[2]) folgen, die sich hauptsächlich auf Torfböden und Sandböden beziehen.

---

[1]) Zeitschr. f. Forst- u. Jagdw., I, S. 500 u. III, S. 367.
[2]) Nicht im Buchhandel.

Mittlerer Gehalt verschiedener Bodenarten
an Trockensubstanz, Wasser und Pflanzennährstoffen.

	In 1 cbm des Bodens in seiner natürlichen Lage sind enthalten in Kilogramm							In 100 Teilen des wasserfreien Bodens (der Trockensubstanz) sind enthalten				
	Wasser	Trocken-Substanz	Kali	Kalk	Magnesia	Phosphorsäure	Stickstoff	Kali	Kalk	Magnesia	Phosphorsäure	Stickstoff
Hochmoor-Torf												
Nordwestdeutscher Sphagnum-Torf	900	90	0,027	0,225	0,18	0,036	0,720	0,03	0,25	0,20	0,04	0,80
Nordwestdeutscher Heidehumus (Bunkerde über dem Sphagnum-Torf liegend) . .	850	120	0,06	0,42	0,24	0,12	1,44	0,05	0,35	0,20	0,10	1,01
Süddeutsches Wollgras-Sphagnum-Moor	850	150	0,03	0,18	0,03	0,135	2,10	0,02	0,12	0,02	0,09	1,40
Süddeutsches Heidehochmoor	820	150	0,06	0,135	0,015	0,225	2,70	0,04	0,09	0,01	0,15	1,80
Verlandungstorf												
Bruchwald (Norddeutschland)	755	134,6	0,07	2,41	0,17	0,07	1,99	0,05	1,79	0,13	0,05	4,8
Molinietum (Süddeutschland)	720	180	0,09	1,8	0,06	0,36	3,6	0,05	1,0	0,3	0,2	2,0
Gutes Niederungsmoor												
(Cunrauer Moor)	740	250	0,012	14,9	0 48	0,63	8,09	0,05	5,96	0,19	0,25	3,23
Kalkboden (Marschboden)	434	806	5,6	46,1	13,1	1,6	2,1	0,70	5,72	1,63	0,20	0,26
Humoser-Heidesand	203	1280	0,6	0,4	0,5	0,3	2,0	0,05	0,03	0,04	0,02	0,16

Die landwirtschaftliche Technik verlangt aber nicht nur die Kenntnis des Mineralstoffkapitales, sondern auch des Teiles davon, der im Verlauf eines Umtriebes, also in der Regel in Jahresfrist den Pflanzen zugänglich ist, oder mit anderen Worten, der Düngerbedürftigkeit eines Bodens. Die Beantwortung dieser Frage hat sich durch die fortschreitenden Arbeiten als immer schwieriger herausgestellt und ist für die verschiedenen Stoffe nicht gleich lösbar. Die geringsten Aussichten bietet hierbei der Stickstoff, dessen Umsetzungen bereits im Laufe eines Jahres sehr verschiedenen Verlauf nehmen können.

Am günstigsten liegen die Verhältnisse für die Kalkbestimmung. Ziemlich übereinstimmend sind die verschiedenen Forscher zum Schluß gekommen, daß ein Boden mit einem Gehalt an Kalkkarbonat unter 0,1% leicht in den absorptiv ungesättigten Zustand übergeht, sowie daß ein Boden mit weniger als 0,25% als „kalkbedürftig“ anzusehen ist.

Auch für Kali liegen zahlreiche Feststellungen vor, welche zur Aufstellung von Grenzwerten geführt haben, die nur selten unter- oder überschritten werden.

Vielleicht bietet die Elektrolyse des Bodens Aussicht auf eine allen Forderungen genügende Bestimmung des Kaligehaltes. Cushman hat darauf hingewiesen, und Untersuchungen von H. Niklas im Münchener Bodenkl. Laboratorium lassen diese Methode aussichtsreich erscheinen. Man läßt durch etwa 100 g Boden in Wasser aufgeschlämmt einen starken elektrischen Strom gehen (100 Volt und nicht mehr als ein Ampère), die starke Verlangsamung des Wassertransportes fällt ziemlich genau mit Überführung des löslichen Kaliums zusammen. Es wird auf diesem Wege alles absorbierte Kalium löslich.

Die Bodenanalyse gibt bisher nur Grenzzahlen für die aufnehmbaren Pflanzennährstoffe; ihre Kenntnis ist aber deshalb wichtig, weil sie einen Hinweis auf die Düngerbedürftigkeit des Bodens gewähren und den Düngerversuchen große Sicherheit geben.

Einen Einblick in den gegenwärtigen Stand unseres Wissens mag die folgende Zusammenstellung vermitteln.

Sehr umfangreiche Untersuchungen führte Thoms[1]) in den baltischen Provinzen aus; seine zahlreichen Analysen ergaben folgende Resultate für den Dongater Kreis, mit denen seine späteren Forschungen ziemlich übereinstimmen.

Gehalt an	Bester Boden		Mittel-Boden		Geringer Boden	
	Krume	Untergrund	Krume	Untergrund	Krume	Untergrund
CaO	0,336	1,352	0,214	0,265	0,165	0,371
P_2O_5	0,152	1,119	0,113	0,084	0,089	0,067
K_2O	0,157	0,168	0,138	0,158	0,115	0,144
N	0,179	0,059	0,166	0,046	0,159	0,056

Wohltmann[2]) gibt für anspruchsvolle Kulturpflanzen in Deutschland an:

	sehr reich Raubbau zulässig	reich schwach P_2O_5 bedürftig	gut P_2O_5-Ersatz	mäßig Ersatz von P_2O_5 und K_2O	arm ersatzbedürftig	sehr arm sehr bedürftig	beschränkt ackerbaufähig
N	> 0,3	0,2 —0,3	0,1—0,2	0,06—0,1	0,03—0,06	0,02—0,03	< 0,02
lösl. in kalter HCl							
CaO + MgO	> 3,0	1,5 —3,0	0,5—1,5	0,25—0,5	0,1 —0,25	0,05—0,10	< 0,05
P_2O_5	> 0,25	0,15—0,25	0,1—0,15	0,07—0,1	0,04—0,07	0,02—0,04	< 0,02
K_2O	> 0,2	0,15—0,2	0,1—0,15	0,06—0,1	0,03—0,06	0,02—0,03	< 0,02
lösl. in heißer HCl							
K_2O	0,5	0,4 —0,5	0,2—0,4	0,12—0,2	0,08—0,12	0,05—0,08	0,05

[1]) Erste bis Dritte Kurländische Enquete usw. Riga 1893 u. folg. Jahre. Auch: Journ. f. Landwirtsch., 44, S. 311 (1896).
[2]) Nährstoffkapital westdeutscher Böden. Bonn 1901.

Liebscher[1]) und Bieler[2]) geben folgende Zahlen:

Liebscher		Bieler				
K_2O		N u. P_2O_5		Kalk in Lehmboden		Kalk in Sand
< 0,15	stark bedürftig	< 0,05	arm			
0,2—0,4 „	mittelbedürftig	0,05—0,1	mäßig	0,1	arm	0,05
> 0,5	reich	0,1	norm.	0,1 —0,25	mäßig	0,10
P_2O_5		0,1 —0,15	gut	0,25—0,50	arm	0,1—0,2
< 0,07	arm	> 0,15	reich	0,5 —1,0	gut	> 0,2
0,07–0,085	mittelmäßig			> 1,0	reich	
0,1—2	gut	für K_2O				
0,085—0,1	befriedigend	< 0,05 K_2O	arm			
0,1—2	gut	0,05—0,15	mäßig			
> 0,2	sehr reich	0,15—0,25	normal			
		> 0,25	reich			

Von neueren Arbeiten seien noch angeführt:

M. Weibull[3]) gibt an, daß die Bestimmung von Stickstoff und Phosphorsäure für schwedische Böden wenig brauchbare Zahlen liefert. Für Kali sei der Tongehalt zu berücksichtigen. Der Gehalt an Kali sei ausreichend für schwere Tonböden bei 0,25%; mittlere Tonböden 0,20%; leichte Tonböden 0,15%; für lehmige Sande und Sandböden 0,12%.

K. Opitz[4]) untersuchte schlesische Böden. Ein Gehalt an 0,1% salzsäurelöslicher Phosphorsäure mit annähernder Sicherheit als ausreichend zu betrachten ist. Unter 0,1% Kali zeigte bei schweren Böden fast sicher Mangel, über 0,1% bei leichten Böden fast sicher genügende Mengen an.

Eine eigenartige Darstellung gibt Bogdanow.[5]) Er bestimmt die wasserlöslichen Stoffe (für Ammon und Salpetersäure nach 48 Stunden bei 30°), die Phosphorsäure durch Ausziehen mit 2% Essigsäure und findet für Hafer und gleichfordernde Pflanzen:[6])

	N	P_2O_5	K_2O
Hoher Ertrag	0,0108%	0,0050	0,0060
Mittlerer Ertrag	0,0060%	0,0022	0,0020
Niederer Ertrag	0,0021%	0,0010	0,0010

Die Angaben Bogdanows, welchen die richtige Anschauung zugrunde liegt, daß die Anforderungen verschiedener Pflanzen an den Nährstoffreichtum des Bodens in erheblichen Grenzen schwanken, leiten hinüber zu einer Methode, den Boden nach dem Gehalt der

1) Journ. f. Landw. 1895, S. 207.
2) Jahrbücher d. Agrik.-Chem. 1896, S. 146.
3) Nach Exp. St. Rec., 18, S. 321 (1906).
4) Landw. Jahrb. 36, S. 909 (1907).
5) Exp. Stat. Record, 12, S. 726.
6) Die Anwendung von Essigsäure als Lösungsmittel hat prinzipielle Bedenken, da sich beim Erwärmen der Lösung leicht basische Salze abscheiden. Ein Vorgang, der auch bei längerem Stehen des Auszuges eintreten kann.

auf ihm erwachsenden Pflanzen zu beurteilen; also gewissermaßen die Pflanze selbst als Reagenz zu verwerten.

Diese Arbeiten führen zurück auf Heinrich[1]), der die Aschen der Wurzeln, speziell der Haferwurzeln, untersuchte. Ausführliche Analysen sind später von Atterberg, Helmkampf u. a. ausgeführt worden[2]) und haben gezeigt, daß auch auf diesem Wege bestimmte Grundlagen der Beurteilung gewonnen werden können.

Endlich mag hier noch darauf hingewiesen werden, daß man versucht hat, die Menge der den Pflanzen zugänglichen Nährstoffe mit dem Wasserextrakt des Bodens in Beziehung zu bringen.

F. H. King[3]) zeigte, daß Böden hoher Fruchtbarkeit an Wasser erheblich größere Mineralstoffmengen abgeben als Böden geringer Fruchtbarkeit. A. Mitscherlich konnte durch Ausziehen mit Wasser den Einfluß der Düngung nachweisen.

Mitscherlich tritt für Untersuchung wässeriger Bodenauszüge ein. Hierbei sind große Mengen von Flüssigkeit notwendig, wenn man einigermaßen zuverlässige Zahlen erhalten will. Es ist anzuerkennen, daß der Auszug des Bodens mit Wasser oder mit Kohlensäure gesättigtem Wasser am meisten der Menge der für die Pflanzenwurzel zugängliche Mineralstoffe entsprechen wird. Es ist aber notwendig, erdfeuchten Boden zur Untersuchung zu verwenden. Wasserauszüge ergaben stets Minimalzahlen für alle durch Absorption gebundenen Bestandteile des Bodens.

6. Bodentätigkeit.

Die Bedingungen, welche die Zersetzung und Verwesung der organischen Abfallreste bestimmen, sind in den verschiedenen Böden in wechselnder Weise vorhanden. Die Verwesung ist im wesentlichen ein Produkt des Lebensprozesses der Bakterien; alles, was daher deren Entwicklung günstig ist, wird sie fördern, was ungünstig ist, sie hemmen. Natürlich übt auch der Boden Einfluß aus. In den gemäßigten Klimaten sind die wasserreichen (kalten) und nährstoffarmen, zumal sauer reagierenden Böden ungünstig, die sich leicht erwärmenden (warmen), nährstoffreichen, zumal kohlensauren Kalk enthaltenden (Sättigung der Humusstoffe) Bodenarten günstig für die Verwesung.

Den Einfluß der Bodeneigenschaften auf die Verwesung bezeichnet man als Tätigkeit des Bodens.

[1]) Grundlagen zur Beurtlg. der Ackerkrume 1888; auch A. v. Dickow, Journ. f. Landw. 1891, 39, S. 134.

[2]) Literatur, Journ. f. Landw. 1892, 40, S. 119. Landw. Jahrb. 1886, S. 415 und 1887, S. 757. Jahrb. für Landw. 1889.

[3]) Zitiert nach Hilgard. Soils S. 330.

Man unterscheidet:

untätige oder träge Böden mit sehr langsamer Zersetzung, z. B. Tonböden;

wenig tätige Böden, z. B. nährstoffarme schwere Böden; sauer reagierende Sandböden in feuchter Lage, z. B. Heideböden;

tätige Böden, mit mittlerer Schnelligkeit der Verwesung; die große Zahl der Bodenarten gehört hierher;

zehrende, auch hitzige Böden, auf denen die Verwesung rasch verläuft; hierher gehören die sich leicht erwärmenden besseren Sandböden, ferner viele Kalkböden.

Es ist leicht verständlich, daß die Tätigkeit der Böden von klimatischen Verhältnissen beeinflußt wird. Ein Boden, der im Tieflande zu den mäßig tätigen gehört, kann im Hochlande oder in nördlicher Lage zu den untätigen gerechnet werden müssen. In kälteren Klimaten sind im Vergleich mit gemäßigten Gebieten alle Böden untätig, in wärmeren Klimaten alle Böden tätig. Bereits im Mittelmeergebiete macht sich das geltend; die dortigen Bodenarten sind alle humusarm und würden nach unserer Bezeichnung zu den zehrenden Bodenarten zu rechnen sein.

Auch die Ortslage übt Einfluß auf die Tätigkeit der Böden aus, Nordhänge erwärmen sich schwerer als Südhänge, die oft „zehrende" Böden haben. In feuchten Senken oder Tieflagen finden sich vielfach Humusansammlungen auf Böden, die unter anderen Verhältnissen zu den tätigen zu rechnen sind.

7. Bodenkraft, Fruchtbarkeit, Ertragsvermögen.

In der land- und forstwirtschaftlichen Literatur wird häufig der Ausdruck „Bodenkraft" und zwar vielfach im Sinne von „Fruchtbarkeit" angewendet; bewußt oder unbewußt wird darunter gewöhnlich nur der Gehalt an mineralischen Nährstoffen verstanden.

Deshalb empfiehlt es sich, diesen Begriff präziser zu fixieren. Folgende Definitionen entsprechen der häufigsten Anwendung:

Bodenkraft ist die Summe aller physikalischen und chemischen Eigenschaften des Bodens. Der Boden wird hier als selbständiges Individuum betrachtet.

Fruchtbarkeit ist die Beziehung zwischen Bodenkraft und ihrer Einwirkung auf die Entwicklung der Pflanzen. Fruchtbarkeit ist hiernach ein Begriff, dessen Ableitung vom Pflanzenwachstum ausgeht und den Boden nur berücksichtigt in seinem Einfluß auf die Entwicklung der Pflanzen.

Ertragsvermögen ist die Fruchtbarkeit von Pflanzenarten oder Pflanzengenossenschaften. (Getreide, Hackfrüchte,

Wiesen, Wald bzw. Kartoffel, Weizen, Fichte, Kiefer usw.) Das Ertragsvermögen bezieht sich daher auf die im Interesse des Menschen erzeugbare Menge organischer Substanz durch einen bestimmten Pflanzenbestand.

Einen direkten Maßstab für Bodenkraft und Fruchtbarkeit gibt es nicht und kann es nicht geben, da die einzelnen wirksamen Faktoren variabel sind, sich gegenseitig günstig oder ungünstig beeinflussen und bald der eine oder andere das Übergewicht erhält. Man könnte eine ähnliche Regel für die Fruchtbarkeit eines Bodens ableiten, wie sie im „Gesetz des Minimums" für die Pflanzenproduktion aufgestellt ist: der im Mindestmaß vorhandene chemische oder physikalische Faktor bestimmt die Fruchtbarkeit eines Bodens.

Als wichtigste Träger der Bodenkraft sind anzusehen: Gehalt an zugänglichen Nährstoffen, günstige physikalische Verhältnisse, besonders Krümelung und Gründigkeit des Bodens, Feuchtigkeit und für gemäßigte und kalte Klimate Gehalt an humosen Stoffen.

Die vorbenannten Eigenschaften können sich in ihren Einwirkungen auf die Pflanzenproduktion bis zu einem gewissen Grade gegenseitig ergänzen; z. B. Gründigkeit und Gehalt an aufnehmbaren Mineralstoffen. Der flachgründige, aber sehr nährstoffreiche Basaltboden vermag Waldbestände bester Qualität zu tragen.

Vielfach ist die Rede von der „alten Kraft" eines Bodens und man bezieht diesen Ausdruck gewöhnlich auf Ackerböden, er ist aber gewiß auch auf Waldboden anwendbar. Böden in „alter Kraft" zeichnen sich vornehmlich durch günstige physikalische Beschaffenheit aus. Fehlt dem Ackerboden Düngung und Bearbeitung, dann lagern sich die Bodenteile fest zusammen, sie nehmen mehr oder weniger Einzelkonstruktur an. In gleichem Sinne wirken auf Waldboden übertriebene Streunutzung, Kahlschlag oder unrichtige Wahl der Holzart. Solche, durch vernachlässigte oder auch direkt schädigende Maßnahmen ungünstig veränderte Acker- oder Waldböden bedürfen oft langer Zeit sorgfältigster Behandlung, wenn ihnen die „alte Kraft" wieder erworben werden soll.

In chemischer Beziehung deckt sich der Begriff „alte Kraft" für Acker- und auch oft für Waldboden mit ausreichendem Gehalte an Humus. Albert und Luther[1]) klassifizieren die Böden nach dem „Humuszustand".

In diesem Zusammenhange mögen einige Gesichtspunkte über das Verhalten der Pflanzen, namentlich der Waldbäume entwickelt

---

[1]) Journ. f. Landw., 56, S. 347 (1908).

werden, denn gerade im Walde treten die Beziehungen zwischen Pflanze und Boden am deutlichsten hervor.

Der Kulturwald zeigt zunächst gewöhnlich einen Zustand, der das Wirken des Menschen in Begründungsmethode und Erziehung wiederspiegelt. Erst der Boden läßt erkennen, was für die Zukunft zu erwarten ist, er läßt die Schwierigkeiten der Neukultur vermuten. Je mehr sich die wirtschaftlichen Maßnahmen in Übereinstimmung mit den natürlichen Bedingungen des Baumlebens befinden, je mehr die gewählten Holzarten den Standorts- und Klimaverhältnissen entsprechen, umsomehr wird auch die Entwicklung eines Waldes den natürlich gegebenen Verhältnissen parallel gehen. Am ursprünglichsten finden wir naturgemäß diese Beziehungen erhalten im vom Menschen noch unberührten Urwalde.

Im Wirtschaftswalde ist abzuwägen zwischen den ökonomisch erstrebten Zielen einer rationellen Holzzucht und der Erhaltung des Bodens in seiner höchsten Kraft. Beide Ziele lassen sich in vielen Fällen nicht vereinen, dann wird leicht ein wirtschaftlicher Vorteil durch eine Einbuße an Bodenkraft erkauft; dabei ist indes zu berücksichtigen, daß jede Schädigung des Bodens einer Erniedrigung seines Ertragswertes gleichkommt.

Die Schilderung der Urwälder, wie sie uns vorliegen, zeigen im ganzen ein hinsichtlich des ökonomischen Ertrages wenig günstiges Bild. Einzelne außergewöhnliche starke alte Stämme werden von einer großen Menge jüngeren Materials umgeben. Charakteristisch für den Urwald ist das Vorkommen aller Altersklassen nebeneinander. Außergewöhnliche Entwicklung zeigen die Stämme nur auf fruchtbaren Böden, die in alten Kulturländern fast ausnahmslos der landwirtschaftlichen Nutzung überwiesen sind. Auf geringen Böden ist die Entwicklung geringer und arme Böden tragen im Urwalde auch schlechte Bestände. Im Norden und Osten Europas sind noch Bestände vorhanden, die ganz den Charakter der Urwälder tragen, in Nordamerika, in Sibirien sind noch große Gebiete von Urwald bedeckt und überall tritt auch hier die Abhängigkeit des Bestandes vom Boden hervor. Soweit nicht ungünstige Umbildungen eingetreten sind (Ablagerung von Rohhumus und Trockentorf, Vermoorungen) entspricht aber der Urwald dem günstigsten Stande, den der Wald unter den gegebenen Bedingungen von Boden und Klima erreichen kann. Der Boden befindet sich „in alter Kraft“.

Die herrschende Florenverteilung ist ein Werk langer Zeiträume; auf geologisch alten Böden hat sich ein Gleichgewichtszustand herausgebildet, dem die herrschende Flora entspricht; auf geologisch jungen Böden, denen die von Mittel- und Nordeuropa zuzurechnen sind, ist dies erst relativ der Fall. Es ist nicht zu verkennen, daß zumal die fortschreitende Auswaschung und Vermoorung ungünstige Veränderungen herbeiführt, die zwar nur langsam vor sich gehen, aber doch zu einer Verarmung der Böden in humiden Gebieten Veranlassung geben. In vielen Gegenden Nordeuropas wirkt der Mensch durch seine Eingriffe der Versumpfung entgegen und schafft hierdurch für den Baumwuchs günstigere Lebensbedingungen; aber auch in sehr vielen Fällen durch rücksichtslose Ausbeutung der Waldungen und schlechte Methoden der Neukultur recht ungünstige Änderungen der Böden.

Verfasser hat sich lange Zeit dagegen gesträubt, anzuerkennen, daß der menschliche Eingriff den Waldboden merklich verändern könne. Namentlich nordische und nordöstliche Teile Europas zeigten ihm viel mehr fördernde als zerstörende Tätigkeit unserer Generationen. Je mehr aber Verfasser Gelegenheit hatte, die Einwirkung forstlicher Eingriffe kennen zu lernen, umsomehr ist er zur Überzeugung gekommen, daß die starken Rückgänge des Waldwuchses auf vielen unserer Böden in erster Reihe Folgen menschlicher Habgier und menschlichen Unverstandes sind.

Die mineralische Kraft der Böden

wird gewöhnlich auch als bedeutsames Kriterium der Bodenkraft und Fruchtbarkeit aufgefaßt und besteht in dem Gehalte des Bodens an pflanzlichen Nährstoffen. Unter diesem Gesichtspunkte spricht man von mineralisch kräftigen oder reichen und mineralisch unkräftigen oder mageren und armen Böden.

Diese Einteilung gilt im wesentlichen nur für die humiden Gebiete; in den ariden ist jeder Boden mineralisch kräftig, in kalten Zonen sind weitaus die meisten mineralisch unkräftig. In den gemäßigten humiden Gebieten, zumal in denen der Braunerden, sind dagegen die Unterschiede sehr groß; auf diese Verhältnisse beziehen sich daher die folgenden Ausführungen.

Die wichtigsten Bodenarten Mitteleuropas kann man nach ihrem durchschnittlichen Verhalten in folgende Reihe bringen.[1])

1. Sehr kräftige Böden bilden:

   Die basischen Eruptivgesteine: Basalt, Diabas, Melaphyr und ihre Tuffe.

   Porphyrite und Porphyrtuffe.

   Kalkgesteine mit reichlichem Tongehalt.

   Leicht zersetzbare Tonschiefer.

   Aue- und Marschböden.

---

[1]) Grebe, Gebirgs- und Bodenkunde.

2. Kräftige Böden bilden:
   Die leicht verwitternden Arten von Granit, Gneis, Syenit.
   An Bindemittel reiche, nicht quarzitische Sandsteine (einzelne Grauwacken, Lias- und Keupersande, Buntsandstein).
3. Mäßig kräftige Böden bilden:
   Mittelschwer verwitternde Granite und Gneise, Magnesiaglimmerschiefer.
   Bindemittelärmere, nicht quarzitische Sandsteine (die meisten Sandsteine und Grauwacken).
   Schwer verwitternde Tonschiefer.
4. Schwache Böden bilden:
   Sämtliche schwer verwitternde Silikatgesteine: Felsitporphyr, Abarten von Gneis, Granit.
   Kaliglimmerschiefer.
   Sandsteine mit quarzitischem Bindemittel.
   Sande: Diluvialsand.
   Viele Konglomerate: Rotliegendes, Grauwacken.
5. Magere (arme) Böden bilden:
   Sehr schwer verwitternde Gesteine, wie manche Quarzporphyre, Grauwacken, Rotliegendes.
   Bindemittelarme oder stark quarzitische Sandsteine: Manche Grauwacken, Quadersandsteine.
   Quarzit.
   Heide und Flugsande, Dünensande, tertiäre Sande.
   Geschiebe- und Geröllablagerungen.
   Kalkarme Tongesteine: Zähe Tone und Letten.

Dritter Abschnitt.

Physik des Bodens.

I. Mechanische Bodenanalyse.

Die Unterschiede in den Korngrößen der Bodenteile fallen sofort auf; die wichtigsten Namen und Bezeichnungen der Böden sind darauf begründet. Schon die ersten Forscher, die eine genauere Kenntnis des Bodens erstrebten, suchten nach Methoden, ihn in seine Korngrößen zu zerlegen.

Die Anwendung von Sieben mit verschiedener Lochgröße war ein naheliegendes und einfaches Hilfsmittel; die Benützung des Widerstandes, den das Wasser den fallenden Körnern entgegensetzt, führte zur Schlämmanalyse.

Die Zahl der angewandten Apparate und Methoden ist sehr groß und kann hier nur so weit besprochen werden, als sie für die Ausbildung des Verfahrens historische Bedeutung besitzen oder durch Schnelligkeit oder Genauigkeit hervorragen. In den letzten Jahrzehnten haben in verschiedenen Ländern unter den Agrikulturchemikern Vereinbarungen stattgefunden, so daß die frühere Willkür bei Ausführung der Analysen einigermaßen beschränkt worden ist.

Die mechanische Analyse gibt Mittel, die Größe der Körner eines Bodens zu bestimmen.

Man unterscheidet zwischen Bodenskelett, den groben Bestandteilen des Bodens und Feinerde. Die Grenze zwischen beiden ist sehr verschieden gezogen worden; jetzt haben die deutschen Agrikulturchemiker festgesetzt, daß alle Bestandteile unter 3 mm Durchmesser zur Feinerde zu rechnen sind, dieselbe Grenze benutzt man in Nordamerika, während in Frankreich erst die Körner unter 1 mm Durchmesser als Feinerde bezeichnet werden.

Die Kenntnis der Korngrößen gibt ein Mittel, wichtige physikalische Eigenschaften der Böden festzustellen; sie berücksichtigt jedoch nicht die Lagerungsart der einzelnen Bodenteile; erst die

Kenntnis beider gibt Aufschluß über die physikalische Beschaffenheit eines Bodens. Man muß sich daher stets der Grenze bewußt bleiben, innerhalb deren die mechanische Analyse Bedeutung hat.

Eingehende Untersuchungen über die Grenzen der Korngrößen, innerhalb deren die hauptsächlichsten physikalischen Vorgänge verlaufen, hat in neuerer Zeit Atterberg[1]) durchgeführt und es steht zu erwarten, daß auf Grund dieser Forschungen es möglich sein wird, eine allgemein anerkannte Methode der mechanischen Bodenanalyse herauszubilden.

Nach Atterberg, und damit stimmen die früheren Untersuchungen von Wollny und anderen überein, sind namentlich drei bzw. vier Grenzwerte zu unterscheiden:

1. 2 mm Durchmesser: die obere Grenze der kapillaren Wasserbewegung und nennenswerter Wasserhaltung.
2. 0,2—2 mm Durchmesser: Wasser leicht durchlassende Körner.
3. 0,02—0,2 mm Durchmesser: gute Kapillarität und schnelle Bewegung des Wassers; genügend große Wasserkapazität.

Bei 0,02 mm Durchmesser liegt die wichtigste Grenze der Bodenkörner, die dann makroskopisch nicht mehr unterscheidbar sind und selbst, wenn die Körner aus Quarz oder unzersetztem Mineralstaub bestehen, tonähnliche Eigenschaften annehmen. Die Wurzelhaare der Pflanzen vermögen in die Zwischenräume der Körner nicht mehr einzudringen. Die kapillare Hubhöhe des Wassers ist hoch, aber die Geschwindigkeit des Transportes bereits sehr gering.

4. 0,02—0,002 mm Durchmesser: Koagulierbarkeit durch Elektrolyte; unter 0,002 sind die Bodenkörner in Wasser verteilt in starker Molekularbewegung.

Die Aufzählung dieser Wirkungen zeigt, daß es sich bei den physikalischen Eigenschaften der Böden, die von der Korngröße abhängen, wesentlich um das Verhältnis zwischen Gewicht und Oberfläche handelt, daß es wesentlich Wirkungen der Oberfläche sind, die hervortreten.

Die absolute Oberfläche nimmt mit der Zerkleinerung eines Körpers stark zu[2]), so daß also bei feinkörnigen Stoffen gegenüber

---

[1]) Landw. V.-Stat., 69, S. 136 (1908).
Chem. Zeitg. 1905, Nr. 29.

[2]) Die Oberfläche von 1 ccm eines Stoffes beträgt bei verschiedener Seitenlänge der einzelnen Würfel:

Seitenlänge	Anzahl der Würfel	Gesamtoberfläche
1 cm	1	6 qcm
0,1 „	10^3	60 „
0,01 „	10^6	600 „
1 μ	10^9	6000 „
0,1 „	10^{12}	6 qm

grobkörnigen die Wirkung der Oberfläche zu-, die der Masse abnimmt.[1])

Es gilt dies in hervorragender Weise auch für den Fall der Körner in einem widerstandsfähigen Medium wie Wasser. Geht man von gleichartigem und gleichförmigem Material aus, etwa von Quarzkugeln, so wird mit zunehmender Oberfläche zur Masse des Körpers, die Geschwindigkeit des Falles abnehmen.

Man hat diese Beziehung experimentell festgestellt und findet z. B. Atterberg für 10 cm Fallhöhe folgende Absatzzeiten von Bodenkörnern (bei Zimmertemperatur).

0,1 mm	25 Sekunden
0,05 „	1 Minute 56 Sekunden
0,02 „	7½ Minute
0,01 „	30 Minuten
0,005 „	2 Stunden
0,002 „	8 Stunden

Unter 0,002 mm Durchmesser ist der Fall außerordentlich langsam, so gibt Williams[2]) an, daß er in 24 Stunden etwa 2 mm betrage.

Mit abnehmender Korngröße tritt eine eigentümliche schwingende, selbständige Bewegung der Partikel immer schärfer hervor, die „Brownsche Molekularbewegung".

In sehr reinem Wasser bleiben die fein verteilten Partikel sehr lange schweben, es bilden sich Schichten verschiedener Durchsichtigkeit, die oft ziemlich scharf getrennt sind. Williams beobachtete starken Einfluß des Lichtes auf diese Schichten und gibt an, daß dem Licht ausgesetzt, die Flüssigkeit trübe bleibt, während sie im Dunkeln und bei gleichmäßiger Temperatur sich kläre.

Nach Versuchen des Verfassers bleibt die Flüssigkeit stets schwach getrübt. Sowohl Kaolin, wie Ton, wie fein gebeutelter Quarzstaub verhalten sich hierbei ganz gleichartig. Die stärkere oder geringere Klärung hängt bei sonst gleichen Verhältnissen von Bestrahlung ab. Es ist erklärlich, daß bereits die geringsten Konvektionsströme bei Schichten verschiedener Temperatur Einfluß gewinnen. Durch Auftreten der Molekularbewegung beim Schlämmen des Bodens wird die Methode und die Berechnung der Korngrößen nach der Fallgeschwindigkeit mit einem Fehler für die kleinsten Korngrößen behaftet und ist es verständlich, daß Trennung der sehr feinkörnigen Teile nur erzielt werden kann, wenn man Absatzmethoden anwendet.

Es ist daher bei einem Gemisch so verschiedener Teile, wie dies unsere Böden sind, erklärlich, daß der Absatz der Schlämmkörper

---

[1]) Man vgl. S. 45—56 (Sedimentation).

[2]) Forsch. Agrik.-Phys., 18, S. 258.

aus Teilen merkbar verschiedener Größe bestehen kann und meist auch besteht. Man spricht daher von Körnern gleichen hydraulischen Wertes und berechnet deren Größe auf Quarzkugeln gleicher Fallgeschwindigkeit.

Aus der Zusammenstellung ergibt sich, daß die Schlämmanalyse mit erheblichen Fehlern behaftet ist, die sich noch steigern durch die mechanische Beschaffenheit und durch die Zusammensetzung des Bodens. Es bedarf zunächst der Zerkleinerung der zusammenhängenden Bodenteile, hierzu kann man sich längeren Kochens und auch mechanischer Mittel bedienen.

Das Kochen des Bodens mit Wasser hat unter Ersatz des verdampfenden Wassers so lange stattzufinden, bis der Boden in seine Einzelteile zerfallen ist. Bei sandreichen Böden genügen 1—2 Stunden, bei tonreichen bedarf es meist längerer Zeit, oft 24 Stunden und mehr. Lange Zeit fortgesetztes Kochen übt jedoch Einfluß auf die Kolloide des Bodens aus; Osborne fand, daß die Menge der abschlämmbaren Teile abnahm, wenn die Kochzeit eine gewisse Grenze überstieg. Es ist daher am besten, alle 2 Stunden die trübe, überstehende Flüssigkeit abzugießen und das Kochen mit einer neuen Menge Wasser fortzusetzen.

Die mechanischen Mittel der Zerteilung des Bodens sind Stampfen mit Gummireibern oder Zerteilen mit Hilfe des Fingers (Gummifinger).

Die Zusammensetzung des Bodens, namentlich Gehalt an Kalk übt weiter Einfluß auf die Schlämmanalyse, da die vorhandenen oder sich bildenden Elektrolyte, zumal das saure Kalkkarbonat, flockend auf die Tonteile einwirken. Verschiedene Methoden der Analyse schreiben daher auch Behandeln des Bodens mit Säuren und Alkalien vor.

Die mechanische Analyse des Bodens ist nicht besonders genau. A. D. Hall[1]) fand für humushaltige Böden bei ganz gleicher Behandlung erhebliche Unterschiede; während nach vorhergehender Behandlung mit Säuren übereinstimmende Resultate erzielt wurden.

Die Vorbehandlung der Böden mit chemisch wirksamen Stoffen, wie Säuren und Alkalien, führt zur Lösung von Bodenteilen, sowohl der Karbonate wie der verkittenden humosen Stoffe; diese Methode ist jedoch die einzige, die Sicherheit gewährt für genaue Bestimmung der Korngrößen der mineralischen Bestandteile.

Bei der Ausführung zerteilt man den Boden mechanisch durch Zerdrücken und Zerreiben mit Gummireiber oder mit dem Finger unter Zusatz von so wenig Wasser, daß ein dicker Brei entsteht, gibt

---

1) Trans. Chem. Soc., 85, S. 950 (1904).

dann mehr Wasser hinzu und erwärmt, setzt tropfenweise so viel verdünnte Salzsäure zu, daß die Flüssigkeit schwach saure Reaktion besitzt. Man läßt absitzen, gießt die klare Flüssigkeit vom Bodensatze ab und wäscht auf dem Filter aus. Der Rückstand wird mit sehr schwacher Ammoniaklösung behandelt.

1. Die Gestalt der Bodenkörner.

Bei Gehalt an Steinen ist darauf Rücksicht zu nehmen, ob die Körner gerundet oder eckig sind. Gerundete Stücke mit mehr oder weniger geglätteter Oberfläche sind zumeist ein Produkt mechanischer Bearbeitung und durch Reibung unter Wasser oder Eis gebildet; eckige Bruchstücke gehen zumeist aus der Verwitterung anstehender Felsmassen hervor. Die Erfahrung lehrt, daß die eckigen Bruchstücke die Entwicklung der Pflanzen günstiger beeinflussen als Gerölle. Es beruht dies auf der Wasserführung, sowie daß durch Vorgänge der Verwitterung entstandene Gesteinsstücke auch weiter der Verwitterung zugänglicher bleiben, als gerundete Geschiebe mit geglätteter Oberfläche. Für diese Erklärung spricht, daß kantige Bruchstücke mit glatter Oberfläche, wie sie bei Felsitporphyren und anderen Gesteinen vorkommen, sich erfahrungsmäßig ebenso ungünstig verhalten wie Geschiebe.

Die Trennung der gröberen Bodenteile srfolgt durch Siebe. A. Mitscherlich hat gegen deren Anwendung theoretische Bedenken erhoben, die sich auf die Ungleichartigkeit der durch ein Sieb gehenden Körner stützen. Die anwendbaren Grenzen z. B. 1—2 mm zeigen großen Spielraum; ein Korn von 1,99 mm D. enthält das Mehrfache vom Volum eines Kornes von 1 mm D. Stäbchen bestimmten Durchmessers können theoretisch unbegrenzt lang sein usw. Diese theoretisch richtigen Ausführungen sind praktisch ohne nennenswerte Wichtigkeit. Die Funktionen der Körner bestimmter Größen sind gleich innerhalb gewisser Gruppen, Die Zerlegung der Körner in zahlreiche Sortimente verschiedener Größe hat wenig Wert. Verf. hat sich dagegen schon vor Jahren ausgesprochen (vergl. 1. Aufl.). Dagegen gewährt die Trennung in größere Gruppen, wie sie von Atterberg mit glücklicher Hand durchgeführt ist, vortrefflichen Einblick in die Eigenschaften verschiedener Böden.

Man bezeichnet die gröberen gerundeten Stücke über 4 cm Durchmesser als Gerölle; die kleineren über 2 mm als Grand; die eckigen Stücke über 4 cm als Gesteins-Bruchstücke; die kleineren (über 2 mm Durchmesser) als Gruß. Die Sandkörner sind meist eckig; nur selten gerundet. Bei den feinen Bodenteilen macht sich der Unterschied zwischen mechanisch zerriebenem Gesteinsmehl, das zumeist durch die Tätigkeit der Gletscher entsteht und den bei der chemischen Verwitterung gebildeten tonigen Teilen bemerkbar.

Unter dem Mikroskop unterscheiden sich beide bei starker Vergrößerung. Feinstes Gesteinsmehl ist körnig, dagegen haben die Produkte der chemischen Verwitterung mehr oder weniger die Form von zusammengeballten Massen; die bei mäßig starker Vergrößerung als Scheibchen erscheinen. (Vgl. Tafel I.)

Hiermit, sowie mit dem Gehalt an Kolloiden, steht die Unterscheidung von Spring[1]) in Beziehung, der die sehr feinen Bodenteile in zwei Gruppen einteilt: der Schlämmrückstand ist nach dem Trocknen entweder zerreiblich, die Stücke zeigen matten muscheligen Bruch, oder der Rückstand ist glänzend, glasig, von großer Festigkeit.

Der Unterschied dieser beiden Gruppen der feinsten Teile der Böden, die vielfach gemischt vorkommen, kann so groß werden, daß zwei Böden mit gleicher mechanischer Zusammensetzung für die Pflanzenwelt von sehr verschiedenem Werte sein können.

2. Methoden der Schlämmanalyse.

Die Zahl der Apparate zur Schlämmanalyse ist sehr groß. Mit Ausnahme einiger der Neuzeit angehörenden, die Zentrifugen anwenden, sowie eines von Cushman angegebenen, das mit bewegter Luft arbeitet, kann man die Methoden in zwei Gruppen einteilen, in:

1. Methoden, die sich auf den Fall der festen Körper in Wasser gründen (Sedimentier-Verfahren: Davy, Schübler, Sprengel, Kühn, Knop, Schlösing u. a.).

2. Methoden, die den Stoß aufwärts fließenden Wassers, also hydraulischen Druck verwenden (Spülverfahren: Schulze, v. Benningsen-Förder, Nöbel, Schöne, Hilgard, Appiani, Kopecky).

Eine gemischte Methode, die zwar sehr zeitraubend ist, aber bislang die höchste Genauigkeit gewährt, ist die nach Fadajew-Williams.

Methoden der ersten Gruppe:

Von diesen Methoden werden gegenwärtig die nach Kühn, sowie die von Schlösing benutzt.

Kühn trennt den Boden durch Siebe in Skelett- und Feinboden. 50 g der lufttrockenen Feinerde werden bis zur Zerteilung aller Teilchen gekocht und dann die ganze Masse in einen 30 cm hohen Glaszylinder von 8,5 cm innerer Weite gespült. Der Zylinder trägt bei

[1]) Arch. des sc. phys. et natur. [IV], 10, 1905.

1.

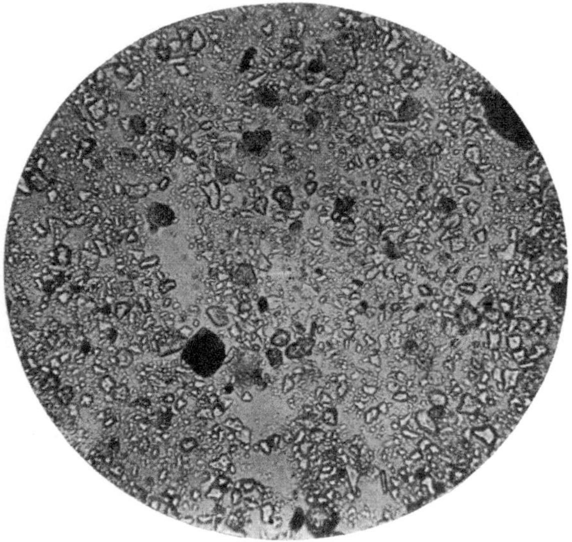

2.

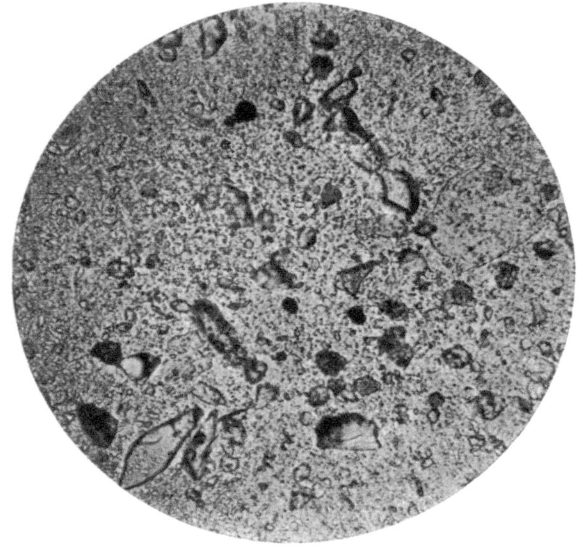

Abgeschlemmte feinste Teile von zwei Lehmböden, die gleiche Prozentzahlen davon ergaben, sich aber als Ackerboden sehr verschieden verhalten. (Glazialer Lehm.)

1. Besteht fast nur aus zerriebenem Gesteinsmehl, die Menge der kolloidcn Tonteile ist gering.
2. Neben Gesteinsmehl reichlich zusammengeballte Teile von kolloiden Ton. Vergr. 2000.

Orig.-Phot. Oberforstmeister A. Möller 1910.

Verlag von Julius Springer in Berlin.

28 cm innerer Höhe eine Marke und in 5 cm über dem Boden ein Ablaßrohr, das jetzt zumeist durch Benutzung eines innen gebogenen Hebers ersetzt ist. Den im Wasser durch kräftiges Rühren verteilten Boden läßt man 10 Minuten absetzen und hebert die überstehende Flüssigkeit dann ab. Man wiederholt Zusatz von Wasser und Ablassen, bis das überstehende Wasser klar bleibt. Der im Zylinder bleibende Rückstand wird getrocknet und gewogen und durch Siebe getrennt. Abgeschlämmt sind alle Bodenteile unter 0,1 mm Durchmesser.

Nach Schlösing werden die feinsten Bodenteilchen bestimmt. Je nach dem Tongehalt des Bodens werden 5—10 g Feinerde durch Reiben gleichmäßig fein verteilt und mit Salzsäure und Ammoniak behandelt. Nach jedesmaligem Auswaschen wird die Flüssigkeit in ein 20 cm hohes Zylinderglas gespült und die überstehende trübe Flüssigkeit alle 24 Stunden mit einem Heber abgezogen und dies so oft wiederholt bis die überstehende Flüssigkeit klar bleibt. Die gesammelten trüben Flüssigkeiten werden mit der Lösung eines Elektrolyten versetzt. Schlösing benutzte hierzu Chlorkalium, da sich dieses Salz aber schwer auswäscht, so schlägt Atterberg als Zusatz kohlensaures Ammon vor.

Es ist zu bemerken, daß die Methode nach Schlösing nur dann zur völligen Klärung der überstehenden Flüssigkeitssäule führt, wenn man zunächst durch eine Spülmethode die feinkörnigen Bestandteile abtrennt und die abgeschlämmten Teile nach Schlösing weiter behandelt. Bei unmittelbarer Anwendung des lufttrocknen Bodens bleiben die überstehenden Flüssigkeiten fast immer schwach getrübt, auch wenn man den Wechsel des Wassers lange Zeit fortsetzt.

3. Methoden der zweiten Gruppe.

Den Auftrieb fließenden Wassers zur Trennung der Korngrößen der Böden benutzte zuerst Schulze. Bessere Resultate erzielte Nöbel. Er benutzte einen Apparat, der aus vier Trichterflaschen bestand, deren Rauminhalt sich wie 1 : 8 : 27 : 64 verhielt (also $1 : 2^3 : 3^3 : 4^3$). In den Trichter 2 wurde der zu untersuchende Boden gebracht und dann soviel Wasser durchgeleitet, daß in 40 Minuten 9 Liter Wasser abliefen.

Nöbels Apparat war der erste, der übereinstimmende Resultate ergab und er bedeutete den ersten großen Fortschritt für die Schlämmanalyse. Die konische Form der Trichter führt jedoch dazu, daß Seitenströmungen im Wasser auftreten, die veranlassen, daß die aufgeschlämmten Bodenteilchen sich zusammenlagern,

Flocken bilden, wodurch die Werte für die Feinerdemenge zu niedrig gefunden werden.

Schöne suchte diesen Übelstand zu vermeiden. Er benutzte ein längeres, oben zylindrisches, unten konisches Trichterrohr und maß die Stärke des Wasserstromes durch ein aufgesetztes genau geteiltes Glasrohr. Ursprünglich war der Druckmesser (Piëzometer) mit dem Ausflußrohr vereint, später trennte A. Mayer beide. Es war hiermit eine Methode gegeben, die durch Wechsel im Druck jede Geschwindigkeit des strömenden Wassers erzielen läßt und es gestattet, einen Boden in eine beliebige Anzahl von Korngrößen zu zerlegen.

Der Schönesche Apparat in seinen verschiedenen Abänderungen ist zurzeit der am häufigsten benutzte Schlämmapparat; wenigstens

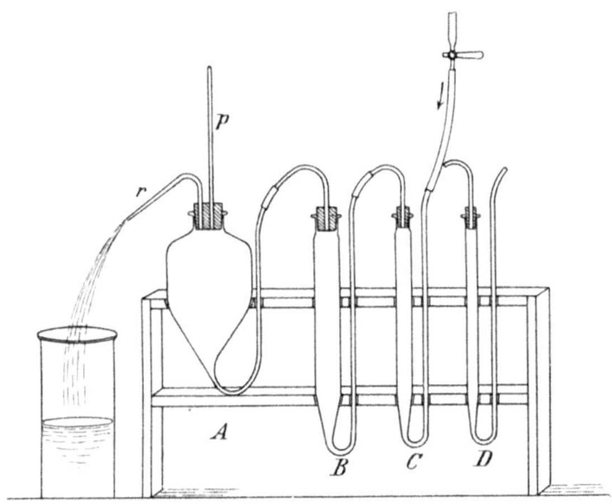

Abb. 23. Schlämmapparat nach Kopecky.

gilt dies für wissenschaftliche Zwecke. Es stellte sich bald heraus, daß auch in Schönes Apparat Nebenströmungen auftreten, die Ausflockungen veranlassen. Man verlängerte deshalb den oberen zylindrischen Teil (Orth), oder suchte durch Einbau von durch Wasserdruck bewegten Rädchen die entstehenden Flocken zu zerstören (Hilgard).

Eine Kombination der Apparate nach Näbel und Schöne liegt dem Schlämmapparate von Kopecky zugrunde, dessen Anwendbarkeit sowohl in bezug auf Sicherheit der Resultate wie Zeitersparnis sehr gerühmt wird (Abb. 23).

Alle Spülverfahren leiden an dem Mangel, daß die feinsten Bodenteile unter 0,01 mm Durchmesser, namentlich die unter 0,002 mm Durchmesser nicht bestimmt werden können. Da diese Teile bereits im stehenden Wasser viele Stunden zum Absetzen brauchen und beim Spülverfahren immer ein wenn auch geringer hydraulischer Druck zur Anwendung kommt, so ist es ohne weiteres verständlich, daß die Abscheidung der feinsten Teile nur bis zu einer bestimmten Größe gehen kann.

Hier setzten nun Fadajew und Williams ein, die das Spülverfahren für die gröberen, das Sedimentierverfahren für die feineren Bodenteile benützen. Indem die aufgeschlämmten feinsten Teile bei 10 cm Wasserhöhe zuerst nach 24 Stunden, dann nach 12 und 6 Stunden abgeschlämmt werden, teilt man die Körner unter 0,01 mm Durchmesser in vier verschiedene Gruppen.

4. Vereinbarte Methoden.

Die Notwendigkeit, für praktische Zwecke vergleichbare mechanische Analysen der Böden zu erhalten und Methoden anzuwenden, die bei mäßigem Zeitaufwand ausführbar sind, haben zu Vereinbarungen unter den Agrikulturchemikern in den verschiedenen Ländern geführt. Die vorgeschriebenen Methoden tragen fast alle verschiedenen Charakter.

Der Verband der landwirtschaftlichen Versuchsstationen im Deutschen Reich hat folgende (hier abgekürzte) Vorschrift angenommen (Grundlage J. Kühnsche Methode).

1. Bodenprobe wird lufttrocken verwendet und alle Bestandteile über 5 mm Durchmesser als Steine abgesiebt.

2. Von dem gesiebten Boden werden 50—100 g gekocht und durch ein 2 mm Sieb geschlagen, das durchgegangene (Feinerde) in einen Kühnschen Zylinder gespült. Der Rückstand wird getrennt.

Der im Glaszylinder befindliche Teil wird nach Kühn geschlämmt; der zurückbleibende Sand wird getrocknet und durch 1 mm, 0,5 mm, 0,25 mm Sieb getrennt. Die Differenz ergibt die Menge der abschlämmbaren Teile (etwa unter 0,1 mm Durchmesser).

Man bezeichnet die Korngrößen

über 5 mm Durchm.	. . . . .	als Steine (Grus, Kies)
2— 5 ,, ,,	. . . .	,, Grand (Grus)
1— 2 ,, ,,	. . . .	,, sehr grober Sand
0,5— 1 ,, ,,	. . . .	,, grober Sand
0,2—0,5 ,, ,,	. . . .	,, mittelkörniger Sand
unter 0,1—0,2 mm ,,	. . . .	,, feiner Sand
,, 0,1 ,, ,,	. . . .	,, abschlämmbare Teile.

In Frankreich[1]) führt man folgende Bestimmungen aus. (Methode wesentlich nach Schlösing-Grandeau.)

über	5 mm	Steine (cailloux)
	1—5 „	Kies (graviers)
unter	1 „	Feinerde

unterschieden in

grober Sand	Sand ohne Kalk Sand mit Kalk organische Reste
feinste Bestandteile	Sand ohne Kalk Kalksand kolloider Ton.

In Nordamerika gelten folgende Bestimmungen (Grundlage wesentlich Schlösing, Hall)[2]) einer gemischten (chemisch-physikalischen) Analyse:

1. 10 g lufttrockner Boden unter 3 mm Durchmesser wird mit 100 ccm $^1/_5$ normaler Salzsäure (bei viel Kalk mehr) übergossen; eine Stunde stehen lassen, abfiltriert und gewogen. Der Verlust ergibt Wasser und lösliche Bestandteile.

2. Der Rückstand wird mit verdünntem Ammoniakwasser in ein Sieb mit 100 Maschen auf 1 Zoll englisch in einen Becher gewaschen, die Marken in 10, 8, 5 und 7,5 cm über dem Boden haben. Der Rückstand getrocknet wird durch 1 mm Rundlochsieb geschlagen. Über 1 mm Durchmesser als Feinkies (fine gravel), unter 1 mm als grober (coarse) Sand bezeichnet.

3. Die durch das Sieb gegangene Menge wird mit Gummireiber zerdrückt und die Flüssigkeit bis 8,5 cm aufgefüllt. 24 Stunden stehen lassen. Die überstehende Flüssigkeit enthält den „Ton". Die Operation wird wiederholt, bis die Flüssigkeit klar ist. Das Schlämmprodukt wird getrocknet, gewogen und geglüht. Der Glührückstand gibt den „Ton", der Glühverlust den „löslichen Humus".

4. Der Schlämmrückstand wird zu 10 cm mit Wasser aufgefüllt und nach 100 Sekunden abgegossen und dies bis zum Klarbleiben wiederholt. Der Rückstand ist „Feinsand".

5. Der abgeschlämmte Teil wird nach dem Absetzen und Abgießen auf 7,5 cm Wasserhöhe aufgefüllt und nach 12½ Minuten abgegossen. Dies wird wiederholt, bis die Flüssigkeit klar ist. Es bleibt zurück der „Schlamm" (silt), abgeschlämmt ist der „Feinschlamm".

Die Bezeichnung der Korngrößen ist sehr verschieden gebraucht worden. Die preußische geologische Landesanstalt benützt

---

1) Congrès Internat. d'Agriculture. Paris 1900.

2) Journ. agr. Sc. (1906), 1, S. 470.

die Bezeichnungen Grand für über 2 mm Durchmesser, Sand für 0,05—2 mm Durchmesser. Die abschlämmbaren „tonigen“ Teile werden in Staub 0,01—0,05 mm Durchmesser und in „feinste Teile“ unter 0,01 mm Durchmesser geteilt.

Williams schlägt vor: 3—10 mm Durchmesser Kies; 0,25 bis 3 mm Sand (grob 1—3; mittel 0,5—1; fein 0,25—0,5); 0,0015 bis 0,25 mm Staub (grober 0,01—0,25; mittlerer 0,005—0,01; feiner 0,0015—0,005); Schlamm unter 0,0015 mm.

Atterberg benutzt schwedische Lokalnamen, Mo =feiner Sand, Lättler (0,02—0,002 mm), Ler = feiner als 0,002.

Es wäre dringend erwünscht, wenn in das Chaos der mechanischen Bodenanalysen einmal Ordnung gebracht würde. Vorläufig scheinen hierzu die Gruppen nach Atterberg am besten geeignet zu sein; da sie am meisten den praktischen Bedürfnissen entsprechen.

5. Die Bedeutung der mechanischen Bodenanalyse

liegt darin, daß viele und wichtige physikalische Bodeneigenschaften von der Bodenoberfläche abhängen, die ihren übersichtlichen Ausdruck in den Korngrößen findet. Zugleich trennt die mechanische Analyse in den meisten Fällen auch chemisch verschiedene Stoffgruppen. Das Bodenskelett besteht zumeist aus Quarz und wenig verwitterten Mineralteilen; die feinstkörnigen Bestandteile überwiegend aus ganz verwitterten Mineralien. Man muß sich aber gegenwärtig halten, daß zumal in Diluvialböden auch Gesteinsmehl, meist Quarzmehl einen erheblichen Teil der feinstkörnigen Teile ausmachen kann, sowie daß die chemische Zusammensetzung in weiten Grenzen schwankt.

Sieht man von der Lösung besonderer wissenschaftlicher Fragen ab, so genügt es, die Korngrößen eines Bodens in Gruppen zusammenzufassen, in Ton nach Schlösing, Staub, Feinsand, Mittelsand, Grobsand, Kies, Steine. Hieraus lassen sich gute Schlüsse über viele Eigenschaften des Bodens ableiten, die Beschaffenheit der feinstkörnigen Teile muß unter dem Mikroskop kontrolliert und angegeben werden, ob es sich um „Scheibchen“ oder „Körner“ handelt.

Überhaupt ist fleißige Anwendung des Mikroskopes auch bei den Bodenteilen mittlerer Korngröße anzuraten; bei einiger Übung lassen sich zwei der wichtigsten Mineralien der Bodenteile, Quarz und die Feldspate unterscheiden.

Hohe Bedeutung gewinnt die mechanische Bodenanalyse noch durch die geringe Veränderlichkeit der Verhältnisse, die sie zum Ausdruck bringt. Die Böden mögen geologisch betrachtet, von geringer Dauer sein, für den Verlauf eines Menschenlebens ändert sich die mechanische Zusammensetzung eines Bodens kaum merklich.

Die Kartierung der Böden greift bisher immer wieder auf die physikalische Zusammensetzung zurück und zur raschen Charakterisierung einer Bodenart wird man immer wieder seine Korngrößen berücksichtigen müssen.

Zur Lösung praktischer Fragen des Ackerbaues usw. hat die mechanische Bodenanalyse Wichtigkeit, da die fruchtbaren Böden Gemische verschiedener Korngrößen sind, von denen jede mehr oder weniger bestimmenden Einfluß auf die Eigenschaften des Bodens hat. Ein mäßiger Steingehalt beeinflußt die Wasserführung und steigert die Durchlässigkeit der Böden, erhöht die Erwärmung und setzt die Verdunstung unter sonst gleichen Verhältnissen herab. Hasard, der sächsische Böden untersuchte, gibt an, daß Grus bis ein Viertel, Grand bis ein Achtel des Bodengewichtes günstig wirke.

Die Sande des Bodens (Bodenskeletts) 0,15—20 mm Durchmesser, beeinflussen die Durchlässigkeit des Bodens, wirken aber zumeist nur als Verdünnungsmittel für die Feinerden. Die Korngrößen von 0,05—0,15 mm Durchmesser (Feinsand) kommen bereits für Wasserkapazität und Wasserführung der Böden wesentlich in Frage.

Der Staub (0,01—0,05 mm Durchmesser) verhindert eine zu dichte Lagerung der abschlämmbaren Teile unter 0,05 mm Durchmesser, die wiederum in ähnlicher Weise auf den kolloiden Ton (unter 0,002 mm Durchmesser) einwirken. Ein fruchtbarer Boden muß daher die feinsten Teile in einem bestimmten Verhältnis zueinander haben. Man kann annehmen, daß $^1/_5$—$^1/_3$ der abschlämmbaren Teile ohne Schaden aus kolloidem Ton bestehen kann; daß ein Verhältnis von 1:2—3 zwischen abschlämmbaren Teilen und Staub günstig ist, während engere Verhältnisse etwa 1:1 oder 1 zu kleiner als 1 den Boden zu bindig machen.

Bis zu einem gewissen Grade können einzelne Gruppen durch höheren Gehalt an nahestehenden Korngrößen ersetzt werden; so sind Böden mit wenig abschlämmbaren Teilen, aber genügendem Gehalt an Staub nicht ungünstig. Immerhin ist der Hinweis nötig, daß die mechanische Analyse allein keinen erschöpfenden Maßstab hinsichtlich der Bonitierung eines Bodens darstellt, ein solcher vielmehr erst durch Ermittelung einer Reihe anderer Größen geschaffen werden kann.

Die absolute Zahl der Bodenkörner ist außerordentlich groß, nach Whitney[1]) schwankt sie für 1 g in den von ihm unter-

---

[1]) Exp. Sta. Rec., 4, S. 21.

suchten Böden zwischen etwa 1 700 000 000 und 24 000 000 000 Millionen. Für die klimatischen Verhältnisse seines Gebietes fand Whitney, daß Böden unter 1700 Millionen Körnern für das Gramm der künstlichen Bewässerung zum Getreidebau bedürften; Weizen brachte erst guten Ertrag in Böden über 10 000 Millionen und graswüchsig war ein Boden erst bei 24 000 Millionen Körnern für ein Gramm Boden.

Natürlich ändern sich diese Verhältnisse unter anderen klimatischen Bedingungen; nordische Sande bringen bei sehr viel geringerer Kornzahl mäßige Ernten; es ist aber immerhin nützlich, darauf hinzuweisen, daß jeder fruchtbare Boden sich aus einer für uns unvorstellbaren Zahl von Einzelkörnern zusammensetzt.

Flügge, Beiträge zur Hygiene, Leipzig 1870.
C. Lang, Forsch. der Agr.-Phys., 1, S. 109.
Soyka, d. Z. 8, S. 1.
Renk, Zeitschr. für Biolog., 15, S. 86.
Wollny, Forsch. d. Agrik.-Phys., in vielen Einzelarbeiten.

II. Bau (Struktur des Bodens).

Die mechanische Bodenanalyse lehrt die Größen der einzelnen Bodenbestandteile kennen; über die Art und Weise ihrer Zusammenlagerung vermag sie nichts auszusagen. Man unterscheidet zwei Strukturformen der Böden: die Einzelkornstruktur und die Krümelstruktur. Namentlich für das Pflanzenleben hat die Bodenstruktur grundlegende Bedeutung, die zunimmt, je feinkörniger ein Boden ist.[1])

1. Einzelkornstruktur.

Am einfachsten werden sich die Verhältnisse gestalten, wenn Körner gleicher Größe regelmäßig nebeneinander gelagert sind. Auch

---

[1]) A. Mitscherlich legt in seiner „Bodenkunde" den Betrachtungen über die Lagerung der Bodenteile das Hohlraumvolumen (Porenvolumen) zugrunde.

Natürlich muß jede Änderung in der Lagerungsweise der festen Bodenteile auf die Größe der von Luft und Wasser erfüllten Bodenräume zurückwirken; man kann daher bei der Darstellung ebensowohl von den festen Bodenteilen ausgehen, wie von den luft- und wassererfüllten Räumen des Bodens, etwa wie das gleiche in verschiedener Form ausgesprochen wird, wenn man sagt, ein Glas mit Flüssigkeit sei „halb voll" oder „halb leer".

Über die Anwendung der beiden Darstellungsweisen können nur Gründe der Zweckmäßigkeit entscheiden. Nach Meinung des Verfassers ist es ungleich anschaulicher, von den festen Teilen des Bodens auszugehen, mit Krümelung, Einzellagerung der Bodenteile verbindet sich sofort eine bestimmte Vorstellung; sie ist ferner das Primäre, während die mit diesen Lagerungsweisen verbundene Änderung der Größe der Hohlräume erst sekundär abgeleitet werden muß.

hier können mehrere Fälle eintreten, die man als dichteste und lockerste Lagerung der Bodenteile bezeichnen kann.

Geht man von der denkbar einfachsten Annahme aus, daß der Boden aus Kugeln bestehe, die alle gleich groß sind, so läßt sich leicht zeigen, daß die Raumerfüllung der festen Bestandteile von der relativen Größe der Kugeln unabhängig ist.

In einen Würfel (Abb. 24) von der Größe n lasse sich eine Kugel von der Größe r = 1 eintragen, so werden bei der angegebenen Lage-

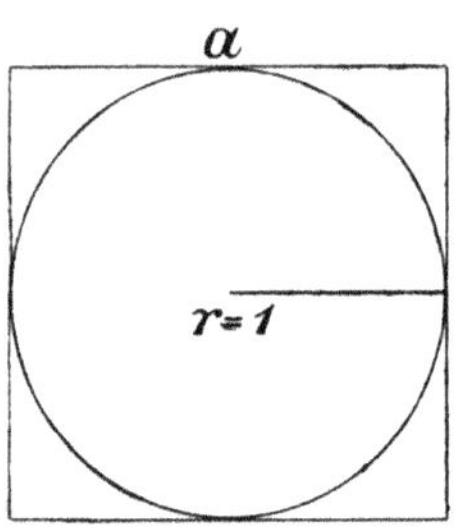

Abb. 24.

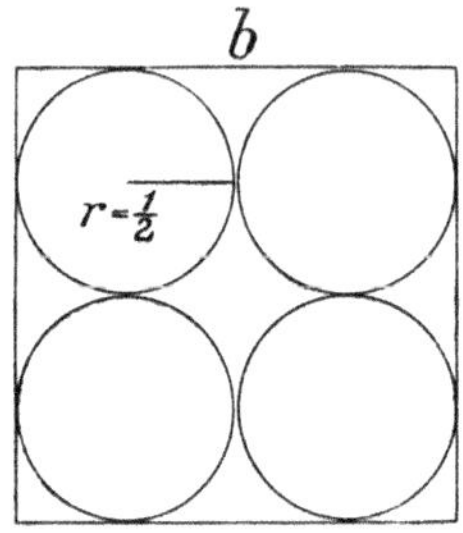

Abb. 25.

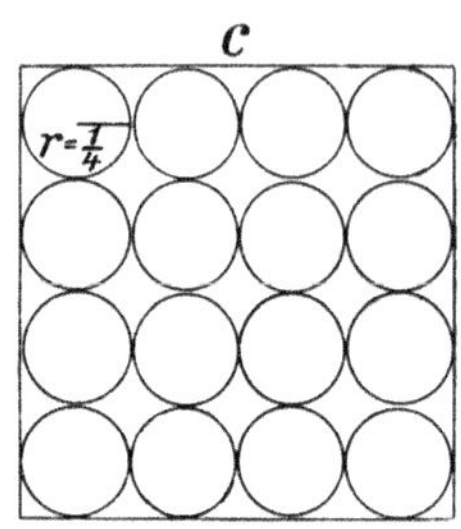

Abb. 26.

rung in demselben Würfel 8 Kugeln mit einem Radius = ½, 64 Kugeln mit r = ¼ usw. Platz haben.

Da der Inhalt der Kugeln gleich ist

$$\frac{4}{3} \pi r^3$$

so ergibt sich aus der Berechnung, daß der Rauminhalt der angenommenen Kugeln der gleiche und unabhängig von der relativen Größe derselben ist.

Berechnet man die Größe des nicht von fester Substanz erfüllten Raumes, das Porenvolumen, so findet man es zu 47,64% des Gesamtvolumens.

Das angezogene Beispiel zeigt zugleich die lockerste Lagerung

Abb. 27.

Abb. 28.

der Bodenbestandteile, diese findet dann statt, wenn die einzelnen Körner (Kugeln) senkrecht übereinander stehen (Abb. 27—28).

Die dichteste Lagerung findet dann statt, wenn je eine Kugel in den Zwischenräumen von je vier (bzw. drei) anderen Kugeln ruht (Abb. 29—30).

Berechnet man die Größe der so entstehenden Hohlräume, so zeigen sie sich ebenfalls unabhängig von der Korngröße (die mathematische Beweisführung bei Lang a. a. O.). Das Porenvolumen beträgt dann 25,95% des Gesamtvolumens.

Zwischen den beiden angegebenen Werten muß also die Raumerfüllung bzw. das Porenvolumen gleichgroßer Bodenpartikel schwan-

Abb. 29.

Abb. 30.

ken. Am nächsten kommen dieser Bedingung die Sandböden und es ist nicht ohne Bedeutung, daß feinkörnige Sande, welche den Boden von Seen oder den Untergrund von Mooren bilden, ein Porenvolumen besitzen, welches fast genau dem der theoretisch berechneten dichtesten Lagerung entspricht.

Lagerung bei ungleicher Größe der Bodenbestandteile. In der Natur finden sich überwiegend Bodenarten, welche sich aus Bestandteilen verschiedener Größen zusammensetzen. In diesem Falle werden sich die feinkörnigen Teile zwischen die grobkörnigen einlagern und dadurch das Porenvolumen erheblich herabdrücken (Abb. 31). In der Regel werden jedoch nicht alle Hohlräume mit kleineren Teilen erfüllt sein und sich mittlere Verhältnisse ergeben.

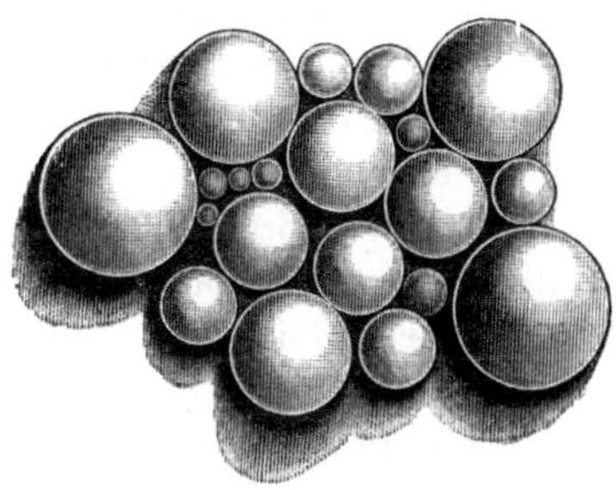

Abb. 31.

In allen bisher berührten Lagerungsweisen der Böden liegt Korn neben Korn, eine weitere Beziehung zwischen diesen besteht nicht, man bezeichnet diesen Zustand als Einzelkornstruktur.

Von der Lagerung der Bodenkörner hängt die Zahl der Berührungspunkte ab, die sowohl Adhäsion der festen Teile vermitteln als auch eingelagertes Wasser festhalten können. Bei lockerster Lagerung ist das Volumen, das ein Bodenkorn einnimmt, als Würfel gedacht $= (2\,r)^3$ und hat bei Kugelform mit benachbarten 6 Körnern 6, oder da diese ebenfalls berücksichtigt werden müssen $^6/_2 = 3$ Berührungspunkte.[1]) Bei dichtester Lagerung 12, oder bei Berücksichtigung der benachbarten Körner $^{12}/_2 = 6$ Berührungspunkte.

In einem gegebenen Volumen ist die Anzahl der Berührungspunkte abhängig von der Korngröße. Bei einem Radius =2 sind deren 3 vorhanden; bei r =1 bereits 24; bei r = ½ =192 usw. Die Anzahl der Berührungspunkte nehmen in geometrischer Reihe zu, wenn der Radius der Kugeln in geometrischer Reihe abnimmt.

Es ist daher verständlich, daß die Kohäsion des Bodens mit abnehmender Korngröße steigt. Zwischen den einzelnen Körnern ist noch eine Luftschicht oder im Boden meist eine Wasserschicht vorhanden. Nach Voigt[2]) findet zwischen zwei Glasplatten in Luft noch bei einem Abstande von 0,00036 mm Adhäsion statt; es würde dies etwa der siebenfache Abstand des Wirkungskreises eines Moleküls (nach Quincke =0,00005 mm) sein.

Die Anziehung wächst mit der Größe der sich berührenden Oberflächen. Zwischen Kugeln findet die Berührung nur je an einem Punkte statt, Böden, deren Teile sich der Kugelgestalt nähern, werden daher bei gleicher Korngröße die geringste Kohäsion haben.

Anders gestalten sich die Verhältnisse, wenn die Einzelteile Blättchen oder Scheiben sind; man kann sich ein Bild davon machen, wenn man Glastafeln (etwa Deckgläser oder Träger für Mikroskopie) regellos in ein mit Wasser erfülltes Gefäß wirft. Die Platten, welche sich mit breiter Fläche berühren, ziehen einander stark an, während zwischen abweichend gestellten sperrende Zwischenräume bleiben. Die Mehrzahl der Platten wird, zumal wenn sie gegeneinander verschoben werden, sich mit breiter Fläche zusammenlagern.

Die Bodenkörner werden sich verschieden verhalten und rücksichtlich ihrer Anziehung und Berührung zwischen den beiden angenommenen Extremen, den Kugeln und dünnen Platten stehen.

Abweichungen werden sich noch ergeben, je nach Härte und Elastizität, zumal bei blättrig spaltenden Mineralien. Nicht elastische Blättchen (Kaolin, Talk, Chlorit) werden bei gleicher Größe höhere Kohäsion zeigen als die elastischen, härteren Blättchen der Glimmer.

Hierzu kommt noch der Einfluß der Härte der Mineralien; z. B. ist Kaolinit sehr weich, man schreibt der ausgezeichneten blättrigen Spaltbarkeit, verbunden mit großer Weichheit, die plastischen Eigenschaften des Kaolins zu. Der kleinste Druck genügt, um die Spaltblättchen zu verbiegen und einander zu nähern.

Je vollkommener die Spaltbarkeit eines Minerals ist, um so höher wird die Zahl der sich berührenden Flächen sein und dies wird sich

---

[1]) Mitscherlich, Bodenkunde, S. 88.

[2]) Ann. d. Chem. u. Pharm. 1883, N. F., 19, S. 42.

noch verschieden verhalten je nach der Zahl der Richtungen, in denen das Mineral Blätterdurchgänge hat.

Quarz hat unbedeutende Spaltbarkeit und selbst Körner großer Feinheit hängen nur schwach zusammen. Zuerst aufgeschlämmte und dann getrocknete Quarzkörner sind unter dem Drucke des Fingers zerreiblich.

Die Feldspate nähern sich, trotzdem ihre Spaltbarkeit wesentlich besser ausgeprägt ist, durch ihre Härte und Sprödigkeit am meisten dem Quarz. Kalkspat zeigt dagegen infolge rhomboedrischer Spaltbarkeit und glatter Spaltungsflächen höheren Zusammenhang.[1])

Mit diesem Verhalten steht auch die Dichte der Zusammenlagerung der einzelnen Mineralpulver in Beziehung. Unter Wasser lagern sich sehr dicht Quarz, Feldspat und namentlich Kalkspat, locker Kaolin, Glimmer, Talk.

Im Boden finden sich Gemische verschiedener Mineralbruchstücke, zu denen in wechselnden Mengen kolloide Körper hinzukommen, welche die Kohäsion in hohem Grade verändern.

2. Krümelstruktur.

In allen guten Feld- wie Waldböden findet man die einzelnen Bodenteilchen mehr oder weniger zu Aggregaten vereinigt, sie bilden „Krümel". Diese Ausbildungsweise unterscheidet sich demnach von der Einzelkornstruktur dadurch, daß zwischen einer kleineren oder größeren Anzahl von Bodenteilchen Einwirkungen stattfinden, welche eine Zusammenlagerung derselben veranlassen, so daß der Boden nicht mehr aus den einzelnen Bodenbestandteilen, sondern aus Aggregaten derselben besteht. Durch die Krümelung kommt der Boden in einen Zustand, den man am besten als einen Boden höherer Korngröße und porösen Körnern bezeichnen kann.

Einzelkornstruktur und Krümelstruktur unterscheiden sich daher voneinander wesentlich dadurch, daß bei der letzteren die einzelnen Bodenkörner nicht, wie z. B. beim Sand, einheitlich zusammengesetzt sind und von starken Kohäsionskräften zusammengehalten werden, sondern daß jedes Korn aus einer großen Anzahl kleiner Partikel gebildet wird.

Die Krümelstruktur ist demnach als ein besonderer Fall der Einzelkornstruktur mit porösen, zusammengesetzten Körnern zu betrachten. Die Abb. 32 u. 33 (S. 300) versuchen dies anschaulich zu machen.

In den Krümeln müssen die Einzelkörner wieder denselben Regeln folgen, welche für die Lagerungsweise der Böden gelten.

---

[1]) Vgl. W. Bagger, Inaug.-Diss. Königsberg 1902.

Das Porenvolumen eines gekrümelten Bodens muß daher größer sein als das eines Bodens in Einzelkornstruktur und wird sich aus den Hohlräumen zwischen den Krümeln und aus den Hohlräumen im Innern der Krümel zusammensetzen. Sind beide in dichtester Lagerung, so muß das Porenvolumen eines gekrümelten Bodens mindestens 25,96 + 25,96 % von 100—25,96 betragen, also 45,17% und kann, da in Krümeln selbst wohl stets dichteste Lagerung anzunehmen ist, theoretisch nicht mehr als 47,6% + 25,96% von 53,4% = 13,9%, also 61,5% betragen. Tatsächlich finden sich in guten Böden meist Zahlen zwischen 55 und 65 %, in Ausnahmefällen auch über 70%; es sind dies Böden, die bereits bei geringeren äußeren Einwirkungen sich sacken und in dichtere Lagerung übergehen (vgl. King, Physics of Agriculture, S. 116).

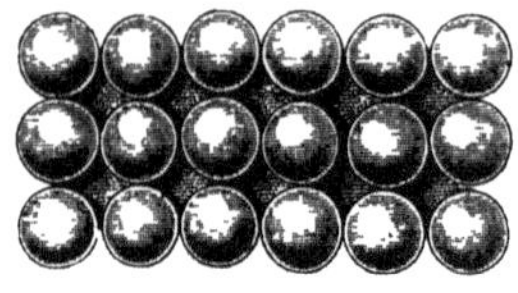

Abb. 32. Einzelkornstruktur.

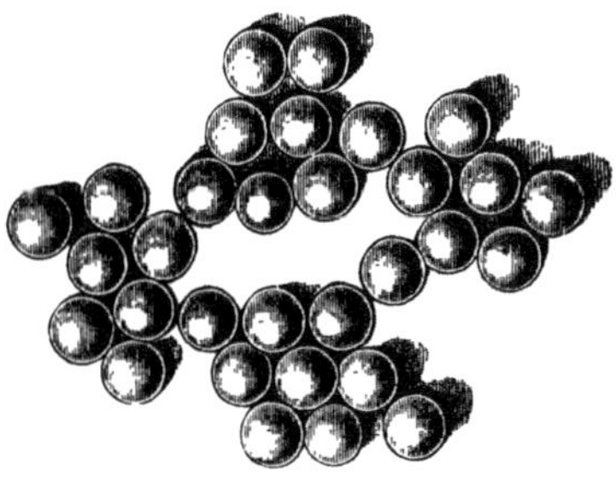

Abb. 33. Krümelstruktur.

A. Ursachen der Krümelbildung.

Die Krümelung der oberen Bodenschichten übt starken Einfluß auf die physikalischen Eigenschaften der Böden, auf Wasserführung, Durchlüftung und Temperatur, sowie auf das Verhalten der Pflanzenwelt. Wollny war der erste, der die grundlegende Bedeutung dieser Strukturform erkannte und in einer großen Anzahl Einzelarbeiten untersuchte.

Auf Entstehung, Erhaltung und Zerstörung der Bodenkrümel haben Einfluß lösliche Salze, entstehende chemische Niederschläge, die Tätigkeit der Tier- und Pflanzenwelt, Bodenbearbeitung durch Menschen und Volumveränderungen des Bodens durch physikalische Prozesse.

1. Der Einfluß der löslichen Salze auf die Lockerung bzw. Krümelbildung der Böden wurde zuerst durch Th. Schlösing[1]) untersucht und ist später von verschiedenen Forschern weiter verfolgt worden.

Es handelt sich hierbei um Elektrolytwirkungen, die in enger

[1]) Ann. d. Chem. et d. Phys. [5], 2, S. 516 (1874).

Beziehung zu den Vorgängen der Molekularbewegung sehr kleiner Teilchen stehen (S. 285).

Von den im Boden vorkommenden Verbindungen mit vorherrschendem elektropositiven Ion sind Säuren stark dissoziiert, so wirkt z. B. Kohlensäure kräftig ausflockend[1]), in noch höherem Grade starke Mineralsäuren.

Stark dissoziiert sind ferner Chloride, Sulfate, schwach dissoziiert sind Phosphate, Nitrate.

Elektrolyte mit vorherrschend wirksamen negativen Ionen sind alkalische Hydroxyde, neutrale Karbonate und lösliche Silikate.

Die sauren Karbonate verhalten sich verschieden, nähern sich jedoch mehr der zweiten Gruppe; das entsprechende Kalksalz nimmt durch den Zerfall in Kohlensäure und neutrales Karbonat, den es leicht erleidet, eine besondere Stellung ein.

Es ist anzunehmen, daß alle Körper geringer Korngröße der Aufschlämmung und Ausflockung fähig sind; erfahrungsmäßig zeigen sich jedoch Unterschiede, die noch der Erklärung harren. Rohland[2]) spricht sogar von „kolloid veranlagten Stoffen“, zu denen er Ton, Zement, Talk, Feldspat und ähnliche Mineralien rechnet. Puchner[3]) gibt an, daß das Pulver von Roteisen sehr gut, von Manganit weniger, von Braunstein nicht schwebend erhalten bleibt.

Starke Ausflockung und Krümelung bewirken Stoffe, die chemisch verändert werden und dabei unlösliche Stoffe abscheiden. Als Beispiel solcher Körper ist das Kalziumhydroxyd zu nennen, zumal es das am häufigsten angewendete Mittel ist, feste Böden zu lockern. Versetzt man einen in kohlensäurefreiem Wasser aufgeschlämmten Boden mit Kalkwasser, so tritt bei Luftabschluß keine Ausflockung ein. Kalkhydrat wirkt dann ersichtlich wie andere Hydroxyde und scheint eher die Abscheidung der suspendierten Teile zu verzögern als zu beschleunigen. Ganz anders gestaltete sich der Versuch, wenn Luft und damit Kohlensäure zutreten kann. Die Ausfällung beginnt dann von der Oberfläche aus und man kann häufig schon an der Änderung der Farbe die Grenze erkennen, bis zu der kohlensaurer Kalk gebildet wird, der bei seiner Ausscheidung die schwebenden Teile verkittet und zum Absetzen bringt.

Schlämmt man gebeutelten Marmor auf, so klärt sich das Wasser nach wenigen Stunden, es bildet sich saures Kalkkarbonat, das entweder selbständig ausflockend wirkt oder in den verschiedenen Schichten je nach den Bedingungen gebildet und wieder zersetzt

---

[1]) R. Sachse u. Becker, Landw. V.-Stat., 43, S. 21 (1894).
[2]) Naturw. Wochenschr. 1909, 8, S. 121.
[3]) Landw. V.-Stat., 70, S. 249 (1909).

wird. Unzweifelhaft verläuft dieser Vorgang im Boden; hier wechselt der Gehalt der Kohlensäure in der Bodenluft sehr stark; es muß deshalb fortgesetzt das saure Karbonat des Kalziums gebildet und wieder zerlegt werden. Es ist anzunehmen, daß aus diesem Grunde der Gehalt an Kalkkarbonat einer der wichtigsten Faktoren für Bildung und Erhaltung der Krümelung der Bodenteile ist.

Unter den Bodenkolloiden wirken sowohl Silikate wie organische Stoffe zementierend. Als Regel ist aber auch bei diesen Körpern festzuhalten, daß sie absorptiv gesättigt weniger verklebende Wirkungen haben, als im absorptiv ungesättigten Zustande.

Als Zemente können zunächst die Alkalisilikate (Wasserglas) einwirken. Kolloide Tone, durch Säuren von Kalkverbindungen und durch Ammon von organischen Stoffen frei gemacht, zeigen häufig stark klebende Eigenschaften und sind zweifellos im Boden, namentlich in festen Tonböden wirksam.

Viele organische Verbindungen üben stark verklebende Einwirkung. So stellte Schlösing durch Ausfällen in Alkalien gelöster „Humussäuren" mit Kalksalzen ein „Kalkhumat" her, das hohe bindende Wirkungen hatte und von dem ein Teil den Boden ebenso stark verfestigte, wie der Zusatz von elf Teilen „Ton".

Diese Beobachtungen zeigen, daß im Boden sehr verschiedene, sowohl anorganische wie organische Körper vorkommen, die zementierend auf die Bodenkörner einwirken können. Solche Fälle können jedoch nicht die für weitaus die meisten Böden geltende Regel umstoßen, daß ein angemessener Gehalt an löslichen Salzen von größter Bedeutung für die Bildung und noch mehr für die Erhaltung der Krümelung der Böden ist. Sinkt die Menge der Salze unter ein bestimmtes Maß, so hört diese Einwirkung auf und der Boden geht in Einzelkornstruktur über.

Die Tatsache, daß salzhaltige Wässer flockend auf suspendierte Teile einwirken, ist frühzeitig beobachtet. Elie de Beaumont machte darauf aufmerksam, daß der Schlamm der Flüsse bei ihrer Mündung im Meere rasch zu Boden fällt. Eingehende Untersuchungen lieferten Scheerer[1]) und Schulze[2]). Schlösing gab an, daß die Flußtrübe der Loire und Garonne (mit 30—38 mg CaO und MgO im Liter) nur sehr langsam zum Absetzen käme, während Rhone, Rhein und Seine (mit je 68, 84, 105 mg CaO und MgO im Liter) rasch klären.

In salzarmem Wasser abgesetzte Tone, z. B. viele Diluvialtone, sodann die Auetone, in sauren, humosen Lagen (z. B. Ilooheide in Holstein) sind sehr dicht gelagert. Im Meerwasser abgesetzte Tone sind verhältnismäßig locker gelagert. Vom Meerwasser überschwemmte

1) Poggend. Ann., 82, S. 419.
2) Poggend. Ann., 129, S. 366.

Böden oder frisch eingepolderte Marschen der Nordsee haben lockere Lagerung. Für diese Böden ist die Zeit gefährlich, in der die ursprünglich vorhandenen Salze ausgelaugt sind. Sie gehen dann bei unvorsichtiger Behandlung leicht in Einzelkornstruktur über (van Bemmelen).

Die Krümel des Bodens verhalten sich ähnlich wie die Tonflocken. Hilgard versetzte festen Tonboden mit 1% Ätzkalk und erhielt lockere, mürbe, leicht zerreibliche Stücke, während der ursprüngliche Boden steinhart war.

Andererseits ist bei Anwesenheit von Kalk im Boden die Bildung von bindenden Silikaten nicht ausgeschlossen. Nach Versuchen von Cushman[1]) ist die Kohäsion eines Gemisches von Kalk- und Granitmehl größer als die der Einzel-Bestandteile. Zerreiben unter Zusatz von Kalkwasser steigerte die Bindekraft des langsam getrockneten Gemisches ganz außerordentlich.

Im Walde findet man nicht selten die tieferen Schichten locker gelagert und gekrümelt, den Oberboden aber dicht gelagert. Es sind dies immer Beweise für starke Auswaschung und Rückgang des Bodens. Namentlich auf Heiden, sodann auf alten Laubholzböden, die mit Fichten bepflanzt sind, läßt sich dies häufig beobachten.

1. Volumänderungen der Böden.

Ein wichtiges Hilfsmittel zur Krümelung der Böden, welches namentlich in ariden Gebieten wirksam wird, aber auch in humiden Gegenden nicht fehlt, sind die Volumänderungen der Böden bei wechselndem Wassergehalt, zumal bei starker Austrocknung derselben. Es sind die ton- und humusreichen Bodenarten, die bei Durchfeuchtung starke Zunahme, beim Austrocknen starke Abnahme des Volumens zeigen. Solche Böden reißen zur Zeit der Trockenheit stark auf, es bilden sich Spalten, die oft tief in den Boden eindringen. Sind diese Böden mit Pflanzen bestanden, z. B. auf Grasfluren, so unterbricht jede Pflanze die Einheitlichkeit der Bodenschicht und jede Wurzel ändert durch ihre Wasseraufnahme örtlich den Wassergehalt und damit das Volumen des Bodens. Hierdurch wird die Zahl der oberflächlichen Spalten vermehrt und die Spalten selbst werden vertieft. Von dem Oberboden bröckeln Stücke ab, die in die Spalten fallen und bei erneuter Durchfeuchtung Druckwirkungen ausüben, die wiederum zu Umlagerungen im Boden führen. Man kann in Steppenböden bei Einschlägen oft ein scharf ausgeprägtes System von Spalten verfolgen, welche die oberen Bodenschichten durchziehen und in Krümel verwandeln. Besonders auffällig trat dem Verfasser

[1]) Office of public roads. Bull., 28. U. St. Dep. of Agric.

dies in den südrussischen braunen Böden entgegen, es ist aber auch in Schwarzerden eine verbreitete Erscheinung. Es ist wohl anzunehmen, daß die durch den Wechsel im Gehalt an Feuchtigkeit hervorgerufenen Volumänderungen in jenen Gebieten die wichtigste Ursache der Bodenkrümelung sind.

In schwächerem Maße, da die Voraussetzungen für diese Wirkungen seltener eintreten, wirken derartige Volumänderungen in humiden Gebieten, namentlich auf Äckern und humusreichen Grasfluren. Häufig kann man diese Erscheinung auf den Kalkböden Mitteldeutschlands beobachten. Es sind meist schwere Tonböden auf stark drainiertem Untergrund und erinnern in ihrer Struktur und oft ausgezeichneten groben Krümelung lebhaft an manche Böden der Steppe.

2. Frost.

In den Gebieten mit kaltem Winter trägt die Volumen-Vermehrung des Wassers beim Übergang in Eis kräftig zur Krümelung der Böden bei. Es bedarf nur der Beobachtung eines schweren grobschollig gepflügten Bodens zur Winterszeit, um diesen Einfluß zu würdigen. Nach mehrmaligem Gefrieren und Auftauen sind die großen Schollen zerfallen und ist der Boden in Krümel umgewandelt. Die landwirtschaftliche Technik macht hiervon im weiten Umfange Gebrauch.[1])

Eis ist hexagonal und die Kristalle stehen mit ihrer Hauptachse normal zur Abkühlungsfläche. Hierdurch wird der Boden senkrecht zur Oberfläche von Eiskristallen durchsetzt. Es ist anzunehmen, daß beim Gefrieren nicht die ganze Masse des Bodens denselben Gehalt an Wasser behält, sondern beim Übergang in den kristallinischen Zustand und unter dem Einfluß der anziehenden Wirkung bereits gebildeter Kristalle auf noch flüssiges Wasser, die Verteilung ungleichmäßig wird, so daß einzelne Eiskristalle den Boden durchsetzen und dessen Zusammenhang lockern.

3. Biologische Einwirkungen.

Die biologischen Einwirkungen, die zur Krümelung der Böden führen und örtlich der wichtigste wirkende Faktor sind, sowie die Einwirkung des Menschen werden in der Biologie des Bodens besprochen.

B. Die Zerstörung der Bodenkrümel.

Die Krümel sind lose, durch schwache, anziehende Kräfte zusammengehaltene Aggregate kleiner Teilchen; als solche werden sie

---

[1]) Wollny, Forsch. d. Agrik.-Phys., 20, S. 439.

leicht zerstört. Am häufigsten wirken in der Natur Auslaugung löslicher Salze und die mechanische Wirkung des fallenden Regens; seltener die Bildung von Soda und endlich unvorsichtige Bodenbearbeitung.

Die Auslaugung löslicher Salze ist ein langsam fortschreitender Vorgang, der allmählich zum Zerfall der Krümel und zur Dichtlagerung ganzer Bodenschichten führt. Verstärkt wird dies noch durch die Quellbarkeit nicht absorptiv gesättigter humoser Stoffe, die als Schutzkolloide wirken, die feinkörnigen Teile des Bodens beweglich machen und ihre Wegfuhr ermöglichen.

Als sekundäre Wirkung tritt dies im landwirtschaftlichen Betriebe auf, wenn der Kalkgehalt des Bodens stark sinkt, wie dies namentlich bei einseitiger Mineralstoffdüngung der Fall ist. Hierdurch wird zunächst das absorbierte Kalzium durch Kalium- und Natrium ersetzt und damit treten an Stelle der mehr körnigen Kalksilikate die schleimigen Alkalisilikate. Zugleich gehen aber auch alle günstigen Einwirkungen verloren, welche die Kalksalze erfahrungsmäßig auf die Krümelung der Böden ausüben. Der Verlust an Kalzium erreicht in längeren Zeiträumen bedeutende Größe. In den Rothamsteder Böden ist er nach Hall[1]) im Verlauf von 1856—1900 auf etwa 3%, gegenüber ursprünglich 5% gesunken. Man kann die jährliche Ausfuhr an Kalk bei intensiver Ackerkultur im Durchschnitt auf etwa vier Doppelzentner für das Hektar anschlagen.

Erfahrungsmäßig übt Düngung mit Chilisalpeter den ungünstigsten Einfluß auf die Ackerstruktur aus. Die physiologisch basischen Eigenschaften dieses Salzes treten in Wirkung, wonach Salpetersäure von den Pflanzen aufgenommen wird, dagegen das Natrium im Boden zurückbleibt. Hierbei kann Natriumkarbonat gebildet werden, welches der Flockung entgegenwirkt.

Die Zerstörung der Krümel an der Oberfläche des Bodens und dichtere Lagerung tieferer Schichten erfolgt unter der Einwirkung der fallenden Regen.

Die mechanische Kraft der einzelnen Regentropfen ist nicht bedeutend. Wiesner[2]) fand für die stärksten Tropfen 0,0004 kgm und für den stärksten in Buitenzorg, also unter tropischen Verhältnissen gemessenen Regendruck 3,9 g für ein dm^2, während eine 3 m hohe Brause einen Druck von 24 g ergab.

Es ist demnach die Druckwirkung des fallenden Regens nicht erheblich; wenn trotzdem unter Umständen ein Platzregen schwere Schäden für nackte Böden ergeben kann, so muß noch eine weitere

[1]) Agrik.-chem. Jahresbericht 1905, S. 58.
[2]) Agrik.-chem. Zentralbl. 1899, S. 178.
Vgl. auch: Das Wetter 1892, S. 114.

Ursache dafür vorliegen. Das Regenwasser ist fast frei von Mineralstoffen und übt deshalb starke aufschlämmende Wirkung aus; hierzu kommt, daß nasser Boden einen erheblichen Teil seiner Kohäsion verliert, sowie daß die Reibung beim Verschieben der Bodenteile gegeneinander stark vermindert wird. Regen, die in kurzer Zeit große Wassermengen ergeben, durchnässen zunächst die oberste Bodenschicht, machen die einzelnen Bodenteile leicht verschiebbar; hierdurch reicht schon die geringe lebendige Kraft der Tropfen aus, die Krümel zu zerstören und deren feine Teile in die Hohlräume der tiefer liegenden Bodenkrümel einzuschlämmen und hierdurch „Einzelkornstruktur“ zu erzeugen.

Der Landwirt nennt diesen Vorgang „Verschlämmung“ oder „Dichtschlämmen“ des Bodens.

Wird ein, namentlich an feinerdigen Teilen reicher und im schlechten Düngungszustand befindlicher Boden bei zu hohem Wassergehalte bearbeitet, so können die Bodenteile durch die angewendete mechanische Kraft gegeneinander verschoben und die Krümel zerstört werden.

Die Wirkung der fallenden Regen tritt überall hervor, wo der Boden von den Tropfen unmittelbar getroffen werden kann; sie macht sich selbst im geschlossenen Laubwald geltend, wenn die Streudecke entfernt ist; dies zeigt, daß nur sehr geringe mechanische Kraft notwendig ist, mit Wasser gesättigte Krümel zu zerstören. Man kann dies auch durch Versuch zeigen; ein kaum merkbarer Fingerdruck genügt, nasse Krümel zu zerdrücken. Hilgard[1]) gibt an, daß gewisse Baumwollböden Nordamerikas nach jedem Regen behackt und gelockert werden müssen. Die „Hackfrüchte“ lehren, daß auch in unseren Breiten die Schäden der Freilage des Bodens durch Bearbeitung ausgeglichen werden müssen.

Der Krümelbildung sind alle Bodenarten fähig, selbst ziemlich grobkörnige Sandböden können sie annehmen, bei mittel- und feinkörnigen Sandböden ist die Krümelung oft sehr ausgeprägt. Die höchste Wichtigkeit erreicht sie bei schweren Böden, die ohne Krümelung fast undurchlässig für Wasser sind. Sehr schwere tonreiche Böden, sowie Sandböden, erlangen die Krümelung am schwierigsten und verlieren sie am leichtesten.

C. Die Bedeutung der Krümelung

liegt zunächst für den Boden in einer günstigen Gestaltung der physikalischen Eigenschaften, die auf die Pflanzen zurückwirken.

---

[1]) Soils, S. 173.

Für die Pflanzen erleichtert die Krümelung das Eindringen der Wurzeln und macht bei sehr feinkörnigen Böden erst das Eindringen der Wurzelhaare möglich. Nach den Untersuchungen von Atterberg[1]) sind erst Böden mit Körnern über 0,02 mm Durchmesser für die Wurzelhaare der Gramineen zugänglich; bei Leguminosen liegt die Grenze noch etwas höher. Geringe Bedeutung kann man nur der hübschen Erwägung von A. Mitscherlich[2]) beimessen, der davon ausgeht, daß die Arbeitsleistung, welche die eindringenden Wurzeln zu leisten haben, um so geringer ist, je lockerer der Boden gelagert ist. Die von den Pflanzen gespeicherte Energie könne daher in gekrümelten Böden als organische Stoffe erhalten bleiben, in dicht gelagerten Böden müsse sie in Arbeit umgesetzt werden.

In einer genügenden Krümelung hat man die wichtigste physikalische Bedingung des Bodens für normale Entwicklung der Pflanzenwelt zu sehen.

Die Wurzelverbreitung oder doch die Hauptentwicklung der Wurzeln im Boden geht immer der Verbreitung der Krümelstruktur parallel. Ganz überraschend tritt dies hervor, wenn z. B. an Wegeeinschnitten der Wurzelbodenraum eines Baumes durchschnitten ist und Wind und Wasser allmählich die Wurzeln bloßlegen.

3. Lagerungsverhältnisse „gewachsener“ Böden.

Experimentelle Untersuchungen haben ergeben, daß die theoretischen Ableitungen für die Raumerfüllung gleich großer Körner im Volumen auch praktisch zu Recht bestehen. Atterberg[3]) fand für Sande zwischen 0,005 und 5 mm Durchmesser beim Einschlämmen unter Wasser Hohlraumprozente von 40,1—42,7, also sehr nahe stehende Zahlen. Bei anderen Sanden dagegen 35,9 und 38,3%.

Durch richtig angestellte Versuche kann man für jede Bodenart die ihr entsprechende dichteste Lagerung ziemlich sicher bestimmen.

Aus der Tatsache, daß verschiedene Böden bei Versuchen wesentliche Unterschiede in der Lagerung zeigen, hat man den Satz abgeleitet, daß das absolute Hohlraumvolumen kein Maß für die Krümelung usw. der Böden sei. Es ist dies richtig, wenn man sehr verschieden zusammengesetzte Bodenarten miteinander vergleicht, unrichtig, wenn es sich um dieselbe Bodenart handelt. Bei einheitlich zusammengesetzten Böden ist die Messung des Porenvolumens eine der sichersten und am leichtesten ausführbaren Bestimmungen, um den Zustand des Bodens und Änderungen, die er erfährt, zu erkennen.

---

[1]) Landw. V.-Stat., 69, S. 136 (1908).
[2]) Bodenkunde, S. 124.
[3]) Zentralbl. Agrik.-Chem. 1904, S. 293.

Zumal Sandböden eignen sich hierzu vorzüglich, wie zahlreiche Untersuchungen der Waldböden gezeigt haben.

Außerdem ist die Durchlässigkeit der Böden stark durch die Dichte der Lagerung beeinflußt, so daß Messungen dieser Größe bei Drainagen nicht fehlen sollten.

Sind bisher die Bedingungen, welche die Lagerungsweise der Bodenbestandteile beeinflussen, behandelt worden, so kommt es nun darauf an, ein Bild des Verhaltens der in der Natur vorkommenden Bodenarten zu gewinnen, die man am besten wohl mit einem der Bautechnik entnommenen Ausdruck als „gewachsene Böden" im Gegensatz zu den durch menschliche Tätigkeit veränderten bezeichnet.

Untersuchungen über diesen Gegenstand sind noch immer sparsam ausgeführt, die ersten von Heinrich; am zahlreichsten wohl vom Verfasser.[1])

Als Regel kann gelten, daß in gewachsenen Böden die oberste Bodenschicht die lockerste Lagerung hat, es gilt dies wenigstens für Waldböden. Nach der Tiefe zu ist die Lagerung dichter und bleibt endlich ziemlich gleichmäßig (natürlich immer gleichartige Bodenarten vorausgesetzt).

Die Untersuchung Eberswalder fein- bis mittelkörniger Diluvialsandböden ergab z. B. folgende Zahlen für das Porenvolumen, also die lufterfüllten Räume des trocknen Bodens.

	1. Profil	2. Profil	3. Profil (Düne)
Oberfläche bis 10 cm Tiefe	56,2%	57,8%	50,6%
in 20—30 cm Tiefe . . .	51,7%	50,2%	45,9%

[1]) Forsch. d. Agrik.-Phys. 1888, Bd. 11, S. 299. „Die Waldstreu", Zeitschr. f. Forst- u. Jagdw. 1898, S. 451 u. a. a. O. Benutzt wurde für diese Arbeiten ein ca. 10 cm langes und ebenso weites Eisenrohr, das nach unten angeschärft und schwach verjüngt war. Durch langsame Schläge mit einem sehr breiten Holzhammer oder Schlägel wurde das Rohr in die Erde getrieben. Bedingung für übereinstimmende Resultate ist ein sehr gleichmäßiges Schlagen; sowie sich der Apparat nicht ganz gerade einbohrt, erhält man fehlerhafte Bestimmungen. Legt man ein Brett auf das Rohr, so kann man sich auch eines gewöhnlichen Hammers oder Schlägels zum Eintreiben bedienen. Die Verjüngung des Rohres verhindert ein Quetschen der eingeschlossenen Erdsäule. Ist die Oberfläche der letzteren mit der übrigen Erdschicht in gleicher Höhe, was bei vorsichtigem Arbeiten mit dem völligen Eintrieb des ganzen Apparates zusammenfällt, so wird die obere Öffnung durch einen in Nuten gehenden Deckel geschlossen und mittelst eines untergeschobenen Bleches die Erdsäule herausgehoben und am Unterrand des Apparates entsprechend scharf abgestochen oder besser mit einem längeren Messer abgeschnitten. Selbst sehr lockere Bodenarten haben genug Zusammenhang, um auf diesem einfachen Wege gute Resultate zu geben. Etwas mehr Schwierigkeiten bietet das Herausheben einer Erdsäule in schweren Bodenarten.

Inzwischen sind diese Untersuchungen auch von andrer Seite aufgenommen, so von Fricke, Albert; einen sehr handlichen Apparat gibt Kopecky an. Im allgemeinen arbeiten die Apparate mit engeren Röhren sicherer als die mit weiten Röhren.

	1. Profil	2. Profil	3. Profil (Düne)
in 40—50 cm Tiefe . . .	42,1%	43,0%	40,4%
in 60—70 „ „ . . .	41,4%	43,0%	38,2%
in 80—90 „ „ . . .	41,4%	41,8%	37,3%

Sehr dichte Lagerung zeigen alle Böden unter Gewässern. Veitmeyer (Vorarbeiten zur Wasserversorgung der Stadt Berlin, 1871 und Forts.) gibt im Durchschnitt ein Porenvolumen von 20% an (wohl sehr niedrig); am Müggelsee fand er 26,26% (nahezu der theoretische Wert der dichtesten Lagerung gleichgroßer Teile); im Sand unter Moor fand der Verfasser 30,3%. Das Wasser schlämmt die feinen Bodenpartikel möglichst dicht zusammen.

Verfasser kam bei seinen Untersuchungen diluvialer Böden zu folgenden Werten (bis 11 cm tiefe Oberflächenschicht).

Sandböden lassen sich einteilen in:

sehr dicht gelagerte	unter 50%	Porenvolumen
dicht gelagerte	50—55%	„
locker gelagerte	55—60%	„
sehr locker gelagerte. . . .	über 60%	„

Die Zahlen schwankten zwischen 37% und 73% Porenvolumen.

Für Lehmboden liegen nicht genügende Beobachtungen vor. Bei 20 Bestimmungen von Waldböden ging das Porenvolumen nicht unter 51% herab, stieg aber bis auf 69,8%.

Bei anderen Versuchen des Verfassers zeigten Lehmböden ein Porenvolumen von 47—50%. Schwarz fand (Bericht der landwirtschaftl. Versuchsstation, Wien 1878, S. 51) für Lehmboden 45,1% Porenvolumen; für Ton 52,7%; für Moorböden 84,0%; der Verfasser für Torfböden 84,4—85,2%, im wasserhaltigen Zustande 6 bis 9%. Das Porenvolumen ist für die Kenntnis vieler der wichtigsten Eigenschaften der Böden, insbesondere für Durchlüftung und Wasserführung von grundlegender Wichtigkeit. Bedingen auch die durch wechselnden Wassergehalt bewirkten Volumänderungen der Böden nicht unerhebliche Unsicherheiten in der Bestimmung, so sind die in der Natur gewonnenen Zahlen doch immer noch viel brauchbarer als die durch Laboratoriumsversuche ermittelten. Die letzteren sind kaum je übertragbar. Renck (a. a. O.) konnte durch trockenes Einfüllen und Einschlämmen für denselben Boden Zahlen erhalten, die zwischen 36 und 55,5% für das Porenvolumen schwankten.

Tiefere Bodenschichten sind meist dicht gelagert. Einzelne Bodenarten, namentlich Löß sind gleichmäßig porös; auch in den Moränenböden diluvialer Schichten ist der Lehm der Verwitterungszone meist von feinen Röhren durchzogen.

In Ackerböden ist zumeist der unter der vom Pflug gewendeten Schicht liegende Unterboden dicht, oft sogar sehr dicht gelagert. Untersuchungen hierüber fehlen noch fast ganz.

III. Die Kohäsion des Bodens.

Die Anziehungskräfte, die einzelne Körper aufeinander üben, sind im trocknen Zustande von den sich direkt berührenden Teilen der Oberfläche abhängig. Diese Größe wächst im allgemeinen mit der Zahl der Berührungspunkte, die mit abnehmender Korngröße rasch steigt.

Erst Atterberg ist es gelungen, den Einfluß der Korngrößen sehr feinkörniger Sande auf die Kohäsion zu messen. Bei seinen Versuchen erlangten getrocknete Würfel von (Quarz-) Mineralkörnern folgende Belastung, um einen Spatel zum Eindringen zu bringen.

	beobachtet	berechnet
0,0150 mm Durchm. weniger als	30 g	11,8 g
0,0075 ,, ,, ,, ,, ...	100 g	98,05 g
0,0035 ,, ,, ,, ,, ...	300 g	(300) g
0,0015 ,, ,, ,, ,, ...	800 g	(800) g

Die Bestimmungen Atterbergs geben Gelegenheit, das Gesetz zu verfolgen nach dem die Stärke der Kohäsion bei abnehmender Korngröße zunimmt. Die Wirkung ist abhängig von der Zahl der Berührungspunkte und von der Schwerkraft. Die Zahl der Berührungspunkte ist umgekehrt proportional dem Durchmesser der Körner. Der Einfluß der Schwerkraft steigt mit dem Durchmesser nach einem bestimmten Verhältnis.

Die Beobachtungen und Berechnungen zeigen, daß durch einfache Zerkleinerung eines unveränderlichen Minerals, wie Quarz, bereits hohe Kohäsionswirkungen auftreten können, so daß es in einzelnen Fällen der Annahme von Kolloiden nicht bedarf, um die Eigenschaften sehr fester Bodenarten zu deuten; allerdings stehen Körner von 1 μ Durchmesser bereits den Eigenschaften der Kolloide (Suspensoide) sehr nahe.

Diese Betrachtungen schließen nicht aus, daß im Boden stark bindende Kolloide vorhanden sind; namentlich bestimmten wasserhaltigen Silikaten muß man diese Wirkung zuschreiben; weniger wirksam sind die meisten Humuskolloide, obgleich auch unter diesen Körper mit stark bindenden Eigenschaften vorkommen.

Im feuchten Boden wirken die Wasserschichten in ähnlicher Weise, wie etwa Lot zwischen Metallen; da aber die Kohäsion des Wassers nur gering ist, so tritt sein Einfluß nur bei grobkörnigen oder kolloidarmen oder -freien Böden hervor; in kolloidhaltigen wirkt es kohäsionsvermindernd ein. Diese Wirkung wird noch dadurch gesteigert, daß das Wasser als Schmiermittel die Reibung zwischen den festen Bodenteilen vermindert und in größerer Menge den Einfluß des spezifischen Gewichtes der Bodenteile herabsetzt und sie dadurch leichter beweglich macht.

In salzarmen Böden oder in Böden mit löslichen Karbonaten oder alkalischen Hydroxyden muß auch die Molekularbewegung der feinsten Teile Bedeutung gewinnen.

Der ungünstige Einfluß, welchen ein geringer Gehalt an Soda, der vorteilhafte, den Kalksalze auf den Boden üben, läßt sich schwer verstehen, wenn man die Molekularbewegung der feinsten Bodenteile nicht berücksichtigt.

Die humosen Stoffe wirken entweder mechanisch durch ihren Gehalt an wenig zersetzter Pflanzensubstanz, die vielfach noch organische Struktur hat und in die sich Bodenteile einlagern können, oder sie wirken als zementierende Kolloidstoffe. Der Unterschied zwischen dem absorptiv gesättigten und absorptiv ungesättigten Zustande tritt für die meisten Humusstoffe hervor und beeinflußt ihre bindende Wirkung, die zumal bei tonarmen Böden hervortritt. Eine Anzahl der im Boden vorkommenden kolloiden Ton- und Humusstoffe scheinen sich gegenseitig auszufällen, hierdurch wird die Bindigkeit der schweren Böden vermindert.

Die Kohäsion hat große praktische Bedeutung für die Bearbeitbarkeit der Böden und zugleich kann ihre Bestimmung auch einen Maßstab für die Dichtigkeit der Lagerung eines Bodens abgeben. Es liegen eine Reihe von Untersuchungen vor, die sich mit diesen Fragen beschäftigen. Zu unterscheiden sind:

absolute Festigkeit: der Widerstand, den der Körper der Trennung seiner Teile (Zerbrechen) durch Druck entgegensetzt,

relative Festigkeit: der Widerstand gegen Zerreißen durch Zug;

Trennungswiderstand: der Widerstand, der dem Eindringen eines Fremdkörpers entgegengesetzt wird.

1. Druckfestigkeit.

Die absolute Festigkeit der Böden ist zunächst von Größe und Form der Spaltstücke abhängig, ferner von den physikalischen Eigenschaften, Glätte, Elastizität, Härte der Mineralarten.

Quarz gibt unregelmäßige Spaltstücke ohne ebene Flächen; die Kohäsion der Körner ist gering. Feldspat gibt viel parallelflächige, Kalkspat rhomboedrische Spaltungsflächen, Glimmer spaltet in dünnen Blättchen, die sehr elastisch und relativ hart sind. Hierdurch wird die Bindigkeit gering. Kaolin gibt sehr weiche, ebenflächige Blättchen, die Kohäsion ist groß.

Von der Form der Körner ist auch die Dichtigkeit der Lagerung abhängig; je mehr sie nach allen Dimensionen gleiche Größe haben, um so dichter lagern sie sich zusammen, so Quarz, Kalkspat; je mehr einzelne Richtungen vorherrschen, desto lockerer ist die Lagerung (Glimmer, Kaolinit).[1])

Für die einzelnen Böden tritt jedoch dieser Einfluß zurück, gegenüber der Korngröße und dem Gehalt an kolloiden Stoffen.

Zur Messung der Druckfestigkeit bedient man sich zumeist der Methode von Hazard.[2]) Nach dieser werden 30 g Boden mit der Hand geknetet, zu einer Kugel geformt und erst an der Luft und dann noch 2 Stunden bei 110° getrocknet. Diese Kugel dient nun, nebst zwei gleichgroßen Steinen, die mit ihr in der Form eines gleichschenkeligen Dreiecks und in je 30 cm Abstand gelegt werden (Dreifuß), als Unterlage für ein Brett, das so lange mit Gewichten beschwert wird, bis die Kugel zerbricht. Das Gewicht des Brettes und der Gewichte gibt einen Maßstab für die Druckfestigkeit. Bei diesem Verfahren hat die Kugel aus Boden nur ein Drittel des Gesamtgewichtes zu tragen, die Unterschiede zwischen verschiedenen Bodenarten werden daher sehr groß. Bei einiger Übung stimmen die Einzelbestimmungen in der Regel genügend, es bedarf aber, um sichere Zahlen zu erhalten, einer größeren Anzahl von Versuchen (etwa 10).

Hazard[3]) gibt für die verschiedenen Bodenarten folgende Grenzen der Belastung:

leichter Boden	bis 50 kg
milder Boden	50—100 ,,
schwach bindiger Boden	100—150 ,,
mäßig bindiger Boden	150—200 ,,
stark bindiger Boden	200—250 ,,
schwerer Boden	über 250 ,,

Bei dieser Methode wird die Lagerung des Bodens zerstört und derselbe in Einzelkornstruktur übergeführt. Man gewinnt daher Maximalzahlen der Druckfestigkeit des Bodens.

Die Zugfestigkeit des Bodens hat geringe Bedeutung.[4])

Der Trennungswiderstand des Bodens ist vielfach gemessen worden und man hat zu seiner Bestimmung verschiedene Apparate

---

[1]) Bagger, Diss. Königsberg 1902.

[2]) Landw. Jahrb. 1900, S. 892.

[3]) Landw. Vers.-Stat., 60, S. 470.

[4]) Vgl. Heinrich, Grundlagen zur Beurteilung der Ackerkrume, S. 226 (1882).

konstruiert. Einen sehr einfachen gibt A. Mitscherlich an.[1]) Er verwendet einen starken Stahldraht, der in einer Führung beweglich ist und an dessen unterem Ende ein Stahlkeil aufgeschraubt wird. Das obere Ende des Drahtes erhält eine Platte zum Tragen der Gewichte. Man belastet dann so lange, bis der Keil in den Boden eindringt.

Eine handliche „Bodensonde" hat van Schermbeek[2]) konstruiert.

Die Bestimmung des Trennungswiderstandes kann im gewachsenen Boden erfolgen und macht einen Vergleich der Dichtigkeit der Lagerung verschiedener Böden möglich. Derartige Bestimmungen haben für gewachsene Böden Wert, namentlich wenn sie in längeren Zeiträumen wiederholt werden. Durch eine größere Anzahl von Einzelbestimmungen erhält man ein Bild, in welcher Weise ein gewachsener Boden sich verändert.

Untersuchungen des Trennungswiderstandes im Laboratorium an durchkneteten Bodenarten haben kaum Wert; die Bestimmung der Druckfestigkeit genügt, um ein Bild von der Stärke der möglichen Kohäsion eines Bodens zu erhalten.

Mit der Kohäsion der Böden steht ihre Bearbeitbarkeit im engen Zusammenhange; hier macht sich jedoch noch die Reibung der gegeneinander verschobenen Bodenteile und die Adhäsion an die zur Bearbeitung benutzten Instrumente geltend. Als Regel kann man festhalten, daß die Bearbeitbarkeit mit der Kohäsion im umgekehrten Verhältnis steigt und fällt, sowie daß die Adhäsion des Bodens unter gleichen Verhältnissen um so geringer ist, je glatter die Oberfläche der Werkzeuge und um so kleiner ihre angreifende Fläche ist.

Die Bezeichnungen leichte und schwere Bodenarten haben mit deren Gewicht nichts gemein, sondern beziehen sich auf die Bearbeitbarkeit der Böden.

Bei der Wichtigkeit der Kohäsion für Bearbeitbarkeit und Krümelung der Bodenarten sind alle Einflüsse, die sie zu steigern oder vermindern vermögen, von praktischer Bedeutung. Es sind dies der Gehalt an Wasser, an Salzen und an Humusstoffen im Boden.

2. Wassergehalt.

Der Einfluß der Wassers ist verschieden, je nachdem die Bodenarten selbst höhere oder geringere Kohäsion als Wasser besitzen. Im zweiten Falle ist die Kohäsion der Böden im feuchten Zustande

[1]) Bodenkunde.
[2]) Forstwiss. Zentralbl. 1902, S. 115.

höher als im tocknen. So lassen sich feuchte Sande und Humusstoffe formen, die trocken zerfallen.

Bei Böden höherer Bindigkeit vermindert Wasser im allgemeinen die Kohäsion und dies um so mehr, je höher der Wassergehalt ist. Das Wasser dringt zwischen die einzelnen Teile des Bodens ein, mindert die Reibung und wirkt dadurch als Schmiermittel; bei großem Gehalt auch durch sein spezifisches Gewicht. Kolloide Stoffe lagern Wasser in sich ein, wodurch ihre bindende Wirkung herabgesetzt wird. Man kann dieses Verhalten mit dem Aufweichen von Leim oder Dextrin durch Wasser vergleichen.

Es ist noch unentschieden, ob bei Böden mit großem Gehalte an Kolloiden die stärkste Bindung bei einem bestimmten Verhältnis der Wassermenge eintritt. Es ist durchaus möglich, daß manche Kolloide in lufttrockenem Zustande infolge auftretender Spannungen geringeren Zusammenhalt zeigen oder auch in eine andere Form mit geringerer Kohäsion übergehen. Durch Aufnahme von Wasser kann eine Rückbildung in den ursprünglichen Zustand eintreten, so daß die Kohäsion bei einem bestimmten mittleren Wassergehalt ihr Maximum erreicht.

Für die Praxis ist die Bearbeitbarkeit an einen bestimmten Wassergehalt der Böden gebunden. Ist dieser nicht erreicht, so steigert sich der Widerstand und der Boden bricht in großen Schollen; ist er überschritten, so sind die einzelnen Bodenteile beweglich und die Krümel werden zerstört. Zugleich steigert sich die Adhäsion des Bodens an die Arbeitsgeräte (Klebrigkeit des Bodens) beträchtlich und erschwert dadurch die Bearbeitung.

3. Salze.

Elektrolyte mit vorherrschender Wirkung der Hydroxylionen steigern die Beweglichkeit der Bodenteile, vermindern die Krümelbildung und erhalten die Böden in Einzelkornstruktur. Es ist wahrscheinlich, daß die Kohäsion in einem Sodaboden sinkt, aber durch den Mangel an Krümelung brechen die Böden in breiten Schollen; Soda gehört hierdurch zu den schädlichsten im Boden vorkommenden Stoffen.

Silikate des Kaliums und Natriums scheinen im gleichen ungünstigen Sinne zu wirken. Dagegen vermindern Kalksalze, zumal das saure Karbonat, die Kohäsion und fördern die Krümelung. Zufuhr von Ätzkalk ist daher eines der wichtigsten Hilfsmittel, bindige Böden zu lockern.

4. Humus.

Die Wirkung der Humusstoffe ist bereits besprochen; in der Praxis ist ihre Bedeutung sehr groß, da sie schwere Böden lockern und deren Kohäsion meßbar vermindern. Sandböden bleiben infolge der hohen Wasserkapazität der Humusstoffe durch ihre Gegenwart feuchter und schon darum bindiger; sind leicht aufquellbare Humuskolloide vorhanden, so vermögen sie die Kohäsion in lockeren Böden direkt zu steigern; im gleichen Sinne wirken auch die Schleime, die viele Algen und Bakterien ausscheiden.

Die Praxis bezeichnet nach dem Grade der Kohäsion die Böden als

fest (z. B. zäher Ton oder Letten). Der Boden bekommt beim Austrocknen tiefe Risse und bildet feste, oft steinharte Stücke, die mit der Hand nicht mehr zu zerkleinern sind;

streng (oder schwer). Der Boden reißt beim Austrocknen und bildet Stücke, die mit der Hand nur schwer zu zerkleinern sind (Tonböden, tonige Lehmböden usw.);

mürbe (mild). Beim Austrocknen bilden sich im Boden nur wenige Risse; die Stücke sind mit der Hand leicht zu zerkrümeln (Lehmboden, sandiger Lehm);

locker. Der Boden läßt sich feucht ballen, zerfällt aber nach dem Trocknen schon bei mäßigem Drucke (lehmiger Sand, humoser Sand);

lose. Böden geringer Bindigkeit, die feucht geringen Zusammenhang haben und getrocknet zerfallen (Sandböden);

flüchtig. Böden ohne Zusammenhalt, der Bodendecke beraubt, treiben sie vor dem Winde (Flugsand, Dünen).

Die Untersuchung der Kohäsion im Laboratorium wird immer nur annähernde Werte für die Widerstände geben, die der Bearbeitbarkeit eines Bodens entgegenstehen. Wassergehalt und Krümelung des Bodens wechseln zu sehr, hierzu treten die Unterschiede in der Konstruktion der benutzten Apparate. Man verwendet daher in immer weiterem Umfange direkte Messungen durch Kraftmesser, welche zwischen Gespann und Werkzeug (Pflug) eingelegt werden und die Größe der aufgewendeten Kraft und damit ein Maß für die geleistete Arbeit unmittelbar abzulesen gestatten.

IV. Das Volumgewicht (spezifisches Gewicht) der Bodenbestandteile und Bodenarten.

Literatur.

Mineralogische Lehrbücher, z. B. Naumann-Zirkel, Mineralogie.
v. Liebenberg, Verhalten des Wassers zum Boden. Inaug.-Diss. Halle 1873.
Wollny, Forsch. d. Agrik.-Phys., 8, S. 341.
Mazurenko, Inaug.-Diss. München 1903.

a) Für die praktische Bodenkunde ist die Kenntnis der spezifischen Gewichte der Bodenbestandteile von sehr geringer Bedeutung.

Man bedarf ihrer jedoch zur Feststellung des Volumgewichtes der Böden und es ist daher vorteilhaft, die Grenzen zu kennen, zwischen denen sich die spezifischen Gewichte der wichtigsten Bodenbestandteile bewegen.

Für die wichtigsten Mineralarten sind dies folgende:

Feldspat	2,5 —2,8	Kalkspat	2,6—2,8
(Orthoklas)	2,5 —2,6	Dolomit	2,8—3
(Oligoklas)	2,63—2,69	Chlorit	2,7—3
(Labrador)	2,64—2,8	Talk	2,6—2,7
Augit	3,2 —3,5	Gips	2,2—2,4
Hornblende	2,9 —3,4	Magneteisen	4,9—5,2
Glimmer	2,8 —3,2	Eisenoxydhydrat	3,73
(Kaliglimmer)	2,8 —3,0	(Brauneisen)	3,4—4,0
(Magnesiaglimmer)	2,8 —3,2	Eisenoxyd	
Quarz	2,5 —2,8	(Roteisen)	5,1—5,2

Fernere Zahlen sind:

Quarzsand	2,653	(Schübler)
	2,639	(Wollny)
Kalksand	2,722	(Schübler, Lang)
	2,756	(Wollny)
	2,813	(Trommler)
Kreide	2,720	(G. Rose)
Kaolin	2,47	(Lang)
	2,503	(Wollny)
Ton	2,44—2,53	(Schübler)
Humus	1,37	(Schübler)
Torf	1,26	(Lang)
	1,462	(Wollny).

Die spezifischen Gewichte liegen daher ganz überwiegend zwischen 2,3 und 3; bei den meisten Bodenarten zwischen 2,6—2,7. (Zahlreiche Bestimmungen bei von Liebenberg.) Höhere Zahlen werden namentlich durch Eisenverbindungen, geringere durch Humusstoffe veranlaßt.

Wie Wollny gezeigt hat, läßt sich das spezifische Gewicht eines Bodens aus dem der einzelnen Bestandteile berechnen.

b) Das Volumgewicht der Böden. Von erheblich größerem Werte als die Kenntnis des spezifischen Gewichts der Bodenbestandteile ist die des Volumgewichtes der Böden (auch als scheinbares spezifisches Gewicht bezeichnet), man bedarf dessen bei fast allen Untersuchungen über physikalische Bodeneigenschaften.

Das Volumgewicht eines Bodens ist das Gewicht eines Volumens gewachsenen Bodens im trockenen Zustande verglichen mit einem gleichgroßen Volumen Wasser.

Die Bestimmung des Volumgewichts erfolgt am besten nach der Seite 308 angegebenen Methode. Alle Bestimmungen im Laboratorium ergeben ungewisse Zahlen.

Natürlich werden alle Bedingungen, welche die Lagerungsweise des Bodens beeinflussen, auch das Volumgewicht vermindern oder vermehren. Ferner ist es vom Eigengewicht der Bodenbestandteile und in hohem Grade vom Wassergehalt des Bodens abhängig. Vermehrend wirken endlich noch Steine ein, wie sich dies aus der gleichmäßigen Raumerfüllung derselben ergibt. Im gleichen Sinne wirken sandige Bestandteile, humose Stoffe dagegen vermindernd.

Die Volumgewichte gewachsener Böden liegen überwiegend zwischen 1,2 und 1,5, schwanken jedoch, je nach der Dichte der Lagerung, für denselben Boden erheblich.

Als Beispiel mögen vom Verfasser untersuchte diluviale, fein- bis mittelkörnige Sandböden gelten. Das Volumgewicht derselben beträgt in trockenem Zustande:

	1. Profil	2. Profil	3. Profil	4. Profil
Oberfläche bis 10 cm Tiefe .	1,18	1,14	1,28	1,23
in 20—30 cm Tiefe . . .	1,46	1,41	1,37	1,47
in 40—60 „ „ . . .	1,44	1,56	1,52	1,48
in 60—70 „ „ . . .	1,55	1,61	1,54	1,47
in 80—90 „ „ . . .	1,53	1,61	1,55	1,54

Mit Ausnahme der obersten etwas humosen Schicht und des etwas eisenreicheren Untergrundes des zweiten Profils würden alle diese Sande im Laboratorium nahezu gleiche Zahlen ergeben haben; es ist dies ein Beweis, daß nur die Untersuchung der Böden in natürlicher Lagerung brauchbare Resultate gibt.

V. Die Farbe des Bodens.

Zu den am leichtesten wahrnehmbaren und auffälligsten Eigenschaften eines Bodens gehört die Farbe. Eine größere Wichtigkeit für die physikalischen Eigenschaften der Böden hat die Färbung jedoch nicht, da sie nur Einfluß auf Wärmeaufnahme und Ausstrahlung besitzt. Im Walde liegt der Boden selten frei, fast immer ist er vollständig von Streu oder Pflanzen bedeckt, so daß hier die Wirkung der verschiedenartigen Erwärmbarkeit kaum in Betracht kommt.

Die Hauptbodenbestandteile (Quarz, kohlensaurer Kalk, Kaolinit) sind farblos. Böden aus diesen Stoffen erscheinen durch die feine

Verteilung und die dadurch bewirkte totale Reflexion des Lichtes weiß. Nur sehr wenige gefärbte oder farbige Stoffe bewirken die Farbe des Bodens. Den ersteren kann man die beigemischten, unzersetzten, gefärbten Mineralteile (Feldspat, Hornblende u. a.) zurechnen, von den letzteren kommen fast nur humose Stoffe, sowie die Oxyde und Salze des Eisens in Frage.

1. Humusstoffe.

Die dunkle, braune bis schwarze, im feuchten Zustande schwarze Färbung der Humusstoffe bewirkt die grauen bis schwarzen Färbungen des Bodens. Je nach der Zusammensetzung desselben ist die färbende Kraft der Humusstoffe verschieden. Sande zeigen schon bei 0,2—0,5% humoser Beimischung eine deutlich graue Färbung (z. B. Grau- oder Bleisand); 2—4% bringen im feuchten Zustande schon eine tiefgraue, 5—10% schon eine schwarze Färbung hervor.

Lehm- und noch mehr Tonboden lassen die Humusfärbung bei niederen Gehalten an diesen Stoffen viel weniger hervortreten. Es beruht dies auf der innigen Mischung der Ton- und Humusteile; die aber immerhin ausreichen, dem Boden eine „schmutzige“ unreine Färbung zu erteilen, wie sie die Böden Mitteleuropas tragen und sich dadurch in merkbaren Gegensatz zu den leuchtenden, reinen Färbungen der Böden wärmerer Gebiete stellen.

Es mag darauf hingewiesen werden, daß auch die gelblichen bis braunen Farben der tieferen Schichten in Podsolböden mehr oder weniger ihre Färbung ausgefällten Humusstoffen verdanken.

2. Eisenverbindungen.

Sehr sparsam finden sich grüne Färbungen des Bodens, obgleich grün gefärbte Gesteine nicht gerade selten sind. Diese Farbe wird fast ausnahmslos durch Eisenoxydulverbindungen hervorgerufen, welche sich bei Luftzutritt leicht oxydieren. Es fehlen daher grüne Farben in gut verwitterten Böden.

Am verbreitetsten sind gelbe und rote Färbungen des Bodens. Sie werden durch Eisenoxyd (rot), Eisenoxydhydrat (gelb, rot und braun) und durch die gelben bis braunen Salze des Eisenoxyds veranlaßt.

Die Menge der färbenden Eisenverbindungen ist in den Böden sehr wechselnd. Lehm- und Tonböden von brauner oder roter Farbe enthalten oft 5—10% Eisenverbindungen. Bei Sanden genügen viel geringere Mengen, um ausgesprochene Färbung zu erzeugen; so fand sich in einem lebhaft rot gefärbten Sandboden nur etwa 1% Eisenoxyd; in tiefbraun gefärbten Sanden 1—2% Eisenoxydhydrat.

Eisenoxyd wie Eisenoxydhydrat entstehen bei der Oxydation von Eisenoxydulverbindungen. Oft kann man diese Stoffe nebeneinander in Dünnschliffen von Gesteinen erkennen. Ein vom Verfasser beobachtetes Profil eines Keuperlettens zeigte in größerer Tiefe (2—3 m) grüne Färbung, nach oben folgte eine Schicht, in der sich grüne und rote Streifen mischten; dann folgte eine rot gefärbte Erdlage, während die Bodenkrume eine gelbbraune Färbung hatte. Es ließen sich so alle Übergänge von den Eisenoxydulverbindungen zu Oxyd und dessen Hydrat nebeneinander erkennen.

Nach Spring[1]) sind die braunen Farben unserer Böden ganz überwiegend durch wasserhaltige Eisenoxydsilikate veranlaßt, während freies Oxydhydrat nur selten auftritt.

In den subtropischen und tropischen Gebieten herrschen vielfach ziegelrote Färbungen (Roterden) vor. Es scheinen hier Abscheidungen von kolloidem roten Eisenoxydhydrat vorzuliegen.[2])

Wertvoll wird die Färbung der Böden, wenn es gilt, ein Urteil über die Tiefe zu gewinnen, bis zu der die Verwitterung vorgedrungen ist. In allen diluvialen Böden z. B. macht die braune, selten rote Färbung die Verwitterungszone des Bodens leicht kenntlich.

Überhaupt ist die Färbung des Untergrundes und tieferer Erdschichten häufig ein wertvolles Unterscheidungsmerkmal verschiedener Bodenformen. Die Einteilung der Böden der Vereinigten Staaten in Typen berücksichtigt die Färbung des Untergrundes in hervorragender Weise.

Die herrschende Färbung der Böden in großen Gebieten hat schon frühzeitig zur Bezeichnung der Bodenarten (Schwarzerde, Roterde usw.) geführt. Es ist dies um so mehr gerechtfertigt, als es sich hierbei um leicht kenntliche, sofort in die Augen fallende Merkmale handelt.

In allen Gebieten, deren Böden der Einwirkung kolloider Humusstoffe unterliegen, sind die Eisenverbindungen ausgelaugt, die Böden sind ausgebleicht und durch geringe Mengen Humus bleigrau, seltener mit einem Stich ins Rötliche gefärbt; man bezeichnet sie daher als „Bleicherden", auch als „Grauerden" (früher, infolge der bleigrauen Färbung auch „Bleisand"). In den tropischen und subtropischen Gebieten herrschen rote Färbungen vor (Laterit, Roterde), in Gegenden gemäßigter Auswaschung verschiedene Abstufungen von Braun, daher Braunerden. Die humusreichen Böden der Steppen führen seit alter Zeit den Namen „Schwarzerden", häufig in der russischen Form als „Tschernosem" bezeichnet.

---

[1]) Jahresber. f. Agrik.-Chem. 1899, S. 51.
[2]) Passarge, Ber. VI. Intern. Geographen-Kongr. London 1895.

VI. Die Größe der Oberfläche der Bodenkörner.

Die Größe der Oberfläche eines Bodens hat einmal Wichtigkeit für die Anziehungskräfte, die von ihr ausgehen und für den Grad der Löslichkeit schwach löslicher Stoffe. Solange man die Annahme festhalten konnte, daß die Eigenschaften der Böden in der Hauptsache von der Korngröße abhängig sei, schien die Schlämmanalyse zu genügen; die Erkenntnis, daß Kolloide einen wesentlichen Teil der Böden ausmachen, läßt es dringend wünschenswert erscheinen, für die Bestimmung der Oberfläche des Bodens eine brauchbare Methode zu besitzen.

Namentlich die Studien von A. Mitscherlich beschäftigen sich mit dieser Frage. Indem er Lehren der physikalischen Chemie auf den Boden übertrug, hat Mitscherlich mannigfaltige Anregungen gegeben.

Nach seiner Terminologie hat man eine „äußere" und eine „innere" Oberfläche zu unterscheiden.[1]) Die Kristalloide des Bodens haben nur eine äußere Oberfläche, die Kolloide lagern Wasser zwischen sich ein und besitzen daher eine äußere und eine innere Oberfläche; infolge der anzunehmenden wabenartigen Struktur der Kolloide lagert sich das aufgenommene Wasser ein, hierdurch werden Grenzflächen zwischen Kolloid und Wasser wirksam, von denen jede einer Vergrößerung der Oberfläche entspricht. In der Regel ist im Boden die innere Oberfläche der Kolloide sehr viel größer als die äußeren Oberflächen der Kolloide und Kristalloide zusammen.

Zur Bestimmung der Gesamtoberfläche benutzten Rodewald und Mitscherlich sowohl die Wärmetönung beim Benetzen des trockenen Bodens als auch die Wasserabsorption unter bestimmter Spannung des Wasserdampfes.

Die kalorimetrische Messung der Oberfläche wurde in der Weise ausgeführt, daß eine gewogene Menge trockenen Bodens in einem Eiskalorimeter befeuchtet und die hierbei freiwerdende Wärme bestimmt wurde.

Diese Methode beruht darauf, daß Wasser an der Oberfläche der Bodenteile angelagert wird. Dadurch wird gebundene Energie frei, die sich in Wärme umsetzt. Je größer die Oberfläche eines Bodens ist, um so mehr Wasser bindet er und um so mehr Wärme muß frei werden. Die auftretende Wärmetönung kann daher als Maßstab für die Größe der wirkenden Fläche benutzt werden; sofern die Anziehung aller zur Beobachtung gelangenden Körper auf Wasser (die

[1]) Die Oberflächen kommen für Wasserführung und Absorptionswirkungen in Betracht. Das von der „inneren" Oberfläche festgehaltene Wasser bezeichnete man bisher als Imbibitions- oder „Quellungswasser".

Adhäsionskonstante) gleich stark ist und nicht Wärme für andere Vorgänge verbraucht wird.

Die erste Voraussetzung ist bisher noch nicht genügend experimentell untersucht. Mitscherlich schließt aus seinen Zahlen, daß erhebliche Unterschiede für die Adhäsionskonstante unter den Bodenbestandteilen nicht vorkommen.

Der zweite Fall, Wärmeverbrauch für molekulare Vorgänge, liegt vor, wenn die eindringenden Wassermoleküle sich zwischen die im trocknen Boden durch Adhäsion zusammengehaltenen Grenzflächen einlagern, sie dadurch trennen und folglich eine Arbeit leisten müssen. Diese nicht zur Messung kommende Wärmemenge (entsprechend der Zahl „i" der Mitscherlich'schen Formel) muß für jeden Boden festgestellt und berechnet werden. Es ist dies nur mit annähernder Genauigkeit möglich.

Wie man sieht, sind die Voraussetzungen für die Richtigkeit der Resultate nicht sicher, trotzdem würde die Wichtigkeit der Bestimmung den erheblichen experimentellen Arbeitsaufwand rechtfertigen, wenn auf dem angegebenen Wege auch nur eine annähernde Bestimmung der Bodenoberfläche erreicht würde. Dies ist aber aus einem anderen Grunde bestimmt zu verneinen.

Die Voraussetzung der Methode ist, daß im Boden nicht tiefgreifende Veränderungen statthaben und der getrocknete und wieder befeuchtete Boden dieselben Eigenschaften besitzt, wie der Boden im Felde. Dies ist nicht der Fall.

Die Kolloidchemie lehrt, daß zahlreiche, vielleicht die meisten Kolloide bei wechselndem Drucke, Temperatur und Wassergehalt ihre Eigenschaften ändern. Bei genauen Arbeiten ist Angabe der Temperatur und des Luftdruckes notwendig. Unter sehr verschiedenen äußeren Bedingungen gehen die Sole in Gele über.

Sehr stark macht sich der Einfluß des Wassergehaltes geltend; bereits viele lufttrocken gewordene Kolloide verändern ihre Eigenschaften und nehmen die früheren auch nicht wieder bei Zugabe von Wasser an (die Veränderung ist irreversibel); dies ist z. B. der Fall bei Kieselsäure, Eisenhydroxyd, vielen Humusstoffen. Andere Kolloide gehen dagegen bei Wasserzufuhr wieder in den früheren Zustand über (Vorgang ist reversibel). Besonders anschaulich tritt die Irreversibilität bei Humusböden hervor. Ein frisch ausgestochenes Torfstück läßt sich leicht in Wasser verteilen (sofern nicht unveränderte Pflanzenfasern dies hindern), ein an der Luft getrocknetes Torfstück bleibt unter Wasser fast unverändert und nimmt auch das ursprüngliche Volumen nicht wieder an. Auch äußerlich tritt dies hervor. Homogene Torfe sind nach dem Trocknen mit einer festeren Außenschicht umgeben. Daß hierbei tiefgehende Veränderungen auftreten, lehrt, daß in getrocknetem Torf ein erheblicher Teil der früher gebundenen und selbst für Säuren unlöslichen Mineralstoffe löslich geworden ist. Auch anorganische Kolloide zeigen die starken Veränderungen, die sie beim Trocknen oder in höherer Temperatur erleiden, durch Löslichwerden vorher gebundener Mineralstoffe.

Hiernach ist ein wasserfrei gemachter, ja schon ein lufttrockner Boden ein stark veränderter Körper gegenüber einem dauernd feucht erhaltenen Boden, wie es die Humusböden oder die tiefer liegenden Schichten eines Mineralbodens sind. Die Bestimmung der Benetzungswärme nach Mitscherlich mißt daher nicht die Wirkung der Oberfläche eines Bodens wie er unter natürlichen Verhältnissen vorliegt, sondern eines Bodens, dessen Veränderungen nicht bekannt sind, die aber gerade den wichtigsten Punkt, die Oberfläche, treffen. Ich glaube, daß nach diesen Ausführungen die kalorische Methode der Bestimmung der Bodenoberfläche nicht mehr Aussicht auf weitere Verwendung hat.

Etwas, aber nicht viel günstiger, liegen die Verhältnisse für das zweite Verfahren der Oberflächenbestimmung, der Messung der Hygroskopizität. Auch hier werden durch Austrocknen die Kolloide verändert, aber doch nicht in so intensiver Weise als durch Anwendung hoher Temperaturen. Bedingung ist allerdings, daß man bei niederer Temperatur arbeitet und von naturfeuchtem Boden ausgeht. Allerdings beansprucht dies lange Zeit. Rodewald und Mitscherlich bringen den Boden im stark luftverdünnten Raume über 10% Schwefelsäure. Die Hygroskopizität wird nach Rodewald so definiert, daß sie der Wassermenge entspricht, welche die Oberfläche eines Körpers mit einer Molekülschicht Wasser bedeckt.

Zur Ausführung bringt man den zu untersuchenden Boden in ein mit aufgeschliffenem Deckel luftdicht verschließbares Glasgefäß, in einen Exsikkator, in dessen Innern sich ein kleines Quecksilbermanometer befindet, über 10%ige Schwefelsäure, die nach je 2—3 Tagen zu erneuern ist. Die Luft wird mit einer Wasserluftpumpe abgesaugt und das Gefäß an einem vor einseitiger Erwärmung (Sonnenbestrahlung) geschützten Orte aufgestellt und der Versuch so lange fortgesetzt, bis das Gewicht des Bodens konstant geworden ist.

Diese Methode der Oberflächenbestimmung eines Bodens ist, wie bereits bemerkt, nicht einwandfrei, da während des Austrocknens Änderungen der Kolloide eintreten; namentlich gilt dies für humose Stoffe, für die eine brauchbare Bestimmungsmethode überhaupt noch nicht vorliegt, aber die Fehler sind doch wesentlich geringer als bei der kalorischen Methode; hierzu ist die Ausführung so einfach, daß die Anwendung Schwierigkeiten nicht bietet. Die auf diesem Wege erhaltenen Zahlen zeigen auch viel mehr Übereinstimmung mit den sonst zu beobachtenden Eigenschaften der Böden als die auf kalorischem Wege gewonnenen.

Folgt man den Anschauungen Rodewalds über Hygroskopizität, so kann man daraus Werte für die absolute Größe der Bodenoberfläche des Bodens berechnen. Sind auch die Grundlagen der Rechnung sehr zweifelhaft, und geht aus den Ausführungen über Kolloide hervor, daß die Gewichtsmengen des hygroskopisch festgehaltenen Wassers nur untere Grenzwerte sind, so haben die Zahlen doch den Nutzen, unmittelbar vor Augen zu führen, daß es sich um sehr große Oberflächen im Boden handelt. Mitscherlich berechnet für von ihm untersuchte Böden für 1 g die Oberfläche in qm[1]):

Feiner Tertiärsand	0,034	1,38 qm
Lehmiger Sandboden	1,40	56,8 ,,
Sandiger Lehm	2,09	84,9 ,,
Milder Lehm	3,00	121,8 ,,
Strenger Lehmboden	6,54	265,5 ,,
Strenger Ton aus Java	23,81	966,7 ,,

Diese Zahlen können nicht überraschen, wenn man bedenkt, daß ein Gramm Gold in kolloider Verteilung viele Quadratkilometer Oberfläche besitzt.[2])

Mitscherlich macht noch den interessanten Versuch, „äußere" und „innere" Oberfläche direkt zu bestimmen. Hierbei wird von dem Verhalten der Bodenbestandteile gegen Wasser ausgegangen. Einheitliche Minerale, z. B. Quarz benetzen sich nur äußerlich, Ton und ihm ähnliche Körper nehmen Wasser reichlich auf und die Krümel zerfallen, Humusstoffe quellen auf, ohne den Zusammenhang ihrer Teile zu verlieren.

Bringt man diese Stoffe unter eine Flüssigkeit mit großen Molekülen, z. B. Toluol, so behalten auch die Tonteile ihren Zusammenhang, verhalten sich also ähnlich wie Humusteile unter Wasser. Zur Erklärung dieses Verhaltens wird die allerdings stark hypothetische Annahme gemacht, daß in den nicht zerfallenden Körpern immer nur eine Schicht Moleküle (Wasser in Humus, Toluol in Humus und Ton) zwischen die einzelnen Trennungsflächen einzudringen vermag.

---

[1]) Bodenkunde, S. 76.

[2]) Der Rechnung liegt die Annahme zugrunde, daß eine zusammenhängende Schicht Wasser von der Dicke eines Molekül Wassers die Bodenoberfläche gleichmäßig überzieht. Da sich das Gewicht eines Moleküls Wasser aus anderen physikalischen Untersuchungen annähernd zu $8{,}3 \cdot 18 \cdot 10^{-22}$ mg bestimmen läßt, so entspricht 0,1 g hygroskopisches Wasser etwa 4 qm Oberfläche.

VII. Das Verhalten des Wassers zum Boden.

1. Eigenschaften des Wassers.

Von den Eigenschaften des Wassers sind für die Besprechung bodenkundlicher Fragen besonders wichtig:

Wasser hat eine sehr hohe Wärmekapazität, die bei der Messung dieser Größe als Einheit dient und =1 gesetzt wird.

Die Wärmemenge, die 1 ccm Wasser bei 15° zur Erhöhung seiner Temperatur um 1° C. braucht, dient als Maßeinheit, man bezeichnet sie als Kalorie (kleine Kalorie =c); als große Kalorie (C) die 1000 fache Größe.

Bei der Verdunstung des Wassers werden für die Einheit rund 600 Kalorien gebunden und natürlich auch beim Übergang von Dampf in flüssiges Wasser wieder frei.

Beim Übergang von Wasser in Eis werden bei 0° für 1 kg etwa 79 C (große Kalorien) gebunden.

Die Wärmeleitung des Wassers ist 0,0014 (bezogen auf Zentimeter, Gramm, Sekunde und Zentesimalgrad); bei Eis 0,0057, beim Schnee ist sie je nach der Dichte sehr klein 0,00006 (Dichte =0,10) frischer Schnee bis 0,0005 in alten Schneelagen.

In ruhendem Wasser können in 24 Stunden Temperaturschwankungen nicht über 0,3 m und im Jahre nicht über 6 m eindringen. Dies macht sich geltend in wasserreichen homogenen Moorböden.

Das Emissionsvermögen des Wassers für Wärme ist sehr groß, nach Leslie soll es gleich dem des Rußes sein (Forel, Seenkunde, S. 104, 1901).

Das Wasser erreicht seine größte Dichte bei 4°, beim Übergang in Eis erfolgt Ausdehnung zu etwa $^1/_{11}$ des Volumens. (Wasser bei 4° =1; bei 0° =0,99988; Eis bei 0° =0,91674).

Die Kohäsion des Wassers nimmt mit steigender Temperatur stark ab, die Beweglichkeit, Oberflächenspannung und damit die kapillare Steighöhe verhalten sich in gleicher Weise. Für die im Boden vorkommenden Temperaturen fällt z. B. die Kohäsion

von	16,3	bei	0°
auf	16,141	,,	10°
,,	15,656	,,	20°
,,	15,334	,,	30°

Die Steighöhe des Wassers gegen Luft fällt entsprechend von 15,4 bei 0°, auf 15,1 bei 10°; 14,8 bei 20°; 14,57 bei 30°.

In Salzlösungen ist die Kohäsion gegenüber Wasser erhöht oder erniedrigt. Im Boden macht sich dies geltend bezüglich der Geschwindigkeit der kapillaren Bewegung und der absoluten Steighöhe.

Als Maß benützt man am besten die spezifische Zähigkeit der Salzlösungen, die durch die Geschwindigkeit des Ausflusses einer Lösung aus Kapillaren gemessen wird. Die Zähigkeit des Wassers bei der Versuchstemperatur wird hierbei =1 gesetzt.

Spezifische Zähigkeiten von Salzlösungen, die für den Boden in Betracht kommen, sind (für Normallösungen =1 äq Salz zu 1000 ccm Lösung): (Die Bödenlösungen sind viel weniger konzentriert; die Unterschiede daher geringer als hier angegeben.)

Ammonsulfat	= 1,1114
Kalziumnitrat	= 1,2880
Kalziumchlorid	= 1,2880
Kaliumsulfat	= 1,101
Magnesiumchlorid	= 1,3315
Magnesiumsulfat	= 1,3673
Natriumchlorid	= 1,093
Natriumkarbonat	= 1,2847
Natriumnitrat	= 1,051
Natriumsulfat	= 1,230
Ammonchlorid	= 0,977
Kaliumchlorid	= 0,978

Man ersieht aus den Zahlen, daß fast alle Salze die spezifische Zähigkeit des Wassers und damit die Geschwindigkeit der Bewegung erhöhen. Hierauf beruht wohl teilweise der Schutz, den gut gedüngte, namentlich mit Mineralsalzen gedüngte Böden den Pflanzen gegen Austrocknung und Gefrieren gewähren. (Zum Teil allerdings auch durch die geringere Wasseraufnahme gut genährter Pflanzen.)

Das Wasser ist sehr schwach dissoziiert in H und OH Jonen und dieser Zerfall steigt mit der Temperatur beträchtlich, zugleich auch die Einwirkung des Wassers auf zersetzbare Körper. In 10 Millionen Liter Wasser befinden sich Molen dissoziierten Wassers bei

$0^0 = 0{,}33;\ 10^0 = 0{,}56;\ 18^0 = 0{,}80;\ 34^0 = 1{,}47;\ 50^0 = 2{,}48.$

Das Wasser ist ein starkes Dielektrikum, sein Einfluß auf die Verminderung der Anziehung und Abstoßung gelöster oder im Wasser verteilter elektrisch geladener Körper ist daher sehr stark. Hiermit im Zusammenhang steht die spaltende Wirkung des Wassers auf Elektrolyte, die alle hydrolytische Dissoziation (=Hydrolyse), d. h. Zerfall in Säure und Basis unter Wasseraufnahme, bzw. Spaltung in Jonen erleiden.

Wasser ist ein ausgezeichnetes Lösungsmittel für sehr viele Körper.

Selbst sehr schwer angreifbare Körper, wie Quarz, gehen, allerdings in äußerst geringen Mengen, mit Wasser in Lösung. Auch den Mineralsilikaten muß man auf Grund der Hydrolyse, die sie mit Wasser erleiden, sehr schwache Löslichkeit zuschreiben. Von den im Boden vorkommenden Salzen sind Chlornatrium, Natriumsulfat, Magnesiumsulfat, Natriumkarbonat, die Nitrate leicht löslich; schwer löslich sind Gips (in etwa 400 Wasser), Kalkkarbonat in Spuren (etwa $^1/_{200000}$), die aber hinreichen, der Lösung deutlich alkalische Reaktion zu erteilen. Unter den Düngemitteln ist der Ätzkalk anzuführen, dessen Löslichkeit bei 15° etwa 0,13 in 100 Wasser beträgt.

Für die Durchlüftung des Bodens und noch mehr für Wasser hat die Löslichkeit (Absorption) der Luftgase Interesse.

Bei normalem Barometerstand enthalten 1 Liter Luft:

bei 0°	10,19 ccm O	und	18,99 ccm N
,, 10°	7,87 ,, ,,	,,	14,97 ,, ,,
,, 15°	7,04 ,, ,,	,,	13,51 ,, ,,
,, 20°	6,36 ,, ,,	,,	12,32 ,, ,,
,, 25°	5,78 ,, ,,	,,	11,30 ,, ,,
,, 30°	5,26 ,, ,,	,,	10,38 ,, ,,

In offenen Gewässern wird der Gasgehalt stark durch die vorhandenen Organismen beeinflußt. Der vorhandene Sauerstoff entstammt überwiegend chlorophyllführenden Pflanzen, die bei reger Assimilation oft Übersättigung des Wassers an Sauerstoff herbeiführen. In warmen Nächten kann durch die Atmung der chlorophyllfreien Organismen der Gehalt an Sauerstoff sehr gering werden und zum Absterben empfindlicher Tiere führen.

Der Gehalt an Kohlensäure beträgt bei Tagewässern bei Temperaturen von 5—25° etwa 0,3—0,5 ccm. Im Boden steigert sich die Menge des gelösten Kohlendioxydes infolge des höheren Gehaltes der Bodenluft sehr beträchtlich. Hierdurch wird die Löslichkeit der Karbonate des Bodens gesteigert.

Die atmosphärischen Niederschläge (Regen, Schnee, Tau, Reif, Nebel) enthalten wechselnde, aber immer geringe Mengen anorganischer Bestandteile: Natrium, Chlor, Schwefelsäure und relativ viel Stickstoffverbindungen.

Man legte der Zufuhr an gebundenem Stickstoff durch die Niederschläge früher große Bedeutung bei und es liegen daher Bestimmungen in großer Anzahl vor, die leider vielfach mit methodischen Fehlern behaftet und dadurch unsicher sind. Im Durchschnitt kann man wohl die Stickstoffzufuhr für Jahr und Hektar zu höchstens 6—10 kg annehmen.

In den gemäßigten Klimaten herrscht in den Niederschlägen das Ammoniak stark vor und tritt der Gehalt an Nitraten zurück, die in warmen Klimaten reichlicher vertreten sind.

2. Volumänderungen der Böden.

Böden, die quellbare Stoffe, wie Ton oder Humus enthalten, verändern ihr Volumen bei wechselndem Wassergehalt.

Dieser Vorgang wiederholt sich regelmäßig bei Anwesenheit reversibler Kolloide, während Böden mit irreversiblen Kolloiden, z. B. Torf, wenn sie lufttrocken werden, dauernde Volumänderungen erleiden.

Hierdurch können in den Böden starke Druckwirkungen ausgelöst werden, die in dicht gelagerten Böden nur nach oben wirken und merkbare Veränderungen der absoluten Höhe der Bodenoberfläche herbeiführen können.

Zur Messung der Volumänderungen sollte man sich daher stets erdfeuchter Böden bedienen und deren Schwindmaß feststellen.

Genauere Untersuchungen veröffentlichten Wolff[1]) und Haberlandt.[2])

Der erstere bestimmte die Volumzunahme trockner Böden bei Zufuhr von Wasser; der letztere das Schwinden feuchter Böden beim Trocknen. Die Angaben Wollfs sind wohl sämtlich zu hoch, die Haberlandts entsprechen (da die Lagerung der Bodenbestandteile weniger verändert war), noch am meisten den natürlichen Verhältnissen. Um eine Übersicht zu geben, sollen dessen Zahlen folgen; das Volumen im trocknen Zustande ist gleich 1 gesetzt.

	trocken		feucht
Sandböden	1	:	1
Lößböden	1	:	1,13
Weizenböden	1	:	1,24
Kalkreiche Lehmböden	1	:	1,29
Humusreiche Böden	1	:	1,34
Moorerde	1	:	1,38

Haben derartige Angaben auch nur einen beschränkten Wert, so zeigen sie doch hinreichend, welche mächtig wirkende mechanische Kraft in diesen Volumänderungen gegeben ist, die in Waldböden eine Hauptursache der Krümelung sind. Die wirksamsten Bodenbestandteile sind Ton und humose Stoffe. Bei Modererden kann man häufig noch größere als die angegebenen Volumänderungen beobachten.

Nach Borgmann[1]) schwindet das Volumen im Durchschnitt beim Trocknen: Sphagnumtorf =15%; Wollgrastorf =16%; Heidetorf =18%. Bei anderen Humusböden sind noch viel höhere Schwindmaße zu finden, bei Lebertorf z. B. 70—80%.

---

1) Anleit. z. Untersuch. landwirtschaftl. Stoffe, S. 71.

2) Frühlings Landw. Zeitg., 26, S. 481.

3) Forsch. d. Agrik.-Phys., 14, S. 275.

Auffällige Folgen der Volumänderungen des Bodens durch Austrocknen sind Krusten- und Spaltenbildungen in tonreichen und humosen Bodenarten. Trocknet die oberste Bodenschicht ab, so vermindert sie ihr Volumen und kann sich dadurch von den tieferliegenden Böden horizontal abheben. Da auch in horizontaler Richtung eine Volumverminderung eintritt, so zerspringt die Bodenoberfläche in mehr oder weniger an den Seiten aufgewölbte, schüsselförmige Stücke. Es tritt dies namentlich hervor, wenn die oberste Bodenschicht abweichende Zusammensetzung oder Struktur hat.

Die Krustenbildung ist verschieden von dem, was der Forstmann „Bodenverkrustung" nennt und damit den Zustand von Böden bezeichnet, deren Oberfläche von Algen, Flechten, Vorkeimen von Moosen durchwachsen und verflochten ist. Die Bezeichnung wird auch noch allgemeiner gebraucht für Böden, an deren Oberfläche die Krümelung zerstört ist und die dadurch dicht gelagert sind; in diesem Falle ist es besser von Bodenverdichtung zu sprechen.

In der Regel ist die Folge der Volumverminderung mit Krustenbildung nicht abgeschlossen; die tieferen Schichten trocknen ebenfalls von oben nach unten fortschreitend aus und zwar sehr ungleichmäßig, so daß Spannungen im Boden entstehen, die zur Zerreißung des Zusammenhanges und zur Bildung von Spalten führen, welche oben breit sind und sich nach unten verengern oder mehr oder weniger senkrecht in den Boden eindringen.

In die Spalten fallen vielfach Bruchstücke des abgetrockneten Bodens, die nach erneuter Durchfeuchtung sich ausdehnen und durch ihren Druck örtliche Aufwölbungen und ungleichmäßige Erhöhungen an der Oberfläche herbeiführen. Die Amerikaner bezeichnen solche Böden als „hog-wallows".

Die Spaltenbildung tritt am stärksten in den Teilen des Bodens hervor, welche den größten Wasserverlust haben; es kann daher vorkommen, daß die Oberfläche, zumal gekrümelten Bodens, wenig zu leiden hat, die tieferen, dichter gelagerten, von Wurzeln durchwachsenen dagegen durch den Wasserverbrauch der Gewächse von breiten Spalten durchzogen sind.

Spaltenbildungen veranlassen, daß der Boden tief austrocknet, auch Zerreißen von Wurzeln kann vorkommen; dagegen ist die Bildung von Spalten eines der wichtigsten Hilfsmittel zur Krümelung der Böden. Besonders scharf tritt dies bei den Schwarzerden hervor, bei denen im unbearbeiteten Boden oft der Zusammenhang zwischen Bodenstruktur und Spaltenbildung augenfällig wird.

Volumänderungen durch Frost treten beim Gefrieren der Böden auf. So vorteilhaft sie für Lockerung und Krümelung der

Böden sind, so werden sie der Pflanzenwelt durch Ausfrieren der jungen Baumpflanzen und des Getreides, zumal bei Frostwetter ohne Schneedecke (Barfrost) schädlich. Am meisten gefährdet ist die Vegetation auf wasserreichen, humosen oder tonigen Bodenarten. Auf Heiden findet man die humose Bodenschicht im Frühlinge oft fußhoch gehoben.

Der Vorgang des Ausfrierens ist nicht immer richtig dargestellt worden. Er beruht wesentlich auf folgendem:

Beim Erstarren des Wassers zu Eis findet Kristallisation statt. Das Eis ist hexagonal und die Richtung der Eiskristalle ist so orientiert, daß die Hauptachse der Ausstrahlungsrichtung parallel geht. Während der Eisbildung scheinen starke Anziehungskräfte auf im Boden vorhandenes Wasser einzuwirken. Man findet wenigstens nicht selten die Schichten unterhalb der gefrorenen obersten Decke ziemlich wasserarm. Vielfach erfolgt die Ausscheidung des Eises strahlig oder feinfaserig (Kammeis, wobei die Fasern immer senkrecht zur Ausstrahlungsfläche stehen.) Durch die starke Volumvermehrung, die sich nur nach oben ausgleichen kann, wölbt sich die obere Bodenschicht hoch und hebt dabei die eingeschlossenen Pflanzen mit empor. Wiederholt sich der Vorgang, so können die Wurzeln vollkommen aus dem Boden herausgezogen oder abgerissen werden. Es ist dies der normale Vorgang des Ausfrierens; erstarrt die ganze Bodenmasse zu Eis, so wird der Boden gemeinschaftlich mit der Pflanze gehoben, die sich in der Regel beim Auftauen wieder mit dem Boden senkt, so daß nur selten ein Herausheben erfolgt.

3. Die Wasserführung des Bodens.

A. Bodenwasser.

Als Bodenwasser, Bodenfeuchtigkeit bezeichnet man die Gesamtmenge des in einem Boden vorhandenen Wassers.

Man unterscheidet dieses Wasser in:

Hygroskopisches Wasser, d. h. durch starke Anziehungskräfte (Adsorption) der Oberflächen des Bodens gebundenes Wasser, das in seiner Menge von Temperatur und Dampfspannung der Luft beeinflußt wird.

Kapillarwasser, Wasser, das durch Wirkungen der Oberflächenspannung festgehalten wird.

Haftwasser. Das Wasser, das durch Adsorption oder durch Kapillarwirkungen an der Oberfläche der Bodenkörner festgehalten wird, unterliegt der Einwirkung stärkerer Kräfte als die der Erdanziehung; es verbleibt bei fehlender Verdunstung in der Bodenschicht. Für dieses Wasser wird die Bezeichnung Haftwasser vorgeschlagen.

Senkwasser. Im gewachsenen Boden findet sich mehr oder weniger Wasser, das noch der Schwerkraft folgen und absickern kann. Je nach dem Zeitabstand zwischen den Niederschlägen, den Korngrößen und der Lagerungsweise der Bodenkörner, dem Gehalt an Kolloiden ist die Menge dieses Anteiles des Bodenwassers veränderlich. Die Geschwindigkeit des Absickerns wird wesentlich von der Reibung des Wassers im Boden bedingt. Die Amerikaner bezeichnen dieses Wasser als „gravidation w.“; es wird dafür die Bezeichnung Senkwasser vorgeschlagen.

B. Hygroskopisches Wasser.

Die Hygroskopizität des Bodens ist bereits besprochen worden.

Die hygroskopisch gebundene Wassermenge ist von Temperatur und Dampfspannung abhängig. In wasserdampf-gesättigter Luft sind die Werte viel höher als in dampfarmer Luft. Die Bestimmung in gesättigter Luft bietet aber Schwierigkeiten, da geringe Unterschiede der Temperatur ausreichen, Wasser flüssig auszuscheiden oder bei einseitiger Bestrahlung ein „Überdestillieren“ des Wassers von einer Stelle zur andern zu veranlassen.

Die Voraussetzung der früher über Hygroskopizität gegebenen Auffassungen ist, daß nur die der festen Oberfläche unmittelbar anlagernden Wassermoleküle fest gebunden werden, während die Bindung der zweiten und folgenden Schichten entweder gleich oder nur wenig höher ist als der Kohäsion des Wassers entspricht.

Hieraus leitet sich der Schluß ab, daß hygroskopisch nur eine Molekularschicht Wasser gebunden werden kann. Dieser Auffassung steht aber der wechselnde Gehalt des Bodens bei verschiedenem Dampfdruck entgegen. Eine Molekülschicht Wasser ist eine gegebene Größe, die nicht wechseln kann; es bleiben daher nur zwei Möglichkeiten:

a) Die Bodenoberfläche wird bei niederem Dampfdruck nicht von einer geschlossenen Molekularschicht Wasser bedeckt; dann müssen wasserfreie Teile der Oberfläche vorhanden sein. Da der Gehalt an Wasser bei gleichem Dampfdruck, (immer dieselbe Temperatur vorausgesetzt) konstant ist, so muß eine gesetzmäßige Verteilung der Wassermoleküle stattfinden, die sich wohl nur durch Stellen stärkerer Anziehung verstehen läßt.

b) Es wird mehr als eine Molekülschicht Wasser hygroskopisch gebunden.

Die letzte Annahme scheint eher berechtigt zu sein als die erste. Es handelt sich hier um Anziehungskräfte, die nach den bisherigen Erfahrungen immer im Quadrate des Abstandes wirken. Es liegt nahe, diese Gesetzmäßigkeit auch bei der Bindung des hygroskopischen Wassers zu vermuten.

Schübler[1]) untersuchte zuerst die Hygroskopizität der Böden und kam zu dem Schlusse, daß die fruchtbarsten Böden auch die höchste Hygroskopizität zeigen.

Zahlreiche Versuche lehren, daß Pflanzen nicht imstande sind dem Boden hygroskopisch gebundenes Wasser zu entziehen. Das hygroskopische Wasser ist als gebundenes Wasser dem freien Wasser gegenüberzustellen und sollte bei Wasserbestimmungen im Boden berücksichtigt werden.

Die Menge des hygroskopisch gebundenen Wassers schwankt für die verschiedenen Bodenarten in sehr weiten Grenzen. Für Sandböden ist sie sehr gering und selbst bei Staubsanden nicht erheblich. Mit dem Gehalt an kolloidem Ton und an Humus wächst die Menge des hygroskopischen Wassers erheblich und erreicht in reinem Humusboden oft beträchtliche Werte.

Erfahrungsmäßig beträgt z. B. in Schwarzerden die Menge des gebundenen Wassers 6—10%; in Torfböden steigt sie bis zu 20% und mehr, so daß Pflanzen bei einem Wassergehalt eines Torfbodens verwelken, der ausreichen würde, einen Sandboden so wasserreich zu machen, daß er zu den „nassen" Böden zu rechnen wäre.

C. Das Kapillarwasser des Bodens.

Die Wirkungen der Kapillarität sind die Folge der Kohäsion des Wassers und der mit ihr in Verbindung stehenden Oberflächenspannung.

Für bodenkundliche Betrachtungen ist am wichtigsten das Gesetz, daß die Druckwirkung der Oberflächenspannung mit dem Durchmesser abnimmt. In einer Luftblase ist der Druck gleich der doppelten Oberflächenspannung dividiert durch den Radius. Diese Beziehung muß auch für die Bodenkörner erhalten sein. Im Boden müssen sich die Wasserschichten, die Körner verschiedener Größe bedecken, ähnlich wie die dünnen Häutchen einer Seifenblase verhalten; es werden daher zwischen den einzelnen einander berührenden Bodenkörnern Wasserbewegungen stattfinden, bis Gleichgewicht hergestellt ist. Da im Boden durch Verdunstung, Aufnahme durch Pflanzenwurzeln, Niederschläge fortwährend Störungen der Gleichgewichte eintreten, so müssen auch fortgesetzt Wasserströmungen statthaben, die es wieder herzustellen suchen.

Das Verhalten des kapillaren Wassers im Boden erläutert die Abb. 34.

---

[1]) Grundsätze der Agrikulturchemie 2. Bd., S. 80 (1823).

Einen bisher nicht beachteten Einfluß übt ungleiche Größe der Bodenkörner. Ähnlich wie eine große Seifenblase eine kleine ansaugt bis Gleichgewicht hergestellt ist, muß auch ein großes Bodenkorn dem benachbarten kleineren Wasser entziehen und in einem Gemisch feuchten Bodens ganz allgemein mit einer dickeren Wasserschicht bedeckt sein als die feinen Körner. Hieraus erklärt sich der Einfluß der Steine auf die Bodenfeuchtigkeit, die so lange günstig wirken, als nicht ihre Menge die des wasserführenden Bodens erheblich herabsetzt. Man kann vielfach direkt beobachten, daß Steine „feuchter“ sind als der übrige Boden, daß Wurzeln ihre Nähe bevorzugen, Bodentiere sich ansammeln, alles Wirkungen der größeren Wassermenge. Gesteinsgrus ist meist

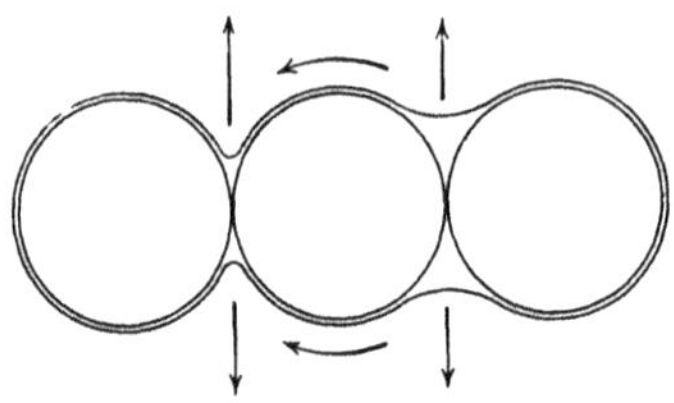

Abb. 34.

[1]) Die Verteilung des Wassers im Boden gehört zu den bisher noch nicht genügend durchgearbeiteten physikalischen Fragen.

Die Teile eines gewachsenen Bodens berühren sich, die Wasserschichten, die sie überziehen, müssen hiernach unter einheitlicher Oberflächenspannung stehen. Nur in gekrümeltem Boden können örtliche Abweichungen gegenüber lufterfüllten Lücken auftreten.

Vielleicht gibt die folgende Betrachtung einen Beitrag zur Lösung dieser Fragen.

Im Boden sind Hohlräume von verschiedenem Krümmungsradius vorhanden, hierdurch muß ein Zug auf die vorhandene Wassermenge ausgeübt werden; über die Richtung dieses Zuges kann man mit Hilfe der Gaußschen Beziehungen zwischen Binnendruck und Oberflächeneinheit und Krümmungsradius Aufschluß gewinnen. Für benetzende Flüssigkeiten besagt die Gleichung

$$P = K - \alpha \left(\frac{1}{R_1}, \frac{1}{R_2}\right)$$

(P = Binnendruck, K = Binnendruck auf der ebenen Fläche, α = Oberflächenspannung, R_1 und R_2 = Krümmungsradius [für beide positiv]).

Je kleiner R_1 und R_2, um so kleiner wird der Binnendruck sein. Infolgedessen wird in einem Hohlraum von verschiedenem Querschnitt ein Zug auf das Wasser in Richtung der größeren Krümmung ausgeübt werden.

Auf den Boden angewendet würde dies besagen, daß die Wasserhülle der gröberen Bodenkörner dicker sein wird als die feiner Bodenkörner.

Zur Erklärung der Wirkung größerer Bodenkörner kann auch ein anderer Vorgang herangezogen werden.

Die Verdampfung des Wassers ist zum Teil von der Größe der Oberfläche gegenüber dem Volumen abhängig. Kleine Wassertropfen verdunsten rascher als größere Tropfen. Hierdurch kann auch bei gleicher Temperatur ein Überdestillieren des Wassers stattfinden, das zum Verkleinern bzw. Verschwinden der kleineren und Volumzunahme der großen Tropfen führt.

Im Boden kann derselbe Vorgang auftreten und Wasser von der Oberfläche der feinen Bodenteilchen wegführen und auf den größeren ablagern. Da die Bodenkörner miteinander in Verbindung stehen, daher eine zusammenhängende Wasserschicht haben, müßte fortgesetzt ein Rückfluß von den groben zu den feinen Teilen erfolgen; beide Vorgänge würden bei gleichbleibender Temperatur zu einem stationären Zustande führen, der höherem Wassergehalt der größeren Bodenteile günstig sein müßte.

von Spalten durchzogen, die im Verein mit Unebenheiten die Gesamtoberfläche im Verhältnis zum Volumen vergrößern. Hierdurch wirkt Grus günstiger für die Wasserführung als die abgerundeten Stücke des Grandes.

An den Berührungspunkten zweier Körner tritt die bekannte Ansammlung von Wasser ein, die darauf beruht, daß an der Berührungsstelle sich eine stark gekrümmte Oberfläche mit abweichendem Druck bildet, zu der so lange Wasser zuströmt, bis wieder Gleichgewicht eingetreten ist. Je kleiner die Bodenkörner sind, um so größer ist die Zahl der Berührungspunkte in einem gegebenem Volumen und um so mehr kann Wasser festgehalten werden.

Von Wichtigkeit für den Boden ist die Beeinflussung der Oberflächenspannung durch mit Wasser nicht mischbare Flüssigkeiten, die bereits in sehr kleinen Mengen große Wirkungen ausüben. Das bekannteste Beispiel hierfür ist die Beruhigung der Meereswellen durch Aufgießen von Öl.

Im Boden kommen sehr verbreitet kleine Mengen von Wachs, Fetten und fetten Ölen vor. Im Dünger werden stets davon wechselnde Mengen zugeführt. Man kann diesen Einfluß, der ziemlich kompliziert ist[1]), sich so vorstellen, daß an der Oberfläche gegen Luft überwiegend die viel geringere Spannung der Fette zur Wirkung kommt und dadurch der kapillare Aufstieg und auch die Wasserbewegung im Boden wesentlich vermindert wird. Whitney sagt[2]), daß es „nicht zweifelhaft ist, daß die Oberflächenspannung im Boden gering, viel geringer als von reinem Wasser ist".

Direkte Bestimmungen liegen bisher sehr wenig vor, sie zeigen eine merkbare Verminderung der Oberflächenspannung.

D. Kapillarer Aufstieg des Wassers.

Eine andere Form des kapillar gehobenen Wassers findet sich überall, wenn eine freie Wasserfläche, etwa Grundwasser oder Stellen im Boden, in denen zeitweise freies, der kapillaren Anziehung nicht unmittelbar unterliegendes Wasser im Boden vorhanden ist. Es ist dies der kapillare Aufstieg in Röhren. Bringt man in eine Flüssigkeit eine kapillare Röhre aus einer benetzbaren Substanz, so steigt die Flüssigkeit entgegen der Schwerkraft in der Röhre auf. Die Steighöhe ist vom Durchmesser der Röhre abhängig und ist dem Radius oder Durchmesser der Röhre indirekt proportional.

Die meisten bisher ausgeführten Untersuchungen über Kapillarwirkungen im Boden beziehen sich auf die Steighöhe des Wassers

[1]) Vgl. Chwolson, Physik I, S. 579.
[2]) Exp. St. Rec. 4, S. 17 (1891).

und haben dazu geführt, daß man bei der Bezeichnung von Kapillarwasser zumeist an dieses gehobene Wasser denkt.

Die Erfahrung lehrt nun, daß neben der möglichen Steighöhe, die allein vom Durchmesser der Kapillaren abhängt, im Boden noch die Geschwindigkeit des Vorganges eine sehr große Rolle spielt; je enger die kapillaren wasserhebenden Räume, um so geringer die in der Zeiteinheit überführten Wassermengen, also die Geschwindigkeit des Aufstieges. Das Verhalten beruht auf der zunehmenden Reibung des Wassers bei abnehmender Größe des Röhrendurchmessers.

Schwach durchfeuchtete Böden leiten Wasser schneller als trockene (etwa wie ein feuchter Schwamm Wasser rascher aufsaugt als ein trockener).

Man erklärt dies Verhalten damit, daß in trockenen Körpern die eindringende Wasserschicht erst die adsorbierten Luftschichten verdrängen muß.

Die abweichenden Beobachtungen von Krawkow[1]) bei seinen Versuchen mit Sandböden, der zu dem Resultate kam, daß der kapillare Aufstieg um so langsamer erfolgt, je reichlicher der Boden bereits Wasser enthält, sind auf gesteigerte Reibung infolge eingeschlossener Luftbläschen zurückzuführen.

Da Steighöhe und Geschwindigkeit der Wasserbewegung in entgegengesetzter Richtung verlaufen, so ergibt sich daraus, daß es eine für die Wasserhebung günstigste Porengröße geben muß, wie dies auch die Versuche gezeigt haben; besonders scharf tritt dies bei den Arbeiten von Atterberg[2]) hervor, der mit Sanden verschiedener Korngröße arbeitete.

Er fand folgende Steighöhen und Geschwindigkeit der Wasserbewegung in mm:

Durchmesser	Normale Steighöhe	Steighöhe in ersten 24 Std.	Steighöhe in zweiten 24 Std.
mm	mm	mm	mm
2—5	25	22	2
1—2	65	54	6
0,5—1	131	115	8
0,2—0,5	246	214	16
0,1—0,2	428	307	20
0,05—0,1	1055	530	44
0,02—0,05	2000	1153	207
0,01—0,02	?	485	437
0,005—0,01	?	285	?
0,002—0,005	?	143	?
0,000—0,002	?	55	—

[1]) Journ. f. Landw. 48, S. 210 (1900).
[2]) Landw. V. Stat. 69, S. 107 (1908).

Die höchste Geschwindigkeit des Aufstieges liegt demnach beim Staub und den Feinsanden des Bodens.

Einwirkung der Schwerkraft. Das Wasser des Bodens unterliegt den Einwirkungen der Schwerkraft; alle Wasserteile, die nicht durch eine Kraft, die größer als die Schwerkraft ist, gehalten werden, müssen allmählich in die tieferen Schichten des Bodens absickern. Die Geschwindigkeit, in der dies erfolgt, ist von der Größe der einzelnen Hohlräume des Bodens abhängig. Grobkörnige Böden lassen das Wasser leicht durch, feinkörnige um so langsamer, je enger die Hohlräume sind, bis endlich die absickernde Wassermenge praktisch gleich Null wird, d. h. als undurchlässig bezeichnete Bodenschichten auftreten. Wahrscheinlich handelt es sich um einen sehr komplizierten Vorgang, bei dem sehr verschiedene Kräfte in Wirkung treten.

Neben der Schwerkraft sind zunächst kapillare Vorgänge zu nennen, die von einer freien Wasserfläche ausgehend ebenso stark seitlich als nach unten wirken, hier aber stärker hervortreten, da die Schwerkraft sich der Wirkung der Oberflächenspannung addiert und nicht wie beim Aufstieg vermindernd einwirkt. Ferner wirkt die Reibung an den Oberflächen von Luftbläschen und den adsorptiv gebundenen Wasserschichten des Bodens und seiner Teile verlangsamend ein.

Ist der Boden mit Wasser gesättigt, d. h. sind seine Hohlräume mit Wasser gefüllt, so würde der Abfluß des Wassers nur vom Querschnitt aller Hohlräume, die Geschwindigkeit von der Weglänge, die durch die Bodenkörner, die das Wasser von der geraden Richtung ableiten und umflossen werden müssen, abhängig sein.

In weitaus den meisten Fällen ist jedoch der Boden von Luftbläschen durchsetzt. Der Abfluß des Wassers in lufthaltigem Boden erfolgt zwischen Luftblase und der Wand der Körner, also in sehr engen Räumen, und wird durch die Reibung des Wassers an der Oberfläche der Luft beeinflußt.

Das Absickern des Wassers in die Tiefe ist ein Vorgang, der in allen feinkörnigeren Böden sehr langsam erfolgt und um so langsamer, je dichter der Boden gelagert ist. Während der kühlen Jahreszeit finden sich in fast allen Bodenschichten und in den tieferen Schichten wenigstens in allen humiden Gebieten jederzeit größere oder geringere Mengen von Wasser, das noch absickern kann. Die Amerikaner bezeichnen es als „gravitation water“, im Gegensatz zu dem „capillary water“; man kann die Bezeichnung Senkwasser dafür wählen.

Aus diesen Ausführungen ergibt sich, daß man das Kapillarwasser des Bodens als eine dünne, einheitlich zusammenhängende Wasserhülle der festen Bodenteile anzusehen hat.

Daraus folgt, daß jede örtliche Beeinflussung sofort weiter geleitet wird und Wasserströmungen, die zwar langsam verlaufen, aber ganze Bodenschichten betreffen, auslösen muß, bis wieder Gleichgewicht hergestellt ist.

Das Senkwasser bewegt sich dagegen ziemlich frei in den Hohlräumen des Bodens, sein Abfluß wird nur durch höhere oder geringere Reibung beeinflußt.

4. Die Wasserkapazität des Bodens.

Die Wassermenge, die ein Boden dauernd festhält und vor dem Absickern bewahrt, bezeichnet man als Wasserkapazität, und drückt sie in Gewichtsprozenten des trocknen Bodens, oder in Volumprozenten aus[1]).

Die Wasserkapazität eines Bodens ist abhängig von der Korngröße, der Lagerungsweise und dem Gehalt an quellbaren Bestandteilen.

Korngrößen. Mit Abnahme der Korngröße steigen Oberfläche und die Zahl der kapillar wirkenden Berührungspunkte und damit die Wasserkapazität.

Am reinsten tritt die Wirkung bei Mineralböden hervor. Wollny verwendete Quarzsand und fand z. B. für Körner verschiedener Größe Volumprozent Wasserkapazität:

Durchmesser mm	Volumen Proz.
1—2	3,66
0,25—0,50	4,83
0,11 0,17	6,03
0,01—0,07	35,50

Die Zerkleinerung des Quarzes hatte also die Wasserkapazität verzehnfacht.

Einfluß der Lagerungsweise. Krümelung. Die Bodenkrümel sind als poröse Körner zu betrachten; will man daher den Einfluß der Krümelung auf die Wasserkapazität richtig beurteilen, so

---

[1]) Auch bei Wasserbestimmungen ist der Gehalt stets auf 100 Teile trockenen Bodens zu berechnen, nicht, wie es vielfach geschieht, in Prozenten des feuchten Bodens. Wie wenig die letzte Art der Darstellung geeignet ist, ergibt sich sofort an einem Beispiel: ein Boden, der ein Viertel oder die Hälfte Wasser enthält, würde erdfeucht berechnet 25 und 50 % Wasser haben; auf Trockensubstanz berechnet aber 33 1/3 und 100 %. Der eine Boden enthält also nicht, wie die ersten Zahlen vermuten lassen würden, die doppelte, sondern die dreifache Menge Wasser als der zweite. Eine Ausnahme kann man bei den Torfböden machen, die in erdfeuchtem Zustande oft sehr wenig (6—10 %) Trockensubstanz enthalten, deren Angabe übersichtlicher ist, als wenn man dafür 900—1600 % Wasser einstellt.

sind die Krümel mit gleich großen nicht porösen Körnern zu vergleichen. Die Größe der Krümel ist oft recht beträchtlich und da auch Gesteinskörner etwa über 0,5 mm Durchmesser sehr wenig Wasser festhalten, so geht daraus hervor, daß die Größe der Bodenkrümel kaum Einfluß auf die Wasserkapazität übt. Wollny gibt folgende Werte in Volumprozenten:

	Durchmesser mm	Wasser Volumen Proz.
Lehmpulver	0,00—0,25	42,91
Lehmkrümel	1—2	31,51
„	2—4	32,62
„	4—6,75	32,32
	6,75—9	32,15

Dagegen ist die Wasserkapazität des pulverigen, in Einzelstruktur befindlichen Lehmbodens durch die Krümelung um ein Viertel erniedrigt worden. Es ist dies ein für die Praxis wichtiger Vorgang. Feinkörnige Bodenarten können durch Kultur und Düngung einen schädlichen Überschuß an Wasser verlieren und dadurch im hohen Grade verbessert werden.

Die Bodenkrümel enthalten die Hauptmengen ihres Wassers in ihren inneren kapillar wirkenden Räumen; jedes Krümel ist gewissermaßen ein selbständiger Wasserbehälter, der nur an den Berührungspunkten mit den anderen Bodenteilen in Verbindung steht. Hierdurch wird die kapillare Wasserbewegung stark verlangsamt; dagegen der Abfluß des Senkwassers durch die großen Hohlräume zwischen den einzelnen Körnern sehr erleichtert.

Aus diesem Verhalten geht hervor, daß nach Niederschlägen, sowie in feuchter Zeit der absolute Wassergehalt der Böden in Einzelkornstruktur wesentlich höher ist als der gekrümelter Böden. Zahlreiche Bestimmungen des Verfassers in gewachsenen Böden haben dies Verhalten bestätigt. Wenn trotzdem die Krümelung die Wasserführung des Bodens in Trockenzeiten günstig beeinflußt, so beruht dies auf verminderter Verdunstung (Seite 350).

Bei Böden mit Einzelkornstruktur wird die Wasserkapazität durch die Dichtigkeit der Lagerung mäßig, dagegen die durchschnittliche Wasserführung des Bodens stark beeinflußt. Ein dicht gelagerter Boden enthält mehr Bodenteile als ein locker gelagerter, somit ist die Oberfläche größer und sind die kapillaren Berührungspunkte zahlreicher als bei lockerer Lagerung; die Wasserkapazität wird gesteigert. Es gilt dies natürlich nur bis zu einem gewissen Grade der Dichtlagerung, da zuletzt die Hohlräume sich soweit verengen, daß sie weniger Wasser zu fassen vermögen und dadurch die durchschnittliche Wasserführung herabsetzen.

Jeder Boden hat daher bei bestimmter Lagerungsweise ein Optimum der Wasserführung, jede Lockerung wie Verdichtung wird dieses beeinträchtigen.

Bestimmung der Wasserkapazität. Bei der Wichtigkeit eines genügenden Wassergehaltes eines Bodens sind zahlreiche Untersuchungen über die Wasserkapazität angestellt worden, ohne daß bisher genügende Übereinstimmung der Ansichten erzielt ist. Es beruht dies zumeist darauf, daß Wasserkapazität und durchschnittliche Wasserführung eines Bodens als gleichwertige Größen behandelt wurden.

Die ersten messenden Untersuchungen wurden von Schübler ausgeführt und seine Methode ist, nur mäßig abgeändert, noch heute in den meisten Laboratorien in Benutzung.

Hierbei wird der Boden in ein Gefäß von bestimmtem Volumen eingeschlämmt und das aufgenommene Wasser durch die Gewichtszunahme ermittelt. Wolff stellte viereckige, unten durch feines Drahtsieb geschlossene Kästchen so in ein Gefäß mit Wasser, daß nur die unterste Schicht des Bodens eintauchte und wog nach 24 Stunden die Gewichtszunahme.

Die auf diesem Wege ermittelten Werte sind nicht nur wertlos, sondern sogar schädlich, da sie dem Praktiker eine ganz falsche Vorstellung von dem Wasservorrat eines Bodens geben. Wenn ein Sandboden, der normal etwa 3—5% Wasser führt, auf diesem Wege einen Wassergehalt von 15—20 % und ein Lehmboden, der normal 16 bis 20 % Wasser führt, 25—30 % aufweist, so ergibt sich die Wertlosigkeit derartiger Bestimmungen ohne weiteres.

A. Mayer und Wollny durchfeuchteten daher den Boden in einer meterlangen Glasröhre von 1—2 cm Durchmesser und bestimmten den Wassergehalt der oberen 10 cm der Röhre nach 24 Stunden. Auch auf diesem Wege werden brauchbare Resultate nicht erlangt.

Man hat bisher die zu ermittelnden Größen nicht scharf genug getrennt. Es ist zu unterscheiden zwischen der Wasserkapazität und der durchschnittlichen Wasserführung eines Bodens.

Die Wasserkapazität ist, wie Kopecky[1]) mit Recht bemerkt, eine physikalische Größe und muß daher für einen Boden konstant sein. Dies kann aber nur statthaben, wenn man unter Wasserkapazität ein ganz bestimmtes Verhältnis des Bodens zum Wasser versteht, im gegebenen Falle kann es sich dabei nur um Feststellung des durch kapillare Kräfte festgehaltenen Wassers handeln. Diese Bestimmung ist möglich, wenn man den Boden, wie es von Briggs und Mc Lane[2]) geschehen ist, einer Einwirkung unterwirft, die das nicht

[1]) Physik. Eigensch. d. Bodens S. 44.
[2]) Exp. St. Rec. 19, S. 426 (1908).

kapillar gebundene Wasser entfernt. Hierzu schleuderten diese Forscher den gleichmäßig durchfeuchteten Boden in einer Zentrifuge, deren Wirkung „dreitausendmal die Kraft der Erdanziehung übertraf", aus. In dieser Weise behandelte Böden sind im Gleichgewichtszustande und geben kein Wasser kapillar aneinander ab. Der gefundene Wassergehalt schwankte zwischen 3,6% bei sandreichen Böden und 46,5% bei einem schweren Tone. Je 1% Ton oder organische Substanz hielten 0,62 %; je 1 % Staub hielt 0,13 % Wasser zurück. Grobkörnige Sande hielten keine meßbare Menge Wasser zurück.

Nach Meinung des Verfassers gehört den Grundlagen dieser Methode die Zukunft; erst durch ihre Anwendung wird die Wasserkapazität eine konstante Größe. Zugleich ist zu erwarten, daß damit eine vergleichbare Bestimmung der Bodenoberfläche erlangt wird. Voraussetzung richtiger Resultate ist jedoch die Anwendung von erdfeuchtem, nicht ausgetrocknetem Boden; die Methode bedarf ferner noch der theoretischen Durcharbeitung.

5. Wasserführung des Bodens.

Für die Praxis wichtig ist die Kenntnis der durchschnittlichen Wasserführung, d. h. jener Wassermenge, die der Boden von einem Niederschlag bis zum andern durchschnittlich enthält, die bei Beginn der Vegetation vorhanden ist und den Wasservorrat bezeichnet, welcher der Vegetation vom Boden geboten wird. Diese Wassermenge ist fast durchweg erheblich größer als die Wasserkapazität, da es sich nicht nur um Kapillarwasser, sondern auch um eine bestimmte Menge von Senkwasser handelt. In Sandböden der Wälder bei Eberswalde fand z. B. der Verfasser im Durchschnitt etwa 3—5% Wasser; die wahre Wasserkapazität dieser Böden wird dagegen nur selten 1% übersteigen.

Die erste Voraussetzung zur richtigen Bestimmung der durchschnittlichen Wasserführung ist die Anwendung des Bodens in ursprünglicher, unveränderter Lagerung, da hiervon die Geschwindigkeit des Absickerns im hohen Grade abhängig ist. Da es sich um eine variable, mit den äußeren Verhältnissen wechselnde Größe handelt, wird man sich mit annähernden Werten begnügen müssen; man wird den Wassergehalt des Bodens zu bestimmen haben, wenn das leicht absickernde Wasser entfernt ist. Hierzu ist Gelegenheit gegeben durch die Bestimmung des Wassers in einem Volumen gewachsenen Bodens im Frühjahr, nachdem 5—10 Tage Niederschläge nicht stattgefunden haben.

Zu andern Jahreszeiten kann man sich der Methode von Kopecky bedienen, der ein kleines Volumen gewachsenen Bodens durchfeuchtet und das Gefäß nach dem Ablaufen der Hauptmenge des Wassers auf Pulver des gleichen Bodens aufsetzt und dies so lange wiederholt, bis das trockene Pulver sich nicht mehr durchfeuchtet.

Annähernd gleiche Resultate erhält man bei Anwendung folgender Methode, die sich durch ihre Einfachheit empfiehlt. Man durchfeuchtet ein kleineres, etwa mit dem Apparat von Kopecky entnommenes Bodenvolumen und saugt es mit der Wasserluftpumpe so lange ab, als noch tropfbar flüssiges Wasser abläuft. Um Verluste durch den starken Luftstrom zu vermeiden, kann man die zugeführte Luft durch ein großes mit durchfeuchtetem Asbest oder dergleichen gefülltes Gefäß streichen lassen.

Es mag hier Gelegenheit genommen werden, auf die Bedeutung des Senkwassers neben dem Haftwasser für die Versorgung der Vegetation mit Wasser und überhaupt auf die Wasserführung der Böden hinzuweisen.

In sehr vielen Fällen geht die Verdunstung so rasch voran, daß die dem Haftwasser entsprechende Menge nicht mehr in den oberen Bodenschichten vorhanden ist. Dann wird das Wasser der tieferen Bodenschichten von Bodenkorn zu Bodenkorn durch die Wirkung der Oberflächenspannung geleitet werden und werden natürlich auch die zum Senkwasser gehörigen Mengen zum Ausgleich herangezogen.

Hierdurch wird ein Teil des Senkwassers, der noch nicht bis zum Grundwasser abgesunken ist, wieder nach oben geleitet und dem Boden erhalten. Man kann dabei nicht von einem kapillaren Aufstieg in Röhren sprechen, es sind aber kapillar wirkende Kräfte, die auf die Wasserführung des Bodens merkbaren Einfluß haben.

6. Der kapillare Aufstieg des Wassers.

Der Aufstieg des Wassers in kapillar wirkenden Räumen oder Röhren kann nur stattfinden, wenn eine freie Wasserschicht vorhanden ist. Im Boden ist dies das Grundwasser; außerdem können noch örtliche Ansammlungen von Wasser auf Steinen mit unebener Oberfläche, auf Tonschmitzen und dergleichen statthaben. Soweit bisher die Untersuchungen reichen, scheint jedoch nur das Grundwasser Einfluß zu üben.

Die Hubhöhe ist vom Durchmesser der kapillar wirkenden Räume abhängig und ihm umgekehrt proportional. Je kleiner die Bodenkörner sind und je gleichmäßiger und dichter sie gelagert sind, um so höher kann das Wasser im Boden aufsteigen. Oberhalb einer Korngröße von 2 mm Durchmesser findet eine nennenswerte Hebung von Wasser nicht mehr statt.

Wie bereits früher besprochen, stehen Hubhöhe und Geschwindigkeit der Wasserbewegung in einem gewissen Gegensatz, so daß bei einer bestimmbaren mittleren Korngröße (etwa die des Staubes und sehr feinen Sandes 0,05—0,1 mm Durchmesser) der Wassertransport am größten ist.

Lockerung kann bei sehr dicht gelagertem Boden, Verdichtung bei locker gelagertem die kapillare Wasserhebung steigern, so daß also auch bei einer mittleren Dichtigkeit ein Optimum der Wasserhebung eintritt.

In gekrümelten Böden, zumal bei größerem Durchmesser der Einzelkrümel ist die kapillare Wasserhebung vielfach unterbrochen oder von viel geringerer Wirkung als bei Böden mit Einzelkornstruktur.

Da Wasserhebung erst eintreten kann, wenn eine freie, nicht bereits durch Kapillarkräfte gebundene Wasseroberfläche vorhanden ist, so bedürfen Böden fern vom Grundwasser erst eines hohen Wassergehaltes, ehe sie imstande sind, an trockenere Schichten Wasser abzugeben. Es tritt dies erfahrungsgemäß ein, wenn etwa die Hälfte der Hohlräume mit Wasser erfüllt ist (die Hälfte der „größten Wasserkapazität").[1])

In geschichteten Böden wird Wasser so lange steigen, wie es der Oberflächenspannung des Wassers entspricht. In grobkörnigen Schichten ist diese viel niedriger als in feinkörnigen, so daß es häufig vorkommen wird, daß feinkörnige Schichten aus grobkörnigen Wasser kapillar aufnehmen, während der umgekehrte Fall seltener sein wird. Diese Beziehungen sind von Mitscherlich[2]) eingehend behandelt worden. In allen Fällen handelt es sich darum, daß in den verschiedenen Schichten die absoluten Steighöhen verschiedene Werte haben und daß jede einzelne nach der Dicke der Schicht einzusetzen ist, daß alle zusammen aber der Kapillarkonstante des Wassers entsprechen müssen; ist diese erreicht, so kann Wasser nicht weiter gehoben werden.

Man nehme z. B. an, daß die kapillare Steighöhe in einem mittelkörnigen Sande 25 cm, in einem darüberliegenden Lehm 75 cm beträgt. Ist die Sandschicht 30 cm mächtig, so kann kein Wasser aus dem Sande in den Lehm übertreten. Ist die Sandschicht nur 20 cm mächtig, so kann noch soviel Wasser übertreten als einer Sandschicht von 5 cm entspricht, es können sich, da die angenommene Steighöhe des Lehms dreimal so groß als die des Sandes ist, noch die unteren 15 cm des Lehmes mit Wasser füllen. Liegt der Lehm unten, der

---

[1]) Schuhmacher, Physik des Bodens 1864.
[2]) Bodenkunde S. 170.

Sand oben, so ist die Steighöhe erst bei 75 cm Lehm erschöpft; würde die Schicht 50 cm mächtig sein, so würden noch 5 cm der Sandschicht Wasser aufnehmen können. Praktisch gestaltet sich die Sache so, daß die Geschwindigkeit der Wasserbewegung in einem grobporigen Sande rasch genug ist, um den überlagernden Lehm mit Wasser zu versorgen; dagegen ist in einem Lehmboden die Geschwindigkeit der Wasserbewegung so langsam, daß in dem auflagernden Sande nur ganz ausnahmsweise Wasser in merkbarer Menge übertreten wird.

Für die Praxis gestaltet sich hiernach die Wasserverteilung innerhalb der kapillaren Steighöhe so, daß aus grobkörnigen Böden in feinkörnige Wasser übertritt; dagegen aus feinkörnigen den aufliegenden grobkörnigen Böden keine nennenswerte Menge Wasser geliefert wird.

Die Wasserführung eines Bodens in der Nähe des Grundwassers entspricht der „größten Wasserkapazität" des Bodens. Es ist dies eine stark wechselnde und nicht einmal für die Schichten desselben Bodens gleiche Größe. Es liegt kein Grund vor, diese Bezeichnung beizubehalten.

Die Untersuchungen gewachsener Böden zeigen, daß die Bedeutung des kapillar gehobenen Wassers sich nur auf Bodenschichten von wenig Dezimeter Mächtigkeit beschränkt.

H. Grebe[1]) untersuchte mittelkörnige Diluvialsandböden, er sagt: „Die Steighöhe des Grundwassers scheint sich bei gröberem Diluvialsand (40—50 % des Bodens bis 0,3 mm Durchmesser, 50 bis 54 % über 0,3 mm Durchmesser) nicht über ⅓ m, bei feinkörnigerem Sande (ca. 80 % unter ⅓ mm Durchmesser) nicht über ½ m geltend zu machen."

Untersuchungen des Verfassers[2]) zeigten, daß in feinkörnigem Diluvialsand (70—90 % kleiner als 0,25 mm) die kapillare Hebung nur etwa 40 cm über den Grundwasserspiegel erfolgt. In 20 cm Abstand fanden sich 10—16 % Wasser, in 40 cm noch 5—7 % Wasser, die höheren Bodenschichten zeigten keinen merklichen Unterschied im Wassergehalt gegenüber anderen Sanden gleicher Zusammensetzung.

Neuere Untersuchungen bestätigen dies Verhalten. F. H. King zeigte, daß der Gewinn an Wasser durch kapillare Hebung in schweren Böden bei einem Abstand des Grundwassers von 1—1½ m gering war.[3])

---

[1]) Zeitschr. f. Forst- u. Jagdw. 1885, S. 387.
[2]) Forsch. d. Agrik.-Phys. 11, S. 327.
[3]) Exp. St. Rec. 2, S. 442.

Auch für Moorböden[1]) hat die kapillare Wasserhebung nur geringe Bedeutung. Senkung des Wasserstandes unter 70 cm für Feldfrüchte, 40—50 cm für Wiesen ist schon bedenklich; ein Beweis, wie langsam die Wasserleitung erfolgt.

In schwerem Ton und Lehmboden ist die Steighöhe des Wassers sehr hoch, Mitscherlich berechnete 2—3 km; die Wasserbewegung ist jedoch so gering, daß diese Böden praktisch als undurchlässig zu bezeichnen sind. In Bodenschichten, die größere Mengen kolloider Stoffe enthalten wird wohl der Bodenraum völlig mit gequollenen Stoffen erfüllt, so daß unter den gewöhnlichen Druckverhältnissen Wasser überhaupt nicht hindurchtreten kann. Wer Gelegenheit gehabt hat, mit kolloiden Humusstoffen zu arbeiten, wird deren Undurchlässigkeit selbst in recht dünnen Schichten genügend kennen gelernt haben. Die Abhängigkeit der Eigenschaften der Gele von dem Drucke, unter denen sie stehen, beeinflußt auch die Durchlässigkeit kolloidhaltiger Böden, jedoch liegen hierüber noch wenig Untersuchungen vor.[2])

Unter den in der Natur verbreitet vorkommenden Bodenarten zeichnet sich der Löß durch seine kapillaren Wirkungen aus. Verschiedene Ursachen veranlassen dieses Verhalten. Der Gehalt an tonigen Teilen ist gering; fast die ganze Masse des Bodens besteht aus Staub und Feinsand, also Korngrößen, die dem Wassertransport am günstigsten sind. Hierzu kommt die ausgesprochene poröse Struktur des Löß, die in seiner ganzen Masse von feinen Kanälen durchzogen wird, die untereinander wohl vielfach Verbindung besitzen. Hierdurch kommen lange Leitungsbahnen zustande, die Wasser auf kurzem Wege, nicht verlangsamt durch zahlreiche Umwege, die vorgelagerte Körner verursachen und mit geringer Reibung leiten. Es ist anzunehmen, daß die kapillare Wasserhebung für Lößböden in viel höherem Maße in Tätigkeit tritt, als bei irgend einer anderen Bodenart.

7. Das Eindringen des Wassers im Boden. Durchlässigkeit.

Die Vorgänge beim Eindringen des Wassers in den Boden machen eine kurze Darstellung der hauptsächlich in Betracht kommenden Tatsachen der Kapillarwirkungen wünschenswert.

Übrigens gibt jedes Kompendium der Physik Auskunft.

In horizontal liegenden gleichweiten Kapillarröhren bilden sich an beiden Seiten eines Wasserfadens die Menisken in einander entgegengesetzter Richtung. Der Wasserfaden befindet sich im Gleich-

---

[1]) Weber, Hochmoor von Augstumal, S. 145.

[2]) W. Spring, Ann. soc. géol. de Belge 29, S. 17 (1902).

gewicht und läßt sich durch geringe Kraft z. B. die Schwerkraft beim Neigen der Röhre verschieben. Stellt man das Rohr senkrecht, so kehrt sich am unteren Ende der Meniskus um, so daß beide im gleichen Sinne wirken und das Wasser zurückhalten.

Sind die Kapillaren nicht gleichweit, sondern wechseln kapillar wirkende mit nicht kapillarwirkenden Räumen, so hört dies Ansteigen des Wassers bei der ersten Erweiterung auf. Dringt das Wasser aber durch irgendeinen Druck bis zur nächsten kapillar wirkenden Stelle, so wird die ganze Wassermasse festgehalten, sofern dies der Kapillarwirkung der oberen Kapillare entspricht. Reicht der Druck nur bis zur teilweisen Füllung der weiteren Röhre, so fließt das Wasser zurück und erfüllt nun die unterste Spitze der Röhre. Nimmt man jedoch die Röhre rasch aus der Flüssigkeit, so bildet ein unten austretender Tropfen einen Meniskus, der dem Druck des vorhandenen Wassers entspricht und Auslaufen findet nicht statt; zerstört man den Tropfen fortgesetzt, so läuft dagegen das Wasser ab.

Treten Wasser und Luft gleichzeitig in das Rohr ein, so können kleine Menisken erhebliche Wassermengen zurückhalten; anderseits können kleine Menisken auch den Eintritt des Wassers verhindern. Dringt neben Wasser gleichzeitig Luft in die weiten Räume des Rohres ein, so fließt das Wasser an den Wandungen des Hohlraumes herab, ohne diesen selbst anzufüllen.

Im Boden tritt nun dieser letzte Fall am häufigsten ein; fast alle Böden führen eine große Zahl lufterfüllter Räume, die die Wasserbewegung stark beeinflussen. Ferner tritt der 3. Fall, Abfließen aus nicht kapillar wirkenden Räumen allgemein auf, da die Mächtigkeit der meisten Bodenschichten und ihr Abstand vom Grundwasser die kapillare Steighöhe übertrifft; während Anhalten des Wassers durch Tropfenbildung nur auftritt, wenn Kapillaren in lufterfüllte, nicht kapillar wirkende Räume einmünden, wie es namentlich in grob gekrümelten Böden der Fall ist.

Die Kapillarkräfte wirken dabei im Boden nach allen Seiten gleichmäßig, nach unten verstärkt durch die Schwerkraft. Bei Böden, die von meteorischen Niederschlägen auf der ganzen Fläche gleichmäßig getroffen werden, tritt dies wenig hervor, sehr wesentlich aber bei Bewässerungen, zumal durch Gräben .

Bei schweren Böden ist der Einfluß der Schwerkraft am geringsten, steigt aber mit Zunahme der Korngröße.

Benetzungswiderstand trockener Böden. Auf lufttrocknen, namentlich sehr locker gelagerten, pulverförmigen Böden, wie sie bei humosen Böden und Humusböden nicht selten die Oberschicht bilden, kann man häufig beobachten, daß nach Regen das Wasser nur sehr wenig eingedrungen ist. Im Chausseestaub ist nicht selten die durchfeuchtete Schicht nach Gewittern ganz dünn; auf schwach humosen Sandböden findet man oft noch viele Stunden nach dem Regen in Vertiefungen Wasser angesammelt und den darunter liegenden Boden noch staubtrocken; ähnliche Erfahrungen kann man bei feinpulverigen Torfböden machen. Unter stark ausgetrockneten Schichten von Rohhumus findet man den Boden oft nach tagelangem Regen noch trocken.

Die Ursache dieses Verhaltens ist wohl überwiegend in einem Gehalte dieser Böden an harzigen und wachsartigen Stoffen zu suchen, die oft in erheblicher Menge im Boden vorkommen. C. Grebe[1]) zeigte, daß in vielen Sandböden harzige Stoffe vorkommen; in Heideböden und Torfen beläuft sich der Gehalt an solchen oft auf mehrere Prozente. Einmal ausgetrocknet überziehen diese unbenetzbaren Stoffe wohl die Bodenteilchen und setzen ihrer Durchfeuchtung starken Widerstand entgegen.

Von anderen Einflüssen schreibt man namentlich den adsorbierten Lufthüllen, die vom Wasser wenigstens zum Teil verdrängt werden müssen, Einfluß zu. Solange diese Fragen noch nicht genügend bearbeitet sind, tut man gut, ihre Gesamtwirkung unter der Bezeichnung „Benetzungswiderstand“ zusammenzufassen.

Das Eindringen des Wassers im Boden erfolgt um so leichter, je mehr Hohlräume der Boden enthält und je größer die einzelnen Hohlräume sind. Wasser dringt daher am leichtesten in Sandböden und in gekrümelte Bodenarten ein, ferner erfüllt es alle Spalten, die Röhren der erdlebenden Tiere, kurzum, alle größeren Hohlräume des Bodens. Zugleich sättigen sich poröse Bodenkörper, wie es z. B. alle Krümel sind, kapillar mit Wasser; das gleiche gilt, wenn auch langsamer wirkend, für alle mehr oder weniger ausgetrockneten Bodenteile.

In locker gelagerten, gekrümelten oder mit einer Schicht von abweichender Struktur bedeckten Böden kann es zeitweise zur Ansammlung erheblicher Wassermengen kommen. An den Endungen der kapillaren Räume, die in nicht kapillar wirkende einmünden, bilden sich Menisken und Tropfen, die den Wasserabfluß zunächst hindern und deren Tropfen nur allmählich an den Wandungen der größeren Hohlräume zum Abfluß kommen. Es tritt dies nach Regen in gekrümelten Böden namentlich ein, wenn der Wassergehalt der oberen Bodenschichten durch Verdunstung vorher stark vermindert war. Nach sömmerlichen Niederschlägen findet man dann oft die oberste Bodenlage mit Wasser gesättigt, erst nach einiger Zeit stellt sich der normale Zustand wieder her.

---

[1]) Zeitschr. f. Forst- u. Jagdw. 19, S. 157.

Die Wassermenge, welche die kapillare Sättigungsgröße des Bodens übersteigt, ist Senkwasser und ihr weiteres Verhalten hängt von der Durchlässigkeit des Bodens ab.

Die **Durchlässigkeit** ist abhängig von der Korngröße, Lagerungsweise, dem Gehalt an Kolloiden und Elektrolyten und von der Schichtung des Bodens.

Korngröße und Lagerungsweise der Böden beeinflussen die Größe der Hohlräume des Bodens, von der die Geschwindigkeit des Durchtrittes des Wassers zunächst abhängig ist. In Gemischen verschiedener Korngröße ist der Einfluß der feinkörnigen Bestandteile, die zwischen den grobkörnigeren eingelagert sind, vorherrschend, da sie auch schon bei mäßigen Mengen die Größe der Hohlräume stark herabsetzen. Am besten leiten Mineralkörner, namentlich Quarz.

Die Kolloide des Bodens, sowohl Ton wie Humus, beeinflussen die Durchlässigkeit erheblich und setzen sie unter Umständen schon bei geringem Gehalte erheblich herab. Namentlich gilt dies für die absorptiv ungesättigten Kolloide, die durch ihre starke Quellbarkeit wirken.

Die Salze der Bodenlösung üben je nach der Stärke ihrer Dissoziation und nach ihren Jonen Einfluß auf die Durchlässigkeit der Böden aus. Es treten hierbei dieselben Erscheinungen hervor, die bei der Ausflockung durch Salze besprochen sind.

Kalisalze vermindern den Durchtritt, im gleichen Sinne, aber weniger stark, wirken Natronsalze. Besonders gilt dies für Chloride und Nitrate. So setzte nach Beeson[1]) Zugabe von $^1/_{10}$% Chilisalpeter den Wasserabfluß auf $^1/_{20}$ herab. Kalksalze, namentlich Ätzkalk, steigern den Wasserabfluß. A. N. Pearson[2]) versetzte drei Tonböden je mit ¼ und ½% Ätzkalk. Eine Wasserschicht von 2 Zoll brauchte zum Durchsickern:

	Boden I	Boden II	Boden III
ohne Kalk	6 Tg. 4 St. 17 M.	12 Tg. 11 St. 28 M.	26 Tg. 19 St.
¼% „	12 „ 42 „	10 „ 2 „ 45 „	7 „ 23 „ 15 M.
½% „	9 „ 56 „	5 „ 6 „ 30 „	2 „ 12 „ 30 „

Die Mächtigkeit einer Bodenschicht ist auf die Gesamtmenge des absickernden Wassers ohne Einfluß. In Rothamsted flossen im Mittel von 25 Jahren ab:

	Jahr	Winter	Sommer
in 50 cm Tiefe	376 mm	275 mm	101 mm
in 100 „ „	399 „	292 „	107 „
in 150 „ „	376 „	275 „	101 „

1) Journ. Am. Chem. Soc. (1897), 19, S. 620.
2) Chem. News (1892), 66, S. 53.

Die Schichtung eines Bodens übt dagegen auf das Absickern des Wassers beträchtlichen Einfluß und wird durch die undurchlässigste Schicht bestimmt, auch wenn sie nur geringe Mächtigkeit besitzt.

Eine eigentümliche und namentlich in geneigten Lagen wichtige Rolle spielen in den Waldungen Schichten von Trockentorf oder Rohhumus, die hohe Wasserkapazität haben und beträchtliche Mengen Wasser aufzunehmen vermögen. Häufig hindert der Rohhumus, zumal wenn er dicht verfilzt ist, den Durchtritt des Wassers im hohen Grade. In schwach geneigten Lagen findet man dann den Boden unter der Humusschicht auch nach stärkeren Niederschlägen trocken; in stark geneigten Lagen fließt das Wasser oberflächlich ab und kann hierdurch wesentlich zur Steigerung der Hochwässer beitragen.

Die Schnelligkeit des Absickerns des Wassers ist endlich vom Wassergehalt des Bodens abhängig. Es ist dies eine indirekte Wirkung, die von den im Boden vorhandenen Luftblasen ausgeht, die in wasserarmen Böden leichter auszuweichen vermögen, allseitig von Wasserschichten umgeben jedoch fast unbeweglich werden (vgl. Durchlüftung d. B.) und dem Wasser nur noch die Bewegung entlang den festen Wänden des Bodens gestatten.

Hieraus erklärt es sich, daß starke Niederschläge, wenigstens nach vorhergegangener trockener Zeit, zumeist in zwei Wellen ablaufen. Die erste Welle erscheint früh, sie setzt sich zum großen Teil aus dem Wasser zusammen, das Spalten und größere Hohlräume des Bodens erfüllt hat; die zweite Welle verläuft langsam; ihr Wasserabfluß entspricht den Verhältnissen des gesättigten, von Luftblasen durchsetzten Bodens.

Die Verhältnisse der Wasserbewegung in tieferen Bodenschichten sind bisher wenig untersucht. In gleichmäßig dicht gelagerten Bodenschichten ist die Bewegung der Senkwässer nur von der Weite der Räume zwischen den einzelnen Bodenteilen abhängig.

Die Tiefe, in der sich das Verhalten des Bodens ändert, ist dort anzunehmen, wo die Dichte der Lagerung konstant wird und die Einflüsse des organisierten Lebens aufhören oder doch gering werden. In schweren Böden kann dies bereits in der Tiefe von einem halben Meter der Fall sein, in anderen Fällen sich indessen sehr weit erstrecken. Im allgemeinen wird man annehmen können, daß der Einfluß unter etwa 70—80 cm gering wird. Verfasser fand diese Grenze für fein- bis mittelkörnige Sandböden. Bei Drainage der Böden sind etwa gleiche Tiefen ausreichend, bereits eine wesentliche Änderung im Wassergehalt der hangenden Schichten herbeizuführen; man kann daran festhalten, daß es der „Untergrund" ist, welcher gleichbleibende Verhältnisse aufzuweisen hat.

Wird diesen Schichten durch Niederschläge Wasser zugeführt, so übt dies entsprechend seiner Menge Druckwirkungen auf das Wasser der tieferen Bodenschichten aus, die sich nach unten fortsetzen und die ganze Wassersäule in Bewegung setzen. Es wird Wasser an das Grundwasser abgegeben, bis die frühere Verteilung wieder hergestellt ist.

Vielfach ist die Abhängigkeit des Grundwasserstandes von den Niederschlägen festgestellt worden; die austreibende Vegetation im Frühling beeinflußt regelmäßig den Grundwasserstand auch in erheblicher Tiefe. Diese Wirkung setzt an der Oberfläche ein. In sehr vielen Fällen ist das zum Grundwasser abfließende Wasser aber nicht identisch mit dem Wasser der Niederschläge, welche sein Absickern veranlassen, sondern kann bereits lange, in manchen Fällen Jahre vorher dem Boden zugeführt sein.

A. Einfluß der Temperatur.

Mit steigender Temperatur vermindern sich Kohäsion und Zähigkeit des Wassers sehr beträchtlich und wird hierdurch das Abfließen des Bodenwassers erleichtert. Diese Einwirkung ist bei niederen Temperaturen am stärksten, da die Zähigkeit in der Nähe des Nullpunktes sehr hoch ist und mit steigender Temperatur erst rasch, dann langsam sinkt.

Bei Versuchen fand King[1]) die Menge des aus einem Boden abfließenden Wassers bei 9° zu 6,15 g und bei 32,5° zu 10,54 g in der Minute.

Im Boden treten diese Wirkungen in merkbarer Größe wohl nur in den Oberschichten hervor, die im Laufe eines Tages, wenigstens in der warmen Jahreszeit, stärkere Unterschiede der Temperatur aufweisen. Bedenkt man, daß die täglichen Temperaturschwankungen bei 0,70 m unmerklich werden, so kann man den unmittelbaren Einfluß der Temperatur auf den Wasserabfluß nur gering einschätzen.

Stärker ist die mittelbare Einwirkung der Temperaturschwankungen auf die im Boden vorhandenen Luftblasen. Der hohe Ausdehnungskoeffizient der Gase ($^1/_{273}$) und das große mit Luft erfüllte Volumen der Böden führt dazu, daß auch kleine Schwankungen der Temperatur die Wasserbewegung stark beeinflussen. Jede Steigerung der Temperatur vermehrt, jede Erniedrigung vermindert das Volumen, so daß jede Gasblase im Boden nach Art einer Pumpe wirkt. In welcher Stärke dies sich geltend macht, ersieht man aus einer Berechnung. Nimmt man an, daß ein Boden 20 Volumprozent Luft enthält, so würde in einem Kubikmeter Boden bei einer Temperatur-

[1]) U. St. Weather Bur. No. 5, S. 66 (1892).

erhöhung von $^1/_{10}{}^0$ bereits die Volumvermehrung des Gases 73 ccm betragen.

Die Erfahrung, daß der Wasserausfluß aus Drainröhren in der Regel während der Nacht aufhört, erklärt sich hinreichend aus dieser Einwirkung.

B. Einfluß des Luftdruckes.

Der Einfluß des Luftdruckes vermindert und vermehrt das Volumen der Luftblasen des Bodens; steigender Luftdruck vermindert, fallender steigert hierdurch den Abfluß des Bodenwassers. Die Wirkung des Luftdruckes tritt namentlich bei raschem Wechsel des Barometerstandes hervor und bedingt nicht selten Änderungen in der Ergiebigkeit von Quellen. Kopecky[1] gibt ein Beispiel für die Franzensquelle in Franzensbad, die in der Minute Wasser lieferte:

	Barometer-stand	Liter für Minute
2. März 1886	726 mm	20 l
3. „ „	704 „	29 l
8. „ „	734 „	15 l

Die Kenntnis der Durchlässigkeit eines Bodens ist namentlich für Zwecke der Drainage und der Bewässerung wichtig.

C. Bestimmung der Durchlässigkeit.

Die Bestimmung der Durchlässigkeit an getrockneten und zerkleinerten Böden ist ohne praktischen Wert. Brauchbare Zahlen sind nur bei Untersuchung nicht getrockneter Böden in natürlicher Lagerung zu erlangen.

Kopecky benützt eine dem gewachsenen Boden entnommene Probe und mißt den Durchtritt des aufgefüllten Wassers durch eine Schicht von 10 cm Mächtigkeit. Er empfiehlt runde Apparate von 160 mm Durchmesser (fast genau 200 cm² Oberfläche). Bringt man Wasser auf, so hat sich der Boden nach zwei Tagen mit Wasser gesättigt; hierauf wird die Wassermenge gemessen, die in 24 Stunden hindurchtritt. Als „relative Durchlässigkeit" bezeichnet dann Kopecky die Wassermenge in ccm, die durch eine Bodensäule von 10 cm² Oberfläche und 10 cm Dicke in 24 Stunden durchsickert.

Man kann diese Größen beibehalten, wird aber zur Bestimmung der Durchlässigkeit einen konstanten Druck, etwa 1 m Wassersäule benützen müssen, um sichere Zahlen zu erhalten.

---

[1]) Phys. Eig. des Bodens, S. 46.

8. Die Wasserverdunstung des Bodens.

Die Wasserverdunstung wird gemessen an dem Wasserverlust (ccm oder g) in der Zeiteinheit; die Verdunstung kann auf Oberfläche, Gewicht oder Volumen des Bodens bezogen werden.

Die Verdunstung von Wasser aus dem Boden ist abhängig 1. von den meteorologischen Einflüssen (Temperatur, Dampfspannung der Luft, Luftbewegung); 2. von der physikalischen Beschaffenheit und der chemischen Zusammensetzung der Böden; 3. Lage der Böden (Exposition, Neigung); 4. von der Pflanzendecke.

A. Meteorologische Faktoren.

Die Verdunstung ist zunächst abhängig von der Dampfspannung des Wassers, die mit der absoluten Temperatur rasch steigt. Man gibt die Dampfspannung in Millimeter Quecksilberdruck an und bezeichnet die in der Luft vorhandene mit e, die maximale mit E.

Zur Messung der Menge Wasserdampfes in der Luft bedient man sich folgender Bezeichnungen:

Absolute Feuchtigkeit. Gewicht des Wasserdampfes in der Volumeinheit Luft. Die Meteorologie rechnet in g Wasserdampf auf 1 cbm Luft.

Spezifische Feuchtigkeit. v. Bezold bezeichnet hiermit das Gewicht des Wasserdampfes in Gramm in einem Kilogramm feuchter Luft.

Relative Feuchtigkeit. Die Menge der vorhandenen im Vergleich zur möglichen Feuchtigkeit, also e : E. Der Quotient ist die relative Feuchtigkeit und wird in Prozenten ausgedrückt.

Es sind dies die gebräuchlichsten Größen, die aus langjährigen Mitteln für einen großen Teil der Erdoberfläche hinreichend bekannt sind.

Nahezu vollständig lassen dagegen die Beobachtungen im Stich für die Größe der möglichen Verdunstung. Die ganze Ausdrucksweise lehrt, daß die Meteorologie den Wert auf die vorhandene Feuchtigkeit legt, während die fehlende, eigentlich die Verdunstung regulierende nur durch die relative Feuchtigkeit in ganz ungenügender Weise aus den jetzigen Tabellen zu ersehen ist.

Die Größe der Verdunstung würde am richtigsten durch den Gewichtsverlust einer Wasserschicht gemessen werden. Leider fehlen hierfür noch brauchbare Apparate. Als zweiten Ausdruck kann man die zur Maximalmenge fehlende (also E — e) Menge Wasserdampf rechnen und dieses Sättigungsdefizit ausdrücken in Millimeter

Quecksilberdruck (gewöhnlich schlechthin als Sättigungsdefizit bezeichnet) oder in Gramm Wasser für 1 cbm Luft.[1])

Um die Verwertbarkeit der meteorologischen Bestimmungen zu zeigen, mögen folgende Zahlen nach Masure[2]) als Beispiel dienen.

Einfluß der Temperatur.

Luftfeuchtigkeit	Temperatur	Verdunstung für Tag
84%	10,7°	0,24 mm
84%	12,0°	0,40 ,,
84%	17,0°	0,50 ,,

Einfluß der fehlenden Luftfeuchtigkeit.

Temperatur	Luftfeucht. relative	Sättigungs-Defizit mm	Fehlende Gr. Wasser im cbm Luft	Verdunstg.
17,6°	74%	3,89 mm	3,9 cbm	0,93 mm
17,7°	79%	3,17 ,,	3,2 ,,	0,62 ,,
17,0°	89%	1,59 ,,	1,6 ,,	0,38 ,,
17,2°	91%	1,32 ,,	1,4 ,,	0,25 ,,

B. Luftbewegung.

Der Einfluß der Luftbewegung auf die Verdunstung läßt sich schwerer in Zahlen fassen als die übrigen Größen. Die über eine Fläche strömende Luftmenge ist erheblich, sie wird in manchen Fällen entscheidend für die Höhe des Wasserverlustes.

Bei ruhender Luft wird sich die über einer Wasserfläche oder einem feuchten Boden lagernde Luft mit Feuchtigkeit sättigen und ihren Wassergehalt mit dem der benachbarten Luftschichten nur langsam austauschen. Bei bewegter Luft werden jedoch immer neue

---

[1]) Der Begriff „relative Feuchtigkeit" hat namentlich im Gebiete der Biologie bei den Untersuchungen über Pflanzenverbreitung usw. viel zu Irrtümern beigetragen. Die drei bedeutsamsten Faktoren, die nicht nur das organische Leben, sondern auch die Vorgänge der Verwitterung, Bodenbildung usw. beherrschen, sind Temperatur, Niederschläge und Verdunstung. Die beiden ersten Größen sind hinlänglich bekannt, es fehlt aber ein brauchbarer Maßstab bezüglich der Verdunstung. Für letztere substituierte man gewöhnlich die relative Feuchtigkeit, deren Mittelwert dann als bestimmte Größe behandelt wird. Demgemäß erfolgten z. B. Abgrenzungen von Pflanzenprovinzen auch nach der relativen Feuchtigkeit. Ihr schreibt man irrtümlich die Bedeutung zu, die lediglich der Verdunstung eigen ist, um wenigstens etwas über diese auszusagen.

Aus Mittelwerten läßt sich bezüglich der Verdunstungshöhe kein Schluß ziehen; sie ließe sich indes fast mühelos nur durch je eine Subtraktion feststellen aus den täglichen Eintragungen der zahlreichen Stationen. Deshalb ist es unverständlich, weshalb die meteorologischen Institute der Forschung diese wichtigen Daten vorenthalten.

[2]) Forsch. Agrik.-Phys., 4, S. 136.

an Wasserdampf ärmere Luftteile mit der verdunstenden Oberfläche in Berührung kommen und hierdurch starke Wasserverluste herbeiführen. Die stärkste Wirkung üben warme trockne Winde; so ist z. B. bekannt, daß der Föhn einen großen Teil der Schneedecke der Alpen zum Verdunsten bringt.

Den Einfluß der Winde auf den Boden hat Hensele speziell verfolgt.[1]) Die Änderungen, welche er für Bodentemperatur und Verdunstung fand, sind sehr groß. Daß im gewachsenen Boden ähnliche Wirkungen eintreten können, ist nicht zu bezweifeln, wenn auch zahlenmäßige Feststellungen fehlen. Die Einwirkungen werden stärker mit der Geschwindigkeit des Windes und mit dem Winkel, unter dem der Wind den Boden trifft; man kann sie darauf zurückführen, daß der Wind auf die Bodenluft einen Druck ausübt und daß infolge der wechselnden Stärke der Luftbewegung Verdünnung und Verdichtung der Bodenluft und hierdurch starker Wechsel derselben eintritt.

100 qcm Oberfläche verdunsteten bei sehr wasserreichem Boden und 30 cm Höhe der Schicht für 100 qcm Fläche (für Stunde und g)

I bei 17—17,5^0,

II. horizontaler und 10^0 geneigter Boden (16—17,5^0),

III. getrockneter und feuchter Wind und horizontaler Boden,

IV. warmer (40^0) und kalter (12^0) Wind und horizontaler Boden.

Windgeschwindigkeit:	0	3 m	6 m	9 m	12 m
I. Quarzsand	0,23	3,03	4,57	5,50	6,43
Lehmpulver	0,49	2,93	4,83	6,27	7,90
Lehmkrümel	0,31	2,70	4,50	6,23	7,80
II. Lehmkrümel					
horizontal		3,75	5,20	6,97	8,60
30^0 geneigt		5,00	6,73	8,50	10,87
III. Lehmkrümel					
feuchter Wind			4,7		
trockner Wind			9,0		
IV. Quarzsand					
kalter Wind					6,2
warmer Wind					20,3

C. Physikalische Eigenschaften der Böden.

Die Verdunstung erfolgt überwiegend an der obersten feuchten Bodenschicht; in der Regel ist dies die Oberfläche des Bodens.

[1]) Forsch. d. Agrik.-Phys. 1893, 16, S. 311.

Ist der Boden naß, so kommt wesentlich nur die Verdunstung der freien Wasseroberfläche, kaum beeinflußt durch die Bodeneigenschaften, in Betracht. So fand Wollny für Quarzsand, Kalksand, Lehm, Torf, humose Erde innerhalb 10 Tagen für 100 qcm Oberfläche eine Verdunstung von 508—580 g Wasser.

Ist der Wassergehalt ausreichend, die Bodenkörner der Oberflächenschicht dauernd mit einer Flüssigkeitsschicht bedeckt zu erhalten, so ist die Höhe der Verdunstung abhängig von der Größe der Oberflächenschicht und von der Korngröße. Mit abnehmender Korngröße steigt die Verdunstung infolge Zunahme des Dampfdruckes.

Unter diesen Umständen ist die Verdunstung einer feuchten Bodenfläche erheblich größer als die einer freien Wasserfläche. Haberlandt[1]) fand z. B., den Wasserverlust einer freien Wasserfläche =100 gesetzt, für Ackererde 133; für Sand 120; für Moorerde 112.[2])

Alle Vorgänge, welche die Oberfläche des Bodens vergrößern, steigern die Verdunstung feuchter Böden. Es gilt dies für unebene Bodenausformung (Dämme, Hügel, rauhe Furchen, Erdschollen usw.), sowie für alle sehr feinkörnigen Bodenarten.

Die Erfahrung lehrt, daß Böden mit reichlich Wasser davon absolut größere Mengen verlieren als trocknere Böden. Mehr als dem Dampfdruck entspricht kann nicht verdunsten; die absolute Menge des Wassers kann daher keinen unmittelbaren Einfluß üben; wohl aber erfolgt bei reichlichem Wasser dessen Leitung schneller, die verdunstende Oberfläche wird gleichmäßig feucht erhalten und hierdurch erhöht sich der absolute Verlust.

---

[1]) Unt. a. d. Gebiete d. Pflanzenbaues. Wien (1877), 2, S. 29.

[2]) Mohr führt in einer jetzt erschienenen Abhandlung die Unterschiede in der Wasserverdunstung auf die Temperaturen zurück, welche Wasser und Boden je nach Färbung erreichen.

Er gibt folgende Zahlen: 1. Wasser in Zinkgefäßen, die verschiedenfarbig angestrichen sind. 2. Boden verschiedener Färbung.

		Temperatur	Verdunstet
I.	Wasser im Zinkgefäß	30,8—40,0 C	3,88 mm = 100
	„ „ „ (gelb)	30,6—40,1 C	3,84 „ = 100
	„ „ „ (schwarz)	31,0—41,1 C	4,87 „ = 109
	„ „ „ (weiß)	29,9—38,8 C	3,48 „ = 91
	Wasser in Zinkschale		100
II.	Gelber Lateritboden		100—103
	Roter Lateritboden		100—107
	Schwarzer Humusboden		109—129
	Weißer Kalkboden		89—96

In allen Fällen blieb die Verdunstung nasser bis feinster Erde hinter der einer Wasserfläche zurück und wurde sehr gering, sobald die oberste Bodenschicht abtrocknete.

Es liegt hiernach nicht eine Wirkung vergrößerter Bodenoberflächen, sondern veränderter Wärmeaufnahme infolge verschiedener Färbung des Bodens vor.

Die Verdunstung verbleibt in gleichmäßiger Höhe, solange aus den tieferen Schichten das verlorene Wasser ersetzt wird, geschieht dies nicht, so vermindert sich der Wasserverlust und wird stark herabgesetzt, wenn die oberste Bodenlage lufttrocken wird. In diesem Falle „sinkt die verdunstende Schicht" (Wollny), d. h. die trocknen Körner der Oberfläche, die infolge Volumveränderungen in der Regel ihren Zusammenhang mit den tieferen Lagen verlieren und mit ihnen nur noch an wenigen Punkten ihrer Oberfläche in Berührung bleiben, verhalten sich als abweichende Bodenschicht, werden lufttrocken und setzen durch Verminderung der Luftbewegung die Verdunstung stark herab. In gleichem Sinne wirken alle Faktoren im Boden, welche die Geschwindigkeit der kapillaren Wasserbewegung infolge Unterbrechung des Zusammenhanges der Leitungsbahnen herabsetzen, hemmend auf die Größe der Verdunstung. Es sind dies namentlich Krümelung und lockere Lagerung des Bodens.

Je einheitlicher, dichter und gleichmäßiger ein Boden gelagert ist, um so enger sind die lufterfüllten Hohlräume und um so zahlreicher die Berührungspunkte der Körner und um so größer deshalb die durchschnittliche Wasserführung und um so rascher die Leitung des Wassers. In Zeiten reichlicher Niederschläge und geringer Verdunstung wird der Wassergehalt solcher Böden hoch sein, aber auch die Verdunstung in trocknen Zeiten; der Wechsel im Wassergehalte wird hierdurch verstärkt. Zeiten des Übermaßes an Wasser wechseln mit Zeiten der Trocknis ab.

Je lockerer dagegen ein Boden gelagert ist und je ausgeprägter und mächtiger die gekrümelte Schicht des Bodens ist, um so gleichmäßiger gestaltet sich die Wasserführung. Übermaß an Wasser wird rasch an die tieferen Schichten abgegeben und die Verdunstung namentlich in trockenen Zeiten herabgesetzt.

In der Praxis schafft man vielfach künstlich einen Schutz gegen Verdunstung durch Unterbrechung der kapillar wirkenden Räume in Form oberflächlicher Bodenbearbeitung. Flaches Schälen der Stoppelfelder kurz nach dem Abmähen des Getreides und Bodenbearbeitung, zumal oberflächliches Behacken sind ausgezeichnete Hilfen gegen die Wasserverluste der tieferen Bodenschichten.

Noch wirksamer ist es, wenn eine in ihren physikalischen Eigenschaften vom Unterboden stark abweichende Bodenschicht vorhanden ist, wie es im Walde die locker lagernden Streudecken der Laub- und Nadelhölzer sind. In der Praxis wird das gleiche Mittel vielfach bei wertvollen Kulturen nachgeahmt und bei dem Sanddeckverfahren der Moorkultur im großen geübt.

Die Mächtigkeit der Bodenschichten macht sich schon dadurch günstig für den Wassergehalt des Bodens geltend, daß die verdunstende Fläche in einem mächtigeren Boden tiefer sinken kann als in einem flachgründigen. Verliert eine stärkere Schicht auch im Laufe lang anhaltender Trocknis absolut mehr Wasser als eine schwächere, so ist doch die gesamte den Pflanzen zur Verfügung stehende Menge größer und die tieferen Lagen bleiben feuchter; daher tritt frühzeitiges Absterben der Pflanzen, das man als „Ausbrennen“, „Sommerdürre“ usw. bezeichnet, entweder nur auf flachgründigen oder in Böden mit geringer Wasserkapazität häufiger auf.

Einfluß verschiedener Wasserkapazität der Böden auf Eindringen und Verdunstung des Wassers kann oft für die Pflanzenwelt von höchster Bedeutung werden. Schwache sommerliche Niederschläge, welche nur die obersten Zentimeter des Bodens durchfeuchten, verdunsten, ohne der Pflanzenwelt erheblich zu nützen. Wenn die Vegetation nach solchem Regen wie neu verjüngt aussieht, so beruht dies wohl auf direkter Wasseraufnahme durch die Blattorgane der Pflanzen und noch mehr auf der Verminderung der Verdunstung in der feuchteren Luft.

Anders gestalten sich die Verhältnisse zwischen abgetrockneten Böden sehr verschiedener Wasserkapazität. Es tritt dies bereits in unseren Sand- und Lehmböden hervor; noch schärfer werden die Gegensätze in extremeren Klimaten. Nimmt man an, daß ein Sandboden 5 Vol. %, eine Schwarzerde 30 Vol. % Wasserkapazität habe (entsprechend einer Wassersäule von 5 cm bzw. 30 cm in 1 m Bodenschicht), so würde ein Niederschlag von 1 cm Wasser ausreichen, den Sandboden auf 25 cm, den Boden der Schwarzerde auf 3,3 cm zu sättigen. Im Sandboden würde das Wasser tief eindringen und der unmittelbaren Verdunstung entzogen sein, in der Schwarzerde nicht. Nach der Auffassung des Verfassers ist dies Verhalten der Böden gegenüber den sommerlichen Niederschlägen die wichtigste Ursache, daß im Steppengebiet auf sandigen Böden Baumwuchs, auf Schwarzerde Steppenpflanzen herrschend sind.

Hoher Gehalt an Salzen mäßigt die Verdunstung in merkbarer, vielfach in starker Weise. In weitaus den meisten Bodenarten sind lösliche Salze in so geringer Menge vertreten, daß ihr Einfluß zu gering ist, um auf die Größe der Wasserabgabe einzuwirken; in ariden Gegenden mit viel Salz im Boden kann dies allerdings größere Bedeutung erlangen.

Hier soll noch darauf hingewiesen werden, daß die Verdunstung die Salzverteilung im Boden verändert und die oberen Bodenschichten an Salzen anreichert.

Düngung mit Mineralsalzen beeinflußt innerhalb der zur Verwendung kommenden Menge die Wasserverdunstung nur schwach; am stärksten wirksam sind noch die Kalisalze, deren „wassersparende" Wirkung jedoch überwiegend auf biologische Vorgänge zurückzuführen ist. Man kann die Minderung der Dampfspannung der Salzlösungen gegenüber Wasser berechnen, wenn man deren Moleküle bzw. Jonen in der Volumeinheit der Lösung einsetzt. Mitscherlich findet so in einer 5—10% Chlorkaliumlösung ein Sinken der Dampfspannung um 2,5—5%. Versuche haben bisher keine übereinstimmenden Resultate ergeben. Immerhin ist es nicht ausgeschlossen, daß an der obersten verdunstenden Bodenschicht zeitweise höhere Konzentrationen auftreten können.

Den wichtigsten Einfluß auf die Wasserverdunstung der Böden übt eine lebende Pflanzendecke während der Vegetationszeit. Nach Pflanzenart, Entwicklung, Pflanzendichte sind die beanspruchten Wassermengen äußerst verschieden, aber immer so stark, daß die Verdunstung einer geschlossenen Pflanzendecke wohl stets größer ist als die der Bodenoberfläche.

9. Menge des Bodenwassers. Winterfeuchtigkeit.

Die Wässer, die sich im Boden bewegen, kann man als „Bodenwasser" oder „Bodenfeuchtigkeit" bezeichnen. Der Teil des Wassers, der absickert und sich auf einer undurchlässigen Schicht ansammelt, bildet das „Grundwasser".

Nach der Menge der durchschnittlichen Feuchtigkeit unterscheidet man die Böden als:

naß: der Boden ist mit Wasser erfüllt, so daß es beim Herausheben von Abstichen des Bodens abfließt. Nasse Böden haben Grundwasser in geringer Tiefe anstehend und sind in der für den Boden wasserreichsten Zeit des Jahres (Frühling) meist mit Wasser bedeckt;

feucht: der Boden gibt beim Zusammendrücken noch Wasser in Tropfen ab;

frisch: mit mäßigem Wassergehalt, aber ohne daß beim Zusammendrücken Wasser hervortritt, wohl aber zeigen die Bodenteile infolge der vorhandenen Feuchtigkeit mäßigen Zusammenhalt (z. B. frischer Sand gegenüber trocknem Sande);

trocken: überwiegend für Sandböden gebraucht, bezeichnet Böden, deren einzelne Körner kaum mehr einen Wassergehalt erkennen lassen;

dürr: ohne merkbares flüssiges Wasser.

Die Bestimmung des Feuchtigkeitsgrades eines Bodens setzt immer eine längere Kenntnis desselben, oder doch Berücksichtigung des Bestandes, der Bodenflora u. dgl. voraus. Nach Regen können z. B. trockene Sande frisch, frische Böden feucht erscheinen, nach langdauernder Trockenheit kann ein umgekehrtes Verhalten statthaben. Es gilt eben, die durchschnittlichen Verhältnisse richtig anzusprechen.

In Senken ist öfters Grundwasser in erreichbarer Tiefe und stagnierend vorhanden, von dem die benachbarten höheren Lagen frei sind. Solche Stellen leiden, namentlich in feuchten Jahren, durch Übermaß an Feuchtigkeit, sowie durch langsames Erwärmen und verspätetes Erwachen der Vegetation. Man bezeichnet sie als Naßgallen und Böden mit feuchten Untergrund als „kaltgründig".

Untersucht man die Böden auf ihren Wassergehalt, so ergibt sich ein außerordentlich großer Unterschied, je nachdem man es mit überwiegenden Sand-, Lehm-, Ton- oder Humusböden zu tun hat.

Als Regel kann bei bedeckten, gleichartig zusammengesetzten Böden gelten, daß die oberste humose Bodenschicht am feuchtesten ist, hierauf folgen die wasserärmsten Schichten des Bodens; in größerer Tiefe findet sich dann wieder ein etwas höherer, ziemlich gleichbleibender Wassergehalt (entsprechend der geringsten Wasserkapazität der Böden).

Diese Verteilung des Wassers im Boden ist eine Folge der Struktur und des Humusgehaltes der oberen Bodenschichten, sowie des Wasserverbrauches der auf dem Boden wachsenden Pflanzen.

Nackter Boden ist in der Regel an der Oberfläche am trockensten (eine Folge der Verdunstung) und enthält in der Tiefe die der kleinsten Wasserkapazität entsprechenden Wassermengen.

Die Menge des gesamten in den festen Erdschichten enthaltenen Wassers ist sehr bedeutend. Beschränkt man sich auf die Betrachtung der obersten Bodenschichten, so kann als Regel gelten, daß die Sandböden etwa 2—4 Gew. %, entsprechend 3—5 Vol. % Wasser enthalten.[1]) Die Lehmböden dagegen 10—20 Gew. %, entsprechend etwa 15—25 Vol. %.[2])

Natürlich wechselt der durchschnittliche Gehalt nach Bodenart und namentlich nach den klimatischen Verhältnissen in den verschiedenen Gegenden sehr.

Verfasser fand für die diluvialen Lehmböden der Umgegend von Eberswalde einen Wassergehalt von 10—12 Gew. % (etwa 15 Vol. %); Ebermayer für die Waldböden Oberbayerns 18—20 Gew. %; Havenstein für die rheinischen (Lehm-)Feldböden etwa 16—18 Gew. %.

Berechnet man das Verhältnis des im Boden dauernd festgehaltenen Wassers zur Menge der jährlichen Niederschläge, so kommt man

---

[1]) Grebe, Zeitschr. f. Forst- u. Jagdw. 1885, S. 387. — Ramann, Zeitschr. f. Forst- u. Jagdw. 1883. — Forsch. d. Agrik.-Phys. 1888, Bd. 9, S. 300.

[2]) Havenstein, Landw. Jahrb. 1878. — Ebermayer, Allgem. Forst- u. Jagdzeitg. 1889.

zu dem überraschenden Resultate, daß z. B. in der Eberswalder Gegend (600 mm Niederschlag) schon eine Schicht Sandboden von 7—8 m Mächtigkeit, eine solche Lehmboden von 3—4 m Mächtigkeit ebensoviel Wasser enthält wie der gesamten durchschnittlichen jährlichen Niederschlagmenge entspricht.

Der Gehalt der Böden an Wasser wechselt während der verschiedenen Jahreszeiten. Trotzdem für unsere Gebiete der Sommer die an Niederschlägen reichere Jahreszeit ist, überwiegt doch die Verdunstung, namentlich dann, wenn der Boden mit Pflanzen bestanden ist, welche für ihren Lebensprozeß große Mengen von Wasser verbrauchen.

Verfolgt man die Wasserverteilung im Boden während der Vegetationszeit, so ergibt sich beim Erwachen der Vegetation eine rasche Abnahme des Wassergehaltes. Diese schreitet, wenn auch gemäßigt durch die reichlichen sommerlichen Niederschläge, fortwährend fort und im Herbste, in Mitteleuropa wohl übereinstimmend im September und Anfang Oktober, zeigen die Böden den geringsten Wassergehalt. Ebermayer fand für Lehmböden des bayrischen Oberlandes eine Abnahme von etwa 2—3% zur Sommers- und Herbstzeit. Also selbst in Gegenden mit ausgesprochener sommerlicher Regenperiode und mit hoher Niederschlagsziffer überwiegt noch die Verdunstung.

In viel höherem Grade macht sich die Abnahme der Feuchtigkeit im nordischen Flachlande geltend. Nach einigen Bestimmungen des Verfassers enthalten die dortigen Lehmböden im Spätsommer und Herbst oft 5—7 und mehr Prozent Wasser weniger als im Frühlinge. Die mittleren von Pflanzenwurzeln durchzogenen Schichten sind dann hart und trocken und bieten dem Eindringen der Werkzeuge großen Widerstand. Selbst im Dezember und Anfang Januar findet man diese Bodenschichten oft noch nicht wieder mit Wasser gesättigt.

In der kühleren Jahreszeit ist die Verdunstung wesentlich herabgesetzt. Die Abnahme der Temperatur, die hohe relative Feuchtigkeit der Luft und nicht am wenigsten das Erlöschen der Vegetation veranlassen ein Überwiegen der zugeführten Feuchtigkeit über die durch Verdunstung verbrauchte. Der Boden sättigt sich allmählich mit Wasser und erreicht in der Zeit von Februar bis April den höchsten Gehalt. Diese im Boden aufgespeicherten und für die Vegetation bereitgestellten Wassermengen bezeichnet man als die „Winterfeuchtigkeit der Böden".

Die Bedeutung der Winterfeuchtigkeit ist für die verschiedenen Bodenarten ganz verschieden. Für Lehmböden mit ihrer hohen Wasserkapazität kann man sie, wenigstens in den niederschlagärmeren Gebieten, kaum überschätzen. Ohne die Winterfeuchtigkeit würden die Lehmböden großer Flächen des nordischen Flachlandes vielleicht eine ausgesprochene Steppenflora tragen.

Für die Humusböden gilt Ähnliches wie für die Lehmbodenarten. Direkte Bestimmungen fehlen hier noch und sind die Verhältnisse der einzelnen Moorgebiete sehr mannigfaltig. Die Höhe des Grundwasserstandes, wechselnde Abfuhr von Wasser durch Gräben und Bäche können hier sehr abweichende Verhältnisse schaffen. Viele Grünlandsmoore leiden an Überfluß an Wasser in der feuchten Jahreszeit, an Trockenheit im Sommer und Herbst.

Für Sandböden ist die Bedeutung der Winterfeuchtigkeit gering. Die Leichtigkeit, mit der die Niederschläge eindringen, die geringe Wasserkapazität, bewirken, daß die meisten Sandböden bei stärkeren Regen sich sättigen und noch Wasser in die Tiefe absickern lassen. Macht sich auch in Sandböden eine durchschnittliche Abnahme der Feuchtigkeit im Spätsommer und Herbst geltend, so findet man doch schon im Mai die obersten Bodenschichten recht wasserarm. Die Bestimmungen in einem fein- bis mittelkörnigen Diluvialsande der Umgebung von Eberswalde zeigten für die obersten 30 cm übereinstimmend keine allzu erheblichen Abweichungen von Mitte Mai bis Ende August im Wassergehalte; wohl aber schreitet das Austrocknen in den tieferen Schichten im Spätsommer wesentlich fort.[1])

So enthielt z. B. ein Boden Wasserschichten, welche entsprachen:

	27. April	14. Mai	24. Mai	24. Juni	24. August
in 0—50 cm Tiefe	33,1 mm	38,0 mm	25,0 mm	29,0 mm	23,8 mm
in 50—100 cm Tiefe	20,7 „	22,3 „	20,8 „	27,8 „	15,9 „
in 1—2 m Tiefe	58,2 „	56,8 „	57,1 „	38,1 „	17,1 „

10. Sickerwassermengen.[2])

Die Menge des aus einem Boden abfließenden Wassers ist von sehr zahlreichen Bedingungen abhängig. (Mächtigkeit der Bodenschicht, Korngröße, Lagerungsweise, chemische Zusammensetzung, Pflanzenbedeckung usw.), so daß es ganz ausgeschlossen ist, mehr als eine Anzahl Regeln über diesen Gegenstand aufzustellen.

1. Dicht gelagerte, nicht gekrümelte Ton- und Humusböden sind für Wasser nahezu undurchdringbar; sie sättigen sich selbst mit Feuchtigkeit und nehmen infolge ihrer sehr hohen Wasserkapazität große Massen von Wasser in sich auf, lassen aber in den Untergrund auch bei erheblichem Wasserdruck nur geringe Mengen abfließen.

---

[1]) Untersuchungen über Waldböden. Forsch. d. Agrik.-Phys. XI, S. 300.

[2]) Wollny, Forsch. d. Agrik.-Phys. X, S. 1. Hier auch die ältere Literatur.

Ebermayer, Allgem. Forst- u. Jagdzeitg. 1890, S. 125.

Moorböden mit lockerer, wenig zersetzter Pflanzensubstanz, z. B. die oberen Schichten der Hochmoore, sind für Wasser durchlässig.[1])

2. Bei gleichen Niederschlagshöhen und genügender Bodenfeuchtigkeit steigert Bodenbearbeitung die Menge der Sickerwässer erheblich (Dehérain; Wollny).

3. Die Menge der Sickerwässer ist um so höher, je grobkörniger und gekrümelter der Boden ist.

4. Vegetierende Pflanzen setzen die Sickermassermengen infolge der Wasserverdunstung in so hohem Maße herab, daß viele Böden während der Sommerszeit überhaupt kein Wasser abfließen lassen.

5. Alle Bedingungen, welche die Verdunstung steigern (hohe Temperatur, geringe Luftfeuchtigkeit, dichte Lagerung des Bodens, Bedeckung mit lebenden Pflanzen) vermindern, alle entgegengesetzt wirkenden steigern die Menge der Sickerwässer.

Im hohen Grade wirken natürlich die klimatischen Verhältnisse auf die Menge der Sickerwässer ein. Auf nackten, nicht mit Pflanzen bestandenen Böden steigen und fallen die Mengen der Sickerwässer mit den Niederschlägen; die stärkste Wasserabfuhr findet z. B. in Gebieten mit Sommerregen (Gebirge, Bayrische Hochebene) im Sommer, mit Herbstregen (England) im Herbste statt.

Von großem Einfluß erweist sich ferner das Eindringen des Frostes in den Boden. In Klimaten mit milden Wintern (England) ist der Hauptabfluß im Winter und geht im Frühjahr wesentlich zurück. In Gebieten mit kalten Wintern (Deutschland zum Teil, Rußland) ist der Abfluß während des Winters gering, steigert sich zur höchsten Höhe im Frühlinge.

In Gebieten mit geringer Niederschlagshöhe trocknen die Böden, zumal solche mit höherer Wasserkapazität (Lehm usw.) im Laufe des Sommers und Herbstes stark aus und müssen sich zunächst erst selbst wieder mit Wasser sättigen, ehe sie Sickerwasser abzugeben vermögen.

Die Sickerwassermengen sind daher von den allermannigfaltigsten Umständen abhängig und schwanken innerhalb weiter Grenzen in den verschiedenen Gebieten und Bodenarten.

Bedeutungsvoll werden die Abflußmengen für den Stand des Grundwassers und die Speisung der Quellen, die ihren Wassergehalt ausschließlich aus den Sickerwässern schöpfen.

11. Grundwasser.

Im allgemeinen kann man annehmen, daß das Grundwasser in seiner Verbreitung dem Oberflächenrelief folgt, so daß Tälern und Einschnitten auch unterirdische Wasserführungen entsprechen.

---

[1]) Weber, Hochmoor von Augstumal.

Höheren Lagen entspricht höherer Stand des Grundwassers, als dessen durchschnittliche Höhe beträgt.

Dies Verhalten erklärt sich dadurch, daß in durchlässigen Böden die Niederschläge ziemlich gleichmäßig in den Boden einsickern. Die Zeit, welche bis zur Erreichung des Grundwassers hierbei vergeht, ist dabei von der Höhe der wasserfreien Schicht abhängig. Unter Bodenerhebungen erreichen die Sickerwässer den Spiegel des Grundwassers später als bei geringerer Mächtigkeit der Schichten; schon dies Verhalten bewirkt im Durchschnitt eine Erhöhung des Grundwasserstandes. Hierzu kommt noch, daß der Abfluß des Grundwassers in den meisten Böden sehr langsam erfolgt. Bereits in Sandböden mittlerer Korngrößen ist die Geschwindigkeit des Grundwasserstromes gering. In der Regel wird daher längere Zeit vergehen, ehe der Wasserstand unter höheren Lagen dem durchschnittlichen Stande des Grundwassers entspricht. Inzwischen ist meist neue Zufuhr von Sickerwasser eingetreten. Es ergibt sich daraus ein dauernd höherer Stand des Grundwassers unter Bodenerhebungen.

Es ist erwünscht, dies wenig bekannte Verhalten durch ein Beispiel für tunlichst einfache Verhältnisse zu erläutern, wie dies an den Böden der Moorkultur in Bernau (Chiemsee) möglich ist.

Der dortige Moorboden ist ziemlich durchlässig für Wasser. Die Kulturfläche ist in 100 m lange und 18 m breite Felder geteilt. An den Längsseiten der Beete sind in 1,25 m Tiefe Drainröhren, an den Querseiten 1,5 m tiefe offene Gräben vorhanden.

Die Abb. 35 und 36 geben die Grundwasserstände eines halben Beetes zur Zeit des höchsten und tiefsten Wasserstandes (im Jahre 1904).

Zur Zeit hoher Niederschläge ist der Moorboden fast bis zur Oberfläche mit Wasser gesättigt und nur an den Rändern erfolgt

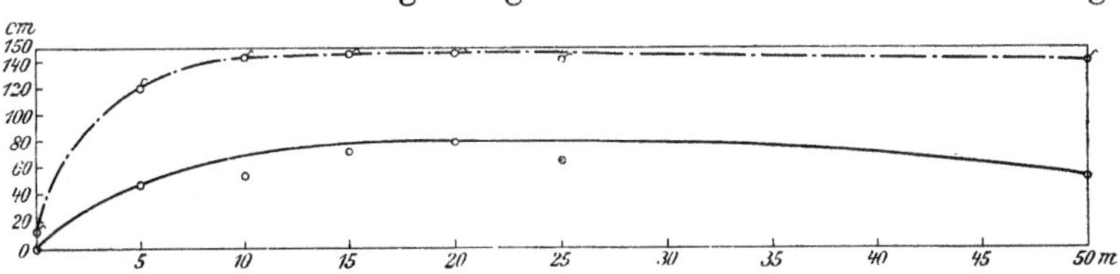

Abb. 35. Grundwasserstand eines Moorbeetes in Bernau in Oberbayern. Niederster Wasserstand am 22. VIII. 1904; höchster Wasserstand am 10. IV. 1903.

rascher Abfluß. Die Grundwasserkoten (Abb. 38) zeigen fast gleichmäßige Höhe im Innern der Fläche, rasches Sickern in der Nähe der Abzuggräben.

Zur Zeit des niedersten Wasserstandes zeigt sich sehr gleichmäßiges Ansteigen des Grundwassers nach der Mitte der Fläche und entsprechend ein ganz allmähliches Abfallen der Kurve nach den Rändern. Wenn sich die Mitte des Beetes etwas abweichend verhält,

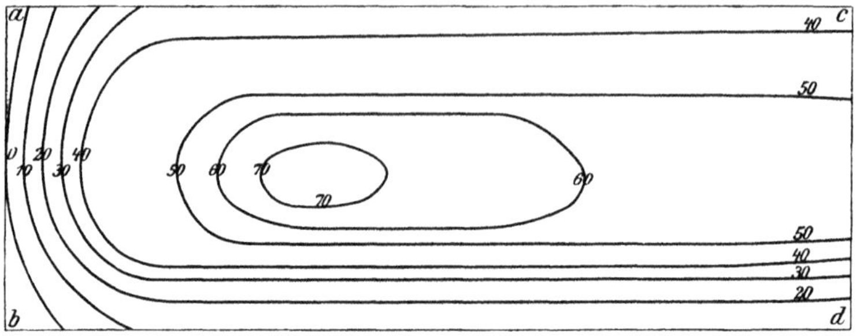

Abb. 36. Moorbeet in Bernau. Grundwasserkoten am 22. VIII. 1904. Niederster Wasserstand.

so ist dies eine Folge rascheren Wasserabflusses, der wahrscheinilch durch Bodenlockerung bei Anlage der Wassermesser verursacht wird.

Findet sich in der Tiefe des Bodens salzreiches Wasser, so kann sich unter Umständen eine Schicht von Süßwasser darauf ansammeln. Es ist dies eine Folge des geringeren spezifischen Gewichtes des Süßwassers.

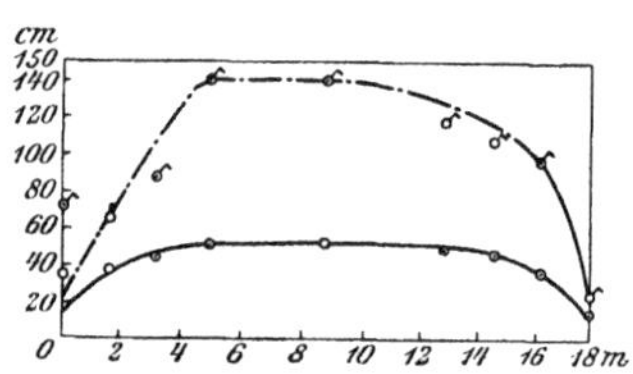

Abb. 37. Moorbeet in Bernau. Querdurchschnitt. Höchster und niederster Wasserstand.

Das Grundwasser folgt denselben Gesetzen des Fließens nach tiefer gelegenen Gebieten, wie die oberirdischen Gewässer, nur daß die Schnelligkeit der Bewegung durch die Reibung im Boden wesentlich verlangsamt ist. Fein-

Abb. 38. Moorbeet in Bernau. Grundwasserkoten beim höchsten Wasserstand am 10. IV. 1904.

körnige Böden bieten natürlich erheblich mehr Reibung als grobkörnige. Da zugleich das Gefälle sehr wechselt, so wird es verständlich, daß sehr verschiedene Geschwindigkeiten gefunden werden.

Für stark durchlässige Geröllböden in München hat man z. B. folgende Geschwindigkeiten beobachtet (für die Stunde):

Gefälle	0,064	0,040	0,016	0,067	0,37	0,021
Geschwindigkeit . .	25 m	15 m	11 m	14 m	10 m	8 m

Im Diluvialsand an der Aller beobachtete Heß (Zeitschr. d. Arch.- u. Ing.-Ver. zu Hannover 1870, S. 231) eine Geschwindigkeit von 12—35 m, im Durchschnitt von etwa 20—25 m während eines Tages. Thiem (nach Soyka a. a. O. S. 6) beobachtete bei einem Gefälle von 5,5 m auf 5000 mindestens 2,5 m Geschwindigkeit für den Tag.

Die Schnelligkeit, mit welcher das Grundwasser strömt, hat eine große Bedeutung für die Flüsse. Bei geringem Grundwasserstand und langsamen Abfluß desselben können Niederschläge ohne erheblichen Einfluß sein, während sie im entgegengesetzten Falle Überschwemmungen herbeiführen. Das Grundwasser kann den Bodenverhältnissen entsprechend in Form schmaler Bäche und Flüsse auftreten. Dies geschieht namentlich in gebirgigem Gelände. Häufig sind die Tiefen der Täler von Flußschotter und anderm durchlässigen Materiale gebildet; dann finden sich in demselben unterirdische Flüsse. Extreme Beispiele dieser Verhältnisse bieten die Karstgebiete Südösterreichs mit ihrem ausgebildeten System unterirdischer Flußläufe.

In großen Ebenen stellt das Grundwasser einen oft meilenbreiten, langsam fließenden Strom dar oder sammelt sich wohl auch in unterirdischen Seen an. Ausgezeichnete Beispiele bietet z. B. die Oberbayrische Hochebene. Der Boden ist mit glazialem Geröll bedeckt, in der Tiefe steht ein sehr feinkörniges, undurchlässiges, tertiäres Gebilde (Flinz genannt) an. Auf diesem fließt der Grundwasserstrom. Die größte Breite in der Gegend Münchens beträgt 35 km, die Länge von Süden nach Norden etwa 70 km, der Flächeninhalt des ganzen Gebietes etwa 14 900 qkm.

Andere Beispiele bietet das Wiener Becken (bei Wiener Neustadt), die Rheinebene bei Straßburg, viele Gebiete des norddeutschen Flachlandes.

A. Schwankungen des Grundwassers.

Das Grundwasser stellt die ganze Wassermenge dar, welche vom Boden nicht dauernd festgehalten werden kann, sondern in die Tiefe abfließt. Die Menge desselben ist abhängig von den Eigenschaften und der Trockenheit des überstehenden Bodens. Je mehr derselbe Wasser aufzunehmen vermag und je trockener er ist, um so geringer wird die Menge des abfließenden Wassers sein.

Die zahlreichen Beobachtungen des Grundwasserstandes zeigen unzweifelhaft die Abhängigkeit des Grundwasserstandes von den Niederschlagsmengen und von der Einwirkung der Verdunstung.

Die Verdunstung wird durch direkte Wasserabgabe des Bodens an die Luft und wahrscheinlich in noch höherem Maße durch die Wassermengen beeinflußt, welche die Pflanzen während der Vegetationszeit aushauchen. Die letztere Größe läßt sich nicht rechnungsmäßig darstellen, wird aber ebenfalls durch das Sättigungsdefizit der Luft im hohen Grade beherrscht. Hierdurch ist es möglich, das letztere allein als Maßstab zu benutzen.

Man kann die jährlichen Grundwasserschwankungen in den verschiedenen Gegenden Mitteleuropas in zwei große Gruppen bringen.

1. Gebiete mit hoher absoluter Menge des Niederschlags und geringer Verdunstung. Die Jahresschwankungen werden durch den Verlauf der jährlichen Niederschläge beherrscht. (Alpengebiet, bayrische Hochebene usw.)
2. Gebiete mit geringen absoluten Niederschlagmengen und hoher Verdunstung. Die jährlichen Grundwasserschwankungen werden durch die Verdunstung beherrscht. (Norddeutsches Flachland, Ungarische Ebene zum Teil usw.)

In die erste Gruppe gehören Gebiete mit stärksten Niederschlägen im Sommer, in die zweite mit gleichmäßigerer Verteilung der Niederschläge im Laufe des Jahres. Die Grundwässer folgen in der ersten Gruppe den Niederschlägen, zeigen starke Schwankungen und erreichen im Spätherbst ein Minimum; die der zweiten Gruppe haben geringere Amplitude und das Maximum im Frühjahr vor Erwachen der Vegetation.

Einen Überblick geben folgende Tabellen; München gehört der ersten, Berlin der zweiten Gruppe an.

	München (1850—1885)			Berlin (1870—1885)		
	Grundwasser in m über dem Meere	Grundwasser reduziert auf das Minim.	Niederschläge mm	Grundwasser in m über dem Meere	Grundwasser reduziert auf das Minim.	Niederschläge mm
Januar	515,402	0,018	35,0	32,72	0,34	40,3
Februar	515,417	0,083	**29,1**	32,79	0,41	34,8
März	515,482	0,158	48,4	32,88	0,50	46,6
April	515,501	0,177	55,5	32,**96**	0,58	**32,1**
Mai	515,521	0,197	77,8	32,88	0,50	39,8
Juni	515,582	0,258	**112,1**	32,69	0,31	62,2
Juli	515,**592**	0,268	111,8	32,56	0,18	**66,2**
August	515,567	0,243	101,7	32,45	0,07	60,2
September	515,453	0,129	71,7	32,40	0,02	40,8
Oktober	515,367	0,043	54,4	32,**38**	0,00	57,5
November	515,**324**	0,000	50,5	32,47	0,09	44,5
Dezember	515,352	0,028	45,8	32,50	0,12	46,2
Jahresmittel	515,463	0,133	66,1	32,64	0,26	47,6
Amplitude	0,268	0,268	83,0	0,58	0,58	33,1

Die jährliche Schwankung des Grundwasserstandes ist daher in München nur halb so groß wie in Berlin.

Der Einfluß der Pflanzenwelt macht sich mehr durch Abnahme des Sickerwassers als durch Einwirkung auf den Stand des Grundwassers geltend. In allen Beobachtungen tritt mehr oder weniger scharf die Einwirkung des Erwachens der Vegetation hervor, je nach der Zeit des Eintritts im März bis Mai; in den Gebieten der ersten Gruppe durch ein mehr oder weniger starkes Einbiegen der steigenden Grundwasserkurve, in denen der zweiten Gruppe dadurch, daß das Maximum des Grundwasserstandes auf diese Zeit fällt. Es ist auffällig, daß dieser wichtige Punkt in den meteorologischen Arbeiten über diesen Gegenstand früher übersehen worden ist; erst in neuerer Zeit hat er mehr Berücksichtigung gefunden.

Im allgemeinen ist man berechtigt, anzunehmen, daß in den Gebieten der ersten Gruppe der Boden dauernder mit Wasser gesättigt und dadurch imstande ist, mehr Wasser in die Tiefe abfließen zu lassen. Daher das Zusammenfallen der Maxima von Niederschlag und Grundwasser.

In den Gebieten der zweiten Gruppe trocknet dagegen der Boden gegen den Herbst hin ganz enorm aus, die Niederschläge werden kapillar festgehalten und der gleichmäßige Abfall der Grundwasserkurve deutet auf ein allmähliches Abfließen durch Quellen und Flüsse.

Jährliche Schwankungen. Vergleicht man längere Zeitabschnitte in bezug auf den Grundwasserstand, so machen sich bedeutsame Verschiedenheiten geltend, Perioden hohen und tiefen Standes wechseln miteinander ab.

Eine Übersicht gibt folgende Tabelle (der beobachtete niedrigste Stand = 0 gesetzt). Die Schwankungen sind in Metern angegeben.

	München	Salzburg	Berlin	Bremen
1865 . . .	0,000	0,00	—	—
1867 . . .	0,677	0,12	—	—
1869 . . .	0,300	0,16	—	**0,503**
1870 . . .	0,197	0,15	0,37	0,431
1871 . . .	0,318	0,16	**0,44**	0,504
1872 . . .	0,221	0,03	0,18	0,225
1873 . . .	0,274	0,11	0,14	0,112
1874 . . .	0,101	0,06	0,00	0,000
1875 . . .	0,208	0,20	0,01	0,147

	München	Salzburg	Berlin	Bremen
1876 . . .	0,804	0,22	0,28	0,456
1877 . . .	0,715	0,26	0,22	0,404
1878 . . .	**0,857**	**0,34**	0,13	0,301
1879 . . .	0,529	0,16	0,20	0,348
1880 . . .	0,697	0,27	0,11	0,445
1881 . . .	0,735	0,30	0,36	0,429
1882 . . .	0,295	0,18	0,35	0,242
1883 . . .	0,354	0,15	0,35	0,072
1884 . . .	0,059	0,15	0,10	0,135
1885 . . .	0,065	0,03	0,14	—

Berücksichtigt man, daß in der Tabelle die jahreszeitlichen Schwankungen ausgeglichen sind, so tritt die Bedeutung der Tatsache hervor, daß die durchschnittliche Höhe des Grundwassers im Laufe weniger Jahre um ½ m und mehr wechseln kann. Wahrscheinlich stehen diese Erfahrungen mit periodischen Klimaschwankungen im Zusammenhange, die im Wechsel von etwa 30 Jahren auftreten und die Brückner nachgewiesen hat.

Für die Pflanzenkultur ist aus den Beobachtungen zu schließen, daß Bäume langsam eintretende Unterschiede im Grundwasserstande recht gut ertragen können, sowie daß unter Umständen bisher mit Wasser bedeckte oder ausgesprochen bruchige Teile mehrere Jahre trocken liegen, bei steigendem Grundwasser sich jedoch wieder mit Wasser füllen können.

Es sind dies Verhältnisse, welche bei forstlichen Kulturen und zumal bei Betriebseinrichtungen zu berücksichtigen sind. Nicht der augenblickliche Wasserstand darf für die Maßregeln entscheidend sein, sondern die durchschnittlichen Verhältnisse sind zu berücksichtigen. In weitaus den meisten Fällen werden sich diese auf alten Waldböden aus den bisherigen Vegetationsverhältnissen erschließen lassen. Sind z. B. Stubben stärkerer Bäume vorhanden, so wird man auch eine zeitweise unter Wasser stehende Fläche unbedenklich der Forstkultur zuweisen können. Fehlen diese und beschränkt sich auch das Vorkommen von jüngerem Aufschlag nur auf einzelne Erhöhungen oder den Rand, so kann man annehmen, auch wenn die Fläche zeitweise genügend trocken erscheint, daß bei steigendem Grundwasser auch wieder länger andauernde Überstauungen zu erwarten sind. Derartige Flächen sind am vorteilhaftesten der Wiesenkultur zu überweisen; es geschieht dies vielfach nicht in wünschenswertem Umfange. Nur zu oft sieht man im Walde kümmernde Bestände auf Gebieten, welche gute Wiesen abgeben könnten.

Außer den allgemeinen Schwankungen des Grundwassers können noch solche durch lokale Ursachen eintreten. Die Bedingungen dieser Erscheinungen sind noch wenig bekannt und muß es genügen, hier auf das Vorkommen hinzuweisen.

12. Verunreinigung von Gewässern.

Außer den normalen Bestandteilen werden den Wässern die Abfallstoffe der Städte, sodann aus Bergwerken, Salinen und in neuerer Zeit namentlich aus zahlreichen Fabriken Abfallreste zugeführt, welche den Gehalt der Gewässer oft erheblich beeinflussen und nicht selten auf die Vegetation schädlich einwirken.

Die zugeführten Stoffe können organische oder anorganische Verbindungen enthalten.

Die organischen Verbindungen wirken reduzierend, so daß der Gehalt an gelöstem Sauerstoff geringer wird. (Im Themsewasser wurden unterhalb London nur noch Spuren von Sauerstoff im Flußwasser gefunden.) Anderseits bewirken harte Wässer, die sich mit denen der Flüsse mischen, Ausfällungen organischer Stoffe.

Besondere Bedeutung hat man der Selbstreinigung der Flüsse beigemessen. Man nahm zunächst an (Pettenkofer), daß fließendes Wasser durch Oxydationswirkungen des Luftsauerstoffs ziemlich bald von organischen Zumischungen gereinigt würde. Andre (Alex. Müller, Emich) suchten die Wirkung in der Tätigkeit niederer Organismen. Es kann kaum einem Zweifel unterliegen, daß man die „Selbstreinigung“ verunreinigter Gewässer zu hoch eingeschätzt hat; namentlich Zellulose wird nur langsam angegriffen und weithin verfrachtet. Neuere Untersuchungen messen der Einwirkung chlorophyllführender Gewächse mehr Bedeutung bei als der Tätigkeit der Bakterien.[1]) Stark verunreinigte Wässer kennzeichnen sich vielfach durch Auftreten von charakteristischen Bakterien- und Algenarten.

Anorganische Stoffe, die dem Wasser zugeführt werden, sind zumeist Salze verschiedener Art. In mäßiger Menge üben sie auf die Vegetation selten ungünstigen Einfluß aus. Bedenklich und zuweilen geradezu verderblich sind Zechen- und Grubenwässer, sowie Abwässer der Metallfabriken. Diese kommen oft aus schwefelkieshaltigen Schichten (z. B. Braunkohlen), die durch Oxydation Eisenvitriol und durch die Einwirkung der zugleich gebildeten Schwefelsäure auch Tonerdesulfat enthalten. Gefährlich sind auch die Abfallwässer der Zinkgruben. Selbst ein geringer Gehalt an gelösten Zinksalzen wirkt auf die Gewächse schädlich ein.

---

[1]) J. König u. a., Zeitschr. f. Unters. d. Nahrungs- u. Genußmittel. 1900, 3, S. 377. Osk. Spitta, Arch. f. Hygiene 1900, 38, S. 160, 215. H. Wilemer, Jahrb. d. Agrik.-Chem. 1897, S. 23.

13. Die Wasserführung der Flüsse.

Man kann die Flüsse in bezug auf ihren Charakter in zwei große Gruppen einteilen:

1. Flüsse, deren Zuflüsse überwiegend einem entfernteren Gebiete angehören und die dann auf undurchlässiger Grundlage die Wasserabfuhr vermitteln. Es sind dies hauptsächlich Gebirgsflüsse;
2. Flüsse, die als Ableitungen des Grundwassers angesehen werden können und mit diesen, wenn auch etwas in der Zeit verschieden, fallen und steigen. Hierher gehören namentlich die Flüsse der Ebene.

Natürlich gibt es zwischen den beiden Formen die mannigfachsten Übergänge, wie auch derselbe Fluß in verschiedenen Teilen seines Laufes auf undurchlässigem oder durchlässigem Gelände fließen kann. Der Rhein gehört z. B. in seinem Oberlaufe der ersten Gruppe an, fließt jedoch in der Rheinebene zum großen Teile auf durchlässigem Gebiete, während wieder der Unterrhein, der zum Teil erheblich oberhalb des übrigen Tieflands seinen Lauf hat, wieder der ersten Klasse zugerechnet werden muß. Allerdings tritt immer mehr oder weniger eine Verdichtung des Flußbettes durch Ablagerung von Tonteilchen ein, aber nicht immer in dem Maße, daß die Abhängigkeit des Flußwasserstandes von dem Grundwasser aufgehoben wird.

Die Wasserführung der Gebirgsflüsse ist zumeist von den Niederschlagsmengen ihres Sammelgebietes abhängig. Im allgemeinen zeigen dieselben bis in die Mitte des Sommers reichliche Wasserführung. Das Bezeichnendste für die Gebirgsflüsse ist jedoch das nicht seltene Anschwellen infolge starker Gewitter und die Unabhängigkeit der Wasserführung vom Grundwasserstande (z. B. Isar und Münchner Grundwasserstände).

Flüsse, die auf durchlässigem Gelände fließen, zeigen eine deutliche Abhängigkeit vom Grundwasserstande; sie sind zunächst als Abflußkanäle desselben aufzufassen. Die Tatsache, daß aus den Flußbetten bei hohem Wasserstande auch Wasser in den Boden abfließen kann, ist wiederholt beobachtet worden. Bei Wasserbauarbeiten kann man dies öfter direkt beobachten; die Technik bezeichnet dann derartiges Wasser als S e i h w a s s e r (Qualm-, Küver-, Dräng-, Truhwasser).

Genauere Beobachtungen haben die Brunnen ermöglicht, die in der Nähe der Flüsse gelegen sind. Härtebestimmungen haben ergeben, daß ebensowohl das härtere Grundwasser in den Fluß abfließt, wie dieser auch bei höherem Wasserstande einen Teil seines Wassers an den Boden abgeben kann. Namentlich bei plötzlich eintretendem Hochwasser können dann eigenartige Verhältnisse hervortreten. Zunächst wird sich der dem Fluß benachbarte Boden mit Wasser füllen, aber an dem andrängenden Grundwasser bald Widerstand finden. Letzteres wird dann entsprechend seinem Gefälle in die Höhe gepreßt und kann oft mehrere Meter über dem Stand des Hochwassers aus Brunnen mit großer Mächtigkeit hervorbrechen.

Die Abhängigkeit der Flüsse der Ebene von dem Grundwasserstande läßt sich z. B. für die Spree bei Berlin gut nachweisen. Ähnliche Verhältnisse finden sich an Weser, Main und anderen Flüssen.

In manchen Fällen kennzeichnet sich ein Fluß auch dadurch als Teil des Grundwassers, daß er, wie dies in Geröllböden der Gebirgstäler nicht selten geschieht, ganz oder teilweise versickert und erst an einer entfernten Stelle wieder hervortritt.

14. Einfluß des Wassers auf die Umgebung.

Hinsichtlich der klimatischen Wirkung hat man oft Wald und See in Parallele gestellt. Wie die Untersuchungen von J. Schubert[1]) erkennen lassen, besteht zwischen beiden ein wesentlicher Unterschied. Über die freie Fläche des Wassers weht der Wind und führt Feuchtigkeit und Wärme den benachbarten Ufern zu; der Wald schließt dagegen sein Gebiet gegen außen ab; er wirkt wie eine Überbauung des Geländes. Wasser hat Fernwirkung, Wald dagegen nicht.

Die Bedeutung des Meeres für das Klima der benachbarten Gebiete kann hier nur angedeutet werden. Die Einwirkung kleiner Wasserflächen ist schwierig festzustellen.

Wasserflächen können einwirken:

a) Durch Reflexion der Wärmestrahlen. Man glaubt, starke Einwirkungen der Flüsse auf benachbarte Höhen annehmen zu sollen. Namentlich in den Weinbau treibenden Gebieten legt man erheblichen Wert auf diese Wirkung.

Nach Untersuchungen, welche Dufour am Genfer See anstellte, stellte sich das Verhältnis der vom Seespiegel reflektierten Wärme zu der direkten Bestrahlung in folgender Weise:

Sonnenhöhe	4^0	7^0	16^0
Reflektierte Wärme in % der direkten	68%	40—50%	20—30%.

Die Reflexion ist daher bei niedrigem Sonnenstande am bedeutendsten.

Natürlich kann diese Wirkung der Wasserfläche nur auf die unmittelbare Umgebung ausgeübt werden, die von den reflektierten Strahlen getroffen wird.

[1]) Geograph. Zeitschr., 13, S. 688 (1908).

b) Die Einwirkung auf Temperatur und Luftfeuchtigkeit, die größere Wasserflächen bewirken, zeigt am ausgesprochensten das Seeklima. Auch ausgedehnte Süßwasserseen vermögen eine ähnliche Wirkung hervorzubringen, wie dies z. B. die großen amerikanischen Binnenseen zeigen, welche den benachbarten Landflächen eine nicht unerheblich höhere Temperatur vermitteln.

Die Einwirkung von Binnenseen ist in neuerer Zeit eingehend untersucht worden.[1] Die Seen wirken als Wärmespeicher, nehmen am Tage und während der Sommerszeit Wärme auf und geben sie nachts und in der kalten Jahreszeit allmählich ab, solange nicht eine Eisdecke den Austausch herabsetzt. Seen, wie der Bodensee, Genfer See usw. üben bedeutende Einwirkungen auf die klimatischen Verhältnisse der Ufer aus; nach Hann ist am Ufer des Bodensees die Jahrestemperatur um 0,4^{0} (Januar 0,8^{0}, März, April ohne Einfluß, August, September 0,6—0,7^{0}, im Herbst $\frac{1}{2}^{0}$) wärmer als das Hinterland. Noch größeren Einfluß übt der Genfer See. Der Einfluß auf die Luftfeuchtigkeit scheint dagegen gering zu sein.

Die Einflüsse von Flüssen, kleineren Seen u. dgl. sind schwer zahlenmäßig festzustellen. Es sind eine Anzahl Beobachtungen bekannt, welche vermuten lassen, daß tatsächlich bedeutsame Einwirkungen stattfinden. Dahin gehören:

1. Flüsse sind viel häufiger Grenzen für die Verbreitung von Pflanzen als Wasserscheiden. So bildet die Elbe in Norddeutschland eine wichtige Pflanzengrenze. Nach Sendtner ist die Saalach die Westgrenze für 16 Pflanzenarten, ähnlich verhalten sich die anderen von Süden nach Norden strömenden Alpenflüsse. (Lech für 7 Westgrenze, 7 Ostgrenze; Isar für 5 West-, 1 Ostgrenze; Inn für 5 Westgrenze.)
2. Beobachtungen, nach denen auch kleinere Wasserflächen den Zug der Gewitter beeinflussen können.
3. Erfahrungen bei Luftfahrten, bei denen das Überschreiten von Flüssen oft erhebliche Schwierigkeit bereitet. Erk, und nach ihm machten andere dieselbe Beobachtung, sah auf der Oberfläche einer horizontal verbreiteten Wolkenschicht alle Flußläufe des Landes durch Vertiefungen im Wolkennebel abgezeichnet.[2]

c) Die Einwirkung der Gewässer auf den Wassergehalt des umgebenden Bodens ist nach den Bodenverhältnissen völlig verschieden.

---

[1]) Forel, Le Léman 1895, Bodenseeforschungen, Lindau 1893 usw., Hann, Meteorologie, S. 87.

[2]) Ber. Münch. Ver. für Luftschiffahrt; hier vortreffliche Photographien der Wolkendecken.

Bilden Seen und Sümpfe offene Teile des Grundwassers, wie dies vielfach in durchlässigen Bodenarten der Fall ist, so wird eine Entwässerung bzw. Tieferlegung des Wasserspiegels als Drainage des Grundwassers wirken und kann sich namentlich für den Waldbestand auf weite Entfernungen äußern.

Wird der Boden des Sees dagegen von undurchlässigem Material gebildet, so ist die Bewegung des Wassers gehemmt, schon wenige Schritte vom Seeufer entfernt hört jeder Einfluß auf die Bodenfeuchtigkeit auf und die Entwässerung wird einen merkbaren Einfluß auf die Umgebung überhaupt nicht äußern.

Ein gutes Beispiel bietet z. B. der Paarsteiner See an der Grenze des Schutzbezirks Breitefenn (Oberförsterei Freienwalde a. O.). Der See hat eine Größe von 10,999 km. Die Försterei Breitefenn liegt 500 m vom See entfernt. Beim Bohren eines Brunnens wurde im durchlässigen Sandboden 12 m (durch Nivellement festgestellt) unterhalb des Seespiegels noch kein Wasser gefunden.

Der See ruht auf einer Lehmplatte auf und beeinflußt dadurch die benachbarten Feldflächen überhaupt nicht.

Eine Entwässerung kann daher ohne merkbare Einwirkung auf benachbarte Gebiete sein oder sich weithin bemerkbar machen, je nach der Beschaffenheit der betreffenden Böden.

VIII. Beziehungen des Bodens zur atmosphärischen Luft.

Allgemeines über die Atmosphäre. Die Gasschicht, die die Erde umgibt, bezeichnet man als Atmosphäre; sie setzt sich an der Erdoberfläche aus 20,93 Vol. % =23,28 Gew. % Sauerstoff und 79,04 Vol. % =76,67 Gew. % Stickstoff zusammen. Bei der an der Erdoberfläche vorhandenen Dichtigkeit würde die Höhe der Atmosphäre 8000 m betragen, die Dichte nimmt mit der Höhe rasch ab, die Atmosphäre übt in 100 km Höhe keinen merkbaren Druck, reicht aber nach vielen Beobachtungen bis etwa 300 km.

Der Gehalt an Kohlensäure in der Atmosphäre beträgt im Durchschnitt 0,03 Vol. % =0,05 Gew. %. Größere Unterschiede im Gehalt an Kohlensäure scheinen nicht vorzukommen, kleinere Schwankungen sind häufig.

Für diese können folgende Regeln gelten:

a) Große Wasserflächen vermindern (infolge der Löslichkeit der Kohlensäure in Wasser) den Kohlensäuregehalt, ausgedehnte Landflächen erhöhen denselben etwas (0,03 Vol. % für ersteren, 0,032—0,033 Vol. % für letzteren).

b) Die Luft an der Bodenoberfläche ist etwas reicher an Kohlensäure als dem durchschnittlichen Gehalte entspricht. (Die im Boden vorhandene Luft ist immer reicher an Kohlensäure als die der Atmosphäre; da fortgesetzt ein Ausgleich zwischen beiden erfolgt, erklärt sich jene Regel sehr einfach.)

c) Mäßige Niederschläge steigern den Gehalt der Luft an Kohlensäure erheblich, lang andauernde setzen ihn herab. (Der Hauptgrund für dies Verhalten liegt wohl in dem gesteigerten Austritt von Bodenluft und dem Freiwerden vorher absorbierter Kohlensäure aus den Bodenbestandteilen; anderseits bei langdauernden Regen in der Löslichkeit der Kohlensäure in Wasser.)

d) Die Luft in unmittelbarer Umgebung kräftig vegetierender Pflanzen ist etwas ärmer an Kohlensäure als über brachem Felde (Assimilation der Pflanzen). Die Schwankungen sind sehr gering. Reiset[1]) fand bei seinen sehr genauen Arbeiten über einem Rotkleefelde im Juni 2,898 Vol. %, auf freiem Felde 2,915 Vol. %; über Gerste im Juli 2,829 Vol. %, über freiem Felde 2,933 Vol. %. Wollny gibt etwas größere Abweichungen an, jedenfalls bewegen sie sich jedoch in engen Grenzen.

e) Während der Nachtzeit ist die Luft etwas reicher an Kohlensäure als während des Tages.

1. Bildung und Bindung von freiem Stickstoff, Sauerstoff und von Kohlensäure.

Der unveränderlichste Bestandteil der Atmosphäre ist der Stickstoff. Kleine Mengen desselben werden durch die Pflanzenwelt gebunden und anderseits bei Fäulnisvorgängen frei gemacht; gegenüber der ungeheuren Masse der Atmosphäre handelt es sich jedoch um verschwindende Mengen.

Größer ist der Verbrauch an Sauerstoff bei der Verwesung organischer Stoffe und allen übrigen Oxydationsprozessen, denen in der Assimilation der Pflanzen eine Quelle für die Bildung freien Sauerstoffs gegenübersteht.

Beide Vorgänge stehen in einem gewissen Gleichgewicht. Die im Boden vorhandenen Kohlegesteine, die doch alle durch die Assimilation der Pflanzen gebildet sind, deuten darauf hin, daß im Entwicklungsgange der Erde die Vorgänge, die freien Sauerstoff an die Atmosphäre abgeben, denen überlegen sind, die ihn binden.

---

[1]) Compt. rend. Par. Akad. 1879, 88, S. 1007.

Ganz ähnlich verhält es sich mit den Oxydationsprozessen, die die Verwitterung einzelner Gesteine (Schwefelverbindungen) begleiten. Auch diese sind in den weitaus meisten Fällen aus der Reduktion sauerstoffhaltiger Verbindungen hervorgegangen.

Eine dauernde Festlegung von Sauerstoff findet wohl nur bei der Verwitterung eisenoxydulhaltiger Urgesteine statt. Aber dieser Vorgang übt auf die Gesamtmasse des Sauerstoffs keinen merkbaren Einfluß, selbst nicht bei Annahme sehr großer Zeiträume.

Bedeutsamer sind die Vorgänge in bezug auf Bildung und Bindung der Kohlensäure.

Die Verwitterung der Silikatgesteine lässt sich auffassen als Zerlegung durch kohlensäurehaltiges Wasser, Bildung von löslichen Karbonaten der Alkalien und alkalischen Erden, während ein wasserhaltiges Silikat zurückbleibt. Die mächtigen Ablagerungen von Kalken und Dolomiten sind wahrscheinlich ursprünglich bei der Verwitterung von Silikatgesteinen gebildet worden. Erhebliche Mengen von Kohlensäure werden so der Atmosphäre entzogen.

Ein zweiter Prozeß, durch den Kohlensäure dauernd festgelegt wird, ist die Bildung fossiler Kohlegesteine, die in früheren Perioden viel größeren Umfang erreichte und noch jetzt (in der Torfbildung) fortschreitet. Welche Kohlemassen das Erdinnere enthält, zeigt z. B. schon die Tatsache, daß, trotzdem wir nur einen kleinen Teil der Vorräte kennen und noch weniger zu nutzen vermögen, die Bildung von Kohlensäure bei der Verbrennung der jetzt geförderten Mineralkohlen jährlich etwa $^1/_{2000}$ der großen in der Atmosphäre enthaltenen Kohlensäuremenge entspricht.

Den Vorgängen, die Kohlensäure binden, stehen andere gegenüber, die große Mengen dieses Stoffes frei machen. Es sind chemische Prozesse, die in tieferen Schichten des Erdkörpers vor sich gehen. Alle Quellen, die aus tieferen Schichten hervortreten, sind reich an Kohlensäure, oft so reich, daß diese an der Luft unter Aufbrausen entweicht (Säuerlinge).

Große Kohlensäuremengen werden von Vulkanen ausgehaucht, oder treten in Gebieten früherer vulkanischer Tätigkeit hervor. Bemerkbar werden sie zumeist erst dann, wenn der Austritt in Räumen mit sehr geringem Luftwechsel (namentlich Höhlen) erfolgt. Es ist kein Grund zu bezweifeln, daß zahllose Felsspalten in ähnlicher Weise den Kohlensäureaustritt vermitteln, wenn sich dieser auch der direkten Wahrnehmung entzieht. Bewiesen ist dies durch die erbohrten und für technische Zwecke genützten Kohlensäurequellen. Die Gesamtmenge der Kohlensäure, die auf diesem Wege der Atmosphäre zugeführt wird, läßt sich nicht schätzen, ist aber wohl die bedeutendste Quelle dieses für die Pflanzenwelt unentbehrlichen Nährstoffs.

Als ein wichtiger Regulator der atmosphärischen Kohlensäure wirkt (nach Schlösing) der Ozean. Der Gehalt des Meerwassers an Kohlensäure ist höher als der einfachen Absorption des Wassers entspricht und wird durch einen reichlichen Gehalt an Bikarbonaten bedingt. Diese Verbindungen können jedoch nur bei einem bestimmten Luftdruck unverändert bestehen, ihre Menge im Meerwasser entspricht dem herrschenden Luftdrucke. Jedes Steigen desselben wird daher Absorption, jedes Fallen Freiwerden von Kohlensäure aus dem Meerwasser bewirken.

Ein Vorgang, welcher Kohlensäure bindet, ist ferner die Assimilation der Pflanzen; ihr stehen Verwesungsvorgänge, durch die wieder Kohlensäure gebildet wird, in ungefähr gleicher Größe gegenüber.

Die Assimilation der chlorophyllführenden Pflanzen bindet Kohlensäure und macht Sauerstoff frei; die absterbenden Pflanzenreste liefern bei der Verwesung wieder Kohlensäure und binden natürlich eine entsprechende Menge von Sauerstoff. Im gleichen Sinne tätig, aber von viel geringerer Bedeutung ist die höhere Tierwelt, da die Verwesung überwiegend auf der Lebenstätigkeit niederer Organismen beruht. Man kann sagen, daß zwischen der Assimilation der Chlorophyllpflanzen und der Tätigkeit der chlorophyllosen Lebewesen ein Gleichgewicht vorhanden ist.[1])

2. Die Stickstoffverbindungen der Atmosphäre.

Die Luft enthält kleine Mengen von Salpetriger und Salpetersäure, die zuweilen im freien Zustande auftreten können, zumeist aber an Ammoniak gebunden sind. Das erstere hat man aus dem Vorkommen von sauer reagierendem Schnee auf hohen Bergen geschlossen. Die Hauptmenge der Stickstoffverbindungen der Luft besteht jedoch aus kohlensaurem Ammon.

Direkte Bestimmungen der Stickstoffsäuren in der Atmosphäre sind bei deren äußerst geringen Mengen kaum ausführbar. Da aber die betreffenden Körper leicht löslich sind, so hat man im Gehalte der atmosphärischen Niederschläge ein Mittel des Nachweises.

Ammoniak ist zu 2—5 mg in 100 Liter Luft aufgefunden worden.

---

[1]) Es ist dies der einzige Kern der in populären Vorträgen so viel gebrauchten Phrase von „der wunderbaren Harmonie der Natur", in der die Pflanzen den für Menschen und Tiere notwendigen Sauerstoff liefern, während diese sich durch Ausatmen von Kohlensäure revanchieren. Tatsächlich ist der durch die Pflanzen gebildete Sauerstoff gegenüber dem Vorrat der Atmosphäre ohne jede Bedeutung und die Pflanzen würden bald verhungern, wenn sie auf die von den Tieren gelieferte Kohlensäure angewiesen wären.

Der Ursprung der Stickstoffsäuren ist wahrscheinlich auf direkte Bindung von Sauerstoff und Stickstoff zurückzuführen, die bei elektrischen Entladungen zu Untersalpetersäure N_2O_4 zusammentreten; sie bildet mit Wasser Salpetersäure und Salpetrige Säure.

Dieser Vorgang war früher der einzige bekannte, in der Natur vorkommende Weg, den atmosphärischen Stickstoff zu binden. Man hat dadurch seine Bedeutung weit überschätzt.

Das Ammoniak der Atmosphäre stammt aus dem Boden. Alle gut durchlüfteten, besseren Ackerböden enthalten kohlensaures Ammon. Dieses Salz ist leicht flüchtig, es verhält sich bei niederen Drucken (nach Schlösing) ähnlich wie eine flüssige Substanz und verdunstet wie eine solche in die Atmosphäre. Nach diesem Forscher übt der Ozean auf den Ammoniakgehalt der Luft eine ähnliche regulierende Wirkung aus, wie es für die Kohlensäure anzunehmen ist.

Das kohlensaure Ammon ist gasförmig in der Atmosphäre verteilt; die salpetersauren Salze sind dagegen feste, nicht flüchtige Körper. Nach ihren Eigenschaften ist anzunehmen, daß sie bei trockner Luft in Form feiner Staubteile, bei feuchter dagegen in Wasser gelöst in kleinen Nebelkügelchen vorhanden sind.

3. Ozon und Wasserstoffsuperoxyd in der Atmosphäre.

Die Luft enthält kleine Mengen stark oxydierender Stoffe. Nach Lage der Sache kann es sich hierbei nur um Ozon oder um Wasserstoffsuperoxyd handeln. Nach Schöne, der den Gegenstand sehr eingehend bearbeitet hat, kommt nur das letzte in Frage. Da die oxydierenden Wirkungen die einzigen sind, an denen man die Gegenwart dieser Stoffe erkennen kann und hierin beide einander sehr nahe stehen, so ist eine Entscheidung schwierig. Es ist aber einmal gebräuchlich, von dem Ozongehalt der Luft, den Ozonmessungen u. dgl. zu sprechen und so mag dies auch hier geschehen.

Nach Levy beträgt die Menge in 100 Liter Luft 0,3—2 mg. Im Winter ist der Gehalt am höchsten, im Sommer am geringsten, Frühling und Herbst stehen in der Mitte.

Die Bedeutung dieser starken Oxydationsmittel für Tier- und Pflanzenleben ist sehr schwer abzuschätzen. Während einzelne Forscher jede Bedeutung derselben bestreiten, glauben andre, ihnen große Wichtigkeit beilegen zu müssen. Es ist immerhin anzunehmen, daß so stark wirkende, regelmäßig vorkommende Stoffe nicht bedeutungslos sind, wenn auch eine Einwirkung auf Miasmen, also nach dem jetzigen Stande der Wissenschaft eine abtötende oder schädigende Wirkung auf Bakterien, wohl sicher ausgeschlossen erscheint.

4. Andere Gase in der Atmosphäre.

Außer den bisher genannten Gasen finden sich in Spuren andre Elemente und kleine Mengen von Sumpfgas und ähnlichen Kohlenwasserstoffen in der Atmosphäre. Das Sumpfgas bildet sich bei der Fäulnis organischer Stoffe unter Wasser. Es ist ohne jede bemerkbare Einwirkung.

Schädlich auf die Vegetation wirken dagegen die immer nur örtlich in bemerkenswerter Masse auftretenden sauren Gase, zumeist schweflige Säure, seltener Chlorwasserstoff und in ganz seltenen Fällen Fluorverbindungen. Diese Gase entstammen entweder vulkanischen Ausbrüchen, technischen Großbetrieben oder ausgedehnten Feueranlagen, die eisenkieshaltige Mineralkohlen verbrennen.

5. Staubteilchen in der Atmosphäre.

Die Luft enthält reichliche Mengen schwebender Staubteilchen. Die größeren derselben kann man sichtbar machen, wenn ein Sonnenstrahl in einen verdunkelten Raum fällt. Ein Bild der Zusammensetzung des Staubes bieten die Niederschläge desselben auf festen Körpern. Es finden sich die mannigfachsten Stoffe organischer wie anorganischer Natur.

Die Bedingungen, die feste Bestandteile der Erdoberfläche in die Luft führen, sind:

a) Winde, zumal Wirbelwinde;

b) die Salze des Meerwassers, die bei der Brandung an den Küsten und auch schon beim Brechen der Wellen von der Luft mit fortgerissen werden;

c) vulkanische Ausbrüche;

d) der Rauch der Feuerungen aller Art, der in stark bevölkerten Gegenden, zumal großen Städten, zu einer bedeutenden Staubquelle werden kann.

Von den anorganischen Bestandteilen sind die meisten ohne merkbare Bedeutung für die Vegetation. Nur die Salzteile des Meeres können an den Küsten zuweilen in größerer Menge auftreten. Nach Böhm[1]) sind nach Stürmen die Bäume und Sträucher, sowie alle Pflanzen der Küste des Adriatischen Meeres oft millimeterdick mit Salzkristallen überzogen. Aber schon in mäßiger Entfernung von der Küste nimmt der Salzgehalt der Luft wesentlich ab. Er ist z. B. nach den vorliegenden Untersuchungen in der Mitte Englands sehr gering, scheint aber trotzdem die wichtigste Quelle der Chlorverbindungen in den Böden zu sein.

---

[1]) Zentralbl. f. d. gesamte Forstwissensch. 15, S. 416.

Wichtiger und namentlich von allgemeinerer Bedeutung sind die organischen und insbesondere die organisierten Staubteile der Luft. Es finden sich zahlreiche Keime von niederen Organismen und Bakterien. Epidemien aller Art können hierdurch verbreitet werden. In der Regel steigt der Gehalt an solchen Keimen in der Nähe größerer Städte, nimmt im Walde, auf der See und in Hochgebirgen ab[1]). (In der Gletscherregion hat man keine oder nur verschwindende Mengen von Bakterien gefunden, ebenso ist die Luft auf hoher See nahezu frei davon.)

Neben diesen gröberen Bestandteilen der atmosphärischen Luft machte zuerst Aitken auf die Gegenwart noch anderer viel kleinerer schwebender Partikel, die sich der gewöhnlichen Wahrnehmung entziehen, aufmerksam[2]). Nach diesem Forscher ist die Ausscheidung von Flüssigkeit aus der mit Wasserdampf übersättigten Luft an die Gegenwart fester Teile gebunden. Jeder dieser Teile dient als Ausgangspunkt eines Nebelkügelchens. Indem die Zahl dieser Kügelchen festgestellt wird, erlangt man zugleich ein Bild der Menge der festen Bestandteile. Fehlen solche feste Ausscheidungspunkte, so tritt für die Luft ein Zustand der Übersättigung mit Wasserdampf ein. Die Zahl der von Aitken festgestellten Partikel geht in Kubikzentimeter auch bei sehr reiner Luft nicht unter 200 herab, kann aber oft viele Zehntausende betragen.

6. Höhenrauch.

Auf der Verteilung von nicht völlig verbrannten organischen Teilchen in der Luft beruht eine Erscheinung, die als Höhenrauch bezeichnet wird.

Überall, wo Verbrennungen stattfinden, werden feste Bestandteile in die Luft geführt. Je nach Güte der Feuerungseinrichtungen wechselt die Menge der unverbrannten Stoffe (Ruß, Destillationsprodukte der Brennstoffe). Die allgemeine Verwendung der Mineralkohlen, ihre schwere Brennbarkeit und die dadurch bedingte Steigerung des Luftzugs in den Feuerungsanlagen, hat diesen Übelstand wesentlich gesteigert. Der schwarze Überzug, der alle der

---

[1]) Man hat vielfach darüber verhandelt, auf welchem Wege Bakterien in die Luft gelangen. Das Platzen von Gasblasen in faulenden Flüssigkeiten, sowie der Luftaustritt beim Eindringen von Wasser in poröse Böden, haben sich als geeignet erwiesen, Organismen zu verbreiten. In beiden Fällen gelangen Flüssigkeitsteile und damit zugleich Keime von Organismen in die Luft. Im übrigen liegt kein Grund vor, anzunehmen, daß Organismen nicht genau so wie alle anderen festen Bestandteile durch Windbewegung emporgehoben und weitergeführt werden können.

[2]) Zeitschr. d. österr. Gesellsch. f. Meteorologie, 16, S. 205. Naturwissensch. Rundschau, 17, S. 211.

Luft ausgesetzten Körper in den Städten bedeckt, gibt ein Bild der Menge der unverbrannten Teile, die der Luft zugeführt werden. Diese sind auch die Ursache der Dunstschicht, die über allen größeren Städten lagert und selbst bei ganz klarer Luft nicht völlig verschwindet.

Nahe verwandt mit dem Rauch der Städte und in den wesentlichsten Eigenschaften mit diesem übereinstimmend ist der Höhenrauch. Er hat seinen Ursprung in der Brandkultur auf Moorflächen. Im Frühling, sobald trocknes Wetter eintritt, beginnt diese. Das schwelende Verbrennen des Torfes erzeugt ungeheure Mengen von Rauch, die sich in der Luft verbreiten und weithin, natürlich mit der Entfernung vom Ursprungsort in schwächerem Maße, das Firmament in einen Nebelschleier hüllen. Nicht selten sind die Rauchmassen so gewaltige, daß das Licht der Sonne abgeschwächt wird und diese selbst wie eine tiefrote Scheibe erscheint. Der zugleich auftretende unangenehme, brenzliche Geruch charakterisiert den Höhenrauch noch weiter. Die Ursprungsgebiete sind zumeist die weiten Moorflächen der nordwestdeutschen Ebene, jedoch hat in den letzten Jahrzehnten das Moorbrennen stark abgenommen.[1])

Die Unbequemlichkeiten des Höhenrauchs werden gleichmäßig empfunden; über die Wirkungen auf Temperatur und Luftfeuchtigkeit sind die Meinungen geteilt. In den an die Moore angrenzenden Gebieten glaubt man eine ungünstige Einwirkung auf den Fruchtansatz der Obstbäume, teilweise auch des Getreides, beobachtet zu haben. Ziemlich allgemein wird ferner behauptet, daß der Höhenrauch Trockenheit erzeuge, bzw. Niederschläge verhindere. Für beide Behauptungen fehlt jeder sichere Nachweis. Man könnte annehmen, daß blühende Pflanzen, von alkalisch reagierenden Aschenteilen getroffen, in ihrer Fruchtbarkeit leiden, es würde sich dann aber nur um die unmittelbare Nachbarschaft der Moorflächen handeln. Gegen die Einwirkung auf die Luftfeuchtigkeit spricht das Beispiel der großen Städte, die dauernd von einem den Höhenrauch ähnlichen Dunste umgeben sind und trotzdem keine geringeren Niederschläge zeigen als das umgebende Land.

7. Die Waldluft.

Die Zusammensetzung der Waldluft unterscheidet sich von der der übrigen Atmosphäre nur wenig.

Die Bestimmungen der einzelnen Bestandteile der Luft zeigen keine merkbaren Abweichungen gegenüber andern Gegenden.

---

[1]) Eine Zusammenstellung aller auf Höhenrauch bezüglichen Angaben von Müttrich, Archiv des deutschen Landwirtschaftsrats 1882.

Der Sauerstoffgehalt hat sich als völlig übereinstimmend mit dem der übrigen Atmosphäre ergeben,[1]) ein Resultat, das bei der Geringfügigkeit des bei der Assimilation der Pflanzen abgeschiedenen Sauerstoffs im Vergleich mit den gewaltigen Massen der Atmosphäre zu erwarten war.

Der Kohlensäuregehalt der Waldluft ist von dem der übrigen Luft nicht merklich verschieden. Lokal können kleine Abweichungen vorkommen, sie sind aber ohne Bedeutung für Tier- und Pflanzenwelt. Die sorgfältigen Untersuchungen Reisets[2]) zeigen die völlige Übereinstimmung des Kohlensäuregehalts der Luft in geschlossenen Schonungen (=2,917 Vol $^0/_{00}$) und auf freiem Felde (=2,902 Vol. $^0/_{00}$). (Reiset absorbierte die Kohlensäure von je 600 Liter Luft; die angegebenen Zahlen sind das Mittel aus je 27 Bestimmungen. Die angewendete Methode verbürgt die hohe Genauigkeit der Angaben.)

Die zahlreichen Bestimmungen des Kohlensäuregehalts der Waldluft, die Ebermayer (a. a. O. S. 14 u. 15) mitteilt, zeigen auch sonst beobachtete Schwankungen.

Vielfach hat man den hohen Gehalt der Waldluft an Ozon hervorgehoben. Die Bestimmungsmethoden sind jedoch wenig genau und die Beobachtungen geben keinen Beweis, daß im Walde irgend mehr Ozon vorhanden ist als auf freiem Felde. Die Stärke der Luftbewegung und die sichergestellten Erfahrungen über den Kohlensäuregehalt der Waldluft lassen es unwahrscheinlich erscheinen, daß im Walde mehr Ozon vorhanden ist als in dessen Umgebung.

Die stärkende Wirkung der Waldluft auf das Empfinden der Menschen, insbesondere auf das von Kranken, läßt sich daher aus der Zusammensetzung der Waldluft nicht erklären. Ausgeschlossen ist es nicht, daß eine Einwirkung durch die im Walde, zumal im Nadelwalde, verbreiteten Riechstoffe herbeigeführt wird. Es sind dies aber Verhältnisse, die einer zahlenmäßigen Darlegung nicht zugängig sind.

Größere Bedeutung scheint die Armut der Waldluft an Organismenkeimen zu haben. Die Untersuchungen von Serafini und Arata zeigen, daß der Wald eine filtrierende Wirkung auf die Luft ausübt und sie staubfreier und ärmer an Bakterien macht. Diese Forscher fanden je nach der Entfernung vom Waldrande und den herrschenden Winden eine Abnahme der Bakterienkeime im Innern des Waldes.

---

[1]) Ebermayer, Beschaffenheit der Waldluft. Forstwirtschaftliches Zentralblatt 8, S. 265.

[2]) Compt. rend. Par. Akad. 1879, 88, S. 1007.

Ebermayer[1]) machte darauf aufmerksam, daß die vielfach sauer reagierenden Waldböden die üppige Entwicklung der Bodenbakterien verhindern; wie ja die ausgesprochenen Torfböden fast frei von ihnen sind. Die Waldluft ist daher, da die Staubteilchen gleichfalls vermindert sind, reiner als die Luft der Städte. Hierin ist eine günstige Einwirkung der Waldluft bei Krankheiten der Atmungsorgane begründet.

8. Adsorption von Gasen durch den Boden.

Alle festen Körper adsorbieren an ihrer Oberfläche Gase. Die adsorbierte Menge ist von dem Druck des Gases, von der Temperatur und von dem Verhalten der verschiedenen Stoffe gegen die Gase abhängig. Die Gase selbst werden an der Oberfläche so stark verdichtet, daß die Anziehungskräfte, denen sie unterliegen, einem Druck von mehreren tausend Atmosphären gleich kommen müssen.

Als Regel kann gelten, daß die Gase um so stärker adsorbiert werden, je leichter sie sich verflüssigen lassen.

Es ist anzunehmen, daß aus einem Gasgemische die einzelnen Gase je ihrem Teildrucke entsprechend, adsorbiert werden. Sind Flüssigkeiten anwesend, so kommt zunächst die Löslichkeit der betreffenden Gase in Frage; Benetzung treibt einen Teil der adsorbierten Gase aus, jedoch bleibt immer noch mehr gebunden, als der Löslichkeit des Gases in der vorhandenen Flüssigkeit entspricht (v. Dobeneck)[2]).

Über die chemischen Wirkungen adsorbierter Gase ist man noch wenig unterrichtet. Sauerstoff wird zum Teil zur Oxydation von Humusstoffen verbraucht; den großen adsorbierten Stickstoffmengen schreiben einige Bedeutung für die Bindung des Luftstickstoffes durch Bakterien zu.

Ähnlich dem Verhalten gegen Flüssigkeiten muß man auch bei der Adsorption von Gasen Anziehung der Oberflächen der festen Körper annehmen, die über die unmittelbar anlagernde Molekülschicht hinausgehen. Die oft auftretenden lockeren Lagerungen, Aufstäuben von sehr feinkörnigen Stoffen beim Umfüllen (z. B. Mehl, fein zerteilter Ton usw.) führt man auf die Wirkung umhüllender Gasschichten zurück.

v. Dobeneck hebt hervor, daß die Adsorption der Gase rasch verläuft und später nur geringe Änderungen erleidet. Er spricht von einer „stoßartigen Wirkung". Den gleichen Vorgang hat man bei der physikalischen Absorption aus Lösungen, mit denen die Gas-

[1]) Forsch. d. Agrik.-Phys. 13, S. 424, auch in der Allgem. Forst- u. Jagdzeitg.

[2]) Forsch. d. Agrik. Phys. 15, S. 217.

adsorption überhaupt vieles gemeinsam hat, was nicht auffallen kann, da es sich um ähnliche Vorgänge handelt.

Im Boden sind die wichtigsten Träger der Adsorption Eisenoxydhydrate und Humusstoffe, die Silikate stehen dagegen weit zurück.

Das Verhalten gegen Wasserdampf ist bereits behandelt worden. Hygroskopizität.

Kohlensäure wird stark adsorbiert; namentlich Eisenoxyd und Eisenoxydhydrate nehmen große Mengen auf und können vom Boden als Überträger von Kohlensäure wirken. Mischt man Eisenoxydhydrat, das der Luft ausgesetzt war, mit Kalkkarbonat und befeuchtet die Mischung, so enthält die Flüssigkeit reichlich Kalk in Lösung. Kalkhaltige Böden der Luft ausgesetzt und dann benetzt, geben kalkhaltige Lösungen; schließt man den gleichen Boden von der Luft ab, so geht kein Kalk in Lösung. Es zeigt dies, daß die aus der Luft adsorbierte Kohlensäure chemische Wirkungen üben kann.

Humusstoffe adsorbieren Kohlensäure, die zugleich aber auch bei ihrer Oxydation gebildet wird. Es ist daher schwierig, diese beiden Vorgänge auseinander zu halten.

Ammoniak. Ammoniakgas wird von festen trockenen Stoffen, namentlich Eisenoxydhydrat und Humusstoffen stark adsorbiert. Da Ammoniak in Wasser sehr leicht löslich ist, so steigert auch geringerer Gehalt an Wasser die Absorption beträchtlich.

Im Boden kommt wesentlich nur kohlensaures Ammon in Frage; ein Salz, das bei gewöhnlicher Temperatur meßbare Dampfspannung hat und sich auch in der atmosphärischen Luft findet. Je nach den herrschenden Verhältnissen wird daher vom Boden Ammonkarbonat gebunden werden oder abdunsten können. Verfasser ist der Anschauung, daß die Adsorption von Ammonkarbonat aus der Luft für die Böden, die absorptiv ungesättigte Humusstoffe enthalten (saure Böden), eine bedeutsame Quelle für gebundenen Stickstoff sein kann.

Stickstoff wird namentlich vom Eisenoxydhydrat stark adsorbiert, ohne daß es bisher möglich wäre, über die Bedeutung dieses Verhaltens für das Pflanzenleben mehr als Vermutungen zu äußern.

Sauerstoff wird schwach adsorbiert.

Die atmosphärische Luft wirkt als Gemenge nach Menge und Eigenschaften der einzelnen vorhandenen Gasarten. Es liegen eine Reihe Untersuchungen vor. Um eine ungefähre Vorstellung von Menge und Zusammensetzung der adsorbierten Gase der Böden zu geben, folgen hier einige von Döbrich gefundene Zahlen[1]):

[1]) Annal. d. Landwirtschaft 52, S. 181.

	100 g gaben ccm Gas	100 ccm gaben ccm Gas	100 Volumen des Gases bestanden aus Kohlensäure	Sauerstoff	Stickstoff
Sandmoorboden . .	19,8	26,3	17,49	16,34	66,17
Sandboden	30,2	40,2	18,15	11,44	70,41
Gartenerde	49,8	68,9	39,47	11,90	48,68
Kalkboden Nr. 1 .	37,9	54,7	45,33	7,67	47,00
„ „ 2 .	44,85	68,0	61,03	6,46	32,51
Tonboden „ 1 .	27,1	38,6	2,33	17,14	80,53
„ „ 2 .	35,5	44,9	20,44	11,58	69,98

Die vom Boden adsorbierten Gase werden bei Durchfeuchtung nur zum Teil ausgetrieben, die Hauptmenge bleibt zurück. Der Boden kann daher bei zeitweiser Wasserbedeckung den Pflanzen zur Atmung noch ganz bedeutende Sauerstoffmengen liefern.

9. Tauniederschläge im Boden.

Tauniederschläge erfolgen, wenn wasserhaltige Luft mit Gegenständen in Berührung kommt, die unter den Taupunkt abgekühlt sind. Ausscheidung von Tau wird daher hauptsächlich an stark ausstrahlenden Körpern der Erdoberfläche eintreten, zumal an Pflanzenteilen, deren Wärmeemission nahezu ebenso hoch ist wie die des Kienruß und die erheblich (6—8°) tiefere Temperatur haben können als die umgebende Luft.

Der Tau entstammt der atmosphärischen Luft und der Bodenluft, ferner dem Austritt von flüssigem Wasser aus Pflanzen. Über den Anteil, den diese Faktoren an der Menge des ausgeschiedenen Taues haben, gehen die Meinungen auseinander; jedoch neigt man immer mehr dahin, die Bodenluft in vielen Fällen als die bedeutsamste Quelle des Taues anzusehen.

Im Boden ist die Luft fast stets wassergesättigt, es müssen überall Tauniederschläge erfolgen, wenn die tieferen Schichten wärmer als die oberen sind und dadurch ein aufsteigender Luftstrom veranlaßt wird. Dieser Stand ist regelmäßig im Winter vorhanden. Gefriert der Boden, so wird sich an der oberen Eisschicht Wasserdampf niederschlagen und sie dadurch verdicken. Man kann oft bei Barfrost beobachten, daß z. B. Sandböden an der Oberfläche eine Eisschicht haben, die sich aus dem ursprünglichen Wassergehalt des Bodens kaum ableiten läßt. In den Tauniederschlägen ist daher ein Mittel gegeben, Umlagerungen des Wassers im Boden herbeizuführen, das zwar von örtlichen Verhältnissen abhängig ist, aber in nackten Böden und im ariden Gebiet große Bedeutung erlangen kann. Die Wichtigkeit, die von verschiedenen Forschern, die im ariden Gebiet arbeiten, der Adsorption des Wasserdampfes zugeschrieben wird, läßt darauf schließen, daß die Tauabscheidung im Boden für jene Gegenden große Wichtigkeit hat.

Auch in den gemäßigten Klimaten ist anzunehmen, daß in der Regel während der Nacht die Oberfläche des Bodens und die obersten 10—20 cm niedrige Temperatur haben als die nächsttieferen Boden-

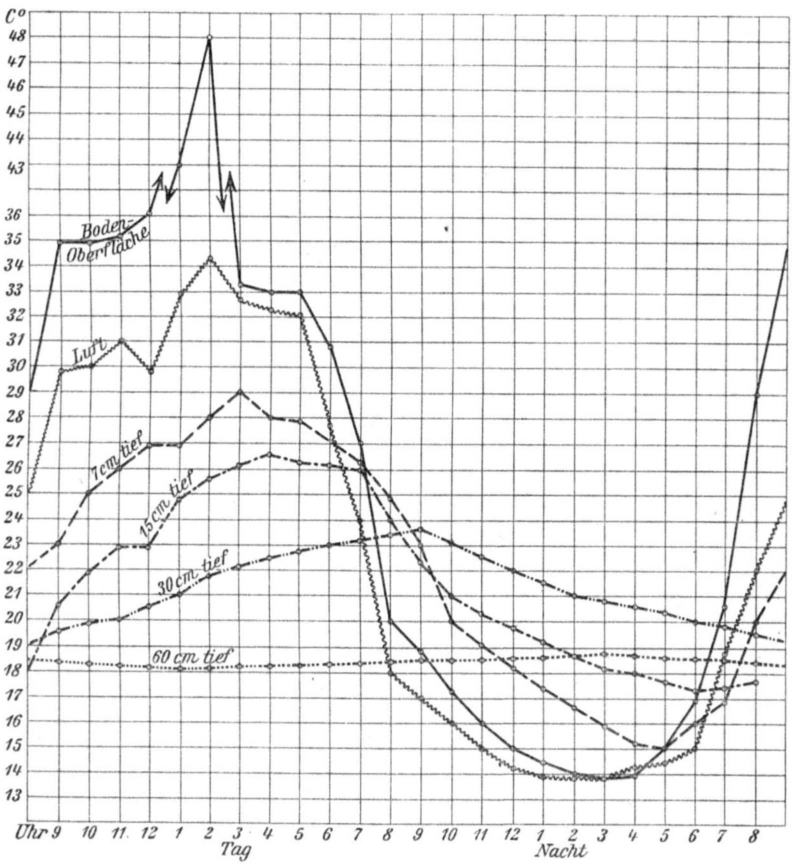

Abb. 39. Bodentemperaturen in Flugsand nach Peter Treitz.

schichten. Damit ist die Wahrscheinlichkeit von Tauabscheidungen gegeben.[1])

Tauniederschläge können Eindringen von Wasser vermitteln, sowie zur Umlagerung des Wassers im Boden führen. In allen Fällen, in denen die Temperatur der tieferen Bodenschichten geringer ist als die in den oberen, also bei der normalen Temperaturverteilung unserer Böden im Sommer, kann Ausscheidung von Wasser in der Tiefe er-

[1]) W. Weise. Mündener forstl. Hefte 7, S. 105.

folgen, auch wenn dessen Menge zur Bildung von Sickerwasser nicht ausreicht.

Auf die Möglichkeit von Taubildung in isothermen Bodenlagen infolge der höheren Dampfspannung der Wasserhüllen sehr kleiner Bodenkörner und der Abscheidung von Wasser an den größeren Bodenkörnern kann hier nur hingewiesen werden.

Es ist anzunehmen, daß die Vorgänge der Taubildung eine größere Bedeutung für die Verteilung des Wassers im Boden haben, als man ihnen in der Regel gegenwärtig zuschreibt.

Peter Treitz[1]) untersuchte das Auftreten von Tau in einem ungarischen Flugsandboden im Herbst.

Die Temperaturen des Flugsandes in 3 cm Tiefe erreichen im Juli 50—54° C.; zur Beobachtungszeit stiegen sie bis 48°.

Die beobachteten Temperaturen in stündlichen Ablesungen gibt das Diagramm (Abb. 39) wieder.

Die obere 15 cm mächtige Schicht war während der Beobachtungszeit von 24 Stunden durch 12 Stunden, die 30 cm Schicht durch 17 Stunden kälter als die Schicht in 60 cm Tiefe; während dieser Zeit schlagen sich Wasserdämpfe aus tieferen Schichten in den oberen nieder.

Die Höhenlage und der Abstand der Oberfläche des Bodens (1½—3 m in Tieflagen und 5—8 m) auf Höhen verursachte keinen Unterschied in der Wasserführung.

Die Wassergehalte des von Treitz untersuchten Bodens waren am Beobachtungstage:

	Morgens 8 h.	Abends 6 h.	+ oder —
5 cm	4,75	5,08	+0,33
30 ,,	5,40	6,48	+1,08
60 ,,	5,40	6,00	+0,60
70 ,,	5,96	6,80	+0,84
100 ,,	6,28	6,40	+0,12
150 ,,	5,60	6,99	+0,91
200 ,,	6,72	5,92	—0,80
250 ,,	9,00	8,08	—0,92
300 ,,	18,63	22,68	+4,05

Bei 3 m Tiefe war wohl bereits Grundwasser nahe. Die Zahlen zeigen, welch starke Bewegung das Wasser im Boden durch Tau erleiden kann und machen es verständlich, daß alle in ariden Gebieten arbeitenden Forscher, mit starker Temperaturschwankung zwischen Tag und Nacht der „Hygroskopizität“ des Bodens hohe Wichtigkeit beimessen.

[1]) Jahrb. ung. geol. Anst. 1900, S. 106.

10. Durchlüftung des Bodens.

Die Durchlüftung des Bodens ist für die Pflanzenwelt einer der wichtigsten Vorgänge. Es ist außerordentlich schwer, die Wirkung der Durchlüftung rein zur Darstellung zu bringen, da Temperatur und Wassergehalt zugleich beeinflußt werden. Die grundlegende Bedeutung der Krümelung der Böden, die Tatsache, daß alle fruchtbaren Bodenarten gut durchlüftete Böden sind, und nicht am wenigsten die Hilfsmittel der Pflanzen zur inneren Durchlüftung, die sich bei allen Arten herausgebildet haben, die in schlecht durchlüfteten Böden noch zu gedeihen vermögen, zeigen die Wichtigkeit genügenden Luftzutrittes. Soweit zu ersehen, handelt es sich dabei wesentlich um zwei Vorgänge: Zufuhr von Sauerstoff und Abfuhr übermäßiger Kohlensäuremengen.

11. Luftkapazität.

Die Summe der nicht von festen Stoffen erfüllten Räume des Bodens bezeichnet man als Porenvolumen, Hohlraumvolumen, Porosität des Bodens. Die Kenntnis dieser Größe gibt Einblick in die Lagerungsweise der Bodenteile und ist deshalb wichtig für die Beurteilung der Eigenschaften eines Bodens.

In trockenen Böden ist das Hohlraumvolumen von Luft erfüllt; in erdfeuchten Böden tritt an deren Stelle mehr oder weniger Wasser, so daß nur ein Teil der Hohlräume luftführend ist. In den oberen Bodenschichten, deren Wasserführung je nach Niederschlägen und Verdunstung wechselt, wechselt natürlich auch die Luftführung; in tieferen Lagen, zumal des Untergrundes, entspricht dem mehr gleichbleibenden Gehalt an Wasser auch eine gleichbleibende Luftführung, die man als Luftkapazität des Bodens (Kopecky) bezeichnen kann.

Man findet die Luftführung, wenn man vom Porenvolumen eines Bodens das Volumen des vorhandenen Wassers abzieht.

Für die Bestimmung des Hohlraumvolumens und der Luftkapazität gilt dasselbe wie für den Wassergehalt; Bestimmungen an gepulverten Böden sind wertlos, nur Böden in gewachsener Lagerung ergeben vergleichbare Werte.

Über die Größe der Luftkapazität schwerer Böden ist man bisher wenig unterrichtet. Kopecky gibt an, daß für Süßgräser etwa 8—10% dauernde Luftkapazität notwendig sind; ist weniger Luft vorhanden, so wachsen nur noch Pflanzen mit innerer Durchlüftung, besonders die Sauergräser. Für Äcker wird als notwendige

Durchlüftung 10—18%; im Mittel 14% angegeben. Böden mit unter 6% Luftkapazität bedürfen der Drainage.

Vageler[1]) fand z. B. im Moorböden eine Luftkapazität von:

Fichtenhochwald mit Bodendecke:

Nadelstreu und Oxalis, Rubus usw.	43—46 Vol.-%
„ sehr dicht gelagert (Trockentorf)	13,25 „
„ Moosdecke von Polytrichum u. Thuidium	20,00 „
„ u. Moosdecke v. Polytrich. u. viel Sphagnum	14,5 „

im Molinietum:

üppiger Bestand	39,0 Vol.-%
mit vereinzelt Heide	20,0 „
Calluneto-Molinietum	13,2 „

Auf Moorwiesen:

im 1. Kulturjahre (Phleum, Trifolium)	39,0 Vol.-%
im 2. „ (Phleum, wenig Klee)	34,0 „
im 3. „ Holcus lanatus herrschend	15,5 „

Die später auftretenden Arten haben meist flachere Bewurzelung als die zuerst vorhandenen Arten.

12. Gasaustausch im Boden.

Die Luft des Bodens steht im fortgesetztem Austausch mit der Luft der Atmosphäre durch Wechsel von Temperatur und Luftdruck, durch Diffusion, eindringendes Wasser und durch Druckwirkungen, namentlich durch die Einwirkung des Windes auf die Bodenoberfläche.

Der Einfluß des Temperaturwechsels auf das Volumen der Bodenluft ist nicht erheblich und trifft fast nur die obersten Bodenschichten. Da der Ausdehnungskoeffizient der Gase $^1/_{273}$ für einen Grad beträgt und schon in geringen Tiefen etwa von 10—20 cm an die täglichen Temperaturschwankungen gering sind, so kann auch deren Einfluß auf den Gasaustausch des Bodens nur gering sein.

Bedeutungsvoller ist der Temperaturunterschied zwischen Boden und atmosphärischer Luft. Der Boden erwärmt sich stärker als die Luft, und es entstehen hierdurch aufsteigende Luftströmungen, die auch die Bodenluft beeinflussen müssen.

Die unmittelbare Änderung der Volumen der Bodenluft durch wechselnden Luftdruck ist gering; dagegen werden Unterschiede im Luftdruck in größeren Gebieten zu einem wesentlichen Mittel des Gasaustausches in den tieferen Bodenschichten. Man hat schon frühzeitig an Berghängen Höhlen beobachtet, aus denen zeitweise kräftige

[1]) Mitteil. der bayr. Moorkulturanst. I. 1906.

Luftströme hervortreten; ferner ist das Atmen der Brunnen bekannt, deren Windkessel zeitweise Luft einsaugt oder abgibt. Es sind dies Bewegungen der Bodenluft, die auf Unterschiede in der Höhe des Luftdruckes zurückzuführen sind und die ein Fließen der Bodenluft von Gebieten hohen nach Gebieten niederen Luftdruckes herbeiführen.

Die Diffusion ist eine Folge der freien Beweglichkeit der Gasmoleküle, die in Gasgemischen zur gleichmäßigen Verteilung der Einzelbestandteile, ohne Rücksicht auf deren Eigengewicht führt. Im allgemeinen verlaufen die Vorgänge der Diffusion langsam, zumal in Gasgemischen, die voneinander in ihrer Zusammensetzung so wenig abweichen, wie Bodenluft und atmosphärische Luft. Die Diffusion ist im Boden fast unabhängig von der Korngröße und scheint der Summe der Querschnitte der Poren zu folgen, wird also stark durch die Lagerung der Bodenteile beeinflußt.[1])

Am meisten Bedeutung für die Durchlüftung der Böden, namentlich der Schichten der Oberfläche, hat die Einwirkung des Windes. Jeder Luftstrom trifft die Oberfläche der Böden unter irgend einem Winkel, führt örtlich zu Verringerungen des Druckes der Bodenluft, wodurch Druckschwankungen entstehen, die ziemlich tief in den Boden hinabreichen und zum Austausch der Bodenluft mit der Luft der Atmosphäre Veranlassung geben. Man kann diese Wirkung experimentell zeigen, wenn ein Glasrohr, das am oberen Ende ein Manometer trägt, in einen grobkörnigen Boden gesteckt wird. Beim Aufblasen auf die Oberfläche des Bodens zeigt das Manometer Druckschwankungen. Kräftige Einwirkungen übt endlich in den Boden eindringendes Wasser. Aus den Räumen, die sich mit Wasser füllen, entweicht die Luft und beim Absickern des Wassers wird wieder Luft nachgesaugt. Gießt man auf trocknen Boden Wasser, so sieht man reichlich Gasblasen entweichen.

Alle diese Vorgänge betreffen den Gasaustausch von frei beweglicher Luft, wie sie in den größeren Hohlräumen des Bodens enthalten ist. In wasserreichen Böden kann Luft in nicht unerheblichen Mengen vorhanden sein, die fast unbeeinflußt von den äußeren Einwirkungen bleibt und sehr geringen Austausch mit der äußeren Luft unterliegt. Es findet dies überall statt, wo Luft allseitig von Wasserhüllen umgeben, die größeren Hohlräume nasser oder feuchter Böden erfüllt.

Man kann dies erläutern an einem Glasrohr, dessen enge Stellen kapillar gehaltenes Wasser erfüllt, während die erweiterten Stellen Luftblasen führen. Zwischen der Oberfläche der Blasen und der

[1]) Hannén, Forsch. d. Agrik.-Phys., 15, S. 6.

Wandung des Rohres kann Wasser leicht hindurchdringen. Die Luftblasen bleiben fast unbeweglich und bedürfen zum Austreiben eines sehr beträchtlichen Druckes.

In gleicher Lage befinden sich die Luftblasen feuchter und nasser Böden, die zwar durch ihre Ausdehnung bei fallendem Luftdrucke oder steigender Temperatur und ihre Verkleinerung im umgekehrten Falle als kleine Pumpen wirken und die Wasserbewegung im Boden stark beeinflussen, selbst aber dauernd an gleicher Stelle verbleiben. Wird im Laufe der Zeit der Sauerstoff dieser Lufträume zur Oxydation verbraucht, so können im Boden Reduktionen auftreten und zumal kann Eisenoxyd in Oxydul übergeführt werden. Besonders im Boden von Wiesen finden sich derartige Verhältnisse; Luftbewegung tritt hier nur ein, wenn beim Austrocknen durch Volumverminderung Spalten gebildet werden, die mit sauerstoffreicher Luft in Verbindung stehen, die ihrerseits gelöste Eisenoxydulsalze in Oxyde überführt und zum Abscheiden bringt. Die Wiesenböden kennzeichnen sich daher zumeist durch Vorkommen von dünnen Lagen Eisenoxydhydrats auf den Spaltflächen des Bodens.

13. Durchlässigkeit des Bodens für Luft.

Die Luftmenge, die unter bestimmtem Druck in der Zeiteinheit durch eine Bodenschicht von bestimmter Höhe und Querschnitt hindurchgeht, kann man als Maß der Durchlässigkeit eines Bodens benützen.

Die herrschende Temperatur übt insofern Einfluß, als die Bewegung der Gasmoleküle mit der Temperatur und damit zugleich die Reibung steigt (Luft bei $0^0 = 0{,}00017$, steigt mit der Temperatur zu $1 + 0{,}00273\,t$; die Reibung der Luft ist bei 40^0 um etwa 10% höher als bei 0^0). Hierdurch fällt die Durchlässigkeit des Bodens mit steigender Temperatur. Die Durchlüftung eines Bodens ist zunächst von der Korngröße und der Dichtigkeit der Lagerung abhängig, wird jedoch am stärksten von dem Wassergehalt beeinflußt.

In grobkörnigen Böden bewegt sich die Luft fast ohne Widerstand. Wendet man künstlichen Druck an, so sind die ausfließenden Luftmengen dem Drucke proportional, ein bemerkbarer Einfluß der Reibung macht sich nicht geltend. Je feinkörniger ein Boden ist, je dichter die Lagerung und je mächtiger die zu durchfließende Bodenschicht ist, um so größer wird die Wirkung der Reibung. Jede Lockerung und namentlich auch die Krümelung des Bodens steigert daher die Durchlüftbarkeit.

Ammon fand z. B. für dasselbe Gewicht (je 757 g) eines humosen Kalksandes bei 5^0 und 40 mm Druck folgende, in der Stunde durchgegangene Luftmenge:

locker: Volumen 982 ccm	356,6	Liter	Luft
festgedrückt: Volumen 770 ccm	72,0	,,	,,
eingestampft: Volumen 742 ccm	2,1	,,	,,

Ähnliche Unterschiede in der Durchlüftbarkeit zeigen die Böden je nach Einzelkornstruktur oder Krümelung. Ein Volumen von 982 ccm Lehmboden ließen bei 50 cm Höhe (bei Temperatur von 5°) in der Stunde hindurchtreten:

pulverförmig	1,6	Liter	Luft
Krümel 0,25—0,50 mm Durchmesser . . .	30,9	,,	,,
,, 0,5 —1 ,, ,, . . .	123,7	,,	,,
,, 1—2 ,, ,, ...	420,3	,,	,,

Die Zahlen sind mitgeteilt, um an einem Beispiele den enormen Einfluß der Krümelung und Bodenbearbeitung auf die Durchlüftung des Bodens zu zeigen.

Bei Böden verschiedener Schichtung ist die Luftbewegung von der feinstkörnigen Schicht abhängig und genügen schon dünne Schichten, die Durchlüftung stark herabzusetzen. Es betrugen z. B. (bei 10°, 40 mm Druck, 50 cm Höhe) die durchgegangenen Luftmengen in der Stunde:

Sandboden bis 0,25 mm Durchmesser.	74,6	Liter	Luft
Derselbe Sand, mit einer 1 cm Schicht Lehm .	14,5	,,	,,
Desgl. mit 5 cm Lehm	2,9	,,	,,

Undurchlässige Bodenschichten, wie Ortstein, Abscheidungen von Eisenverbindungen, Kalkkarbonat setzen daher die Durchlüftung eines Bodens stark herab.

Sehr starken Einfluß übt der Wassergehalt des Bodens auf die Durchlüftung aus. Da das Wasser die Hohlräume des Bodens erfüllt, so wird der Querschnitt der Poren im Volumen vermindert und die Reibung so sehr gesteigert, daß feuchte bis nasse Böden fast undurchlässig für Luft werden. Eisbildung im Boden vermindert die Luftbewegung erheblich, da die Verschiebbarkeit des Bodenwassers aufhört. Durch Gefrieren verliert ein Boden sehr stark an Durchlüftbarkeit; ein Vorgang, der auch durch die größere Raumerfüllung des Eises gegenüber Wasser seine Erklärung findet.

Die Bestimmung der Durchlüftbarkeit eines Bodens ist zuerst von Heinrich[1]) versucht worden. Er trieb einen Kasten von 100 qcm Querschnitt 10 cm tief in den Boden und preßte dann Luft hindurch. Der Druck unter dem zuerst Luft hindurchtritt (später sinkt der Druck infolge der Eröffnung leicht durchlässiger Bahnen), war ein Maß für die Durchlässigkeit des Bodens. Nach Heinrich

[1]) Grundl. z. Beurteilung d. Ackerkrume. Rostock 1883. S. 124 u. 222.

ist ein Boden noch fruchtbar, wenn es zum Durchtreiben der Luft weniger als eines Druckes von 70 mm Quecksilberdruck bedarf. Für Sandböden war kein meßbarer Überdruck nötig, für lehmigen Sand bis zu 30 mm; ein nasser Torfboden bedurfte 80 mm Druck. Mit dem Gehalt an Wasser ändern sich diese Größen, die daher nur relativ brauchbare Werte ergeben.

14. Zusammensetzung der Bodenluft.

Die Bodenluft ist ein Teil der Atmosphäre; sie unterscheidet sich in der Zusammensetzung von der atmosphärischen Luft durch höheren Gehalt an Kohlensäure, oft verbunden mit geringerem Gehalt an Sauerstoff, sowie durch die in tieferen Schichten stets, in höheren Schichten in der Regel vorhandene Sättigung mit Wasserdampf.

Bisher wenig beachtet ist die Bedeutung der wassergesättigten Luft der Böden für die Biologie. Alle dauernd im Boden lebenden Organismen und Organismenteile nähern sich in ihrem Bau den wasserbewohnenden Organismen und sind hilflos gegen die Einflüsse starker Verdunstung. In erster Reihe gilt dies für die Pflanzenwurzeln, deren Empfindlichkeit gegen Trocknis allbekannt ist. Von den bodenlebenden Tieren sind namentlich die Würmer auf hohe Luftfeuchtigkeit angewiesen; auch zahlreiche andere Tiere verhalten sich in gleicher Weise.

Die Menge der einzelnen Bestandteile schwankt in der Bodenluft in weiten Grenzen und wird nicht nur durch die physikalischen Eigenschaften des Bodens, sondern auch durch seine Zusammensetzung und die auf dem Boden wachsenden Pflanzen beeinflußt.

Der Gehalt an Kohlensäure steigt in größeren Bodentiefen, ein Gesetz, wie Gümbel sagt, von ebenso allgemeiner Gültigkeit, wie die Zunahme der Erdwärme in tiefen Schichten.

Der Kohlensäuregehalt der oberen Bodenschichten beträgt im großen Durchschnitt 0,3%, also etwa das Zehnfache des Gehaltes der atmosphärischen Luft. Die örtlichen Unterschiede sind aber sehr groß; namentlich der Pflanzenbestand beeinflußt den Gehalt, erst in zweiter Reihe die größere oder geringere Menge an organischen Stoffen im Boden.

Magnin[1]) fand z. B. in städtischen Anlagen bis zu 24% Kohlensäure und stark verminderten Gehalt an Sauerstoff, der bis zu 6%, einige Male auch auf Null, herabging. In solchen Böden starben alle Bäume ab.

Untersuchungen über die Zusammensetzung der Bodenluft unter verschiedenen Pflanzen sind vielfach ausgeführt worden.

---

1) Ann. sc. agr. 1896, 2, S. 1.

Ebermayer fand unter Fichten mehr CO_2 als unter Buchen; unter einem Akaziengebüsch weniger als in brachem Boden. Wollny, ferner in neuerer Zeit Lau[1]), Vageler[2]) haben zahlreiche Angaben gemacht über den Gehalt an Sauerstoff und Kohlensäure in der Bodenluft.

In der Regel betrachtete man den Gehalt an Kohlensäure als einen Maßstab für den Verlauf der Verwesung im Boden. Die Menge der gebildeten Kohlensäure ist auch dafür durchaus verwertbar; sie ist bei Bakterien und Fadenpilzen recht erheblich, aber auch die Atmung der höheren Pflanzen erreicht große Werte. Stoklasa[3]) schätzte die durch Atmung niederer Organismen gebildete Kohlensäure (in einem untersuchten Lehmboden) zu 75 kg für Tag und Hektar (= 150 Meterzentner für Vegetationszeit), zugleich wird die Wurzelatmung für Weizen auf 60 kg CO_2 für den Tag berechnet (= 60 Meterzentner für 100 Vegetationstage).

Unzweifelhaft ist in den oberen Bodenschichten die Entbindung von Kohlensäure durch beide Vorgänge sehr beträchtlich; die Ansammlung dieses Gases im Boden ist aber überwiegend von den Einwirkungen der Pflanzen auf die Bodeneigenschaften abhängig. Unter sonst gleichen äußeren Bedingungen macht sich die Bestandesdichte durch den Schutz des Bodens gegen Wind und Sonne und ferner die Durchwurzelung des Bodens geltend.

Lau erhielt folgende Gehalte an Kohlensäure (Vol.-%) in 1. mit organischen Stoffen seit langer Zeit ungedüngtem Boden und 2. mit Stalldünger regelmäßig gedüngtem Boden. (Sandboden, Probenahme in 13—15 cm Tiefe.) Die Zahlen sind Mittel längerer Beobachtungsreihen während der Vegetationszeit.

	Kartoffel	Gerste	Peluschke	Hafer	Kartoffel	Lupine	unbepflanzt
1.	0,330	0,220	0,250	0,240	0,420	0,540	(0,166)
2.	0,570	0,290	0,264	0,274	0,647	0,551	(0,180)

Die Gehalte an Sauerstoff schwankten nicht erheblich und betrugen stets über 20 Vol.-%.

Aus der Zusammenstellung ersieht man, daß nur Lupinen und Kartoffeln zur reichen Ansammlung von Kohlensäure im Boden führen; bei der ersten wahrscheinlich als Wirkung dichten Standes, bei der letzten als Folge der Bodenverdichtung, die unter Kartoffeln stets auftritt.

Die Versuchsweise zeigt, daß für den Gehalt der Bodenluft viel weniger die absolute Menge der gebildeten Kohlensäure als die leichtere oder schwierigere Durchlüftung maßgebend ist.

1) Diss. Rostock. 1906.
2) Mitt. d. bayr. Moorkultur-Anstalt, 1. Heft, (1906).
3) Zentralbl. f. Bakter., 12, II, S. 723 (1905).

In den von Vageler untersuchten Moorböden ist der Gehalt an Kohlensäure hoch. Er fand auf Wiesen, die im ersten Jahr Phleum pratensis, Lolium italicum und Klee trugen, auf denen im zweiten Jahr der Klee vorherrschend geworden war und im dritten Jahre Holcus lanatus den Hauptbestand ausmachte, im Mittel in der Bodenluft:

	1. Jahr	2. Jahr	3. Jahr
Sauerstoff . . .	14,23 Vol.-%	15,47 Vol.-%	18,03 Vol.-%
Kohlendioxyd .	4,07 „	4,37 „	2,17 „

Über die Ursache der schädigenden Wirkung mangelnder Durchlüftung ist es schwer, eine bestimmte Meinung zu äußern. Man kann an schädliche Ausscheidungsprodukte der Pflanzen denken, deren Zersetzung verlangsamt ist (Whitney) oder an Giftwirkungen der Kohlensäure, die wenigstens auf chlorophyllführende Pflanzenteile schädigend wirkt, wenn einige Prozente dauernd der Luft beigemengt sind, endlich auch auf verringerte Partialpressung des Sauerstoffes.

IX. Das Verhalten des Bodens zur Wärme.

1. Quellen der Wärme.

Die Wärmestrahlung der Sonne ist die maßgebende Quelle für den Wärmehaushalt der Böden. Örtlich treten chemische und physikalische Prozesse, bei denen Wärme frei wird, sowie allgemein die sehr geringe Zufuhr aus dem wärmeren Erdinnern hinzu. Die Beobachtungen haben beim Eindringen in tiefere Erdschichten steigende Temperatur ergeben. Die Einzelbeobachtungen schwanken erheblich, als Mittel läßt sich 1° Temperaturzunahme auf 30 m annehmen.

Die Leitfähigkeit der Gesteine für Wärme ist gering; die Wärmemenge, die im Laufe eines Jahres aus dem Innern der Erde zur Oberfläche gelangt, würde etwa ausreichen, eine Eisschicht von 7,4 mm zum Schmelzen zu bringen.[1]) Wahrscheinlich ist selbst diese Angabe noch zu hoch, da die lockeren Bodenarten, die die festen Gesteine überlagern, gute Isolatoren sind.

Bei der Verwitterung der Gesteine wird ferner Wärme frei, deren Menge aber zu gering ist, um die Temperatur meßbar zu beeinflussen. Erheblicher ist die Entbindung von Wärme bei der Zersetzung organischer Stoffe, die bei örtlicher Anhäufung wirksam hervortreten kann. In der Gärtnerei macht man hiervon bei Anlage der Treib- und Mistbeete Gebrauch. Starke Düngungen können die Bodentemperaturen um 0,5—2° erhöhen; dies tritt aber fast nur im Sommer

[1]) Hann, Meteorologie, S. 23.

bei hohen Temperaturen hervor, so daß der Gesamteinfluß auf die Pflanzenentwicklung gering ist.

Im Walde ist die Wärmeentbindung bei der Zersetzung der Streuabfälle gering, kann aber erheblich werden, wenn örtlich Streu zusammenlagert oder zusammengeweht wird.

2. Erwärmung der Böden.

Die Erwärmung eines Bodens ist zunächst vom Wassergehalte abhängig, sodann von der Kapazität und Leitung der Bodenteile für Wärme; ferner von der Struktur, Farbe, Korngröße, sowie von der Bodenbedeckung.

3. Die Wärmekapazität.

Die Wärmekapazität eines Körpers, d. h. die Wärmemenge, die zugeführt werden muß, um seine Temperatur um einen bestimmten Grad zu erhöhen, kann auf Gewicht oder Volumen bezogen werden. Als Einheit dient hierbei die Wärmekapazität des Wassers, die gleich 1 gesetzt wird, die anderer Körper wird durch einen Dezimalbruch ausgedrückt.

Die wichtigsten Bodenbestandteile haben nach Lang[1]) folgende Wärmekapazität, auf luftfreie Substanz berechnet und bezogen:

	auf Gewicht	auf Volumen
Quarzsand	0,196	0,517
Kalksand	0,214	0,582
Kaolin	0,233	0,576
Humus (Torf)	0,477—0,507	0,601

Man ersieht aus der Tabelle, daß die spezifisch schwereren Bodenbestandteile niedere, die leichteren hohe Wärmekapazität besitzen, so daß auf Volumen berechnet, größere Unterschiede nicht auftreten. Nur das Wasser macht eine Ausnahme und beeinflußt durch seine hohe Wärmekapazität die des Bodens sehr stark, so daß bei hohen Wassergehalten, etwa von 20—50% des Hohlraumvolumens an, die Wärmekapazitäten der einzelnen Bodenbestandteile stark zurücktreten und die Böden sich recht einheitlich verhalten.[2])

Die Aufnahme und Ausstrahlung der Wärme ist für den Boden nicht gleichartig, da zumeist andere und zwar längere Wellen abgegeben als aufgenommen werden.

---

[1]) Forsch. d. Argik.-Phys., 1, S. 109.
[2]) Mitscherlich, Bodenkunde, S. 238.

Die Einstrahlung ist bei dunkel gefärbten Böden höher als bei hell gefärbten und steigt im allgemeinen mit der Tiefe der Färbung. Im gärtnerischen Betriebe macht man gelegentlich hiervon Gebrauch, indem man den Boden mit Ruß bestreut oder ihn in Weinbergen mit dunkelfarbigen Schieferstückchen bedeckt.

Soweit die bisherigen Beobachtungen reichen, scheint die Ausstrahlung der festen Bodenbestandteile nicht wesentlich verschieden zu sein; wenigstens sinkt die Temperatur dunkel gefärbter Böden bei gleicher Ausstrahlung nicht tiefer als die hell gefärbter. Vielleicht gleicht die hohe Ausstrahlung des Wassers die Unterschiede aus.

4. Die Wärmeleitung der Böden.

Zur Messung der absoluten Wärmeleitung der Körper dient die Wärmemenge (in Kalorien [C]), die durch eine ebene Schicht von 1 cm Dicke und 1 qcm Querschnitt in der Sekunde hindurchgeht, wenn der Temperaturunterschied zu beiden Seiten der Schicht 1° beträgt.

Die Leitungsfähigkeit der Bodenbestandteile ist gering, sie beträgt z. B.:

Quarz ‖ der Hauptachse	0,026	im Mittel etwa 0,019
Quarz ⊥ zur Hauptachse	0,016	
Kalkspat im Mittel	0,009	
Wasser im Mittel	0,0014	
Luft im Mittel	0,000054	
feiner Quarzsand	0,0013	lufthaltig
Kreide	0,0022	
Bimstein	0,0006	

Für Ton liegen keine Bestimmungen vor. Die Leitfähigkeit für (homogen gedachten) Humus wird man zu 0,0003 annehmen können (Steinkohle = 0,000297). Der Boden ist ein Gemisch von Mineralstoffen, Wasser und Luft, seine Leitfähigkeit würde man aus der der einzelnen Bestandteile berechnen können, wenn die Mischung einen wirklich homogenen Körper ergäbe. Tatsächlich gestalten sich die Verhältnisse jedoch so, daß im Boden die einzelnen Körner durch schlecht leitende Luftschichten voneinander getrennt sind; es kann daher nicht auffallen, daß die Leitfähigkeit stark von der Korngröße und der Lagerung abhängig ist. Alles, was geeignet ist, die Dichte der isolierenden Luftschichten zu vermindern und die festen Bodenteile in Berührung zu bringen, steigert die Leitfähigkeit; natürlich auch im hohen Grade gröbere Bodenteile (z. B. Steine). Maßgebenden

Einfluß gewinnt jedoch das Wasser. Indem die isolierenden, schlecht leitenden Luftschichten an den Berührungspunkten der festen Körper durch das viel besser leitende Wasser ersetzt werden, steigert bereits ein geringer Gehalt an Feuchtigkeit die Leitfähigkeit des Bodens bedeutend.

Wagner fand z. B. für Quarzsande die Leitfähigkeit:[1])

				trocken : naß
Quarzsand	0,25—0,5 mm Durchm.	mit 19,8 Vol.-%	Wasser	=1 : 1,7
„	0,5 —1 „	„ „ 12,0 „	„	=1 : 1,8
„	1 —2 „	„ „ 8,3 „	„	=1 : 1,7

Es tritt bei Gegenwart von Wasser die Leitfähigkeit der festen Bestandteile stärker hervor und diese Wirkung macht sich auch bei geringem Gehalte an Wasser stark bemerkbar. Die Zahlen, die Pott für trockne und nasse Böden gefunden hat, bewegen sich im gleichem Sinne und etwa gleicher Größe bei Kaolin und Kreide; dagegen war das Verhältnis für Humus fast unverändert; die absolut geringe Leitfähigkeit dieser Körper trat deutlich hervor. (Landw. V.-Stat. S. 273.)

5. Einfluß des Wassers.

Der Einfluß des Wassers auf die Bodentemperatur ist sehr groß. In Wirkung treten die hohe Wärmekapazität, Wärmebindung infolge Verdunstung, Änderungen der Temperatur tieferer Schichten beim Eindringen von Wasser und der Einfluß von Oberflächenwasser auf die Bodentemperatur.

Wasserreiche Böden erreichen bei gleicher Wärmezufuhr weniger hohe Temperaturgrade als wasserarme Böden. Zugleich wird ein großer Teil der eingestrahlten Wärme zur Wasserverdunstung gebraucht. Homén[2]) gibt an, daß in Finnland auf einer „Sandheide“ (Beob. 14 u. 15, VIII, 2 u. 3, IX, 1 u. 2, X) während der Tageszeit von der einstrahlenden Wärme $^1/_{10}$—$^3/_{10}$, auf einer Moorwiese $^2/_{10}$—$^5/_{10}$ zur Wasserverdunstung verbraucht wurden. Wenn daher die wasserreichen Böden (Humus- und Tonböden) als „kalte Böden“ bezeichnet werden, so beruht dies einmal auf dem hohen Verdunstungsverlust und noch mehr auf der langsamen Erwärmung im Frühjahre. Im Herbst sind die oberen Bodenschichten nasser Böden in der Regel wärmer als die trockner Böden.

Eindringendes Wasser teilt den tieferen Bodenschichten seine Temperatur mit. In der Regel wird hierdurch, zumal im Frühlinge,

---

1) Forsch. Agrikulturphys. 6. S. 1.

2) Bodenphysikal. u. meteorol. Beob. Berlin 1894 u. Tägl. Wärmeumsatz im Boden. Leipzig 1896.

eine rasche Steigerung der Bodentemperatur veranlaßt. Die „warmen Regen", nach denen sich bei Beginn der Vegetationszeit der Gärtner und Landwirt sehnt, sind in der Regel kälter als die Lufttemperatur und als die Bodenoberfläche, dagegen wärmer als die tieferen Bodenschichten, die durch die Zufuhr des Wassers rasch höhere Temperatur annehmen. Zahlreiche Beobachtungen zeigten, daß reichliche Niederschläge die Bodentemperatur erhöhen und demnach nassen Sommern hohe Bodentemperaturen entsprechen.

In ähnlicher Weise wirkt fließendes Wasser oder zeitweise aufgestautes Wasser auf den Boden ein. Das zugeführte Wasser hat fast stets höhere Temperatur als die tieferen Bodenschichten; anderseits ist die Durchstrahlung flacher Wasserflächen sehr groß; die unter Wasser befindlichen festen Körper können sich wahrscheinlich über die Wassertemperatur erwärmen.

6. Bodentemperaturen.

Die Temperatur des Bodens wird von der Oberfläche aus bestimmt. Die Oberfläche ist es, die die einstrahlende Wärme aufnimmt und durch Leitung an die tieferen Schichten abgibt; die Oberfläche ist auch die ausstrahlende Bodenschicht. Die Erfahrung hat nun gezeigt, daß Freilandböden auch recht verschiedener Art in bezug auf Durchschnittstemperaturen viel gleichartigere Verhältnisse zeigen, als man bei der wechselnden Zusammensetzung erwarten sollte. Allerdings tritt dies nur hervor, wenn man Mittelzahlen verwendet; will man dagegen das Verhalten der einzelnen Bodenarten kennen lernen, so muß man den Gang der täglichen oder mindestens der monatlichen Temperatur verfolgen. Es ist durch die Ausgleichung, die viele Bodeneigenschaften gegeneinander hervorrufen, möglich, von einer durchschnittlichen Bodentemperatur zu sprechen, zumal da für die Stationen grundwasserfreie Böden, die mittleren Verhältnissen entsprechen, ausgewählt werden.

Nach J. Schubert[1]), dem wir die wichtigsten Daten über diese Beziehungen verdanken, ändert sich in Mitteleuropa (Stationen Norddeutschlands und Elsaß-Lothringens sind berücksichtigt) die durchschnittliche Bodentemperatur:

I. Abnahme von Süd nach Nord um einen Breitengrad.
II. Zunahme nach Ost um einen Längengrad.
III. Abnahme bei 100 m Erhebung.

---

[1]) Jährl. Gang der Luft- und Bodentemperatur. Berlin 1900.

	I.			II.			III.		
	Luft	Boden 60 m tief	Boden 120 cm tief	Luft	Boden 60 cm tief	Boden 120 cm iief	Luft	Boden 60 cm tief	Boden 120 cm tief
Januar . .	−0,04	−0,08	0,08	−0,32	−0,16	−0,13	0,33	0,11	0,14
Februar .	0,30	0,02	0,08	−0,26	−0,14	−0,11	0,46	0,12	0,11
März . . .	0,57	0,34	0,28	−0,24	−0,15	−0,13	0,47	0,26	0,17
April . . .	0,74	0,77	0,57	0,01	0,00	−0,10	0,55	0,65	0,45
Mai. . . .	0,69	0,84	0,73	0,06	0,08	0,03	0,58	0,62	0,58
Juni . . .	0,74	0,90	0,83	0,11	0,19	0,13	0,64	0,50	0,55
Juli. . . .	0,75	0,92	0,86	0,15	0,21	0,17	0,65	0,53	0,54
August . .	0,63	0,78	0,82	0,08	0,18	0,16	0,61	0,48	0,50
Septbr. . .	0,38	0,54	0,62	0,00	0,09	0,09	0,53	0,42	0,45
Oktober .	0,25	0,28	0,41	−0,08	−0,05	−0,02	0,54	0,43	0,42
November	0,24	0,11	0,25	−0,15	−0,12	−0,09	0,48	0,34	0,35
Dezember	0,04	0,01	0,16	−0,23	−0,14	−0,11	0,47	0,21	0,16
Jahr . . .	0,43	0,45	0,48	−0,07	−0,01	−0,02	0,52	0,39	0,38

Die Temperaturen des Bodens sind abhängig von der Temperatur der Oberfläche. Leider sind die Beobachtungen der obersten Bodenschicht außerordentlich erschwert. Bei Sonnbestrahlung auf nackten Böden können sehr hohe Temperaturen erreicht werden; in unseren Gebieten sind 40—50° öfter beobachtet; in den Steppen Südrußlands erreicht das Thermometer 50—60° und mehr. Es ist anzunehmen, daß die wirkliche Temperatur noch höher ist; ich habe selbst in Wosnosensk am Dnjepr einjährige Eichen in großer Zahl dadurch abgestorben gesehen, daß genau an der Grenze der Bodenoberfläche eine kaum millimeterdicke Schicht des Stammes getötet war. Da andere Beschädigungen nicht nachweisbar waren und die abgestorbenen Stellen stets an der Bodenfläche lagen, so kann kein Zweifel sein, daß Hitzewirkungen die Ursache der Beschädigungen waren.

Als Regel für die Erwärmung der Bodenoberfläche kann man annehmen, daß die Temperatur zur Zeit der Minima nur wenig unter die der tieferen Luftschichten sinkt; dagegen zur Zeit der Maxima, namentlich bei direkter Sonnenbestrahlung, die Bodenfläche sehr viel höhere Wärmegrade als die Luft erreicht, so daß die Amplitude der täglichen Schwankungen oft das 2—3 fache der Lufttemperatur betragen kann.

Die Temperaturen der verschiedenen Bodenschichten suchen sich auszugleichen, es entsteht ein Temperaturgefälle von den wärmeren zu den kälteren Schichten, das zur Tages- und Sommerszeit vorherrschend von der Oberfläche nach der Tiefe, in der Nacht- und Winterszeit von der Tiefe nach der Oberfläche gerichtet ist. Natürlich braucht ein solcher Ausgleich bei der geringen Wärmeleitung im Boden Zeit; so kann es kommen, daß mittlere Lagen die höchsten Temperaturen zu einer Tageszeit erreichen, in der die Oberfläche bereits wieder stark erkaltet ist; dasselbe gilt für größere Tiefen bezügl. der Jahresschwankungen. Es macht sich demnach eine Verzögerung der höchsten und niedersten Temperaturen in den tieferen Bodenschichten gegenüber dem Sonnenstande bemerkbar.

A. Tägliche Schwankungen der Bodentemperatur.

Die niederste Temperatur der Bodenfläche tritt um Sonnenaufgang ein; die höchste um etwa 1 Uhr nachmittags.

Die täglichen Schwankungen werden in 0,75—1 m Tiefe unmerklich. Um ein Beispiel für das Verhalten eines Bodens zu geben, sind hier die Mittelzahlen aus zweistündigen Beobachtungen, die Mütterich in der Zeit vom 15.—30. Juni 1889 in Eberswalder Sandboden fand.

Freilandstation.

Zeit	Luft-temperatur	Bodentemperatur an der Oberfläche	in der Tiefe von 0,15 m	0,30 m	0,60 m
nachts 12 Uhr	13,80	16,71	19,42	17,90	15,88
2 „	12,90	15,59	18,42	17,59	15,91
4 „	**12,53**	**15,14**	17,84	17,33	15,91
6 „	14,68	15,89	**17,35**	17,03	**15,92**
8 „	17,99	17,54	17,52	16,75	15,91
10 „	21,05	22,65	18,72	**16,59**	15,89
mittags 12 „	21,97	25,00	20,52	16,64	15,84
2 „	**22,61**	**26,37**	22,08	17,00	15,80
4 „	22,38	25,89	**22,91**	17,37	15,77
6 „	21,24	22,32	22,64	17,71	**15,75**
8 „	17,55	19,76	21,65	17,99	15,77
10 „	14,80	17,81	20,53	**18,06**	15,88
Mittel	17,79	20,06	19,97	17,33	15,85

In 15 cm Tiefe sind also Maximum und Minimum bereits um zwei Stunden verspätet. In 30 cm Tiefe das Minimum um sechs, das Maximum um 6—8 Stunden, in 60 cm Tiefe, wo der Unterschied allerdings nur 0,2 ^{0} C. beträgt, ergibt sich eine Verzögerung von 14—16 Stunden.

Natürlich werden sich für abweichende Bodenarten auch abweichende Verhältnisse ergeben; das angeführte Beispiel genügt jedoch, um die Hauptpunkte zu zeigen.

B. Jährliche Schwankungen der Bodentemperatur.

In größeren Tiefen und längeren Zeiträumen verlaufen die jährlichen Temperaturschwankungen im Boden. In den oberen Schichten sind die Amplituden im Laufe eines Jahres von erheblicher Größe, nehmen aber mit größerer Tiefe immer mehr ab, um endlich völlig zu verschwinden.

Die Tiefe, in der eine gleichbleibende oder wenigstens von den Schwankungen der Jahreszeiten unabhängige Temperatur herrscht, ist nach den klimatischen Verhältnissen verschieden. In den Tropen liegt sie (nach Wild) bei etwa 6 m, in den gemäßigten Klimaten bei 20—30 m. Alle Bedingungen, die die Temperaturextreme abschwächen, so insbesondere die Einwirkung des Seeklimas, Bodendecken der verschiedensten Art, beeinflussen auch die Bodentemperatur. Die Beobachtungen lehren, daß in England, Frankreich zum Teil (Paris), die unteren Grenzen der Temperaturschwankungen im Boden bei etwa 20 m Tiefe liegen; dieselbe Zahl erhielt Mütterich für den Waldboden bei Eberswalde. Die Beobachtungen in Freilandböden der mehr kontinentalen Gebiete führen ziemlich übereinstimmend auf etwa 30 m Tiefe (Mittel- und Ostdeutschland, Rußland usw.).

Ein Beispiel für die jährlichen Bodentemperaturen, das zugleich den Verlauf der Verzögerung des Eintritts der Extreme in tieferen Bodenschichten behandelt, geben Wild und Hlasek für Petersburg.

	Jan.	Febr.	März	April	Mai	Juni
Mittel der Lufttemperatur	-8,20	-8,34	-4,20	0,49	6,42	15,64
Bodentemperatur						
an der Oberfläche . . .	-7,62	-8,04	3,81	0,91	6,43	16,38
in 0,43 m Tiefe . . .	-5,07	-5,79	0,52	2,39	13,10	17,34
„ 0,81 „ „ . . .	-2,46	-2,56	2,13	0,53	0,93	10,32
„ 1,52 „ „ . . .	2,76	1,30	0,62	0,50	1,17	6,78
„ 3,0 „ „ . . .	6,65	5,06	3,96	3,31	3,24	4,51

	Juli	August	Sept.	Okt.	Nov.	Dez.
Mittel der Lufttemperatur	17,70	15,34	11,07	4,86	-2,97	-10,02
Bodentemperatur						
an der Oberfläche . . .	18,47	15,46	11,08	4,74	1,97	9,27
in 0,43 m Tiefe	16,54	13,42	8,21	—	—	—
in 0,43 m Tiefe . . .	16,54	13,42	8,21	—	—	—
„ 0,81 „ „	15,68	16,37	14,34	—	—	—
„ 1,52 „ „	12,59	14,56	12,09	—	—	—
„ 3,0 „ „	7,48	11,61	11,83	—	—	—

Die Zeitdauer des Temperaturwechsels in der Tiefe des Bodens betrug in Tagen:

	Minim. bis Medium	Medium bis Maxim.	Maxim bis Medium	Medium bis Minim.	Maxim. bis Minim.	Medium bis Medium
an der Oberfläche	91	77	105	92	168	177
in 0,4 m Tiefe .	101	73	88	103	174	—
,, 0,8 ,, ,, .	95	62	93	115	157	155
,, 1,6 ,, ,, .	67	69	91	138	136	160
,, 3,2 ,, ,, .	48	73	102	143	120	174

Die Verspätung des Eintritts der höchsten und niedersten Temperatur gegenüber der Bodenoberfläche betrug für je 1 m Erdschicht:

	für das Minimum	für das Maximum
in 0,0—0,8 m Tiefe	32 Tage	25 Tage
,, 0,8—1,6 ,, ,, ...	46 ,,	25 ,,
,, 1,6—3,2 ,, ,, ...	52 ,,	36 ,,
im Mittel	41 ,,	27 ,,

Es ergibt sich hieraus, daß der Boden im Herbst lange relativ warm, im Frühling lange relativ kalt bleibt. In noch höherem Maße gilt dies für sehr feuchte Bodenarten, zumal für Moorboden.

In der warmen Jahreszeit ist die Bodenoberfläche wärmer, in der kälteren kühler als die tieferen Bodenschichten.

Der Boden dient während der warmen Tages- und Jahreszeit als Wärmespeicher und gibt während der Nacht und der kalten Jahreszeit den Überschuß an Wärme ab, den er aufgenommen hatte. Hierauf beruht es, daß die Böden von September bis Dezember höhere Temperaturen aufzuweisen haben und anderseits im Frühlinge sich nur langsam erwärmen.

Abweichende Verhältnisse zeigen die Moorböden; leider liegen bisher nur wenig Beobachtungen vor. Im gewachsenen Moore ist der Wassergehalt sehr hoch; die organische Substanz der gleichmäßigen zersetzten tiefen Schichten beträgt oft nur 5—8 Volumprozent, alle Zwischenräume sind gleichmäßig von Wasser erfüllt. So gering der Anteil der festen Bestandteile auch nach dem Volumen ist, so genügen sie bei der lockeren Verteilung doch, um die Wasserbewegung auf ein sehr geringes Maß herabzusetzen. Die Moore verhalten sich, vielleicht mit Ausnahme der obersten porösen Torfschicht, wie Wasseransammlungen ohne Strömungen. Der Temperaturwechsel ist dadurch ungemein herabgesetzt, die täglichen und jährlichen Schwankungen sind vermindert und die Verzögerung der Minima und Maxima in den tieferen Schichten ist sehr groß. Hierauf beruht es, daß frisch gestochener Torf der Hand „eiskalt“ erscheint, daß in Moorböden sich bereits in Mittelfinnland bis zum September Eis in mäßiger Tiefe findet, und daß die aus Mooren hervortretenden Quellen im Sommer niedrigere Temperaturen als im Winter haben.[1])

Die Verhältnisse des Moorbodens erläutern am besten die Zahlen, die Krutsch[2]) von einem Moore des Erzgebirges mitteilte.

Das Moor bestand bis 1,5 m Tiefe aus Moos- und Grastorf, die tieferen Schichten wurden aus Baumresten (Kiefer und Fichte) gebildet, die oft in ganzen Stockwerken übereinander lagen. Bis 4 m Tiefe wurde die Mächtigkeit des Moores nachgewiesen.

Jahresdurchschnitt 1874—1877 (4 Jahre).

Die Temperatur betrug in der Tiefe von:

	0,1	0,25	0,50	0,75	1,0	1,5	2	3 m
Januar . .	**—0,39**	1,47	2,65	3,82	4,83	6,30	7,36	7,40
Februar. .	—0,10	**1,14**	**2,29**	3,27	4,18	5,68	6,84	7,21
März . . .	0,63	1,66	2,40	**3,08**	**3,83**	5,20	6,31	6,95
April . . .	4,31	4,50	4,13	4,02	4,20	**4,95**	**5,97**	6,67
Mai. . . .	7,72	7,07	6,32	5,70	5,39	5,35	**5,97**	6,44
Juni . . .	14,17	12,02	9,96	8,30	7,21	6,32	6,31	**6,36**
Juli. . . .	**15,24**	**13,83**	12,27	10,68	9,44	7,74	7,12	6,40
August . .	14,67	13,62	**12,53**	**11,34**	10,39	8,73	8,01	6,70
September.	9,74	10,56	10,93	10,85	**10,80**	**9,41**	8,59	7,12
Oktober. .	6,63	7,94	8,95	9,45	9,62	9,31	**8,81**	7,25
November.	2,75	4,06	5,72	6,96	7,68	8,47	8,55	7,44
Dezember .	2,38	2,38	3,84	5,15	6,12	7,38	8,04	**7,47**
Mittel des Jahres . .	6,34	6,69	6,83	6,88	6,97	7,07	7,32	6,95
Absolutes Maximum	18,40	6,00	14,00	12,40	11,20	10,00	9,20	8,60
Absolutes Minimum	—4,00	0,60	2,00	2,60	3,20	4,60	5,00	6,20

Über die

Bodentemperaturen sehr kalter Gegenden

herrschen in der Regel ganz unrichtige Vorstellungen. Erwärmung und Abkühlung erfolgen schnell, und in den Monaten Mai bis Oktober sind die Temperaturen von beträchtlicher Höhe.

Als Beispiel mögen die Zahlen des Jahres 1895 mit kaltem Sommer von Irkutsk folgen.[3])

Die Bodenoberfläche erwärmte sich von Mai bis Oktober längere oder kürzere Zeit auf über 20°.

---

[1]) Gümbel in Sendtner, Vegetat. Südbayerns, S. 66.
[2]) Tharandter forstl. Jahrb., 29, S. 76.
[3]) Ann. de l'observatoire physique central. Petersburg.

Die Mitteltemperatur des Bodens betrug 1905 in einer Tiefe von

	0,4 m	0,8 m	1,6 m
Mai	5,70	1,07	— 0,41
Juni . . .	12,42	6,53	— 0,11
Juli . . .	16,18	10,42	1,24
August . .	15,11	12,11	4,63
September	10,45	9,98	6,68
Oktober .	3,96	5,50	5,61

Wie rasch die Monatstemperatur steigt und fällt, kann man an den Beobachtungen von Nikolajewskoje ersehen (1896). In 0,2 m Tiefe sind die Temperaturen zu verschiedenen Tageszeiten angegeben:

	2 h	4 h	8 h
April . . .	0,2— 1,2	— 0,2	— 1,1
Mai	11,9—14,8	11,9	8,4
Juni . . .	16,7—19,2	17,0	14,6
Juli	18,1—20,2	18,3	16,2
August . .	19,3—21,4	19,7	17,7
September	13,4—15,4	15,0	14,9
Oktober .	9,4—11,2	11,1	11,8
Novbr.	— 0,5 bis — 0,8	1,6	5,1

Hier tritt der Fall ein, daß im April die tieferen Schichten noch Frosttemperatur haben, während die oberen Schichten bereits über Null Grad erwärmt sind.

Bedeutsamen Einfluß übt der Wassergehalt auf das Gefrieren der Böden und auf das Auftreten von Spät- und Frühfrösten.[1]) Die wichtigsten Tatsachen lassen sich in folgenden Sätzen zusammenfassen:

1. Sinkt die Bodentemperatur unter Nullgrad, so tritt zunächst die Erscheinung der Unterkühlung auf, und dies um so mehr, je weniger Wasser vorhanden ist, oder was dasselbe sagen will, je stärker das vorhandene Wasser den Anziehungskräften des Bodens ausgesetzt ist. Temperaturen von —1 bis —3^0 sind beobachtet. Nach Beginn des Gefrierens erfolgt der Übergang in Eis dann sehr rasch, während die Temperatur des Bodens auf 0^0 steigt.
2. Die Frosttemperaturen dringen um so tiefer und rascher ein, je geringer im Durchschnitt der Wassergehalt des Bodens ist (Sand am raschesten, Humus am langsamsten); das Auf-

[1]) Wollny, Forsch. d. Agrik.-Phys. 4, S. 147, 327.
Ebermayer, Forsch. d. Agrik.-Phys. 14, S. 195.
Homén, Nachtfrostphänomen. Berlin 1894.
Petit, Forsch. d. Agrik.-Phys. 16, S. 285.

tauen erfolgt in derselben Reihenfolge, wie das Gefrieren des Bodens.

3. Beim Gefrieren des Bodens und bei Auftreten von Frostschäden ist die Wärmeleitung der oberen Bodenschichten von Wichtigkeit. Je besser der Boden die Wärme leitet, um so geringer ist die Gefahr, daß Frostschäden auftreten. Da die Wärmeleitung durch mäßigen Wassergehalt gesteigert wird, so sind namentlich humose Böden sehr gefährdet, wenn die oberste Schicht abgetrocknet ist und sich daher stark abkühlen kann, ohne daß Wärmezufuhr aus den tieferen Schichten möglich wird.
4. Der Salzgehalt des Bodens macht sich bis zu einem gewissen Grade beim Gefrieren bemerkbar. Jedes gelöste Salz setzt die Erstarrungstemperatur herab. Man schreibt in der Praxis den Kalisalzen erhebliche Einwirkung auf die Verminderung der Frostgefahr zu.[1]) Wahrscheinlich steht dies Verhalten in Verbindung mit der verminderten Verdunstung des Bodens.

7. Der Wärmeaustausch des Bodens.[2])

Die absolute Höhe der Temperatur der Böden lehrt uns die direkte Beobachtung des Thermometers. Es ist jedoch noch eine zweite Methode der Berechnung möglich durch Feststellung des Wärmeaustausches, d. h. der gesamten Wärme, die im Laufe einer Zeiteinheit (Tag, Jahr) in den Boden eintritt und von ihm ausgestrahlt wird.

Die Beobachtung des Wärmeaustausches setzt die Kenntnis des Volumgewichtes und der Wärmekapazität des Bodens voraus. Die gefundenen Zahlen sind nicht einwandfrei, da, zumal für längere Perioden im Wechsel des Wassergehaltes, und in die Wasserverdunstung kaum bestimmbare Einflüsse wirksam werden. Trotzdem sind die Vorzüge der Methode so groß, daß sie immer mehr Bedeutung gewinnen wird.

Der Wärmeumsatz ist abhängig von der zugeführten Wärmemenge, der Aus- und Einstrahlung und namentlich von der Leitfähigkeit des Bodens. „Die Größe des Wärmestromes, d. h. die in der Zeiteinheit durch die horizontale Flächeneinheit hindurchgehende Wärmemenge ist dem Temperaturgefälle proportional“. (Schubert.)

Als Wärmegehalt des Bodens wird dabei die Wärmemenge bezeichnet, die zugeführt oder abgeleitet werden muß, um eine Erd-

---

1) Th. Mayer, Ber. d. bayr. Moorkultur-Anstalt 1902, S. 22.
2) Homén, Bodenphys. u. meteorol. Beob. Berlin 1894.
J. Schubert, Der Wärmeaustausch. Berlin 1901.

säule von bestimmter Größe (in der Regel 1 qcm Fläche) und einer Tiefe, in der die Schwankungen der Temperatur aufhören, auf die gegebene Temperatur zu erwärmen oder abzukühlen. Als Ausgangspunkt wird in der Regel die Mitteltemperatur zu wählen sein. Der Unterschied zwischen dem (täglichen, jährlichen) Höchstgehalt und Mindestgehalt an Wärme ergibt den Wärmeumsatz.

Die gesamte, im Boden vorhandene Wärme erreicht ihren täglichen höchsten oder niedersten Stand etwa drei Stunden nach dem Maximum oder Minimum der Temperatur der Bodenoberfläche.

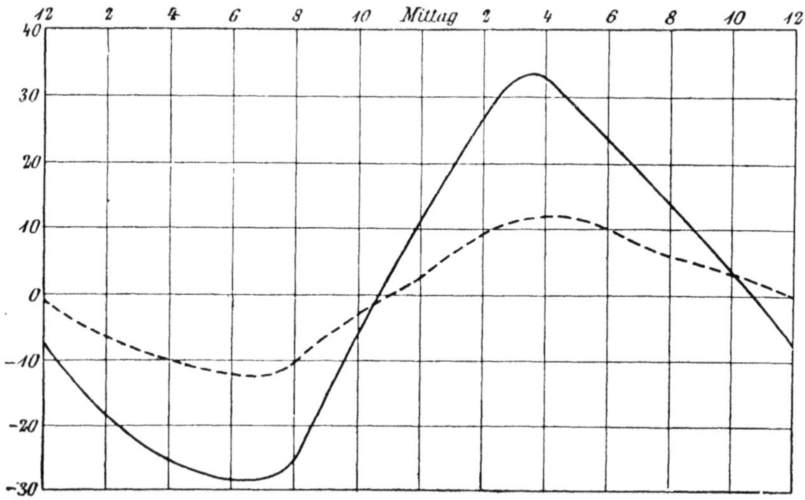

Abb. 40. Abweichungen vom Tagesdurchschnitt. Täglicher Wärmeumsatz in cal. pro qcm im Kiefernwald und auf freiem Felde (bei Eberswalde) nach J. Schubert.

-------- Kiefernwald; ——— freies Feld.

Der tägliche Wärmeumsatz betrug z. B. in Eberswalde im Juni 1879 auf graswüchsigem Freilandboden (alle folgenden Angaben für 1 qcm Fläche) 62 Kalorien, im Kiefernwalde nur 24 Kalorien, also nur 39% des Freilandbodens.

Den Einfluß der Bodenbeschaffenheit zeigen sehr deutlich die Untersuchungen von Homén. Er fand im August 1893 bei Helsingfors den Wärmeumsatz:

im Granitfelsen	zu	128	Kal.
im Sandboden	zu	67	,,
im Moorboden	zu	31	,,

Der jährliche Wärmeaustausch belief sich 1876—1890 in Eberswalde im freien Felde auf 1850 Kal., im Kiefernwalde auf 1290 Kal., also etwa 70% des freien Feldes.

Entscheidend für den Wärmeumsatz wird die Tiefe, bis zu der die Schwankungen eindringen. Hierdurch werden Seen und insbesondere das Meer zum großartigen Wärmespeicher. Wellenbewegung und Strömungen schaffen fortgesetzt einen Ausgleich zwischen den Wasserschichten und veranlassen, daß, auch bei relativ geringen Verschiedenheiten in der Temperatur, gewaltige Wärmemengen in tiefere Schichten eindringen können. Für die Ostsee berechnet Schubert eine Aufspeicherung von 44 000 Kal. während der warmen Jahreszeit,

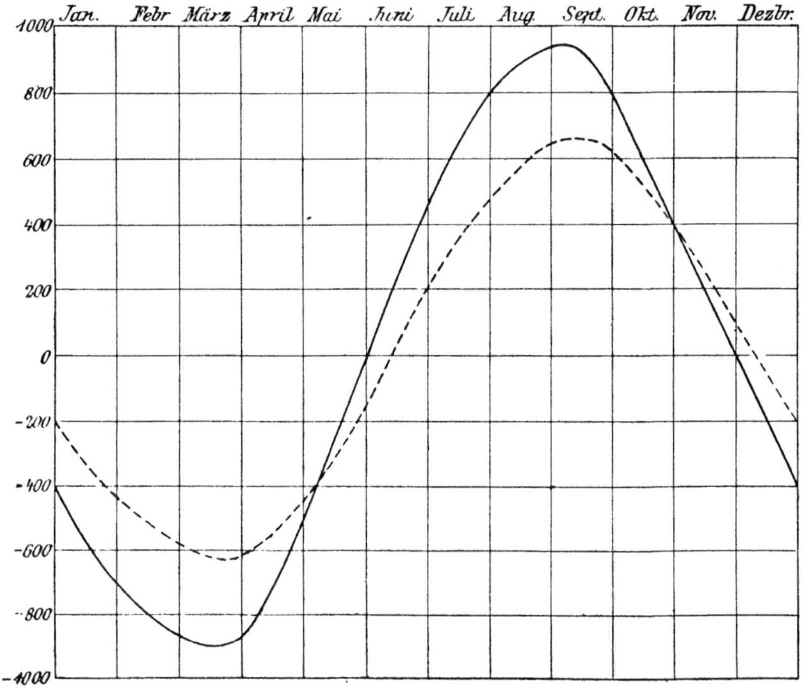

Abb. 41. Abweichungen vom Jahresdurchschnitt. Jährlicher Wärmeumsatz in cal. pro qcm im Kiefernwalde und auf freiem Felde nach J. Schubert.
------- Kiefernwald; ——— freies Feld.

sowie daß der jährliche Wärmeumsatz für das Meer das 24fache des freien Feldes und das 34fache des Kiefernbodens in der Mark beträgt.

X. Elektrische Vorgänge in den obersten Schichten der Erde.

Von Privatdozent Dr. Schmauß.

In den obersten Schichten der Erde spielt sich eine Reihe von elektrischen Vorgängen ab, die für die Vegetation von Bedeutung werden können.

1. Horizontale Ströme.

Wohl die meist bekannten elektrischen Erscheinungen an der Erdoberfläche sind die Erdströme. Schon bald nach Errichtung der Telegraphen bemerkte man, daß dieselben zuweilen von störenden elektrischen Strömen durchflossen werden, so daß die telegraphischen Signale vollständig unkenntlich gemacht werden. Es ist durchaus nicht notwendig, daß etwa ein Gewitter der Anlaß der Ströme sei, vielmehr gibt es unter anderen Ursachen eine Reihe von Vorgängen auf der Sonne, die solche Störungen im Gefolge haben. Da dieselben auch den Gang der erdmagnetischen Elemente beeinflussen, spricht man in schweren Fällen direkt von „magnetischen Gewittern". Es ist sehr wahrscheinlich, daß die Erdoberfläche beständig von solchen elektrischen Strömen durchflossen ist, daß aber nur die stärkeren Störungen sich an den Instrumenten verraten.

Handelt es sich in diesem Falle um elektrische Ströme, die durch terrestrische oder außerterrestrische Vorgänge bedingt sind, so kennen wir eine weitere Art von Erdströmen, die der Technik ihre Entstehung verdanken. Der steigende Ausbau elektrischer Bahnen, welche die in die Erde verlegte Schiene als Rückleitung benützen, schafft Potentialdifferenzen in der Oberfläche der Erde, die zu elektrischen Strömen Anlaß geben. Wenn wir sagen: ein mit der Erde verbundener Leiter hat das Potential Null, so gilt das nur für den Ruhezustand. Ist ein in die Erde verlegter Leiter von Strom durchflossen, wie die Schiene der Bahn, dann weisen die einzelnen Punkte des Leiters diejenige Potentialdifferenz auf, die zur Strömung notwendig ist. Beschreibt z. B. eine Schiene einen Bogen, so muß ein Teil des Stromes durch den Erdboden gehen, wobei das Ohmsche Gesetz gilt, daß sich die Stromanteile, die in der Schiene und in der Erde verlaufen, umgekehrt wie die entsprechenden Leitungswiderstände verhalten. Die durch die Erde gehenden Teilströme tragen den charakteristischen Namen „vagabundierende Ströme". Da die Leitung durch die Erde „elektrolytisch" ist, müssen auch entsprechende Zersetzungen im Erdreich stattfinden.

2. Vertikale Ströme.

Eines der wichtigsten Ergebnisse der luftelektrischen Forschung ist die Tatsache, daß die Erdoberfläche im Vergleich mit der darüber lagernden Atmosphäre negativ geladen ist. Es besteht ein elektrisches Feld wie zwischen zwei geladenen Metallplatten, dessen Kraftlinien vertikal liegen. Da die Luft kein vollkommener Isolator ist, sondern, dank den stets vorhandenen Ionen, eine wenn auch kleine Leitfähigkeit besitzt, muß unter der Einwirkung des elektrischen

Feldes der Erde fortgesetzt ein Leitungsstrom zwischen der Atmosphäre und der Erdoberfläche stattfinden. Die Kathode des Stromes bildet die Erdoberfläche, die Anode ist über die ganze Atmosphäre verteilt zu denken.

Das normale Potentialgefälle der Atmosphäre in der Nähe der Erdoberfläche beträgt etwa 100 Volt pro Meter; daraus resultiert bei einer mittleren Leitfähigkeit der Luft von $2{,}10^{-4}$ abs. Einh. ein konstanter Strom von $2{,}2 . 10^{-16}$ Ampère für jeden Quadratzentimeter der Erdoberfläche.

Dieser „normale Leitungsstrom" ist manchen Störungen unterworfen, von denen besonders das Ausströmen von Elektrizität an hochragenden Gegenständen, die Veränderungen bei Niederschlägen und insbesondere Gewittern erwähnt seien.

Bei allen derartigen Vorgängen wird die Oberflächenladung der Erde an verschiedenen Punkten verändert, wodurch wiederum horizontale Strömungen in der Erdoberfläche ausgelöst werden.

3. Ladungen der Erde durch Niederschläge.

Fast alle Niederschläge, die auf die Erde fallen, bringen elektrische Ladung mit, deren Vorzeichen zumeist negativ ist. Ein großer Teil der negativen Erdladung ist darauf zurückzuführen. Die Ladung stammt aus der Atmosphäre, indem die stets vorhandenen Ionen als Kondensationskerne dienen. Es ist nachgewiesen, daß eine Kondensation des Wasserdampfes leichter an den negativen als den positiven Ionen erfolgt. Bei der Wolkenbildung findet daher unter geeigneten Bedingungen eine Trennung der Ionen statt.

Wir kennen noch eine andere Art von Elektrizitätsentwickelung bei Niederschlägen, die sogenannte Wasserfallelektrizität. Hier handelt es sich um eine Elektrisierung, die erst beim Auftreffen des Wassers auf den Erdboden erzeugt wird. Dabei lädt sich das Wasser und die mit ihm leitend verbundene Erde positiv, während eine gleich große negative Ladung in der Luft verbleibt.

Hierher gehört auch die Elektrisierung der Erde beim Wellenschlag des Meeres. Wie Lenard nachgewiesen hat, wird dabei das Meer negativ, die darüber lagernde Luft aber positiv geladen.

Da die Ladungen nicht gleichmäßig über der Erde verteilt sind, müssen auch durch diese unter 3. erwähnten Vorgänge einzelne Flächenstücke der Erdoberfläche eine verschiedene elektrische Ladung aufweisen. Diese Ladungen müssen sich längs der gut leitenden Erdoberfläche ausgleichen, so daß wir wiederum horizontale Strömungen erhalten.

4. Die Radioaktivität des Bodens.

Die Erde enthält in den oberen Schichten eine, wenn auch sehr kleine Menge radioaktiver Bestandteile. Die Verteilung derselben ist nicht gleichmäßig; von Orten mit so starker Aktivität, daß dort kräftig wirksame Quellen zutage treten oder der hüttenmäßige Abbau möglich ist, bis zu Stellen mit minimaler Wirksamkeit, die nur mit dem feinsten Elektrometer festgestellt werden kann, kommen alle Abstufungen vor.

Wir müssen für unsere vorliegende Aufgabe vornehmlich zwei fundamentale Eigenschaften der radioaktiven Substanzen hervorheben: die der Aussendung einer durchdringenden Strahlung, die mit den Röntgenstrahlen nahe verwandt ist, und die Produktion von Emanation, einem elektrisch gut leitenden gasigen Produkt.

Wie weit die reine Strahlung für die Vegetation von Bedeutung ist, kann noch nicht angegeben werden. Es wäre sehr wohl denkbar, daß dieselbe, ähnlich wie sie eine kräftige physiologische Wirkung hat, auch direkt chemische Veränderungen im Boden hervorzubringen imstande ist; die fortwährende Einwirkung kann auch hier Ergebnisse zeitigen, die sich dem Experimente im Laboratorium entziehen könnten.

Die radioaktiven Substanzen sondern ferner fortwährend einen gasförmigen Bestandteil ab, den man Emanation genannt hat. Dieser teilt mit der Muttersubstanz die Eigenschaft, eine den Röntgenstrahlen verwandte Strahlung auszusenden; dagegen ist die Lebensdauer der Emanation begrenzt, sie zerfällt in unaktive, stabile chemische Elemente.

Der Emanation kommt — im Vergleich mit ihrer Muttersubstanz — deswegen eine große Bedeutung zu, weil sie wie ein echtes Gas die Eigenschaft der Diffusion, der Adsorption an geeigneten Medien usw., besitzt.

Während also das Radium selbst gewissermaßen eine festliegende Röntgenröhre ist, bringt die Emanation überall dort X-strahlenähnliche Wirkung hervor, wohin sie transportiert wird. Sinkt z. B. der Luftdruck rasch, oder verursacht ein kräftig über die Erdoberfläche hinstreichender Wind Ansaugen von Luft aus den Erdkapillaren, dann dringt die Emanation aus den tiefer gelegenen Stellen nach oben und tritt weiterhin in die Atmosphäre aus.

Die Erdkapillaren werden in dieser Weise fortwährend mit Emanation versorgt. Nun besteht eine der wichtigsten Eigenschaften der Röntgenstrahlen darin, ein Gas elektrisch leitend zu machen, d. h. aus neutralen Gasmolekeln Ionen abzuspalten.

Genaue Messungen haben ergeben, daß die negativen Elementarquanten eine größere Wanderungsgeschwindigkeit besitzen als die positiven Restbestandteile. Darauf beruht eine wichtige Erscheinung: Luft, die durch enge, leitende Kanäle strömt, gibt die negativen Elektronen an diese ab, während die positiven Ladungsteilchen weitergeführt werden.

Nach Ebert erklärt sich dadurch ein Teil der negativen Erdladung: All die meteorologischen Vorgänge, welche den Austritt der Emanation aus den Erdkapillaren veranlassen, führen zu einer negativen Aufladung der Erde, während die positiven Elektrizitätsträger in die Atmosphäre transportiert werden.

Da auch dieser Austritt von Emanation nicht gleichmäßig über der ganzen Erde erfolgt — über den Meeren wird er nur sehr klein sein — werden fortgesetzt einzelne Gebiete der Oberfläche stärker geladen als andere. Es resultiert auch hieraus wieder eine horizontale elektrische Strömung von den Stellen mit hoher elektrischer Flächendichte zu denen geringerer Ladung.

So sind denn die obersten Schichten unserer Erde fortgesetzt von elektrischen Strömen durchzogen, die entsprechende elektrolytische Wirkungen hervorbringen werden. Wenn sich auch ihre zahlenmäßige Größe noch nicht angeben läßt, können sie trotz ihrer Kleinheit durch die Dauer der Wirkung von Bedeutung werden. Als Analogon sei die Aufnahme äußerst lichtschwacher Sterne angeführt, die durch die den Lichteinfluß akkumulierende Wirkung der photographischen Platte ermöglicht wird.

Literatur: A. Gockel, Die Luftelektrizität, Leipzig 1908; H. Mache und E. v. Schweidler, Die atmosphärische Elektrizität, Braunschweig 1909.

Vierter Abschnitt.

Biologie des Bodens.

Die Biologie des Bodens umfaßt die Veränderungen, die der Boden unter der Einwirkung des organischen Lebens erfährt.

Die Beziehungen zwischen der Pflanzenwelt und dem Boden sind eng, bisher aber nur sehr wenig erforscht. Erst die neueste Zeit hat z. B. für die am besten untersuchten Ackerpflanzen einige Fortschritte gebracht, aber dadurch erst recht empfinden gelehrt, wie lückenhaft unsere Kenntnisse sind. Die Arbeiten von Wollny, Ebermayer, P. E. Müller u. a. gewähren für den Waldboden Einblicke. Das Studium der Bakterien, das in neuerer Zeit mit großer Energie aufgenommen ist, zeigt den Einfluß der kleinsten Lebewesen in früher ungeahntem Umfange. Soweit bisher aber überhaupt Arbeiten vorliegen, läßt sich erst erkennen, daß es nicht nur der Untersuchung der Pflanzengenossenschaften und der mit ihnen eng verknüpften Tierwelt bedarf, sondern daß jede Pflanzenart auch den von ihr bestandenen Boden mehr oder weniger eigenartig beinflußt. Die stärkste Einwirkung übt endlich der Mensch, sowohl direkt als indirekt durch seine Kulturpflanzen. Bisher hat man viel zu viel Neigung gehabt, den Menschen als über der Natur stehend zu betrachten, während doch seine Tätigkeit in der Natur statthat. Für die Wirkung ist es selbstverständlich ganz gleichgültig, ob die Abrasion des Meeres eine trennende Landschranke zerstört, oder ob der Mensch einen Kanal gräbt. So sind auch die Ackerböden unter dem Gesichtspunkte der Biologie des Bodens zu betrachten und mit ihnen die ganze Summe der schädigenden und begünstigenden Einflüsse, die der Mensch auf den Boden ausübt.

Je weiter die Forschung fortschreitet, um so mehr werden die biologischen Einflüsse als Faktoren der Umwandlung der oberen Bodenschichten erkannt werden, und die Biologie des Bodens wird nicht nur für den Menschen der wichtigste, sondern auch allgemein der mannigfaltigste und umfassendste Teil der Bodenkunde werden.

Alle biologischen Erscheinungen hängen zunächst vom Klima ab; es gilt dies allerdings auch für die anorganischen Einwirkungen; aber während die letzteren zunächst zwischen weiten Grenzen der äußeren Bedingungen verlaufen, sind die biologischen Vorgänge eng begrenzt und kann man ihre Kardinalpunkte bestimmen. Man spricht von einem Minimum, Optimum und Maximum, innerhalb deren sie sich abspielen. Die biologischen Einwirkungen auf den Boden haben zur Voraussetzung, daß die Lebewesen unter den gegebenen Bedingungen sich normal entwickeln können. Je entwickelter das organische Leben eines Gebietes ist, um so stärker wird auch sein Einfluß auf den Boden sein. Die drei Faktoren, die die Existenz der Organismen am meisten regeln, sind Temperatur, Feuchtigkeit und genügende Ernährung. Die biologischen Einwirkungen auf den Boden werden daher zunächst dem Klima parallel gehen und von den herrschenden Existenzbedingungen der Pflanzen- und Tierwelt abhängig sein. Da zugleich auch die Prozesse der Verwitterung je nach der Menge des Wassers und der Höhe der Temperatur wechseln, so ist es nicht auffällig, daß enge Beziehungen zwischen Eigenschaften der Böden und der Verteilung der Organismen bestehen.

I. Der Einfluß der Pflanzen auf den Boden.

Die Einwirkung der Pflanzenwelt läßt sich für die niedern Formen am besten nach großen Gruppen zur Darstellung bringen. Spaltpilze, Sproßpilze, Algen weichen in ihren Lebensbedingungen und ihren Wirkungen im Boden weit genug voneinander ab, um deren selbständige Behandlung zu rechtfertigen.

Für die höheren Pflanzen sind es die biologischen Einheiten, die Arten gemeinsamen Vorkommens, also die Pflanzen-Genossenschaften, die zu betrachten sind.

Das „Zusammen-Vorkommen" der Pflanzen beruht zunächst auf gleichen Lebensbedingungen. Auf einer Grasflur mit zahlreichen Arten sind für die meisten Pflanzen, z. B. für die Gräser, die Existenzbedingungen sehr ähnlich, und soweit sie voneinander abweichen, sind sie eher geeignet, sich zu ergänzen als sich Schaden zuzufügen; dies gilt von Hoch- und Niedergräsern usw. Es schließt dies natürlich nicht aus, daß einzelne Arten kleine Vorteile im Boden ausnutzen oder je nach trocknen und feuchten Jahren bald Gebiet erobern, bald verlieren.

Ganz anders ist das Verhalten anderer Arten einer Genossenschaft, deren Vorkommen durch den Schutz möglich wird, den sie durch größere Formen genießen. Hierher gehört z. B. die niedere Flora des Buchenwaldes. Es sind fast ausschließlich Frühjahrspflanzen, die ihre Entwicklung bereits abgeschlossen haben, ehe die Bäume voll belaubt sind; es sind Kostgänger des Buchenwaldes, die Licht und Raum ausnutzen, ehe sie die Buche selbst beansprucht, und die anderseits durch ihre starke Beschattung stärkere Konkurrenten mit längerer Lebensdauer unterdrückt und fernhält.

Ein anderes Verhältnis zeigen die den Boden in geschlossener Decke überziehenden Moose der Fichten- und Kiefernwälder. Diese Moose wachsen im Halbschatten und finden, gegen Wind und starke Verdunstung geschützt, im Nadelwalde günstige Lebensbedingungen. Während die Flora des Buchenwaldes auf den Boden kaum Einfluß hat, bilden die Moose der Naldelwälder eine schützende Decke, die den Einfluß des fallenden Regens mindert und den Boden locker erhält. Lichtet sich dagegen ein Kiefernbestand, und wird die Heide herrschend, so schädigt sie durch ihren dichten Wurzelfilz die Entwicklung der Kiefer.

Die Genossenschaften der Pflanzen werden hiernach nicht nur von Arten gleicher Lebensbedingungen gebildet, sondern sie enthalten auch gleichgiltige, nützliche oder schädliche Formen, von denen jede für sich, für ihre Entwicklung und Erhaltung kämpft. Die Mittel hierzu sind sehr mannigfaltig; viel zu wenig berücksichtigt ist aber hierbei der umgestaltende Einfluß, den die Pflanzen auf den Boden ausüben.

Von verschiedenen Überlegungen ausgehend, kann man die Pflanzen in zwei große Gruppen einteilen: in einzelständige und in Bestand bildende Arten. Die einzelständigen Arten üben wenig Einfluß auf den Boden, und wenn es geschieht, ist er für ihre Nachkommen eher ungünstig als günstig. Es sind Pflanzen, die mit Hilfsmitteln ausgerüstet sein müssen, ihre Art auf anderem Wege zu erhalten; bisher ist noch wenig darüber bekannt.

Die Bestand bildenden Arten beeinflussen alle den Boden stark, und zwar in der Richtung, daß der Boden für ihre länger dauernde Herrschaft günstige Eigenschaften erlangt. Hierbei handelt es sich nicht darum, für die einzelne Pflanze die günstigsten Wuchsbedingungen zu schaffen, sondern den Boden so zu verändern, daß die Art ihren Konkurrenten überlegen ist. Eine Fichte z. B. wächst auf Buchenboden ausgezeichnet, sogar besser als auf altem Fichtenboden; der Boden verändert sich jedoch unter einem Fichtenbestande so, daß die Lebensbedingungen für ihre Konkurrenten ungünstig werden, ihr aber selbst noch genügen. Die Heide mit ihrem dichten Wurzelfilz schafft Bodenverhältnisse, die für die Heide günstig, für die meisten anderen Pflanzenarten aber ungünstig sind. Die Veränderung des Bodens unter Bestand bildenden Arten führt daher dazu, dem Boden einen bestimmten Charakter zu geben, der vielfach so stark hervortritt, daß die Eigenschaften noch lange erkennbar bleiben, wenn auch die ursprüngliche herrschende Pflanzengemeinschaft längst verschwunden ist.

1. Die Pilze des Bodens.

Spaltpilze (Bakterien) und Fadenpilze kommen im Boden in vielen Arten und vielfach in großer Anzahl von Individuen vor. Die Wirkungen der verschiedenen Arten und Gruppen gehen weit auseinander, aber immerhin lassen sich gewisse gemeinsame Eigenschaften der für den Boden wichtigen Formen angeben.

Im Durchschnitt sind die Bakterien eine anspruchsvollere Vegetation als die Fadenpilze.

Die Bakterien herrschen auf lockerem, nährstoffreichem Boden vor; die Fadenpilze auf dichter gelagerten ärmeren Böden. So fällt Verlust der Krümelung im Waldboden fast stets mit reicherer Entwicklung der Fadenpilze zusammen, so daß zwischen den beiden Gruppen im Boden ein gewisser Gegensatz besteht.

Auf sauer reagierenden Böden, zumal Boden mit absorptiv ungesättigten Humusformen, entwickeln sich die Fadenpilze reich und üppig, die Bakterien langsam.

Gegen häufigen Wechsel im Wassergehalt scheinen die Bakterien empfindlich zu sein; sie gehen an Menge überall zurück, wenn die Böden dauernd frei liegen und des notwendigen Schutzes gegen Wasserverdunstung entbehren. Auf „brachem" Boden sorgt häufige Bodenbearbeitung für diesen Schutz und bringt hierdurch sowie durch das Fehlen starker Konkurrenten im Verbrauche von Pflanzen-Nährstoffen die Bakterienflora zur kräftigen Entwicklung.

Die meisten Fadenpilze werden durch Licht, namentlich schwache Beleuchtung begünstigt oder wenigstens nicht an der Entwicklung gehindert. In der Dunkelheit bilden viele Arten etiolierte Formen oder kommen nicht zur Fruchtbildung; häufig bedürfen sie der Belichtung als Reiz zur Auslösung wichtiger Lebensvorgänge.

Die Bakterien sind dagegen insoweit lichtscheu, als sie sich ohne Licht besser entwickeln und gegen größere Lichtstärken empfindlich sind. Viele Arten sterben bei vollem Tageslichte ab; es haben sich hierbei namentlich die blauen und violetten Strahlen des Spektrums als schädigend erwiesen.

Die große Zahl der Bodenbakterien bedarf reichlichen Zutritts von Sauerstoff, viele in so hohem Grade, daß sie absterben, wenn auch nur einige Stunden Sauerstoff mangelt.[1]) Andere Arten zeigen alle Übergänge von schwach sauerstoffbedürfendem bis völlig sauerstoffscheuem Verhalten. Fadenpilze sind luftbedürftig; mangelt Sauerstoff, so wird das Wachstum sistiert, ohne zunächst den Pilz selbst zu schädigen.

In bezug auf Anpassung an verschiedene Lebensverhältnisse übertreffen die Bakterien alle andern Organismen. Es ist nicht wahrscheinlich, daß irgend eine Energiequelle im Boden zur Verfügung steht, die nicht von einzelnen Bakterienarten ausgenutzt werden könnte. Sie überschreiten daher die für andere Pflanzen gezogenen Grenzen der Existenzmöglichkeit weit. So nützen die übrigens stark luftbedürftigen Purpurbakterien die Energie des ultraroten Teiles des Spektrums aus. Salpeterbakterien und wahrscheinlich einige andere Arten assimilieren selbständig Kohlensäure. Die Wachstumsgeschwindigkeit ist sehr verschieden. Sehr raschwüchsige Arten finden sich neben solchen von langsamstem Wuchse. Auch die Temperaturgrenzen, innerhalb deren sich die verschiedenen Bakterien zu entwickeln vermögen, sind sehr weite.

Zahlreiche Arten sind bei 0^0 in vollem Wuchs und in Teilung begriffen, sie entwickeln sich, wenn unterkühltes Wasser vorhanden, auch wohl bei noch tieferer Temperatur. Gegen Frost sind die meisten Arten unempfindlich und ertragen tiefe Kältegrade in der Regel unbeschädigt. Andere Arten beginnen ihre Entwicklung erst bei höheren Temperaturgraden; das Salpetersäurebakterium ist nach Müntz unter 12^0 praktisch unwirksam; es sind ferner Formen bekannt, die erst bei über 50^0 kräftig wachsen und bei 75^0 noch üppig gedeihen; kurzum, unter den verschiedenartigsten äußeren Verhältnissen vermag die eine oder andere Form noch zu leben.

Die Verbreitung der Bakterien ist allgemein, denn es bedarf stets besonderer Vorkehrungen, um Körper völlig steril zu machen.

Die Bakterien sind kleine Organismen, schwanken aber bezüglich der Größe doch innerhalb erheblicher Grenzen. Die morphologischen Eigenschaften sind noch wenig erforscht; die Arten werden daher zumeist nach ihren biologischen Eigenschaften, besonders ihrer Wuchsform und ihren Abscheidungen, sowie nach ihrem Verhalten gegen verschiedene Nährböden u. dgl. unterschieden. Die Bakterien bilden vielfach stark wirkende Enzyme; hierauf beruht zumeist die Gefährlichkeit der pathogenen Arten, aber auch im Boden kann man ähnliche Wirkungen annehmen, nur werden hier zumeist die abgeschiedenen Enzyme durch andere Organismen rasch weiter verarbeitet.

---

[1]) Pfeffer, Pflanzenphysiologie.

Die Kenntnis der Bakterienwirkung beruht zumeist auf Reinkulturen; die Wirkung verschiedener nebeneinander vorkommender Arten und noch weniger des reichen Gemisches niederer Organismen im Boden ist noch wenig untersucht. Ein bemerkenswertes Verhalten ist z. B., daß stark sauerstoffbedürfende Arten durch ihre Lebensprozesse anaeroben Arten die Existenz möglich machen. So kann man nach Kürsteiner[1]) anaerobe Arten, wie Bac. putrificans, in einer Kultur der stark sauerstoffbindenden Bac. mesentericus zur vollen Entwicklung bringen. Nach Winogradski wird das luftscheue Clostridium pastorianum von zwei sauerstoffbedürftigen anderen Bakterienarten begleitet.

Das Verhalten der pathogenen Bakterien, die oft nur eine Tierart befallen, läßt annehmen, daß sie bestimmten Lebensverhältnissen angepaßt sind. Die Untersuchungen der Stickstoffbakterien machen ein ähnliches Verhalten im Boden wahrscheinlich. Im Laufe eines Jahres ändert sich Temperatur, Wassergehalt, Art und Menge der Nährstoffe im Boden fortwährend; es ist anzunehmen, daß damit auch eine Änderung der vorkommenden Bakterien Hand in Hand geht. Bald wird die eine Art, bald eine andere in ihrer Entwicklung begünstigt sein, so daß zu verschiedenen Zeiten die quantitative Zusammensetzung der Bakterienflora stark schwanken kann. Über diese Dinge ist jedoch noch sehr wenig bekannt.

Etwas weiter ist die Kenntnis der Lebensbedingungen der Fadenpilze fortgeschritten. Eine große Zahl der Arten zeigt ausgesprochene Anpassung an ganz bestimmte Nährböden. Auch zeitliche Folge verschiedener Arten ist vielfach festgestellt; so entwickeln sich z. B. auf frischem Pferdemist bestimmte Pilze nacheinander, so daß der Wuchs der einen Art erst beginnt, wenn andere bereits wieder abgestorben sind.

Viele Bakterien bilden reichlich Schleime, die den Leib des Bakteriums mit einer Hülle umgeben. Vielfach lagern sich die Einzelpflanzen in Schleimmassen ein, sie bilden eine Zooglöa oder wachsen zu fadenförmigen Kolonien aus. Es ist wahrscheinlich, daß diese Eigenschaft für den Boden erhebliche Bedeutung hat und neben den Abscheidungen der schleimbildenden Algen an der Krümelung des Bodens wesentlichen Anteil nimmt.

Viele Bakterien sind während längerer oder kürzerer Zeit ihrer Entwicklung frei beweglich, so daß man annehmen kann, daß eine selbständige Wanderung im Boden möglich ist. Die Hauptmasse der Arten und Individuen findet sich in den obersten, lockeren Schichten der Böden. Sowohl das hohe Luftbedürfnis wie die hier reichlicher

---

[1]) Zentralbl. f. Bakteriol. 19. II (1907).

vorhandene organische Nahrung bringt sie nahe der Oberfläche zur besten Entwicklung. In Ackerböden sind es die oberen jährlich bearbeiteten Schichten, in gewachsenen Böden ist es die oberste gekrümelte Lage, die günstige Bedingungen der Entwicklung bieten. Bereits in 25 cm Tiefe nimmt die Zahl der Bakterien stark ab, und viele Untersuchungen zeigen, daß die meisten Bodenarten in einer Tiefe von 40—50 cm praktisch bereits steril sind. Durchsetzen Wasseradern den Boden oder gehen Pflanzenwurzeln in große Tiefen, so dürften dort auch Bakterien nicht fehlen. Für die Moore wies dies Benni[1]) nach. Fadenpilze verhalten sich ähnlich, jedoch scheint das Myzel größere Tiefen zu erreichen als die meisten Bakterien. Im allgemeinen werden auch hier die Lebensbedingungen entscheiden. Sind sie für die Entwicklung niederer Organismen günstig, dann treten diese auch früher oder später auf.

A. Die Bakterien der Verwesung und der Fäulnis.

1. Fäulnis.

In der Mykologie beschränkt sich die Definition der Bezeichnung „Fäulnis" zumeist auf Zersetzungsvorgänge der Eiweißstoffe mit oder ohne Zutritt der atmosphärischen Luft. In vorliegendem Buche ist die alte Liebigsche Einteilung festgehalten, wobei nicht verkannt wird, daß die gesamte Nomenklatur der Zersetzungsvorgänge einer präzisen Trennung und Neubenennung bedürftig ist. Für die Zersetzung der stickstofffreien Verbindungen wird vielfach der Ausdruck „Gärung" angewendet; während hier dafür Verwesung gewählt ist. Bisher hat man sich eingehender mit den Organismen beschäftigt, die Zellulose zerstören, und ferner mit den Arten, die „Pektin" zerstören, dagegen Zellulose wenig angegriffen zurücklassen. Es sind dies Arten, die für Gewinnung der Gespinstfasern (Flachs, Hanf, Lindenbast) Bedeutung haben und die wahrscheinlich auch bei der Zerstörung der Pflanzenabfälle im Boden wesentlich mitwirken.

2. Zellulosezerstörer.

Die Zerstörung der Zellulose durch Bakterien wurde zuerst von van Tieghem untersucht, der die dabei tätigen Arten als Amylobakter bezeichnete.

Genauer sind von Omelianski die Erreger der Wasserstoff- und Methangärung der Zellulose untersucht.

---

[1]) Diss., Halle.

Das Bakterium der Wasserstoffgärung bildet einzelwüchsige, dünne (0,5 μ), meist gerade Stäbchen, die im Jugendzustand 5 μ Länge haben und bis zu 10—15 μ auswachsen. Bei beginnender Sporenbildung verdickt sich das eine Ende der Stäbchen (Stadium der „Trommelschläger") und bildet zuletzt eine runde Spore von höchstens 1—1,5 μ Durchmesser. Jod färbt diese Bakterien nicht blau.

Das Bakterium der Methangärung ist dem vorgeschriebenen sehr ähnlich, aber dünner und kürzer. Die Sporen sind kleiner. Eingehende Versuche haben ergeben, daß es sich um zwei morphologisch nahestehende, aber artlich verschiedene Spaltpilze handelt.

Genügende Durcharbeitung der zahlreichen anderen Arten der Zerstörer der Pflanzenreste und des Mistes liegen bisher nicht vor.

Zahlreicher sind die Arbeiten, die sich auf die Rotte der Gespinstpflanzen beziehen und erkennen lassen, daß die Zellulose der widerstandsfähigste Bestandteil dieser Pflanzen ist. Es ist anzunehmen, daß bei der Rotte ähnliche Prozesse verlaufen und Organismen tätig sind wie bei der Zersetzung der abgestorbenen Pflanzenreste im Boden; ferner, daß die Rotte, wie sie gewöhnlich ausgeführt wird, das Resultat der gemeinsamen Tätigkeit sehr verschiedener Organismen, sowohl Spalt- wie Fadenpilze ist, wenn auch einzelne Arten besonders stark beteiligt sind und in Kulturen allein ähnliche Zersetzungserscheinungen hervorrufen.

Etwas günstiger liegen die Verhältnisse für die Kenntnis der Einwirkung von Bakterien, die Eiweißverbindungen angreifen. Auch hier ist anzunehmen, daß die Fähigkeit, diese Verbindungen als Nahrung zu verwerten, eine Eigenschaft ist, die weitaus den meisten chlorophyllfreien Lebewesen zukommt. Unter den Bakterien scheint aber eine weitgehende Anpassung an bestimmte Nährstoffe eingetreten zu sein, die bei den Methoden der Reinkultur die Abtrennung einzelner Arten erleichtert, aber auch nur ein getrübtes Bild der in der Natur herrschenden Verhältnisse hervorruft.

Weit verbreitete Bakterienarten, die Eiweiß abzubauen vermögen, sind:

Bact. vulgare (Proteus vulgaris) gehört zu den typischen „Fäulnisbakterien". Es sind dies Bakterien mit kräftiger Eigenbewegung, die sich in der Natur überall finden, wo organische Stoffe zersetzt werden; sie zeigen eine sonst nicht bekannte Variabilität in ihren Formen. Früher wurde für hierher gehörende Spaltpilze meist der Name Bacterium termo gebraucht, der auch noch jetzt Verwendung findet, aber, da es sich um mehrere Arten handelt, nur soviel wie „Fäulnisbakterien" aussagt.

Zu dieser Gruppe gehören auch mehrere, Farbstoffe abscheidende Bakterien, so Bact. prodigiosum, dessen Zooglöen Tropfen geronnenen Blutes ähnlich sind. Bacterium fluorescens liquefaciens ist weit verbreitet, es verflüssigt Gelatine und scheidet einen grünen fluoreszierenden Farbstoff ab.

Bacterium coli commune findet sich massenhaft im Kote. Entwickelt Wasserstoff und Kohlensäure. Man hat die zahlreichen Arten der hierher gehörigen Spaltpilze in eine Gattung Aerobakter zusammengefaßt.

Von anderen häufig vorkommenden Arten sind noch anzuführen:

Bacillus subtilis Cohn, Heubazillus. Gerade, an den Enden gerundete Stäbchen von 2—8 μ Länge, 0,7 μ Dicke. Sporenbildung in der Mitte der Stäbchen. Aus den Sporen kommen Wimpern tragende Stäbchen, die später die Geißeln verlieren und zusammenhängende Fäden und auf Flüssigkeiten „Kahnhäute" bilden, so auf den Abkochungen von Heu.

Bacillus mycoides, Erdbazillus (nach Flügge) oder „Wurzelbazillus", ein leicht beweglicher Stäbchenbazillus, der in Böden, Wiesen, auf Wurzeln und in der Luft sehr verbreitet ist.

Die Erreger der Fäulnis der Eiweißstoffe sind in zwei Gruppen zusammengefaßt worden, in die proteolytische, deren Vertreter Proteine zerlegen können und in peptolytische, bei der es sich um die Verwertung bereits abgebauter Eiweißstoffe (z. B. Pepton) handelt.

3. Bakterien mit spezialisierten Lebensbedingungen.

Von den Bakterien, die besonderen Lebensbedingungen angepaßt sind, haben infolge ihrer technischen Wichtigkeit namentlich die Arten, die die Stickstoffverbindungen des Bodens auf- und abbauen, eingehende Bearbeitung gefunden; weniger wichtig sind die Eisen- und die Schwefelbakterien.

a) Stickstoffbakterien.

Als Stickstoffbakterien werden hier alle Bakterien bezeichnet, die bei der Aufnahme oder Abscheidung von elementarem Stickstoff, sowie für die Bildung von Ammon, Salpeter- und salpetriger Säure Bedeutung haben.

α) Bindung freien Stickstoffs durch Organismen.

Der Nachweis, daß man Böden durch fortgesetzte Ernten mehr Stickstoff entziehen kann, als ursprünglich in dem Boden enthalten war, führte in überzeugender Weise zuerst Schulz-Lupitz (1883), für Waldböden der Verfasser (1883). Berthellot führte die Bindung von Stickstoff auf die Tätigkeit niederer Organismen zurück, und

Winogradski züchtete zuerst ein stickstoffbindendes Bakterium, das Clostridium pastorianum.

Es bildet 1,2—1,3 μ dicke und 1,5—2 μ lange Stäbchen, die typische spindelförmige Sporen bilden.

Clostridium ist luftscheu und bildet aus Kohlehydraten Säuren, zumal Butter- und Essigsäure, wobei Wasserstoff und Kohlendioxyd abgespalten werden.

Auf 1 g verbrauchten Rohrzuckers wurden etwa 0,2 mg Stickstoff gebunden. Das Vorkommen der Bakterien ist sehr verbreitet, sie finden sich in allen Böden, aber wohl nur selten in größerer Zahl.

Später erzog Hans Pringsheim noch eine zweite Art aus amerikanischem Boden, die er Clostridium americanum nannte.

Eine zweite Gruppe von Stickstoff assimilierenden Bakterien lehrte Beijerinck kennen, der sie als Azotobakter bezeichnete. Der Organismus fand sich in fast allen Bodenarten, läßt sich leicht auf Mannit enthaltenden Nährböden kultivieren und scheint der verbreitetste und wichtigste Stickstoffsammler der Böden zu sein. Es sind stark luftbedürftige Arten, die auf alkalisch reagierenden, zumal Kalkkarbonat enthaltenden Böden vorkommen. Setzt man Mannit zu, so bilden sich vielfach erst farblose, später braune Bakterienrasen auf der Oberfläche der Böden.[1])

Beijerinck gibt zwei Arten an: Azotobakter chroococcum und agilis.

Es sind dicke (4—6 μ) Bakterien, von denen die zweite Form stark beweglich ist. In Kulturen erhielt man für 1 l Nährflüssigkeit Zunahmen von 40 mg und mehr an gebundenem Stickstoff.

Von anderen Organismen scheinen verschiedene Fadenpilze freien Stickstoff assimilieren zu können. Th. Fernetz[2]) gibt für Phoma-Arten, die mit Erikazeen endotrophe Mykorrhizen bilden, starke Stickstoffaufnahme an; bis 22 mg für 1 g verbrauchter Dextrose. Schon früher haben andere Forscher auf die N-Bindung durch Fadenpilze hingewiesen, in neuerer Zeit namentlich Fröhlich.[3]) Henry[4]) fand bei Eichen- und Hainbuchenstreu sehr erhebliche Zunahme des Stickstoffgehaltes innerhalb Jahresfrist.

Eine andere Gruppe von Organismen scheint nur in Symbiose mit höheren Pflanzen ihre Stickstoff bindende Tätigkeit auszuüben: Es sind dies die Knöllchenbakterien der Leguminosen, deren Einwirkung zuerst Hellriegel und Wilfarth aufklärten. Es handelt sich um Bakterien, die zunächst als eine Art Bacterium radicicola be-

---

1) Remy, Landw. Jahrb. 35, S. 35 (1906).
2) Jahrb. wiss. Botanik 44, S. 353 (1907).
3) Jahrb. wiss. Botanik 45, S. 256 (1907).
4) Journ. d'Agricult. pratique 1889.

trachtet wurden, die in mehrere biologisch verschiedene Varietäten zerfällt; in neuerer Zeit teilen sie jedoch Hiltner und Strömer in zwei Arten: Rhizobium radicicola und Beijerinckii.

Diese Bakterien sind ausgesprochen luftbedürftig, sie bilden schwärmende sehr kleine Stäbchen von 0,9 μ Länge und 0,18 μ Dicke, die die Fähigkeit haben, sich zu eigentümlichen größeren Formen, die man als Bakteroiden bezeichnet hat, umzubilden; als Zwischenstadium sind wahrscheinlich größere Stäbchenformen zu betrachten. Die Bakteroiden sind in der Form je nach der Pflanzenart, der sie entstammen, sehr verschieden.

Bisher ist es noch nicht gelungen, diese Bakterien direkt aus dem Boden zu züchten, obgleich ihr Vorkommen durch das Verhalten der Leguminosen erwiesen ist.

Unter den Nichtleguminosen sind es die Erlenarten und der Sanddorn (Hippophaë), die Stickstoff assimilierende Bakterien beherbergen.

Über den Einfluß der Temperatur auf die Stickstoffbindung ist bisher bei den Knöllchenbakterien wenig bekannt. Für Azotobakter gibt A. Koch[1]) an, daß bei 7° noch keine Aufnahme von Stickstoff nachweisbar war, bei 15° starke Bindung statt hatte, die sich bis zu 27° steigerte.

Über die chemischen Vorgänge, die die Stickstoffassimilation ermöglichen, gibt es bisher nur Hypothesen. Es ist aber daran festzuhalten, daß die Überführung des elementaren Stickstoffes in chemische Bindung großen Aufwand von Energie beansprucht und daher von den Pflanzen nur geübt wird, wenn leichter zugängliche Quellen dieses Nährstoffes nicht zur Verfügung stehen. Die Zunahme an Stickstoff im Boden ist daher beschränkt und in ihrer Größe von der Gesamtsumme des organischen Lebens im Boden abhängig. Werden die leicht aufnehmbaren Stickstoffverbindungen sofort von starken Konkurrenten, wie es meist höhere Pflanzen sind, assimiliert, so kann der Gewinn an gebundenem Stickstoff große Werte erreichen, wie dies bei dem Anbau von Leguminosen tatsächlich stattfindet. Ist die Menge der tätigen Pflanzen gering, so bleibt der Gewinn an Stickstoff klein, aber bereits üppiger Wuchs von Algen im Boden vermag ihn wesentlich zu steigern.

Es ist daher eine Zunahme an gebundenem Stickstoff nur dann zu erwarten, wenn der bereits im Boden vorhandene zur Ernährung des gesamten pflanzlichen Lebens nicht ausreicht, hiernach ist nicht anzunehmen, daß die N-Bindung eine bestimmte Grenze überschreitet.

---

[1]) Journ. f. Landw. 55, S. 355 (1907).

Zahlreiche Beobachtungen beweisen dieses Verhalten; hier mögen Versuche von Ph. Schneider[1]) als Beispiele mitgeteilt werden, der bei Volldüngung ohne Stickstoffgabe erhebliche N-Zunahme, mit Stickstoff kaum die Hälfte des N-Gewinnes fand. Man mißt diesem Verhalten in landwirtschaftlichen Kreisen noch lange nicht die Bedeutung bei, die es verdient.

Die Stickstoff bindenden Bakterien der Ackererde sind meist aerob, deshalb ist gute Durchlüftung und Lockerheit des Bodens eine Hauptforderung für Gewinne an gebundenem Stickstoff. So erzielte Fröhlich in einem Boden mit Anfangsgehalt von 0,083 % N nach sechs Monaten im dichtgelagerten Boden 0,109 % N; im gelockerten 0,122 % N; in einem zweiten Falle bei 0,077 % N eine Steigerung im dichten Boden auf 0,106 % N, im gelockerten auf 0,126 % N.

Azotobakter beansprucht reichlich Nährstoffe und entwickelt sich auf kalkreichen Böden sehr viel besser als auf kalkarmen. Man geht wohl kaum zu weit, wenn man Azotobakter als „Kalkpflanze" bezeichnet; aber auch die Knöllchenbakterien gedeihen auf kalkreichen Böden sehr günstig.

Es mag hier noch darauf hingewiesen werden, daß das Wachstum von Azotobakter unter günstigen Umständen sehr energisch ist; so beobachtete Stoklasa[2]), daß 1 g Bakterienmasse in 24 Stunden 1,2729 g Kohlendioxyd ausschied; bisher die intensivste beobachtete Atmung bei Bakterien!

b) Ammonbildung im Boden durch niedere Organismen.

Bisher sind aus der großen Zahl der Ammoniak bildenden niederen Organismen die Harnstoff zersetzenden Arten am genauesten untersucht. Es sind schwach luftbedürftige Bakterien, die unter geeigneten Verhältnissen große Mengen von Harnstoff in kurzer Zeit zersetzen können. So zersetzt Urobacillus Pasteurii Miq. (für Stunde und Liter Nährlösung) 3 g und mehr Harnstoff. Da diese Organismen außerordentlich verbreitet sind, so ist es nicht auffällig, daß Harn, der Luft ausgesetzt, rascher Zersetzung unterliegt und dabei große Mengen Ammon gebildet werden.

Häufige Bakterien der „Harnstoffgärung" sind Micrococcus ureae Cohn, kugelige, meist zu zwei zusammenhängende Bakterien von 1—1,5 μ; ferner Urobacillus Pasteurii Miq.

Die Zahl der Ammon bildenden Organismen im Boden ist sehr groß. Es sind sowohl Bakterien wie Fadenpilze. Bei jeder Kultur

[1]) Landw. Jahrb. 35, S. 63 (1906).
[2]) Chem. Zentralbl. 1908, II, S. 1695.

von Bodenpilzen auf Nährgelatine macht sich stark ammoniakalischer Geruch bemerkbar. Die Ammonbildung ist bei vielen Arten von der Ernährung abhängig; stehen Eiweiß, Pepton u. dgl. zur Verfügung, so wird reichlich Ammon gebildet, sind vorwiegend Kohlehydrate vorhanden, so werden Säuren abgeschieden. So erhielt Chester[1]) Essigsäure, Propionsäure, Buttersäure, Milchsäure bei der Kultur in Kohlehydraten von Arten, die unter anderen Verhältnissen als starke Ammonbildner bekannt sind, so Bacterium mycoides und Bacillus subtilis. Chester schließt hieraus, da im Boden Kohlehydrate in der einen oder anderen Form zur Verfügung stehen und an Menge die Eiweißstoffe weit übertreffen, „daß alle Böden dahin neigen, sauer zu werden, als Folge der zersetzenden Tätigkeit der Bodenmikroben". Die gebildeten Säuren werden übrigens von anderen Bakterien und namentlich von Fadenpilzen als Nährstoffe benutzt und rasch aufgebraucht.

E. Marchal[2]) fand bei Kulturen auf Peptongelatine, daß 15 Bakterienarten und 33 Arten von Hefen und Schimmelpilzen Ammon bildeten. Starke Durchlüftung schwach alkalischer Nährböden zeigte sich hierbei am günstigsten. Es kann daher nicht auffallen, wenn in vielen Böden kleine Mengen von Ammonsalzen, besonders das Karbonat, vorkommen.

c) Bildung von Salpetersäure durch Mikroben.

Das Vorkommen von Salpetersäure im Boden ist bei der praktischen Wichtigkeit dieses Stoffes als Nährstoff für Pflanzen sehr vielfach untersucht worden. Die Abhängigkeit der Salpetersäurebildung von der Lebenstätigkeit niederer Organismen vermuteten Pasteur, Al. Müller; bewiesen wurde sie durch Schloesing und Müntz; die Reinzucht des Salpetersäure-Bakteriums gelang aber erst Winogradski. Nach den Kulturversuchen unterscheidet er Nitrit- und Nitratbakterien. Die Untersuchungen dieses Forschers haben für die Botanik und Bodenkunde große Bedeutung gewonnen, da diese Bakterien das erste Beispiel des Aufbaues organischer Stoffe aus anorganischen Verbindungen ohne Hilfe des Lichtes, also ausschließlich durch chemisch gespeicherte Energie sind.

Die Kultur der Salpetersäurebakterien gelang unter Ausschluß organischer Stoffe auf Kieselsäureplatten. Die Organismen verarbeiteten Ammonsalze bei Gegenwart von Karbonaten, namentlich Kalk- und Magnesiumkarbonat. Hierbei werden große Mengen Am-

[1]) Exp. St. Rec. 12, S. 729.
[2]) Bull. Acad. Roy. Belge 25, S. 727 (1893).

mon verbraucht, da der Gewinn an freier Energie bei der Oxydation von Ammon zu Salpetersäure den Lebensprozeß der Bakterien unterhalten muß.

Winogradskis Arbeiten führten ihn zu folgenden Anschauungen. Salpetrigsäure Bakterien (Nitritbakterien) sind verschiedene, einander nahe stehende Arten. In Westeuropa verbreitet ist Nitrosomonas. Es sind kleine ovale Organismen von 0,9—1 μ Dicke und 1,2—1,8 μ Länge, die sich mit einer Geißel versehen frei bewegen (Schwärmer) oder sich zu schleimigen Massen (Zooglöen) zusammenlagern. Die Bakterien wachsen in Nährlösungen, die nur anorganische Salze enthalten, und bauen ihre organische Substanz selbständig auf. Für einen Teil assimilierten Kohlenstoffes werden **33—36** Teile Ammoniakstickstoff zu Nitrit oxydiert. Godlewski zeigte, daß hierbei der notwendige Kohlenstoff der atmosphärischen Luft als Kohlendioxyd entnommen wird. Oxydiert wurde bei den Versuchen ausschließlich Ammoniak; Amide und andere organische N-haltige Verbindungen wurden nicht angegriffen.

Salpetersäurebakterien (Nitratbakterien) sind langsam wachsende, sehr kleine, an beiden Enden etwas verjüngte Stäbchen, etwa 1 μ lang und 0,3—0,4 μ dick, die von Schleimhüllen umgeben sind. Der Nitratbildner bedarf der Zufuhr von Kohlensäure und wächst nicht auf organischem Nährboden; er zersetzt nur Nitrite und ist gegen Zugabe von Ammonsalzen sehr empfindlich.

Nach Winogradski und Omelianski verlaufen die Vorgänge im Boden in der Weise, daß zuerst durch Organismen Ammoniak gebildet wird, das sich später in Nitrit und dann in Nitrat umwandelt. Es wird dabei angenommen, daß zunächst die organische Substanz des Bodens so weit zersetzt wird, daß sie nicht schädigend auf die Entwicklung der Nitritbakterien einwirken, sowie daß ein enges Zusammenwirken zwischen den Salpetrigsäure und Salpetersäure bildenden Organismen stattfindet. Endlich lehrten Versuche, daß die schädigende Wirkung der Ammonsalze nur die Entwicklung der Nitratbakterien betrifft, dagegen bereits ausgebildete Bakterien viel widerstandsfähiger sind.

Die bisherigen Kulturversuche beseitigen nicht alle Schwierigkeiten, die für die Erklärung der Salpetersäurebildung im Boden bestehen. Es fällt zunächst auf, daß die organischen Stoffe im Boden nicht inhibierend wirken. A. Müntz und Lainé[1]) widersprechen der Annahme, organische Substanz und Nitrifikation schlössen sich gegenseitig aus und schlagen ein technisches Verfahren der Nitratgewinnung mittels Nitrierung von Ammonsalzen vor, wobei letztere über Torf

---

[1]) Compt. rend. Par. Akad. 142, S. 430 (1906).

gerieselt werden sollen. Aber nicht nur die vielfach schwer angreifbaren Torf- und Humusstoffe haben sich als unschädlich erwiesen, sondern Coleman[1]) bewies auch, daß leicht angreifbare organische Verbindungen die Bildung von Salpetersäure steigern; damit steht im Einklang die Nitratbildung mittels der alten Salpeterplantagen, wobei tierische Dünger verwertet wurden. In der Tatsache, daß sich in normalen Böden keine Salpetrigsäure findet, kann man einen Hinweis erkennen, daß Ammon unmittelbar zu Salpetersäure oxydiert wird. Auch Winogradski, der die drei Gruppen von Stickstoffbakterien gleichzeitig kultivierte, konnte die Salpetrigsäure nicht konstatieren, weshalb er eine, übrigens nicht bewiesene Symbiose der Nitrat- und Nitritbakterien annahm.

Eine Übertragung der Resultate aus Plattenkulturen auf die Vorgänge im Boden scheint sehr bedenklich, selbst Topfversuche bedürfen noch der Kontrolle im Felde.

Es ist daher diensam, zunächst die Resultate zusammenzufassen, die aus Versuchen im Felde abgeleitet sind[2]):

Die Bildung von Salpetersäure erfolgt am kräftigsten in nährstoffreichen, neutral oder alkalisch reagierenden, gut durchlüfteten Böden; Kalkkarbonat wirkt günstig. In armen dicht gelagerten Böden, zumal mit absorptiv ungesättigten (sauren) Humusstoffen ist die Nitratbildung gering. Säuren im Boden setzen sie herab. Hall, Miller und Grussingham[3]) fanden in einem Boden, der durch Düngung mit Ammonsulfat freie Säure enthielt, die Nitrifikation auf Stellen mit kleinen Kalkstückchen beschränkt.

In den sauren Humusböden der Heiden, Moore und nassen Wiesen ist die Nitrifikation so gering, daß man lange Zeit das Vorkommen von Nitratbildnern bestritt. Das gleiche gilt für Waldböden. Es ist jedoch bereits von Stahl ausgesprochen und dann durch Fr. Weis[4]) gezeigt worden, daß auch in diesen Böden Salpetersäure in geringer Menge gebildet wird, die aber sofort von den Wurzeln der vorhandenen Pflanzen aufgenommen wird und so den Anschein hervorruft, daß diese Böden frei von Nitraten seien. In Wäldern ist die oberste Bodenschicht frei von Nitratbakterien (Migula). Albert und Luther[5]) fanden in vier Sandböden keine, in Mullboden in den tieferen Schichten unter 10 cm Nitratbildung in geringem Umfange. Alles deutet darauf hin, daß die Nitratbakterien auf gewachsenen Böden weit verbreitet, aber örtlich verschieden verteilt sind. Es

---

[1]) Zentralbl. f. Bakteriol. 20, II, S. 401 (1908).
[2]) Neal-Löhnis, Mitt. landw. Inst. Leipzig, Heft 7, S. 45 (1905).
[3]) Chem. Zentralbl. 1908, II, S. 1284.
[4]) Ber. forstl. Versuchswesen. Kopenhagen. II, S. 278 (1909).
[5]) Journ. f. Landw. 1908, S. 358.

sind anspruchsvolle Organismen, die zur Bindung der entstehenden Säuren leicht zersetzbarer Salze bedürfen.

Die Nitrobakterien verlangen starke Durchlüftung des Bodens und scheinen so sehr gegen Minderung des Luftzutritts empfindlich, daß sie schon durch reichlichen Wassergehalt des Bodens leiden. Dehérain[1]) ließ einen Kubikmeter Erde unverändert, ein zweiter wurde wöchentlich durchgearbeitet. Nach Jahresfrist war das Verhältnis der Salpetersäure im ersten Boden zum zweiten wie 1 : 70. Es entspricht diesem Verhalten, daß die Nitrifikation zumeist in bearbeitetem lockerem Boden und in den oberen Schichten stattfindet, und unter sonst gleichen Verhältnissen bei größerer Mächtigkeit der Bodenschicht abnimmt.

Von den im Boden vorkommenden Salzen zeigen sich die Sulfate in gut durchlüfteten Böden am günstigsten[2]), namentlich Gips wirkt vorteilhaft. In Soda oder Kochsalz enthaltenden Böden war der Nitratgehalt stets gering. Ätzkalk hemmt die Nitrifikation; Zugabe von Kalkkarbonat begünstigt sie in den meisten Fällen.

Die Nitratbildung ist bei niederen Temperaturen gering, erreicht erst über 10^0 beträchtliche Stärke und hat bei etwa 30^0 ihr Optimum. Hierauf, sowie auf Auswaschung der im Boden nicht absorbierbaren Salpetersäure, vielleicht auch auf Denitrifikation beruht es, daß die Böden im Frühjahr meist arm an Nitraten sind. Auch die günstige Wirkung einer Stickstoffdüngung im Frühling beruht zum Teil auf diesem Verhalten.

Sasanow[3]) fand in 1 kg Schwarzerde mg Salpetersäure:

1904	1. 4.	1. 5.	8. 5.	22. 5.	29. 5.	26. 6.	30. 7.	21. 8.	4. 10.
	2,7	1,9	5,3	6,6	8,0	13,2	26,0	29,6	30,2

d) Die denitrifizierenden Organismen des Bodens.

Die Stickstoff-Sauerstoffverbindungen gehören zu chemisch stark reaktiven Körpern, die sehr leicht Sauerstoff abgeben und wieder aufnehmen. Es kann daher nicht auffallen, daß unter dem Einfluß des bakteriellen Lebens vielfach N-Umsetzungen eintreten und daß unter verschiedenen Lebensbedingungen sich die niederen Organismen auch verschieden verhalten. Man hat recht ungleichartige Reduktions- und Oxydationsvorgänge des an Sauerstoff gebundenen Stickstoffs beobachtet, wie sie auch bei anorganischen Umsetzungen, z. B. der Einwirkung von Metallen auf Nitrate, in ähnlicher Weise auftreten.

---

[1]) Compt. rend Par. Akad. 125, S. 282.
[2]) Hilgard, Soils, S. 147.
[3]) Russ. Journ. f. experim. Landw. 8, S. 35 (1907).

In einzelnen Fällen hat man Stickstoffoxydul und selbst Stickstoffoxyd als Abscheidung bei bakteriellen Prozessen gefunden; verbreitet sind Reduktionen bis zu elementarem Stickstoff. Der umgekehrte Verlauf, die Oxydation z. B. von Nitrit zu Nitrat ist bisher nur bei den „Nitrobakterien" festgestellt worden, er wird auch bei anderen Organismen nicht fehlen, wenn die Bedingungen dafür gegeben sind.

Verschiedene Forscher haben Nitrat zersetzende Wirkung zahlreicher Organismen nachgewiesen, so fand Maaßen unter 109 untersuchten Arten 85 als Nitritbildner. Viel kleiner ist die Anzahl, die die Reduktion bis zur Bildung von elementarem Stickstoff fortsetzt, und diese Formen bezeichnet man jetzt speziell als „denitrifizierende" Arten. Zur Erkennung benutzt man bei Kulturen die durch entweichenden Stickstoff bedingte Schaumbildung in „Salpeterboullion".

Man hat verschiedene denitrifizierende Bakterien erzogen. Zur Erklärung ihrer Wirkung nimmt man den Gewinn von Sauerstoff an oder führt sie auf die Abscheidung von Enzymen zurück, die Nitrate zersetzen; so kennt man neben Arten, die für ihre Ernährung große Mengen organischer Stoffe verbrauchen, eine Bakterie, die, wie es scheint, ganz überwiegend auf die Zersetzung von Nitrat angewiesen ist. Es ist anzunehmen, daß es Spaltpilze geben wird, die den für ihre Lebensprozesse notwendigen Sauerstoff überwiegend aus der Salpetersäure zu decken vermögen. Denitrifizierende Bakterien sind weit verbreitet, sie finden sich in allen Böden, in Wasser und Luft.

Die meisten denitrifizierenden Bakterien scheinen schwach luftbedürftig zu sein. Kräftige Entwicklung scheinen hierher gehörige Arten in wärmeren Gegenden in Sumpfböden zu finden. Daikahura und Imaseki[1]) geben z. B. an, daß Nitrate in Sumpfreisböden rasch in Nitrite und freien Stickstoff übergeführt wurden.

Über die Bedeutung dieser Organismen für die Stickstoffbilanz der Böden ist viel gearbeitet worden. Zunächst wurde die Wirkung sehr hoch eingeschätzt, während jetzt die Meinung vorwiegt, daß die Bedeutung der denitrifizierenden Bakterien im Boden nur gering ist. Das Richtige dürfte in der Mitte liegen. In gut gedüngten und durchgearbeiteten, stark durchlüfteten Böden werden, zumal bei reichlichem Wuchse höherer Pflanzen die gebildeten Nitrate rasch aufgenommen und hierdurch zerstörenden Einwirkungen entzogen. Ist Salpetersäure zugänglich, so ist nicht einzusehen, warum sie von angepaßten Arten nicht angegriffen werden soll. Die denitrifizierenden

[1]) Chem. Zentralbl. 1908, I, S. 879.

Bakterien wachsen bereits bei niederen Temperaturen, die Salpetersäure bildenden werden erst bei höherer Temperatur wirksam. Im Boden werden nun unter den gegebenen Verhältnissen und je nach Klima und Temperatur verschieden, Bakterienarten nebeneinander tätig sein; es wird sich ein Kampf zwischen den Formen entspinnen, der bald zum Vorherrschen der einen oder anderen und in der Regel zu einem Zustande des Gleichgewichtes führen wird.

Es spricht dafür die Erfahrung, daß sich durch Düngung mit anorganischen Stickstoffverbindungen keine dauernde Anreicherung an Stickstoff im Boden erzielen läßt, sowie daß Anhäufungen von Stickstoff sich nur in solchen Böden finden, in denen die Bildung von Nitraten gering ist oder gebildete Salpetersäure fast sofort aufgenommen wird, es sind dies die Böden der Moore, Wiesen und zum Teil der Wälder. Fände keine Entbindung freien Stickstoffes statt, so müßten z. B. die Böden der ariden Gebiete überreich an Nitraten sein.

Man kann daher folgern, daß reichliche Ansammlung von Stickstoff nur in Bodenarten statt hat, in denen die Nitrifikation gering ist. Fehlt Salpetersäure, so ist damit natürlich auch die Denitrifikation ausgeschlossen. Den innigen Zusammenhang der verschiedenen Umsetzungen der Stickstoffverbindungen im Boden zeigen auch die ariden Böden, in denen, auf vorhandene organische Substanz berechnet, der Gehalt an gebundenem Stickstoff meist sehr hoch, oft höher als in Eiweißstoffen ist. Die in humiden Gegenden vorhandene Beziehung zwischen Gehalt des Bodens an Stickstoff und an Humus verschiebt sich in jenen Gebieten oft erheblich.

Für unsere Bodenarten gilt daher der bereits Seite 426 ausgesprochene Satz, daß sowohl Stickstoff bindende wie Stickstoff entbindende Prozesse nebeneinander verlaufen, und es jeweils von den herrschenden Bedingungen abhängig ist, ob der eine oder andere Vorgang das Übergewicht erhält. In vom Menschen unberührten Böden bildet sich in der Regel ein Zustand des Gleichgewichtes heraus.

Für Ackerböden lehrt die Erfahrung, daß im allgemeinen die Zugabe wenig zersetzter organischer Stoffe, zumal Kohlehydrate aller Art, Stroh, vielleicht auch Laub, die Stickstoffbilanz ungünstig beeinflußt. Unter den Düngern scheint der Pferdedung nach den bisherigen Untersuchungen viel denitrifizierende Bakterien zu enthalten und ihrer Entwicklung günstig zu sein. Große Gaben unverrotteten frischen Düngers sind ebenfalls der Entbindung von Stickstoff günstig.

Es sei hier auf die praktische Bedeutung hingewiesen, die die Festlegung von Stickstoff im Organismus der niederen Bodenflanzen hat. Die Pilze, zumal Fadenpilze, haben in ihrer Zellsubstanz Chitin und andere schwer zersetzliche Stickstoffverbindungen. Ein größerer oder geringerer Teil der zugänglichen Stickstoffverbindungen des Bodens wird von der niederen Bodenflora für ihre Lebensvorgänge aufgenommen und dadurch den höheren Pflanzen entzogen. Man kennt nun bereits mehrere Chitin zersetzende Bakterienarten. Es ist begreiflich, daß die sehr kleinen Körper der abgestorbenen Bakterien leichter angegriffen und wieder in den Kreislauf des Stickstoffes übergeführt werden als die größeren und schon darum widerstandsfähigeren Leiber der Fadenpilze. Nach den vorliegenden Versuchen zeigen daher Bakterienreste raschen, Fadenpilze langsamen Zerfall.

e) Der Energieumsatz bei Bildung und Zersetzung der verschiedenen Stickstoffverbindungen

scheint bisher bei den Beobachtungen über den Umsatz des Stickstoffes im Boden kaum berücksichtigt worden zu sein, obgleich er für den Lebensprozess der Pflanzen stark ins Gewicht fällt. Ein Vorgang, bei dem Wärme frei wird, also ein Gewinn aktueller Energie eintritt, kann sich natürlich viel leichter abspielen als ein Vorgang, bei dem Energie gebunden wird und desbalb von außen zugeführt werden muß.

1. Oxydation von gelöstem Ammoniak zu gelöster Salpetrigsäure und Wasser (Zahlen in Klammern sind große Kalorien für 1 Äquivalent):

$$\begin{matrix} NH_3 + 3\,O = HNO_2 + H_2O \\ (20{,}3) \qquad = (30{,}8) \quad (68{,}63) \end{matrix} = 78\,860 \text{ cal.}$$

für 1 g Ammoniak = 4640 cal.

2. Salpetrigsäure und Sauerstoff zu Salpetersäure

$$\begin{matrix} HNO_2 + O = HNO_3 \\ (30{,}8) \qquad\quad (49{,}1) \end{matrix} = 18\,300 \text{ cal.}$$

für 1 g salpetrige Säure = 390 cal.

3. Ammoniak und Sauerstoff zu Salpetersäure

$$NH_3 + 4\,O = HNO_3 + H_2O = 98\,160 \text{ cal.}$$

1 g Ammon in Salpetersäure = 5774 cal.

4. Harnstoff.

$$CO{\begin{matrix} NH_2 \\ NH_2 \end{matrix}} \text{ Oxydation zu } CO_2,\ 2\,H_2O \text{ und } N_2 = 153\,880 \text{ cal.}$$

für 1 g Harnstoff = 2565 cal.

5. Asparagin.

$$C_4H_8O_3N_2 + 9\,O = 4\,CO_2 + 4\,H_2O + N_2 = 456\,180 \text{ cal.}$$

für 1 g Asparagin = 3456 cal.

Dieselben Wärmemengen werden bei der Bildung der einzelnen Stoffe gebunden: sind also ein Maß für die von der Pflanze geleistete Arbeit beim Aufbau der organischen Substanz.[1])

b) Methan und Wasserstoff bindende Bakterien

sind von Söhngen[2]) und von Kaserer[3]) untersucht worden. Wahrscheinlich haben zahlreiche niedere Organismen die Fähigkeit, die beiden Gase, die bei der Fäulnis von Kohlehydraten und Eiweiß gebildet werden, als Nährquelle auszunützen. Hierdurch wird Anreicherung von Wasserstoff und Methan in der atmosphärischen Luft fern gehalten. Söhngen beschreibt eine Stäbchenbakterie, die er Bacillus methanicus nennt und verbreitet vorkommt, zumal Wasserpflanzen in schleimiger Schicht überzieht.

Niklewski[4]) beschreibt sehr kleine Stäbchenbakterien, die in Kulturen mit organischen Nährstoffen wachsen können, aber auch in rein mineralischen Nährlösungen eine üppige Kahnhaut bildeten, wenn Wasserstoff und Kohlensäure zugegen waren. Es lag also ein Organismus vor, der zur Bildung organischer Substanz die Energie des freien Wasserstoffes ausnützen kann.

c) Bakterien, die den „Erdgeruch“ erregen.

Der charakteristische „Erdgeruch“, der namentlich nach Regen und auf frisch umgebrochenem Boden sich bemerkbar macht, wird von einer Bakterie, die man als Actynomyces odorifer bezeichnet, hervorgerufen.[5]) Der Riechstoff wurde nicht in genügender Menge gewonnen, um ihn chemisch untersuchen zu können.

d) Eisenbakterien.

Die nahen Beziehungen zwischen der Lebenstätigkeit niederer Pflanzen und der Abscheidung von Eisenoxydhydrat wurden bereits von Ehrenberg erkannt, aber erst die ungünstigen Erfahrungen in Wasserleitungen, deren Wasser durch flockige Eisenabscheidungen getrübt wurde, führten zum eingehenden Studium der auftretenden Formen.

---

[1]) Die Angaben aus Landolt-Börnstein, Phys.-chem. Tabellen, Berlin 1905. Einzelheiten über die Bedingungen, unter denen die Messung erfolgte, sind dort nachzusehen. Eingeklammerte Zahlen bedeuten große Kalorien (= Kal.), d. h. die Wärmemenge, welche notwendig ist, um 1 Liter Wasser von 18° auf 19° C zu erwärmen. Kleine Kalorien (= c oder cal.) sind $^1/_{1000}$ der großen Kalorien, entsprechen also 1 g Wasser.

[2]) Zentralbl. f. Bakteriol. 15, II, S. 153, und Diss., Delft 1906.

[3]) Zentralbl. f. Bakteriol. 16, II, S. 681 (1906).

[4]) Zeitschr. österr. landw. Versuchsw. 8, S. 789 (1907).

[5]) Rullmann, Zentralbl. f. Bakteriol. 2, II, S. 116, 702 (1896); Salzmann, Diss., Königsberg 1902.

Ehrenberg nannte den hierbei tätigen Organismus Gallionella ferruginea, die lange Zeit stark umstritten, jetzt als Chlamydothrix ferruginea Miq. bezeichnet wird. Eine zweite in eisenhaltigen Wassern vorkommende Art hat man als Crenothrix polyspora Cohn (= Leptothrix Kühniana Rbh.) unterschieden.

Es sind Bakterienformen, deren Zellen fadenförmig aneinander gereiht und von einer Gallertschicht (Scheide) umgeben sind. In den Scheiden lagern sich reichlich Ferrihyderoxyd und Manganoxyde ab, so daß die jungen weißlich bis gelblich gefärbten Massen allmählich durch Oxyde gefärbt werden.

Winogradski nahm an, daß die Eisenbakterien nur wachsen, wenn Ferrokarbonat in Lösung gegenwärtig ist und daß die Betriebsenergie für den Lebensprozeß durch Oxydation der Ferroverbindung gewonnen werde. Von anderer Seite (Molisch) wurde die Auffassung vertreten, daß die Scheiden Eisenoxydhydrat einlagerten, etwa wie die Diatomazeen Kieselsäure. Da es möglich ist, diese Organismen ohne Eisenabscheidung zu züchten, so besteht wohl die zweite Annahme zu Recht.

In Gräben und langsam fließenden Gewässern, die eisenreiches Wasser führen, besonders aber beim Austritt von eisenreichen Quellen oder Grundwässern an die Oberfläche, bilden sich reichlich schleimige, gelb bis dunkelbraun gefärbte Massen, die später zur Bildung von Raseneisenstein beitragen können.

Verfasser hat schon früher die Meinung geäußert, daß diese Bakterien von im Wasser gelösten organischen Stoffen leben, sie zerstören und hierdurch die Eisenverbindungen zur Abscheidung bringen. Nach den jetzt herrschenden Auffassungen würden die organischen Schutzkolloide zerstört werden und hierdurch das Gel des kolloiden Eisenoxydhydrates zur Abscheidung kommen. Für diese Auffassung spricht, daß auch Tonerde, Eisenphosphate und -silikate in den Raseneisensteinen reichlich vorkommen, deren Abscheidung dann verständlich wird.

e) Schwefelbakterien.

Bei Fäulnisvorgängen entsteht, wie man durch den Geruch von faulendem Eiweiß feststellen kann, Schwefelwasserstoff. Bei Luftzutritt und zumal am Lichte ist dieses Gas leicht zersetzlich, und es liegt nahe, anzunehmen, daß es bei der Verwesung in Schwefelsäure übergeführt wird, die man als Endprodukt der Zerstörung der schwefelhaltigen Eiweißstoffe kennt. Ist dagegen der Luftzutritt gering oder ausgeschlossen, so bleibt der Schwefelwasserstoff unzersetzt. Unter dem reduzierenden Einflusse anaerober Organismen werden auch Sulfate reduziert und Sulfide oder Schwefelwasserstoff gebildet. Vielfach wird hierzu bereits die reduzierende Einwirkung organischer Humusverbindungen genügen; das Vorkommen von Eisenkies in den tiefsten Schichten der Moore spricht dafür. Dies schließt jedoch nicht aus, daß bestimmten Bakterien die Fähigkeit, Sulfate zu reduzieren und Schwefelwasserstoff auszuscheiden, im hohen Grade eigentümlich ist.

Beijerinck hat eine stark Schwefelwasserstoff bildende Bakterie des Süßwassers rein erzogen (Spirillum oder Microspira desulfuricans), desgleichen van Delden aus Seewasser eine nahverwandte Art (Microspira aestuarii).

Eine andere Gruppe von Bakterien, die von Winogradski besonders als Schwefelbakterien bezeichnet werden, verbrauchen Schwefelwasserstoff für ihren Lebensprozeß und lagern amorphen Schwefel in Tröpfchenform in ihrem Protoplasma ab. Aus der Oxydation des Schwefels zu Schwefelsäure beziehen sie die Betriebsenergie für ihre Lebensvorgänge. Diese Arten sind weitverbreitet, kommen aber nur zu reichlicher Ausbildung in Wässern, die nachweisbare Mengen von Schwefelwasserstoff enthalten. Es ist dies im Herbste fast in jedem stehenden Gewässer mit eingelagerten Pflanzenresten möglich, sehr vielfach in den Buchten des Meeres.

Die beweglichen fadenförmig auswachsenden Arten bezeichnet man als Beggiatoa, namentlich ist B. alba verbreitet; es sind meist Bewohner wenig bewegten Wassers, während Thiothrix, deren Fäden unbeweglich sind, in stärker bewegtem, fließenden Wasser vorkommt. Es schließen sich noch andere in der Lebensweise ähnliche Arten an; auch die Pupurbakterien gehören hierher.

Alle Schwefelbakterien sind sauerstoffbedürftig und die Abscheidung des Schwefels in ihren Zellen kann man als die erste Stufe der Zersetzung von Schwefelwasserstoff bei seiner Oxydation zu Schwefelsäure betrachten. Diese Bakterien haben sehr eigentümliche Lebensbedingungen, die eingehend studiert worden sind[1]). Für den Boden liegt ihre Bedeutung in der Zerstörung vorhandenen Schwefelwasserstoffes und dessen Überführung in Schwefelsäure.

f) Abwässerpilze.

Es mag hier auf das Auftreten von Bakterien und Fadenpilzen in Wässern hingewiesen werden, die nährstoffreiche Abfallstoffe, z. B. Abwässer der Zuckerfabriken, enthalten. Charakteristisch sind Arten, die feinfädige fellartige Massen bilden, die sich an Baumwurzeln, am Flußufer usw. anhängen, oft auch schleimige Beschaffen-

[1]) Vgl. Omelianski in Lafar, Techn. Mykologie, 3. Bd., S. 214.

heit haben. Es sind Fadenpilze oder sauerstoffbedürftige Arten von Bakterien. Die wichtigsten Arten sind: Sphaerotilus, der häufigste aller Abwässerpilze, gehört zu den Fadenbakterien. Zoogloea ramigera ist schleimig und bildet geweihähnliche Verzweigungen. Leptomitus lacteus besteht aus verzweigten Fäden ohne Querwände. Ferner finden sich oft Mucor-Arten und Fusarium, die zu den Fadenpilzen gehören.

B. Fadenpilze.

Während die Bakterien des Bodens vielfach untersucht wurden, ist die Kenntnis der Fadenpilze und ihrer Bedeutung für den Boden noch auffallend gering. Selbst der systematische Teil, die Kenntnis der bodenbewohnenden Arten ist noch ganz ungenügend gefördert. Die biologische Bedeutung dieser Pilze ist fast noch unbekannt. Spärliche Anhaltspunkte beziehen sich in der Hauptsache mehr auf forstliche als auf landwirtschaftliche Verhältnisse.

Die Erfahrung, daß zwischen den beiden großen Gruppen der Bodenpilze ein gewisser Gegensatz besteht, daß die Zahl und Menge der Fadenpilze zunimmt, wenn die der Bakterien sinkt, läßt verstehen, daß die Fadenpilze im jährlich durchgearbeiteten und gedüngten Ackerboden weniger in ihren Wirkungen hervortreten als im Waldboden. Hieraus ist aber nicht zu schließen, daß die Fadenpilze für den Acker unbedeutend sind. Man muß sich gegenwärtig halten, daß ihre gegenüber den Bakterien erhebliche Größe, wenigstens gilt dies für weitaus die meisten Arten, sowie ihre Schnellwüchsigkeit nicht ohne Einfluß auf den Boden bleiben.

Außer Einzelarbeiten liegen bisher durchgeführte Untersuchungen nur vor von de Koning[1]) und Oudemans[2]), deren Arten nach den gegebenen Abbildungen leider schwer zu bestimmen sind, ferner von Hagem, der die Mucorineen des Bodens in mustergiltiger Weise beschreibt.

Nach einer mir gütigst überlassenen Probe arbeitete de Koning bei seinen Kulturen namentlich mit Rohhumus, und auch Hagem hat überwiegend die humusreichen norwegischen Böden untersucht. Es ist bisher nur wenig über die Wirkung der einzelnen Arten zu berichten.

Höchste Wichtigkeit haben die Fadenpilze für die Bildung der Humusstoffe. Von Bakterien schreibt Beijerinck[3]) Streptothrix chromogena eine wichtige Rolle zu, alle andern Arbeiten kommen

---

[1]) Arch. néerland 1904, 2. Ser., S. 34.

[2]) Prodrome d'une flore mykologique usw. Harlem 1902.

[3]) Zentralbl. f. Bakteriol. 6, II, S. 2 (1900).

zur Schlußfolgerung, daß Fadenpilze die eigentlichen Humusbildner sind. Nägeli, Hoppe-Seyler, Kostytschew u. a. führen an, daß dunkel gefärbte, dem Humus des Bodens vergleichbare Stoffe in Kulturen nur auftreten, wo Fadenpilze ihre Tätigkeit entfalten.

Nach Beendigung der Vegetation im Herbste findet man die abgefallenen Blätter allseitig von Pilzmyzel durchwachsen und viel-

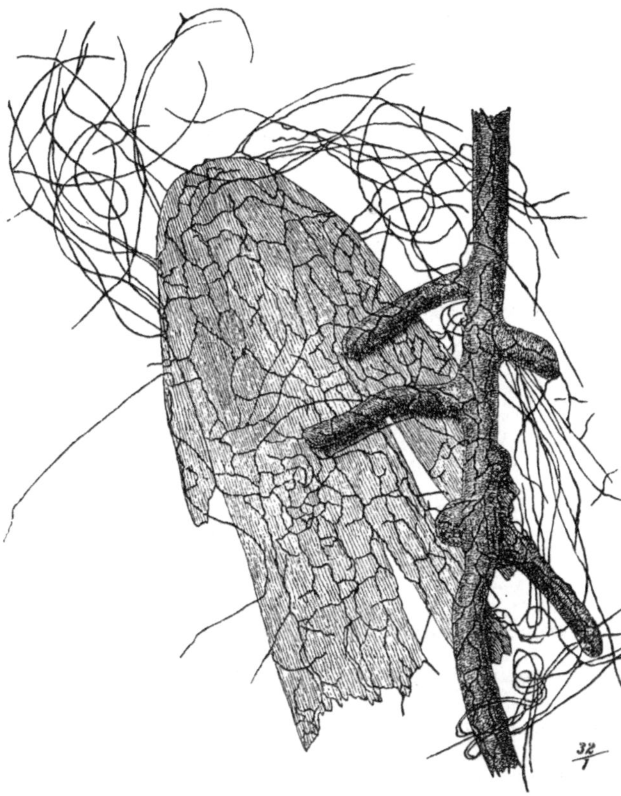

Abb. 42. Schwarzbraunes Myzel verwebt eine halbzersetzte Knospenschuppe einer Buche mit einer Buchenwurzel (nach P. E. Müller).

fach so durchsponnen, daß die Blätter aneinander haften und ihrer Trennung Widerstand entgegensetzen[1]). Nach Müller ist es namentlich Cladosporium humifaciens, eine Pilzart, deren Myzel die beschriebene Wirkung verursacht. Abgestorben trocknet der Pilz zu dunkel gefärbten, hornartig festen Fäden ein, die sehr schwer zersetzbar und Begleiter aller ungünstigen Waldhumusformen sind.

1) P. E. Müller, Natürl. Humusformen.

Koning schreibt namentlich Trichoderma viride Oudem. und Cephalosporium Koningi Oudem. die wichtigste Rolle bei der Humusbildung zu.

Schimmelpilze sind im Boden sehr verbreitet und auf humusreichem Boden wohl die häufigsten, jedenfalls durch ihr sicheres Wachstum auf Gelatineplatten, die am leichtesten nachweisbaren

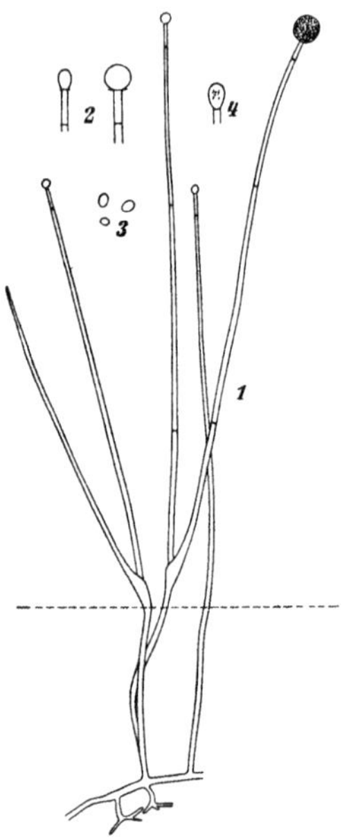

Abb. 43. Mucor Ramannianus. A. Möller.
1. Sporangienträger. 200fach vergr.;
2. Columella-Formen mit den charakteristischen Querwänden in den Sporangienträgern. 400;
3. Sporen. 1000;
4. Terminale Chlamydospore. 1000. (Nach Hagem).

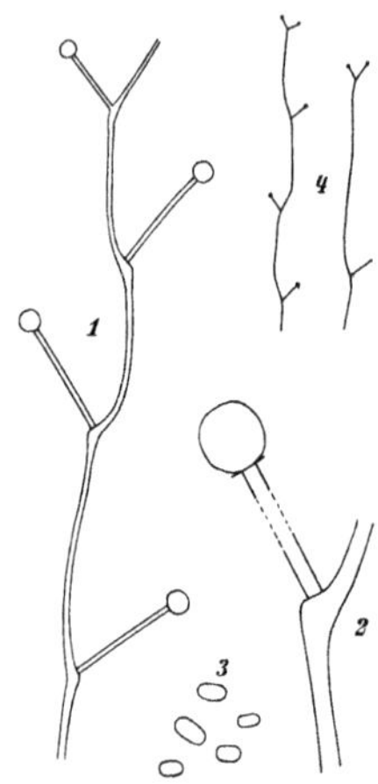

Abb. 44. Mucor silvaticus Hagem (nach Hagem).

Pilze. Auf Moor, namentlich auf Hochmoortorf, herrschen große Mucorineen vor, im Waldboden sind kleinere Arten, die zu Aspergillus und Mucor gehören, sehr stark verbreitet.

Hagem[1]) beschreibt 16 vorkommende Arten. Am häufigsten fand sich Mucor hiemalis Wehmer. Als geschlossene Gruppe der sauren Waldböden bezeichnet er die Mucor Ramannianus-Gruppe, die M. Ramannianus, M. strictus, M. flavus und M. silvaticus umfaßt. Die erste Art ist am verbreitetsten (klein, langsam wüchsig, hellrosa gefärbt) und eine „Art, die durch ihr häufiges Vorkommen eine Rolle beim Abbau des organischen Materials spielen dürfte.“

[1]) Unts. norweg. Mucorineen. Vidensk. Selskabets Skr. I, Nr. 7 (1907).

Als Typus einer zweiten Gruppe der Schimmelpilze des Bodens und durch Verbreitung ausgezeichnet kann Zygorhinchus Moelleri Villem gelten.

Nach Arten und Menge sehr mannigfaltig sind Myzele, die den Boden durchziehen. Relativ arm an Myzel von Fadenpilzen sind locker gelagerte nährstoffreiche Bodenarten, in denen sich lediglich in der Nähe von Wurzeln und besonders abgestorbenen Pflanzenresten bemerkenswerte Mengen finden. Mit der Dichtlagerung der Böden, namentlich der Sandböden, steigt auch die Zahl der Fadenpilze, sie verspinnen die Bodenkörner nicht selten zu einer festen, etwas elastischen Masse, die sich mit dem Messer in zusammenhängenden Stücken schneiden läßt.

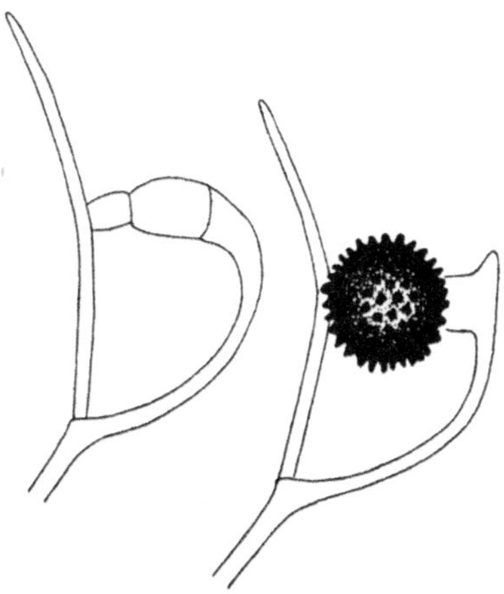

Abb. 45. Zygorhinchus Moelleri P. Vill. 200fache vergr. Zygosporenbildung. 300. (Nach Hagem).

In solchen Fällen kommt man zu der Vorstellung, daß die Pilze die herrschende Pflanzenformation sind und nur jene Chlorophyllpflanzen zur Entwicklung gelangen lassen, die durch starke Wurzelmassen und Anpassung an wechselnden Wassergehalt ausgezeichnet sind, wie die Trockengräser, oder die pilzreichem Boden angepaßt sind, wie die Mykorrhizapflanzen. Hier harren noch ungezählte biologische Fragen ihrer Beantwortung.

Die größte Bedeutung in Waldböden, zumal Sandböden, hat aber wohl das Pilzgewebe als Träger und Förderer der Krümelung der Böden. Macht man einen Einschlag in derartige humose Böden, so nehmen die ausgeworfenen Bodenteile sofort Krümelstruktur an, obgleich sie vorher dicht, in vielen Fällen sehr dicht gelagert waren. Die Krümel zerfallen leicht, schon bei geringem Drucke, aber man kann sich davon überzeugen, daß die Sandkörner durch Myzel zusammengehalten werden. In welchem Umfange die Pilzfäden zu der Krümelung der Waldböden überhaupt beitragen, ist noch ganz unbekannt. Es ist aber wahrscheinlich, daß sie erheblichen Einfluß üben, es gilt dies zumal auf gekrümelten Humusböden ohne reiches Tierleben, wie Alpenhumus. Nicht ausgeschlossen ist übrigens, daß auch scheidenbildende Bakterien in ähnlicher Weise durch ihren Wuchs die Krümelung nährstoffreicher Böden zu fördern vermögen. Es mag dies angeführt werden, obgleich direkte Beobachtungen fehlen und es nur als Vermutung ausgesprochen werden kann.

In allen Bodenarten finden sich Hefen, wenn auch zumeist in geringer Menge. Ihre physiologische Bedeutung ist bisher nicht untersucht worden. Es sind zahlreiche Arten beobachtet worden. Im allgemeinen sind Waldböden arm, Kulturböden reich an Hefepilzen.

C. Zahl und Bedeutung der niederen pflanzlichen Organismen im Boden.

Untersuchungen über im Boden vorkommende niedere Organismen, zumal Bakterien sind zuerst von Koch in hygienischem Interesse angestellt worden; die zur Verwendung kommende Methode der Kultur auf Gelatineplatten wird infolge der leichten Handhabung noch fortdauernd benutzt. Man ist sich aber der Unsicherheit der Anwendung mehr bewußt geworden.

Alle Organismen, die auf Peptongelatine nicht wachsen, entgehen der Beobachtung, ebenso die langsam wachsenden Arten, die vielfach erst zur Entwicklung kommen, wenn die Kolonien der schnellwüchsigen bereits den größten Teil der Platten überziehen.

Um die Entwicklung der Fadenpilze zu begünstigen, genügt schwache Säuerung der Gelatine durch Milchsäure oder Zitronensäure; in manchen Fällen ist hierdurch das Wachstum so verschieden, daß Parallelkulturen ein ganz verschiedenes Aussehen tragen. Es sind namentlich die schnellwüchsigen Schimmelpilze, die durch die saure Reaktion des Nährbodens im Wachstum gefördert werden.

Während man bei Kulturen annehmen kann, daß ein großer Teil der auswachsenden Bakterien als tätige Pilze im Boden vorhanden waren, keimen von den Fadenpilzen fast nur Sporen aus. Sehr viele Sporen keimen schwierig oder gar nicht auf Gelatine, so daß viele Arten überhaupt nicht zur Beobachtung kommen können, anderseits eine Erdprobe, die fruchttragende Fadenpilze enthält, unzählbare Kolonien ergibt, ohne daß deshalb die bezügliche Pilzform besondere Bedeutung für den Boden hätte.

Nun begnügen sich die bisherigen Untersuchungen fast ausschließlich mit Feststellung der Zahl der vorhandenen Organismen, wobei für praktische Fragen gewöhnlich ohne weiteres angenommen wird, daß die Bakterien günstig für den Boden und die auf ihm wachsenden Pflanzen sind; ein Schluß, der durchaus nicht bewiesen ist.

Hiltner hat daher versucht, die Bakterienarten durch Einteilung in große Gruppen: Gelatine verflüssigend, nicht verflüssigend und streptothrixartige zu scheiden. Später arbeitete derselbe Forscher eine Methode aus, die darauf beruht, daß man die Bodenlösung verdünnt, solange in einer gemessenen kleinen Menge noch Bakterien regelmäßig auskeimen. Löhnis erhielt auf diesem Wege 3 800 000 und 5 000 000 Bakterien für 1 g Boden gegen nur 1 300 000 und 1 000 000 bei Anwendung von Plattenkulturen.

Hierzu kommt noch, daß die Anzahl der Bakterien nach Jahreszeit, Witterung und Pflanzenbestand der Böden stark schwankt. Im Frühling erfolgt mit Erwachen der Vegetation rasches und starkes Ansteigen der Bakterienmenge, in späterer Zeit ist sie abhängig von Temperatur und Wassergehalt. Zeitweise Trocknis wirkt stark vermindernd ein.

Stellt man viele Beobachtungen zusammen und gruppiert sie nach wenig, mittel und viel Organismen, denn mehr lehren die Bestimmungen nicht, so ergibt sich das wahrscheinliche Resultat, daß lockere, gut durchlüftete, nährstoffreiche Böden mehr Organismen enthalten als dicht gelagerte, schlecht durchlüftete und nährstoffarme Böden. Es ist dies also dieselbe Erfahrung, die bereits der Zustand der höheren Vegetation oder eine direkte Untersuchung des Bodens lehrt.

Remy hat deshalb versucht, die Zahl der Bakterien im Boden nach biologischen Wirkungen zu bemessen. Remy benutzte verschiedene Nährlösungen; peptonhaltige, um die zersetzenden — nitrathaltige, um die Stickstoff spaltenden — ammonhaltige — um die nitrifizierenden — mannithaltige, um die Stickstoff bindenden Vorgänge im Boden festzustellen. Bisher haben die Bestimmungen nach dieser Methode bei Ackerböden wenig Brauchbares ergeben; daß sie aber in Waldböden große Verschiedenheit des Verhaltens anzeigen, lehren die Untersuchungen von Albert.

Es würde nun unberechtigt sein, der Bestimmung der vorhandenen Lebewesen im Boden den Wert zur Feststellung von Fragen der Bodenkunde, zumal für praktische Zwecke abzusprechen. Die Mängel der Schlußfolgerungen liegen mehr in der Fragestellung als in den Resultaten.

Die Verteilung der niederen Flora im Boden beansprucht größtes Interesse, ist diese doch ausschlaggebend für wichtige Vorgänge, die auf Bodenlagerung, den Gehalt an Nährstoffen, sowie auf die Ablagerung und Zersetzung der organischen Reste Bezug haben. So weist P. E. Müller nach, daß Fadenpilze die abgefallene Streu zu dichten Massen zusammennähen, die ihrerseits den Boden in fast allen seinen Eigenschaften auffällig beeinflussen. Am wissenswertesten hinsichtlich der Art und Zahl der niederen Bodenflora sind natürlich die Verhältnisse in sog. gewachsenen Böden, deren niedere und höhere Flora noch nicht, wie bei Ackerböden, durch Pflug und Dünger bewirkte gleichmäßige Lebensbedingungen findet.

Als wichtigste Tatsache ist festgestellt, daß in allen gut durchlüfteten, lockeren, nährstoffreichen Böden von neutraler oder schwach alkalischer Reaktion die Bakterien dominieren, in dichtgelagerten und in absorptiv ungesättigten (sauren) Böden dagegen die Fadenpilze. Als wahrscheinlich kann angenommen werden, daß die größere Widerstandsfähigkeit der Fadenpilze besonderes dann zur Geltung kommt, wenn der Boden häufigem Wechsel im Wassergehalte ausgesetzt ist, ein Fall, der in ausgehagerten oder in streuberechten Waldböden gegeben ist.

Die chemischen Wirkungen der Pilze im Boden sind den anderer Pflanzen ähnlich, sie stören durch Bindung von Nährstoffen das chemische Gleichgewicht, können aber auch durch Abscheidung von Ammon und Säuren stärkere Einwirkungen hervorrufen. Im allgemeinen wird man der Säurebildung der Pilze für den Boden keine zu große Bedeutung beilegen dürfen. Ist es auch gelungen, flüchtige Säuren in Spuren im Boden nachzuweisen, so sind doch die meisten organischen Säuren so vorzügliche Nährstoffe für niedere Organismen, daß im freien Nährboden Ansammlung kaum stattfinden kann. Ausnahmen können allerdings vorkommen. Die Hyphen der Flechten fressen tiefe Löcher in Kalksteine und dringen selbst in Silikate ein; nach Müntz überzieht das Salpetersäurebakterium die Bruchstücke hochalpiner Felsen mit schleimigen Massen. Aber hierbei handelt es sich um Felsmassen, nicht aber um die mannigfaltigen Verhältnisse des pflanzenbewohnten Bodens.

Praktische Wichtigkeit hat noch zumeist die Erfahrung, daß einzelne Bakterien befähigt sind, schwer angreifbare Kalkphosphate löslich zu machen. Dies gilt z. B. für Knochenmehl, bei dem sowohl der Stickstoff der Leimsubstanz, wie auch Kalkphosphat angegriffen werden kann. Es erfolgt dies aber überwiegend im kalkarmen Boden, in dem die Bakterien stärkere Einwirkungen auf vorhandene Kalksalze zu entfalten scheinen.

Die große Bedeutung der Bakterien liegt in ihrer Fähigkeit, die verschiedensten Energiequellen ausnützen zu können und dadurch zahlreiche Umsetzungen herbeizuführen. Damit ist ihre Tätigkeit nicht erschöpft. Die Zahl der Arten und die Anpassungsfähigkeit ist ganz außerordentlich. Kaum werden dem Boden bisher nicht vorhandene Stoffe zugeführt, so finden sich auch Organismen, die die Fähigkeit haben, sie zu verändern. Als geeignetes Beispiel sei der Kalkstickstoff genannt, der im Boden rasch in Ammoniak umgewandelt wird. Aus dem Kalkstickstoff entstehen organische Verbindungen, die den Böden völlig fremd sind, und doch finden sich Organismen, die bisher unbekannte Umsetzungen vermitteln.

D. Die Zahl der Pilze im Boden

schwankt in den weitesten Grenzen.

Garten- und Ackerböden sind im ganzen reich an Bakterien. Man kann etwa folgende Zahlen als Grenzwerte für 1 ccm Boden bezeichnen: unter 1 Mill. sehr arm, 1—2 Mill. arm, 2—6 Mill. mittel, 6—10 Mill. reich, über 10 Mill. sehr reich an Organismen; es kommen jedoch Böden vor, die bis 50 Mill. und selbst unzählbare Organismen enthalten.

Waldböden untersuchte der Verfasser mit seinen Mitarbeitern[1]), wobei stets Parallelkulturen auf normaler und mit Milchsäure schwach angesäuerter Peptongelatine gemacht wurden. Die Fadenpilze wurden auf den sauren Platten gezählt. Als Beispiel mögen folgende Zahlen dienen. In der auflagernden Waldstreu fanden sich:

1. Kiefer mit Buchenunterwuchs;
2. Kiefer ohne Buchenunterwuchs. Parallelfläche zu 1 nur durch Gestell getrennt, mit reichlicher Heidelbeer- und Moosdecke;
3. obere lose Streudecke (Buche);
4. unterlagernde lockere vorjährige Streu (unter 3);
5. Streu im Eichenstangenholz;
6. Streu unter Fichten (lockere Nadeldecke des Waldmantels);
7. untere Kiefer (geschlossene ältere Schonung).

Es keimten aus:

	auf 1 g Trockensubstanz		1 g organische Substanz	
	Spaltpilze	Fadenpilze	Spaltpilze	Fadenpilze
1	35 000 000	60 000	59 880 000	66 000
2	1 647 000	343 000	2 165 000	450 000
3	31 000 000	560 000	33 600 000	608 000
4	264 000	800 000	2 050 000	10 280 000
5	40 000 000	3 430 000	42 900 000	3 430 000
6	50 000 000	unzählbar	56 500 000	unzählbar
7	5 153 000	1 360 000	6 060 000	1 610 000

Die Zahl der Organismen in der Waldstreu ist bei normalen Verhältnissen außerordentlich groß und scheint den höchsten Stand zu erreichen, wenn sowohl Spalt- wie Fadenpilze gutes Gedeihen finden. Im Boden (unterhalb der Streuschicht, bzw. der Schicht auflagerndem Rohhumus) ist der Unterschied in der Zahl der Organismen sehr groß. In den ausgeführten Untersuchungen enthielten im Durchschnitt

1 g Trockensubstanz

Mullboden	Lehmboden (6 Proben) . .	4 860 000	Bakterien
	Sandboden (6 Proben) . .	2 500 000	,,
Boden unter Rohhumus; Sandboden (5 Proben)		247 000	,,

[1]) Zeitschr. f. Forst- u. Jagdw. 1899, S. 1.

Auf 1 ccm Boden keimten aus in Sandböden:

Mullboden (6 Proben)	2 460 000	Bakterien
Boden unter Rohhumus (4 Proben) . .	220 000	„

Der Boden ist relativ reicher an Fadenpilzen als die Streu, zumal wenn man den Gehalt auf organische Substanz berechnet. Auf Volumen berechnet enthielt (1 ccm) in Tausenden

Mullboden	Lehm	4—277	im Durchschnitt	129	Fadenpilze
	Sand	66—566	„ „	289	„
unter Rohhumus		35—550	„ „	241	„

Aus den bisherigen Versuchen lassen sich folgende Regeln ableiten:

1. In locker gelagerten Böden ist die Zahl der niederen Organismen größer als in dicht gelagerten.
2. In dicht gelagerten, zumal sauer reagierenden Böden steigt die Anzahl der Fadenpilze gegenüber den Bakterien, während die Gesamtzahl der Organismen abnimmt.

In Torfböden macht sich der Gegensatz zwischen Flachmoor und Hochmoortorf geltend. Im allgemeinen ist die Zahl der Organismen in den oberen wachsenden Pflanzenschichten groß; sie nimmt ab bei größerer Trockenheit und steigert sich durch Kultur der Moore namentlich unter Kalkzufuhr bedeutend. Tiefere Torfschichten sind steril, soweit nicht Wasseradern hindurchgehen.

Auffällig ist die große Zahl von Gelatine verflüssigenden Arten, zumal im Flachmoor.

Verfasser fand z. B. in 0—3 cm Tiefe[1]) auf 1 g Trockensubstanz

		Bakterien	Fadenpilze
Hochmoor	Oberfläche der wachsenden Sphagnumdecke	2 600 000	2 160 000
	Schicht unter der Oberfläche	2 081 000	426 000
	obere Schicht	1 930 000	2 760 000
	unter der lebenden Sphagnumschicht	200 000	2 145 000
Flachmoor	Rand des Hochmoores	33 000 000	44 000 000
	„ „ „ (anderes Moor)	5 800 000	193 000
	Flachmoor, Oberfläche	872 000	174 000
	in 10 cm Tiefe	170 000	9 000

Kleinere Zahlen teilt Reindell[2]) aus finnischen Mooren mit. Er fand bei jungfräulichen Mooren in der Regel bereits in 25 cm Tiefe sterilen Torf. In 15 cm Tiefe 3000—1500 Bakterien, im kultivierten Hochmoor ca. 40 000; in Flachmoor (15 cm) 46 000; kultiviert 176 000 bis 200 000.

Reindell gibt auch die Zahlen für aerobe und anaerobe Bakterien. Im entwässerten, nicht kultivierten Hochmoor in 15 cm Tiefe

[1]) Zeitschr. f. Forst- u. Jagdw., 1899, S. 582.
[2]) Finska morkult. För. Årsbg. 1898.

140 anaerobe, 4000 aerobe; im kultivierten Hochmoor 140 000 anaerobe und 336 000 aerobe. Im rohen Flachmoor je 2000 und 4400; im kultivierten 15 000 und 61 000 Bakterien.

E. Die Gare des Bodens.

Mit Recht oder Unrecht bringt man eine eigentümliche Struktur des Bodens, die praktisch von höchster Wichtigkeit ist und den Pflanzen gutes Gedeihen sichert, mit der Tätigkeit der niederen Organismen in Zusammenhang. Als Gare bezeichnet man den Zustand ausgeprägter Krümelung und lockerer Lagerung, wie ihn gut bearbeitete und gedüngte Ackerböden zeigen. Zumal im Frühling tritt diese Beschaffenheit hervor; ein Tritt auf garen Boden läßt nicht nur den Fuß tief einsinken, sondern es „scheint sich der ganze Boden teigartig zusammenzuhalten, so daß der ganze Boden auch noch in Fußweiten und noch weiter um die Eintrittsstelle herum nachgibt und z. T. mit nachsinkt".[1])

Auch im Waldboden tritt ein Zustand der „Gare" ein, wenn der Schluß der Bestände, z. B. Buche, auf gesundem Boden allmählich gelockert wird und Sonne und Sonnenwärme den Boden erreichen kann. Bei einem gewissen Grade der Lichtstellung gewinnt dann der Boden ähnliche, wenn auch meist schwächer ausgebildete Beschaffenheit wie der gare Feldboden. Dieser Zustand der Gare ist der natürlichen Verjüngung der Waldbäume günstig und geht nach längerer oder kürzerer Zeit, meist nach einigen Jahren wieder verloren.

Die praktische Wichtigkeit der Gare hat Veranlassung gegeben, ihr große Aufmerksamkeit zuzuwenden, ohne daß bis jetzt eine befriedigende Erklärung ihrer Entstehung erfolgt wäre. Die lockere Beschaffenheit des garen Bodens hat schon früh dazu geführt, ihn mit aufgehendem Brotteig zu vergleichen und eine Gasentwicklung anzunehmen, die den Boden auftreibt (von Rosenberg-Lipinski u. a.). In neuerer Zeit hat A. Mitscherlich diese Auffassung verteidigt, während Wollny[2]) auf Grund seiner Versuche bestreitet, daß Vermehrung des Hohlraumvolumens der Böden bei der Gare stattfindet.

Die Annahme einer Gasentwicklung im Boden, die dessen Bestandteile teigartig in die Höhe treibt, erregt starke Bedenken. Bei der Verwesung findet keine nennenswerte Änderung des Luftvolumens statt. Auf 1 Volumen gebundenen Sauerstoffs wird 1 Volumen Kohlensäure ausgeschieden, und bei der Wasserbildung wird Sauerstoff kondensiert. Es bleiben also nur Wirkungen der „Gärung", bei der unter Einfluß von Enzymen organische Stoffe gespalten werden wie

[1]) Mitscherlich, Bodenkunde, S. 136.
[2]) Forsch. Agrphys. 12, S. 67.

Zucker durch Hefe. Im Boden sind aber weder derartige Zersetzungsprodukte noch die nötige Menge geeigneter organischer Stoffe nachgewiesen, und der nur wenig behinderte Luftzutritt macht es an sich nicht wahrscheinlich, daß solche Prozesse in nennenswertem Umfange statthaben. Zumeist spricht gegen diese Erklärung, daß Luft bei jedem Temperaturwechsel und jedem fallenden Luftdruck aus dem Boden austritt, ohne Gare zu erzeugen.

Hiernach ist die Auffassung Wollnys, der in der Gare zunächst die Wirkung der verschiedenen Volumenänderungen des Bodens durch physikalische Prozesse sieht, theoretisch glücklicher argumentiert.

Aber auch die Annahme biologischer Vorgänge im Boden, die die Bodengare miterzeugen helfen, ist nicht von der Hand zu weisen.

Mithin existiert eine nach jeder Richtung befriedigende Erklärung dieser Erscheinung bislang nicht.

2. Die Algen der Böden.

Die im Boden lebenden Algen sind zumal auf Sandböden starke Festiger des Bodens. Überall wo Sand frei liegt, sind Algen mit die ersten vorkommenden Pflanzen, die vielfach durch Absonderung von Schleim zur Bindung des Bodens beitragen.

An der Seeküste leben unter einer schwachen Sanddecke (1—2 cm) Diatomeen und namentlich Blaualgen in sehr großen Mengen.[1]) Auf Sanddünen verfestigen Algen und Vorkeime von Moosen, (zumal Ceratodon purpureus und Polytrichumarten) die Sandkörner.[2]) Ähnliches Verhalten kann man auch auf jedem bloßgelegten beweglichen Sandboden beobachten.[3]) Der Boden wird durch diese Algendecken nicht nur festgehalten, sondern die Algen machen ihn an vielen Stellen auch schwer durchlässig für Wasser.

Größere Fadenalgen liefern das Wiesenpapier und zahlreiche Arten entwickeln sich auf den Heiden Hollands und Norddeutschlands oft in großen Mengen. Der Boden der Heide ist im Frühling naß und der Wuchs von Fadenalgen so stark, daß sich der dichte Algenfilz in großen Stücken abziehen läßt. Van Schermbeek gibt an, daß sich die Arbeiter dieser Decken als improvisierten Regenschutzes bedienen.

Den blaugrünen Algen hat man in neuester Zeit mehr Beachtung geschenkt, zumal in ariden und tropischen Gegenden scheinen

---

1) Wesenberg-Lund, Promotheus 16, S. 577 (1905).
2) Reinke, Sitzber. preuß. Akad. d. Wiss. 1903, S. 281.
3) Graebner, Heide Norddeutschlands, S. 88 (1901).

diese Algen von Wichtigkeit zu sein.[1]) Treub[2]) fand die Aschen des Krakotau mit einer dünnen Schicht Algen als erste Vegetation bedeckt. Überhaupt scheinen Rohböden überall zuerst von einzelligen Algen besiedelt zu werden. In Symbiose mit Pilzen schützt das umhüllende Myzel die Algen ausgezeichnet gegen Austrocknung und macht sie dadurch widerstandsfähig.

In Ackerböden ist der Reichtum an Algen in den obersten Bodenschichten oft recht erheblich. Auf brache Böden wirken sie in bemerkenswerter Weise günstig und beeinflussen die Tätigkeit der Stickstoff bindenden Spaltpilze, so daß Wilfarth und Wimmer[3]) die Algen als einen Teil der „alten Kraft" der Böden bezeichnen.

3. Die Einwirkung der höheren Pflanzen auf den Boden.

Unter höheren Pflanzen sind hier alle jene Arten zusammengefaßt, die im Boden wurzeln und mit ihren vegetativen Organen über die Bodenoberfläche hinauswachsen oder dem Boden als geschlossene Decke auflagern. Auch eine Flechten- oder Moosdecke ist demnach hier zu behandeln. Die Notwendigkeit, die biologischen Verhältnisse, Pflanzengemeinschaften und ihre Rückwirkung auf den Boden in den Vordergrund zu stellen, schließt es aus, die Abgrenzung in allen Fällen der botanischen Systematik anzupassen.

A. Pflanzliche Bodendecken.

Die Pflanzen wirken auf den Boden durch Beschattung der Oberfläche, durch physikalische und chemische Veränderungen und durch ihre Beziehungen zu bodenbewohnenden Tieren und niederen Pflanzen.

Die Einwirkungen, die jeder Pflanzendecke gemeinsam sind, beruhen auf Verminderung der Wasserverdunstung von der Bodenoberfläche; Abschwächung der Extreme der Bodentemperatur; Verbrauch von Wasser für die Lebensprozesse der Pflanzen. Diese Wirkungen treten um so stärker hervor, je extremer das herrschende Klima, je dichter der Pflanzenbestand ist. Hieraus ergibt sich, daß hochwüchsige Bestände, die den Boden decken, also Wald, in der Regel den stärksten Einfluß auf den Boden ausüben werden. Diese allen lebenden Bodendecken gemeinsamen Wirkungen treten je nach Bestand und dessen Ent-

---

[1]) Fritsch, Geogr. Journ. 30, S. 531 (1907).

[2]) Ann. Jard. bot. Buitenzoog 1888, S. 213, auch E. H. L. Schwarz, Science Progress. 1909, 154.

[3]) Landw. V.-Stat. 67, S. 28.

wicklung verschieden stark hervor; daneben machen sich noch Einzelwirkungen geltend, die von besonderen Eigentümlichkeiten der Pflanzenarten abhängig sind.

1. Wirkung auf Luftbewegung.

Jede Pflanzendecke wirkt auf die Bewegung der Luft hemmend ein. Es macht sich dies bereits bei niedrig wüchsigen Pflanzen bemerkbar und tritt um so stärker hervor, je hochwüchsiger die Arten sind. Die Luftmenge, die über die Oberfläche des Bodens streicht, wird durch Pflanzenbestand vermindert und damit zugleich die Verdunstung wesentlich herabgesetzt. Im gleichen Sinne wirkt die Minderung der Bodentemperatur durch Beschattung, so daß die Oberfläche der bestandenen Böden geringeren Schwankungen im Wassergehalt ausgesetzt ist als nackter Boden. Hierdurch wird die Entwicklung der Bakterien gefördert und der niederen Bodenfauna günstigere Lebensbedingungen verschafft. Nackte Böden schwanken im Wassergehalt zwischen Trocknis und Nässe. Nach Niederschlägen, überreich an Wasser, trocknet die Oberfläche der ohne Schutz Sonne und Wind ausgesetzten Böden oft stark aus. Diese den niederen Organismen nicht diensame Ungleichmäßigkeit der Lebensbedingungen ist eine der Hauptgründe für die ungünstigen Veränderungen im streuberechten Waldboden. Erfahrungsmäßig ertragen Fadenpilze diese Schwankungen leichter als Bakterien. Sich selbst überlassen siedelt sich auf solchen Böden eine Flora mit xerophilem Habitus an, die zu weiteren ungünstigen Veränderungen des Bodens führt.

Aus der leicht feststellbaren Tatsache, daß die Oberschicht bedeckter Böden feuchter ist als die offener, hat man lange Zeit gefolgert, daß von Pflanzen bestandener Boden überhaupt wasserreicher sei als nackter. Erst Wollny[1]) zeigte, daß dies nur für die obersten Bodenlagen zutreffend ist.

Die windbrechende Wirkung der Pflanzenbestände tritt im Walde am kräftigsten hervor. Es bedarf schon einer starken Luftströmung, um im geschlossenen Hochwalde noch empfunden zu werden. Die Abschwächung des Windes reicht an der Leeseite über die Grenze des Bestandes hinaus. King[2]) fand für die Verdunstung im Windschatten eines Gehölzes in einer Entfernung von

6 m	12 m	18 m	75 m	81 m	87 m
= 12,5	= 11,6	= 11,9	= 14,5	= 14,2	= 14,7
35,0			43,4		

1) Forsch. d. Agrikphys. 10, S. 278.
2) Wisconsin. agr. St. Bull. 42 (1894)

so daß anzunehmen ist, daß merkbare Beeinflussung nicht über 100 m vom Waldrande reicht.

2. Bodentemperatur.

Die Einwirkung einer Pflanzendecke auf die Bodentemperaturen ist erheblich und tritt zumal im Walde hervor, der mehrere Schutzetagen gegen Ein- und Ausstrahlung von Wärme besitzt: Streudecken, niedere Pflanzen, Sträucher und endlich die Baumkronen.

Bestockter Boden ist also der Einwirkung der unmittelbaren Sonnenbestrahlung mehr oder weniger entzogen, weshalb die Oberflächen nicht annähernd jene hohen Temperaturgrade erreichen, wie sie auf nackten Böden häufig sind; so wird mittelbar auch die Leitung der Wärme nach tieferen Bodenschichten verringert. Umgekehrt setzt aber eine Pflanzendecke die Wärmeausstrahlung etwas herab, so daß sich als Gesamtwirkung äußert: eine starke Abschwächung der Maximaltemperaturen, eine Erniedrigung der Durchschnittstemperatur und eine mäßige Erhöhung der Minimaltemperaturen.

Die einzelnen hierbei wirkenden Faktoren lassen sich noch nicht genügend trennen; wird die Wärmestrahlung auch nur annähernd so stark durch eine Bodendecke geschwächt wie die Belichtung, so empfängt eine pflanzenbedeckte Fläche nur einen mäßigen Bruchteil der Gesamtstrahlung. Es steht hiermit im Einklange, daß der Wärmeumsatz in Waldböden sehr viel kleiner ist als in Freilandböden. Wenig abweichende Mitteltemperaturen auch tieferer Bodenschichten, können ebensowohl durch verminderte Ausstrahlung, wie durch starken Wärmeumsatz veranlaßt sein.

Über die Temperaturen unter niederen Pflanzendecken geben namentlich die Arbeiten von Wollny Auskunft, der zahlreiche Beobachtungen durchführte. Das folgende Beispiel bezieht sich auf einen Quarz-Sandboden,[1]) dessen Temperatur an einem hellen Julitage gemessen wurde.

Zeit	Luft-temperatur	Boden in 10 cm Tiefe I brach	II grasbedeckt	Differenz II gegen I
12 Uhr nachts . .	10,6⁰	16,2⁰	17,2⁰	+ 1,0⁰
2 „	10,0⁰	14,4⁰	16,4⁰	+ 2,0⁰
4 „	8,5⁰	13,6⁰	16,2⁰	+ 2,6⁰
6 „	15,6⁰	12,8⁰	15,6⁰	+ 2,8⁰
8 „	19,4⁰	14,8⁰	15,6⁰	+ 0,8⁰
10 „	22,8⁰	19,4⁰	16,2⁰	— 3,2⁰

[1]) Forsch. d. Agrikphys. 6, S. 202.

Zeit	Luft-temperatur	Boden in 10 cm Tiefe I brach	Boden in 10 cm Tiefe II grasbedeckt	Differenz II gegen I
12 „ mittags . . .	25,4°	24,0°	17,5°	— 6,5°
2 „	26,8°	27,4°	19,0°	— 8,4°
4 „	27,8°	28,6°	19,9°	— 8,7°
6 „	24,8°	26,9°	20,0°	— 6,9°
8 „	20,0°	24,2°	19,8°	— 4,4°
10 „	15,4°	21,0°	19,2°	— 1,8°
Mittel	18,92°	**20,27°**	**17,72°**	
Schwankung	19,3°	**15,8°**	**4,4°**	

3. Waldboden.

Besonders stark treten die Unterschiede zwischen Wald- und Freilandböden hervor. Die forstlichen meteorologischen Stationen vergleichen in der Regel Waldböden mit mehr oder weniger graswüchsigen Böden, so daß die wirklich vorhandenen Differenzen wahrscheinlich noch größer sind als die beobachteten.

Die Unterschiede treten am schärfsten hervor, wenn man die Extreme der Witterung vergleicht. Nach Schubert ist in Deutschland der Boden des freien Feldes wärmer (+) oder kühler (—) als der Waldboden im Tagesmittel:

	Wärmster Tag						Kältester Tag					
cm Tiefe .	1	15	30	60	90	120	1	15	30	60	90	120
Kiefer . .	5,5	3,4	2,4	2,9	2,9	2,6	—1,3	—1,3	—0,9	—0,8	—0,6	—0,4
Fichte . .	4,0	3,3	2,8	2,8	2,8	2,8	—0,4	—0,9	—0,4	—0,2	—0,1	0,0
Buche . .	5,8	3,0	3.2	3,1	2,8	2,6	—1,3	—0,5	—0,5	—0,3	—0,2	—0,1

Die Angaben für die Temperatur der obersten Schichten sind durch methodische Fehler beinflußt, (sie sind merklich zu hoch); dagegen lassen die Beobachtungen der Schichten von 60—120 cm Tiefe, die die Abweichungen zwar abgeschwächt, aber doch richtig zeigen, einen Vergleich zu; es ergibt sich dann, daß der Waldboden unter Kiefern im Jahresdurchschnitt um 0,8°, unter Buchen um 1°, unter Fichten um 1,3° kälter ist als Freilandboden (alles auf Meereshöhe reduziert).

Diese Zahlen lassen sich so verwerten, daß man sie mit der durchschnittlichen Temperaturabnahme des Bodens nach Norden und Westen in Vergleich stellt (Seite 397). Es ergibt sich daraus, daß die Bewaldung eines freien Feldes auf den Boden ebenso wirkt, als ob die Bodenfläche erheblich nach Norden, etwas nach Westen verschoben sei.

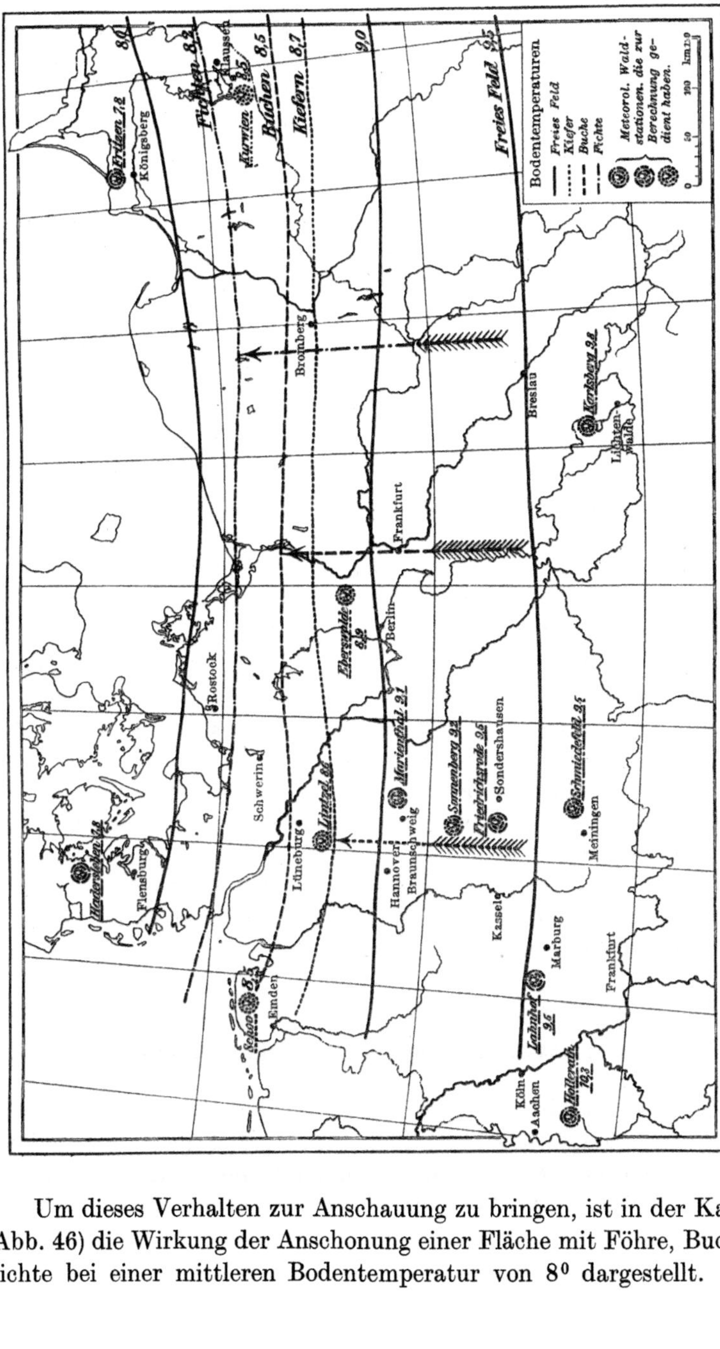

Abb. 46.

Um dieses Verhalten zur Anschauung zu bringen, ist in der Karte (Abb. 46) die Wirkung der Anschonung einer Fläche mit Föhre, Buche, Fichte bei einer mittleren Bodentemperatur von 8⁰ dargestellt. Es zeigt sich, daß die Bedeckung mit Wald die Bodentemperatur in gleicher Weise verändert, als ob die Flächen in einer Linie, die etwa dem Breitengrade von Breslau-Dresden-Köln entspricht, annähernd bis zur Seeküste verschoben wären.[1]) Die eingezeichneten Pfeile weisen auf die Wirkung eines Föhren-, Buchen-, Fichtenbestandes hin. Berücksichtigt man, daß die Darstellung Jahresmittel gibt, während für die Bodenverhältnisse namentlich die Vegetationszeit ins Gewicht fällt, so ist der Einfluß, der auf den Boden geübt wird, tatsächlich noch viel bedeutender.

Aus diesem Verhalten erklärt sich die gewaltige Einwirkung, die der Pflanzenbestand auf den Boden und die den Boden verändernden Vorgänge hat; es wird verständlich, daß jeder Pflanzenformation auch ein bestimmter Boden entspricht, und endlich, daß die klimatischen Einwirkungen so stark beeinflußt werden, daß zwei benachbarte Flächen, je nach den herrschenden Pflanzen ganz verschiedenen Bodentypen angehören können.

Die Einwirkung des Waldes auf den Boden faßt Schubert in folgenden zwei Sätzen zusammen:

1. Im Sommerhalbjahr und darüber hinaus ist der Waldboden kühler als der Freilandboden. Der Betrag der Abkühlung steigt in Tiefen von 60—120 cm im Monatsmittel bei Kiefern auf 2,7°, bei Fichten auf 3,0°, bei Buchen auf 3,2°.

2. In den Wintermonaten ist der Waldboden ein wenig wärmer als der Freilandboden, doch ist der Unterschied merklich geringer als die sommerliche, so daß letztere im Jahresdurchschnitt den Ausschlag gibt.

Es entspricht den höheren Temperaturen der Waldböden zur Winterszeit, daß die Tiefe, in die der Frost eindringt, geringer ist als auf dem freien Lande. Von den drei wichtigsten Waldbäumen ermäßigt die Kiefer die Frosttiefe am stärksten, im Durchschnitt um 13 cm, die Fichte am wenigsten, um 2 cm, der Buchenwald um 9 cm.

4. Wasserführung bestandener Böden.

Die Wasserführung bestandener Böden wird außer durch klimatische Verhältnisse beeinflußt durch die Regen- und (für den Wald) Schneemengen, die von Blattorganen und Zweigen festgehalten werden, mithin durch Verdunstung verloren gehen, ohne zum Boden

---

[1]) Die Karte ist auf meine Bitte von Prof. J. Schubert entworfen worden.

zu gelangen; ferner durch Verminderung der Verdunstung von der Oberfläche, verglichen mit brachen Böden, und endlich von dem Wasserverbrauch der Pflanzen für physiologische Zwecke.

Der Einfluß der lebenden Bodendecke auf die Wasserzufuhr, d. h. die Wassermenge, die von den atmosphärischen Niederschlägen die oberste Bodenschicht erreicht, ist recht bedeutend. Zunächst macht sich die Art der Niederschläge geltend. Sehr schwache Regen werden von der Vegetation unmittelbar festgehalten; dagegen gelangt um so mehr Wasser auf die Oberfläche des Bodens, je reichlicher und dauernder die Niederschläge sind und in je größeren Tropfen sie fallen.

Für die Verhältnisse des Ackers, also die Einwirkung der Feldfrüchte, liegen Beobachtungen von Wollny[1]) vor. Man kann annehmen, daß von den Niederschlägen einer Vegetationszeit etwa ein Viertel bis ein Drittel an den Pflanzen hängen bleibt und verdunstet, ohne den Boden zu erreichen.

Für die einzelnen Arten gibt Wollny folgende Zahlen. Von den Niederschlägen flossen zum Boden ab, unter

Mais	Sojabohnen	Hafer	Wicken	Bohnen	Lupinen
57 %	66 %	78 %	78 %	75 %	58 %

Zahlreicher sind die Untersuchungen über den Einfluß der Waldbäume bezüglich der zum Boden gelangenden Niederschläge (Ebermayer, Wollny, Bühler, Hoppe u. a.). Im Walde fließt ein nicht unerheblicher Teil des Regens an den Stämmen herab oder tropft von den Ästen („Traufe“), so daß hierdurch die Bestimmungen ungenau werden.

Im Durchschnitt des Jahres kann man mit Ney[2]) annehmen, daß von den Niederschlägen in den Ästen verdunsten:

Buche	15 %
Kiefer	20 %
Fichte	33⅓ %

Von diesen Durchschnittszahlen weichen die Einzelbestände je nach Bestandsalter stark ab. Z. B. läßt Buchenjungwuchs fast die ganze Menge der Niederschläge zum Boden gelangen. Unter 50jährigen Buchen gelangte die ganze Schneemenge zum Boden; vom Regen verdunsteten jedoch 27—30%.

Wesentlich stärker als Buche wirkt Fichtenbestand ein. Nach Hoppe[3]) wurden bis 43% des Schnees zurückgehalten, eine Zahl, die zwar durch unvermeidliche Fehler ungenau ist, aber doch den

[1]) Forschungen 13, S. 331.
[2]) Forstwiss. Zentralbl. 1901, S. 448.
[3]) Zentralbl. ges. Forstwesen 1902, S. 97.

bedeutenden Einfluß erkennen läßt. Nach Bühler[1]) wurden von Fichten 40—45% der Niederschläge festgehalten.

Diese Zahlen zeigen, daß der Boden des Waldes im Durchschnitt weniger Niederschläge empfängt als die landwirtschaftlich genutzte Fläche, zumal sich der Einfluß im Walde während des ganzen Jahres geltend macht, auf den Äckern und Wiesen dagegen nur in der Vegetationszeit wirksam ist.

a) Die Wasserführung der von Pflanzen bedeckten Böden

wird namentlich durch den Wasserverbrauch der Pflanzen beeinflußt. Es sind ganz gewaltige Mengen, die durch die Vegetation dem Boden entnommen und verdunstet werden. Der absolute Wasserverlust ist von den klimatischen Verhältnissen, Bestockungsgrad und Entwicklung des Pflanzenbestandes und von dem recht ungleichen Wasserbedürfnis der einzelnen Arten abhängig.

Zunächst ist der Wasserverbrauch von der Vegetationsdauer der Pflanzenarten abhängig. Als Regel kann gelten, daß Pflanzendecken mit langer Vegetationszeit, wie Wiesen, Wald, einzelne Kulturpflanzen, den Boden mehr an Wasser erschöpfen als kurzlebende Arten.

Bezüglich des Wasserbedarfs der Pflanzen sind wir bisher nur über die Anforderungen der landwirtschaftlich gebauten Gewächse einigermaßen unterrichtet. Man berechnet den Bedarf am richtigsten auf einen Teil gebildeter Trockensubstanz. Als Mittel kann man annehmen, daß dreihundert Teile Wasser zur Produktion von einem Teil Trockensubstanz verbraucht werden.[2])

Da die Wasseraufnahme durch die Wurzeln erfolgt, gilt der Satz: Alle von lebenden Wurzeln durchzogenen Bodenschichten sind ärmer an Wasser als nicht durchwachsene. In der Regel verteilen sich die Wurzeln zumeist in einem bestimmten Horizonte des Bodens. Die oberste Bodenschicht ist verhältnismäßig arm an Wurzeln und dadurch wasserreicher als die tieferen Partien.

b) Die Wasserführung der Waldböden

ist in den letzten Jahrzehnten vielfach untersucht worden. Die ersten umfangreichen Untersuchungen gingen vom Verfasser aus, denen Arbeiten von Baumann und Ebermayer sehr bald folgten; ferner beteiligten sich Hoppe, Bühler, Fricke, sodann verschiedene russische Forscher (Ismailski, Morosow, Ototzki,

[1]) Mitt. Schweizer Forst-Versuch. 2, S. 142 (1892).

[2]) Diese Fragen werden in der demnächst erscheinenden „angewandten Bodenkunde" behandelt.

Wysotzki, Blisnin u. a.), so daß genug Beobachtungen vorliegen, um ein Bild von den obwaltenden Verhältnissen zu erlangen. Übereinstimmend zeigen die Arbeiten, daß die oberste Bodenschicht in allen besseren Waldböden verhältnismäßig feucht ist, sowie daß die stark von Wurzeln durchzogenen mittleren Bodenschichten den geringsten Wassergehalt haben.

Der Einfluß des Waldes läßt sich dahin zusammenfassen, daß der Oberboden durch verminderte Verdunstung im Walde feuchter als Freilandboden ist, daß dagegen die tieferen Bodenschichten infolge des großen Wasserbedarfs der Waldbäume für physiologische Vorgänge stark ausgetrocknet werden und daher in der Regel nur mäßige Mengen von Sickerwasser liefern.

Der Wasserbedarf der Bäume ist für die Arten sehr verschieden und wechselt für dieselbe Art nach Klima, Alter und Wuchs der Bäume, wahrscheinlich auch nach der Menge des zugänglichen Wassers in weiten Grenzen.

Die Bestimmung des Wassergehaltes der Waldböden geschieht in der Regel durch Entnahme von Bodenproben mit Erdbohrern. Die Bohrstöcke geben weniger zuverlässige Daten als die Tellerbohrer, mit denen man, wenn man die Erde zwischen den Gewinden, d. h. unter dem oberen großen Teller und den tieferen kleineren nimmt, tadellose Proben gewinnen kann.

Den mittleren Wassergehalt der obersten Bodenschicht festzustellen ist fast unausführbar, da zahlreiche örtliche Einflüsse sehr wechselnde Verhältnisse schaffen. Jedoch zeigen die vorliegenden Untersuchungen unzweifelhaft, daß im Bestande die oberste Bodenschicht wasserreich ist. Aus diesem Verhalten erklärt sich, wie schon früher dargelegt, der große Einfluß auf das Tier- und Pflanzenleben. Namentlich die erdlebenden Wurmarten, vor allem die Regenwürmer, sind gegen Austrocknung sehr empfindlich; die feuchte lockere Oberschicht des Waldes gibt ihnen günstige Lebensbedingungen.

Die tieferen Bodenschichten sind verhältnismäßig trocken. So gibt Ebermayer für Lehmböden des Forstamts Bruck folgende Jahresmittel in Prozenten der feuchten Böden:

	25j. Fichten	60j. Fichten	120j. Fichten	Kahles Feld
15—20 cm	19,2	19,1	19,3	20,6
30—35 „	19,1	16,1	18,3	20,5
45—50 „	18,4	16,3	20,2	20,2
75—80 „	18,0	17,9	21,1	20,5

In den verschiedenen Jahreszeiten ergaben

	Winter		Frühling		Sommer		Herbst	
	25j. Ficht.	Brachfeld	25j. Ficht.	Brachfeld	25j. Ficht.	Brachfeld	25j. Ficht.	Brachfeld
15—20 cm	20,5	21,4	21,1	21,6	16,0	19,1	19,2	20,9
30—35 ,,	20,9	22,1	20,5	20,8	16,4	19,1	18,7	20,2
45—50 ,,	19,9	20,5	19,0	20,4	16,5	19,9	18,2	19,8
75—80 ,,	18,6	20,3	18,4	20,8	17,2	19,8	17,7	21,2
Mittel	20,0	21,1	19,7	20,8	16,5	19,5	18,5	20,5

Es sind dies die Verhältnisse eines Gebietes, das eine ausgesprochene sömmerliche Regenperiode und hohe Niederschläge hat. Auch hier überwiegt der Wasserverbrauch die Zufuhr.

Im gleichen Sinne bewegen sich alle bisherigen Bestimmungen, sind aber um so schärfer ausgeprägt, je extremer die klimatischen Verhältnisse und je geringer die Niederschläge sind.

Im norddeutschen Flachlande ergeben Sandböden im Sommer oft erstaunlich niedere Zahlen (bis 1 % und weniger); die Lehmböden trocknen fast bis auf die hygroskopische Feuchtigkeit aus und sind oft bis 1 m tief steinhart.

Im allgemeinen gestalten sich die Verhältnisse dort verschieden nach den Bodenarten. Die Sandböden trocknen zeitweise stark aus, sättigen sich aber bei reichlicheren Niederschlägen wieder bis zur Wasserkapazität. Die Lehmböden nehmen im allgemeinen vom Frühling bis zum Herbst im Wassergehalte ab und erreichen das Minimum des Wassergehaltes im September oder Anfang Oktober; die Niederschläge reichen wohl niemals aus, so viel Feuchtigkeit zuzuführen, um die Bodenschichten zu sättigen.

Verfolgt man die einzelnen Beobachtungen, so sind die Böden im Frühlinge mit Wasser gesättigt, dem Blattaustrieb folgt rasches Sinken der Feuchtigkeit und allmähliche Austrocknung der Böden; vom Herbst an steigert sich der Wassergehalt infolge verminderter Verdunstung und errreicht in der Regel bereits im Dezember, sicher im Januar, seine normale Höhe.

Sickerwasser und Grundwasser. Die Menge der Sickerwässer ist im Walde erheblich geringer als im brachen Felde. Im allgemeinen geben während der Vegetationszeit nur Sandböden nach reichlichen Niederschlägen Wasser an den Untergrund ab; für weitaus die meisten Böden reicht die Zufuhr nicht aus, den Feuchtigkeitsgehalt der Waldböden auch nur auf der Höhe der kleinsten Wasserkapazität zu erhalten. Als Regel kann gelten, daß der Wald, mit Ausnahme von jungen Kulturen, erheblich mehr Wasser für physiologische Zwecke verbraucht als andere Bodendecken. Ein mit Bäumen bestandener Boden liefert daher in der Regel weniger Sickerwasser als bracher oder landwirtschaftlich genutzter Boden.

Von dieser Regel machen jedoch jene Böden eine Ausnahme, die stark geneigt sind und ohne Walddecke einen großen Teil der Niederschläge an der Oberfläche abfließen lassen, so daß sie überhaupt nicht in den Boden eindringen. Hier wirkt der Wald durch seine lockere Bodendecke als Hindernis für die Abfuhr des Wassers. Dies tritt namentlich bei langdauernden Niederschlägen ein.

Es ist daher mit der Theorie durchaus in Übereinstimmung, wenn auf Bewaldung kahler Flächen ebensowohl ein Versiegen wie Neuauftreten von Quellen folgen kann. Das erstere wird dort statthaben, wo der Wald das normal aufgenommene Wasser verbraucht und den Boden erschöpft, das letztere, wo er wirksam ist, sonst unnutzbar, oberflächlich abfließendes Wasser dem Boden zu erhalten.

Der Einfluß des Waldes auf den Grundwasserstand ergibt sich aus den bisherigen Ausführungen; er vermindert die Menge des Sickerwassers.

Im Walde verdunstet ein erheblicher Teil der Niederschläge, ohne den Boden zu erreichen; der Wasserbedarf für Zwecke des Pflanzenlebens ist größer als der der meisten anderen Bodendecken; die Bilanz des Grundwassers muß daher zuungunsten des Waldes ausfallen.

Ototzki zeigte dies an Steppenwaldungen; die Grundwasserstände waren überall geringer als in der freien Steppe. Die Verhältnisse bringt am besten ein Profil des Grundwasserstandes im Schipow-Walde zur Darstellung.

Ototzkis Veröffentlichungen erregten Aufsehen, da sie mit den herrschenden Meinungen über den Einfluß des Waldes in Widerspruch standen. Sie sind jedoch nicht auffälliger als die Erfahrung, daß der Spiegel des Grundwassers der Ausformung des Geländes folgt. Die Beobachtung, daß unter Schonungen oder in Waldlichtungen das Grundwasser höher steht als im benachbarten Altbestand, beweist, daß die Unterschiede von örtlichen Verhältnissen abhängig sind und sich durch die Menge der Sickerwasser hinreichend erklären; zumal in jenen Steppenböden die Bewegung des Grundwassers äußerst gering ist.

Weitere Forschungen in Frankreich, Indien, und in den nördlichen Gebieten (Gouvernement St. Petersburg) zeigten dasselbe Verhalten, wenn auch nicht immer so ausgesprochen.

Die Arbeiten von Ebermayer[1]) ließen auf Waldböden mit geröllreichem Untergrund und fließendem Grundwasser keinen Einfluß

---

[1]) Ebermayer u. Hartmann. Abh. bayr. hydrotechn. Bureaus. 1904.

des Waldes erkennen. Es erklärt sich dies aus den grobkörnigen Böden, auf denen die Versuche angestellt wurden. In den meisten Fällen ist die Bewegung des Grundwassers so langsam, daß es in seinem Stande unmittelbar abhängig von der Ausformung der Oberfläche des Bodens ist. Unter solchen Verhältnissen wirkt der Wald wohl überall vermindernd auf den Stand des Grundwassers ein, am stärksten in Gegenden mit geringem Niederschlag. In den Steppen kommt wohl vorwiegend der hohe Wasserverbrauch des Waldes in Frage. Die Wurzeln dringen oft 6—7 und mehr Meter tief in den Boden. Es ist daher nicht auffällig, daß der Spiegel des Grundwassers

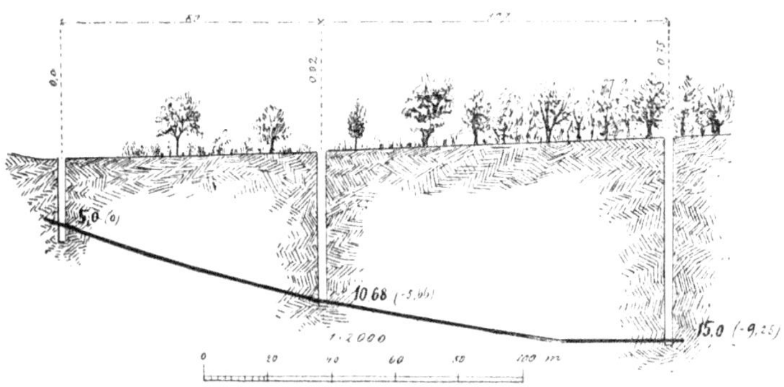

Abb. 47. Grundwasserstand im Schipow-Wald (Grenze von Wald und Steppe). (Nach Ototzki.)

viel tiefer liegt als in der freien Steppe. Anders gestalten sich die Verhältnisse in durchlässigem Boden und raschfließendem Grundwasser. Hier wird jeder Verbrauch durch den Zufluß ausgeglichen.

Es mag jedoch noch darauf hingewiesen werden, daß unter Wald nicht selten Versumpfungen eintreten und sich wasserreiche Humusschichten und Torfmoose ansiedeln; es ist anzunehmen, daß auch damit Steigerung des Grundwasserstandes verbunden ist. Einzelne abweichende Beobachtungen (Ototzki) können hiergegen nicht herangezogen werden, denn mit eintretender Versumpfung erlischt auch das Eindringen der Baumwurzeln (wenn man von Erle, Weide u. dgl. absieht) und damit die Einwirkung auf den Grundwasserstand.

Der Einfluß des Waldes auf die Durchlüftung des Bodens und die Zusammensetzung der Bodenluft ist von der herrschenden Baumart abhängig. Alle Tiefwurzler, namentlich die Buche, steigern die Durchlüftung, die Flachwurzler (Fichte) setzen sie herab. Hiermit steht die Änderung der Bodenbeschaffenheit unter diesen Baumarten im engen Zusammenhange.

Als Maßstab der Durchlüftung kann unter sonst gleichen Verhältnissen der Gehalt der Bodenluft an Kohlensäure dienen. Die Bestimmungen von Ebermayer[1]) zeigen den gewaltigen Gegensatz zwischen Buche und Fichte, sowie daß die Menge der Kohlensäure im höheren Bestandsalter bei der Fichte stark zunimmt.

In Beständen (Forstrevier Bruck in Oberbayern) enthielt die Bodenluft von Juli bis November an Kohlensäure (in 70 cm Tiefe):

25jähriges Fichtenholz	6,73 ‰ CO_2
60 „ „	12,86 ‰ „
120 „ „	10,27 ‰ „
Vegetationsloser Boden[2]) . . .	7,26 ‰ „

Ebermayer erwähnt, daß die starke Beschattung im Jungholz und die dadurch verminderte Erwärmung und Wasserführung das Zurückbleiben der Kohlensäurebildung veranlaßt, Bedingungen, die bei den älteren Hölzern zurücktreten.

Im Boden unter Buchenbeständen war die Luft immer beträchtlich ärmer an Kohlensäure als unter Fichten oder selbst im brachen Boden.

Im Forstrevier Kasten bei Planegg enthielt in 70 cm Tiefe die Bodenluft vom Juni bis Oktober unter:

Buchen (60jährig)	7,15 Vol. ‰ CO_2
Fichten (60jährig)	17,15 Vol. ‰ „

Im Universitätsgarten in München in gemauerten Versuchsgefäßen enthielt die Bodenluft im Frühjahr und Sommer:

	in 15 cm Tiefe	in 70 cm Tiefe
unter Fichten (8jährig)	1,33 Vol. ‰	10,03 Vol. ‰ CO_2
unter Buchen (8jährig)	0,67 Vol. ‰	1,25 Vol. ‰ „
im brachen Boden . .	1,43 Vol. ‰	8,96 Vol. ‰ „

Es zeigt sich also, daß die Böden des Buchenbestandes durchweg erheblich ärmer an Kohlensäure sind als die unter Fichten. Ebermayer führt dies mit Recht auf die bessere Durchlüftung des Erdreichs durch die zahlreichen und tiefgehenden Buchenwurzeln zurück. Wahrscheinlich ist die „bodenverbessernde“ Wirkung der Buche überwiegend auf die starke Durchlüftung des Bodens zurückzuführen. Da einem hohen Kohlensäuregehalt in humusreicheren Böden eine starke Abnahme des Sauerstoffs in der Bodenluft entspricht, so kann man in der gesteigerten Kohlensäuremenge ein Zeichen mangelnder Durchlüftung und des Bodenrückganges sehen.

---

1) Allgem. Forst- u. Jagdztg. 1890, S. 161.

2) Als „humusfrei“ bezeichnet, ohne humose aufliegende Schicht und ohne Streudecke.

c) Einfluß eines Pflanzenbestandes auf die Bodenstruktur.

Der Einfluß von Pflanzenbeständen auf die Struktur der Böden wird in ganz verschiedener Richtung wirksam.

Zunächst ist es der Schutz vor den mechanischen Folgen niederfallenden Regens, der bedeutsam ist, dann die Wirkung der Wurzeln auf Wassergehalt und Krümelbildung, und schließlich kommen chemische Umsetzungen, sowie die Einflüsse verrottender Wurzeln in Betracht.

Der Schutz vor den verschlämmenden Wirkungen des fallenden Regens äußert sich in Erhaltung der Krümelung des Bodens bei vorhandenem geschlossenen Pflanzenbestande. Die Erfahrung der Landwirtschaft, daß bestandene Felder lockerer bleiben, ist alt, wie auch umgekehrt die Beobachtung der dichten Lagerung streuberechter Waldböden. Man betrachtete die Pflanzen als Verursacher der Krümelung und spricht noch jetzt von einer „Beschattungsgare", die jedoch wenig tief gehe und nicht lange ausdauere.

Wollny verfolgte diese Einwirkungen experimentell. Er untersuchte gelockerte Bodenarten, die mit Getreide und anderen Feldfrüchten bestanden waren und verglich sie mit Böden, die mit einer Schicht von $2^1/_2$ cm Pferdedung bedeckt oder frei den Einwirkungen der Atmosphärilien ausgesetzt waren. Es ergab sich übereinstimmend eine Abnahme des ursprünglichen Volumens. Auf bedecktem oder mit Pflanzen bestandenem Boden war aber die Abnahme erheblich geringer als auf freiliegendem. Wollny[1]) kommt daher zu dem Schlusse, daß in bearbeiteten Ackerböden der Lockerheitszustand durch Vegetation oder Bedecken mit leblosen Gegenständen nicht erhöht, sondern nur in höherem Grade erhalten bleibt als auf brachliegendem Felde.

Die Wirkung der Bedeckung ist um so stärker, je dichter die Pflanzen stehen, je rascher sie sich entwickeln, und je langlebiger sie sind. Von den Feldfrüchten üben die Getreidearten einen mäßigen, Futterkräuter sowie Erbsen, Wicken, Lupinen u. dgl. bedeutenden Einfluß aus. Am wenigsten wirksam sind Knollen- und Wurzelgewächse (Hackfrüchte), die im landwirtschaftlichen Betriebe Behackung erfordern; d. h. mechanische Arbeit muß den ungünstigen Einfluß der Verdichtung der Oberfläche des Bodens beseitigen, wenn die Pflanzen gedeihen sollen.

Im Walde treten die Wirkungen des fallenden Regens überall hervor, wo der Boden ihm unmittelbar ausgesetzt ist. Verstärkt wird dieser Einfluß dadurch, daß sich der größte Teil des Regens zu-

---

[1]) Forschungen 12, S. 86.

nächst auf den Nadeln und Blättern sammelt und dann in großen Tropfen auf den Boden auffällt. Entfernt man regelmäßig die Streudecke, so wird der Boden innerhalb weniger Jahre tennenartig fest; diese Veränderung ist die nächste und auffälligste Wirkung übertriebener Streunutzung.

Aber auch im geschlossenen Walde fehlt Bodenverdichtung durch fallenden Regen nicht immer. In geschlossenen Altbeständen von Buchen z. B. findet man abwechselnd stets härtere und mehr lockere Stellen des Bodens. Schon beim Gehen machen sie sich dem Fuße bemerkbar, noch mehr, wenn man einen Stock benützt. Diese verdichteten Stellen entsprechen stets Orten, die von der „Traufe" der Buchenäste und Blätter getroffen werden.

Krümelbildung unter dem Einfluß der Pflanzenwurzeln tritt im von Menschen unberührten Boden reichlich hervor. Ebermayer vertritt die Ansicht und vielfach sicher mit Recht, daß die Durchwurzelung die wichtigste Quelle der Krümelung im Waldboden sei.

Die Wirkung der größeren Baumwurzeln wird nur bei starkem Wind und Stürmen merkbar; kann aber dann erheblichen Einfluß üben. Die Wurzeln durchziehen den Boden nach allen Richtungen, werden bei Wind durch die Hebelkraft der hohen Stämme mehr oder weniger mechanisch beansprucht und üben dadurch einen lockernden Einfluß auf den Boden aus; so beschreibt ein ungenannter Verfasser die Wirkung eines starken Sturmes in einem Fichtenaltbestand[1]: „Ganz eigentümlich war aber die hierbei stattfindende Aufwölbung bzw. Verschiebung des moosbedeckten Bodens. Dieser bewegte sich, soweit das Auge reichte, wellenartig und mitunter fußhoch, welche Erscheinung durch Anspannen und Aufheben der weit ausgreifenden Wurzeln — auch wohl mit einem Teil der Erde — beim Niederbeugen des Stammes auf die entgegengesetzte Seite verursacht wurde."

Viel bedeutsamer ist die krümelnde Einwirkung der feineren, den Boden durchziehenden Wurzeln, die bereits durch Eindringen und Durchwachsen des Bodens dessen Zusammenhang stören. Untersucht man den Boden unter Gräsern mit starkem Wurzelgewebe, so findet man ihn stets mehr oder weniger deutlich gekrümelt. Noch mehr steigert sich dies durch die Wasser aufnehmenden Wurzeln. Die Verteilung des Wassers wird ungleichmäßig; wasserarme und wasserreiche Stellen finden sich nebeneinander und damit, zumal in Böden, die an Humus und feinerdigen Teilen reich sind, treten Volumänderungen auf, die zur Sonderung und Krümelung des Bodens führen.

---

[1]) Allg. Forst- u. Jagdztg. 1890, S. 159.

Trockentorf geht unter Aira flexuosa bald in gekrümelten Humus über, und alle Humus zerstörenden Gräser wirken in ähnlicher Weise. Die Struktur der Wiesenböden kennzeichnet sich wenigstens teilweise als Folge der Durchwurzelung und der Volumänderungen, die durch ungleichmäßigen Wassergehalt des Bodens zur Bildung von Spalten führen.

d) Einfluß der Pflanzen auf chemische Umsetzungen.

Unter den Einflüssen der Pflanzen auf den Boden sind oft von wesentlicher Bedeutung die chemischen Umsetzungen, die bei der Mineralstoffaufnahme eintreten. Hierüber ist noch wenig bekannt, aber die sparsamen Erfahrungen der Landwirtschaft lassen vermuten, daß die Unterschiede im Verhalten der einzelnen Pflanzenarten sehr groß sind.

Schon die Fähigkeit, Natronsalze aufzunehmen oder sie im Boden zurückzulassen, bedingt erhebliche Unterschiede. So lassen z. B. die natronliebenden Rüben den Boden gut gekrümelt zurück, während die Kartoffel, die sehr wenig Natrium aufnimmt, die Böden, namentlich nach Mineraldüngung physikalisch ungünstig verändert. Von der chemischen Wirkung der wildwachsenden Vegetation ist noch nichts bekannt. Die gärtnerischen Erfahrungen lehren aber, daß einzelständige Arten starke Veränderungen im Boden herbeiführen, die die Nachzucht derselben Art erschweren. Die Fruchtfolgen des landwirtschaftlichen Betriebes finden zumeist ihre Erklärung durch den Zustand, in dem die einzelnen Feldfrüchte den Boden zurücklassen.

In neuster Zeit sind in Nordamerika umfangreiche Untersuchungen über die Bildung und Ablagerung schädlicher Stoffe im Boden ausgeführt worden. Hiernach handelt es sich um organische Verbindungen sehr verschiedener Art mit Giftwirkungen für bestimmte Pflanzenarten. Es ist gelungen, kristallinische Körper aus mit Weizen und Erbsen bestandenen Böden zu isolieren, die schädigend auf die Pflanzen einwirken, denen sie entstammen. So war der Giftstoff der Erbse schädlich für Erbsenpflanzen, aber von geringer Einwirkung auf Weizen. Folgte der Erbsenkultur Weizen, so waren die schädlichen Stoffe zerstört, und Erbsen konnten wiederum gedeihen. Oxydation durch Sauerstoff der Luft, Bakterien und der Einwirkung von Düngern wird diese Änderung zugeschrieben.

Der Fundamentalversuch, auf den sich diese Auffassungen stützen, ist folgender. Weizen wurde in paraffinierten Drahtkörben gezogen, nach zwei oder drei Wochen wurden die Pflanzen abgeschnitten und neuer Samen gelegt. Der Ertrag blieb um die Hälfte zurück. Wasserauszüge aus dem ursprünglichen und dem mit

Weizen bewachsenen Boden zeigten ungleiches Verhalten gegen Weizenkeimlinge, die im ursprünglichen Bodenauszug gut, im andern schlecht wuchsen. Schüttelte man diesen mit Kohle zur Absorption organischer Stoffe, so war der Wuchs in beiden Flüssigkeiten gleichmäßig. Unterschiede im Mineralstoffgehalt zeigten die Auszüge nicht.

Erst die fortschreitende Forschung kann über diese Fragen sichere Auskunft geben, jedenfalls hat man ihnen erhöhte Aufmerksamkeit zuzuwenden.

Unter den Waldbäumen stehen die Einflüsse auf den Boden, soweit bisher bekannt, in engerem Zusammenhange mit der Art der Bewurzelung und der Wurzelverbreitung. Gegensätze sind z. B. Buche und Fichte. Die Buche erhält den Boden locker, gut durchlüftet und bis in große Tiefe zugänglich; die Fichte führt zur Verdichtung der nicht durchwurzelten tieferen Schichten.

e) Der Einfluß der Vegetation auf die Zusammensetzung der Bodenluft

ist von der Atmung der Pflanzenwurzel und der Stärke der Durchlüftung des Bodens abhängig. Es sind sehr große Mengen Kohlendioxyd, die im Laufe einer Vegetationsperode ausgeschieden werden. Stocklasa[1]) berechnet sie für Weizen auf das Hektar zu 60 mz. Hierzu ist noch die von der niederen Bodenvegetation entwickelte Kohlensäure zu rechnen, die auf 150 mz geschätzt wird.

Trotzdem wird im Boden der CO_2-Gehalt viel mehr von der Dichtigkeit der Lagerung und dem dadurch verminderten Ausgleich der Luft des Bodens mit der der Atmosphäre bedingt, als von der Lebenstätigkeit der Organismen.[2])

So ist der Gehalt unter Kartoffeln stets größer als unter Getreide, allerdings auch wohl infolge des besseren Windschutzes bei dichtstehenden Lupinen.

In Torfböden scheinen etwas abweichende Verhältnisse zu herrschen und die Zersetzung der organischen Substanz unter günstigen Verhältnissen so stark zu werden, daß die bessere Durchlüftung keinen Ausgleich schafft.[3])

Auch im Waldboden tritt zunächst die bessere oder geringere Durchlüftung infolge der Beeinflussung der Lagerung der Bodenteile hervor. Ebermayer[4]) fand die Bodenluft unter Fichte stets erheblich reicher an Kohlensäure als unter Buchen.

---

[1]) Zentralbl. f. Bakteriol. 12, II, S. 723 (1905).
[2]) Literatur bei E. Lau, Diss., Rostock 1906.
[3]) Vageler, Mitt. bayr. Moor-Kulturanst., 2. Heft.
[4]) Allg. Forst- u. Jagdztg. 1890, S. 161.

f) Wirkung verrottender Wurzeln.

Die feinen Röhren, die in vielen Lehmböden die Verwitterungszone des Bodens durchsetzen und dem Boden eine porige Struktur erteilen, sind auf verrottete Wurzeln, die sich in diesen Schichten verbreiteten, zurückzuführen. Ein klassisches Beispiel, daß die poröse Struktur ganzer Bodenschichten auf die Einwirkung früherer vorhandener Pflanzenwurzeln zurückzuführen ist, bietet der Löß. Die Poren entsprechen in Größe und Beschaffenheit ganz den Dimensionen der Wurzeln der Grasvegetation, zwischen der die Ablagerung des äolisch zugeführten Staubsandes stattfand. Durch Auskleidung der Röhren, in denen die Wurzeln wuchsen, mit sich abscheidendem kohlensauren Kalk wurden die Poren haltbar und bilden hierdurch eine charakteristische Eigenschaft des Löß.

Auch als Ansatzstellen für Konkretionen dienen die verrottenden, seltener die lebenden Wurzeln. Die Osteakolla ist eine Inkrustation von Wurzeln durch Kalkkarbonat. Abscheidungen von Eisenoxydhydrat umschließen vielfach Wurzeln oder inkrustieren sie.

Die Einwirkung der Vegetation auf die Atmosphäre und damit auf das Klima kann hier nur angedeutet werden, da sie nur sehr bedingt auf den Boden Bezug hat.

Wollny, dem viele Untersuchungen zu verdanken sind, hebt wiederholt hervor, daß der Einfluß der Vegetationsformen gering ist und nur zwischen von Pflanzen bedecktem und pflanzenfreien Boden zu unterscheiden ist. Im allgemeinen erniedrigen die Pflanzen die Lufttemperatur nur innerhalb des eigenen Bestandes ein wenig und erhöhen, aber auch nur in geringem Grade, den Wassergehalt oder doch die relative Feuchtigkeit der Luft. Die Regenhöhe wird in humiden Gebieten durch den Wald schwach vermehrt; in ariden Gegenden dagegen stärker beeinflußt.

B. Einfluß der Pflanzengemeinschaften auf den Boden.

Neben den allen Pflanzendecken gemeinsamen Einwirkungen auf den Boden, die je nach dem Bestande bald schwächer bald stärker hervortreten, sind noch Einflüsse zu unterscheiden, die bestimmten Pflanzenarten und Pflanzengemeinschaften eigentümlich sind und zu charakteristischen Umbildungen des Bodens führen können. Allen Bestand bildenden, also in geschlossenen Gemeinschaften wachsenden Arten entsprechen bestimmte Bodenzustände, so daß man berechtigt ist, z. B. von Buchen-, Heide- ,Wiesen-, Steppenboden zu sprechen.

Bei den Untersuchungen über die Beziehungen zwischen Pflanze und Boden ist festzuhalten, daß die Verbreitung der Pflanzen zunächst vom Klima abhängt. Im Optimum ihrer Verbreitung findet man Pflanzen auf Bodenarten, von denen sie unter ihnen weniger günstigen Verhältnissen von anderen Arten verdrängt werden. Hieraus erklärt sich die häufige Erscheinung, daß Pflanzen im Grenzgebiet ihres Vorkommens „bodenstet" werden, d. h. sich nur auf bestimmten Böden erhalten können. Für das Studium der Eigenschaften der Böden sind die ersten Gebiete besonders geeignet, während die anderen vielfach leichter Einblick in die Art und Weise der Einwirkung der Pflanzenarten gestatten und auch sekundäre Einflüsse erkennen lassen, die nicht selten entscheidende Bedeutung erlangen.

Besseres Verständnis für diese Vorgänge wird erst gewonnen werden, wenn die Biologie der in Betracht kommenden Pflanzen erforscht ist. Dies ist bisher selbst für die landwirtschaftlich gebauten Arten nur lückenhaft der Fall, für die wildwachsenden Pflanzen sind Untersuchungen noch kaum in Angriff genommen. Es eröffnet sich hier ein unübersehbares Feld der Forschung, das für Botanik wie Bodenkunde gleich reiche Früchte verheißt. Zurzeit muß man sich damit begnügen, einige allgemeine Gesichtspunkte hervorzuheben, da die vorhandenen Arbeiten sich bisher fast nur auf Arten der gemäßigten nördlichen Zone beziehen.

1. Die Pflanzengenossenschaften der humiden Gebiete.

Die großen Pflanzenformationen der humiden Gegenden sind: Wald mit der Unterabteilung der niedrigwüchsigen Holzpflanzen, Heide, Reiser; Grasfluren (Wiesen); Moor, mit den Unterabteilungen: Verlandungsbestände und Hochmoor.

Die weitaus vorherrschende Pflanzenformation der humiden Gebiete ist der Wald. Die Langlebigkeit und Hochwüchsigkeit der Bäume, Beschattung des Bodens, kräftige Wurzelentwicklung und nicht zuletzt ihre Widerstandsfähigkeit gegen Trocknis infolge des als Wasserspeicher wirkenden Holzkörpers schaffen so günstige Lebensbedingungen, daß der Wald oder mindestens Holzpflanzen in allen humiden Gebieten vorherrschen und vielfach auch in ariden die Vorhand gewinnen. Grasfluren können sich nur örtlich erhalten. Als längere Zeit herrschende Formationen finden sie sich (ohne Eingriffe der Menschen) im für Holzpflanzen ungünstigen Klima, so oberhalb der Baumgrenze im Hochgebirge und in arktischen Gegenden. Nicht zu entscheiden ist, ob die Marschen der Seeküste ursprüngliches Grasland sind. Die Verlandungsmoore sind in fortgesetzter Umbildung begriffen; die Hochmoore sind die Endformation der nährstoffarmen Humusböden.

2. Der Einfluß der Holzgewächse auf den Boden.

Die Einwirkung der Holzgewächse auf den Boden ist verschieden, je nachdem es sich um hochwüchsige Arten (Bäume, Sträucher) oder um niedrigwüchsige Arten (Heiden, Reiser) handelt. Für die hochwüchsigen Arten ist zu unterscheiden, ob sie allein oder nur in Gemeinschaft mit geduldeten niederen Pflanzen wachsen oder unter ihnen eine geschlossene Decke anderer Arten vorkommt; **ist dies der Fall, so wird die niedere Pflanzendecke entscheidend für die Eigenschaften der Böden.** Das Überwiegen des Einflusses der niedrigwachsenden Pflanzen ist auf ihre Herrschaft über die Bodenoberfläche und die Verbreitung ihrer Wurzeln in den obersten Schichten des Bodens zurückzuführen.

a) Einwirkungen des Waldes.

Der Einfluß des Waldes auf den Boden umfaßt die Wirkungen des Bestandes, also der herrschenden Baumarten und der Bodendecke, der Waldstreu. Die Waldstreu im engeren Sinne setzt sich aus den abgestorbenen Resten des Baumbestandes zusammen, im weiteren Sinne zählt man auch die Bodendecke, also die niedrigwüchsigen Pflanzen hinzu, die unter dem Schirme des Waldes vorkommen. Die Einwirkungen sind nach Baumart und noch mehr nach der Bodendecke verschieden.

1. Der tropische Regenwald

zeigt vielleicht den vollkommensten natürlichen Waldzustand. Die Vegetation erfüllt den ganzen Innenraum des Waldes und teilt ihn zugleich in eine Reihe von 3—5 Stockwerken. Hierdurch wird die mechanische Wirkung des fallenden Regens gebrochen und der Boden vor Verdichtung bewahrt. Die vorliegenden Beschreibungen sind lückenhaft und erlauben keine erschöpfende Beurteilung des Einflusses einzelner Pflanzenarten. Von der niederen Vegetation wird man die stärkste Beeinflussung des Bodens von den Scitamineen vermuten.

In den kühlen und gemäßigten Zonen sind es die gemischten Laubwälder und die nordischen Nadelwälder, denen bestimmte Bodenformen entsprechen. Typische Vertreter beider Formationen sind Buche und Fichte. Bei Abweichung von den Gebieten natürlicher Verbreitung verhalten sich auch diese Baumarten verschieden. Bei der Fichte macht sich ihr spezifisches Verhalten besonders geltend, während bei der Buche sekundäre Einflüsse, besonders die Art und

Weise der Streuzersetzung bedeutungsvolle Änderungen der Bodeneigenschaften herbeiführten.

2. Buche.

Der Buchenwald ist in seiner typischen Ausformung dicht geschlossen, so daß sich unter seiner Beschattung nur vereinzelte Kräuter und eine meist nur sparsam auftretende Frühjahrsvegetation zu halten vermag, die ihre Entwicklung bereits abgeschlossen hat, wenn der volle Austrieb des Buchenlaubes eintritt.

Der Boden untersteht im reinen Buchenwalde nur der Wirkung der Buche und der aus dem Abfalle dieses Baumes hervorgegangenen Streuschicht. Die Buchenwurzeln gehen tief in den Boden, sie sind zahlreich, verhältnismäßig dünn und reich mit Faserwurzeln versehen. Der Boden ist bis in größere Tiefe stark durchwachsen. Die locker auflagernde Streuschicht schützt die Oberfläche des Bodens gegen Verdichtung durch die mechanische Wirkung des fallenden Regens und gegen starke Verdunstung, so daß sich unter der Laubdecke fast stets eine humose, relativ wasserreiche Schicht findet. Hierdurch wird nicht nur das Wachstum der Bakterien begünstigt, sondern auch reiches Tierleben, namentlich einer Feuchtigkeit liebenden Wurmbevölkerung auch bei trockner Zeit ungeschwächte Tätigkeit ermöglicht.

Diese günstige Wechselbeziehung zwischen Bestand und Boden hat der Buche in der forstlichen Praxis den Ruf als „Nährmutter des Waldes" eingetragen. In der Tat trägt im standortsgemäßen Buchenwalde der Boden den Charakter des Mullbodens, der, locker, gekrümelt und wohl durchlüftet die Eigenschaften besitzt, die als Kriterium für einen fruchtbaren Boden gelten.

Unter klimatischen Verhältnissen, die rasch fortschreitende Zersetzung der Buchenstreu nicht gestatten, werden die Blätter dieser Streu vom Myzel der Fadenpilze durchwachsen und zu dichten Decken, die sich oft in großen Stücken abreißen lassen, versponnen. Hierdurch wird eine Schicht auf der Oberfläche des Bodens gebildet, die Wasser nur schwer eindringen läßt, den unterliegenden Boden vom freien Luftzutritt abschließt und das Tierleben im Boden, zumal für tiefgrabende Regenwürmer ungünstig beeinflußt. Alljährlich werden Laub und Baumteile neu hinzugefügt, die sich nur noch langsam zersetzen. Die ganze Schicht geht in Rohhumus und endlich in Trockentorf über, der oft 10 cm und mehr mächtig den Boden in geschlossener Schicht überdeckt.

Mit der Bildung von versponnenen Streudecken beginnt eine ungünstige Änderung des Bodenzustandes, der mit der Entstehung von Buchentorf zum vorläufigen Abschluß gelangt. Das Tierleben vermindert sich, die tiefgehenden Wurzeln der Buche sterben ab, dafür durchwachsen neu getriebene Wurzeln den Buchentorf und durchsetzen ihn mit dichten Faserwurzeln. Unter Umständen kann dann die ganze Wurzelverbreitung der Buche auf die Torfschicht beschränkt sein, und man kann unter alten Buchen in den Boden graben, ohne lebende stärkere Wurzeln zu finden.[1])

Ist die Torfschicht stark entwickelt, so verjüngt sich die Buche auf solchen Böden nicht mehr natürlich; die Keimpflanzen bleiben mit ihren Wurzeln in der Humusschicht und sterben ab, sobald eine Trockenperiode eintritt, die die Torfschicht austrocknet. Die Böden sind „buchenmüde", d. h. die ungünstigen Bedingungen der Humusbildung haben den Standort so verändert, daß er der Verjüngung und Entwicklung eines Buchenbestandes nicht mehr entspricht.

Mit der Ablagerung von Rohhumus verändert sich der Bodenzustand. Die Bodenkrümel zerfallen, der Boden lagert sich dicht. Es scheint dies hauptsächlich die Wirkung des mit der Bildung von Rohhumus und Trockentorf stets verbundenen Auftretens von absorptiv ungesättigten (sauren) Humusstoffen zu sein, die erfahrungsmäßig zur Auslaugung der löslichen Mineralstoffe und zum Dichtlagern des Bodens führen. Unter ungünstigen Verhältnissen erfolgt Abscheidung von Ortstein und damit neue Schädigung des Bodenzustandes. Man hat unter solchen Umständen nicht mit Unrecht von einer „Krankheit des Bodens" gesprochen und dem gegenüber den normalen Boden als „gesund" bezeichnet.[2])

Die Ablagerung von Rohhumus und Trockentorf unter Buchen hat verschiedene Ursachen. Verbreitet und charakteristisch treten diese Bildungen auf stark ausgewaschenen Böden auf unter klimatischen Bedingungen, wie sie etwa Holland, Nordwestdeutschland, Dänemark bieten. Milde, feuchte Winter erlauben starkes, langanhaltendes Wachstum der Fadenpilze und führen wohl hierdurch zur Vorherrschaft dieser Pilzgruppe. Einige Jahrzehnte genügen, um dichte Schichten von Trockentorf zur Ablagerung zu bringen. Verfasser lernte so in der Gegend von Haarlem einen geschlossenen 70jährigen Buchenbestand mit 6—8 cm dickem, schneidbarem, reinem Buchen-Trockentorf kennen. Der Boden war nachweislich bei der Kultur der Buche bis zur Tiefe von 70 cm voll rigolt worden, so daß die Ablagerung innerhalb des Bestandsalters erfolgt war. In solchen Lagen ist die Veränderung des Bodens und die Bildung von Trockentorf in erster Reihe den klimatischen Verhältnissen zuzuschreiben.

---

[1]) P. E. Müller, Natürl. Humusformen.
[2]) Zuerst wohl bei Sprengel, Bodenkunde, 1834.

Eine andere Einwirkung, die sehr häufig zur ungünstigen Veränderung des Bodens unter Buche und zur Ablagerung von Rohhumus, seltener von Trockentorf führt, ist zeitweises Austrocknen der Streudecke und oberen Bodenschicht. Hierdurch wird sowohl das tierische Leben geschädigt als auch die Entwicklung der Bakterien gehemmt. Derartige Böden zeigen starken Wechsel im Wassergehalt, zeitweise trocknet der Boden aus, dies genügt, um die empfindliche Vegetation zu schädigen und widerstandsfähigere Arten zur Herrschaft zu bringen. Die Fadenpilze, wenigstens einzelne Arten scheinen den Wechsel im Wassergehalte besser ertragen zu können als Bakterien. Es würde sich hierdurch die Erfahrung erklären, daß alle der „Aushagerung" ausgesetzten Böden, zumal Waldränder, südlich und südwestlich exponierte Hänge u. dgl. der Bildung von Rohhumus stark unterliegen.

Die Buche, unter deren Schirm der Boden ausgezeichnet locker und fruchtbar erhalten wird, kann unter besonderen Verhältnissen zur starken Torfbildnerin werden und zu tiefgehenden ungünstigen Veränderungen des Bodens Veranlassung geben.

Diese unzweifelhaften Erfahrungen stehen scheinbar im Gegensatz zu dem früher aufgestellten Satze, daß jede geschlossene Pflanzenformation die Bodenveränderungen herbeiführt, die ihrer Erhaltung am günstigsten sind.

Ein Pflanzenbestand vermag Veränderungen der Böden, die durch klimatische Ursachen bedingt sind, nur zu verlangsamen, aber nicht zu verhindern. Ferner befinden sich die Pflanzenformationen untereinander im Kampf, wobei die anspruchslosere bei jeder ungünstigen Veränderung im Vorteil ist, endlich ist die Pflanzenverteilung unserer Wälder wesentlich gestört durch Eingriffe des Menschen. Die Buchenwaldungen, deren Böden jetzt in Hannover und Holland mit dicken Schichten von Buchentorf bedeckt sind, sind zumeist angepflanzt und Produkte einseitiger Holzzucht; ohne Zutun des Menschen würden dort reine Buchenbestände nicht vorkommen.

3. Die Fichte.

Der geschlossene Fichtenwald übt, aus Lichtmessungen zu schließen, die intensivste Beschattung unter unsern Bestandbildnern. In der Regel ist unter Fichtenaltholz die Lichtmenge geringer als unter geschlossenem Buchenmittelholz.

Eine phanerogame Flora findet sich selten im Fichtenwalde, wohl aber überzieht im höheren Bestandesalter eine geschlossene Decke von Astmoosen den Mineralboden. Daher besteht hier die „Streu" normal aus Moosresten und dem Abfall des Bestandes.

Die hängende Form der Fichtenäste wird zur natürlichen Traufe, so daß sich durch Niederschläge der Boden leicht verdichtet.

Die Bewurzelung streicht oberflächlich; vom Stamm gehen starke Seitenwurzeln aus, von denen Saugwurzeln in den Boden eindringen. Die Durchwurzelung tieferer Bodenschichten und damit die Durchlüftung des Bodens ist gering. Diese Einwirkungen führen zur Dichtlagerung des Unterbodens und zur schwachen Krümelung des Oberbodens. Bildung von Rohhumus und Trockentorf ist in reinen Fichtenwaldungen häufig; von allen unseren Baumarten erträgt die Fichte die ungünstige Wirkung des Trockentorfes am leichtesten.

In Gebieten, die die Fichte klimatisch begünstigen, findet sie sich auch auf Mullboden, so vielfach in den höheren Lagen der Mittelgebirge, zumal an Berghängen in günstiger Exposition, sowie in gemischten Waldungen. Die Entwicklung der Fichte ist hier sehr gut; es fehlen aber noch eingehende Untersuchungen über ihr Verhalten gegenüber dem Boden. In Grenzgebieten ihres Vorkommens erfolgt unter Fichte starke Verdichtung des Bodens. Die ökonomischen Vorteile der Anzucht der Fichten haben dazu geführt, sie vielfach in reinen Beständen anzubauen; in allen Gebieten, die von Natur gemischte Laubhölzer tragen, stets mit schwerem Schaden für den Bodenzustand. Selbst unter vereinzelten, dann meist bis zum Boden beästeten Bäumen (Schirmformen) tritt die Verdichtung des Bodens auf; noch mehr ist dies in größeren Beständen der Fall. In sächsischen Fichtenbeständen auf altem Laubwaldboden z. B. erkennt man vielfach den Bodenrückgang daran, daß die tieferen Schichten des Bodens noch lockerer gelagert sind als die oberen, die unter dem Einfluß der Fichte bereits mehr oder weniger Einzelkornstruktur angenommen haben.

Die Fichte ist ein Beispiel dafür, daß die Umbildung des Bodens unter einem geschlossenen Pflanzenbestand sich in der Richtung bewegt, den Standort der Art dauernd zu erhalten. Die Fichte wächst auf Mullboden ausgezeichnet, besser als auf dicht gelagertem; sie wird aber auf den lockeren Böden von anderen Arten bedrängt, die auf den dichten Böden nicht konkurrenzfähig sind.

Von den anderen Baumarten Mitteleuropas, die mehr oder weniger reine Bestände bilden, sind Eiche und Kiefer kurz zu besprechen.

4. Die Eiche.

Die Eichen finden ihre günstigste Entwicklung im wärmeren Gebiete der winterkahlen Laubhölzer (Ungarn, Frankreich), gehen aber weit nach Norden und Westen und besiedelten die unter dem Einfluß des Seeklimas stehenden Gebiete der Nord- und Ostseeländer (Holland und Nordwestdeutschland, Cimbrische Halbinsel, z. T. Westküste von Schweden) als vorherrschender Bestand. Die Eiche geht demnach über das Gebiet der Braunerden hinaus, ihr Vorkommen auf den Podsolböden erklärt sich durch Fehlen geeigneter Konkurrenten, da sowohl Buche wie Fichte zur Ablagerung ungünstiger Humusformen Veranlassung geben.

Die Eichen stellen sich im höheren Alter licht und begünstigen dadurch das Vorkommen von Sträuchern, von denen namentlich Hasel ein regelmäßiger Begleiter der Eiche ist; anderseits aber auch das Auftreten einer niederen Bodenflora, die nicht immer dem Boden günstig ist.

Die Eichen haben tiefgehende Pfahl- und Herzwurzeln, im höheren Alter auch weit ausstreichende Seitenwurzeln, die den Boden lockern und durchlüften; eine reiche Bodenfauna wirkt im gleichen Sinne, so daß die Eichen sich normal einen Mullboden schaffen.

Die Eichenstreu zersetzt sich leicht und gibt daher zur Ansammlung von Rohhumus sehr selten, zur Bildung von Trockentorf wohl überhaupt nicht Veranlassung.

5. Die Kiefer

und in gleicher Weise die Schwarzkiefer sind ungemein bodenvag. Die Kiefer vertritt auf armen Böden in großer Ausdehnung und auf weiten Flächen sowohl die „gemischten winterkahlen Laubhölzer“ Mitteleuropas wie auch die nordischen Nadelhölzer. Sie hat starke Bewurzelung; neben einer Pfahlwurzel besitzt sie sehr tiefgehende Seiten-, aber auffällig wenige Faserwurzeln.

Die Neigung der Kiefer, sich licht zu stellen, veranlaßt, daß bereits in älteren Schonungen Moose den Boden überziehen, im älteren Stangenholz oder beginnenden Baumholz findet man geschlossene Bodendecken verschiedener Art. Je nach dem Boden sind es Flechten, Moose, Beerkräuter, Heide, Gräser, die vorherrschen.

b) Niedere Bodendecken.

Zu den Pflanzen, die in Europa in geschlossenem Bestande unter Wald oder auch selbständig als Bodenformation auftreten, gehören Flechten, Moose, Gräser, Beerkräuter, Heide usw.

1. Flechten.

Unter sehr ungünstigen Lebensbedingungen sowohl in bezug auf Klima wie auch auf Ernährung finden sich Flechten. Es sind

z. T. Krustenflechten, so im hohen Norden die Lecanora tartarea L., die lebende wie abgestorbene Pflanzen und Gesteine gleichmäßig mit ihrer grauen Decke überzieht. In Mitteleuropa ist es namentlich Baeomyces roseus Pers., die örtlich trockene Sandflächen überzieht.

Von den Strauchflechten sind als Bodendecke zu nennen Cornicularia aculeata Schreb., nächst den Krustenflechten die anspruchsloseste Art, sodann Stereocaulon- und Cladoniaarten (Renntierflechte). Über die Wirkung der Flechtendecken, die im Norden oft weite Gebiete überdecken und auch in Mitteleuropa vorkommen, liegen noch keine Untersuchungen vor. Soweit zu ersehen, wirken die Flechten als Schutz für den Boden; bei ihrer Zersetzung liefern sie einen schwer zersetzlichen geringwertigen Humus.

2. Moose.

Für bodenkundliche Zwecke faßt man die artenreichen Moose zweckmäßig in biologische Gruppen ohne Rücksicht auf Systematik zusammen. Die Gruppen, die Bäume, Felsen usw. bewohnen, sind dabei nicht berücksichtigt. Die benützten Bezeichnungen entstammen der forstlichen Praxis. Hiernach unterscheidet man:

Astmoose (die meisten Hypneen). Es sind stark verästelte Moosarten, die meist in zusammenhängenden Decken dem Boden auflagern. Die Wasserbewegung erfolgt in den Zwischenräumen, die die Blätter der Moose bilden. Hierher gehören die namentlich unter Nadelhölzern vorkommenden deckenbildenden Moose.

Haftmoose. Moose, deren in den Boden reichende Stengel mit einem Filz von Wurzelhaaren umgeben sind. Die Wasserleitung wird hauptsächlich durch die Wurzelhaare vermittelt. Die hierher gehörenden Moose haben eine systematisch verschiedene Stellung, sind aber zumeist Arten, die wechselndem Wassergehalte angepaßt sind. Zu dieser Gruppe zählen Polytrichumarten, Dicranum scoparium, Funaria hygrometrica, Ceratodon purpureus u. a.

Weißmoose (Torfmoose). Moosarten, bei denen die Wasserleitung durch dem Stamm dicht anliegende Äste oder Blätter vermittelt wird (Typus des Sphagnum acutifolium Ehrh.; des Graumooses) oder in weitlumigen, durchbrochenen Zellen des Stammes erfolgt (Typus des Sphagnum cymbifolium). Diese Moosarten zeichnen sich durch geringen Gehalt an Chlorophyll und bei mäßiger Beschattung weißliche Farbe aus. Die Moose bilden in ihrem lockeren, schwammigen Aufbau starke Wasserspeicher. Unter dem Einfluß stärkerer Verdunstung wachsen die hierher gehörigen Spagneen und Leucobryum glaucum (Graumoos) in dichten Bülten.

Wirkung einer locker aufliegenden Decke von Astmoosen: Sie schützt den Boden gegen den Aufschlag fallenden Regens und vermindert die Verdunstung von der Oberfläche der Böden. Diese Moosschichten sind leicht durchlässig für Wasser, nehmen selbst nur mäßige Mengen davon auf, verlieren es auch sehr leicht durch Verdunstung. Die Wirkung der Astmoose ist daher für den unterliegenden Boden günstig; leider sind die Moosdecken in sehr vielen Fällen von einer schwächeren oder stärkeren Schicht Trockentorf unterlagert, der dann alle ihm eigentümlichen schädlichen Wirkungen auf den Boden ausübt.

Die Haftmoose bilden im allgemeinen gleichfalls eine unschädliche Bodendecke; sie sind die Folge, nicht die Ursache ungünstiger Verhältnisse und finden sich zumeist auf dicht gelagerten Böden mit stark wechselndem Wassergehalt. Ungünstig verhalten sich dichte Rasen von Polytrichum.

Die Weißmoose, einschließlich des Graumooses, das in der Regel die Waldsphagneen auf sonnigeren, wärmeren Lagen vertritt, sind Pflanzen nährstoffarmer Böden, die fast nur auf Rohhumus vorkommen und Zeichen beginnender Vernässung und Versumpfung der Böden sind. Alle diese Moose ertragen oder bevorzugen volles Sonnenlicht, sie sind „sonnengierig", am wenigsten wohl das Graumoos.

3. Beerkräuter, Heide und Reiser.

Mit dem Namen „Beerkräuter" bezeichnet der Forstmann die Heidelbeere (Vaccinium myrtillus), Preißelbeere (Vacc. vitis idaea), zu denen in nördlichen Gebieten noch die Krähenbeere (Empetrum nigrum L.), örtlich auch noch die Bärentraube (Arctostaphylus uva ursi L.) zu rechnen sind.

Die Heidelbeere ist in Mitteleuropa das verbreitetste Beerkraut und gedeiht am besten im Halbschatten des lichten Waldes. Die Vermehrung erfolgt überwiegend durch Kriechtriebe, die im dichten Gewirr in der obersten Bodenschicht, nahe der Oberfläche wachsen oder noch häufiger an der Grenze von Rohhumus und Mineralboden ein völliges Netz bilden. Lockeren Boden liebt die Heidelbeere nicht; in vielen Fällen ist die Grenze zwischen ihr und den edlen Waldkräutern sehr scharf.

Die Heidelbeere ist eine starke Bildnerin von Rohhumus, der meist locker gelagert ist und nur selten zu dichtem Trockentorf wird. Es macht sich hierbei die Wirkung der zahlreichen Kriechtriebe geltend, deren Wachstum eine dichte Lagerung der Humusmassen verhindert.

Zur Veranschaulichung des Verhaltens der Heidelbeere dienen die Abb. 48 und 49. Abb. 48 zeigt einen Schnitt durch eine Heidelbeerdecke mit dem zwischengelagerten Rohhumus, Abb. 49 denselben Schnitt mit herausgenommenem Rohhumus. Die massenhaft vorhandenen Kriechtriebe wachsen entweder an der Oberfläche des

Abb. 48. Heidelbeere (Vaccinium myrtillus) locker gelagerte Schicht von Rohhumus von den Kriechtrieben der Pflanze durchwachsen. Die Wurzeln dringen nicht in den Mineralboden ein.
Orig.-Phot. Prof. Albert (1909).

Abb. 49. Heidelbeere. Die zwischengelagerte Schicht von Rohhumus ist entfernt, um die massenhaften Kriechtriebe der Pflanze zu zeigen.
Orig.-Phot. Prof. Albert (1909).

Mineralbodens oder in den untersten Schichten des Rohhumus. In den Mineralboden eindringende Faserwurzeln fehlen fast ganz; die

Pflanze lebt also fast völlig im Rohhumus. Dieses Verhalten erklärt auch, daß man Decken dieses Beerkrautes mit leichter Mühe in großen Stücken vom Boden abziehen kann.

Die Umbildung des Bodens unter Heidelbeere, der sich dicht lagert und alle Wirkungen der Überlagerung durch Rohhumus, oft sogar in sehr scharfer Ausbildung zeigt, tritt schnell ein; die Veränderungen lassen sich an geeigneten Stellen oft messend verfolgen.

Die Preißelbeere hat annähernd dieselben Lebensbedingungen wie die Heidelbeere, ihr fehlen jedoch die massenhaften Kriechtriebe,

Abb. 50. Heide (Calluna vulgaris) auf Sandboden. Wurzelform des geschlossenen Heidebestandes. Die Fasernwurzeln bilden eine dichte Schicht (bis 11 cm). Tiefgehende Wurzeln sind ganz vereinzelt vorhanden. Orig.-Phot. Prof. Albert (1909).

und der Rohhumus, den sie ausgiebig bildet, ist dichter gelagert, oft verfilzt und nimmt viel leichter den Charakter des Trockentorfes an. Die Veränderungen des Bodens sind auffälliger und ungünstiger als unter der Heidelbeere.

Krähenbeere. Die Krähenbeere verträgt mehr Licht und ist eine Bewohnerin der kälteren Gebiete; in der Arktis ist sie ein wichtiger Torfbildner. Die Einwirkung der Krähenbeere auf den Boden ist bisher noch nicht eingehend untersucht worden. Mit der Heide teilt sie die Eigentümlichkeit, sowohl auf trocknem wie auf nassem Boden zu wachsen.

Heide (Calluna vulgaris). Die Heide ist in bezug auf ihre

Lebensverhältnisse besser untersucht als die meisten bisher besprochenen Pflanzen. Sie ist gegen Bodenart und Wassergehalt unempfindlich, dagegen nährstoffscheu. Graebner[1]) gibt an, daß die Heide starke Konzentrationen von Nährstoffen nicht verträgt, bei mäßigem Gehalte zwar üppig wächst, aber mit den Zeichen der Überernährung[2]) früher oder später zugrunde geht. Dieses Verhalten findet

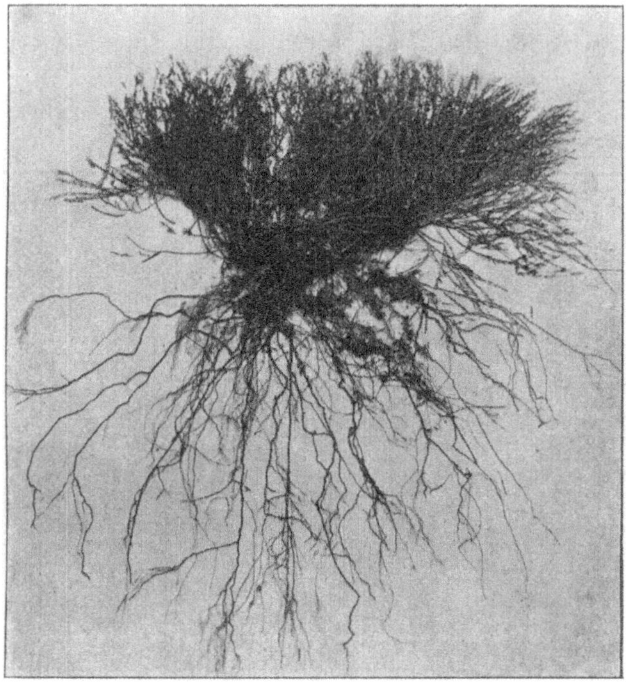

Abb. 51. Heide (Calluna vulgaris) in Sandboden einzelständig erwachsen. Die Wurzeln dringen tief in den Mineralboden. Die Faserwurzeln der oberen Wurzelschicht sind ganz schwach entwickelt. Orig.-Phot. Prof. Albert (1909).

sich bei fast allen Pflanzen, die auf sauren Böden zu gedeihen vermögen. In feuchten Klimaten wächst die Heide frei und bevorzugt sogar sonnige Lagen, in trocknem Gebiete flüchtet sie immer mehr in den Schatten der Bäume.

Die Heide zeichnet sich durch eine außergewöhnlich starke Entwicklung von Faserwurzeln aus, die einen ganz geschlossenen dichten Filz bilden, der oft in schneidbaren Trockentorf übergeht.

---

1) Heide Norddeutschlands, S. 143.

2) Sorauer, Handbuch der Pflanzenkrankheiten I.

Es ist nicht ohne Interesse, an einem Beispiel das Verhalten der Heide unter verschiedenen Bedingungen zu verfolgen. Abb. 51 ist eine einzelständige Heidepflanze auf Sandboden; die tiefgehenden Wurzeln herrschen vor, die feinen Faserwurzeln sind erst ganz schwach entwickelt und finden sich nur an den obersten Seitenwurzeln. Abb. 50 zeigt die Wurzelentwicklung der Heide auf gleichem Boden im geschlossenen Heidebestande. Tiefgehende Wurzeln fehlen, die Faserwurzeln bilden eine geschlossene Schicht nahe unter der Bodenoberfläche. Bei länger dauernder Herrschaft der Heide verdickt sich die Schicht der Faserwurzeln, die dann zusammenhängende schneidbare Massen bilden.

Der dichte Wurzelfilz der Heide, deren Wurzeln bald nach dem Absterben vertorfen und hohe Wasserkapazität haben, ist als Wasserspeicher und als Trockenschutz zu betrachten.

Der Mineralboden unter Heide lagert sich dicht in Einzelkonstruktur zusammen und erleidet alle die Umbildungen, die für Boden unter Trockentorf bezeichnend sind.

Auf den „Heiden“ ist der Wurzelfilz oft so mächtig entwickelt und mit Trockentorf untermischt, daß die obere Bodenschicht als geringer Brenntorf benützt werden kann. Der Humus der Heide zeigt außer Wurzeln wenig erhaltene Pflanzensubstanz, weicht aber in seiner Beschaffenheit wesentlich von dem Humus der meisten anderen Pflanzen ab. Er ist naß tiefschwarz, speckig; trocken dunkelbraun, erdig und scheint viel harzartige Bestandteile zu enthalten.

Der Trockentorf der Heide ist schwer für Wasser durchlässig, führt leicht zur Versumpfung des Bodens und bietet den Torfmoosen geeignete Stellen zur Ansiedlung.

Die Kopfheide, Dopheide, Glockenheide (Erica tetralix L.) der westlichen Heidegebiete verhält sich im ganzen der Heide gleich; bevorzugt aber feuchtere Stellen.

Die Umbildungen des Bodens unter Heide schreiten rasch fort und führen vielfach zur Abscheidung von Ortstein.

Die Heide der Alpen, Erica carnea L., weicht in ihrem Verhalten von ihren Verwandten stark ab, es gilt dies sowohl bezüglich der Bewurzelung, die nur mäßig stark ist, wie auch der Beinflussung des Bodens.

Die Heidelbeere und namentlich die Heide sind Beispiele für die Umbildungen des Bodens in für Erhaltung der Art günstigem Sinne.

Unter Heidelbeere geht die Veränderung des Bodens nicht so weit, daß hierdurch die Erhaltung des Waldes gefährdet wird, dessen lichten Schattens dieses Beerkraut bedarf. Der Wuchs der Bäume wird zwar verringert und die Verjüngung erschwert, aber nicht verhindert.

Die Heide liebt starke Beleuchtung und flüchtet sich nur in den Wald, wenn die Verdunstung hoch ist; ihr Vorkommen schädigt durch die starke Verfilzung des Bodens den Baumwuchs, erschwert oder verlangsamt und verhindert in extremen Fällen die Verjüngung. Es gilt dies für Gebiete, deren klimatische Verhältnisse der Heide günstig sind. Es ist aber darauf hinzuweisen, daß große Strecken

Abb. 52. Wurzelstock von Festuca ovina. (Wurzellänge 35 cm). Orig.-Phot. Prof. Albert.

der jetzt zu den „Heiden" gehörigen Gebiete alte Waldböden sind, die erst unter dem Einfluß des Menschen und der Weide ihren Waldbestand verloren haben.

Als „Reiser" kann man nach nordischem Gebrauche die niederen Sträucher bezeichnen, die örtlich in größerer Ausdehnung vorkommen, und deren bodenkundliche Bedeutung noch nicht untersucht ist. Man kann zu ihnen Vaccinium uliginosum, Ledum palustre, Myrica gale L., Betula nana L. rechnen.

Als örtlich wichtig und für die Umbildungen des Bodens erfahrungsgemäß günstig mögen noch genannt werden: die Rubusarten, namentlich Himbeere und Brombeere; der Besenginster (Sarothamnus scoparius) und der Adlerfarn (Pteris aquilina L.).

4. Gräser.

Die Wirkung der Gräser auf den Boden ist nach Arten verschieden; man kann die in Frage kommenden Arten biologisch unter-

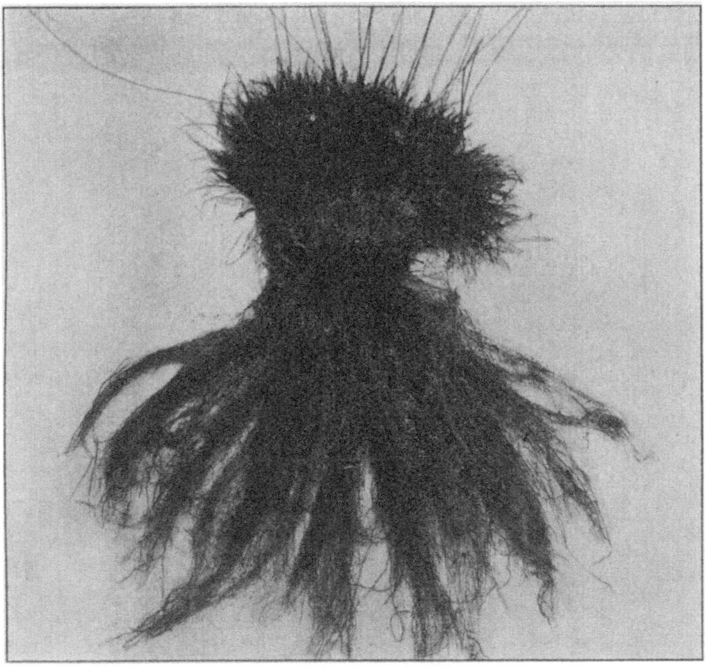

Abb. 53. Wurzelstock von Aira flexuosa. (Wurzellänge 40 cm). Orig.-Phot. Prof. Albert.

scheiden in Angergräser (Hungergräser), Wiesen- und Dünengräser.

Die Angergräser haben Einrichtungen zum Trockenschutz und können längere Trocknis ertragen. Es sind die Drahtschmiele Deschampsia (Aira L.) flexuosa (Trin.), Festucaarten, namentlich F. ovina, Nardus stricta und vielleicht sind noch Weingaertneria canescens und Holcus lanatus Wolliges Honiggras, zu nennen; hier schließt sich auch der Benthalm Molinia coerulea L. an.

Alle diese Gräser sind mit zahlreichen, feinfaserigen Wurzeln versehen, bilden im Boden ein dichtes Fasernetz, das den Boden stark austrocknet, aber auch locker und lose erhält. Zumal als Zersetzer des Trockentorfes und Torfes sind diese Arten wichtig. Die Humusform, die die weitverbreitete Drahtschmiele (nicht auf Kalk)

Abb. 54. Wurzelstock von Molinia coerulea (die seitlich verbreiteten Wurzeln sind abgeschnitten). Wurzellänge 63 cm. Orig.-Phot. Prof. Albert.

hinterläßt, ist feinkörnig, schwarz, trocknet rasch aus und deutet auf weitreichende Zersetzung der angreifbareren Bestandteile; für andere Pflanzen ist dieser Humus nicht günstig.

Die Dünengräser zeichnen sich durch ihre Wuchsverhältnisse aus, die sie befähigen, dauernd auf bewegtem Sandboden zu wachsen. Alle treiben Ausläufer und legen ihre Knospen für das nächste Jahr an der Oberfläche des zugewehten Sandes an. Sie werden dadurch

Festiger des Flugsandes und sind wichtige Helfer für die Dünenbildung und -bindung. Es sind hier namentlich zu nennen Ammophila arenaria und Elymus arenarius, sodann Triticumarten, zumal Tr. junceum und Tr. strictum.

5. Die Wiesengräser.

Die Wiesengräser, zu denen sich noch eine größere oder geringere Anzahl von krautartigen Pflanzen gesellt, sind eine ökologisch ziemlich einheitliche Pflanzenformation trotz der großen Anzahl von Arten, die auftreten können. Sät man eine geeignete Fläche mit Samen verschiedener Grasarten an, so zeigt sich nach einigen Jahren eine örtliche Ansammlung einzelner Arten, die auf weniger gepflegten und gedüngten Wiesen scharf hervortritt. In erster Linie wirkt der Wassergehalt, in zweiter die Qualität eines Bodens sortierend.

Die Wiesengräser sind mehrjährig und ihre Entwicklung umfaßt, sofern die Ernährung gesichert ist, die ganze wärmere Jahreszeit. Hierdurch ist die Anforderung sowohl an Wasser wie an lösliche Nährstoffe andauernd und der Gesamtbedarf, auf die Fläche berechnet, hoch. Lösliche Nährstoffe sammeln sich daher im Boden nicht an, zumal von Salpetersäure wird auch die kleinste Menge sofort aufgenommen; hierdurch wird auch Denitrifikation verhindert, so daß sich der Boden unter Gräsern an Stickstoff anreichert. Der hohe Bedarf an Wasser führt dazu, daß Wiesen im allgemeinen nur auf Böden mit reichlich Wasser gedeihen; es sind dies zugleich Böden mit durchschnittlich niederer Temperatur und langsamer Zersetzung der Abfallreste; daher findet Ablagerung humoser Stoffe statt.

Die Wiesengräser haben zahlreiche dünne, fadenförmige Wurzeln, die nur zum Teil mit zahlreichen Faserwurzeln besetzt sind und die oberen und mittleren Schichten des Bodens durchziehen und zur Lockerung des Bodens wesentlich beitragen. Der starke Wasserbedarf der Gräser bewirkt während der Hauptvegetationszeit fast alljährlich ziemlich weit gehende Austrocknung des Bodens und starke Spaltenbildung, die oft in erhebliche Tiefe hinabreicht. In reichlich feuchten und damit ungenügend durchlüfteten Wiesenböden werden in der kalten Jahreszeit durch die vorhandenen, häufig kolloid aufgequollenen organischen Stoffe Eisenverbindungen beweglich. Diese kommen namentlich in den Boden durchziehenden Spalten zur Abscheidung und führen in kalkarmen Böden auch zur Bildung von Raseneisen-Konkretionen.

Die gesamten Einwirkungen, denen der Boden unter Bedeckung mit Wiesengräsern unterliegt, verleihen ihm charakteristische Eigenschaften, so daß ein „Wiesenboden" auch dann kenntlich bleibt, wenn eine andere Pflanzenformation von ihm Platz ergriffen hat oder er von anderen Bodenschichten überlagert wird.

Die Wiesenböden sind mehr oder weniger humushaltig, die vorhandenen Spaltflächen des Bodens werden in der Regel von Eisenverbindungen, meist Eisenoxydhydrat dünn überzogen.

Nach seinem Vorkommen kann man hier Carex brizioides L. (Seegras) einordnen, das in Waldungen weit verbreitet ist und oft eine charakteristische Bodendecke bildet. In bezug auf seine bodenbiologischen Einwirkungen ist das Seegras bisher wenig untersucht worden. Es beschattet im dichten und geschlossenen Vorkommen den Boden etwa in gleicher Stärke wie ein Buchenwald, scheint aber als Humusbildner unbedeutend zu sein. Die Krümelung der Böden beeinflußt es günstig[1]).

Als Beispiele für die Einwirkung der Pflanzenarten auf die Lagerung des Bodens möge hier eine Anzahl von Volumbestimmungen folgen[2]), die sämtlich in märkischen Sandböden ausgeführt wurden. Die einzelnen Proben wurden in kürzester Entfernung und unter Verhältnissen entnommen, die andere Einflüsse als die der Bodendecken ausschlossen.

	Porenvolumen
1. Buchenhorst, Mullboden	59,48 Vol.-%
2. Adlerfarn, kein Rohhumus, mit Heidelbeere	57,00 „
„ „ „ „ Astmoosen	58,90 „
3. Heidelbeere	53,33 „
4. Astmoose, schwacher Rohhumus	50,65 „
5. unter Buche, Mull	57,40 „
6. stark graswüchsig	52,14 „
7. Heidelbeere, 2—3 cm lockerer Rohhumus	49,89 „
8. Astmoose, trockene Gräser, Rohhumus	49,55 „
9. Buchenhorst, Laubdecke, Mull	58,69 „

Die Beispiele genügen, um zu zeigen, in wie hohem Grade die Bodenlockerung von den Bodendecken beeinflußt wird. Die Zahlen sind zwei Reihen von Beobachtungen entnommen: 1—3 in wenigen Schritten Abstand, 4—9 auf ganz eben gelagertem, gleichkörnigem Sande (diluvialem Talsand).

c) Die Pflanzen der Verlandungsbestände.

Bodenkundlich von Wichtigkeit sind die torfbildenden Arten. Hierzu gehören:

---

[1]) Rebel u. Gossner z. f. L. u. F. 1907, S. 249.
[2]) Ramann, Zeitschr. f. Forst- u. Jagdwesen 1898, S. 451.

Genossenschaft der Hypneten. Schwimmende oder Feuchtigkeit liebende Arten, die als Bestandbildner auftreten. Die biologischen Verhältnisse bedürfen noch eingehender Untersuchung. Man kann unterscheiden:

Arten des Hartwassers, die zwischen Pflanzen des Arundinetums vorkommen, aber auch selbständig als Massenbestand auftreten; nicht selten wachsen diese Moose vom Grunde der Seen mehrere Meter hoch empor. Die wichtigsten Arten sind Hypnum giganteum Schimpr. und H. aduncum Schimpr. sowie im fließenden Wasser Fontinalis aquatica.

Die Moose des Hartwassers sind als beigeordnete Arten der Schilfgenossenschaft zu betrachten, unter Umständen kann man sie als eine Subformation diesen Pflanzenvereinen anschließen.

In selbständiger Ausbildung und als echte Pflanzengemeinschaft treten die Arten des weichen Wassers auf. Man wird vielleicht auch besser die Bezeichnung Hypnetum auf diese Pflanzenbestände beschränken. Es sind Arten mit geringem Bedürfnis an mineralischen Nährstoffen, die vielfach den inneren, von einem Rande anspruchsvollerer Pflanzen umgebenen Teil der verlandenden Seen bilden, die viel Regen und Schneewässer enthalten.

In kalten Klimaten schreitet vielfach die Verwitterung und Auswaschung langsam fort, so daß die Gewässer der Seen überhaupt nährstoffarm sind und hierdurch zur Herrschaft der bedürfnislosen Moosarten führen. An Zahl und Ausdehnung nehmen die Hypneten nach den kälteren Gegenden immer mehr zu und bilden im höheren Norden die Hauptform der Verlandungsbestände.

Nach der vorherrschenden Färbung des Torfes der (Weichwasser-) Hypneten bezeichnet man sie als Braunmoose, (im Gegensatz zu den Weißmoosen-Sphagneen usw.).

Die wichtigste weitverbreitete hierher gehörige Moosart ist Hypnum scorpioides L., die oft Torf von beträchtlicher Menge zur Ablagerung bringt. Ferner ist Hypnum fluitans Dill. zu nennen; auch Aulocomnium palustre, ein Moos, das an seinem mit braunen Haaren besetzten Stengel leicht kenntlich ist, gehört überwiegend zu den verbreiteten Arten.

Im Norden sind Hypnum sarmentosum und Racomitrium canescens wichtige Torfbildner; es sind Arten, die in südlicheren Breiten nur auf Hochmooren vorkommen.

Die Pflanzen der Schilfgenossenschaft (Arundinetum oder Phragmitetum).

Das gemeine Schilf Phragmites communis (= Arundo Phragmites L.). Gesellig wachsende Graminee von 2—3, manchmal bis 5 m Höhe, bis 2 m unter Wasser, bildet in tieferem Wasser

Schwingrasen, die ihren Halt durch die eng verwachsenen Wurzelstöcke erhalten. Die Wurzelstöcke sind gelbweiß, hohl und sehr kräftig entwickelt; aus ihren Resten bildet sich die Hauptmasse des Schilftorfes.

Das Schilf fehlt im Hochgebirge und arktischen Gegenden, ist aber in den gemäßigten und warmen Zonen fast über die ganze Erde verbreitet. Schilf zeigt sehr weitgehende Anpassungsfähigkeit an den Salzgehalt des Wassers, es wächst noch kümmerlich auf manchem Hochmoor und geht anderseits bis in brackiges Wasser. Wichtiger Torfbildner = Schilftorf, Darg.

Die Sumpfbinse, Scirpus lacustris L., gesellig wachsende Juncaginee, bildet meist einen selbständigen Gürtel zwischen Nupharetum und Arundinetum. Geht 3—4 m tief ins Wasser, treibt 3—4 m lange stielrunde Halme, im tiefen Wasser auch flutende Blätter. Der Wurzelstock ist sehr kräftig. Die tiefschwarzen Wurzeln gehen weit in den Seeboden und wurzeln zumeist im Mineralboden.

Cladium mariscus L., Cyperazee, bis $1^1/_2$ m hohe, unten runde, oben dreikantige Stengel. Blätter gekielt und am Rande mit knorpeligen Sägezähnen. Wurzelstock kriechend, langgestreckt. Sparsam verbreitet bildet die Pflanze örtlich torfbildende Bestände.

Sumpf-Schachtelhalm, Equisetum palustre L. In manchen Seen bestandbildend. Die weitstreichenden Rhizome bilden durch ihre glänzende schwarze Färbung charakteristische Torfbestandteile.

Genossenschaft der hochwüchsigen Seggen (Magnocaricetum).

Die Großseggen bilden gesellig wachsende Bestände, die entweder dicht geschlossen sind oder Bülten bilden. Die Seggen sind wichtige Torfbildner, zumal die zahlreichen und starken Wurzeln bleiben erhalten (Radizellentorf) und machen häufig die Hauptmasse des Flachmoortorfes aus. Für die meisten Großseggen ist südliche Herkunft anzunehmen.

Verbreitete Arten sind:

Carex stricta Good., wächst bültig, die einzelnen Bülten bis meterhoch, oft von Wasser umgeben. Die vorjährigen Pflanzenreste umgeben die einzelnen Horste (Bülten), so daß die jungen Triebe an der Spitze hervorwachsen. Wichtigste torfbildende Segge.

Carex acutiformis Ehr. (= C. paludosa Good.), Ausläufer treibend, in wärmerer Lage verbreitet.

Carex rostrata Stockes (= C. ampullacea Good.).

Carex laseocarpa (= C. filiformis L.).

Außer den genannten Arten beteiligen sich noch zahlreiche andere an der Torfbildung; es sind ausdauernde, in ihren Lebensverhältnissen ähnliche Arten, die in einzelnen Gegenden selbständig ausgedehnte Moore bilden (z. B. Ungarn, Galizien) und wohl in keinem verlandenden Gewäser völlig fehlen. Die genannten Seggen sind nicht auf Moorboden beschränkt, sondern wachsen auch auf feuchten bis nassen Mineralböden.

Genossenschaft der niedrig wüchsigen Seggen (Parvocaricetum).

Die Seggenbestände gehen insofern ineinander über, als die Kleinseggen vielfach vereinzelt oder reichlich zwischen den Großseggen vorkommen. Wenn trotzdem an der Trennung in zwei Genossenschaften festgehalten ist, so geschieht dies, weil die niedrig wüchsigen Zyperazeen wohl charakterisierte Pflanzenvereine bilden, die zumeist im dichten Bestande wachsen und in der Regel die äußere Zone und die Schlußbestände der Verlandung bilden. Es sind Pflanzen geringer bis mäßiger Stoffproduktion, mit zumeist geringeren Anforderungen an Nährstoffe als die Großseggen. Neben den hierhergehörenden Carexarten nehmen noch andere Zyperazeen an der Zusammensetzung der Bestände teil. Bei ungünstiger Ernährung finden sich bereits Arten ein, die man in der Regel dem Hochmoore zuweist, so das scheidige Wollgras, Rhynchosporaarten, Scirpus caespitosus und andere, die aber ihre Stellung mit gleichem Rechte im Parvocaricetum finden.

Die torfbildenden Arten sind sämtlich ausdauernd; anzuführen ist Carex Davalliana Sm., Torfsegge, bildet dichte und feste Horste und Bülten. In Mooren des Alpenvorlandes sehr verbreitet.

Carex pulicaris L., C. canescens L., C. panicea, C. Hornschuchiana, C. flava, ferner Schoenus ferrugineus, Rhynchospora fusca, Eriophorum alpinum.

d) Die Hochmoore.

Die Hochmoore sind charakteristische Standorte durch ihre hohe Feuchtigkeit, Armut an Nährstoffen und niedere Temperatur im Beginn der Vegetationszeit. Die Flora bilden zumeist Pflanzen nordischer Herkunft.

Die Zahl der torfbildenden Arten ist gering; größer ist die Gesamtzahl der vorkommenden Arten, die in ihrer Verbreitung entweder ausschließlich oder vorwiegend auf Hochmoore beschränkt und den eigenartigen Lebensverhältnissen des Standortes mehr oder weniger angepaßt sind. Hierdurch bilden die Pflanzen der Hochmoore eine gut charakterisierte Pflanzengenossenschaft.

Torfbildner sind:

Die Torfmoose (Sphagneen) bilden eine eigene Gruppe der Moose; ihre Biologie ist seit langer Zeit ein Gegenstand des Studiums wie auch des Streites gewesen. Sphagneen wachsen sowohl im Wasser wie auf feuchten Böden und selbst auf dem Trocknen; sie bevorzugen aber humose Unterlagen so sehr, daß Vorkommen von Torfmoosen auf Mineralboden überhaupt bestritten wurde. Bezeichnend für die Sphagneen ist ihre hohe Wasserkapazität, die sie befähigt, große Mengen Wasser auch in Zeiten der Trocknis festzuhalten und hierdurch den Boden mehr oder weniger zu versumpfen.

Die Frage der Kalkfeindlichkeit der Sphagneen hat erst in neuester Zeit durch die Versuche von Paul ihre Lösung gefunden, der zeigte, daß es sich zunächst um den Einfluß der alkalischen Reaktion handelt, und daß die einzelnen Arten in ihrer Widerstandsfähigkeit stark voneinander abweichen. Die Sphagneen sind im allgemeinen nährstoffscheu und gegen stark absorbierbare Stoffe, wie Kali, Phosphorsäure usw., empfindlich. Versuche im Walde lehrten den Verfasser, daß Düngung mit Kalisalzen und Thomasphosphat eine Decke von Sphagnum acutifolium viel sicherer töteten und auf längere Zeit zum Verschwinden brachte als Überstreuen mit Ätzkalk.

Die Widerstandsfähigkeit der Sphagneen gegen stark wirkende Mineralien ist bei den einzelnen Arten verschieden; für alkalische reagierende kalkhaltige Wasser ist dies von Paul speziell untersucht, der die Arten in folgende Gruppen einteilt:

1. ausschließlich Hochmoorpflanzen; sehr empfindlich gegen Kalk: Sph. rubellum; Sph. fuscum.
2. Vorwiegend auf Hochmoor, aber auch auf mineralstoffarmem Verlandungsmoor.
   a) Auf Bülten und weniger nassen Stellen finden sich Sph. papillosum, Sph. moluscum und Sph. medium; diese Arten sind gegen Kalk empfindlicher als
   b) in Torflöchern und nassen Schlanken: Sph. cuspidatum und Sph. Dusenii.
3. Für Hochmoor nicht bezeichnende Arten (kommen aber auch auf Hochmoor vor).
   a) Waldsphagneen: Sph. acutifolium, Sph. quinquaefarium, Sph. Girginsohnii, Sph. cymbifolium, Sph. squarrosum. Es sind dies Arten, die im Walde und Moorwalde häufiger sind als auf Moor.
   b) Flachmoorsphagneen, zumal im nährstoffarmen Hypnetum häufig: Arten der Gruppe des Sph. subsecundum.
   c) Arten, die auf jeder Moorformation vorkommen können und nur den kalkreichen Flachmooren fehlen. Diese Gruppe umfaßt die gegen Kalk widerstandsfähigsten Sphagneen: Sph. recurvum, Sph. subnitens, Sph. Warnstorfii.

Die Sphagneen führen vielfach große, nach außen offene und untereinander durch Poren verbundene Zellen, die der Wasserdurchströmung und nach den Untersuchungen von A. Baumann[1]) der Mineralaufnahme dienen.

Die Sphagneen haben unbegrenztes Spitzenwachstum, daher kann die einzelne Pflanze sehr alt werden, indem der ältere Teil abstirbt und nur die obersten Teile der Pflanze weiterwachsen. In Moosbülten kann man die Einzelpflanzen oft bis in erhebliche Tiefe verfolgen.

Die Sphagneen sind Pflanzen der kalten und gemäßigten Zonen, überschreiten jedoch nur wenig die Wald- und Gebüschregion. In Hochgebirgen oberhalb der Waldesgrenze sind sie selten und nehmen auch nach dem Norden zu immer mehr ab; an ihre Stelle treten in arktischen Gegenden andere Moose von ähnlichem biologischen Verhalten, namentlich Dicranumarten.

Als nordische Arten, die im Gebiet der Hügeltundra wichtige Torfbildner sind, kann man Sph. Sternbergii und Sph. Lindbergii anführen; namentlich die erste Art ist sehr häufig.

Andere torfbildende Moose, die im Hochmoor auftreten, aber auch auf anderen Standorten vorkommen, sind:

Polytrichumarten, von denen P. strictum Banks im Hochmoor häufig ist, ferner P. commune L., im Walde vielfach ein Vorläufer der Sphagneen.

Dicranum Bergeri, häufig in Hochmooren; Aulocomnium palustre Schwägr.

Höhere torfbildende Pflanzen der Hochmoore sind:

Scirpus caespitosus L. (Rasenbinse). Wurzelt sehr fest; trägt fast nur Halme mit 1—3 Früchtchen. Kenntlich an der braunen oder gelben Querstreifung der Halmspitzen, die bereits nach dem Blühen auftritt. Die Rasenbinse bildet geschlossene Bestände.

Eriophorum vaginatum L. Scheidiges Wollgras. Einköpfig. Halme unten stielrund, oben dreikantig; Blütenköpfchen eirund. Erioph. Scheuchzeri treibt Ausläufer; ist am Halme lang beblättert; auf Flachmooren. Erioph. alpinum L., in Süddeutschland auf Hoch- und Flachmoor.

Die ersten Arten haben starke tiefgehende Wurzeln und finden sich meist auf nassen Stellen.

Die Wollgräser sind wichtige Torfbildner; ihr Vorkommen ist aber nicht eindeutig; in geschlossenen Beständen tritt das scheidige Wollgras auf nassen Stellen der Hochmoore auf, so daß man den Eindruck einer Verlandungspflanze auf sehr nährstoffarmem Wasser

[1]) Ber. d. bayr. Moorkulturanst., 3, 1910.

erhält. Hiermit stimmt auch das Vorkommen im Hypnetum überein.

Rhynchospora alba Vohl., gelegentlich verbreitet auf nassen Stellen des Hochmoores; zumal im Gebiete der Voralpen.

Scheuchzeria palustris L. Die dünnen, aber weit ausstreichenden Ausläufer dieser Juncaginee tragen reichlich zur Torfbildung bei. Die Scheuchzeria scheint früher viel häufiger gewesen zu sein. Nach dem häufigen Vorkommen im Hypnetum und auf sehr nassen Stellen der Hochmoore ist diese Pflanze wohl mit Recht als Verlander auf nährstoffarmem Wasser zu betrachten.

Im Hochmoore treten eine Reihe sehr charakteristischer Pflanzenarten auf, deren torfbildenden Eigenschaften gering sind. Es sind hier zu nennen: Vaccinium oxycoccus L. die Moosbeere; Andromeda polifolia L., Arten von Drosera; im Norden Rubus Chamaemorus.

Von Bäumen finden sich auf Hochmoor Kiefer, Birke und im Gebirge und auch sonst in Mitteleuropa häufig die niederliegende (Latsche) oder aufrechte (Spirke) Form der Bergkiefer.

II. Der Einfluß der Tiere auf den Boden.

Über die für den Boden und seine Umbildungen wichtigen Tiere ist in neuerer Zeit viel gearbeitet worden. Den ersten Anstoß zu diesen Forschungen gaben Darwin und P. E. Müller. Es fehlen jedoch noch Untersuchungen über die Größe der Arbeitsleistung und selbst über die Anzahl, in der die verschiedenen Arten im Boden vertreten sind.

Die Arbeit, die die Tiere im Boden leisten, wechselt nach ihrer Art und Menge. Man kann je nach der Lebensweise unterscheiden:

Tiere, die während ihres ganzen Lebens im Boden sich aufhalten und nur zeitweise an die Oberfläche des Bodens kommen. Es sind fast lauter Arten, die der feuchten Bodenluft angepaßt sind und in ihrer Organisation Annäherung an die wasserlebenden Tiere zeigen. An trockene Luft gebracht, sterben diese Arten ab. Die Färbung ist meist hell, weiß, gelblich oder rötlich. Hierher gehören die bodenlebenden Würmer, namentlich die Regenwürmer, ferner Colembolen usw. Auch der Maulwurf zählt dazu.

Tiere, die nur einen Teil ihrer Entwicklung im Boden durchmachen. Es sind namentlich Insekten, zumal Käfer, die während ihres Larvenzustandes im Boden leben.

Tiere, die ihre Wohnung im Boden nehmen. Hierher gehören alle Arten, die auf der Bodenoberfläche leben, aber bodenbewohnend sind, wie Ameisen, Termiten, viele Insekten, ferner zahlreiche

Säugetiere, die für die Umlagerung des Bodens örtlich Bedeutung gewinnen können.

Tiere, die den Boden beim Suchen nach Nahrung durchwühlen (umbrechen), mit ihren Füßen durchtreten u. dgl.

Die Anzahl der Tiere ist unter dem Einflusse der Menschen in allen stärker bewohnten Gegenden gewaltig zurückgegangen und in den Kulturländern nicht nur bezüglich der größeren Tiere gering geworden. Hierdurch sind die Verhältnisse von Menschen nicht bearbeiteter Böden wesentlich verändert worden, z. B. in den Wäldern Mitteleuropas oder in den Steppen.

Bodenkundliche Bedeutung haben ferner noch die Tiere, die sich von abgestorbenen Pflanzenresten ernähren. Ihre Tätigkeit bewegt sich namentlich in den dem Boden auflagernden Schichten. Es sind äußerst zahlreiche Arten, die vorkommen und sie sind zweifellos stark an der Zerstörung der Pflanzenreste beteiligt, ohne daß bisher ihre bodenbiologische Bedeutung eingehende Bearbeitung gefunden hat. Es ist namentlich das ganze Heer der Insektenlarven, deren Kot zur Krümelung im Boden beiträgt. Müller beschreibt „Insektenmull" unter Brombeergesträuch, bestehend aus zerfressenen und zerkleinerten Pflanzenteilen und Insektenkot. Im Innern faulender Bäume findet man oft die ganze humose Masse ausgezeichnet gekrümelt, sie setzt sich fast ausschließlich aus dem Kot von Insekten, zumal Käfer- und Tipulidenlarven usw. zusammen. Es ist auch auf die zeitweisen Massenvermehrungen forstschädlicher Insekten hinzuweisen (Nonne, Kiefernspinner, die Kiefernblattwespe [Lophyrus pini]). Der Kot der Raupen und Larven dieser Tiere häuft sich oft bemerkbar auf dem Boden an.

In welcher Zahl die kleineren, Pflanzenabfall verzehrenden Tiere auftreten können, läßt sich am besten am „Heerwurm" ersehen, den Larven einer Mücke, Sciara mirabilis Bechst., die in feuchten Jahren bei ihren Wanderungen nach Nahrung oft massenhaft auftreten: Beling[1]) beobachtete Züge von 15 cm Breite und 4 m Länge; am 1. August 1867 fand er auf 1 ha Fläche 46 Wurmzüge von 0,3 bis 3 m Länge.

Die niedere Tierwelt scheint namentlich im Rohhumus und in Torfböden in Menge aufzutreten. P. E. Müller fand Monothalamien, zumal Arten von Arcella und Difflugia verbreitet im Rohhumus, während sie den Mullböden fehlten. In den wasserreichen Stellen der Moore sind niedere tierische Organismen sehr zahlreich. Ihre Bedeutung für die Böden ist noch nicht näher untersucht. Einzelne niedere Tierformen leben von Bakterien; so daß

---

[1]) Zeitschr. f. Naturwiss. 56, S. 253 (1883).

es wahrscheinlich wird, daß sie örtlich die Bodenflora ungünstig beeinflussen.

Am eingehendsten untersucht sind bisher die Würmer und ihr Verhalten im Boden, speziell die Regenwürmer. Darwin und Müller schreiben den Regenwürmern die Bildung der gekrümelten oberen Bodenschicht, des Mullbodens, zu und gaben durch ihre Werke zuerst Veranlassung, der Tätigkeit der Tiere im Boden größere Beachtung zu schenken.

Wurmarten bilden die Hauptmenge der bodenlebenden Tiere, sparsamer finden sich Tausendfüße, Milben usw. In Sandböden überwiegen die Springschwänze (Colembolen).

Zur Untersuchung eines Bodens auf die vorhandenen Tiere macht man einen Ausstich bestimmter Größe; am besten benützt man dazu den Seite 308 beschriebenen Apparat zur Bestimmung des Bodenvolumens und breitet dann den Boden in dünner Schicht auf einer ebenen Fläche aus. Am empfehlenswertesten ist die Benutzung eines schwarz lackierten Eisenbleches mit niederem aufgebogenem Rande. Die Bodentiere sind empfindlich gegen Trockenheit; sowie der Boden zu trocknen beginnt, machen sich die Tiere durch lebhafte Bewegungen bemerkbar, und man kann bei einiger Aufmerksamkeit fast ohne Mühe auch die kleinsten Formen erkennen, zumal sie durch ihre helle Färbung auffallen. Bei dieser Methode ist es möglich, auch die Verteilung der Tiere im Boden zu beobachten, die sich oft in großer Zahl in verrottendem Holze oder in humosen Anhäufungen ansammeln.

Zur raschen Orientierung über die in einem Boden vorhandenen Tiere empfiehlt Graf Leiningen Überstreuen mit gepulvertem sauren Kaliumsulfat. Jede Zucker- oder Salzbüchse ist verwendbar. Die Tiere kommen dann fast sofort an die Oberfläche. Das Mittel ist jedoch nur auf feuchtem Boden oder nach Regen wirksam. Vielleicht könnte man durch künstliches Überbrausen des Bodens auf diesem Wege auch die Bewohner tieferer Schichten an das Tageslicht bringen.

Die Beweglichkeit der Bodentiere ist wohl nicht so gering als man zumeist annimmt. Kienitz gibt an, daß sich Engerlinge in lockerem Boden in der Stunde 20 cm weit bewegten. Die Ansammlung von Fadenwürmern bei anlockendem Nährmaterial zeigt, daß sie sich im Boden fortbewegen können. Die Regenwürmer legen bei feuchter Witterung an der Bodenoberfläche oft Wege von mehreren Metern zurück. Auffällig ist die Fähigkeit der Regenwürmer zum Klettern; sie stützen sich dabei auf die Spitze ihres Schwanzes, strecken ihren Körper so, daß er fadendünn wird, und ziehen sich hoch, sobald sie Halt finden. Aus Bechergläsern von 25 cm Höhe, die mit Filtrierpapier verschlossen waren, entwichen mir wiederholt Regenwürmer unter Durchbohrung des Papierverschlusses.

Wurmarten.

Die großen Lumbriciden, die tiefgehende Erdröhren bohren, meiden Böden mit reichlichem Gehalt an Steinen. Die Tiefe, bis zu der sie vordringen können, ist recht verschieden. Die mittelgroßen und kleineren Arten leben meist nahe der Oberfläche und scheinen nur horizontale Gänge anzulegen. Die großen Arten finden sich in feuchten bis frischen Böden, hauptsächlich in Schichten bis zu 1 m Tiefe, führen ihre Röhren aber auch bis 2 m und mehr. Die großen Formen der europäischen Steppen gehen bis 5 und selbst 7 m tief. Im Winter findet man diese Tiere unterhalb der gefrorenen Bodenschicht zusammengerollt in Winterruhe. Trocknet der Boden aus, so ziehen sich die größeren Regenwürmer in tiefere feuchte Bodenschichten zurück; in den Steppen fehlen sie während des Sommers, kommen aber sehr bald nach ausgiebigem Regen wieder nach oben. In diluvialen Lehmböden fand ich Würmer zur Herbstzeit wiederholt zusammengerollt in Tiefen von 75—100 cm. Empfindlich sind die Regenwürmer gegen Trocknis; bereits nach kurzer Zeit sterben sie an trockner Luft ab, während sie in Wasser tagelang unbeschädigt aushalten.

Die großen Regenwurmarten, die tiefe Röhren in dem Boden anlegen, bevorzugen frische bis feuchte, feinerdige Böden, sie fehlen in trockenen und dauernd nassen Bodenarten, vertragen jedoch zeitweise Überstauung sehr gut. Die Regenwurmarten mittlerer und kleinerer Größe, die zumeist in den oberen Bodenschichten verbleiben, sind weniger wählerisch im Aufenthalte und scheinen auch in etwas trockneren Böden auszuhalten. An Orten, die den Regenwürmern günstige Lebensbedingungen bieten, ist ihre Zahl oft sehr groß, es sind dies feuchte Senken, zumal unter lockerem Baumbestand, Inundationsgebiete der Flüsse, Felsspalten u. dgl. Auf Getreidefeldern ist die Anzahl in der Regel gering, nur an feuchten Stellen sind sie reichlicher vorhanden. Im Walde fehlen die großen Arten unter Rohhumus ganz, auch die kleineren sind selten; unter Angergräsern habe ich nie, auf vergrasten Böden nur sparsam Regenwürmer gefunden, dagegen zahlreich unter einzelständigen, bis zum Boden beasteten Laubholzbäumen (Buche, Hainbuche). Im Buchen- und Eichenwalde, sowie überhaupt unter gemischten Laubhölzern lebt eine meist nicht sehr zahlreiche, aber überall verbreitete Regenwurmbevölkerung.

Um einige Beispiele zu geben, fanden sich pro Quadratmeter in den Sandböden der Wälder bei Eberswalde im mit Buchen unterstandenen Kiefernwalde etwa 6—10 Stück meist kleinerer Regenwürmer; in Kiefernbeständen mit Rohhumus, Beerkräutern u. dgl. fehlten sie gänzlich oder kamen nur in vereinzelten Exemplaren vor. Nach van Schermbeek verhalten sie sich ebenso in den Heidegegengegenden Hollands, hier sind weite Strecken fast frei von Regenwürmern. Forstmeister Wulff[1]) gibt an, daß er die Arbeiter beauftragt habe, beim Graben von Pflanzlöchern die vorkommenden Regenwürmer zu sammeln; es sei ihm aber nur ein einziger gezeigt worden.

Essigsäure ist nach Darwin ein rasch wirkendes Gift für die Regenwürmer. Gegen „saure“ Böden und Humusstoffe sind sie unempfindlich.

Die Regenwürmer ernähren sich von abgestorbenen organischen Resten aller Art. Henry[2]) suchte die Menge der von Regenwürmern im Walde verzehrten Abfälle festzustellen. Er brachte in Holzrahmen je 100 Blätter von Eiche, Buche, Hainbuche; bei dem einen Versuche waren die Blätter der Hainbuche fast vollkommen verzehrt; bei einem zweiten nach zwei Monaten noch vorhanden 73 Buche, 71 Eiche, 10 Hainbuche. Für die letzte Art scheinen die Tiere besondere Vorliebe zu haben.

In 66 Tagen verzehrten 5 Würmer 6,745 g Nahrung, jeder Wurm für den Monat 1,55 g organische Trockensubstanz; bei 10 Monaten Tätigkeit und je 30 Würmern für 1 m^2 Boden ergeben sich rund 250 kg für 1 ha oder etwa $^1/_{10}$ der gesamten Blattmasse. Berücksichtigt man noch, daß die ganze Schar anderer Gäste des Waldes mitgearbeitet hat, sowie daß die angenommene Zeit wie auch die Zahl der Würmer für deutsche Verhältnisse zu hoch ist, so wird man diesen Teil der Arbeit der Regenwürmer nicht allzu hoch anschlagen dürfen.

Die größeren Wurmarten verschlingen viel Erde, die ihnen zum Zermahlen der organischen Reste dient, die die Hauptnahrung dieser Tiere ausmachen. Einen Teil ihres Kotes setzen sie in ihren Röhren ab, deren Wände dadurch feucht und schleimig erhalten werden. In den Steppenböden kann man die Röhren der Würmer bis in große Tiefe voll Wurmkot finden. Die Hauptmenge des Kotes häuft sich an den Eingangsöffnungen der Röhren, auf dem Boden an. Bei jedem Rückzug in die Röhre erfolgt Entleerung, so daß sich der Kot in kleinen Haufen in der Umgebung der Röhren sammelt, wohl auch deren Öffnung überdeckt. Die Form dieser Ausscheidungen ist sehr charakteristisch; sie zerfallen auch nur allmählich.

Auf Kalkböden fanden sich Kothäufchen von 0,8—4,5 g Gewicht; sie zeigten ziemlichen Zusammenhalt.

---

1) Zeitschr. f. Forst- u. Jagdwesen 1893, S. 429.
2) Journ. d'Agricult. prat. 1900, S. 778.

Die Zusammensetzung des Kotes weicht von dem der Feinerde des Bodens etwas ab. Mehrere Wurmarten haben Drüsen, in denen sie Kalk abscheiden und dadurch den Boden reicher an Karbonat machen. d'Anchald[1]) gibt dies ausdrücklich an. Die Zusammensetzung einer Gartenerde und des auf ihr abgelagerten Wurmkotes teilt Dusserre[2]) mit. Er fand:

	Ursprüngl. Erde %	Wurmkot %
Feiner Quarzsand	81,7	81,6
Ton	11,5	11,4
Organische Substanz	6,32	6,29
Stickstoff	0,294	0,252
Phosphorsäure, HNO_3-löslich	0,256	0,251
Kali	2,126	2,106
Kalk, löslich in HNO_3	1,143	1,180
in 100 Tl. P_2O_5 citratlöslich	28,50	34,66
Von dem Kalk war als $CaCO_3$ vorhanden	4,46	6,79
In 100 Teilen Stickstoff waren vorhanden:		
als Ammon	2,98	2,52
als Salpetersäure	0,71	3,80

Die Ausscheidungen der Würmer enthalten ziemlich viel schleimige Stoffe, es mag damit die Angabe vieler Gärtner im Zusammenhang stehen, daß Regenwürmer in Blumentöpfen den Boden „versauerten"; was etwa Dichtlagern des Bodens entspricht.

Die Bedeutung der Regenwürmer für den Boden ist nach ihrem Vorkommen sehr verschieden. Darwin stellte seine Beobachtungen zumeist in Parks an. Im englischen mildfeuchten Klima sind die Regenwürmer fast das ganze Jahr tätig und ein großer, vielleicht der größte Teil der oberen Bodenschicht ist durch den Leib dieser Tiere hindurchgegangen. Ihre Bedeutung läßt sich unter solchen Umständen kaum überschätzen. Müller machte seine Beobachtungen in den Buchenböden Dänemarks, er schreibt mit Recht der wühlenden und grabenden Tätigkeit der Regenwürmer große Bedeutung für die Lockerung des Bodens zu. Wollny hat dies später experimentell bestätigt; ein dichter Lehmboden wurde in eine lockere gekrümelte Masse umgewandelt. Man wird daher in der Tätigkeit dieser Tiere ein starkes Hilfsmittel der Lockerung und Krümelung des Bodens sehen. Unzweifelhaft fehlen sie aber zahlreichen Bodenarten, die doch zum Teil gut gekrümelt sind, gänzlich, oder sie finden

[1]) Journ. agron. prat. 1902 [3], S. 700.
[2]) Landw. Jahrb. d. Schweiz 1902.

sich in zu geringer Zahl, um wesentliche Bedeutung zu erlangen (Alpenhumus).

Hensen[1]) vertrat die Anschauung, die Pflanzenwurzeln bedürften der Wurmröhren beim Eindringen in den Boden, und tatsächlich folgen die Wurzeln auch gerne vorhandenen Wurmgängen, so bei den Aufforstungen der Steppenböden; anderseits ist aber eine Behinderung des Eindringens von Wurzeln auch dort nicht zu beobachten, wo dem Boden Würmer fehlen (Seelhorst, Journal f. Landw. 1902, S. 99).

Bisher sind wenig Untersuchungen über die Anzahl und Arten der in den verschiedenen Böden vorkommenden Wurmarten durchgeführt. Für die Schweiz liegen Bestimmungen von Bretscher[2]) und von Diem[3]) vor.

Bretschen gibt folgende Zahlen für die Umgegend von Zürich. Es fanden sich für 1 qm Fläche:

Garten	300	Lumbriciden	und	5 000	Enchytraeiden,
Wiese	700	,,	,,	8 000	,,
Fichtenwald	120	,,	,,	8 000	,,
Wiese (b. Cresta) . . .	2200	,,	,,	80 000	,,

Diem gibt Zahlen für verschiedene Höhenlagen der Schweiz, woraus die durchschnittlich erhebliche Abnahme des Tierlebens mit größerer Höhe zu ersehen ist.

Es fanden sich

bei 1300—1800 m Höhe	Weide	6440	Tiere,	davon	448	Lumbriciden,
	Wald	4590	,,	,,	336	,,
1800—2300 m ,,	Wiese	2990	,,	,,	326	,,
	Weide	1386	,,	,,	61	,,
	Wald	408	,,	,,	176	,,
2300—2700 m ,,	Weide	848	,,	,,	32	,,

Diem gibt an, daß in dem größten Teil der Schweiz die großen Regenwürmer nahezu fehlen.

Bei in München durchgeführten Untersuchungen der in bayrischen und norddeutschen Waldungen vorkommenden niederen Tiere wurden sehr große Abweichungen gefunden, ohne daß es möglich gewesen wäre, allgemeine Beziehungen abzuleiten.

Aus diesen ziemlich umfangreichen Bestimmungen, die über 100 Standorte berücksichtigen, ergab sich zunächst ein großer Unterschied zwischen Sandböden und an abschlämmbaren Stoffen reicheren Bodenarten. Die Sandböden waren arm, oft frei von Tieren, die übrigen enthielten sie in sehr wechselnder Anzahl. Es ist anzunehmen,

[1]) Landw. Jahrb. 1882, S. 662.
[2]) Revue Suisse de Zoologie 1900.
[3]) Jahresber. d. Naturf.-Ges. St. Gallen. Jahrg. 1901/02.

daß als wichtigster Faktor der durchschnittliche Gehalt an Wasser das Vorkommen beeinflußt. Ähnliche Beziehungen ergeben sich rücksichtlich des Humusgehaltes der Böden. Auf waldbewachsenen Mooren, auch auf Hochmoor, das sonst als sehr tierarm gilt, fanden sich Kleintiere in nicht unerheblicher Anzahl. Ein Einfluß der verschiedenen Baumarten trat nicht hervor; die Grenzzahlen schwankten etwa in gleicher Weise. Im allgemeinen hatten die Böden der Schonungen reicheres Tierleben als die der Altbestände. Auffällig war, daß ein begünstigender Einfluß durch einzelständige Sträucher nicht hervortrat und auch einschneidende Änderungen der Bodenfauna in unterbauten Lichthölzern nicht zur Beobachtung kamen. Dagegen zeigte sich der schädigende Einfluß größerer Kulturflächen, zumal auf Sandböden unzweifelhaft.

Krebse.

In den tropischen Mangrovedickichten sind Krebse bedeutsame Zerstörer der Abfallreste.

Wesenberg-Lund[1]) hat eingehend die Mitwirkung einer Krebsart, des Schlickkrebses, Corophium grossipes, bei der Ablagerung des Schlicks an den Nordseeküsten untersucht (vgl. Seite 190).

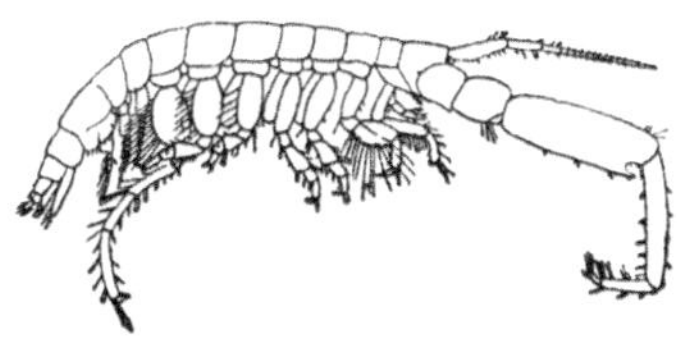

Abb. 55. Corophium grossipes. Der Schlickkrebs. Nach Wesenberg-Lund.

Insekten.

Von den Insekten haben alle Arten, die ihre Wohnung in die Erde bauen oder einen Teil ihres Lebens, in der Regel das Larvenstadium darin zubringen, Bedeutung für die Veränderungen des Bodens. Die meisten der Larven leben von Teilen lebender Pflanzen und werden deshalb den schädlichen Tieren zugerechnet. Als Beispiel kann der Engerling dienen, dessen Lebensweise in Max Kienitz[2]) einen Beobachter gefunden hat.

Die Engerlinge haben keine dauernden Röhren, sondern bewegen sich von einem Platze zum andern, indem sie Erde zusammenscharren, sie zu einem Klumpen ballen, den sie gegen die Brust halten und sich kopfüber über den Erdballen hinwegschieben, der hierdurch hinter den Engerling zu liegen kommt und mit dem Kotsacke der Larve der Rückwand fest angedrückt wird.

[1]) Prometheus 16, S. 579 (1905).
[2]) Zeitschr. f. Forst- u. Jagdwesen 1892, S. 99.

Auf Sandböden sind es die Larven der Cicindelen, Sandwespen, namentlich aber die Mistkäfer, die in merkbarer Weise zur Lockerung und Umlagerung der Böden beitragen (Keilhack).

Stärkere Wirksamkeit entfalten die Ameisen. Im tropischen Amerika sind es nach Sapper[1]) die blattschneidenden Ameisen (Atta-Arten), deren Bauten sich durch die rote Färbung des Bodens kennzeichnen, die erheblichen Einfluß üben.

Im gemäßigten Gebiete sind die große Waldameise und die kleine braune Ameise (Spitzenberg) als kräftige Bodenbearbeiter zu bezeichnen. Die Zahl der bewohnten Hügel der Waldameise nimmt in Mitteleuropa sehr schnell ab, wie jeder, der längere Jahre diese Tiere beobachtet hat, aus eigener Erfahrung feststellen kann. In schwach bevölkerten Gegenden ist auch bei ungünstigem Klima, wie im Norden die Zahl der Ameisenhügel sehr viel größer als in den Ländern mit starker Bevölkerung. Es ist hiernach anzunehmen, daß auch die Umbildung des Bodens in den Wäldern durch Ameisen früher viel umfassender war. Auf Weiden, an Berghängen u. dgl. ist die Zahl der Ameisenhügel der kleineren Arten oft sehr groß, so daß sie leicht ins Auge fallen und die abweichende Flora dieser Hügel zeigt, daß auch der Boden andere Eigenschaften aufweist als der von Ameisen unbewohnten Flächen.

In großer Ausdehnung bedecken die Bauten der Termiten die von ihnen bewohnten Gebiete, und es ist kein Zweifel, daß die Veränderungen des Bodens unter der Bearbeitung durch diese Tiere nicht unwesentlich sind. Nach H. Ingle[2]) enthielt die Erde der Termitenbauten in Transvaal viel mehr lösliche Phosphorsäure und Kali und die vierfache Menge an Stickstoff als der umgebende Boden.

Zur Krümelung des Bodens tragen wahrscheinlich auch die Spinnen bei, die zum Teil im Boden wohnen und namentlich zwischen auflagernden Pflanzenresten, unter Moosdecken oft sehr zahlreich vorkommen und durch ihr Gespinst geeignet scheinen, Krümel zu bilden.

Noch nicht gewürdigt ist die Arbeit der Collembolen, der Springschwänze in den Sandböden. Die Springschwänze leben von organischen Abfallresten und da sie auf vielen Sandböden die einzigen in großer Menge vorkommenden Tiere sind, so ist anzunehmen, daß ihr Anteil an der Umbildung der Humusstoffe recht beträchtlich ist. Die Kleinheit des Einzelwesens wird ausgeglichen durch die Individuenzahl. Für gewöhnlich entziehen sich die Collembolen der Beobachtung. An milden Wintertagen sammeln sie sich an der Ober-

---

1) Habilitationsschrift, Leipzig 1900, S. 25.

2) Ref. in Exp. St. Rec. 17, S. 227 (1905).

fläche des Schnees an, der dadurch zuweilen ganz grauviolett gefärbt erscheint. Zumal in Fußspuren, Wagengeleisen, kleinen Rinnsalen usw. ist die Menge der Springschwänze oft unglaublich.

Höhere Tiere.

Der Mensch hat die Zahl der freilebenden größeren Tiere stark dezimiert. Eine Ausnahme bilden vielleicht die kleinen Nager, die der Vernichtung zu entgehen vermögen. Für die Steppen sind zahllose mit dunklem Boden eingeschlämmte Höhlen erdbewohnender Tiere geradezu charakteristisch. Aber auch hier ist die Zahl der Tiere, ausgenommen wieder die kleinen Nager, gering geworden. Im europäischen Rußland sind die größeren Steppentiere beinahe ausgerottet, und Arten, wie der Ziesel, werden fortgesetzt verfolgt.

Nun handelt es sich dabei zumeist um Tierarten, die der menschlichen Wirtschaft schädlich sind, aber mit ihnen verschwindet ein Faktor, der für die Umbildungen im Boden Bedeutung hatte.

Die Schilderungen der amerikanischen Prärien zeigen, in welchem Umfange dort die Böden noch heute durch größere Tiere umgelagert werden, und auch in unseren Gegenden ist ihr Einfluß örtlich nicht unerheblich. Unter Buchen, im Nadelholzbestande findet man häufig Rohhumusschichten so stark von Mäuseröhren durchsetzt, daß es schwierig ist, auch nur eine Handbreit nicht umgelagerten Bodens zu finden. Die Röhren verlaufen im Rohhumus und sind fast stets auf der Fläche des Mineralbodens angelegt. In Flußniederungen sind die Auswürfe von Erde durch Nager oft ganz bedeutend. So fand ich z. B. in Illertissen mindestens die Hälfte einer Schlagfläche im Auwalde mehrere Zentimeter hoch mit herausgeschaffter Erde überlagert.

Maulwürfe. Das wichtigste Tier für Bodenbearbeitung in unsern Gegenden ist der Maulwurf. Es ist erstaunlich, welche Erdmengen von ihm ausgeworfen werden, und die häufig aus 20—30 cm Tiefe stammen. Im Walde habe ich Stellen gefunden, die bis zu einem Viertel ihrer Masse von Maulwürfen umgelagert waren. Noch wichtiger ist die Lockerung des Bodens durch das häufige Befahren der Gänge.

Wegen der Vertilgung von Regenwürmern haben sich in neuerer Zeit Stimmen gegen den Maulwurf erhoben. Abgesehen aber davon, daß die Regenwürmer sich unter geeigneten Verhältnissen hinreichend stark vermehren, ist der Maulwurf doch auch ein Feind vieler schädlicher Larven. Besonders geschont zu werden verdient er in Wiesen, Weiden und dem Walde, wo der Mensch den Boden nicht bearbeitet; man sollte den Maulwurf hier aussetzen, wenn er dort gefangen wurde, wo er natürlich nicht zu dulden sein wird, nämlich im Garten, dem Saatkamp und ähnlichem Kulturland.

Für die Forstkultur wichtig sind ferner noch die Schweine. Das Wildschwein wird nach und nach ausgerottet, um so mehr hat der Forstmann Ursache, den Eintrieb zahmer Schweine zu begünstigen. In Gebieten mit sehr flachgründigem, erdarmen, steinigen Boden kann zwar die umbrechende Tätigkeit der Schweine eher schaden als nützen, in weitaus den meisten Fällen wird sie jedoch von großem Vorteil sein. Findet regelmäßiger Eintrieb statt, so ist oft die ganze Bodendecke umgebrochen und sind zahlreiche Stellen des Waldbodens aufgewühlt. Die so hervorgerufene Bodenverwundung ist wohl weit wichtiger als die Vertilgung der im Boden vorhandenen Insekten. Namentlich in allen Fällen beginnender Rohhumusbildungen ist der Schweineeintrieb ein hochwichtiges Kulturmittel und kann dessen Begünstigung nicht angelegentlich genug empfohlen werden.

In ähnlicher Weise günstig für die Bodenverwundung wirkt die Tätigkeit aller größeren huftragenden Tiere, wenn auch ihre Leistung weit hinter der der Schweine zurücksteht. Deutlich und nicht gerade immer zum Vorteile des Bodens und der Vegetation tritt die Einwirkung der Tiere dort hervor, wo größere Herden regelmäßig weiden, im Gebirge und in den Heidegebieten. An Bergen und Abhängen haben Schafe und Ziegen oft eine ganz ausgeprägte terrassenartige Ausbildung herbeigeführt. Im Walde, wo schon durch den geringen Futtervorrat ein häufiger Weidegang auf derselben Fläche ausgeschlossen ist, treten die Hufe der Tiere durch die Rohhumusschichten, durchbrechen diese und schaffen Luft wie Wasser leichten Zugang zum Mineralboden. Es sind dies in hohem Grade vorteilhafte Wirkungen. Natürliche Verjüngung und reichlicher Anflug der Kiefer finden sich daher fast nur in solchen Gebieten, die sehr reichen Wildstand haben, oder in denen Waldweide geübt wird. (Beispiele hierfür sind z. B. Schutzbezirk Bralitz des Reviers Freienwalde an der Oder; seit Aufhören der Waldweide gelingt die natürliche Verjüngung der Kiefer nicht mehr. Ferner das Revier Darß mit reichem Wildstand.)

So sehr ausgedehnte Waldweide durch Verbeißen der Tiere auf das Verschwinden des Unterholzes hinwirkt und dadurch wohl auf besseren Böden die Bildung der reinen Nadelholzbestände Norddeutschlands mit veranlaßt hat, so vorteilhaft ist anderseits die Wirkung der Bodenverwundung. Ausnahmen hiervon bilden feuchte und zähe Bodenarten (Ton, schwere Lehmböden), sowie Sandböden, die zum Flüchtigwerden neigen.

Zweifellos bildet die Tätigkeit der Tiere für den Boden ein wertvolles und in einzelnen Fällen für die Strukturverhältnisse geradezu entscheidendes Moment, das die volle Würdigung zumal des Forstmannes verdient und dies um so mehr, als die für die Landwirtschaft gebräuchlichen Kulturmaßregeln doch nur eine sehr beschränkte Verwendung im forstlichen Betriebe finden können.

Viel umfangreicher als in den gemäßigten Zonen scheint die Einwirkung des Tierreiches in den wärmeren Gebieten zu sein.[1]) Manche Eigenschaften der Böden der Tropenzone, deren tiefgehende Porosität, die Tatsache, daß große Regenmengen vom Boden aufgenommen werden, also nicht oberflächlich abfließen, sondern sofort in die Tiefe versickern, lassen sich kaum ohne die Annahme erklären, daß neben verrottenden Pflanzenwurzeln noch die Gänge und Höhlen der zahlreichen erdbewohnenden Tiere dem Wasser einen Weg eröffnen. Hierin fände auch die oft behauptete und mit guten Beispielen belegte schädigende Wirkung ausgedehnter Entwaldungen in den Tropen ihre Erklärung. Mit dem Verschwinden des Waldes wird sicher ein großer Teil der erdlebenden Tiere die Möglichkeit ihrer Existenz verlieren und mit deren Vernichtung wird das Eindringen des Wassers in den Boden beschränkt werden und natürlich auch die Wasserversorgung der Vegetation wie der Quellen sich wesentlich ungünstiger gestalten.

III. Die Beeinflussung des Bodens durch den Menschen.

Der wirksamste Faktor der Bodenbeeinflussung ist der Mensch. Mittelbar, indem er die ursprüngliche Flora und Fauna eines Gebietes verändert, unmittelbar, indem er den Boden bearbeitet, bebaut und ihn so zu gestalten sucht, wie er für seine Zwecke am brauchbarsten ist.

Bereits eine mäßig dichte Bevölkerung reicht aus, starke Wandlungen in der Großfauna herbeizuführen. Die europäischen Rindarten, die Büffelherden Nordamerikas, der Wildreichtum Südafrikas sind trotz der dünnen Bevölkerung der betreffenden Länder vernichtet oder stark vermindert worden. Diesen Verlust ersetzt der Mensch durch die Herden seiner Haustiere, die auf bestimmte Flächen beschränkt, örtlich viel stärker die Vegetation beeinflussen als es die wilden Herden jemals vermochten.

Ein anderes Mittel, das mit und ohne Absicht starken Einfluß auf die Veränderung von Pflanzendecke und Boden herbeiführt, ist

[1]) Keller (Humusbildung und Bodenkultur. Leipzig 1887) beschreibt aus Madagaskar meterlange Regenwürmer und schreibt der Tätigkeit der Tiere in feuchten Lagen weitgehenden Einfluß auf die Bodenverhältnisse zu.

das **Feuer**, das nicht nur Waldungen vernichtet, sondern regelmäßig angewandt die Vegetation großer Gebiete stark verändert.

Die Einwirkung von Feuer auf unsere Waldböden ist bisher nicht genauer erforscht worden. Die Bodendecke wird vernichtet und die oberste Bodenschicht stark verändert. Hierauf weist das Auftreten eines Pilzes, Pyronema confluens, hin, der sich nur auf Brandflächen findet und der bisher nur auf sterilisiertem Substrat zu erziehen ist.

Die ersten Pflanzen auf Brandflächen sind Moosarten, von denen Polytrichum juniperinum, Funaria hygrometrica und Ceratodon purpureus zu nennen sind. Es sind sämtlich Arten, die auch sonst auf verdichteten Böden mit stark wechselndem Wassergehalt verbreitet sind.

Die umfassendste Anwendung hat das Brennen der Böden auf Hochmooren gefunden. Es erfolgt dabei ein starker Verlust an Bodensubstanz und ein erheblicher Teil des gebundenen Stickstoffes geht verloren.

Der Mensch übt ferner starken Einfluß aus, indem er die Vegetation für seine Zwecke nutzt; es geschieht dies sowohl unmittelbar durch Entnahme der Produkte, als mittelbar durch weidende Tiere. Namentlich der Wald wird hierdurch in seiner Zusammensetzung verändert und selbst in seinem Bestande bedroht. Besonders an den Waldgrenzen oder auf ungünstigen Böden tritt dies hervor. Da hier die Verjüngung des Waldes überhaupt erschwert ist, genügt bereits ein mäßiger Eingriff, um starke Veränderungen herbeizuführen.

Am wenigsten macht sich die Mitwirkung des Menschen bei der Verschiebung der nördlichen Waldgrenzen bemerkbar, die zumeist eine Folge der Ausbreitung der Moore ist; aber auch hier ist der Einfluß des Menschen nicht ganz bedeutungslos.

Im Hochgebirge ist das Sinken der Waldesgrenzen ausschließlich das Werk der Menschen. In den Gebirgen des Mittelmeergebietes ist die Entwaldung zumeist eine Folge der Ziegenweide, die jede Neubestockung verhindert. Bekannte Beispiele hierfür sind die österreichischen Karstgebirge und die Gebirge Italiens und Spaniens.

Im nördlichen Europa ist die Ausbreitung der Heiden, die jetzt große Flächen früherer Wälder bedecken, überwiegend die Folge menschlicher Eingriffe; ebenso sind die Dünen der Ostseeküste erst nach der Entwaldung wieder beweglich geworden.

Im tropischen Gebiete bedecken sich entwaldete Stellen vielfach mit Schilfgräsern oder werden zu Savannen.

Die stärkste und verderblichste Änderung, die die Zerstörung der ursprünglichen Vegetationsdecke durch den Menschen hervorruft, ist die gesteigerte Abfuhr der Verwitterungsprodukte durch den Regen. Besonders macht sich dies in den Tropen und in ariden Gegenden geltend, fehlt aber auch in den gemäßigten nicht und erreicht in allen Hochgebirgen gewaltige Größe. Die Verheerungen der Murbäche sind wenigstens zum Teil eine Folge der Entwaldung; die Schäden, die der Boden infolge Entwaldung erlitten hat, sind kaum hoch genug anzuschlagen.

Den größten ökonomischen Schaden hat die Zerstörung der ursprünglichen Vegetationsdecke in den Steppen der ariden Gebiete hervorgerufen. In Südrußland nehmen die Wasserrisse (Balky) bereits große Strecken ein und erweitern sich noch fortgesetzt. In Nordamerika sind die Flächen, die früher Kulturland waren und jetzt unnutzbar geworden sind, von erschreckender Größe. In den Gebirgen der gemäßigten Klimate wird die Bildung von Muren durch Entwaldung gesteigert.

Landwirtschaftlich genutzte Böden.

Die Benützung des Bodens als Acker und zu anderen Zwecken der Landwirtschaft führt zu starken Umbildungen. Durch Bearbeitung wird die obere Bodenschicht verändert, die regelmäßige Entnahme der Feldfrüchte entzieht dem Boden beträchtliche Mengen von Mineralstoffen, die Düngung führt ihm wiederum neue Bestandteile zu.

Welche Veränderungen bezüglich der Zusammensetzung eines Bodens durch Bearbeitung und Getreidebau hervorgebracht werden, zeigen die Untersuchungen von Prärieböden. So fand Snyder[1]), daß der Humusgehalt der Böden nach 15—20jährigem ununterbrochenem Anbau von Getreide sich in der Regel um die Hälfte verminderte, der Gehalt an Stickstoff nach 20—25 Jahren Anbau von 0,4% auf 0,25% zurückging. Auch andere Nährstoffe der Pflanzen wurden weniger.

Tuxen[2]) untersuchte den Gehalt an Stickstoff in Böden, die 30 Jahre mit Gras, Gerste und im Wechsel mit Weizen, Rüben, Gerste und Bohnen bestellt waren. Die Zahlen zeigen nicht nur den Einfluß des Fruchtwechsels, sondern auch der verschiedenen Dünger. Der Boden enthielt Kilogramm Stickstoff für einen Hektar:

	Gras	Gerste	Fruchtwechsel
nicht gedüngt	4638	3470	5025
mit Mineraldünger	5010	3403	5185
mit Stalldünger	6793	4804	6164

Der Kalkgehalt der Ackerböden vermindert sich konstant; diese Erschöpfung wird namentlich durch Mineraldünger beschleunigt.

1) Agr. Exp. St. Univ. Minnesota. Bull. 89 (1905).
2) Landw. Vers.-Stat. 50, S. 338 (1898).

Die einzelnen Früchte wirken verschieden auf den Boden ein. So nimmt z. B. Rübe große Mengen von Natrium auf, die Kartoffel nicht.

Die physikalischen Veränderungen der Kulturböden werden namentlich durch die Bodenbearbeitung hervorgerufen. Das jährlich wiederkehrende Umpflügen einer abgegrenzten Bodenschicht, in der überragend die Düngung verbleibt und in der die Hauptverbreitung der Wurzeln stattfindet, schafft einen Gegensatz zwischen Ackerkrume und Untergrund. Es ist auffällig, daß diese Erscheinung noch sehr wenig wissenschaftlich erforscht ist.

Die Ackerkrume ist locker gelagert und bei allen besseren Kulturböden gekrümelt, gegenüber dem Untergrund, in dessen oberster Schicht nicht selten eine leichte Verdichtung (Pflugsohle) stattgefunden hat. Die Krümelung der Ackerkrume führt dazu, daß sie besser durchlüftet wird und während der Vegetationszeit durchschnittlich höhere Temperatur hat als unbearbeiteter Boden. Die Gesamtsumme der Einwirkungen bezweckt, dem Boden solche Eigenschaften zu geben, daß er ein vorzüglicher Standort für die Ackerpflanzen wird, die so sehr Kulturpflanzen geworden sind, daß sie zur selbständigen Erhaltung, d. h. ohne Hilfe der Menschen, nicht mehr befähigt sind. Ein Getreidefeld (Weizen, Roggen) sich selbst überlassen, trägt im zweiten Jahre nur noch sparsam Getreidepflanzen, die im dritten Jahre verschwinden oder auf einige wenige Exemplare vermindert sind.

Das Ziel, das dem Menschen bei der Umwandlung eines ursprünglichen Bodens in Kulturland vorschwebt, ist, den zu bauenden Pflanzen Existenzbedingungen zu schaffen, wie sie der beabsichtigten Produktion am vollkommensten entsprechen.

Mit zunehmender Intensität der der Verwirklichung dieses Zieles dienenden Maßnahmen, hauptsächlich der Düngung und Bearbeitung, gleichen sich innerhalb gewisser Grenzen die anfänglichen Bodenunterschiede immer mehr aus.

Die regelmäßige Ackerkultur verändert die Böden so weit, daß die ursprüngliche Pflanzenwelt darauf ungünstige Verhältnisse der Entwickelung findet. Im forstlichen Betriebe ist die Aufforstung früherer Ackerflächen ein Gegenstand fortgesetzter Sorge. Nach üppiger Jugendentwicklung versagen die zumeist verwendeten Nadelhölzer, werden wurzelfaul und kommen früher oder später zum Absterben. Die traurige Verfassung der „Ackerkiefer" ist bekannt.

Die tieferen Schichten des Bodens dieser alten Ackerflächen sind wohl stets sehr dicht gelagert. Albert[1]) teilt darüber eine An-

---

[1]) Zeitschr. f. Forst- u. Jagdwesen 1907, S. 283.

zahl Untersuchungen mit, die über dieses Verhalten keinen Zweifel lassen. Aber auch die frühere Ackerkrume lagert sich nach mäßiger Zeit dicht zusammen. Die Ursache dieses Verhaltens ist noch nicht genügend erklärt.

Bodenmüdigkeit. Viel besprochen ist die Erfahrung, daß nicht alle Pflanzenarten längere Zeit auf derselben Stelle wachsen können. Es betrifft dies namentlich die vereinzelt vorkommenden Arten, die bei der Kultur allein oder vorherrschend den Bestand ausmachen. Namentlich der gärtnerische Betrieb ist reich an Beispielen, daß es große Schwierigkeiten bietet, bestimmte Arten wieder auf derselben Stelle zu erziehen, wo die gleiche Art vorher gewachsen ist. Man bezeichnet dieses Verhalten als Bodenmüdigkeit. In einzelnen Fällen ist es gelungen, hierfür die Ursache im Auftreten von tierischen (meist Nematoden) oder pflanzlichen Parasiten (Bakterien) oder in Erschöpfung der Böden an Nährstoffen nachzuweisen. In vielen Fällen genügen diese Erklärungen nicht und nimmt man vielfach an, daß die Pflanzen Stoffe ausscheiden, die für ihre Art schädlich sind. So entzogen Pouget und Chonchak[1]) Böden, die früher Lupinen getragen hatten, ein wässeriges Extrakt. Begoß man mit dessen Lösung Kulturen von Lupinen, so wuchsen sie stets schlechter als ohne Zusatz. Extrakt aus anderen Böden sowie die Asche des Lupinenextraktes steigerten dagegen die Ernten. Die Frage ist noch nicht genügend geklärt, manche Erfahrungen bei Pilzkulturen (Absterben der Hefen bei hohem Gehalt an Alkohol, vieler Säure bildenden Bakterien bei hohem Säuregehalt im Nährboden) sprechen dafür, daß in der Tat Ausscheidungen des Stoffwechsels bei den Erscheinungen der Bodenmüdigkeit mitwirken können.

Im großen Umfange werden jetzt Studien über den Einfluß von Ausscheidungen der Pflanzen auf die Bodenfruchtbarkeit unter Whitney betrieben. So ist es Osw. Schreiner und C. Schorey[2]) gelungen, aus unproduktiven Böden eine organische Substanz kristallinisch abzuscheiden, die die Eigenschaften der Dioxystearinsäure hat und schädlich auf Pflanzen einwirkt.

Es ist sehr bedenklich, aus derartigen Erfahrungen den Schluß zu ziehen, daß die Böden allgemein unter den Produkten des Stoffwechsels der Pflanzen leiden, anderseits liegen genug Erscheinungen vor, die sich am leichtesten durch Annahme solcher Einflüsse deuten lassen.

---

[1]) Compt. rend. Par. Akad. 145, S. 1206 (1907).

[2]) Agr.-chem. Zentralbl. 1910, S. 58.

Fünfter Abschnitt.

Lagerung, Ausformung und Ortslage der Böden.

Im gewachsenen Boden finden sich vielfach erhebliche Unterschiede in der Zusammensetzung, selbst wenn die Bildung unter sehr gleichartigen Verhältnissen verläuft. Am einheitlichsten sind die aus größeren Wasserläufen abgesetzten Sandböden; wie sie z. B. im nordischen Diluvium vielfach auftreten. Die Talsande z. B. behalten oft weithin gleiche Korngröße und wechseln nur sehr wenig in der Zusammensetzung. Ähnlich verhält sich der Löß, soweit er nicht durch Vorgänge der Verwitterung und Auswaschung verändert ist. Auch die Schwarzerden und andere Prärieböden sind sehr gleichartig; viel weniger ist dies der Fall bei Böden, die aus der Verwitterung anstehender Gesteine hervorgegangen sind. Werden jungfräuliche Böden urbar gemacht und in landwirtschaftlichen Betrieb genommen, so bedarf es meist eines längeren Zeitraumes, einiger Jahre, bis Bodenbearbeitung, Düngung und die Einwirkung der Ackerpflanzen gleichmäßigere Verhältnisse schaffen.

Natürlich steigern sich die Unterschiede stark und bleiben auch bei langer Kultur erhalten, wenn das Gestein wechselt. In Moränengebieten z. B. wechseln die Ablagerungen oft in Entfernung von wenigen Metern, so daß selbst alte Ackerkultur nicht vermag, einen Boden einheitlich zu gestalten.

Zu diesen Unterschieden, die in der horizontalen Verbreitung hervortreten, gesellen sich die kaum weniger wichtigen Verschiedenheiten in der Schichtenfolge. Als Regel kann gelten, daß die Böden um so häufigere und stärkere Abweichungen zeigen, je geringer ihre Mächtigkeit ist. Für die Pflanzenwelt können dann Differenzen von ein oder einigen Dezimetern der Bodendicke, das Auftreten von Spalten, die tiefere Schichten erschließen und ähnliche Einflüsse Wichtigkeit gewinnen, daher ist die Kenntnis der Schichtenfolge des Bodens, des Bodenprofils, von besonderer Bedeutung, sowohl für die wissenschaftliche Bodenkunde wie auch für alle Fälle ihrer ökonomischen Anwendung.

Beobachtungen über die Wichtigkeit des Bodenprofiles sind wohl mit zuerst von W. Schütze veröffentlicht worden, der auf der Weltausstellung in Wien 1875 eine größere Anzahl von typischen Bodenprofilen des norddeutschen Flachlandes ausstellte. Eingehende Behandlung fanden diese Fragen besonders durch Orth, der in zahlreichen Veröffentlichungen auf Berücksichtigung des Bodenprofiles drang.

1. Bodenprofil.

Die Masse des Bodens ist in der Regel nicht gleichmäßig zusammengesetzt, sondern es sind fast stets verschiedene Schichten vorhanden, die sich durch Humusstoffe, Lagerungsweise auch erkennen lassen, wenn die Zusammensetzung nicht wesentlich schwankt. Die einzelnen Bodenschichten haben vielfach aufeinander (Wasserführung, Durchlichtung, Nährstoffgehalt) und auf die vorhandene Pflanzenwelt Einfluß. Als Regel kann dabei gelten, daß Schichten verschiedener Zusammensetzung um so günstiger für die Pflanzenwelt sind, je weiter sie in ihren Eigenschaften voneinander abweichen.

Die Kenntnis der Schichtenfolge erlangt man durch Einschläge oder Bohrungen. Von Handbohrern sind Bohrstöcke sehr dienlich, die bis etwa 1 m Tiefe reichen, ferner die leichten und billigen, bis 2 m Tiefe reichenden Bohrer, welche die geologischen Landesanstalten bei Flachlandaufnahmen benutzen. Bei diesen Instrumenten sind die gelieferten Bodenproben sehr klein. Mit Hilfe eines Tellerbohrers kann man jedoch ohne zu große Mühe und Belastung genügende Bodenmengen auch aus mehreren Metern Tiefe erhalten. Für bodenkundliche Zwecke begnügt man sich zumeist mit Bohrungen bis 1—2 m Tiefe.

Vielfach kann man auch an Grabenwänden, Wegeinschnitten u. dgl. Einblick in den Bodenbau erhalten.

Im bearbeiteten Boden unterscheidet sich die regelmäßig umgebrochene Schicht des Bodens, „die Ackerkrume", durch gleichmäßige Lagerung und gleichmäßigen Humusgehalt meist deutlich vom Unterboden. Vielfach ist der unmittelbar unter beackertem lagernde Boden, „die Pflugsohle", dicht gelagert; tonige Teile sind zugeführt und Konkretionen (Eisen, Ton, Humusniederschläge) verdichten die Bodenteile. Zumal auf leichteren Böden treten solche Verdichtungen auf; sie sind am kenntlichsten in Zeiten der Trocknis.

Im gewachsenen Boden sind drei gut unterscheidbare Bodenschichten vorhanden, die aber nicht selten sehr verschieden stark ausgebildet sind, diese Schichten stehen in enger Beziehung zu den bodenbildenden Prozessen. Nur in seltenen Ausnahmen, z. B. in jung abgelagerten Dünen tritt diese Schichtung nicht hervor, da die Verwitterung noch nicht Zeit hatte, tief genug einzudringen, man bezeichnet solche Böden als ungegliedert.

1. Oberboden, Dammerde (Muttererde, Nahrungsschicht usw.). Die oberste, in guten Waldböden immer gekrümelte, durch beigemischten Humus gefärbte Bodenschicht; mehr oder weniger scharf getrennt von den unteren Lagen des Bodens.

Chemisch charakterisiert sich diese Bodenlage dadurch, daß die Verwitterungsvorgänge in derselben überwiegend beendet und daß die leichter angreifbaren Mineralbestandteile bereits zersetzt sind.

Einen nachhaltigen Zuschuß von Pflanzennährstoffen kann diese Bodenschicht kaum mehr durch fortschreitende Verwitterung, sondern nur von außen erhalten, sei es durch Düngung in der Landwirtschaft oder durch die Auslaugung und Verwesung der Streu im Walde. In bezug auf die chemische Zersetzung ist die oberste Bodenschicht häufig ärmer an löslichen und immer ärmer an unlöslichen Mineralstoffen als der unterlagernde Boden. Wenn trotzdem die Keimung und die Entwicklung der jungen Pflanzen in der humosen Bodenschicht am besten vor sich geht, die Wurzeln der Bäume sie nach allen Richtungen durchziehen, so liegt dies wohl überwiegend in der Lockerheit und guten Durchlüftung, sowie in dem durch die Humusbeimischung bedingten Stickstoffgehalt und der höheren Frische des Bodens.

Die obere Bodenschicht ist in der Regel arm an ungesättigten, aufquellbaren Kolloiden. Der Boden trocknet zeitweise mehr oder weniger in den oberen Schichten aus oder gefriert in der kalten Jahreszeit, beides Vorgänge, die dazu führen, Kolloide als Gele abzuscheiden.

Der Oberboden ist zugleich der Standort der wichtigsten biologischen Vorgänge sowie der Hauptverbreitung des Tierlebens und niederen Pflanzenlebens.

Im Ackerboden tritt dies besonders stark hervor. Hier sorgt die regelmäßige Bodenbearbeitung und Düngung sowohl für gesteigerte Lebenstätigkeit der niederen Pflanzenwelt, wie auch für absorptive Sättigung der Kolloide; die Bodenbearbeitung und zeitweises Austrocknen und Gefrieren für Bildung von Gelen. Die „Ackerkrume“ fällt vielfach, aber durchaus nicht immer mit der bodenkundlich als Oberboden bezeichneten Schicht zusammen, die in vielen Fällen größere Mächtigkeit besitzt. Die Ackerkrume ist ein Produkt einer bestimmten biologischen Einwirkung, der Bearbeitung durch den Menschen; der Oberboden dagegen ein Produkt der Verwitterungsvorgänge.

2. Unterboden. Die zweite Bodenschicht, die von dem humosen Boden überlagert und von dem Rohboden unterlagert wird, zeichnet sich meist durch braune oder rote Farben aus; sie ist bei normalen Verhältnissen dichter gelagert als die überliegende Schicht, zeigt aber zumeist noch eine für das Eindringen der Wurzeln hinreichende Lockerheit. In ihr oder auf ihr findet sich in fruchtbaren Böden die hauptsächlichste Verbreitung der Baumwurzeln.

Chemisch ist die zweite Bodenschicht als die eigentliche Verwitterungszone des Bodens zu betrachten. In ihr findet reichlich Aufschließen und Zersetzung der unlöslichen Mineralien statt; hierdurch wird diese Lage in der Regel die reichste an löslichen und von mittlerem Gehalte an unzersetzten Mineralstoffen. Die rote oder braune Färbung wird durch Ausscheidung von Eisenoxyd und dessen Hydrat bei der Verwitterung veranlaßt.

Diese Schicht ist gelbildenden Vorgängen wenig ausgesetzt, zumal bei größerer Mächtigkeit des Oberbodens. Die biologischen Einflüsse sind stark vermindert; aber beide reichen noch aus, den Boden in seinem Charakter zu beeinflussen, zumal etwa bis hierher die leichte Durchlüftbarkeit reicht.

In stark ausgewaschenen Böden erfolgt in dieser Lage die Abscheidung von oben zugeführter Bestandteile, namentlich der kolloiden Humuskörper, mit denen Eisen- und Tonerde ausgefällt werden.

In salzreichen Böden ist der Unterboden häufig der Horizont, in dem die Salze der aufsteigenden Wasserströmung zur Abscheidung kommen, namentlich Eisenverbindungen und Kalkkarbonat; beide werden überwiegend durch den Einfluß der eindringenden atmosphärischen Luft abgeschieden (Oxydation durch Luftsauerstoff bei den Eisenverbindungen; Dissoziation des sauren Kalkkarbonates in der an Kohlensäure ärmeren Luft). Auch der Einfluß der Wurzeln macht sich hier stark geltend; manches deutet darauf hin, daß die Pflanzen aus diesen Schichten hauptsächlich ihren Wasserbedarf decken.

3. Untergrund, Rohboden. Die dritte Bodenschicht stellt den Rohboden dar. Es ist erst schwach von der Verwitterung angegriffenes Gestein; bei anstehenden Felsmassen sind diese bereits mehr oder weniger zerfallen, aber noch wenig zersetzt. Diese Bodenschicht ist daher an löslichen Salzen arm, aber dafür reich an aufschließbaren Bestandteilen.

Die dreifache Schichtung des Bodens läßt sich im humiden Gebiet fast überall verfolgen. Gelegentlich kann einmal eine Schicht schwach ausgebildet sein, wohl auch fast völlig fehlen; es sind dies aber immerhin Ausnahmen. Die oberste Bodenschicht ist mehr oder weniger scharf von der unterlagernden unterscheidbar, während die zweite vielfach allmählich in den Rohboden übergeht.

4. Tieferer Untergrund. Der Untergrund eines Bodens kann von anstehendem, durch Verwitterung noch wenig angegriffenem Gestein (im weitesten Sinne, umfaßt also auch Sand, Grand-, Tonschichten) oder vom Grundwasser gebildet werden. Aus der angenommenen Definition geht hervor, daß unter Umständen, z. B. in einem einheitlichen Sandboden von großer Mächtigkeit, eine Grenze zwischen Untergrund und tieferem Untergrund nicht vorhanden ist, beide gehen ineinander über. Man muß dann eine willkürliche Trennung vornehmen, wofür die Tiefe von 1 m gerechtfertigt erscheint.

Die russischen Bodenkundler unterscheiden die Bodenschichten in folgender Weise:

A-Horizont (entspricht Oberboden), mit Humus durchsetzte, meist dunkel gefärbte Bodenschicht. Die obersten Lagen enthalten meist Humus mit noch erhaltener Pflanzenstruktur (= Moder), die tieferen Lagen des Horizontes sind durch dunkle Färbung gekennzeichnet. Es ist der Horizont vorwiegender Auswaschung.

B-Horizont (entspricht dem Unterboden, der Verwitterungsschicht des Bodens). Man unterscheidet:

1. stark ausgeprägt und vielfach durch Wirkung von Humus ausgelaugt;
2. die Schicht ortsteinbildender Prozesse, durch Ausfüllung und durch mechanisch zugeführtes Material angereichert.

C-Horizont. Der rohe Boden (= Untergrund), aus dessen Verwitterung die Horizonte A und B hervorgegangen sind. Mit bloßem Auge sind hier keine Wirkungen chemischer Verwitterung kenntlich, wohl aber physikalischen Zerfalles.

Die Bezeichnungen für die verschiedenen Bodenschichten werden nicht einheitlich gebraucht; in der Praxis wird vielfach für die zweite Schicht der Ausdruck „Rohboden", für die dritte „Untergrund" gebraucht. Für landwirtschaftlich genutzte und geackerte Böden ergibt sich die Trennung zwischen bearbeiteten und nicht bearbeiteten Schichten von selbst; für alle anderen Böden wird sich die vorgeschlagene Einteilung einbürgern, da sie sich auf dauernde Verhältnisse, den Gang der Verwitterung im Boden stützt.

2. Häufig auftretende Bodenprofile.

Von besonderer Wichtigkeit ist die Frage, ob der Boden bis in größere Tiefe einheitlich zusammengesetzt ist oder ob er aus verschiedenen Gesteinen, beziehentlich Schichten besteht. Als ein Teil des Untergrundes ist auch anstehendes Grundwasser zu betrachten.

Je nachdem nun der tiefere Boden das Wasser abfließen läßt oder nicht, oder dieses dauernd als Grundwasser ansteht, erhält man drei große Gruppen von Böden:

a) mit durchlässigem Untergrund,
b) mit Wasser anhaltendem Untergrund,
c) mit Grundwasser.

3. Mächtigkeit des Bodens.

Die Mächtigkeit des Bodens, d. h. die von den Wurzeln durchdringbare Bodenschicht, wird als Gründigkeit bezeichnet; man unterscheidet

sehr flachgründig, bis zu 15 cm (= ½ Fuß),
flachgründig, 15—30 cm (= ½—1 Fuß),
mittelgründig (mitteltief), 30—60 cm (= 1—2 Fuß),
tiefgründig, 60—100 cm (2—4 Fuß),
sehr tiefgründig, über 1 m.

Die Mächtigkeit des Bodens ist für die verschiedensten Bedingungen des Pflanzenlebens von Wichtigkeit. Es ist ohne weiteres verständlich, daß eine Pflanze aus einer Bodenschicht von 100 cm Boden leichter ihren Bedarf an Nährstoffen decken kann, als aus 20—30 cm. Von besonderer Bedeutung wird die Gründigkeit für den Wasserbedarf der Bäume während trockener Perioden. Verdunstet auch der tiefgründige Boden im Laufe der Zeit mehr Wasser als der flachgründige, so ist doch die vorhandene Gesamtmenge eine viel größere; es sind daher hier die Pflanzen günstiger gestellt als auf jenem. In der Regel fällt daher Flachgründigkeit mit Trockenheit, Tiefgründigkeit mit genügender Frische des Bodens zusammen.

4. Verhärtete Bodenschichten. Bodensohlen.

Die besprochene Gliederung des Bodens bezieht sich überwiegend auf Böden humider Gebiete oder wenigstens auf Böden, die mehr oder weniger ausgewaschen sind. Hier tritt die Schichtenfolge um so schärfer hervor, je stärker die Wirkung der Auslaugung war. Aber auch in diesen Gegenden fehlen Abscheidungen im Unterboden aus dem aufsteigenden Wasserstrome durchaus nicht und führen nicht selten zur Bildung von Schichten abweichender Beschaffenheit, die oft auf die Pflanzenwelt großen Einfluß ausüben.

Im Deutschen haben wir keine allgemeine Bezeichnung für derartige Bodenschichten, die sich dadurch charakterisieren, daß eine dichtgelagerte mehr oder weniger für Wasser undurchlässige und für die Pflanzenwurzeln nicht oder schwer durchdringbare Bodenschicht auftritt, die zwischen (oberhalb wie unterhalb) lockeren Bodenschichten eingelagert ist. Die Amerikaner bezeichnen solche harte Bodenlagen, die auch aus Steinen (Steinsohle) bestehen können, als „hardpan"; die Skandinavier als „ahl". Die Einführung einer entsprechenden Bezeichnung ist erwünscht, vielleicht könnte man das nordische Ahl übernehmen oder nach dem Vorbild von Steinsohle allgemein von Bodensohle und je nach der Zusammensetzung von Ortsteinsohle, Raseneisenstein- oder Eisensohle, Kalksohle sprechen.

In ausgesprochen ariden Gebieten finden sich derartige Bodensohlen sehr häufig und werden z. B. in Kalifornien nicht selten von leichtlöslichen Salzen gebildet. In den Halbwüsten ist es namentlich kohlensaurer Kalk, der sich abscheidet und nicht selten die Oberfläche des Bodens erreicht, so daß die oberste Bodenschicht aus einer Kalkkruste besteht.

Für Ackerbau und Forstwirtschaft sind die Bodensohlen immer unerwünscht, oft sogar sehr schädlich, so daß sie der Kultur große Schwierigkeiten bereiten. In der kalten Jahreszeit sind solche Böden schwer durchlässig für Wasser, so daß sie zur Vernässung führen; in der warmen Jahreszeit trocknet die überlagernde Bodenschicht gern stark aus, so daß die Pflanzen, die ihre Wurzeln nicht in die Tiefe schicken können, unter Trocknis leiden.

Bei der Melioration derartiger Böden ist zu berücksichtigen, daß die Bildung der Bodensohlen zumeist aus dauernden Verhältnissen des Bodens hervorgeht und Neubildung eintreten wird, wenn jene nicht geändert werden. Namentlich auf Böden mit Sohlen von Raseneisenstein hat man oft böse Erfahrungen gemacht und viel Geld unnütz aufgewendet.

5. Anorganische Bodendecken.

Die bisherigen Betrachtungen gehen von der Voraussetzung aus, daß der Boden einheitlich und aus der Verwitterung eines Gesteines hervorgegangen ist. In der Natur treten aber Verhältnisse auf, die dauernd oder vorübergehend eine Bedeckung des Bodens mit Schichten abweichender physikalischer und chemischer Zusammensetzung verursachen, es sind dies Schneedecken während der kalten Jahreszeit und die Wirkung auflagernder Steine auf den Boden. Noch häufiger führt der Mensch durch Kulturmaßregeln, wie Auffahren von Sand, namentlich aber durch Bodenbearbeitung Veränderungen der obersten Bodenschichten herbei, die sowohl die physikalischen wie chemischen Vorgänge im Boden stark beeinflussen.

A. Schnee.

Literatur. Woeikoff, Einfluß einer Schneedecke. In den geographischen Abhandlungen, herausgegeben von Penck, III. Heft, 2. Wien und Olmütz 1889.

Eine Schneedecke wirkt namentlich auf die Temperatur des Bodens ein. Der Schnee ist ein schlechter Wärmeleiter, dies tritt um so mehr hervor, je lockerer, leichter und feinkörniger er sich ablagert; je mehr er durch wiederholtes Tauen und Gefrieren der Struktur des Eises sich nähert, um so leichter erfolgt die Leitung der Wärme. Es ist dies eine Folge der Verminderung der isolierend wirkenden Luftschichten.

Schon eine mäßige Schneedecke genügt, um einen abschwächenden Einfluß auf die Schwankungen der Bodentemperatur auszuüben und den Boden wärmer zu erhalten.

Natürlich wird die Temperatur des unterliegenden Bodens nicht unter die der benachbarten Schneedecke sinken können. In unseren Gebieten kommen daher bei dauernder Schneedecke tief gefrorene Bodenschichten kaum vor, und selbst in viel kälteren Klimaten (Sibirien, Rußland) genügt der Einfluß des Schnees, um eine verhältnismäßig hohe Bodentemperatur zu erhalten.

Beim Abtauen der Schneedecke kehren sich diese Verhältnisse um, der schneefreie Boden erwärmt sich dann rascher, zumal er zugleich in der Regel trockener ist, als der schneebedeckte.

Die Wirkung der Schneedecke in bezug auf die Bodentemperatur besteht also in einer Erhöhung derselben während einer Kälteperiode und in langsamerer Erwärmung des Bodens beim Abschmelzen. Beides ist der Vegetation günstig.

Anders gestalten sich die Verhältnisse an der Oberfläche und in der Luftschicht über der Schneedecke, die nach Polis (Meteorol. Zeitschr. 1896, Heft 1) infolge von Ausstrahlung niedrigere Temperaturen haben, als der durchschnittlichen Temperatur entspricht. Bei Windstille sind die Unterschiede am stärksten. Die Schneedecke wirkt daher auf überragende Pflanzenteile eher ungünstig als günstig ein (H. Mayr).

Von großer Wichtigkeit, zumal bei mächtiger Schneedecke, ist die Art des Abtauens für die Wasserabfuhr, beziehentlich die Hochwässer der Flüsse.

Unter dem Einfluß warmer Winde kann der Schnee schnell tauen, das Wasser läuft oberflächlich von dem noch gefrorenen Boden ab und veranlaßt ein rasches Steigen der Flüsse.

Erhöht sich dagegen die Temperatur langsam und werden höhere Kältegrade seltener, so erfolgt entsprechend der allmählichen Temperaturzunahme ein Auftauen des Bodens von unten nach oben. Die höhere Temperatur der tieferen Bodenschichten wirkt ein, und da die Wärmeausstrahlung nach oben geringer wird, so kann ein Boden schon bei einer Lufttemperatur von einigen Graden unter Null in der Tiefe zu tauen beginnen.

Bei der Wichtigkeit des Gegenstandes mögen einige Zahlen, die Woeikoff mitteilt, hier im Auszuge folgen.

Die Zahlen sind Mitteltemperaturen dreimaliger täglicher Ablesungen. Der Boden unter 1 m Tiefe hielt sich dauernd über Null Grad.

Datum 1884	Mittlere Temperatur der Luft	des Bodens Oberfläche	25 cm Tiefe	50 cm Tiefe	75 cm Tiefe
19. März	—3,3°	—2,7°	—1,4°	—1,2°	—0,4°
21. „	—2,5°	—4,7°	—0,9°	—0,7°	—0,3°
23. „	—1,9°	—2,0°	—0,9°	—0,6°	—0,1°
25. „	—1,7°	—2,6°	—0,8°	—0,5°	—0,1°
27. „	—2,9°	—2,4°	—0,9°	—0,4°	—0,0°
29. „	—1,2°	—0,7°	—0,8°	—0,4°	+0,1°
31. „	—2,3°	—4,7°	—0,6°	—0,4°	+0,1°
2. April	—4,8°	—4,7°	—0,4°	—0,3°	+0,2°
4. „	+0,5°	+0,5°	—0,3°	—0,2°	+0,2°
6. „	+1,1°	+0,3°	—0,3°	—0,1°	+0,2°
8. „	+0,3°	—1,4°	—0,2°	—0,1°	+0,3°
9. „	+3,0°	—1,1°	+0,1°	—0,0°	+0,3°

Der Boden ist also ganz allmählich von unten nach oben aufgetaut.

Jeder Einfluß, der das Abtauen verlangsamt, wird daher zugleich eine Verminderung des oberflächlich abfließenden und eine Steigerung des in den Boden eindringenden Wassers herbeiführen. Der Wald wirkt nun in diesem Sinne und ist der einzige auf großen Flächen einwirkende Faktor.

Die Schneeschmelze verzögert sich im Walde, zumal im geschlossenen Nadelwalde oft tagelang; die Temperatur der tieferen Schichten der Waldböden ist an sich höher als die der Feldböden; der Prozentsatz des in die Tiefe absickernden Wassers bei der Schneeschmelze ist daher größer als auf freiem Felde. Kann man diese Einwirkung auch noch nicht zahlenmäßig erfassen, so ist ihr doch eine große Bedeutung zuzusprechen.

Anstatt im Frühjahrhochwasser ohne Nutzen und vielfach unter Verursachung von Schaden rasch abzufließen, dienen die Sickerwässer zur Erhöhung des Grundwasserstandes und bei langsamem Abfluß zur dauernden Speisung von Quellen.

Hier liegt eine Einwirkung des Waldes vor, wahrscheinlich von viel größerer Bedeutung als jede andere klimatische Beeinflussung, die über das waldbedeckte Gebiet hinausreicht. Es wird zugleich verständlich, warum der Wald nicht in jedem Jahre gleichmäßig diese Wirkung ausübt, da sie überwiegend von den jeweiligen Witterungsverhältnissen abhängig ist. Auch das Versiegen und anderseits das Hervortreten neuer Quellen nach Waldanbau findet seine Erklärung. Das erstere kann auf durchlässigem Boden statthaben, der ohne Vegetation erhebliche Mengen der sommerlichen Niederschläge abfließen läßt, die bei Waldbedeckung von den tiefwurzelnden Bäumen verbraucht werden; das zweite, wenn bei der Schneeschmelze mehr Wasser in den Boden eindringt und den Grundwasserstand erhöht.

Auf den Wassergehalt des Bodens, also die Winterfeuchtigkeit, hat die Schneedecke in der Regel geringen Einfluß. Mehr als der kleinsten Wasserkapazität entspricht, vermag kein Boden Feuchtigkeit festzuhalten. Unsere Böden sättigen sich hiermit schon bei regelmäßigen Niederschlägen in der ersten Hälfte der kälteren Jahreszeit. Große Wichtigkeit erlangt dagegen die Schneebedeckung in allen Steppengebieten, in denen Böden von hoher Wasserkapazität vorkommen. Diese Böden trocknen im Sommer sehr stark aus und vermögen den Pflanzen nicht die zum Gedeihen notwendige Feuchtigkeit zu liefern, wenn nicht in der kühlen Jahreszeit eine Sättigung des Bodens mit Wasser stattgefunden hat. (Winter mit geringer Schneebedeckung lassen z. B. in den Gebieten der russischen Schwarzerde auf eine folgende ungünstige Ernte schließen.)

B. Steine.

Während alle sonst in Frage kommenden Bodendecken sich durch poröse, lockere Struktur auszeichnen, sind Steine feste Massen, die die Wärme besser leiten als der Erdboden. Hieraus erklärt sich das abweichende Verhalten eines steinbedeckten Bodens gegenüber einem steinfreien. Die Temperaturschwankungen werden erhöht.

Wollny faßte seine Untersuchungen in folgender Weise zusammen:

Bei hoher und gleichbleibender Temperatur (wärmere Jahreszeit) ist steinbedeckter Boden etwas wärmer als steinfreier. Bei Sinken der Temperatur kehrt sich dies Verhältnis um.

Beim täglichen Maximum ist steinbedeckter Boden meist wärmer, beim Minimum kälter als steinfreier.

Der Wassergehalt ist in steinbedeckten Böden höher als in steinfreien. Die verdunstende Oberfläche und damit der Wasserverlust wird vermindert.

C. Sand.

Die Anwendung einer Sanddecke auf humosem Boden ist in weitem Umfange bei Moorkulturen im Gebrauch, findet aber auch im forstlichen Betriebe in erfreulicher Weise immer mehr Verbreitung.

Humusböden leiden in der kalten Jahreszeit meist an Überfluß an Feuchtigkeit, in der warmen trocknen dagegen die obersten Schichten vielfach aus. Schon eine mäßige 6—10 cm Sanddecke verändert diese Verhältnisse wesentlich.

Die Sanddecke hat folgende Einflüsse:

1. sie gibt den Pflanzen im lockeren Moorboden einen festen Standort;
2. die Sanddecke beeinflußt die Wasserverdunstung sehr stark. Aus dem humosen feinporigen Boden tritt Wasser in die grobporige Sandschicht nur sparsam über; die verdunstende Oberfläche ist dadurch wesentlich ärmer an Wasser, verliert weniger Feuchtigkeit und wirkt dadurch als schützende Decke für den unterliegenden Boden.

   Auf nassen Böden, zumal bei flach anstehendem Grundwasser kann durch Aufbringen von Sand der Wassergehalt des Bodens zu hoch werden und schädlich auf die Vegetation wirken; Anwendung einer Sanddecke verlangt daher genügende Entwässerung.
3. Sandboden erwärmt sich rascher und leitet die Wärme wesentlich besser als Humusboden. Eine Sanddecke steigert daher die Temperatur des Bodens erheblich.
4. Die Sanddecke gewährt bis zu einem gewissen Grade Schutz gegen Frost. Am häufigsten treten Pflanzenschäden durch Frost auf Moorboden auf, wenn er abgetrocknet ist und die Wärmeleitung von unten nach oben durch die lockere, lufterfüllte oberste Bodenschicht stark herabgesetzt wird.

Im forstlichen Betriebe ist Aufbringen einer Sandschicht (6 bis 10 cm) auf allen stark humosen, freiliegenden Böden die sicherste Methode, die Baumpflanzen gegen Schädigung durch Graswuchs, Trocknis und Frost zu behüten. In der Regel genügen schon kleine Sandplatten (½—1 qm Fläche), um den gewünschten Erfolg zu erzielen. Auf nassen Böden ist die Methode nur bei geringer Dicke (etwa bis 2 dm) der Humusschicht empfehlenswert.

D. Physikalisch abweichende Bodenschichten.

Durch Lockerung (Behacken und dergleichen), sowie durch dichtere Lagerung (Walzen) erhält die oberste Bodenschicht eine von dem unterliegenden Boden abweichende Struktur.

In bezug auf die Temperatur wird jede Vermehrung der isolierenden Luftschichten, also Lockerung des Bodens, die Wärmeleitung herabsetzen, jede Verdichtung sie erhöhen. Im allgemeinen werden daher lockere Bodenarten etwas kälter, aber von gleichmäßigerer Temperatur sein als dichte. Diese Verhältnisse können jedoch durch den verschiedenen Wassergehalt und die mit ihm steigende und fallende Verdunstung so stark beeinflußt werden, daß sich das Verhältnis umkehrt.

Die Einwirkung auf den Wassergehalt ist sehr bedeutend. Lockerung der Bodenoberfläche veranlaßt rasches Trocknen, der lockere Boden lagert dann als Decke auf der tieferen Schicht, die nicht mehr direkt von der atmosphärischen Luft getroffen wird und hierdurch weniger verdunstet als bisher. Auch die Unterbrechung der Kapillarleitung wirkt günstig auf die Erhaltung des Wassergehaltes. Die Praxis, zumal die landwirtschaftliche, macht von der Behackung (zugleich sind damit noch andere Vorteile, wie die Entfernung der Unkräuter, Durchlüftung des Bodens, verbunden) zur Erhaltung der Bodenfrische ausgiebig Gebrauch. Das Walzen bewirkt Erhöhung des Wassergehaltes in der obersten Bodenlage und erfolgt zumeist nach der Saat, um dem Samen die zur raschen Entwicklung des Keimes und der jungen Pflanzen notwendige Wassermenge zuzuführen.

Trocknet die gelockerte obere Bodenschicht aus, so werden hierdurch die kolloiden Bestandteile verändert und die Absorption wird geschwächt. Hierdurch werden nicht unbeträchtliche Salzmengen löslich und für die Pflanzen leicht aufnehmbar. Neben den physikalischen Veränderungen des Bodens treten also auch chemische Wirkungen bei der oberflächlichen Bodenbearbeitung ein.

Bodendecken abweichender Farbe wirken auf die Absorption der Wärmestrahlen. Bedeckung mit dunkel oder schwarz gefärbten Stoffen erhöht die Bodentemperatur.

6. Örtliche Einflüsse.

Die klimatischen Verhältnisse eines Gebietes bedingen die wichtigsten Eigenschaften der Böden und beherrschen die Pflanzenwelt. Geographische Breite, absolute Höhe, Unterschied von ozeanischer und kontinentaler Lage, herrschende Winde und Verteilung der Niederschläge, Meeresströmungen und Verdunstung sind die Faktoren, die das Klima bedingen. Neben diesen allgemeinen klimatischen Bedingungen machen sich vielfach noch örtliche Einflüsse geltend, die günstig oder ungünstig auf Boden wie Pflanzenwelt einwirken. Hier sind namentlich Exposition und Inklination, die Wirkung der Winde und die Ortslagen zu berücksichtigen.

Die Bedeutung der örtlichen Einflüsse macht sich auf Boden wie Pflanzenwelt um so stärker geltend, je extremer das Klima in irgend einer Beziehung wird (Windwirkung an den Seeküsten, Temperatur in den kalten, Wassergehalt in den heißen, Verdunstung in den niederschlagarmen Gebieten). Dies Gesetz gilt auch für die Grenzen der Verbreitung der einzelnen Pflanzenarten und Pflanzenformationen.

Die klimatischen Wirkungen treten um so schärfer hervor, je extremer der Boden nach irgend einer Richtung beschaffen ist: Sandböden, Humusböden, Tonböden werden viel stärker beeinflußt als Lehmböden. Besonders bedeutsam wirkt die Mächtigkeit der Bodenschichten, zumal wenn der Boden unmittelbar der Einwirkung von Sonne und Wind ausgesetzt ist.

In solchen Fällen können selbst kleine Unterschiede in der Bodenausformung von Einfluß auf die Pflanzenwelt werden.

A. Exposition und Inklination.

Die Lage eines Bodens zur Himmelsrichtung bezeichnet man als seine Exposition und überträgt diese Bezeichnung auch auf deutlich erkennbare Grenzen der Pflanzenbestände, z. B. Waldränder in ebener Lage. Gebräuchlicher und berechtigter ist hierfür die Bezeichnung nach der Himmelsrichtung (Westseite, Nordseite usw.).

Man unterscheidet die Exposition nach den acht hauptsächlichen Himmelsrichtungen, also z. B. südliche, südwestliche Exposition oder Exposition gegen Süden, Südosten usw.

Unter der Neigung (Inklination) versteht man die Neigung einer Fläche gegen die Erdoberfläche und mißt sie nach dem Winkel, den sie mit ihr bildet.

In der Praxis sind nachfolgende Bezeichnungen üblich, die in der Forstwirtschaft und in der Landwirtschaft etwas abweichend gebraucht werden:

	Forstlich	Landwirtschaftlich (nach Wollny)
bis 5°	eben oder fast eben	flach oder lehnig
5—10°	sanft od. schwach geneigt	abhängig
10—20°	lehn	abschüssig
20—30°	steiler Abhang	steil
30—45°	sehr steil od. schroffer Abhang	sehr steil
über 45°	Felsabsturz	schroff

über 20° hört die regelmäßige landwirtschaftliche Nutzbarkeit, über 30° der regelmäßige Waldbau auf.

Zu bemerken ist, daß man geneigt ist, flache Neigungen zu unterschätzen, starke erheblich zu überschätzen.

Von der Lage einer Fläche ist die Bestrahlung durch die Sonne abhängig. Die Stärke der Einstrahlung wird vom Stande der Sonne bedingt. Es ist wünschenswert, an einem Beispiel zu zeigen, welchen Einfluß die örtlichen Lagen haben können. Die Berechnung der Sonnenwirkung für die Polhöhe von München ist dadurch gefunden, daß die Zeitdauer der Bestrahlung mit deren möglicher Stärke nach dem herrschenden Sonnenstande multipliziert ist. Erst hierdurch treten die großen Unterschiede hervor, die sich nicht nur für die Jahreszeit, sondern auch für Ortslagen, für Ebene und Neigung der Gehänge von 10°, 20° und 30° ergeben.[1]) Als Einheit ist eine einstündige senkrechte Bestrahlung angenommen.

Monat	Tag	Ebene	Exposition								
			gegen Süd			gegen Ost u. West			gegen Nord		
			Neigung			Neigung			Neigung		
			10°	20°	30°	10°	20°	30°	10°	20°	30°
Januar . .	1.	1,73	2,88	3,94	4,88	1,77	1,86	1,95	0,63	0,00	0,00
Februar . .	10.	2,92	4,08	5,11	5,98	2,96	3,03	3,11	1,71	0,57	0,00
März . . .	1.	3,92	5,00	5,92	6,67	3,95	4,00	4,05	2,74	1,50	0,33
April . . .	10.	6,34	7,01	7,47	7,71	6,33	6,30	6,24	5,49	4,47	3,31
Mai . . .	10.	7,87	8,15	8,22	8,08	7,83	7,73	7,57	7,38	6,68	5,77
„ . . .	20.	8,24	8,41	8,38	8,15	8,19	8,08	7,89	7,87	7,26	6,42
„ . . .	30.	8,53	8,60	8,50	8,18	8,47	8,34	8,13	8,24	7,71	6,94
Juni . . .	10.	8,72	8,74	8,57	8,21	8,67	8,52	8,29	8,50	8,03	7,31
„ . . .	20.	8,79	8,79	8,59	8,21	8,72	8,58	8,36	8,59	8,14	7,44
„ . . .	30.	8,75	8,76	8,58	8,21	8,69	8,55	8,32	8,54	8,07	7,36
Juli . . .	10.	8,60	8,65	8,53	8,19	8,55	8,41	8,20	8,35	7,84	7,08
„ . . .	20.	8,36	8,49	8,43	8,16	8,31	8,18	7,99	8,02	7,44	6,63
„ . . .	30.	8,02	8,25	8,29	8,11	7,98	7,87	7,70	7,58	6,91	6,03
August . .	10.	7,55	7,92	8,08	8,03	7,53	7,44	7,30	6,99	6,21	5,24
„ . .	20.	7,56	7,56	7,85	7,92	7,04	6,98	6,88	6,37	5,48	4,43
„ . .	30.	7,06	7,15	7,57	7,77	6,50	6,87	6,40	5,71	4,72	3,58
September .	10.	6,52	6,64	7,21	7,56	5,88	5,87	5,83	4,94	3,85	2,64
„ .	20.	5,88	6,16	6,85	7,33	5,28	5,29	5,23	4,24	3,07	1,81
Oktober .	10.	4,08	5,15	6,04	6,76	4,09	4,15	4,19	2,90	1,66	0,45
November .	10	2,53	3,70	4,75	5,66	2,56	2,63	2,73	1,34	0,29	0,00
Dezember .	10.	2,74	2,89	3,96	4,89	1,78	1,87	1,97	0,64	0,00	0,00
„ .	20.	1,68	2,82	3,88	4,82	1,72	1,80	1,89	0,59	0,00	0,00

Die Stärke der Bestrahlung in verschiedenen Monaten wechselt erheblich. Im Winterhalbjahr ist sie für die südlichen Neigungen am höchsten (sie ist hier die Ursache der oft zu beobachtenden Tat-

[1]) Eser, Forsch. d. Agrik.-Phys. 7, S. 200.

sache, daß an Südhängen der Schnee bereits an sonnigen, wenn auch kalten Tagen abschmilzt), hierauf folgen die Ost- und Westhänge, die Ebene, zuletzt die Nordseiten.

Im Sommerhalbjahr erhalten die über 10° geneigten Südhänge geringere Besonnung als eine ebene Fläche. Nordseiten bleiben zur Zeit hohen Sonnenstandes an Bestrahlung nur wenig hinter den übrigen Expositionen zurück.

Ost- und Westseiten erhalten im Winter um so mehr Besonnung, je stärker die Neigung ist.

Literatur: in Forsch. d. Agrik.-Phys. 7, S. 100 (Eser); 1, S. 236; 6, S. 377; 9, S. 1; 10, S. 1 (Wollny). Kerner, Zeitschr. d. österr. Gesellsch. f. Meteorol. 1871, 6, Heft 5, S. 65. Bühler, Mitteil. d. Schweiz. forstl. Vers. 1895, 4, S. 257.

Der Einfluß der Exposition und Neigung auf die Bodentemperatur usw. wurde von Kerner auf einem freistehenden Hügel, bei den übrigen Versuchen in kleinen künstlichen Aufschüttungen untersucht. Es ist anzunehmen, daß sich ähnliche, wahrscheinlich jedoch schärfer ausgeprägte Unterschiede für Berghänge und größere Gebiete ergeben.

Der Wassergehalt (Wollny) war bei gleicher Neigung des Geländes auf der Südseite am geringsten, es folgten dann Ost- und Westseite, während die Nordseite am feuchtesten war.

Bei verschiedener Neigung der Gehänge ist der Wassergehalt um so höher, je geringer der Neigungswinkel ist. Hierbei übt die Menge des oberflächlich abfließenden Wassers den Haupteinfluß, da die Verdunstung bei stärkerer Neigung eher vermindert als vermehrt wird. Bei den Versuchen ergab sich, daß die tiefer liegenden Teile der Böden in allen Fällen mehr Wasser enthielten als die höher gelegenen; es erklärt sich durch Absickern der Wässer.

Für größere Gebiete sind die angeführten Resultate übertragbar, sofern es sich um die verschiedene Exposition handelt. Die Erfahrung, daß die unteren Teile eines Hanges bei starker Neigung frischer sind als die höheren, läßt sich aus Wasseradern und Quellen, sowie absickerndem Oberflächenwasser erklären. Bei schwächeren Neigungen werden erhebliche Unterschiede kaum auftreten, sofern die Mächtigkeit der Bodenschicht unverändert bleibt. Der Wassergehalt eines diluvialen Sandbodens (Nordwesthang mit 5—6° Neigung) ergab während der Vegetationszeit keine merkbaren Unterschiede im Wassergehalt, wohl aber trat starke Minderung auf vorspringenden Köpfen und schmalen Hügelstreifen hervor, die bis in größere Tiefe reichte.[1])

---

[1]) Ramann, Forsch. d. Agrik.-Phys. 11, S. 320.

Die Bodentemperatur wird von der Bestrahlung und dem Wassergehalt beeinflußt.

Nach Kerner ordnen sich die Temperaturen in folgender Reihe (von der wärmsten SW zu der kältesten):

SW, S, SO, W, O, NO, NW, N.

Die östlichen und westlichen Expositionen unterscheiden sich trotz gleicher Bestrahlung erheblich voneinander. Als Grund für die höheren Temperaturen der Westseiten wird die am Nachmittag verminderte Wärmeabsorption der Luft (infolge der verminderten Luftfeuchtigkeit) angegeben, wahrscheinlicher ist jedoch, daß die Verdunstung von Tauniederschlägen auf der Ostseite Wärme bindet und die Sonnenstrahlen die westseitigen Böden bereits abgetrocknet und bereits höher erwärmt treffen.

Wollny faßt seine Erfahrungen in folgenden Sätzen zusammen:

Die südlichen Hänge sind die wärmsten, dann folgt die Westseite, die Ostseite und zuletzt die Nordseite.

Die Südhänge sind um so wärmer, die Nordseiten um so kälter, je größer die Neigung ist. Ost- und Westseiten stehen zwischen beiden.

Bühler, der seine Beobachtungen am Adlisberg bei Zürich machte, kommt zu ähnlichen Schlüssen. Er fand in den Monaten April bis Oktober in 15 cm Tiefe die Südseiten im Durchschnitt um 4—5^0, beim höchsten Sonnenstande (um 1 Uhr) um 7—9^0 wärmer als die Nordseiten.

Von verschiedenen Beobachtern ist im Laufe des Jahres eine Wanderung der Maximaltemperatur von einem Gehänge zum andern beobachtet worden. Es scheint dies von herrschenden Winden abhängig zu sein.

Im höheren Berglande sind die Unterschiede der Erwärmung oft sehr groß. Heim[1]) gibt an, daß freie Felsen des Hochgebirges sich durch Sonnenbestrahlung oft so erhitzen, daß man sie kaum mit der Hand berühren kann und selbst in 1 cm Tiefe in dunkeln Gesteinen in 3000—4000 m Höhe oft noch Temperaturen von 40^0 und mehr zu finden sind.

Zu bemerken ist noch, daß die Entwicklung von Pflanzen unter Schnee (Soldanella, Weiden, Steinbrecharten) auf Bestrahlung der Pflanzenteile zurückzuführen ist; sie führt bald zum Ausschmelzen eines Hohlraumes im Schnee, dessen Luft sich erheblich über Null Grad erwärmen kann (Kihlman, Kerner).

---

[1]) Gletscherkunde 1885, S. 3.

B. Einfluß des Windes.

Literatur: Früh, Jahrb. d. Geogr. Gesellsch. Zürich 1901/02, S. 51, mit früherer Literatur, von der zu nennen sind: Abh. d. Naturw. Gesellsch. Bremen 1871, 2, S. 405, Focke; 1873, 3, S. 273. Borggreve; Kihlman, Pflanzenbiologische Forsch. S. 77; Böhm, Zentralbl. f. d. ges. Forstw. 15, S. 416; Middendorff, Sibirische Reise, 4. Bd., 1. Teil, S. 683 usw.

Die Einwirkung des Windes richtet sich nach Stärke und Dauer der Luftbewegung.

Es sind zu unterscheiden: Stürme, die durch ihre Stärke schädigen können, und Einwirkungen der herrschenden Winde.

Nach Köppen[1]) sind von 1876—1887 in Mitteldeutschland von 516 Stürmen (Windstärke über 8 der Beaufortskala) 60 aus östlichen (N—SO), 456 aus westlichen (S—NW) Richtungen aufgetreten, aus SW = 124, W = 191, aus NW 90; die meist gefährdeten Seiten sind demnach SW und W.

Die Einwirkung der Winde auf die Pflanzenwelt ist vielfach untersucht worden. In extremen Gebieten (Seeküsten, Hochgebirge, Polargebiete) ist die Windwirkung für die Erhaltung und Entwicklung von Holzpflanzen vielfach entscheidend. Auch unter gemäßigten Verhältnissen macht sich diese Einwirkung geltend, zumal der Aufbau der Bäume der Luftbewegung angepaßt ist.[2]) Die Einwirkung des Windes tritt um so stärker auf, je mehr sich eine Pflanze über die Oberfläche des Bodens erhebt; Bäume sind daher besonders der Einwirkung ausgesetzt, die auf erhöhtem freien Standorte stark hervortritt. Nach Stephenson zeigten sich in Edinburg folgende Unterschiede im Durchschnitt von drei Messungen.[3])

Höhe über Erdboden	Geschwindigkeit (engl. Meil. pro Stunde) I	II	III
15 cm	6,9	9,2	22,2
1,20 m	9,8	12,4	25,6
2,70 ,,	10,1	13,8	31,6
4,20 ,,	10,5	14,3	33,7
7,50 ,,	11,3	15,0	37,1
15,30 ,,	12,1	16,3	42,7

Den stärksten Einfluß üben die während der Vegetationszeit herrschenden Winde. Besonders scharf treten diese Einwirkungen an den Seeküsten hervor, wo sie für die Baumentwicklung höchsten Einfluß erlangen. Auf der cimbrischen Halbinsel sind ausgezeichnete Beispiele von Windwirkungen zu beobachten. Der

[1]) Meteorol. Zeitschr. 1889, 6, S. 114.
[2]) Pfeffer, Metzger, Münd. forstl. Hefte.
[3]) v. Bebber, Meteorologie S. 152.

Westrand der Bestände ist oft von Krüppelwüchsen und Stockausschlägen bereits abgestorbener Bäume umgeben. Die ersten noch vorhandenen Stämme sind in der Richtung des Westwindes geschoben, hervorstehende Äste sind abgestorben und erst allmählich, mehr oder weniger weit vom Bestandsrande entfernt, erreicht der Wald unter dem Schutze seines Randbestandes die normale Ausformung und Höhe. Von Süden oder Norden gesehen bietet der Waldrand das Bild eines allmählichen Ansteigens der Baumhöhen von Westen nach Osten.

Ähnliche Erscheinungen, wenn auch in abgeschwächtem Maße, machen sich überall an den Waldgrenzen und am schärfsten in der Richtung des herrschenden Windes geltend. Zumeist schützen sich die Bäume selbst durch tiefe Beastung an den Rändern; fehlt diese, so treten, zumal bei Laubholzwaldungen, alle Wirkungen der „Aushagerung", sehr oft auch Ablagerungen von Rohhumus, auf.

Zusammenstellungen über mittlere Windrichtungen fehlen noch recht sehr, noch mehr Angaben über die Luftmengen, die im Laufe eines Zeitabschnittes durchschnittlich über eine Fläche hinwegströmen und die erst ein volles Bild über die durchschnittliche Windwirkung geben würden.

Nach Hann (Meteorologie, S. 377) entsprechen der zwölfteiligen Beaufortskala von 0—10 etwa die doppelte Anzahl Meter pro Sekunde; 11 = 30 m, 12 = 50 m.

Berechnet man hiernach die Luftmassen, die über eine Fläche streichen, in: Borkum, Hamburg, Neufahrwasser, so ergibt sich, daß sie sich verhalten (Ost zu West):

	Borkum Ost : West	Hamburg Ost : West	Neufahrwasser Ost : West
im Winter	1 : 1,12	1 : 1,62	1 : 2,74
„ Frühling	1 : 0,68	1 : 1,08	1 : 1,20
„ Sommer	1 : 2,46	1 : 2,78	1 : 1,73
„ Herbst	1 : 1,93	1 : 1,87	1 : 1,83
„ Winter und Frühling .	1 : 0,87	1 : 1,34	1,: 1,80
„ Sommer und Herbst .	1 : 2,17	1 : 2,26	1 : 1,77
„ Jahre	1 : 1,27	1 : 1,70	1 : 1,80

Während die westlichen Landesteile ausgeprägt unter der Einwirkung der Westwinde stehen, tritt in den östlichen eine merkbare Zunahme der Luftströmungen aus Osten auf, wenn auch die westliche Richtung noch vorwiegt.

C. Einfluß der Lage auf die Pflanzenwelt.

Der Einfluß von Exposition und Neigung auf die Pflanzenwelt macht sich bereits in den Ebenen und im Flachlande geltend, sowie auch nur schwache Einschnitte oder Erhöhungen auftreten. Der Einfluß wächst im Gebirge und ist um so stärker, je mehr sich die Berge erheben. Es sind namentlich die Unterschiede in Temperatur und Wassergehalt des Bodens, die entscheidend werden. Eingehende Untersuchungen über den Einfluß der Exposition auf Bäume hat Sendtner[1]) veröffentlicht. Er findet für die bayrischen Gebirge folgendes:

Fichte, günstigste Exposition südwestlich; ungünstigste südöstlich. Unterschiede der Höhengrenze 200 m.

Buche, günstigste Exposition südöstlich usw.

Im eigentlichen Hochgebirge sind die Siedelungen überwiegend auf der „Sonnenseite", Waldungen auf der „Schattenseite" der Täler.

Der Unterschied fällt jedem Besucher auf. Scharfe Differenzen bieten oft die Hänge schmaler Täler von ost-westlicher Richtung. Im Wassertale in Ungarn (Marmarosch) trägt die Schattenseite geschlossene Bodendecke von Astmoosen und Sphagneen, die Sonnenseite Flechten und Trocknis liebende Pflanzen. In Kurland sah ich bewaldete Dünen west-östlicher Richtung. Die Nordseite war mit Laubmoosen bedeckt, Fichten waren häufig, die Südseite mit Renntiermoos und Kiefern. Auch im Mittelgebirge treten oft überraschend scharfe Unterschiede nach der Exposition hervor. Auf den diluvialen Höhenzügen am Inn, z. B. bei Simbach, sind die Nordhänge mit Sphagneen bewachsen, die Südseiten tragen Pflanzen der Waldflora; der Unterschied ist so regelmäßig, daß der Wechsel der Flora bei jeder Biegung des Weges auffällig hervortritt.

Im württembergischen Schwarzwalde findet sich die Tanne in ebenen Lagen und auf West- und Nordseiten, fehlt jedoch, sobald die Neigung mehr als drei Grad beträgt, im Süden, Südwesten und Westen.[2])

Auf Buntsandstein wechselt die Bonität oft so erheblich, daß die Süd- und Südostseiten sich zu den Nordseiten verhalten wie 4:2.

Die für Wald und Feld günstigsten Lagen wechseln nach den klimatischen Verhältnissen. Für die Ebenen und niederen Gebirge gelten etwa folgende Regeln:

Ostseiten sind zumal in etwas geschützter Lage die günstigsten für den Holzwuchs.

Südseiten sind warm und trocken. Im Hügellande sind sie dadurch wesentlich geringwertig, in Hochlagen oft günstig für den

---

[1]) Vegetationsverhältnisse Südbayerns S. 268.

[2]) Graf v. Uexküll, Monatsschr. f. Forst- u. Jagdw. 1879, S. 15. Dr. Walther, Allgem. Forst- u. Jagdzeitg. 1891, S. 412.

Holzwuchs, aber durch frühes Erwachen der Vegetation Spätfrösten stark ausgesetzt.

Südwestseiten erwärmen sich stark und sind den herrschenden Winden ausgesetzt, sie sind die ungünstigsten Lagen; etwas besser sind die Westseiten, da sie weniger erwärmt werden.

Die Nordseiten gehören zu den besseren Lagen, leiden aber im Hochgebirge und in schmal eingeschnittenen Tälern unter mangelnder Erwärmung.

Die Exposition ist namentlich wichtig für die Humusbildung. Die stark erwärmten und der Austrocknung ausgesetzten Hänge (Süd-, Südwestseiten) unterliegen großem Wechsel der Feuchtigkeit und sind dadurch Orte, die von xerophilen Pflanzen (Heide, Haftmoose) bevorzugt werden. Die normale Verwesung wird gestört, Rohhumusbildungen treten vielfach auf und mit ihnen die Herrschaft der Beerkräuter als Pflanzendecke.

Die Nordseiten haben Mangel an Wärme, zumal in geschlossenen Lagen; die geringe Verdunstung begünstigt Ansiedelung von Torfmoosen und Versumpfungen. Die Verwesung kann durch niedere Temperatur herabgesetzt werden.

D. Ortslagen.

Täler. Jedes Tal trägt gegenüber benachbarten Gebieten seinen eigenen Charakter; es hat abweichendes Klima und dies um so mehr ausgeprägt, je schmäler und tiefer eingeschnitten das Tal ist. Am charakteristischsten machen sich diese Verhältnisse durch die Berg- und Talwinde bemerkbar. Tagüber, etwa von 9—10 Uhr bis Sonnenuntergang, weht der Wind talaufwärts; in der Nacht und den frühen Morgenstunden weht der Wind talabwärts.[1])

Die Erwärmung des Bodens, zumal auf den in Ost-West-Richtung streichenden Tälern, ist auf den beiden Talseiten wesentlich verschieden und damit wird die Wasserverdunstung stark beeinflußt.

Als verschlossene Tieflagen bezeichnet man die tiefliegenden Teile schmaler, zumal gegen Norden geöffneter Täler, anderseits allseits oder nahezu geschlossene Einsenkungen im Gelände. Im letzteren Falle sammelt sich zumeist Wasser in den tiefsten Stellen an und führt infolge verminderter Verdunstung und langsamer Zersetzung der Abfallreste leicht zur Versumpfung. Die verschlossenen Tieflagen sind überhaupt durch niedere Temperatur und Wasserreichtum den Anhäufungen organischer Reste und Bildung von Rohhumus günstig.

---

[1]) Hann, Meteorologie S. 433 (dort auch die Erklärung).

Vielfach ist in Tieflagen die Luftbewegung gering. Die infolge Ausstrahlung des Bodens abgekühlten unteren Luftschichten stagnieren und die Temperatur kann, namentlich wenn der Boden oberflächlich abgetrocknet und dadurch aus tieferen Schichten die Wärmezufuhr verlangsamt ist, stark sinken. Solche Lagen sind daher sehr frostgefährdet und werden als Frostlagen bezeichnet, oder wenn es sich nur um Flächen geringen Umfanges handelt, als Frostlöcher. Es sind in der Regel nur die untersten Luftschichten, die starker Abkühlung unterliegen; nach den örtlichen Verhältnissen verschieden reicht die Abkühlung unter den Gefrierpunkt ½—1—2 m hoch, übersteigt in der Regel aber nicht 1—1½ m. Pflanzen, über diese Höhe hinausragend, sind kaum mehr gefährdet. Messungen der Lufttemperaturen veröffentlichte Krutsch[1]) und zeigte, daß große Temperaturdifferenzen auftreten; er fand 3—4° gegenüber benachbarten nur 5—6 m höher gelegenen Stellen.

Hochlagen. Wie die Täler haben auch die über die durchschnittliche Höhe hervorragenden Berge und Bergzüge ihre eigenen klimatischen Eigentümlichkeiten. Die Veränderungen, die das Klima durch die absolute Höhe erfährt, treten um so reiner hervor, je geringer die Masse der hervorragenden Berggipfel ist; sie werden um so mehr verdeckt, je massiger das Gebirge sich aufbaut. Bei einzelnen Gipfeln spricht man von überragender Hochlage, bei breiten Gebirgsmassen von Hochlage und unterscheidet noch die durch benachbarte Höhen überragten und geschützten Gebiete als „geschützte Hochlagen".

Mit der absoluten Höhenlage vermindert sich die Temperatur, steigern sich die Niederschläge, Verdunstung und Sonnenbestrahlung. Bei freier Lage erhöhen sich die Windwirkungen.

[1]) Tharandter forstl. Jahrb., Jubelband 1866, S. 106.

Sechster Abschnitt.

Einteilung der Böden.

I. Die klimatischen Bodenzonen.

Die Abhängigkeit der Verwitterungsvorgänge vom Klima, besonders von Temperatur und Wasser, sowie die engen Beziehungen zwischen Flora und Fauna zum Klima führen von selbst zur Überlegung, daß auch die Bodenbildung eine Funktion des Klimas ist. Diese Erkenntnis ist auffällig neuen Datums. Zwar wiesen einzelne Forscher, wie Fuchs, v. Middendorff, J. R. Russel und namentlich v. Richthofen bereits früher auf einzelne dieser Beziehungen hin, aber erst Hilgard und Dokutschajew, jener für Nordamerika, dieser für Rußland, stellten die Möglichkeit fest, je nach dem herrschenden Klima Zonen einheitlicher Bodenarten abzugrenzen.

Hilgard machte zuerst auf den tiefgehenden Einfluß der Auswaschung aufmerksam, seine Arbeiten wurden zwar bekannt, aber wohl kaum nach Gebühr gewürdigt, die Dokutschajews blieben in Westeuropa so gut wie unbekannt. Den ersten Versuch, die europäischen Bodenzonen auf bestimmte vorherrschend wirkende Faktoren des Klimas zurückzuführen und unter einheitliche Gesichtspunkte zu ordnen, machte wohl der Verfasser.

Der Grund, weshalb so nahe liegende Beziehungen nicht erkannt wurden, lag zunächst in der geringen Möglichkeit, größere Reisen zu machen und dadurch den Gesichtskreis zu erweitern. Es ist eine ganz natürliche Erscheinung, daß Forscher in weit ausgedehnten Staaten unabhängig voneinander zuerst den Zusammenhang erkannten. Ein anderer Grund lag darin, daß der Begründer der wissenschaftlichen Bodenkunde, Fallou, seine Einteilung der Bodenarten nach mitteldeutschem Vorkommen durchführte; einem Gebiete, in dem jedem petrographisch stark abweichenden Gestein ein relativ starker Wechsel des Bodens parallel geht. Gleich seinem großen Landsmann Werner, der die Verhältnisse Sachsens seiner geologischen Einteilung zugrunde legte, tat das gleiche um ein Jahrhundert später Fallou für die Bodenkunde.

Die theoretischen Grundlagen für die Verteilung der Klimate und ihre Rückwirkung auf die Pflanzenwelt sind von Köppen[1]) gegeben worden. Da die auf Verwitterung und Bodenbildung wirkenden klimatischen Einflüsse fast gleich sind, lassen sich die Schlüsse Köppens unmittelbar übertragen. Leider hat die theoretisch wichtige Arbeit bisher wenig Beachtung gefunden. Es werden die klimatischen Zustände abgeleitet, die herrschen würden, wenn sich von Pol zu Pol ein ebenes Land erstreckte.

Tafel II, Nr. 2 gibt die typische Verteilung des Luftdruckes und der Winde im Januar und Juli, die über einem derartigen Kontinente von 90 Längengraden Breite herrschen würden. Die kurzen Pfeile geben die Windrichtungen, ⊙ die Windstillen an, die unterbrochenen langen Pfeile die vorherrschenden Meeresströmungen an der Oberfläche der beiden Ozeane. Die ausgezogenen Kurven sind die Isobaren in Meereshöhe; zur größeren Deutlichkeit sind die Gebiete niederen Luftdruckes gestrichelt. Die Winde sind in den niederen Breiten konstant, in den höheren veränderlich. Bei a a findet Emporquellen des kalten Tiefenwassers des Ozeans statt. Die unterbrochenen Linien in den Ozeanen entsprechen Meeresströmungen. Zum Verständnis der eingetragenen Grenzen auf dem Festlande sei angegeben, daß A tropischfeuchte bis halbfeuchte, B trockne, C Gebiete mit wechselnder Feuchtigkeit, D kühle feuchte, E kalte, F sehr feuchte Klimate umfassen.

Die Temperatur- und Niederschlagsverhältnisse dieses vorausgesetzten Kontinents gibt Tafel II, Nr. 3.

Hier bedeuten die Grade die Monatsmittel, und zwar K den kältesten, W den wärmsten Monat; tr 30 im trockensten Monat 30 mm Niederschlag; U 10 und U 20 = Unterschied des wärmsten und kältesten Monats 10 bzw. 20° C. 4 M bedeutet während 4 Monaten.

Von den Buchstaben an den Grenzen der Trockengebiete bedeutet q den Quotienten aus monatlicher Regenmenge in Millimeter durch die der Mitteltemperatur desselben Monats entsprechende Maximalspannung des Wasserdampfes in Millimeter; r bedeutet die „Regenwahrscheinlichkeit" und entspricht der Zahl der Regentage im regenreichsten Monat in Zehntelprozenten (ein Gebiet mit durchschnittlich 6 Tagen mit Regen im regenreichsten Monat hat $\frac{30}{6} = {}^1/_5 = 0{,}2$ Regenwahrscheinlichkeit).

[1]) Versuch einer Klassifikation der Klimate. Leipzig 1901.

1.
Luftdruck und Winde im Januar
nach Köppen.

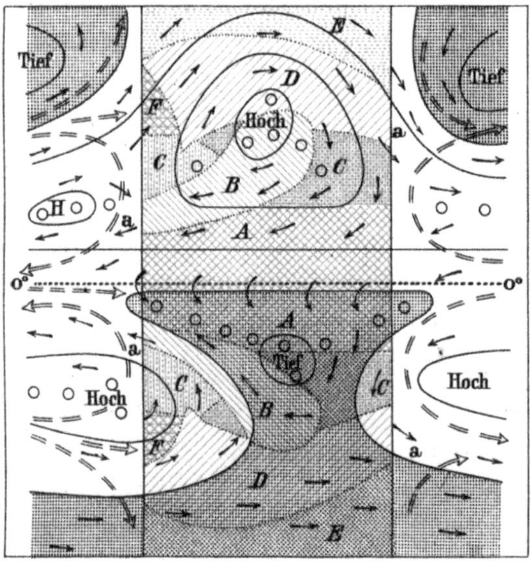

3.
Typische Verteilung der Klimata
nach Köppen.

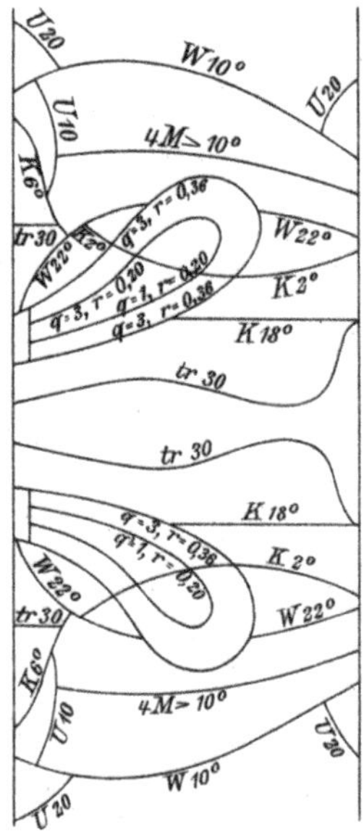

2.
Luftdruck und Winde im Juli
nach Köppen.

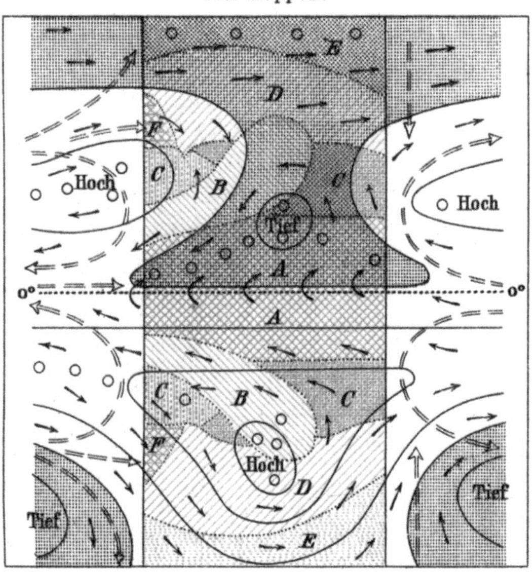

4.
Schematische Verteilung
der Klimata in M.-Höhe
nach Köppen.

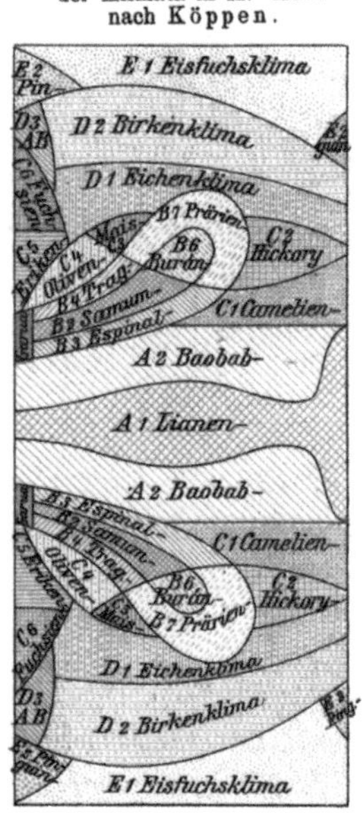

Tafel II, Nr. 4 gibt die Einteilung der Klimate nach typischen Pflanzen und Tierarten, Stürmen. AB ist ein Klima, das dem der antarktischen Buchenwälder entspricht. Der den Trockengebieten vorliegende schmale Küstenstreifen, mit Garua bezeichnet, entspricht Stellen aufquellenden kalten Tiefenwassers der Ozeane, die zu reicher Nebelbildung bei geringer Regenwahrscheinlichkeit führen.

Bei den nahen Beziehungen zwischen den klimatischen Bodenzonen und der Pflanzenverbreitung kann man diese Kärtchen ohne Bedenken auf die Prozesse der Verwitterung und Bodenbildung übertragen. So sehr natürlich Gebirge und ungleichmäßige Verteilung von Wasser und Land die Verbreitung der einzelnen Gebiete beeinflussen, so ist doch der Zusammenhang zwischen Theorie und Tatsachen wenigstens in großen Zügen unverkennbar. Es ist anderseits ein großer Vorteil dieser Vorstellungsweise, die Wirkung der klimatischen Faktoren viel anschaulicher zu machen, als dies auf anderem Wege möglich ist.

Die Bodenarten gliedern sich zunächst in zwei große Gruppen: die Böden der humiden und ariden Gebiete. Humid ist ein Gebiet, in dem die Niederschläge die Verdunstung übertreffen; arid, wenn mehr verdunsten könnte, als durch Niederschläge zugeführt wird.

Die absolute Menge der Niederschläge ist dabei weniger wichtig als die Faktoren, die die Verdunstung steigern oder mäßigen; es sind dies in erster Reihe Temperatur und der bereits in der Luft vorhandene Gehalt an Wasserdampf, gegenüber der noch aufnehmbaren Menge. In arktischen Gegenden ist das Klima humid, trotzdem die Niederschläge im ganzen gering sind. In Mitteleuropa sind Gegenden mit 600 mm Niederschlag humid, in Osteuropa infolge des geringeren Dampfgehaltes der Luft können bei annähernd gleicher Wasserzufuhr bereits aride Verhältnisse herrschen. In den Tropen bedarf es sehr hoher Niederschläge von 2000 mm und mehr, um ausgesprochen humide Bedingungen zu schaffen. Auch die jahreszeitliche Verteilung von Temperatur und Niederschlägen fällt ins Gewicht. In Monsungebieten können die Monate der Regenzeit ausgesprochen humid, die der Trockenzeit arid sein. In Ländern mit kalten Wintern und länger anhaltenden Temperaturen unter 0^{0}, ist die Winterszeit stets humid, die Sommerszeit kann aber ausgesprochen arid sein. Für die Einreihung eines Gebietes unter die Kategorie der humiden oder ariden Bodenbildung ist daher das Verhältnis zwischen Niederschlag und Verdunstung nur ganz allgemein als Maßstab tauglich. Ein weiteres Kriterium für den Entscheid, ob die Böden bei der Verwitterung humiden oder ariden Bedingungen unterliegen, ist auch die Menge der Sickerwässer und die durch sie bedingte

Auswaschung. Alle Böden mit nennenswerten Sickerwässern kann man als unter dem Einflusse humider, die übrigen als unter dem arider Verhältnisse stehend bezeichnen.

Abgrenzen lassen sich hiernach die Böden jedoch noch schwieriger als nach dem Verhältnis von Niederschlägen und Verdunstung; es ist nützlich, sich auch darüber klar zu sein, daß die Beschaffenheit des Bodens Einfluß übt und die Grenzen beider Gruppen stark verschieben kann. Ein Sandboden verhält sich ganz verschieden von einem Lehmboden.

Man nehme an, daß einem ausgetrockneten Sandboden mit 5 Vol.-% und einem Lehmboden mit 25 Vol.-% Wasserkapazität 500 mm Niederschlag zugeführt werden. In beiden Fällen sei die Bodenschicht 2 m mächtig. Ohne Oberflächenverdunstung würde der Sandboden sich sättigen und 400 mm Wasser als Sickerwasser abgeben; der Lehmboden dagegen würde das gesamte Wasser aufspeichern. Im diluvialen Flachlande liegen derartige Böden oft dicht nebeneinander, die Vegetation mit ihrem hohen Wasserbedarf sorgt dafür, daß die Gegensätze weniger schroff in Erscheinung treten, aber es wird verständlich, daß unter humiden und ariden Bedingungen stehende Bodenarten unter gleichen klimatischen Verhältnissen auftreten können. Auch die örtliche Lage, stärkere Besonnung und damit höhere Bodentemperaturen und gesteigerte Verdunstung können im gleichen Sinne wirken; eine schwache Erhöhung, von der ein Teil des Regenwassers oberflächlich abfließt, eine flache Einsenkung, der das ablaufende Regenwasser zugeführt wird, genügen, um erhebliche Unterschiede herbeizuführen.

Besonders in den Übergangsgebieten der verschiedenen Bodenbildung treten derartige Wirkungen hervor und führen dazu, daß die Grenzen der Bodenformationen oft scheinbar willkürlich gegeneinander verlaufen. Fast stets ist aber im gegebenen Falle die Grenze selbst scharf; wirkliche Übergänge zwischen zwei Bodentypen sind recht selten. Fleckweise findet sich die eine Formation zwischen der anderen, und oft sind mäßige Unterschiede in der Höhenlage, Flußläufe usw. die Grenzscheiden zwischen zwei Bodengebieten. In der Moldau sah Verfasser die Süd- und Südwestseiten der Hügel häufig mit Schwarzerde, die übrigen mit Braunerde bedeckt; auf dem Wege von Granada nach Quadix treten Flecke von Roterde zwischen den hellen herrschenden Steppenböden auf und geben der Landschaft ein eigenartiges scheckiges Ansehen. Verstreute Inseln von Schwarzerde reichen bis nach Ostpreußen und nach Mitteldeutschland. Fast stets lassen sie sich beim Kartieren scharf vom benachbarten Boden trennen. Auch die Pflanzenformationen helfen mit und erhalten oder verändern den Boden, auf dem sie herrschend sind. Für bodenkundliche Studien gilt daher die Regel: Die Untersuchungen der Eigenschaften einer Bodenart sind am besten in Gebieten ihrer herrschenden Verbreitung vorzunehmen; die Bedingungen der Bildung einer Bodenart lassen sich am leichtesten in Grenzgebieten erkennen.

In Gebirgen verschieben sich die Vorgänge der Bodenbildung nicht selten durch die Abfuhr der Produkte der Verwitterung. Zur Bildung einer bestimmten Bodenart bedarf es längerer Zeit; Verwitterung und Auswaschung, die beiden wichtigsten Prozesse, verlaufen langsam und häufig wird das Material früher verfrachtet und erodiert, ehe es die charakteristische Beschaffenheit annimmt, die den klimatischen Verhältnissen entsprechen würde. In gemäßigten Klimaten mit langsamer Verwitterung sind die Böden aller stärker geneigten Hänge (geologisch) junge Böden. Namentlich in den höheren Lagen unserer Mittelgebirge und im Hochgebirge tritt dies hervor. Nach dem Klima müßte man vielfach Bleicherden erwarten, tatsächlich überwiegen die Braunerden. Auf Stellen, an denen die Abfuhr gehemmt ist, bei schwachen Neigungen, auf Hochplateaus, auf Gebirgskämmen mit breiterer Ausformung findet man dagegen die dem Klima entsprechende Bodenformation ausgebildet.

Dieses Verhalten hat vielfach dazu geführt, die engen Beziehungen zwischen Bodenart und Pflanzenformation zu übersehen. Ein erheblicher Teil der Fichtenwälder Mitteleuropas, denen die Bleicherden entsprechen, stockt auf Braunerden; sie mischen sich aber hier mit den Laubhölzern, denen die Bodenart angemessen ist. In Europa ist unter dem vernichtenden Einfluß der Eiszeit eine umfassende Auslese unter der Pflanzenwelt gehalten worden; die reiche Zahl der tertiären Baumarten wurde bis auf einige wenige Arten vernichtet, nur die widerstandsfähigsten blieben erhalten. Der Abschnitt vom Diluvium bis zur Jetztzeit war zu kurz, um neue Formen herauszubilden, zumal für die Umbildung nur wenige, bereits stabile Arten in Frage kamen. So finden wir Fichten im Gebirge auf Braunerden; gemischte Laubhölzer im Seeklima auf Bleicherden. Es müßte eine lohnende Aufgabe sein, festzustellen, wie sich die Beziehungen in einem Lande mit reicher Baumflora, z. B. Nordamerika, zwischen herrschenden Baumformen und Bodenarten gestaltet haben; aber auch hier wird bei der Kürze der verflossenen Zeit vielfach die Umbildung der Arten noch nicht zum Abschlusse gekommen sein.

Überall, wo der Boden die ihn charakterisierenden Eigenschaften der Wirkung des Wassers bzw. der Verdunstung verdankt, sind Übergänge von der einen zur andern Bodenart nur sparsam vorhanden. Über die Zugehörigkeit der Böden zum einen oder anderen Typ wird selten, auch nicht, wenn die Eigenschaften wenig kontrastieren, Unklarheit bestehen.

Anders hingegen, wenn nicht das Wasser sondern die Temperatur, die Bodenbildung beherrscht. Besonders in den Grenzgebieten des mechanischen Zerfalls und der chemischen Verwitterung verflachen sich die für die eine oder andere Art entscheidenden Merkmale, und die Zuteilung wird schließlich Ermessenssache.

Eine weitere Schwierigkeit für die Abgrenzung der klimatischen Bodenzonen liegt in dem Klimawechsel begründet, der seit der Diluvialzeit eingetreten ist. Während und nach der Eiszeit sind Bodenarten zur Ablagerung gekommen, die für das Klima jener Zeit charakteristisch waren und die ihre Eigenschaften erst teilweise unter den jetzt herrschenden klimatischen Verhältnissen verloren haben. Die weit verbreiteten Ablagerungen der diluvialen Gletscher (Moränen, Schotter und Sandablagerungen) sowie der anschließenden Steppenzeit (Löß) sind bezeichnende Beispiele für das Hereinragen der geologischen Vergangenheit in die Jetztzeit. Man kann derartige Böden als „Reliktenböden" bezeichnen.

1. Humide und aride Bodenarten.

Der Gegensatz zwischen humiden und ariden Bodenarten spricht sich zunächst in der chemischen Zusammensetzung aus. Die humiden Böden unterliegen der Auswaschung und der Wegfuhr der löslichen Bestandteile. In den ariden Böden sammeln sich die Verwitterungsprodukte an; wenn auch örtlich, zumal durch Oberflächen-Auswaschung Stoffe weggeführt werden, so erfolgt in der Hauptsache doch nur eine Umlagerung der löslichen Stoffe in vertikaler Richtung im Boden selbst; es bilden sich Schichten, Horizonte, in denen Verminderung oder Anhäufung, dann zumeist Ausscheidung in Kristallen oder Konkretionen stattfindet.

Im allgemeinen sind die humiden Böden absorptiv ungesättigt; die ariden absorptiv gesättigt. Die humiden Böden stehen unter der Einwirkung schwacher, die ariden unter der relativ konzentrierter Bodenlösungen. In den humiden Böden können die Zersetzungen sich dem Endzustande nähern, große Teile der löslichen Verwitterungsprodukte scheiden durch Verminderung ihrer Konzentration in der Bodenlösung aus den Reaktionen aus, es bleiben als Reste hauptsächlich schwer angreifbare Kolloide zurück, wie wasserhaltige Tonerde und Eisenoxydsilikate, sowie die freien Hydrate der Tonerde und des Eisenoxyds. Die chemischen Vorgänge im Boden werden vereinfacht, die Zahl der möglichen Verbindungen verringert. Die Böden selbst haben überwiegend „tonige" Beschaffenheit.

In ariden Böden sammeln sich die löslichen Salze an, zuweilen so stark, daß sie in trockner Zeit kristallinisch ausblühen. Die Zahl der chemischen Umsetzungen ist gesteigert, die Sole des Bodens sind durch reichen Gehalt der Bodenlösung an Elektrolyten in Gele übergegangen, die kolloide Aufquellung ist (mit Ausnahme der Sodaböden) sehr gering oder fehlt. Die Böden erscheinen hierdurch nicht plastisch, sondern feinkörnig, nicht „tonig“, sondern „feinsandig“. Dies beeinflußt die Kohäsion der Böden. Die Böden der humiden Gebiete haben starke, die der ariden (wieder mit Ausnahme der Sodaböden) geringe Bindigkeit.

Der Gegensatz in der chemischen Zusammensetzung macht sich bei allen Korngrößen bemerkbar. In den ariden Sandböden sind die einzelnen Körner mit einer dünnen Schicht sehr feinkörnigen Materials überzogen, in den humiden Sandböden fehlt diese Schicht.

Einschneidend ist auch der Gegensatz in dem Verlauf der Zersetzung der organischen Reste, der Humusbildung, zwischen ariden und humiden Böden. Im ariden Gebiet verläuft die Verwesung meist rasch, und die humosen Stoffe, die zurückbleiben, sind absorptiv gesättigt, nicht kolloid aufgequollen; in den humiden Gebieten ist die Zersetzung verlangsamt, der Humus selbst reichlicher vorhanden, aber vielfach absorptiv ungesättigt, kolloid aufgequollen. Seine Schutzwirkung auf die meisten Kolloide, namentlich auch die des Eisenoxydhydrats macht die abschlämmbaren Teile des Bodens beweglich und führt zur Wegfuhr der Eisenverbindungen. Die chemische, reduzierende Wirkung der organischen Stoffe bei Mangel an Sauerstoff steigert noch diesen Vorgang.

Sehr eng sind auch die Beziehungen zwischen den Formen der Humusablagerungen und den klimatischen Bodenzonen. Nur im humiden Gebiet finden sich Moore; dem ariden fehlen sie oder sind nur als zerstreute Vorkommen zu betrachten. So haben die Inseln von Schwarzerde im Norden und Nordwesten der großen europäischen Steppengebiete ihr Analogon in dem Vordringen vereinzelter kleiner Hochmoore bis nach Kiew und Moskau. Die Vermoorung der Wälder, Ablagerungen von Trockentorf finden sich nur innerhalb bestimmter klimatischer Grenzen.

Der Gegensatz zwischen Oberboden und Unterboden, der im humiden Gebiete so stark ausgeprägt ist, daß unvorsichtiges Hochpflügen des Untergrundes sich auf Jahre im Ertrag bemerkbar machen kann, fehlt im ariden Gebiet oder ist unerheblich. Hilgard schildert, wie gleichgiltig man in dieser Beziehung im Westen Nordamerikas ist, und daß der frisch aufgeworfene Untergrund in gleicher Weise Getreide bringt wie der Oberboden.

Aride und humide Böden sind daher, wenn auch durch Übergänge verbunden, voneinander durchaus verschieden. Es mag darauf hingewiesen werden, daß die hochgesteigerte Ackerkultur den Boden in seinen Eigenschaften den Böden arider Gegenden, wohl der ursprünglichen Heimat unserer wichtigsten Getreidepflanzen, anzunähern sucht.

Hilgard[1]) vergleicht die durchschnittliche Zusammensetzung von je 600—700 Böden aus ariden und humiden Gebieten Nordamerikas und kommt zu folgenden Zahlen: (unter Humus ist nur die Matière noir, die nach Behandeln mit wenig Säure, in Ammoniak lösliche organische Substanz, verstanden).

	Boden humider Regionen	Boden arider Regionen
K_2O	0,21	0,67
Na_2O	0,14	0,35
CaO	0,13	1,43
MgO	0,29	1,27
Fe_2O_3	3,88	5,48
Al_2O_3	3,66	7,41
P_2O_5	0,12	0,16
SO_3	0,05	0,06
Lösl. SiO_2	4,04	—
Humus	1,22	1,13
Stickstoff	—	0,13

In allen Fällen sind die Böden arider Gebiete reicher an löslichen Stoffen als die der humiden. Besonders bei Kalk, Magnesia, den Sesquioxyden tritt dies hervor; bezeichnenderweise aber kaum für Phosphorsäure, die infolge ihrer Schwerlöslichkeit auch aus den meisten Böden der humiden Regionen nicht ausgewaschen wird. Noch viel kontrastreicher würden sich die Zahlen gestalten, wenn man Analysen gut abgrenzbarer Böden, z. B. Bleicherden, Braunerden, Schwarzerden nebeneinander stellen würde. Leider fehlen noch derartige Durchschnittszahlen, sie sind auch schwer zu erlangen, da bei den Analysen zumeist eine genügende Einordnung der untersuchten Böden nicht erfolgt ist.

2. Übersicht der klimatischen Bodenbildungen.

Je nach den überwiegend wirksamen Vorgängen der Verwitterung zerfallen die Böden in zwei große Gruppen: a) Böden des Gesteinszerfalles (physikalische Verwitterung); b) Böden der Gesteinszersetzung (chemische Verwitterung).

[1]) Soils, S. 377.

A. Böden des Gesteinszerfalles.

I. Humid.

Spaltenfrostböden. Die Zerkleinerung erfolgt durch die Sprengwirkungen des gefrierenden Wassers. Die chemische Verwitterung ist gering. Soweit Pflanzen vorkommen, ist die Ablagerung von Humus relativ stark. Der Humus ist absorptiv ungesättigt (sauer). Diese Bodenarten sind noch wenig untersucht.

a) Böden der arktischen Gebiete. Erdarme, flachgründige, an scharfeckigen Gesteins-Bruchstücken reiche Bodenarten. An Hängen sammeln sich herabgerollte Bruchstücke und bilden hier stärkere Schichten.

Die Humusansammlung dieser Gegenden ist nach der Pflanzenwelt verschieden. Herrschen Flechten vor, so ist der Boden humusarm, bei anderen Pflanzendecken ist der Humusgehalt hoch und entstehen selbst ausgesprochene Moderböden; Bildung von Trockentorf und Hochmoor findet sich reichlich. An vielen Stellen bleibt der Boden in geringer Tiefe während des ganzen Jahres gefroren (Eisböden).

Die Böden der arktischen Gebiete scheinen alle an hochgradiger Nährstoffarmut zu leiden. Stellen, an denen Eisfüchse ihre Beute zusammenschleppen oder Lager der Lappen gestanden haben, kennzeichnen sich durch viel üppigeren Wuchs der Pflanzen, namentlich von Gräsern.

b) Böden der Hochgebirge. Die Böden bestehen aus eckigem Gesteinsschutt aller Größen, die erdarme Schichten bilden. An vielen Stellen tritt der Fels zutage. Die Humusbildung in tieferen Lagen ist reichlich. Die Ausformung des Geländes läßt aber nur sparsam die Bildung von Mooren zu.

c) Glazialböden. Sie bestehen aus Gesteinsschutt aller Größen, die in den Moränen, besonders der Grundmoräne regellos dicht zusammengelagert sind und durch abfließende Wasser sortiert werden.

II. Arid.

Böden der Wüsten. Vorherrschen der Sprengwirkungen durch starken Wechsel der Temperatur und Aufarbeiten der Bruchstücke durch Wind. Bei gemäßigtem Wüstenklima Ausscheidung von Kalk an der Bodenoberfläche, der den Boden verkittet und feste Schichten bildet. In den extremen Wüsten tritt vielfach der Fels zutage oder der Boden ist auf weite Strecken von Steinblöcken oder von widerstandsfähigen Teilen des Gesteins, vielfach Versteinerungen bedeckt. Fein- bis mittelkörnige Sande, meist als Dünen abgelagert, bedecken große Gebiete. Das feinkörnige Gesteinsmehl wird durch Wind verfrachtet und über den Bereich der Wüste hinausgeführt (Löß).

Die Färbung der Wüstenböden ist meist gelbgrau, gelbweiß, gelbrot oder schneeweiß. Rote Böden treten nur dort auf, wo das Gestein rot gefärbt ist.[1])

B. Böden der Gesteinszersetzung.

(Vorherrschen der chemischen Verwitterung.)

I. Humid.

Die Böden der humiden Zonen sind verschieden nach dem herrschenden Klima; sie schließen sich im ganzen den großen klimatischen Zonen an. In den Tropen Laterit und Roterden, im gemäßigten Gebiete die Braunerden, im kühlen gemäßigten und kalten Gebiete die Podsolböden (Bleicherden z. T.). Leider ist in der zugänglichen Literatur wenig über die Tropenböden zu finden. Es kann keinem Zweifel unterliegen, daß sie überhaupt viel mehr gegliedert sind als jetzt angenommen wird. Die großen Urwälder, dann die tropischen Savannen und Steppen sind nach ihren Bodenarten kaum bekannt; es fehlen auch Angaben über die Böden der sommerdürren Gebiete, so daß hier noch ein weites Gebiet der Forschung offen steht.

a) Laterit. Die typische Bodenart der Tropen. Laterit besteht zum großen Teil aus einem Gemisch von Eisenoxydhydrat, Tonerdehydrat und Quarz, in vielen Fällen finden sich ferner wechselnde Mengen von Kaolingel. Die Tonerde ist mehr oder weniger kristallisiert als Hydrargillit vorhanden. Im typischen Laterit finden sich reichlich Eisenkonkretionen, häufig von zelligem Bau und im Aussehen dem Raseneisen ähnlich. Laterit ist nicht oder nur wenig plastisch und geht als echte Klimabildung aus der Verwitterung der verschiedensten Gesteine hervor. Hierbei erfolgt starke Auswaschung, so daß nach den vorliegenden Analysen die Alkalien bis auf Spuren weggeführt sind, Kalk und Magnesia nur noch in kleinen Mengen vorkommen. Sehr groß ist der Verlust, den die Silikate bei der Lateritbildung an Kieselsäure erleiden. Über den Vorgang der Lateritbildung sind bereits viele Meinungen geäußert worden. Am meisten mit den bekannten Tatsachen mag die Anschauung von Kayser im Einklang stehen, der hydrolytische Spaltung der wasserhaltigen Silikate unter dem Einfluß der hohen Temperatur und großer Wassermengen annimmt. Nach T. H. Holland[2]) bildet sich Laterit in Indien bei einer Wintertemperatur von über 15,5°.

[1]) Blanckenhorn, Geol. Zentralbl. 1909, S. 345.
[2]) Geol. Magaz. (Calcutta) 10, S. 59 (1905).

Die Laterite, die durch Verwitterung aus anstehendem Gestein entstehen, zeigen alle Übergänge (Du Bois), an anderen Stellen jedoch scharfe Abgrenzung des angegriffenen und unveränderten Gesteins.

Laterit wird oft umgelagert oder kann auch aus Sedimenten durch Verwitterung gebildet werden. Die Laterite auf ungestörter Lagerung enthalten meist mehr Kieselsäure als die an Tonerde reicheren umgelagerten Laterite.

An die Lateritbildungen schließt sich in den indischen Gebieten vielfach Vorkommen von Kalkkonkretionen an, die dort als Kankar bezeichnet werden.

Für die indischen Inseln wird angegeben, daß neben Laterit auch Ton und Kaolin, wenn auch in geringen Mengen vorkommen. Jul. Mohr[1]) gibt an, daß am Grundwasserspiegel unter Laterit regelmäßig eine tonreiche Schicht vorkomme.

Glinka betrachtet den Laterit wohl mit Recht als einen Boden, der ursprünglich unter Wald entstanden ist. Es spricht jedoch viel dagegen, ihn als den Boden der tropischen Urwälder, wie sie in Südamerika oder Zentralafrika vorkommen, anzusehen. Diese, jedenfalls echte klimatische Bodenprovinzen bildenden Waldungen zeichnen sich durch Vorkommen reichlich kolloide Humusteile enthaltender Gewässer aus. So sind z. B. die Schwarzwässer des nördlichen und mittleren Südamerikas oft beschrieben. Es ist daher anzunehmen, daß in den Böden dieser Waldungen Eisen gelöst und Kaolingel gebildet wird.

b) Roterden. Zweifelhaft ist noch die Stellung der Roterden, die, vielfach mit Laterit verwechselt, nicht nur in den Tropen vorkommen, sondern als typische Bodenformation der subtropischen Mittelmeergebiete weite Verbreitung haben. Es sind Böden, die in Gebieten sich bilden mit heißem Sommer und kühlem, nicht kaltem Winter. In Spanien meiden die Roterden das eigentliche Steppengebiet und finden sich in großer Verbreitung in Katalonien und an der Westküste der Halbinsel, ferner an den Küsten des Mittelmeeres, Frankreichs, Italiens und Griechenlands, auf den Inseln Korsika, Sardinien, Balearen usw., sowie an der afrikanischen Küste und in Kleinasien. Eine Abgrenzung des Vorkommens der Roterden ist noch nicht möglich, und es liegen nicht einmal genau bezeichnete Analysen vor, um zu entscheiden, ob die Roterden den humiden oder ariden Böden zuzurechnen sind. In einzelnen Vorkommen (bei Toledo, Segòvia) fand Verfasser reichlich Kalkkonkretionen in mäßiger Tiefe, die in anderen Landesteilen nicht beobachtet wurden.

---

[1]) Geol. Zentralbl. 1909, S. 550.

Charakteristisch für die Roterden ist die ziegelrote bis tiefrote und infolge Mangel an Humus sehr reine, leuchtende Färbung. Während der mäßig warmen, regenreichen Winterszeit der Roterdegebiete des Mittelmeeres werden die Pflanzenreste fast völlig zersetzt. Nach dem Gesamtbild des Auftretens ist Verfasser geneigt, die Roterden den humiden Bodenformationen zuzurechnen. Diese Gegenden haben während eines großen Teiles der warmen Jahreszeit aride Bedingungen, dagegen herrschen während der Winterszeit humide Verhältnisse vor und erlangen, wie es scheint, für die Bodenbildung das Übergewicht.

Für diese Auffassung spricht, daß die Roterden auf Kalk am weitesten nach Norden gehen. Die Bezeichnung Roterde (terra rossa) im Karstgebiet bezieht sich auf die Färbung des Unterbodens. Nach den vorliegenden Analysen sind diese Erden als eisenreiche Tone anzusprechen. Es ist anzunehmen, daß in den Roterden rot gefärbte kolloide Eisenhydroxyde vorkommen; die Bedingungen ihrer Bildung im Boden sind noch nicht bekannt. Vom Laterit unterscheiden sich die Roterden durch den Mangel an Eisenkonkretionen (Wohltmann).

Die Roterden sind von verschiedenen Korngrößen: Sand bis Ton. Die Roterden sind im allgemeinen weniger bindig als die Braunerden. Die Sandkörner sind oft von einer dünnen Schicht überzogen, die, in Salzsäure gelöst, die Quarzkörner farblos zurückläßt.

Vinessa de Regny betrachtet die Roterde der Kalkberge als eine Ausfällung des Eisens aus eisenhaltigem Wasser, nicht als Produkt der normalen Gesteinsverwitterung. Setzt man zu kolloiden Lösungen von Eisenoxydhydrat fällende Salze, so erhält man eine Ausscheidung, die der Terra rossa nicht unähnlich ist. Wie die Eisenkonkretionen des Laterits zeigen, sind die Eisenverbindungen dieser Böden beweglich. Abscheidung von Eisen scheint hauptsächlich in den obersten Schichten der Böden vorzukommen. Die chemischen oder physikalischen Vorgänge, die hier tätig sind, kennt man noch nicht. Du Bois nimmt an, daß Schwefelsäure dabei wirksam sei, die dem Eisenkiesgehalt der verwitternden Gesteine oder dem Humus entstamme. Derartige Vorkommen können lokale Bedeutung haben, nicht aber den Boden vieler tausend Quadratmeilen Landes beeinflussen.

Nach Wohltmann[1]) stehen Laterite und Roterden im Zusammenhang. „Je mehr man sich aus der heißen Zone nach Richtung des Nord- oder Südpols entfernt, desto mehr nimmt der Laterit den Typus der Rot- oder Gelberde an.“ Erst umfassende Unter-

[1]) Journ. Landwirtsch. 39, S. 148 (1890).

suchungen werden den Zusammenhang der tropischen Böden und die Bedingungen ihrer Entstehung klären. Es ist festzuhalten, daß im allgemeinen die tropischen Bodenarten zumeist alte Böden sind, die zu ihrer Bildung lange Zeiträume zur Verfügung hatten. Hieraus erklärt sich auch die oft ungeheure Mächtigkeit der Lateritbildung, die bis zu Tiefen von 80—100 m und mehr beobachtet wurde, und der hohe Gehalt an kristallinisch gewordenem Tonerdehydrat.

Noch sehr wenig weiß man über die Gelberden, die Wohltmann zuerst neben den anderen Böden nennt; Glinka ist geneigt, sie als selbständige Bodenart anzuerkennen. Gelberden schließen sich in den Mittelmeerländern an das Gebiet der Roterden an, aber soweit meine Erfahrung reicht, immer in den feuchteren Lagen. So sind die Gelberden in Südfrankreich weit verbreitet. Sie teilen mit den Roterden die Humusarmut und damit die leuchtenden Farben, die hellgelb bis rötlich oder schwach bräunlichgelb sind. Über Eigenschaften und Bildung der Gelberden ist noch kaum etwas veröffentlicht.

Laterite, Roterden, Gelberden sind Böden der Tropen und Subtropen, in denen sie außerordentlich große Gebiete bedecken. „Der Lateritboden ist vielmehr eine allgemein verbreitete Erscheinung des ganzen Tropengürtels“ (Wohltmann). Am weitesten nach Norden reichen die Rot- und Gelberden. Laterit ist ein Produkt eines regenreichen Klimas und hoch gesteigerter Auslaugung des Bodens; bei Roterden ist die Auslaugung zweifellos geringer. Zur Erklärung der Bildung von Gelberden sind wahrscheinlich weniger hohe Temperaturen anzunehmen. Verfasser betrachtete bei seinen Reisen bisher die Gelberden als Fazies der Roterden und hat deshalb ihrem Auftreten weniger Beachtung geschenkt. Es ist aber wahrscheinlich, daß zwei unterscheidbare Bodenarten vorliegen, wofür einmal das Auftreten in klimatisch abgrenzbaren Gebieten und anderseits die oft scharfe Trennung beider Formen bei benachbartem Vorkommen spricht.

c) Die Braunerden. Die Braunerden sind die verbreitetsten Böden in Mitteleuropa. Es sind Produkte eines gemäßigten Klimas und mittelstarker Auswaschung. Die löslichen Salze einschließlich der Sulfate und Karbonate sind in den oberen Bodenschichten ausgewaschen. Dagegen ist Eisen, Tonerde und Phosphorsäure nicht oder nur in mäßigen Mengen den Böden entführt. Letztere sind durch Eisenoxydhydrat gelb bis tiefbraun oder, wenn das Ursprungsgestein rot war, braunrot bzw. rotbraun gefärbt. Der Gehalt an Humus wechselt stark, ist aber hoch genug, um durch seine dunkle Färbung den Böden eine schmutzige, unreine Farbe zu verleihen.

Bei hohem Humusgehalte kann die Färbung dunkel, selbst schwärzlich werden; durch Behandeln mit sehr wenig Salzsäure (bis zu schwach saurer Reaktion) und darauf folgend mit Ammoniak tritt die Färbung des Mineralbodens hervor. Die humosen Stoffe sind den Böden als Moder beigemischt oder ausgefällt im Mineralboden gleichmäßig verteilt.

Die gemäßigt klimatischen Bedingungen der Braunerdegebiete führen dazu, daß der Einfluß des Grundgesteins hervortritt, so daß trotz Wahrung des Charakters als Braunerden aus verschiedenen Gesteinen abweichende Böden hervorgehen, die dazu geführt haben, die Böden nach dem Grundgestein (Basalt-, Granit-, Buntsandstein- usw. Boden) zu unterscheiden.

Der wichtigste Bestandteil der Böden ist der „Ton", d. h. das mehr oder weniger eisenhaltige, überwiegend kolloide Verwitterungsprodukt der Silikate. Die Bodenarten wechseln vom schweren Tonboden bis zum leichten Sandboden.

d) Die Podsolböden. (Grauerden, Bleicherden z. T.). Für die stark ausgewaschenen Böden der humiden kälteren Gebiete ist hier die russische Bezeichnung Podsol (= Aschenboden) gewählt worden. Die ältere deutsche Bezeichnung „Bleisandböden" ist irreführend; der dafür eingeführte Name Bleicherden paßt ebenso wie Grauerden auch auf viele Steppenböden. Es ist daher richtiger, eine selbständige Bezeichnung für diese weitverbreiteten Bodenarten zu wählen und Bleicherden für alle vom Eisen befreiten, ausgebleichten Bodenarten als gemeinsame Bezeichnung zu benützen.

Bezeichnend für die Podsolböden ist der Gehalt an absorptiv ungesättigtem (sauren) Humus und die Wegfuhr des Eisens in den obersten Schichten der Böden. Die Auswaschung dieser Bodenarten ist sehr stark und erstreckt sich auf alle löslichen und angreifbaren Bestandteile des Bodens einschließlich Eisenverbindungen und Phosphorsäure. Unter dem Einfluß des kolloid aufquellenden Humus werden auch tonige Teile beweglich und unterliegen unter sehr ausgesprochenen klimatischen Verhältnissen der Durchschlämmung.

Bezeichnend für die Podsolböden ist ferner der Gehalt an kolloid aufquellbaren Humusstoffen, sowie an Kaolingel, das den Hauptbestandteil der besseren Podsolböden ausmacht. Kenntlich sind diese Böden an den ausgebleichten, weißen bis grauen Färbungen, die namentlich nach dem Glühen der Böden hervortreten. In Podsolböden sind die Eisenverbindungen leicht beweglich, dies führt vielfach örtlich zu Abscheidungen von Eisenkonkretionen.

Die Podsolböden zeigen eine scharf hervortretende Schichtung und vielfach an den Auswaschungsgrenzen ausgefällte Humusstoffe (= Ortsteinbildung).

II. Arid.

Von den ariden Gebieten sind bisher nur die Böden der gemäßigten Klimate näher untersucht worden.

Kalte aride Gebiete sind die Hochebenen Mittelasiens, die außerordentlich reich an Sanden sind, die die Quelle des Staubes vorstellen, der als Löß einen großen Teil Chinas bedeckt. Über die Bodenarten jener umfangreichen Landflächen ist Eingehenderes nicht bekannt.

Wenig besser steht es um unsere Kenntnis der Savannen und ihrer Bodenformation, die einen wesentlichen Teil warmer Erdstriche ausmachen; für ihre Gebiete dürfen klimatisch wohl aride Verhältnisse angenommen werden. — Zu den ariden Böden Indiens gehört der Regur (Cottonsoil), der den echten Schwarzerden gleicht, aber ganz andere Bedingungen der Bildung hat. Es sind tiefgründige, durch Humus schwarz gefärbte Böden, die vielfach Kalkkonkretionen einschließen und von konkretionären Kalkschichten unterlagert werden.[1]) Hilgard[2]) vergleicht den Regur, der namentlich in den Hochlagen Südindiens weite Verbreitung besitzt, mit dem Boden der (subtropischen) Prärien der Südstaaten Nordamerikas und besonders mit der „black Adobe" in Kalifornien.

Den ariden Regionen zuzuzählen ist ferner die Gangesebene mit, wie es scheint, ziemlich wechselndem Aluvialboden, reichem Gehalt an Salzen, aber oft auch starken Salzausblühungen (Reh genannt) und Kalkbänken im Untergrunde.

Die Abscheidung von Kalkschichten als Folge der starken Verdunstung der Bodenfläche ist allen ariden subtropischen und tropischen Böden eigen, sofern nicht echte Wüstenböden vorliegen. Von Hilgard werden sie als allgemein verbreitet im Westen der Vereinigten Staaten angegeben, sie sind aus dem Süden Tunesiens, ebenso wie aus den indischen Besitzungen Hollands bekannt. Die Eigenschaften der ariden Böden gemäßigter Klimate entwickeln sich verschieden, je nach der Ansammlung von Salzen im Boden. Es sind daher zunächst die Salzböden zu besprechen, die wechselnde Mengen leicht löslicher Salze bis zur Oberfläche oder nahe der Oberfläche haben, so daß bei völligem Austrocknen Ausblühungen von Salzen erfolgen. Die übrigen Steppenböden bekommen ihren Charakter namentlich unter dem Einfluß der Vegetation und den langsameren oder schnelleren Verlauf der Verwesung der organischen Rückstände.

---

[1]) Leather, Composion of Indian Soils, Agr. Ledger 1898. — Voelcker, Report of Indian Agriculture 1892. — H. H. Mann, Rep. Ind. Tea-Association 1901.

[2]) Soils, S. 414.

Zu unterscheiden sind zunächst Löß, dann die Schwarzerden (Tschernosem), die in Europa und den Prärien der kälteren Teile Nordamerikas große Flächen bedecken, und endlich die bisher mit keinem selbständigen Namen belegten weißgrauen Steppenböden, die in Europa weniger verbreitet, im nordamerikanischen Westen in großer Ausdehnung auftreten, und auch in den andern Weltteilen verbreitet sind. In Europa finden sie sich namentlich in Spanien.

Im ariden Gebiete bringen kleine Unterschiede in der durchschnittlichen Regenhöhe bereits bemerkbare Verschiedenheiten in den Böden hervor. Es ist verständlich, daß im humiden gemäßigten Gebiete ein wesentlicher Einfluß nicht geübt wird, wenn die Niederschläge etwas höher oder geringer sind. Für einzelne Bodenarten, z. B. Moorboden, Sandboden, macht sich zwar eine Verschiedenheit bemerkbar, wenn Differenzen von einigen hundert Millimetern Niederschlag vorhanden sind; im allgemeinen ist aber die Wirkung dieselbe, wenn etwa 800 oder 1200 mm Niederschlag die Regel bilden, und selbst zwischen 600 und 800 mm ist bei mäßiger Verdunstung noch keine wesentliche Abweichung zu bemerken. Anders gestalten sich die Verhältnisse, wenn es sich um 400 und 500 mm Niederschlag im gemäßigten ariden Gebiet handelt. Hier kann schon ein Mehr oder Weniger von 100 mm sich sehr wirksam gestalten.

Überhaupt wird man in den Grenzgebieten verschiedener Böden den kleinen Differenzen von Temperatur und Verdunstung Aufmerksamkeit widmen und sie genauer feststellen müssen. Es ist ohne weiteres klar, daß zwischen „humid“ und „arid“ sich ein Gleichgewicht einschieben muß; Gebiete, in denen Niederschlag und Verdunstung sich die Wage halten. Jedes Mehr oder Weniger wird dann den Ausschlag nach der einen oder anderen Seite geben.

C. Salzböden.

Die Salzböden sind reich an leicht löslichen Verbindungen, von denen Natriumsulfat und Magnesiumsulfat am verbreitetsten auftreten, während Chlornatrium meist zurücktritt; Natriumkarbonat ist in der Regel in geringer bis mäßiger Menge vorhanden, beeinflußt aber die Eigenschaften der Böden sehr stark, so daß die Amerikaner Weißalkaliboden (Natrium- und Magnesiumsulfat, Kochsalz enthaltend) und Schwarzalkaliboden oder Sodaboden (Soda enthaltend) unterscheiden; Bezeichnungen, die man auch für andere Gebiete verwenden kann, da sie wichtige Bodenunterschiede zum Ausdruck bringen.

Das Vorkommen von Salzböden ist in allen nicht ganz regenarmen Gebieten auf schwach geneigte oder ebene Lagen beschränkt;

besonders reichlich sammelt sich das Salz in Tieflagen des Bodens, in denen das Grundwasser der Oberfläche nahe kommt oder Wasser von den benachbarten höheren Lagen zufließt und hier durch Verdunstung konzentriert wird. In sehr vielen Fällen treten daher die Salzböden fleckweise zwischen anderen Steppenböden auf; so z. B. in den Küstengegenden des Schwarzen Meeres.

Man kann folgende Unterabteilungen der Salz- und Sodaböden (nach Glinka u. a.) unterscheiden:

Strukturlose Salzböden.

Es sind Böden mit geringem Gehalte an Humus, sie schließen sich in ihren Eigenschaften an die übrigen ariden Böden an, von denen sie sich durch den reichlichen Gehalt an Salzen, die bis zur Oberfläche emporsteigen, unterscheiden. Diese Böden finden sich namentlich in den Senken und Mulden im Steppengebiet (Schwarzerdegebiet).

Wird Soda in den tieferen Bodenschichten gebildet, so wird der Boden dadurch verdichtet und für Wasser schwer durchlässig; zumal dabei SiO_2 reiche, sirupartige Lösungen humoser Stoffe entstehen, die die unter der Oberfläche liegenden Schichten verkleben und einen undurchlässigen Horizont bilden. Die Folge ist, daß zeitweise sich Wasser in der obersten Bodenschicht ansammelt, so daß die humosen Stoffe rasch oxydiert werden. Es lassen sich zwei Typen unterscheiden, deren Bildung wohl ähnlich verläuft. J. d. R. wird die überlagernde Erdschicht ausgewaschen und verliert vielfach ihre löslichen Salze so stark, daß absorptiv ungesättigte Humusstoffe entstehen. In den Böden verlaufen verschiedene Zersetzungsvorgänge, so daß nach der bisherigen Nomenklatur zu oberst „saure", in der Tiefe alkalische Lösungen einwirken. Die russischen Gelehrten sprechen dann von „salzerdigem Podsol", da unter dem Einfluß der Soda Eisen löslich geworden und in die Tiefe geführt ist und in der Oberschicht eine Bleicherde mit absorptiv ungesättigtem Humus zurückbleibt. Beim Austrocknen bildet sich eine horizontale Schichtung dieser Böden heraus.

Zeitweise übermäßige Feuchtigkeit, die meist im Frühjahr durch Überflutung sich einstellt, führt zur Bildung der „zerklüfteten Salzböden", die sich durch einen stark zerklüfteten Horizont auszeichnen. Die eingelagerte stark sodahaltige Schicht hemmt das Aufsteigen der Bodenlösung; die abfließenden Oberflächenwässer waschen die Oberflächenschicht aus. Es findet sich daher eine mehr oder weniger dünne feinsandige Oberschicht ohne Struktur, häufig mit großen runden Poren durchsetzt; hierunter folgt eine tonhaltige

Schicht, die beim langsam fortschreitenden Austrocknen in senkrecht stehende Säulen zerklüftet. Diese Schicht erinnert etwa an das Bild eines Miniatur-Säulenbasaltes, nur daß die Säulen weiß bis grau und einen oder wenige Zentimeter dick sind. Die zerklüfteten Salzböden sind in Osteuropa die verbreitetste Form der Salzböden.

In der Umgebung des Kaspi-Sees hat man eine in ziemlicher Verbreitung vorkommende Form des Salzbodens als Weißerde (Baelosem) unterschieden. Es sind Böden der südlichen trocknen Steppen, in denen die Niederschläge etwa 200 mm betragen. Die Böden sind grau gefärbt, haben 1—2% Humus und sind stets reich an Salzen, namentlich enthalten sie viel Karbonate, sowohl Kalk, wie Soda. Die Böden sind „lehmig", also ein Gemisch von feinsandigen und tonigen Teilen und ihr Gewicht ist gering, sie sind „leicht" nicht im bodenkundlichen Sinne, sondern nach dem Gewichte eines Volumens Boden.

D. Steppenböden.

Die Böden der Steppen lassen sich in zwei große Gruppen einteilen, die sich durch ihren Gehalt an Humus unterscheiden. Die Menge der Humusstoffe, die zur Ablagerung kommt, ist abhängig von der Größe des Pflanzenwuchses und von der Geschwindigkeit der Zersetzung. In Gebieten mit geringem Pflanzenwuchse, sowie bei kräftig fortschreitender Zersetzung der organischen Reste findet man in der Steppe humusarme, hell, weißlich bis grau gefärbte Bodenarten vorherrschend. Im Steppenboden kommen fast stets kleine bis sehr kleine Mengen von Soda vor, die jedoch hinreichen, mit Hilfe löslicher Humussubstanzen das Eisen der verwitternden Bodenteile beweglich zu machen und hierdurch die weißlichen bleichen Farben der Böden hervorzurufen. In Europa finden sich diese Steppenböden in Spanien verbreitet. Genauere Untersuchungen liegen nicht vor. Ganz allgemein ist den ariden Böden die Neigung zur Bildung von Konkretionen verschiedener Art, namentlich Kalkkarbonat, Gips; auch humose Abscheidungen sind verbreitet.

Abweichende Verhältnisse treten auf, wenn die Niederschläge hoch genug sind, um reichliche Produktion von organischer Substanz zu ermöglichen und wenn die Verwesung der abgestorbenen Pflanzenreste durch niedere Temperatur oder Trocknis längere Zeit im Laufe des Jahres gehemmt wird. Hierdurch wird der Boden an humosen Stoffen angereichert, die ihn alsdann dunkel, braun bis schwarz färben. Es bilden sich die fruchtbaren Steppenböden, die man unter der Gesamtbezeichnung Schwarzerden zusammenfassen kann.

E. Die Schwarzerden.

Am eingehendsten sind die Schwarzerden Südrußlands untersucht worden, an die sich Böden gleicher Eigenschaften sowohl nach Osten (Sibirien) wie nach Westen (Galizien, Bukowina, Moldau und Walachei, ferner Ungarn, Mähren [Hannaböden], Böhmen, Schlesien [bei Liegnitz] anschließen und deren westliche Ausläufer sich bei Magdeburg [Börde] und Braunschweig finden.

Die Schwarzerden enthalten wechselnde Mengen von Humusstoffen, die den Böden je nach den klimatischen Verhältnissen braune bis tiefschwarze Färbung erteilen. Hiernach unterscheiden die russischen Forscher drei Bodenarten: die eigentliche Schwarzerde, die das Zentrum der Verteilung bildet und an die sich nach Süden zwei Zonen brauner Erden anschließen. Es sind dies unter stärker ariden Bedingungen gebildet, die schokoladefarbenen Böden und entlang dem Nordufer des Schwarzen Meeres und in der Walachei weit verbreitet die heller gefärbten kastanienbraunen Böden.

Die Schwarzerden können als echte „klimatische" Böden auf den verschiedensten Gesteinen und Ablagerungen entstehen; man kennt Schwarzerden auf Löß, Tonen, Kalkgestein, Gneiß usw. Für die deutschen Vorkommen gibt Wahnschaffe für die Magdeburger Gegend Löß an; für die ostpreußischen Vorkommen Geschiebemergel (bei Mewe an der Weichsel) und andere Diluvialböden (in Posen).

Der Gehalt der eigentlichen Schwarzerde (Tschernosem) an humosen Stoffen schwankt zwischen 2—16%.

Dokutschajew hat versucht, Gebiete gleichen Humusgehaltes in den russischen Steppen abzugrenzen und bezeichnet die Grenzlinien als Isohumosen. Kostytschew erklärte sich gegen diese Einteilung, da der Humusgehalt der Böden schon bei geringen Änderungen der Gelände-Ausformungen wechselt. Die Isohumosen lassen aber die Verteilung der organischen Substanz und ihr Anwachsen in einzelnen Gegenden hervortreten. Im allgemeinen sind es die Mitte und der Osten des Steppengebietes, die die größte Ansammlung von Humus aufweisen.

Die Schwarzerden sind Steppenböden und ihre Humusstoffe sind aus der Zersetzung der abgestorbenen Steppenflanzen, besonders der Wurzeln der Steppengräser hervorgegangen. Die humosen Stoffe bilden mit den Mineralteilen des Bodens einheitliche Massen und tragen den Charakter chemischer Ausfällungen. Teile mit Pflanzenstruktur sind nicht erkennbar.

Die Böden sind nach allen Richtungen mit Spalten durchsetzt und ausgezeichnet gekrümelt. Zumal in den an Humus ärmeren braunen Böden tritt die örtliche Abscheidung von humosen Stoffen in dunkleren grobmaschigen Adern hervor, die die Böden durchsetzten.

Sehr eingehende Untersuchungen des Bodenprofils typischer Schwarzerden hat Wysotzki angestellt. Hiernach läßt sich die obere „lebende" Bodenschicht, die alljährlich von Niederschlägen durchfeuchtet wird, von der tieferen „toten" Bodenschicht unterscheiden, in die Niederschläge nicht mehr eindringen. Steht das Grundwasser tief, so daß auch von dort Aufsteigen von Wasser nicht mehr stattfindet, so ist eine mittlere Schicht des Bodens vorhanden, die, weder von den Niederschlägen noch vom Grundwasser beeinflußt, für lange Zeit gleiche Feuchtigkeit behält, es ist dies die „tote Bodenschicht" oder das Illuvium nach Wysotzki.

Um die Vorgänge, die sich im Boden abspielen, verständlich zu machen, ist es notwendig, folgendes festzuhalten. Die Schwarzerden sind sämtlich Böden mit hoher Wasserkapazität. Die Niederschläge der kalten Jahreszeit werden zur Sättigung der oberen Bodenschichten verbraucht und dringen bis zu einer bestimmten, meist mäßigen Tiefe ein. Während des Winters sind die Böden bis in erhebliche Tiefe gefroren. Die reichen mineralischen Nährstoffe dieser Böden, genügender Wassergehalt im Frühlinge und die rasch steigende Temperatur geben einer Frühjahrsvegetation, meist Gräsern, die Möglichkeit rascher und üppiger Entwicklung. Das vorhandene Wasser wird hierbei bald verbraucht und die Regen der Vegetationszeit geben nur sehr tiefwurzelnden oder sehr widerstandsfähigen Arten (zumal Gräsern) die notwendige Feuchtigkeit. Bereits im Juni ist die Vegetation der Steppe zumeist vertrocknet, und erst die geringere Verdunstung in der Herbstzeit läßt eine zweite schwächere Entwicklung von Pflanzen zu.

Der Boden der Schwarzerde wird daher, als ganze Schicht betrachtet, der Auswaschung nicht oder nur örtlich ausgesetzt sein; die obersten 1—2 m des Bodens dagegen werden, wenn auch nur wenig, alljährlich durch die einsickernden Wasser ausgelaugt, die in ihnen vorhandenen gelösten Teile aber nicht bis zum Grundwasser, sondern nur bis zur „toten" Bodenschicht geführt, von der sie im Frühlinge wieder kapillar aufsteigen können und ihre Salze zum Teil in gut ausgeprägten Horizonten zur Abscheidung bringen. Die Tiefe, in der dies geschieht, ist von der Mächtigkeit der „lebenden" Bodenschicht und diese wieder von der Menge des zugeführten Wassers abhängig. Je stärker ein Gebiet arid ist, je geringer die Summe der Niederschläge und je stärker die Verdunstung ist, um so geringer wird die Mächtigkeit der „lebenden" Bodenschicht, umso leichter können die gelösten Salze wieder bis zur Oberfläche oder doch in den oberen

Boden gehoben werden und dort zur Ausscheidung gelangen. Die Reihenfolge der Ausscheidung richtet sich nach der Löslichkeit und Absorbierbarkeit der Stoffe. Kolloid gelöste Humusstoffe werden von den tonigen Teilen der tiefsten Lagen gebunden; daher findet sich fast stets an der unteren Grenze des „lebenden" Bodens ein humoser Horizont. In gleicher Tiefe wird Kalkkarbonat abgeschieden, das diesen Schichten vielleicht in Begleitung der Humusstoffe von oben zugeführt wurde; genaueres ist darüber noch nicht bekannt.

Die Salzabscheidungen des aufsteigenden Wasserstromes sind zuerst Gips, der oft eine ziemlich feste Zwischenschicht bildet; der Oberfläche näher lagert sich Kalkkorbonat ab. In den Schwarzerden finden sich also meist zwei Horizonte von Kalkabscheidungen; der obere findet sich in wechselnder Tiefe, erreicht nicht selten fast die Oberfläche des Bodens und lagert in der Regel zwischen 0,3—1 m Tiefe.

Leicht lösliche Salze sind in den Schwarzerden nur selten in solcher Menge vorhanden, daß sie sich als kristallinische Lagen abscheiden und dann die Böden zu den „Salzböden" gehören.

Man hat bisher zumeist angenommen, daß der Boden mehr oder weniger ausgewaschen sei und die aus den oberen Schichten stammenden Bestandteile in der Tiefe wieder zur Abscheidung gelangen.

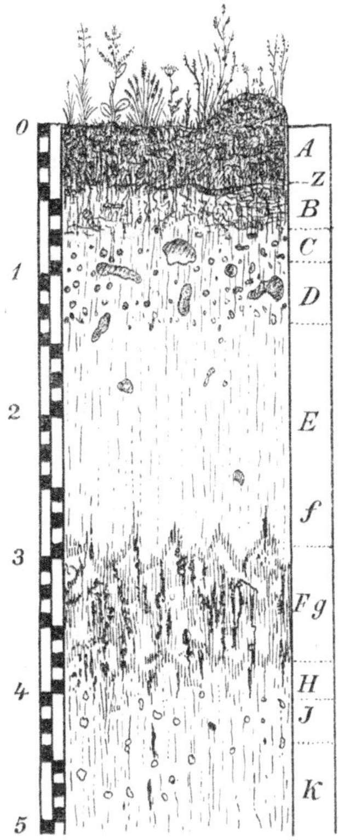

Abb. 56. Typisches Profil der „lebenden" Bodenschicht der Schwarzerde in Weleki Anadol.

A. Oberboden; Z. Beginn des Aufbrausens bei Befeuchten mit Salzsäure. B. Übergang von Oberboden in Unterboden. C. Unterboden. D. Ausscheidungen von $CaCO_3$, diese Schicht enthält reichlich jetzt mit eingeschlämmter Schwarzerde erfüllte Tierhöhlen. E. Schicht mit geringem Humusgehalt. F. u. G. Schicht reich an Gips und an Humus. H. Schicht mit wenig Humus. J. Tiefere Schicht mit Kalkabscheidungen. K. Beginn der „toten" Bodenschicht.

Der Vorgang verläuft jedoch komplizierter; die Tiefenlage der Abscheidungen gibt aber einen brauchbaren Anhalt für die Mächtigkeit der alljährlich von Wasser durchflossenen Schicht. Die tatsächlichen Verhältnisse zeigt am besten ein Profil Wysotzkis (Abb. 56) aus den Steppen zwischen Don und Donetz.

Die Anreicherung der Schwarzerden an Humus lehrt, daß die Bedingungen der völligen Zersetzung der organischen Stoffe ungünstig sind. Zwei Ursachen vereinigen sich in diesen Steppen zur Störung einer normalen Verwesung. Trocknis während eines großen Teiles der warmen Jahreszeit, lang andauernder und tief in die Erde dringender Frost während der Winterszeit. Rasch fortschreitende Verwesung ist daher nur zur Zeit des Frühlings und im Herbst zu erwarten

Die hierher gehörenden Schwarzerden sind daher auf Gegenden mit kaltem Winter beschränkt.

Merkwürdig ist die Erhaltung der Schwarzerde in den westlichen Gebieten bei Magdeburg und Braunschweig. Man kann nicht annehmen, daß es Reliktenböden der nachdiluvialen Steppenzeit sind, denn die Humusstoffe dieser hervorragenden Ackerböden müßten längst wesentlich vermindert sein, wenn nicht die klimatischen und Bodenverhältnisse fortgesetzt ihre Neubildung begünstigten. In Rußland hat man die Erfahrung gemacht, daß unter Wald die Schwarzerde bald ihren Charakter verliert und in „graue Waldböden“ übergeht. Auch die westlichen Schwarzerden weichen in ihrem Schichtenbau vom östlichen Typus ab; gehören aber doch zu dieser Gruppe.

II. Andere Einteilung der Bodenarten.

Die Einteilung der Böden nach Klimazonen ordnet sie in große Gebiete, die oft viele hunderttausende Quadratkilometer bedecken und natürlich im einzelnen weitgehende Abweichungen aufzuweisen haben.

Je extremer das Klima, um so einheitlicher die Böden; dieser Satz bewährt sich überall; er kann aber nicht hindern, daß unter jedem Klima die Eigenschaften der Böden durch ihre mechanische Zusammensetzung so stark beeinflußt werden, daß man je nach den Korngrößen von Hauptbodenarten sprechen und sie darnach ordnen kann. Wie jede Methode der Einteilung hat auch die nach den physikalischen Bodenkonstituenten, d. h. nach den Korngrößen, ihre Schattenseiten, ist aber zurzeit nicht zu umgehen. Für diese Einteilung spricht der alte Gebrauch, da dieser bei Bezeichnungen, wie Sand, Ton, Humus, jedermann sofort bestimmte Vorstellungen vermittelt. Es sind wesentlich mittel- und westeuropäische Verhältnisse, aus denen die heute geltenden Bezeichnungen abgeleitet sind, aber sie bieten so große Vorzüge, daß man ihrer gar nicht entbehren kann; zumal sie auf viele andere Gebiete bei verständiger Anwendung übertragbar sind.

Der Sprachgebrauch hat ferner in allen Ländern noch einzelne Bodenarten unterschieden, die, zumeist mit besonderen Namen belegt, örtlich Bedeutung gewinnen. Am umfassendsten ist dies wohl bei der Kartierung in den Vereinigten Staaten von Nordamerika geschehen, in denen die Böden des weiten Landes in örtliche Gruppen zusammengefaßt worden sind.

Die Zeit zu einer wissenschaftlich brauchbaren Einteilung der Bodenarten ist noch nicht gekommen. Grundlage wird immer die Ordnung in klimatisch bedingte Böden sein müssen; aber um die Mannigfaltigkeit der einzelnen Vorkommen einzuordnen, wird es noch der gemeinsamen Arbeit vieler bedürfen. Geologische, physikalische und chemische Eigenschaften der Böden müssen gleichmäßig herangezogen werden, und je nach ihrer Bedeutung werden bald die einen oder anderen den Ausschlag zu geben haben.

1. Einteilung nach den physikalischen Eigenschaften der Böden.

Je nach den Korngrößen und bei den gemengten Böden nach dem Mengungsverhältnis unterscheidet man Stein-, Sand-, Lehm-, Ton- und Humusböden.

Die Ordnung der Böden nach ihren Korngrößen hat den Vorzug, daß bestimmte, für die Pflanzenwelt wichtige Eigenschaften, namentlich das Verhalten gegen Wasser, zum Ausdruck gebracht werden, sowie daß die physikalische Zusammensetzung der Böden sich nur sehr langsam verändert.

Streng genommen handelt es sich hierbei um ein gemischtes System, da der Gehalt an Kalkkarbonat, also die chemische Zusammensetzung, mit berücksichtigt wird, was allerdings nicht zielbewußt, aber durch die Bedeutung dieses Stoffes hinreichend gerechtfertigt ist.

A. Steinböden.

Steinböden sind Bodenarten, die sich überwiegend aus wenig zersetzten Gesteinsbruchstücken zusammensetzen. Man kann diese Böden einteilen:

1. Felsböden. Der nackte, nur von Spalten durchsetzte Fels liegt zutage.

2. Großsteinige Böden. Die Hauptmasse der oberen Bodenschicht wird von Steinblöcken eingenommen. Es sind in humiden Gegenden meist von Wald bestandene Flächen, in denen die Vegetation nur durch reichliche Niederschläge und geringe Verdunstung möglich ist. Zunächst überziehen sich die Steine mit Decken von

Moosen, in denen Samen keimen können. Die Wurzeln wachsen dann unter den Moosdecken, bis sie Spalten erreichen und aus deren Tiefe ihren Bedarf an Nährstoffen und Wasser zu decken vermögen. Steinböden finden sich in europäischen Mittelgebirgen und namentlich Hochgebirgen ziemlich reichlich und sind im skandinavischen Norden weit verbreitet. Je nachdem die Steinblöcke von einer Gesteinsart, z. B. Granit, Porphyr, Quarzit usw. gebildet werden oder Gemische von Gesteinen vorliegen, kann man die Steinböden noch weiter bezeichnen.

3. Grus- und Grandböden (Geröllböden).

Die Grusböden bestehen aus Gesteinsbruchstücken mit scharfen Ecken und Kanten, die zumeist aus dem Zerfall anstehenden Gesteines hervorgegangen, namentlich in Gebirgen vorkommen.

Je nach der Größe der Bruchstücke, der Gesteinsart und der Verwitterbarkeit sind die Grusböden verschieden. In der Regel enthalten sie Bruchstücke verschiedener Größe.

Alle echten Spaltenfrostböden gehören hierher. Beimischung von stärker zersetztem Material und von humosen Stoffen verändert die Beschaffenheit dieser Böden wesentlich und kann in kühlen und feuchten Lagen leicht zur Bildung von Trockentorf und zur Vermoorung führen.

Grand-, Kies-, Schotterböden sind durch fließendes Wasser abgelagert, daher sind die Bodenkörner abgerundet und besitzen meistens gleiche oder doch nicht allzu abweichende Korngrößen. Zwischen den einzelnen Bodenteilen ist daher feinkörniges Material nicht oder nur sparsam eingelagert, die Hohlräume sind groß und die ganzen Grandschichten für Wasser leicht durchlässig, die Wasserkapazität ist gering.

Je nach Korngröße, Verwitterbarkeit und Zusammensetzung der Gesteine, die den Grand bilden, verhalten sich diese Böden verschieden. Sie finden sich meist als Untergrund einer schwächeren oder stärkeren Verwitterungsschicht, die den unveränderten Grand bedeckt.

B. Sandbodenarten.

Sandböden bestehen überwiegend aus Sand, also kleineren Körnern, die in Wasser verteilt, rasch zum Absetzen kommen.

Durch Beimischung anderer Bodenbestandteile werden die Sandböden wesentlich verändert; bei Gehalt an tonigen Stoffen entstehen die „lehmigen Sande“, bei Gehalt an Humus die „humosen Sande“; immer aber überwiegen die höheren Korngrößen und geben dem Boden die ihn charakterisierenden physikalischen Eigenschaften.

Chemisch bestehen die meisten Sandböden aus Quarzsand, je mehr dieser im Gesamtgehalte überwiegt, um so „ärmer" sind die Sande. Beimischungen von Mineralresten von Silikaten (Feldspat, Hornblende, verschiedenen Gesteinen), sowie von kohlensaurem Kalk erhöht den Bodenwert bedeutend; dieser wird überhaupt überwiegend durch den Gehalt an mineralischen Nährstoffen bedingt.

Die Sandböden zeichnen sich meist durch lockere Lagerung und in der Regel durch ihre Tiefgründigkeit aus. Die mineralischen Bestandteile des Bodens sind zur Krümelbildung wenig geeignet; sie tritt bei reinen Sandböden erst nach Beimischung eines genügenden Humusgehalts hervor. Hierin beruht hauptsächlich der Wert der Humusbeimischung für Sandböden.

Der Wassergehalt ist entsprechend der bedeutenden Korngröße gering. Die großen Poren begünstigen das Eindringen des Wassers, so daß sich der Boden während der Vegetationszeit bei ausgiebigeren Niederschlägen immer wieder mit Wasser zu sättigen vermag. Eine nennenswerte Ansammlung von Winterfeuchtigkeit findet nicht statt.

Der geringe Wassergehalt und die starke Erwärmbarkeit begünstigen die Verdunstung des Wassers, die in ihren Folgen durch die Tiefgründigkeit des Bodens, wenigstens für ältere Pflanzen, einigermaßen wieder ausgeglichen wird. Hingegen sind junge Pflanzen, namentlich bei Pflanzung nach nicht genügend tiefer Bodenlockerung, dem Vertrocknen leicht ausgesetzt.

Die Sandböden verlieren durch Auswaschung leicht erhebliche Mengen von löslichen Mineralstoffen[1]; keine andere Bodenart erleidet ähnlich hohe Verluste durch die die ganze Bodenschicht gleichmäßig durchsickernden Wässer.

Die Erwärmung der Sandböden tritt rasch und leicht ein. Die Wärmeleitung erfolgt in dem mit isolierenden Luftschichten wenig durchsetzten Boden rasch und zugleich bewirkt der geringe Wassergehalt sowie die dadurch geringe Wärmekapazität eine sehr viel leichtere Erwärmung bei gleicher Sonnenbestrahlung, als dies für andre Bodenarten gilt. Noch gesteigert wird dies durch Steinbeimischung, die zugleich die geringe Wasserkapazität der Sandböden noch weiter herabsetzt. Gehalt an Steinen ist daher für diese immer als schädlich anzusprechen.

Die zur Entfaltung der vegetativen Tätigkeit der Bäume notwendige Bodentemperatur wird früher erreicht als auf andern Böden. Die Folgen sind frühzeitiges Austreiben der Vegetation, raschere

[1]) Mineralstoffe ist hier und im folgenden immer im Gegensatz zum Bodenskelett und zur Kieselsäure gebraucht.

Keimung, aber auch viel größere Gefährdung der jungen Pflanzen durch Spätfröste.

Die Durchlüftung der Sandböden ist im ganzen gut, jedoch scheint die Steigerung, die dieser wichtige und in seiner Bedeutung für das Pflanzenleben noch wenig untersuchte Vorgang durch die Krümelung erfährt, auch bei Sandböden vorteilhaft einzuwirken. Die Dichtigkeit der Zusammenlagerung der Bodenteile nimmt auffällig bei geringwertigen Böden zu und markiert jede ungünstige Veränderung des Bodens in scharfer Weise.

Die Zersetzung der Pflanzenreste erfolgt auf den nährkräftigeren Sandböden infolge reichlicher Wärme und Sauerstoffzufuhr und bei dem meist ausreichenden Wassergehalt ziemlich rasch. Alle Bedingungen, die die Zersetzung noch steigern, sind daher ungünstig für die Sandböden und führen zur Aushagerung des Bodens und damit zur Zerstörung der Krümelstruktur. Keine Bodenart, vielleicht flachgründige Kalkböden ausgenommen, ist daher so empfindlich gegen Freistellung und Streuentnahme wie die Sandböden; dies gilt auch für solche von mittlerem, oft auch höherem Ertragswerte.

Arme Sandböden, die meist dicht gelagert sind und die zur raschen Umbildung der organischen Reste, beziehentlich für die Lebenstätigkeit der Bakterien notwendigen Nährstoffe nicht enthalten, leiden in hohem Grade an Ansammlung unzersetzter Pflanzenreste unter Bildung von Rohhumus, der nirgends im gleichen Maße verderblich wirkt, wie auf Sandböden und zuletzt zu den weitverbreiteten Ortsteinbildungen führt.

In tieferen Lagen können die Rohhumusablagerungen allmählich zur völligen Versumpfung führen, wie z. B. die großen Moore Norddeutschlands fast ausnahmslos aus der Versumpfung ursprünglich von Wald bestandener Flächen hervorgegangen sind.

Alle diese Gründe lassen für den Sandboden Beimischung andrer Bodenbestandteile, insbesondere des Humus, hochwichtig erscheinen, aber nur in der Mischung mit dem Sande machen sich dessen Vorzüge, die namentlich in gesteigerter Krümelung, höherem Wassergehalt und verminderter Erwärmungsfähigkeit bestehen, geltend.

Einschläge in Sandböden ergaben fast stets drei Bodenschichten verschiedener Verwitterung: auflagernder humoser Sand, gelb bis braun gefärbter Sand, hellfarbiger Sand; sie sind in fast allen Sandböden entwickelt und gut unterscheidbar.

Von hoher Bedeutung für Sandböden ist in mäßiger Tiefe anstehendes Grundwasser. Selbst recht arme Sande vermögen dann noch mäßige Bestände zu tragen, da die Pflanzen ihre Ernährung zum Teil aus dem Grundwasser schöpfen können und jedenfalls nie

Mangel an Feuchtigkeit leiden. (Die Bestände auf den sehr armen tertiären Sanden der Niederlausitz werden z. B. sofort besser, wenn Grundwasser in erreichbarer Tiefe vorhanden ist.)

Enthält ein Boden überwiegend Sand und nur geringe Mengen von tonigen Bestandteilen, so bezeichnet man ihn, je nach dem Gehalt an letzteren als *schwach lehmigen* oder *anlehmigen Sand* und als *lehmigen Sand*.

Es ist schwierig, zahlenmäßig anzugeben, bei welchem Gehalt man den einen oder andern Ausdruck gebrauchen soll, im allgemeinen genügt schon eine sehr geringe Menge von abschlämmbaren Stoffen, um den Charakter der Sandböden zu beeinflussen. Man bezeichnet Böden, die keine oder nur verschwindende Mengen toniger Bestandteile enthalten (fast alle alluvialen, diluvialen und viele Tertiärsande, Verwitterungsböden von manchen Quadersandsteinen usw.) als *reine Sandböden*; zeigt der Boden, ohne seine vorwiegenden Eigenschaften als Sandboden zu verlieren, eine gewisse Bindigkeit in feuchten, Stäuben und Zurückbleiben feinerdiger Bestandteile beim Zerreiben auf der Hand in mehr trockenem Zustande, so bezeichnet man ihn als *schwach lehmigen* oder *anlehmigen Sand*; ist der Gehalt an feinerdigen Teilen unverkennbar, aber der Sandgehalt noch stark überwiegend, so spricht man von *lehmigem Sande*.

Der Bodenwert steigt mit dem Gehalt an tonigen Bestandteilen; der Wassergehalt wird höher, die rasche Erwärmbarkeit vermindert sich; es sind dies Umstände, die günstig einwirken.

Humose Sande sind fast alle oberen Bodenschichten der Wälder auf Sandboden, obgleich der Gehalt an Humus *in der Regel* gering ist; 1—2 Gew.-% vermögen den Charakter des Bodens schon merkbar zu beeinflussen; man bezeichnet sie als *schwach humose Sandböden*. An frischeren, tiefer liegenden Stellen der Wälder steigt der Humusgehalt und spricht man bei einem Gehalt von 3—6% Humus von *humosen Sanden*. Nur in Tieflagen und zumal in der Nähe fließender oder stehender Gewässer steigert sich der Humusgehalt noch mehr, der bereits bei 8—12% so hohen Einfluß auf die Eigenschaft des Bodens gewinnt, daß sich eine Annäherung an die Humusbodenarten geltend macht; derartige *stark humose Sande* sind meist sparsam verbreitet und gewinnen nur in den Gebieten der Flußsande größere Ausdehnung.

C. Staubböden.

Staubböden sind Bodenarten, die sich zum größten Teile, oft bis zu über 90% aus Staub und Feinsand zusammensetzen.

Die Staubböden zerfallen in zwei verschiedene Gruppen: Flottsande und Löß.

a) Flottsande.

Die Flottsande sind Produkte der Ausschlämmung von Moränen; bisher sind sie nur aus glazialen Ablagerungen bekannt geworden, finden sich hier aber zum Teil in erheblicher Ausdehnung. Im nordischen Diluvium scheint ihre Verbreitung in östlicher Richtung und in Gegenden geringen Gefälles für den Wasserablauf während der Eiszeit stark zuzunehmen, so gehören die meisten speziell als Podsol bezeichneten russischen Bodenarten hierher.

Die eigenartige Beschaffenheit dieser Böden hat ihnen meist Lokalnamen verschafft, so Flottsand (Flottlehm) in Hannover, Kvabb in Norwegen usw. Die preußischen geologischen Karten bezeichnen diese Böden als „Mergelsande" und sehr feinsandige Ablagerungen. In Nordamerika scheinen die von Hilgard als crowfished bezeichneten Böden hierher zu gehören. In Schweden hat Atterberg sie neuerdings als Moboden bezeichnet.

Charakteristisch für die Flottsande ist ihr Verhalten gegen Wasser; sie nehmen davon viel auf und werden bei sehr geringem Wasserdruck treibend, beim Austrocknen bilden sich zusammenhängende, dichte, aber leicht zerreibliche Stücke; so daß diese Böden meist Einzelkornstruktur besitzen. Besonders tritt dies bei den kalkarmen Abarten hervor. Hierdurch sind diese Böden ungünstige Waldböden, dagegen entsprechend gedüngt und mit Humus angereichert, mittlere und selbst gute Ackerböden.

Je nach dem Vorherrschen des Staubes oder Feinsandes haben diese Bodenarten mehr das Aussehen eines sehr feinsandigen Bodens oder eines Lehmbodens, der ihnen vielfach die Bezeichnung als Lehm (Flottlehm, Heidelehm) eingetragen hat.

Die Plastizität dieser Böden im nassen Zustande ist so groß, daß sie an Grabenwänden wie ein dicker Brei hervorgepreßt werden. Die mehr feinsandig ausgebildeten Abarten bilden die Hauptmenge der „schwimmenden Sande", die bei Bohrungen, Brunnenbauten u. dgl. zum Ausfließen großer Sandmassen führen können.

Die sehr feinsandigen, kalkhaltigen Ablagerungen der Mergelsande im nordischen Diluvium haben häufig das Aussehen des Löß, mit dem sie die Korngröße teilen. Ähnlich dem Löß bilden sich in ihnen tiefe Wegeinschnitte, Hohlwege, steile Abstürze. Vom Löß unterscheiden sie sich durch Fehlen der fein porösen Struktur, sowie daß sie vielfach mit geschichteten Absätzen in Verbindung stehen. Sowohl Ton- wie Sandlagen können zwischengelagert sein. In manchen Fällen kann Zweifel bestehen, ob bei kalkreichen Ablagerungen

Flottsand oder Löß vorliegt; der durch Berücksichtigung des geologischen Aufbaues gelöst werden muß.

b) Löß.

Ablagerungen von Staub und Staubsand durch Wind bilden den Löß, der seine typische, fein poröse Struktur durch die Wurzeln der niederen Vegetation, zumeist Gräser, erhält, die nach dem Absterben der Pflanzen verwesen, sich meist mit kohlensaurem Kalk inkrustieren und hierdurch jene feinporige Beschaffenheit annehmen, die den Löß auszeichnet.

Die Lößböden zeigen durchschnittlich sehr günstige Wasserführung. Die langen zusammenhängenden Poren bilden gute Leitungen, ebensowohl für rasches Eindringen wie für kapillare Hebung des Wassers. Die Korngrößen des Löß liegen den Werten nahe, welcher der kapillaren Wasserhebung am günstigsten sind. Es ist daher anzunehmen, daß im Löß Wasser kapillar höher gehoben wird als in anderen Bodenarten.

Die günstige physikalische Struktur ermöglicht den Pflanzenwurzeln leichtes und tiefes Eindringen, dies hilft neben der ausgiebigen Wasserbewegung im Boden, zumal bei der oft bedeutenden Mächtigkeit der Lößablagerungen dazu, die Pflanzen während Trockenzeiten mit der notwendigen Feuchtigkeit zu versorgen. Lößböden sind hierdurch sowie durch den meist ausreichenden Gehalt an mineralischen Pflanzennährstoffen gute Bodenarten; zumal unter mehr ariden Bedingungen tritt dies hervor.

D. Lehmböden.

Die Lehmböden bestehen aus einer Mischung von Sand und tonigen Bestandteilen, je nach der Menge derselben unterscheidet man sandigen Lehm, Lehm, auch wohl milden Lehmboden und festen oder strengen Lehmboden. Natürlich ist die Zusammensetzung des beigemischten Sandes und dessen Fähigkeit, durch Verwitterung Mineralstoffe zu liefern, nicht bedeutungslos, tritt jedoch zurück. Beimischungen von Kalk beeinflussen den Boden günstig, sie machen ihn lockerer (erhöhen die Krümelung) und begünstigen die Zersetzung der organischen Reste. Beimischung von Humus verändert bei gleicher Menge den Lehmboden nicht annähernd in ähnlicher Weise wie den Sandboden. Einen Gehalt von einigen Prozenten kann man äußerlich oft kaum erkennen. Stark humose Lehmböden gehören selten zu den Waldböden, sie werden fast stets landwirtschaftlich genutzt.

In chemischer und mineralogischer Beziehung bestehen die tonigen, abschlämmbaren Bestandteile aus feinst zerriebenen oder zerfallenen Mineralteilen, Kaolingel und andern wasserhaltigen Silikaten. Namentlich sind die nach der Methode von Schlösing abgeschiedenen feinsterdigen Teile für die Bodeneigenschaften von höchster Wichtigkeit, die übrigen etwa bis 0,01 mm großen abschlämmbaren Bestandteile nähern sich in ihren Eigenschaften immer mehr dem Sande.

Für die Waldbäume oder wenigstens für die meisten Arten derselben, tritt die Bedeutung des Gehaltes an mineralischen Nährstoffen in den Lehmbodenarten hinter die der physikalischen Bodeneigenschaften zurück.

Die Krümelbildung wirkt bei den Lehmböden in günstiger Weise ein; sie tritt um so schwieriger ein und der Boden ist um so leichter einer Zerstörung derselben (zumal „Verschlämmung" durch die mechanische Kraft der Regentropfen) ausgesetzt, je höher der Gehalt an sehr feinkörnigen Bestandteilen ist. Strenge Lehmböden sind daher, zumal sie meist Laubhölzer tragen, in fast noch höherem Maße gegen Streuentnahme und Freistellung empfindlich als Sandböden. In vielen Fällen ist die stärkere oder schwächere Krümelung des Bodens für die Produktion maßgebend und besonders für Waldböden um so wichtiger, als dort künstliche Hilfsmittel (Behacken u. dgl.) nicht oder doch nur in beschränkter Weise (z. B. bei Eichenkulturen) zur Anwendung kommen können.

Der Wassergehalt der Lehmböden ist mittel bis hoch. Je nach dem Gehalt an feinerdigen Bestandteilen schwankt die Wasserkapazität in ziemlich weiten Grenzen. Im Laufe der trocknen Jahreszeit und zumal unter Mitwirkung der Baumvegetation erfolgt eine starke und oft tiefgehende Austrocknung in allen an Niederschlägen ärmeren Gebieten, ohne daß die Sommerregen in der Regel genügen, den Verlust zu ersetzen. Die Bedeutung der Winterfeuchtigkeit ist daher für die Lehmböden hoch. In Jahren mit wenig Niederschlägen im Winter, fehlender Schneedecke und trocknem Frühlinge leiden daher die Pflanzen zuweilen auf Lehmböden in höherem Grade als auf Sandböden, die sich auch bei mäßigen Regenhöhen mit Wasser zu sättigen vermögen.

Der Auswaschung und Auslaugung der Mineralstoffe ist der Lehmboden erheblich weniger ausgesetzt als die sandigen Bodenarten. Es beruht dies auf der geringeren Menge Sickerwasser und der Struktur der tieferen Bodenschichten.

Die Erwärmbarkeit der Lehmböden ist eine mittlere und wird um so geringer, je reicher der Boden an feinerdigen Bestandteilen und je höher der Wassergehalt ist. Im allgemeinen ist dieses

Verhalten für die Vegetation günstig, ebenso von einem vorzeitigen Erwachen wie von einer zu langsamen Entwicklung entfernt.

Die Durchlüftung der Lehmböden ist von der Vollkommenheit der Krümelung und der Tiefe, bis zu der sie sich erstreckt, abhängig. Die festen Lehmschichten des Untergrundes sind sehr schwer durchlüftbar, die Wurzelverbreitung der Bäume findet daher überwiegend in dem gekrümelten Boden statt.

Die Zersetzung der Pflanzenreste ist auf den Lehmböden sehr verschieden, im ganzen aber günstig; es machen sich jedoch große Unterschiede geltend; so weicht z. B. das Verhalten eines aus Granit oder Gneis hervorgegangenen Lehmbodens von dem eines aus Diluvialmergel gebildeten erheblich ab. Hierzu kommen noch die Wirkungen der Lage (ob Gebirge, Flachland, Exposition) und des Klimas. Allgemeine Regeln lassen sich daher für die Tätigkeit des Bodens nicht aufstellen, obgleich sie in weitaus den meisten Fällen eine vorteilhafte, mittlere Höhe zeigt.

Das Bodenprofil der Lehmböden ist lange nicht so gleichmäßig wie das der Sande.

Im Diluvium finden sich je nach der Stärke der Verwitterung und der Tiefe, bis zu der die Auswaschung vorgeschritten ist, folgende Schichtenreihen in den Waldböden:

1. Zu oberst eine dünne, meist wenige Zentimeter, selten mehr als 10 cm mächtige, humose, stark gekrümelte Schicht, die oft nur wenig tonige Teile enthält; hierauf folgt
2. meist hell, gelblich gefärbter, ebenfalls stark ausgewaschener, aber an Tonteilen reicherer Boden von mäßig krümeliger Beschaffenheit (sandiger Lehm);
3. braun gefärbter Lehm in dichter Lagerung. Er lagert entweder auf diluvialen Sanden direkt auf oder wird von Diluvialmergel unterlagert, aus dessen Verwitterung die diluvialen Lehme hervorgegangen sind.

Die Mächtigkeit dieser Schichten wechselt sehr, bei manchen Böden ist die zweite oft kaum zur Ausbildung gekommen und lagert dann nur eine sehr dünne humose Schicht unmittelbar auf Lehm auf. Je nach der Dichtigkeit und Festigkeit der Lagerung des Lehmes liegen dann bessere oder geringere Böden vor.

In anderen Fällen erstreckt sich die zweite Schicht bis in erhebliche Tiefen und wird oft nur von schwachen Schichten oft sehr steinreichen Lehmes unterlagert.[1])

---

[1]) Müller (Studien über die natürlichen Humusformen) weist auf Ablagerungen in Diluviallehmböden hin, die er als „Tonortstein" bezeichnet. Es sind dies hell gefärbte, kalkfreie, dichte Schichten in mittlerer Tiefe, bei deren Bildung nach Müller die Regenwürmer beteiligt sein sollen. Verfasser hat in Norddeutschland nur ausnahmsweise ähnliche Bildungen gesehen, in Dänemark scheinen sie dagegen verbreiteter zu sein.

Die aus der Verwitterung fester Gesteine hervorgegangenen Lehmböden zeigen ähnliche Verhältnisse, in der Regel tritt jedoch die zweite in den Diluvialböden vorhandene Schicht mehr zurück. Die Mächtigkeit der Verwitterungsschichten, der Gehalt des Ursprungsgesteines an Mineralbestandteilen, die Durchlässigkeit desselben für Wasser, alles dies wirkt zusammen, um den Bodenwert zu beeinflussen.

Die Lehmbodenarten unterscheidet man in:

Sandigen Lehm (schließt sich an die lehmigen Sande unmittelbar an und ist mit diesen wie mit dem reinen Lehmboden durch zahllose Übergänge verbunden). Der Boden ist feucht bindig; trocken stäubt er stark. Der Gehalt an Sand ist noch deutlich erkennbar, das Verhalten des Bodens nähert sich jedoch mehr den eigentlichen Lehmböden.[1])

Die sandigen Lehmböden sind gute, oft ausgezeichnete Waldböden und bieten den verschiedensten Baumarten die Bedingungen der Entwicklung; in ihnen wie in Lehmböden machen sich die Vorteile der Mischung fein- und grobkörniger Bestandteile in hohem Grade geltend und bewirken ein mittleres für die Entwicklung der Pflanzen günstiges Verhalten der verschiedenen physikalischen Bodeneigentümlichkeiten, während zugleich fast stets ein ausreichender Gehalt an Pflanzennährstoffen vorhanden ist.

Lehmböden (reine Lehmböden) sind Bodenarten, die den Sandgehalt erst beim Aufschlämmen mit Wasser oder beim Zerdrücken erkennen lassen, zugleich aber noch nicht so reichlich tonige Bestandteile enthalten, daß die ganze Masse plastisch wird.

Der Wert der Lehmböden ist von der Tiefe abhängig, bis zu der die Krümelung reicht; nur wenn die Bodenteile genügend gelockert sind (sogenannte milde Lehmböden), machen sich alle Vorzüge derselben (Reichtum an Nährstoffen, mittlerer Wassergehalt) geltend. Viele Lehmböden, zumal im Diluvium, sind sehr dicht und fest gelagert, ohne jedoch stets eine ungewöhnlich große Menge abschlämmbarer Stoffe zu enthalten. Der Boden hat dann die Eigenschaft der strengen Lehmböden. Die Pflanzenwurzeln vermögen nur oberflächlich einzudringen, der Wassergehalt ist zumeist mäßig und der Ertragswert gering. Zumal hervorragende Kuppen im Diluvium zeigen diese Eigenschaften; es steht der Bestand weit hinter dem der Hänge, selbst wenn diese aus Sand bestehen, zurück.

Es würde vielleicht gerechtfertigt sein, diese Böden als feste Lehmböden zu bezeichnen und den Ausdruck strenge oder schwere

---

[1]) Die Unterschiede dieser Bodenarten muß man durch Sehen kennen lernen, Beschreibung kann dabei wenig nützen.

Lehmböden auf solche zu beschränken, die sehr reich an abschlämmbaren Stoffen sind, zumeist nur eine schwache Decke gekrümelten Bodens aufzuweisen haben und meist überreich an Feuchtigkeit sind.

Für alle festen und schweren Böden, zum Teil auch für die reinen Lehmböden, ist die Bodendecke von großer Wichtigkeit. Zumal im Laubwalde erfolgt durch Freilegung des Bodens während der Winterszeit sowie durch die Wirkung der Traufe im belaubten Zustande leicht Verschlämmung und Verdichtung der obersten Bodenschicht.

E. Tonböden.

Die Tonböden zeichnen sich durch Überwiegen der abschlämmbaren und durch Zurücktreten der grobkörnigeren Bestandteile aus. Tonböden sind im feuchten Zustande plastisch, beim Zerdrücken zwischen den Händen lassen sie Sandkörner nicht erkennen; trocken bilden die Tonböden mehr oder weniger feste, schwer zerbrechliche Stücke.

Die Krümelung der Tonböden ist für den Bodenwert entscheidend. Keine andere Bodenart ist in ihrem Verhalten so abhängig von der physikalischen Verteilung der Bodenelemente wie die Tonböden; hierdurch schwankt der Wert zwischen fast völliger Unfruchtbarkeit (z. B. die plastischen tertiären Tone) und vorzüglichster Leistungsfähigkeit (z. B. die Aueböden).

Entsprechend der niederen Korngröße ist die Aufnahmefähigkeit für Wasser sehr hoch, so daß bei verschiedenen Graden des Wassergehaltes oft erhebliche Veränderungen des Bodenvolumens eintreten. (Hierauf beruht das starke Reißen der Tonböden beim Austrocknen.)

Nicht gekrümelte Tonböden sind für Wasser undurchlässig; in ebenen Lagen geben sie daher vielfach Veranlassung zur Versumpfung und zur Ansammlung stehender Gewässer. Tonböden unterliegen der Auswaschung der löslichen Salze nur in sehr geringem Maße, um so leichter aber der Verschlämmung.

Gegen Austrocknen sind die Tonböden empfindlich; einmal völlig trocken geworden, erfolgt die Wasseraufnahme nur sehr langsam. Die dicht gelagerten Bodenpartikel lassen Wasser nur sehr allmählich zwischen sich eindringen.

Die Erwärmbarkeit der Tonböden ist entsprechend dem hohen Wassergehalt gering; sie gehören zu den kältesten Bodenarten.

Die Durchlüftung der Tonböden ist vom Grade der Krümelung abhängig. Bei dichter Lagerung ist der Luftaustausch äußerst langsam und treten in derartigen Böden leicht Mangel an Sauerstoff und bei der Zersetzung organischer Massen Fäulnisvorgänge auf.

Die Zersetzung der Pflanzenreste erfolgt infolge der niederen Temperatur langsam; den Verlauf beherrscht aber ebenfalls die Bodenstruktur. Während in hinreichend gekrümelten Bodenarten die Verwesung zwar nur allmählich fortschreitet, aber normal verläuft, sammeln sich auf den dicht gelagerten Tonböden Rohhumusmassen an, die einer fortschreitenden Krümelung des Bodens in hohem Grade nachteilig sind. So sehr eine lose aufgelagerte Bodendecke die Struktur der Tonböden erhält und die Verhältnisse begünstigt, die die Krümelung befördern, so wenig günstig verhalten sich Auflagerungen von Rohhumus, die früher oder später zur Versumpfung des Bodens führen.

Von großer Bedeutung für die Tonböden ist die Beschaffenheit des Untergrunds; am günstigsten verhalten sich unterlagernde, durchlässige Bodenschichten oder Grundgestein, das den Abfluß des Wassers ermöglicht. Das Gedeihen der Pflanzen wird hierdurch stark beeinflußt.

Die Tonbodenarten und diejenigen Böden, die sich ihnen anschließen, lassen sich in folgende Hauptgruppen bringen:

1. Plastische Tone; sehr dicht gelagerte, meist ziemlich mächtig entwickelte Tonschichten. Hierher gehören die weiß (auch bläulich) bis gelblich gefärbten tertiären Tone, oft fast unkultivierbar und der Versauerung in hohem Grade ausgesetzt; am ungünstigsten verhalten sich Hoch- und Tieflagen, während solche mittlerer Erhebung etwas besser sind. Ferner gehören hierher die im Flachlande nicht seltenen Tonablagerungen alluvialer Bildung (Aueton, nicht zu verwechseln mit Aueboden, den Ablagerungen des Flußschlicks), die stets tief liegen, der Vernässung in hohem Grade ausgesetzt sind und jeder Kultur große Schwierigkeiten bereiten.

2. Die Böden der Schiefertone und Letten[1]), des Rotliegenden und der Trias. Diese Gesteine zerbröckeln leicht und bilden zumeist wenig oder nicht plastische Erdarten, allmählich gehen sie in tieferen Lagen in zähe Tonböden über. Baumann[2]) hat nachgewiesen, daß sie vielfach arm an Pflanzennährstoffen sind und bei Rohhumusbedeckung in ähnlicher Weise wie Sandböden eine tiefergehende Auswaschung erleiden können.

3. Böden aus der Verwitterung anstehender Gesteine mit beigemischten Gesteinsresten. Es sind dies Bodenarten, die viel tonige Bestandteile enthalten, deren Charakter aber durch die Mischung mit unzersetztem Gesteinsmaterial wesentlich verändert wird. Hierher gehören die Verwitterungsböden von:

---

[1]) Grebe, Bodenkunde.

[2]) Forstl. naturwissenschaftl. Zeitg. 1892.

a) sehr bindemittelreichen Sandsteinen und Konglomeraten;
b) Tonschiefer;
c) feldspatreichen Graniten, Gneisen, Porphyrit;
d) den basischen Gesteinen (Diabas, Melaphyr, Basalt).

F. Kalkböden.

Die Bodenarten, die aus der Verwitterung kalkhaltiger Gesteine hervorgehen, sind äußerst verschieden. Selten zeigen sie noch reichlichen Gehalt an kohlensaurem Kalk, der zumeist ausgelaugt ist. Der entstandene Boden entspricht, je nach den Beimischungen des Urgesteins, Sand-, Lehm- oder Tonboden, in weitaus den meisten Fällen schließt er sich dem letzteren an. Wenn daher hier die „Kalkböden", trotzdem der Kalkgehalt zumeist verschwindend ist, getrennt behandelt werden, so beruht dies einmal auf der Berücksichtigung des Grundgesteines und anderseits darauf, daß die unterlagernden kalkhaltigen Schichten auf Vegetation wie auf das Verhalten des Bodens weitgehenden Einfluß üben.

Die aus der Verwitterung der Kalkgesteine hervorgehenden Bodenarten kann man einteilen in:

1. Reine Kalkböden. Boden mit reichlichem Gehalt an kohlensaurem Kalk; hell, weißlich bis bräunlich gefärbt, locker, sehr dem Austrocknen ausgesetzt. Die Böden der Kreide und sehr reiner Kalkgesteine gehören hierher. Der Bodenwert ist gering und zumal Neubewaldungen (z. B. auf steilen Muschelkalkhängen) bereiten große Schwierigkeit.

2. Lehmböden auf Kalk, sparsam vorkommend, das Verwitterungsprodukt von sandigen Mergeln und sandhaltigen Kalksteinen (streng genommen würden die diluvialen Lehmböden, soweit noch unveränderter Diluvialmergel in der Tiefe ansteht, hierher gehören).

3. Tonböden auf Kalk. Die Verwitterungsböden der Kalkgesteine, die reichlich tonige Beimischungen enthalten. Als Typus derselben kann man den Boden des Wellenkalkes anführen. Alle diese zum Teil ausgezeichnet fruchtbaren Bodenarten tragen den Charakter eines schweren Tonbodens, aber wesentlich beeinflußt durch das Unterlagern eines durchlässigen Gesteines.

Die Plastizität des Bodens ist meist nicht sehr hoch, der Grad der Krümelung günstig, der Gehalt an Nährstoffen hoch; die Menge des kohlensauren Kalkes ist in den oberen Bodenschichten oft sehr gering und beschränkt sich zumeist auf beigemischte Gesteinsbrocken.[1])

---

[1]) Analysen von derartigen „Kalkböden" bei Wolff, Landw. V.-St. 7, S. 272. Councler, Zeitschr. f. Forst- u. Jagdw. 15, S. 121.

Im gekrümelten Zustande nehmen diese Böden Wasser leicht auf und bilden nach dem Austrocknen kleine bröckelige Stückchen.

Wie bei allen Tonböden ist der Bodenwert zumeist durch den Grad der Krümelung beeinflußt; einmal völlig ausgetrocknet, wird Wasser nur schwierig wieder aufgenommen, und der Boden behält ein ungünstiges Verhalten. Die Hasselerde der Thüringer Kalkberge sowie die Terra rossa der Karstgebiete sind solche stark ausgetrocknete und physikalisch ungünstig beeinflußte Tonbodenarten auf Kalk.

Die in diese Gruppe gehörigen Bodenarten sind in hohem Grade gegen Freistellung und Aushagerung empfindlich. Es beruht dies außer auf der Strukturveränderung durch Austrocknen namentlich auf der raschen Zersetzung der dem Boden beigemischten pflanzlichen Reste. Der Kalkboden gehört in Mitteleuropa zu den „zehrenden" („tätigen", „hitzigen") Bodenarten. Die günstigen Verhältnisse in bezug auf Feuchtigkeit und Wärme, die hohe Durchlüftung des Bodens und der reichliche Gehalt an mineralischen Nährstoffen wirken zusammen, um die Verwesung zu steigern.

Unvorsichtige Freistellung bringt daher diesen Bodenarten große Nachteile. Entwaldung kann, wie das Beispiel so vieler Kalkgebirge beweist, zur völligen Vernichtung der Bodendecke und Wegspülung der feinerdigen Bestandteile führen, während anderseits eine genügende Bedeckung des Bodens die Produktion in hohem Grade zu steigern vermag.

G. Humusböden.

Die Humusböden verdanken ihre Eigenschaften dem reichlichen Gehalt an humosen Stoffen; schon eine prozentisch nicht allzu große Menge vermag dem Boden den Charakter eines Humusbodens aufzuprägen.

Die Humusböden sind bereits früher behandelt.

2. Einteilung der Böden nach ihrer Bildungsweise (geologisch-petrographische Einteilung).

Die erste wissenschaftlich begründende Einteilung der Bodenarten war die geologische. Fallou und die seiner Richtung folgenden Forscher suchten eine wesentlich geologisch-petrogaphische Beurteilung durchzuführen.

Nach der Bildungsweise kann man die Böden einteilen in:

I. Elluvialböden oder Verwitterungsböden; an Ort und Stelle gebildete, aus der Verwitterung anstehender Gesteine hervorgegangene Böden. Die Bodenschichten ruhen auf den Gesteinsschichten, aus denen sie gebildet wurden und zeigen in der Regel alle Übergänge zwischen dem unveränderten Gestein, Gesteinsgrus bis zum völlig verwitterten Boden.

II. Kolluvialböden oder umgelagerte Böden. Die Böden bestehen aus durch Wasser, Gletscher oder Wind verfrachteten und wieder zur Ablagerung gebrachten Bodenarten.

Je nach den Transportmitteln kann man unterscheiden:

1. Glazialböden. Die Ablagerungen der Gletscher, namentlich Moränen.

2. Sedimentäre Böden: durch Wasser transportierte Bodenarten.

3. Äolische Böden: durch Wind fortbewegte Bodenarten.

Diese Einteilung besticht durch die Einfachheit und Klarheit der Einordnung, sowie durch ihre genetische Grundlage; sie wäre tatsächlich andern Einteilungen überlegen, wenn die Böden unverändert blieben und nicht nach ihrer Ablagerung fortgesetzt weiter umgebildet würden. Nun unterliegen aber alle Ablagerungen, gleichgiltig, auf welchem Wege sie entstanden sind, den in einem Gebiete herrschenden Bedingungen der Verwitterung und bekommen zum großen Teil erst hierdurch ihre bezeichnenden Eigenschaften. Eine Schwarzerde ist eine charakteristische Bodenart und weicht in ihren Eigenschaften nicht wesentlich ab, gleichgültig, ob sie aus dem Verwitterungsboden eines Gneises, aus glazialem Geschiebemergel, einem durch Wasser abgelagerten Ton oder aus durch Wind bewegtem Löß hervorgegangen ist.

Aus vorstehenden Gründen kann man diese Art der Einordnung der Böden nicht als geeignet für die Grundlage der Bodenklassifikation anerkennen. Dies schließt jedoch nicht aus, daß die großen Gruppen durch gemeinsame Eigenschaften ausgezeichnet sind und der genetische Standpunkt der Beurteilung bestimmte Vorteile gewährt.

Die Elluvialböden kennzeichnen sich durch ihre Unterlagerung von unverändertem Gestein. Ihre Mächtigkeit überschreitet meist nicht eine gewisse Höhe. Das Grundgestein beeinflußt in bezug auf Nährstoffgehalt, Zusammensetzung und Korngröße der Verwitterungsprodukte die Eigenschaften der Böden und macht seine Beschaffenheit nach Durchklüftung, Lagerung der Schichten und besonders in bezug auf die Neigung seiner Gehänge geltend. Dies tritt um so mehr hervor, je weniger extrem die klimatischen Verhältnisse sind und dies hat Fallou wesentlich zur Einteilung der Bodenarten Mitteldeutschlands nach geologischen und petrographischen Grundlagen geführt. In gemäßigten Gebieten wird eine derartige Einteilung um so brauchbarer sein, je einheitlicher die Gesteine einer geologischen

Formation oder je ausgedehnter das Vorkommen gleich zusammengesetzter Gesteinsmassen ist.

Die Kolluvialböden haben in der Regel erhebliche Mächtigkeit; die Ablagerung erfolgt überwiegend in den Tieflagen, in Tälern und auf Ebenen. Das Grundwasser findet sich meist weniger tief, oft sogar flach unter der Bodenoberfläche. Die Böden sind oft bis in große Tiefen einheitlich, sind locker gelagert oder wenigstens frei von festen Gesteinsschichten. Man kann also mit dem Ausdruck Kolluvialböden sofort eine ganze Reihe von Vorstellungen vereinigen. Noch mehr gilt dies von den Unterabteilungen, die nach geologischen Grundsätzen gebildet werden.

Glazialböden bestehen zumeist aus Grundmoränen und deren Ausschlämmprodukten. Gerade an ihnen beweist sich jedoch trefflich, daß nicht die geologische Herkunft einer Ablagerung, sondern das jeweilige Verwitterungsprodukt für die Charakterisierung eines Bodens entscheidet. So versteht man unter nordischem Diluvium und dem Boden seiner Grundmoräne bodenkundlich nicht etwa den Geschiebemergel, jenes dicht und regellos gelagerte Gemisch aller Korngrößen, sondern die diluvialen Lehmböden, die aus der Verwitterung dieses Mergels hervorgehen; sie sollten hiernach richtig als Elluvialböden des Geschiebemergels bezeichnet werden.

Eine weitere Schwierigkeit bietet für diese Böden die Einordnung der Schlämmprodukte; soll man die diluvialen Sande von den Glazialböden abtrennen, weil sie Ablagerungen von Flüssen sind und unterliegen diese Sande nicht denselben Vorgängen der Verwitterung wie die Geschiebemergel oder irgend ein anstehendes Gestein?

Die Grundlage der besprochenen Einteilungsweise ist unrichtig; sie geht von der Voraussetzung aus, daß ein Gegensatz zwischen der Bodenbildung aus festem Gestein und sekundär umgelagerten Gesteinen existiere, der nicht besteht.

Diese Einwendungen schließen nicht aus, daß die Entstehungsweise der Böden von hervorragender Wichtigkeit für ihre Kenntnis und Eigenschaften ist. Nur zur Grundlage für die Einteilung der Böden eignet sie sich nicht, da nur ein Faktor der Bodenbildung in den Vordergrund geschoben wird, während zahlreiche Einflüsse zu berücksichtigen sind.

3. Einteilung der russischen Böden nach Sibirzew.

Die Erkenntnis, daß klimatische Bedingungen in erster Linie die Eigenschaften der Böden hervorrufen, hat Sibirzew zu einer Einteilung der russischen Böden geführt, die als frühester Versuch einer zonalen Gliederung der Böden dauernd Wert behalten wird.

Sibirzew unterscheidet:

A. Zonale (klimatische) Böden.

1. Laterit. Klima heiß und feucht. Tropen.
2. (Sols atmosphéro-poussiereux) Windstaubböden. Im sehr trocknen Innern verschiedener Kontinente.
3. Boden der Trockensteppen und Halbwüsten.
4. Tschernosem.
5. Graue Waldböden. Boden der Vorsteppe, veränderte Schwarzerde.
6. Wiesenboden und Podsol.
7. Tundraböden.

B. Intrazonale Böden. Böden, bei denen die örtlichen Einflüsse die des Klimas überwiegen.

1. Salzböden.
2. Kalkreiche Humusböden (Rendzina-Böden).
3. Torfböden.

C. Unvollständige oder azonale Böden.

1. Großsteinige und Skelettböden. Zu dieser Gruppe werden sowohl Moränenböden wie Verwitterungsböden der Gebirge gerechnet, ferner die Ablagerungen des Flugsandes.
2. Alluvialboden.

4. Einteilung der Böden nach Glinka.

Glinka trennt die Böden in endodynamomorphe, bei denen der Einfluß und die Eigenschaften des Muttergesteines vorwiegt und in ektodynamomorphe, bei denen die äußeren klimatischen Bedingungen entscheidende Einwirkung üben.

Die ektodynamomorphen Böden werden eingeteilt nach dem Grade der Befeuchtung.

1. Optimale Durchfeuchtung; bei reichen Niederschlägen und hoher Temperatur. Verwesung vollständig, sehr starke Auswaschung = Laterit; Roterden, Gelberden.
2. Mittelstarke Durchfeuchtung. Gebiete starker Auswaschung und reichlicher Humusbildung, Vorherrschen der „sauren“ Verwitterung. Die Böden entsprechen im wesentlichen den Bleicherden der humiden Gebiete (Podsol).
3. Böden mit mäßiger Durchfeuchtung. Schwache Auswaschung, Ausscheidung von Gips, Kalk. Schwarzerden. Regur.
4. Böden mit ungenügender Durchfeuchtung; Böden der trocknen Steppen. Reich an Salzen und deren Ausschei-

dungen in Krusten und Konkretionen. Umfaßt die grauen Steppenböden.

5. Übermäßige Durchfeuchtung. In diese Gruppen bringt Glinka recht verchiedene Bodenarten, er rechnet dahin „Sumpf- und Halbsumpfböden der nassen Wiesen"; die abflußlosen, strukturlosen Salzböden der Schwarzerdegebiete; Torfboden der trocknen Tundra und der Gebirgsgipfel.
6. Böden mit zeitweiser übermäßiger Feuchtigkeit. Hierher werden die zerklüfteten Salzböden, deren oberste Schichten grau sind und podsolartigen Charakter tragen, gezählt.

Die Zusammenstellung der wichtigsten bisher aufgestellten Systeme der Bodeneinteilung läßt erkennen, daß bereits brauchbare Vorarbeiten vorhanden sind. Das Verhältnis zwischen Niederschlägen und Verdunstung, Temperatur und Einfluß der Vegetation werden die großen Grundlagen der Bodeneinteilung bleiben. Die chemischen und physikalischen Eigenschaften der Böden sowie ihre Geologie werden die Unterabteilungen bedingen.

III. Übersicht der Bodenarten Europas.

Die Übersicht der Bodenarten eines bestimmten Gebietes verlangt zugleich die Berücksichtigung der Geologie des Landes und der Geschichte seiner Pflanzendecke. Beide beeinflussen die Böden in sehr hohem Grade.

1. Einfluß der Eiszeit.

Die Eiszeit beherrscht mit ihren Ablagerungen noch jetzt den orographischen Charakter des größten Teiles Europas. Die sinkende Temperatur brachte ferner viele Pflanzenarten zum Erlöschen und die Eismassen, die sich aus dem Norden und den höheren Gebirgen vorschoben, vollendeten das Werk der Zerstörung der vorhandenen Flora, von der nur arktische Pflanzen und die Arten der Hochgebirge sich in größerer Verbreitung erhalten konnten. Die Neubesiedelung der nach dem Abschmelzen des Eises wieder frei gewordenen Gebiete erfolgte überwiegend aus Nordosten, in geringem Grade aus Südwesten. Die fast völlige Vernichtung der alten tertiären Flora erklärt sich namentlich aus den hohen von Osten nach Westen streichenden Gebirgen Europas, die die Pflanzen hinderten, nach Süden auszuweichen, sowie daß wahrscheinlich schon während der Eiszeit, sicher bei ihrem Ausgange, ein großes arides Gebiet im

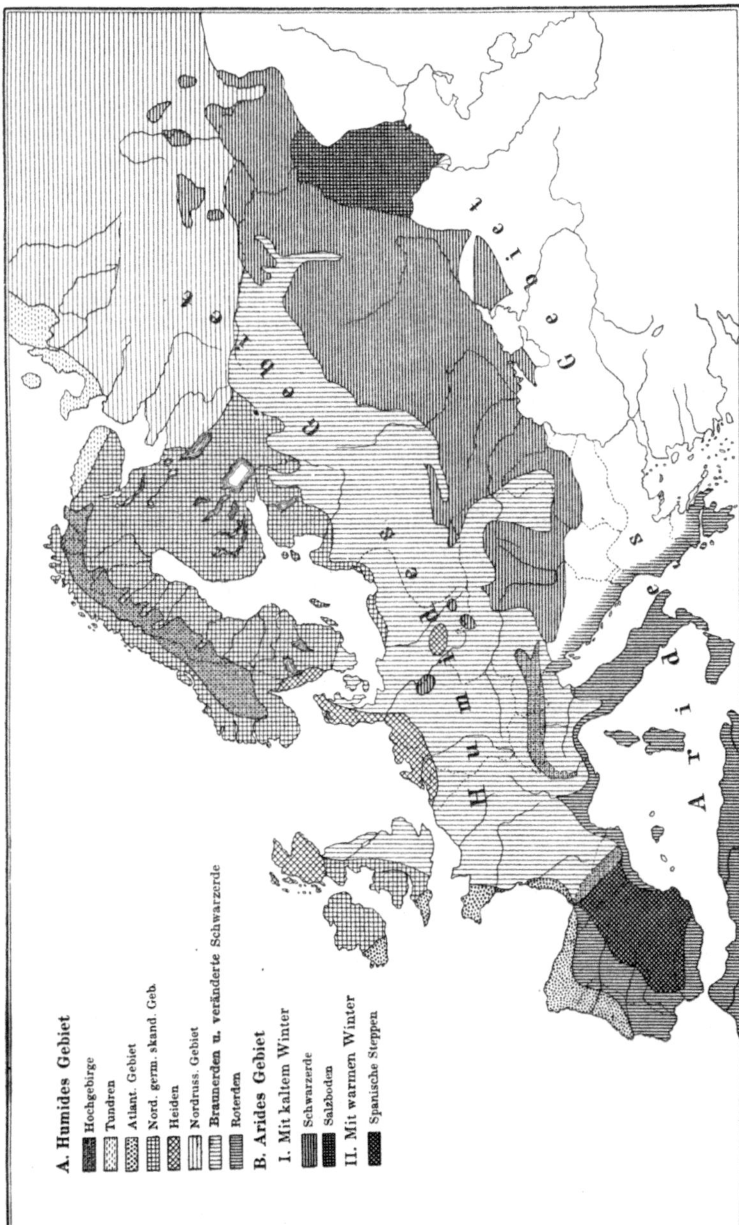

Abb. 57. Karte (schematisch) der klimatischen Bodenzonen in Europa.

Südosten Europas dem Vordringen von hygrophilen Pflanzen ein Ziel setzte. Zwischen Tertiär und den darauf folgenden geologischen Epochen ist in Nord- und Mitteleuropa eine der schärfsten Scheiden im Tier- und Pflanzenleben, die die Geologie kennt.

Die vorrückenden Eismassen fegten alles hinweg, was von Verwitterungsschutt vorhanden war, rundeten und glätteten alle hervorragenden Felsmassen und überdeckten dafür bei der Fortbewegung ihre Sohle mit Grundmoränen; die abfließenden Wässer sonderten das Moränenmaterial, führten es fort und brachten ungeheure Massen von Geröllen und Sanden zur Ablagerung. Die am Ende des Diluviums einsetzende Steppenzeit machte die feinkörnigen Teile beweglich und überdeckte ausgedehnte Gebiete mit durch Wind bewegtem Staub.

Die Wirkungen der Glazialzeit treten namentlich hervor:

1. Durch Vernichtung der früher herrschenden Pflanzen- und Tierwelt.
2. Durch Abfuhr der vorhandenen verwitterten Bodenschichten.
3. Durch Glättung und Zerstörung hervorragender Felsmassen.
4. Durch den Transport einer ungeheuren Masse von zerkleinertem Felsmaterial, das je nach der Richtung der Eisbewegung vorwärts geschoben wurde und ein Gemisch der Gesteine aller von Eis durchwanderten Gebiete ist.
5. Durch Ablagerung aus den Moränen stammender Schlämmprodukte, die durch die Abschmelzwasser fortgeführt wurden.
6. Durch Windwirkungen, die an einer Stelle das feinerdige Material fortführten und es mehr oder weniger entfernt an anderen zur Ablagerung brachten.

Fast alle im Diluvium abgesetzten festen Massen sind Produkte der Gletscherverwitterung; sie waren bei ihrer Ablagerung chemisch kaum angegriffene Gesteinsbruchstücke aller Größen. Historisch betrachtet sind es junge Böden die erst sekundär durch chemische Verwitterung und Auswaschung die Bodeneigenschaften angenommen haben, die sie gegenwärtig besitzen.

Für das europäische Diluvium nimmt man zwei durch eine wärmere Zwischenzeit (Interglazialzeit) getrennte große Vereisungen an, die man als älteres oder unteres und jüngeres oder oberes Diluvium unterscheidet. Andere Geologen nehmen noch öfteren Wechsel zwischen Eisbedeckung und eisfreien Zwischenzeiten an, so Penck für die Alpen deren vier, die er nach dem stärkeren oder schwächeren Vordringen der Gletscher unterscheidet.

A. Bau der nordischen Diluvialablagerungen.

Im Aufbau erscheint das nordische Diluvium als verschieden mächtige Schichten von Grundmoränen und Ausschlämmprodukten, namentlich Sandablagerungen, die alle von Grundmoränen mehr oder weniger überdeckt werden. Die erhaltenen Moränen werden als Geschiebemergel bezeichnet; die einzelnen Bänke des Geschiebemergels sind durch vom Wasser ausgespülte und umgelagerte Schichten, meist Sand, sparsamer Gerölle, Staubsande und Tone voneinander getrennt. Die Geschiebemergel besitzen alle Eigenschaften einer Grundmoräne.

Die Grundmoräne, die die oberste Schicht der diluvialen Ablagerungen bildet, bezeichnet man als „oberen Diluvialmergel" und rechnet die ihr gleichaltrigen Bildungen zum oberen Diluvium; alle unter der deckenden Moräne liegenden Bildungen zählt man zum unteren Diluvium.

Die Oberfläche der Diluvialgebiete hat bereits zur Zeit ihrer Ablagerung durch die strömenden Wasser starke Veränderungen erlitten, die sich nach Rückzug des Eises noch vermehrt haben, so daß zurzeit das diluviale Flachland das Bild eines durch Wasserwirkung vielfach zerrissenen und zerschnittenen welligen Flachlandes bietet. In der Regel tragen die Höhenlagen oberen Geschiebemergel oder doch Reste desselben; an den Hängen oder in Tieflagen treten die durch Erosion freigelegten Schichten des unteren Diluviums auf.

Zur Zeit des Rückzuges des Diluvialeises bildeten die Schmelzwässer gewaltige Ströme, die hauptsächlich zur Sommerszeit infolge verstärkter Eisschmelze gewaltige Hochwässer führten und im Überschwemmungsgebiete namentlich Sande absetzten. Die Ablagerungen dieser diluvialen Ströme bedecken große Flächen; man bezeichnete sie früher als Altalluvium, jetzt in der Regel als „diluviale Flußbildungen".

Die Grundmoränen bildeten keine zusammenhängenden Decken, sondern hatten örtlich Unterbrechungen, so daß Durchragungen altdiluvialer Schichten nicht selten sind. Es ist anzunehmen, daß zur Abschmelzzeit des Diluvialeises in ähnlicher Weise wie bei heutigen Gletschern die Eismassen bald rasch zurückgingen, bald wieder zunahmen und vorrückten oder längere Zeit stationär blieben. Trat dies ein, so mußten große Geschiebemassen sich ansammeln, von denen die großen Blöcke sich örtlich anhäuften, während die kleinkörnigen Bestandteile durch Wasser fortgeführt wurden. Es mußten sich an Gesteinsblöcken reiche Ablagerungen bilden, während nach Richtung des eisfreien Gebietes große Schotter- und Sandfelder zur Ablagerung kamen (Sander). Diese Endmoränen des Inlandeises bilden Hügelreihen, die man als „Geschiebewälle" bezeichnet hat und deren Verbreitung in jüngster Zeit genauer verfolgt worden ist.

Hinter den Endmoränen, d. h. nach Richtung des Eises finden sich vielfach flache, oft vermoorte Stauseen, während in der Richtung des Abflusses tiefe, schmale Abflußseen vorhanden sind.

Die Endmoränen zeichnen sich daher aus durch große Mächtigkeit der diluvialen Ablagerungen, die die übrigen Gebiete überragende Hügelreihen bilden und zumeist reich an Steinblöcken sind; ferner durch vorlagernde Sandebenen, durch Stauseen im Rücken, Abflußseen im Vordergrund. Im Gebiet der Endmoränen wechselt der Charakter der Ablagerungen außerordentlich stark, so daß in kürzester Entfernung ganz verschiedene Bildungen auftreten können.

Verwitterung des Geschiebemergels. Je nach seiner Mächtigkeit unterlag der Geschiebemergel vermutlich bereits in diluvialer Zeit beträchtlichen Veränderungen durch Wegfuhr feinerdiger Teile; nach häufiger Annahme verursacht durch Austrudelung seitens der Schmelzwässer, nach der wahrscheinlicheren aber im Wege der Durchschlämmung (S. 114). Nicht selten ist die obere Lage an feinerdigem Material verarmt, oft sind nur in größerer Tiefe Lehmschichten erhalten oder finden sich nesterweise im Boden verstreut; sehr häufig ist auch fast die gesamte Masse der feinerdigen Teile entfernt und es ist nur ein schwach lehmiger steinreicher Sand, der obere Geschiebesand oder Decksand, zurückgeblieben. Es ist anzunehmen, daß die fast salzfreien kohlensäurearmen Gewässer, Regen- wie Sickerwässer, den chemisch fast unverwitterten Gesteinsstaub des oberen Mergels in Bewegung bringen, ihn durchschlämmen und wegführen konnten; auf diesen Vorgang deuten auch die Streifen eingelagerten, tonigen Materials, die man in den Schichten unter dem oberen Mergel häufig findet.

Der Mergel tritt in sehr verschiedener Mächtigkeit auf und ist oft örtlich unter dem Druck der Eismassen sehr dicht gelagert. Bei der chemischen Verwitterung wird zunächst der meist vorhandene kohlensaure Kalk gelöst und weggeführt. Zugleich wird das Gesteinsmehl zersetzt und die vorhandenen Eisenverbindungen in Eisenoxydhydrat oder wasserhaltiges Ferrisilikat umgewandelt. Die ursprünglich gelbliche oder graue Färbung geht in Braun über und es bleibt ein Gemisch von Sand und tonigen Teilen, der Lehm, der im Diluvium so außerordentlich weit verbreitet ist.

Der untere Diluvialmergel erleidet dieselben Umsetzungen, ist aber meist von größerer Mächtigkeit und wird in der Regel erst durch Erosion freigelegt und der Verwitterung zugänglich.

Der Diluvialsand (unterer diluvialer Sand) ist ein Gemisch von Quarzkörnern mit wechselnden Mengen von Feldspat und anderen Bestandteilen; in Norddeutschland ist er im nicht angegriffenen Zustande meist kalkhaltig. Der Diluvialsand unterliegt denselben Verwitterungsvorgängen wie der Mergel, nur daß in der Regel die Auswaschung des Kalkes weiter fortgeschritten ist und sich in größere Tiefen erstreckt. Je nach dem Gehalt an Nichtquarz mischt sich dem Sande bei der Verwitterung eine weschselnde meist sehr geringe Menge toniger Bestandteile bei.

Die Ablagerungen diluvialer Flüsse sind hauptsächlich Sande, von denen man die steinfreien fein- bis mittelkörnigen Sande als Talsand, die steinhaltigen als Talgeschiebesand bezeichnet. Diese Sande bilden vielfach in weiter Verbreitung alte hochliegende Talterrassen und sind, wie erwähnt, als Ablagerungen der Hochwässer diluvialer Flüsse zu betrachten.

Namentlich in Skandinavien weit verbreitet finden sich Diluvialbildungen, die man als Ablagerungen unter dem Eise fließender Flüsse deutet; Ås (pl. Åser) genannt. Es sind schmale, aus einem Gemisch von Blöcken, Mergel und Sanden bestehende, oft viele Kilometer verfolgbare Überragungen der Diluvialfläche.

Die Ausdehnung der nordischen diluvialen Vereisung ist sehr groß; Eismassen bedeckten den größten Teil von Großbritannien, ganz Skandinavien und Nordrußland, ferner das nordeuropäische Flachland bis zu den Mittelgebirgen und $^3/_5$ des europäischen Rußlands.

Das alpine Diluvium, die Ablagerungen der diluvialen Gletscher, setzt sich zusammen aus dem Blocklehm der Grundmoräne der Gletscher; er besteht zumeist aus einer lehmigen oder mergeligen Grundmasse mit Bruchstücken aller Größe. Die Menge der feinerdigen zerriebenen Teile ist jedoch meist geringer, die der beigemischten Steine größer als beim nordischen Diluvialmergel.

An die Blocklehme schließen sich die aufgearbeiteten Massen an, von denen namentlich Grande (Schotter), sparsamer Sande zur Ablagerung gekommen sind, die in Terrassen die jetzigen Flußläufe umlagern. Die älteste Terrasse ist stark erodiert, sie bildet den Deckenschotter, die zweite zeigt mehr Zusammenhang und bildet die Hochterrasse der Flußläufe, die dritte liegt am tiefsten und zeigt die geringsten Veränderungen. Zwischen den verschiedenen Schotterablagerungen findet sich Löß. Vielfach sind in der oberbayrischen Hochebene die Kalkgerölle sekundär verkittet und bilden ein Kalkkonglomerat: die diluviale Nagelfluh.

Die Eiszeit des Diluviums ist keine lokale Erscheinung, sondern scheint auf der ganzen Erde oder doch auf einem großen Teil der Erdoberfläche mit Temperaturminderung verbunden gewesen zu sein. Gewaltige Ausdehnung erreichte die Vergletscherung in Nord amerika, dort war die größere nördliche Hälfte des Landes eisbedeck und es reichten die geschlossenen Massen des Inlandeises südlich von den großen Seen bis weit über den vierzigsten Breitegrad nach Süden.

Die Ablagerungen der diluvialen Steppenzeit. Zur Zeit des Rückzuges der diluvialen Eismassen oder in der unmittelbar

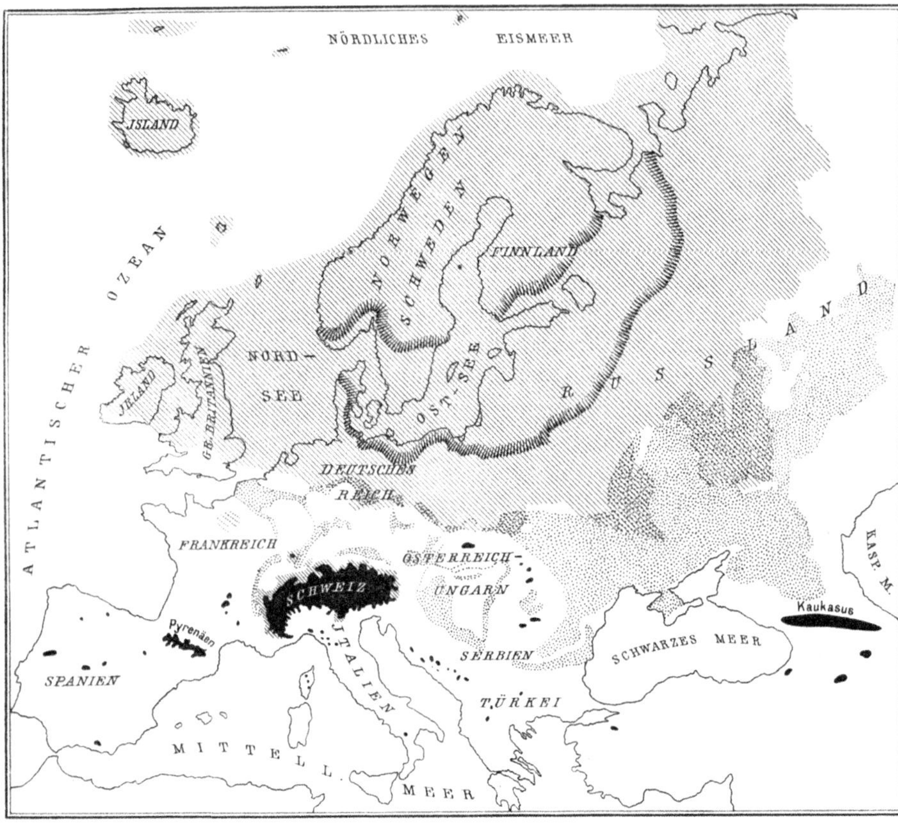

Abb. 58. Karte von Europa zur Diluvialzeit (nach Penck). Nordisches Inlandeis; Moränenzüge (Grenze der Dryas-Flora); Alpine und örtliche Gletscher; Verbreitung d. Löß (Ausdehnung der Steppenböden während und nach der Eisbedeckung).

folgenden Zeit ist die große Masse des in Europa vorkommenden Löß zur Ablagerung gekommen. In Südosteuropa, Ungarn, Mähren, Böhmen weit verbreitet, findet sich Löß in Norddeutschland, allen Unebenheiten des Geländes folgend, am Nordrande der deutschen Mittelgebirge, in Süddeutschland namentlich entlang der großen Flußläufe, dringt aber nur ganz schwach in die Alpentäler ein und überschreitet die Vogesen und Ardennen kaum, findet sich aber in dem großen Lößgebiete des Pariser Beckens.

Die Ausbreitung des Löß gibt zugleich ein Bild der Ausdehnung des Steppengebietes am Schlusse der Diluvialzeit in Mitteleuropa.

Zu Ende der Diluvialzeit treten in Nordeuropa wiederholt Senkungen und Hebungen des Landes ein, die namentlich das skandinavische Gebiet betreffen, aber auch die Küstengebiete Deutschlands in Mitleidenschaft ziehen. Zweifellos war die Verteilung von Land und Meer in Nordeuropa zu Ende der Diluvialzeit von dem heutigen Zustande wesentlich verschieden. Abb. 58 gibt ein Bild der Verbreitung der Eisbedeckung und zugleich der späteren Steppenzone in Europa.

B. Geschichte der europäischen Flora.

Die diluviale Eiszeit vernichtete den größten Teil der einheimischen Flora. Auf eisfreiem Gebiete war eine niedere Flora zurückgeblieben, die etwa den heute in den Tundren herrschenden Arten entsprach. Es ist die Vegetation der Dryasperiode, benannt nach Dryas octopetala, die zurzeit im arktischen Gebiete und im Hochgebirge heimisch ist und noch jetzt auf rohen Mineralboden in den Tälern der Gebirgsflüsse tief herabsteigt. Daneben herrschten die Zwergbirke (Betula nana); Krähenbeere (Empetrum nigrum) und polare Weiden (Salix glacialis u. a.). Diese Flora ist in ihren Resten häufig in spätglazialen oder nachglazialen Ablagerungen (Tone, Torf) erhalten.

Die große Masse der Böden war Rohboden, ohne erhebliche Beimengungen von Humus und noch fast unverwittert, arm an löslichen Stoffen und konnte schon aus diesem Grunde anspruchsvolleren Pflanzen nicht zusagen. Auch noch jetzt trägt der rohe Mineralboden, sei er durch Flüsse abgelagert oder durch menschliche Tätigkeit in Kiesgruben und dgl. freigelegt, eine selbständige Flora.

Nach dem Abschmelzen des Eises waren namentlich drei Gruppen von Böden vorhanden, die durch zahlreiche Seen unterbrochen wurden. Es war der Boden der Grundmoränen, die auf den Höhenlagen des mittleren Diluvialgebietes vorherrschten; ausgedehnte Sandflächen entlang den großen Stromläufen zumal im Westen der diluvialen Ausbreitung und im Osten weit verbreitet sehr feinsandige Bodenarten.

Es ist nun ganz charakteristisch, daß die ersten Bäume, die dem Rückzuge des Eises folgen, dieselben Arten sind, die auch noch heute auf Rohboden, Brandstellen und dgl. sich einfinden, nämlich Arten, die leicht bewegliche Samen haben, niedere Temperaturen ertragen können und geringe Anforderungen an mineralische Nährstoffe stellen oder ihren Bedarf auch auf armem Boden zu decken vermögen. Es sind dies Birke, Aspe, Weiden und zumal auf trocknen Böden die Kiefer.

Als Vertreter einer zweiten Baumgruppe folgte bei allmählich sich wieder erhöhender Temperatur die Eiche mit ihren Begleitern, namentlich der Hasel.

Es erscheint zunächst auffällig, daß Bäume und Sträucher mit so schweren Früchten frühzeitig auftreten. Aber einerseits stellt die Eiche keine hohen Anforderungen an den Humusgehalt der Böden, sondern gedeiht gut auf mäßig verwitterten Böden und anderseits haben die Bäume mit nährstoffreichen Früchten ein gewaltiges Hilfsmittel der Verbreitung: die Vögel. Es ist bekannt, daß z. B. Krähen und Eichelhäher Eicheln weithin vertragen und als Vorrat in den Boden verstecken.

Die Eiche hatte wahrscheinlich noch einen anderen Vorteil, der ihr Eindringen begünstigte. Während bei den anderen Baumarten die Wanderung von Osten nach Westen erfolgt ist, hat die Eiche wahrscheinlich sowohl im Südosten wie Südwesten Europas die Eiszeit überdauern können und hatte so zwei Eingangspforten in das wieder eisfreie Land. Erst hierauf erscheint die Buche, zuletzt die Fichte. Die Fichte hatte in historischer Zeit ihre Wanderung noch nicht beendet. Sie fehlte in einzelnen Teilen Norwegens und war nach Großbritannien noch nicht vorgedrungen. Das Auftreten der Fichte bewirkte starken Rückzug von Eiche und Buche, deren ursprüngliches Verbreitungsgebiet in den kühleren Lagen stark eingeengt wurde.

Die Einwanderung der Baumarten und ihre Reihenfolge steht mit den Anforderungen an den Boden in enger Beziehung. Es ist bereits darauf hingewiesen, daß die ersten Ansiedler rohe Mineralböden ertragen oder bevorzugen; die Buche verlangt bereits einen mehr verwitterten, humushaltigen Boden; sie gedeiht im Schutze des milden Schattens, den die zuerst eingezogenen Lichthölzer spenden, vortrefflich, versagt aber auf rohem Mineralboden. Die Fichte, die den Rohhumusböden angepaßt ist, erscheint zuletzt, tritt sie aber auf, so wird sie bei der ihr eigentümlichen Unduldsamkeit in Verbindung mit den Veränderungen des Bodens, die ihr folgen, bald herrschend.

Ähnliche Wechsel in der Flora können innerhalb gewisser Grenzen noch heute verlaufen. Noch jetzt dringt die Buche gegen die Eiche, die Fichte gegen die Buche vor, sofern nur die Böden ihren Charakter ändern.

Diese Beziehungen machen es notwendig, in tunlichst kurzen Zügen die Bedingungen zusammenzustellen, die die Verteilung der Pflanzenwelt regeln. Von klimatischen Einflüssen sind die wichtigsten: Temperatur, Höhe der Niederschläge und ihre Verteilung im Laufe des Jahres, Verdunstung. An Stelle der Verdunstung stellt man oft die „Luftfeuchtigkeit" voran; es ist aber nützlich, zum Ausdruck zu bringen, daß die „Luftfeuchtigkeit" nur so weit in

Betracht kommt, als die Verdunstung von ihr abhängig ist. An sich hat die „Feuchtigkeit“ der Luft keinen Einfluß auf die Pflanzenwelt.

Man hat sich in neuerer Zeit vielfach gewöhnt, für die Pflanzenverbreitung wesentlich nur klimatische Bedingungen gelten zu lassen, allenfalls noch physikalische Eigenschaften der Böden anzuerkennen, die chemische Zusammensetzung aber tunlichst bei der Betrachtung auszuschließen. Zum Teil ist dies eine Reaktion gegen früher geübte, übermäßige Betonung der chemischen Einwirkung, zum Teil beruht es auf der Schwierigkeit, Böden richtig anzusprechen.

Die herrschenden Auffassungen widersprechen einander vielfach, wie dies auch nicht anders sein kann. Die gegenwärtige Verbreitung der Pflanzenwelt ist das Resultat so mannigfaltiger entwicklungsgeschichtlicher, klimatischer und bodenkundlicher Tatsachen, daß es ausgeschlossen scheint, sie auf eine Formel zurückzuführen. Um die gegebenen Verhältnisse dem Verständnis näher zu bringen, ist es erwünscht, auf Pflanzenformationen, d. h. der herrschenden Flora großer Gebiete zurück zu greifen und die einzelne Art als Glied einer großen Gemeinschaft aufzufassen. Es lassen sich dann folgende Sätze aufstellen:

1. Die Möglichkeit des Auftretens einer Pflanzenart ist von ihrem Verhalten zum Klima und Boden abhängig. Die Bedingungen des Gedeihens können in weiten Grenzen schwanken, sie können aber auch nur im kleinsten Kreise erfüllt sein; hiernach bemißt sich zunächst die Flächenverbreitung der Art.

2. Im Zentrum der Verbreitung einer Art überwiegen für ihr Vorkommen die klimatischen, an den Grenzen die örtlichen Einflüsse, insbesondere die Bodenbeschaffenheit (Braungardt, H. Mayr).

3. Jede herrschende Pflanzenformation entwickelt sich am günstigsten auf bestimmten Bodenarten und verändert zugleich den Boden in für sie günstigster Richtung.

Dieser Satz spricht aus, daß Beziehungen zwischen Pflanzenformation und Bodenformation in der Weise bestehen, daß eine gegenseitige Beeinflussung stattfindet und daß unter der Herrschaft einer Pflanzenformation Eigenschaften des Bodens hervorgerufen und erhalten werden, die ihre Konkurrenzfähigkeit andern Arten gegenüber begünstigen.

4. Jede Pflanzenformation verteidigt ihren Besitzstand und hat durch die Besetzung eines Areals wichtige Vorteile gegenüber Eindringlingen anderer Formationen.

5. Die wichtigsten klimatischen Faktoren sind Temperatur, Niederschläge, Verdunstung, örtliche Winde.

6. Die wichtigsten Faktoren der Bodenformation sind Nährstoffgehalt, Wasserführung, physikalische Eigenschaften.

7. Das Klima eines Gebietes ist, gemessen an der Produktion organischer Substanz, dem Pflanzenwuchse günstig oder mehr oder weniger ungünstig.

Mit diesem Satze soll ausgesprochen werden, daß mit den herrschenden klimatischen Verhältnissen die Produktion an organischer Substanz sich ändert und auch für die örtlich gedeihenden Arten höher oder geringer ist. So ist die Höchsterzeugung organischer Substanz, (abgesehen von extremen Bodenverhältnissen), für ein Hektar Wald in unseren Gebieten nahezu gleich groß, ohne Rücksicht auf die Baumarten. Auf einem Hochmoor oder einer Heide ist die Produktion immer gering; auf frischem nährstoffreichen Boden immer hoch, sofern nur geeignete Pflanzen zur Entwicklung kommen.

8. Über die örtliche Herrschaft einer Pflanzenformation entscheidet, sofern mehrere Formationen gedeihen können, in erster Linie die Bodenbeschaffenheit.

9. Für dauernde Besitznahme eines Bodens sind Holzpflanzen (Bäume, Sträucher, Reiser) am günstigsten organisiert. Die lange Lebensdauer, die Möglichkeit zeitweiser Vegetationsruhe, die Fähigkeit, tiefgehende Wurzeln zu treiben, die Aufspeicherung von Feuchtigkeit im Holzkörper, die Ausnutzung der Besonnung durch höheren Wuchs, sind Eigenschaften, die sie im Kampf der Formationen begünstigen.

10. Andere Pflanzenformationen als Holzpflanzen können nur herrschend werden, wenn die Eigenschaften des Bodens ihre Entwickelung so sehr begünstigen, daß sie den Holzpflanzen im Konkurrenzkampfe überlegen sind.

Als herrschende Pflanzenformationen in Europa sind anzusehen:

1. Nordische Nadelwälder;
2. gemischte sommergrüne winterkahle Laubwälder;
3. wintergrüne hartblätterige Laubwälder;
4. Heiden;
5. Steppen;
6. Grasfluren (Flachmoore, Wiesen);
7. Hochmoore;
8. Salzpflanzen.

Formationen des nährstoffreichen Bodens, bzw. Wassers sind: Sommergrüne Laubwälder, wintergrüne Laubwälder, Steppen, Grasfluren, Flachmoore.

Formationen des nährstoffarmen Bodens, bzw. Wassers sind: Nordische Nadelwälder, Heiden, Hochmoore.

2. Der Kampf der Pflanzenformationen.

Das erste Beispiel einer eingehenden Untersuchung über den Kampf zweier Pflanzenformationen sind die Studien von P. E. Müller über die „natürlichen Humusformen". Es wird schrittweise die Veränderung verfolgt, die mit der Umbildung eines Laubholzbodens in Heideboden vor sich geht.

Der Boden unter der Eiche ist lockerer Mullboden, unter der Heide findet sich eine scharf ausgeprägte Schicht von Bleichsand und darunter Ortstein.

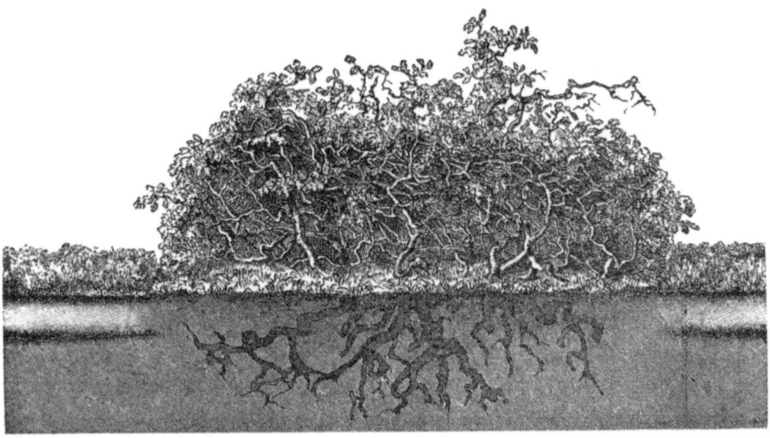

Abb. 59. Eichengestrüpp in der Heide (nach P. E. Müller). Der Boden unter der Eiche ist lockerer Mullboden, unter der Heide findet sich eine scharf ausgeprägte Schicht von Bleichsand und Ortstein.

Der Laubholzboden Jütlands, locker, gekrümelt, ausgerüstet mit genügendem Nährstoffgehalt, wird unter Bedeckung mit Rohhumus umgewandelt in einen scharf differenzierten Boden, dessen obere Schichten an löslichen Nährstoffen durch Auswaschung erschöpft sind, sich dicht zusammenlagern und in dem endlich durch Bildung von Ortstein eine undurchlässige Schicht geschaffen wird; alles Verhältnisse, die für die kommende Heidevegetation günstig, für den Laubwald ungünstig sind. Unter den Eichenbüschen, die der Zerstörung Widerstand geleistet haben, findet sich, allseitig vom Heideboden umschlossen, noch der alte Laubholzboden vor.

Es ist dies ein typisches Beispiel für den Kampf zweier Pflanzenformationen und der Bodenveränderungen, die zum Siege der einen führen und zugleich ein Beispiel, mit welcher Zähigkeit eine im Besitz befindliche Formation den alten Besitzstand verteidigt.

Nun ist das Vordringen der Heide nur möglich geworden durch vorhergehende vorbereitende Umbildung des Bodens unter den herrschenden klimatischen Verhältnissen. Es sind Podsolgebiete, und die fortschreitende Auswaschung hat bereits einen großen Teil der löslichen und angreifbaren Mineralstoffe weggeführt. Ohne Eingriff des Menschen, der den Wald verwüstete, hätte vielleicht die Veränderung des Bodens sich noch Jahrhunderte oder noch länger verzögert; früher oder später würde sie doch eingetreten sein. Die Vegetation verändert den Boden; in so tiefgreifender Weise wie im gegebenen Beispiele vermag sie es aber nur dann, wenn die klimatischen Einflüsse bereits vorgearbeitet haben. Man findet vielfach Heide auf Böden, in denen dies nicht der Fall ist; in Bornholm fand ich sie auf Geschiebelehm, der bearbeitet und gedüngt besten Weizenboden lieferte, an andern Stellen auf nur wenig veränderten guten Waldböden.

Die Pflanzen vermögen nur dort entscheidend einzuwirken, wo mehrere Bodenformationen möglich sind, an den Grenzen der Gebiete. Hierbei gilt die Regel, daß die anspruchslosere Formation überlegen ist und ihr Gebiet auf Kosten der anspruchsvolleren erweitert. Natürlich können auch Verhältnisse vorkommen, unter denen der umgekehrte Fall eintritt, aber dies sind doch immer Ausnahmen.

Typische Beispiele für den Kampf zweier Formationen sind ferner das Vordringen der Hochmoore gegen den Wald, ein Vorgang, der bereits seine eingehende Schilderung gefunden hat und ferner der Torfzerstörer gegen die Torfbildner.

Greift der Mensch ein, so kann er den Verlauf des Streites wesentlich verschieben; leider hat er bisher auf allen nicht der rationellen Kultur zugewiesenen Flächen fast stets zerstörend gewirkt und die Ausbreitung der anspruchsloseren Formation gefördert; häufig genug erst überhaupt möglich gemacht.

Beispiele hierfür sind außer den meisten heute mit Heide bedeckten Flächen, das Vordringen der Fichte gegen die gemischten Laubhölzer, besonders die Buche; das Zurückdrängen des Waldes an den Grenzen der Steppen; Zerstörung tropischer Urwälder und Vordringen der Schilfgräser auf Lateritböden. In den meisten Fällen läuft der Eingriff des Menschen auf Zerstörung der Wälder und hieran anschließend auf ungünstige physikalische Umwandlung der Böden und Verarmung an aufnehmbaren Nährstoffen hinaus. Je nach den Umständen überwiegt bald die eine, bald die andere Schadenwirkung, zumeist sind beide zugleich vorhanden.

Als Beispiel des Vordringens der Fichte gegen Laubhölzer kann der Ebersberger Forst dienen, der rund 8000 ha groß bis Ende des 17. Jahrhunderts zu zwei Dritteln aus Eichen, ein Drittel aus Buchen bestand, denen sich vereinzelte Fichten beimischten. An lichten Stellen drängten sich immer mehr Fichten ein, während Eiche und Buche, trotzdem sie Samen trugen, immer mehr zurückgingen. In den Jahren 1722—1727 wurde der ganze Fichtenanflug ausgerottet, um der Eiche Raum zur Entwicklung zu geben, aber die Maßregel war vergeblich, die Fichten behielten die Oberhand und überwucherten die Eichen, die abstarben; später folgten ihnen die Buchen, so daß ein überwiegender Fichtenbestand blieb[1]).

Die Verdrängung von reinen Laubhölzern und gemischten Beständen durch Fichten hat unter dem Einfluß des Menschen große Ausdehnung erreicht und schreitet bei schlechter Forstwirtschaft rasch fort.

Steppe und Wald. Eine außerordentlich große Zahl von Arbeiten liegt über die Beziehungen zwischen Wäldern und Steppen vor. Fast alle denkbaren Vermutungen über die Ursache der beiden Vegetationsformen sind geäußert worden, und bis jetzt ist ein Abschluß nicht erreicht, die Anschauungen stehen sich noch vielfach schroff gegenüber.

Die wichtigsten geäußerten Meinungen sind folgende:[2])

1. Die Steppe bzw. Prärie ist hauptsächlich eine Folge der Steppenbrände und der Zerstörung des Baumwuchses durch weidende Tiere.

2. Die Steppe ist z. T. durch die unter 1. genannten Ursachen entstanden, z. T. sind es Gebiete mit für Baumwuchs zu geringer Luftfeuchtigkeit.

3. Die Niederschläge reichen bei der herrschenden starken Verdunstung nicht für den Wasserbedarf der Bäume aus.

4. Die Steppe ist Folge der im Boden enthaltenen Salze, die von den Bäumen nicht ertragen werden. Überall, wo der Boden stärker ausgewaschen ist (etwa bis 1 m tief), können Wälder gedeihen.

5. Die Steppe ist eine Folge des Bodens.

6. Die Steppe ist z. T. veranlaßt durch klimatische Verhältnisse, teils durch den Boden und die herrschende Pflanzenformation.

Die Steppe ist nicht völlig baumfrei, sondern an geeigneten Stellen, entlang der Flußufer, in Bodenvertiefungen, auf Höhenlagen finden sich vereinzelt Bäume und unter Umständen selbst Wälder. Zu den Steppenpflanzen gehören auch eine Anzahl Sträucher (Caraghana, Amygdalus nana u. a.). Weder Steppenbrände noch weidende Tiere haben diese Vorkommen verhindert und auch nicht vermocht, das Vordringen des Waldes gegen die Steppe zu hindern, wo die Bedingungen seines Gedeihens gegeben sind, z. B. am Nordrande der russischen Steppen.

---

[1]) Sendtner, Veget. v. Oberbayern, S. 474.
[2]) Vergl. auch H. Mayr, Waldbau 1910.

Diese äußeren Gründe können die Baumlosigkeit der Steppe steigern, sie können der herrschenden Vegetation das Übergewicht gegen bestimmte Arten sichern, sie vermögen aber unter natürlichen Verhältnissen nicht das Vordringen der Baumpflanzen auf die Dauer zurückzuhalten. Die Grenzen der Steppen sind vielfach zu ungunsten des Waldes verschoben ; aber so wenig jene Ursachen eine völlige Waldlosigkeit verursacht haben, ebensowenig vermögen sie in einem Waldgebiet dauernd eine Steppenvegetation zu erhalten.

Die von Tanfiljew vertretene Auffassung, daß der Salzgehalt des Bodens die Ursache sei, die Bäume fernzuhalten, hat viel Bestechendes für sich. Die Erfahrung lehrt, daß zwischen der Tiefe der salzarmen (ausgewaschenen) Bodenschicht und der Möglichkeit, Bäume zu erziehen, enger Zusammenhang besteht.

Verfasser ist in der Lage, ein gutes Beispiel für diese Beziehungen zu geben.

In Tschernomorje (taurisches Gouv.) waren im Park des Gutes Eichen angepflanzt. Der Boden war schwach geneigt, in den höheren Lagen hatten die Eichen eine Höhe von 5—6 m erreicht, der Wuchs wurde jedoch immer geringer bis zu einer mit Tamarix taurica bestandenen Tieflage, in deren Nähe nur noch 30—50 cm hohe Eichenbüsche vorkamen. Bodeneinschläge ergeben, daß in geringer Tiefe Grundwasser brakischer Beschaffenheit anstand, das in der mit Tamarix bestandenen Senke fast die Oberfläche erreichte. Die Bodenschichten oberhalb des Grundwassers waren an löslichen Salzen stark erschöpft und enthielten ganz gleichmäßig unter $^1/_{10}$ $^0/_0$ Kochsalz. Für den Wuchs der Eiche war die Mächtigkeit der ausgewaschenen Schicht entscheidend; die Wurzeln drangen, soweit aus den Einschlägen zu ersehen war, nicht in das salzhaltige Grundwasser ein. Es ist dies ein Beispiel, das unzweifelhaft zeigt, daß im gegebenen Falle die Erklärung Tanfiljews richtig ist.

Wenn man trotzdem die allgemeine Gültigkeit der Auffassung nicht annehmen kann, so sind dafür folgende Gründe anzuführen.

1. Die Entwickelung des Wurzelsystems einer Pflanze steht im engen Zusammenhang mit seiner Ernährung. Schlecht ernährte Pflanzen haben viel stärkere Wurzeln als gut ernährte. Auch Mangel an einem Nährstoff, und hierzu ist in erster Reihe auch Wasser zu rechnen, wirkt ganz ähnlich wie Bodenarmut.

Die Wurzeln der Bäume in den Steppen sind außerordentlich stark entwickelt. Die Ausgrabung von Eichenwurzeln durch Wysotzki in Weliki Anadol zeigen dies in überraschender Weise. An mineralischen Nährstoffen ist in der Steppe kein Mangel, auch nicht an Stickstoff. Nur Wasser ist im Minimum vorhanden. Es ist daher ein berechtigter Schluß, daß die starke Ausbildung der Wurzeln der Steppenpflanzen wesentlich eine Anpassung zur Gewinnung des erforderlichen Wassers ist.

2. Die Wurzeln der Bäume dringen in große Tiefen des Steppenbodens; so folgen sie in den schweren Tonen in Weliki Anadol Regenwurmgängen bis zu sieben und mehr Meter Tiefe. Hierbei werden die Kalk-, Gips- und Humushorizonte des Bodens durchwachsen, ohne eine erkennbare Einwirkung auf die Wurzeln zu üben; hieraus ist zu schließen, daß eine das Wachstum der Wurzel schädigende Salzkonzentration nicht vorhanden war.

Abb. 60. Wurzelstock einer etwa 40jähr. Eiche im Steppenboden (oben Schwarzerde, in der Tiefe schwerer Ton) Steppenaufforstung von Weliki Anadol. Nach Wysotzki.)

3. Die Ausbildung tiefgehender Wurzeln tritt frühzeitig ein, und die weniger ausgewaschenen Bodenschichten werden durchwachsen während die Bäume noch gut gedeihen und lange ehe sie rückgängig werden.

Wenn trotzdem, etwa vom vierzigsten Jahre an, die meisten Eichen zopftrocken werden, so ist aus dem Gesamtverhalten zu schließen, daß ihnen das zum Gedeihen notwendige Wasser fehlt.

Hierfür spricht die Steigerung des Wasserverbrauches mit zunehmendem Bestandsalter. Wenn auch die bisher vorliegenden Bestimmungen über den Wasserbedarf der Waldbäume ungenügend sind, so zeigen sie doch unzweifelhaft, daß ältere Bestände viel mehr Wasser notwendig haben als jüngere.

von Hönel berechnet den täglichen Wasserbedarf für das Hektar eines Buchenbestandes während der Vegetationszeit zu:

im 15. Jahr	zu	700 000 kg,
im 50. bis 60. Jahr	zu	2 300 000 kg,
im 110. Jahr	zu	5 400 000 kg.

Die forstliche Erfahrung lehrt, daß überhaupt das Bestandsalter von 40—60 Jahren für die meisten Holzarten die „kritische Zeit“ ist, in der ungünstige Standortsverhältnisse beginnen, sich im Verhalten der Bäume bemerkbar zu machen.

Die Anbauversuche von Wald im russischen Steppengebiet lassen den Entwicklungsgang der dortigen Bäume erkennen. Die Anzucht passender Baumarten (Eichen, Ahorne usw.) bietet zunächst nur die Schwierigkeit, den Boden dauernd von Steppenflanzen frei und durch jährlich drei- bis fünfmaliges Behacken locker zu erhalten. Sobald sich die Anpflanzung schließt, bedarf sie zunächst keiner weiteren Hilfe. Der Wuchs bleibt genügend oder gut bis zum beginnenden Baumholzalter. An sonnenbeschienenen Hängen und Erhebungen leidet der Wald früher, überall, wo etwas mehr Wasser erreichbar ist, später und bleibt auch an geeigneten Stellen dauernd wüchsig. Später stellt sich vielfach Wipfeldürre bei den Eichen ein, sie werden rückgängig und die Aussichten, daß ein geschlossener Wald höheres Alter erreicht, ist nur örtlich vorhanden. Einzelbäume im Schutz von Sträuchern, etwa wie in Savannen verteilt, hätten größere Aussicht auf dauerndes Gedeihen.

Berücksichtigt man die Wurzelbildung, die Wüchsigkeit der Bäume im jüngeren Alter, die Einwirkung, die die Wälder auf den Grundwasserstand üben, so kommt man zu dem Schlusse, daß der Wald in der Jugend ausreichend Wasser zur Verfügung hat, daß es aber nicht zur angemessenen Versorgung im höheren Bestandsalter genügt.

Es ist nur die Frage, ob die Niederschläge im Gebiete überhaupt zu gering sind, Wald zu erhalten, oder ob noch andere Einflüsse mitwirken. Nach Meinung des Verfassers ist die hohe Wasserkapazität der Schwarzerde die wichtigste Ursache der Waldlosigkeit der Steppen. Die Schwarzerden sind echte Steppenböden, sie sind ein Produkt der Steppenpflanzen und entsprechen deren Bedürfnissen.

Die Pflanzen der Steppe sind zumeist echte Frühjahrspflanzen, sie haben eine kurze Zeit üppiger Entwicklung bei Beginn des Frühjahrs, vollenden aber ihre Entwicklung bereits sehr frühzeitig. Einzelne etwas länger lebende Arten, wie das wichtige Tyrsagras (Stipa capillata), sprechen nicht gegen diese Regel.

Die oberen Schichten der Steppenböden sind durch die Niederschläge der kalten Jahreszeit reichlich mit Wasser versehen, trocknen aber schon nach kurzer Zeit aus. Das Frühjahr bietet deshalb der Vegetation die günstigsten Lebensbedingungen.

Es ist ganz bezeichnend, daß Steppenflanzen (Melica ciliata, Stipaarten, Koehleria cristata, Adonis vernalis u. a.) auf Kalkhügeln weit nach Westen gehen. Sie finden hier ähnliche Verhältnisse wie in der Steppe. Der Kalkboden ist meist schwerer Tonboden, gut drainiert durch die Spalten des Grundgesteines. Die Wassergehalte sind denen der Steppe ähnlich; im Frühling reicher Gehalt an bald austrocknender Feuchtigkeit.

Ist der Boden ausgetrocknet, so werden die sommerlichen Niederschläge in Steppenböden von der obersten Bodenschicht festgehalten. Die Wasserkapazität der Schwarzerden kann man mindestens zu 25—30 Vol.-% annehmen; bereits frühzeitig trocknen die Böden bis auf 10 % und weniger aus (den Gehalt an gebundenem, der Pflanzenwelt unzugänglichem Wasser kann man auf 8—10% annehmen); ein Niederschlag von 10 mm Höhe wird nur die obersten 5—7 cm des Bodens durchfeuchten und unterliegt leicht der Verdunstung, ohne tiefere Bodenschichten zu erreichen. Mit der gegebenen Erklärung steht nicht im Widerspruch, daß die Ernte der Getreidearten stark von den Niederschlägen im Frühling abhängt; es sind Arten, deren Wurzelentwicklung von der der echten Steppenpflanzen stark abweicht.

Sandböden tragen im Steppengebiet fast stets Wald. Hier herrscht in der Regel die mineralstoffscheue Kiefer, die auf Schwarzerdeboden nicht hochzubringen ist. Der Wasserbedarf dieses Baumes ist sehr viel geringer als der der Laubhölzer; aber zu seiner Erhaltung kommt hinzu, daß auf einen Sandboden mit etwa 5 Vol.-% Wasserkapazität ein Niederschlag von 10 mm bereits 20—30 cm, je nach der Austrocknung in den Boden eindringt und dadurch vor Oberflächenverdunstung stark geschützt ist. Die Niederschläge kommen auf solchen Böden zumal im Walde der Vegetation voll zu gute.

Die Beziehungen zwischen Wald und Steppe treten entlang der Nordgrenze der russischen Steppen scharf hervor, die Abhängigkeit der Böden von der Vegetation wurde schon von Kostytschew erkannt und ist später vielfach untersucht worden. Schwarzerde verwandelt sich unter Wald, namentlich Nadelwald schon nach wenigen Jahrzehnten in „grauen Waldboden“, und der jüngste Bearbeiter dieser Fragen, Krawkow, sagt, daß je nach der Vegetation die Bildung sowohl von Schwarzerde als auch von grauem Waldboden durch Experiment erzielt werden könne.

Die Steppe war zu Ende der Diluvialzeit gegen Westen vorgerückt, es entspricht daher ganz dem später herrschenden Klima, daß der Wald gegen die Steppe stark Terrain gewonnen hat und jetzt in breiter Zone (die grauen Waldböden der russischen Forscher) den Nordrand der Steppe eingenommen hat und noch immer langsam gegen sie vorschreitet. Die frühere Zugehörigkeit dieser vom Walde besetzten Gebiete zu den Steppenböden läßt sich namentlich an den mit Oberboden erfüllten Krotowiny, den Höhlen größerer Steppentiere, feststellen, die auch unter Wald noch vielfach gut erkennbar geblieben sind.

Unter der Herrschaft des Waldes trocknet die oberste Bodenschicht weniger leicht aus, ihre durchschnittliche Feuchtigkeit ist höher und hierdurch wird die Verwesung der organischen Stoffe gesteigert. Die Folge ist Sinken des Humusgehaltes, stärker einsetzende Auswaschung und das Resultat der Übergang der Schwarzerde in einen weniger humosen, grau gefärbten Boden. Aus Steppenboden ist Waldboden geworden. Natürlich ist der Verlauf dieser Umbildung verschieden rasch nach Klima und Reichtum des Bodens an Humus. Ohne den Widerstand, den die herrschende Flora dem Vordringen des Waldes entgegensetzt, würde die Bewaldung dieser Gebiete schon längst beendet sein.

3. Die Bodengebiete Europas.

Europa teilt sich in zwei große Hälften, von denen der ganze Norden, der Westen, die Mitte und die Mittelgebiete überwiegend humid, der Südosten und die Iberische Halbinsel überwiegend arid sind. Die Grenzen werden zum Teil durch Gebirge gebildet; die ungarische Ebene, Rumänien, Südrußland gehören dem ariden Gebiete an; die Grenze zwischen arid und humid schneidet Mittelrußland etwa in der Linie Kiew—Moskau.

A. Gebiete des Gesteinzerfalles (der physikalischen Verwitterung).

Überwiegend dem Spaltenfroste und seinen Sprengwirkungen verdanken die Böden der Hochgebirge und der arktischen Gebiete ihre Bildung. In den meisten Fällen finden sich jedoch noch Ablagerungen aus der Eiszeit und im Norden die Absätze von Flüssen, sowie gehobene Teile früheren Meeresgrundes. Teile, die ausschließlich mit Spaltenfrostboden bedeckt sind, sind nur sparsam verbreitet. In sehr charakteristischer Form sind die Humusablagerungen ausgebildet. Die nordischen Gegenden sowie die Hochgebirge sind sämtlich humid.

a) Die Tundren.

Unter Tundren versteht der Finne, dessen Sprache das Wort entstammt, ein waldloses Gebiet; sowohl die jenseits der Baumgrenze gelegenen Strecken wie auch unbewaldete Höhen (Bergtundra) werden als Tundra bezeichnet.

Die Böden sind namentlich durch Mangel an Feinerde, Vorherrschen von eckigen Gesteinstücken und sehr geringe chemische Zersetzung ausgezeichnet. Das ganze Gebiet erhält, soweit es nicht Felsboden hat, überwiegend seinen Charakter durch die Humusablagerungen, die allgemein verbreitet, die Hauptmenge des Pflanzen tragenden Bodens ausmachen und in der Torfhügel-Tundra eine eigenartige Ausbildung erfahren. Die Regel, wo nicht Fels ist, findet sich Moor, gilt auch noch für südlicher liegende, bereits bewaldete Landstrecken.

Die Böden sind sämtlich arm an löslichen Stoffen. Die Vegetation verrät auch eine schwache Düngung sofort durch besseren Pflanzenwuchs. Die Baue der Eisfüchse oder alte Lagerplätze der Lappen kennzeichnen sich dadurch dem Auge.

Die Zersetzung der abgestorbenen Pflanzenreste erfolgt sehr langsam; so daß man fast alle Pflanzen mehr oder weniger als torfbildend bezeichnen kann; Moose und Reiser sind wichtige Torfbildner. Unter den Moosen sind nordische Sphagneen (Sph. Sternbergii) zu nennen; außerhalb der ursprünglichen Baumgrenze nehmen die biologisch sich den Sphagneen ähnlich verhaltenden Dicranumarten an Zahl und Verbreitung zu. In den niederschlagreicheren Küstengebieten werden einige Hypneen und Raconitrium wichtig.

Die Hochmoorformation bedeckt als Torfhügel-Tundra große Länderstrecken.

Die Entwicklung des Hochmoores verläuft ganz ähnlich wie in südlicheren Gegenden. Zunächst sind Reiser, die arktischen Vertreter der Bäume, herrschend. Betula nana und Empetrum sind als ihre wichtigsten Vertreter zu nennen. Unter den Reisern lagert sich Trockentorf ab, auf dem die Sphagneen zur Entwicklung kommen.

Die Torfschichten wirken als schlechte Wärmeleiter und ihre Überdeckung führt dazu, daß der Boden während des ganzen Jahres nicht mehr Temperaturen über Null Grad erreicht, er bleibt gefroren. Man kann sich in sehr vielen Fällen von dem engen Zusammenhange zwischen Torfbedeckung und der Verbreitung des Eisbodens unmittelbar überzeugen. Durch das Hochwachsen der Torfschichten rückt die Grenze des Eisbodens höher, die Leitung des Wassers von unten nach oben hört hierdurch auf, die Sphagneen entwickeln sich nur kümmerlich und werden endlich von Flechten überwachsen und getötet.

Bereits bei mäßiger Mächtigkeit der Torfschichten hat die Vegetation zeitweise unter Trocknis zu leiden; bültiger Wuchs tritt frühzeitig hervor und führt zur Ausbildung in einzelnen Hügeln und noch verbreiteter in langgestreckten Wällen. Die absolute Höhe, bis zu der sich die einzelnen Torfhügel erheben, ist für ein Gebiet ziemlich gleich. Zwischen den Torfwällen sammelt sich Wasser, das abfließt und so ein unendlich verzweigtes, vielfach gewundenes Flußnetz herstellt.

Durch Frost werden seitlich Stücke der Torfhänge abgesprengt, aber zugleich sorgt üppiger Wuchs von Reisern wieder für neue Torfablagerung.

Abb. 61. Torfhügel-Tundra. Schematisches Bild.

Die Ausbreitung der Hochmoore erfolgt ziemlich rasch und drängt die polare Waldgrenze gegen Süden. An zahlreichen Stellen finden sich von Moor umgebene Waldinseln und unter der fortschreitenden Vermoorung absterbende Bäume.

b) Hochgebirge.

Die Böden des Hochgebirges bestehen aus Gesteinsschutt aller Größen. Die chemische Verwitterung ist meist etwas stärker vorgeschritten als im Norden, so daß die Pflanzen weniger unter Nährstoffarmut leiden. Die Beschaffenheit der Hochgebirgsböden läßt sich am besten auf Hochplateaus oder auch solchen Stellen erkennen, die gegen raschen Abtrag der Verwitterungsprodukte geschützt sind. Vielfach finden sich noch Reste diluvialer Gletscherböden. Humusablagerungen sind im Hochgebirge schon infolge der niederen Temperatur und der langen Winterszeit häufig; Moore sind auf Silikatboden sehr häufig, auf Kalkgestein infolge der starken Zerklüftung des Gesteines selten. Die Moore haben meist geringe Flächenausdehnung. Rohhumus und Trockentorf sind weit verbreitet, namentlich im Gebiete des Strauchwaldes sowie unter Carexarten und in der Region der Azaleenheide.

Auf den Plateaus der Silikatalpen sind gelegentlich echte Bleicherden mit schwachen Ortsteinbildungen (z. B. Furka, Riesengebirge, Hohe Tatra) nicht selten; die verwitterte und ausgelaugte Bodenschicht ist jedoch meist wenig, oft nur 10—20 cm mächtig.

B. Böden vorherrschend chemischer Verwitterung.

A. Humide Gebiete.

Diese lassen sich in Europa einteilen 1. in die stark ausgelaugten Podsolgebiete, 2. in Gebiete mit mittelstarker Auswaschung, die in zwei weitere Gruppen zerfallen, a) mit kühler gemäßigter Temperatur und kaltem Winter (Braunerden) und b) mit warmer gemäßigter Temperatur und warmem Winter (Roterden).

a) Podsolböden.

Die Bleicherden der Podsolgebiete sind das Produkt starker Auswaschung und der Einwirkung ungesättigter (saurer) Humusstoffe. Sie finden sich in Gebieten kühler Temperatur mit überwiegend kaltem Winter. Die Böden sind in ihren oberen Schichten frei von Eisenverbindungen, die löslich gemacht und ausgelaugt werden, sich daher vielfach im Grundwasser finden oder örtlich wieder zur Ausscheidung kommen. Im allgemeinen sind die stets vorhandenen Humusstoffe die wichtigsten Träger der chemischen Umsetzungen und Absorption im Boden; sie werden dies um so mehr, je extremer die klimatischen Verhältnisse sind. In den mittleren und nördlichen Teilen der skandinavischen Halbinsel bestehen nach Atterberg die Böden überwiegend aus Sand und Humus, da auch die Silikatgele mechanisch weggeführt werden.

In weiter Verbreitung finden sich Abscheidungen von Ortstein, sowohl im Waldgebiet wie in den Heiden. Humose Ablagerungen treten sehr vielfach auf sowohl als Verlandungsmoore wie als Trockentorf und Hochmoor. Regionale Hochmoore finden sich nur auf Podsolboden.

Die Podsolgebiete Nord- und z. T. Mitteleuropas lassen sich in eine Anzahl von Untergruppen teilen, die noch nicht genauer abgegrenzt worden sind, aber doch bereits bestimmte gemeinsame Züge der Bodenbildung erkennen lassen. Allen gemeinsam ist die starke Auswaschung der Böden und deren Erschöpfung an löslichen Stoffen, einschließlich Eisen und Phosphorsäure, das Vorherrschen der Wirkung der absorptiv nicht gesättigten (sauren) Humusstoffe;

aber diese Einwirkungen treten je nach dem Klima stärker oder schwächer hervor.

Im extremen Klima nehmen alle Böden, vielleicht mit Ausnahme der aus Kalkgesteinen hervorgegangenen, denselben Charakter an; in weniger extremen Lagen sind noch Unterschiede nach dem Grundgestein bemerkbar. Der Grundwasserstand ist meist hoch; der Unterschied der Einwirkung von stehendem und fließendem Wasser auf die Vegetation tritt scharf hervor.

Als Untergruppen kann man unterscheiden:

Atlantische Untergruppe. Umfaßt die nördliche Westküste und Nordküste von Spanien, die südliche atlantische Küste Frankreichs, etwa bis zur Garonne, Bretagne, Irland und Süd- und Südwestküste von England.

Unter den Böden Spaniens sind in Hochgebirgen ausgebildete Podsolböden, auch mit Ortstein, der aus der französischen Westküste in den Heiden (Landes) zwischen Adour und Garonne weit verbreitet auftritt. In Galizien in Spanien, sah ich vielfach Bodenarten, die reichlich Humus enthalten, aber vielleicht den Braunerden zuzurechnen sind, jedoch noch eingehender Durchforschung harren.

Westgermanische Untergruppe. Umfaßt Teile von Großbritannien und Belgien, ganz Holland, Nordwestdeutschland, Westküste und Mittelrücken der Zimbrischen Halbinsel, Teile der dänischen Inseln und die Westküste von Schweden, etwa von Helsingborg nordwärts und einen schmalen Streifen der norwegischen Küste bis Drontheim, ferner an der Ostsee schmale Küstenstreifen, die sich nach Preußen und den russischen Ostseeprovinzen verbreitern. Es sind stark ausgewaschene, vorherrschend sandige Bodenarten mit mittlerem bis reichem Gehalt an sauer reagierendem Humus. Regionale Hochmoore sind verbreitet und erreichen vielfach große räumliche Ausdehnung.

Herrschende Pflanzen sind auf besseren Böden Eiche, Aspe, auf den geringeren vielfach Heide.

Eine charakteristische Formation dieser Untergruppe sind die Heiden, die jetzt große Strecken bedecken, aber wenigstens in Küstengebieten bereits in vorgeschichtlicher Zeit vorhanden waren. In Schleswig und Jütland sind vielfach Hünengräber[1]) aus Heidesoden aufgebaut, der unterliegende Boden war heidebedeckt und trug eine Ortsteinunterlage.

Die jetzige große Ausdehnung der Heideflächen ist zumeist eine Folge der menschlichen Eingriffe, der Entwaldung und der Schafzucht. Es sind Flächen, die früher vorherrschend mit Eichen bestanden

---

[1]) Vgl. Emeis, Waldbauliche Forschungen. Berlin 1876.

waren, deren Reste noch vielfach erhalten sind; hierher gehören fast alle Heiden in Schweden, der Mittelrücken der Zimbrischen Halbinsel, die Lüneburger Heide, große Flächen in Nordwestdeutschland, Belgien und Holland. Diese Böden haben unter der langdauernden Herrschaft der Heide wesentliche Veränderungen erlitten; sie würden sich trotzdem, sich selbst überlassen, zum größten Teile wieder mit Wald bedecken. Nicht wahrscheinlich ist dies für einzelne Küstenstrecken, z. B. die Sandböden zwischen den Mündungen der Elbe und Weser, bei denen infolge der herrschenden Winde und der Armut der Böden die Heide wohl dauernd ihre Herrschaft bewahren würde.

Graebner rechnet zur norddeutschen Heide noch die Gebiete der Lausitz; mir ist zweifelhaft, ob mit Recht; der Boden ist dort meist sehr nährstoffarmer Tertiärsand mit allen Eigenschaften des Podsols. Die herrschende Waldformation ist die Kiefer, die auf den echten Heidegebieten fehlt oder nur eingeführt ist.

Mehrfach findet sich in den jetzt heidebedeckten Böden Norddeutschlands als charakteristische Bodenart der Flottsand (Flottlehm).

Nordskandinavische Untergruppe. Umfaßt den größten Teil von Norwegen, Nord- und Mittelschweden, Finnland. Gebiete mit hochgesteigerter Auswaschung bei langsam fortschreitender chemischer Verwitterung und sehr reicher Ablagerung von Humusstoffen. Ortsteinbildung ist nur mäßig verbreitet, Flachmoore und regionale Hochmoore sind sehr zahlreich. Unter dem Einfluß der kolloid aufgequollenen Humusstoffe werden die durch chemische Verwitterung gebildeten Silikate beweglich und werden aus dem Boden ausgeschlämmt, so daß vielfach nur Sand und Humus zurückbleiben (Atterberg).

Nordrussische Untergruppe. Ein Gebiet, das sich östlich von Finnland erstreckt und nach Bodenformation wie Pflanzenarten an die sibirische Taiga anschließt und das man nach dem massenhaften Auftreten von Sphagneen und biologisch verwandten Arten als ein „Gebiet der versumpfenden Wälder“ bezeichnen kann. Die Bodenarten sind noch wenig untersucht, sie sind meist aus der Verwitterung von Gletscherschutt hervorgegangen, dessen Charakter sie noch vielfach tragen.

Germanisch-russische Untergruppe. Böden, die in Norddeutschland verbreitet und vielfach von Braunerden unterbrochen sind, nach Osten aber immer mehr herrschend werden. Es sind Böden nicht außergewöhnlich starker Auswaschung, mit meist geringem bis mittlerem Humusgehalt. Ein großer Teil der von den Russen speziell als Podsol bezeichneten Böden, die vielfach reich an Gesteinsmehl, oft bis in erhebliche Tiefen verwittert und durch Humus schwach gefärbt sind, gehört hierher. Regionale Hochmoorbildung fehlt; Flachmoore sind verbreitet und bedecken sich nach ihrer Verlandung oft mit Hochmoor.

In Norddeutschland sind es vorherrschend Sandböden, die hierher gehören, die häufig gut gekrümelte und vortreffliche Standorte der Kiefer sind, örtlich aber auch Buchen tragen. Auf den Lehmböden der diluvialen Grundmoränen sind vielfach die ausgebleichten Bodenschichten nur ganz schwach, oft nur wenige Zentimeter stark entwickelt, so daß sie bei regelmäßiger Beackerung ganz verschwinden und der Boden den Charakter der Braunerden trägt. Es ist dies eine Folge der geologischen Jugend der Glazialböden, dei denen vielfach die dem Klima entsprechende Umbildung nur erst an der Oberfläche ausgebildet ist.

Auffällig ist das Vorkommen von ziegelrot gefärbten Sanden in diesem Bodengebiet, die im Diluvialsand nicht selten sind und auf dem Mittelrücken von Hinterpommern weit verbreitet auftreten. Oberflächlich tragen diese Böden eine dünne Schicht Bleicherde, die sich auch auf umgebrochenen Böden oft schon im Verlauf weniger Jahre neu bildet.

In Gebirgen sind die Podsolböden häufig nicht charakteristisch entwickelt; die Abfuhr der Verwitterungsprodukte überholt an Hängen die Prozesse der Auswaschung. Es sind namentlich die Hochlagen der Mittelgebirge und die höheren Lagen der Hochgebirge (etwa bis zur Baumgrenze), die hierher gehören. Nur auf Flächen geringer Neigung tritt Bleicherde, dann oft in charakteristischer Ausbildung auf (Brocken, Riesengebirge, Erzgebirge, Schwarzwald usw.). Bildung von Trockentorf und Ortstein, Versumpfung der Wälder und regionale Hochmoore zeichnen diese Gebiete aus.

Auf Kalkstein. Die Böden, die aus der Verwitterung von Kalkgesteinen in Regionen des Podsolklimas hervorgehen, tragen selbständigen Charakter, solange die Verwitterungsschicht oder die auflagernden Humusmassen nicht zu mächtig geworden sind. Ist dies der Fall, so nähern sie sich in ihrem Verhalten den Ablagerungen der Bleicherdeböden.

Das wirksame Agens der Podsolbildung sind die kolloiden, absorptiv ungesättigten Humusstoffe. Gegenwart von Kalkkarbonat sättigt aber die Humusstoffe, so daß bei den herrschenden klimatischen Verhältnissen zwar die Zersetzung der organischen Reste verlangsamt und diese selbst oft in starken Schichten angesammelt werden, aber in ihrer Hauptmasse doch nicht den Charakter des Trockentorfes annehmen.

Überall, wo Kalkgesteine in größerer Ausdehnung anstehen, finden sich dann gut gekrümelte Modererden; hierher gehören in

Rußland die Rendzina- und Borowinaböden, die Kalkböden Estlands, Schwedens, ferner die Ablagerungen des Alpenhumus der Kalkalpen. Ganz charakteristisch tritt dieses Verhalten in den Kalkalpen hervor. Schwächere Humusschichten sind in ihrer ganzen Mächtigkeit absorptiv gesättigt; in stärkeren Schichten reagieren die tieferen Lagen oft ausgesprochen sauer. Zwischen der Humusschicht und dem unterlagernden Grundgestein findet sich dann nicht selten eine ausgelaugte und ausgebleichte tonige Zwischenlage von echtem Podsolcharakter; es ist der Rückstand der tonigen Beimischungen des unter dem Humus aufgelösten Kalkgesteines.

b) Braunerden.

Die Braunerden sind Bodenarten der Gebiete mit gemäßigtem Klima; die Zersetzung der organischen Stoffe verläuft mit mäßiger Geschwindigkeit, so daß der Humusgehalt der Böden groß genug ist, um ihnen eine unreine Färbung zu geben. Eisen wird nicht ausgewaschen, daher herrschen gelb- bis rotbraune Färbungen vor. Die Böden sind reich an Silikatkolloiden (mehr oder weniger eisenhaltige Tone).

Die gemäßigten klimatischen Einwirkungen dieser Bodenzonen bringen es mit sich, daß der Einfluß des Grundgesteins im Gebiete der Braunerden mehr hervortritt als bei irgend einer anderen klimatischen Bodenbildung. Hierdurch zeigt sich große Mannigfaltigkeit der Bodenbeschaffenheit, die von reinen Sandböden bis zu schweren Tonböden in ihrer physikalischen Struktur wechseln, vorherrschend sind jedoch Gemische von Ton und Sand, also Lehmböden.

Braunerden bilden die herrschende Bodenformation Mitteleuropas; sie bedecken Teile von England, fast ganz Frankreich, Deutschland, Österreich, Teile von Dänemark und Südschweden, Ober- und z. T. Mittelitalien. Nach Osten scheinen sich die Braunerden wenig weit zu erstrecken; wenigstens gibt sie die russische Bodenkarte nicht an, in Rumänien sind sie sparsam und wie in Ungarn namentlich in den Hochlagen verbreitet.

In Gebirgen finden sich Braunerden reichlich und dringen hier vielfach bis in das Klima des Podsols vor.

Den Braunerden entspricht die Formation der winterkahlen Laubbäume; Unterschiede, die eine Trennung der Böden in ein wärmeres und kälteres Gebiet zulassen, sind nicht zu erkennen. Das Grundgestein gewinnt hier größeren Einfluß als die Unterschiede im Klima.

Humusablagerungen finden sich an feuchten bis nassen Stellen und in großer Ausdehnung unter Wasser als Verlandungsmoore. Hochmoore fehlen oder treten nur auf Humusboden auf.

Die Versuche einer petrographisch-geologischen Einteilung der Bodenarten (Fallou, Senft, Grebe, Orth u.a.) berücksichtigen fast nur Braunerden.

Unter den Grundgesteinen macht sich die Struktur und in chemischer Beziehung der geringere oder höhere Gehalt an Kalk bemerkbar.

Für mitteleuropäische Vorkommen lassen sich folgende Regeln aufstellen, wobei es sich für die wichtigsten Gesteinsarten, geologische Formationen usw. immer nur um die durchschnittlich herrschenden Verhältnisse handeln kann, von denen Abweichungen nicht selten sind. So gibt es z. B. geringwertige Basaltböden und anderseits gute Quarzitböden, während im Durchschnitt die ersteren gut, die letzteren sehr ungünstig sind.

1. Das Hauptprodukt der Verwitterung ist eisenhaltiger Ton.

2. Die Beschaffenheit der Böden läßt sich aus den Mineralien und ihrer Verwitterung ableiten, die die Gesteine zusammensetzen.

3. Die Verwitterbarkeit steht bei gleicher Ausbildung der Gesteine im Zusammenhang mit dem Gehalt an Kieselsäure, so daß kieselsäurereiche schwieriger verwittern als kieselsäurearme.

4. Der Kalkgehalt der Gesteine übt Einfluß auf Zusammensetzung und physikalische Beschaffenheit der Böden und auf die Humusbildung. Kalkreichen Gesteinen entsprechen geringere Gehalte organischer Stoffe als kalkarmen. Die Gewässer im Gebiete kalkreicher Gesteine sind klar und farblos, kalkarmer durch kolloid gelöste organische Stoffe dunkel gefärbt.

5. Der Verlauf der Verwitterung wird bei kristallinischen Gesteinen stark durch die Struktur beeinflußt; grobkörnige Gesteine verwittern leichter als feinkörnige, körnige Gesteine leichter als porphyrische.

6. Innerhalb engerer Gebiete und in Gliedern einzelner geologischer Formationen behalten die Gesteine häufig gleichen Charakter und bilden auch ähnliche Bodenarten; demgemäß kann man in Mitteldeutschland z. B. von Buntsandstein, Muschelkalk, Quadersandsteinboden sprechen und verbindet mit diesen Bezeichnungen die Vorstellung bestimmten Verhaltens der Bodenarten. Selbst die Unterabteilungen von geologischen Formationen zeigen häufig in ihren Bodenarten ähnliches Verhalten und führten zu Bezeichnungen wie unterer, mittlerer und oberer Buntsandstein-, oberer Keupersand-, Wellenkalkboden.

7. Den verschiedenen Gesteinsarten entsprechen im allgemeinen charakteristische Formen der Verwitterung; so bilden Granit und Gneis meist gerundete Hügel, Eruptivgesteine, namentlich Basalte einzelne Kegel, Kalkgesteine Plateaus mit Steilabstürzen. Nicht

selten kann man bereits aus der Gebirgsform auf die Gesteinsart schließen; man findet diese Tatsachen am deutlichsten ausgeprägt in den Gebieten des Gesteinszerfalls, der Podsolböden und Braunerden, sie haben aber auch allgemein, wenn auch in abgeschwächter Weise Geltung für alle Verwitterungszonen.

1. Kristallinische Gesteine.

Granit und Gneis. Gemische von Feldspaten, Quarz und Glimmer. Die drei wichtigsten Mineralgruppen, aus denen sich diese Gesteine zusammensetzen, wechseln hinsichtlich ihrer Mengen ziemlich stark. Gewöhnlich dürften die Feldspate etwa bis zur Hälfte des Gewichtes des Gneises vertreten sein; die durch ihre glänzenden breiten Spaltflächen augenfälligen Glimmer partizipieren meist nur in wenigen Prozenten an der Zusammensetzung, den Rest bildet Quarz.

Granit bildet vielfach in mächtigen Stöcken den Kern der Gebirge. Die Verwitterung folgt zumeist Absonderungsflächen und Spalten des Gesteines, rundet die Kanten der Bruchstücke, deren Kern dann oft in mächtigen „wollsackähnlichen“ Blöcken zurückbleibt, wenn die große Menge der Verwitterungsprodukte bereits weggeführt ist.

Die Granite zerfallen zunächst in einen lockeren Gesteinsgrus, dessen einzelne Mineralteile mehr oder weniger von der Verwitterung angegriffen, aber noch erkennbar sind und der nach oben in Sandgrus und endlich in einen Lehmboden, Gemisch von tonigen Teilen mit Sand, übergeht. Die Sandkörner bestehen sowohl aus Quarz wie Feldspat und bei feinkörnigen Graniten aus weniger angegriffenen Gesteinsbruchstücken.

Die grobkörnigen Granite verwittern leicht und die Verwitterung dringt bis in erhebliche Tiefen ein. Die feinkörnigen Granite widerstehen den Angriffen viel kräftiger und bilden meist nur flachgründigen, steinreichen, sandigen Lehm und selbst fast reine Sandböden.

Die Gneise ähneln bezüglich ihrer Verwitterung den Graniten, denen sie hinsichtlich der Mineralzusammensetzung gleich sind. Die Verwitterung folgt in Richtung der meist mehr oder weniger ausgeprägten schiefrigen Struktur und dringt in der Regel leichter in das Gestein ein, besonders bei stark geneigter oder aufrechter Stellung der Schichten. Sind letztere zumal ausgeprägt, dann ist es der Spaltenfrost, der in frostreichen Wintern die Gneise in ein Haufwerk plattiger Bruchstücke überführt.

Die Gneisböden sind in der Regel tiefgründiger und die Neigung ihrer Hänge flacher als die des Granits.

Granit und Gneisböden sind für Kulturzwecke fast stets „Mittelböden"; als Wald zumeist von Nadelhölzern, besonders Fichte, oft aber auch von Buchen bestanden.

Die Böden sind reich an Alkalien, besonders Kali, haben mittleren Gehalt an Phosphorsäure, sind jedoch in der Regel arm an Kalk. Die Zersetzung der organischen Abfallreste erfolgt in wärmeren Lagen ausreichend, in kälteren sammeln sich leicht Humusstoffe an, die im Podsolgebiet häufig zur Bildung von Trockentorf und zur Vermoorung führen.

Syenit; kristallinisch körniges Gemenge von Orthoklas und Hornblende.

Das Gestein ist wenig verbreitet und zerfällt je nach der Korngröße mehr oder weniger leicht zunächst in Grus, der in einen lockeren, eisenreichen Ton- oder Lehmboden übergeht, bei denen die Sandkörner von Feldspat oder weniger angegriffenen Gesteinsteilen gebildet werden. Die Böden sind reich an Pflanzennährstoffen und meist von Laubhölzern bestanden.

Diorit; kristallinisch-körniges Gemenge von Plagioklas (meist Oligoklas) und Hornblende.

Die Korngröße ist beim Diorit bezüglich der Verwitterung von großem Einfluß. Während grobkörnige, tiefgründige, fruchtbare, eisenreiche Tonböden bilden, sind feinkörnige Arten oft schwer verwitterbar und bilden erdarme, stein- und sandreiche Böden.

Diabas. Gemenge von Plagioklas (Labrador) und Augit.

Die Verwitterung dringt leicht ein und führt in der Tiefe der Gesteinsmasse den Augit in Chlorit über, während das Kalzium des Augit sich als Karbonat ausscheidet und dem Gestein beigemengt ist. Im Bereiche der Oberflächenverwitterung wird Diabas in einen eisenhaltigen Ton von großer Fruchtbarkeit übergeführt. Kuppen und Gänge von Diabas kennzeichnen sich im Mittelgebirge oft weithin durch besseren Wuchs des Waldes und Auftreten von sogenannten „edlen" Holzarten (Ahorn, Esche, Elsbeere usw.).

Dem Diabas ähnlich verhält sich der nur vereinzelt vorkommende Gabbro, ein Gemenge von Diallag und Augit; dessen Böden hohe Fruchtbarkeit haben.

Serpentin. Die Serpentingesteine sind als Produkte der Tiefenverwitterung von Peridotiten, sehr kieselsäurearmen, magnesiareichen Gesteinen, zu betrachten. Wie alle kristallinischen, wasserhaltigen Magnesiumsilikate sind die Serpentine weiterer Zersetzung schwierig zugänglich und es gehören deshalb die Serpentinböden, die gelegentlich in größerer Ausdehnung auftreten, zu den ungünstigsten Bodenarten. Es sind erdarme, flachgründige Böden, überreich an Bruchstücken des Muttergesteines.

Den Tiefengesteinen entsprechen Ergußgesteine gleicher Zusammensetzung, aber abweichender porphyrischer Struktur und anderen Formen des Auftretens.

Vulkanische Ergußgesteine werden in der Regel von Ablagerungen begleitet, die aus vulkanischen Aschen und Sanden hervorgegangen sind. Solche Aschengesteine (Tuffe) werden im Gegensatze zu den dichten und porphyrisch ausgebildeten gewöhnlich leicht angegriffen.

Felsitporphyre. Die Gesteine mit dichter felsitischer Grundmasse und einzelnen ausgeschiedenen Kristallen von Quarz und Feldspaten, die hierher gehören, zerfallen schwer in scharfeckige, meist schiefwürfelige Trümmer und verwittern nur schwer zu einem erdarmen, flachgründigen, steinreichen Boden. Die Bruchstücke lagern sich bei ebener Ausformung des Geländes oft dicht zusammen und erschweren das Eindringen der Wurzeln; an Hängen lassen diese Böden das Wasser leicht hindurch und leiden daher unter Trocknis. Im allgemeinen sind deshalb die Felsitporphyrböden für die Pflanzenentwicklung ungünstig und tragen meist geringen Wald. In vielen Fällen ragen die Felsitporphyre als steile Felsmassen empor.

Porphyrit. Die Porphyrite enthalten in der Regel keine Quarzausscheidungen, dagegen treten Glimmer, Hornblende und Augit auf. Die Gesteine sind weniger widerstandsfähig und verwittern leichter als Felsitporphyre. Die Porphyritböden sind zwar reich an Bruchstücken, haben jedoch in der Regel hinreichend Feinerde und genügenden Gehalt an Mineralstoffen. Die Porphyrittuffe liefern tiefgründige Böden vom Charakter eisenhaltiger Tonböden.

Trachytische Gesteine. Die Trachyte zerfallen in verschiedene Untergruppen, die ihrer Zusammensetzung nach den Felsitporphyren und Porphyriten entsprechen, jedoch geologisch jüngeren Alters sind. Die wichtigsten Gesteine kann man einteilen in:

Quarztrachyt (Rhyolith): Sanidin, Oligoklas, Quarz,
Trachyt (Oligoklastrachyt): Sanidin und Oligoklas,
Andesit: Sanidin, Oligoklas, Hornblende oder Augit.

Die trachytischen Gesteine zerfallen zwar in der Regel leicht, unterliegen aber nur schwierig weiterer Zersetzung, so daß aus ihnen zumeist erdarme, trockene Böden entstehen. Mit einem höheren oder geringeren Gehalte an Kieselsäure steht es in Beziehung, daß Quarztrachyte am schwierigsten, Andesite am leichtesten zersetzbar sind.

Melaphyr. Unter dieser Bezeichnung begreift man die geologisch älteren, aus Plagioklas, Augit und Olivin bestehenden basischen Ergußgesteine, die Vorläufer der Basalte sind und denen sie hinsichtlich der Verwitterung gleichen.

Basalt. Gemenge von Augit und Plagioklas, meist Oligoklas (Plagioklas-Basalte) oder Nephelin (Nephelin-Basalte) oder Leucit (Leucit-Basalte).

Das häufigst vorkommende Gestein ist der Plagioklas-Basalt. An die in Kuppen, Gängen und Lagern auftretenden Basalte schließen sich vielfach Basalttuffe an. Die kristallinisch-körnigen Gesteine dieser Gruppe bezeichnet man als Dolerit.

Die Basalte verwittern mäßig leicht; ihre Böden sind in der Regel reich an Steinen, an Hängen oft reine Steinfelder, wozu die fast stets vorhandene Absonderung des Gesteins (meist in Säulen) wesentlich beiträgt. Die Gesteinsstücke überziehen sich zunächst mit einer gelb- bis rostbraunen Verwitterungsschicht, bilden aber zuletzt einen steinreichen, eisenhaltenden Tonboden, der reich an mineralischen Pflanzen-Nährstoffen ist und bei der tiefgehenden Zerspaltung des Gesteines namentlich Waldbäumen günstigen Standort gewährt.

Phonolith (Klingstein), ein aus Nephelin und Sanidin bestehendes Gestein, das vielfach ausgezeichnete Absonderung in Platten aufweist und leicht in ein Haufwerk von Bruchstücken zerfällt. Die Bruchstücke überziehen sich mit einer weißen Verwitterungskruste und liefern einen meist hell gefärbten Boden.

2. Schiefergesteine.

Die Gesteine zeichnen sich sämtlich durch mehr oder weniger ausgeprägte Schichtung aus. Je nach Dicke und Stellung der Schichten ist ihre bodenkundliche Bedeutung verschieden. Ein Schiefer, dessen Schichten stark aufgerichtet sind oder senkrecht (seiger) stehen, leitet Wasser leicht in die Tiefe ab und kann bei geringer Mächtigkeit des Bodens an Trockenheit leiden, während bei stärkerer Erdschicht der Wasserabfluß günstig beeinflußt wird. Ein Schiefer mit horizontaler Lagerung der Schichten wird dagegen dem Wasser nur schwierig Abfluß gewähren und kann leicht zur Versumpfung des Bodens führen.

Besonders wirksam beim Zertrümmern der Schiefergesteine ist der Spaltenfrost; oft genügt ein Winter, um große Blöcke in ein Haufwerk von Bruchstücken zu verwandeln. Schieferbrocken fehlen daher keinem Boden dieser Abstammung, und oft sind sie in sehr großer Menge vorhanden.

Die Zusammensetzung der Schiefergesteine wechselt in weiten Grenzen, das Verhalten bei der Verwitterung und Bodenbildung schwankt gleichfalls stark; jedoch sind fast alle Schiefergesteine arm an Kalk bei relativ reichlichem Gehalt an Kali. Die Zersetzung der organischen Reste erfolgt daher meist langsam, sog. saure Humusstoffe bilden sich leicht und geben den Flüssen im Schiefergebiete fast stets die dunkle Färbung der Schwarzwässer.

Die Schiefer bilden eine Reihe zahlreicher Übergänge und leiten von manchen Gneisen, über Glimmerschiefer, Urtonschiefer, Tonschiefer und Schieferton zu den lockeren Tongesteinen.

Glimmerschiefer, ein ausgeprägt schieferiges Gemenge von Quarz und Glimmer, seltner mit größerem oder geringerem Gehalt an Feldspat. Die Zusammensetzung ist namentlich auf dem Querbruche des Gesteins erkennbar, da die in der Richtung der Schieferung lagernden und spaltenden Glimmer oft die ganzen Bruchflächen bedecken.

Die Verwitterung dringt entlang den Richtungen der Schieferung in das Gestein ein und der Zerfall kann im Innern schon weit fortgeschritten sein, während die Außenwände noch kaum angegriffen erscheinen. Ein Gehalt an zahlreichen, oft dicht zusammengelagerten Gesteinsbruchstücken ist daher bei den meisten Böden der Glimmerschiefer vorhanden.

Je nach Menge und Art des Glimmers sind die Böden, die die Glimmerschiefer liefern, verschieden. Als Regel kann gelten, daß die Kaliglimmerschiefer meist erdarme, an Bruchstücken überreiche Böden liefern. Die Feinerde wird zumeist von sehr kleinen Glimmerblättchen gebildet, die auffällig bindungslosen lockeren Boden von geringer Wasserkapazität bilden.

Die Magnesiaglimmerschiefer liefern, zumal bei höherem Glimmergehalte, wesentlich günstigere Bodenarten. Es entstehen meist rotbraune, nicht selten ganz fruchtbare Lehmböden.

Urtonschiefer (Phyllit). Die Urtonschiefer sind Gesteine von meist dunkler, grauer, brauner oder grünlicher Färbung mit scharf ausgeprägter, aber oft in den mannigfaltigsten Windungen verdrückter Schieferung. Die Spaltflächen des Gesteines besitzen seidenartigen Glanz, verursacht durch dünne Lagen von Sericit.

Die Urtonschiefer wechseln in ihrer Zusammensetzung stark, sodaß der Gehalt an Kieselsäure zwischen 45 und 75 % schwanken kann, ohne den Gesteinscharakter zu verlieren. Die mikroskopische Untersuchung läßt Quarz, Glimmer, Chlorit, oft auch Graphit und Eisenoxyd erkennen. Reich sind diese Urtonschiefer an Einschlüssen von Mineralien und an in der Zusammensetzung abweichenden Flecken und Knoten.

Die Verwitterung verläuft sehr verschieden; allen Urschieferböden gemeinsam ist reichlicher Gehalt an Gesteinsbruchstücken, die, zumal bei den dickschieferigen, kieselsäurereichen Abarten, an Hängen völlige Geröllwände bilden. Dünnschieferige, quarzarme Abarten zerfallen leichter und liefern milde, tonige Bodenarten.

Tonschiefer und Schieferton. Diese Gesteine führen zu den echten Tonablagerungen, mit denen sie durch zahlreiche Übergänge verbunden sind. Die Tonschiefer sind ausgezeichnet schieferige, feste Gesteine von sehr verschiedener Färbung. Bei der Verwitterung bilden sich zunächst an Bruchstücken reiche Böden, die besonders in tieferen Schichten oft recht arm an Feinerde sind, aber endlich in einen tonigen Boden übergehen.

Die Schiefertone sind weicher und zerfallen leichter als die Tonschiefer. Beiden Gruppen ist eigentümlich, daß sie zunächst beim Zerfalle auffällig bindungslose, wenig plastische Böden liefern, die erst allmählich größere Bindigkeit erlangen.

An die Schiefertone schließen sich, meist als Letten bezeichnete, grün bis rot, oft ungleichmäßig gefärbte Gesteine an, die in der deutschen Trias reichlich auftreten und zunächst in eckige Bruchstücke zerfallen, die erst allmählich zu schweren Tonböden verwittern.

Tone. Als Tone werden sehr feinkörnige, im trocknen Zustande feinerdige Massen bezeichnet, die beim Anhauchen einen eigentümlichen Geruch (Tongeruch) haben, Wasser stark aufsaugen und damit knet- und formbar werden.

Man unterscheidet die Tone nach ihrem Gehalt an sehr feinkörnigen Bestandteilen als „fette“ (fühlen sich „fettig“ an) und „magere“ Tone (fühlen sich trocken, feinerdig an).

Eine besondere Gruppe bilden die Kaolintone, so bezeichnet nach deren größerem oder geringerem Gehalt an Kaolinit. Ihre Färbung ist hell, meist weiß- oder gelblich, gelegentlich aber auch durch organische Substanz dunkel. Die Kaolintone sind umgelagerte und unter Wasser, meist Süßwasser, abgesetzte Tongesteine.

Die große Menge der dunkel gefärbten eisenhaltigen Tone geht aus der Zersetzung anstehender Gesteine hervor und ist das wichtigste Produkt der Verwitterung gemäßigter Klimate.

Kalk- und Dolomitgesteine.

Sie finden sich in allen Formationen. Bei der Verwitterung werden die Karbonate gelöst und weggeführt; die Böden, die sich bilden, sind daher von der Menge und Art der dem Gestein beigemengten anderen Bestandteile abhängig; die zwar vorherrschend dem „Ton“ angehören, aber auch sandige Teile in wechselnden Mengen führen können. Aus diesem Verhalten erklärt es sich, daß die „Kalkböden“ rücksichtlich ihrer Zusammensetzung und Eigenschaften die größten Verschiedenheiten aufzuweisen haben. Gemeinsam ist ihnen die Herkunft aus verwittertem Kalkgestein, die absorptive Sättigung ihrer Kolloidkörper und der Einfluß des in der Tiefe anstehenden Gesteines, das stark zerklüftet, fast stets den aufliegenden Boden weitgehend entwässert. Erreichen die Bodenschichten höhere Mächtigkeit, so tritt der Einfluß des Kalkes immer mehr zurück und es können dann echte kolloid ungesättigte Tonböden oder humose Böden vorkommen.

Man kann folgende Hauptunterschiede machen:

Reine Kalke. Felsarten, die fast nur aus kohlensaurem Kalke bestehen. Die aus diesen hervorgehenden Bodenarten sind erdarm, mit Steinen durchsetzt, leiden zumeist an Trockenheit und zählen hierdurch zu den armen und ärmsten Waldböden.

Einzelne verbreiteter auftretende, hierher gehörige Gesteinsarten sind:

Kreide, weich, zerreiblich, bildet geringwertige Böden.

Die kristallinischen Kalke bieten in Mitteleuropa je nach den Formationen, denen sie angehören, manche Eigentümlichkeiten. Es gehören dahin:

Die Kalke der paläozoischen Periode, dichte, stark zerklüftete Massen, die einen an Steinen überreichen, wenig erdhaltigen, flachgründigen Boden von geringem Werte liefern.

Die Kalke des Muschelkalkes, namentlich des Hauptmuschelkalkes, sind meist deutlich geschichtet, von graulicher oder gelblicher Farbe und dichtem Gefüge.

Die Jurakalke, meist wenig geschichtet, massig, hell gefärbt. Sie bilden geringe Steinböden.

Die Böden der reinen Kalkgesteine sind alle gegen Freistellung empfindlich. Es liegt dies in der dünnen Erdschicht und der Durchlässigkeit des Untergrundes, die rasches Austrocknen und dadurch Zerstörung der Krümelstruktur herbeiführen. An Hängen wird die geringe Erdmenge leicht abgespült. Die Wiederaufforstung der in Mitteldeutschland weit verbreiteten kahlen Muschelkalkberge, die vielfach durch Schafweide beeinflußt und deren Erddecke in die Täler gewaschen ist, bietet oft enorme Schwierigkeiten. Zumal die Südwest- und Westhänge leiden unter dem Einfluß der austrocknenden Winde. Auf solchen Gebieten finden sich, wenn überhaupt Holzgewächse vorhanden sind, meist nur noch Gestrüppe von verschiedenen Sträuchern. Es ist dies schon ein Beweis, daß diese Bodenarten für die Laubhölzer immer noch günstiger sind als für Nadelhölzer. Die Aufforstung erfolgt zumeist mit Kiefern, namentlich die Schwarzkiefer hat sich bewährt, behält aber kein langes Leben und wird späterhin von der gemeinen Kiefer überholt. Weißerle hat sich in vielen Gegenden bewährt; man sollte überhaupt mehr Versuche mit stark wurzelnden Laubhölzern (Akazie und dgl.) machen, als es bisher geschehen ist. Die Natur weist auf solche Pflanzenarten hin.

An beigemischten Tonteilen reichere Kalksteine. Die dieser Gruppe angehörigen Kalke, als deren Typus man den Wellenkalk bezeichnen kann, enthalten alle reichliche Beimischungen von tonigen Bestandteilen, die bei der Verwitterung zurückbleiben. Alle hierher gehörigen Bodenarten tragen daher den Charakter schwerer Tonböden, deren Untergrund gut drainiert ist (infolge der Spalten im Gestein), und die außerdem durch den Gehalt an löslichen Salzen, zumal Kalksalzen, nicht die Plastizität der übrigen Tonböden besitzen. Kalkböden in dem Sinne, wie dieser Ausdruck zumeist gebraucht wird, sind oft sehr kalkarm und haben alle Vorzüge und Nachteile eines Tonbodens.

Zahlreiche Untersuchungen bestätigen dies, hier mögen nur die von Councler[1]) angeführt werden, die sich auf Wellenkalkböden des preußischen Forst-Reviers Lohra beziehen.

Der Boden bestand aus

2— 4 cm durch Humus gefärbtem Ton,
23—30 „ grau- bis schwarzbraunem Ton,
5—16 „ gelblichem Ton.

Hierunter lag das wenig veränderte, nur in Bruchstücke zerfallene Gestein.

Die einzelnen Bodenschichten zeigten folgende Zusammensetzung im Gesamtgehalt an (löslichen und unlöslichen) Mineralstoffen, (wobei nur die wichtigsten Bestandteile hier wiedergegeben sind):

	Oberste Schicht	Zweite Schicht	Dritte Schicht	Grundgestein
Kali	2,32	2,64	2,65	0,39
Natron	0,66	1,09	0,93	0,3
Kalk	1,14	1,16	1,16	52,98
Magnesia	0,94	0,99	0,83	0,76
Eisenoxyd	3,82	2,90	6,53	0,51
Tonerde	9,83	12,13	17,60	0,90
Phosphorsäure	0,21	0,22	0,20	0,03
Kieselsäure	63,57	67,74	54,13	2,06
Kohlensäure	0,14	0,56	1,11	41,74
Wasser	7,59	4,26	8,70	0,21

Man sieht hieraus, daß selbst in erheblicher Tiefe und unmittelbar über dem Gestein der kohlensaure Kalk bis auf geringe Reste ausgelaugt sein kann.

[1]) Zeitschr. f. Forst- u. Jagdw. 16, S. 121, (1883).

Es ist erklärlich, daß solche Bodenarten fruchtbar sind und namentlich Laubhölzer mit vorzüglichem Wuchs tragen können, wenn auch in kühleren Lagen Nadelhölzer, zumal Tanne, oft vortrefflich gedeihen. Anderseits ergibt sich aber auch die Ursache der Empfindlichkeit gegen Bodenentblößung und oberflächliches Austrocknen. Die Krümelstruktur dieser Bodenarten wird durch Bloßliegen zerstört, die Tonteile werden dicht zusammengelagert und setzen dem Zerfall großen Widerstand entgegen. (Völlig trockene „Kalkböden", die längere Zeit frei gelegen haben, kann man oft stundenlang mit Wasser kochen, ehe alle Tonpartikel sich verteilt haben und im kalten Wasser können sie recht lange liegen, ohne daß sich dieses durch aufgeschlämmte Tonpartikel trübt.)

Besonders schädlich für junge Holzpflanzen ist endlich noch der starke Graswuchs solcher Böden, der die Entwicklung um Jahrzehnte verzögern kann, wohl auch die jungen Baumpflanzen zum Absterben bringt; hier wirkt namentlich der starke Wasserentzug des Grases ein und muß sich zumal an Hängen am empfindlichsten geltend machen.

Die nicht bewaldeten Kalkböden der Höhenlagen bieten vielfach ähnliche Verhältnisse in der Wasserführung wie die Steppenböden. Es sind Böden mit hoher Wasserkapazität, aber zumeist von mittlerer Mächtigkeit und durch Gesteinsspalten gut drainiert. In der kalten Jahreszeit sättigen sich die Böden mit Wasser, geben zu einer üppigen Frühjahrsvegetation Veranlassung, leiden aber in späterer Zeit Mangel an Feuchtigkeit. Der Gehalt an Nährstoffen ist meist hoch, der unterliegende Kalk für die Pflanzenwurzel erreichbar. Diese Verhältnisse sind wohl Ursache, daß viele Steppenpflanzen (Adonis vernalis, Stipaarten, Melica ciliata usw.) auf derartigen Kalkböden am weitesten nach Westen gehen.

Dolomitische Kalke und Dolomite. Die Dolomite verhalten sich ganz ähnlich wie die Kalkgesteine.

Die reinen Dolomite verwittern noch schwieriger als Kalk und geben einen sehr steinreichen, erdarmen Boden von geringer Fruchtbarkeit. Vorspringende Felsmassen ragen vielfach völlig unbewachsen hervor.

Die Dolomitgesteine mit reichlicheren tonigen Beimengungen unterscheiden sich bei der Bodenbildung von den Kalkböden dadurch, daß vielfach Dolomitsand gebildet wird, der mit den Tonbestandteilen gemischt, einen meist hellen, gelblich gefärbten Boden gibt, der sich in seinem Verhalten dem Lehm (Ton mit Quarzsand) sehr ähnlich verhält und oft außergewöhnliche Fruchtbarkeit besitzt.

Mergel. Als Mergel bezeichnet man innige Mischungen von kohlensaurem Kalk, tonigen Bestandteilen und Sand. Je nach dem Vorherrschen des einen oder anderen Bestandteils kann man unterscheiden (nach Senft, Gesteins- und Bodenkunde, S. 315; die angegebenen Zahlen bedürfen wohl der Revision, es handelt sich jedoch nur um ganz angenäherte Verhältnisse; vielfach sind hier wohl andersartige Bodenarten eingereiht worden):

Tonmergel, 15—20% Kalk, 50—75% tonige Bestandteile, höchstens 25% sandige Teile. Nach Senft in der Trias verbreitet, sind es meist rot gefärbte Gesteine von geringem Zusammenhange, die zunächst in kleine Brocken und Blättchen zerfallen und allmählich in einen Boden hoher Fruchtbarkeit übergehen. (Irrtümlich werden wohl zu diesen Gesteinen viele der bunten Letten, die zumal im Keuper weit verbreitet sind, aber keinen oder nur Spuren von Kalk enthalten, gerechnet.)

Lehmmergel, 15—20% Kalk, 20—50% tonige Teile, 25—50% Sand. Meist gelbbraun bis gelb gefärbt, geht vielfach aus der Verwitterung von Sandsteinen mit kalk- und tonreichem Bindemittel hervor. Hier würde auch ein Teil der Diluvialmergel einzureihen sein.

Kalkmergel, 50—75% Kalk, 20—50% Ton, wenig (nur bis 5% Sand). Meist hell bräunlich gefärbte Bodenarten, die sich, langsam ausgetrocknet, durch auffällige Bindungslosigkeit auszeichnen, bei raschem Austrocknen aber auch hart und fest werden können.

In landwirtschaftlichen Kreisen wird die Bezeichnung „Mergel" mehr im Sinne eines zur Melioration oder Düngung von Feldern geeigneten kalkhaltigen Gesteines angewendet; man spricht dann von Mergel mit 90 und mehr Prozent Kalkkarbonat.

Konglomerate, Sandsteine und Sande.

Die klastischen, d. i. durch Verkittung deutlich unterscheidbarer Einzelkörner oder Gerölle entstandenen Gesteine unterscheidet man je nach der Größe der Einzelbestandteile und bezeichnet sie als:

Konglomerate. Gesteine aus gerundeten Bruchstücken über 3 mm Durchmesser. Die Konglomerate gehen aus Kiesen, Geröllen und Steinblöcken hervor, die durch Wasser, seltener durch Eis verfrachtet und später verkittet sind.

Brekzien. Gesteine aus eckigen Bruchstücken bestehend.

Sandsteine. Gesteine mit Gesteinskörnern unter 3 mm Größe.

Die klastischen Gesteine setzen sich aus Bruchstücken von Gesteinen (Konglomerate, Brekzien) oder aus Mineralkörnern (die meisten Sandsteine) zusammen. Der häufigste Bestandteil der Sande ist Quarz, jedoch nehmen vielfach andere Minerale Anteil, so Feldspate, Granat, Turmalin usw.

Nach den Gemengteilen unterscheidet man die Konglomerate und Brekzien, von denen einige besondere Namen führen, z. B. Kalksteinkonglomerate; hierzu gehört die Nagelflue, Porphyrkonglomerate usw.; sofern ein Gemisch mehrerer Gesteinsarten vorliegt, spricht man von gemengten Konglomeraten. Hierzu gehört z. B. das Konglomerat des Rotliegenden (Gemisch von Gneis, Granit, Porphyr, Glimmer und Tonschiefer).

Unter den Sandsteinen unterscheidet man Arkose, aus Quarz- und Feldspatkörnern zusammengesetzt; Glimmersandstein, Quarz mit Glimmerblättchen.

Grünsandstein, durch dunkle lauchgrüne Körnchen von Glaukonit gefärbt.

Je nach den vorkommenden Mineralarten oder Gesteinsbruchstücken kann man weitere Unterscheidungen machen.

Die Bruchstücke der klastischen Gesteine werden durch ein Bindemittel (Zement) verkittet. Man unterscheidet hiernach:

Tonige Sandsteine, sofern das Bindemittel aus tonreichen Teilen besteht.

Mergelige Sandsteine, mit kalkig-tonigem Bindemittel.

Kalkige Sandsteine, mit Kalkkarbonat als Bindemittel.

Kieselige Sandsteine, mit kieselsäurereichem Bindemittel.

Eisenschüssige Sandsteine, mit Eisenoxydhydrat als Bindemittel.

Humus-Sandsteine, mit humosen Stoffen als Bindemittel (Ortstein).

Sandsteine, die zu den verbreitetsten Gesteinen zählen, wechseln oft auf weite Strecken nur wenig in ihrem Charakter und gehören für manche Formationen zu den bezeichnendsten Ablagerungen.

Bei der Verwitterung wird zunächst das Bindemittel des Gesteins angegriffen und die einzelnen Mineralkörner werden in ihrem Zusammenhange gelockert. Je nach Menge und Art der Bindemittel sind die gebildeten Bodenarten Sand- bis Lehmböden. Als Regel gilt daher: Die Art und Menge des Bindemittels bestimmt die Eigenschaften der Sandsteinböden.

Bei den Konglomeraten finden sich dieselben Bindemittel, aber zumeist nur in geringer Menge, da die großen Stücke die Hauptmenge des Gesteins ausmachen.

Von den in Mitteleuropa verbreiteten Konglomeraten und Sandsteinen sind zu nennen:

Grauwacke. Gesteine der paläozoischen Formationen, die meist als Sandsteine, seltener als Konglomerate ausgebildet sind, meist graue Färbungen haben und aus Körnern von Quarz, Kieselschiefer,

Tonschiefer, Feldspat usw. bestehen. Das Bindemittel ist stark verfestigt und ähnelt der Substanz der Tonschiefer.

Die quarzreichen Grauwacken, meist mit kieselsäurereichem Bindemittel, verwittern schwer und geben meist flachgründige, an Feinerde arme Böden, seltener tiefgründige Sandböden.

Die tonreicheren Grauwacken zerfallen leichter, wie dies auch von den meisten konglomeratischen Abarten gilt und geben tiefgründigere und an Feinerde reichere Bodenarten.

Buntsandstein. Die der Trias angehörenden, in Mitteleuropa in weiter Ausdehnung vorkommenden Sandsteine hat man infolge ihrer wechselnden, roten, gelben, oft geflammten Farben und Zeichnungen als Buntsandsteine bezeichnet; ein Name, der sich für die ganze unterste Triasformation eingeführt hat.

Die einzelnen Abteilungen des Buntsandsteins weichen in ihrer Zusammensetzung von einander ab; im allgemeinen sind die Gesteine des „unteren“ und „oberen“ Buntsandsteins reicher an meist tonigem Bindemittel als die der „mittleren“. Die Körner sind vorherrschend Quarz, oft mit reichlichen Beimischungen von Feldspat, der in manchen Schichten stark kaolinisiert ist.

Je nach der Menge des Bindemittels ergeben sich bei Verwitterung der Buntsandsteine Sande, lehmige Sande bis Lehmböden. Erfahrungsmäßig steht die Menge des Bindemittels und Tiefe der Färbung im Einklang, so daß die hell gefärbten Abarten des Gesteines geringe, die gelb gefärbten mittlere, die rot gefärbten gute und selbst sehr gute Böden liefern.

Der Gehalt der Böden an pflanzlichen Nährstoffen, zumal an Kalk, ist im allgemeinen gering. Die Böden sind meist mittlere bis gute Waldböden, aber gegen Freistellung empfindlich.

Keupersandsteine. Einen großen Teil der mitteldeutschen Keuperformation bilden Sandsteine; in ihrer Zusammensetzung weichen sie stark von einander ab. Die älteren Gesteine haben meist kalkreiche tonige Bindemittel und geben bei der Verwitterung tiefgründige, sandige Lehme und Lehmböden. Die oberen Schichten haben zumeist wenig Bindemittel, gewöhnlich kieseliger Beschaffenheit, so daß bei der Verwitterung in der Regel reine Sandböden gebildet werden. Ein Glied der Formation mit wenig, oft kaolinisiertem Bindemittel ist der „Stubensandstein“.

Quadersandstein. Zu den bekanntesten Ablagerungen Mitteldeutschlands gehören Sandsteine der Kreideformation, die vorherrschend aus feinem Quarzsand mit kieseligem Bindemittel bestehen und als Quadersandsteine bezeichnet werden. Die schwierige Verwitterung gibt Anlaß zur Bildung steiler Felsabstürze, mauerartig hervorragender Felsmassen und Zerklüftung in isolierte Pfeiler. Der entstehende Boden ist reiner, nährstoffarmer und zur Ortsteinbildung neigender Sand.

Quarzit. Den kieseligen Sandsteinen schließen sich viele Quarzite an, die eckig-splitterig brechen und oft große Zähigkeit besitzen. Die Verwitterung schreitet langsam fort, liefert meist geringe, in Ausnahmefällen, bei reichlicherem Gehalt an Nichtquarz im Gestein, bessere Böden. Hierher gehören auch die dunkel gefärbten Kieselschiefer. Eine zweite Gruppe der Quarzite (kristallinische Quarzite) ist oft fast reines Quarzgestein und ragen, von der Verwitterung wenig angegriffen, als Kämme und Rücken (Pfahl im Bayrischen Walde) hervor.

Sande. An die Sandsteine schließen sich die lockeren, nicht verkitteten Sande an, die überwiegend den jüngeren Formationen (Tertiär bis Alluvium) angehören. Die Sande unterliegen, soweit sie angreifbare Bestandteile enthalten, in gleicher Weise der Verwitterung wie andere Gesteinsarten.

Bezeichnende Sande finden sich z. B. in der Tertiärformation, unter denen Ablagerungen aus milchweißem Quarz und Kieselschiefer vorherrschen. Diese Tertiärsande sind technisch (Glasfabrikation) oft wertvoll, liefern aber sehr arme Böden, die sich nur günstiger verhalten, wenn Grundwasser flach ansteht.

Im nordischen Diluvium bedecken Sandablagerungen weite Flächen. Der untere Diluvialsand (Spatsand) enthält wechselnde, oft beträchtliche Mengen von Feldspat und anderen Silikaten beigemengt, sowie im nicht ausgelaugten Zustande auch Kalkkarbonat.

Die Talsande und Talgeschiebesande sind meist arm an Beimengungen zersetzbarer Silikate und bilden in weit ausgedehnten Terrassen die Ablagerungen diluvialer Flüsse.

Der obere Diluvialsand (Decksand) ist meist ein schwach lehmiger, steinhaltiger Sand, der aus der Verwitterung und Auswaschung von Diluvialmergel hervorgegangen ist.

Den diluvialen Bildungen rechnet man auch die Heidesande zu, die an Nichtquarz meist arm sind und in Nord-Westdeutschland, zimbrische Halbinsel, vorkommen und vielfach durch Wind umgelagert sind.

Unter den Alluvialsanden sind die Flußsande zu nennen, die im Gebiete noch vorhandener Wasserläufe und Flüsse fortgesetzt abgelagert werden. Grundwasser steht unter Flußsanden meist bereits in 1 m Tiefe an. Zu den Alluvialsanden rechnet man die Flugsandablagerungen, besonders auch die Dünen.

Vulkanische Sande. Zu den Sanden sind auch die vulkanischen Sande zu rechnen, die in Gebieten mit stark eruptiver Tätigkeit oft reichlich zur Ablagerung kommen. Die vulkanischen Sande sind aus

Schmelzfluß erstarrt und haben meist eine glatte, schwer angreifbare Oberfläche; verwittern daher in klimatisch gemäßigten Gebieten nur langsam und bilden lockere, trockene Bodenarten.

Kalksande. Unter den Sanden, die nicht aus Silikaten bestehen, sind die Kalksande zu nennen, die zumal im Gebiete der Kalkalpen von den Flüssen abgelagert werden. Es sind fein- bis mittelkörnige Sande, die sich auffallend dicht zusammenlagern und zumeist ungünstige Bodenarten bilden.

Im gleichen Gebiete finden sich ausgedehnte Ablagerungen von Kalkgeröllen (Kalkschotter), die von diluvialen Flüssen abgelagert wurden; zumal die schwäbisch-bayrische Hochebene ist reich an Schotterböden, die neben viel Kalkgeröllen nur sparsam Silikate führen. Häufig sind diese Gerölle sekundär durch ein kalkiges Bindemittel verfestigt und in ein Kalkstein-Konglomerat (diluviale Nagelflue) umgewandelt.

Tertiären Alters sind die in großer Mächtigkeit (sie bilden z. B. den Rigi) in der Nordschweiz auftretenden Kalkkonglomerate, die als Nagelflue bezeichnet werden.

Silikatgerölle, Grande, finden sich namentlich als Flußbildungen im Gebiete der jetzigen Flüsse oder als Terrassen des früheren Flußlaufes.

Die Grandböden zeigen sich von der Mächtigkeit der Verwitterungsschicht und der Tiefe des Grundwasserstandes abhängig. In allen höheren Lagen sind es stark drainierte, meist trockne Böden, in Tieflagen können Grandböden, wenn die Verwitterung fortgeschritten ist, oft günstige Verhältnisse aufweisen.

c) Gelb- und Roterden.

Die Gelb- und Roterden zeichnen sich durch ihre reinen Farben aus, sie sind nicht durch humose Stoffe schmutzig gefärbt. Ihre Böden sind dem warmen gemäßigten Gebiete eigentümlich und bilden den Übergang zu den Erden der Subtropen und Tropen.

Bezeichnend ist der geringe Humusgehalt dieser Böden, die Folge hoher Wintertemperaturen und vorherrschender Winterregen. Diese Faktoren bewirken eine leichte und rasche Verwesung der abgestorbenen Pflanzenreste, so daß Humusansammlungen in einer Menge, die die Bodenfarbe merkbar beeinflußten, ausgeschlossen sind.

Die Färbung wird, soweit bekannt, durch kolloides Eisenoxydhydrat von gelber bis roter Färbung hervorgerufen. Vielfach überziehen die Eisenverbindungen die Bodenkörner als dünne Häutchen. Die Bedingungen für Bildung dieser Eisenoxyde sind noch nicht festgestellt.

Die Gelberden finden sich vorwiegend in den kühleren und feuchteren Gegenden und sind namentlich in Südfrankreich verbreitet, treten aber auch mehr oder weniger häufig im Küstengebiet des Mittelmeeres auf. Die Roterden sind die typischen Böden der warmen Küsten des Mittelmeergebietes und dringen von da mehr oder weniger tief in das Innere der Länder ein. Auf Kalkgesteinen gehen die Roterden am weitesten nach Norden; die Terra rossa der Karstgebiete ist nur der rotgefärbte Untergrund von Braunerden, die in Istrien bis zum Meere gehen, während bei Abazia und an der dalmatischen Küste Roterden auftreten.

Verfasser betrachtete die Roterden früher als Böden arider Verhältnisse. Zu dieser Auffassung führten ihn namentlich Beobachtungen im Innern Spaniens; dort sind Roterden mit Kalkkonkretionen in mäßiger Tiefe nicht selten. Die Stellung der Roterden zwischen den Lateriten der Tropen und den Braunerden der gemäßigten Klimate, sowie die Analysen der Böden beweisen indes deren Zugehörigkeit zu Böden, die sich unter humiden Verhältnissen bilden.

Es ist nicht ohne Interesse, darauf hinzuweisen, daß Fuchs für die Terra rossa der Kalkfelsen zuerst die Abhängigkeit ihres Vorkommens vom Klima aussprach.

Über die Bildung der Terra rossa der Kalkgesteine sind verschiedene Anschauungen geäußert worden; die Hauptmenge ist wohl zweifellos der eisenreiche Rückstand der den Kalkgesteinen beigemengten Stoffe; Vinassa de Regni weist aber darauf hin, daß vielfach auch Abscheidungen von Eisenoxydhydraten aus wässeriger Lösung am Aufbau teilnehmen.

Die herrschende Pflanzenformation der Roterden sind die wintergrünen, hartblätterigen Baumarten, also die typischen Vertreter der wärmeren Mittelmeerflora, verschiedene Eichen, Johannisbrotbaum, auf Felsen ein Teil der Heiden (Macchien, zumeist mit Halbsträuchern aus den Familien: Schmetterlingsblütler, Labiaten, Cistazeen usw.) finden sich auf Roterden.

Mit den Roterden schließt die Reihe der gut charakterisierten klimatischen Bodenzonen der überwiegend humiden Gebiete Europas.

B. Böden der ariden Gebiete.

Europa hat zwei größere Gebiete mit ausgesprochen ariden Bodenarten. Das eine schließt sich eng an die großen ariden zentralasiatischen Länder an und ist als deren westliches Grenzgebiet zu betrachten. Es umfaßt Südrußland und die tiefen Lagen von Rumänien, Ungarn, Mähren, Böhmen und seine letzten Ausläufer sind die Vorkommen von Schwarzerden in Norddeutschland.

Das zweite große aride Gebiet Europas ist die Iberische Halbinsel, die sich durch fast völliges Fehlen von Lößablagerungen wesentlich unterscheidet und eine selbständige Stellung in der Reihe der europäischen Bodenzonen einnimmt.

Die ariden südost-europäischen Böden.

Die zonale Einteilung der Böden ist in Südrußland am schärfsten ausgeprägt und von russischen Forschern zuerst erkannt worden. Alle westlicher auftretenden ariden Böden lassen sich den russischen Bodentypen anreihen.

Die Eigenschaften der ariden Bodenarten Südrußlands sind bereits behandelt (Seite 539). Die Karte gibt einen Überblick des Vorkommens der einzelnen Bodenarten.

Die Bodenarten schließen sich eng an die klimatischen Verhältnisse an, die von Norden nach Süden und von Westen nach Osten immer ausgeprägteren ariden Charakter annehmen. Am Nordrande wirkt die Klimaänderung nach der Glazialzeit ein und führt zur Bildung einer breiten Zone von „degradierter“ Schwarzerde, die unter der Herrschaft der südlich vordringenden Wälder ihre Eigenschaften verändert hat und in sogenannte „graue Waldböden“ übergegangen ist. Die frühere Zugehörigkeit dieser Zone zu Steppenböden ergibt sich aus ihrer Beschaffenheit und dem häufigen Vorkommen von mit Oberboden erfüllten Einschlüssen in den tieferen Bodenschichten, die ganz den später mit Schwarzerde erfüllten Höhlen der Steppentiere entsprechen.

Die grauen Waldböden sind in den oberen Schichten ausgebleicht und schließen sich dadurch den Podsolböden an, die tieferen Lagen sind braun und haben eine „nußkörnige“ Struktur, die namentlich im trocknen Zustande kenntlich hervortritt. (Abb. 62.)

Böden mit ähnlich marmorierter Struktur finden sich in den Waldböden Deutschlands, zumal bei Sandböden häufig. Soweit meine Erfahrungen reichen, wird die Struktur durch Ausscheidung von zugeführten Humusstoffen der Bodenlösung hervorgerufen. Wie Glinka mit Recht bemerkt, sind diese Böden als eine Unterabteilung des Podsols zu betrachten, mit wenig ausgeprägter Differenzierung der einzelnen Bodenschichten.

Unter der Herrschaft der Waldbäume schreitet die Verwesung rascher voran, bringt einen großen Teil der Humusstoffe der Schwarzerden zur Zersetzung und vermittelt stärkere Auswaschung der oberen Bodenschichten. Es entsteht normaler Waldboden.

(Die russischen Waldböden der Laubholzzone, die nicht aus Schwarzerde hervorgegangen sind, scheinen zum großen Teil den

[Seite 583] zum Podsol gerechneten Waldböden südlich der Grenze der regionalen Moorbildung zu entsprechen.)

Die Schwarzerden bedecken die große Fläche des russischen Steppengebietes; von ihrem Aussehen gibt Abb. 63 eine Vorstellung. Die oberen, humusreichen, schwarz gefärbten Bodenschichten haben nach unten eine mehr braune Färbung, während der Untergrund meist braungelb gefärbt ist. Häufig finden sich die mit dem schwarzen Oberboden erfüllten früheren Tierhöhlen.

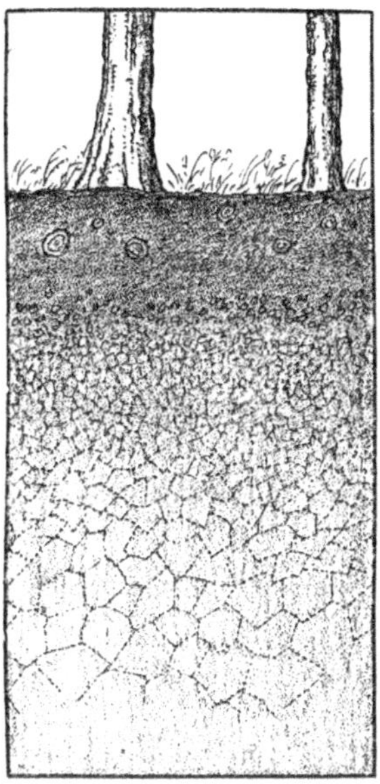

Abb. 62.
Bau der „grauen Waldböden“ nach Sibirzew.

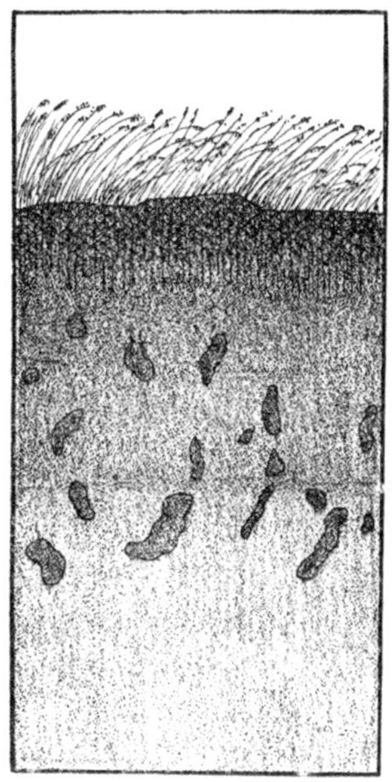

Abb. 63.
Bau der „Schwarzerde“ nach Sibirzew.

Weiter nach Süden sind die Schwarzerden ärmer an Humus und von dunkelrotbrauner (chokoladenbrauner) Färbung; noch mehr nach Süden tritt eine rotbraune bis braunrote Färbung hervor, und diese Gebiete sind als „kastanienbraune Böden“ abgegrenzt.

Weiter nach Osten bzw. Südosten gewinnen Salzböden und grauweiße Steppenböden die Herrschaft.

Die Böden Rumäniens sind in den Tieflagen Schwarzerden, von denen die helle kastanienbraune Abart vorherrscht. Mehr gegen das Gebirge schließen sich Braunerden und vereinzelt selbst Podsolböden an.

In Ungarn sind die Böden sehr mannigfaltig entwickelt; die Tieflagen führen Schwarzerden und zum Teil grauweiße Steppenböden; in mittleren Höhen herrschen Braunerden vor und in den Hochlagen finden sich vereinzelt selbst Podsolböden.

Weiter nach Westen gehören die Hannaböden Mährens zu den Schwarzerden, die auch in Böhmen ziemliche Verbreitung besitzen.

Die Böden der Iberischen Halbinsel zeigen eine sehr charakteristische Verteilung, sind aber bisher noch nicht genügend durchforscht. Der aride Charakter des Klimas steigert sich im allgemeinen von Westen nach Osten. Ein Teil der nordwestlichen und nördlichen Küstenländer ist humid und trägt Bleich-, vielleicht auch Braunerden, hieran schließt sich ein Gürtel von Roterden, der im Nordwesten des Landes ziemlich tief eindringt, die südwestlichen Küsten umfaßt und in Katalonien wieder auftritt. Die große Fläche des Innern der Halbinsel wird von weißgrauen Steppenböden bedeckt, die im Osten bis an das Meer reichen und hier reich an Abscheidungen von Kalkkarbonat sind.

Auffällig ist das Auftreten von Schwarzerden in Andalusien, eine Bodenbildung, die in ähnlicher Weise, aber in größerer Ausdehnung sich auch in Marokko findet. In höheren Lagen finden sich hier Böden, die den „kastanienbraunen" Formen der Schwarzerde entsprechen.

Es mag hier darauf hingewiesen werden, daß diese Böden am ersten mit den Schwarzerden Indiens (Regur) und denen der südlichen nordamerikanischen Prärien in Vergleich zu stellen sind, wahrscheinlich aber einer in ihrer Entstehung abweichenden und selbständig abzutrennenden Form humusreicher Böden angehören.

IV. Bodenkarten.

Der Wunsch, die Böden eines Gebietes genau zu kennen und ihre Beschaffenheit durch Karten ersichtlich zu machen, ist sehr früh zum Ausdruck gekommen. Einzelne geologische Landesanstalten sind mit der Absicht gegründet worden, von ihnen „Bodenkarten", und damit feste Grundlagen zur Beurteilung des „wichtigsten Flözes" des Bodens und seiner Ertragverhältnisse zu erhalten.

In den letzten Jahrzehnten sind diese Wünsche wieder stark hervorgetreten und haben in den verschiedensten Staaten zu Vorarbeiten oder zur Beschleunigung bereits im Gang befindlicher Aufnahmen geführt.

Ehe die hierbei angewandten Methoden kurz besprochen werden können, ist zunächst klar zu stellen, was von „Bodenkarten" verlangt werden muß und was sie auch wirklich zu leisten vermögen.

Die vorhandenen geologischen Karten, also Karten, die zunächst bestimmt sind, den Aufbau des Geländes nach Alter und Entstehung zum Ausdruck zu bringen, beschränkten sich vielfach auf die Verteilung der älteren Formationen; die auflagernden lockeren Massen wurden nicht oder nur nebensächlich behandelt, der Geologe empfand sie vielfach nur als eine Last, geeignet die Verteilung der älteren Schichten zu verschleiern und seine Arbeit zu erschweren. Die Karten wurden „abgedeckt" gezeichnet, d. h. so dargestellt, wie die Schichten ohne Verwitterungsdecke verteilt sein würden. Unzweifelhaft hat diese Methode große Vorzüge für geologische Zwecke. Jede Karte kann nur eine gewisse Summe tatsächlicher Verhältnisse darstellen; wird diese überschritten, so wirkt das Zuviel verwirrend, die Karte wird unleserlich. Es ist daher für die Zwecke der geologischen Kartierung gar nicht erwünscht, die bisherige Praxis aufzugeben. Die geologischen Karten enthalten, was sie nach ihren Zwecken enthalten sollen, die Darstellung des geologischen Aufbaues eines Landes. Hierbei soll und muß nach geologischen Gesichtspunkten verfahren werden. Jede Abweichung von diesem Grundsatz wird die geologische Nutzbarkeit der Karten mindern, ohne anderen Forderungen gerecht zu werden.

Die Bodenkarte hat das Ziel, die Beschaffenheit der oberen verwitternden Schicht darzustellen. Während die „geologische" Karte den Aufbau der zugänglichen Erdrinde zum Ausdruck zu bringen und Vorgänge der Verwitterung nur so weit zu berücksichtigen hat, als sie in den Tiefen der Gesteine sich abspielen (Tiefenverwitterung) oder zur Ablagerung wesentlicher Teile der oberen Schichten führen, hat die Bodenkarte die Oberflächenverwitterung zur Darstellung zu bringen. Dazu bedarf es verschiedener Karten. Jede derselben macht wesentliche und wichtige Eigenschaften der festen Erdkruste anschaulich. Daher müssen sie, trotzdem solche Karten in mannigfaltiger Weise in einander übergehen, den ungleichen Zielen entsprechend auch nach verschiedenen Methoden hergestellt werden; nur dann können sie dem beabsichtigten Zwecke gerecht werden.

Die geologische Karte wird dem Bergmann unentbehrlich sein, sie wird dem Hydrotekten, dem Land- und Forstwirt manches bringen; die Bodenkarte wird dies im erhöhten Maße tun, aber beide Karten können niemals liefern, was der land- und forstwirtschaftliche Betrieb bedarf, sie können niemals Ertragskarten sein. Es bedarf daher einer dritten Karte, die der beiden ersten als Grundlage nicht entbehren kann, aber nach praktischen Gesichtspunkten, nach den Forderungen des landwirtschaftlichen und forstlichen Betriebes selbständig zu bearbeiten ist.

Solange man versucht, diese verschiedenen Ziele in einer Karte zu vereinigen, wird man stets Mißerfolge haben. Die zu stellenden Forderungen an die Kartierung sind daher:

1. Rein geologische Karten.
2. Bodenkarten.
3. Ertragskarten.

Ein Abweichen von der Erfüllung dieser Forderungen gestatten innerhalb gewisser Grenzen geologische Aufnahmen der Flachländer. So bezeichnen beispielsweise die preußische, sächsische und andere geologische Landesanstalten ihre Karten als geologische und als Bodenkarten. Dies hat seine Ursache darin, daß in Gebieten mit beinahe ausschließlich geologisch jungen, nicht verfestigten Gesteinen, geologische und bodenkundliche Verhältnisse sich häufig bis zur tatsächlichen Identität nähern.

Die Besprechung der Klassifikation der Böden hat gezeigt, daß die herrschenden Anschauungen noch weit auseinander gehen, so daß Kartierungen zurzeit noch die größten Schwierigkeiten bereiten und in verschiedenen Ländern so weit abweichende Methoden zur Anwendung kommen, daß die Karten untereinander nicht vergleichbar sind. Die Verhandlungen der internationalen agro-geologischen Konferenz in Budapest (1909) haben nun insoweit eine Klärung der Anschauungen herbeigeführt, als über die zurzeit mögliche Behandlung der wissenschaftlichen Bodenkartierung Einigkeit erzielt wurde. Die nächste Forderung ist die Herstellung von Übersichtskarten größerer Gebiete, um die Verbreitung der großen Bodenzonen festzustellen. Allseitig anerkannt wurde, daß die Bodenforschung noch nicht genügend fortgeschritten sei, um eine spezielle Kartierung auf gemeinsamer Grundlage zu ermöglichen. Es kann sich daher zurzeit nur darum handeln, typische Bodenarten der verschiedenen Gebiete und Länder in einzelnen Vorkommen oder monographisch zu bearbeiten. In Aussicht genommen wurde zunächst die gemeinsame Herausgabe einer Bodenkarte von Europa nach Bodenzonen.

Die Größe der Bodenkarte richtet sich nach den Hilfsmitteln und den Bedürfnissen eines Landes und nach dem unmittelbar zu erstrebenden Zwecke. Ertragskarten z. B. können ausgeführt werden, um einen Überblick über die durchschnittlichen natürlichen Hilfsmittel größerer Ländergebiete zu erhalten oder sie können ausgeführt werden, um dem Einzelnen Grundlagen für die wirtschaftliche Bewertung seines Besitzes zu geben. Im ersten Fall wird ein kleiner Maßstab genügen, im letzten kann er kaum groß genug gewählt werden. Bei Kartierung ganzer Staaten wird man aus praktischen Gründen für die Veröffentlichungen kaum den Maßstab von 1:25000 überschreiten können. Dagegen werden für die Bodenkulturen je nach Betrieb und Boden die Karten 1: 10000, 1: 5000, 1: 2000 und selbst 1: 500 erst voll benutzbar sein. In der Regel wird sich die Ausführung an vorhandene Karten, Katasterblätter u. dgl. anschließen.

Bodenkarten müssen die Gestaltung des Geländes zur Anschauung bringen, also mit Höhenkurven ausgestattet sein, jeden erheblichen Wechsel des Bodens überblicken lassen und sollten zugleich wenigstens einigermaßen Einblick in die Wasserverhältnisse und den Grundwasserstand gewähren.

1. Angewandte Methode der Bodenkartierung.

In den einzelnen Staaten sind die Methoden zur Herstellung der Bodenkarten sehr verschieden. Sieht man von einer Anzahl älterer Ertragskarten ab, so hat man bisher in Europa die Bodenkartierung im wesentlichen im Anschluß an die geologische Forschung durchgeführt. Es sind in erster Reihe geologische Karten hergestellt worden und die Berücksichtigung der Bodenverhältnisse, soweit sie nicht mit geologischen Interessen zusammenfallen, geht nur so weit, als es die geologischen Zwecke erlauben. Es ist dies durchaus gerechtfertigt, denn erst eine genügende geologische Durchforschung liefert die Grundlagen für eine genügende Bodenkartierung.

In den Karten, die zuerst von Preußen und Sachsen bearbeitet wurden und denen sich die meisten übrigen deutschen Staaten angeschlossen haben, sind es die Karten des norddeutschen Flachlandes, die Bodenverhältnisse berücksichtigen. In diesem weiten Glazialgebiete werden die oberen Erdschichten oft bis in sehr große Tiefen von diluvialen und alluvialen Ablagerungen gebildet. Die veröffentlichten Karten sind daher zunächst geologische Karten des nordischen Diluviums; sie haben den Zwecken der geologischen Forschung zu dienen und entsprechen dieser Forderung in hervorragender Weise. Zugleich ermöglichte die relative Einfachheit des Aufbaues des Flachlands eine weitergehende Trennung, so daß es möglich war, die Oberflächenverwitterung zu berücksichtigen und auf diese Weise sind geologisch-agronomische Karten entstanden, die unzweifelhaft zu den besten der zurzeit möglichen Bodenkartierungen gehören. Wenn diese Karten trotzdem nicht in dem Umfang in die Praxis eingedrungen sind, wie sie es verdienen, so liegt dies zum Teil an ihrer für den Unerfahrenen immerhin schweren Lesbarkeit und noch mehr an der ungenügenden bodenkundlichen Ausbildung vieler unserer Landwirte und Forstmänner.

Diese Karten unterscheiden durch Farbe das geologische Alter, durch Schraffur die Bodenbeschaffenheit.

Das Alluvium ist weiß gehalten; Grün umfaßt die Ablagerungen der diluvialen Gewässer (Alt-Alluvium der früheren Karten), für das „obere Diluvium" ist Braun; für das „untere Diluvium" Grau gewählt; endlich Gelb für Flugsand.

Die Schraffur der Sandböden ist punktiert, die der Mergel (Lehmböden) quer gestrichelt, Ton senkrecht gestrichelt; blaue Schraffur bezeichnet kalkhaltige Bildungen, schwarze, aussetzende, wagrechte Schraffur bezeichnet die Humusablagerungen. Das Vorkommen von bestimmten Ablagerungen (z. B. Moorformen, Raseneisen usw.) ist durch besondere Zeichen unterschieden. Die Aufnahmen stützen sich auf Bohrungen bis zwei Meter Tiefe; abweichende Bodenschichten im Untergrunde werden durch kleine Kreise mit der entsprechenden Farbe und Schraffur zur Darstellung gebracht.

Die Schichten der Grundmoränen sind je nach ihrem Erhaltungszustande unterschieden. Gleichmäßige Schraffur der ganzen Fläche zeigt geschlossene Erhaltung des Zusammenhanges an; Schraffur und Punktierung gibt den Grad der Verwitterung und Enttonung an. Durch die Art der Darstellung kann man sofort die Schichtenfolge bis zu 1 m bzw. 2 m Tiefe übersehen.

Die Verteilung der Bodenbohrungen ist in besonderer Karte beigegeben und Bohrtabellen zeigen die gefundenen Gesteine und ihre Mächtigkeit.

Diese Anordnung gestattet jedem, der solche Karten überhaupt lesen kann, sich rasch über Bodenart, deren Verbreitung und den Untergrund zu orientieren.

Mit der zunehmenden Intensität der Bodenkultur steigern sich die Forderungen nach einer noch weitergehenden Detaillierung in den Bodenkarten, eine solche ist indes abhängig vom Kartenmaßstabe.

Die Württembergische geologische Landesanstalt hat unter Leitung von Sauer den Versuch gemacht, die Grundlagen der Flachlandkartierung auf die Gebirgsreviere zu übertragen. Dies konnte indes nur unter starker Häufung der eingetragenen Signaturen geschehen. Soll die Lesbarkeit der Karten nicht beeinträchtigt werden, dann darf in dieser Beziehung über ein bestimmtes Maß nicht hinausgegangen werden.

In der Ausführung, wie die württembergischen Karten vorliegen, ist ein wertvoller Anfang zu sehen, auch bei der Kartierung der Gebirgsländer bodenkundliche Beziehungen zu berücksichtigen; die Praxis wird bald ergeben, in welchem Umfange dies zulässig ist. Jedenfalls wird die Herausgabe bodenkundlicher Karten durch diese Vorarbeiten erleichtert und bis zu deren Bearbeitung eine Übersicht der herrschenden Verhältnisse geboten.

Sehr gut und für bodenkundliche Zwecke geeignet sind die Karten, die die großherzoglich hessische geologische Landesanstalt veröffentlicht hat. Auffälligerweise wird an der Einteilung in Verwitterungs- und Aufschüttungsböden festgehalten. Die Gliederung der nachtertiären Ablagerungen ist sehr weitgehend durchgeführt, so daß diese Karten für bodenkundliche Zwecke sehr viel geben; sie übertreffen darin z. T. noch die Karten des norddeutschen Flachlandes.

Ein wichtiges Hilfsmittel der bisher besprochenen Karten und auch der meisten noch zu erwähnenden bieten die beigegebenen Profile, die rasche Orientierung über die zumeist herrschenden Untergrundsverhältnisse ermöglichen. In den Karten selbst sind die durchschnittlichen Profile durch Abkürzungen, die Mächtigkeit der Schichten ist durch Zahlen (Dezimeter) bezeichnet.

Eine vorzügliche Bodenkarte eines Teiles des böhmischen Bezirkes Welwarn hat kürzlich Kopecky veröffentlicht, die zunächst rein wirtschaftliche Ziele verfolgt, aber sowohl nach Art der Darstellung wie noch mehr nach den angewendeten Methoden der Untersuchung besseren Einblick in die wirtschaftlichen Eigenschaften des Bodens gewährt als die bisher vorhandenen Karten. Unverkennbar nähert sich diese Karte bereits dem Ziele der Ertragskarten.

Der Vorzug der angewendeten Methode besteht namentlich darin, daß wichtige Bestimmungen, auch die des Untergrundes, im gewachsenen Boden vorgenommen wurden.

Auf wesentlich anderen Grundlagen bauen die meisten anderen Länder ihre Kartierung auf.[1])

Die französischen Karten sind zugleich als Ertragskarten gedacht und bieten der landwirtschaftlichen Praxis wertvolle Anhaltspunkte.

Umfangreiche Bearbeitungen von „agrogeologischen" Karten hat Ungarn aufzuweisen, dessen Böden bei den verschiedenen Einwirkungen des Klimas auch zur Bearbeitung zahlreicher Fragen von allgemeinem wissenschaftlichen Interesse Veranlassung gegeben haben.

Es ist eine große Anzahl ausgezeichneter Forscher in Ungarn mit der Kartierung des Landes beschäftigt, deren Resultate in den umfangreichen Schriften der ungarischen geologischen Landesanstalt niedergelegt sind

Während die Bodenkarten von Mittel- und Westeuropa sich überwiegend der geologischen Kartierung anschließen, sind die Karten Osteuropas, dem Vorgehen der russischen Bodenkunde folgend, überwiegend auf Abgrenzung nach Klimazonen aufgebaut. Hierdurch bekommen diese Karten, die nach Lage der Sache und mit Rücksicht

[1]) Die Besprechung und Darstellung der Methoden der Kartierung kann sich hier nur auf kurze Angaben beschränken. Um einen brauchbaren Vergleich zu ermöglichen, müßten Karten beigefügt werden, in denen dasselbe Gebiet nach den verschiedenen Methoden dargestellt wäre. Innerhalb der Grenzen, die dem vorliegenden Buche gezogen sind, läßt sich dies nicht durchführen.

auf die großen Ländergebiete Übersichtskarten und selbst bei den Bearbeitungen der einzelnen Bezirke nur im kleinen Maßstabe veröffentlicht sind, ein wesentlich anderes Aussehen als die westeuropäischen Karten. Dafür hat aber diese Weise der Kartierung den großen Vorzug, einen Überblick über die bodenbildenden Prozesse zu gewähren, der für die westeuropäischen Bodenarten noch fehlt.

Rußland legt eine größere, den europäischen Teil des Reiches umfassende Karte vor, die die Verteilung der Bodengrenzen scharf hervortreten läßt. Bearbeitungen der Böden einzelner Provinzen, die erschienen sind, bauen auf gleicher Grundlage auf; ihr Maßstab ist jedoch zu klein, um in ähnlicher Weise örtliche Unterschiede zu berücksichtigen, wie dies bei den westeuropäischen Karten möglich ist.

Übersichtskarten auf Grundlage der klimatischen Bodenbildung liegen ferner vor von Rumänien und dem früheren Königreich Polen, denen sich die kleine Übersicht von Ungarn anschließt, die bereits vor mehreren Jahren von P. Treitz veröffentlicht wurde.

Es mag hier darauf hingewiesen werden, daß auch für Sibirien eine Übersichtskarte des Bodens von Glinka veröffentlicht ist.

Einen selbständigen Weg in der Kartierung sind die Vereinigten Staaten von Nordamerika gegangen. Hier ist zunächst das ganze Land in 14 Bodenprovinzen eingeteilt, die hauptsächlich nach orographischen Gesichtspunkten abgetrennt sind. So umfassen z. B. die „Atlantic and Gulf costal Plains“ das ganze Küstengebiet von Kanada bis Mexiko; ein Gebiet, das mindestens drei verschiedenen klimatischen Bodenzonen (Podsol, Braunerden, Roterden) angehört.

Die Einteilung unterscheidet zunächst ein humides und arides Gebiet und beruht weiter auf orographischen, geologischen usw. Grundlagen. Eine Übersicht gibt das folgende Schema:

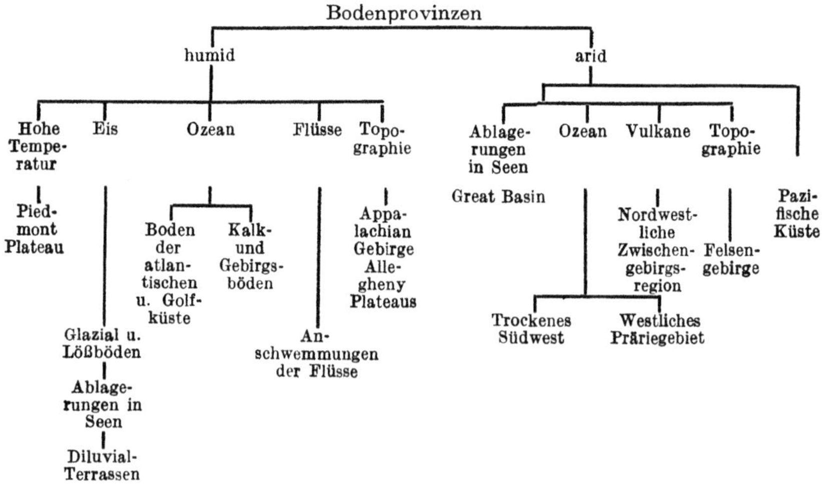

Die einzelnen Bodenprovinzen sind in eine größere oder kleinere Anzahl Gruppen („series“) geteilt, die z. B. bei den atlantischen Küstenböden 20 und im ganzen gegen 100 betragen.

Diese Einteilung entspricht den Bedürfnissen des großen Ländergebietes der Vereinigten Staaten; fortschreitende Bodenkultur wird weitere Trennungen notwendig machen. Zurzeit gewährt die Einteilung der Böden in Gruppen eine Übersicht über die durchschnittlichen Verhältnisse einer Gegend und gibt zugleich dem praktischen Landwirt einen Anhalt, welche Kulturen mit Aussicht auf Erfolg geübt werden können.

Die östlichen Staaten Europas haben bereits fast alle Übersichtskarten auf klimatischer Grundlage der Bodenbildungen; für die westlichen und mittleren Staaten fehlt es an solchen noch, hierdurch wird es trotz zahlreicher Einzelarbeiten schwierig, kurze Darstellungen der Bodenverteilungen zu geben und dies um so mehr, als die Braunerden, die vorherrschende Bodenart West- und Mitteleuropas, untereinander stark abweichende Böden umfassen.

Für die wissenschaftliche Bodenkunde bedeutet das Fehlen solcher Übersichtskarten einen stark fühlbaren Mangel, die praktische Bodenkunde entbehrt dadurch der Grundlage. Der Weg, den die Bodenkartierung später einmal gehen wird, wird wahrscheinlich dahin führen, die klimatischen Bodengebiete, etwa den geologischen Formationen vergleichbar, zur Grundlage zu nehmen und von ihnen ausgehend die Böden in Gruppen, in Untergruppen zu zerlegen, die je nach den herrschenden Verhältnissen nach physikalischer Zusammensetzung, geologischer Abstammung, petrographischer Beschaffenheit des Grundgesteins usw. zu trennen sind. Die Schwierigkeiten, die zurzeit einer allseitig brauchbaren Einteilung entgegen stehen, beruhen zumeist darauf, daß die Detailarbeit begonnen wurde, ehe ein genügender allgemeiner Überblick erworben war.

2. Landwirtschaftliche Bonitätskarten.

Neben den geologisch-agronomischen Karten hat man vereinzelt auch Karten angefertigt, die die „Bonität“ des Bodens, d. h. seinen landwirtschaftlichen oder forstlichen Wert auf Grundlage einer Bodenuntersuchung darstellen. Derartige Untersuchungen dienen unmittelbar praktischen Zwecken, und ihre Wichtigkeit wird leider noch lange nicht genug gewürdigt; dagegen sind diese Resultate zur Herstellung allgemeiner Bodenkarten wenig geeignet. Die Gründe hierfür sind darin zu suchen, daß diese Karten über Bildung und Entstehung des Bodens nichts aussagen, die Wichtigkeit ihrer Angaben wird nach den klimatischen Verhältnissen wechseln und auf große Klimaunterschiede überhaupt nicht übertragbar sein. Das Verhältnis derartiger Bonitätskarten zu den zu erstrebenden Bodenkarten läßt sich vielfach am besten so kennzeichnen, daß sie sich etwa wie Karten der nutzbaren Gesteine zu geologischen Karten verhalten.[1])

Diese praktisch-bodenkundliche Richtung hat wichtige Förderungen von Knop, Orth, Fesca, Thoms, in neuerer Zeit namentlich von Hazard und Kopecky erfahren.

Es ist nicht unwichtig, darauf hinzuweisen, daß man bereits so weit fortgeschritten ist, durch geeignete Untersuchung dem Landwirt bessere Grundlagen für die Beurteilung seiner Böden zu geben, als es die bisher nur erfahrungsmäßige Schätzung des Bodenwertes vermochte.

Folgende Untersuchungen sind zu diesem Zwecke auszuführen, wobei darauf zu verweisen ist, daß Bestimmungen von Volumgewicht, Wasserkapazität, Durchlässigkeit der Böden im Laboratorium ohne praktischen Wert sind.

Zur Bodenuntersuchung bedarf es einer guten topographischen Karte, aus der Höhenlage, Exposition und Neigungsverhältnisse zu ersehen sind.

Die Arbeiten sind zu trennen in:

I. Im Felde.

Bodenprofil. Die Mächtigkeit der Bodenschichten, wobei jede nach Zusammensetzung, Farbe usw. abweichende Lage zu berücksichtigen ist.

Wenn feststellbar die Tiefe des Grundwasserstandes.

II. Im gewachsenen Boden, d. h. ohne Änderung der ursprünglichen Lagerung der Böden sind an hierzu mit geeigneten Apparaten entnommenen Proben, und zwar getrennt für jede Bodenschicht zu bestimmen:

1. Wassergehalt, bzw. Wasserkapazität und Durchlässigkeit für Wasser.

Die Bestimmung der Wasserkapazität bietet Schwierigkeiten; am richtigsten ist es, die Proben im Frühjahr nach mehrtägiger Trockenheit zu entnehmen; zu anderen Zeiten verfährt man bisher am richtigsten nach der von Kopecky angegebenen Methode (Seite 340).

2. Hohlraumvolumen und dauernde Luftkapazität.

Zur Bestimmung der Größen von 1 und 2 bedarf es der Kenntnis des Volumgewichtes der Bodenteile und des Bodens.

III. Im zerkleinerten Boden

3. der mechanischen Analyse des Bodens, und zwar der Bestimmung von Steinen und Grand (Grus); Sand, Feinsand und Staub, Rohton, Ton nach Schlösing.

---

[1]) Diese Fragen gehören zur „angewandten Bodenkunde“ und werden nur kurz berührt.

Bei den höheren Korngrößen ist die mineralische Zusammensetzung und Gesteinsart, sowie die Form, abgerollte oder eckige Steine, Grand oder Grus zu berücksichtigen, soweit dies unmittelbar oder mit Hilfe einer Lupe möglich ist. Vorkommen von Eisenkonkretionen ist zu berücksichtigen. Bei den abschlämmbaren Teilen ist die mikroskopisch erkennbare Beschaffenheit (Scheibchen oder Körner) anzugeben.

IV. Chemische Bestimmungen.

4. Gehalt an kohlensaurem Kalk, ev. bei sehr niederem Gehalte, Gesamtgehalt an Kalk.

5. Gesamtmenge der organischen Stoffe und Humusgehalt nach Grandeau.

(6. Bestimmung von Kali, Phosphorsäure und Stickstoff im erdfeuchten Boden, und zwar für Oberboden und Unterboden.)

Wird die Untersuchung in der angegebenen Weise durchgeführt, so enthält sie alle Größen, die auf die dauernde Fruchtbarkeit eines Bodens von Einfluß sind.

Die Kenntnis der Korngrößen gibt unter Berücksichtigung der Lagerungsweise Einblick in die Wasserbewegung und Wasserführung der Böden; die Bestimmung von Humus und von Ton nach Schlösing einen Anhalt für die Menge der kolloiden Bodenbestandteile und der Bindigkeit der Böden.

Die Untersuchung des Luftvolumens und des dauernden Wassergehaltes lehrt die Lagerungsweise und die Durchlüftung der Böden kennen.

Von den chemischen Bestimmungen dient die für Humus der Kenntnis der vorhandenen kolloiden Humusstoffe, die des Kalkes lehrt, ob für die dauernde Erhaltung des absorptiv gesättigten Zustandes im Boden gesorgt ist. Die Kenntnis der wichtigsten Nährstoffe gibt sowohl Fingerzeige, in welchem Umfange auf dauernde Zufuhr aus dem Boden zu rechnen ist, als auch einen Hinweis, welche Düngemittel wahrscheinlich wirksam sein werden.

Sachregister.

(Die beigesetzten Ziffern bedeuten die Seitenzahlen.)

Verlag von Julius Springer in Berlin.

Die Waldstreu
und ihre Bedeutung für Boden und Wald.

N. d. gegenw. Stande der Wissenschaft und eigenen Untersuchungen dargestellt.

Von Dr. **E. Ramann,**

ordentl. Professor a. d. Universität München.

Preis M. 2,—.

Holzfütterung und Reisigfütterung.

Ein neues, einfaches und billiges Verfahren der Tierernährung.

Von Prof. Dr. **E. Ramann** und **von Jena-Cöthen.**

Preis M. 1,—.

Lehrbuch der Waldwertrechnung und Forststatik.

Von Dr. **Max Endres,**

o. ö. Professor an der Universität München.

Zweite, neu bearbeitete Auflage erscheint im Januar 1911.

Handbuch der Forstpolitik

mit besonderer Berücksichtigung der Gesetzgebung und Statistik.

Von Dr. **Max Endres,**

o. ö. Professor an der Universität München.

Preis M. 16,—; in Leinwand gebunden M. 17,20.

Die forstliche Statik.

Ein Handbuch für leitende und ausführende Forstwirte sowie zum Studium und Unterricht.

Von Dr. **H. Martin,**

Kgl. Preuß. Forstmeister und Professor.

Preis M. 7,—; in Leinwand gebunden M. 8,20.

Die Forsteinrichtung.

Ein Grundriß zu Vorlesungen und ein Leitfaden für Praktiker.

Von Dr. **H. Martin,**

Kgl. Preuß. Forstmeister und Professor.

Dritte, erweiterte Auflage. — Mit 11 Tafeln.

Preis M. 9,—; in Leinwand gebunden M. 10,—.

Die ökonomischen Grundlagen der Forstwirtschaft.

Ein Grundriß zu Vorlesungen.

Von Dr. **H. Martin,**

Kgl. Preuß. Forstmeister und Professor.

Preis M. 1,20.

Zu beziehen durch jede Buchhandlung.

GPSR Compliance

The European Union's (EU) General Product Safety Regulation (GPSR) is a set of rules that requires consumer products to be safe and our obligations to ensure this.

If you have any concerns about our products, you can contact us on ProductSafety@springernature.com

In case Publisher is established outside the EU, the EU authorized representative is:

Springer Nature Customer Service Center GmbH
Europaplatz 3
69115 Heidelberg, Germany

Batch number: 10682269

Printed by Printforce, the Netherlands